AF307411

Zahnradtechnik, Evolventen-Sonderverzahnungen

Springer-Verlag Berlin Heidelberg GmbH

Karlheinz Roth

Zahnradtechnik

Evolventen-Sonderverzahnungen
zur Getriebeverbesserung

Evoloid-, Komplement-, Keilschräg-, Konische-,
Konus-, Kronenrad-, Torus-, Wälzkolbenverzahnungen,
Zahnrad-Erzeugungsverfahren

Mit ca. 290 Abbildungen und 1200 Einzeldarstellungen

 Springer

o. Professor em. Dr.-Ing. Karlheinz Roth

Beckurtsstraße 20

D-38116 Braunschweig

Bis 1989 Direktor des Instituts für Konstruktionslehre,
Maschinen- und Feinwerkselemente
der Technischen Universität Braunschweig

ISBN 978-3-642-63778-0

Die Deutsche Bibliothek - CIP-Einheitsaufnahme
Roth, Karlheinz: Zahnradtechnik - Evolventen-Sonderverzahnungen zur Getriebeverbesserung :
Evoloid-, Komplement-, Keilschräg-, Konische -, Konus-, Kronenrad-, Torus-,
Wälzkolbenverzahnungen, Zahnrad-Erzeugungsverzahnungen / Karlheinz Roth. -
Berlin; Heidelberg; New York; Barcelona; Budapest; Hongkong; London; Mailand; Paris;
Santa Clara; Singapur; Tokio: Springer, 1998
  ISBN 978-3-642-63778-0   ISBN 978-3-642-58890-7 (eBook)
  DOI 10.1007/978-3-642-58890-7

Satz: Satzerstellung durch Autor
Einband: Struve & Partner, Heidelberg
SPIN: 10570560   62/3020 - 5 4 3 2 1 0 - Gedruckt auf säurefreiem Papier

Vorwort

Der vorliegende Band, Zahnradtechnik, Evolventen-Sonderverzahnungen, kann als Erweiterung der Bände I und II angesehen werden, da diese nur Evolventen-Stirnradverzahnungen behandeln, jedoch auch vollkommen unabhängig von ihnen verwendet werden. Während in den Bänden I und II die geometrischen Grundlagen der Stirnradverzahnungen einschließlich Festigkeitsberechnung und Toleranzen behandelt werden, erfaßt der vorliegende Band interessante Sonderverzahnungen und solche, deren Zahnkopf- oder Zahnfußflächen Kegelmantelflächen, deren Teil- und Grundkreise sich wie bei den Stirnradverzahnungen zu Zylindermantelflächen erweitern. Sie haben über die Zahnbreite eine konstante Zahnteilung und sind daher trotz ähnlicher Gestalt keine Kegelradverzahnungen, deren Zahnteilung sich entlang der Zahnbreite ändert.

Der in dem früher geplanten Band III vorgesehene Stoff, *Zahnrad-Erzeugungsverfahren*, ist in *Kapitel 9* enthalten und der für den Band IV vorgesehene in den *Kapiteln 1-8*.

Ziel der folgenden Ausführungen ist es, eine Reihe wichtiger Evolventen-Sonderverzahnungen, welche bisher teils unbekannt oder wenig bekannt waren, geometrisch exakt zu beschreiben, so daß sie in allen Gebieten des Maschinenbaus vollwertig einsetzbar sind. Alle Verzahnungen wurden vom Autor und seinen Mitarbeitern am Institut für Konstruktionslehre, Maschinen- und Feinwerkelemente der TU Braunschweig entwickelt. In den folgenden Darstellungen werden sowohl die theoretischen als auch die fertigungsmäßigen Grundlagen zur Verfügung gestellt, um die Zahnräder im Anschluß auch herstellen zu können. Mit den neuen Zahnrädern können in vielen Fällen die Zahnradgetriebe verkleinert, vorhandene Zahnradgrößen für höhere Leistungen ausgelegt oder die gesamten Getriebe verbilligt und verbessert werden; letzteres, weil es nun möglich ist, die Stufenzahl zu verringern oder an vielen Stellen Kunststoffzahnräder einzusetzen bzw. Kegelradgetriebe durch toleranzunempfindliche Konische oder Kronenradgetriebe zu ersetzen.

Beim Studium der „Sonderverzahnungen" lernt man erst die bekannten Stirnradverzahnungen in ihren Besonderheiten richtig kennen, so wie die Muttersprache erst durch die Kenntnis von Fremdsprachen in ihren Besonderheiten erkannt wird. Eigentlich sind die hier behandelten Verzahnungen die allgemeinen und die bekannte Stirnradverzahnung ein Sonderfall von ihnen.

Ausgangspunkt der Forschungen war die Entwicklung von Evolventenverzahnungen für möglichst große Übersetzungen in einer Stufe. Ergebnis sind die sogenannten *Evoloidverzahnungen* [1.15 ; 1.24] mit Ritzelzähnezahlen von $z_1 = 1$ bis 5 für Übersetzungen ins Langsame sowie mit Zähnezahlen von $z_1 = 3$ bis 8 für Übersetzungen ins Schnelle. Die Möglichkeiten der damit verbundenen Getriebeverkleinerung, Übersetzungs- oder Modulvergrößerung sind erstaunlich. Sie werden in *Kapitel 1* behandelt mit der Angabe aller Verzahnungsdaten für die Standardausführungen. Ihre Bewährung in der Praxis wurde in zahlreichen Getrieben erprobt.

Es zeigte sich, daß bei Abweichung von der symmetrischen Auslegung von Zahnkopf- und Zahnfußhöhen bei sogenannten *Komplementprofilen* [2.12 ; 2.13] die üblichen Tragfähigkeiten von Flanke und Zahnfuß erhöht werden können, da die Zahndicken so ausgelegt sind, daß die Zahnfußtragfähigkeiten u.a. in einem optimalen Bereich der Flankentragfähigkeiten liegen. Dieses Gebiet behandelt *Kapitel 2*.

Schon frühzeitig kam der Vorschlag, *Planverzahnungen* [3.8 ; 3.7] für spielarme Getriebe einzusetzen. Das Ergebnis der diesbezüglichen Forschungsarbeiten sind die Keilschrägverzahnungen in *Kapitel 3*, die diese Aufgabe gut erfüllen.

Und nun stellte sich die Frage, ob die Form der Evolventenvezahnungen mit Zahnkränzen an den Zylindermantelflächen (Stirnradverzahnungen), an konischen Mantelflächen (Konische Verzahnungen) oder gar an den Planflächen (Kronenradverzahnungen) für Verzahnungen mit gleicher Teilung entlang ihrer Zahnbreite, eventuell auf den gleichen theoretischen Grundlagen (Gleichungen) beruhen und allein durch einen Zusatzparameter, den sogenannten Konuswinkel θ unterschieden werden könnten. Dieser Winkel müßte bei Außenstirnrädern $\theta = 0°$, bei Innenstirnrädern $\theta = 180°$, bei außenkonischen Zahnrädern $0° < \theta < 90°$, bei Kronenzahnrädern $\theta = 90°$ und bei innenkonischen Zahnrädern $90° < \theta < 180°$ sein. Wie in den *Kapiteln 4 - 6* gezeigt wird [4.18], trifft diese Annahme zu. Die Stirnradverzahnungen wurden schon eingehend in "Zahnradtechnik", Band I und II behandelt [4.15 ; 4.16].

Gelingt es, eine allgemeine Gleichungsform für alle Verzahnungsgrößen der teilungsgleichen Verzahnungen zu finden, dann muß auch eine Evolventenverzahnung existieren, welche den gesamten Bereich von $\theta = 0° - 180°$ erfaßt. Diese wird unter der Bezeichnung „*Torusverzahnung*" in *Kapitel 7* behandelt [7.7 ; 7.12].

In gewissen Grenzen läßt sich ein vereinheitlichtes Verzahnungssystem mit allgemeingültigen Gleichungen formulieren [7.9 ; 7.7 ; 7.12], Beispiele sind in *Kapitel 7*. Alle diese Verzahnungen mit gleicher Zahnteilung sind im Hinblick auf ihre Verzahnungseigenschaften (konstantes Übersetzungsverhältnis bei relativ großen Achsabstandstoleranzen) und bezüglich der Fertigung verwandt (preiswerte Herstellung auf Abwälzfräsmaschinen).

Das große Gebiet der *Wälzkolbenverzahnungen* [8.14 ; 8.5], die eine korrekte Paarung nicht nur an den Zahnflanken, sondern auch am Zahnkopf und im Zahnfußgrund erfordern, wird in *Kapitel 8* behandelt. An ihnen wird eine neue Zahnflankenberechnungsmethode erläutert, mit der Flankenformen beinahe beliebigen Verlaufs gezielt ermittelt werden können, insbesondere bei Vorgabe des Schmiegungsverlaufs durch Festlegen einer gewählten *Profilsteigungsfunktion*. Die Evolventenprofilformen bilden dabei auch eine der vielen Variationsmöglichkeiten.

Den Abschluß bildet *Kapitel 9*, in welchem alle bekannten *Zahnraderzeugungsverfahren* beschrieben und in übersichtlichen Konstruktionskatalogen dargestellt werden [9.103].

Es zeigt sich, daß die behandelten Evolventen-Sonderverzahnungen mit gleicher Teilung an den Stirnflächen neu ins Bewußtsein gebracht, für viele Einsätze geeignet, funktionstüchtig und preiswert sind. Sie müssen nur richtig ausgelegt werden. Um diese Auslegung zu ermöglichen, wurden die erforderlichen Gleichungen mitgeliefert. Bis auf *Bild 8.7* ist kein Vorschlag durch Patente blockiert. Leser, die keine Zahnradauslegung erstreben, können sich aus Text und Bildern, ggf. Bildunterschriften eine sehr anschauliche Vorstellung der Eigenschaften, der Anforderungen und der Erzeugungsmöglichkeiten dieser Sonderverzahnungen machen und die meisten Gleichungen überspringen.

Auf eine klare, den Ingenieur und Konstrukteur ansprechende Bilddarstellung wurde größter Wert gelegt, insbesondere auch auf 3-dimensionale Bilder, da es sich meistens um räumliche Verzahnungen handelt.

In den einzelnen Kapiteln sind zahlreiche Ergebnisse aus den Dissertationen meiner ehemaligen Mitarbeiter entnommen, so von Haupt [3.4], Mende [1.9], Kollenrott [2.8], Pabst [2.9], Brückner [2.1], Petersen [2.10], Tsai [4.24], Zierau [5.21] und Steffens [8.14]. Herr Dr. U. Haupt, Herr Dr. L. Pabst und Herr Dr. T. Brückner unterstützten mich dankenswerterweise bei den *Kapiteln 2* und *3*.

Mein besonderer Dank gilt den folgenden Personen, die mir halfen, das Buch in der vorliegenden Form zu schreiben: Frau Renate Metje für die vorbildliche, reproduktionsfertige Ausführung des Schriftsatzes mit den besonders schwierigen und umfangreichen Formeln. Sie erfüllte mit Geduld und Freundlichkeit alle geforderten Wünsche und Korrekturen, Frau Ursula Gent für die präzise und einfühlsame Gestaltung der komplizierten Bilder, die sie einschließlich der zahlreichen Änderungen zu meiner vollen Zufriedenheit ausführte, Herrn Dr.-Ing. Shyi-Jeng Tsai für die hervorragenden Bilder, Kataloge und Darstellungen der schwierigen Zahnräder in jeder gewünschten Perspektive sowie für seine fachliche Unterstützung mit der steten Bereitschaft, auch aus dem fernen Taiwan meine Fragen zu beantworten sowie Herrn Dr. U. Haupt für die kritische Durchsicht. Ich danke in besonderem Maße meiner Frau, die viel Verständnis für meine Arbeit hatte und die nötige Atmosphäre schuf, in der wissenschaftliche Arbeiten gedeihen. Ferner danke ich dem Springer-Verlag für seine ansprechende Buchausführung.

Braunschweig, Januar 1998   Karlheinz Roth

Inhaltsverzeichnis

Inhaltsübersicht der Bände I und II

Band I

Stirnradverzahnungen - Geometrische Grundlagen

Band II

Stirnradverzahnungen - Profilverschiebungen, Toleranzen,
  Festigkeit

0 Übersicht

Die möglichen Arten von Evolventen-Sonderverzahnungen sind in der zur Zeit geübten Praxis bei weitem nicht alle eingesetzt, oft nur dem Namen nach und häufig sogar nicht bekannt. Da sie aber über zahlreiche Eigenschaften verfügen, die von großem Vorteil sind und für leistungsfähige, preiswerte Getriebe genutzt werden können, sollen in den folgenden Kapiteln die Grundlagen entwickelt werden, die es ermöglichen, sie geometrisch exakt zu berechnen, wichtige Festigkeitsanforderungen zu prüfen und Fertigungsmöglichkeiten zu erfahren.

Begonnen wird mit Stirnradverzahnungen kleinster Zähnezahl sowie mit Stirnradverzahnungen höchster Tragfähigkeit, um dann räumliche Evolventenverzahnungen konstanter Zahnteilung mit nicht parallelen Achsen zu behandeln. Ein Kapitel ist den Wälzkolbenverzahnungen gewidmet (evolventische und nicht evolventische). Sie dienen auch zur Darstellung eines neuen, eleganten Zahnprofil-Berechnungsverfahrens.

Die Herstellungsmöglichkeiten dieser wenig bekannten Verzahnungen werden in *Kapitel 9* besprochen, das ein annähernd vollständiges Spektrum der Verzahnungserzeugungsverfahren enthält.

Die Vollständigkeitsbetrachtung der Evolventen-Verzahnungsarten mit konstanter Teilung bringen die *Kapitel 4* bis *7*, über Konische, Konus-, Kronen- und Torusverzahnungen mit entsprechenden Übersichtskatalogen, ebenso das neu entwickelte, vereinheitlichte Berechnungssystem für Verzahnungen mit gleicher Teilung.

1 Evoloid-Verzahnungen mit Zähnezahlen von 1 - 8 zur Übersetzung ins Langsame und ins Schnelle

1.1 Benennung

Als Evoloid-Verzahnungen werden schräge Evolventenverzahnungen bezeichnet, die zur Realisierung großer Übersetzungen in einer Stufe mit parallelen Achsen Ritzelzähnezahlen bis zu einem Zahn verwenden. Mit ihnen können die Getriebestufen meist bis auf eine reduziert oder die Moduln um ein Vielfaches ihres Wertes vergrößert werden. Es gibt Evoloidverzahnungen zur Übersetzung ins Langsame [1.14; 1.25] und solche zur Übersetzung ins Schnelle [1.24 ; 1.26]. Sie unterscheiden sich wesentlich.

1.2 Zweck der Zähnezahlverkleinerung

Die Tendenz, immer kleiner und leichter zu bauen, führt auch bei Zahnradgetrieben zum Beschreiten unkonventioneller Wege. Eine Getriebepaarung zu verkleinern bei gleicher Übersetzung i, ist nach Gl. (1.1) nur möglich, wenn entweder der Modul m oder die Ritzelzähnezahl z_1 verkleinert wird. Der konstant zu haltende Achsabstand a lautet:

$$a = \frac{1}{2}\left(1 + i\right) \cdot z_1 \cdot m \tag{1.1}$$

Den Modul m zu verkleinern, geht in der Regel aus Gründen der Zahnfußfestigkeit nicht, die selbst bei gleicher Zahnbreite etwa quadratisch mit dem Modul abnimmt. Daher bleibt allein die Verringerung der Ritzelzähnezahl z_1 übrig.

1.3 Vorteile von Zahnrädern mit kleinen Zähnezahlen

Für das übliche Bezugsprofil nach DIN 867 [1.6] mit den Zahnkopf- und Formfußhöhen $h_{aP} = h_{FfP} = 1m$ wird, wie aus *Bild 1.4* zu entnehmen ist, die kleinste

Zähnezahl zu $z_1 = 9$. Bei $z_1 = 7$, dem üblicherweise als kleinste Zähnezahl betrachteten Wert, tritt schon schädlicher Unterschnitt auf (der Fräser zerstört am Zahnfuß einen fertigen Teil der Evolventenflanke) [1.3 ; 1.20].

Die hier vorgestellte, neu eingeführte Evoloidverzahnung [1.14 ; 1.15 ; 1.16 ; 1.19] ist ein Verzahnungssystem mit allen Eigenschaften üblicher Evolventen-Stirnrad-Verzahnungen, bei dem es gelungen ist, die Ritzelzähnezahl bis auf den kleinstmöglichen Wert $z_1 = 1$ zu verringern, ohne daß schädlicher Unterschnitt oder Spitzwerden der Zähne eintreten würde. Die Evoloidritzel sind als Satzradverzahnungen verwendbar, allerdings nicht miteinander, sondern nur mit Gegenrädern zu paaren. Es kann z.B. jedes Ritzel von $z_1 = 1 - 5$ mit den gleichen Gegenrädern der Radzähnezahlen $z_2 \geq 16$ gepaart werden.

Das gelingt durch eine ganze Reihe von Maßnahmen, über die im Anschluß noch berichtet wird. Zunächst werden jedoch die Möglichkeiten analysiert, welche sich bei einer derart radikalen Zähnezahlverkleinerung ergeben, um zu beurteilen, ob und wann sich der Aufwand neuer Getriebeauslegungen lohnt. Meistens gelingt es, Getriebe mit viel günstigeren Achsabständen, Übersetzungen und Zahngrößen zu entwickeln.

1.4 Neue Getriebe-Abmessungen mit Evoloidverzahnungen

Durch Verkleinerung der Ritzelzähnezahl z_1 lassen sich in einer Getriebestufe drei Effekte erzielen [1.13]:

1. den Achsabstand a zu verkleinern:

$$a = \frac{1}{2}(1+i) \cdot z_1 \cdot m \tag{1.1}$$

2. die Übersetzung i zu vergrößern:

$$i = \frac{2a}{m \cdot z_1} - 1, \tag{1.1-1}$$

3. den Modul m zu vergrößern:

$$m = \frac{2a}{(i+1) \cdot z_1}. \tag{1.1-2}$$

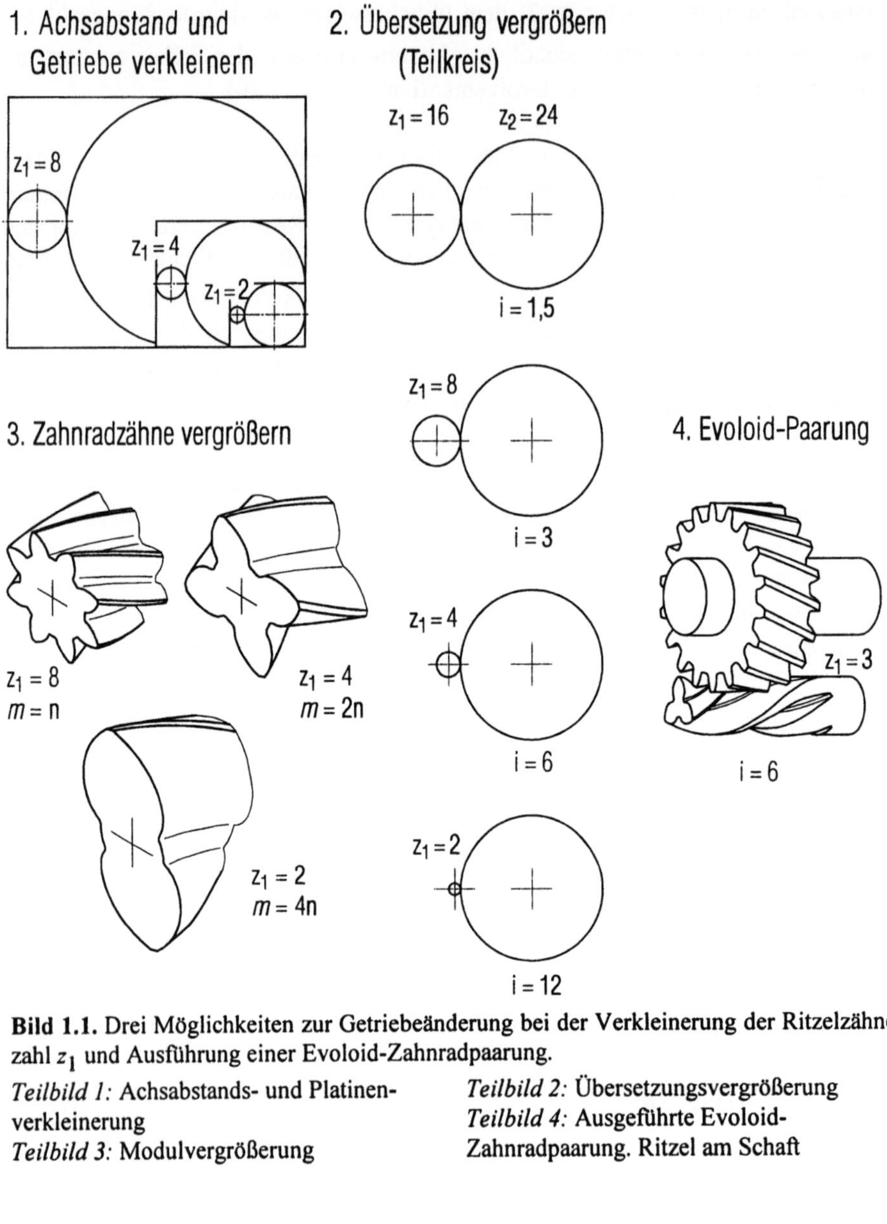

1. Achsabstand und Getriebe verkleinern

2. Übersetzung vergrößern (Teilkreis)

3. Zahnradzähne vergrößern

4. Evoloid-Paarung

Bild 1.1. Drei Möglichkeiten zur Getriebeänderung bei der Verkleinerung der Ritzelzähnezahl z_1 und Ausführung einer Evoloid-Zahnradpaarung.

Teilbild 1: Achsabstands- und Platinenverkleinerung
Teilbild 3: Modulvergrößerung

Teilbild 2: Übersetzungsvergrößerung
Teilbild 4: Ausgeführte Evoloid-Zahnradpaarung. Ritzel am Schaft

Diese drei Möglichkeiten sind in **Bild 1.1** dargestellt. Bei Verkleinerung der Ritzelzähnezahl, *Teilbild 1*, z.B. um den Faktor 2, verkleinert sich der Achsabstand und die Gegenradzähnezahl auch um den gleichen Faktor (Gl. 1.1, 1.2)

$$z_2 = i \cdot z_1. \tag{1.2}$$

Auch die Platinengröße wird kleiner, jedoch quadratisch. Wird die Zähnezahl von $z_1 = 8$ z.B. auf $z_1 = 2$ reduziert, verkleinert sich die Platinenfläche um den Faktor $(8/2)^2 = 16$.

In *Teilbild 2* bleibt die Gegenradzähnezahl z_2 konstant. Dann wird die Übersetzung i im Verhältnis der Ritzelzähnezahl-Verkleinerung vergrößert, Gl. (1.2). Dort sind aus Einfachheitsgründen nur die Teilkreise dargestellt und die geringfügigen Korrekturen aufgrund der Profilverschiebung vernachlässigt. Gleichzeitig wird der Achsabstand wegen der kleineren Zähnezahlsumme kleiner. Der exakte, spielfreie Achsabstand wird mit Gl. (1.3), (1.4) und (1.5) berechnet [1.18]:

$$a = \frac{(z_1 + z_2) \cdot m_n}{2\cos\beta} \cdot \frac{\cos\alpha_t}{\cos\alpha_{wt}} , \qquad (1.3)$$

$$\text{mit} \quad \tan\alpha_t = \frac{\tan\alpha_n}{\cos\beta} \qquad (1.4)$$

$$\text{und} \quad \text{inv}\alpha_{wt} = \frac{x_1 + x_2}{z_1 + z_2} \cdot 2\,\tan\alpha_n + \text{inv}\alpha_t . \qquad (1.5)$$

Wird trotz Verkleinerung der Ritzelzähnezahl der Achsabstand a und die Übersetzung i konstant gelassen, *Teilbild 3*, dann kann der Modul im gleichen Verhältnis vergrößert werden, Gl. (1.1-2).

In der Praxis nutzt man die extreme Verkleinerung der Ritzelzähnezahl nicht allein für *eine* der drei aufgezählten Veränderungen aus, sondern oft für *zwei,* manchmal auch für *drei.* Häufig könnten sonst an anderer Stelle Schwierigkeiten auftreten, z.B. im Fall 1 die Unterbringung der Lager, im Fall 2 die Festigkeit an den Zahnfüßen oder im Fall 3 ein Mißverhältnis zwischen Modulgröße und Zahnbreite.

In **Bild 1.2** sind nun alle Möglichkeiten aufgelistet, bei denen neben der Zähnezahl und der zu verändernden Größe, *Spalte 0,* zunächst *keine* weitere (*Zeilen 1,5,9*), dann noch *eine* weitere (*Zeilen 2; 3; 6; 7; 10; 11*), in den *Zeilen 4; 8; 12* sogar *zwei* weitere Größen geändert werden. Es zeigt sich, daß in den meisten Fällen außer der Ritzelzähnezahl noch *eine* Größe geändert wird, z.B. der Achsabstand, die Übersetzung oder der Modul, gegebenenfalls gleichzeitig auch eine zweite. Berücksichtigt man mehrerer Größen gleichzeitig, ist die Änderung nicht so radikal.

Mit **Bild 1.3** wurde versucht, mit Bezug auf eine Ausgangspaarung alle 12 Variationsfälle des *Bildes 1.2* durch Zahlenbeispiele zu veranschaulichen. In der Regel wird man versuchen, bei einer so starken Verkleinerung der Ritzelzähnezahl ($z'_1 = 32$, $z_1 = 4$) diese nicht allein durch Änderung *einer* anderen Größe zu kompensieren, wie in den Fällen 1; 5; 9, sondern durch Ändern von zwei Größen wie in den Fällen 2; 3; 6; 7; 10; 11 oder gar durch drei wie in den Fällen 4; 8 und 12.

Änderung der Getriebeeigenschaften bei Anwendung von Evoloidverzahnungen					
Erstrebte Änderung von Verzahnungsgrößen	Notwendige Änderung von Verzahnungsgrößen			Erzielte Eigenschaften	Auswirkung auf Getriebeeigenschaften
0	Nr	1	2	3	4	5
1.0 Achsabstandsverkleinerung $a <$	1	1.1 $i =$	1.2 $m =$	1.3 $z_1 <$	1.4 gleiche Übersetzung gleicher Modul	1.5 Kleineres Getriebe
	2	2.1 $i =$	2.2 $m >$	2.3 $z_1 \ll$	2.4 gleiche Übersetzung größerer Modul	2.5 Kleineres Getriebe, größere Kräfte oder schwächerer Werkstoff bei kleinerem Getriebe
	3	3.1 $i >$	3.2 $m =$	3.3 $z_1 \ll$	3.4 größere Übersetzung gleicher Modul	3.5 Kleineres Getriebe mit größerer Übersetzung
	4	4.1 $i >$	4.2 $m >$	4.3 $z_1 \ll$	4.4 größere Übersetzung größerer Modul	4.5 Kleineres Getriebe, größere Kräfte oder schwächerer Werkstoff
5.0 Übersetzungsvergrößerung $i >$	5	5.1 $a =$	5.2 $m =$	5.3 $z_1 <$	5.4 gleicher Achsabstand gleicher Modul	5.5 Größere Übersetzung pro Stufe, Stufenreduzierung
	6	6.1 $a =$	6.2 $m >$	6.3 $z_1 \ll$	6.4 gleicher Achsabstand größerer Modul	6.5 Größere Übersetzung, größere Kräfte odere schwächerer Werkstoff
	7	7.1 $a <$	7.2 $m =$	7.3 $z_1 \ll$	7.4 kleinerer Achsabstand gleicher Modul	7.5 Größere Übersetzung und kleineres Getriebe
	8	8.1 $a <$	8.2 $m >$	8.3 $z_1 \ll$	8.4 kleinerer Achsabstand größerer Modul	8.5 Größere Übersetzung, kleinere Getriebe, größere Kräfte oder schwächerer Werkstoff
9.0 Modulvergrößerung $m >$	9	9.1 $a =$	9.2 $i =$	9.3 $z_1 <$	9.4 gleicher Achsabstand gleiche Übersetzung	9.5 Größere Kräfte oder schwächerer Werkstoff
	10	10.1 $a =$	10.2 $i >$	10.3 $z_1 \ll$	10.4 gleicher Achsabstand größere Übersetzung	10.5 Größere Kräfte oder schwächerer Werkstoff, größere Übersetzung
	11	11.1 $a <$	11.2 $i =$	11.3 $z_1 \ll$	11.4 kleinerer Achsabstand gleiche Übersetzung	11.5 Größere Kräfte oder schwächerer Werkstoff, kleineres Getriebe
	12	12.1 $a <$	12.2 $i >$	12.3 $z_1 \ll$	12.4 kleinerer Achsabstand größere Übersetzung	12.5 Größere Kräfte, kleineres Getriebe, größere Übersetzung

Bild 1.2. Die möglichen Änderungen der Getriebegrößen beim Einsatz des Evoloid-Verzahnungssystems.

Die Ritzelzähnezahlverkleinerung ermöglicht es, bei der Zahnradpaarung eine, zwei oder drei der Größen a; i; m zu ändern. In den einzelnen Zeilen stehen die 12 Varianten und die besonderen Eigenschaften jeder Variante.

Zeilen	Ausgang	1	2	3	4	5	6	7	8	9	10	11	12
a	114 (119,18)	14 (14,89)	28 (29,80)	44 (46,82)	42 (45,33)	112 (119,18)	111 (118,12)	61 (64,91)	99,75 (106,90)	112 (119,18)	112 (119,18)	56 (59,59)	66,5 (70,77)
i	2,5	2,5	2,5	10	6	27	17,5	14,25	13,25	2,5	15	2,5	8,5
m	2	2	4	2	3	2	3	2	3,5	16	3,5	8	3,5
z_1	32	4											
Änderung		a <				i >				m >			

Bild 1.3. Zahlenbeispiele für die Änderungsmöglichkeiten der Ausgangspaarung bei Verwendung von Evoloid-Ritzeln mit der Zähnezahl $z_1 = 4$, dem Profilwinkel $\alpha = 20°$ und dem Schrägungswinkel $\beta = 20°$.

Die erstrebte Hauptänderung steht in der untersten Zeile. Der Achsabstand für Schrägverzahnungen in der Klammer ändert sich wenig gegenüber einem mit geraden Stirnrädern nach Gl.(1.1). Beispiel *Spalte 2*: Mit der von 32 auf 4 Zähne verkleinerten Ritzelzähnezahl läßt sich bei gleicher Übersetzung $i = 2,5$ der Achsabstand auf $a = 29,80$ mm verkleinern und der Modul auf $m = 4$ mm vergrößern.

1.5 Maßnahmen zur Erzeugung von Evolventenzahnrädern mit kleinstmöglichen Zähnezahlen

Da in den Normen die Zähnezahl $z = 7$ als die kleinstmögliche gilt, muß festgestellt werden, welche Gründe dafür maßgebend sind. Ausgegangen wird dort vom Bezugsprofil nach DIN 867 [1.6] mit dem Zahnkopfhöhenfaktor $h_{aP}^* = 1$ und dem Zahnfußformhöhenfaktor $h_{FfP}^* = 1$ (Höhe bis zum Beginn der Fußausrundung). Die kleinste Zähnezahl ist dann erreicht, wenn aufgrund des Zahnspitzwerdens (für die Praxis bis Zahnkopfdicke $s_a = 0,2\, m_n$) und des Beginns von schädlichem Unterschnitt am Zahnfuß keine weitere Zähnezahlverkleinerung zulässig ist.

In **Bild 1.4** ist der Beginn der Spitzengrenze (nach oben) und der Beginn des schädlichen Unterschnitts (nach unten) in Abhängigkeit von der Zähnezahl z, dem Profilverschiebungsfaktor x, des Zahnkopfhöhenfaktors h_{aP}^* und des Zahnfußformhöhenfaktors h_{FfP}^* des Bezugsprofils aufgetragen [1.10 ; 1.20]. Betragen die beiden Zahnhöhenfaktoren $h_{aP}^* = 1$; $h_{FfP}^* = 1$, wie beim Bezugsprofil nach DIN 867, dann ist die kleinste Zähnezahl tatsächlich nur $z = 9$ (*Bild 1.4*). Nimmt man einen geringen Unterschnitt in Kauf, kann auch $z = 8$ oder gar 7 erreicht werden.

Bei den Evoloidverzahnungen sind die Zahnhöhenfaktoren so ausgelegt, daß weder die Spitzengrenze überschritten, noch die Unterschnittgrenze unterschritten wird. In *Bild 1.4* ist als Beispiel ein fünfzähniges Ritzel für Geradverzahnung eingetragen. Hat das Bezugsprofil einen Zahnkopfhöhenfaktor von $h_{aP}^* = 0,65$ und einen Zahnfußformhöhenfaktor von $h_{FfP}^* = 1,1$, dann ist bei Profilverschiebung

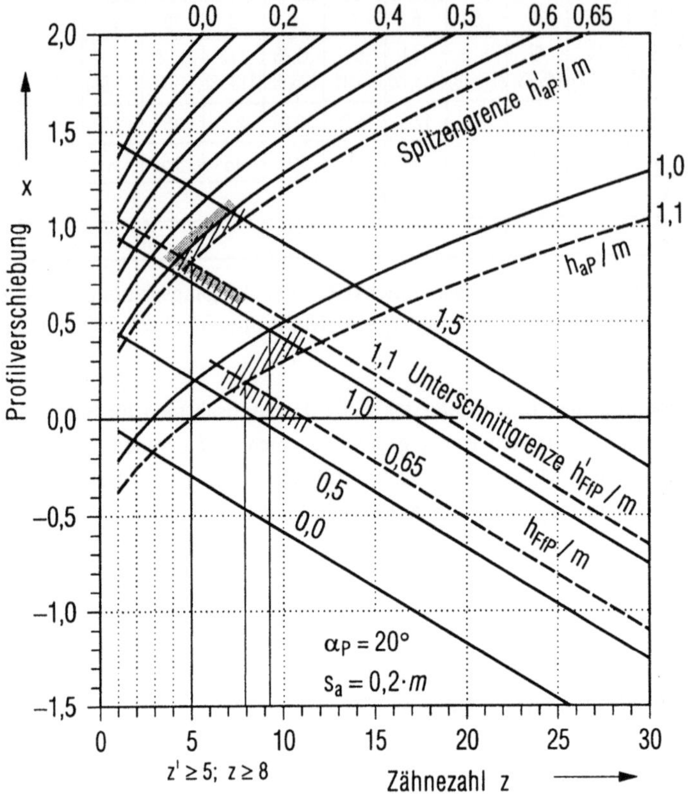

Bild 1.4. Spitzen-Unterschnitt-Diagramm zur Ermittlung der kleinsten Zähnezahl z_{min} für Geradverzahnungen.

Beispiel: $z'_{min} = 5$ bei $h^*_{aP} = 0{,}65$; $h^*_{fFP} = 1{,}1$, $z_{min} = 8$ bei $h^*_{aP} = 1{,}1$, $h^*_{fFP} = 0{,}65$ und $z_{min} = 9$ bei $h^*_{aP} = h^*_{fFP} = 1{,}0$.

$x = +0{,}8$ obige Bedingung erfüllt (gestrichelte Eintragung). Mit Rücksicht auf die Profilüberdeckung ε_α sollte die Gesamtzahnhöhe möglichst groß sein. In **Bild 1.5** wurde nun der Gesamt-Zahnhöhenfaktor ($h^*_{aP} + h^*_{FfP}$) in Abhängigkeit der erreichbaren Zähnezahl beim Eintreten der Spitzengrenze aufgetragen. Es läßt sich daraus entnehmen, daß bei gleicher Gesamtzahnhöhe eher kleine Zähnezahlen erreicht werden, wenn die Zahnkopfhöhe h_{aP} klein und die Zahnfußformhöhe h_{FfP} groß ist, als im umgekehrten Fall. So könnte man beispielsweise mit den Zahnhöhenfaktoren $h^*_{aP} = 0{,}6$ und $h^*_{aP} + h^*_{FfP} = 1{,}8$, $x = +0{,}9$ fünfzähnige Ritzel mit korrekten Zahnprofilen herstellen, mit den Faktoren $h^*_{aP} = 1{,}2$, $h^*_{aP} + h^*_{FfP} = 1{,}8$, $x = +0{,}5$ nur zehnzähnige Ritzel (gestrichelte Einzeichnung). Es ist daher viel günstiger für die Evoloidritzel, Ritzel als Stumpfprofile mit Hochprofilen als Gegenräder zu paaren, als umgekehrt.

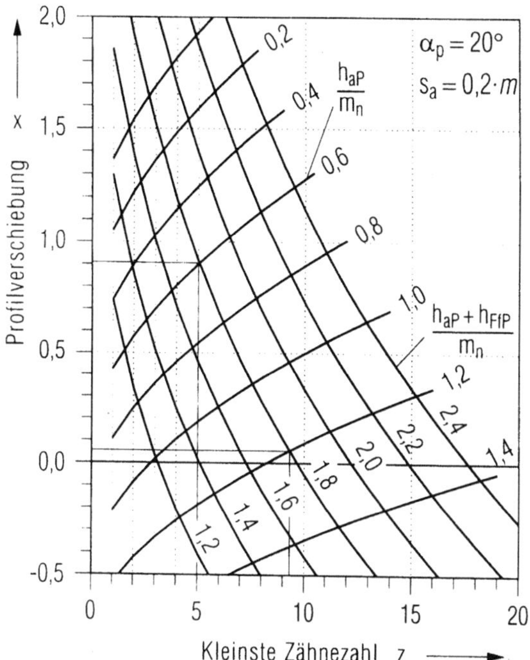

Bild 1.5. Mit kleinen Zahnkopfhöhen h_{aP} werden kleinere Zähnezahlen z erreicht als mit kleinen Zahnfuß-Formhöhen h_{FfP}.

Beispiel: $\quad h_{ap}^* = 0,6;\ h_{FfP}^* = 1,2;\ z_{min} = 5$

$\qquad\qquad h_{ap}^* = 1,2;\ h_{FfP}^* = 0,6;\ z_{min} = 10$

1.6 Die gewählten Evoloid-Verzahnungen

Einheitlich wurden die Zahnfußformhöhenfaktoren für die Bezugsprofile mit $h_{FfP}^* = 1,1$ festgelegt, um verschiedene Evoloidritzel mit den gleichen Gegenrädern paaren zu können, z.B. solchen, deren Bezugsprofile den Zahnkopfhöhenfaktor $h_{aP}^* = 1,1$ haben. Diese Bedingung erfüllt u.a. das Bezugsprofil der Feinwerktechnik [1.5]. Der Zahnfußformhöhenfaktor des Gegenrades muß nur gleich oder größer sein als der Ritzelkopfhöhenfaktor:

$$h_{FfP2}^* \geq h_{aP1}^* \quad .\tag{1.6}$$

Evoloidritzel und Gegenrad bilden in gewissen Sinne eine Paarung mit "Komplementprofilen" (siehe *Kapitel 2*). Verwendet man das Bezugsprofil DIN 867 [1.6] für Gegenräder, was von der Werkzeughaltung praktischer wäre, wird die Profilüberdeckung ε_α kleiner. Die Begrenzung der Gegenradzähnezahl ist durch die zu kleine Gesamtüberdeckung ε_γ und die Gefahr der Durchdringung mit dem Gegenradschaft gegeben. Da die Profilüberdeckung ε_α bei $z = 1$ bis 2 unter dem Wert „1" liegt, bei $z \geq 3$ um diesen Wert und darüber liegt, kann auf die Sprungüberdeckung ε_β in der Regel nicht verzichtet werden. Die Evoloidverzahnungen sind daher als Schrägverzahnung ausgebildet in der Regel mit dem Profilwinkel des Bezugsprofils $\alpha_n = 20°$ (Satzradeigenschaften insofern, als sie mit Gegenrädern verschiedener Zähnezahlen, jedoch nicht untereinander gepaart werden können) und dem Schrägungswinkel $\beta \geq 20°$. Das bringt einen kleinen Vorteil, weil die Ersatzzähnezahlen z_{nx}, welche für die Profilverschiebung $x \cdot m_n$ maßgebend sind, größer als die Stirnschnitt-, d.h. die realen Zähnezahlen sind, also günstigere Werte liefern. Es ist[1] nach [1.11]:

$$z_{nx} = \frac{z_t}{\cos^2 \beta_b \cos\beta} \tag{1.7}$$

mit

$$\sin\beta_b = \sin\beta \cdot \cos\alpha_n . \tag{1.8}$$

Da der Nenner in Gl. (1.7) immer kleiner als 1 ist, wird

$$z_{nx} \geq z_t = z . \tag{1.9}$$

So kann man beispielsweise einer Stirnschnittzähnezahl $z_t = 5$ bei $\beta = 20°$ eine Ersatzzähnezahl $z_{nx} = 5{,}93$ zuordnen und erhält aus *Bild 1.4* günstigere Werte.

Zur Festlegung der zulässigen Zahnhöhenfaktoren und der notwendigen Profilverschiebung für Evoloidverzahnungen bieten sich wie bei allen Schrägverzahnungen zwei Möglichkeiten an:

1. Berechnung über Geradverzahnungen mit reduzierter Zähnezahl nach Gl. (1.7) zur schnellen Feststellung der anfallenden Größen. Dieses Vorgehen wurde bei den *Bildern 1.4* und *1.5* zum leichteren Verständnis angewendet. Die verschiedenen Schrägungswinkel β erfordern keine neuen Diagramme, sondern wirken sich bei der Reduktion aus. Die Zähnezahlreduktion wiederum kann exakt nur für einen Teil der Zahnflanke erfolgen (hier für die Unterschnittgrenze [1.20]).

---

[1] Die wichtigen Gleichungen werden alle angeführt, um zusätzlich zum sachlichen Verständnis Berechnungen von Evoloid-Getrieben am Rechner nachvollziehen und variieren zu können. Weitere Unterlagen sind in [1.20;1.21] enthalten

Somit ist die reduzierte Spitzengrenze nicht genau, insbesondere bei sehr kleinen Zähnezahlen. Daher der kleine Unterschied der Werte von Bild 1.4 und 1.6.

2. Direkte und exakte Berechnung der Stirnschnittgrößen. Dabei kommt einem zugute, daß sich durch den Schrägungswinkel an den absoluten Größen in Zahnhöhenrichtung nichts ändert, hingegen die tangential verlaufenden Größen wie Zahndicke, Teilung und Modul um den Faktor $1/\cos\beta$ vergrößert werden. Die so ermittelten Größen sind immer exakt.

So ist z.B.:

$$h^*_{an}m_n = h^*_{at}m_t \tag{1.10}$$

$$x_{(n)}m_n = x_t m_t \tag{1.11}$$

dagegen

$$m_t = \frac{m_n}{\cos\beta} \tag{1.12}$$

$$p_t = 2\pi m_t \frac{r_t}{z_t} = \pi m_t \tag{1.13}$$

Wegen der Verwendung von genormten Geradzahnprofilen für die Herstellung und des direkten Zusammenhangs von Eintauchtiefe und Profilverschiebung werden in den Gleichungen für Schrägverzahnungen stets die Zahnhöhen, die Profilverschiebungen und der Modul der Geradverzahnung eingesetzt, dagegen für Zahndicken, Teilungen und Zähnezahlen die der Schrägverzahnung. Die Spitzengrenze s_{at} ergibt sich aus Gl. (1.14):

$$s_{at} = \frac{s_{an}}{\cos\beta_a} = 2r_{at}\left[\frac{\pi + 4x_{(n)}\tan\alpha_n}{2 \cdot z_{(t)}} + \text{inv}\,\alpha_t - \text{inv}\,\alpha_{at}\right] \tag{1.14}$$

mit

$$r_{at} = \left(\frac{z_{(t)}}{2\cos\beta} + h^*_{aP} + x_{(n)}\right)m_n, \tag{1.15}$$

$$\tan\alpha_t = \frac{\tan\alpha_n}{\cos\beta}, \tag{1.4}$$

$$\cos\alpha_{at} = \frac{z_{(t)}\cos\alpha_t}{z_{(t)} + 2\cos\beta\left(h_{aP}^* + x_{(n)}\right)} \tag{1.16}$$

und

$$\tan\beta_a = \tan\beta\cdot\frac{d_a}{d}. \tag{1.17}$$

Die Unterschnittgrenze errechnet sich aus:

$$x_{min} = \frac{h_{FfP}}{m_n} - \frac{z_{(t)}\cdot\sin^2\alpha_t}{2\cdot\cos\beta} \tag{1.18}$$

Mit der Gleichung für den korrigierten Achsabstand

$$a = \frac{1+i}{2\cdot\cos\beta}\cdot z_1\cdot m_n\cdot\frac{\cos\alpha_t}{\cos\alpha_{wt}}, \tag{1.19}$$

$$\text{inv}\alpha_{wt} = \frac{x_1+x_2}{z_1+z_2}\cdot 2\tan\alpha_n + \text{inv}\alpha_t, \tag{1.5}$$

kann man nun beliebige Paarungen für Evoloidgetriebe berechnen. (Eine alphabetisch geordnete Sammlung aller Gleichungen der Zahnradgeometrie für Stirnräder ist in [1.21] zu finden).

Anhaltspunkt für die Ritzelzahnhöhen mögen die Werte in **Bild 1.6** sein. Um ein Gefühl für die Steifigkeit der Evoloidritzel, die meist an Wellenenden angebracht sind, zu erhalten, wurden sie mit den Zähnezahlen 1 bis 5 in *Spalte 1* für den gleichen Modul dargestellt. In *Spalte 2* hingegen wurden die Stirnschnitte etwa für den gleichen Kopfkreisdurchmesser gezeichnet. Dabei gilt die Überlegung, daß bei sonst gleichen Größen der Modul umgekehrt proportional zur Zähnezahl wächst, *Bild 1.1, Teilbild 3*.

Die *Spalte 3* gibt Standardwerte für Evoloidritzel an als Faktoren für den Normalmodul, jedoch bezogen auf die einzelnen Schrägungswinkel. Durch deren Vergrößerung auf $\beta = 30°$ in Zeile 1 und $\beta = 25°$ in *Zeile 2* erhält man wesentlich steifere Zahnkörper.

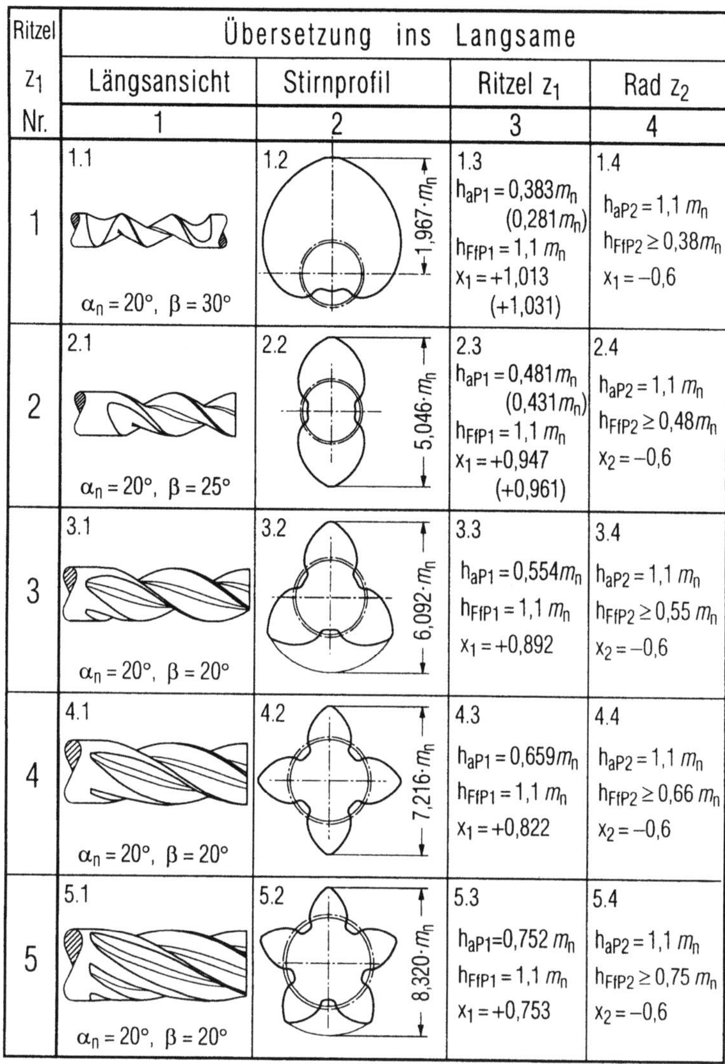

Ritzel z_1 Nr.	Übersetzung ins Langsame			
	Längsansicht	Stirnprofil	Ritzel z_1	Rad z_2
	1	2	3	4
1	1.1 $\alpha_n = 20°$, $\beta = 30°$	1.2 $1{,}967 \cdot m_n$	1.3 $h_{aP1} = 0{,}383 m_n$ $(0{,}281 m_n)$ $h_{FfP1} = 1{,}1\, m_n$ $x_1 = +1{,}013$ $(+1{,}031)$	1.4 $h_{aP2} = 1{,}1\, m_n$ $h_{FfP2} \geq 0{,}38 m_n$ $x_1 = -0{,}6$
2	2.1 $\alpha_n = 20°$, $\beta = 25°$	2.2 $5{,}046 \cdot m_n$	2.3 $h_{aP1} = 0{,}481 m_n$ $(0{,}431 m_n)$ $h_{FfP1} = 1{,}1\, m_n$ $x_1 = +0{,}947$ $(+0{,}961)$	2.4 $h_{aP2} = 1{,}1\, m_n$ $h_{FfP2} \geq 0{,}48 m_n$ $x_2 = -0{,}6$
3	3.1 $\alpha_n = 20°$, $\beta = 20°$	3.2 $6{,}092 \cdot m_n$	3.3 $h_{aP1} = 0{,}554 m_n$ $h_{FfP1} = 1{,}1\, m_n$ $x_1 = +0{,}892$	3.4 $h_{aP2} = 1{,}1\, m_n$ $h_{FfP2} \geq 0{,}55\, m_n$ $x_2 = -0{,}6$
4	4.1 $\alpha_n = 20°$, $\beta = 20°$	4.2 $7{,}216 \cdot m_n$	4.3 $h_{aP1} = 0{,}659 m_n$ $h_{FfP1} = 1{,}1\, m_n$ $x_1 = +0{,}822$	4.4 $h_{aP2} = 1{,}1\, m_n$ $h_{FfP2} \geq 0{,}66\, m_n$ $x_2 = -0{,}6$
5	5.1 $\alpha_n = 20°$, $\beta = 20°$	5.2 $8{,}320 \cdot m_n$	5.3 $h_{aP1} = 0{,}752\, m_n$ $h_{FfP1} = 1{,}1\, m_n$ $x_1 = +0{,}753$	5.4 $h_{aP2} = 1{,}1\, m_n$ $h_{FfP2} \geq 0{,}75\, m_n$ $x_2 = -0{,}6$

Bild 1.6. Übersichtskatalog der Evoloidritzel zur Übersetzung ins Langsame mit den wichtigsten Verzahnungsangaben, auch für mögliche Gegenräder.

Spalte 1: Evoloidritzel in Längsansicht mit gleichen Modulgrößen

Spalte 2: Evoloidritzel im Stirnschnitt mit verschiedenen Modulgrößen sowie gleichen Kopfkreisdurchmessern.

Spalte 3: Evoloid-Ritzelgrößen mit exakten Werten für den Stirnschnitt, als Vielfache des Normalmoduls m_n mit der Spitzengrenze $s_{at} \approx 0{,}2\, m_n$. Eingeklammerte Größen in den *Zeilen 1* und *2* gelten für $\beta = 20°$ und sind nicht dargestellt.

Verwendet man das Bezugsprofil nach DIN 867, dann werden die Zahnfußhöhen der Ritzel $h_{FfP1} = 1{,}0\, m_n$, die Zahnkopfhöhen der Räder $h_{aP2} = 1{,}0\, m_n$ sowie die Profilüberdeckung $\varepsilon_{\alpha t}$ kleiner.

Die Evoloidritzel sowie ihre Paarungsräder sind ohne weiteres auch mit üblichen Wälzfräsern, deren Schneidprofile dem Normprofil nach DIN 867 [1.6] oder dem Bezugsprofil nach ISO 53-1974 entsprechen, herstellbar. Die nutzbaren Zahnfußhöhen der Evoloidritzel werden dann $h_{fNP1} = 1,0\ m_n$, die Zahnkopfhöhen der Gegenräder $h_{aP2} = 1,0\ m_n$. Statt der Profile mit kleinen Zahnhöhen h_a kann man auch übliche Zahnhöhen mit entsprechender Kopfkürzung verwenden. Danach kann z.B. $h_{aP1} = 0,822\ m_n$ durch $h_{aP1} = 1,0\ m_n$ und $k = -0,178\ m_n$ realisiert werden. Allerdings wird die Profilüberdeckung ε_α kleiner (siehe Abschnitt 1.20).

1.7 Gesamtüberdeckung ε_γ von Evoloid-Zahnradpaaren

Eine geometrische Schwierigkeit bei Evoloidverzahnungen besteht darin, daß die Profilüberdeckung wegen der kleinen Zahnkopfhöhen h_{aP} kleiner oder wenig größer als $\varepsilon_{\alpha\tau} = 1$ ist. Sie muß in der Regel durch die Sprungüberdeckung ε_β ergänzt werden. Die Profilüberdeckung im Stirnschnitt ist

$$\varepsilon_{\alpha t} = \frac{1}{\pi \cdot \dfrac{m_n}{\cos\beta} \cdot \cos\alpha_t} \left[\sqrt{r_{at1}^2 - r_{bt1}^2} + \sqrt{r_{at2}^2 - r_{bt2}^2} - \left(r_{bt1} + r_{bt2}\right)\tan\alpha_{wt} \right]$$

$$(1.20)$$

wobei

$$r_{bt} = \frac{z_{(t)} \cdot m_n}{2 \cdot \cos\beta} \cdot \cos\alpha_t \qquad (1.21)$$

wird. Die Gesamtüberdeckung wird

$$\varepsilon_\gamma = \varepsilon_{\alpha t} + \varepsilon_\beta \qquad (1.22)$$

mit

$$\varepsilon_\beta = \frac{b \cdot \tan\beta}{p_t} = \frac{b \cdot \sin\beta}{\pi \cdot m_n}. \qquad (1.23)$$

Um eine konstante, tragende Berührlänge zu erhalten, muß eine möglichst große Sprungüberdeckung vorliegen. Damit lassen sich, wie in [1.8 ; 1.9] gezeigt wird, Evoloidverzahnungen für große Leistungen auslegen.

1.8 Die Überdeckung bei kleinen Zähnezahlen

Die ungewöhnlich kleinen Zähnezahlen von Evoloidverzahnungen haben wegen deren kleiner Zahnkopfhöhen sehr kleine Profilüberdeckungen zur Folge, bei denen $\varepsilon_\alpha < 1$ keine Seltenheit ist. Um die Bewegungsübertragung zu sichern, muß noch eine Sprungüberdeckung ε_β hinzukommen, so daß mindestens gilt

$$\varepsilon_\gamma = \varepsilon_\alpha + \varepsilon_\beta = 1. \tag{1.24}$$

Allerdings genügt das auch bei toleranzfreien Paarungen nicht, denn es gibt dann *eine* Umdrehungslage, in der die Berührlinie extrem kurz wird. In **Bild 1.7** trifft diese Möglichkeit im Fall a zu und ist für die Werte $\varepsilon_\alpha = 0{,}6$ und $\varepsilon_\beta = 0{,}4$ bei einem 4-zähnigen Ritzel anschaulich dargestellt. Die Berührlinie entartet in Phase drei zu einem Punkt. Um in jeder Eingriffsphase die gesamte Berührlinienlänge konstant zu halten, muß u.a. die Sprungüberdeckung ganzzahlig sein [1.11], wie im Fall b in *Bild 1.7* [1.9]. Dort ist in allen Phasen 1- 3 des Eingriffs die Gesamtlänge der Berührlinien gleich. Bei nicht ganzzahliger Sprungüberdeckung sind für

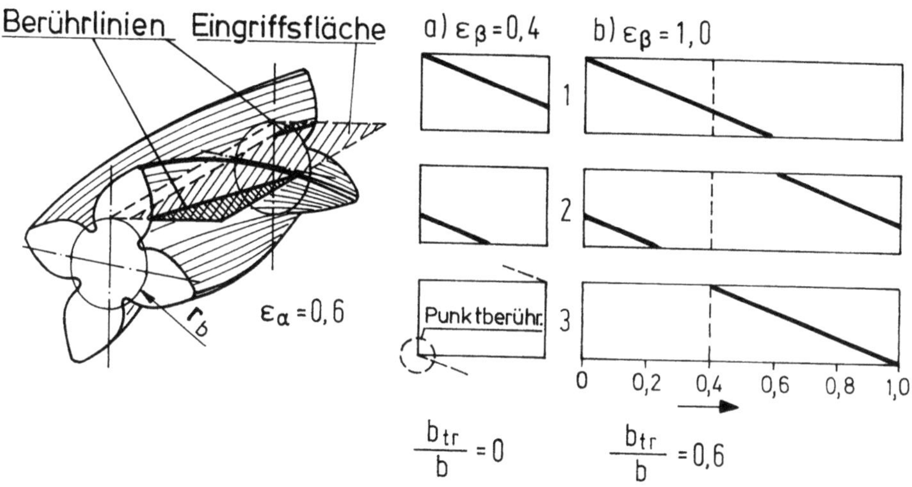

Bild 1.7. Die Größe der Berührlinien für verschiedene Sprungüberdeckungen ε_β bei Evoloidpaarungen.

Fall a: $\varepsilon_\alpha + \varepsilon_\beta = 1$, die Berührlinie entartet in einer Ritzelstellung zu einem Punkt. Das minimale tragende Zahnbreitenverhältnis ist $\dfrac{b_{tr}}{b} = 0$.

Fall b: $\varepsilon_\beta = 1$, die Berührlinie überdeckt in jeder Ritzellage die ganze Flanke. Das minimale tragende Zahnbreitenverhältnis ist $\dfrac{b_{tr}}{b} = 0{,}6$ und bleibt konstant.

die minimale tragende Zahnbreite noch drei Fälle zu unterscheiden. Die minimal tragende Zahnbreite b_{tr} läßt sich mit Hilfe der Überdeckungsanteile und der wirksamen Zahnbreite b ausdrücken. Für das Verhältnis von tragender Zahnbreite b_{tr} und vorhandener Zahnbreite b erhält man in diesen Fällen:

Fall c

$$\frac{b_{tr}}{b} = \frac{\varepsilon_\alpha + \varepsilon_\beta - 1}{\varepsilon_\beta} \quad \text{für} \quad \varepsilon_\alpha < 1, \ \varepsilon_\beta < 1, \ \varepsilon_\gamma > 1 \qquad (1.25)$$

Fall d

$$\frac{b_{tr}}{b} = \frac{\varepsilon_\alpha}{\varepsilon_\beta} \quad \text{für} \quad \varepsilon_\alpha < 1, \ \varepsilon_\beta \geq 1, \ \varepsilon_\gamma < 2 \qquad (1.26)$$

Fall e

$$\frac{b_{tr}}{b} = \frac{2\varepsilon_\alpha + \varepsilon_\beta - 2}{\varepsilon_\beta} \quad \text{für} \quad \varepsilon_\alpha < 1, \ \varepsilon_\beta > 1, \ \varepsilon_\gamma > 2 \qquad (1.27)$$

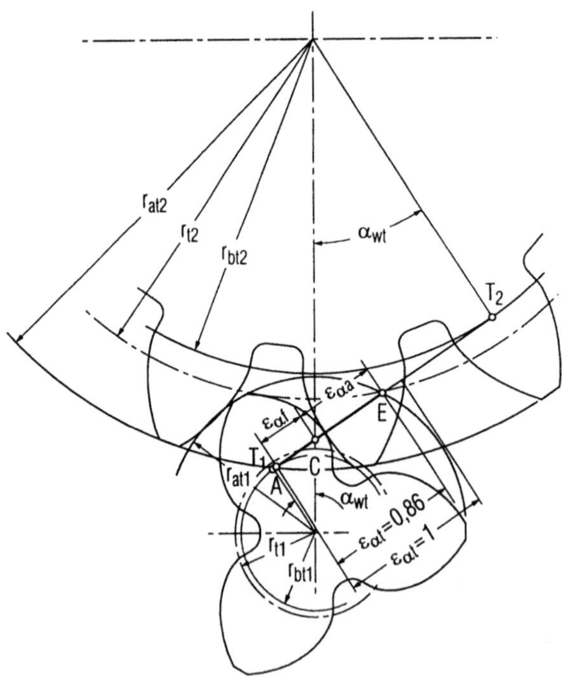

Bild 1.8. Eingriffsverhältnisse bei einem 3-zähnigen Evoloidritzel und einem konventionellen Gegenrad mit $z_2 = 13$ Zähnen.

Die Profilüberdeckung von $\varepsilon_{\alpha t} = 0{,}86$ muß durch die Sprungüberdeckung ε_β zu Werten von $\varepsilon_\gamma > 1$ ergänzt werden. Bei größeren Ritzel- oder Radzähnezahlen kann auch die Profilüberdeckung allein Werte $\varepsilon_{\alpha t} > 1$ erreichen.

Allgemeiner Fall

$$\frac{b_{tr}}{b} = \varepsilon_\alpha + \varepsilon_\beta - 1 \quad \text{für} \quad \varepsilon_\alpha \leq 1 \tag{1.24a}$$

Die angeführten Verhältnisse b_{tr}/b sind sehr wichtig für die Laufruhe der Verzahnung und für die Beurteilung der Festigkeitseigenschaften. Da bei Evoloidverzahnungen die Profilüberdeckung häufig auch $\varepsilon_\alpha \leq 1{,}0$ ist, sollte die Sprungüberdeckung $\varepsilon_\beta \geq 1{,}0$ sein. Ist sie ganzzahlig, dann bleibt die Länge der Berührlinien konstant, so daß ein ruhiger Lauf zu erwarten ist.

In **Bild 1.8** werden die Eingriffsverhältnisse einer Evoloidzahnradpaarung mit 3- und 13-zähnigen Rädern dargestellt. Wichtig für günstige Reibungsverhätnisse ist, daß die Berührung möglichst nahe am Wälzpunkt stattfindet, die Eintritt-Profilüberdeckung $\varepsilon_{\alpha f}$ möglichst klein, die Austritt-Profilüberdeckung $\varepsilon_{\alpha a}$ größer werden kann. Um die Profilüberdeckung einer Evoloidzahnradpaarung möglichst groß zu machen, empfiehlt es sich, nach den Gln. (1.20) und (1.15) die Zahnkopfkreise r_{at} möglichst groß, die Grundkreise r_{bt} möglichst klein zu machen, ebenso den Profilwinkel α_t. Mit kleinerem Profilwinkel α_t jedoch werden die Mindestzähnezahlen, welche unterschnittfrei und nicht spitz sind, größer.

1.9 Ersatz vorhandener Verzahnungen durch Evoloidzahnradpaarungen

1.9.1 Stufenzahlen

Um schnell und überschlägig festzustellen, welche Evoloidverzahnungen bei vorhandenen Getrieben Stufeneinsparungen durch vollständigen Ersatz oder durch Ergänzung ermöglichen, kann man **Bild 1.9** verwenden. Dort wird die Gesamtübersetzung i_{Ges} für die Stufenzahlen $n = 1...4$ über (konstant bleibenden) Stufenübersetzungen i_{Stufe} aufgetragen. Im rechten Teil des Diagramms sind die Evoloidzähnezahlen $z_1 = 1...6$ mit den Zähnezahlen ihrer Gegenräder z_2 über der Stufenübersetzung i_{Stufe} aufgetragen.

Das Vorgehen soll an den vier Beispielen I bis IV erläutert werden:

I. *Ausgangsgetriebe*: Stufenzahl $n_a = 3$ Stufen, Gesamtübersetzung

$i_{Ges} = (z_2/z_1)^3 = (40/16)^3 = 15{,}625$

Erstrebt: $n_b = 1$ mit $z_1 = 4$-zähnigem Ritzel

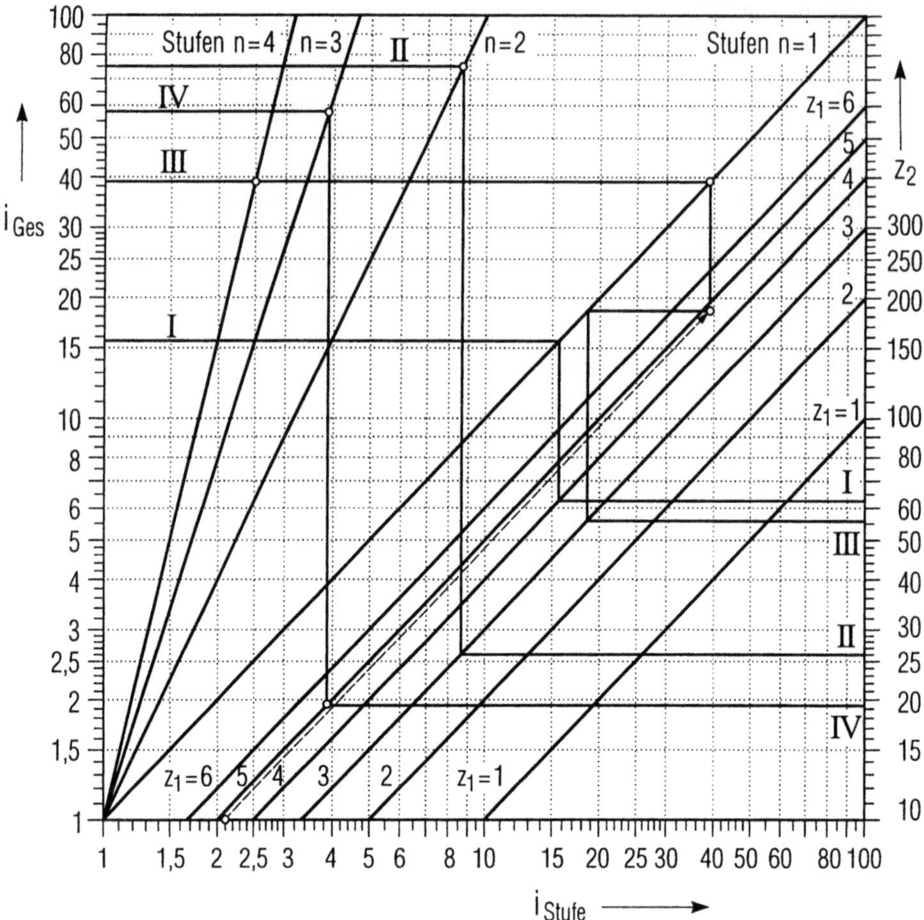

Bild 1.9. Nomogramm zur schnellen Ermittlung der Stufenübersetzung und der reduzierten Stufenzahl bei vollständigem oder teilweisem Einsatz von Evoloid-Verzahnungen. Vorgehen siehe Text.

Vorgehen: Verlängerung der Linie I zur "Stufe" $n = 1$, Schnittpunkt auf "Kurve" $z = 4$ loten. Neuer Schnittpunkt gibt Gegenradzähnezahl $z_2 = 63$, wobei $i_{Ges} = z_2/z_1 = (63/4) = 15{,}75$ ist.

II. *Ausgangsgetriebe*: $n_a = 4$, $i_{Ges} = (38/13)^4 = 73{,}0$
    Erstrebt: $n_b = 2$ mit $z_1 = 3$
    Vorgehen: i_{Ges}-Linie II mit "Kurve" $n_b = 2$ schneiden,
    auf "Kurve" $z_1 = 3$ loten
    Ergebnis: $n_b = 2$, $z_1 = z_3 = 3$, $z_2 = z_4 = 26$, $i_{Ges} = (26/3)^2 = 75{,}1$

III. *Ausgangsgetriebe*: $n_a = 4$, $i_{Ges} = (37/14)^3 \cdot (36/17) = (37/14)^3 \cdot 2{,}118 = 39{,}09$

    Erstrebt: Übersetzung $i_{Stufe} = 2{,}118$ belassen, Rest eine Stufe

    Vorgehen: "Kurve" für $z_1 = 2{,}118$ eintragen (gestrichelt), Linie $i_{Ges} = 39$ mit $n = 1$ schneiden, auf $z_1 = 2{,}118$ loten, zurück auf $n = 1$, dann auf $z_1 = 3$ (gewünscht) und auf $z_2 = 56$

    Ergebnis: $n_b = 2$; $i_{Ges} = (56/3) \cdot (36/17) = 39{,}53$. Eventuell auf $n_b = 3$ reduzieren, weil z_2 sehr groß. Man kann auch direkt von $i = (37/14)^3$ ausgehen und bei Wahl *einer* Stufe $n_b = 1$ sowie der Ritzelzähnezahl $z_1 = 3$ wie Fall I vorgehen, wobei $i = 56/3$ wird

IV. *Ausgangsgetriebe*: $n_a = 3$, $i_{Ges} = (58/15)^3 = 57{,}81$

    Erstrebt: Kleineres Getriebe und/oder größerer Modul bei $z_1 = 5$

    Vorgehen: i_{Ges}-Linie IV mit $n_b = 3$ Stufen schneiden, auf $z_1 = 5$ loten

    Ergebnis: $n_b = 3$, $z_1 = 5$, $z_2 = 19$; $i_{Ges} = (19/5)^3 = 54{,}9$

1.9.2 Getriebegröße

Bei starker Reduzierung der Stufenzahl mit Evoloid-Getrieben kann es sein, daß die Gegenradzähnezahl sehr groß wird, und das Gehäuse andere Maße annehmen

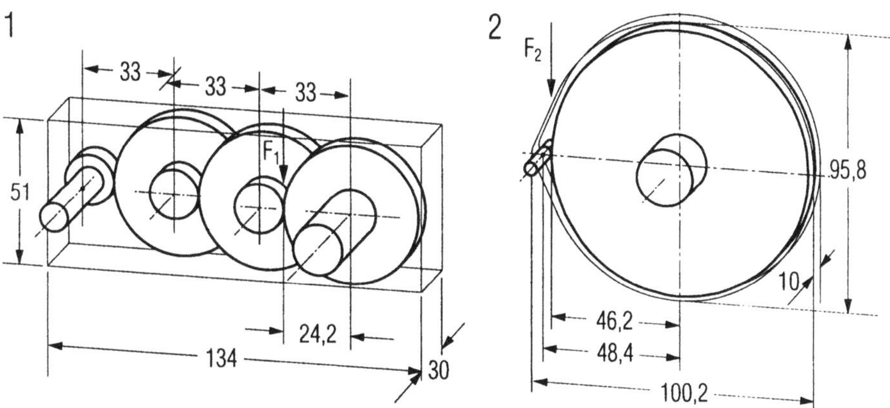

Bild 1.10. Mögliche Gehäuse-Innenabmessungen beim Übergang von einem 3-stufigen Getriebe mit üblichen Verzahnungen zu einem 1-stufigen mit Evoloidverzahnungen ($z_1 = 4$).

Übersetzung, Modul sowie Drehzahlen und Drehmomente an der Ein- und Ausgangswelle bleiben gleich. Das Gehäuse der Evoloidverzahnung wird in zwei Richtungen verkleinert.

Teilbild 1: Z.B. 3 Stufen mit $i_{Ges} = (z_2/z_1)^3 = (44/16)^3 = 20{,}80$, $m = 1{,}1$ mm

Teilbild 2: Z.B. 1 Stufe mit $i_{Ges} = z_2/z_1 = 84/4 = 21$, $m = 1{,}1$ mm

Die Werte lassen sich proportional zur Modulgröße verändern.

muß, wenn auch in zwei Richtungen verkleinerte. In **Bild 1.10** ist das anschaulich bei der Reduzierung eines dreistufigen auf ein einstufiges Getriebe und Ritzelzähnezahl $z_1 = 4$ gezeigt. Infolge dieser Reduzierung muß beispielsweise das neue Gegenrad $z_2 = 84$ statt bisher $z_2 = 44$ Zähne haben. Das stufenreduzierte Getriebe ist zwar kürzer und schmaler, jedoch höher bei gleichem Modul und gleicher Übersetzung. Ein Vorteil besteht darin, daß in der Endstufe bei F_2 kleinere Kräfte herrschen als beim konventionellen Getriebe bei F_1.

Der geschilderte Nachteil kann umgangen werden, wenn im dargestellten Fall die Ritzelzähnezahl $z_1 = 2$ vorliegt, wie sie in *Bild 1.11*, Zeile 2 realisiert wurde.

1.10 Ausgeführte Zahnradpaarungen

In **Bild 1.11** sind einige der ausgeführten und in verschiedenen Geräten schon seit langer Zeit laufende Getriebe dargestellt.

Das Getriebe mit einem 1-zähnigen Evoloidritzel in *Zeile 1* ist als Modell ausgeführt. Sein Einsatz ist etwas eingeschränkt, weil der "Zahnkörper" sehr klein im Querschnitt ist, das Ritzel beinahe nur aus dem gewundenen Zahn besteht und sich daher leicht durchbiegt. Als Sonnenrad in einem Getriebe mit zwei Planetenrädern würde die Durchbiegung gemindert.

In *Zeile 2* ist ein 2-zähniges Evoloidritzel für Leistungsgetriebe wiedergegeben. Mit einem extrem großen Schrägungswinkel z.B. mit $\beta \approx 45°$ erreicht man eine relativ hohe Stabilität. Das gilt auch für Ritzel mit $z_1 = 1$, wie in *Bild 1.6, Feld 1.1* zu erkennen ist.

In *Zeile 3* ist ein 3-zähniges Evoloidritzel mit einem Kunststoffgegenrad zu sehen. Hier wurde der Achsabstand für das Getriebe mit konventionellen Zahnrädern belassen und die Ritzelzähnezahl-Verkleinerung auch zur Modulvergrößerung ausgenutzt, um gegebenenfalls Kunststoffzahnräder als Gegenräder einsetzen zu können, Fall 9 in *Bild 1.2*. Das Zahnradritzel mit 3 Zähnen ist schon sehr stabil. Solche Ausführungen wurden z. B. bei Motorgetrieben mit Evoloidritzeln erstmalig seit 1966 verwendet. Das Widerstandsmoment des Zahnfußes wurde durch Verdoppelung des Moduls sowie der Zahnbreite um den Faktor 8 vergrößert. Einsatzmöglichkeiten sind auch für Innenverzahnungen gegeben [1.2].

Auch das 4-zähnige Zahnradritzel in *Zeile 4* ist typisch für diese Verzahnungsart. Wegen des kleinen Kopfkreisdurchmessers wird das Evoloidritzel auf die Antriebswelle geschnitten. Die Folge ist ein relativ langer Zahnlückenauslauf, der sich bei großem Schrägungswinkel verkürzt. Sitzt ein großes Rad gleich daneben, reicht dieser Zahnlückenauslauf auch in seine Aufnahmebohrung.

z_1	Evoloidverzahnungen Ausführungen	Verzahnungsgrößen
Nr	1	2
1	1.1 	1.2 Modellpaarung $z_1 = 1$ $z_2 = 37$ $\alpha_n = 20°$ $\beta = 20°$ $m_n = 1$ mm $a = 21{,}18$ mm
2	2.1 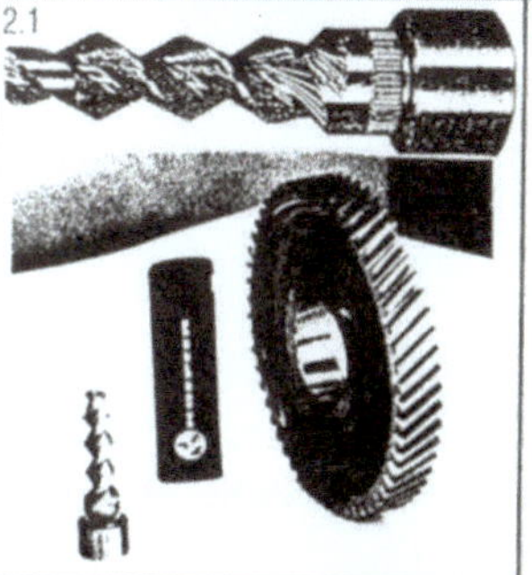	2.2 Motorgetriebe $z_1 = 2$ $z_2 = 54$ $\alpha_n = 20°$ $\beta = 45°$ $m_n = 1{,}8$ mm $a = 71{,}98$ mm
3	3.1 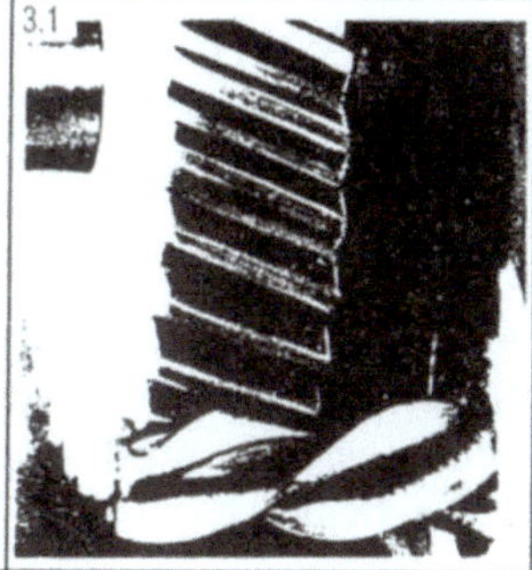	3.2 Motorgetriebe, erste Stufe $z_1 = 3$ $z_2 = 33$ $\alpha_n = 20°$ $\beta = 24°$ $m_n = 1{,}8$ mm $a = 35{,}98$ mm
4	4.1 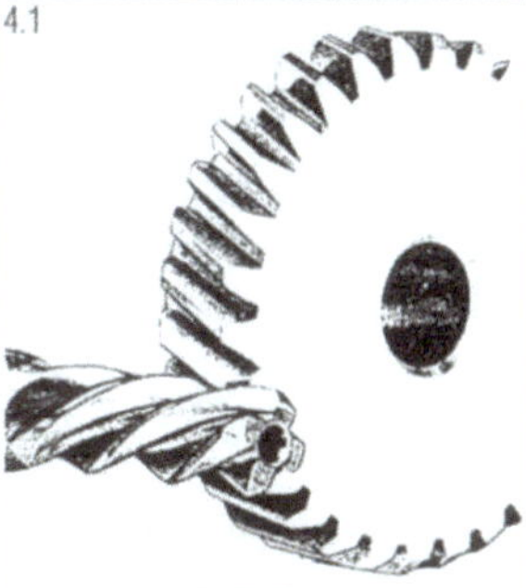	4.2 Evoloidritzel am Schaft $z_1 = 4$ $z_2 = 30$ $\alpha_n = 20°$ $\beta = 27°$ $m_n = 1{,}5$ mm $a = 28{,}91$ mm

Bild 1.11. Ausgeführte Zahnradpaarungen mit Evoloidverzahnungen.

Zeile 1: 1-zähniges Evoloidritzel - Modellausführung
Zeile 2: 2-zähniges Evoloidritzel für Fahrrad-Leistungsgetriebe
Zeile 3: 3-zähniges Evoloidgetriebe mit extrem großem Modul für Kunststoffgegenrad
Zeile 4: 4-zähniges Evoloidritzel für Drehzahlreduktions-Leistungsgetriebe
Verzahnungsgrößen wie in *Bild 1.6 (Feld 2.1 - 4.1)*; Werkfoto und Herstellung: Fa. Josef Koepfer, D-78116 Furtwangen

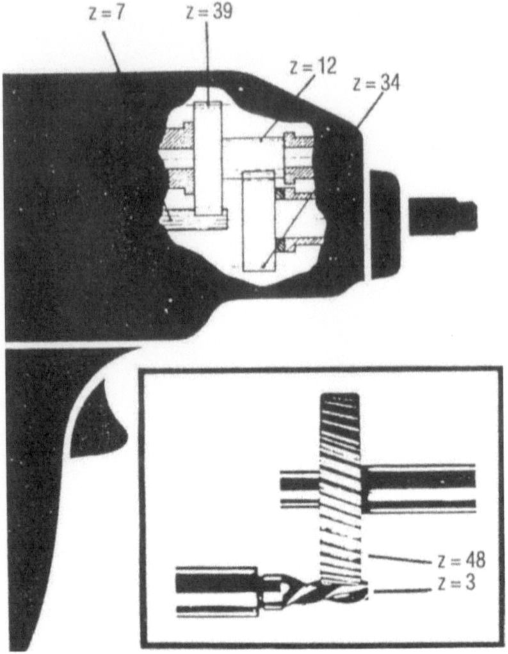

Bild 1.12. Stufenreduzierung und Verkleinerung des Getrieberaumes bei einer Handbohr-
maschine, wenn Evoloidverzahnungen verwendet werden.

Oben: Konventionelles Getriebe mit zwei Stufen, $n = 2$, $i_{Ges} = (39/7) \cdot (34/12) = 15{,}786$

Unten: Evoloidgetriebe mit einer Stufe, $n = 1$, $i_{Ges} = 48/3 = 16$; Werkfoto: Fa. Josef Koepfer

In **Bild 1.12** wird schließlich sehr anschaulich gezeigt, wie der Ersatz von *zwei*
Getriebestufen einer Bohrmaschine durch *eine* Stufe mit Evoloidverzahnungen erfolgen kann [1.1 ; 1.7]. Die Lagerung wird viel einfacher, die Ausdehnung in
axialer Richtung kürzer, damit wird die ganze Maschine kleiner, leichter und billi-
ger.

1.11 Weitere Eigenschaften der Evoloidverzahnungen

1.11.1 Der Wirkungsgrad

Der Übertragungswirkungsgrad einer Zahnradpaarung wird um so schlechter, je
größer die Übersetzung ist. Versuche mit Stahl/Hartgewebe-Paarungen [1.17]
zeigten, daß er bei Übersetzungen von $i = 41/4 = 10{,}25$ etwa 94% betrug und bei
größeren Übersetzungen wie $i = 123/4 = 30{,}75$ etwa 92% war.

Die Wirkungsgrade mehrstufiger Getriebe bewegen sich in der gleichen Größenordnung wie der von einstufigen Getrieben, denn für zwei Stufen (statt einer) erhielte man mit 97% pro Stufe $(0,97)^2 = 0,94$, also 94% Gesamtwirkungsgrad. Bei drei Stufen im zweiten Fall $(0,97)^3 = 0,91$, also 91%. Damit ist der Wirkungsgrad jedoch viel besser als bei vergleichbaren Schneckengetrieben.

1.11.2 Festigkeit

Über die kleinere Belastung der Endstufe im Vergleich zu üblichen Getrieben wegen der größeren Radkreisradien des Abtriebsrades wurde im Zusammenhang mit *Bild 1.10* schon berichtet. Wird bei gleicher oder größerer Übersetzung auch ein größerer Modul verwendet, dann wächst im selben Verhältnis die Zahnfußdicke und quadratisch mit ihr das Widerstandsmoment gegen *Zahnfußbruch.*

Bei kleinen Zähnezahlen ist der Ritzelzahn sehr stark in positiver Richtung verschoben, so daß im wesentlichen auch ein flacher Teil der Evolvente zum Eingriff kommt (*Bild 1.8*). Das ist für die *Hertz'sche Pressung* günstig. Die konkreten Werte für einzelne Paarungen mit Evoloidverzahnungen sowie eingehende Festigkeitsuntersuchungen werden in *Abschnitt 1.20* angegeben.

Die Verhältnisse sind auch für den Zahnverschleiß recht günstig. Nimmt man an, daß er von der auftretenden Reibleistung abhängt, dann wird diese mit der Zahnnormalkraft und dem Quadrat der Gleitgeschwindigkeit kleiner. Die Gleitgeschwindigkeit verkleinert sich mit dem Radius des Eingriffspunktes von der Rotationsachse. Dieser ist bei kleinen Zähnezahlen naturgemäß sehr klein. In [1.8 ; 1.9] wird gezeigt, daß die Evoloidverzahnungen auch für Leistungsgetriebe vorteilhaft sind.

1.11.3 Laufverhalten

Die Vorteile der Evoloidverzahnungen im Laufverhalten beruhen auf der niedrigeren und daher akustisch nicht so störenden Zahneingriffsfrequenz und auf der Tatsache, daß der größte oder ganze Teil der Eingriffsstrecke nach dem Wälzpunkt liegt. Dadurch entsteht eine sogenannte „degressive" oder „ziehende" Reibung, welche jede Klemmung sowie den Stick-Slip-Effekt verhindert, die Reibung und den Zahnverschleiß verringert und selbst bei rauhen, ungeschmierten Oberflächen zur Glättung der Flanken führt. Für Zahnradpaarungen ist dieser Effekt in [1.20], für Kupplungen in [1.23 ; 1.28] beschrieben. Wegen des Vorherrschens der degressiven Reibeigenschaft eignet sich diese Ausführung der Evoloidverzahnung besonders gut für Übersetzungen ins Langsame (siehe auch *Abschnitt 1.12*).

1.11.4 Herstellung

Wichtig für die Einführung einer neuen Verzahnung ist unter anderem die Möglichkeit ihrer Herstellung. Evoloidverzahnungen können durch Abwälzfräsen (*Kapitel 9, Bild 9.2, Blatt 3, Feld 8.2*), durch Abwälzstoßen und Wälzschälen (*Felder 9.2* und *11.2*) hergestellt werden. Das Schleifen stößt wegen des großen Schleifscheibendurchmessers und des langen Zahnlückenauslaufs auf Schwierigkeiten. Man kann die Räder jedoch schaben und honen mit einer Vorrichtung, die der in *Feld 11.3* von *Bild 9.2, Blatt 3*, gleicht, jedoch mit dem Werkzeug als Hohlrad und dem Werkstück als Evoloidritzel [1.22].

1.12 Unterschiede für Übersetzungen ins Langsame und ins Schnelle

In den folgenden Abschnitten werden besonders günstige Zahnradpaare mit kleinen Ritzeln als Abtriebszahnräder für Übersetzungen ins Schnelle vorgestellt. Ein vorteilhaftes Eingriffsverhalten bei diesen und ähnlichen Getrieben kann erzielt werden, wenn die nichtlinearen Reibsysteme, die während des Zahneingriffs auftreten, entlang der Eingriffsstrecke richtig verteilt werden mit dem Eingriffsbeginn nahe am Wälzpunkt.

Bei Übersetzungen ins Langsame ist stets das kleinere Rad das treibende. Infolge des kleineren Grundkreises r_{b1} gegenüber r_{b2} (*Bild 1.16, Feld 2.2*) ist die mögliche Länge der Eingriffsstrecke für den Eingriffsbeginn zwischen Punkt A und Wälzpunkt C stets kleiner als die für das Eingriffsende zwischen den Punkten C und E. Bei Evoloidritzeln zur Übersetzung ins Langsame, mit kleinem Grundkreis r_{b1} gilt diese Feststellung in besonderem Maße. Bezüglich der Auswirkung der Reibkräfte zwischen den Flanken ist es günstig, möglichst kurze Eingriffsstrecken *vor* dem Wälzpunkt zu haben, da in diesem Bereich die Reibkraft bei den tangential aneinander vorbeigleitenden Flanken erhöht wird. Grund dafür ist das hier jeweils wirksame, durch die Zahnradgeometrie gebildete sog. „progressive", auch „stoßende" Reibsystem.

Soll nun die Übersetzung ins Schnelle erfolgen, tritt genau der umgekehrte Umstand ein wie bei Übersetzungen ins Langsame, denn das große Rad treibt. Wie auch aus *Bild 1.16, Feld 2.2*, zu entnehmen ist, rückt der Eingriffsbeginn, jetzt zum ehemaligen Eingriffsende, Punkt E, sehr weit weg vom Wälzpunkt C, so daß sich das große Rad bei dieser Eingriffsdarstellung entgegen der angegebenen ω_2-Richtung dreht. Daher muß versucht werden, die Verzahnungsgrößen so zu ändern, daß auch beim Antrieb durch das größere Rad der Eingriffsbeginn möglichst nahe an den Wälzpunkt C rückt, *Feld 2.2*. Da für Übersetzungen ins Schnelle der Übertragungswirkungsgrad ganz entscheidend von der Wirksamkeit der vorliegenden Reibsysteme abhängt, werden sie zunächst für Zahnradpaarungen grundsätzlich betrachtet.

1.13 Verzahnungspaarungen bilden nichtlineare Reibsysteme

In den Veröffentlichungen [1.20;1.23 ; 1.28] wurden sämtliche Reibpaarungen fester Körper durch drei charakteristische Reibsysteme erfaßt, nämlich durch solche, bei denen sich die Reibkräfte F_R **linear** mit den wirksamen Reibwerten μ ändern, durch solche, bei denen diese Änderung weniger als linear, nämlich **degressiv**, erfolgt und durch solche, bei denen die Reibkraftänderung **progressiv** ist. Bei letzteren ist in bestimmten Fällen die progressive Änderung für endliche Reibwerte μ unendlich groß. Diese Reibsysteme entstehen von einem bestimmten Reibwert an, wenn nämlich der Reibwert bis zum Klemmreibwert μ_K und darüber hinaus wächst

$$\mu \geq \mu_K \tag{1.28}$$

Man nennt sie dann Klemmsysteme.

In **Bild 1.13, Teilbild 2**, sind drei Lenkeranorderungen mit Gleitstücken dargestellt, welche die drei Reibsysteme zeigen. Bei der mittleren Anordnung (I) wird für jede Bewegungsrichtung $+v$ oder $-v$ die Reibkraft F_{RL} **linear** mit dem Reibwert μ geändert. Bei der rechten Anordnung (II) und der Bewegung in $+v$-Richtung wirkt die Reibkraftänderung **degressiv**, bei der linken Anordnung (III) und der Bewegung in $-v$-Richtung wirkt die Reibkraftänderung progressiv. Es gilt aufgrund der Gleichgewichtsbedingungen

$$F_R = \frac{\mu \cdot F}{1 + \dfrac{v}{|v|} \cdot \mu \cdot \cot \kappa} . \tag{1.29}$$

Die Reibkraft F_R in Gl. (1.29) wird unendlich groß (Klemmen), wenn der Nenner null wird

$$1 + \frac{v}{|v|} \cdot \mu \cdot \cot \kappa = 0, \tag{1.30}$$

nach dem Reibwert entwickelt ist

$$\mu_K = - \tan \kappa \cdot \frac{|v|}{v} . \tag{1.30a}$$

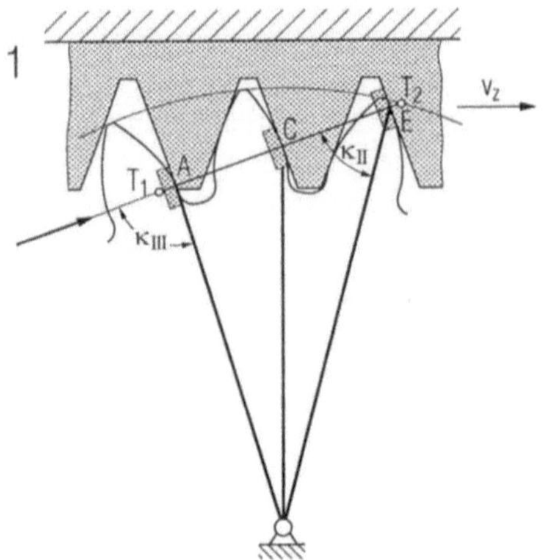

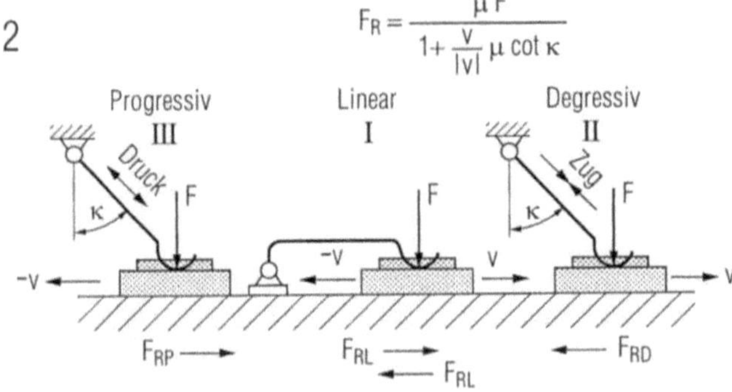

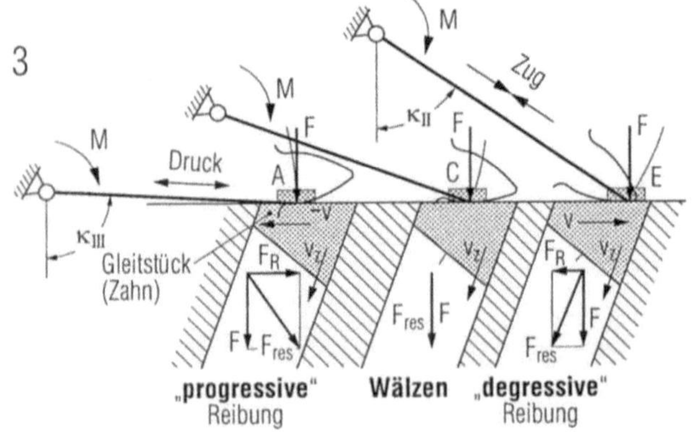

Eingriff: **vor**   **im**   **nach**   Wälzpunkt

Bezieht man sich gleich auf das progressive System, *Teilbild 2* links, kann die Bewegungsrichtung v weggelassen werden und es bleiben die einfachen Gleichungen

$$F_R = \frac{\mu \cdot F}{1 - \mu \cdot \cot \kappa} \qquad (1.29a)$$

mit dem möglichen Klemmreibwert

$$\mu_K = \tan \kappa . \qquad (1.30b)$$

Aus Gl. (1.29) ist zu erkennen, daß die lineare Reibkraft $F_R = \mu \cdot F$ durch den Wert des Nenners verkleinert werden kann, nämlich wenn $+v$ vorliegt, sie wird jedoch vergrößert, wenn die Bewegungsrichtung des Gleitstücks $-v$ ist. Erfolgt durch die Bewegungsrichtung v des Gleitstücks ein zusätzliches Zusammenpressen der Gleitflächen, ist die Richtung negativ, im anderen Fall positiv. Ein Größerwerden des Reibwertes μ oder ein kleinerer Winkel κ ergeben im Fall der negativen v-Bewegung eine Vergrößerung, im Fall der positiven v-Bewegung eine Verkleinerung der Reibkraft F_R.

Jede Zahnradpaarung, hier durch ein Rad und eine Zahnstange dargestellt, *Bild 1.13, Teilbild 1*, entspricht mindestens einem dieser Reibsysteme, nämlich bei Eingriff vor dem Wälzpunkt C dem progressiven Reibsystem, bei Eingriff nach dem Wälzpunkt C dem degressiven Reibsystem. Das lineare Reibsystem tritt bei Zahnradpaarungen nicht auf, da im Eingriffspunkt C wälzende Bewegung stattfindet. Es wird jedoch in der Nähe dieses Punktes sehr gut angenähert.

1.13.1 Reibsysteme bei Paarungen mit Zahnstangen

Aus *Teilbild 1* ist obige Festlegung nicht ohne weiteres ersichtlich. Daher wird in Teilbild 3 jeder Zahnstangenzahn durch ein trapezförmiges Gleitstück dargestellt, der Radzahn durch ein am Hebel befestigtes rechteckiges Gleitstück [1.26].

Bild 1.13. Die Größe der Reibkraft beim Zahneingriff.

Teilbild 1: Eingriff von Rad und Zahnstange
Teilbild 2: Die drei Reibsysteme, welche die Reibkraft F_R vergrößern (III), belassen (I) oder verkleinern (II). Bei Zahnradpaarungen treten die Reibsysteme III und II auf.
Teilbild 3: Wirkungsweise der Reibsysteme beim Zahneingriff. Reibsystem III vor dem Wälzpunkt, Reibsystem II nach dem Wälzpunkt. Durch F_{res} wird die Gleitfläche zusätzlich belastet oder entlastet. Das Gleitstück stellt den Zahn der Zahnstange dar, wenn er vor dem Wälzpunkt bei A liegt, wird die Gleitfläche durch die Reibkraft F_R zusätzlich belastet, wenn er bei E liegt, zusätzlich entlastet. Die Trapezgrundlinie ist die Gleitfläche.

Die Bewegung v_Z der Zahnstange (der trapezförmigen Gleitstücke) erfolgt in der schrägen Gleitführung. Aufgrund des Kreisbogens durch die Berührungspunkte ist zu erkennen, daß das trapezförmige Gleitstück sich am Punkt A zum Drehpunkt des Hebels bewegt und die Reibflächen mehr aneinander pressen will (-v), somit reibkrafterhöhend wirkt, am Punkt E die Reibflächen auseinanderziehen will (+v), somit reibkraftverringernd wirkt. Die Verhältnisse an Punkt A gleichen denen des *progressiven* Reibsystems, an Punkt E denen des *degressiven*. Dies gilt für Zahnstangenpaarungen, aber auch für alle anderen Stirnradpaarungen, wie anschließend gezeigt wird.

Allgemein:

> Bei Zahnradpaarungen herrscht für Eingriff **vor** dem Wälzpunkt stets sich **vergrößernde** ("progressive") Reibung, bei Eingriff **nach** dem Wälzpunkt sich **verkleinernde** ("degressive") Reibung".

"Progressiv" wirkende Reibung führt bei ungünstigen Eingriffs- und Schmierverhältnissen bis zur Selbsthemmung und hat die Tendenz, die Flanken aufzurauhen. Bei "degressiv" wirkender Reibung ist das nicht der Fall. Dort werden die Flanken in der Regel sogar geglättet. Daher sollte in gefährdeten Fällen der Eingriff stets in der Nähe des Wälzpunktes beginnen. Besonders gefährdete Fälle sind große Übersetzungen ins Schnelle und Verzahnungen ohne Schmierung. Im ersten Fall wird der Winkel κ negativ, im zweiten Fall der Reibwert μ sehr groß (siehe Gl. (1.29). Es findet bei Eingriff vor dem Wälzpunkt C eine Zusatzbelastung der Gleitfläche durch die Reibkraft F_R statt, welche bei "progressiver" Reibung an der Lenkeranordnung die Normalkraft vergrößert, bei "degressiver" Reibung diese verkleinert.

1.13.2 Reibsysteme bei Außen-Zahnradpaarungen

In **Bild 1.14** sind die im allgemeinen wohl vertrauten Reibverhältnisse bei der Paarung zweier außenverzahnter Räder dargestellt. Zu bemerken ist:

- Der Eingriffsbeginn A liegt beim Antrieb (ω_1) durch das kleinere Rad z_1 näher am Wälzpunkt C als beim Antrieb (ω_2) durch das größere Rad z_2 am Punkt E beginnend. Daher ist die Reibkraft F_R im zweiten Fall größer als im ersten.

- Der Eingriffsbeginn kann durch Verkleinerung des Zahnkopfkreises des getriebenen Rades r_{a2} zum Wälzpunkt C hin verschoben werden.

- Die relative Gleitbewegung an den sich berührenden Zahnflankenabschnitten ist bei gleicher Entfernung vom Wälzpunkt C größer als bei Paarungen mit Zahnstangen. Demgemäß sind die Reibleistungen auch größer.

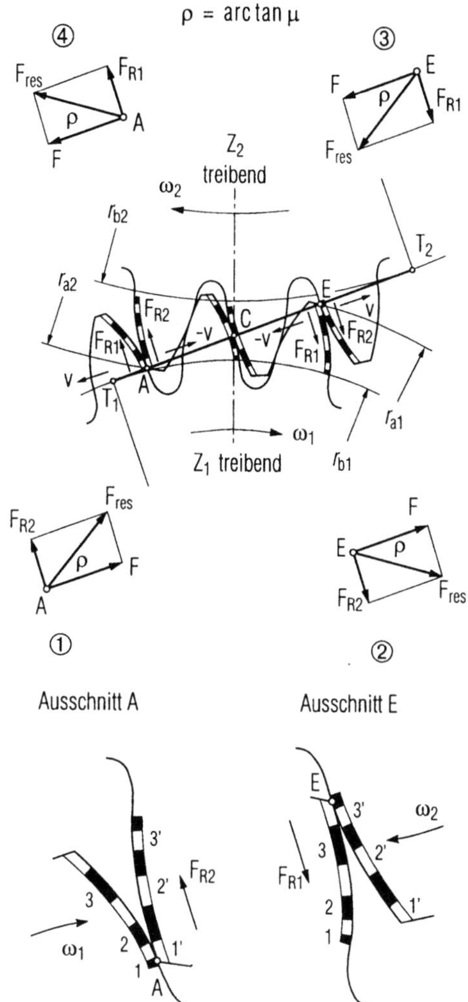

Bild 1.14. Die Reibungsauswirkung auf Evolventenzahnradpaarungen mit Außenverzahnungen.

Die vorbeistreichenden Flankenabschnitte (unten) ermöglichen es, den Richtungssinn der Reibkräfte F_R zu erkennen, da der Bewegungsrichtungssinn des größeren Abschnitts den Richtungssinn der Reibkraft F_R an den Gegenflanken bestimmt.

Fall 1 und 2: Das kleinere Rad z_1 treibt, Bewegungsrichtung $ω_1$. Zwischen den Eingriffspunkten A und C herrscht "progressive" Reibung (III), zwischen den Eingriffspunkten C und E "degressive" Reibung (II).

Fall 3 und 4: Die Bewegungsrichtung ist $ω_2$. Das größere Rad z_2 treibt zurück. Nun herrscht zwischen den Eingriffspunkten E und C "progressive" Reibung (III), zwischen den Eingriffspunkten C und A "degressive" Reibung (II).

Ausschnitte A und E: Vergrößerte Darstellung der aneinander vorbeigleitenden Flankenabschnitte.

– Durch Reibkräfte F_R vor dem Wälzpunkt C wird die Richtung der resultierenden Kraft F_{res} derart verändert, daß sich die Antriebshebelarme zu den Drehpunkten des Gegenrads verkleinern, z. B. in den Fällen 1 und 3

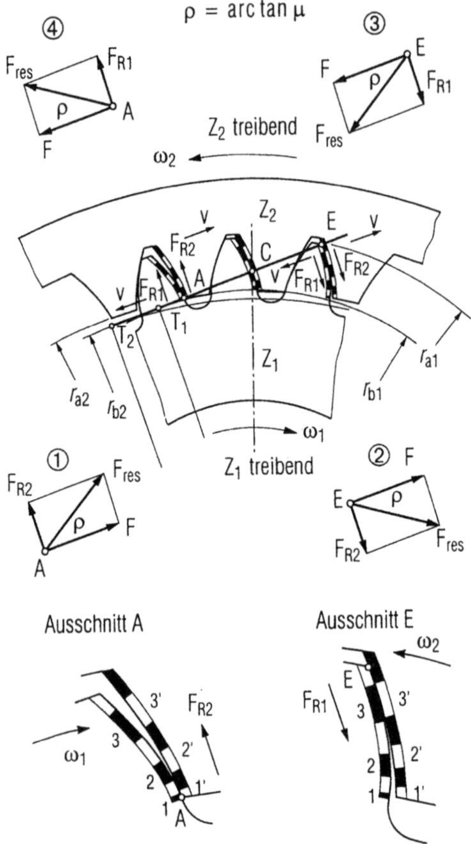

Bild 1.15. Die Reibungsauswirkung bei Evolventenzahnradpaarungen mit Innenverzahnungen.

Die vorbeistreichenden Flankenabschnitte (unten) ermöglichen es, den Richtungssinn der Reibkräfte F_R zu erkennen, da der Bewegungsrichtungssinn des größeren Abschnitts den Richtungssinn der Reibkraft F_R am Gegenrad bestimmen.

Fall 1 und 2: Das Außenrad z_1 treibt, Bewegungsrichtung ω_1. Zwischen den Eingriffspunkten A und C herrscht "progressive" Reibung (III), zwischen den Eingriffspunkten C und E "degressive" Reibung (II).

Fall 3 und 4: Das Hohlrad z_2 treibt, Bewegungsrichtung ist ω_2. Nun herrscht zwischen den Eingriffspunkten E und C "progressive" Reibung (III), zwischen den Eingriffspunkten C und A "degressive" Reibung (II).

Ausschnitte A und E: Vergrößerte Darstellung der aneinander vorbeigleitenden Flankenabschnitte.

(möglicher Grenzfall: Hebelarm null). Die hier wirkenden Reibkräfte nach dem Wälzpunkt vergrößern die Hebelarme der resultierenden Kraft zum Drehpunkt des Gegenrads, z. B. in den Fällen 2 und 4.

In der Ausschnittsvergrößerung ist zu erkennen, daß im Fall A die am treibenden Radfuß ω_1 vorbeistreichenden Flankenabschnitte viel kleiner sind als am Zahnkopf des getriebenen Rades (1-1') und im Fall B die Verhältnisse umkehren (3-3'). Daher ändert die Reibkraft F_R ihren Richtungssinn.

1.13.3 Reibsysteme bei Innen-Zahnradpaarungen

Die gleiche Betrachtung ist in **Bild 1.15** für Innen-Zahnradpaarungen angestellt. Die Flankenunterteilung in Abschnitte für stets gleiche, dem Übersetzungsverhältnis entsprechende Teildrehungen der Räder ermöglicht die unmittelbare Erkennung der Reibkraftrichtung von F_R an der Flankenberührung (siehe *Ausschnitte A und E*). In welchem Richtungssinn die Reibkraft F_R auf die "getriebene" Flanke wirkt, kann der Bewegungsrichtung des *größeren* der jeweils gleich numerierten Flankenabschnitte entnommen werden. Stellt man sich als Gegenrad ein Hohlrad vor, gelten die ersten drei Festlegungen auch bei Innenradpaarungen, die vierte jedoch nicht. Vielmehr muß es dann heißen:

– Die relative Gleitbewegung an den sich berührenden Zahnflankenabschnitten ist bei gleicher Entfernung vom Wälzpunkt C kleiner als bei Paarungen mit der Zahnstange. Demgemäß sind die Reibleistungen auch kleiner als bei Außenradpaarungen.

1.14 Folgerungen für die Festlegung der Eingriffsstreckenlagen

Während bei Übersetzungen ins Langsame mit kleinen Ritzelzähnezahlen aufgrund des kleinen Grundkreises r_{b1} der Eingriffsbeginn A ohnehin sehr nahe an den Wälzpunkt C rückt, **Bild 1.16**, *Feld 2.2*, ist das für Übersetzungen ins Schnelle (*Feld 2.2*, Rückwärtsdrehung) genau umgekehrt. Das heißt, der Bereich "progressive" Reibung wird vergrößert. Würde er in einem Extremfall bis zum Punkt H rücken (*Feld 2.3*), träte Verklemmung des Getriebes ein, weil der Kraft F_{res} kein Hebelarm zum Antrieb des Rades 2 zur Verfügung stünde.

Zeile 3 zeigt die Zahnkopfvergrößerung r_{at1} der treibenden und die Zahnkopfverkleinerung r_{at2} der getriebenen Zahnräder an. *Zeile 4* enthält die hierzu erforderlichen Maßnahmen.

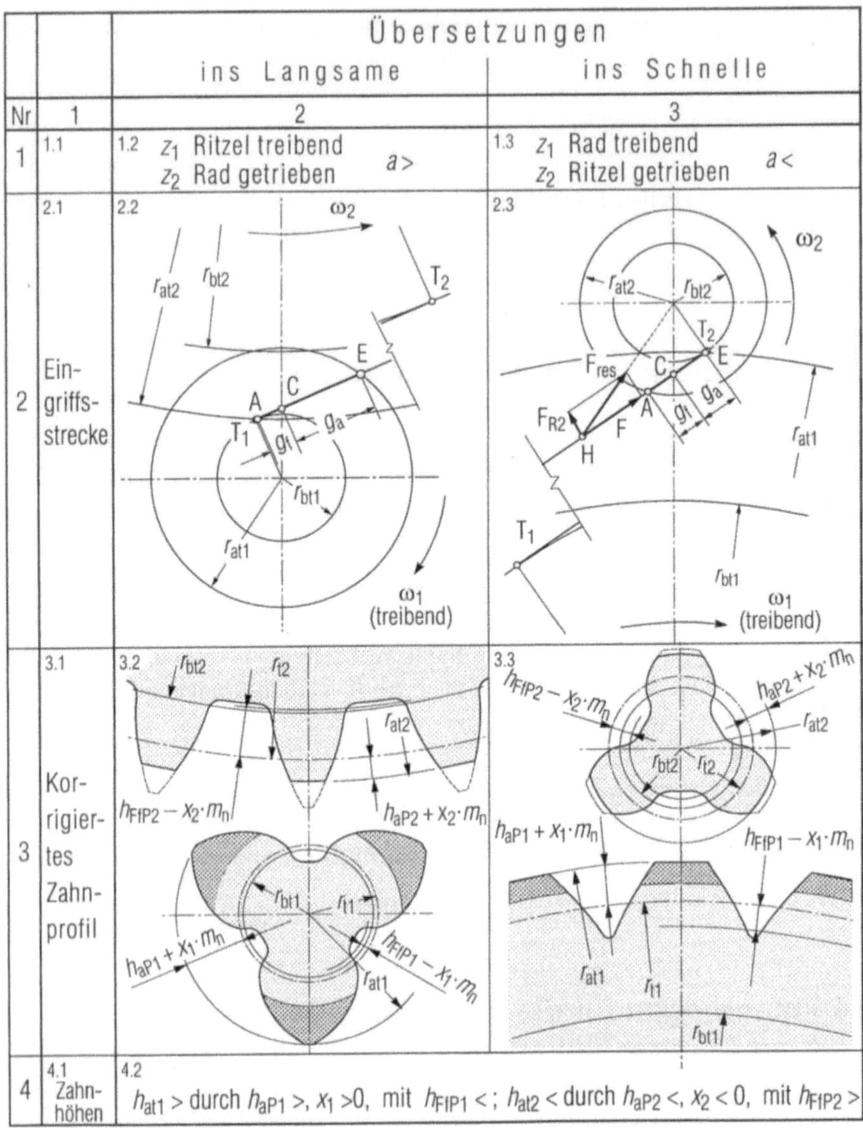

Bild 1.16. Günstige Eingriffsverhältnisse für Außen-Zahnradpaarungen bei großen Übersetzungen ins Langsame und ins Schnelle.

Zeile 2: Zur Verminderung der "progressiven" Reibung ist die Teileingriffsstrecke g_f vor dem Wälzpunkt C relativ kurz, der Kopfkreis r_{at2} am getriebenen Rad relativ klein.

Zeilen 3 und 4: Maßnahmen zur Erzielung eines großen Kopfkreises r_{at1} beim treibenden und eines kleinen Kopfkreises r_{at2} beim getriebenen Zahnrad. Es bedeutet: $h_{at1} > \dots$ es soll h_{at1} vergrößert werden; $h_{FfP} < \dots$ es soll verkleinert werden. Dunkel angelegte Zahnköpfe zeigen die Vergrößerung der treibenden, nicht angelegte Zahnköpfe die Verkleinerung der angetriebenen Zahnräder an.

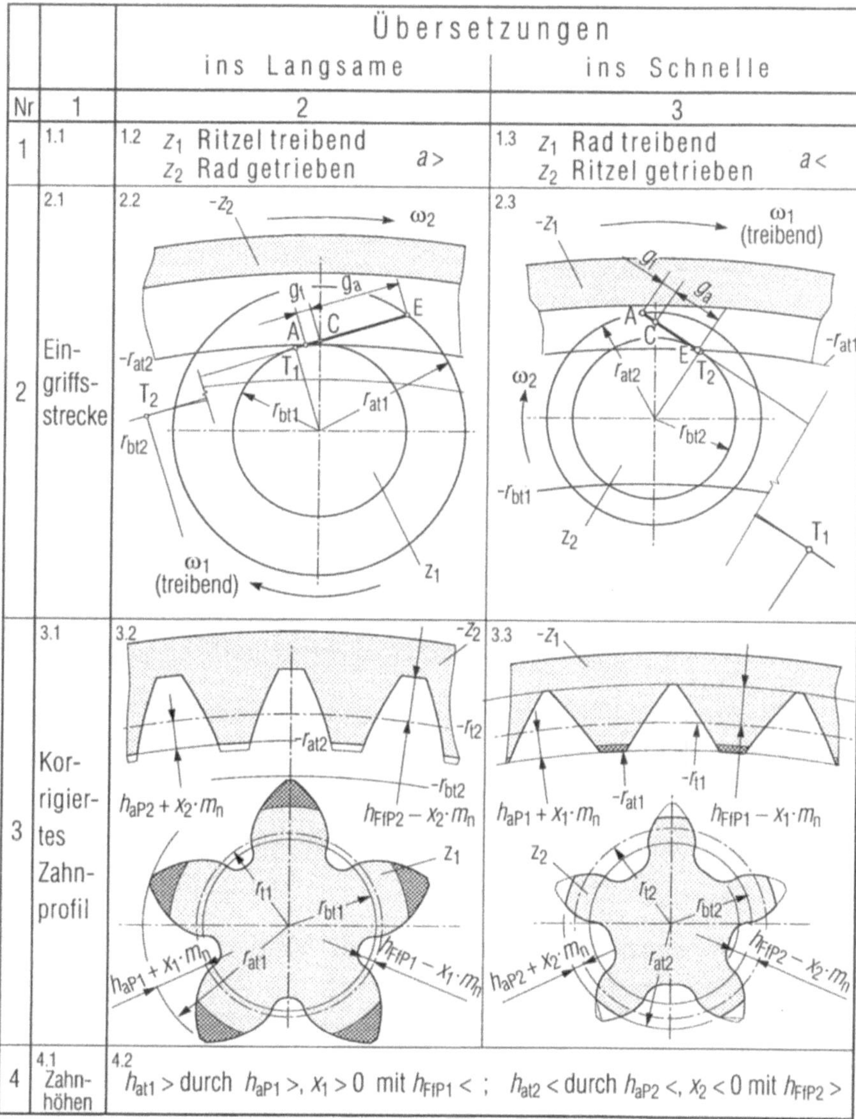

Bild 1.17. Günstige Eingriffsverhältnisse für Innenradpaarungen bei großen Übersetzungen ins Langsame und ins Schnelle.

Zeile 2: Zur Vermeidung „progressiver" Reibung ist die Teileingriffsstrecke g_f vor dem Wälzpunkt C relativ kurz.

Zeile 3 und 4: Maßnahmen zur Erzielung eines großen Kopfkreises r_{at1} beim treibenden und eines kleinen Kopfkreises r_{at2} beim getriebenen Rad. Beim Hohlrad heißt „großer" Kopfkreis, daß er näher zum Radmittelpunkt, „kleiner" Kopfkreis, daß er weiter vom Radmittelpunkt rückt.

Es bedeutet: $h_{at1} > \dots$ es soll h_{at1} vergrößert werden; $h_{at2} < \dots$ es soll h_{at2} verkleinert werden. Dunkel angelegte Zahnköpfe sollen vergrößert, nicht angelegte Zahnköpfe verkleinert werden.

Als Ergebnis kann daher festgehalten werden:

– Bei Übersetzungen ins Langsame **muß** für kleinere Ritzelzähnezahlen ohnehin (aus geometrischen Gründen) der Eingriffsbeginn A nahe am Wälzpunkt liegen, bei Übersetzungen ins Schnelle **soll** er zur Verkleinerung "progressiver" Reibung möglichst nahe an den Wälzpunkt C gelegt werden.

– Das Eingriffsende E kann so weit weg vom Wälzpunkt C verschoben werden, wie es die geometrischen Bedingungen erlauben, ergibt aber mit zunehmender Entfernung eine höhere Reibleistung.

Die Länge der Eingriffsstrecke wird durch die Größe der Kopfkreise bestimmt und durch die Berührungspunkte T_1 und T_2 der Eingriffslinie an den Grundkreisen r_{b1} und r_{b2} begrenzt.

In *Bild 1.15* wurde gezeigt, daß auch bei Innen-Zahnradpaarungen *vor* dem Wälzpunkt C "sich verstärkende Reibung" ("progressive")und *nach* dem Wälzpunkt "sich abschwächende Reibung" ("degressive") herrscht. **Bild 1.17** zeigt in *Zeile 2* die Eingriffsstrecken bei Innenverzahnungen, in *Feld 2.2*, wenn das innenliegende Ritzel treibt, in *Feld 2.3*, wenn das Hohlrad treibt. Auch hier sollte dafür gesorgt werden, daß bei großen Übersetzungen der Eingriffsbeginn A nahe am Wälzpunkt C liegt.

Zeile 3 veranschaulicht die notwendigen Maßnahmen für die Kopfkreisvergrößerung des treibenden Rades r_{at1} und die Kopfkreisverkleinerung des gleichen Rades r_{at2}.

1.15 Maßnahmen zur zweckmäßigen Verschiebung der Eingriffslinie

Es wurde festgestellt, daß die Lage von Eingriffsbeginn A und Eingriffsende E im wesentlichen von der Kopfkreisgröße r_{at} abhängt. Dazu kommt noch die Größe des Achsabstands a, dessen Änderung hauptsächlich durch die Summe der Profilverschiebungsfaktoren $x_1 + x_2$ und den Schrägungswinkel β erfolgt (siehe Gln. (1.3) und (1.5)).

Maßnahmen zur Kopfkreisänderung sind in *Zeile 3* des *Bildes 1.16* für Außenverzahnung und des *Bildes 1.17* für Innenverzahnungen dargestellt. Sie ermöglichen es, den Eingriffsbeginn A nahe an den Wälzpunkt C und das Eingriffsende E vom Wälzpunkt weg zu schieben. Erreicht wird das durch folgende Änderung der Verzahnungsgrößen:

– Außenverzahnung: Bei Übersetzung ins Langsame (Bild 1.16, Feld 3.2):

Ritzel (Antrieb)

$h_{aP1}^* + x_1$ → möglichst groß, vergrößert den Ritzelkopfkreis r_{at}, Spitzengrenze vermeiden.

$h_{FfP1}^* - x_1$ → dafür klein, Vermeiden von schädlichem Unterschnitt, jedoch
genügend Platz für Radzahnkopf belassen,

$$h_{FfP1}^* \geq h_{aP2}^* .$$

Rad (Abtrieb)

$h_{aP2}^* + x_2$ → relativ klein, verkleinert Radzahnkopfkreis r_{at2}.

$h_{FfP2}^* - x_2$ → dafür groß, Platz für Ritzelzahnkopf beachten,

$$h_{FfP2}^* \geq h_{aP1}^* .$$

– Außenverzahnung: Bei Übersetzung ins Schnelle (Bild 1.16, Feld 3.3):

Rad (Antrieb)

$h_{aP1}^* + x_1$ → möglichst groß, vergrößert Radkopfkreis r_{at1}.

$h_{FfP1}^* - x_1$ → dafür klein, verkleinert in der Regel die Zahnfußspannung.

Ritzel (Abtrieb), wie Rad (Abtrieb) ins Langsame

$h_{aP2}^* + x_2$ → möglichst klein.

$h_{FfP2}^* - x_2$ → dafür größer: Platz für Radzahnkopf beachten,

$h_{FfP2}^* \geq h_{aP1}^* .$ Schädlichen Unterschnitt beachten.

Die beiden letzten Bedingungen sind für extrem kleine Zähnezahlen sehr
schwer zu erfüllen. Ein 3-zähniges Ritzel z. B. mit negativer Profilverschiebung,
ohne schädlichen Unterschnitt auszulegen, widerspricht jeder üblichen Vorstellung
von kleinen Zähnezahlen. Diese Forderung wurde jedoch bei den Evoloidverzahnungen in *Bild 1.19* erfüllt. In Kauf genommener Kompromiß: Großer Flankenwinkel ($\alpha_n = 30°$) und kleine Profilüberdeckung $\varepsilon_{\alpha t}$.

Für Innenverzahnungen gelten ähnliche Maßnahmen. Erleichternd tritt jedoch
hinzu, daß die "verstärkende Reibung" ("progressive") vor dem Wälzpunkt C nicht
so hohe Werte annimmt wie bei Außenverzahnungen. Daher lassen übliche Ausle-
gungen von Innenverzahnungen auch Übersetzungen ins Schnelle eher zu. Trotzdem sollte man bei großen Übersetzungen folgende Tendenz verfolgen:

– Innenverzahnung: Bei Übersetzung ins Langsame (Bild 1.17, Feld 3.2):

Ritzel (Antrieb)

$h_{aP1}^* + x_1$ → möglichst groß, vergrößert Ritzelkopfkreis r_{at1},
Spitzengrenze beachten.

36   1 Evoloid-Verzahnungen mit Zähnezahlen von 1–8

$h_{\mathrm{FfP1}}^{*} - x_1$ → entsprechend kleiner wählen, Unterschnitt vermeiden, bei sehr kleinen Zähnezahlen, jedoch Platz für Hohlradzahn,
$$h_{\mathrm{FfP1}}^{*} \geq h_{\mathrm{aP2}}^{*}.$$

Hohlrad (Abtrieb)

$h_{\mathrm{aP2}}^{*} + x_2$ → klein, verkleinert den *Wert* des Kopfkreises r_{at2} (der Betrag wird größer), schiebt den Kopfkreis r_{at2} weg von der Hohlradachse.

$h_{\mathrm{FfP2}}^{*} - x_2$ → dafür groß, Platz für Ritzelzahnkopf, schiebt den Zahnfuß auch weg von der Hohlradachse.

– Innenverzahnung: Bei Übersetzung ins Schnelle (Bild 1.17, Feld 3.3):

Hohlrad (Antrieb)

$h_{\mathrm{aP1}}^{*} + x_1$ → möglichst groß, vergrößert den *Wert des Kopfkreises* r_{at1} (der Betrag wird kleiner), schiebt ihn zur Drehachse des Hohlrades. Es muß jedoch $\left| r_{at1} \right| > \left| r_{bt1} \right|$ sein.

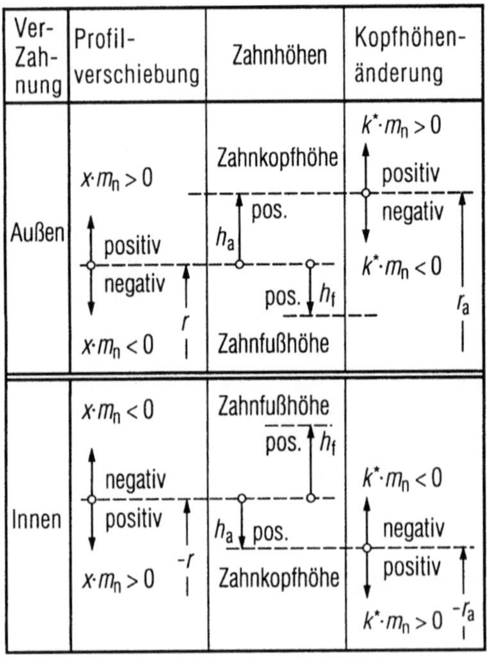

Ver- Zah- nung	Profil- verschiebung	Zahnhöhen	Kopfhöhen- änderung
Außen	$x \cdot m_{\mathrm{n}} > 0$ positiv / negativ $x \cdot m_{\mathrm{n}} < 0$ r	Zahnkopfhöhe pos. h_{a} pos. h_{f} Zahnfußhöhe	$k^{*} \cdot m_{\mathrm{n}} > 0$ positiv / negativ $k^{*} \cdot m_{\mathrm{n}} < 0$ r_{a}
Innen	$x \cdot m_{\mathrm{n}} < 0$ negativ / positiv $x \cdot m_{\mathrm{n}} > 0$ $-r$	Zahnfußhöhe pos. h_{f} h_{a} pos. Zahnkopfhöhe	$k^{*} \cdot m_{\mathrm{n}} < 0$ negativ / positiv $k^{*} \cdot m_{\mathrm{n}} > 0$ $-r_{\mathrm{a}}$

Bild 1.18. Festlegungen für das Vorzeichen von Verzahnungsgrößen bei Außen- und Innenverzahnungen [1.17].

$$h^*_{\text{FfP}1} - x_1 \quad \rightarrow \quad \text{dafür kleiner, vergrößert den Wert des Fußkreises (der Betrag}$$

wird kleiner), schiebt ihn auch zur Drehachse des Hohlrades hin.

Ritzel (Abtrieb)

$$h^*_{\text{aP}2} + x_2 \quad \rightarrow \quad \text{verkleinert den Kopfkreis des Ritzels.}$$

$$h^*_{\text{FfP}2} - x_2 \quad \rightarrow \quad \text{dafür größer, Platz für Zahnkopf des Hohlrades,}$$

$$h^*_{\text{FfP}2} \geq h^*_{\text{aP}1}\,.$$

Welche Größen bei Hohlrädern „kleiner" und „größer" genannt werden, vom Betrag her jedoch „größer" und „kleiner" sind, ist aus dem **Bild 1.18** ersichtlich (siehe auch [1.20]).

Die besprochenen Prinzipien gelten allgemein, sind jedoch bei Getrieben mit extrem kleinen Ritzelzähnezahlen ganz besonders zu beachten.

Die Festlegung der Vorzeichen, welche für die Größen von Außen- und Innenverzahnung sehr unterschiedlich ist, wurde in *Bild 1.18* übersichtlich zusammengestellt.

1.16 Verzahnungen für große Übersetzungen ins Schnelle

1.16.1 Allgemeine Erkenntnisse

Schon bei den ersten Veröffentlichungen [1.24 ; 1.13 ; 1.10 ; 1.18 ; 1.16] wurden nicht nur die großen Übersetzungen ins Langsame betrachtet, sondern auch die ins Schnelle. Aufgrund der intensiven Beschäftigung mit zykloidischen Verzahnungen für Uhren [1.10 ; 1.24] wurde erkannt, daß die jahrhundertealte Erfahrung der Uhrmacher, den Zahneingriff bei den ins Schnelle übersetzenden Laufwerken von der Antriebsfeder zur Unruhe kurz vor oder sogar nach dem Wälzpunkt C beginnen zu lassen, auch für Evolventenverzahnungen Vorteile bringen müsse. Die meisten mechanischen Uhren, z.B. Wanduhren, hauptsächlich aber Turmuhren hatten auch bei Wind, Wetter und Staub keine Eingriffsschwierigkeiten. Im Gegenteil, ihre beanspruchten Zahnflanken rauhten sich nicht auf, sondern glätteten sich im Laufe der Zeit.

Obwohl heute die Uhren beinahe alle elektronisch angetrieben werden und allenfalls Übersetzungen ins Langsame haben, gibt es dennoch zahlreiche mechanische Laufwerke, die über Jahre nicht geschmiert, nicht gebraucht oder gewartet werden, evtl. verstauben, jedoch im gegebenen Augenblick zuverlässig funktionie-

ren müssen. Für sie ist der Eingriffsbeginn kurz vor oder sogar nach dem Wälzpunkt C unerläßlich.

1.16.2 Evoloid-Verzahnungen zur Übersetzung ins Schnelle

Bei mechanischen Uhrwerken wurde durch Verkleinerung der Ritzelzähnezahl
auf 5, evtl. auf 4 Zähne die Anzahl der Getriebestufen geringer (die Uhr kleiner)
oder die Laufzeit größer. Bei evolventischen Zahnflanken besteht für moderne
Getriebe auch die Möglichkeit, die Stufenzahl zu reduzieren oder in wenigen Stufen auf extrem hohe Drehzahlen zu kommen.

So ist die Antriebsdrehzahl für Elektromotoren in der Regel 3.000 U/min. Mit
der Übersetzung 1:8 oder 1:10 kann man in einer Stufe leicht 24.000 bis 30.000
Umdrehungen pro Minute erreichen. Erforderlich sind so hohe Drehzahlen z.B. für
Motoren mit Aufladegebläsen. Nach diesen Prinzipien gebaute feinwerktechnische
Getriebe konnten für Dentalbohrer mit einer Motor-Ausgangsdrehzahl von 40.000
U/min schon 250.000 U/min erzielen und sich im Einsatz bewähren.

In **Bild 1.19** sind die vorgeschlagenen Evoloid-Verzahnungen zur Übersetzung
ins Schnelle dargestellt [1.10 ; 1.24 ; 1.13 ; 1.3 ; 1.16 ; 1.19]. Man kann trotz negativer Profilverschiebung bis zur Zähnezahl $z_2 = 3$ für Abtriebsritzel herunterge-
hen. Die Profilüberdeckung ist bei der Übersetzung 1/10 bei $z_2 = 3$ Zähnen $\varepsilon_{at} =$
0,55 und steigt bei $z_2 = 8$ Zähnen auf $\varepsilon_{at} = 0,88$. Wird eine Sprungüberdeckung von
$\varepsilon_\beta = 1,0$ gewählt, wobei die wirksame Zahnbreite b

$$b = \frac{\pi \cdot m_n}{\sin|\beta|} \tag{1.31}$$

ist, wird die Gesamtüberdeckung $\varepsilon_{\gamma t}$ über den Eingriff konstant und übersteigt den
Mindestwert ganz wesentlich. Da Evoloid-Verzahnungen nur als Schrägverzah-
nung möglich sind, kann diese Maßnahme immer in Betracht gezogen werden.

Die Tabelle in Bild 1.19 enthält in übersichtlicher Form, ähnlich wie *Bild 1.6*,
alle Evoloid-Ritzel zur Übersetzung ins Schnelle bis $z_2 = 8$. Es sind auch die
wichtigsten Daten zu ihrer Herstellung angeführt. *Spalte 2* zeigt sie für gleichen
Modul m_n zum Größenvergleich, *Spalte 3* für gleichen Kopfkreishalbmesser r_{at}
zum Festigkeitsvergleich. *Spalte 4* enthält Zahnhöhengrößen h_{aP} und h_{FfP} sowie
Profilverschiebungsfaktoren x_2 für das angetriebene Ritzel, *Spalte 5* die einheitlichen Größen für antreibende Räder verschiedener Zähnezahlen (Satzräder).

Um die geometrische Ausbildung solcher Evoloid-Verzahnungen zu zeigen,
wurde in **Bild 1.20** eine Paarung im Stirnschnitt mit $z_1 = 50$ Zähnen am Antriebs-

Nr.	z_2	Längsansicht	Stirnprofil	Ritzel z_2	Rad z_1
	1	2	3	4	5
1	1.1 3	1.2 $\geq \pi m_n / \sin\beta$ $\alpha_n = 30°,\ \beta = 25°$	1.3 $4{,}370 \cdot m_n$	1.4 $h_{aP2} = 0{,}6\,m_n$ $h_{fFP2} = 0{,}4\,m_n$ $x_2 = -0{,}08$	1.5
2	2.1 4	2.2 $\geq \pi m_n / \sin\beta$ $\alpha_n = 30°,\ \beta = 25°$	2.3 $5{,}154 \cdot m_n$	2.4 $h_{aP2} = 0{,}6\,m_n$ $h_{fFP2} = 0{,}4\,m_n$ $x_2 = -0{,}23$	$h_{aP1} = 0{,}4\,m_n$
3	3.1 5	3.2 $\geq \pi m_n / \sin\beta$ $\alpha_n = 30°,\ \beta = 25°$	3.3 $6{,}137 \cdot m_n$	3.4 $h_{aP2} = 0{,}7\,m_n$ $h_{fFP2} = 0{,}4\,m_n$ $x_2 = -0{,}39$	$h_{fFP1} = 1{,}0\,m_n$ $x_1 = +0{,}5$ $\alpha_n = 30°$
4	4.1 6	4.2 $\geq \pi m_n / \sin\beta$ $\alpha_n = 30°,\ \beta = 25°$	4.3 $7{,}120 \cdot m_n$	4.4 $h_{aP2} = 0{,}8\,m_n$ $h_{fFP2} = 0{,}4\,m_n$ $x_2 = -0{,}55$	$\beta = 25°$ $b_1 = \dfrac{\pi m_t}{\tan\beta} = \dfrac{\pi m_n}{\sin\beta}$
5	5.1 7	5.2 $\geq \pi m_n / \sin\beta$ $\alpha_n = 30°,\ \beta = 25°$	5.4 $8{,}104 \cdot m_n$	5.4 $h_{aP2} = 0{,}9\,m_n$ $h_{fFP2} = 0{,}4\,m_n$ $x_2 = -0{,}71$	
6	6.1 8	6.2 $\geq \pi m_n / \sin\beta$ $\alpha_n = 30°,\ \beta = 25°$	6.3 $9{,}087 \cdot m_n$	6.4 $h_{aP2} = 1{,}0\,m_n$ $h_{fFP2} = 0{,}4\,m_n$ $x_2 = -0{,}87$	

Spaltenüberschrift: **Übersetzung ins Schnelle**

Bild 1.19. Übersichtskatalog der Evoloidritzel zur Übersetzung ins Schnelle mit den wichtigsten Verzahnungsangaben auch für einheitliche Gegenräder.

Spalte 2: Evoloidritzel in Längsansicht für den gleichen Modul
Spalte 3: Evoloidritzel mit gleichen Werten für den Außendurchmesser d_{at}, als Vielfaches des Normalmoduls m_n für Flanken ohne schädlichen Unterschnitt.

Spalte 4 und 5: Verzahnungswerte.

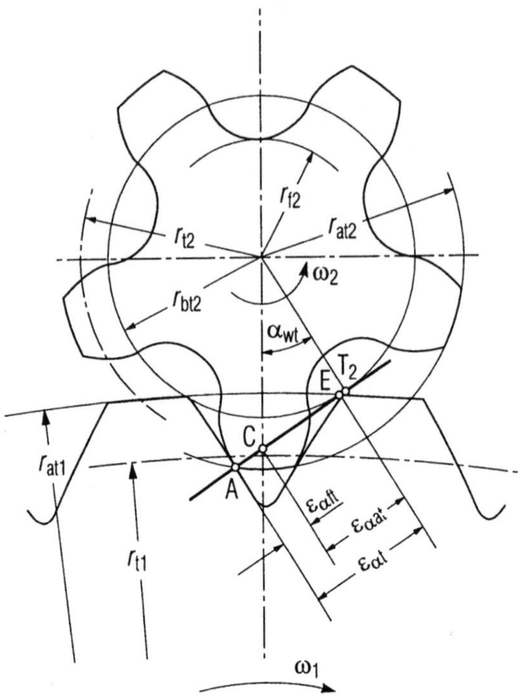

Bild 1.20. Radpaarung einer Evoloidverzahnung zur Übersetzung ins Schnelle im Stirn-schnitt. Der Eingriffsbeginn in A ist infolge des kleinen Ritzel-Kopfkreises r_{at2} nahe an den Wälzpunkt C gerückt, so daß die „progressive" Reibung weitgehend verringert wird. Ver-zahnungsgrößen siehe in *Bild 1.19* und im Text.

rad und $z_2 = 5$ Zähnen am Abtriebsritzel dargestellt. Sehr gut zu erkennen ist die typische Form der Evoloidverzahnungen zur Übersetzung ins Schnelle, deren Zahnköpfe relativ dick sind, deren Zahnflanken hauptsächlich dem unteren Fußbe-reich der Evolvente angehören und die eine große Fußausrundung haben. Da der Fußkreis r_{f2} als Folge des kleinstmöglichen Profilverschiebungsfaktors x_2 den Zahnkörper sehr schwächt, wurden die Evoloidritzel mit der Zähnezahl $z_2 = 1$ und 2 in *Bild 1.19* nicht aufgenommen. Grundsätzlich möglich sind sie jedoch auch.

Die Profilüberdeckungen für die Paarung in *Bild 1.20* sind

$$\varepsilon_{\alpha t} = \varepsilon_{\alpha ft} + \varepsilon_{\alpha at} = 0{,}171 + 0{,}489 = 0{,}660 \, . \tag{1.32}$$

Dazu kommt noch die Sprungüberdeckung $\varepsilon_\beta = 1{,}0$, die beim Schrägungswin-kel von $\beta = 25°$ eine gemeinsame Zahnbreite, z.B. für die Paarungen in **Bild 1.21**, von

$$b = \frac{\pi \, m_n \varepsilon_\beta}{\sin \beta} = \frac{\pi \cdot 0{,}25 \cdot 1{,}0}{\sin 25°} = 1{,}858 \text{ mm} \tag{1.31.1}$$

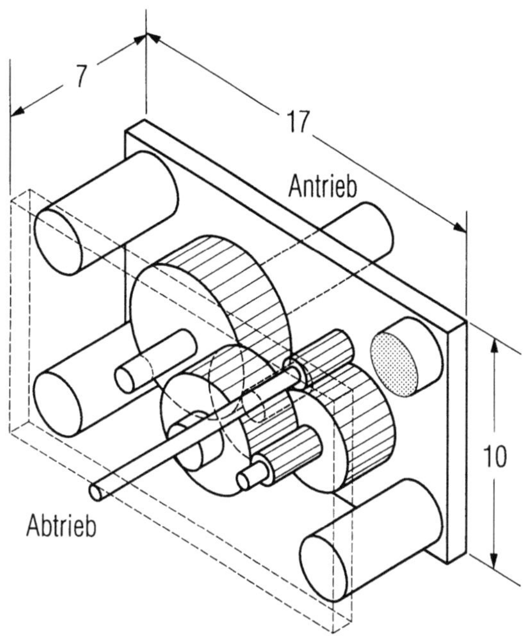

Getriebe I: i_{ges} = 58,37:1

z_1 / z_2 = 24 / 5; z_3 / z_4 = 19 / 5; z_5 / z_6 = 16 / 5

Getriebe II: i_{ges} = 396,48:1

z_1 / z_2 = 35 / 4; z_3 / z_4 = 29 / 4; z_5 / z_6 = 25 / 4

Bild 1.21. Darstellung zweier ausgeführter Evolventen-Zahnrad-Getriebe mit 3 Stufen zur Erzielung großer Übersetzungen ins Schnelle. Einsatz in Hemmwerken. Verwendung von Evoloidritzeln mit z_2 = 5 bzw. 4. Im ausgeführten Fall mit m_n = 0,25 mm bzw. 0,2 mm.

Wegen günstiger Lage der Eingriffsstrecken leichtes Durchdrehen auch nach jahrelanger Lagerung ohne Schmierung.

hat. Es ist dann

$$\varepsilon_\gamma = \varepsilon_{\alpha t} + \varepsilon_\beta = 0,66 + 1,00 = 1,66. \tag{1.33}$$

Entscheidend für den „glatten" Lauf des Getriebes, ohne stick-slip-artige Effekte ist der kurze Teil der Eingriffslinie vor dem Wälzpunkt.

1.17 Ausgeführte Getriebe

Für Übersetzungen ins Schnelle mit Evoloid-Verzahnungen gibt es noch nicht so viele Beispiele der praktischen Anwendung, wie für Übersetzungen ins Langsame. Neben dem schon erwähnten Getriebe für den industriellen Einsatz in Dentalbohrern, wurden am Institut des Verfassers zwei 3-stufige Kleingetriebe für große Übersetzungen ins Schnelle angefertigt[2] mit den Übersetzungen 1/58 und 1/396, die in **Bild 1.21** zeichnerisch dargestellt sind (eine Fotografie würde nur die Platinen zeigen!). Obwohl es sich um extrem kleine Moduln handelt (m_n = 0,25 mm) funktionieren sie nach jahrelanger Lagerung, ohne Schmierung und oft staubiger Luft ausgesetzt, noch sehr gut. Selbst bei der Übersetzung von 1/396 läßt sich das Getriebe von der Antriebsseite her gut durchdrehen und läuft (ohne Schwungscheibe am Abtrieb!) zügig und „weich", ohne Schwingungen, eine Erscheinung, die bei auftretenden Drehzahlen von 8.000 bis 10.000 U/min stets ein wertvolles Indiz korrekten Zahneingriffs ist.

1.18 Erkenntnisse für weitere Anwendungen

Erzeugt die Flankenreibung bei Zahnradpaarungen Reibkräfte F_R, welche die resultierende Zahnkraft F_{res} merklich von der Eingriffsrichtung ablenkt, sollte die Eingriffsstrecke vor dem Wälzpunkt C gegenüber der nach dem Wälzpunkt verkürzt werden. Diese Verkleinerung kann so groß sein, daß trotz verschiedener Reibsysteme die Reibkräfte an den Enden der Eingriffsstrecke gleich groß werden. Bei großen Übersetzungen ins Langsame tritt wegen der Lage der Eingriffsstrecke ohnehin ein Näherrücken des Eingriffsbeginn an den Wälzpunkt C ein. Bei Übersetzungen ins Schnelle jedoch rückt der Eingriffsbeginn vom Wälzpunkt aus geometrischen Gründen weg und sollte durch die geschilderten Maßnahmen korrigiert werden. Das gilt nicht nur für die Evoloid-, sondern für alle Evolventen-Zahnrad-Getriebe und würde deren Laufeigenschaften wesentlich verbessern, ggf. sogar die Geräuscherzeugung beim Eingriff vermindern, da keine stick-slip-Anregung mehr vorliegt.

1.19 Erzeugungsverfahren für Evoloid-Verzahnung

Die Evoloid-Verzahnung kann mit Hilfe von Abwälzverfahren erzeugt werden. Geeignet ist für Außenverzahnungen das Verfahren mit Hilfe von zylindrischen Abwälzfräsern (*Bild 9.2, Blatt 3, Zeile 8*, sowie [1.22]). Stoßverfahren sind für Evoloidritzel weniger geeignet, Schälverfahren bedingt (*Zeile 11*), da bei ihnen der Fräserauslauf kleiner als bei Abwälzfräsern ist. Schleifen ist wegen der großen Schleifscheiben und dem extremen Auslauf kaum möglich, dagegen Honen mit Hohlradscheiben (*Feld 11.3*). Die Zahnradmaschinen benötigen besonders kleine Übersetzungsverhältnisse zwischen Werkstück- und Fräserspindel, die den Zähnezahlen entsprechen.

---

[2] Seinerzeit für den Einsatz als Hemmwerke in Fotoapparaten gedacht, daher so klein.

1.20 Festigkeitsbetrachtungen für Evoloidverzahnungen

Die festigkeitsgerechte Geometriebetrachtung bei kleinen Ritzelzähnezahlen erfordert, daß besonderes Augenmerk auf genügend große Flankentragfähigkeit gelegt werden muß; dieses insbesondere wegen der kleinen Krümmungsradien bei extrem kleinen Zähnezahlen. Auch der kleine Kernquerschnitt muß beachtet werden wegen der möglichen Durchbiegung des Zahnkörpers. In der Dissertation von Mende [1.9] werden diese Punkte ausführlich behandelt, wobei noch auf die Zahnfußbeanspruchung, die Wahl des Schrägungswinkels, die Ermittlung der Lastverteilung, der Zahnverformung und deren Korrektur aufgrund von Dauerversuchen eingegangen wird. Es handelt sich dabei ausschließlich um Evoloidgetriebe zur Übersetzung ins Langsame. Einige Ergebnisse werden im folgenden wiedergegeben.

1.20.1 Evoloidverzahnungen erzeugt mit genormten Bezugsprofilen

Die Auslegung der Evoloidritzel kann so erfolgen, daß ihr Zahnfuß genau dem einer Normverzahnung entspricht, z.B. wie in *Bild 1.6* dem Bezugsprofil der Feinwerktechnik oder so, daß bei dem notwendigerweise sehr kurzen Zahnkopf des Bezugsprofils ein entsprechend vergrößerter Zahnfuß hinzugefügt wird. Im ersten Fall ist die Profilüberdeckung sehr klein, die Zahnfußfestigkeit jedoch groß und das Gegenrad normal, im zweiten Fall erhält man große Profilüberdeckungen, jedoch relativ dünne Zähne am Rad und damit verringerte Übertragungsmomente.

In **Bild 1.22** ist die Paarung eines 4-zähnigen Evoloidritzels mit einem 60-zähnigen Gegenrad dargestellt. Das Ritzel entspricht nicht den "Satzrad-Ritzeln" aus *Bild 1.6*, sondern ist mit einem Normprofil nach DIN 867 [1.6] sehr großer Kopfkürzung sowie mit positiver Profilverschiebung , bis der Zahnkopf die Stärke $s_{an} = 0{,}2\ m$ erreichte, erzeugt worden.

Aufgrund des Diagramms in *Bild 1.4* bzw. in [1.21, S. 204) ist festzustellen, daß es viele Möglichkeiten gibt, Evoloidritzel zu erzeugen, z.B. für die Zähnezahl $z = 4$ mit $h_{aP1}^{*} = 0{,}3$, $x_1 = +1{,}3$, $h_{fFP1}^{*} = 1{,}45$ bzw. $h_{aP1}^{*} = 0{,}5$; $x_1 = +0{,}94$, $h_{fFP1}^{*} = 1{,}2$ oder $h_{aP1}^{*} = 0{,}6$, $x_1 = +0{,}8$, $h_{fFP1}^{*} = 1{,}0$ usw. Je kleiner jedoch die Zahnkopfhöhe h_{aP1}^{*} ist, um so kürzer wird die Eingriffsstrecke nach dem Wälzpunkt und je kleiner die Zahnfußhöhe h_{fFP1}^{*} ist, um so kleiner muß die Zahnkopfhöhe h_{aP2}^{*} des Gegenrades werden und damit auch die Eingriffsstrecke vor dem Wälzpunkt.

In der Praxis ist es häufig einfacher, Evoloidverzahnungen mit dem Normprofil nach DIN 867 zu erzeugen, da dafür die notwendigen Wälzfräser zur Verfügung stehen und für die verkleinerte Profilüberdeckung ε_{α} eine Vergrößerung der

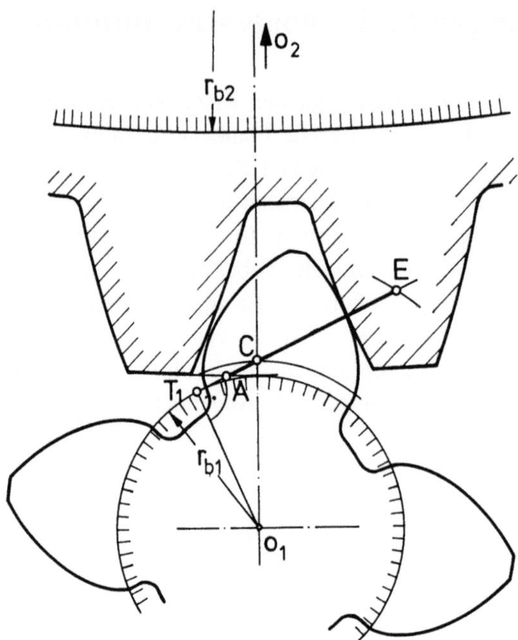

Bild 1.22. Lage des Eingriffsbeginns an Punkt A und der Eingriffsstrecke bei großen Übersetzungsverhältnissen, gezeigt am Beispiel der Evoloid-Zahnradpaarung mit $z_1 = 4$, $z_2 = 60$, mit dem Bezugsprofil nach DIN 867 [1.6]. Des weiteren ist der kleine Flankenkrümmungsradius am Ritzel gut zu erkennen, der für die Berechnung der Flankentragfähigkeit maßgebend ist.

Sprungüberdeckung ε_β durch größere Zahnbreite b_2 des Paarungsrades zu erzeugen.

Verwendet man das Bezugsprofil nach DIN 58400 [1.5] für die Erzeugung, dann gelten alle Größen der Tabelle in *Bild 1.6* und die kürzeren Zahnhöhen können auch durch Kopfkürzung erzeugt werden. Danach müßte z.B. bei $z = 4$ die Zahnhöhe von $h_{aP1} = 1,1\ m_n$ auf $h_{aP1} = 0,659\ m_n$ verkürzt werden, wobei die Kopfkürzung $k = -0,441\ m_n$ betrüge, und eine Profilverschiebung mit $x_1 = +0,822$ anzuwenden wäre, um den schädlichen Unterschnitt zu vermeiden.

1.20.2 Maßstabsunabhängige Festigkeitswerte von Evoloidzahnradpaarungen, das spezifische Moment

Um die große Vielfalt möglicher Evoloidpaarungen zu erfassen, werden die aufgrund der Festigkeitswerte zulässigen Übertragungsmomente normiert. Das heißt, man bezieht sie nicht allein auf die jeweilige wirksame Zahnbreite, sondern auch auf die maßstabsabhängigen Größen, wie die Krümmungsradien ρ_{t1} und ρ_{t2} sowie den Modul m_n auf den Achsabstand a_w. Damit sich der Achsabstand durch die Änderung der einzelnen Profilverschiebungsfaktoren x_1 und x_2 nicht ändern kann, wird deren Summe konstant gehalten und damit auch der Betriebseingriffswinkel α_w (s. Gl.(1.5)).

1.20.2.1 Flankentragfähigkeit

Für die Hertz'sche Pressung im Normalschnitt nach Niemann-Winter [1.11], durch die Stirnschnittgrößen dargestellt und vereinfacht mit

$$\rho_{t1} + \rho_{t2} = a_w \cdot \sin\alpha_{wt} \tag{1.34}$$

ergibt sich [1.9]

$$\sigma_H = \sqrt{\frac{F_{bt}}{b} \cdot \frac{a_w \cdot \sin\alpha_{wt}}{\rho_{t1} \cdot \rho_{t2}} \cdot \cos\beta_b \cdot 0{,}175 \cdot E} \tag{1.35}$$

Die Gleichung beschreibt die Hertz'sche Pressung zweier Zahnflanken, die theoretisch über die gesamte Zahnbreite mit den Krümmungsradien des Einzeleingriffspunktes im Eingriff stehen. Um den Einfluß der schräg verlaufenden Berührlinien zu berücksichtigen, wird nach DIN 3990 [1.4] noch der Schrägungswinkelfaktor

$$Z_\beta = \sqrt{\cos\beta} \tag{1.36}$$

mit einbezogen und wegen der verschiedenen Möglichkeiten der Profilüberdeckung für $\varepsilon_\alpha \leq 1$ nach Gl.(1.24a) der Profilüberdeckungsfaktor Z_ε

$$Z_\varepsilon = \sqrt{\frac{\varepsilon_\beta}{\varepsilon_\alpha + \varepsilon_b - 1}} \cdot \tag{1.37}$$

Die vollständige Gleichung für die Hertz'sche Pressung ist dann

$$\sigma_H = \sqrt{\frac{F_{bt}}{b} \frac{a_w \sin\alpha_{wt}}{\rho_{t1} \cdot \rho_{t2}} \cdot 0{,}175 \cdot E \cdot \cos\beta \cdot \cos\beta_b \cdot Z_\varepsilon} \tag{1.38}$$

Das Rad 1 angreifende, zulässige Moment pro Zahnbreite ergibt sich durch Multiplikation mit dem Grundkreisradius

$$r_{bt1} = \frac{a_w \cdot \cos\alpha_{wt}}{u+1} \tag{1.39}$$

zu

$$\frac{M_{\sigma HP}}{b} = \frac{\sigma_{HP}^2 \cdot \rho_{t1} \cdot \rho_{t2}}{0{,}175 \cdot E \,(u+1) \cdot \tan\alpha_{wt} \cdot \cos\beta \cdot \cos\beta_b \cdot Z_\varepsilon^2}\cdot \tag{1.40}$$

Die beiden maßstabsabhängigen Größen ρ_{t1} und ρ_{t2} werden auf den Achsabstand bezogen und man erhält dann das maßstabsunabhängige, das sogenannte spezifische Moment $M_{\sigma HP}^*$

$$M_{\sigma HP}^* = \frac{M_{\sigma HP}}{b \cdot a_w^2} = \frac{\sigma_{HP}^2 \cdot \rho_{t1} \cdot \rho_{t2}}{a_w^2 \cdot 0{,}175 \cdot E \cdot (u+1) \cdot \tan\alpha_{wt} \cdot \cos\beta \cdot \cos\beta_b \cdot Z_\varepsilon^2}\cdot \tag{1.41}$$

1.20.2.2 Zahnfußbeanspruchung

Der zweite entscheidende Festigkeitsnachweis gilt der Zahnfußbeanspruchung. Die Zahnfußspannung wird in DIN 3990 [1.4] nach Berechnungsmethode C angegeben

$$\sigma_F = \frac{F_t}{b \cdot m_n} \cdot Y_{Fa} \cdot Y_{Sa} \cdot Y_\varepsilon \cdot Y_\beta \cdot K_A \cdot K_v \cdot K_{F\beta} \cdot K_{F\alpha} \tag{1.42}$$

Der Zahnformfaktor Y_{Fa} ist mit den Größen des maßstäblichen Profils der Ersatzgeradverzahnung nach **Bild 1.23** zu berechnen

$$Y_{Fa} = \frac{6\bigl(h_{Fa}/m_n\bigr) \cdot \cos\alpha_{Fan}}{\bigl(s_{Fn}/m_n\bigr)^2 \cdot \cos\alpha_n}\cdot \tag{1.43}$$

Der Spannungskorrekturfaktor Y_{Sa} berücksichtigt die Kerbwirkung der Fußausrundung und berechnet sich nach [1.4] mit

$$Y_{Sa} = \bigl(1{,}2 + 0{,}13 L_a\bigr) \cdot q_s^{\frac{1}{1{,}21 + 2{,}3/L_a}} \tag{1.44}$$

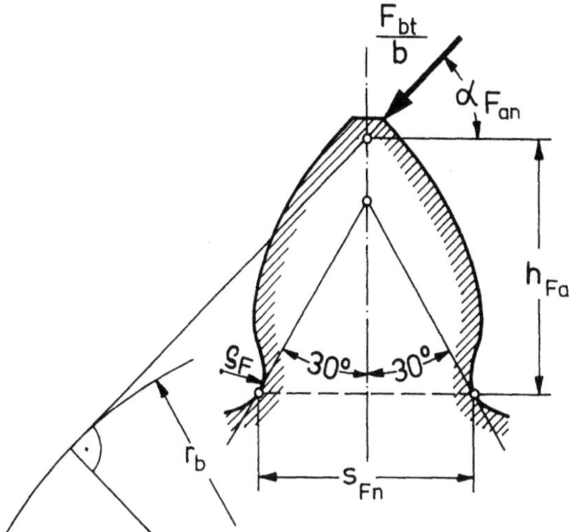

Bild 1.23. Bestimmungsgrößen zur Ermittlung der Biegenennspannung am Zahn bei Kraftangriff am Zahnkopf.

mit $L_a = s_{Fn}/h_a$ und $q_s = s_{Fn}/2\cdot\rho_F$, siehe *Bild 1.22*.

Für die Faktoren Y_{Fa} und Y_{Sa} und niedrige Zähnezahlen finden sich Diagramme im Anhang von [1.9].

Der Überdeckungsfaktor Y_ε für Profilüberdeckungen $\varepsilon_a < 1$, $\varepsilon_\beta < 1$, $\varepsilon_\gamma > 1$ ist

$$Y_\varepsilon = \frac{\varepsilon_\beta}{\varepsilon_a + \varepsilon_\beta - 1}. \tag{1.45}$$

Der Einfluß der schräg verlaufenden Berührlinien wird nach [1.4] berücksichtigt im Schrägungsfaktor

$$Y_\beta = 1 - \varepsilon_\beta \cdot \frac{\beta}{120} \geq Y_{\beta min} \tag{1.46}$$

$$Y_{\beta min} = 1 - 0{,}25 \cdot \varepsilon_\beta \geq 0{,}75 \tag{1.47}$$

Die übrigen Faktoren werden nicht berücksichtigt, da von einer fehlerfreien Verzahnung mit idealer Lastverteilung ausgegangen wird.

Die Umfangskraft ist

$$F_\mathrm{t} = \frac{M_1}{r_1} = \frac{2 \cdot M_1 \cdot \cos\beta}{m_\mathrm{n} \cdot z_1} \quad . \tag{1.48}$$

Mit Gl.(1.42) erhält man

$$\sigma_\mathrm{F} = \frac{2 \cdot M_1 \cdot \cos\beta}{b \cdot m_\mathrm{n}^2 \cdot z_1} \cdot Y_\mathrm{Fa} \cdot Y_\mathrm{Sa} \cdot Y_\varepsilon \cdot Y_\beta \quad . \tag{1.49}$$

Für die Vergleichsspannung am Zahnfuß nach der Hypothese der größten Gestaltänderungsenergie erhält man mit Einsetzen der Spannungen

$$\sigma_{v\mathrm{F}} = \sqrt{\sigma_\mathrm{F}^2 + 3\tau^2} = \sqrt{\sigma_\mathrm{F}^2 + 3\left(\lambda \frac{0{,}6 \cdot \sigma_\mathrm{F} \cdot \cos\beta}{z_1 \cdot \kappa \cdot Y}\right)^2} \quad . \tag{1.50}$$

Die Faktoren Y_Fa, Y_Sa, Y_ε und Y_β wurden zur Vereinfachung im Faktor Y zusammengefaßt. Durch Einsetzen der Gl.(1.44) für die Zahnfußspannung und Auflösen nach dem bezogenen Moment M_1/b ergibt sich

$$\frac{M_1}{b} = \frac{\sigma_{v\mathrm{F}} \cdot m_\mathrm{n}^2 \cdot z_1}{2 \cdot \cos\beta} \cdot \left[Y^2 + 3\left(\frac{0{,}6 \cdot \lambda \cdot \cos\beta}{z_1 \cdot \kappa}\right)^2\right]^{-\frac{1}{2}} \quad . \tag{1.51}$$

Wird die maßstabsabhängige Größe m_n auf den Achsabstand bezogen, ergibt sich das beim Achsabstand $a_\mathrm{w} = 1$ zulässige, also das spezifische Moment auch für die Zahnfußbeanspruchung, hier zunächst für das Ritzel z_1

$$M^*_{1\sigma\mathrm{FP}} = \frac{M_1}{b \cdot a_\mathrm{w}^2} = \frac{\sigma_\mathrm{FPzul} \cdot z_1}{2 \cdot \cos\beta}\left(\frac{m_\mathrm{n}}{a_\mathrm{w}}\right)^2 \cdot \left[Y_1^2 + 3\left(\frac{0{,}6 \cdot \lambda \cdot \cos\beta}{z_1 \cdot \kappa}\right)^2\right]^{-\frac{1}{2}} \quad . \tag{1.52}$$

Beim spezifischen Moment des Gegenrades ist der Einfluß der Torsionsspannung wegen der hohen Zähnezahl zu vernachlässigen. Es ergibt sich daher

$$M^*_{2\sigma\mathrm{FP}} = \frac{M_2}{u \cdot b \cdot a_\mathrm{w}^2} = \frac{\sigma_\mathrm{FPzul} \cdot z_1}{2 \cdot \cos\beta} \cdot \left(\frac{m_\mathrm{n}}{a_\mathrm{w}}\right)^2 \cdot \frac{1}{Y_2} \quad . \tag{1.53}$$

Dabei ist κ ein Formfaktor für das Widerstandstorsionsmoment W_T und λ das Anstrengungsverhältnis (Vergleichsspannung).

1.20.2.3 Verlauf der spezifischen Momente bei Evoloid-Verzahnung nach dem Bezugsprofil DIN 867

In **Bild 1.24** wird das spezifische (siehe auch *Kapitel 2*) Moment $M^*_{1\sigma HP}$ nach Gl.(1.41) am Beginn des Eingriffs (Punkt A) des Ritzels (ausgezogene Linien) und in der Mitte der Eingriffsstrecke (gestrichelte Linien) für verschiedene Ritzelzähnezahlen in Abhängigkeit des Profilverschiebungsfaktors x_1 am Ritzel gezeigt. Als feste Parameter wurden der Schrägungswinkel $\beta = 20°$, eine Übersetzung von $i = 15$ und eine Profilverschiebungssumme mit $x_1 + x_2 = 1,0$ gewählt. Der Allgemeingültigkeit wegen wird statt einer festgelegten Bezugsprofilzahnhöhe h_{aP1} am Ritzel und der mit ihr und der Zähnezahl feststehenden Profilverschiebung wie in *Bild 1.6*, hier die Profilverschiebung $x_1 \cdot m_n$ gewählt und die Kopfkürzung k so groß

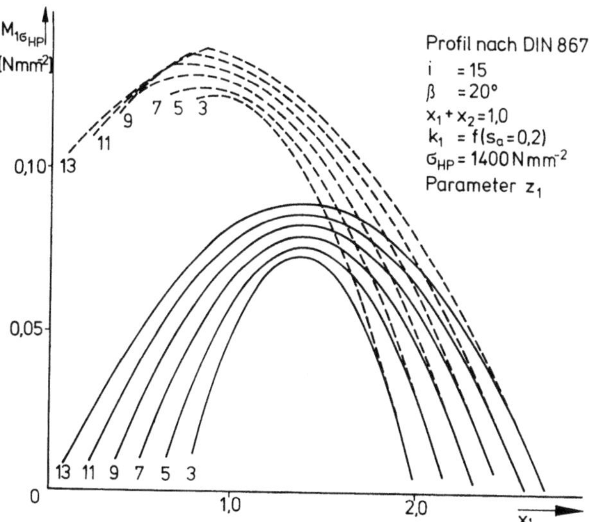

Bild 1.24. Einfluß von Profilverschiebung (x_1) und Ritzelzähnezahl z_1 auf das spezifische Moment $M^*_{1\sigma HP} = \dfrac{M_1}{b \cdot a_w^2}$ als das mögliche, übertragbare Moment hinsichtlich der Flankentragfähigkeit. Die Vollinien gelten für den Beginn des Eingriffs, die gestrichelten für den Eingriff in der Mitte der Eingriffsstrecke. Das Bezugsprofil ist das genormte Profil nach DIN 867 [1.3] mit einer variablen Kopfkürzung k_1, die jeweils so groß ist, daß ein Evoloidprofil entsteht, welches eine sehr große, positive Profilverschiebung x_1 verträgt.

gemacht, daß die Ritzelzahnkopfdicke s_{an1} = 0,2 m_n beträgt. Um einen Vergleich mit den "Satzrad"-Ritzeln des *Bildes 1.6* machen zu können, müssen folgende Umrechnungen erfolgen:

$$k^* = -1,0 + h_{aP(\text{Satz})} \qquad (1.54)$$

$$x = x_{(\text{Satz})} - k^* \qquad (1.55)$$

Ein Satzritzel aus *Bild 1.6*, z.B. mit Zähnezahl z_1 = 5, hätte hier die Größen

$$k^* = -1,0 + 0,752 = -0,248 \qquad (1.54\text{-}1)$$
und
$$x = +0,753 + 0,248 = +1,001 \quad . \qquad (1.55\text{-}1)$$

Am Eingriffsbeginn (ausgezogene Linien) liegen die Maxima der Flankentragfähigkeit bei x_1 = +1,4, in der Mitte der Eingriffsstrecke und an den Einzelein-

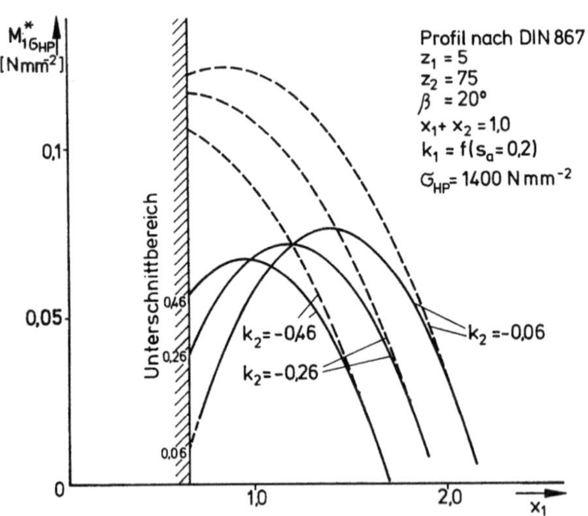

Bild 1.25. Einfluß der Kopfkürzung k_2 am Rad auf das spezifische Moment und die Wahl der Profilverschiebung.

Vollinie: Moment am Beginn der Eingriffsstrecke
Gestrichelte Linie: Moment in der Mitte der Eingriffsstrecke bei einem Gegenrad nach dem Bezugsprofil DIN 867 [1.6].

griffspunkten[3] (gestrichelte Kurven) infolge der Kopfkürzung am Ritzel liegen die Maxima bei kleineren Profilverschiebungen. Die Knickpunkte zeigen den Beginn der Kopfkürzung k an. Da auch die Profilüberdeckung nicht zu klein werden sollte, könnte man mit $x_1 = 1,1$ gut auskommen, vorausgesetzt, daß das Gegenrad ohne Kopfkürzung ausgeführt wurde.

Den Einfluß der Kopfkürzung am Gegenrad auf das übertragbare spezifische Moment zeigt **Bild 1.25**. Für das Beispiel eines fünfzähnigen Ritzels sind die spezifischen Momente bei verschiedenen Kopfkürzungsfaktoren eingetragen. Das Maximum der Kurven für den Eingriffsbeginn (Vollinien) verschiebt sich etwa um den Wert der Kopfkürzung zu einer kleineren Profilverschiebung hin.

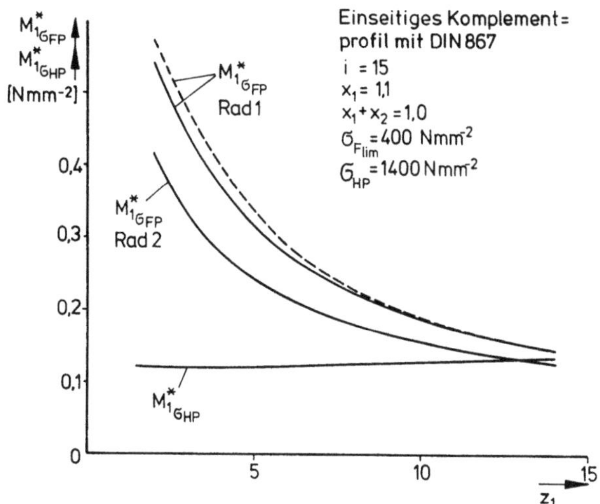

Bild 1.26. Das spezifische Moment $M^*_{1\sigma\,FP}$ im Hinblick auf die Zahnfußbeanspruchung und $M^*_{1\sigma\,HP}$ bezüglich der Flankentragfähigkeit in Abhängigkeit der Zähnezahl z_1. Verwendung eines zum „Evoloid-Verzahnungsprofil" kopfgekürzten DIN-Profils.

Die Zahnfußtragfähigkeit $M^*_{1\sigma\,FP}$ sowohl beim Ritzel als auch beim Rad nimmt mit kleinen Zähnezahlen zu und kann neben der Flankentragfähigkeit $M^*_{1\sigma\,HP}$, die abnimmt, unbedingt berücksichtigt bleiben. Erst ab $z_1 = 16$ Zähnen wechseln beide Beanspruchungsarten ihre Priorität.

Gestrichelt: Zahnfußbeanspruchung bei Vernachlässigung der Torsionsspannung.

---

[3] „Einzeleingriffspunkte" sind Punkte, die auf der Eingriffsstrecke zwischen B und D liegen, d.h. in dem Teil der Eingriffsstrecke, in dem nur *ein* Zahnradpaar im Eingriff ist, also in ihrer Mitte [1.20]

Die *Kopfkürzung* am Rad vermindert die Profilüberdeckung mehr als die Profilverschiebung am Ritzel und sollte nur dann vorgenommen werden, wenn die Zahnfußfestigkeit es erfordert.

Wenig Einfluß hat die Summe der Profilverschiebungsfaktoren $x_1 + x_2$ auf die Flankentragfähigkeit und der Schrägungswinkel β, der hier konstant zu 20° angenommen wurde, auf die günstigste Profilverschiebung.

Der letzte freie Parameter bei vorgegebenem Bezugsprofil, Achsabstand und Übersetzungsverhältnis ist die Ritzelzähnezahl. Ihre Verkleinerung führt stets zu einer Verringerung der Flankentragfähigkeit, wie die Kurven in *Bild 1.24* deutlich zeigen. Durch die kleinere Zähnezahl werden jedoch die Modulwerte größer und damit die Zahnfußfestigkeit an Ritzel und Rad.

Im Diagramm von **Bild 1.26** wird gezeigt, daß das spezifische Moment hinsichtlich der Zahnfußtragfähigkeit M_{sFP}^{*} beim Ritzel und Rad mit kleinerer Zähne-

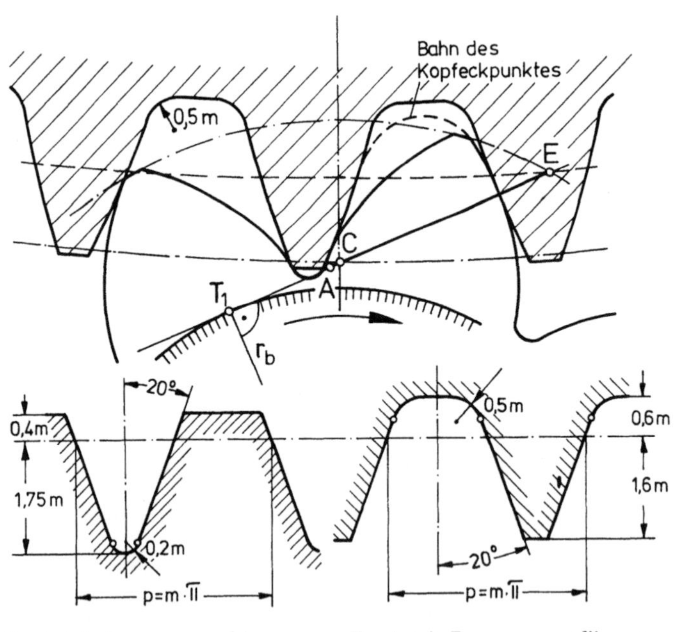

Bild 1.27. Evoloidverzahnungen für große Übersetzungen (ins Langsame).

Oben: Eingriffsverhältnisse (Eingriffsbeginn kurz vor dem Wälzpunkt) und Übersetzung i = 10 : 1 sowie Bahn des Kopfeckpunktes und große Fußausrundung am Gegenrad.

Unten: Komplement-Bezugsprofile für Evoloidverzahnung mit extrem großer Fußhöhe h_{FfP1} des Ritzels. Dafür große Profilüberdeckung ε_{α}.

zahl wächst und erheblich größer ist als die Flankentragfähigkeit M^*_{sHP}. Die Vernachlässigung der Torsionsspannung (gestrichelte Kurve) bringt unerhebliche Veränderungen.

1.20.2.4 Verlauf der spezifischen Momente bei Evoloid-Komplement-Bezugsprofilen

Die Verwendung von sogenannten Komplementprofilen (siehe *Kapitel 2* sowie [1.27 ; 1.12]) ermöglicht sowohl die Vergrößerung der Überdeckung als auch die Erhöhung der Tragfähigkeiten. Wegen der großen positiven Profilverschiebung am Evoloidritzel (sonst Gefahr des Unterschnitts, siehe *Bild 1.4*) wird die Zahnkopfhöhe h_{aP} des Ritzels stark verkürzt. Die Gesamtzahnhöhe h_{P1} kann aber durch eine vergrößerte Zahnfußhöhe h_{fFP1} etwas kompensiert werden, *Bild 1.5*. Damit jedoch diese veränderte Zahnhöhe h_{P1} für die Überdeckung auch ausgenutzt werden kann, muß das Gegenrad ein komplementäres Bezugsprofil haben.

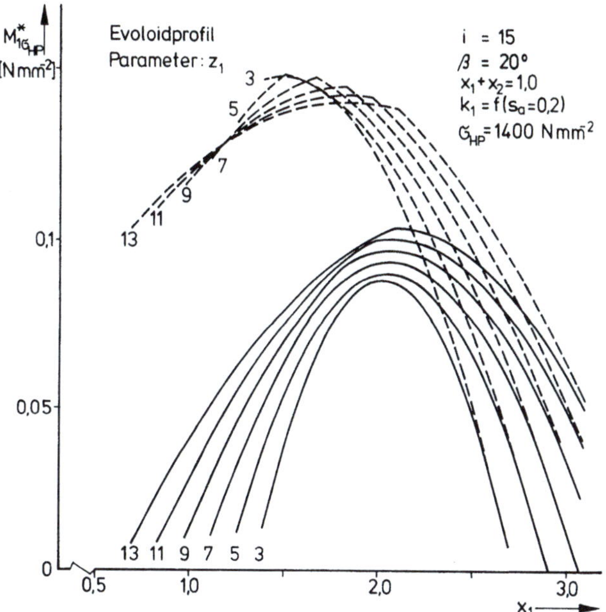

Bild 1.28. Einfluß der Profilverschiebung und der Ritzelzähnezahl auf das spezifische Moment $M^*_{1\sigma\,HP}$ bezüglich der Flankentragfähigkeit bei Verzahnungen mit Evoloid-Komplement-Bezugsprofilen nach *Bild 1.27*.

Das Tragfähigkeitsmaximum tritt bei noch größeren Profilverschiebungen auf als beim Evoloid-DIN-Profil (*Bild 1.22*). Die großen Profilverschiebungen für die Maxima sollten wegen der damit verbundenen Verringerung der Überdeckung nicht verwendet werden.

Da beim Verfahren, die Kopfhöhe des Ritzels klein zu halten, nicht die des Rades (*Bild 1.5*), der Radzahn relativ dünn wird, kann zur Erhöhung seiner Fußtragfähigkeit sein relativ breiter Zahnfußgrund sehr gut abgerundet werden.

Typische Evoloid-Komplement-Bezugsprofile [1.12 ; 1.27], jedoch mit etwas übertrieben großer Zahnfußhöhe des Ritzelbezugsprofils, sind in **Bild 1.27** dargestellt, darüber ist eine entsprechende Zahnradpaarung mit $z_1 = 8$ und $z_2 = 80$ Zähnen zu sehen.

Die Abhängigkeit des spezifischen Moments $M^*_{1\sigma\,HP}$, von der Profilverschiebung $x_1 \cdot m_n$ und den Zähnezahlen, in **Bild 1.28** dargestellt, ist ähnlich wie bei dem bereits untersuchten Profil nach DIN 867 [1.6], in *Bild 1.24*. Die Kurven für den Einzeleingriffspunkt (Vollinien) haben ihr Maximum etwa bei $x_1 = 2{,}0$, denn um

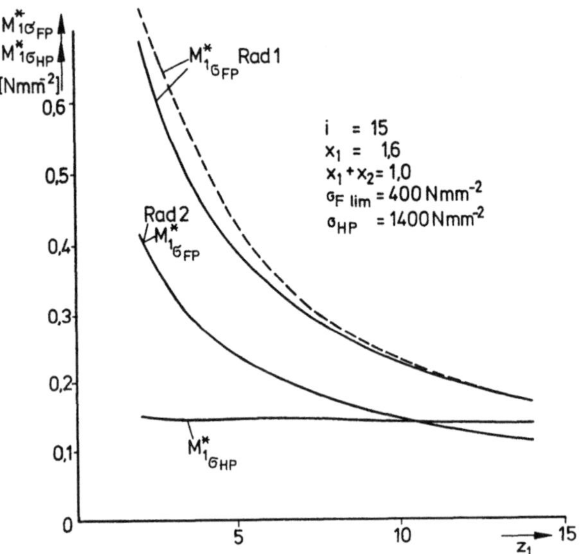

Bild 1.29. Das spezifische Moment $M^*_{1\sigma\,FP}$ im Hinblick auf die Zahnfußbeanspruchung und $M^*_{1\sigma\,HP}$ bezüglich der Flankentragfähigkeit in Abhängigkeit der Zähnezahl z_1. Verwendung eines Evoloid-Komplement-Verzahnungsprofils.

Die Zahnfußtragfähigkeit $M^*_{1\sigma\,FP}$ nimmt sowohl beim Ritzel als auch beim Rad mit kleinerer Zähnezahl zu, und zwar mehr als beim Evoloid-DIN-Profil (*Bild 1.26*). Die Flankentragfähigkeit $M^*_{1\sigma\,HP}$ ist beinahe konstant, zwar auch hier kleiner als die Zahnfußtragfähigkeit, ist jedoch größer als im *Bild 1.26*. Schon ab $z_1 = 10$ wird die Fußtragfähigkeit von Rad 2 kleiner als die Flankentragfähigkeit unter den gegebenen Randbedingungen.
Gestrichelte Kurve: Berücksichtigung der Torsionsspannung.

ähnlich günstige Flankenkrümmungen zu erhalten wie bei den DIN-Profilen, muß der Profilverschiebungsfaktor x_1 der vergrößerten nutzbaren Zahnfußhöhe h_{FfP1} fische Moment $M^*_{1\sigma\,HP}$ um 16% am Eingriffsbeginn (Punkt A, Vollinien) und um 9% in der Mitte der Eingriffsstrecke größer als beim "DIN-Profil" für Evoloidverzahnungen ist.

Der Einfluß der Ritzelzähnezahl auf das spezifische Moment bei Evoloid-Komplementprofilen kann im Diagramm, **Bild 1.29**, erkannt werden. Es zeigt sich, daß die Zahnfußfestigkeit am Ritzel gegenüber dem Evoloid-DIN-Profil in *Bild 1.26* erheblich verbessert werden konnte. Die Zahnfußfestigkeit $M^*_{1\sigma\,HP}$ am Gegenrad wird trotz seiner schlanken Form nicht verringert, da der höhere Zahnformfaktor durch den günstigeren Zahnkerbfaktor und die erhöhte Profilüberdeckung kompensiert wird.

Die Flankentragfähigkeit $M^*_{1\sigma\,HP}$ ist etwa um 20% höher als beim Evoloid-DIN-Bezugsprofil. Betrachtet man noch die übrigen Vorteile der Evoloid-Komplement-Verzahnung, wie höhere Profilüberdeckung, größere Biege- und Torsionssteifigkeit, so ist sie trotz der erforderlichen Sonderwerkzeuge vorzuziehen.

Weitere Unterlagen über die Ermittlung der Lastverteilung, der Verformung des Ritzels, die Lager- und Gehäuseverformung sowie Maßnahmen zur Verringerung der Ritzeldeformation, zur Breitenkorrektur und zur Ermittlung der Breitenfaktoren finden sich in [1.9].

1.21 Schrifttum

[1.1]   Adels, D.,   Möglichkeiten zur Erzielung hoher Getriebeübersetzungen
        Beyer, W.:   durch Verminderung der Ritzelzähnezahlen (z = 1 bis 7). TZ
                         für praktische Metallbearbeitung 61, H. 11, S. 607-609, 1967

[1.2]   Berlinger jr.,B.E.: Das Evoloid-Verzahnungssystem für Stirnradgetriebe mit gro-
                         ßem Stufenübersetzungsverhältnis. Konstruktion 29, H. 4, S.
                         156-158, Berlin: Springer-Verlag, 1977

[1.3]   DIN 3960:   Begriffe und Bestimmungsgrößen für Stirnräder und Stirn-
                         radpaare mit Evolventenverzahnungen. Berlin: Beuth-Verlag
                         GmbH, 1987

[1.4]   DIN 3990:   Grundlagen für die Tragfähigkeitsberechnung von Gerad- und
                         Schrägverzahnungen. Berlin, Köln: Beuth-Verlag GmbH, De-
                         zember 1987

[1.5]   *DIN 58400:*   Bezugsprofil für Evolventenverzahnungen an Stirnrädern für
                             die Feinwerktechnik. Berlin: Beuth-Verlag GmbH, 1984

[1.6]   DIN 867:   Bezugsprofil für Evolventenverzahnungen an Stirnrädern.
                             Berlin: Beuth-Verlag GmbH, 1986

[1.7]   Hofheinz, A.:   Evolventenverzahnungen für große Übersetzungsverhältnisse.
                             Industrie-Anzeiger 88, Nr. 101, S. 2192-2193, Essen: 1965

[1.8]   Kollenrott F.,   Evoloidverzahnungen für Leistungsgetriebe mit großen Über-
         Mende, H.:   setzungsverhältnissen. VDI-Berichte, Nr. 332, S. 235-240,
                             Düsseldorf: VDI-Verlag, 1979

[1.9]   Mende, H.:   Auslegung und Flankenkorrektur von Evolventenschrägver-
                             zahnungen mit kleiner Ritzelzähnezahl. TU Braunschweig:
                             Diss. 1982

[1.10]   Niemann, G.,   Zahnformen und Getriebeeigenschaften für Verzahnungen der
         Roth, K.:   Feinwerktechnik. Feinwerktechnik 68, H. 9, S. 344-357, H.
                             10, S. 409-423, H. 12, S. 538, München: Hanser-Verlag, 1964

[1.11]   Niemann, G.,   Maschinenelemente, 2. Auflage, Band II Getriebe allgemein,
         Winter, H.:   Zahnradgetriebe - Grundlagen, Stirnradgetriebe. Berlin, Hei-
                             delberg, New York: Springer-Verlag, 1983

[1.12]   Roth, K.,   Zahnradpaarungen mit Komplementprofilen zur Erweiterung
         Kollenrott, F.:   der Eingriffsverhältnisse und Erhöhung der Fuß- und Flan-
                             kentragfähigkeit. Konstruktion 34, Nr. 3, S. 81-88, 1982

[1.13]   Roth, K.:   Untersuchungen über die Eignung der Evolventen-Zahnform
                             für eine allgemein verwendbare feinwerktechnische Normver-
                             zahnung. München: Diss. TH München, 1963

[1.14]   Roth, K.:   Evolventenzahnpaarung. Patentschrift 1 200628, München:
                             Deutsches Patentamt, Anmeldetag 12.9.1963

[1.15]   Roth, K.:   Evolventenzahnradpaarung mit Schrägverzahnung zur Über-
                             setzung ins Langsame. Patentschrift 1210644, München:
                             Deutsches Patentamt, Anmeldetag 17.1.1963

[1.16]   Roth, K.:   Evolventenverzahnung für parallele Achsen mit Ritzelzähne-
                             zahlen von 1 bis 7. Tagungsheft "Die Elektromechanik in der
                             Feinwerktechnik" VDI/VDE Fachgruppe Feinwerktechnik
                             Düsseldorf, VDI-Z 107 III Nr. 6, S. 275-284, Düsseldorf:
                             VDI-Verlag, 1964

[1.17]   Roth, K.:   Zum Wirkungsgrad von schrägverzahnten Stirnradgetrieben
                             mit Ritzelzähnezahlen von 1 bis 5. VDI-Z 109 III, Nr. 6, S.
                             242-252, VDI-Verlag, 1967

[1.18]   Roth, K.:   Involute Gear combinations. United States Patent Office 3,
                             247, 736, Patented April 26, 1966, (claimes priority, applica-
                             tions Germany), Jan. 17, 1963

[1.19]   Roth, K.:   Involute Teeth for parallel Axes with Pinion Tooth Numbers
                             from 1-7. Translation [1.16]. Royal Aircraft Establishment,
                             Library Translation No. 1167, Farnborough: Ministry of
                             Aviation, May 1966

[1.20]   Roth, K.:   Zahnradtechnik, Band I: Stirnradverzahnungen - Geometri-
                          sche Grundlagen. Berlin, Heidelberg, New York: Springer,
                          1989

[1.21]   Roth, K.:   Zahnradtechnik, Band II. Stirnradverzahnungen - Profilver-
                          schiebung, Toleranzen, Festigkeit. Berlin, Heidelberg, New
                          York: Springer, 1989

[1.22]   Roth, K.:   Evolventenverzahnungen mit extremen Eigenschaften. Teil I:
                          Übersicht über bisherige Erzeugungsverfahren. Z. antriebs-
                          technik 35, Nr. 5, S. 49-53, 1996

[1.23]   Roth, K.:   Konstruieren mit Konstruktionskatalogen, 2. Auflage, Band II:
                          Konstruktionskataloge. Berlin, Heidelberg, New York: Sprin-
                          ger, 1994

[1.24]   Roth, K.:   Evolventenzahnradpaarung zur Übersetzung ins Schnelle. Pa-
                          tentschrift 1 207 748, München: Deutsches Patentamt, An-
                          meldetag 15.6.1962

[1.25]   Roth, K.:   Evolventenverzahnungen mit extremen Eigenschaften. Teil
                          IIa: Evoloidverzahnungen mit Ritzelzähnezahlen z_1 = 1-5 für
                          große Übersetzungen ins Langsame. Z. antriebstechnik 35, Nr.
                          7, S. 43-48, 1996

[1.26]   Roth, K.:   Evolventenverzahnungen mit extremen Eigenschaften. Teil
                          IIb: Evoloidverzahnungen mit Ritzelzähnezahlen z_2 = 3-8 für
                          große Übersetzungen ins Schnelle. Z. antriebstechnik 35, Nr.
                          9, S. 69-74, 1996

[1.27]   Roth, K.:   Evolventenverzahnungen mit extremen Eigenschaften. Teil
                          III: Komplement-Verzahnungen für höchste Tragfähigkeit. Z.
                          antriebstechnik 35, Nr. 11, S. 72-79, 1996

[1.28]   VDI 2222/1:   Richtlinie Konstruktionsmethodik. Methodisches Entwickeln
                          von Lösungsprinzipien. Berlin: Beuth Verlag 1997

2 Komplement-Verzahnungen für höchste Tragfähigkeit

2.1 Erhöhte Tragfähigkeit bei Zahnradpaarungen mit verschiedenen Zahndicken

Bei der Ermittlung der Zahnflanken- und Zahnfußtragfähigkeit der im Eingriff befindlichen Zähne zeigt sich, daß in der Regel nicht die höchstmöglichen Werte zugrunde gelegt wurden, insbesondere, wenn zur Fertigung genormte Bezugsprofile verwendet worden sind. Im folgenden wird nun gezeigt, daß beim Zugrundelegen komplementärer Zahndicken und/oder Zahnhöhen die höchsten möglichen Tragfähigkeiten und die zulässigen Antriebsmomente bei gleichen Werkstoffen gegebenenfalls um Bruchteile bis zu 20% und mehr erhöht werden können.

Schon in *Kapitel 1* und in [2.16; 2.17] über Verzahnungspaarungen mit großen Übersetzungsverhältnissen fiel auf, daß ihre Bezugsprofile nicht symmetrisch waren, sondern unterschiedlich große Zahnkopf- und Zahnfußhöhen hatten. Die Profilbezugslinie P–P, von der aus die Zahnhöhen gemessen werden [2.5 ; 2.14], liegt dabei immer in *der* Zahnhöhe, bei welcher die Bezugsprofil-Zahndicke gleich der Bezugsprofil-Zahnlücke ist.

Werden zusätzlich auch die Zahndicken der mit unsymmetrischen Bezugsprofilen ausgeführten Verzahnungen betrachtet [2.16 ; 2.17], dann fällt weiter auf, daß auch sie in der Regel verschieden sind, wobei die der treibenden Räder dicker, die der getriebenen Räder dünner als bei üblichen Ausführungen werden. Die verschiedenen Zahndicken können allerdings auch die Folge verschiedener Profilverschiebungen sein. Bei unsymmetrischen Bezugsprofilen ist es allerdings zulässig, in einem der beiden Richtungssinne jeweils viel größere Profilverschiebungswerte anzuwenden, als bei üblichen, symmetrischen Bezugsprofilen mit gleichen Gesamtzahnhöhen [2.14].

Die unsymmetrischen Zahnhöhen der Bezugsprofile von Rad und Gegenrad ermöglichen nicht allein Zahnradpaarungen mit hohen Übersetzungsverhältnissen, sondern ihre unterschiedlichen Zahndicken und Flankenkrümmungen können auch zur Optimierung der nötigen, jedoch unterschiedlichen Festigkeitseigenschaften [2.12] beider Zahnräder ausgenutzt werden, siehe auch Winter [2.24 ; 2.23]. Im folgenden wird gezeigt, wie diese Art der Zahnprofilvariation zur Auslegung von Zahnradpaarungen höchster Tragfähigkeit eingesetzt werden kann [2.18].

2.2 Komplement-Verzahnungen, Komplement-Bezugsprofile

Da bei ausgeführten Verzahnungen die Formzahnhöhen schlecht zu erfassen sind, bei Bezugsprofilen jedoch die Zahndicken (an der Profilbezugslinie) stets gleich sind, soll von *Komplement-Verzahnungen* bei entsprechenden Zahndicken im Wälzkreis, von *Komplement-Bezugsprofilen* bei entsprechenden Zahnhöhen der Bezugsprofile gesprochen werden.

Für Komplement-Verzahnungen sind unsymmetrische Bezugsprofile bezüglich der Bezugsprofil-Zahnhöhen geeignet. In **Bild 2.1** sind die grundsätzlichen Möglichkeiten zur Erzeugung unsymmetrischer Bezugsprofile dargestellt. Vom genormten Bezugsprofil nach DIN 867 [2.5] ausgehend (*Feld 1.2*), werden in *Zeile 1* die Zahnkopf- und Zahnfußhöhen wechselweise verkleinert und vergrößert (*Feld 1.1*) bzw. vergrößert und verkleinert (*Feld 1.3*). In *Zeile 2* werden beide Zahnhöhen gleichmäßig vergrößert (*Feld 2.2*, Bezugsprofil der Feinwerktechnik [2.4]) oder der Zahnkopf weniger verkleinert als der Zahnfuß (*Feld 2.1*) bzw. der Zahnkopf weniger vergrößert als der Zahnfuß (*Feld 2.3*). Die einzelnen Bezugsprofiltypen erhalten die Bezeichnungen A bis F.

Verän-derung	Nr	Stumpf-profile	Symmetrische Profile (Norm)	Hoch-profile
0	Nr	1	2	3
1.0 Gegen-sinnig	1	1.1 A 0,5m 1,1m	1.2 B 1,0m 1,0m DIN 867	1.3 C 1,1m 0,5m
2.0 Gleich-sinnig	2	2.1 D 0,6m 0,7m	2.2 E 1,1m 1,1m DIN 58400	2.3 F 1,2m 1,3m

Bild 2.1. Stumpf-, Hoch- und symmetrische Bezugsprofile.
Zeile 1: Komplementäre Veränderung von Zahnkopf- und Zahnfußhöhe (*Felder 1.1;1.3*) und symmetrische Normprofile (*Spalte 2*).
Zeile 2: Gleichsinnige Verkleinerung und Vergrößerung der Zahnkopf- und Zahnfußhöhe gegenüber den Normprofilen.

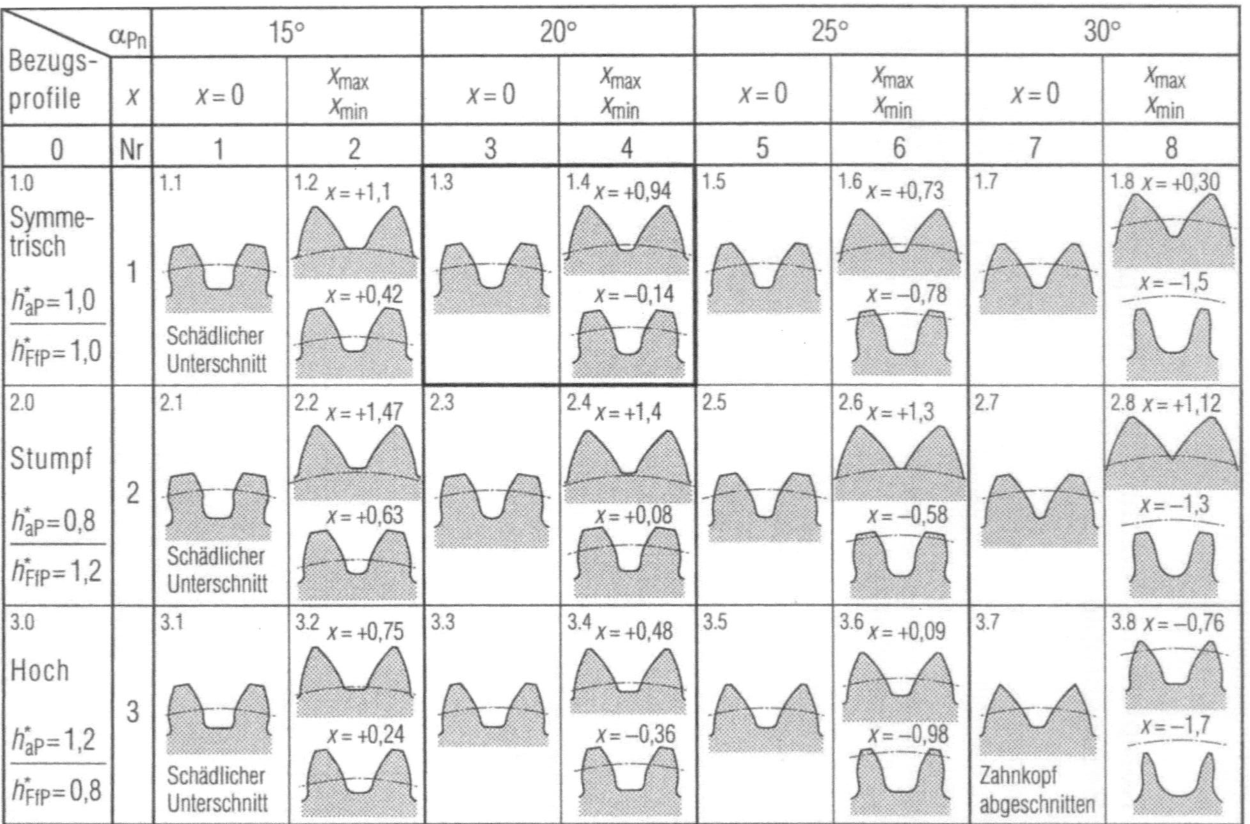

Bezugs-profile	α_{Pn} x	15° $x = 0$	15° x_{max} / x_{min}	20° $x = 0$	20° x_{max} / x_{min}	25° $x = 0$	25° x_{max} / x_{min}	30° $x = 0$	30° x_{max} / x_{min}
0	Nr	1	2	3	4	5	6	7	8
1.0 Symmetrisch $h^*_{aP} = 1{,}0$ $h^*_{FfP} = 1{,}0$	1	1.1 Schädlicher Unterschnitt	1.2 $x = +1{,}1$ / $x = +0{,}42$	1.3	1.4 $x = +0{,}94$ / $x = -0{,}14$	1.5	1.6 $x = +0{,}73$ / $x = -0{,}78$	1.7	1.8 $x = +0{,}30$ / $x = -1{,}5$
2.0 Stumpf $h^*_{aP} = 0{,}8$ $h^*_{FfP} = 1{,}2$	2	2.1 Schädlicher Unterschnitt	2.2 $x = +1{,}47$ / $x = +0{,}63$	2.3	2.4 $x = +1{,}4$ / $x = +0{,}08$	2.5	2.6 $x = +1{,}3$ / $x = -0{,}58$	2.7	2.8 $x = +1{,}12$ / $x = -1{,}3$
3.0 Hoch $h^*_{aP} = 1{,}2$ $h^*_{FfP} = 0{,}8$	3	3.1 Schädlicher Unterschnitt	3.2 $x = +0{,}75$ / $x = +0{,}24$	3.3	3.4 $x = +0{,}48$ / $x = -0{,}36$	3.5	3.6 $x = +0{,}09$ / $x = -0{,}98$	3.7 Zahnkopf abgeschnitten	3.8 $x = -0{,}76$ / $x = -1{,}7$

Bild 2.2. Spektrum von bezugsprofilgebundenen Evolventenzahnformen mit verschiedenen Profilwinkeln α_p, verschiedenen Zahnkopf- und Zahnfußhöhen sowie extremen Profilverschiebungsfaktoren x.

Die Zahnprofile gelten für Zähnezahl $z = 20$, Gesamt-Formzahnhöhe $h_\text{wFP} = 2 \cdot m$, Zahnkopfdicke $0{,}2 \cdot m$ und Unterschnittfreiheit. Nur die Zahnprofile der Felder 1.3 und 1.4 (dick eingerahmt) sind aufgrund des Bezugsprofils DIN 867 [2.5] erzeugbar.

Um sowohl den Einfluß der unsymmetrischen Zahnhöhen h_{aP} und h_{FfP}, der extremen Profilverschiebungen x_{max}, x_{min}, als auch der verschiedenen Profilwinkel α_P auf die Zahnformen eines 20-zähnigen Zahnrades anschaulich darzustellen, wird in **Bild 2.2** ein Gesamtspektrum von 36 bezugsprofilgebundenen Zahnprofilen aufgezeigt.

Ergebnis: Für Zähne mit der Gesamtzahnhöhe $h_P = 2 \cdot m$ gilt:

1. Mit steigendem Profilwinkel α_P wird bei Profilverschiebung $x = 0$ die Zahndicke größer (*Spalten 1; 3; 5; 7*), mit fallendem kleiner (siehe auch *Bild 2.4*).
2. Profilverschiebung x in positiver Richtung macht die Zähne zusätzlich dicker (*Spalten 2; 4; 6; 8, obere Bilder*). Da bei großen Flankenwinkeln α_P, die negative Profilverschiebung am größten ist, erhält man mit ihnen auch die dünnsten Zähne (*Felder 1.8; 2.8; 3.8, untere Bilder*), bei Stumpfprofilen auch die dicksten (*Feld 2.8*).
3. Stumpfprofile ergeben dickere, Hochprofile dünnere Zähne als symmetrische Profile (*Zeilen 2* und *3*).
4. Die Zahndickendifferenz s_{max} - s_{min} und auch die Profilverschiebungsdifferenz x_{max} - x_{min} ist am größten bei großen Profilwinkeln α_P (*Spalten 7; 8*) und bei Stumpfprofilen, *Feld 2.8*, am kleinsten bei kleinen Profilwinkeln α_P und bei Hochprofilen (*Feld 3.2*).
5. Die dicksten Zähne erzielt man bei Stumpfprofilen und großen Profilwinkeln α_P (*Feld 2.8*), die dünnsten bei Hoch-Profilen und ebenfalls großen Profilwinkeln α_P (*Feld 3.8*).

2.3 Paarungen mit Komplement-Verzahnungen

Komplement-Verzahnungen sind Verzahnungen, bei denen die eingreifenden Zahnpaare im Wälzkreis r_w wechselweise komplementäre Zahndicken, d.h. ungleiche Zahndicken haben, wobei ihre Summe der Wälzkreisteilung p_{wt} entspricht ($s_{wt1} + s_{wt2} = p_{wt}$). So ist z.B. die Wälzzahndicke s_{wt1} des einen Rades größer, die andere kleiner als die halbe Wälzteilung p_{wt} / 2. Im Hinblick auf die Zahnhöhen können die Zähne von Rad und Gegenrad auch komplementär sein, aber die Größe von Zahnkopf und nutzbarem Zahnfuß müßte vom Wälzkreis aus gemessen werden, der je nach Profilverschiebung an verschiedenen Stellen des Zahnes liegen könnte. Daher besteht keine Eindeutigkeit.

Komplement-Bezugsprofile sind Bezugsprofile, bei denen mindestens *eine* Zahnkopfhöhe h_{aP} etwa so groß ist wie die Fußformhöhe h_{FfP} des Gegenprofils, Zahnkopf- und Zahnfußformhöhe jedoch verschieden groß sind. Gilt diese Festle-

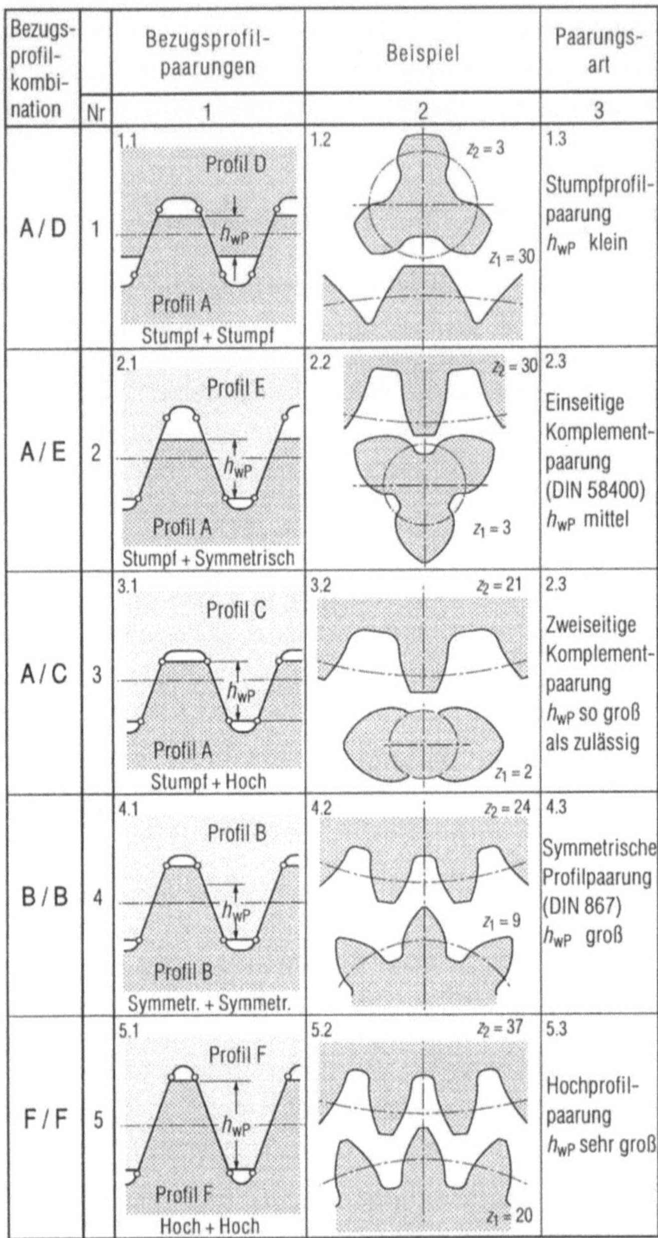

Bild 2.3. Grundsätzliche Paarungsmöglichkeiten mit Stumpf-, Hoch- und symmetrischen Bezugsprofilen (nach *Bild 2.1*).

Komplement-Bezugsprofile in den *Feldern 2.1* bis *3.1* ermöglichen die Erzeugung extremer Verzahnungen für große Übersetzungen und erhöhte Tragfestigkeiten.

gung nur für *eine* Zahnkopfhöhe, handelt es sich um *einseitige*, gilt sie für *beide* Zahnkopfhöhen, um *zweiseitige* Komplement-Bezugsprofile [2.12].

Es möge erwähnt werden, daß es durchaus möglich ist, auch mit symmetrischen Bezugsprofilen Komplement-Verzahnungen verschiedener Zahndicken zur Tragfähigkeitserhöhung zu erzeugen [2.24]. Das geht auch aus *Bild 2.2, Felder 1.2; 1.4; 1.6; 1.8* hervor, wenn man gegensinnige Profilverschiebungen zugrundelegt. Bei Komplement-Bezugsprofilen kann diese Maßnahme sogar noch viel weitergetrieben werden.

In **Bild 2.3**, *Spalte 1,* sind alle grundsätzlich möglichen Paarungen der Bezugsprofile des *Bildes 2.1* ausgeführt. *Feld 2.1* zeigt eine *einseitige* Bezugsprofil-Komplementpaarung, z.B. mit einem genormten Profil als Gegenprofil, *Feld 3.1*

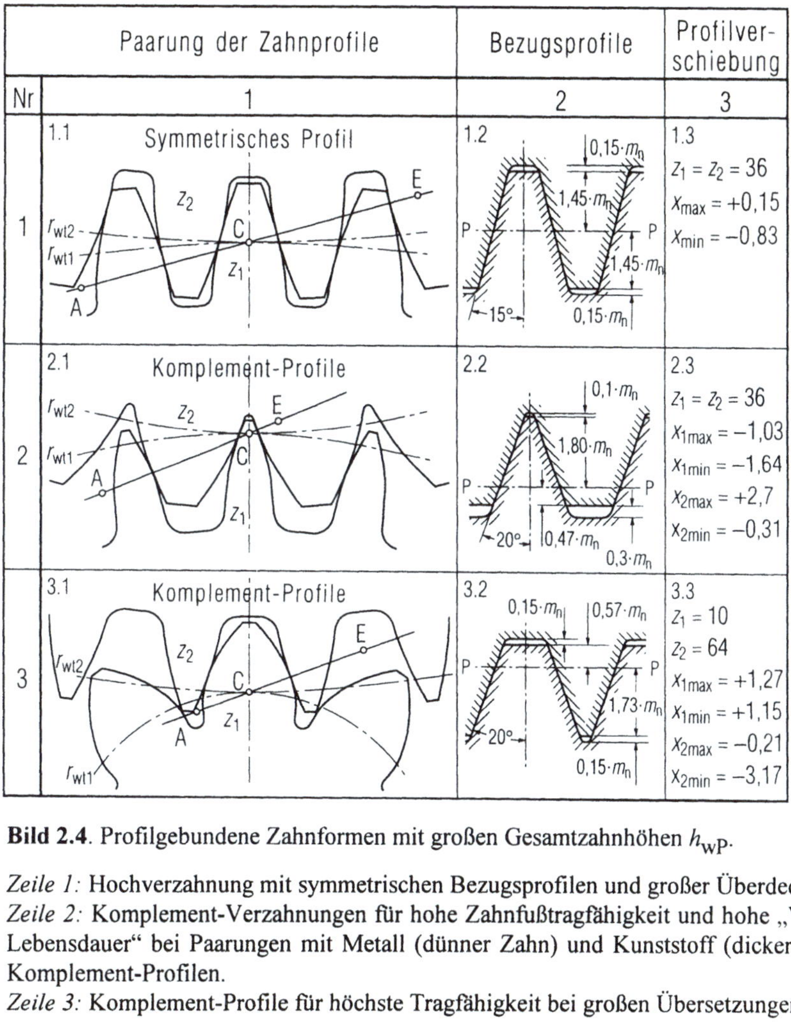

	Paarung der Zahnprofile	Bezugsprofile	Profilver-schiebung
Nr	1	2	3
1	**1.1** Symmetrisches Profil (r_{wt2}, r_{wt1}, z_2, z_1, C, E, A)	**1.2** ($0,15 \cdot m_n$; $1,45 \cdot m_n$; $1,45 \cdot m_n$; $15°$; $0,15 \cdot m_n$; P—P)	**1.3** $z_1 = z_2 = 36$; $x_{max} = +0,15$; $x_{min} = -0,83$
2	**2.1** Komplement-Profile (r_{wt2}, r_{wt1}, z_2, z_1, C, E, A)	**2.2** ($0,1 \cdot m_n$; $1,80 \cdot m_n$; $20°$; $0,47 \cdot m_n$; $0,3 \cdot m_n$; P—P)	**2.3** $z_1 = z_2 = 36$; $x_{1max} = -1,03$; $x_{1min} = -1,64$; $x_{2max} = +2,7$; $x_{2min} = -0,31$
3	**3.1** Komplement-Profile (r_{wt2}, r_{wt1}, z_2, z_1, C, E, A)	**3.2** ($0,15 \cdot m_n$; $0,57 \cdot m_n$; $1,73 \cdot m_n$; $20°$; $0,15 \cdot m_n$; P—P)	**3.3** $z_1 = 10$; $z_2 = 64$; $x_{1max} = +1,27$; $x_{1min} = +1,15$; $x_{2max} = -0,21$; $x_{2min} = -3,17$

Bild 2.4. Profilgebundene Zahnformen mit großen Gesamtzahnhöhen h_{wP}.

Zeile 1: Hochverzahnung mit symmetrischen Bezugsprofilen und großer Überdeckung.
Zeile 2: Komplement-Verzahnungen für hohe Zahnfußtragfähigkeit und hohe „Verschleiß-Lebensdauer" bei Paarungen mit Metall (dünner Zahn) und Kunststoff (dicker Zahn) mit Komplement-Profilen.
Zeile 3: Komplement-Profile für höchste Tragfähigkeit bei großen Übersetzungen.

eine *zweiseitige*. *Feld 4.1* bringt eine Paarung mit Normprofilen, *Feld 5.1* mit Hoch- und *Feld 1.1* mit Stumpfprofilen. In *Spalte 2* sind die mit den Bezugsprofilen ausgeführten Zahnräder dargestellt (nicht im Eingriff). Die unterschiedlichen Zahndicken sind bei den Komplementprofilen in den *Feldern 2.2* und *3.2* gut zu erkennen.

In **Bild 2.4** wird gezeigt, daß die Komplement-Bezugsprofile auch besonders gut geeignet sind für Verzahnungen hoher und höchster Tragfähigkeit. Die Differenz zwischen Zahnkopf- und Zahnfußhöhen ist bei den Verzahnungen der *Zeilen 2 und 3* (hohe Tragfähigkeit) extrem groß, ebenso die Differenz zwischen den Profilverschiebungen von Rad und Gegenrad. In *Zeile 1* liegt die Eingriffsstrecke zu gleichen Teilen vor und nach dem Wälzpunkt (gleichförmige Laufeigenschaften bei großen Zähnezahlen), während sie im Beispiel 2 bei treibendem Rad, im Beispiel 3, *Zeile 3*, bei treibendem Ritzel hauptsächlich hinter dem Wälzpunkt liegt (günstige Laufeigenschaften bezüglich der Eingriffsreibung [2.14 ;2.17]). *Zeile 1* zeigt extreme Hochverzahnungen mit großer Überdeckung, die für niedrige Lautstärke der Zahneingriffsfrequenz geeignet sind.

2.4 Verzahnungsprofile im Hinblick auf ihre Tragfähigkeit

Bei derart extremen Variationen der Zahnprofile ist die Frage berechtigt, ob es nicht sinnvoller sei, sich vollkommen von vorgegebenen Bezugsprofilen zu lösen, um für das jeweilige Übertragungssystem günstige Evolventenzahnprofile zu ermitteln. Zu diesem Zweck muß zunächst festgelegt werden, um welche Tragfähigkeiten es geht und wodurch sie erhöht werden können. Wie aus *Bild 2.6* zu entnehmen ist, hängt die Form der Kreisevolvente weder vom Profilwinkel α_P, vom Modul m, vom Teilkreisradius r noch von der Teilung p ab, sondern nur vom Grundkreisradius r_b [2.14;2.13]. In Polarkoordinaten und Parameterdarstellung ist die Evolventenfunktion nach Bild 2.6, Teilbild 1,

$$r_y = r_b / \cos\alpha_y, \tag{2.1}$$

$$\widehat{\vartheta}_y = \tan\alpha_y - \widehat{\alpha}_y = \mathrm{inv}\,\alpha_y. \tag{2.2}$$

2.4.1 Höchste Tragfähigkeit einer Stirnradpaarung

Eine Stirnradpaarung wird durch unterschiedliche Tragfähigkeitskriterien, die zudem sowohl vom Ritzel als auch vom Rad zu erfüllen sind, begrenzt. Je nach

Einsatzgebiet müssen zur Dimensionierung die folgenden Tragfähigkeiten bestimmt werden:

- Zahnfußtragfähigkeit
- Zahnflankentragfähigkeit
- Verschleißtragfähigkeit
- Freßtragfähigkeit

Die höchste Tragfähigkeit der Stirnradpaarung ist dann erreicht, wenn das Tragverhalten des begrenzenden Kriteriums nicht mehr zu steigern ist. Als konstruktive Maßnahmen bieten sich zur Steigerung der Tragfähigkeit die Verbesserung der verzahnungsgeometrischen Auslegung und die Verringerung bzw. der Ausgleich der Deformation an. Die übrigen Maßnahmen wie

- Verwendung höher belastbarer Zahnradwerkstoffe
- Einsatz leistungsfähigerer Schmierstoffe
- Anwendung leistungsfähigerer Getriebeanordnungen
- Wirksamere Kühlung
- Steifere Getriebegehäuse

sind unter dem Aspekt der vollständigen Getriebedimensionierung einzuordnen und werden hier nicht betrachtet. Des weiteren beschränkt sich das folgende Verfahren auf die Tragfähigkeitsoptimierung bezüglich der Fuß- und Flankentragfähigkeit.

Da die Fußtragfähigkeit sowohl vom Rad als auch vom Ritzelzahn bestimmt wird, ist für eine höchste Tragfähigkeit zu fordern, daß die Zähne der Räder identisch sind.

Die Flankentragfähigkeit wird hingegen unter Verwendung der Hertzschen Gleichungen für Walzenpressung aus der *Paarung* der Zahnräder ermittelt. Das bestimmende geometrische Maß ist der Ersatzradius, gebildet aus den Flankenkrümmungen von Ritzel und Rad in der kritischen Eingriffsstellung (allgemeine Bezeichnungen siehe in [2.14 und 2.2]). Der allgemeine Ersatzkrümmungsradius ρ_{ers} für Rad 1 und Rad 2 an der Eingriffsstelle y ist

$$\frac{1}{\rho_{ers}} = \frac{1}{\rho_{1y}} + \frac{1}{\rho_{2y}} \quad \text{bzw.} \quad \rho_{ers} = \frac{\rho_{1y} \cdot \rho_{2y}}{\rho_{1y} + \rho_{2y}} \tag{2.3}$$

Somit:

$$\rho_{ers} = \rho_{1y} \cdot \left(\frac{\rho_{2y}}{\rho_{1y} + \rho_{2y}} \right) < \rho_{1y} \tag{2.4}$$

$$\rho_{\mathrm{ers}} \; = \; \rho_{2\mathrm{y}} \cdot \left(\frac{\rho_{1\mathrm{y}}}{\rho_{1\mathrm{y}} + \rho_{2y}} \right) \; < \; \rho_{2\mathrm{y}} \tag{2.5}$$

Da - wie gezeigt - der Ersatzkrümmungsradius stets kleiner als der kleinere der beiden Flankenkrümmungsradien ist, muß für die tragfähigste verzahnungsgeometrische Auslegung die kleinste Flankenkrümmung möglichst groß werden. Andererseits liegt die Summe der Flankenkrümmungen mit:

$$\rho_{1\mathrm{y}} + \rho_{2\mathrm{y}} \; = \; a_{\mathrm{w}} \cdot \sin \alpha_{\mathrm{wt}} \tag{2.6}$$

fest, so daß die tragfähigste Flankengeometrie bei Gleichheit der Krümmungsradien erreicht ist.

Ohne Berücksichtigung der Lastverteilung bei Zwei- oder Mehrfacheingriff und unter der Voraussetzung gleicher Werkstoffe in der Räderpaarung sind überschlägig für das verzahnungsgeometrische Optimum bezüglich der Tragfähigkeit gleiche Zahnformen von Ritzel und Rad sowie gleiche Krümmungsradien in der kritischen Eingriffsstellung anzustreben. Dieser Anforderung wird das symmetrische Bezugsprofil nach DIN 867 [2.5] bzw. DIN 58400 [2.4] bei einer Übersetzung von 1 ohne Profilverschiebung gerecht und kann ihr bei zunehmender Übersetzung unter Zuhilfenahme von Profilverschiebungen folgen. Bei hohen Übersetzungen wird das Optimum aufgrund der Eingrenzungen der ausführbaren Verzahnungen (Unterschnitt, Spitzengrenze) nicht mehr erreicht. Dieses gilt analog bei unterschiedlichen Werkstoffen in der Räderpaarung.

2.4.2 Zahndickenvariation und Normrechenverfahren

Solange für eine verzahnungsgeometrische Auslegung das genormte Bezugsprofil zugrunde gelegt wird, kann eine Tragfähigkeitsoptimierung über die Variation der Profilverschiebungen erfolgen. Für jede Variante sind die Tragfähigkeiten bzw. die Sicherheitsfaktoren zu ermitteln. Dies Vorgehen ist sehr zeitraubend. Hinzu kommt, daß bei Verwendung nicht genormter Bezugsprofile die Berechnungsgleichungen nicht vollständig gelten: Insbesondere sind die Bestimmung der Lastverteilung sowie die Fußtragfähigkeitsberechnung mit der Betrachtung des reinen Biegespannungsanteils auf das genormte Bezugsprofil zugeschnitten. Die Optimierung wird um einen wesentlichen Faktor aufwendiger, da neben der Profilverschiebung die gesamten Profilgrößen als freie Variationsparameter erscheinen.

Mit der Methode der Finiten Elemente läßt sich unter Beachtung entsprechender Randbedingungen die Zahnradpaarung auch für nicht normprofilgebundene Verzahnungen berechnen. Der Zeitaufwand wird dabei noch einmal aufwendiger, so daß dieses Verfahren der Berechnung entsprechender Lastkorrekturen vorbehalten bleiben sollte.

Wird die Räderpaarung, ohne zunächst ein Bezugsprofil festzulegen, bestimmt, läßt sich das geometrisch überhaupt mögliche Spektrum exakt beschreiben, in dessen Bereich die tragfähigste Zahnradpaarung enthalten sein muß. Dieses Verfahren läßt sich zur tragfähigkeitsoptimierten Verzahnungsgeometrieauslegung verwenden und wird im folgenden dargestellt.

2.5 Überblick „Zahndickenvariation"

Wird eine Stirnradpaarung geometrisch festgelegt, ohne daß ihr feste Bezugsprofile zugeordnet werden, müssen verschiedene Vorgaben gelten. Diese sind:

- Zähnezahlverhältnis $\qquad\qquad$ (u)
- Achsabstand $\qquad\qquad$ (a_{w})
- Betriebsschrägungswinkel $\qquad\qquad$ (β_{w})
- Mindestprofilüberdeckung $\qquad\qquad$ $(\varepsilon_{\alpha\,\min})$
- Mindestkopfspiel $\qquad\qquad$ (c_{soll})
- Mindestzahnkopfstärke $\qquad\qquad$ $(s_{\mathrm{a}\,\min})$

Eine Optimierung unter dem Aspekt der Fuß- und Flankentragfähigkeit schließt die Bestimmung der Zähnezahlen, des Betriebseingriffswinkels, der Profilüberdeckung sowie der Zahnform ein. Soll der damit verbundene hohe Rechenaufwand reduziert werden, kann die Optimierung auf die Festlegung der Zahnform begrenzt werden, indem die Vorgaben um die nachfolgenden Größen erweitert werden:

- Zähnezahl von Rad 1 $\qquad\qquad$ (z_1)
- Betriebseingriffswinkel $\qquad\qquad$ (α_{wt})
- Profilüberdeckung $\qquad\qquad$ (ε_{α})

Mit diesen Größen kann die kleinste und größte Zahndicke exakt ermittelt werden, so daß die tragfähigste Zahnform zwischen diesen Grenzwerten aufzusuchen ist. Wird einer jeden „Zahndickenvariante" eine entsprechende Zahnfußform zugeordnet, lassen sich auf diese Varianten die Tragfähigkeitskriterien anwenden. Zur Beurteilung der einzelnen Varianten sind die Werkstoffkennwerte vorzugeben:

- Wälzfestigkeit $\qquad\qquad$ $(\sigma_{\mathrm{H}\,\lim})$
- Zug-/Druckwechselfestigkeit $\qquad\qquad$ (σ_{w})

- Streck- bzw. Dehngrenze $(R_e$ bzw. $R_{P0,2})$
- Bruchfestigkeit (R_m)
- Gleitschichtbreite (ρ')
- Elastizitätsmodul (E)
- Querkontraktionszahl (ν)

Getriebetechnische Randbedingungen können, sofern sie bereits festliegen, durch Vorgabe einzelner Einflußgrößen im Optimierungsprozeß berücksichtigt werden.

- Anwendungsfaktor (K_A)
- Dynamikfaktor (K_V)
- Sicherheitsfaktor Fußtragfähigkeit (S_F)
- Sicherheitsfaktor Flankentragfähigkeit (S_H)
- Lebensdauerfaktor (Z_N)
- Schmierstoffaktor (Z_L)
- Geschwindigkeitsfaktor (Z_V)
- Größenfaktor (Z_X)
- Werkstoffpaarungsfaktor (Z_W)
- Rauheitsfaktor (Z_R)

Nach der Anwendung der Tragfähigkeitskriterien ist jede Zahndickenvariante mit einem in der kritischen Eingriffsstellung ermittelten, somit mindestens übertragbaren Antriebsmoment gekennzeichnet. Es ist hierbei das schwächere der beiden Räder sowie das ungünstigere Tragfähigkeitskriterium bereits berücksichtigt. Die tragfähigste Zahnform wird durch *die* Zahndickenvariante beschrieben, für die das mindestens übertragbare Antriebsmoment sein Maximum erreicht. Für eine vollständige Variation werden die tragfähigsten Zahnformen für verschiedene Profilüberdeckungen, Betriebseingriffswinkel und Zähnezahlen untereinander verglichen, so daß diese Größen gleichfalls den tragfähigsten Wert erreichen.

Ebenso wie ein Zahnrad ausgehend von einem Bezugsprofil zu beschreiben ist, lassen sich für die optimierten Stirnradpaarungen Bezugsprofile finden. Da jedoch nur durch die Zahnfußform, die bei den Zahndickenvarianten eine Näherungskurve darstellt, eine exakte Eingrenzung auf ein Bezugsprofil möglich ist, bietet die tragfähigste Zahnform stets ein Spektrum möglicher Bezugsprofile. Dieses erlaubt die Verwendung unter Umständen bereits vorhandener Sonderwerkzeuge oder die Standardisierung von Werkzeugen für bestimmte Anwendungsfälle. **Bild 2.5** zeigt den vollständigen Ablauf zur Optimierung hinsichtlich der Fuß- und Flankentragfähigkeit einer Stirnradpaarung. Eingeschlossen im Struktogramm ist die verzahnungsgeometrische Berechnung nach DIN 3960 [2.2] sowie eine dem DIN-Rechenverfahren [2.3] angeglichene Tragfähigkeitsermittlung.

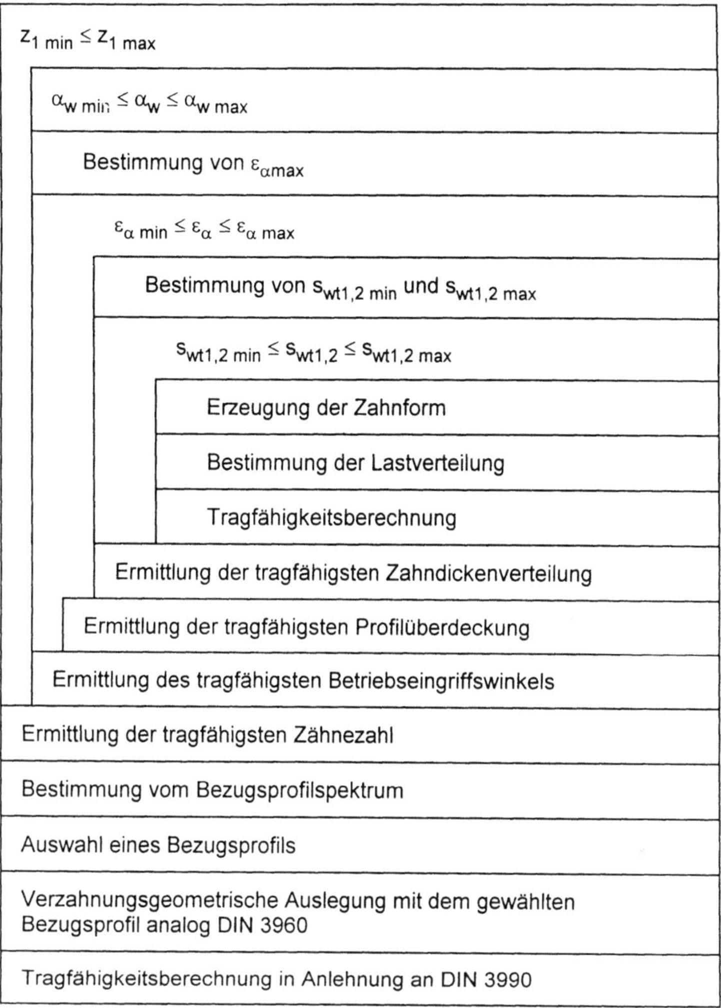

Bild 2.5. Struktogramm der Zahndickenvariation zur Ermittlung der tragfähigsten Verzahnungsgeometrie einer Stirnradpaarung mit Evolventenflanken.

2.6 Zahndickenvariation

2.6.1 Erzeugung von Zahnformvarianten im Stirnschnitt

Die Kontur eines Zahnes wird aus Evolventenästen, die nur von der Größe des Grundkreises (r_b) abhängen (**Bild 2.6**, *Teilbild 1*), im nutzbaren Flankenbereich und von Kreisbögen- bzw. Geradenstücken im Fußteil sowie Kreisbogenstücken im Kopfteil zusammengesetzt. Die Zahngröße resultiert aus der Mindestzahnkopfstärke und der Betriebszahndicke (Zahndicke am Betriebs-Wälzkreis). Die Anordnung der Zähne erfolgt entsprechend der Betriebswälzkreisteilung bzw. der

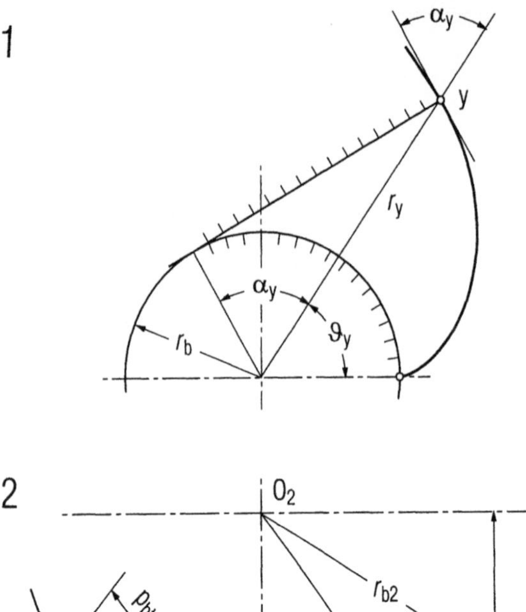

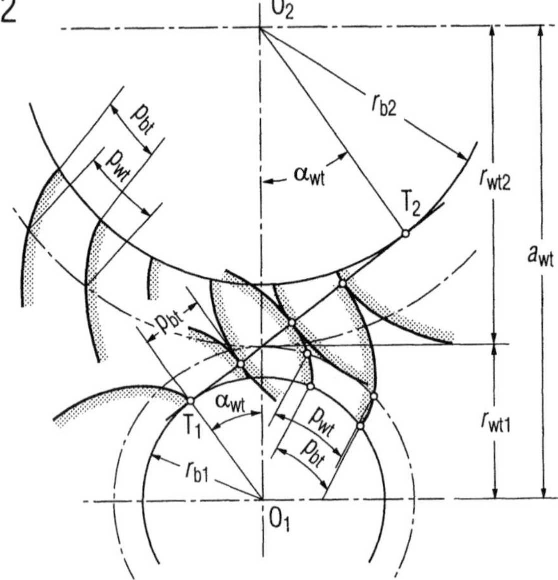

Bild 2.6. Erzeugen der Kreisevolventen mit Hilfe der Grundkreise (r_b) und ihre Verwendung für Zahnradzähne.

Teilbild 1: Darstellung der Evolvente in Polarkoordinaten mit $r_y = f(\vartheta_y)$. Die Evolventenform wird allein vom Grundkreis (r_b) bestimmt.

Teilbild 2: Festlegen der Evolventenzahnradflanken einer Zahnradpaarung mit Hilfe der Grundkreisradien r_{b1}, r_{b2} des Betriebsachsabstandes a_{wt}, des Zähnezahlverhältnisses u und des Betriebseingriffswinkels α_{wt}.

Grundkreisteilung, so daß die Evolventenäste der Rechts- oder Linksflanken entsprechend der Zähnezahl gleichmäßig am Umfang verteilt sind (s. *Bild 2.6, Teilbild 2*).

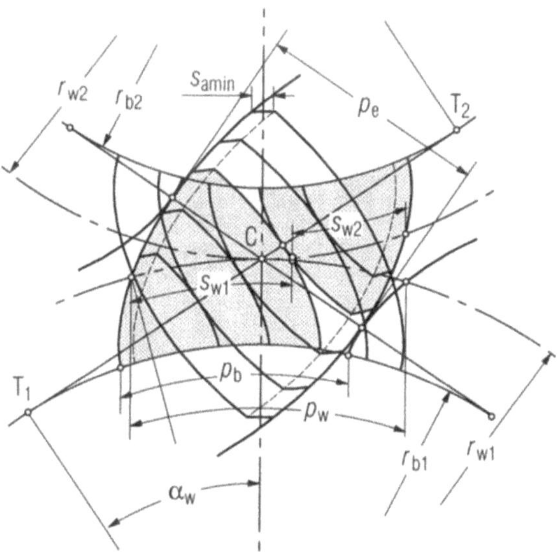

Bild 2.7. Geometrische Variation eines Zahnpaares durch unterschiedliche Verteilung der Evolventenäste aus *Bild 2.6* zu verschiedenen Zahndicken bei konstanter Eingriffsteilung und Geradverzahnung.

Während die Betriebswälzkreise mit dem Achsabstand und der Übersetzung festliegen, folgen die Grundkreise und damit die Evolventenäste durch die Vorgabe des Betriebseingriffswinkels. In **Bild 2.7** ist zu erkennen, wie man mit Hilfe der gleichen Evolventenäste für Rad und Gegenrad Zahnradpaarungen verschiedener und extremer Zahndicken erzeugen kann. Der erforderliche Abstand der Evolventenäste wird von der Teilung, z.B. der Wälzkreisteilung bestimmt [2.8]. Es ist ferner:

$$r_{bt} = r_{wt} \cdot \cos\alpha_{wt} \tag{2.7}$$

$$r_{bt1} = \frac{a_w}{u+1} \cdot \cos\alpha_{wt} \quad ; \quad r_{bt2} = \frac{u}{u+1} \cdot a_w \cdot \cos\alpha_{wt} \tag{2.8}$$

Mit der zusätzlichen Vorgabe der Zähnezahl läßt sich die Betriebswälzkreis- und Grundkreisteilung aufstellen.

$$p_{wt} = \frac{2\pi}{z} \cdot r_{wt} \tag{2.9}$$

$$p_{bt} = p_{wt} \cdot \cos\alpha_{wt} \tag{2.10}$$

2.6.1.1 Zahndicke der Zahnformvarianten

Um eine gleichmäßige Drehbewegung zu erzielen, müssen die Zahnräder theoretisch spielfrei miteinander kämmen.

$$s_{wt1} \; + \; s_{wt2} \; = \; p_{wt} \tag{2.11}$$

Mit dieser Bedingung liegt das Spektrum möglicher Zahndickenvarianten fest:

$$s_{wt1\,min} \; + \; s_{wt2\,max} \; = \; p_{wt} \tag{2.12}$$

und

$$s_{wt1\,max} \; + \; s_{wt2\,min} \; = \; p_{wt} \tag{2.13}$$

Die längste aktive Zahnflanke ist dann erreicht, wenn die Evolvente vom Grundkreis bis zum Kopfkreis - bestimmt durch die Mindestzahnkopfstärke - genutzt wird, **Bild 2.8**. Je größer die Betriebszahndicke ist, desto höher kann der Zahn werden und die nutzbare Zahnflanke zunehmen. Für den kleinsten Fall muß die minimale Betriebszahndicke gerade eben noch eine ausreichende Mindestprofilüberdeckung gewährleisten.

Es gilt:

$$s_{wt\,min} \; = \; 2 \cdot r_{wt} \left(\frac{s_{a\,min\,t}}{2\,r_{at}} + \mathrm{inv}\,\alpha_{at} - \mathrm{inv}\,\alpha_{wt} \right) \tag{2.14}$$

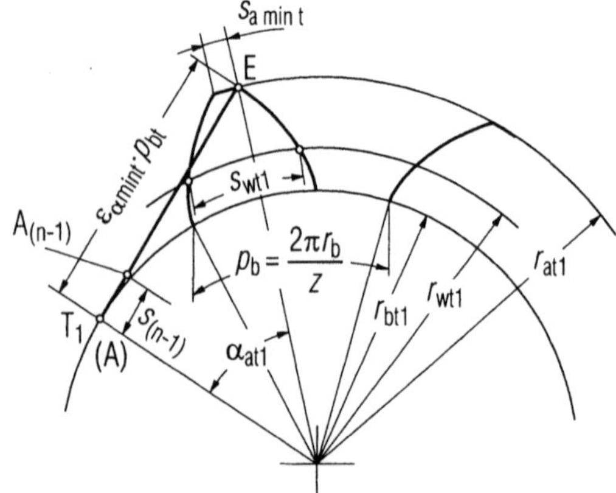

Bild 2.8. Grenzwert der Betriebszahndicke von nicht profilgebundenen Verzahnungen. Bestimmung der kleinsten Zahndicke $s_{wt\,min}$ durch die kleinste Zahnkopfdicke $s_{a\,mint}$ und die Mindestprofilüberdeckung $\varepsilon_{\alpha\,mint}$.

mit

$$r_{at} = \sqrt{r_{bt}^2 + \left(\varepsilon_{\alpha\,\min\,t} \cdot p_{bt}\right)^2} \qquad (2.15)$$

und

$$\cos\alpha_{at} = \frac{r_{bt}}{r_{at}} \qquad (2.16)$$

Aus der Paarung zweier Zahnräder erfährt die Mindestbetriebszahndicke eine weitere Einschränkung. Nur wenn der Kopfkreis des Gegenrades bei größter Betriebszahndicke durch den Grundpunkt des Rades verläuft, kann die größte nutzbare Zahnflanke auch aktiv genutzt werden. Dieses trifft jedoch im Regelfall nicht zu, so daß die Mindestzahndicke entsprechend dem *Bild 2.8* zu vergrößern ist.

Die Mindesbetriebszahndicke im Iterationsschritt n folgt aus Gleichung (2.14), wenn im Kopfkreisradius die Verschiebung $s_{(n-1)}$ berücksichtigt wird, **Bild 2.9**.

$$r_{at(n)} = \sqrt{r_{bt}^2 + \left(\varepsilon_{\alpha\,\min\,t} \cdot p_{bt} + s_{(n-1)}\right)^2} \qquad (2.17)$$

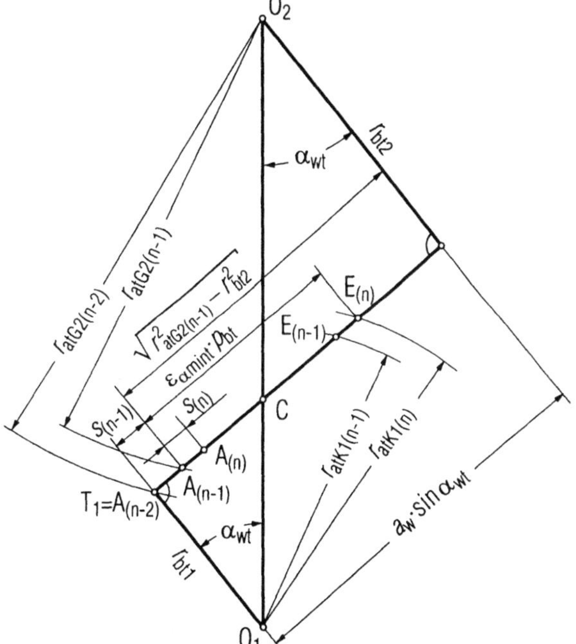

Bild 2.9. Iteratives Vorgehen zur Ermittlung der Mindestzahndicken aufgrund der Eingriffsstrecke und damit der zulässigen Kopfkreise r_{at}.

Es sind:

$A_{(n-1)}$; A_n: Anfangspunkte der Eingriffsstrecken im Iterationsschritt n-1 bzw. n.

$s_{(n-1)}$; $s_{(n)}$:   Durch Iteration erhaltene Zahndicken.

mit

$$s_{(n+1)1,2} = a_w \cdot \sin \alpha_{wt} - \sqrt{r^2_{at\,2,1(n-1)} - r^2_{bt\,2,1}} \qquad (2.18)$$

Die Mindestbetriebszahndicke ist bestimmt, wenn die Verschiebung s zwischen den Iterationsschritten konstant bleibt.

$$s_{(n-1)} = s_{(n)} \qquad (2.19)$$

Die zugehörige maximale Betriebszahndicke ergibt sich aus den Gleichungen (2.12) und (2.13).

Maximale Profilüberdeckung

Für jede Zahndickenvariante läßt sich mit den maximal möglichen Kopfkreisradien $r_{at\,max}$, die nur durch die vorgegebene Mindestzahnkopfstärke begrenzt werden, die maximale Profilüberdeckung $\varepsilon_{\alpha t\,max}$ berechnen.

$$\varepsilon_{\alpha t\,max} = \frac{1}{p_{et}} \cdot \left[\left(\sqrt{r^2_{at\,max\,1} - r^2_{bt1}} - r_{wt1} \cdot \sin \alpha_{wt} \right) \right.$$

$$\left. + \left(\sqrt{r^2_{at\,max\,2} - r^2_{bt2}} - r_{wt2} \cdot \sin \alpha_{wt} \right) \right] \qquad (2.20)$$

Diese maximal erreichbare Profilüberdeckung, die bei den meisten Zahndickenvarianten größer ist als die vorgegebene Mindestprofilüberdeckung $\varepsilon_{\alpha t\,min}$, kann dazu benutzt werden, entsprechend einem vorwählbaren Eingriffsfaktor i_{eingr}

Tabelle 2.1 Wählbare Lage der Eingriffsstrecke

Lage der Eingriffsstrecke	Eingriffsfaktor i_{eingr}
Symmetrisch zur Eingriffslinie $\overline{T_1 T_2}$	1
Symmetrisch zum Wälzpunkt C	2
Eingriffsbeginn hinter dem Wälzpunkt	3
Vorgabe der Kopf-Eingriffsstrecke des Ritzels	4
Varianten durch Verschieben der Eingriffsstrecke	5
Maximale Eingriffsstrecke	6

(*Tabelle 2.1*) die Lage der Eingriffsstrecke auf der Eingriffslinie zu verschieben und gegebenenfalls durch Kopfkürzung an Ritzel bzw. Rad einzustellen.

So kann die Geometrie gezielt beeinflußt werden, um z.B. empirisch gefundene Zusammenhänge, die nicht mathematisch beschreibbar sind, in die Auslegung zu integrieren.

2.6.1.2 *Zahnfuß der Zahndickenvarianten*

Da ein Bezugsprofil oder Wälzwerkzeug während der Optimierung nicht bekannt ist, muß die Fußanschlußkurve [2.1] angenähert werden. Durch die vorgewählte Lage der Eingriffsstrecke, die Profilüberdeckung und Mindestzahnkopfstärken ist die Zahnkopfgeometrie der Radpaarung festgelegt, **Bild 2.10**; vom Kopfkreis bis zum aktiven Fußkreis geht die Evolventenflanke.

Bei Berücksichtigung der Kerbwirkung im Zahnfuß, die minimiert werden soll, muß eine Kurve mit maximaler Krümmung gefunden werden, die den Fußpunkt

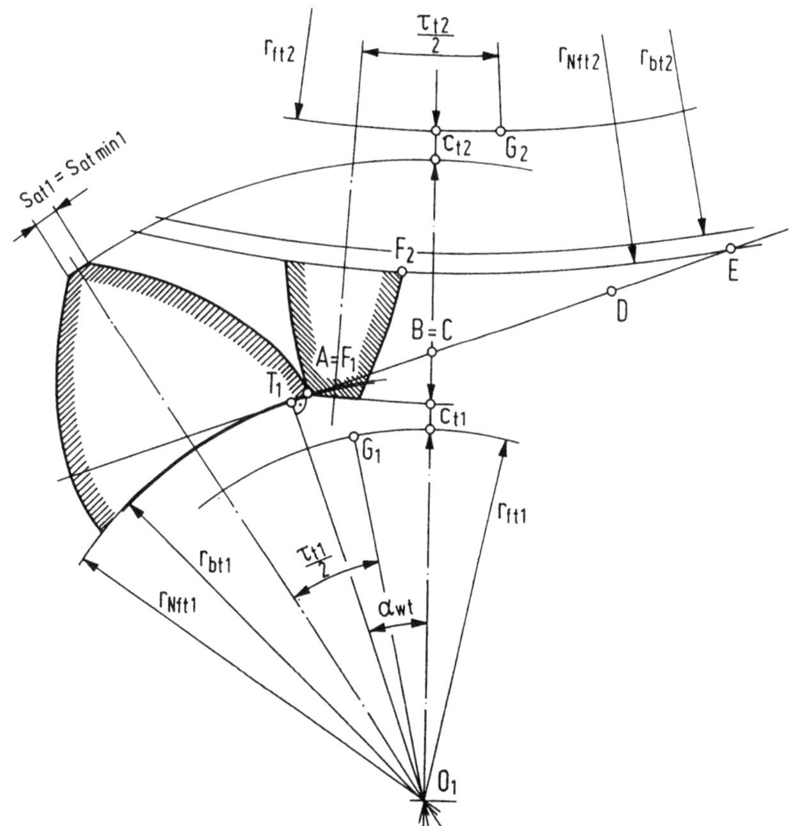

Bild 2.10. Zahnkopfgeometrie einer Zahndickenvariante.

der aktiven Evolventenflanke (Punkte F_1 und F_2 in *Bild 2.10*) mit dem Grundfußpunkt am Fußkreis (Punkte G_1 und G_2 in *Bild 2.10*) verbindet. Dabei ist der
Grundfußpunkt durch den Teilungswinkel τ_t und der Fußkreis r_{ft} mit dem vorgegebenen Kopfspiel c_t festgelegt. Da die Anschlußkurve gleichzeitig tangential aus
der Evolvente aus- und in den Fußkreis einlaufen soll, muß die Kurve aus maximal
4 Segmenten zusammengesetzt werden, **Bild 2.11**.

Es sind dies:

1. Die Verlängerung der Evolvente vom aktiven Fußkreis r_{Nft} bis zum Grundkreis r_{bt}
2. Die radiale Verlängerung vom Grundkreis r_{bt} bis zum Fußberührkreis r_{fBt}
3. Ein Kreisbogen vom Fußberührkreis r_{fBt} bis zum Fußkreis r_{ft}
4. Ein Kreisbogen des Fußkreises r_{ft} bis zur Mitte der Zahnlücke

Zur Bestimmung des maximalen Fußrundungsradius ist es notwendig, die
Bahnkurve des einen Zahnrades relativ zum anderen zu ermitteln, um danach iterativ von der maximal möglichen Fußausrundungskurve ausgehend über eine Kollisionsberechnung zwischen Bahnkurve und Fußausrundungskurve zu der Kurven-
form zu kommen, die aufgrund der geometrischen Eigenschaften der Zahnradpaarung die Kurve minimaler Krümmung für das betrachtete Zahnrad darstellt.

Die Drehbewegung zweier Zahnräder mit den Wälzkreisen r_{wt1} und r_{wt2} läßt
sich durch ein Ersatzreibradgetriebe darstellen, wenn die Reibraddurchmesser den
Wälzkreisdurchmessern entsprechen und die Reibräder schlupffrei aufeinander ab-

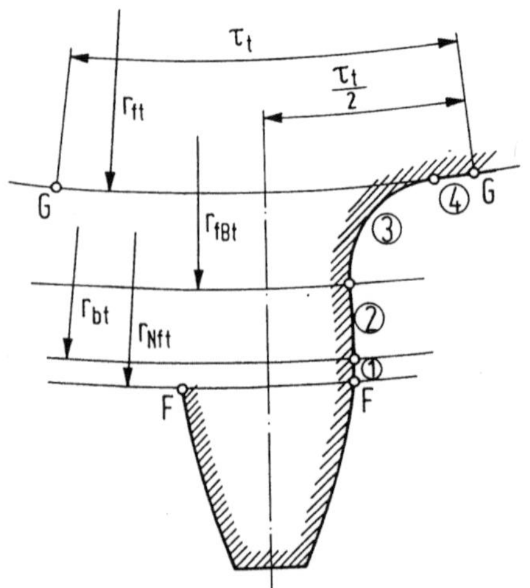

Bild 2.11. Kurvensegmente der Fußausrundung.

rollen. Die Bewegung, die ein Punkt des einen Rades relativ zum anderen Rad ausführt, hängt von der Größe seines Abstandes vom Drehmittelpunkt ab und ergibt als Bahnkurve eine Epitrochoide. Bei einem Zahnrad wird abhängig von der Größe des Kopfkreises zum Wälzkreis jeder Punkt des Kopfkreises relativ zum Gegenrad die Bahnkurve einer verlängerten Epitrochoide durchlaufen, wenn der Kopfkreis größer als der Wälzkreis des Zahnrades ist, anderenfalls wird es die Bahnkurve einer verkürzten Epitrochoide [2.1] sein.

Welcher Teil der Bahnkurve während des Eingriffs tatsächlich vom Zahnrad durchlaufen wird, hängt von der Lage der Eingriffsstrecke relativ zum Wälzpunkt C ab. In **Bild 2.12** sind dazu die Verhältnisse einer Zahnradpaarung zu Beginn und am Ende des Eingriffs dargestellt.

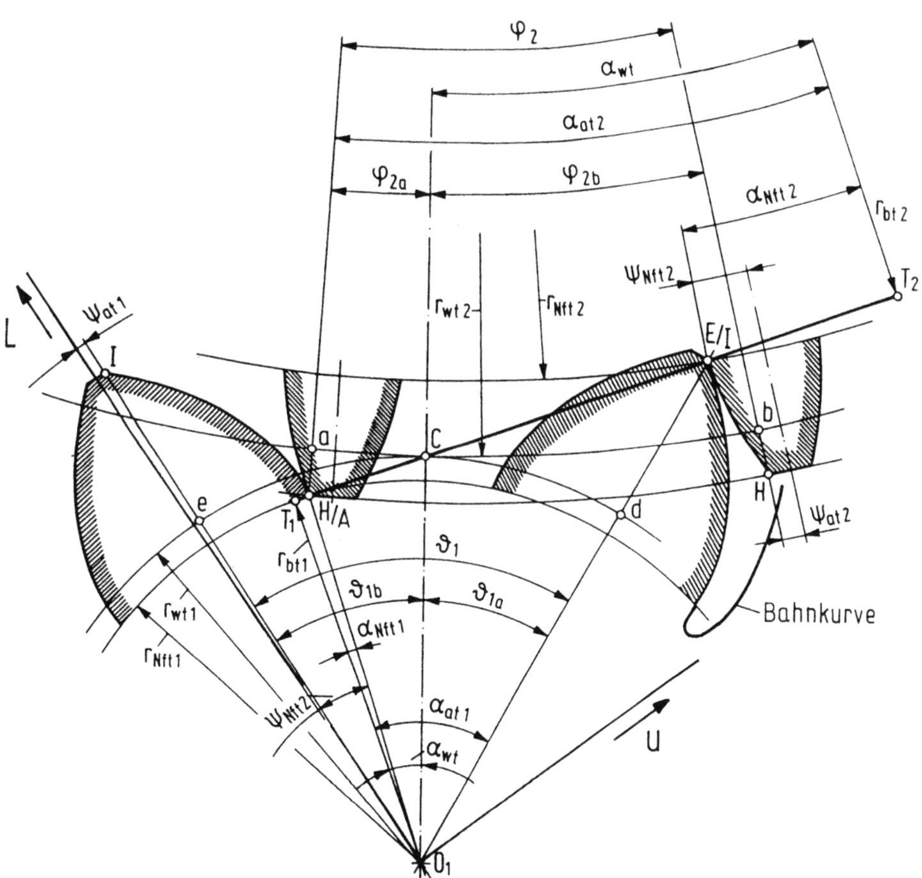

Bild 2.12. Zahnradpaarung mit Wälzwinkeln zur Bestimmung der Zahnkurven der Kopfeckpunkte H und I sowie der Bahnkurve, welche Punkt H relativ zum Ritzel 1 beim Durchlaufen der Eingriffsstrecke beschreibt.

Zunächst soll das Rad (Index 2) betrachtet werden. Zu Beginn des Eingriffs im Punkt A berührt der Kopfeckpunkt H des Rades das Ritzel am aktiven Fußkreis r_{Nft1}. Beim Durchlaufen der Eingriffsstrecke von A nach E wälzt das Rad mit dem Kopfeckpunkt H um den Winkel φ_2 ab, der dem Wälzkreisbogen $\overparen{ab}$ entspricht

$$r_{\text{wt2}} \cdot \varphi_2 = \overparen{ab}. \tag{2.21}$$

Durch Aufteilen des Wälzwinkels φ_2 in die beiden Teilwälzwinkel φ_{2a} und φ_{2b}, die proportional zu den Kopf- und Fußeingriffsstrecken sind, *Bild 2.12*, lassen sich die Teilwälzwinkel durch radspezifische Winkel ausdrücken.

$$\varphi_{2a} = \alpha_{\text{at2}} - \alpha_{\text{wt}} \tag{2.22}$$

$$\varphi_{2b} = \alpha_{\text{wt}} - \alpha_{\text{fat2}} + \psi_{\text{fat2}} - \psi_{\text{at2}} \tag{2.23}$$

Der dazugehörige Wälzwinkel des Ritzels φ_1 folgt aus der Wälzbedingung:

$$r_{\text{wt1}} \cdot \varphi_1 = r_{\text{wt2}} \cdot \varphi_2 \tag{2.24}$$

Da das Verhältnis der Wälzkreise von Rad und Ritzel dem Zähnezahlverhältnis u entspricht, sind die Teilwälzwinkel des Ritzels direkt aus denen des Rades berechenbar.

Die Parameterdarstellung der Bahnkurve im xy-Koordinatensystem, *Bild 2.12*, ist nach einigen algebraischen Umformungen zu erhalten:

$$x = a_{\text{w}} \cdot \cos\varphi_1 - r_{\text{at2}} \cdot \cos\left(\frac{a_{\text{w}}}{r_{\text{wt2}}} \cdot \varphi_1\right) \tag{2.25}$$

$$y = a_{\text{w}} \cdot \sin\varphi_1 - r_{\text{at2}} \cdot \sin\left(\frac{a_{\text{w}}}{r_{\text{wt2}}} \cdot \varphi_1\right) \tag{2.26}$$

Die Bahnkurve des Kopfeckpunktes I des Ritzels relativ zum feststehenden Rad ergibt sich mit den Teilwälzwinkeln ϑ_{1a} und ϑ_{1b}, *Bild 2.12*, und analogem Vorgehen zu:

$$x = a_{\text{w}} \cdot \cos\vartheta_2 - r_{\text{at1}} \cdot \cos\left(\frac{a_{\text{w}}}{r_{\text{wt1}}} \cdot \vartheta_2\right) \tag{2.27}$$

$$y = a_{\mathrm{w}} \cdot \sin \vartheta_2 - r_{\mathrm{at1}} \cdot \sin\left(\frac{a_{\mathrm{w}}}{r_{\mathrm{wt1}}} \cdot \vartheta_2\right) \tag{2.28}$$

Zur Kollisionsberechnung ist es erforderlich, die xy-Koordinaten der Bahnkurve in ein symmetrisch zur Zahnmitte liegendes uv-Koordinatensystem, *Bild 2.12*, zu transformieren. Da Punkt F zugleich Endpunkt der aktiven Evolventenflanke und Anfangspunkt der Bahnkurve des Kopfeckpunktes ist, lautet die Transformationsgleichung für den beliebigen Punkt Y der Bahnkurve:

$$\gamma_{\mathrm{F}} = \mathrm{arc}\ \tan\left(\frac{y_{\mathrm{F}}}{x_{\mathrm{F}}}\right) \tag{2.29}$$

$$u_{\mathrm{Y}} = \sqrt{x_{\mathrm{Y}}^2 + y_{\mathrm{Y}}^2} \cdot \cos\left[\frac{\pi}{2} - \psi_{\mathrm{fat}} - \gamma_{\mathrm{F}} + \mathrm{arc}\ \tan\left(\frac{y_{\mathrm{Y}}}{x_{\mathrm{Y}}}\right)\right] \tag{2.30}$$

$$v_{\mathrm{Y}} = \sqrt{x_{\mathrm{Y}}^2 + y_{\mathrm{Y}}^2} \cdot \sin\left[\frac{\pi}{2} - \psi_{\mathrm{fat}} - \gamma_{\mathrm{F}} + \mathrm{arc}\ \tan\left(\frac{y_{\mathrm{Y}}}{x_{\mathrm{Y}}}\right)\right] \tag{2.31}$$

Nach der Transformation liegen die Koordinaten der Bahnkurve so vor, daß nach Bestimmung des maximalen Fußrundungsradius, der die Punkte F und G verbindet, *Bild 2.12*, eine Kollisionsberechnung zwischen der Bahnkurve und der Fußausrundungskurve durchgeführt werden kann.

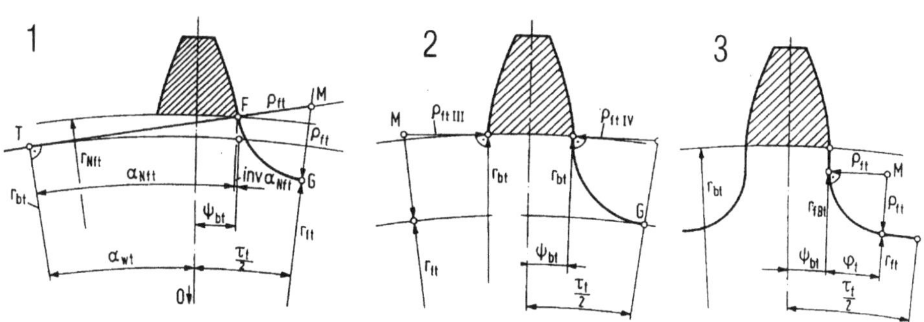

Bild 2.13. Falluntersuchung zur Bestimmung geeigneter Fußanschlußkurven der Zahndickenvarianten

Fall 1: Für $r_{\mathrm{Nft}} > r_{\mathrm{fat}}$ Kreisbogen ρ_{ft},

Fall 2: Für $r_{\mathrm{Nft}} = r_{\mathrm{bt}}$, Evolvente bis Grundkreis, Kreisbogen ρ_{ft}

Fall 3: Für $r_{\mathrm{Nft}} = r_{\mathrm{bt}}$, $r_{\mathrm{Bft}} > r_{\mathrm{ft}}$, Evolvente bis Grundkreis, radiale Verlängerung Kreisbogen ρ_{ft}.

Von ausschlaggebender Bedeutung für die Erzeugung eines nicht profilgebundenen Zahnes ist die Form der Fußausrundung. Man kann drei grundsätzlich verschiedene Möglichkeiten unterscheiden, je nachdem, ob der Endpunkt der Evolvente mit dem nutzbaren Fußkreisradius $r_{\mathrm{Nf\,t}}$ (**Bild 2.13**, *Teilbild 1*) größer als der Grundkreisradius r_{bt} ist, ob der Endpunkt der Evolvente auf dem Grundkreis r_{bt} liegt und dort erst der Fußausrundungsradius $\rho_{\mathrm{f\,t}}$ beginnt (*Teilbild 2*) oder ob erst nach einer geraden Verlängerung die Fußkreisabrundung erfolgt (*Teilbild 3*).

Der Fußausrundungsradius $\rho_{\mathrm{f\,t}}$ sollte nämlich gerade so groß sein, daß er mit gleicher Neigung am Evolventenfußpunkt $r_{\mathrm{Nf\,t}}$ anschließt und in der Zahnlückenmitte den Fußkreis $r_{\mathrm{f\,t}}$ berührt.

Die drei Fälle sind danach:

Teilbild 1: $r_{\mathrm{Nf\,t}} > r_{\mathrm{bt}}$

Teilbild 2: $r_{\mathrm{Nf\,t}} = r_{\mathrm{bt}}$

Teilbild 3: $r_{\mathrm{Bf\,t}} < r_{\mathrm{bt}}$

Um einen größtmöglichen Radius $\rho_{\mathrm{f\,t}}$ zu erzielen, sind immer die Fälle 1 und 2 vorzuziehen und im Fall 3, wenn es geht, den Radius $\rho_{\mathrm{f\,t}}$ bis zur Zahnlückenmitte auszuführen [2.1].

Beispiel: Bestimmen einer sinnvollen Zahnfußausrundung

Zur erstrebten Berechnung der Zahnfußtragfähigkeit ist es - wie schon mehrfach erwähnt - notwendig, die Zahnlücke durch eine, mit dem später gefertigten Zahnprofil gut übereinstimmende Fußausrundung zu simulieren. Sehr günstig ist eine kreisbogenförmige Ausrundung, die sich tangential an die Evolvente oder innerhalb des Grundkreises r_{b} an die Radiale des Flankenfußpunktes anschließt, *Bild 2.13*. Bezogen auf eine große Zahnfußtragfähigkeit sollte der Radius ρ_{f} der Fußrundung (hier auf eine Geradverzahnung bezogen) möglichst groß sein. Er wird allerdings durch folgende zwei Bedingungen [2.8] begrenzt (**Bild 2.14**).

a) Die durch den Fußpunkt F der nutzbaren Evolvente gegebene Fußeingriffsstrecke g_{fmin} darf nicht verkürzt werden (Linie a),

b) Die Fußlückenweite e_{f}, welche sich aus dem Mindest-Fußlückenhalbwinkel $\eta_{\mathrm{f\,min}}$ (Gl.(2.41)) ergibt, soll mindestens gleich der der Zahndicke s'_{a} des Gegenrades sein (Linie b).

Die Zahndicke an einem beliebigen Punkt ist [2.14]

$$\frac{s_{\mathrm{r}}}{2 \cdot r} + \mathrm{inv}\,\alpha_{\mathrm{v}} = \frac{s_{\mathrm{w}}}{2 \cdot r_{\mathrm{w}}} + \mathrm{inv}\,\alpha_{\mathrm{w}} \qquad (2.32)$$

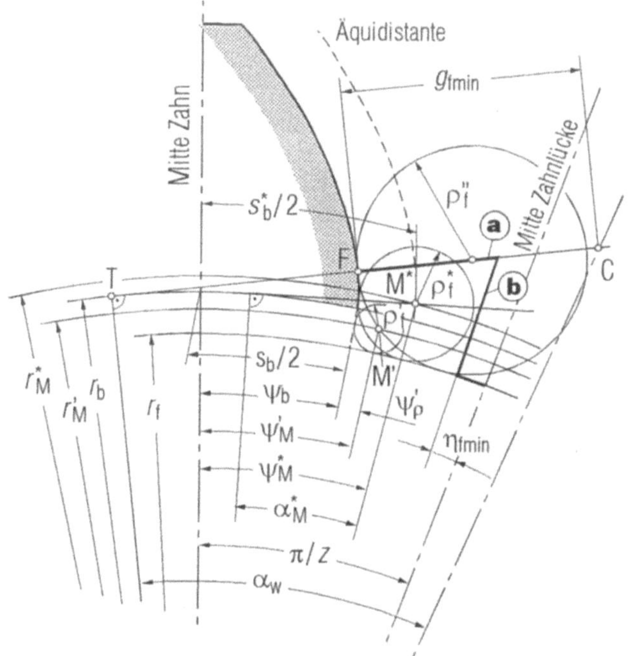

Bild 2.14. Festlegen der Fußausrundung

ρ_f^* Radiusmittelpunkt auf einer Äquidistanten zur Flanke, Tangierung an der Flankenevolvente

ρ_f' Radiusmittelpunkt auf einer Radialen, Tangierung an der radialen Fußflanke.

ρ_f'' Radiusmittelpunkt am Tangentenstrahl des Formfußpunktes F. Fußausrundung kleiner als Mindesteingriffsstrecke g_{fmin}.

und damit die Zahnkopfdicke des Gegenrades

$$s_a' = 2 \cdot r_a' \left(\frac{s_w}{2 \cdot r_w} + \operatorname{inv} \alpha_w - \operatorname{inv} \alpha_a' \right). \tag{2.33}$$

Einzuhalten sind die Bedingungen

$$0 \leq s_{a\,2,1}' \leq e_{f\,1,2}. \tag{2.34}$$

Somit kann Lage und Größe des Fußrundungsradius ρ_f eingegrenzt werden. Mittelpunkt M* liegt unterhalb der Eingriffsstrecke FC, auf einer Äquidistanten, die durch eine Fußdicke s_b^* gegeben ist

$$s_b^* = s + 2 \cdot \rho_f^*. \tag{2.35}$$

Seine Lage ergibt sich aus dem Halbwinkel

$$\psi_M^* = \frac{s_b^*}{2 \cdot r_b} - \operatorname{inv} \alpha_M^* \tag{2.36}$$

und dem Radius

$$r_M^{*2} \geq r_b^2 + \rho_f^{*2}. \tag{2.37}$$

Der Kreis mit dem Radius ρ_f' tangiert die Tangentenfußpunkt-Radiale mit

$$\psi_\rho' = arc \sin \frac{\rho_f'}{r_M'} \tag{2.38}$$

$$\psi_M' = \frac{s_b}{2 \cdot r_b} + \psi_\rho' \tag{2.39}$$

mit

$$r_M'^2 \leq r_b^2 + \rho_f'^2. \tag{2.40}$$

Der Mindest-Fußlückenhalbwinkel ist

$$\eta_{f\,min} = \frac{e_{f\,min}}{2 \cdot r_f}. \tag{2.41}$$

Damit die Grenze b nicht überschritten wird, muß sein

$$(b) \quad \psi_M \leq \frac{\pi}{2} - \eta_{f\,min}. \tag{2.42}$$

Liegt der Mittelpunkt M" auf der Grenze a, gilt

$$r'^2_M = r_b^2 + \left(r_b \tan \alpha_w - g_{f\,min} + \rho_f''\right)^2. \tag{2.43}$$

Damit die Grenze a nicht überschritten wird, muß daher gelten

$$(a) \quad r_M^2 \leq r_b^2 + \left(r_b \tan \alpha_w - g_{f\,min} + \rho_f\right)^2. \tag{2.44}$$

Mit den Gl.(2.42) und (2.44) kann die Zulässigkeit eines gewählten Zahnfuß-rundungsradius beurteilt werden. Sehr eingehende Überlegungen bezüglich der Zahnfußrundung findet man bei Brückner [2.1].

2.6.1.3 Profilüberdeckung bei der Variation der Stirnradpaarung

Wenn die minimalen und maximalen Zahndicken am Betriebswälzkreis gerade noch die Mindestprofilüberdeckung einhalten (siehe *Bild 2.7*), erreicht die Profilüberdeckung für die eingeschlossenen Zahndickenvarianten ihr Maximum. Diese Varianten besitzen dann aber unter Umständen eine Flankentragfähigkeitsreserve, resultierend aus der Verkürzung der Eingriffsstrecke, **Bild 2.15**. Eindeutig ergeben sich die tragfähigen Zahnformen nur, wenn die Profilüberdeckung konstant gehalten wird und gleichzeitig die Eingriffsstrecke in den Bereich der günstigsten Flankenkrümmungen verschoben wird.

Für eine symmetrische Aufteilung der Eingriffsstrecke bezüglich der Flankenkrümmungen sind die Zähne auf die reduzierten Kopfkreise zu kürzen.

$$r''_{at} = \sqrt{r_{bt}^2 + \left(\frac{a_w \cdot \sin\alpha_{wt} + \varepsilon_{a\,min\,t} \cdot p_{bt}}{2} \right)^2} \qquad (2.45)$$

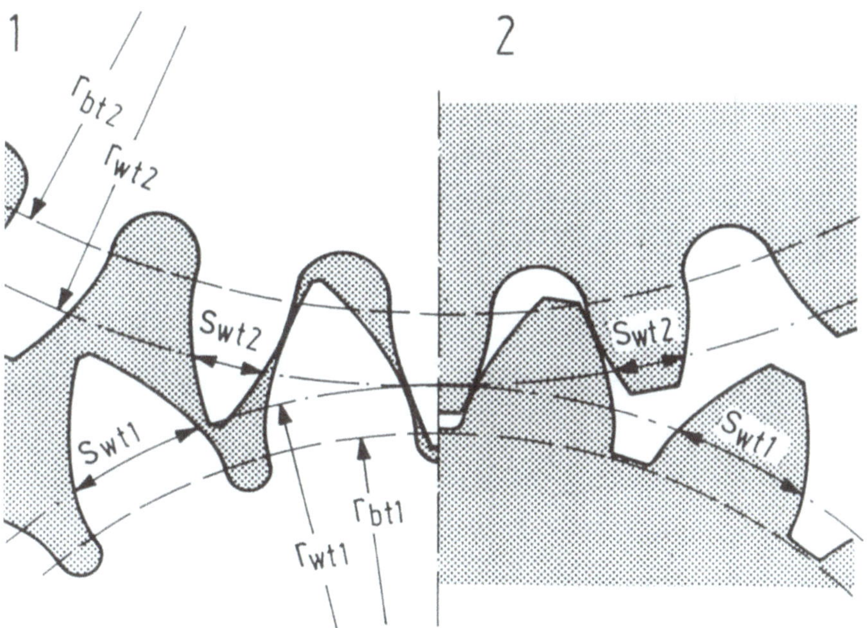

Bild 2.15. Einführung einer Kopfkürzung an den Zahnformvarianten zur Reduzierung der Profilüberdeckung auf die Mindestprofilüberdeckung und zur Verlagerung der Eingriffsstrecke in den Bereich größerer Flankenkrümmungen.

Teilbild 1: Stirnradpaarung ohne Kopfkürzung mit größtmöglicher Profilüberdeckung
Teilbild 2: Gleiche Stirnradpaarung mit gekürzten Zähnen, einer vorgegebenen Mindestprofilüberdeckung und einer verschobenen Eingriffsstrecke.

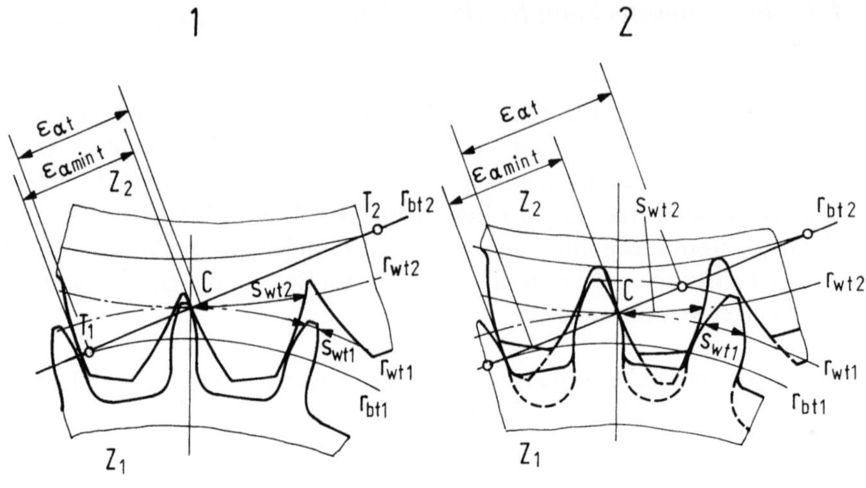

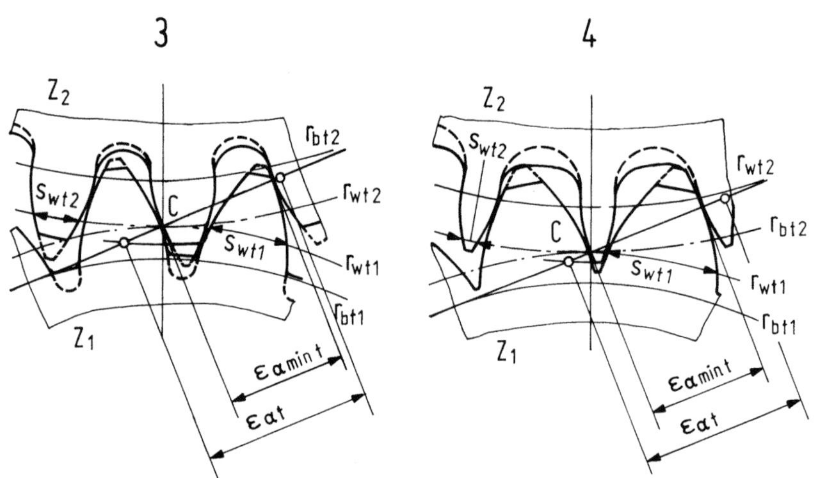

Bild 2.16. Auswirkung der Kopfkürzung an den Zahnformvarianten während einer kompletten Zahndickenvariation.

Teilbild 1: Keine Kopfkürzung; $\varepsilon_{\alpha t} = \varepsilon_{\alpha\,min\,t}$

Begrenzung der Zahnhöhe am Rad, da der innere Eingriffspunkt mit dem Grenzpunkt T_1 zusammenfällt.

Teilbild 2: Kopfkürzung am Rad: $\varepsilon_{\alpha t} > \varepsilon_{\alpha\,min\,t}$

Kein Eingriff im Bereich der kleinen Flankenkrümmungen vom Ritzel.

Teilbild 3: Kopfkürzung am Ritzel und Rad: $\varepsilon_{\alpha t} > \varepsilon_{\alpha\,min\,t}$

Symmetrische Aufteilung der Eingriffsstrecke bezüglich der Flankenkrümmungen.

Teilbild 4: Kopfkürzung am Ritzel $\varepsilon_{\alpha t} > \varepsilon_{\alpha\,min\,t}$

Kein Eingriff im Bereich der kleinen Flankenkrümmungen vom Rad.

Es bedeuten gestrichelte Linien = ohne Kopfkürzung, dicke Linien = mit Kopfkürzung.

Die Bedingung, die für eine symmetrische Aufteilung einzuhalten ist, lautet:

$$\frac{1}{2} \cdot \left(a_{\mathrm{w}} \cdot \sin \alpha_{\mathrm{wt}} - \varepsilon_{\mathrm{a\,min\,t}} \cdot p_{\mathrm{bt}} \right) \geq r_{\mathrm{wt2,1}} \cdot \sin \alpha_{\mathrm{wt}} - \varepsilon_{\mathrm{at1,2}} \cdot p_{\mathrm{bt}} \quad (2.46)$$

Wird diese Bedingung verletzt, so ist für diese Fälle die Kopfkürzung nur an einem Rad durchzuführen (s. *Bild 2.16*).

$$r''_{\mathrm{at2,1}} = \sqrt{ r^{2}_{\mathrm{bt2,1}} + \left(\varepsilon_{\mathrm{a\,min\,t}} \cdot p_{\mathrm{bt}} + r_{\mathrm{wt2,1}} \cdot \sin \alpha_{\mathrm{wt}} - \varepsilon_{\mathrm{at1,2}} \cdot p_{\mathrm{bt}} \right)^{2} }$$

$$(2.47)$$

Durch diese eingeführten Kopfkürzungen ist eine Trennung der Profilüberdeckungs- und Zahndickenoptimierung gewährleistet.

Die überhaupt erreichbare maximale Profilüberdeckung als oberer Grenzwert der Überdeckungsoptimierung muß an den Zahndickenvarianten vor Durchführung der Kopfkürzung bestimmt werden.

Die Auswirkungen der einzelnen Kopfkürzungen während einer kompletten Zahndickenvariation zeigt **Bild 2.16**. In *Teilbild 1*, dünnes Ritzel, bleiben die Kopfhöhen wegen kleiner Überdeckung erhalten. *Teilbild 2* zeigt eine Kopfkürzung am Rad, um die Ritzelzähne am Fußgrund zu kürzen und tragfähiger zu machen. *Teilbild 3* enthält Kopfkürzungen an beiden Zahnrädern, um die Zahnfußtragfähigkeit zu erhöhen. *Teilbild 4* zeigt nur Kürzungen am Ritzel zur Zahnfußverstärkung am Gegenrad. Zusätzlich ist die Zahndickenvariation an Rad und Ritzel anschaulich demonstriert.

2.6.2 Zahnformvarianten der Ersatzverzahnung bei Schrägstirnrädern

Um mit dem Verfahren der Zahndickenvariation nicht nur geradverzahnte, sondern auch schrägverzahnte Stirnradpaarungen bezüglich der Fuß- und Flankentragfähigkeit zu optimieren, wird für Schrägstirnräder die Festigkeit an einer Ersatzverzahnung bestimmt. Diese entsteht aus einem Schnitt des Stirnrades unter dem Grundschrägungswinkel β_{b}, wobei die Krümmung der Ellipse des Betriebswälzzylinders im Bereich der kleinen Halbachse durch einen Ersatzbetriebswälzkreis angenähert wird. Es ist [2.14]

$$r_{\mathrm{wn}} = \frac{r_{\mathrm{wt}}}{\cos^{2} \beta_{\mathrm{b}}} \quad (2.48)$$

Mit der Teilungsumrechnung ergibt sich die Betriebswälzkreisteilung und die Zähnezahl der Ersatzverzahnung

$$p_{wn} = p_{wt} \cdot \cos \beta_w \quad \text{und} \quad p_{bn} = p_{bt} \cdot \cos \beta_b \qquad (2.49)$$

$$z_n = \frac{z}{\cos^2 \beta_b \cdot \cos \beta_w} \qquad (2.50)$$

Mit den Winkelbeziehungen nach DIN 3960 [2.2] kann der Grundkreis sowie jeder weitere Evolventenpunkt Y der Ersatzverzahnung beschrieben werden.

Die kreisförmige Fußanschlußkurve ist für die Ersatzverzahnung analog zur Berechnung der Stirnschnittzahnfom zu bestimmen.

Um auch für Schrägstirnräder eine Optimierung der Zahnform zu ermöglichen, muß der Betriebsschrägungswinkel, dieser entspricht bei einer V-Null- oder Null-Verzahnung dem Schrägungswinkel am Teilzylinder, vorgegeben werden.

2.6.3 Lastverteilung in nicht bezugsprofilgebundenen Stirnradpaarungen

Wie eingangs beschrieben, werden zur Bestimmung der tragfähigsten Zahndikkenvarianten die mindestens zu übertragenden Antriebsmomente miteinander verglichen. Um diese Antriebsmomente zu ermitteln, ist die Kenntnis der Lastverteilung bzw. aufgrund der Rückführung der Schrägverzahnung auf eine Ersatzgeradverzahnung die Kenntnis der Stirnlastverteilung notwendig.

Bei quasistatischer Belastung verteilt sich die aus dem übertragbaren Antriebsmoment resultierende Zahnkraft in der geradverzahnten Stirnradpaarung im Verhältnis der Zahnfedersteifigkeit auf die Zahnpaare.

Die Einflüsse aus dynamischer Belastung lassen sich entsprechend DIN 3990 [2.3] durch den Anwendungsfaktor K_A und den Dynamikfaktor K_V berücksichtigen. Dabei erfaßt K_V die aufgrund von Schwingungen an Ritzel und Rad hervorgerufenen inneren Zusatzkräfte. Beide Faktoren bewirken im Normrechenverfahren eine Erhöhung der Zahnkraft bzw. eine Reduzierung der Sicherheitsfaktoren. Auf die Zahndickenvariation bezogen kommt dieses einer Abnahme des übertragbaren Antriebsmomentes gleich. Allerdings ist der Dynamikfaktor K_V nicht unabhängig von der momentan betrachteten Zahndickenverteilung am Betriebswälzkreis. Da im Optimierungsverfahren jedoch eine fehlerfreie Verzahnung vorausgesetzt wird, kann diese Abhängigkeit in erster Näherung vernachlässigt werden.

Die Zahnfedersteifigkeiten unterliegen - wie in **Bild 2.17** gezeigt - beim Mehrfacheingriff einer Geradverzahnung dem Prinzip der Parallelschaltung. Sie lassen

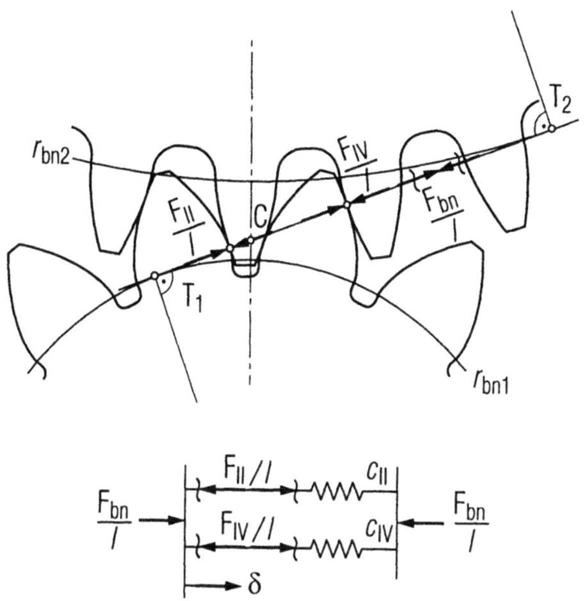

Bild 2.17. Zahnkraftaufteilung beim Zweiflankeneingriff und vereinfachtem Federmodell

sich damit über die Formänderung der Zahnpaare unter entsprechenden Einzellasten bestimmen. Die Summe dieser Einzellasten zwischen den momentan eingreifenden Zahnpaaren ergibt die Zahnnormallast $\dfrac{F_{bn}}{l}$.

$$\sum_i \frac{F_i}{l} = \frac{F_{bn}}{l} \tag{2.51}$$

Die Federgleichung eines Zahnpaares im Eingriffsbereich i ist:

$$\frac{F_i}{l} = \delta \cdot c_i \quad \text{bzw.} \quad \frac{1}{c_i} = \frac{\delta}{F_i / l} \tag{2.52}$$

Die Bereichsvariable i ist dabei abhängig von der momentanen Eingriffsstellung. Mit der Zerlegung der Eingriffsstrecke in Bereiche mit n-fachem und (n-1)-fachem Eingriff läßt sich diese Abhängigkeit erfassen. Die mathematische Festlegung ist dem *Bild 2.19* und die Festigkeitswerte häufig verwendeter Zahnradwerkstoffe sind [2.3] zu entnehmen.

Für den Fall der linearen Abhängigkeit der Verformung δ von der Einzellast (dieses gilt, wie im weiteren gezeigt, mit Ausnahme der Formänderung durch Hertzsche Abplattung) ist die Zahnfedersteifigkeit umgekehrt proportional zur Formänderung und damit nur abhängig von der Zahngeometrie.

Die Stirnlastverteilung, charakterisiert durch die jeweiligen Einzellasten, ergibt sich schließlich aus der Parallelschaltung der Zahnfedersteifigkeiten.

$$\frac{F_i}{l} \;=\; \frac{F_{bn}}{l}\cdot\frac{c_i}{\sum\limits_i c_i} \quad \text{mit} \quad \delta_i \;=\; \delta \;=\; \text{const} \tag{2.53}$$

Zur Bestimmung der Formänderung der eingreifenden Zahnpaare eignet sich der Berechnungsansatz von Weber/Banaschek [2.21], worin die Spannungsenergie infolge Biegemoment, Querkraft und Normalkraft gleich der Formänderungsarbeit gesetzt ist. Die Formänderungsarbeit setzt sich dabei aus der Verformung des Zahnes (Zahnbiegung) des angrenzenden Radkörpers und der Abplattung in der Kontaktzone der Zähne zusammen, **Bild 2.18**. Solange die im Berechnungsansatz enthaltenen Integrale nicht durch Näherungsfunktionen ersetzt werden - z.B. basiert das Normrechenverfahren DIN 3990 [2.3] auf einer Näherungsbestimmung nach Schäfer [2.19] (Polynomansatz 3. Grades) - lassen sich die Formänderungen sowohl für normprofilgebundene als auch für frei erzeugte Zahnformen bestimmen.

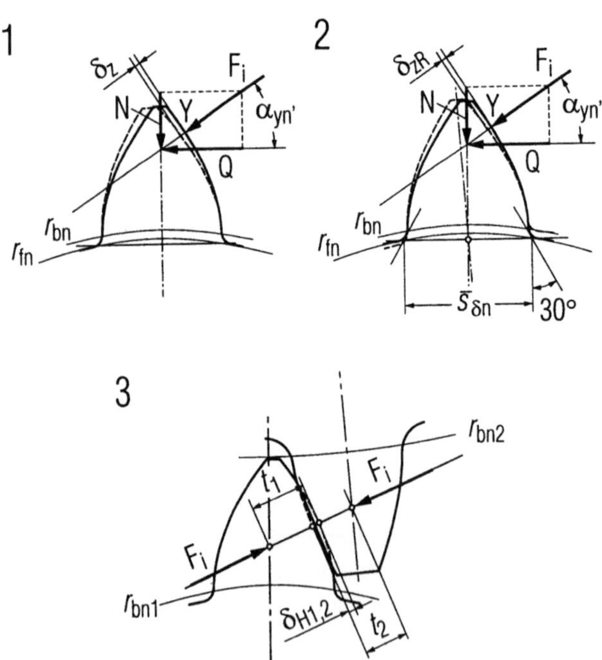

Bild 2.18. Verformung am einzelnen Zahn bzw. Zahnpaar

Teilbild 1: Verformung des Zahnes (linear)
Teilbild 2: Verformung des Zahnradkörpers (linear)
Teilbild 3: Hertzsche Abplattung (nichtlineare Verformung)

1. Verformung durch Zahnbiegung an Ritzel oder Rad [2.9]

$$\delta_z = \frac{F_i}{l} \cdot \cos^2 \alpha'_{yn} \cdot \left(\frac{1 - v^2}{E} \right) \cdot \left[12 \cdot \int_0^{\eta_y} \frac{\left(\eta_y \cdot \eta \right)^2}{(2\xi)} \, d\eta \; + \right.$$

$$\left. + \left(\frac{2{,}4}{1 - v} + \tan^2 \alpha'_{yn} \right) \int_0^{\eta_y} \frac{d\eta}{2\xi} \right] \tag{2.54}$$

2. Verformungen des angrenzenden Radkörpers an Ritzel oder Rad

$$\delta_{zR} = \frac{F_i}{l} \cdot \cos^2 \alpha'_{yn} \cdot \frac{1 - v^2}{E} \cdot \left[\frac{18}{\pi} \cdot \frac{\eta_y^2}{\bar{s}_{\delta n}^2} + \frac{2(1 - 2v)}{1 - v} \cdot \frac{\eta_y}{\bar{s}_{\delta n}} + \right.$$

$$\left. + \frac{4{,}8}{\pi} \cdot \left(1 + \frac{1 - v}{2{,}4} \cdot \tan^2 \alpha'_{yn} \right) \right] \tag{2.55}$$

3. Verformung durch Abplattung am Zahnpaar

$$\delta_{H1,2} = \frac{F_i}{l} \cdot \left[\frac{2 \cdot \left(1 - v_1^2 \right)}{\pi \cdot E_1} \cdot \ln(2t_1) + \frac{2 \cdot \left(1 - v_2^2 \right)}{\pi \cdot E_2} \cdot \ln(2t_2) + \right.$$

$$\left. - \frac{1}{\pi} \left(\frac{v_1(1 + v_1)}{E_1} + \frac{v_2(1 + v_2)}{E_2} \right) - \frac{1}{\pi^2 z_E^2} \cdot \ln \left\{ \frac{4}{\pi^2 z_E^2} \cdot \frac{F_i}{l} \cdot \frac{\rho_{n1} \cdot \rho_{n2}}{\rho_{n1} + \rho_{n2}} \right\} \right] \tag{2.56}$$

mit dem Elastizitätsfaktor

$$Z_E = \sqrt{\frac{1}{\pi \left(\frac{1 - v_1^2}{E_1} + \frac{1 - v_2^2}{E_2} \right)}} \tag{2.57}$$

Eingriffswinkel

Eingriff-Eintrittspunkt $\qquad\qquad \tan\alpha_A = \tan\alpha_{an1} - \dfrac{p_{bn}}{r_{bn1}}\cdot\varepsilon_{\alpha n}$

innerster

Mindesteingriff-Eintrittspunkt $\qquad \tan\alpha_B = \tan\alpha_{an1} - \dfrac{p_{bn}}{r_{bn1}}\left[\varepsilon_{\alpha n}\right]$

innerster

Mindesteingriffs-Austrittspunkt $\qquad \tan\alpha_D = \tan\alpha_{an1} - \dfrac{p_{bn}}{r_{bn1}}\left(\varepsilon_{\alpha n} - 1\right)$

Definition der Bereichsvariablen i

Fall a: $\quad \alpha_A \leq \alpha_{yn} \leq \alpha_B$

$$i_{max} = 2\cdot\left[\varepsilon_{an}\right]+1 \quad ; \quad i_{min} = I \quad ; \quad i\cdot\varepsilon\left\{I,III,V...i_{max}\right\}$$

Fall b: $\quad \alpha_B \leq \alpha_{yn} \leq \alpha_D$

$$i_{max} = 2\cdot\left[\varepsilon_{an}\right] \quad ; \quad i_{min} = II \quad ; \quad i\cdot\varepsilon\left\{II,IV...i_{max}\right\}$$

Abhängige Eingriffswinkel

am Ritzel: $\quad \tan\alpha_{yn\,1,i} = \tan\alpha_{yn} + \dfrac{i-i_{min}}{2}\cdot\dfrac{p_{bn}}{r_{bn1}}$

am Rad: $\quad \tan\alpha_{yn\,2,i} = \dfrac{1}{u}\cdot\left[(u+1)\cdot\tan\alpha_{wn} - \tan\alpha_{yn1,i}\right]$

Kraftangriffswinkel $\qquad \alpha'_{yn,i} = \tan\alpha_{yn,i} - \psi_{bn}$

Bild 2.19. Berechnungsgleichungen für die Eingriffs- und Krafteingriffswinkel bei beliebiger Eingriffsstellung in dem Berührpunkt Y.

Die Gesamtverformung ist schließlich

$$\delta = \delta_{z1} + \delta_{z2} + \delta_{zR1} + \delta_{zR2} + \delta_{H1,2} \qquad\qquad (2.58)$$

Um die Federsteifigkeiten aus der Verformung für jede Eingriffsstellung zu bestimmen, müssen die Eingriffs- und Kraftangriffswinkel der momentanen Berührpunkte von Ritzel und Rad aus betrachtet beschrieben werden. Dieses wird durch die Einführung eines variablen Eingriffswinkels α_{yn} am Ritzel ermöglicht, der durch die Mittelpunktsstrahlen zum Grundpunkt T_1 und dem momentan innersten Eingriffspunkt gekennzeichnet ist, **Bild 2.20, Bild 2.19.**

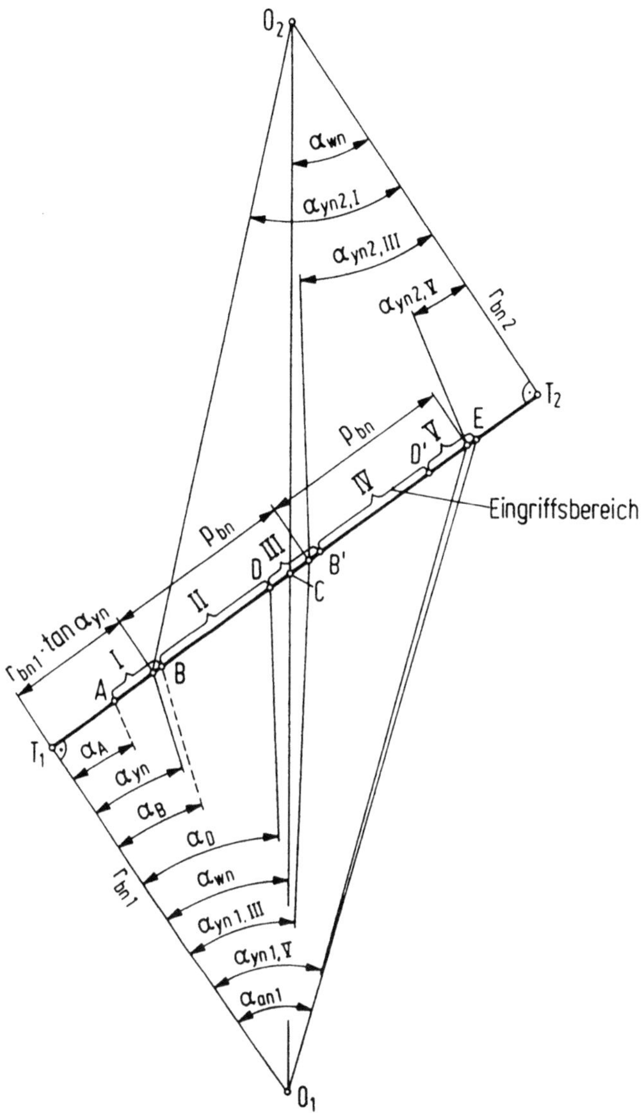

Bild 2.20. Einführung eines variablen Eingriffswinkels α_{yn} und der von diesem Winkel abhängigen Größen. Festlegung der Bereichsvariablen i

i = I	entspricht	$\overline{AB}$	;	Dreifacheingriff
i = III	entspricht	$\overline{DB'}$	;	Dreifacheingriff
i = V	entspricht	$\overline{D'E}$	;	Dreifacheingriff
i = II	entspricht	$\overline{BD}$	;	Zweifacheingriff
i = IV	entspricht	$\overline{B'D'}$	;	Zweifacheingriff

Zur Ermittlung der Verformung des elastischen Zahnes müssen Flächenintegrale gelöst werden. Da jedoch die Zahnkontur mathematisch exakt beschrieben ist, kann sie als Koordinatenfeld im Weber-Banaschek-Koordinatensystem abgespeichert werden. Anschließend ist eine numerische Integration als Summation infinitesimal kleiner Rechtecke durchzuführen.

Bei den Vorschlägen nach Pabst [2.9] wird im Gegensatz zum Ansatz von Weber-Banaschek [2.21] nicht nur der evolventische Zahnteil, sondern auch der Zahnfuß berücksichtigt. Das erlaubt auch die Berechnung von kleinen Zahnrädern.

2.6.4 Tragfähigkeit der Zahnformvarianten

Die Beurteilung der Tragfähigkeit der einzelnen Zahnformvarianten wird anhand der Fuß- und Flankentragfähigkeit durchgeführt.

Die Ermittlung der Flankentragfähigkeit erfolgt über die Hertzsche Pressung. Da dem Normrechenverfahren (DIN 3990) [2.3] der gleiche Ansatz zugrunde liegt, lassen sich die hier verwendeten Berechnungsgleichungen für den Sonderfall, daß die Zahnformvariante durch ein Normprofil erzeugt wird und die kritische Eingriffsstellung wie in der Norm angesetzt im Wälzpunkt auftritt, in die Normgleichungen überführen.

Für die Berechnungsgleichungen der Zahnfußtragfähigkeit ist dieser Vergleich nicht unmittelbar möglich, obwohl für beide Verfahren der Zahn im kritischen Zahnfußquerschnitt als schwellend beansprucht angenommen wird. Während das Normrechenverfahren jedoch von an Prüfrädern ermittelten Festigkeitswerten ausgeht und in der tatsächlichen Spannung die Maximalspannung aufgrund der reinen Biegespannung ansetzt, wird im vorliegenden Verfahren zur Ermittlung der tatsächlichen Spannung die Vergleichsspannung mit Schub-, Biege- und Druckspannungsanteil gebildet und die zulässige Spannung aus den Festigkeitswerten der glatten Werkstoffprobe bestimmt.

2.6.4.1　Flankentragfähigkeit

Zulässige Pressung σ_{HP}

Der aus Laufversuchen an Prüfrädern ermittelte Dauerfestigkeitswert für Grübchenbildung läßt sich für den speziellen Anwendungsfall über Einflußfaktoren und den Mindestsicherheitsfaktor auf die zulässige Pressung umrechnen.

$$\sigma_{HP} \;=\; \frac{\sigma_{H\,lim}}{S_H} \cdot Z_N \cdot Z_L \cdot Z_R \cdot Z_V \cdot Z_W \cdot Z_X \qquad (2.59)$$

(Einflußfaktoren nach DIN 3990, Teil 2)

Um eine partielle Überlastung der Zahnflanke zu vermeiden, darf diese zulässige Spannung in keiner Eingriffsstellung überschritten werden.

$$\sigma_{\mathrm{H}} \;\leq\; \sigma_{\mathrm{HP}}$$

Die wirksame Spannung, ermittelt aus der Walzenpressung nach Hertz, beträgt für eine beliebige Eingriffsstellung im Berührpunkt Y einschließlich der aus der Dynamik resultierenden Lasterhöhung $K_{\mathrm{A}} \cdot K_{\mathrm{V}}$:

$$\sigma_{\mathrm{H,i}} \;=\; \sqrt{\frac{F_{\mathrm{i}}}{b_{\mathrm{ng}}} \cdot \frac{\rho_{\mathrm{n1}} + \rho_{\mathrm{n2}}}{\rho_{\mathrm{n1}} \cdot \rho_{\mathrm{n2}}}} \cdot \sqrt{K_{\mathrm{A}} \cdot K_{\mathrm{V}} \cdot K_{\mathrm{H\beta}}} \cdot Z_{\mathrm{E}} \cdot Z_{\varepsilon} \cdot Z_{\beta} \qquad (2.60)$$

mit $\dfrac{F_{\mathrm{i}}}{b_{\mathrm{ng}}}$ der Einzellast bezüglich der gemeinsamen Tragbreite b_{ng} der Zahnpaare

$\left(b_{\mathrm{n}} = \dfrac{b}{\cos\beta_{\mathrm{w}}} \right)$ sowie ρ_{n1} und ρ_{n2} den Krümmungsradien der Zahnpaare und dem

Faktor Z_{ε} für Überdeckung (Abschnitt 2.6.4.1.2), Z_{β} dem Schrägungs-(Abschnitt 2.6.4.1.3) und $K_{\mathrm{H\beta}}$ dem Breitenfaktor (Abschnitt 2.6.4.3).

Die Einzellast F_{i} ist dabei

$$F_{\mathrm{i}} \;=\; \frac{\sigma_{\mathrm{H\,lim}}^2}{S_{\mathrm{H}}^2} \cdot \left(\frac{Z_{\mathrm{N}} \cdot Z_{\mathrm{L}} \cdot Z_{\mathrm{V}} \cdot Z_{\mathrm{W}} \cdot Z_{\mathrm{X}} \cdot Z_{\mathrm{R}}}{Z_{\varepsilon} \cdot Z_{\mathrm{E}} \cdot Z_{\beta}} \right)^2 \cdot \frac{1}{K_{\mathrm{A}} \cdot K_{\mathrm{V}} \cdot K_{\mathrm{H\beta}}} \cdot$$

$$\cdot b_{\mathrm{ng}} \cdot r_{\mathrm{bn1}} \tan\alpha_{\mathrm{yn,i}} \left(1 - \frac{\tan\alpha_{\mathrm{yn,i}}}{(u+1) \cdot \tan\alpha_{\mathrm{wn}}} \right)$$

$$(2.61)$$

Um einen Vergleich der einzelnen Zahndickenvarianten und ihre Bewertung sinnvoll durchführen zu können, soll die übertragbare Kraft F_{i} in ein Antriebsmoment, bezogen auf die gemeinsame, tragende Radbreite b_{g} der Stirnschnittverzahnung umgerechnet werden.

$$\frac{M_{\mathrm{an}}}{b_{\mathrm{g}}} \;=\; \frac{F_{\mathrm{bt}} \cdot r_{\mathrm{bt}}}{b_{\mathrm{g}}} \qquad (2.62)$$

Mit Gl.(2.53) folgt

$$\frac{M_{an,H}\left(\alpha_{yn}\right)}{b_g} \;=\; F_i \cdot \frac{\Sigma\, c_i}{c_i} \cdot \frac{r_{bt1}\cos\beta}{b_g}\, b \tag{2.63}$$

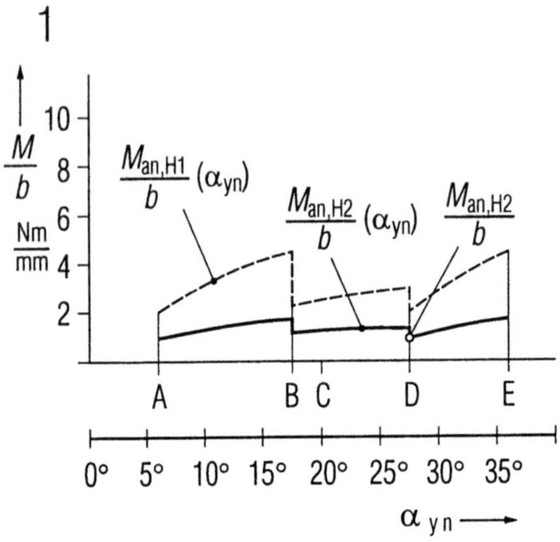

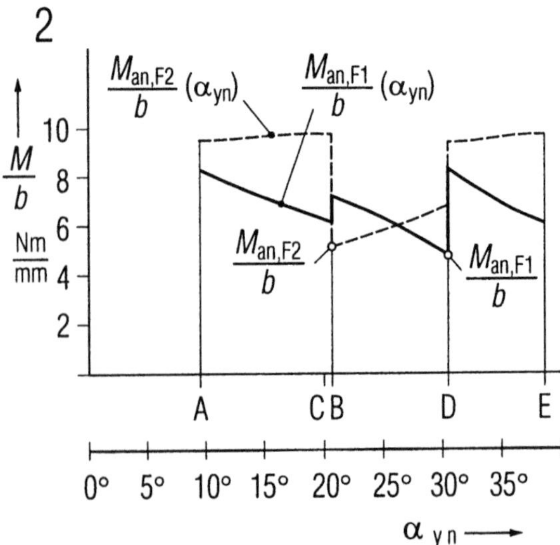

Bild 2.21. Antriebsmomente pro Zahnbreite M/b von Ritzel und Rad aufgrund der verschiedenen Tragfähigkeiten in Abhängigkeit des Eingriffswinkels α_{yn}.

Teilbild 1: Flankentragfähigkeit $M_{an,H}$ bei unterschiedlichen Wälzfestigkeiten in Abhängigkeit der Eingriffsstellung.

Teilbild 2: Fußtragfähigkeit $M_{an,F}$ als Folge der Gestaltbiegefestigkeit und der Vergleichsspannung über der Eingriffsstellung aufgetragen.

Außer der Abhängigkeit vom Eingriffswinkel weist dieses so ermittelte Antriebsmoment eine Abhängigkeit vom Eingriffsbereich, der momentan betrachtet wird, bedingt durch die Krümmungsradien auf. Es ist zudem aufgrund der Nichtlinearität der Zahnfedersteifigkeit erst nach einer Iteration exakt bestimmt. Um den Einfluß der Eingriffsbereiche, von denen aus betrachtet das Antriebsmoment ermittelt wird, zu eliminieren, ist das kleinste der vom Eingriffswinkel abhängigen Momente aufzusuchen. Es ergibt sich danach der in **Bild 2.21**, *Teilbild 1* gezeigte Momentenverlauf, von [2.8] vorgeschlagen:

$$\frac{M_{an,H}}{b}\left(\alpha_{yn}\right) \leq \left.\frac{M_{an,H}}{b}\left(\alpha_{yn}\right)\right|_i \tag{2.64}$$

Zur Vermeidung jeder partiellen Überlastung darf der Kleinstwert des errechneten Momentenverlaufs nicht überschritten werden. Das aufgrund der Flankentragfähigkeit übertragbare Antriebsmoment lautet somit:

$$\frac{M_{an,H}}{b} \leq \frac{M_{an,H}}{b}\left(\alpha_{yn}\right) \tag{2.65}$$

Dieses Moment kann für Ritzel oder Rad unterschiedlich ausfallen, wenn die Wälzfestigkeiten bzw. Sicherheitsfaktoren verschieden sind. Für diesen Fall kann mit der folgenden Bedingung das ungünstigere Moment ermittelt werden.

$$\frac{M_{an,H1}}{b} \geq \frac{M_{an,H}}{b} \leq \frac{M_{an,H2}}{b} \tag{2.66}$$

Einige Faktoren der Gln.(2.60) und (2.61) werden im folgenden genau definiert.

2.6.4.1.1 Der Überdeckungsfaktor Z_ε

Er berücksichtigt den Einfluß der Sprungüberdeckung auf die Flankentragfähigkeit. Er tritt nur in Erscheinung, wenn $\beta_w \neq 0$ ist,

$$Z_\varepsilon = \sqrt{\frac{b_g}{b_{vir}}} \tag{2.67}$$

Bis auf den Fall ganzzahliger Profil- und/oder Sprungüberdeckungen ändert sich die resultierende Gesamtlänge der Berührlinien ständig. Die Projektion der minimalen Berührlinienlänge auf die Radbreite b_g wird hier als virtuelle Radbreite b_{vir} bezeichnet. Der Überdeckungsfaktor Z_ε wird nach Zerlegung der Profil- und

Sprungüberdeckung in ihre ganzzahligen (N_α, N_β) und nichtganzzahligen Anteile (R_α, R_β) und ihrem Verhältnis zur Festlegung von Z_ε verwendet.

Wenn $\varepsilon_{\alpha t} = N_\alpha$ und/oder $\varepsilon_\beta = N_\beta$, wird (siehe [2.14] sowie *Kap. 7*)

$$Z_\varepsilon = \sqrt{\frac{1}{\varepsilon_{\alpha t}}}, \tag{2.68}$$

wenn $\varepsilon_\beta < 1$

$$Z_\varepsilon = \sqrt{\frac{\varepsilon_\beta}{N_\alpha \cdot \varepsilon_\beta + \varepsilon_\beta - \left(1 - R_\alpha\right)}} \tag{2.69}$$

wenn $R_\alpha + R_\beta < 1{,}0$

$$Z_\varepsilon = \sqrt{\frac{\varepsilon_\beta}{N_\beta \cdot \varepsilon_{\alpha t} + N_\alpha \cdot R_\beta}} \tag{2.70}$$

wenn $R_\alpha + R_\beta > 1{,}0$

$$Z_\varepsilon = \sqrt{\frac{\varepsilon_\beta}{\left(N_\alpha + 1\right) R_\beta + N_\beta \cdot \varepsilon_{\alpha t} - 1 + R_\alpha}} \tag{2.71}$$

2.6.4.1.2 Der Schrägenfaktor Z_β

berücksichtigt die Einflüsse des Schrägungswinkels auf die Grübchentragfähigkeit, weil z.B. entlang der Berührlinien stets verschiedene Flankenkrümmungen herrschen. Er ist

$$Z_\beta = \sqrt{\cos\beta_w} \tag{2.72}$$

2.6.4.2 Fußtragfähigkeit

Zur Bestimmung eines aufgrund der Fußtragfähigkeit übertragbaren Antriebs-momentes wird analog zur Flankentragfähigkeitsberechnung zunächst jede Eingriffsstellung betrachtet und anschließend aus dem Momentenverlauf die kritische Eingriffsstellung bezüglich der Ritzelzahnfuß- und Radzahnfußbelastung bestimmt. Die zulässige Zahnfußspannung darf in keiner Eingriffsstellung überschritten werden (s. zum Vergleich „Zahnflankenbelastung"

$$\sigma_F \leq \sigma_{FP} \tag{2.73}$$

Da der Zahn im bruchgefährdeten Zahnfußquerschnitt schwellend bei überwiegender Biegelast beansprucht wird, liefert die Gestaltbiegeschwellfestigkeit die zulässige Zahnfußspannung. Um die Fußtragfähigkeitsberechnung mit den Werkstoffkennwerten der glatten Werkstoffprobe durchzuführen, ist zunächst die Gestaltbiegeschwellfestigkeit zu berechnen - diese gilt nur für die momentan betrachtete Zahnformvariante - und anschließend aus dem entsprechenden Gestaltfestigkeitsschaubild die Gestaltschwellfestigkeit zu entnehmen.

Die Gestaltbiegewechselfestigkeit ist für duktile Werkstoffe

$$\sigma_{bGW} = b_G \cdot b_S \cdot \left(1 + \sqrt{\rho' \cdot \kappa_K}\right) \cdot \sigma_w \tag{2.74}$$

und für spröde Werkstoffe

$$\sigma_{bGW} = b_G \cdot b_S \cdot \sigma_w \tag{2.75}$$

mit dem Größenfaktor b_G, Gl.(2.74), dem Oberflächenfaktor b_S Gl.(2.74), der Gleitschichtbreite ρ', Gl.(2.74), dem bezogenen Spannungsgefälle κ_K, der gekerbten Probe, Gl.(2.76) sowie der Zug-/Druckwechselfestigkeit der glatten Werkstoffprobe.

Wird der Zahn durch eine gekerbte Flachprobe angenähert, läßt sich das bezogene Spannungsgefälle κ_K nach Wellinger/Dietmann [2.22] durch die Kerbengeometrie berechnen. Mit den Größen der Zahnformvariante wird daraus

$$\kappa_K = \frac{2}{\bar{s}_{30n}} + \frac{2}{\rho_{fn}} \tag{2.76}$$

Dabei kennzeichnet $\bar{s}_{30n}$ die Zahndickensehne, an der die 30°-Tangenten den Zahnfuß berühren, ρ_{fn} ist der Radius der Fußanschlußkurve und damit gleichzeitig der Kerbradius.

Die übrigen Größen des Gestaltfestigkeitsschaubildes (s. **Bild 2.22**) sind für duktile Werkstoffe die fiktive Fließgrenze σ_{FK} und die fiktive Zugfestigkeit σ_{BK}.

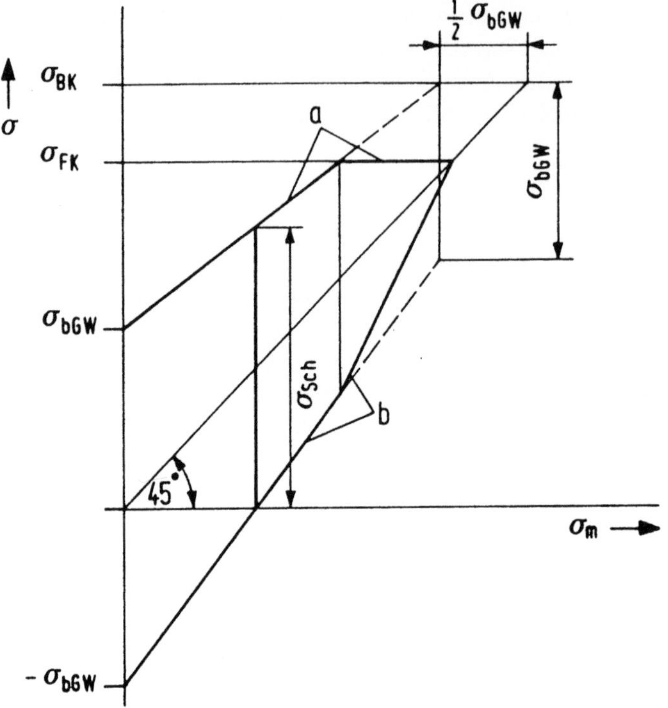

Bild 2.22. Gestaltfestigkeitsschaubild für Biegebeanspruchung mit Näherungskonstruktion nach Smith für duktiles (Vollinie) und sprödes (gestrichelte Linie) Werkstoffverhalten.

$$\sigma_{FK} \;=\; v_{sK} \cdot R_e \tag{2.77}$$

$$\sigma_{BK} \;=\; v_{sK} \cdot R_m \tag{2.78}$$

mit der Streckgrenze R_e, der Zugfestigkeit R_m und der statischen Kerbstützziffer v_{sk}. Für diese gilt mit c = 1,5 und der Formzahl $\alpha_k = \alpha_{kb}$ für einen biegebeanspruchten Flachstab:

$$v_{sk} \;=\; 1 \;+\; 0{,}75 \cdot \left(c \cdot \alpha_k - 1\right) \cdot \sqrt[4]{\frac{300}{R_e}} \tag{2.79}$$

Um einen Vergleich entsprechend Gl.(2.73) zwischen tatsächlicher (örtlicher) und zulässiger Zahnfußspannung (Gestaltbiegeschwellfestigkeit) durchzuführen, muß der komplexe Spannungszustand am Zahnfuß mittels der Spannungshypothesen auf eine Vergleichsspannung zurückgeführt werden. Die Nennspannungsverläufe des als Biegebalken angenäherten Zahnes werden in [2.9] gezeigt. **Bild 2.23** gibt die Berechnungsgleichungen für die Vergleichsspannung in Abhängigkeit

Werkstoffverhalten	Spannungs-zustand	Vergleichsspannung
duktile Werkstoffe	$\varepsilon_\zeta = 0$	$\sigma_V = \sqrt{\sigma_\eta^2 \cdot \left(v^2 - v + 1\right) + 3 \cdot \tau_{nenn}^2}$
(GEH)	$\sigma_\zeta = 0$	$\sigma_V = \sqrt{\sigma_\eta^2 + 3 \cdot \tau_{nenn}^2}$
spröde Werkstoffe	$\varepsilon_\zeta = 0$	$\sigma_V = \dfrac{\sigma_\eta(1+v)}{2} + \sqrt{\left(\dfrac{\sigma_\eta(1-v)}{2}\right)^2 + \tau_{nenn}^2}$
(NH)	$\sigma_\zeta = 0$	$\sigma_V = \dfrac{\sigma_\eta}{2} + \sqrt{\dfrac{\sigma_\eta^2}{4} - \tau_{nenn}^2}$

Bild 2.23. Vergleichsspannungen am Zahnfuß bei ein- und zweiachsigen Spannungszuständen und unterschiedlichem Werkstoffverhalten.

vom Werkstoffverhalten und vom Spannungszustand an. Während sich beim breiten Zahnrad in Richtung Radachse eine Spannung einstellt ($\varepsilon_\zeta = 0$, ebener Spannungszustand), ist diese bei schmalen Rädern bzw. an den Außenseiten des Zahnrades aufgrund der ungehinderten Querkontraktion gleich Null ($\sigma_\zeta = 0$, einachsiger Spannungszustand).

Für die im Vergleichsspannungsansatz enthaltene Spannungskomponente σ_η sind die Druck- und Biegespannungen in der Zahnoberfläche zu überlagern und die Nennspannungen mittels der Formzahlen nach **Bild 2.24** auf die Maximalspannungen umzurechnen.

$$\sigma_\eta = \alpha_{kb} \cdot \sigma_{b\,nenn} - \alpha_{kzd} \cdot \sigma_{d\,nenn} \tag{2.80}$$

bzw.

$$\sigma_\eta = \frac{F_i}{l}\left(\alpha_{kb}\frac{6 \cdot h_{F,i} \cdot \cos\alpha_{y'n,i}}{\bar{s}_{30n}^2} - \alpha_{kzd}\frac{\sin\alpha_{y'n,i}}{\bar{s}_{30n}}\right) \tag{2.81}$$

Die ferner im Vergleichsspannungsansatz enthaltene Schubspannung wird in der Zahnmitte, wo sie ihr Maximum erreicht, ermittelt. Dieser Überbewertung - in der Zahnoberfläche verschwindet die Schubspannung - wird begegnet, indem in

Belastung	Biegemoment	Längskraft
Faktoren	$A = 0{,}4$ $B = 3{,}8$ $C = 0{,}2$ $k = 0{,}66$ $l = 2{,}25$ $m = 1{,}33$	$A = 0{,}55$ $B = 1{,}1$ $C = 0{,}2$ $k = 0{,}8$ $l = 2{,}2$ $m = 1{,}33$
Gleichung	$$\alpha_k = 1 + \cfrac{1}{\sqrt{\dfrac{A}{\left(\dfrac{t}{\rho}\right)^k} + B\cdot\left[\dfrac{1+\dfrac{a}{\rho}}{\dfrac{a}{\rho}\cdot\sqrt{\dfrac{a}{\rho}}}\right]^l + C\cdot\dfrac{\dfrac{a}{\rho}}{\left(\dfrac{a}{\rho}+\dfrac{t}{\rho}\right)\left(\dfrac{t}{\rho}\right)^m}}}$$	
Formzahl	$\alpha_{kb} = \alpha_k$	$\alpha_{kz} = \alpha_k$

Bild 2.24. Approximationsformel für Formzahlen nach [2.19].

Es ist $a = \dfrac{\overline{s}_{30}}{2}$; $\rho = \rho_{fn}$; $t = r_{fn}\sin\dfrac{\tau_n}{2} - \dfrac{1}{2}\overline{s}_{30n}$.

der Umrechnung von der Nennspannung auf die Maximalspannung die Formzahl α_{kt} auf 1 gesetzt ist.

$$\tau_{nenn} = \frac{F_i\cdot 3\cdot\cos\alpha_{y'n,i}}{l\cdot 2\cdot\overline{s}_{30n}} \tag{2.82}$$

Im folgenden wird exemplarisch das übertragbare bzw. nicht übertragbare Kraftantriebsmoment bezüglich der Fußtragfähigkeit für duktile Werkstoffe und dem einachsigen Spannungszustand aufgezeigt. Aus der Gl.(2.73) wird mit den Begriffen der Kerbspannungslehre

$$\sigma_v \leq \frac{\sigma_{Sch}}{S_F} \tag{2.83}$$

mit der Vergleichsspannung σ_v nach *Bild 2.23*, der Gestaltbiegeschwellfestigkeit nach *Bild 2.22*, und dem Sicherheitsfaktor S_F für Zahnfußbruch. Nach dem Einsetzen der Spannungskomponenten in die Vergleichsspannung kann die Ungleichung (2.83) nach der übertragbaren Kraft F_i aufgelöst werden.

$$F_i = \frac{\sigma_{\text{Sch}}}{S_F} \cdot \frac{b_n \cdot \bar{s}_{30n}}{K_A \cdot K_V \cdot K_{FB}} \cdot \left[\left(\alpha_{kb} \frac{6k_{F,i} \cdot \cos\alpha_{yn,i}}{\bar{s}_{30n}} - \alpha_{kd} \cdot \sin\alpha_{yn,i} \right)^2 + 3\left(\frac{3}{2}\cos\alpha_{yn,i} \right)^2 \right]^{-\frac{1}{2}} \tag{2.84}$$

Mit dem Breitenfaktor $K_{F\beta}$ (siehe auch [2.1]), ähnlich wie bei der Flankentragfähigkeit, wird auch hier nicht die Kraft, sondern ein resultierendes Antriebsmoment, bezogen auf die gemeinsame Radbreite der Stirnradverzahnung betrachtet.

$$\frac{M_{\text{an,F}}}{b_g} = F_i \cdot \frac{\sum\limits_i c_i}{c_i} \frac{r_{bt1} \cdot \cos\beta_b}{b_g} \,. \tag{2.85}$$

Dieses in jeder Eingriffsstellung mögliche Antriebsmoment ist nur noch von der zulässigen Zahnfußspannung, den Lastfaktoren und der Zahngeometrie abhängig. Die exakte Berechnung kann allerdings aufgrund der Nichtlinearität der Zahnfedersteifigkeit nur iterativ erfolgen. Für eine eindeutige Bestimmung muß außerdem, wie schon bei der Flankentragfähigkeitsberechnung, das kleinste der von den Eingriffsbereichen aus betrachtete Moment aufgesucht werden.

$$\frac{M_{\text{an,F}}}{b} \leq \frac{M_{\text{an,F}|i}}{b} \tag{2.86}$$

Im allgemeinen entstehen die größten Beanspruchungen für den Radfuß im inneren und für den Ritzelfuß im äußeren Einzel- bzw. Mindesteingriffspunkt (vergleiche DIN 3990, [2.3]). Unabhängig hiervon läßt sich das mindestens übertragbare Moment getrennt für Ritzel und Rad mit Gleichung (2.87) bestimmen:

$$\frac{M_{\text{an,F1}}}{b} \leq \frac{M_{\text{an,F1}}}{b}\left(\alpha_{yn}\right) \quad \text{und} \quad \frac{M_{\text{an,F2}}}{b} \leq \frac{M_{\text{an,F2}}}{b}\left(\alpha_{yn}\right) \tag{2.87}$$

Die Entscheidung, ob das Ritzel oder das Rad das übertragbare Moment liefert, fällt mit Gleichung (2.88)

$$\frac{M_{\text{an,F1}}}{b} \leq \frac{M_{\text{an,F}}}{b} \leq \frac{M_{\text{an,F2}}}{b} \tag{2.88}$$

In *Bild 2.21, Teilbild 2*, sind Antriebsmomente von Ritzel und Rad in Abhängigkeit der Eingriffsstellung zu sehen. Es zeigt sich sehr deutlich, daß das Ritzel am Einzeleingriffspunkt D die kleinste Last übertragen kann und zum Eingriffsende E eine fallende Tendenz aufweist, während es beim Rad umgekehrt ist, und das Minimum am Einzeleingriffspunkt B liegt. Zur Berechnungserleichterung sind die Vergleichsspannungen am Zahnfuß bei unterschiedlichem Werkstoffverhalten in *Bild 2.23* angegeben. Die Approximationsformel für Formzahlen nach [2.19] sind in *Bild 2.24* enthalten.

2.6.5 Ermittlung der tragfähigsten Stirnradpaarung

2.6.5.1 Tragfähigste Zahndickenverteilung

Über die in der kritischen Eingriffsstellung ermittelten Antriebsmomente bezüglich der Zahnfußtragfähigkeit

$$\frac{M_{an,F1}}{b} \quad ; \quad \frac{M_{an,F2}}{b} \quad ; \quad \frac{M_{an,F}}{b} \qquad \text{siehe Gl.(2.87) und (2.88)}$$

und der Zahnflankentragfähigkeit

$$\frac{M_{an,H1}}{b} \quad ; \quad \frac{M_{an,H2}}{b} \quad ; \quad \frac{M_{an,H}}{b} \qquad \text{siehe Gl.(2.65) und (2.66)}$$

lassen sich die Zahnformvarianten untereinander bewerten, wobei die Antriebsmomente als Funktion der Betriebszahndicke vom Ritzel aufzufassen sind, während die Profilüberdeckung, der Betriebseingriffswinkel und die Zähnezahl konstant gehalten werden.

Die tragfähigste Zahnformvariante von Ritzel und Rad besitzt genau die Zahndicke, für die das Antriebsmoment maximal wird.

Für die tragfähigste Zahnform bezüglich der Flankentragfähigkeit lautet die Bedingung

$$\frac{M_{an,H}}{b} \left(s_{wt\,1\,opt} \right) \geq \frac{M_{an,H}}{b} \left(s_{wt\,1} \right) \tag{2.89}$$

Je nach Größe des zulässigen Zahndickenvariationsbereichs liegt die tragfähigste Zahnform zwischen den Grenzwerten der Zahndicke ($s_{wt1\,min}$, $s_{wt1\,max}$) bei großer Variationsbreite, **Bild 2.25**, oder auf dem Grenzwert der Zahndicke

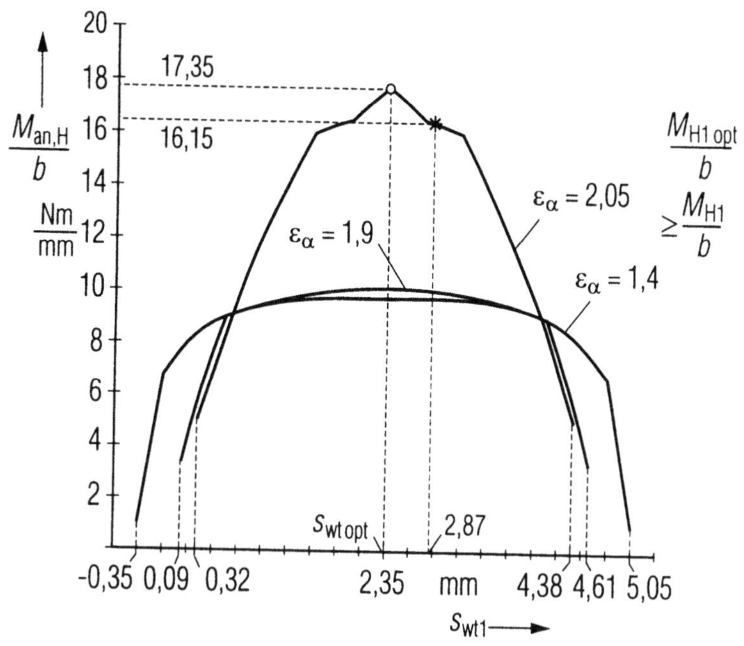

Bild 2.25. Übertragbares Antriebsmoment bezüglich der Flankentragfähigkeit als Funktion der Zahndickenverteilung.

Große Variationsbreite der Zahndicken bei einer geforderten Übersetzung von $i = 1$ in der Stirnradpaarung $s_{wt1\,min} < s_{wt1\,opt} < s_{wt1\,max}$.

($s_{wt1\,max}$) bei kleiner Variationsbreite. Je größer die geforderte Übersetzung ist, um so enger wird der mögliche Variationsbereich.

Die bezüglich des Zahnfußbruches tragfähigste Zahndickenvariante von Ritzel und Rad muß folgende Bedingung erfüllen:

$$\frac{M_{an,F}}{b}\left(s_{wt1\,opt}\right) \geq \frac{M_{an,F}}{b}\left(s_{wt1}\right) \tag{2.90}$$

Auch hier fällt in Abhängigkeit der Variationsbreite der Zahndicken die tragfähigste Zahnform entweder auf einen Grenzwert, der gleichzeitig $s_{wt1\,max}$ ist, oder sie liegt zwischen den Grenzwerten ($s_{wt1\,min}$, $s_{wt1\,max}$). Im Gegensatz zum Momentenverlauf bezüglich der Flankentragfähigkeit ist für den zweiten Fall das Maximum der Fußtragfähigkeit gegeben durch den Schnittpunkt der Kurven in **Bild 2.26**.

Die tragfähigste Zahndickenverteilung bezüglich beider Tragfähigkeitskriterien tritt genau dort auf, wo das minimal übertragbare Antriebsmoment der Kennlinien nach Gl.(2.66) und Gl.(2.88) seinen Größtwert erreicht.

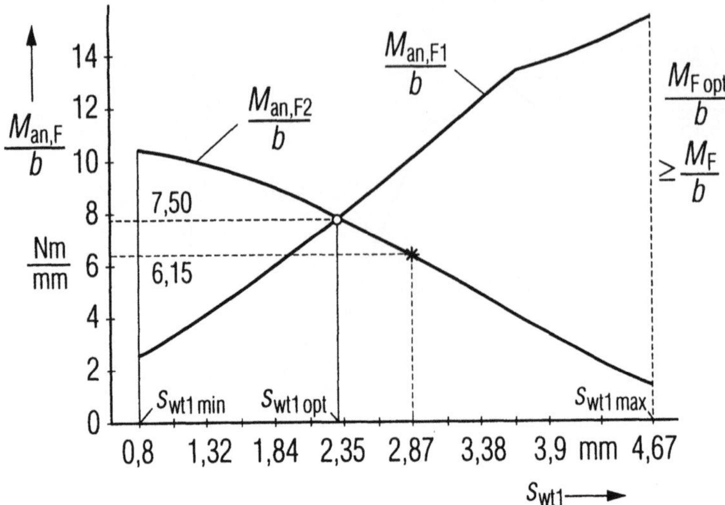

Bild 2.26. Vereinfachte Kurvenverläufe der Antriebsmomente, abhängig von der Fußtragfähigkeit von Ritzel und Rad.

Die tragfähigste Zahndicke ist durch den Schnittpunkt der Momentenkennlinien gegeben,
der hier zwischen $s_{wt1\ min}$ und $s_{wt1\ max}$ liegt, gewählt wurde s_{wt1} = 2,87. Häufig treten
auch Fälle auf, bei denen kein Schnittpunkt vorliegt. Es wird dann $s_{wt\ max}$ der unteren
Kurve gewählt.

Das minimal übertragbare Antriebsmoment erfüllt die Bedingung

$$\frac{M_{an,H}}{b}\left(s_{wt\,1}\right) \;\geq\; \frac{M_{an}}{b}\left(s_{wt\,1}\right) \;\leq\; \frac{M_{an,F}}{b}\left(s_{wt\,1}\right) \qquad (2.91)$$

und die optimierte Zahndicke ermöglicht das höchste dieser errechneten Momente

$$\frac{M_{an}}{b}\left(s_{wt\,1\,opt}\right) \;\geq\; \frac{M_{an}}{b}\left(s_{wt\,1}\right) \qquad (2.92)$$

Mit diesen beiden Bedingungen läßt sich die tragfähigste Zahnform für verschiedene Fälle möglicher Momentenkennlinien nach **Bild 2.27** einheitlich bestimmen.

2.6.5.2 Tragfähigkeit der Stirnradpaarvarianten

Die Änderung der Tragfähigkeit soll an einigen Varianten sowie an Beispielen
gezeigt werden: Der Einfluß unterschiedlicher Momentenkennlinien auf die tragfähigste Zahndickenverteilung kann sehr viele Ergebnisse zur Folge haben:

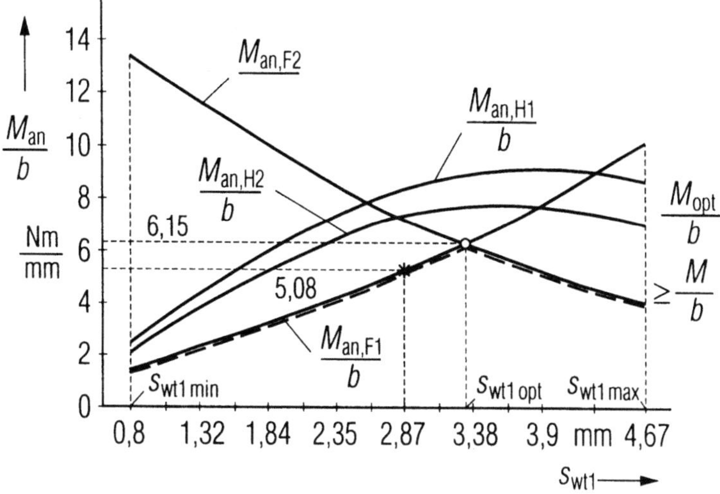

Bild 2.27. Begrenzung des Antriebsmoments allein durch die Fußtragfähigkeiten der gepaarten Zahnräder ($M_{an,F1}$ und $M_{an,F2}$).

1. Begrenzung des Antriebsmomentes durch die Fußtragfähigkeit, Reserven in der Flankentragfähigkeit, *Bild 2.27*. Eine Tragfähigkeitssteigerung erfolgt durch Reduzieren der Zähnezahl, Erhöhen der Profilüberdeckung.

2. Begrenzen des Antriebsmomentes durch die Flankentragfähigkeit. Reserven in der Fußtragfähigkeit, **Bild 2.28**. Eine Tragfähigkeitssteigerung erfolgt durch Vergrößern des Betriebseingriffswinkels.

3. Momentenbegrenzung für dünne Ritzelzähne aufgrund der Flankentragfähigkeit von Ritzel und Rad, für dicke Ritzelzähne durch die Fußtragfähigkeit des Rades. Tritt häufig bei Stirnradpaarungen mit mittlerer bis hoher Übersetzung auf. Tragfähigkeitssteigerung: Verbesserung der Flankentragfähigkeit durch Erhöhen des Betriebseingriffswinkels.

4. Begrenzung des Antriebsmomentes im Bereich kleiner Ritzeldicken durch die Fußtragfähigkeit des Ritzels, im Bereich großer Ritzeldicken durch die Flankentragfähigkeit des Rades. Tragfähigkeitssteigerung: Fußtragfähigkeit durch Reduzieren der Zähnezahl und Erhöhen der Überdeckung, Flankentragfähigkeit durch Erhöhen des Betriebseingriffswinkels.

Zahlenbeispiele

Die kleinsten übertragbaren Antriebsmomente werden nun als Kennwerte für die optimalen Zahndicken s_{wtopt} der Zahnradpaar-Varianten zugrundegelegt [2.13]. Dabei kann man drei Fälle, a; b; c berücksichtigen (*Bilder 2.25* bis *2.27*):

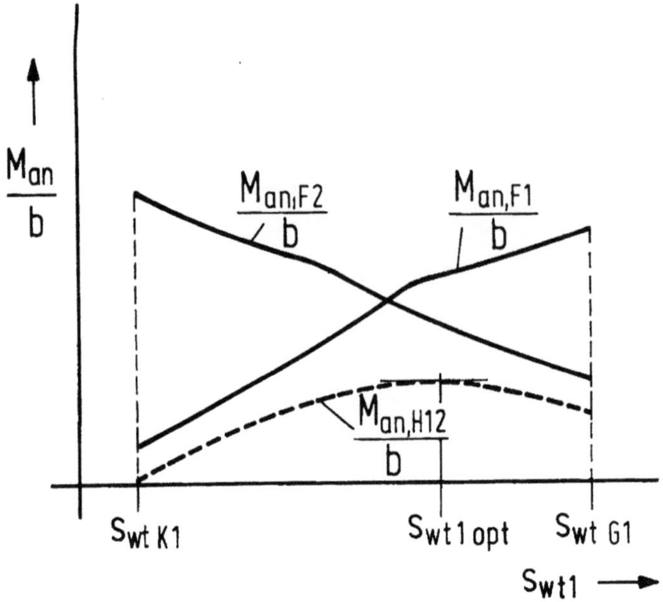

Bild 2.28. Begrenzung des Antriebsmoments allein durch die Flankentragfähigkeiten der gepaarten Zahnräder ($M_{an,H\,1,2}$).

a) Die Optimierung erfolgt nur für die Flankentragfähigkeit (*Bild 2.21, Teilbild 1*). Es gilt

$$\frac{M_{an,H}}{b}\,(s_{wt1\,opt}) \;\geq\; \frac{M_{an,H}}{b}\,(s_{wt1})\,. \tag{2.89}$$

Die optimale Zahndicke am treibenden Rad (*Bild 2.25*) ist z.B. $s_{wt1,opt} = 2{,}35$ mm, bei einer Teilung von $p_w = 4{,}70$ mm beträgt $s^*_{wt1\,opt} = \dfrac{2{,}35}{4{,}70} = 0{,}5$ mit $\dfrac{M_{an,H\,opt}}{b} = 17{,}38$ Nm/mm. Schon eine Zahndickenänderung auf $s_{wt1} = 2{,}87$ mm, mit $s^*_{wt1} = \dfrac{2{,}87}{4{,}70} = 0{,}61$ ergäbe ein Moment $\dfrac{M_{an,H}}{b} = 16{,}15$ Nm/mm. Die optimierte Zahndicke erzielt dagegen eine Verzahnung, die um den Faktor $(17{,}38/16{,}15) = 1{,}078$, etwa um 8% tragfähiger ist.

Für den zweiten Fall gilt:

b) Die Optimierung erfolgt nur für die Fußtragfähigkeit von **Zahn** und **Gegenzahn** (*Bild 2.21, Teilbild 2*). Es gilt

$$\frac{M_{an,F}}{b}\,(s_{wt1\,opt}) \;\geq\; \frac{M_{an,F}}{b}\,(s_{wt1})\,. \tag{2.90}$$

Die optimale Zahndicke am treibenden Rad (*Bild 2.26*) ist z.B. bei $s_{\text{wt1opt}} = 2,35$ mm, bei einer Teilung von $p_{\text{wt}} = 5,47$ mm wird $s^*_{\text{wt1opt}} = \dfrac{2,35}{5,47} = 0,43$. Schon eine Zahndickenänderung auf $s_{\text{wt1}} = 2,87$ mm (etwa die halbe Teilung) ergäbe nur ein zulässiges Antriebsmoment von $\dfrac{M_{\text{an,F}}}{b} = 6,15$ Nm/mm. Die optimierte Zahndicke mit $\dfrac{M_{\text{an,F opt}}}{b} = 7,5$ Nm/mm erzielt eine Verbesserung um den Faktor $\dfrac{7,5}{6,15} = 1,22$ etwa um 22%.

Im dritten Fall wird:

c) Die Optimierung wird bezüglich der Flanken- *und* Fußtragfähigkeit für Zahn und Gegenzahn durchgeführt (*Bild 2.27*). Es gilt

$$\frac{M_{\text{an}}}{b}(s_{\text{wt1opt}}) \geq \frac{M_{\text{an}}}{b}(s_{\text{wt1}}) \tag{2.92}$$

mit

$$\frac{M_{\text{an,H}}}{b}(s_{\text{wt1opt}}) \geq \frac{M_{\text{an}}}{b}(s_{\text{wt1}}) \leq \frac{M_{\text{an,F}}}{b}(s_{\text{wt1opt}}) \tag{2.91}$$

Im dargestellten Beispiel sind die Antriebsmomente bezüglich der Flankentragfähigkeit in der Mitte größer als bezüglich der Fußtragfähigkeit. Die Zahndicken und die dazugehörenden Antriebsmomente sind daher nach der gestrichelten Kurve zu bestimmen. Die einzelnen Werte sind (*Bild 2.27*): $s_{\text{wt1 opt}} = 3,38$ mm; $p_{\text{wt}} = 5,47$ mm; $s^*_{\text{wt1opt}} = \dfrac{3,38}{5,47} = 0,62$; bei $s_{\text{wt1}} = 2,87$ mm (etwa halbe Teilung) ist $M_{\text{an,F}} / b = 5,08$ Nm/mm; mit $M_{\text{an,F opt}} / b = 6,15$ Nm/mm; Verbesserung $6,15/5,08 = 1,21$ etwa um 21%.

Da die optimierte Stirnradpaar-Variante ihren Tragfähigkeitskennwert beibehält, können zusätzliche Optimierungsschleifen bezüglich der Profilüberdeckung, des Betriebseingriffswinkels und der Zähnezahl durchlaufen werden, wie in [2.13] besprochen, in [2.9] detailliert ausgeführt wird. Aus den *Bildern 2.25* bis *2.27* geht hervor, daß für die Flankentragfähigkeit und die Fußtragfähigkeit die mittlere Zahndicke nur bei etwa gleicher Zähnezahl optimal ist, das zulässige Antriebsmoment sonst aber jeweils durch andere optimale Zahndicken bestimmt wird.

In den *Bildern 2.28* bis *2.30* wird gezeigt, daß jeweils eine andere Tragfähigkeitsgrenze das zulässige übertragbare Antriebsmoment bestimmt.

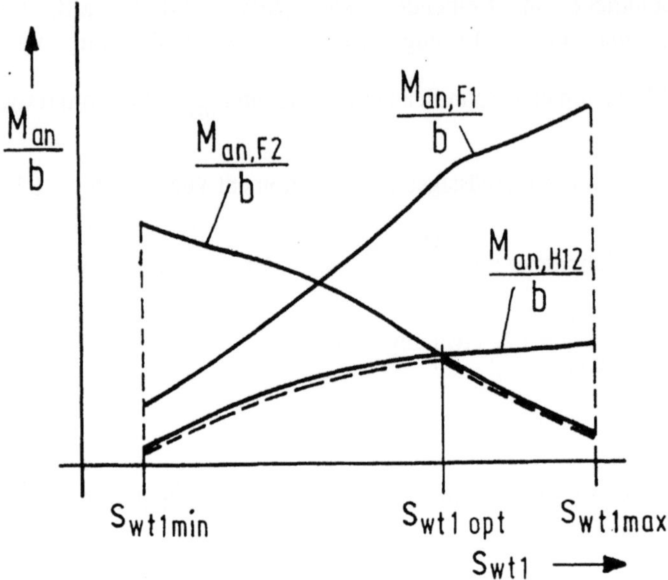

Bild 2.29. Begrenzung des Antriebsmoments durch die Flankentragfähigkeit bei dünnen Ritzeln und durch die Fußtragfähigkeit des Gegenrades bei dicken Ritzeln ($M_{an,H1,2}$, $M_{an,F2}$).

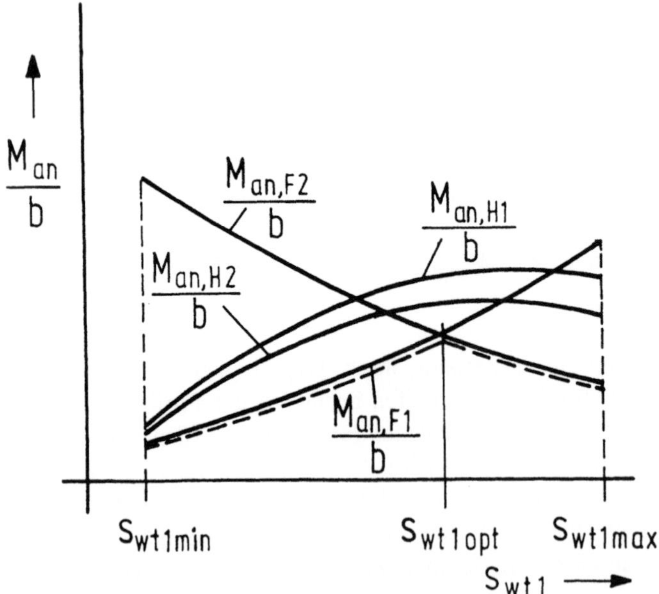

Bild 2.30. Begrenzung des Antriebsmoments durch die Fußtragfähigkeit des Ritzels bei dünnen Ritzeln und die Fußtragfähigkeit des Rades bei dicken Ritzeln ($M_{an,F1}$, $M_{an,F2}$)

Bild 2.28 zeigt die Begrenzung, welche allein durch die Flankentragfähigkeit erfolgt, wobei das Rad 1 etwa 2/3 der maximalen Zahndicke hat. Die Reserven liegen in der Fußtragfähigkeit.

Bild 2.29 stellt einen Fall dar, bei dem für dünne bis mittlere Ritzel die Flankentragfähigkeit das Antriebsmoment begrenzt, für dicke Ritzel jedoch die Fußtragfähigkeit des Rades.

In **Bild 2.30** wird das übertragbare Antriebsmoment im Bereich geringer Ritzelzahndicken durch die Fußtragfähigkeit des Ritzels, im Bereich großer Ritzelzahndicken durch die Fußtragfähigkeit von Rad 2 begrenzt.

2.6.5.3 *Profilüberdeckung der tragfähigsten Zahndickenverteilung*

Da innerhalb einer Zahndickenvariation die Profilüberdeckung konstant gehalten wurde, muß die bezüglich der Tragfähigkeit optimierte Überdeckung in einer übergeordneten Variationsschleife bestimmt werden. Für jede Profilüberdeckung ergibt sich eine tragfähigste Zahndickenverteilung, die ein bestimmtes Antriebsmoment überträgt. Durch einen Vergleich dieser Antriebsmomente läßt sich die optimierte Profilüberdeckung berechnen.

$$\frac{M_{an}}{b}\left(\varepsilon_{\alpha\ opt}\right) \geq \frac{M_{an}}{b}\left(s_{wt\ 1\ opt},\ \varepsilon_{\alpha}\right) \tag{2.93}$$

2.6.5.4 *Betriebseingriffswinkel und Zähnezahlen der tragfähigsten Stirnradpaarung*

Ebenso wie das Optimum der Profilüberdeckung lassen sich die tragfähigsten Verhältnisse bezüglich des Betriebseingriffswinkels und der Zähnezahlen bestimmen. In der Reihenfolge der ineinander verschachtelten Variationsschleifen - Zahndicken-, Profilüberdeckungs-, Betriebseingriffswinkel- und Zähnezahlvariation - erhöht sich die Zahl der freien Variationsparameter des übertragbaren Antriebsmomentes. Das Optimum vom Betriebseingriffswinkel bzw. der Zähnezahl ergibt sich nach Freigabe aller konstant gehaltenen Parameter.

$$\frac{M_{an}}{b}\left(\alpha_{w\ opt}\right) \geq \frac{M_{an}}{b}\left(s_{wt\ 1opt},\ \varepsilon_{\alpha\ opt},\ \alpha_{w}\right), \tag{2.94}$$

$$\frac{M_{an}}{b}\left(z_{1\ opt}\right) \geq \frac{M_{an}}{b}\left(s_{wt\ 1opt},\ \varepsilon_{\alpha\ opt},\ \alpha_{w\ opt},\ z_{1}\right) \tag{2.95}$$

2.6.6 Bezugsprofile der Zahndickenvarianten

Da ein Bezugsprofil eindeutig nur durch die Form der Zahnfußkurve bestimmt wird, diese bei den Zahnformvarianten jedoch nur durch einen Kreisbogen angenähert ist, können die Zahndickenvarianten durch verschiedene Profile bei geringen Abweichungen am Zahnfuß beschrieben werden. Mit der Vorgabe eines Profilwinkels liegen allerdings die übrigen Profilgrößen, somit auch der Modul, fest. Für die Varianten läßt sich damit im allgemeinen kein Bezugsprofil finden, bei dem der Profilwinkel ganzzahlig ist und gleichzeitig der Modul einem Wert der Normreihe entspricht. Bei einer getrennten Betrachtung der Ritzel- oder Radvariante wird das Spektrum möglicher Profile nur durch die Unterschnittgrenze und die geometrischen Randbedingungen des Profils selbst begrenzt. Die die Varianten beschreibenden Profile können hierbei durchaus unterschiedliche Profilwinkel und Teilungen, d.h. verschiedene Moduln besitzen.

Die zusätzliche Forderung, daß sich die Bezugsprofile von Ritzel und Rad miteinander paaren lassen, schränkt das Lösungsspektrum auf mögliche Komplementprofile [2.10] und möglicherweise gleiche, nicht aber unbedingt symmetrische Profile für Ritzel und Rad ein.

2.6.6.1 *Profilwinkel, Modul und Profilverschiebungsfaktor*

Der Profilwinkel und der Modul sind so aufeinander abzustimmen, daß beim Abwälzen des Bezugsprofils eine Evolvente entsteht, die der der Variante gleicht. Durch die Vorgabe eines Profilwinkels läßt sich der Modul berechnen.

$$m_t = \frac{2r_{t1}}{z_1} \qquad \text{und} \qquad m_n = m_t \cdot \cos\beta \qquad (2.96)$$

mit

$$r_t = r_{wt} \cdot \frac{\cos\alpha_{wt}}{\cos\alpha_t} \qquad (2.97)$$

$$\tan\alpha_t = \frac{\tan\alpha_P}{\cos\beta} \qquad (2.98)$$

$$\sin\beta = \frac{\sin\beta_b}{\cos\alpha_P} \qquad (2.99)$$

Während durch die identischen Evolventen die gleiche aktive Zahnflanke erreicht wird, ist durch Profilverschiebung die gemeinsame Zahnhöhe zu erzeugen.

Die Profilverschiebungsfaktoren ergeben sich durch Gleichsetzen der Grundzahndicken.

$$x_t = \frac{z \cdot \left(\dfrac{s_{wt}}{2r_{wt}} + \mathrm{inv}\,\alpha_{wt} - \mathrm{inv}\,\alpha_t\right) - \dfrac{\pi}{2}}{2 \cdot \tan \alpha_t} \tag{2.100}$$

$$x_n = \frac{x_t}{\cos \beta} \tag{2.101}$$

2.6.6.2 Zahnhöhenfaktoren

In der Geometrieauslegung der Zahnformvarianten ist das Verdrehflankenspiel zu Null gesetzt; der Betriebsachsabstand entspricht somit dem Nennachsabstand. Die Bezugsprofillinien der Bezugsprofile von Ritzel und Rad schneiden, sofern die Profilverschiebungssumme ungleich Null ist, die Mittenlinie nicht im Wälzpunkt C, sondern an den V-Kreisen, d.h. die Bezugsprofile durchdringen sich. Ausgehend von diesen Kreisen sind die Zahnhöhen des Profils aus den Zahnhöhen der Zahnformvarianten abzulesen, **Bild 2.31**.

Zahnkopfhöhenfaktor am Bezugsprofil:

$$h_{aP}^* = \frac{r_{at} - \left(r_t + x_n \cdot m_n\right)}{m_n} \tag{2.102}$$

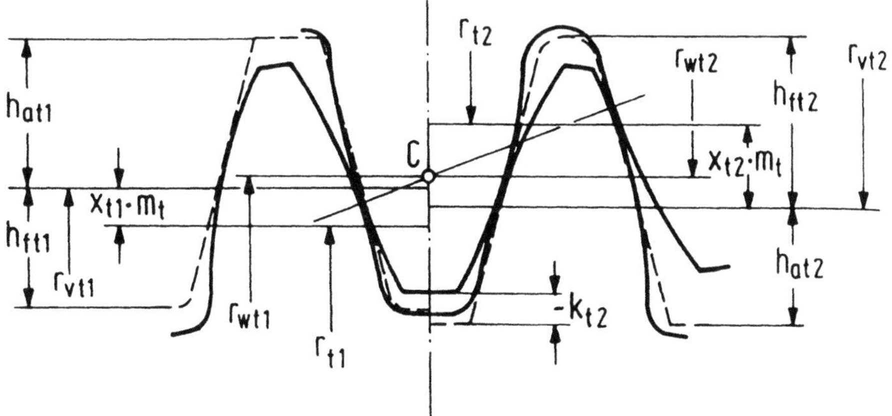

Bild 2.31. Ermitteln der Profilhöhen an den Zahnvarianten.

Zahnfußhöhenfaktor am Bezugsprofil:

$$h_{fP}^* = \frac{r_t + x_n \cdot m_n - r_{ft}}{m_n} \qquad (2.103)$$

In der Bestimmung des Zahnkopfhöhenfaktors ist die Kopfhöhenänderung zu Null gesetzt. Nach DIN 3960 [2.2] entspricht dieser Faktor bzw. die damit verknüpfte Höhe der „Nennzahnkopfhöhe". Wird die Kopfhöhenänderung zusätzlich eingeführt, vergrößert sich der Spielraum möglicher Bezugsprofile. Die Zahnräder lassen sich dann jedoch nicht überschnitten fertigen.

2.6.6.3 Kopfspiel- und nutzbarer Zahnfußhöhenfaktor

In den Zahnformvarianten ist der Übergang von der Evolvente zur kreisförmigen Fußanschlußkurve durch den nutzbaren Fußkreis bestimmt. Analog kann am Bezugsprofil eine Aufteilung in die nutzbare Zahnfußhöhe und das Kopfspiel erfolgen. Diese Aufteilung liefert die günstige Annäherung der vom Profil erzeugten Zahnfußkurve zur kreisförmigen Fußanschlußkurve.

Nutzbarer Zahnfußhöhenfaktor am Bezugsprofil:

$$h_{NfP}^* = \frac{r_t + x_n \cdot m_n - r_{Nft}}{m_n} \qquad (2.104)$$

Kopfspielfaktor am Bezugsprofil:

$$c_P^* = h_{fP}^* - h_{NfP}^* \qquad (2.105)$$

Da der nutzbare Fußkreis aus der Annäherung der Fußanschlußkurve resultiert, reicht es aus, wenn die nutzbare Zahnfußhöhe den aktiven Fußkreis erzeugt. Es ist bei der Aufteilung aber sicherzustellen, daß mit einer maximalen kreisförmigen Profilausrundung die Zahnfußhöhe ermöglicht wird, sofern keine Protuberanzprofile zugelassen werden.

Beide Anforderungen liefern die Bedingungsgleichung zur Festlegung der minimalen nutzbaren Zahnfußhöhe.

$$\cos^2 \alpha_P \left(\frac{h_{fP}^*}{1 - \sin \alpha_P} - \frac{\pi}{4 \cdot \cos \alpha_P} \right) \le h_{NfP\,min}^* \ge$$

$$\ge \frac{r_t + x_n \cdot m_n - r_{fat}}{m_n} \qquad (2.106)$$

Mit r_{fat} ist der aktive Fußkreisradius gemeint, d.h. der Radius bis zum untersten, tatsächlich benutzten Flankenpunkt.

Die maximale nutzbare Zahnfußhöhe wird zum einen durch die Zahnfußhöhe festgelegt (das Kopfspiel ist hierbei gleich null), zum anderen durch die Unterschnittgrenze.

$$h_{\mathrm{fP}}^* \geq h_{\mathrm{NfP\,max}}^* \leq x_{\mathrm{u}} + \frac{z}{2} \cdot \frac{\sin^2 \alpha_{\mathrm{t}}}{\cos \beta} \qquad (2.107)$$

2.6.6.4 Grenzen des Bezugsprofilspektrums

Für einen vorgegebenen Profilwinkel existiert nur dann eine Profillösung, wenn

a) die Zahnkopf- und Zahnfußhöhe der Zahnformvariante kleiner als die zulässige Höhe am Bezugsprofil, gegeben durch den Schnittpunkt von Flanke und Gegenflanke, ist:

$$h_{\mathrm{aP}}^*, \; h_{\mathrm{fP}}^* \leq \frac{\pi}{4 \cdot \tan \alpha_{\mathrm{P}}} \qquad (2.108)$$

b) die minimale Zahnfußnutzhöhe nach Bedingung Gl.(2.106) kleiner als die maximale Zahnfußnutzhöhe nach Bedingung Gl.(2.107) ist.

$$h_{\mathrm{NfP\,min}}^* \leq h_{\mathrm{NfP\,max}}^* \qquad (2.109)$$

Mit dieser Eingrenzung lassen sich Profile finden, die entweder die Ritzel- oder Radvariante beschreiben können. Die Profile von Ritzel und Rad müssen dabei keinen gemeinsamen Modul und Profilwinkel besitzen. So ist z.B. in **Bild 2.32** eine korrekt kämmende Zahnradpaarung mit ganz verschiedenen Bezugsprofilen, Flankenwinkeln, Zahnhöhen und Moduln dargestellt.

Sollen sich die Bezugsprofile miteinander paaren lassen, die Stirnradpaarung besitzt dann bezüglich der Teilung gemeinsame Profile, dürfen die Zahnkopfhöhen zusätzlich zu den Bedingungen a) und b) nicht größer als die maximalen nutzbaren Zahnfußhöhen des Gegenrades werden. Sind die nutzbaren Zahnfußhöhen und Zahnkopfhöhen wechselseitig gleich groß, so entsprechen sie den behandelten zweiseitigen Komplementprofilen [2.12].

$$h_{\mathrm{aP}\,1,2}^* \leq h_{\mathrm{NfP\,max}\,2,1}^* \qquad (2.110)$$

Die tatsächliche nutzbare Zahnfußhöhe darf dabei die minimale Zahnfußnutzhöhe nach Gl.(2.106) nicht unterschreiten.

$$h_{\mathrm{NfP}}^* \geq h_{\mathrm{NfP\,min}}^* \qquad (2.111)$$

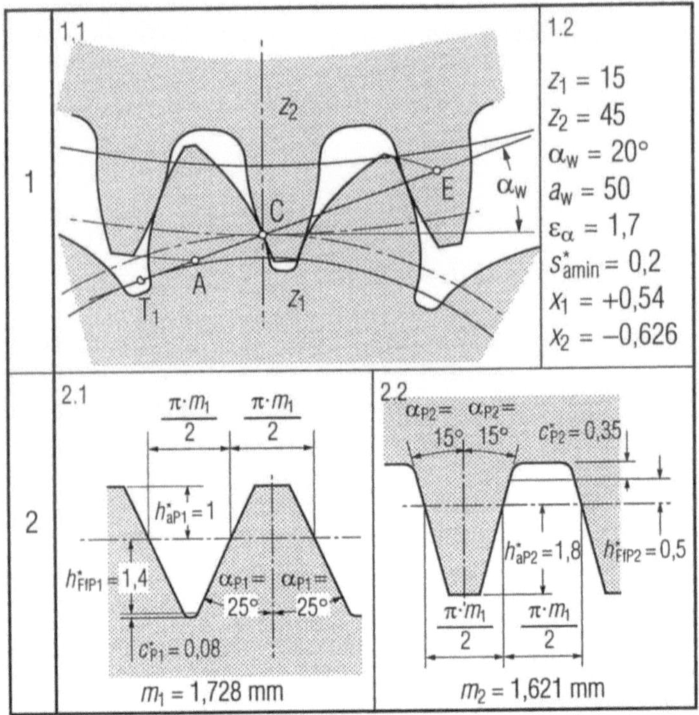

Bild 2.32. Verzahnungsvariante und mögliche Bezugsprofile von Ritzel und Rad bei unterschiedlichen Moduln, Zahnhöhen und Profilwinkeln für eine korrekte Verzahnungspaarung.

Zeile 1: Paarung einer optimalen Zahnvariante
Zeile 2: Erzeugung vom Ritzel mit Bezugsprofil aus *Feld 2.1*, vom Rad mit Bezugsprofil aus *Feld 2.2.*

Da die Zahnkopfhöhenfaktoren unmittelbar an den Zahnformvarianten ohne Berücksichtigung einer möglichen Zahnkopfhöhenänderung ermittelt werden, unterscheiden sie sich im allgemeinen von den nutzbaren Zahnfußhöhen, da die Bedingung nach Gl.(2.111) einzuhalten ist. Für diese Fälle lassen sich weder zwei- noch einseitige Komplementprofile erreichen.

Von großem wirtschaftlichen Interesse ist es, wenn sich die Ritzel- und Radvariante mit gleichen Bezugsprofilen beschreiben lassen, somit mit einem Werkzeug zu fertigen sind. Die Zahnkopf- und nutzbaren Zahnfußhöhen müssen dabei jedoch nicht gleich groß sein, d.h. es können gleiche Profile, die nicht symmetrisch sind, existieren, sofern die Zahnhöhenfaktoren die Bedingung nach Gl.(2.112) und Gl.(2.113) erfüllen.

Um schließlich symmetrische Profile zu selektieren, müssen die Zahnkopf- und nutzbaren Zahnfußhöhen gleich groß sein.

$$h_{aP1}^{*} = h_{aP2}^{*} \qquad (2.112)$$

$$h_{fNP1}^{*} = h_{fNP2}^{*} \qquad (2.113)$$

2.6.7 Grenzen der Zahndicken

Bild 2.33 zeigt die geometrisch möglichen Variationen der Zahndicken, deren Kleinstwert s_{wmin} wegen der kleinsten Profilüberdeckung $\varepsilon_{\alpha min}$ und deren Größtwert s_{wt1max} wegen der Kleinstzahndicke des Gegenzahnrades begrenzt ist.

In **Bild 2.34** ist ein Zahndicken-Tragfähigkeitsdiagramm mit den Verzahnungsdaten aus *Bild 2.33* ausführlich dargestellt, einschließlich der zugrunde gelegten Spannungen. *Bild 2.34* zeigt im wesentlichen alle Bedingungen, welche das geringste Antriebsmoment bestimmen, mit der Möglichkeit, die Zahnformen der vor-

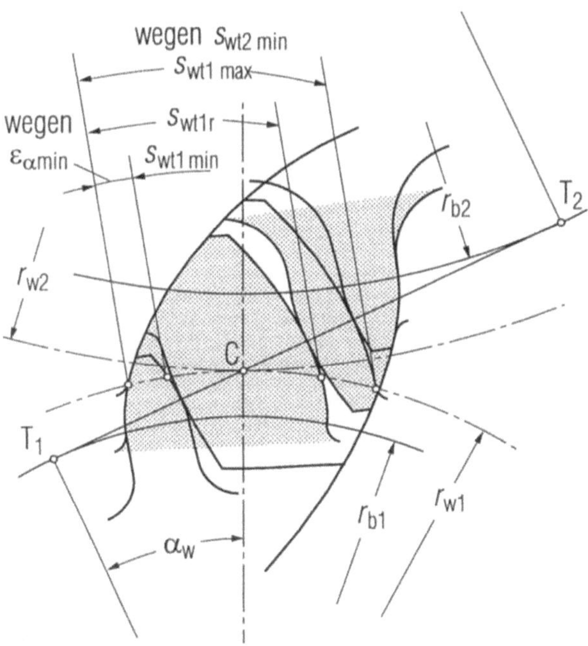

Bild 2.33. Vollständige geometrische Variation eines Zahnpaares durch Änderung der Zahndickenverteilung nach *Bild 2.7* und Anpassung der Kopfkreise zur Einhaltung der Mindestzahndicke.

Fußkreise angepaßt und größtmögliche Fußrundung ermittelt.

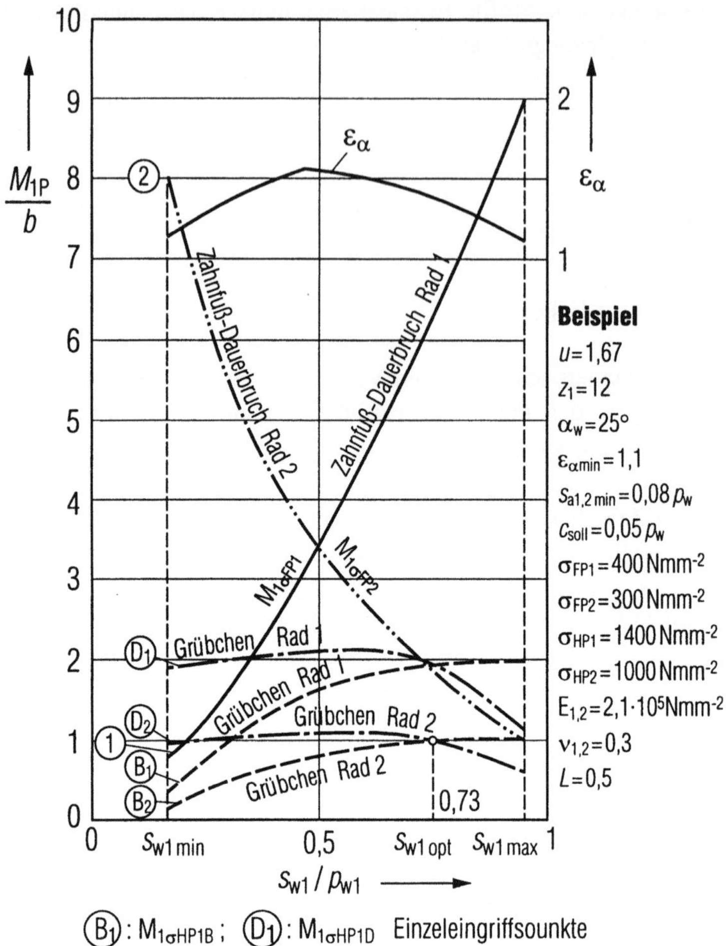

B_1: $M_{1\sigma HP1B}$; D_1: $M_{1\sigma HP1D}$ Einzeleingriffsounkte

Bild 2.34. Zahndicken-Tragfähigkeitsdiagramm und Verzahnungsdaten nach Verzahnungen gemäß *Bild 2.33.*

Die Diagramme beziehen sich auf die Einzeleingriffspunkte B und D von Rad 1 und Rad 2.

bestimmten Zahndicken in *Bild 2.33* anschaulich zu erkennen. Das kleinste Antriebsmoment liefert die Flankentragfähigkeit des Rades 1 und zwar für dünnere Zähne am Einzeleingriffspunkt B_1, für dickere Zähne am Einzeleingriffspunkt D_1. Die günstige Zahndicke ist bei $s_{w1\,opt} = 0{,}73\cdot p_{w1}$, da dort in beiden Einzeleingriffspunkten das Antriebsmoment gleich und maximal ist. Auch die Profilüberdeckung ε_α ist für alle Zahndicken-Varianten eingetragen. Aus den *Bildern 2.25* bis *2.27* und *2.34* ist sehr deutlich zu entnehmen, daß man stets nur bei bestimmten Zahndicken von Rad und Gegenrad, die meist anders als die üblichen sind, maximale Antriebsmomente übertragen kann. Daher kann diese Art der Tragfähigkeitsberechnung zu erhöhter Getriebeleistung oder zu weniger beanspruchbaren Zahnradwerkstoffen führen und Verbesserungen bis zu 20% und mehr durchaus erzielbar sind. Weitere Einzelheiten im Hinblick auf Berechnung und Einsatz sind in [2.1 ; 2.8 ; 2.9 ; 2.10] enthalten.

2.6.8 Bezugsprofile für die Fertigung der berechneten optimalen Zahndicken-Varianten

Um das Spektrum möglicher Zahnformen nicht einzuengen, wurde bewußt von flankenwinkel- sowie zahnhöhen- und modulgebundenen Bezugsprofilen abgesehen. In *Bild 2.2* ist der kleine Anteil bezugsprofilgebundener Zahnprofile ersichtlich, der sich dort schon bei Normzahnhöhen $h_{wP} = 2 \cdot m$ nur auf 2 von 36 Feldern

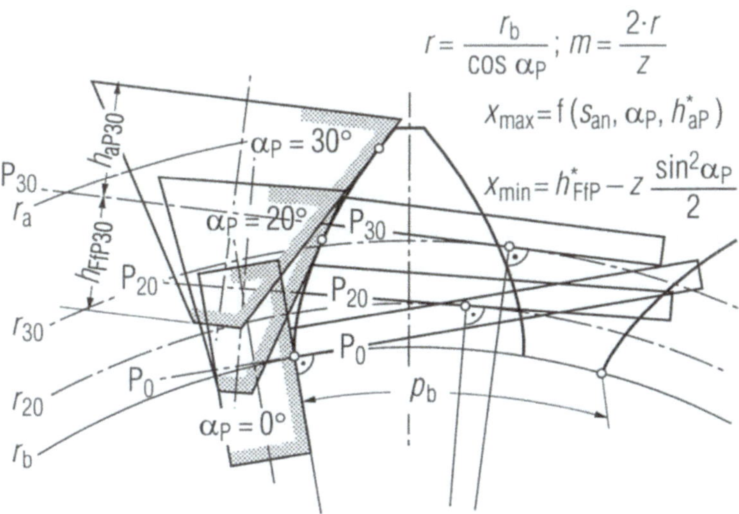

Beispiel	α_P	0°	20°	30°
$p_b = 2 \cdot \pi \cdot \dfrac{r_b}{z}$	m	17,14 mm	18,24 mm	19,79 mm
	x_{max}	—	+0,65	+0,12
$z = 14$	x_{min}	—	+0,18	−0,75
$h^*_{aP} = h^*_{FfP} = 1,0$	p_b	2·π·(120 / 14) = 53,8559 mm		

Bild 2.35. Die Erzeugung der Evolvente am Zahn ist möglich, unabhängig von einem bestimmten Bezugsprofil, einem vorgegebenen Profilwinkel α_P, von dem Modul m, von den Zahnhöhen h_a, h_f oder dem Teilkreis r.

Daher kann das gleiche Zahnrad mit Bezugsprofilen verschiedener Flankenwinkel erzeugt werden, wobei sich Modul m, Teilung p und Teilkreis r ändern, siehe Tabelle!

beschränkt. Andererseits ist die Form der Kreisevolvente nur von dem abzuwäl-
zenden Kreis, d.h. vom Grundkreis r_b abhängig. In der Praxis wird das direkte
Abwälzen der Werkzeuge am Grundkreis nur selten realisiert, z.B. bei bestimmten
Schleifverfahren (siehe *Kapitel 9*).

Das Abwälzen am Grundkreis ist auch in **Bild 2.35** mit dem Lineal $\alpha_P = 0°$
dargestellt. Allerdings erzeugt dort durch Berührung oder Schnitt stets nur *ein
Punkt* die Evolvente [2.14]. Verwendet man nicht senkrecht stehende Erzeugungs-
geraden sondern schräge (trapezförmige Schneidstollen), wie bei den meisten zylindrischen Abwälzfräsern oder Schleifkörpern, dann muß zur Erzeugung der gleichen Evolventenflanke ein anderer Abwälzkreis, der sogenannte Teilkreis, gewählt
werden, der sich aus der Schrägstellung der Erzeugungslinie ergibt (Profilwinkel
α_P). Wird zum Abwälzen der Radius r verwendet, der sich mit Hilfe des Schräg-
stellungswinkels α_P (Profilwinkel) aus dem Grundkreis ergibt

$$r = \frac{r_b}{\cos \alpha_P}, \tag{2.114}$$

dann kann *jeder* Profilwinkel α_P zur Herstellung der gleichen Evolvente gewählt
werden, wie in *Bild 2.35* mit den Schneidstollen $\alpha_P = 20°$ und $\alpha_P = 30°$ gezeigt
wird. Bei ihnen erzeugt jeder Punkt der Schneidstollenflanke einen anderen Evolventenpunkt. Die Grundkreisteilung p_b ist wegen der gleichen Zähnezahl für jede
der drei gezeigten Möglichkeiten gleich, der Profilverschiebungsfaktor x und der
Modul m jedoch verschieden. Der Modul m hinwiederum ist erst durch den Teilkreis r und die Zähnezahl z definiert

$$m = \frac{2 \cdot r}{z}, \tag{2.115}$$

so daß er auch über den Teilkreis r von dem Profilwinkel α_P eines Zahnstangenprofils abhängt.

Ergebnis: Jede beliebige Evolventenflanke kann durch das Zahnstangen(be-
zugs)profil mit einem willkürlich vorgegebenen Profilwinkel α_P erzeugt werden. Abhängig vom Profilwinkel α_P und der Zähnezahl z
muß jedoch ein bestimmter Modul m und zusätzlich von den Zahnhöhen h_{aP}, h_{FfP}, den Zahndicken s_{wt} abhängig, ein bestimmter Profilverschiebungsfaktor x gewählt werden.

Die Form der Zahnfußausrundung bestimmt ihrerseits eines der vielen, möglichen Bezugsprofile und sollte den Berechnungsvorgaben zur optimalen Zahnfußbeanspruchung entsprechen [2.1]. Ebenso grenzt das Spitzwerden der Zähne

(große Flankenwinkel) die Möglichkeiten beliebiger Zahndicken-Variationen ein, weshalb man auch für Rad und Gegenrad ganz verschiedene Bezugsprofile wählt.

Bei der Suche nach geeigneten Bezugsprofilen zur Fertigung von optimierten Verzahnungen, die nach der geschilderten Methode ermittelt wurden, muß beachtet werden, daß nur in Sonderfällen ein ganzzahliger Flankenwinkel mit einem ganzzahligen, evtl. genormten Modul zusammentreffen.

Das wird in der Tabelle von *Bild 2.35* gezeigt und ist aus **Bild 2.37** zu erkennen. In **Bild 2.36** soll dargestellt werden, daß die „bezugsprofilfreie" Paarung der ersten Zeile, welche für einen Beispielsfall die tragfähigsten Zahndicken von Rad

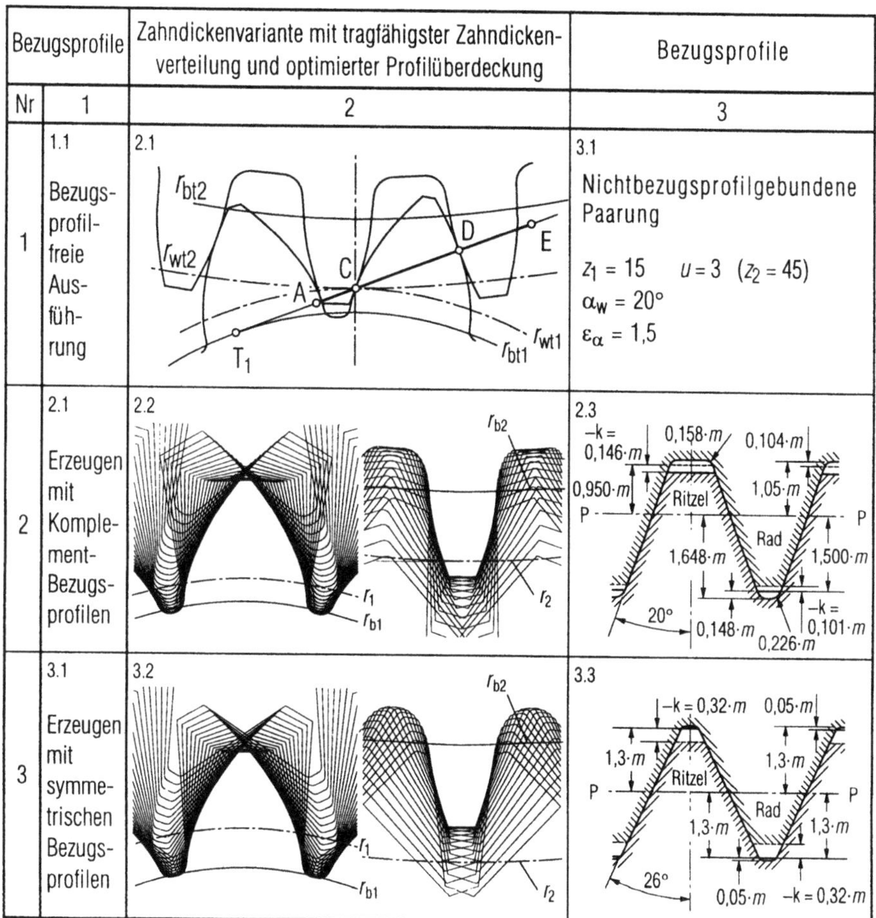

Bild 2.36. Nachträgliche Ermittlung von Bezugsprofilen zur Erzeugung der profilunabhängig ermittelten, festigkeitsmäßig optimierten Zahndickenvarianten.

Zeile 1: Ausgangsverzahnung
Zeile 2: Komplementbezugsprofile für Verzahnungen
Zeile 3: Symmetrische Profile für die gleichen Verzahnungen.

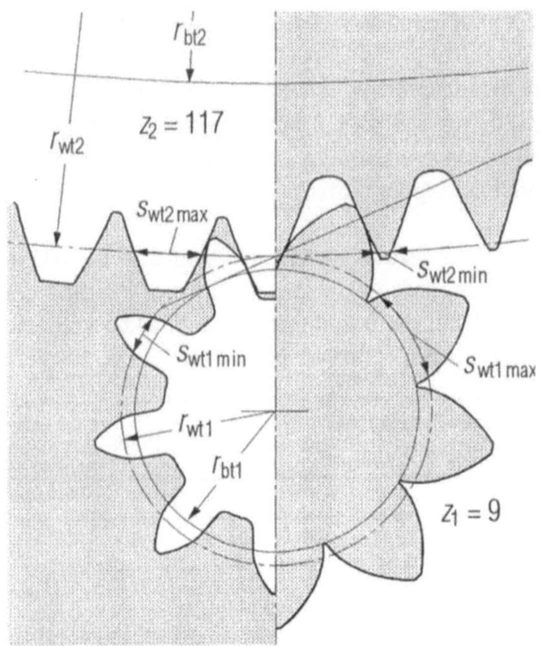

Bild 2.37. Möglicher Variantenbereich der Betriebszahndicken, gezeigt am Beispiel einer Stirnradpaarung.

Betriebsachsabstand a_{wt}/p_{wt} = 20,054; Betriebseingriffswinkel α_{wt} = 24°; Kopfzahndicke s_{atmin}/p_{wt} = 0,2; Soll-Kopfspiel c_{soll}/p_{wt} = 0,25.

und Gegenrad aufweist, mit den komplementären Bezugsprofilen des *Feldes 2.3* sowie auch mit den symmetrischen Bezugsprofilen des *Feldes 3.3* erzeugt werden kann. Die gleiche Paarung in *Bild 2.32*, mit größeren Kopfkreisen und größerer Überdeckung kann sogar mit zwei *völlig verschiedenen* Bezugsprofilen, unterschiedlichen Moduls *m*, unterschiedlicher Profilwinkel α_P und unterschiedlich aufgeteilter Zahnhöhen h_{aP}, h_{FfP} erzeugt werden. Die Wahl der Profilverschiebung kann in gewissen Grenzen den gleichen Effekt erzielen wie unterschiedliche Zahnhöhen. Wie verschieden Paarungen mit gleichen Zähnezahlen jedoch unterschiedlichen, zulässigen Zahndicken $s_{wt\,max}$ bzw. $s_{wt\,min}$ sein können, ist in *Bild 2.37* sehr anschaulich dargestellt.

2.6.9 Erweiterte Auslegung und Herstellung

Neben der grundsätzlichen Beschreibung [2.13] des Zahnvariationverfahrens zur Tragfähigkeitsoptimierung ist eine eingehende Behandlung für Geradverzahnungen in [2.8] enthalten, für Schrägverzahnungen in [2.7;2.9] und die eindeutige Bestimmung des Bezugsprofils aufgrund der Fußausrundung sowie weitere Festigkeitsberechnungen in [2.1]. Die nicht besprochene Auswirkung der Lastverteilung auf die Zahnfußtragfähigkeit von hoch überdeckenden Stirnradpaarungen wird in [2.10] behandelt.

Ist ein passendes Bezugsprofil gefunden, können sämtliche Fertigungsverfahren für Zahnräder (*Kapitel 9*, auch [2.15]) angewendet werden. Ausführlichere Angaben, detaillierte Berechnungs- und Erzeugungsunterlagen für alle behandelten Verzahnungen sind in [2.2] enthalten.

2.7 Schrifttum

[2.1]   Brückner, T.:   Auslegung und Optimierung von Komplementprofilverzahnungen vorgegebener Eigenschaften. Dissertation Braunschweig, 1990

[2.2]   DIN 3960:   Begriffe und Bestimmungsgrößen für Stirnräder (Zylinderräder) und Stirnradpaare (Zylinderradpaare) mit Evolventenverzahnungen. Berlin: Beuth-Verlag, 1980

[2.3]   DIN 3990:   Tragfähigkeitsberechnung von Stirnrädern. Berlin: Beuth-Verlag, 1987

[2.4]   DIN 58400:   Bezugsprofile für Evolventenverzahnungen an Stirnrädern für die Feinwerktechnik. Berlin: Beuth-Verlag 1984

[2.5]   DIN 867:   Bezugsprofile für Evolventenverzahnungen an Stirnrädern (Zylinderrädern) für den allgemeinen Maschinenbau und den Schwermaschinenbau. Berlin: Beuth-Verlag, 1986

[2.6]   Dubbel: Taschenbuch für den Maschinenbau, 16. Auflage. Herausgegeben von Beitz, W., Küttner, K.-H.. Berlin, Heidelberg, New York: Springer, 1987

[2.7]   Hirschmann, K.-H.   Zahnfußgeometrie bei schrägverzahnten Stirnrädern. Z. antriebstechnik 26 (1987) Nr. 1, S. 39-45
        von Eiff, H.:

[2.8]   Kollenrott, F.:   Ein Verfahren zur Ermittlung von Zahnformen höchster Tragfähigkeit für Evolventen-Geradverzahnungen. Dissertation Braunschweig, 1981

[2.9]   Pabst, L.:   Rechnerunterstützte Auslegung von Evolventenstirnradpaarungen höchster Tragfähigkeit. Dissertation Braunschweig, 1986

[2.10] Petersen, D.:   Auswirkung der Lastverteilung auf die Zahnfußtragfähigkeit von hoch überdeckenden Stirnradpaarungen. Dissertation Braunschweig, 1989

[2.11] Rademacher, J.:   Einfluß der Verzahnungssteifigkeit auf das Laufverhalten von Stirnradgetrieben. Industrie-Anzeiger 90 (1968) H. 25, S. 31-36

[2.12]   Roth, K.,   Zahnradpaarungen mit Komplementprofilen zur Erweiterung
         Kollenrott, F.:   der Eingriffsverhältnisse und Erhöhung der Fuß- und Flan-
                                kentragfähigkeit. Konstruktion 34, Heft 3, S. 81-88, 1982

[2.13]   Roth, K.,   Rechnerunterstützte Auslegung nicht bezugsprofilgebundener
         Pabst, L.:   Evolventenstirnrad-Paarungen höchster Tragfähigkeit. VDI-
                                Berichte Nr. 626, S. 307-326, Konstruktion 39 (1987): Heft 9,
                                S. 359-364

[2.14]   Roth, K.:   Zahnradtechnik, Band I: Stirnradverzahnungen - Geometri-
                                sche Grundlagen, Band II. Stirnradverzahnungen - Profilver-
                                schiebung, Toleranzen, Festigkeit. Berlin, Heidelberg, New
                                York: Springer, 1989

[2.15]   Roth, K.:   Evolventenverzahnungen mit extremen Eigenschaften. Teil I:
                                Erzeugungsverfahren. Z. antriebstechnik 35 (1996), Heft 5,
                                S. 49-53

[2.16]   Roth, K.:   Evolventenverzahnungen mit extremen Eigenschaften,
                                Teil IIa. Evoloid-Verzahnungen mit Ritzelzähnezahlen von
                                z_1 = 1-5 für große Übersetzungen ins Langsame. Z. antriebs-
                                technik 35 (1996), Heft 7, S. 43-48

[2.17]   Roth, K.:   Evolventenverzahnungen mit extremen Eigenschaften.
                                Teil IIb: Evoloid-Verzahnungen mit Ritzelzähnezahlen von
                                z_2 = 3-8 für große Übersetzungen ins Schnelle. Z. antrieb-
                              stechnik 35 (1996), Heft 9, S. 69-74

[2.18]   Roth, K.:   Evolventenverzahnungen mit extremen Eigenschaften, Teil
                                III: Komplementverzahnungen für höchste Tragfähigkeit. Z.
                              antriebstechnik 35 (1996), Nr. 11, S. 72-79

[2.19]   Schäfer, W.:   Ein Beitrag zur Ermittlung des wirksamen Flankenrichtungs-
                                fehlers bei Stirnradgetrieben und der Lastverteilung bei Ge-
                              radverzahnung. Dissertation TH Darmstadt, 1971

[2.20]   SKM- Richtlinie   Rechnerischer Festigkeitsnachweis für Maschinenbauteile.
         Nr. 154:   Heft 183+2, , Frankfurt/M.: Maschinenbau-Verlag, 1994

[2.21]   Weber, C.,   Formänderung und Profilrücknahme bei gerad- und schräg-
         Banaschek, K.: verzahnten Rädern. Schriftenreihe Antriebstechnik, Braun-
                                schweig: Vieweg und Sohn, 1953

[2.22]   Wellinger, K.,   Festigkeitsberechnung, 1. Auflage. Stuttgart: Alfred-Kröner-
         Dietmann, H.:   Verlag, 1967

[2.23]   Winter, H.,   Zahnfedersteifigkeit von Stirnradpaaren. Teil 1, 2 und 3. Z.
         Podlesnik, B.:   antriebstechnik 22 (1983), Heft 3, S. 51-58, Heft 5, S. 39-42
                              (1983) Nr. 23, Heft 11, S. 43-48 (1984)

[2.24]   Winter, H.:   Die tragfähigste Evolventen-Geradverzahnung. Braunschweig:
                              Vieweg und Sohn, 1954

3 Keilschrägverzahnungen für spielarmen Lauf

3.1 „Spielfreiheit" beidseitig berührungsschlüssiger Elemente

Eine der wichtigsten Eigenschaften von Getrieben zur reproduzierbaren Einstellung gewisser Teilepositionen, ist die spielarme oder gar die spielfreie Relativbewegung ihrer Zahnräder. Die im Eingriff stehenden Zähne greifen berührungsschlüssig (formschlüssig) in die Lücken des Gegenrades ein und können aus Toleranz- aber auch aus Funktionsgründen nicht spielfrei *beide* Gegenflanken berühren, sonst würden sie verklemmen. Das Dilemma wird dadurch gelöst, daß man entweder ein minimales Verdrehflankenspiel einstellt (spielarm), oder daß die im Eingriff befindlichen Zähne federnd *in* die Zahnlücken und *aus* ihnen gedrückt werden, so daß immer an beiden Flanken eines Zahnes oder einer Zahnlücke Berührung vorliegt.

3.2 Die Problematik der spielarmen und spielfreien Getriebe

In vielen technischen Anwendungsfällen wird von den Zahnradgetrieben ein spielarmer, oft ein spielfreier Lauf gefordert. Häufig ist der Grund die genaue Reproduzierbarkeit von Einstellungen, z.B. Spielfreiheit bei Roboterarmen (ohne Umkehrspanne), oft aber auch möglichst geringes Flankenspiel zur Vermeidung von Geräusch und Schäden bei Schwingungsvorgängen. Die Verzahnungen sind Getriebe mit Kraftübertragung in *Normalrichtung*, die auf „normalem" Berührungsschluß (Formschluß) beruhen, anders als Reibpaarungen, die stets Kraftschluß haben müssen und auf „tangentialem" Berührungsschluß beruhen.

Berührungsschluß (Formschluß) kann wegen der unvermeidlichen Maßtoleranzen jedoch nur in *einem* Richtungssinn spielfrei sein [3.10], Kraftschluß jedoch in beiden Richtungssinnen. Die Folgerung ist:

> Spielfreie Verzahnungen müssen kraftschlüssig verspannt sein, spielarme dagegen können durch extrem genaue Tolerierung oder durch nachträgliche Einstellung in bestimmten Umlaufzonen formschlüssig, ohne zusätzliche Verspannung arbeiten.

Das nachträgliche Einstellen ist bei Zahnradpaaren nicht nur bezüglich der Spielverringerung zwischen *einem* Zahn und der paarenden Zahnlücken erforderlich, sondern bezüglich *aller* möglichen Paarungen während einer Umlaufperiode. Das bedeutet, daß das kleinste zulässige Spiel bei der dünnsten Lücke und dem dicksten Zahn ein weiteres Zusammenrücken der Zähne begrenzt und alle größeren Spiele in Kauf genommen werden müssen, einschließlich der von ihnen verursachten Umkehrspanne. Die verbleibenden Spiele erzeugen bei Federverspannung eine zwar kleine, aber periodisch wiederkehrende Verstellung.

3.3 Möglichkeit der Spielbeseitigung

In **Bild 3.1** wird anhand der Relativstellungen an den Zahnrädern gezeigt, daß die Flankenspielbeseitigung auf vielerlei Arten erfolgen kann [3.2] mit drei *grundsätzlichen* Möglichkeiten [3.14], nämlich durch *radiale* Annäherung der Zahnrad-

Spiel-reduzierung	Nr	Prinzipbild	Spielfreiheit durch Veränderung
1		2	3
1.1 Radial	1	1.2 Δa_W V $\Delta a_W = a_1 - a_2$	1.3 Achsabstand a_W variabel
2.1 Axial	2	2.2 V Δb_S b_{S1} $-b_{S2}$ $\Delta b_S = b_{S1} - b_{S2}$	2.3 Stirnschnitt-versetzung b_S variabel
3.1 Tangen-tial	3	3.2 V Δs_W e_1 e_2 $\Delta s_W = e_1 - e_2$	3.3 Zahndicke s_W variabel

Bild 3.1. Die Auswirkung der Flankenspielbeseitigung durch radiale, axiale und tangentiale Zahnrad-Verschiebungen bei steifen Zahnrädern.

Je nach Anordnung ist eine der Größen a_W, Zeile 1, b_S, Zeile 2, s_W Zeile 3 bei spielfreier Ausführung veränderlich.

kränze (*Zeile 1*), durch *axiale* Annäherung, meist bei keilförmigen Verzahnungen, (*Zeile 2*) und durch *tangentiale* Annäherung. Letztere durch Vergrößerung der gemeinsamen Zahndicke mit doppelten Gegenrädern (*Zeile 3*). Die Methode, durch magnetisch aktive Schmierstoffe das Flankenspiel zu vermeiden [3.13], entspricht im Prinzip der dritten Möglichkeit.

In **Bild 3.2** ist ein Konstruktionskatalog für die grundsätzlichen Möglichkeiten der Spielbeseitigung bei Zahnradgetrieben sowie für die Verstellmöglichkeit zur Spieleinstellung, die mit der Relativbewegung der Zähne häufig nicht übereinstimmt. Während die radiale und tangentiale Einstellbewegung meist nur mit zusätzlichen Mechanismen möglich ist, bietet sich die axiale Einstellung durch einfaches Verschieben auf der Welle an, Beispiele in den *Zeilen 2; 3; 6*.

Wie schwierig es ist, eine radiale Einstellbewegung durchzuführen, zeigen die *Zeilen 1* und *5*. Selbst für die tangentiale Einstellung sind zusätzliche Elemente (Zahnräder) notwendig. Sie werden in *Feld 4.6* und *Zeile 7* dargestellt. In den *Spalten 5* und *6* werden die prinzipiellen Spielbeseitigungsmöglichkeiten der *Spalten 3* und *4* durch praktische Ausführungen realisiert: in der *Spalte 5* durch einstufige [3.9], in der *Spalte 6* durch Planetengetriebe [3.14].

Während in den *Zeilen 2* und *3* die axiale Verschiebung zur Annäherung von zwei keilförmigen Verzahnungen führt, wird in *Zeile 6* diese Keilform dadurch simuliert, daß das zu verschiebende Rad einmal in eine Schrägverzahnung und das andere Mal in eine geradverzahnte Führung eingreift (*Feld 6.5*). Der gleiche Effekt wird erzielt, wenn in einem Planetengetriebe mit Schrägverzahnung zwei Planeten gegensätzlich axial verschoben werden, da sie über Hohl- und Sonnenrad „kurzgeschlossen" sind (*Feld 6.6*).

Einen besonderen Fall bilden die Harmonic-Drive-Getriebe, *Zeile 5*, deren flexibler Zahnkranz grundsätzlich in die Hohlradverzahnung gedrückt werden muß und daher stets kraftschlüssig arbeitet [3.5 ; 3.6]. In *Feld 5.6* ist ein nicht rundes Planetenrad mit flexiblem Zahnkranz P dargestellt, der auf einem unrunden Kugellager läuft. Durch Verdrehung des Kugellagerinnenteiles kann das Flankenspiel der Zahnkränze aufgrund ihrer radialen Annäherung herausgedrückt werden [3.14].

Feld 3.6 zeigt ein Differenzgetriebe mit Kronenzahnrädern, die mit *einem* bei geradzahligen Kronenradzähnezahlen auch mit zwei am rotierenden Hebelende sitzenden Stirnrädern kämmen, wobei das kleinere Kronenrad bei jeder Umdrehung des Antriebs um den Winkel der Differenzzähnezahl der Kronenräder weiterdreht. Das „untere" Stellglied verschiebt axial, das „obere" radial zur Beseitigung des Flankenspiels. Im „unteren" Fall erzeugt eine axiale Verstellung eine radiale Zahnannäherung. *Feld 1.6* enthält ein Differenzrad, das über einen Exzenter verstellbar ist, *Feld 2.6* ein konisches Rad, das axial zu verschieben ist, und im Lager zur Achse schwenken kann, also Hohlrad *und* Sonnenrad spielfrei berühren kann. *Feld 4.6* enthält drei spielfrei verspannte Planetenräder auf einer Achse,

Feld 7.6 ein Schlepp-Hohlrad (H_2), das zur Spieleinstellung verdreht und befestigt werden kann [3.14]. Weitere Einzelheiten in [3.12].

Die Getriebeausführungen der *Zeile 5*, welche nach dem „Harmonic-Drive-Prinzip" arbeiten, haben in der Regel ein flexibles Verzahnungsband, das in die Verzahnung des Hohlrades kraftschlüssig hineingedrückt wird. Durch die kraftschlüssige Berührung von Hohlrad und Zahnband wird das Flankenspiel „herausgedrückt", welches infolge sehr vieler im Eingriff befindlicher Zähne ohnehin sehr klein ist. Diese Getriebe laufen zwar spielfrei, jedoch mit ständigem Kraftschluß. Negative Folgen: Starke Erwärmung bei höherer Dauerleistung und Verminderung des Wirkungsgrades durch Reibung.

3.4 Die Keilschrägverzahnung

Nach einem Vorschlag von Roth [3.8] wurde eine andere Möglichkeit spielarmer oder spielfreier Zahnradpaarungen entwickelt, bei denen man Verzahnungen verwendet, deren Zahnlücken sich keilförmig zur Kopfebene hin verjüngen. Eine solche Verzahnung wird im folgenden beschrieben.

Losgelöst von konventionellen Zahn- und Radformen konnte insbesondere für Kunststoffe und der günstigen Zahnradherstellung in Spritzformen eine neuartige Verzahnung entwickelt werden, welche die Forderung nach

- spielarmem bzw. spielfreiem Lauf

- kräftigen Zahnformen

- günstiger Form zum Spritzgießen bzw. Sinterpressen

- Toleranzunempfindlichkeit bei radialer Dehnung und bei gleichförmigem Lauf trotz Achsabstandsänderung

erfüllt. Es ist die *Keilschrägverzahnung*, **Bild 3.3.**

Die ersten Forderungen werden durch keilförmige Zähne, die letzte durch die Verwendung von Evolventenzahnformen erfüllt. Die Zähne können kräftig gestaltet werden und erlauben, wenn Schrägungswinkel und Eingriffswinkel gleich sind, wahlweise sogar Paarungen mit parallelen *und* senkrecht sich schneidenden Achsen. Allgemein und für andere Winkel gelten die Gln. (3.28) bis (3.31).

Der spielarme Lauf wird nun dadurch erzeugt, daß wie in *Feld 3.4* von *Bild 3.2* die Zahnradkörper auf den Achsen gegeneinander verschoben werden, bis das geringstmögliche Spiel erreicht ist und anschließend fixiert werden. Für spielfreien Lauf kann dies Zusammenschieben durch axiale Federung erfolgen. Die Spielfreiheit kann in gleicher Weise auch für Winkelgetriebe mit Keilschrägverzahnungen erfolgen (*Feld 2.4* des *Bildes 3.2*). Für spielfreien Eingriff von Kunststoffzahnrä-

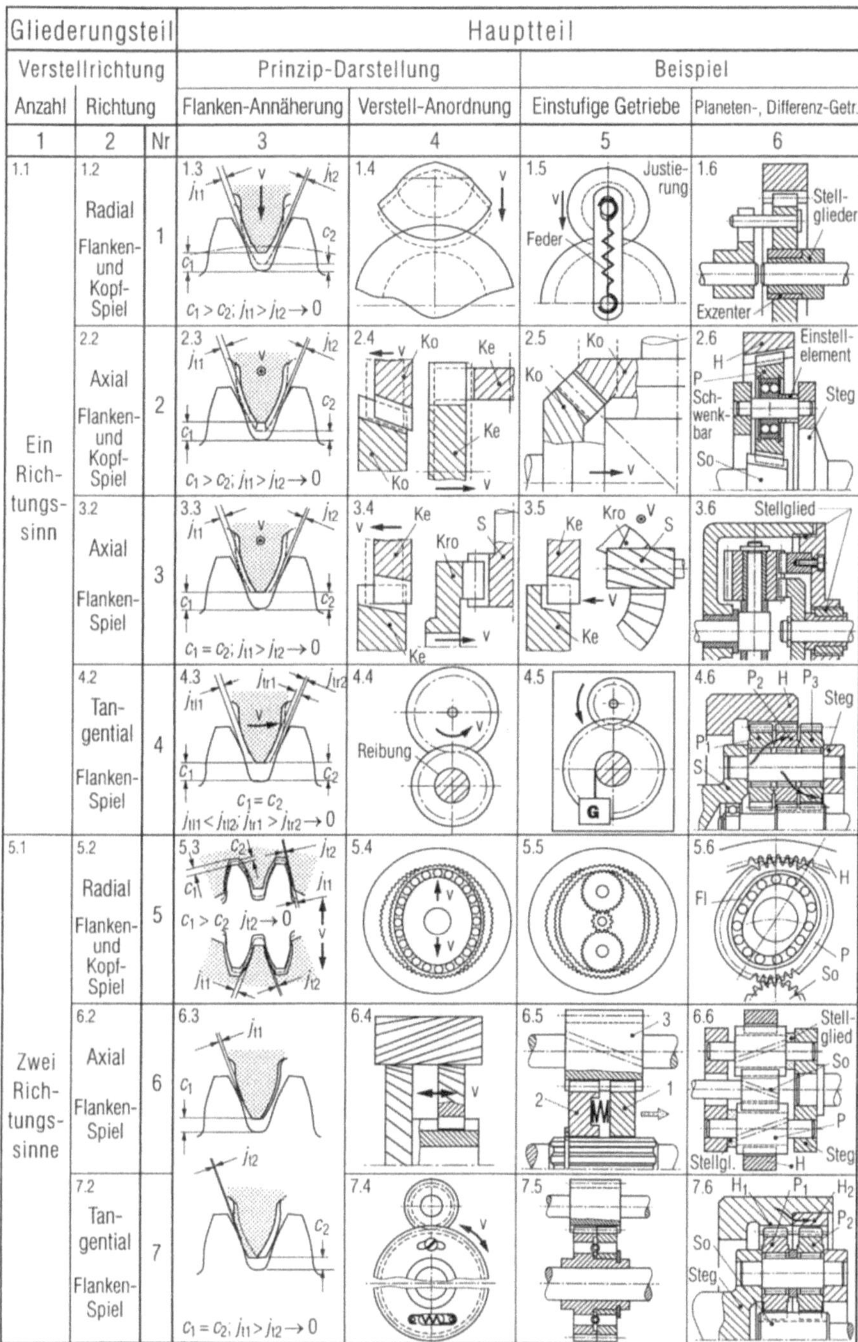

Bild 3.2. Konstruktionskatalog: Spielarme und spielfreie Zahnradgetriebe bei Verwendung verschiedener Einstellrichtungen.

Bild 3.3. Zahnräder mit Keilschrägverzahnung

Teilbild 1: Gepaart als Stirnradgetriebe.   *Teilbild 2*: Gepaart als Winkelgetriebe.

dern, deren Verzahnungsgrößen infolge von Feuchtigkeitsdehnung und Wärme-
verzug sehr große Toleranzen erfordern, ist diese Verzahnung besonders geeignet.

Einen weiteren Vorteil bietet die Keilschrägverzahnung gegenüber konventionellen Schrägverzahnungen: Der Richtungssinn der Axialkraft aufgrund der schrägen Flanken bleibt auch bei Drehrichtungsumkehr gleich [3.7]. Daher genügt es,
die axiale Abstützung durch die Lager allein auf der einen Seite zur Aufnahme erhöhter axialer Kräfte auszulegen.

Das räumliche Bezugsprofil, welches man einer Keilschrägverzahnung zugrunde legen kann, ist in **Bild 3.4**, *Teilbild 1* abgebildet, ein Querschnitt für zylindrischen Kopfmantel mit der *Kopfebenen-Zahnbreite* b_A und der *Fußebenen-
Zahnbreite* b_F in *Teilbild 2*, eine Ansicht vom inneren Stirnschnitt her in *Teilbild 3*
und ein Schnitt in der abgewickelten Eingriffsebene in *Teilbild 4*. In *Teilbild 2* ist
noch sehr gut die *Profilbezugsebene* zu erkennen, in der die Profilbezugslinie P-P
liegt und die *Bezugszahnebene*, in der das zugrunde gelegte Bezugsprofil zu erkennen ist.

Keilförmige Zähne entstehen allgemein [3.4], wenn die Links- und die Rechtsflanke eines Zahnes unterschiedliche, im allgemeinsten Fall voneinander unabhängige Schrägungswinkel haben (*Bild 3.3, Teilbild 1*). Sofern keine funktionellen
Gründe zwingend dagegen sprechen, wird man die Schrägungswinkel der Rechts-
und Linksflanken betragsmäßig gleich, aber mit entgegengesetzten Vorzeichen
festlegen. Solche Räder besitzen dann eine Satzradeigenschaft, die bei geschickter
Kombination von Eingriffswinkel und Schrägungswinkel sogar auf Winkelgetriebe
ausgedehnt werden kann, *Teilbild 2*. Das bedeutet, zwei entsprechende Räder können wahlweise als Stirnradgetriebe mit parallelen Achsen oder als Winkelgetriebe
mit sich schneidenden Achsen gepaart werden. Diese universelle Einsetzbarkeit ist
gegebenenfalls mit Konusverzahnungen sehr kleiner Konuswinkel θ sowie sehr
kleiner Zahnbreiten b auch zu realisieren (siehe *Kapitel 5*).

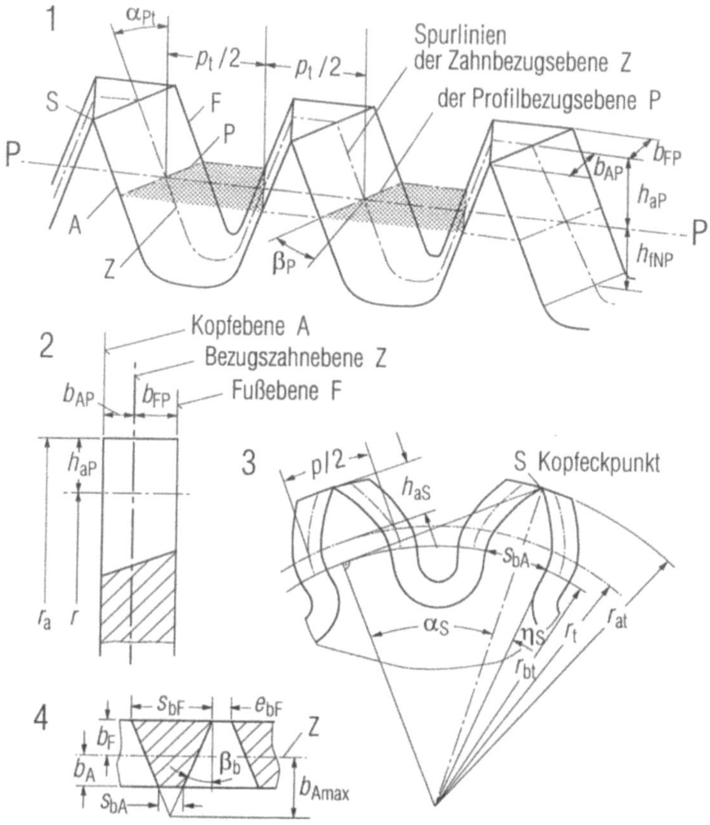

Bild 3.4. Räumliches Zahnbezugsprofil der Keilschrägverzahnung

Teilbild 1: Räumliches Bezugsprofil mit Profilwinkel α_{Pt}, Profil-Schrägungswinkel β_P, Zahnteilung p_t, den Zahnhöhen h_{aP}, h_{fNP} sowie den Zahnbreiten b_{AP}, b_{FP}.

Teilbild 2: Spitzer Zahn im Radialschnitt der Zahnlücke mit den Bezugsebenen A, Z, F, der Kopfzahnbreite b_{AP} und der Fußzahnbreite b_{FP}.

Teilbild 3: Spitzer Zahn beim Anblick von der Kopfebene A und bei zylindrischem Kopfkreis mit Grund-, Teil- und Kopfkreisradien r_{bt}; r_t; r_{at} sowie Grundkreis-Zahndicke s_{bA} in der Kopfebene.

Teilbild 4: Zahn bei der Abwicklung des Grundzylinders r_b mit theoretisch größtmöglicher Zahnbreite b_{Amax}.

Erwähnt wurde schon der Vorteil, daß der Richtungssinn der Axialkraft aufgrund der schrägen Flanken auch bei Drehrichtungsumkehr gleich bleibt. Dies kann Bedeutung haben bei der konstruktiven Gestaltung der Lagerungen oder bei axialen Abdichtungen.

3.5 Bestimmungsgrößen für ein Zahnrad mit Keilschrägverzahnung

Die Einzelflanken einer Keilschrägverzahnung sind identisch mit denen einer konventionellen (Parallel-)Schrägverzahnung. Deshalb können die genormten Bestimmungsgrößen sinngemäß angewendet werden. Allerdings werden alle Berechnungen stets im Stirnschnitt durchgeführt, weil ein Normalschnitt jeweils nur für eine Flanke eines Zahnes gilt, und in diesem Schnitt kein symmetrisches Zahnprofil vorliegt.

Zur mathematischen Beschreibung eines Zahnrades werden hier benötigt:

Der Modul m_t als Maßstabsgröße für die Verzahnung, die Zähnezahl z und ein räumliches Bezugsprofil nach *Bild 3.4, Teilbild 1*. Am Bezugsprofil werden vier Ebenen definiert:

Die *Kopfebene* ist die Stirnebene des Bezugsprofils (bzw. Zahnrades), in der die Zahndicke minimal ist. Die *Fußebene* ist die der Kopfebene gegenüberliegende Stirnebene, in der die Zahndicke maximal ist. Sie hat ihren Namen daher, daß bei einigen Ausführungsformen die Zähne auch in der Fußebene an den Radgrundkörper angebunden sein können, *Bild 3.5, Feld 3.1*. Die *Profilbezugsebene* ist (analog zur Profilbezugslinie PP der ebenen Bezugsprofile) die Ebene, die auf dem Erzeugungswälzzylinder abwälzt, wenn keine Profilverschiebung vorliegt. Die Bedingung, daß auf der Profilbezugslinie die Zahndicke gleich der Zahnlücke ist, gilt in der Profilbezugsebene nur an einer Stelle, und zwar auf der Schnittgeraden zwischen der Profilbezugsebene und einer senkrecht dazu stehenden Stirnebene, der hierdurch definierten *Zahnbezugsebene*.

Wird $\alpha_P = 20°$ und $h_{aP}^* = h_{NfP}^* = 1{,}0$ gesetzt, so erhält man (abgesehen von der Fußausrundung) in der Zahnbezugsebene einen Profilschnitt, der dem Bezugsprofil nach DIN 867 gleich ist.

Die *Fußausrundung* ist beim räumlichen Bezugsprofil ein Teil des Kegels, dessen Mantelfläche die Flanken am Fußgrund tangiert. Die *Zahnbreite* ist nicht beliebig groß wählbar wie bei Parallelverzahnungen, sondern sie wird auf der einen Seite durch das *Spitzwerden* des Zahnkopfes in der Kopfebene und auf der anderen Seite durch die entstehende *Kegelspitze* der Fußausrundung in der Fußebene begrenzt. Ausgehend von der Zahnbezugsebene wird zur Kopfebene hin die sogenannte *Zahnkopfbreite* b_{AP} und zur Fußebene hin die *Zahnfußbreite* b_{FP} definiert.

3.6 Gestaltung von keilschrägverzahnten Rädern

Bei spanend hergestellten Zahnrädern ist bei der konstruktiven Gestaltung des Radkörpers stets Rücksicht zu nehmen auf einen genügenden Auslauf des Verzahnungswerkzeuges, der beim Wälzfräsen sehr groß, beim Wälzstoßen dagegen klein

Verzahnung Grundkörper	Nr	Außenverzahnung	Innenverzahnung
		1	2
Fußzylinder	1	1.1	1.2
Fußzylinder und Planscheibe	2	2.1	2.2
Planscheibe	3	3.1	3.2

Bild 3.5. Mögliche Anbindung der Zähne einer Keilschrägverzahnung an einen Grundkörper. Es bedeutet A = Kopfebene, F = Fußebene.

ist. Die spanlosen Formgebungsverfahren (z.B. Schmieden, Sintern, Spritzgießen) erlauben in dieser Hinsicht einige Gestaltungsvarianten mehr. So können die Zähne nicht nur an einem Fußzylinder als Grundkörper angebunden sein, sondern auch einseitig an einer Planscheibe, **Bild 3.5**.

Befinden sich die Zähne einer Außenverzahnung auf dem Umfang eines Fußzylinders, so ist fertigungsbedingt in der Kopfebene eine größere Fußausrundung vorhanden als in der Fußebene. Dies ist vorteilhaft für die Aufnahme von Schmutz und Abrieb, der bei stärkerem Anfall sogar über die Schräge in der Fußausrundung in Richtung der Kopfebene herausgedrückt wird. Bei fettgeschmierten Rädern kann die vergrößerte Fußausrundung auch zur Aufnahme eines größeren Fettvorrates dienen. Die grundsätzlich andere Art der Anbindung geschieht lediglich an einer Planscheibe, *Bild 3.5, Zeile 3*. Innerhalb des Fußkreises ist ein freier Raum vorhanden, und die Zahnlücken sind nach innen offen. Von der Belastung her werden die Zähne auch hier auf Biegung beansprucht, jedoch ist das Biegemoment nahezu konstant über der Eingriffsstrecke, weil sich der Hebelarm nicht wie bei konventionellen Verzahnungen ändert. Die offenen Lücken am Fußkreis sind sehr vorteilhaft für die Schmierung, weil die Schmierstoffe von innen her durch die Fliehkraft durch die Fußlücken in die Verzahnung gelangen.

Die Kombination aus der Anbindung an den Fußzylinder und an eine Planscheibe, *Zeile 2*, ergibt ganz besonders biegesteife Zähne und ist bei Kunststofffrädern sehr vorteilhaft.

3.7 Geometrische Auslegung einer Keilschrägverzahnung für parallele Achsen

3.7.1 Die Zahnspitzengrenze

Der beliebigen Vergrößerung der Zahnhöhe und/oder der Zahnbreite setzt das Spitzwerden des Zahnkopfes eine geometrische Grenze. Ein Zahn kann maximal so hoch sein, daß sich die Evolventen der linken und der rechten Flanke im Kopfpunkt S schneiden, d.h. die Zahnkopfstärke ist in diesem Punkt gleich null. *Bild 3.4, Teilbild 3* zeigt einen spitzen Zahn in der Stirnansicht. Wird eine beliebige Zahnkopfbreite b_A gewählt, so ergibt sich aus Gl.(3.1) die Zahndicke am Grundkreis in der zugehörigen Kopfebene.

$$s_{bA} = 2 \tan \beta_b \cdot \left(b_{A\,max} - b_A \right) \tag{3.1}$$

Die maximale Zahnkopfbreite $b_{A\,max}$ folgt aus:

$$b_{A\,max} = \frac{r_b}{\tan \beta_b} \cdot \left(\frac{\pi}{2z} + \mathrm{inv}\,\alpha_P \right) \tag{3.2}$$

Daraus läßt sich der Kopfeingriffswinkel α_S für die Zahnspitze bestimmen.

$$\mathrm{inv}\,\alpha_S = \widehat{\eta}_S = \frac{s_{bA}}{2 r_b} \tag{3.3}$$

Aus diesem Winkel erhält man die Zahnkopfhöhe h_{aS} für einen spitzen Zahn:

$$h_{aS} = \frac{r_b}{\cos \alpha_S} - r \tag{3.4}$$

Der Verlauf der Zahnkopfhöhe h_{aS} in Abhängigkeit von der gewählten Zahnkopfbreite b_A ist die Zahnspitzenkurve, die in **Bild 3.6** dargestellt ist.

Um den Sachverhalt mathematisch zu erfassen, wird ein Koordinatensystem gewählt, dessen Ursprung im Schnittpunkt der Zahnbezugsebene mit dem Teilzylinder liegt. Abweichend von üblichen Koordinatensystemen wird von hier aus auf der Abszisse nach links die positive Zahnkopfbreite b_A und nach rechts die positive Zahnfußbreite b_F abgetragen. Daß in beide Richtungen nur positive Werte zweier verschiedener geometrischer Größen abgetragen werden, ist zweckmäßig,

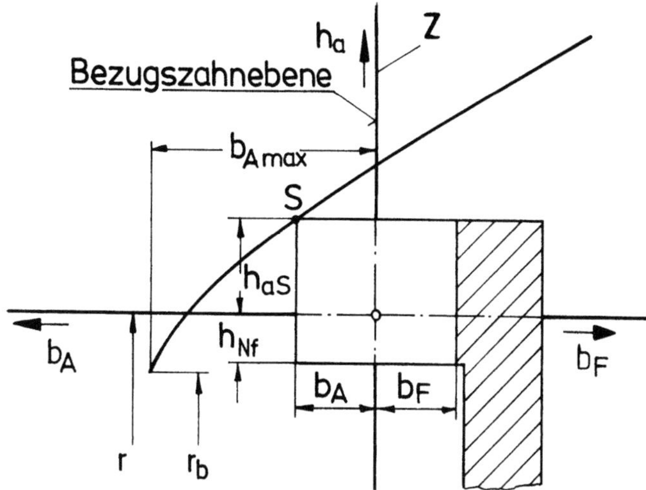

Bild 3.6. Spitzer Zahn im Achsschnitt entsprechend *Bild 3.4* und Zahnspitzenkurve. Z ist die Zahnbezugsebene, S die Zahnspitze.

weil dann mit den üblichen (positiven) Verzahnungsgrößen gerechnet werden kann.

Im Bereich der Zahnfußbreite b_F gilt anstelle der Gl.(3.1) die Gl.(3.5).

$$s_{bA} = 2 \tan \beta_b \cdot \left(b_{A\,max} + b_F \right) \tag{3.5}$$

Auf der Ordinate wird die Zahnkopfhöhe h_a abgetragen. Die Zahnspitzenkurve ist die maximal mögliche Kontur des Zahnkopfes, wenn der Zahn über seine gesamte Breite spitz wäre. Unterhalb der Kurve können die Abmessungen des Zahnes (Zahnkopfbreite und Zahnkopfhöhe) nach den Kriterien Überdeckung und Tragfähigkeit festgelegt werden.

Den Einfluß des Schrägungwinkels β_b auf die Zahnspitzenkurve zeigt **Bild 3.7**. Das Diagramm gilt für die beispielhaft gewählte Zähnezahl $z = 20$. Die Kurven schneiden sich in der Zahnbezugsebene in einem Punkt, da hier der Stirnschnitt aller Zähne mit beliebigem Schrägungswinkel definitionsgemäß gleich ist. Mit zunehmendem Schrägungswinkel wird die Zahnkopfbreite b_A recht klein. Beispiel: Bei $\beta_b = 30°$ und $h_a = 1,0 \cdot m$ beträgt die zulässige Zahnkopfbreite $b_A = 0,5 \cdot m$. Günstige Werte für die Zahnbreite erhält man bei $\beta_b \leq 20°$.

Den Einfluß der Zähnezahl z auf die Zahnspitzenkurve zeigt **Bild 3.8**. Das Diagramm gilt für einen gewählten Schrägungswinkel $\beta_b = 20°$. Die Kurven tangieren sich in Teilkreishöhe, weil die Zahndicke auf dem Teilzylinder nur vom Schrä-

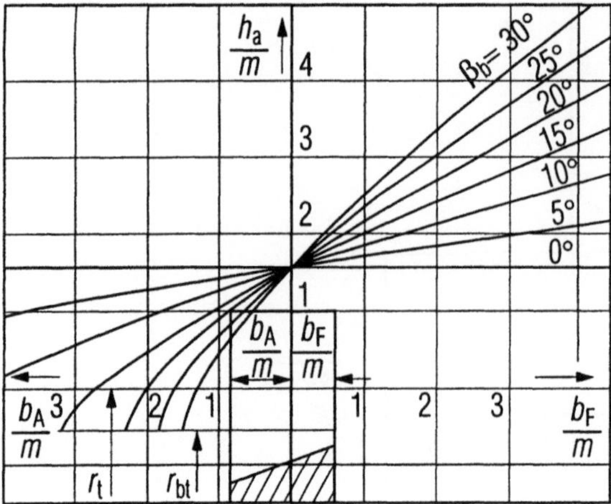

Bild 3.7. Einfluß des Schrägungswinkels auf die Zahnspitzenkurve bei $z = 20$ und $\alpha_{Pt} = 20°$. Eingezeichnet: Spitzer Zahn im Achsschnitt mit $h_a^* = 1{,}0$ und $\beta_b = 20°$.

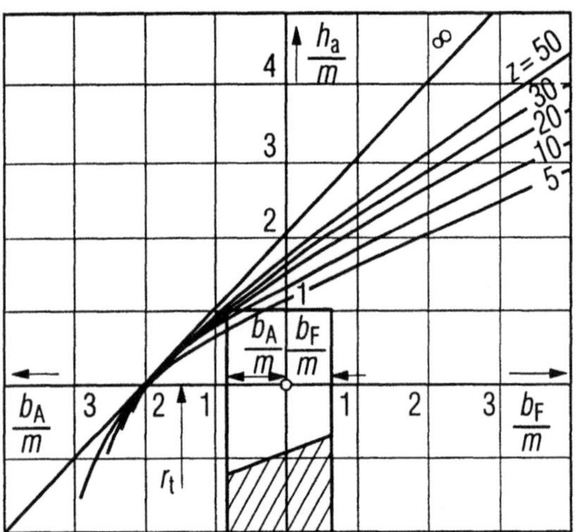

Bild 3.8. Einfluß der Zähnezahl auf die Zahnspitzenkurve bei $\beta_b = 20°$ und $\alpha_{Pt} = 20°$. Eingezeichnet: Spitzer Zahn im Achsschnitt mit $z = 30$ und $h_a^* = 1{,}0$.

gungswinkel und nicht von der Zähnezahl abhängt. Das Diagramm zeigt, daß mit steigender Zähnezahl größere Zahnhöhen und breite Zähne möglich sind. Bei $z = \infty$ (Zahnstange) entartet die Kurve zu einer Geraden.

Die Kurven der *Bilder 3.6* bis *3.8* geben genau die Zahnspitzen an. In der Praxis ist jedoch eine gewissen Mindestkopfstärke erforderlich. Spitze Zahnköpfe sind wenig belastbar, wenig biegesteif, empfindlich gegen Beschädigungen, und sie lassen keinen Reibverschleiß zu, der bei Kunststofträdern durchaus eingeplant werden sollte. Bei üblichen Verzahnungen sollte nach DIN 3960 [3.3] die Mindest-

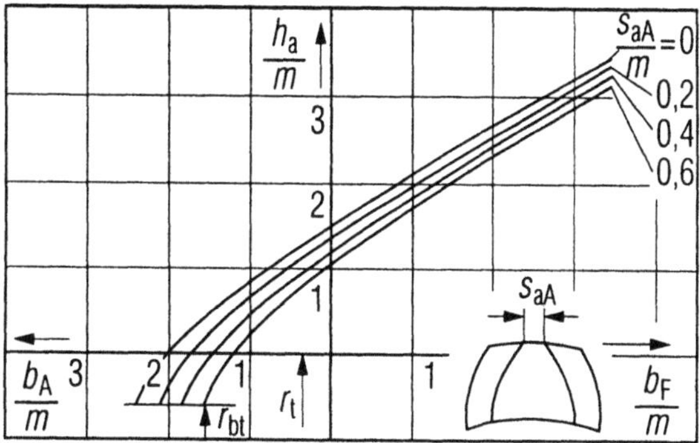

Bild 3.9. Kopfgrenzkurven in Abhängigkeit einer vorgeschriebenen Mindestzahnkopfstärke s_{aA}. Die Kurven gelten für eine Verzahnung mit $z_t = 20$, $\alpha_{Pt} = 20°$, $\beta_b = 20°$.

kopfstärke etwa $0,1 \ldots 0,3 \cdot m$ betragen. Das bedeutet, daß bei der Festlegung der Zahnkopfhöhe und der Zahnkopfbreite nach den *Bildern 3.7* und *3.8* von den Zahnspitzenkurven ein deutlicher Abstand einzuhalten ist.

Die für eine gewählte Mindestzahnkopfstärke s_{aA} und Zahnkopfbreite b_A maximal mögliche Zahnkopfhöhe h_a berechnet sich aus:

$$h_a = \frac{r_b}{\cos\alpha_a} - r \tag{3.6}$$

Der Winkel α_a kann iterativ aus Gleichung (3.7) ermittelt werden.

$$\cos\alpha_a = \frac{2r_b}{s_{aA}} \cdot \left(\frac{s_{bA}}{2r_b} - \mathrm{inv}\,\alpha_a \right) \tag{3.7}$$

Die Zahndicke s_{bA} am Grundkreis in der Kopfebene wird mit Gleichung (3.5) berechnet.

Bild 3.9 zeigt beispielhaft, welche Zahnhöhen und Zahnbreiten möglich sind, wenn gewisse Mindestkopfstärken vorgeschrieben werden. Da diese Zähne nicht mehr spitz sind, wird nicht mehr von einer Zahnspitzenkurve, sondern von einer Kopfgrenzkurve gesprochen.

3.7.2 Die Fußlückengrenze

Die Keilform der Zähne bedingt, daß mit zunehmender Zahnfußbreite die Fuß-lückenweite kleiner wird, bis sich die Evolventen zweier benachbarter Zähne berühren oder sogar durchdringen. Die Schnittlinie der beiden sich durchdringenden Flanken ist eine Kurve von derselben Form wie die zu diesem Zahn gehörende Zahnspitzenkurve, aber seitlich von dieser versetzt. In beiden Fällen wird die Zahnhöhe bis zum Spitzwerden bzw. bis zum Durchdringen in Abhängigkeit von der Zahnbreite als Schnittpunkt zweier Evolventen ermittelt. Die Kontur eines Zahnes im Achsschnitt muß also nicht nur unterhalb der Zahnspitzenkurve liegen, sondern auch oberhalb der Zahndurchdringungskurve.

Aus drei Gründen können die Flanken im Bereich der Zahndurchdringungskurve keine tragenden Flanken sein:

– Die Flanken sind im Bereich der Zahndurchdringungskurve aus Platzgründen praktisch kaum herstellbar.
– Das Gegenrad hat in der Regel eine endliche Zahnkopfstärke s_{aA} und braucht daher eine endlich große Lücke zum Auswälzen.
– Selbst ein spitzer Zahnkopf braucht innerhalb und außerhalb des Wälzkreises einen gewissen Raum zum Auswälzen.

Aus diesen Gründen wird die Zahndurchdringungskurve hier nicht weiter behandelt. Für die Praxis wichtiger ist die Fußgrenzkurve, die in Abhängigkeit von der Zahnkopfstärke einer mit dem Rad gepaarten Zahnstange berechnet wird. Bei gegebener Zahnkopfstärke s_{aA2} ergibt sich für eine gewählte Fußbreite b_{F1} ein nutzbarer Fußkreisdurchmesser aus:

$$r_{Nf1} = \sqrt{\left(\frac{2b_{F1}\cdot\tan\beta_b + r_{b1}\cdot\left(2\tan\alpha_{Pt} - \dfrac{\pi}{z_1} - \sin 2\alpha_{Pt}\right) + s_{aA2}\cdot\cos\alpha_{Pt}}{1-\cos 2\alpha_{Pt}}\right)^2 + r_{b1}{}^2}$$

$$(3.8)$$

Bild 3.10 zeigt die Fußlückengrenzen, oberhalb derer die Zahnkontur im Achsschnitt festgelegt werden darf. Zur Anschaulichkeit ist die Zahnspitzen- und die Zahndurchdringungskurve gestrichelt eingezeichnet.

Eine weitere Grenze für den Fußkreisradius liegt fertigungsbedingt bei Verwendung eines Schaftfräsers vor (siehe *Kapitel 9*). Nach **Bild 3.11** bleibt in Grundkreisnähe entweder ein kleiner Flankenrest unbearbeitet oder es tritt Unterschnitt auf, je nachdem, ob die Evolvente in der Kopfebene oder in der Fußebene exakt bis zum Grundkreis bearbeitet wurde. Der letztere Fall ist zu bevorzugen - in der Regel liegt er wegen der Ausbildung eines genügend großen Kopfspiels ohnehin vor - weil der nutzbare Fußkreis kleiner ist als im Fall des stehenbleibenden Flankenrestes. Nach Haupt [3.4] sollte gelten:

$$r_{Nf} > 1,02\cdot r_b \qquad\qquad (3.9)$$

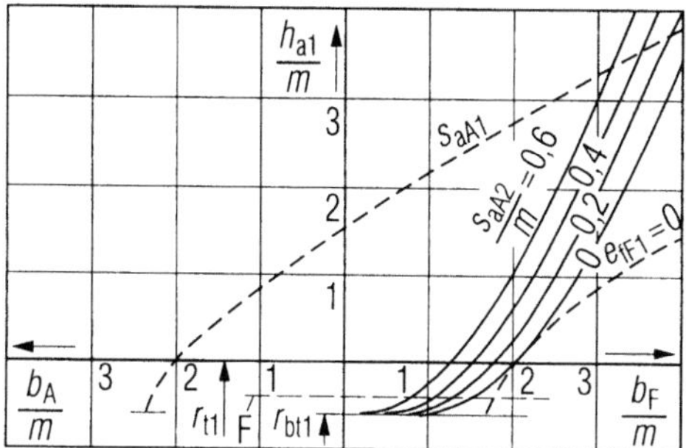

Bild 3.10. Fußgrenzkurven in Abhängigkeit einer vorgeschriebenen Zahnkopfstärke s_{aA} einer mit dem Rad 1 gepaarten Zahnstange 2. Die Kurven gelten für eine Verzahnung des Rades mit $z_1 = 20$, $\alpha_{Pt} = 20°$, $\beta_b = 20°$.

Gestrichelt: Zahnspitzenkurve ($s_{aA1} = 0$), Zahndurchdringungskurve ($e_{fF1} = 0$) und die durch einen Schaftfräser fertigungsbedingte Grenze für den nutzbaren Fußkreisradius (F).

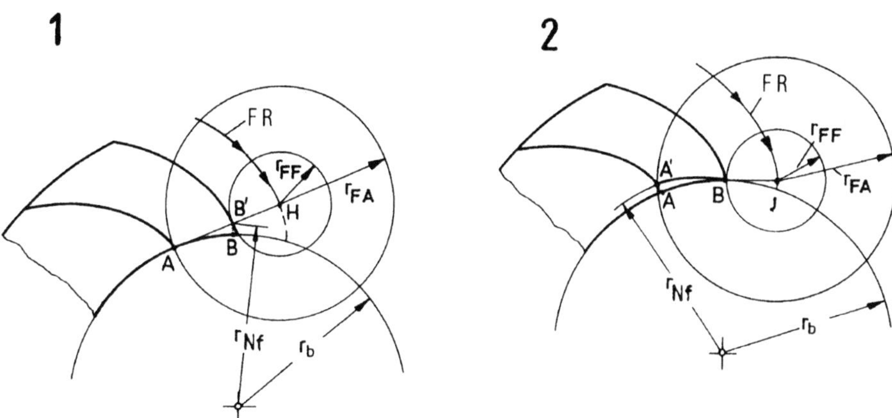

Bild 3.11. Unbearbeitete Stellen oder Unterschnitt bei der Herstellung einer Keilschrägverzahnung mit Hilfe eines Schaftfräsers (siehe *Kapitel 9*).

Es bleibt entweder in Grundkreisnähe ein von der Kopf- zur Fußebene wachsender Flankenrest unbearbeitet (*Teilbild 1*) oder es entsteht Unterschnitt (*Teilbild 2*). Fall 2 ist zu bevorzugen, weil der nutzbare Fußkreis bei gleichen Fräserabmessungen kleiner ist als im Fall 1. Es ist: FR Bahn der Fräserachse, r_{FA} Fräserradius in der Kopfebene, r_{FF} Fräserradius in der Fußebene.

3.7.3 Achsabstand und nutzbare Zahnbreite

Der Achsabstand einer Keilschrägverzahnung kann in einem relativ weiten Bereich variiert werden, wobei das Flankenspiel durch axiales Verschieben beliebig eingestellt werden kann. Der kleinste Achsabstand wird durch die Geometriebedingung begrenzt, nach der die Kopfeingriffsstrecke des einen Rades nicht größer sein darf als die Strecke zwischen Wälzpunkt und Tangentenpunkt der Eingriffslinie am Grundkreis des Gegenrades (siehe Roth [3.9]). Aus dieser Bedingung folgt der minimale Betriebseingriffswinkel α_w aus:

$$\tan\alpha_{w\,min} = \frac{\sqrt{r_{a2}^2 - r_{b2}^2}}{r_{b1} + r_{b2}} \tag{3.10}$$

Der zugehörige minimale Achsabstand $a_{w\,min}$ beträgt dann:

$$a_{w\,min} = \frac{m}{2}\cdot\left(z_1 + z_2\right)\cdot\frac{\cos\alpha_P}{\cos\alpha_w} \tag{3.11}$$

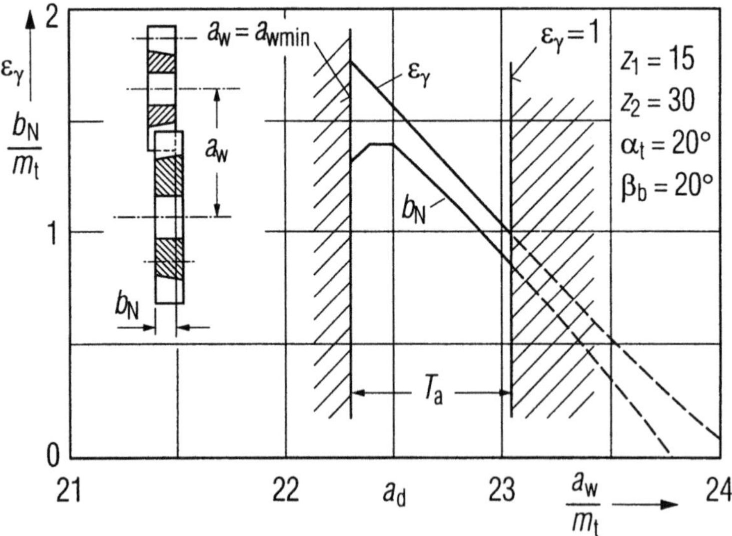

Bild 3.12. Abhängigkeit der nutzbaren Zahnbreite b_N und der Gesamtüberdeckung ε_γ vom Achsabstand a_w bei spielfreier Verzahnung.

Die Achsabstandtoleranz T_a wird begrenzt durch den Eingriffsbeginn am Grundkreis ($a_w = a_{wmin}$) und die minimal zulässige Überdeckung $\varepsilon_\gamma = 1$.

Bei kleineren Achsabständen treten in jedem Fall Eingriffsstörungen auf. Größere Achsabstände führen zu einer Verminderung der Überdeckung ε_γ, die wie bei konventionellen Verzahnungen nach [3.3; 3.9] berechnet wird. Die obere Grenze für den Achsabstand wird durch $\varepsilon_\gamma = 1$ gebildet (**Bild 3.12**).

Weiter zeigt *Bild 3.12* ein Beispiel für die Abhängigkeit der nutzbaren Zahnbreite b_N und der Überdeckung ε_γ vom Achsabstand a_w.

Die nutzbare Zahnbreite steigt zuerst mit zunehmendem Achsabstand an, weil die beiden Räder immer weiter axial ineinander geschoben werden können (entspricht dem *Fall 2.1* in *Bild 3.13*). Sie erreicht ein Maximum, wenn eines der Räder mit der gesamten Zahnbreite im Eingriff ist (*Fall 1.1* oder *2.2*). Wird der Achsabstand noch weiter vergrößert, nimmt die nutzbare Zahnbreite wieder ab (*Fall 1.2*).

Nach dem Festlegen der Verzahnungsdaten, insbesondere der Zahnbreite und der Zahnhöhe kann nun die nutzbare (gemeinsame) Zahnbreite b_N für einen gegebenen Achsabstand und Spielfreiheit berechnet werden.

Die Bedingung für eine spielfreie Verzahnung lautet: Auf den Betriebswälzkreisen müssen die Zahndicken des einen Rades gleich den Lückenweiten des Gegenrades sein. Während bei konventionellen Verzahnungen diese Bedingung bei gegebenem Achsabstand durch Profilverschiebung erreicht wird, sollen bei der Keilschrägverzahnung beide Räder axial bis zur Spielfreiheit zusammengeschoben werden. Die Wälzkreise berechnen sich bei gegebenem Achsabstand a_w zu:

$$r_{w1} \;=\; a_w \cdot \frac{z_1}{z_1 + z_2} \tag{3.12}$$

$$r_{w2} \;=\; a_w \;-\; r_{w1} \tag{3.13}$$

Der zugehörige Betriebseingriffswinkel α_w folgt aus

$$\cos\alpha_w \;=\; \frac{r_{b1}}{r_{w1}} \tag{3.14}$$

und der Schrägungswinkel β_w am Betriebswälzkreis aus

$$\tan\beta_w \;=\; \frac{r_{w1}}{r_{b1}} \cdot \tan\beta_b \tag{3.15}$$

Die Zahndicken des einen Rades müssen am Betriebswälzkreis in drei Stirnschnitten bestimmt werden:

In der Zahnbezugsebene

$$s_{\text{wP1}} = 2r_{\text{w1}} \cdot \left(\frac{\pi}{2z_1} + \text{inv}\,\alpha_{\text{P}} - \text{inv}\,\alpha_{\text{w}} \right) \tag{3.16}$$

In der Kopfebene

$$s_{\text{wA1}} = s_{\text{wP1}} - 2b_{\text{A1}} \cdot \tan\beta_{\text{w}} \tag{3.17}$$

In der Fußebene

$$s_{\text{wF1}} = s_{\text{wP1}} + 2b_{\text{F1}} \cdot \tan\beta_{\text{w}} \tag{3.18}$$

In gleicher Weise sind die Lückenweiten des Gegenrades zu bestimmen:

In der Zahnbezugsebene

$$e_{\text{wP2}} = 2r_{\text{w2}} \cdot \left(\frac{\pi}{2z_2} - \text{inv}\,\alpha_{\text{P}} + \text{inv}\,\alpha_{\text{w}} \right) \tag{3.19}$$

In der Kopfebene

$$e_{\text{wA2}} = e_{\text{wP2}} + 2b_{\text{A2}} \cdot \tan\beta_{\text{w}} \tag{3.20}$$

In der Fußebene

$$e_{\text{wF2}} = e_{\text{wP2}} - 2b_{\text{F2}} \cdot \tan\beta_{\text{w}} \tag{3.21}$$

Der Abstand der beiden Zahnbezugsebenen b_{Z} beträgt:

$$b_{\text{Z}} = \frac{s_{\text{wP1}} - e_{\text{wP2}}}{2 \cdot \tan\beta_{\text{w}}} \tag{3.22}$$

Die Berechnung der nutzbaren (gemeinsamen) Zahnbreite b_{N} hängt nun davon
ab, von welchen Stirnebenen sie begrenzt wird. Nach **Bild 3.13** können vier verschiedene Fälle auftreten. Gilt bei den Unterscheidungskriterien ein Gleichheits-
zeichen, so können die Gleichungen der betreffenden Spalten oder Zeilen wahlweise benutzt werden, die Ergebnisse stimmen in beiden Fällen überein.

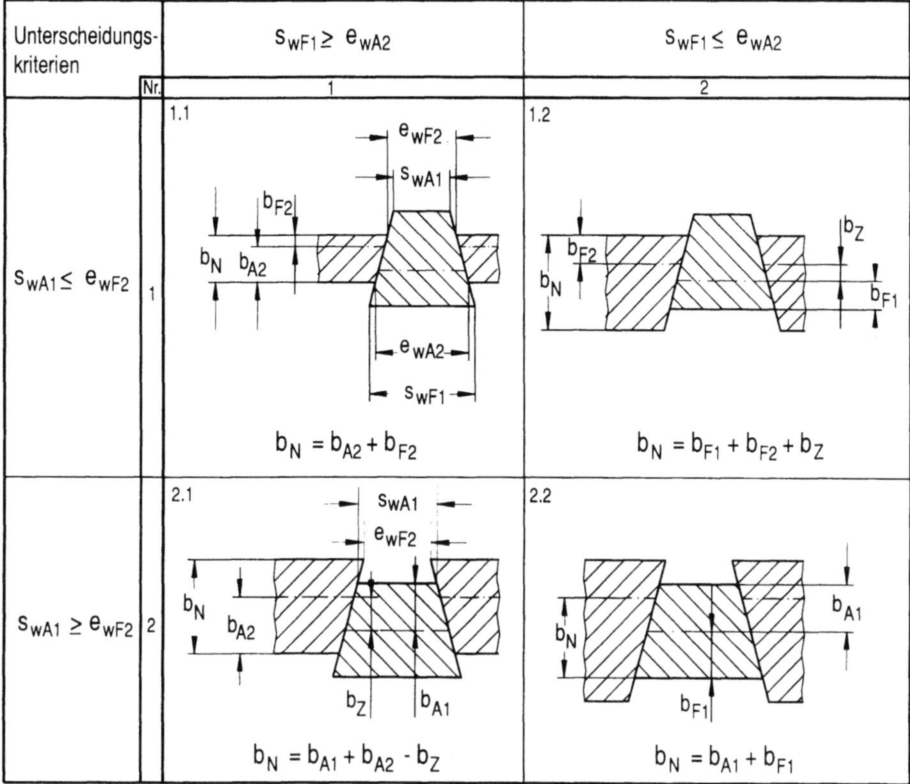

Bild 3.13. Berechnung der nutzbaren (gemeinsamen) Zahnbreite b_N nach den Gln.(3.22 bis 3.26). Gln. (2.23) bis (2.26) in den *Feldern 1.1 bis 2.2.*

3.7.4 Eingriffsfeld bei Rädern mit kegeliger Kopfmantelfläche

Bedingt durch die Keilform der Zähne ist die Zahnkopfstärke in der Fußebene relativ groß, während in der Kopfebene die praktische Spitzengrenze mit $s_{aA} \approx 0,2 \cdot m$ möglichst angestrebt werden sollte, um die maximale Überdeckung auszunutzen. Zur weiteren Vergrößerung der Überdeckung bietet es sich nun an, den Kopfmantel der Räder nicht zylindrisch, sondern kegelig auszubilden, so daß in Richtung Fußebene die Zahnhöhe kontinuierlich vergrößert wird, wie es in **Bild 3.14** dargestellt wird.

Bei Betrachtung der Eingriffsfläche einer solchen Zahnradpaarung mit kegeligen Kopfmantelflächen stellt man fest, daß die Eingriffsfläche annähernd die Form eines Parallelogramms besitzt, ähnlich *Bild 5.20*. Genau genommen wird die Eingriffsfläche begrenzt durch die die nutzbare Zahnbreite b_N maßgebenden Stirnflächen der Zähne und durch zwei Hyperbelbögen. Diese entstehen an der Stelle, wo die Eingriffsebene die Kopfkegel schneidet. (Die genaue Darstellung des Nei-

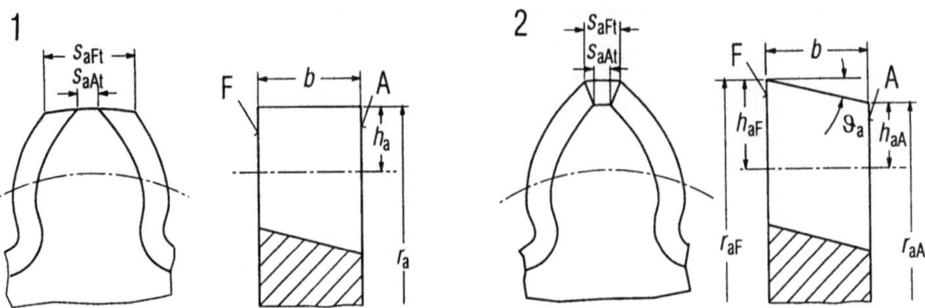

Bild 3.14. Keilschrägverzahnung mit zylindrischer (*Teilbild 1*) und mit kegeliger Kopfmantelfläche (*Teilbild 2*).

Es bedeutet A = Kopfebene, F = Fußebene.

gungswinkels der Eingriffsfläche ζ und seine Abhängigkeit vom Kopfkreisradius
r_{aA} ist in [3.4] enthalten.)

Sinnvoll ist es, den Kopfneigungswinkel ϑ_a so zu wählen, daß $\zeta > \beta_b$ ist. Der
Eingriffsbeginn wird dann in die Fußebene des getriebenen Rades gelegt, wo der
Zahn aufgrund seiner Dicke eine bessere Biegefestigkeit aufweist.

Außerdem ist es vorteilhaft, den Kopfneigungswinkel ϑ_a gleich dem Schrägungswinkel β_b zu wählen, sofern die Überdeckung es zuläßt. Der günstige Eingriffsbeginn in der Fußebene ist dann stets gewährleistet. Es kann bei einer numerisch gesteuerten Fertigung mit einem Schaftfräser der Kopf in einem Arbeitsgang
zusammen mit den Zahnflanken bearbeitet werden.

Die kegelige Ausbildung der Kopfmantelfläche führt zusätzlich zu einer Verlängerung der Eingriffsstrecke g.

Sie berechnet sich in dem Fall aus:

$$g = \sqrt{\left(b - b_1 + \frac{r_{aF1}}{\tan \vartheta_{a1}}\right)^2 \cdot \tan^2 \vartheta_{a1} - r_{b1}^2} \ +$$

$$\sqrt{\left(b - b_N + b_2 - \frac{r_{aF2}}{\tan \vartheta_{a2}}\right)^2 \cdot \tan^2 \vartheta_{a2}^2 - r_{b2}^2} - \left(r_{b1} + r_{b2}\right) \cdot \tan \alpha_w$$

$$(3.27)$$

Mit Hilfe dieser Gleichung lassen sich alle (über die nutzbare Zahnbreite b_N verschieden langen) Eingriffsstrecken berechnen, indem jeweils für den Wert b ein beliebiger Wert $0 \le b \le b_N$ eingesetzt wird.

Da die Hypberbelbögen nur eine schwache Krümmung aufweisen, können sie zur Vereinfachung als Geraden angenommen werden. Berechnet man dann die beiden am Rand der nutzbaren Zahnbreite liegenden Eingriffsstrecken, indem man einmal $b = 0$ und im anderen Fall $b = b_N$ setzt, so erhält man eine hinreichend sichere Aussage über die Eingriffsstrecke, da sie in der Mitte der Zahnbreite um etwa bis zu 6% länger ausfällt, was zur sicheren Auslegung nur förderlich ist.

3.8 Vergleich: Keilschräg- und Konusverzahnung

Da die *Keilschrägverzahnung* in der Flankenform eine sehr große Ähnlichkeit mit der in *Kapitel 5* behandelten *Konusverzahnung* hat, soll hier ein kurzer Vergleich dieser Verzahnungen eingefügt werden, um sie auch in das vereinheitlichte Verzahnungssystem einordnen zu können.

Die Keilschrägverzahnung gehört in die Gruppe der Konusverzahnungen und diese sind jeweils einzelne Sonderfälle der Torusverzahnung, *Kapitel 7*.

In allen Fällen wird ein gewisser Ausschnitt der evolventischen Schraubenfläche als Zahnflanke verwendet. Das ist schon bei der Stirn-Schrägverzahnung der Fall, nur haben dort Links- und Rechtsflanke den gleichen Schrägungswinkel, während er bei der Keilschrägverzahnung verschiedene Vorzeichen hat und meistens betragsmäßig auch gleich ist.

In **Bild 3.15** sind die Grundzylinder und die von ihnen abgewickelten Evolventenflächen der Konusverzahnung (*Teilbilder 1; 2*) und der Keilschrägverzahnung dargestellt. Zu erkennen ist sofort, daß die Keilschrägverzahnung (*Teilbilder 3; 4*) kräftigere Zähne hat, vorwiegend mit zylindrischem Kopfkreismantel erzeugt wird und daß die beiden Verzahnungen, wenn sie als Schrägverzahnungen ausgebildet werden (*Teilbilder 2; 4*), für Links und Rechtsflanke verschiedene Schrägungswinkel (β_{bR}; β_{bL}) haben, die „Konusverzahnung" auch verschiedene Grundzylinder (d_{bCR}, d_{bCL}).

Weil die Konusverzahnung und die Keilschrägverzahnung in enger Verwandtschaft stehen, insbesondere keine Unterschiede zwischen ihren Flanken vorliegen, kann man die Gleichungen für Konusverzahnungen auch für Keilschrägverzahnungen verwenden. Tsai hat in seiner Dissertation [3.15] die Bedingungen aufgestellt, wann zwei keilschrägverzahnte Räder sowohl achsparallel als auch achswinklig mit *beliebigem* Achswinkel (nicht nur 90°) gepaart werden können. Eine Paarung

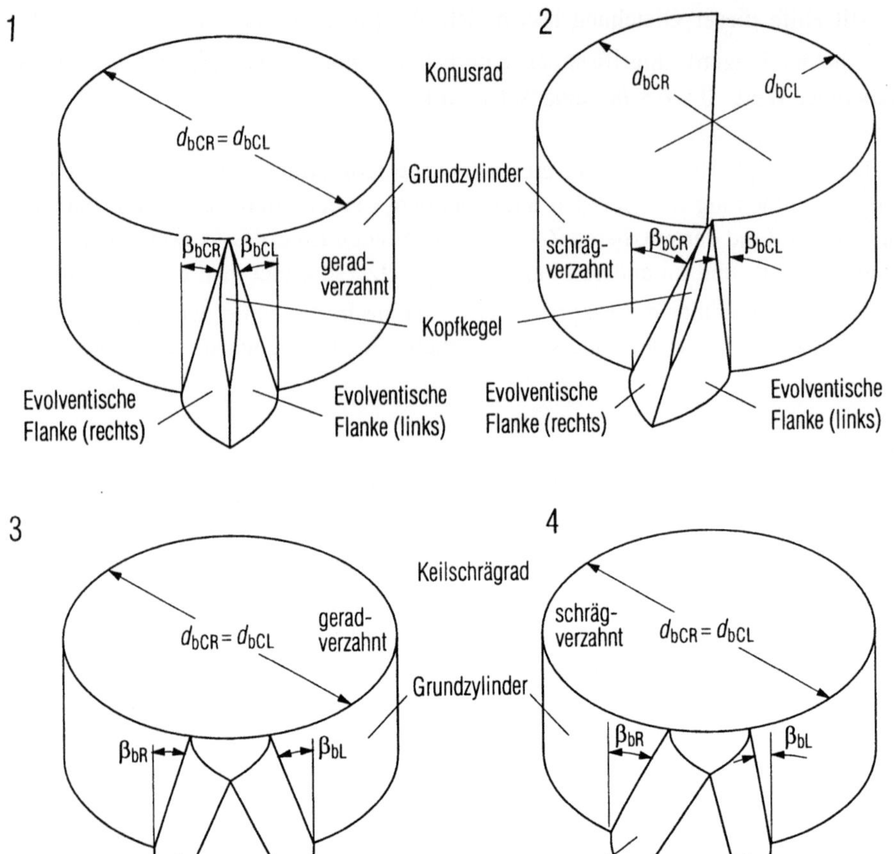

Bild 3.15. Theoretische Flanken der Konus- und der Keilschrägverzahnung.

Teilbild 1: Geradverzahntes Konusrad, gleich große Schrägungswinkel von Rechts- und Linksflanke, konischer Kopfmantel.

Teilbild 2: Schrägverzahntes Konusrad. Verschieden große Schrägungswinkel für Rechts- und Linksflanke, verschieden große Grundzylinder für Rechts- und Linksflanke, konischer Kopfmantel.

Teilbild 3: „Gerad"verzahntes Keilschrägrad. Gleich große Schrägungswinkel von Rechts- und Linksflanken, zylindrischer Kopfmantel.

Teilbild 4: „Schräg"verzahntes Keilschrägrad. Verschieden große Schrägungswinkel für Rechts- und Linksflanken, einheitlicher Grundzylinder, zylindrischer Kopfmantel.

von Winkelgetrieben kann dann erfolgen, wenn für die Beziehung der Profilwinkel α_{P2} und α_{P1}, bei Berücksichtigung des Achskreuzungswinkel Σ, gilt

$$\tan \alpha_{P2} = \tan \alpha_{P1} \, \cos \Sigma + \tan \beta_{P1} \, \sin \Sigma \tag{3.28}$$

mit den Schrägungswinkeln

$$\tan \beta_{P2} = \tan \alpha_{P1} \, \sin \Sigma - \tan \beta_{P1} \, \cos \Sigma \, . \tag{3.29}$$

Soll diese Paarung auch zusätzlich achsparallel ausgeführt werden, muß das Verhältnis von Schrägungswinkel β und Eingriffswinkel α bei jedem Zahnrad sein

$$\tan \beta_P = \tan \alpha_P \tan(\Sigma / 2) \, , \tag{3.30}$$

im Sonderfall von $\Sigma = 90°$ ist daher

$$\alpha_P = \beta_P \, . \tag{3.31}$$

3.9 Geometrische Auslegung einer Keilschrägverzahnung mit rechtwinklig stehenden Achsen

3.9.1 Anforderungen an das räumliche Bezugsprofil

Die Zähne einer Keilschrägverzahnung lassen es bei entsprechender Auslegung der Verzahnungsgrößen zu, siehe Gln.(3.28 bis 3.31), die Räder wahlweise als Stirnradgetriebe mit parallelen Achsen oder als Winkelgetriebe mit rechtwinklig stehenden Achsen zu paaren (*Bild 3.3*). Unter diesem Gesichtspunkt könnten zum Beispiel Kegelräder und Stirnräder in universal einzusetzenden Baukästen ersetzt werden durch nur noch einen Satz von keilschrägverzahnten Rädern. Die Forderung, nach der Kegelräder sehr genau axial justiert werden müssen, entfällt bei keilschrägverzahnten Rädern. Diese lassen auch bei Verwendung als Winkelgetriebe große Einbautoleranzen zu, ohne daß der gleichförmige Lauf gestört wird. Die einzige Folge wäre ein vergrößertes Flankenspiel. Nachteilig gegenüber Kegelrädern ist allerdings die Punktberührung zwischen den Flanken, die nur begrenzte Tragfähigkeiten zuläßt. Sonderfälle für Linienberührung siehe *Kapitel 4* und *5*.

Die notwendigen Voraussetzungen für das wahlweise Paaren einer Keilschrägverzahnung mit parallelen oder rechtwinkligen Achsen werden deutlich, wenn man ein solches Rad mit einer Zahnstange paart. Die Zahnstange ist dabei dem räumlichen Bezugsprofil gleich, von dem jedes beliebige Gegenrad abgeleitet werden kann. Die wichtigste Bedingung für eine Satzradeigenschaft ist die, daß die Eingriffsteilung im Normalschnitt p_{en} bei beiden Verzahnungen gleich groß ist.

$$p_{en} = m \cdot \pi \cdot \cos \alpha_{Pt} \cdot \cos \beta_P \tag{3.32}$$

Weiterhin muß gewährleistet sein, daß das Bezugsprofil (*Bild 3.4*) in der Profil-bezugsebene und in der Zahnbezugsebene (die Fußausrundung bleibt hier unbe-rücksichtigt) die gleiche Kontur aufweist. Beim Achswinkel $\Sigma = 90°$ muß daher gelten

$$h_N = b \qquad\qquad (3.33)$$

$$\beta_P = \alpha_{Pt} \qquad\qquad (3.31)$$

beziehungsweise

$$\beta_b = \alpha_{Pn} \qquad\qquad (3.34)$$

3.9.2 Berechnung der Eingriffsstrecke

Bei der Paarung zweier Räder mit Keilschrägverzahnung im rechten Winkel er-gibt sich die Eingriffslinie als gemeinsame Tangente an beide Grundzylinder. An-ders ausgedrückt: Die Eingriffslinie ist die Schnittgerade der beiden Ebenen, wel-che die Grundzylinder unter dem Eingriffswinkel α_{wt} tangieren, **Bild 3.16**.

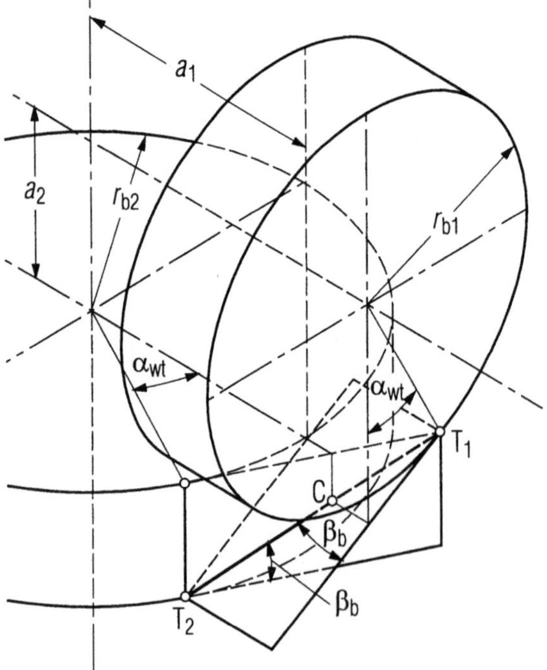

Bild 3.16. Lage der Eingriffslinie $\overline{T_1 T_2}$ bei einem keilschrägverzahnten Winkelgetriebe.

Der Wälzpunkt C liegt in der durch die Achsen aufgespannten Ebene, die Eingriffslinie in der Schnittgeraden der beiden Eingriffsebenen.

Der Eingriffswinkel α_{wt} ergibt sich aus dem Schrägungswinkel:

$$\sin \alpha_{wt} = \tan \beta_b \qquad (3.35)$$

Die räumliche Lage der Eingriffslinie hängt ausschließlich von der Größe der beiden Radien der Grundzylinder und vom gewählten Schrägungswinkel ab. Sie ist unabhängig von axialen Verschiebungen der Räder!

Die maximale Länge der Eingriffsstrecke ist der Abstand der beiden Tangentenpunkte T_1 und T_2 voneinander.

$$g_{max} = \overline{T_1 T_2} \qquad (3.36)$$

$$g_{max} = \frac{\left(r_{b1} + r_{b2} \right) \cdot \tan \beta_b}{\cos 2\beta_b} \cdot \sqrt{2 \sin^2 \beta_b + \cos^2 2\beta_b} \qquad (3.37)$$

Diese maximale Eingriffsstrecke wird erreicht, wenn die Kopfkreisradien beider Räder ihren geometrisch maximal zulässigen Wert $r_{a\,max}$ annehmen.

$$r_{a1\,max} = \sqrt{\frac{\left(r_{b2} \cdot \sin^2 \beta_b + r_{b1} \cdot \cos^2 \beta_b \right)^2}{\cos 2\beta_b \cdot \cos^2 \beta_b} + r_{b2}^2 \cdot \tan^2 \beta_b}$$

$$\qquad (3.38)$$

$$r_{a2\,max} = \sqrt{\frac{\left(r_{b1} \cdot \sin^2 \beta_b + r_{b2} \cdot \cos^2 \beta_b \right)^2}{\cos 2\beta_b \cdot \cos^2 \beta_b} + r_{b1}^2 \cdot \tan^2 \beta_b}$$

$$\qquad (3.39)$$

In der Regel wird man die Kopfkreise etwas kleiner machen, so daß die Eingriffsstrecke an beiden Enden verkürzt wird. Die tatsächliche Eingriffsstrecke berechnet sich dann aus

$$g = g_{max} \cdot \left(1 - c_1 - c_2 \right) \qquad (3.40)$$

wobei c_1 und c_2 die Verkürzungsfaktoren sind.

$$c_1 = 1 - \sqrt{1 - \frac{\left(r_{b2} \cdot \sin^2 \beta_b + r_{b1} \cdot \cos^2 \beta_b \right)^2 + \left(r_{b2}^2 \cdot \sin^2 \beta_b - r_{a1}^2 \cdot \cos^2 \beta_b \right) \cdot \cos 2\beta_b}{\left(r_{b1} + r_{b2} \right)^2 \cdot \sin^2 \beta_b \cdot \cos^2 \beta_b}}$$

$$\qquad (3.41)$$

$$c_2 = 1 - \sqrt{1 - \frac{\left(r_{b1} \cdot \sin^2 \beta_b + r_{b2} \cdot \cos^2 \beta_b\right)^2 + \left(r_{b1}^2 \cdot \sin^2 \beta_b - r_{a2}^2 \cdot \cos^2 \beta_b\right) \cdot \cos 2\beta_b}{\left(r_{b1} + r_{b2}\right)^2 \cdot \sin^2 \beta_b \cdot \cos^2 \beta_b}}$$

$$(3.42)$$

Eine weitere Verkürzung der Eingriffsstrecke kann eintreten, wenn die Räder axial so weit auseinandergezogen werden, daß die Eingriffsstrecke nicht durch die Kopfzylinder, sondern durch eine oder beide Kopfebenen der Räder begrenzt wird. Da dies zu einer unnötigen Verkürzung führt, soll dieser Fall ausgeschlossen werden. Die axialen Entfernungen der Kopfebenen vom gemeinsamen Achsenschnittpunkt sollen hier a_1 und a_2 genannt werden. Damit der Eingriffsbeginn an den Kopfzylindern liegt, muß dann gelten:

$$a_1 \ \leq \ c_1 \cdot \frac{\left(r_{b1} + r_{b2}\right) \cdot \tan \beta_b \cdot \sin \beta_b}{\sqrt{\cos 2\beta_b}} \ + \ r_{b2} \cdot \sqrt{1 - \tan^2 \beta_b} \quad (3.43)$$

$$a_2 \ \leq \ c_2 \cdot \frac{\left(r_{b1} + r_{b2}\right) \cdot \tan \beta_b \cdot \sin \beta_b}{\sqrt{\cos 2\beta_b}} \ + \ r_{b1} \cdot \sqrt{1 - \tan^2 \beta_b} \quad (3.44)$$

Die Ausbildung eines kegeligen Kopfmantels, *Bild 3.14*, ist bei Winkelgetrieben wenig sinnvoll, da es nur zu einer geringen Verlängerung der Eingriffsstrecke führt. Auf den verlängerten Zahnköpfen im Fußebenenbereich liegen keine Eingriffspunkte.

3.9.3 Berechnung der Überdeckung

Die Eingriffsteilung im Normalschnitt berechnet sich nach Gl.(3.32). Zusammen mit Gl.(3.31) ist dann

$$p_{en} \ = \ m \cdot \pi \cdot \cos^2 \beta_P \quad\quad (3.45)$$

oder

$$p_{en} \ = \ m \cdot \pi \cdot \left(1 - \tan^2 \beta_b\right) \quad\quad (3.46)$$

Die Überdeckung

$$\varepsilon \ = \ \frac{g}{p_{en}} \quad\quad (3.47)$$

sollte wie bei allen Verzahnungen größer als 1 sein.

3.9.4 Die Wälzkreise

Bei Winkelgetrieben mit Keilschrägverzahnung ist der Wälzpunkt C der Schnittpunkt der Eingriffslinie mit der Ebene, die durch die beiden Radachsen aufgespannt wird, *Bild 3.16*.

Die Wälzkreise sind die beiden Kreise, die durch den Wälzpunkt gehen und deren Mittelpunkte auf den beiden Radachsen liegen. Die Wälzkreisradien berechnen sich aus:

$$r_{\mathrm{w}1,2} = r_{\mathrm{b}1,2} \cdot \left(\frac{\tan\beta_{\mathrm{b}} \cdot \sin\beta_{\mathrm{b}}}{\sqrt{\cos 2\beta_{\mathrm{b}}}} + \sqrt{1 - \tan^2\beta_{\mathrm{b}}} \right) \tag{3.48}$$

3.9.5 Das Drehflankenspiel

Auch bei der Paarung als Winkelgetriebe ist es bei Einsatz einer Keilschrägverzahnung sehr einfach, das Drehflankenspiel beliebig einzustellen, indem die Räder auf ihren Achsen verschoben werden, ähnlich wie bei Konischen und Konusverzahnungen. Hinzu kommt, daß unter Beibehaltung des Drehflankenspiels die Räder verschiedene axiale Lagen einnehmen können, sofern das eine Rad der Verschiebung des anderen Rades folgt. Das Drehflankenspiel ist definitionsgemäß die Länge des Bogens auf dem Wälzkreis, um den sich das eine Rad drehen läßt, wenn das Gegenrad festgehalten wird. Zunächst werden die Zahndicken an den Wälzkreisen berechnet.

$$s_{\mathrm{w}1} = 2r_{\mathrm{w}1} \cdot \left(\frac{\pi}{2z_1} + inv\,\alpha_{\mathrm{Pt}} - inv\,\alpha_{\mathrm{wt}} \right) - \frac{2\tan\beta_{\mathrm{b}}}{\sqrt{1 - \tan^2\beta_{\mathrm{b}}}} \cdot \left(a_1 - b_{\mathrm{A}1} - r_{\mathrm{w}2} \right) \tag{3.49}$$

$$s_{\mathrm{w}2} = 2r_{\mathrm{w}2} \cdot \left(\frac{\pi}{2z_2} + inv\,\alpha_{\mathrm{Pt}} - inv\,\alpha_{\mathrm{wt}} \right) - \frac{2\tan\beta_{\mathrm{b}}}{\sqrt{1 - \tan^2\beta_{\mathrm{b}}}} \cdot \left(a_2 - b_{\mathrm{A}2} - r_{\mathrm{w}1} \right) \tag{3.50}$$

Die Umrechnung von β_{b} in α_{wt} folgt aus Gl.(3.35). Weiterhin gilt mit $\alpha_{\mathrm{Pt}} = \beta_{\mathrm{P}}$ (Gl.3.31):

$$\alpha_{\mathrm{Pt}} = \mathrm{arc}\,\cos\sqrt{1 - \tan^2\beta_{\mathrm{b}}} \tag{3.51}$$

Die Teilung auf den Wälzkreisen ist bei beiden Rädern gleich, sie ergibt sich aus:

$$p_{\mathrm{w}1,2} = \frac{2\pi}{z_{1,2}} \cdot r_{\mathrm{w}1,2} \tag{3.52}$$

Das Drehflankenspiel ist dann die Differenz aus der Wälzkreisteilung und der Summe der Zahndicken.

$$j_t = p_w - \left(s_{w1} + s_{w2}\right) \tag{3.53}$$

Werden die Gln.(3.48) bis (3.52) in Gl.(3.53) eingesetzt, ebenso $j_t = 0$ gesetzt, so ergibt sich analog zur Korhammer-Beziehung [3.9] die Gleichung (3.54) für ein spielfreies Winkelgetriebe mit Keilschrägverzahnung:

$$\frac{\pi}{2} \cdot \left(\frac{r_{w1}}{z_1} - \frac{r_{w2}}{z_2}\right) + \left(r_{w1} + r_{w2}\right) \cdot \left(inv\alpha_{wt} - inv\alpha_{Pt}\right) +$$

$$+ \frac{\tan\beta_b}{\sqrt{1 - \tan^2\beta_b}} \cdot \left(a_1 + a_2 - b_{A1} - b_{A2} - r_{w1} - r_{w2}\right) = 0 \tag{3.54}$$

3.10 Herstellung einer Keilschrägverzahnung

3.10.1 Teilwälzstoßen

Die Erzeugung der Evolvente erfolgt durch das Abwälzen eines Grundkreises an einer Geraden und durch tangentiale Schnitte an die Evolvente, **Bild 3.17**.

Das Schneidwerkzeug S ist ein geradflankiger Zahn. Die Schneiden schließen den doppelten Grundschrägungswinkel $(2\beta_b)$ ein. Weiterhin besitzt das Werkzeug einen Spanwinkel γ und einen Freiwinkel α. Die übrigen Abmessungen richten sich nach der Zahnbreite und der Lückenweite des zu bearbeitenden Werkrades. Das Werkzeug führt (ähnlich wie der Hobelkamm in einer Hobelmaschine) eine schnelle Folge von Schnittbewegungen v_s in vertikaler Richtung aus. Die Zahnflanke entsteht dabei durch tangentiale Schnitte an die Evolvente. Der momentan bearbeitete Flankenpunkt B liegt stets auf der Wälzgeraden W, so daß der untere Totpunkt des Werkzeugs unterhalb dieser Geraden liegen muß, damit der Span abgeschnitten wird. Das Verfahren arbeitet mit einem Herstelleingriffswinkel von 0°, insofern erzeugt das Eindringen des Werkzeuges in den Grundkreis einen Unterschnitt an der Nachbarflanke. Der Überhub $h_{ü}$ sollte unter Berücksichtigung folgender Punkte gewählt werden:

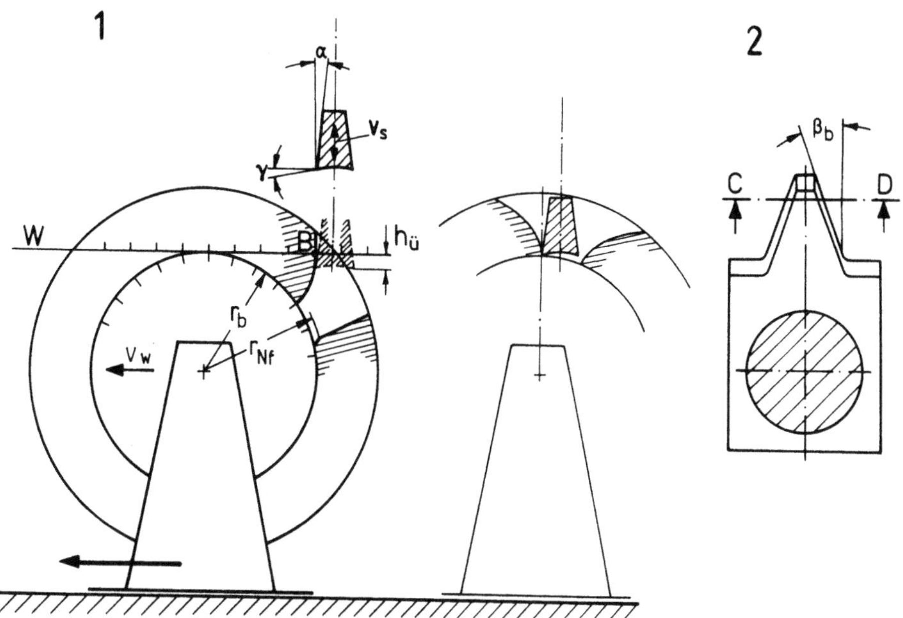

Bild 3.17. Erzeugen von Keilschrägverzahnungen.

Teilbild 1: Abwälzen eines Grundkreises r_b an einer Wälzgeraden W. Durch den Überhub $h_ü$ bis zum unteren Totpunkt des Werkzeugs entsteht an den Flanken Unterschnitt bis zum nutzbaren Fußkreisradius r_{Nf}, v_s Schnittbewegung, v_w Wälzbewegung.

Teilbild 2: Schneidwerkzeug S von oben gesehen. In *Teilbild 1* ist das Werkzeug im Schnitt CD dargestellt.

- Ist von der Radpaarung der nutzbare Fußkreisdurchmeser $r_{Nf} > r_b$ bekannt, so kann mit Hilfe der Gl.(3.55) der zulässige Überhub ermittelt werden. Es ist

$$r_{Nf} = 0{,}58 \cdot h_ü + 1 \tag{3.55}$$

- Soll der Unterschnitt so gering wie möglich sein, so sollte der Überhub nicht größer sein, als es zum Abschneiden des Spanes erforderlich ist.

Um die radialen Schnitte grundsätzlich möglich zu machen, sind für das Teilwälzstoßen ausschließlich Räder mit einer Form nach *Bild 3.5, Feld 3.1*, geeignet. Innerhalb des Grundkreises/Fußkreises muß der Radrohling mindestens um die Zahnbreite *b* ausgedreht sein.

Der Stoßvorgang zur Ausarbeitung einer Zahnlücke beginnt mit dem Vorstoßen der Lücke, Dazu wird das Werkrad so gedreht, daß die Mitte der Zahnlücke senkrecht unter dem Werkzeug steht. Axial steht das Werkzeug noch vor dem Werkrad. Dann wird (ohne Einleitung einer Wälzbewegung) die Lücke vorgestoßen, wobei das Werkzeug außer der Stoßbewegung noch eine Zustellbewegung parallel zur Werkradachse macht. Das Werkzeug dringt so axial in den Zahnkranzrohling ein, bis der Kopf des Werkzeugs die Fußebene der Werkradverzahnung erreicht hat. Dann beginnt der Wälzvorgang, bei dem zuerst eine Flanke vom Fußkreis beginnend in Richtung Zahnkopf fertiggestellt wird. Nach Umkehrung der Wälzbewegung erfolgt in gleicher Weise die Fertigstellung der gegenüberliegenden Flanke. Nachdem das Werkrad um eine Zahnteilung weitergedreht wurde, kann die nächste Lücke bearbeitet werden.

Bild 3.18 zeigt den prinzipiellen Aufbau einer Vorrichtung zum Teilwälzstoßen. Für den Antrieb und die Werkzeugaufnahme kann eine handelsübliche Wälzstoßmaschine mit Zahnstangenstoßvorrichtung genommen werden. Die Drehbewegung des Stoßrades wird blockiert und das Stoßrad gegen ein einzähniges Werkzeug gemäß *Bild 3.17* ausgetauscht. Auf die Zahnstangenstoßvorrichtung wird eine frei drehbare Wellenlagerung gebaut. Die Welle trägt an einem Ende die Werkstückaufnahme und am anderen ein Wälzrad. Dies kann entweder eine glatte Scheibe sein, die mit Hilfe von Schlingbändern die Wälzbewegung erzeugt (ähnlich dem Wälzgetriebe in einer Zahnflankenschleifmaschine) oder ein möglichst spielarmes Zahnstangengetriebe. Im letzten Fall muß der Wälzkreis dieses Wälzrades so groß sein wie der Grundkreis des Werkrades.

Für den Teilvorgang ist es zweckmäßig, wenn an der Werkradaufnahme oder an der Wälzvorrichtung eine Teilvorrichtung wäre.

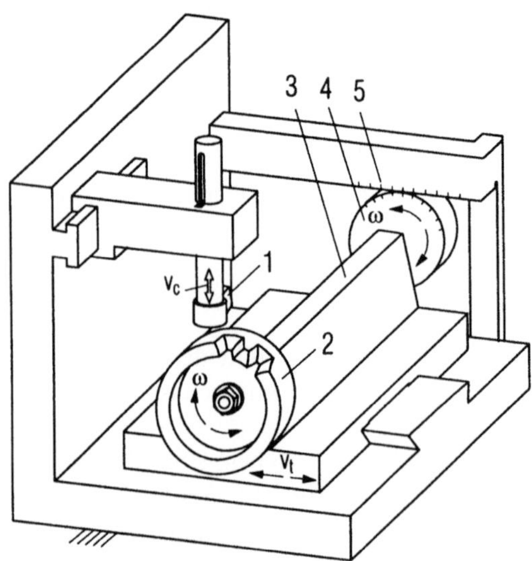

Bild 3.18. Grundsätzlicher Aufbau einer Vorrichtung zum Teilwälzstoßen (Antriebe sind nicht gezeichnet).

1: Werkzeug; 2: Werkrad; 3: Schlitten einer Zahnstangenstoßvorrichtung mit aufgebauter Wellenlagerung; 4: Wälzrad; 5: Wälzlineal; v_t, ω Wälzbewegung, v_c Schnittbewegung.

3.10.2 Konturfräsen

Das Konturfräsen erlaubt die Herstellung aller in *Bild 3.5* gezeigten Radformen. Außerdem können im selben Arbeitsgang Räder mit kegeliger Kopfmantelfläche (siehe *Abschnitt 3.7.4*) bearbeitet werden, sofern der Kopfwinkel $\vartheta_a = \beta_b$ ist. Das Werkzeug ist ein Schaftfräser (Umfangsstirnfräser, siehe *Kapitel 9*), dessen Umfangsschneidkanten mit der Drehachse den Winkel β_b einschließen, **Bild 3.19**. Die Drehachse des Fräsers steht parallel zur Achse des Werkrades. Mit Hilfe einer Bahnsteuerung sind beliebige Kurven herstellbar, so auch Evolventen. Sofern nötig, können über die Bahnsteuerung beliebige Flankenkorrekturen gefräst werden, wie Kopf- und Fußrücknahmen.

Ballige Flanken lassen sich erzeugen, wenn die Schneiden des Fräsers nicht gerade, sondern entsprechend der gewünschten Flankenlinie geschliffen werden.

Ein Radius R an der Stirnfläche des Fräsers wirkt sich in der Verzahnung positiv auf die Kerbwirkung aus [3.1]. Allerdings verkleinert er die effektive Stirnfläche des Fräsers, welche die Fußebene des Werkrades planfräst. Grundsätzlich bleibt nach dem Fertigstellen der beiden Flanken einer Lücke in der Fußebene ein dreieckförmiges Stück stehen, das in mehreren parallelen Fräsbahnen weggefräst werden muß, so daß ein großer Radius r_{FF} von Vorteil ist.

Zweckmäßigerweise wählt man den Fräserradius r_{FF} so groß wie die halbe Grundkreislückenweite des Werkrades in der Fußebene:

$$r_{FF} = \frac{e_{bF}}{2} \tag{3.56}$$

Die Bahn der Fräserdrehachse ist dann eine Äquidistante zur Evolventenflanke, also eine kongruente Evolvente, die im allgemeinen bis zum Grundkreis reicht und

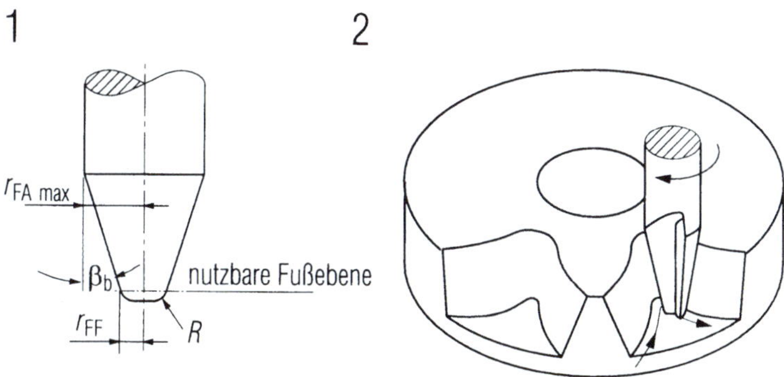

Bild 3.19. Fräsen von Keilschrägverzahnungen.

Teilbild 1: Schaftfräser für Keilschrägverzahnungen mit abgerundetem Kopf.
Teilbild 2: Fräserbahn bei der Herstellung mit Schaftfräsern

entweder dort einen Umkehrpunkt hat oder innerhalb des Grundkreises radial noch ein Stück weiter geführt ist, um das Kopfspiel zu vergrößern. Allerdings ist zu beachten, daß bei der Bearbeitung der Evolventenflanke in Grundkreisnähe unvermeidliche Unkorrektheiten auftreten. Es ist stets zu prüfen, ob der Eingriff der Gegenflanke stets nur außerhalb des im folgenden berechneten Fußnutzkreisdurchmessers r_{Nf} stattfindet.

In *Bild 3.11, Teilbild 1*, wird der Fußpunkt A der Evolvente in der Kopfebene exakt bearbeitet. Die Bahn des Fräsers müßte dazu im Punkt H enden und dürfte nicht weiter radial in Richtung des Werkradmittelpunktes verlängert werden. In dieser Fräserstellung wird in der Fußebene gerade der Punkt B' bearbeitet. Hier endet die nutzbare Flanke in der Fußebene. Der nutzbare Fußkreisradius r_{NfH} berechnet sich in diesem Fall aus

$$r_{NfH} = \sqrt{r_b^2 + b^2 \cdot \tan^2 \beta_b} \tag{3.57}$$

Wird die Fräserbahn über den Punkt H hinaus verlängert, so wird im Punkt J der Evolventenpunkt B bearbeitet, das heißt, die Evolvente in der Fußebene ist bis zum Grundkreis exakt bearbeitet, *Bild 3.11, Teilbild 2*. Allerdings tritt dann Unterschnitt auf, der in der Fußebene gleich Null und in der Kopfebene am größten ist. Der zugehörige nutzbare Fußkreisradius r_{NfJ} hängt in diesem Fall vom Fräserdurchmesser ab. Deshalb soll der Radius für zwei Extremwerte berechnet werden: Im 1. Fall für den Fräserdurchmesser $r_{Ff} = 0$ (Spitzstichel) und im 2. Fall für einen unendlich großen Fräser mit $r_{Ff} = \infty$. Im 1. Fall berechnet sich der nutzbare Fußkreisradius r_{NfJo} iterativ aus den beiden folgenden Gleichungen:

$$r_{NfJo} = r_b \cdot \cos\left(\frac{b \cdot \tan \beta_b}{r_b} + \mathrm{inv}\,\alpha\right) + \sqrt{b^2 \cdot \tan^2 \beta_b - r_b^2 \cdot \sin^2\left(\frac{b \cdot \tan \beta_b}{r_b} + \mathrm{inv}\,\alpha\right)} \tag{3.58}$$

$$\cos\alpha = \frac{r_b}{r_{NfJo}} \tag{3.59a}$$

Im 2. Fall berechnet sich $r_{NfJ\infty}$ aus:

$$r_{NfJ\infty} = \frac{b \cdot \tan \beta_b}{\sin\left(\dfrac{b \cdot \tan \beta_b}{r_b} + \mathrm{inv}\,\alpha\right)} \tag{3.60}$$

$$\cos\alpha = \frac{r_b}{r_{NfJ\infty}} \tag{3.59b}$$

Bei einer weiteren Verlängerung der Fräserbahn bis zum Punkt K auf dem Grundkreis wird der Unterschnitt gegenüber dem Punkt J vergrößert. Der nutzbare Fußkreisradius (= Unterschnittradius in der Kopfebene) berechnet sich aus:

$$r_{NfK} \;=\; r_b \cdot \cos\left(\frac{r_{Fa}}{r_b} + \mathrm{inv}\,\alpha\right) \;+\; \sqrt{r_{Fa}^{\,2} - r_b^{\,2} \cdot \sin^2\left(\frac{r_{Fa}}{r_b} + \mathrm{inv}\,\alpha\right)} \tag{3.61}$$

$$\cos\alpha \;=\; \frac{r_b}{r_{NfK}} \tag{3.62}$$

Die Ähnlichkeit der Gln.(3.58) und (3.61) erlaubt es, sie im Diagramm in gleichen Kurven darzustellen.

Zu prüfen ist bei einer auszulegenden Zahnradpaarung stets das vorhandene Kopfspiel. So kann es sein, daß der Zahnfuß durch den Fräserbahnpunkt K nicht tief genug ausgearbeitet ist. Die Fräserbahn ist dann vom Punkt K aus geradlinig radial bis zu einem Punkt L zu verlängern, **Bild 3.20**, *Teilbild 2*. Bei bekanntem Betriebsachsabstand a_w, Kopfkreisradius r_{a2} des Gegenrades und einem gewählten Kopfspiel c ergibt sich die Lage von L aus:

$$r_L \;=\; a_w - r_{a2} - c \tag{3.63}$$

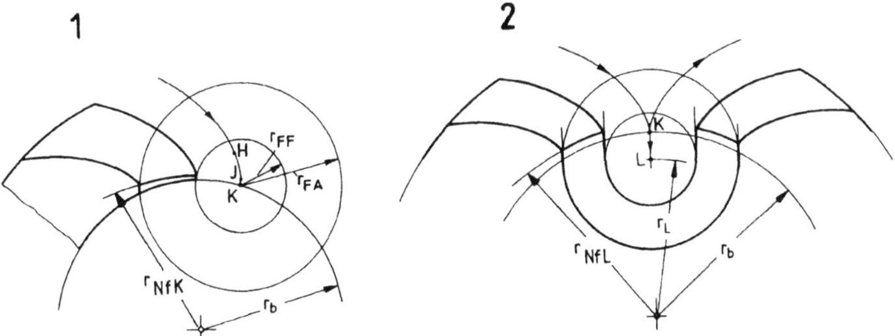

Bild 3.20. Ausbildung der Zahnflanke im Grundkreisbereich beim Konturfräsen.
Der Fräserdurchmesser richtet sich nach Gl.(3.56).
Teilbild 1: Die Bahn des Fräsers ist bis zum Grundkreis verlängert, Punkt K. Der Unterschnitt ist größer als in *Bild 3.11, Teilbild 2*.
Teilbild 2: Zur Erzeugung einer hinreichend tiefen Fußausrundung wurde die Fräserbahn bis zum Punkt L verlängert. Der Unterschnitt hat seine maximale Größe erreicht.

Der nutzbare Fußkreisradius r_{NfL} folgt aus:

$$r_{NfL} = \frac{r_{Fa}}{\sin\left(\dfrac{r_{Fa}}{r_b} + \operatorname{inv}\alpha\right)} \qquad (3.64)$$

$$\cos\alpha = \frac{r_b}{r_{NfL}} \qquad (3.65)$$

3.10.3 Wälzfräsen

In gewissen Grenzen gibt es auch die Möglichkeit, Keilschrägverzahnungen mit Hilfe des Wälzfräsverfahrens [3.11] herzustellen. Dies gilt jedoch nur für Verzahnungen des Typs in *Feld 1.1* aus *Bild 3.5*. Die Möglichkeit des Wälzfräsens wird in **Bild 3.21** *Teilbilder 1* bis *4* erläutert. *Teilbild 1* zeigt einen Wälzfräser, dessen Schneidstollen parallel zum Fräsersteigungswinkel halbiert wurden, so daß ihr Schneidprofil etwa dem in *Teilbild 2* ähnlich wird. Beim Fräsen, *Teilbild 3*, hat der Fräser die Stellung A–B und erzeugt nur die Rechtsflanken der Zähne. Für einen zweiten Durchgang wird er in die Stellung B–A gedreht, so daß die Schneidstollen um $180° - 2\gamma$ gewendet, nun die linke Zahnflanke ausfräsen. Erfolgt der erste Schneidgang im Gegenlauffräsen, muß der zweite Schneidgang im Gleichlauffräsen ausgeführt werden und umgekehrt. Wenn das nicht der Fall sein soll, dann muß beispielsweise der erste Schneidgang von der Kopfebenenseite und der zweite von der Fußebenenseite erfolgen mit jeweils anderer Drehrichtung.

Ist die Fräserstollen-Zahnkopfdicke s_{aP0} gleich der Zahnlückenweite am Grundkreis e_{bF} an der Fußebene

$$s_{aP0} = e_{bF},$$

dann wird die maximale Zahndicke ohne „Restzwickel" (*Teilbild 4*)

$$b = \frac{e_{bF}}{2} \cdot \cot\beta_b. \qquad (3.66)$$

Soll b größer werden, dann bleibt, wie in *Teilbild 4*, ein kleiner „Restzwickel" stehen, der in einem weiteren Fräsgang abgetragen werden muß.

Sind e_{bF} und e_{bA} gegeben, dann wird b_{max}

$$b_{max} = \frac{e_{bA} - e_{bF}}{2} \cdot \cot\beta_b. \qquad (3.67)$$

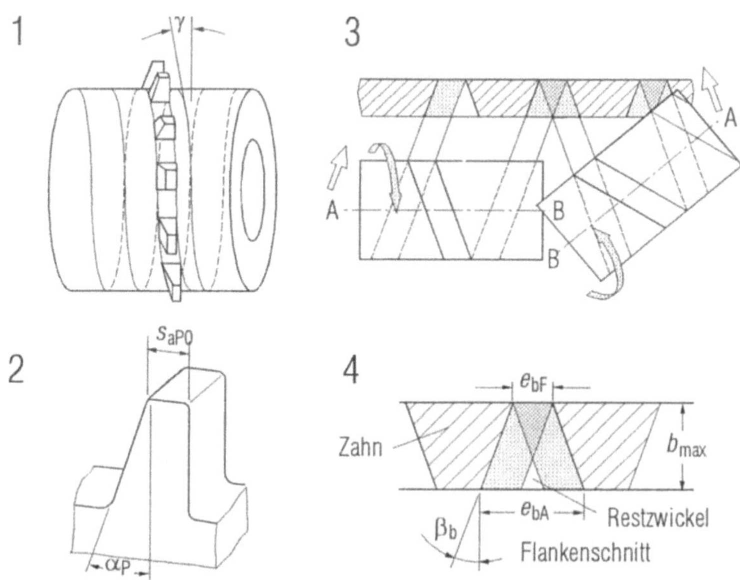

Bild 3.21. Erzeugen von Keilschrägverzahnungen durch Wälzfräsen

Teilbild 1: Wälzfräser mit halben Schneidstollen
Teilbild 2: Halber Schneidstollen.
Teilbild 3: Abwälzfräsen von Keilschrägverzahnungen mit einem Wälzfräser in zwei Fräsvorgängen.
Teilbild 4: Wegen der großen Lückenbreite bleibt beim Fräsen ein „Restzwickel" stehen.

3.10.4 CNC-Fräsen

Ist die Form der Flankenoberfläche rechnerisch erfaßt [3.15], dann können die Flanken der Keilschrägverzahnung direkt mit einer CNC-Werkzeugmaschine erzeugt werden [3.12], siehe auch *Kapitel 9*.

3.11 Schrifttum

[3.1]   Anonym: Molded plastic gears move up in hp. Product Engineering, p. 27-31, June 1978

[3.2]   Chironis, N.P.   Gear design and application; 18 ways to control backlash in
        (Hrsgb.):   Gearing. New York: McGraw-Hill, 1967

[3.3] DIN 3960: Begriffe und Bestimmungsgrößen für Stirnräder (Zylinderräder) und Stirnradpaare (Zylinderpaare) mit Evolventenverzahnung. Berlin: Beuth-Verlag GmbH, März 1987

[3.4] Haupt, U.: Keilschrägverzahnung für Getriebe mit einstellbarem Verdrehflankenspiel. Dissertation TU Braunschweig, 1981

[3.5] Motyka, S.: Weiterentwicklung eines Präzisionsgetriebes. Z. Konstruktion 41 (1991), S. 275-280

[3.6] N.N.: Hochuntersetzendes Getriebe. Z. antriebstechnik 30 (1991), Nr. 6, S. 45-56

[3.7] Roth, K., Haupt, U.: Stirnräder mit keilförmigen Evolventenzahnrädern für spielfreie Getriebe. VDI-Berichte Nr.374, S. 55-61, 1980

[3.8] Roth, K.: Planrad mit Evolventenverzahnung. BRD Patent Nr. 1775345, erteilt am 1.8.1968

[3.9] Roth, K.: Zahnradtechnik, Band I: Stirnradverzahnungen - Geometrische Grundlagen, Band II: Stirnradverzahnungen - Profilverschiebung, Toleranzen, Festigkeit. Berlin, Heidelberg, New York: Springer, 1989

[3.10] Roth, K.: Konstruieren mit Konstruktionskatalogen, 2. Auflage, Band III: Verbindungen und Verschlüsse, Lösungsfindung. Berlin, Heidelberg, New York: Springer, 1996

[3.11] Roth, K.: Evolventenverzahnungen mit extremen Eigenschaften. Teil I: Übersicht über bisherige Erzeugungsverfahren. Z. antriebstechnik 35 Nr. 5, S. 49-53 (1996), Teil II: Evoloidverzahnungen für große Übersetzung ins Langsame, 35 Nr. 7, S. 43-84 (1996) und Übersetzung ins Schnelle 35 Nr. 9 S. 69-74 (1996), Teil III: Komplement-Verzahnungen für höchste Tragfähigkeit 35, Nr. 11 (1996).

[3.12] Roth, K.: Evolventenverzahnungen mit extremen Eigenschaften, Teil IV: Keilschrägverzahnungen für spielarmen Lauf. Z. antriebstechnik 36 (1997), Nr. 1, S. 48-52

[3.13] Tönshoff, H.K., Ahlers, H.: Präzisionsgetriebe - Einsatz magnetisch aktiver Schmierstoffe. Z. antriebstechnik 35 (1996), Nr. 8, S. 53-56

[3.14] Tönshoff, H.K., Livotov, P., Gerstmann, U.: Spielfreie Planetengetriebe für Industrieroboter. Z. antriebstechnik 29 (1990), Nr. 12, S. 57-60

[3.15] Tsai, S.-J.: Vereinheitlichtes System evolventischer Zahnräder - Auslegung von zylindrischen, Konischen, Kronen- und Torusrädern. Dissertation TU Braunschweig, 1997

4 Konische Verzahnungen für Außen- und Innenradpaarungen mit gekreuzten Achsen

4.1 Zahnräder für nicht parallele Achsen mit konstanter Teilung

4.1.1 Konstante und veränderliche Teilung an den Stirnflächen

Die Evolventenverzahnungen kann man in zwei große Gruppen unterteilen, und zwar in solche, deren Teilung über die Zahnbreite b und damit an beiden Stirnflächen konstant bleibt, und in solche, bei denen sie sich ändert, z.B. verkleinert. Die erste Gruppe, zu der u.a. die üblichen Stirnradverzahnungen gehören, ist die der *„Teilungskonstanten Verzahnungen"*, die zweite, zu der z.B. die Kegelradverzahnungen zählen, die der *„Teilungsvariablen Verzahnungen"*. Im folgenden werden nur die teilungskonstanten Verzahnungen behandelt.

4.1.2 Konstante Teilung bei parallelen, sich schneidenden und gekreuzten Achsen

In der gängigen Praxis werden für parallele Achsen Stirnradverzahnungen, für sich schneidende Achsen Kegelradverzahnungen verwendet. Für gekreuzte Achsen werden sowohl teilungskonstante Zahnräder, nämlich Schnecken und Schneckenräder sowie Schraubräder eingesetzt, als auch teilungsvariable Zahnräder, z.B. einfache Kegelradgetriebe, Hypoidritzel und Hypoidräder für Kegelschraubgetriebe.

In den *Kapiteln 4* bis *7* wird gezeigt, daß nicht nur für parallele, sondern auch für sich schneidende und gekreuzte Achsen teilungskonstante Zahnräder möglich, anwendbar und geeignet sind. Mit ihnen, die im wesentlichen die Vorteile der Stirnradverzahnungen bezüglich der Fertigung und der Achslagentolerierung haben, lassen sich bei richtiger Auslegung auch sehr große Drehmomente übertragen.

In **Bild 4.1** ist eine Übersicht von teilungskonstanten Zahnradpaarungen mit verschiedenen Achslagen dargestellt. Die Achslagen werden durch zwei Größen festgelegt: Durch die Achsversetzung a und durch den Achswinkel Σ. Die beiden Größen können jeweils null oder nicht null sein.

0	Nr	1	2	3
1.0 Achs- lagen	Para- meter	**1**	**1.1** Parallel: $a = 0;\ \Sigma = 0$	**1.2** Schneidend: $a = 0;\ \Sigma \neq 0$	**1.3** Kreuzend: $a \neq 0;\ \Sigma \neq 0$
	Paa- rungs- bei- spiele	**2**			
	Anwen- dung	**3**	**3.1** Konus-, Stirn- Radpaarung	**3.2** Konische, Kronen-, Torus-Radpaarung	**3.3** Schraub-, Kronen-, Konische Radpaa- rung

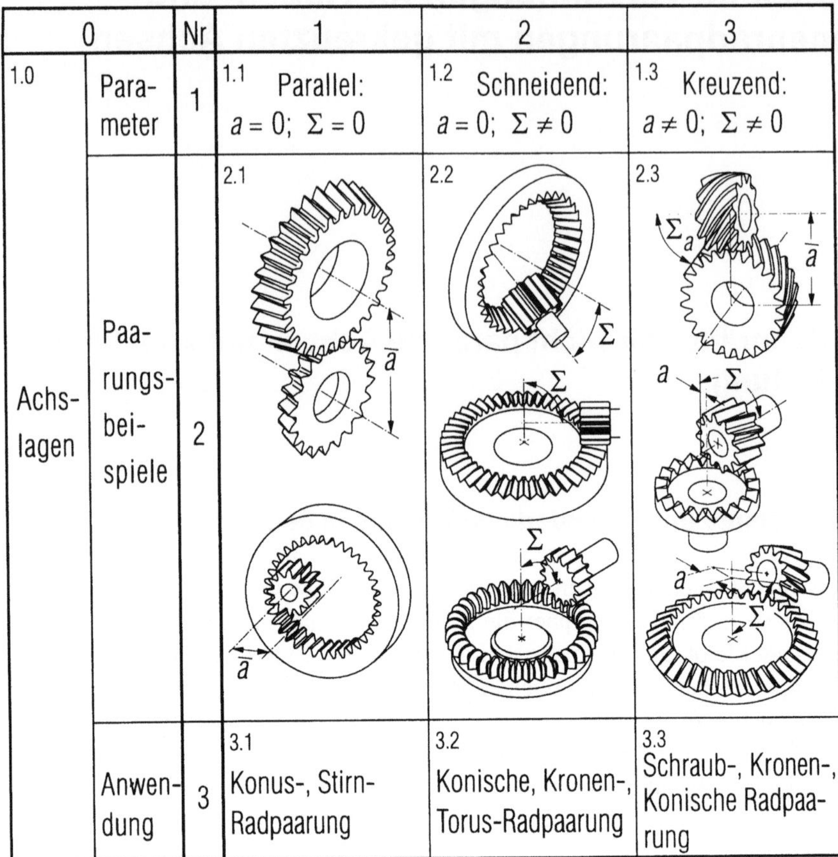

Bild 4.1. Zahnradpaarungen mit gleicher Teilung an beiden Stirnebenen und verschiedenen relativen Achslagen.

Spalte 1: Parallele Achsen, Achswinkel $\Sigma = 0$, Achsversetzung $a = 0$, Achsabstand $\overline{a} \neq 0$.
Spalte 2: Sich schneidende Achsen, Achswinkel $\Sigma \neq 0$, Achsversetzung $a = 0$.
Spalte 3: Gekreuzte Achsen, Achswinkel $\Sigma \neq 0$, Achsversetzung $a \neq 0$ oder Achsabstand $\overline{a} \neq 0$. Bild rechts oben $\Sigma = 0$, $\Sigma_a \gtrless 0$.

(Anmerkung: Die „Achsversetzung" ist nicht mit dem „Achsabstand" gleichzusetzen, siehe *Bild 7.40, Teilbild 2*, und *Bild 7.41*).

Spalte 1 zeigt geradverzahnte Zahnräder für parallele Achsen, ohne Achsversetzung[1] a = 0, jedoch Achsabstand $\overline{a} \neq 0$ an. In *Feld 2.1* ist oben eine Paarung von zwei Konusrädern zu sehen, deren beide Konuswinkel θ zusammen den Wert null ergeben. Es gilt

---

[1] Die Achsversetzung a ist der *kürzeste* Abstand zweier sich kreuzender Achsen bei Verzahnungen, die außerhalb dieses Abstandes kämmen. Kämmen sie im kürzesten Abstand, ist es der Achsabstand $\overline{a}$ und die Achsversetzung wird a = 0, siehe *Bild 7.40, Teilbild 2*, und *Bild 7.41*.

$$\Sigma = \theta_1 + \theta_2 \tag{4.1}$$

Da bei parallelen Achsen $\Sigma = 0$ ist, ist mit Gl.(4.1)

$$\theta_1 = -\theta_2 \tag{4.1a}$$

Im unteren Teil des Feldes wird eine übliche Innenradpaarung dargestellt. Die Zahnräder können auch schrägverzahnt sein, nur muß dann für parallele Achsen auch Gl.(4.2) gelten, so daß bei $\Sigma = 0$ gilt

$$\beta_1 = -\beta_2. \tag{4.2a}$$

Über die Fälle, daß sowohl $\theta \neq 0$ und $\beta \neq 0$ ist, wird an gegebener Stelle berichtet.

Spalte 2 bringt Zahnradpaarungen für sich schneidende Achsen. Sie haben keine Achsversetzung, daher ist $a = 0$, dafür haben sie einen Achswinkel, der verschieden von null ist, $\Sigma \neq 0$.

In *Feld 2.2* ist oben ein gerades, innenkonisches Zahnrad mit einem geraden zylindrischen Außenzahnrad gepaart, in der Mitte ein gerades Kronenrad mit einem geraden Stirnrad und unten ein Torusrad, auch mit einem geraden Stirnrad. Mindestens eines der beiden Zahnräder muß einen Konuswinkel $\theta_K \neq 0$ haben. Es ist auch möglich, Schrägverzahnungen zu verwenden. Bei zylindrischen Ritzeln ($\theta_1 = 0$) sind der Konuswinkel des Rades θ_2 und der Achswinkel Σ gleich,

$$\theta_2 = \Sigma \tag{4.1b}$$

Spalte 3 enthält Zahnradpaarungen für sich kreuzende Achsen. Sie weisen eine Achsversetzung $a \neq 0$ oder einen Achsabstand $\bar{a} \neq 0$ auf, als auch einen Achskreuzungswinkel $\Sigma \neq 0$. In *Feld 2.3* oben ist eine Schraubradpaarung mit zwei schrägverzahnten Stirnrädern zu sehen. Der Konuswinkel ist bei diesen Rädern $\theta_1 = \theta_2 = 0$. Für die Schrägverzahnung gilt dann allgemein

$$\Sigma = \beta_1 + \beta_2 \tag{4.2}$$

Daher erhält man für den Achswinkel von $\Sigma = 90°$

$$\beta_2 = 90° - \beta_1 \tag{4.2b}$$

In der Mitte wird eine Kronenradverzahnung mit gekreuzten Achsen dargestellt. Bei ihr liegt sowohl Achsversetzung $a \neq 0$ als auch ein Achskreuzungswinkel von $\Sigma \neq 0$ vor, der bei zylindrischen Ritzeln immer $\Sigma = 90°$ beträgt.

Das Stirnrad ist schrägverzahnt, das Kronenzahnrad hat eine der Geradverzahnung ähnliche Verzahnung (siehe *Kapitel 6*).

In *Feld 2.3* unten ist ein Konisches Zahnrad mit einem schrägverzahnten Stirnrad gepaart. Um bei einem Konuswinkel von $0 > \theta > 180°$ Achsversetzung zu erzielen, muß mindestens eines der beiden Räder schrägverzahnt sein und beim Achswinkel $\Sigma = 0°$ (bzw. 180°) eines der beiden „konisch" sein, siehe Gl. (4.1).

4.1.3 Vollwertiger Ersatz von Kegelradverzahnungen durch teilungskonstante Verzahnungen

Es zeigt sich, daß durch die systematische Veränderung des Konuswinkels θ, der bei gerader Außenverzahnung $\theta = 0$ und bei gerader Innenverzahnung $\theta = 180°$ ist, die ganze Palette der „konischen" Verzahnungen für gekreuzte Achsen mit erfaßt werden kann. Es ist daher möglich, Evolventenzahnräder mit konstanter Teilung auch in Getrieben mit nicht parallelen Achsen z.B. als vollwertigen Ersatz für Kegelzahnräder einzusetzen. Darauf hat der Autor schon frühzeitig hingewiesen mit zahlreichen praktischen Vorschlägen [4.18]. Um das zu ermöglichen, werden in den *Kapiteln 4 - 7* eingehende Berechnungsunterlagen zur Verfügung gestellt. Auf die Einordnung der Keilschrägverzahnungen als Konusverzahnungen besonderer Art wird noch in *Kapitel 5* eingegangen.

4.2   Nomenklatur der „konischen" Verzahnungen

Die Zahnräder mit kegeligem Kopfmantel unterteilt man in zwei Gruppen, die sehr unterschiedliche Verzahnungen haben. Es sind dies die „Kegelzahnräder" und die „konischen Zahnräder", **Bild 4.2**.

1. Die *Kegelzahnräder* haben nicht nur einen kegelförmigen Kopf- und Fußkreismantel, sondern auch einen kegelförmigen Grundkreis- und Teilkreismantel. Die Zähne werden zur Kegelspitze hin kleiner, die Zahnteilung und mit ihr der Modul auch. Sie gehören zur Verzahnungsgruppe mit *Variabler Teilung (variablem Modul), Teilbild 1*. Das hat bezüglich der Verzahnungsgeometrie und der Herstellung weitreichende Folgen.

2. Die *„konischen" Zahnräder* haben einen kegelförmigen Fußkreismantel und einen kegelförmigen (konischen) oder auch einen zylindrischen Kopfkreismantel, jedoch immer zylindrische Grund- und Teilkreismäntel. Die Zähne bleiben bei kegelförmigem Kopfmantel über die Zahnbreite hin gleich groß, die Teilung und damit der Modul ist immer konstant. Sie gehören zur Verzahnungsgruppe mit konstanter Teilung entlang der Zahnbreite *(konstantem Modul)* und damit zur Gruppe der Stirnradverzahnungen, *Teilbild 2*. Ihre Verzahnungsgeometrie und Her-

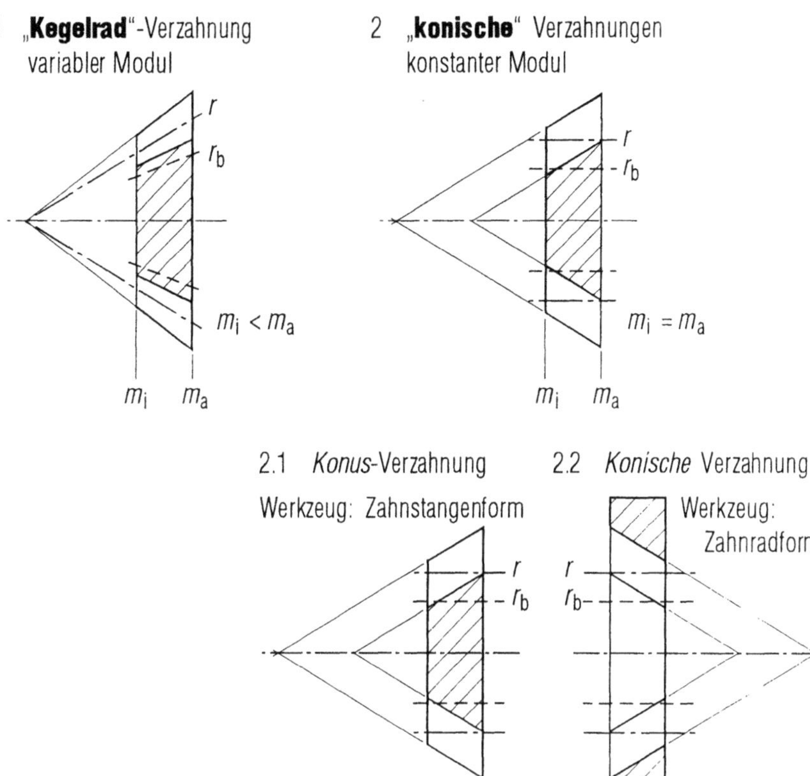

Bild 4.2. Gegenüberstellung von Kegelrad- und "konischen" Verzahnungen.

Teilbild 1: „Kegelrad"-Verzahnungen, da Fußkreis-, Kopfkreismäntel sowie Grundkreis- und Teilkreismäntel Kegelmäntel sind. Zahnteilung und Modul sind entlang der Zahnbreite verschieden.

Teilbild 2: „konische" Verzahnungen, da Fußkreis-, ggf. Kopfkreismäntel Kegelmäntel, jedoch Grundkreis- und Teilkreismäntel Zylindermäntel sind. Die Zahnteilung und der Modul sind entlang der Zahnbreite und daher an beiden Stirnflächen konstant.

Teilbild 2.1: **Konus**-Zahnräder sind mit zahnstangenförmigem Werkzeug erzeugt,

Teilbild 2.2: **Konische** Zahnräder mit radförmigem Werkzeug.

stellungsmöglichkeit ähnelt weitgehend der der üblichen Stirnradverzahnungen.

Um diese beiden Verzahnungsgruppen gut auseinanderhalten zu können, wird vorgeschlagen, im Gegensatz zu den *Kegelradverzahnungen* sie *„konische"* Verzahnungen zu nennen. Sie stehen als Verzahnungen mit *konstantem Modul* den Stirnradverzahnungen viel näher als den **Kegelrad**verzahnungen.

Aus den USA, insbesondere von Beam [4.2], stammt der Vorschlag, die Konischen Verzahnungen „beveloid gears" (kegelige Verzahnungen) zum Unterschied zu den bevel gears (Kegelrad-Verzahnungen) zu nennen. Das führt nicht nur zu

Verwechselungen, sondern reiht sie verzahnungstechnisch in die falsche Gruppe ein. Die in Europa benutzte Bezeichnung „konische" Verzahnungen (conical gears) ist aus beiden Gründen viel sinnvoller.

4.2.1 Unterteilung der „konischen" Verzahnungen

Die „konischen" Verzahnungen lassen sich wieder in zwei Gruppen unterteilen, nämlich in solche, die mit einem Zahnstangenwerkzeug herstellbar sind, hier Konus-Verzahnungen genannt, *Teilbild 2.1*, und solche, die mit einem zahnradförmigen Werkzeug (endlicher, bevorzugt kleiner Zähnezahl) zu erzeugen sind, hier Konische Verzahnungen genannt, *Teilbild 2.2*. Alle „konischen" Innenverzahnungen müssen daher Konische Verzahnungen sein. Werden „konische" Außenverzahnungen mit nicht zahnstangenförmigen Werkzeugen hergestellt, sind es Konische Verzahnungen. Ähnlich ist es bei Stirnradverzahnungen. Mit zahnstangenförmigen Werkzeugen sind nur Außenverzahnungen erzeugbar, mit zahnradförmigen Werkzeugen sowohl Außen- als auch Innenverzahnungen.

4.3 Entstehung und Anwendung der Konischen Verzahnungen

Wird beim Wälzstoßen die Führung des Schneidrades um einen bestimmten Winkel, hier *„Konuswinkel"* genannt, gegenüber der Werkradachse geneigt, dann entstehen die Konischen Verzahnungen. Damit man eine konstante Zahnhöhe erhalten kann, wird sowohl der Kopf- als auch der Fußkreismantel konisch ausgeführt, wobei der Neigungswinkel gleich diesem Konuswinkel ist und bei Konischen Verzahnungen mit θ_K bezeichnet wird.

In **Bild 4.3** werden zwei Konische Verzahnungen dargestellt. In *Teilbild 1* ist das Konische Zahnrad außenverzahnt, und in *Teilbild 2* innenverzahnt. Ist das gepaarte Stirnrad mit dem Schneidrad identisch, ergibt sich stets Linienberührung. Weil das zu paarende Stirnrad ein Zylinderrad ist, kann sich das Stirnrad (Ritzel) in der axialen Richtung frei bewegen. Dies ist ein Hauptvorteil gegenüber der Kegelradverzahnung. Man kann daher in vielen Fällen die Kegelräder durch die Konischen Zahnräder (gegebenenfalls durch Konus-Zahnräder) ersetzen.

Die anderen Vorteile der Konischen Verzahnungen gegenüber den Kegelradverzahnungen sind:

– Der Achswinkel der Konischen Verzahnung kann ohne Berücksichtigung der Einschränkung von Verzahnmaschinen beliebig gewählt werden, während beim Kegelrad ein kleiner Kegelwinkel wegen des erforderlichen großen Planrades nicht möglich ist.

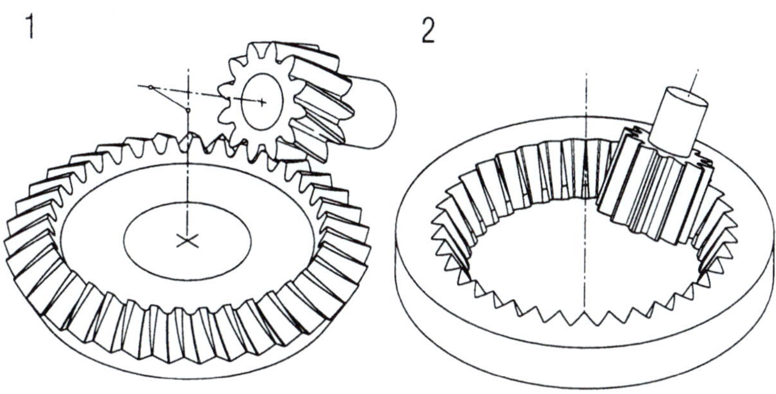

Bild 4.3. Beispiele für eine Konische Außenverzahnung (*Teilbild 1*) und eine Konische Innenverzahnung (*Teilbild 2*), beide mit Schneidrädern hergestellt.

– Die Eingriffsverhältnisse der Konischen Verzahnung ähneln denen der Stirnradpaarung, von denen die Erfahrungen übernommen werden können, während bei der Kegelradverzahnung von neuen Erkenntnissen ausgegangen werden muß.

– Für die Fertigung der Konischen Zahnräder sind keine speziellen Maschinen wie bei den Kegelradverzahnungen nötig, sondern nur die üblichen Maschinen für die Stirnradverzahnungen mit einer Hilfseinrichtung zur kontinuierlichen, nicht senkrechten Zustellung. Das gepaarte Ritzel ist ein Stirnrad, welches wie üblich mit zylindrischen Werkzeugen hergestellt werden kann. Damit senkt man die Fertigungskosten gegenüber Kegelradverzahnungen wesentlich.

Die Verzahnungsgeometrie der Konischen Verzahnung wird durch die des evolventischen Stirnrades bestimmt. Bei unendlicher Zähnezahl wird das Stirnrad eine Zahnstange. In ähnlicher Weise kann sich die Verzahnungsgeometrie der *Konusverzahnung* aus der der *Konischen Verzahnung* ergeben. Ebenso erhält man die Kronenradverzahnung mit Einsetzen des Konuswinkels von 90° in die Gleichungen der Konischen Verzahnungen und die Außen- bzw. Innenstirnradverzahnung mit dem Konuswinkel von 0° bzw. 180°. Daher stellt die Konische Verzahnung den allgemeinsten Fall aller Verzahnungen mit gleicher Teilung entlang der Zahnbreite dar, sowohl bei den Stirnradverzahnungen als auch bei allen anderen „konischen" Verzahnungen.

Mit der neu entwickelten CNC-Technologie und den „Toruswerkzeugen", siehe *Abschnitt 4.10.3*, wird es heute möglich, Konische Zahnräder wirtschaftlicher und technisch genauer herzustellen als früher. Insbesondere sind die Konischen Zahnräder bzw. Kronenzahnräder so vielseitig einsetzbar und daher von großer Bedeutung, weil sich Linienberührung bei ihren Paarungen realisieren läßt.

4.4　Bestimmungsgrößen am Konischen Zahnrad

Alle „konischen" Zahnräder (sowohl die Konischen Zahnräder als auch die Konuszahnräder) können konstruktiv in zwei Grundtypen ausgeführt werden, **Bild 4.4**. Grundtyp I in *Teilbild 1* wird vorwiegend für die Verzahnung mit kleinem Konuswinkel verwendet, Grundtyp II für solche mit großem Konuswinkel. Weil die Zahnkörpergestalt den Kegelrädern ähnelt, kann man die konischen Bestimmungsgrößen der Konischen Zahnräder auch in Anlehnung an DIN 3960 [4.5] sowie an DIN 3971 [4.6] wählen. Im folgenden werden einige wichtige Bestimmungsgrößen erläutert.

4.4.1 Modul

Der Modul des Konischen Zahnrades ist gleich dem Modul des Schneidrades bzw. des später zu paarenden Stirnrades. Der Stirnmodul m_t und der Normalmodul m_n werden wie bei konventionellen Stirnradverzahnungen definiert [4.15].

4.4.2 Konuswinkel und Achswinkel

Der Konuswinkel θ ist bei der Herstellung gleich dem Achswinkel Σ zwischen der Schneidradachse und der Konischen Zahnradachse. Dabei ist der Achswinkel Σ so definiert, daß er bei Außenverzahnung der kleinere der beiden Winkel

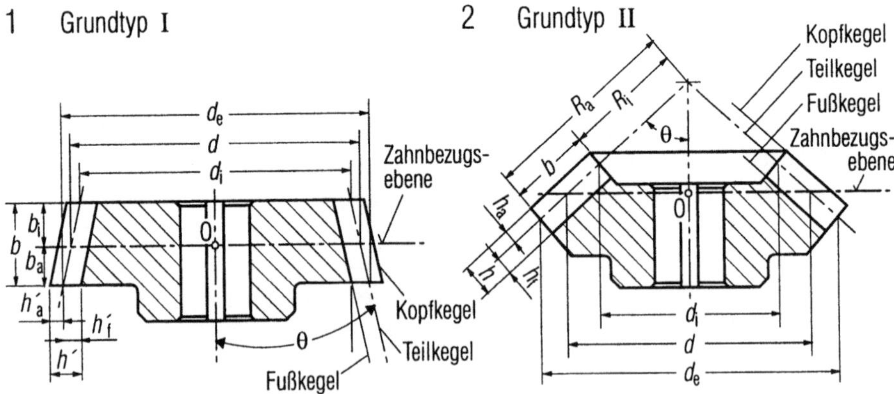

Bild 4.4. Zwei unterschiedliche Grundtypen „konischer" Zahnräder.

Teilbild 1: Grundtyp I: Die Stirnfläche der Zähne steht senkrecht zur Achse und ist hauptsächlich für kleine Konuswinkel θ geeignet, daher vorwiegend für **Konus**verzahnungen.
Teilbild 2: Grundtyp II: Die Stirnfläche der Zähne schließt die Achse mit dem Ergänzungswinkel des Konuswinkels θ ein. Verwendung für große Konuswinkel θ, daher vorwiegend für **Konische** Verzahnungen.

zwischen den Radachsen bzw. den Kreuzungsebenen ist. Bei Innenverzahnung ist als Konuswinkel θ der größere gewählt, d.h. er ist stets größer als $90°$.

4.4.3 Zähnezahl

Die Zähnezahl ist auch wie bei konventionellen Stirnrädern zu definieren. Für Innenverzahnungen, bei denen der Konuswinkel θ im Bereich $90° < \theta \leq 180°$ liegt, ist sie in den folgenden Ausführungen noch *positiv* definiert, um später ein vereinheitlichtes System aufstellen zu können, siehe *Kapitel 7 (Torusverzahnung)*.

Es ist allerdings möglich, die Zähnezahl der Innenverzahnung mit negativem Zahlenwert festzulegen, wobei dann der Konuswinkel nicht mehr im Bereich von $90° < \theta \leq 180°$ liegt, sondern im Bereich von $0° \leq \theta < 90°$. Letztere Definition[2] wird im folgenden aufgrund der vereinheitlichten Gleichungssysteme nicht berücksichtigt.

4.4.4 Bezugsprofil

Weil die Konische Verzahnung in diesem Abschnitt als Einzelverzahnung behandelt wird, wird ihr Bezugsprofil gemäß dem des Schneidrades definiert. Das Bezugsprofil des Schneidrades kann entweder nach DIN 867 [4.8] für den Maschinenbau oder DIN 58400 [4.7] für die Feinwerktechnik oder nach einem Komplementprofil (siehe *Kapitel 2* und [4.20]) gewählt werden.

Die Zahnhöhen eines Konischen Zahnrades nach Grundtyp II sind wie bei konventionellen Stirnrädern definiert, nach Grundtyp I aber mit den folgenden Gleichungen umzurechnen,

$$h'_{aK} = \frac{h^*_{aK} \cdot m_n}{\cos\theta},$$

(4.3a)

$$h'_{fK} = \frac{h^*_{afK} \cdot m_n}{\cos\theta}.$$

(4.3b)

Die Gesamtzahnhöhe des Konischen Zahnrades ist entlang der Zahnbreite in der Regel konstant, gegebenenfalls kann auch eine Kopfhöhenkürzung vorgesehen werden.

---

[2] Verschieden von dieser und der in *Kapitel 8* verwendeten Definition ist die nach DIN 3960 [4.5] und in den bekannten Zahnradwerken verwendete Definition, nämlich daß Außenverzahnungen positive und Innenverzahnungen negative Vorzeichen haben. Im vorliegenden Text entsteht das negative Vorzeichen durch cos θ, mit $90° < \theta \leq 180°$.

4.4.5 Schrägungswinkel

Der Schrägungswinkel einer Konischen Schrägverzahnung ist wegen des sich ändernden Eingriffswinkels nicht konstant. Deshalb ist es nicht sinnvoll, den Schrägungswinkel des Konischen Zahnrades anzugeben. Als Bestimmungsgröße eines Konischen Zahnrades soll daher der Schrägungswinkel β des Schneidrades dienen. Das Vorzeichen des Schrägungswinkels ist bei rechtssteigenden Ritzeln positiv und bei linkssteigenden negativ festgelegt.

4.4.6 Zahnbreite

Zur axialen Begrenzung des Konischen Zahnrades dient die Zahnbreite. Die zulässige Zahnbreite bei Konischen Verzahnungen ist durch zwei Erscheinungen eingegrenzt, nämlich durch die Unterschnitt- und durch die Spitzengrenze. Zur eindeutigen Festlegung dieser Grenze sind folgende Größen entscheidend:

4.4.6.1   Teilkegel, Teilkreis, Teilkreisdurchmesser

Der Teilkegel eines Konischen Zahnrades ist eine gedachte Kegelfläche, welche die Verschiebungszylinder des Schneidrades mit dem Halbmesser von $r_{tS} + x_S \cdot m_n$ berührt. Der Teilkegelwinkel ist in diesem Fall gleich dem Konuswinkel.

Um die räumliche Geometrie der Zähne später beschreiben zu können, definieren wir eine „Zahnbezugsebene". In dieser Ebene (siehe *Bild 4.4*) liegt der Teilkreisdurchmesser und ist gleich dem Produkt aus der Zähnezahl und dem Stirnmodul m_t:

$$d = z \cdot m_t . \tag{4.4}$$

Bei V-Null-Verzahnungen ist die Zahndicke in dieser Ebene gleich der Zahnlücke. Zur Festlegung der Stirnfläche des Konischen Zahnrades dienen auch der innere Teilkreisdurchmesser d_i und der äußere Teilkreisdurchmesser d_e, *Bild 4.4*. Für ein Zahnrad nach Typ I ist der innere Teilkegeldurchmesser d_i aus dem Abstand b_i zur Zahnbezugsebene gegeben

$$d_i = d - 2b_i \tan\theta , \tag{4.5a}$$

und der äußere Teilkegeldurchmesser d_e aus dem Abstand b_a

$$d_e = d + 2b_a \tan\theta . \tag{4.5b}$$

Die Zahnbreite b ist in diesem Fall

$$b = b_\mathrm{a} + b_\mathrm{i} = \frac{d_\mathrm{e} - d_\mathrm{i}}{2} \cdot \cot\theta. \tag{4.6}$$

4.4.6.2 Äußere und innere Teilkegellänge

Für ein Zahnrad nach Typ II verwendet man häufig die Teilkegellänge. Die Teilkegellänge ist der Abstand eines betrachteten Punktes auf dem Teilkegel von der Teilkegelspitze. Die Stirnflächen der Verzahnung sind durch die äußere und innere Teilkegellänge R_a und R_i festgelegt, deren Zusammenhänge mit dem Teilkegeldurchmesser die folgenden sind

$$R_\mathrm{a} = \frac{d_\mathrm{e}}{2 \cdot \sin\theta}, \tag{4.7a}$$

$$R_\mathrm{i} = \frac{d_\mathrm{i}}{2 \cdot \sin\theta}. \tag{4.7b}$$

Die Zahnbreite b ergibt sich aus

$$b = R_\mathrm{a} - R_\mathrm{i}. \tag{4.8}$$

4.4.7 Bezeichnung der Flanken

Für die weiteren Ausführungen müssen Links- und Rechtsflanken eindeutig festgelegt werden. Die Linksflanke F_L (Rechtsflanke F_R) ist nach DIN 868 [4.9] diejenige Zahnflanke, die ein Beobachter in der Blickrichtung von dem Schnittpunkt (bei sich schneidenden Achsen) bzw. dem Kreuzungspunkt (bei gekreuzten Achsen) der Radachse aus in die Richtung der Schneidradachse an einem nach oben gerichteten Zahn an dessen linker (rechter) Seite sieht. In der Regel kämmen jeweils die Rechtsflanken mit Rechtsflanken und Linksflanken mit Linksflanken. Bei Zahnradpaarungen mit zwei Konischen Zahnrädern, deren Achsen bzw. Kegelspitzen entgegengesetzt sind, arbeiten die Linksflanken des treibenden Rades mit den Rechtsflanken des Gegenrades und umgekehrt.

4.5 Erzeugung Konischer Zahnräder

In **Bild 4.5** wird die Erzeugung eines schrägverzahnten Konischen Zahnrades gezeigt. Dabei sind die Achsen versetzt angeordnet. Da das Schneidrad das zu paarende Ritzel simuliert, kann die Konische Verzahnungsgeometrie mit der des Rit-

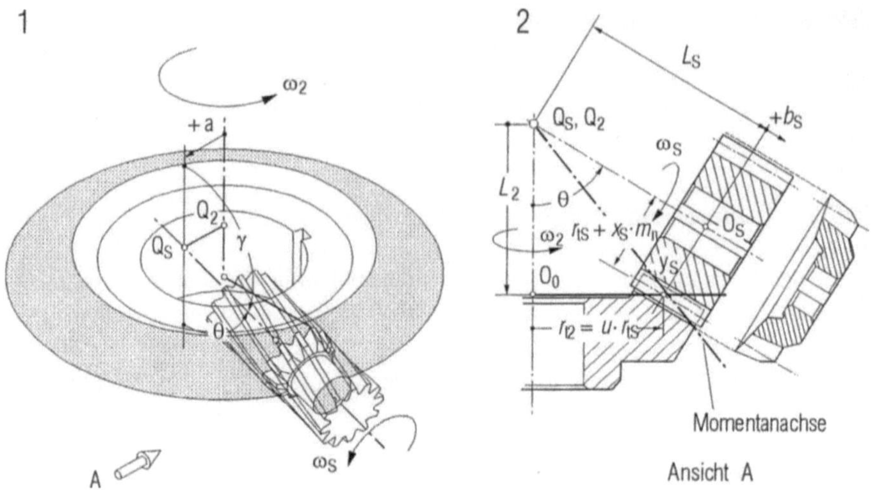

Bild 4.5 Erzeugung eines schrägverzahnten Konischen Zahnrades mit einem schrägverzahnten Schneidrad, das dem zu paarenden Stirnradritzel entspricht. Definition der Zahnbezugsebene des Stirnrades.

Teilbild 1: Achsversetzung des Ritzels um $+a$, den kleinsten Abstand der Drehachsen.
Teilbild 2: Festlegen der Lage des Schneidrades mit den Größen L_S und L_2.

zels ermittelt werden. Wie im Bild zu erkennen ist, wird das Konische Zahnrad im
folgenden nach Grundtyp II gestaltet. Obwohl das Ritzel axial frei beweglich ist,
wird eine „Zahnbezugsebene" für das Ritzel definiert. Diese Zahnbezugsebene ist
derjenige Stirnschnitt des Ritzels, der die Zahnbezugsebene des konischen Zahnrades in einer Linie mit dem kürzesten Abstand zu a der Radachse von r_{t2} schneidet. Die Variable b_S ist in dieser Zahnbezugsebene gleich null und ist positiv zur
Außenseite des konischen Zahnrades sowie negativ zur Innenseite. Der Abstand L_S
dieser Zahnbezugsebene am Ritzel zum Kreuzungspunkt Q_S ist

$$L_S = \overline{O_S Q_S} = \frac{r_{t2} + \left(r_{tS} + x_S \cdot m_n\right) \cdot \cos\theta}{\sin\theta},$$

(4.9a)

und der Abstand L_2 der Zahnbezugsebene am konischen Zahnrad zum Kreuzungspunkt Q_2

$$L_2 = \overline{O_0 Q_2} = \frac{r_{tS} + x_S \cdot m_n + r_{t2}\cos\theta}{\sin\theta}.$$

(4.9b)

4.5.1 Bedingungen für korrekten und gleichmäßigen Eingriff

Weil die Umfangsgeschwindigkeiten der Flankenpunkte des Konischen Zahnrades abhängig vom Abstand zur Radachse verschieden sind, ändern sich die Eingriffswinkel, mit denen die Berührnormale den Grundzylinder des Ritzels tangiert, entlang der Zahnbreite. Nach [4.24] stehen die Zahnbreite b_S und der Eingriffswinkel λ in folgender Abhängigkeit:

$$b_S \sin\theta = r_{tS}(u+\cos\theta)\left(\frac{\cos\alpha_t}{\cos\lambda_{L,R}}-1\right) - m_n\cdot\left(x_S+x_2\right)\cos\theta - a\tan\lambda_{L,R}\cos\theta +$$

$$+\left[a+r_{btS}(-\sin\lambda_{L,R}\pm\rho^*_{tL,R}\cos\lambda_{L,R})\right]\frac{\sin\theta\cdot\tan\beta_b}{\cos\lambda_{L,R}}.$$

$$(4.10)$$

Für die Konische Verzahnung, bei der der Konuswinkel θ weder gleich $0°$ noch gleich $180°$ ist, nämlich $\sin\theta \neq 0$, erhält man

$$b_S = \frac{r_{tS}\cdot(u+\cos\theta)}{\sin\theta}\left(\frac{\cos\alpha_t}{\cos\lambda_{L,R_*}}-1\right) - m_n\left(x_S+x_2\right)\cdot\cot\theta - a\cdot\tan\lambda_{L,R}\cot\theta +$$

$$+\left[a+r_{btS}(-\sin\lambda_{L,R}\pm\rho_{tL,R}\cos\lambda_{L,R})\right]\frac{\tan\beta_b}{\cos\lambda_{L,R}}.$$

$$(4.11)$$

Für die Geradverzahnung ohne Achsversetzung ($a = 0$) ist diese Eingriffsgleichung

$$b_S = \frac{r_{tS}\cdot(u+\cos\theta)}{\sin\theta}\left(\frac{\cos\alpha_t}{\cos\lambda_{L,R}}-1\right) - m_n\left(x_S+x_2\right)\cdot\cot\theta \qquad (4.12)$$

oder mit Gl. (4.9a)

$$\cos\lambda_{L,R} = \frac{r_{tS}\cdot(u/\cos\theta+1)\cdot\cos\alpha_t}{\left(b_S+L_S\right)\cdot\tan\theta}. \qquad (4.13)$$

Der Abstand $(b_S+L_S)\cdot\tan\theta$ in Gl. (4.13) entspricht der Länge $O'_S O'_2$ in *Teilbild 1* des **Bildes 4.6**. Wenn das Konische Zahnrad in diesem Stirnschnitt durch ein Ersatzrad mit einem Grundkreishalbmesser von $u\cdot r_{btS}\cdot\cos\alpha_t / \cos\theta$ ersetzt wird, dann stimmt die Gleichung (4.13) mit der der Stirnradverzahnung gut überein. Wird der Stirnschnitt entlang der Zahnbreite verschoben, bleiben zwar der Grundkreishalbmesser des Ersatzrades und des Schneidrades gleich, jedoch ändert sich der Ab-

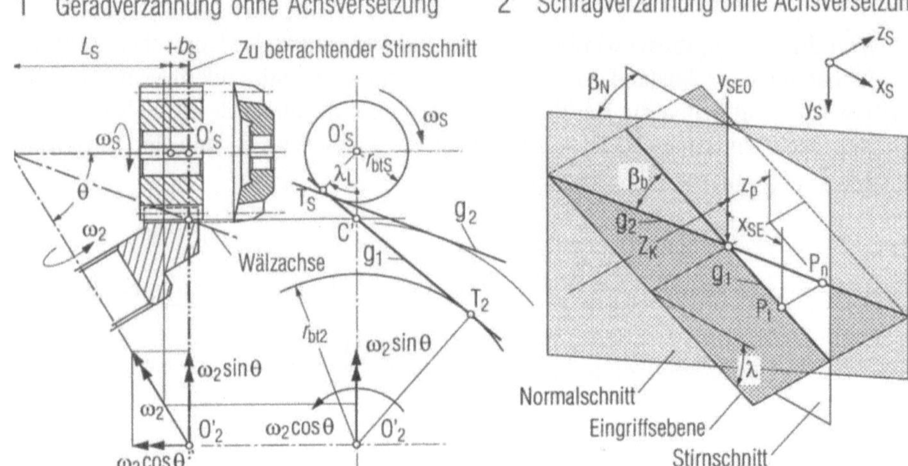

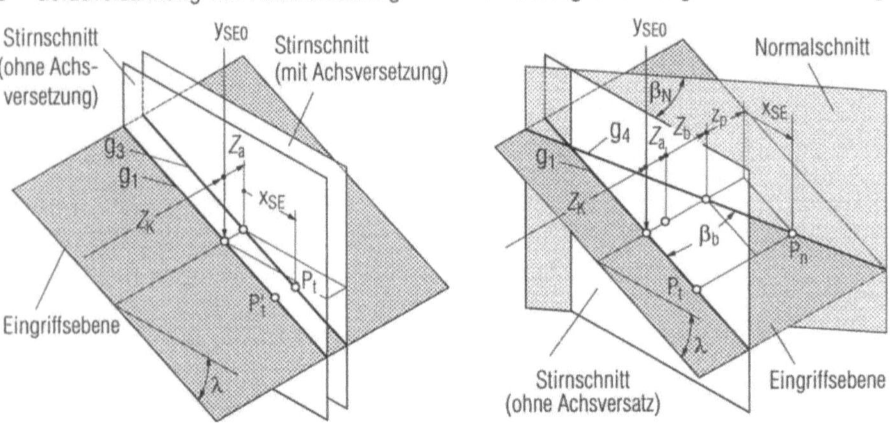

Bild 4.6. Darstellung der Eingriffslinie der Konischen Verzahnung. Die Eingriffslinie jedes Stirnschnitts des Schneidrades ist eine Gerade, jedoch mit verschieden großem Eingriffswinkel λ.

Teilbild 1: Die Eingriffslinie bei der Konischen Geradverzahnung ohne Achsversetzung, Bestimmung mit einem Ersatzrad (ähnlich der Geradverzahnung).

Teilbild 2: Die Eingriffslinie bei Schrägverzahnung ohne Achsversetzung liegt in einem Normalschnitt, der gegenüber dem Stirnschnitt um β_N verdreht ist.

Teilbild 3: Die Eingriffslinie bei Geradverzahnung mit Achsversetzung wird gegenüber der ohne Achsversetzung (*Teilbild 1*) um den Abstand Z_a verschoben.

Teilbild 4: Die Eingriffslinie einer Schrägverzahnung mit Achsversetzung wird gegenüber der mit dem gleichen Eingriffswinkel λ, aber ohne Achsversetzung (*Teilbild 2*) um den Abstand Z_a+Z_b verschoben.

stand $O'_S O'_2$, der dem Achsabstand bei der Stirnradpaarung entspricht. Daher ist auch der Eingriffswinkel $\lambda_{L,R}$ veränderlich. Diese Änderung des Abstandes $O'_S O'_2$ entspricht der Profilverschiebung bei der Stirnradverzahnung.

Für die Schrägverzahnung mit Achsversetzung liegt die Eingriffslinie mit konstantem Eingriffswinkel in dem Normalschnitt, der um einen Winkel β_N gegenüber dem Stirnschnitt geneigt wird. Mit Gl. (4.11) kann unmittelbar dieser Winkel β_N berechnet werden, für den gilt

$$\tan \beta_N = \frac{\tan \beta_b}{\cos \lambda_{L,R}}. \tag{4.14}$$

Der Stirnschnitt wird gegenüber dem Stirnschnitt mit dem gleichen Eingriffswinkel bei der Geradverzahnung ohne Achsversetzung um einen Abstand Z verschoben. Auf diese Weise erhält man aus Gl. (4.11) den Abstand Z

$$Z = Z_a + Z_b = -a \cdot \tan \lambda_{L,R} \cot \theta + a \cdot \frac{\tan \beta_b}{\cos \lambda_{L,R}}. \tag{4.15}$$

Der Abstand $Z_a = -a \cdot \tan \lambda_{L,R} \cot \theta$ liegt stets bei der vorhandenen Achsversetzung vor, während der Abstand $Z_b = -a \cdot \tan \beta_b / \cos \lambda_{L,R}$ nur bei Schrägverzahnung *mit* Achsversetzung auftritt.

Demzufolge hat das schrägverzahnte Konische Zahnrad bei gleichen Zähnezahlen meistens größere Innen- und Außenkegellängen als das geradverzahnte.

4.5.2 Zahnflanken der Konischen Zahnräder

Weil die Eingriffsfläche des Konischen Zahnrades bei der Erzeugung keine Ebene ist, entsteht keine evolventische Flanke im Stirnschnitt des Konischen Zahnrades. Diese Flanken sind geometrisch komplizierte Flächen [4.24].

4.5.3 Geometrische Grenzen

Infolge des veränderlichen Eingriffswinkels bzw. der veränderlichen Profilverschiebung entlang der Zahnbreite müssen bei der Auslegung drei geometrische Grenzen beachtet werden, um eine korrekte Verzahnung zu erhalten. Diese drei Grenzen sind: Unterschnitt-, Spitzen- und Interferenzgrenze. In **Bild 4.7** sind die drei geometrischen Grenzkurven auf der Eingriffsfläche, *Teilbild 1*, und an einem Zahn eines Konischen Zahnrades, *Teilbild 2*, dargestellt.

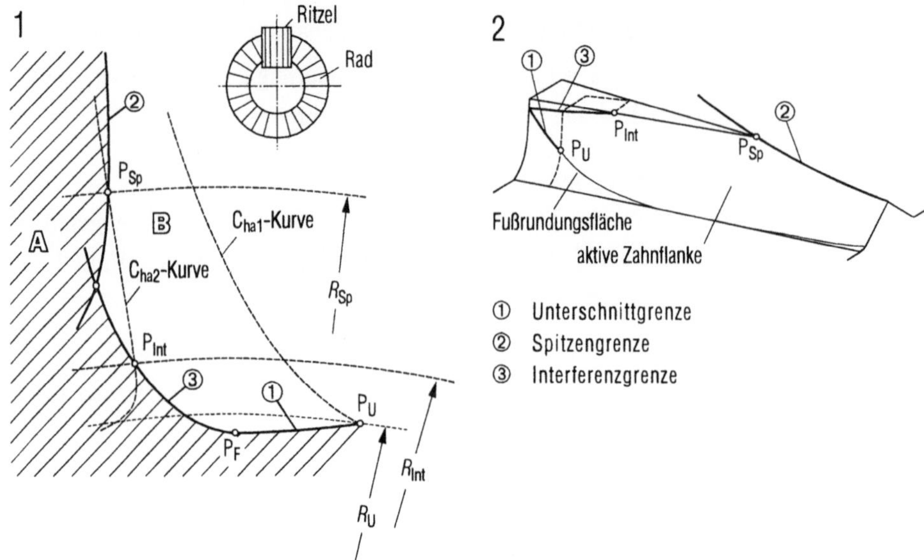

Bild 4.7. Geometrische Grenzkurven bei Konischen Verzahnungen.

Teilbild 1: Gezeigt in der Eingriffsfläche,
Teilbild 2: Gezeigt an der Konischen Zahnflanke.
Korrekt eingreifende Zähne sind vorhanden, wenn die Berührung im nicht schraffierten Feld von *Teilbild 1* liegt. Die Eingriffsgrenzen ergeben sich aufgrund der Spitzengrenze R_{Sp}. Es ist: R_{Sp} Teilkegellänge an der Spitzengrenze, R_{Int} an der Interferenzgrenze, R_U an der Unterschnittgrenze, C_{ha1} Zahnkopfzylindergrenze des Ritzels, C_{ha2} Zahnkopfkegelgrenze des Rades.

Die *Unterschnitt-Grenzkurve* ist der geometrische Ort aller singulären Punkte an der *theoretischen* Flanke, [4.12; 4.24]. Bei der Herstellung dürfen daher die Flanken nur bis zu dieser Grenzkurve erzeugt werden, sonst werden die Zähne unterschnitten. Es läßt sich z.B. entweder der Zahnkopfkreis des Werkzeugs entsprechend der Zahnbreite nach der Radachse hin verkleinern oder der Innenhalbmesser durch den Grenzpunkt P_U bestimmen. Die *Spitzen-Grenzkurve* ist die Schnittkurve der Rechts- und der Linksflanke des Kronenzahnrades. Die *Interferenz-Grenzkurve* ist der geometrische Ort der Punkte, bei denen die Flankenpunkte am Zahnfuß-Formkreis des Schneidrades und die Flanke des Konischen Zahnrades sich berühren. Um die Interferenz zwischen der Zahnfußrundung des Schneidrades und dem Zahnkopf des Konischen Rades zu vermeiden, muß entweder die Zahnkopfhöhe des Konischen Rades unter der Grenzkurve liegen oder der Innenhalbmesser durch den Punkt P_{Int} begrenzt werden.

4.5.3.1 Unterschnittgrenze

1. Bestimmungsgleichung
Für das unterschnittfreie Konische Zahnrad ergibt sich ein kleinster Eingriffswinkel $\lambda_{UL,R}$, bei dem der Unterschnitt gerade auftritt (Punkt P_U in *Bild 4.7*). Dieser Ein-

griffswinkel $\lambda_{\mathrm{UL,R}}$ an der Unterschnittgrenze hängt sowohl von dem Kopfkreishalbmesser des Schneidrades als auch von der Geometrie der Eingriffsfläche ab. Nach [4.24] kann der Eingriffswinkel $\lambda_{\mathrm{UL,R}}$ an der Unterschnittgrenze für Links- und Rechtsflanken wie folgt bestimmt werden:

$$f_{\mathrm{u}}(\lambda_{\mathrm{UL,R}}) = U_0(\lambda_{\mathrm{UL,R}}) + U_1(\lambda_{\mathrm{UL,R}}) \cdot a^* + U_2(\lambda_{\mathrm{UL,R}}) \cdot \tan\beta_{\mathrm{b}} = 0 , \qquad (4.16)$$

mit

$$U_0(\lambda_{\mathrm{UL,R}}) = u^{*2} \cdot \tan^2\lambda_{\mathrm{UL,R}} \cdot (1 + \tan^2\lambda_{\mathrm{UL,R}}) +$$
$$\pm \rho_{\mathrm{at}}^* \cdot \left[1 - u^* \cdot \cot\theta \cdot (1 + \tan^2\lambda_{\mathrm{UL,R}}) \right] \cdot \tan\lambda_{\mathrm{UL,R}} - \rho_{\mathrm{at}}^{*2} , \qquad (4.14a)$$

$$U_1(\lambda_{\mathrm{UL,R}}) = a^* \cdot \cot^2\theta \cdot (1 + \tan^2\lambda_{\mathrm{UL,R}})^2 - \frac{2 \cdot u^* \cdot \tan\lambda_{\mathrm{Uk}}(1 + \tan^2\lambda_{\mathrm{Uk}})}{\cos\lambda_{\mathrm{Uk}} \cdot \tan\theta} +$$
$$\pm \frac{\rho_{\mathrm{at}}^*}{\cos\lambda_{\mathrm{Uk}}} \left[(1 + \tan^2\lambda_{\mathrm{Uk}}) \cdot \cot^2\theta - 1 \right] ,$$
$$(4.14b)$$

$$U_2(\lambda_{\mathrm{UL,R}}) = g_0(\lambda_{\mathrm{UL,R}}) + g_1(\lambda_{\mathrm{UL,R}}) \cdot a^* + g_2(\lambda_{\mathrm{UL,R}}) \cdot \tan\beta_{\mathrm{b}} , \qquad (4.14c)$$

mit den Koeffizienten

$$g_0 = -\frac{2u^* \cdot \tan^3\lambda_{\mathrm{UL,R}}}{\cos\lambda_{\mathrm{UL,R}}} \mp \rho_{\mathrm{at}}^* \cdot \left[\frac{u^*(1 - \tan^2\lambda_{\mathrm{UL,R}}) - (1 + \tan^2\lambda_{\mathrm{UL,R}}) \cdot \cot\theta}{\cos\lambda_{\mathrm{UL,R}}} \right] ,$$
$$(4.14d)$$

$$g_1 = 2 \cdot \tan\lambda_{\mathrm{UL,R}}(1 + \tan^2\lambda_{\mathrm{UL,R}}) \cdot \left[(u^* + \cot\theta) \cdot \tan\lambda_{\mathrm{UL,R}} \mp \rho_{\mathrm{at}}^* \cdot \cot\theta - \frac{a^* \cdot \cot\theta}{\cos\lambda_{\mathrm{UL,R}}} \right] ,$$
$$(4.14e)$$

$$g_2 = \left(\frac{a^*}{\cos\lambda_{\mathrm{UL,R}}} - \tan\lambda_{\mathrm{UL,R}} \pm \rho_{\mathrm{at}}^* \right) \left[-\tan^3\lambda_{\mathrm{UL,R}} \mp \rho_{\mathrm{at}}^* + \frac{a^* \cdot \tan^2\lambda_{\mathrm{UL,R}}}{\cos\lambda_{\mathrm{UL,R}}} \right]$$
$$(4.14f)$$

wobei gilt

$$u^* = \frac{u + \cos\theta}{\sin\theta} , \qquad (4.14g)$$

$$a^* = \frac{a}{r_{\mathrm{btS}}} , \qquad (4.14h)$$

$$\rho_{\mathrm{at}}^* = \sqrt{\left(\frac{r_{\mathrm{atS}}}{r_{\mathrm{btS}}}\right)^2 - 1} = \sqrt{\left(\frac{z_{\mathrm{S}} + 2(x_{\mathrm{S}} + h_{\mathrm{aPS}}^*) \cdot \cos\beta}{z_{\mathrm{S}} \cdot \cos\alpha_{\mathrm{t}}}\right)^2 - 1}\,. \tag{4.14i}$$

Das obere Vorzeichen in den Gleichungen gilt für die Linksflanken und das untere für die Rechtsflanken. Diese nicht lineare Gleichung muß mit Hilfe eines numerischen Verfahrens gelöst werden. Die Schreibweise von Gl. (4.16) ist rechnerisch orientiert, d.h. die Koeffizienten U_1 und U_2 müssen beispielsweise bei der Geradverzahnung ohne Achsversetzung nicht mehr berücksichtigt werden. So kann die numerische Berechnung erleichtert werden.

Weil der Eingriffswinkel λ_{U} meistens sehr klein ist, lassen sich die Terme $\tan^4 \lambda_{\mathrm{k}}$ und $\tan^3 \lambda_{\mathrm{k}}$ vernachlässigen. Es ergibt sich dann eine quadratische Gleichung für die Unterschnittgrenze

$$A_0 \tan^2 \lambda_{\mathrm{Uk}} + A_1 \tan \lambda_{\mathrm{Uk}} + A_2 = 0\,, \tag{4.17}$$

mit

$$A_0 = u^{*2} + a^* \cdot \left(\pm \rho_{\mathrm{at}}^* + 2 \cdot a^*\right) \cdot \cot^2\theta + \left(a^* \cdot \tan\beta_{\mathrm{b}}\right)^2 +$$
$$+ \tan\beta_{\mathrm{b}} \cdot \left[u^* \cdot \rho_{\mathrm{at}}^* + \cot\theta \pm 2a^* \cdot \left(u^* + \cot\theta\right) + \rho_{\mathrm{ak}}^* \cdot a^* \cdot \tan\beta_{\mathrm{b}}\right], \tag{4.17a}$$

$$A_1 = \pm \rho_{\mathrm{at}}^* \cdot \left(1 - u^* \cdot \cot\theta\right) - 2u^* \cdot a^* \cdot \cot\theta \pm \rho_{\mathrm{tk}}^* \cdot \tan^2\beta_{\mathrm{b}} +$$
$$- 2a^* \cdot \tan\beta_{\mathrm{b}} \cdot \left(\pm \rho_{\mathrm{at}}^* + a^*\right) \cdot \cot\theta, \tag{4.17b}$$

$$A_2 = -\rho_{\mathrm{at}}^{*2} \pm a^* \cdot \left[\rho_{\mathrm{at}}^* \cdot \left(\cot^2\theta - 1\right) + a^* \cdot \cot^2\theta\right] +$$
$$\mp \rho_{\mathrm{at}}^* \cdot \tan\beta_{\mathrm{b}} \cdot \left[u^* - \cot\theta + \tan\beta_{\mathrm{b}} \cdot \left(a^* \pm \rho_{\mathrm{at}}^*\right)\right]. \tag{4.17c}$$

Die Lösung von Gl. (4.15) lautet:

$$\tan\lambda_{\mathrm{UL,R}} = \frac{-A_1 \pm \sqrt{A_1^2 - 4A_0 A_2}}{2A_0}\,. \tag{4.18}$$

Das Vorzeichen $\pm$ in Gl. (4.18) ist unabhängig von der Flankenseite, jedoch muß es so gewählt werden, daß die zwei Lösungen von λ_{Uk}, jeweils für Linksflanken und für Rechtsflanken in dem entsprechenden Gültigkeitsbereich liegen, d.h. der Eingriffswinkel λ_{UL} für Linksflanken positiv und λ_{UR} für Rechtsflanken negativ ist.

Für die Geradverzahnung ohne Achsversetzung ist der angenäherte Eingriffswinkel $\lambda_{UL,R}$ an der Unterschnittgrenze gleich

$$\tan \lambda_{UL,R} = \pm \left[\frac{-\left(1 - u^* \cdot \cot \theta\right) + \sqrt{\left(1 - u^* \cdot \cot \theta\right)^2 + 4u^{*2}}}{2u^{*2}} \right] \cdot \rho_{at}^* \qquad (4.19)$$

2. Ungleichmäßiger Unterschnitt

Aus der Bestimmungsgleichung für die Unterschnittgrenze folgt, daß sich bei der Schrägverzahnung mit und ohne Achsversetzung zwei unterschiedliche Eingriffswinkel für Links- und Rechtsflanken ergeben können. Das heißt, der Unterschnitt an Flanken ist ungleichmäßig. Unter bestimmten Bedingungen können z.B. die Linksflanken schon früher unterschnitten werden als die Rechtsflanken. Infolge dieses ungleichmäßigen Unterschnitts wird die nutzbare Zahnbreite bei der Schrägverzahnung mit oder ohne Achsversetzung verkleinert. In **Bild 4.8** werden

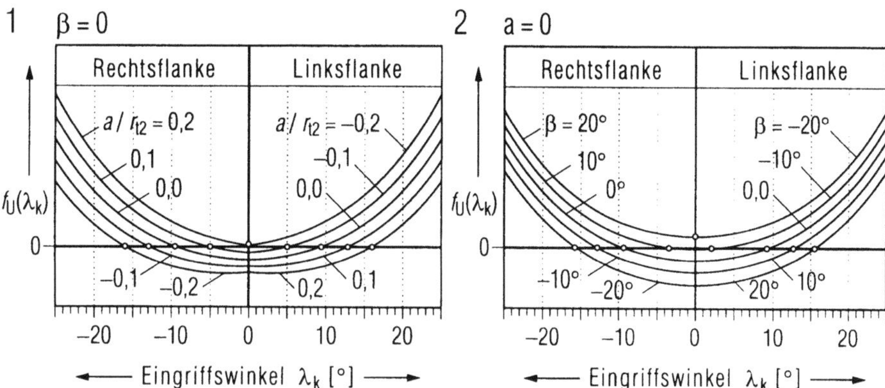

Bild 4.8. Diagramme zur Bestimmung des Unterschnitts bei Konischen Verzahnungen (Gl. (4.16)). Schneiden die Kurven die Ordinaten ($f_u (\lambda_k) = 0$), dann tritt Unterschnitt auf.

Teilbild 1: Geradverzahnung mit Achsversetzung. Bei großer Achsversetzung a/r_2 tritt der Unterschnitt nur an der einen Flanke auf. Bei positiver Achsversetzung ist der absolute Eingriffswinkel $|\lambda_L|$ an der Unterschnittgrenze für Linksflanken größer als für Rechtsflanken $|\lambda_R|$, bei negativer ist es umgekehrt. Daher berechnet man den Unterschnitt zunächst immer an der Flankenseite, an der er größer ist.

Teilbild 2: Schrägverzahnung ohne Achsversetzung. Bei großen Schrägungswinkeln tritt der Unterschnitt nur an der einen Flanke (Links- oder Rechtsflanke) auf. Bei positivem Schrägungswinkel β (rechtssteigend am Schneidrad), ist der absolute Eingriffswinkel $|\lambda_L|$ an der Unterschnittgrenze für Linksflanken größer als für Rechtsflanken $|\lambda_R|$. Bei Berechnung der Unterschnittgrenze werden daher für positiven Schrägungswinkel immer die Linksflanken zuerst untersucht, bei negativem Schrägungswinkel die Rechtsflanken.

zwei Diagramme gezeigt, welche den Einfluß des Schrägungswinkels und der Achsversetzung auf den Eingriffswinkel an der Unterschnittgrenze angeben. Die Kurven im Diagramm stellen die Funktionswerte von Gl. (4.16) dar. Mit dem Funktionswert von null ergibt sich der Eingriffswinkel λ_U an der Unterschnittgrenze, der dem Schnittpunkt der Kurven mit der Abszissenachse entspricht. Gibt es keinen Schnittpunkt, dann entsteht kein Unterschnitt. Aus der Kurvendarstellung in *Bild 4.8* können daher folgende Regeln entnommen werden:

- Bei bestimmtem Schrägungswinkel β oder bestimmter Achsversetzung a kann der Unterschnitt an einer Zahnflanke, Links- oder Rechtsflanke, vermieden werden.

- Bei großem und positivem Schrägungswinkel des Schneidrades tritt der Unterschnitt vorwiegend an den Linksflanken auf, mit kleinerem und negativem dagegen an den Rechtsflanken.

- mit großer und positiver Achsversetzung tritt der Unterschnitt vorwiegend an den Linksflanken auf, mit kleiner und negativer dagegen an den Rechtsflanken.

Da die Zahnflanken von Konischen Zahnrädern je nach dem Schrägungswinkel β und/oder der Achsversetzung entweder beidseitig oder einseitig unterschnitten sein können, müssen bei der Berechnung der Unterschnittgrenze die oben genannten Festlegungen beachtet werden. Bei der Schrägverzahnung mit positivem Schrägungswinkel β am Schneidrad ist es z.B. ausreichend, nur die Linksflanken zu betrachten, weil an diesen Flanken der Unterschnitt stets auftritt, während es an den Rechtsflanken entweder keinen Unterschnitt gibt oder der Betrag des Eingriffswinkels an der Unterschnittgrenze viel kleiner ist als an den Linksflanken. Diese Regel gilt auch entsprechend für die Achsversetzung.

4.5.3.2 Spitzengrenze

Die Bestimmung der Spitzengrenze ist mit der Geometrie der Flanken eng verbunden. Die Bestimmungsgleichungen für die Spitzengrenze sind allgemein vier Gleichungen mit vier Unbekannten, weil sich für jede Flanke (Links- oder Rechtsflanken) zwei Unbekannte ergeben [4.24]. Wie man später erkennen kann, wird die Zahnbreite bei gleichen Verzahnungsgrößen mit dem Konuswinkel von 90° am kleinsten sein. Bei der Auslegung der Konischen Zahnräder mit kleinen Konuswinkeln für Außenverzahnungen oder großen für Innenverzahnungen ist die zulässige Zahnbreite meistens groß genug für praktische Anwendungen. Andererseits ist es auch besser, die Außen-Teilkegellänge aufgrund der Innen-Teilkegellänge mit der vorgegebenen Zahnbreite zu bestimmen, damit sich eine große Überdeckung und bessere Laufgüte ergibt. Daher werden die Bestimmungsgleichungen hier im einzelnen nicht angegeben. Zur Vermeidung der Spitzengrenze kann unter Inkaufnahme kleinerer Zahnhöhen eine Konische Zahnkopfkürzung vorgenommen wer-

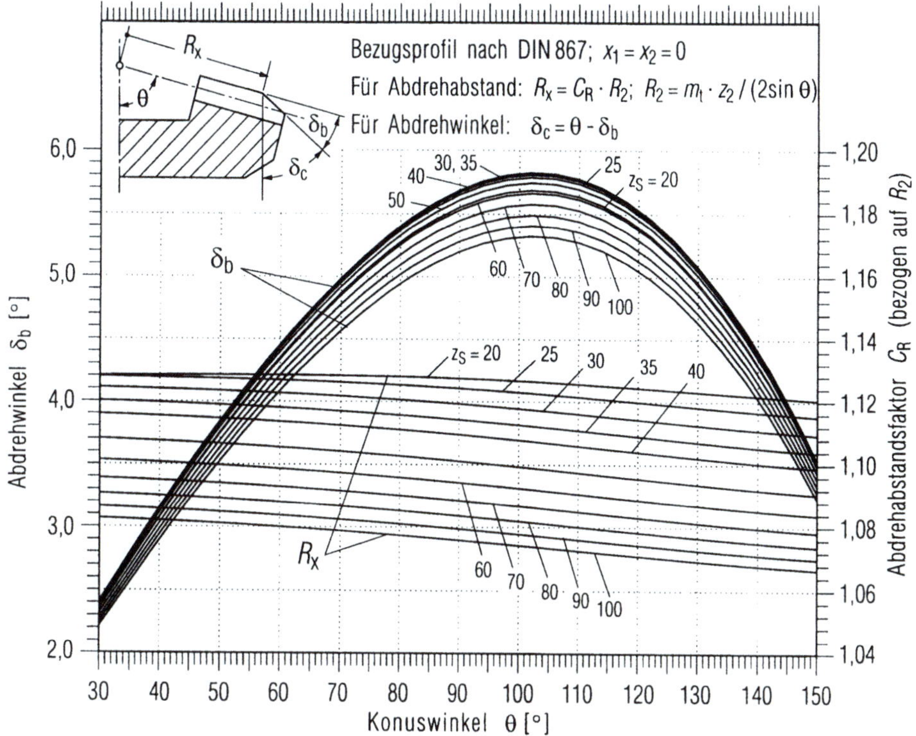

Bild 4.9. Kopfkürzung an der Außenseite von geradverzahnten, Konischen Zahnrädern zur Vermeidung spitzer Zähne.

den. Die dazu notwendigen Daten sind aus dem Diagramm in **Bild 4.9** zu entnehmen.

4.5.3.3 Interferenzgrenze

Mit veränderlichen Eingriffswinkeln können Eingriffsstörungen zwischen dem Zahnfuß-Formkreis des Schneidrades und dem Zahnkopf des Konischen Zahnrades auftreten. Zur Bestimmung der Grenze muß zunächst die Geometrie des Konischen Zahnradkörpers festgelegt werden.

1. Geometrie des Konischen Zahnradkörpers

In **Bild 4.10** ist ein axialer Schnitt des Konischen Zahnrades dargestellt. Die z_2-Koordinate ist in der Zahnbezugsebene des Konischen Zahnrades gleich null. Ein zu betrachtender Punkt Y liegt auf der Flanke mit den Koordinaten (r_Y, z_Y). Aus der Skizze ist die Beziehung zwischen der Zahnkopf- bzw. -fußhöhe h_Y und den Koordinaten zu entnehmen.

$$h_Y = z_{2Y} \sin \theta - \left(r_{t2} - r_Y \right) \cos \theta \tag{4.20}$$

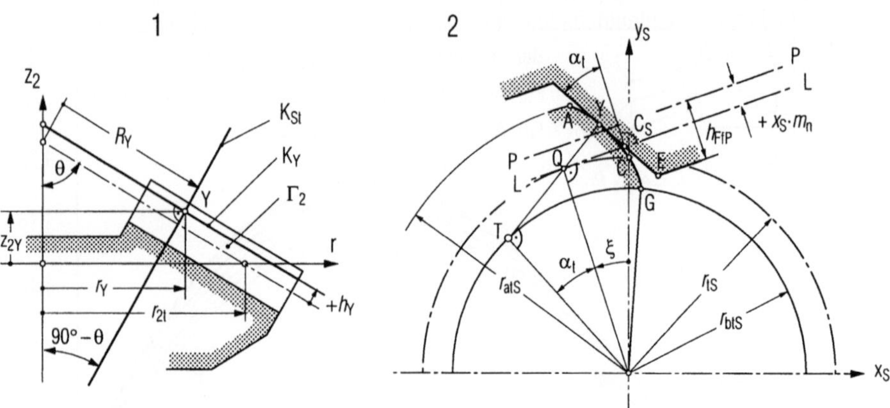

Bild 4.10. Analysisskizzen

Teilbild 1: Bestimmung der Teilkegellänge eines Konischen Zahnrades mit zylindrischen Koordinaten im Radialschnitt. Es bedeutet K_{St} Stirnkegelfläche, K_Y Kegelfläche, Γ_2 Zahnflanke. Die drei Flächen schneiden sich in Punkt Y. Mit der Stirnkegelfläche K_{St} wird die Teilkegellänge R_Y bestimmt.

Teilbild 2: Erzeugung einer evolventischen Zahnflanke mit einem zahnstangenförmigen Bezugsprofil des Schneidrades.

Die Teilkegellänge R_Y für den Punkt Y ist

$$r_Y = R_Y \sin\theta + h_Y \cos\theta. \tag{4.21}$$

Danach kann die Teilkegellänge mit den bekannten Koordinaten (r_Y, z_Y) aus Gl. (4.20; 4.21) bestimmt werden

$$R_Y = r_Y \sin\theta - z_{2Y} \cos\theta + \frac{r_{t2} \cos^2\theta}{\sin\theta}. \tag{4.22}$$

2. Bestimmungsgleichung

Der Flankenpunkt am Zahnfuß-Formkreis des Schneidrades besitzt die Koordinaten [4.24]:

$$r_F = \sqrt{x_F^2 + y_F^2}\,,$$

$$z_F = -K_1 \sin\theta - K_2 \cos\theta + \frac{r_{tS} \cdot (1 + u\cos\theta)}{\sin\theta} \cdot \left(1 - \frac{\cos\alpha_t}{\cos\lambda_{L,R}}\right) + \frac{x_S \cdot m_n}{\sin\theta}, \tag{4.23}$$

mit

$$x_F = r_{btS}(-\sin\lambda_{L,R} \pm \rho^*_{Ff}\cos\lambda_{L,R}) + a,$$

$$y_F = -K_1\cos\theta + K_2\sin\theta + \frac{u\, r_{btS}}{\cos\lambda_{L,R}},$$

und den zugehörigen Koeffizienten

$$K_1 = r_{btS}(\cos\lambda_{L,R} \pm \rho^*_{Ff}\sin\lambda_{L,R} - \frac{1}{\cos\lambda_{L,R}}),$$

$$K_2 = -a\cdot\tan\lambda_{L,R}\cot\theta + \frac{\tan\beta_b}{\cos\lambda_k}\Big[r_{btS}(-\sin\lambda_{L,R} \pm \rho^*_{Ff}\cos\lambda_{L,R}) + a\Big],$$

sowie dem bezogenen Krümmungsradius

$$\xi_{Ff} = -\frac{2\cdot(h^*_{FfPS} - x_S)\cdot\cos\beta}{z_S\cdot\sin\alpha_t\cos\alpha_t}.$$

Die Flankenpunkte F mit den Koordinaten (r_F, z_F) dürfen nicht auf dem Kegel K_Y liegen, der innerhalb des Zahnradkörpers steht, also gilt die Beziehung

$$z_F(\lambda_{L,R})\sin\theta - \Big[r_{t2} - r_F(\lambda_{L,R})\Big]\cdot\cos\theta \geq h^*_{aP2}\cdot m_n. \tag{4.24}$$

Die Grenze ist dann

$$z_F(\lambda_{Int})\cdot\sin\theta - \Big[r_{t2} - r_F(\lambda_{Int})\Big]\cdot\cos\theta - h^*_{aP2}\cdot m_n = 0. \tag{4.25}$$

In **Bild 4.11** sind die Eingriffswinkel an der Interferenzgrenze und die zugehörigen Teilkegellängen für die Konische Geradverzahnung ohne Achsversetzung dargestellt. Diese Diagramme zeigen, daß Interferenz in der Nähe von R_2 ($R_2 = r_{t2}$ / $\sin\theta$) vorliegt. Bei Geradverzahnung tritt Interferenz in der Regel viel früher auf als Unterschnitt, während sie bei Schrägverzahnung (wegen des ungleichmäßigen Unterschnitts) eventuell gar nicht auftreten kann.

4.5.4 Bestimmung der Zahnbreite

Die Zahnbreite des Konischen Zahnrades kann trotz der geometrischen Grenzen durch die Zahnkopfhöhenkürzung vergrößert werden, wenn sie infolge des Unter-

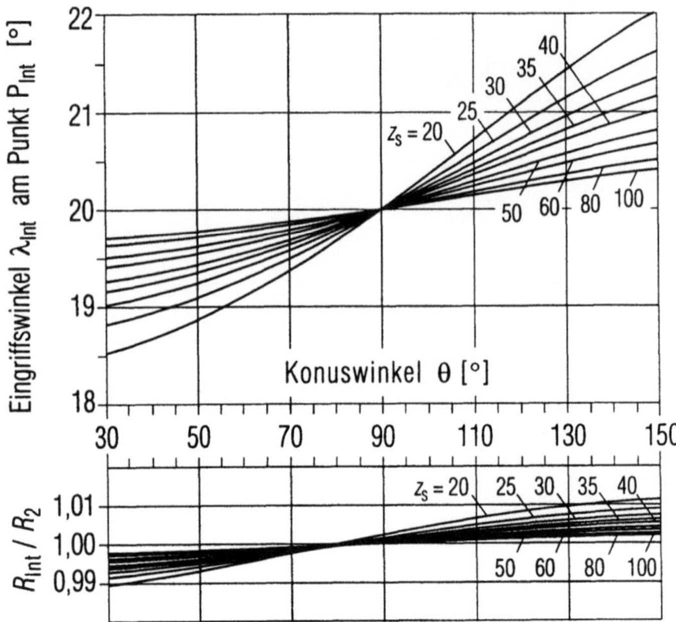

Bild 4.11. Eingriffswinkel λ_{Int} und Teilkegellängenfaktor R_{Int}/R_2 an der Interfrenzgrenze in Abhängigkeit des Konuswinkels θ.

schnitts und der Spitzengrenze zu klein ist. Die Zahnbreite wird dann durch die Innen-Teilkegellänge an der Unterschnitt- oder Interferenzgrenze und die Außen-Teilkegellänge an der Spitzengrenze bestimmt.

4.5.4.1 Bestimmung der Innen-Teilkegellänge

1. Ohne Kopfhöhenänderung

In der Regel wird die Innen-Teilkegellänge bei den Zahnhöhen ohne Kürzung aufgrund von Interferenz bestimmt. Nach [4.24] ist diese Innen-Teilkegellänge R_{Int}

$$R_{Int} = r_F \sin\theta - z_F \cos\theta + \frac{r_{t2} \cos^2\theta}{\sin\theta} \tag{4.26}$$

Die Koordinaten berechnet man aus Gl.(4.23).

Wenn diese Innen-Teilkegellänge an der Interferenzgrenze größer ist als die an der Unterschnittgrenze, wird die Innen-Teilkegellänge durch die Unterschnittgrenze bestimmt. Die Bestimmung wird im nächsten Abschnitt behandelt.

2. Mit Kopfhöhenänderung

Wird die Innen-Teilkegellänge kleiner als R_{Int} an der Interferenzgrenze, kann die Interferenz auftreten. Dabei muß die Zahnkopfhöhenkürzung angewendet werden.

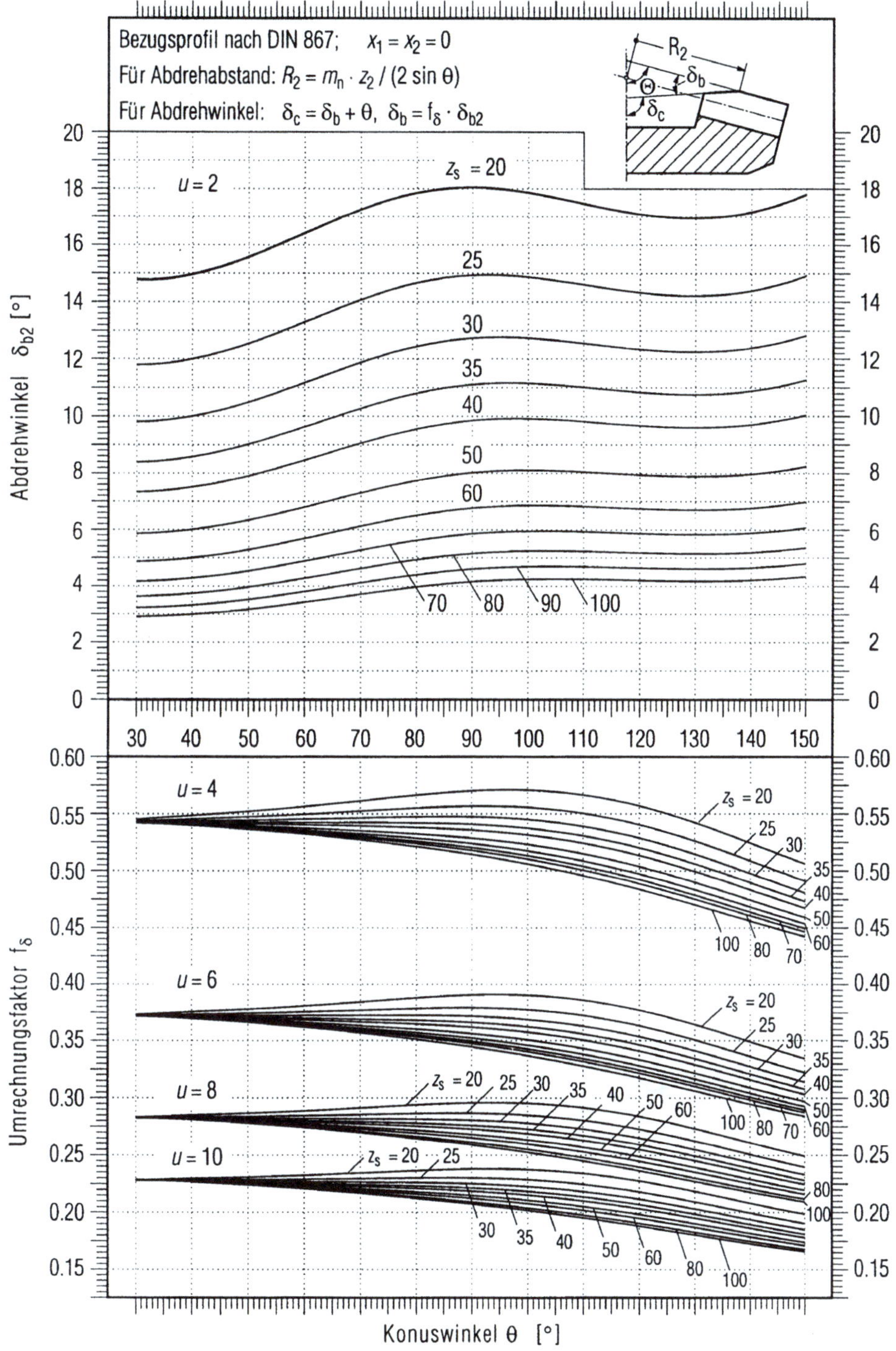

Bild 4.12. Kopfkürzung an der Innenseite geradverzahnter Konischer Zahnräder zur Vermeidung von Interferenz und Unterschnitt.

Die kleinste Innen-Teilkegellänge ist durch die Unterschnittgrenze bestimmt. Diese Innen-Teilkegellänge an der Unterschnittgrenze R_U ist

$$R_{UL,R} = r_{UL,R}\,\sin\theta - z_{2UL,R}\,\cos\theta + \frac{r_{t2}\cos^2\theta}{\sin\theta}, \qquad (4.27)$$

mit den Koordinaten aus Gl. (4.23), wobei der Eingriffswinkel $\lambda_{L,R}$ mit $\lambda_{UL,R}$ eingesetzt und ρ_{Ff}^* durch ρ_a^* ersetzt wird. Interferenz an der Flanke kann vermieden werden, wenn entweder die Innen-Teilkegellänge R_2 vergrößert wird oder wenn an der Innenseite der Radkörper kegelig abgedreht wird (Zahnhöhenkürzung). In **Bild 4.12** ist ein Diagramm für den notwendigen Abdrehabstand R_2 und den notwendigen Abdrehwinkel δ_c aufgezeichnet. Oben im Diagramm sind die Winkel für die Verzahnung mit Zähnezahlverhältnis u = 2. Für höhere Zähnezahlverhältnisse benutzt man das untere Diagramm, aus dem der Umrechnungsfaktor für die gewählte Zähnezahl des Schneidrades abgelesen werden kann.

Ist R_U die kleinste Innen-Teilkegellänge größer als R_{Int}, dann ist keine Kopfhöhenkürzung notwendig.

In **Bild 4.13** ist die Innen-Teilkegellänge an der Unterschnittgrenze R_U als Faktor C_i von

$$C_i = \frac{R_U \cdot \sin\theta}{r_{t2}} \qquad (4.28)$$

in Abhängigkeit des Konuswinkels θ und der Zähnezahl z_S des Schneidrades dargestellt.

4.5.4.2 *Bestimmung der Außen-Teilkegellänge*

Die Außen-Teilkegellänge an der Spitzengrenze ergibt sich wie die Innen-Teilkegellänge aus der Gleichung

$$R_{Sp} = r_{Sp}\,\sin\theta - z_{2Sp}\,\cos\theta + \frac{r_{t2}\cos^2\theta}{\sin\theta}, \qquad (4.29)$$

mit

$$r_{Sp} = r_{Sp}(\lambda_{Sp},\xi_{Sp}) = \sqrt{x_{2L,R}^2(\lambda_{Sp},\xi_{Sp}) + y_{2L,R}^2(\lambda_{Sp},\xi_{Sp})}, \qquad (4.29a)$$

$$z_{2Sp} = z_{2L,R}(\lambda_{Sp}, \xi_{Sp}),\qquad(4.29b)$$

aus Gl. (4.23). Wie mit dem Längenfaktor C_i an der Unterschnittgrenze definieren wir auch hier den Außen-Teilkegellängen-Faktor C_a an der Spitzengrenze zu

$$C_a = \frac{R_{Sp} \cdot \sin\theta}{r_{t2}}.\qquad(4.30)$$

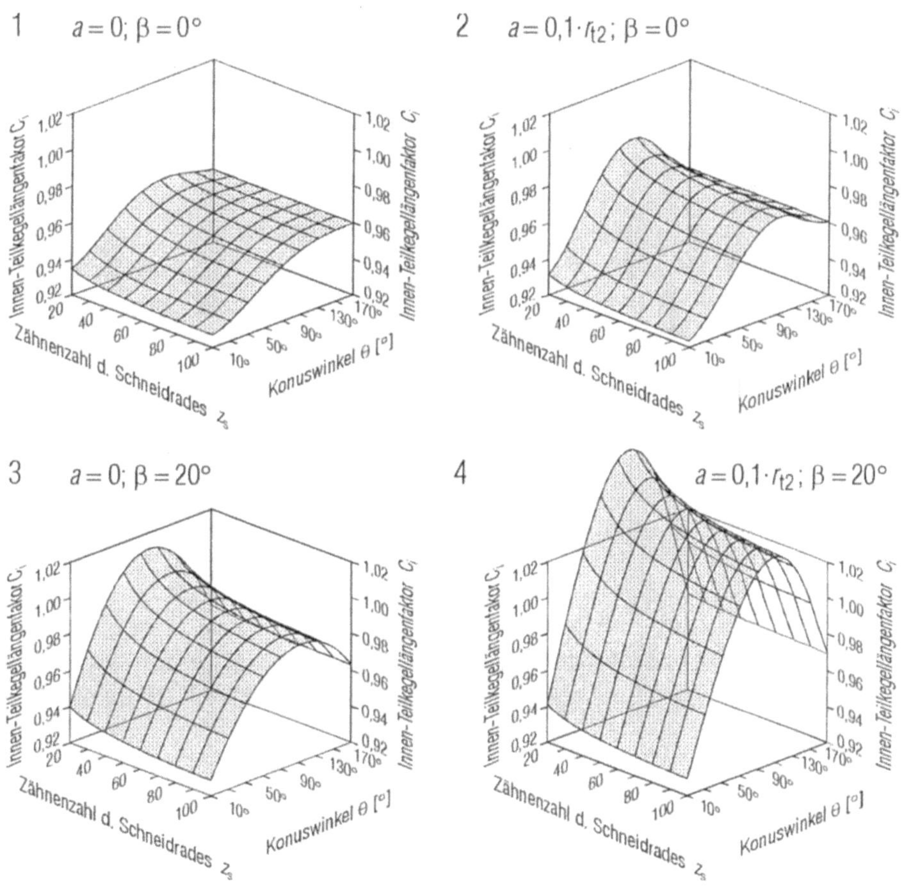

Bild 4.13. Einfluß der Zähnezahl z_S des Schneidrades und des Konuswinkels θ auf den Innen-Teilkegellängenfaktor C_i, der durch die Unterschnittgrenze bestimmt wird. Es bedeutet $C_i = R_U/R_2$.

Teilbild 1: Geradverzahnung ohne Achsversetzung.
Teilbild 2: Geradverzahnung mit Achsversetzung.
Teilbild 3: Schrägverzahnung ohne Achsversetzung.
Teilbild 4: Schrägverzahnung mit Achsversetzung.

Der Faktor C_i hat beim Konuswinkel $\theta = 90°$ ein Maximum, das durch Achsversetzung a bzw. Zahnschrägung β vergrößert wird.

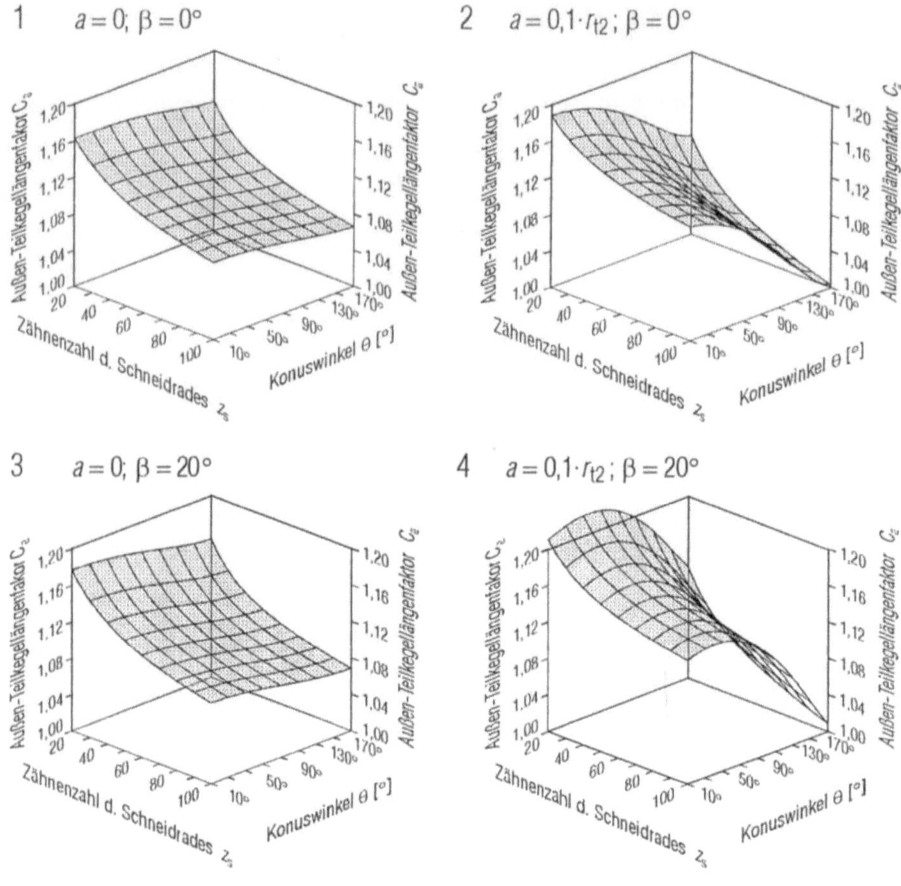

Bezugsprofil nach DIN 867; $u = (z_2 / z_S) = 3$

Bild 4.14. Einfluß der Zähnezahl z_S und des Konuswinkels θ auf den Außen-Teilkegellängenfaktor C_a, der durch die Spitzengrenze bestimmt wird. Es bedeutet $C_a = R_{Sp} / R_2$.

Teilbild 1: Geradverzahnung ohne Achsversetzung.
Teilbild 2: Geradverzahnung mit Achsversetzung.
Teilbild 3: Schrägverzahnung ohne Achsversetzung.
Teilbild 4: Schrägverzahnung mit Achsversetzung.

Der Faktor C_a ist bei Verzahnungen ohne Achsversetzung unabhängig vom Konuswinkel θ, hat bei Achsversetzungen für $\theta \approx 40°$ ein kleines Maximum und fällt für große θ sehr stark ab.

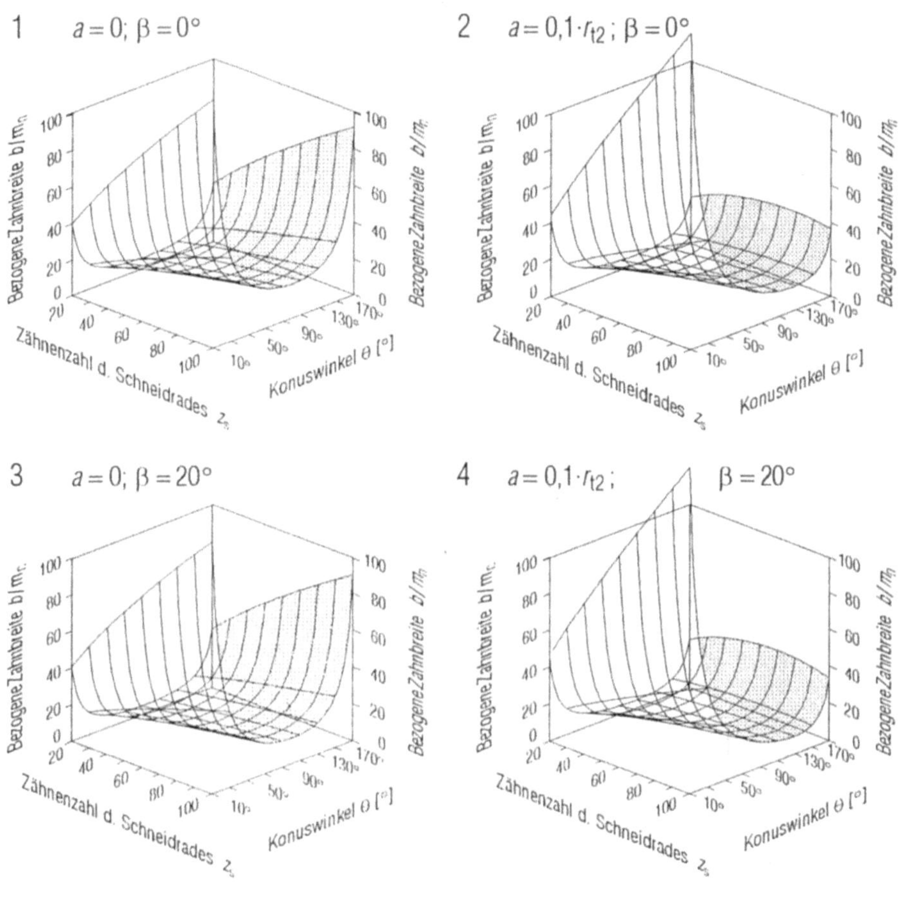

Bezugsprofil nach DIN 867; $u = (z_2 / z_S) = 3$

Bild 4.15. Einfluß der Zähnezahl z_S und des Konuswinkels θ auf die zulässige Zahnbreite b / m_n.

Teilbild 1: Geradverzahnung ohne Achsversetzung.
Teilbild 2: Geradverzahnung mit Achsversetzung.
Teilbild 3: Schrägverzahnung ohne Achsversetzung.
Teilbild 4: Schrägverzahnung mit Achsversetzung.

In **Bild 4.14** ist der Faktor C_a für die vier Fälle in Abhängigkeit des Konuswinkels und der Zähnezahl des Schneidrades dargestellt.

Die Zahnbreite kann auch durch die Vergrößerung der Außen-Teilkegellänge mit Zahnkopfhöhenkürzung vergrößert werden. Dieser Fall wird aber hier nicht weiter behandelt, siehe *Bild 4.7* unten.

Die zulässige Zahnbreite ist durch die Innen-Teilkegellänge an der Unterschnittgrenze und die Außen-Teilkegellänge an der Spitzengrenze bestimmt. In **Bild 4.15** ist die auf den Modul bezogene Zahnbreite in Abhängigkeit des Konuswinkels und der Zähnezahl des Schneidrades dargestellt. Sie erreicht bei $\theta = 90°$ ... 130° ein Minimum, kann aber durch Achsversetzung erhöht werden.

4.6   Paarungsmöglichkeiten mit Konischen Zahnrädern

Zwei Konische Zahnräder können zwar gepaart werden, jedoch liegt dabei nur Punktberührung vor. Für die Praxis haben sie geringere Vorteile als die Konuszahnräder (siehe *Kapitel 5*). Daher wird die Paarung mit zwei Konischen Zahnrädern hier nicht behandelt. In diesem Abschnitt soll nur von Paarungen mit Stirnrädern als Ritzeln die Rede sein. Dabei können die Konischen Zahnräder außen- oder innenverzahnt werden und die Zähnezahl der Stirnräder kann auch gleich oder kleiner als die der Schneidräder für die gepaarten Konischen Zahnräder sein. Die Paarungen der Konischen Zahnräder mit dem Konuswinkel $\theta = 90°$ werden in *Kapitel 6* Kronenradverzahnung besprochen.

4.7   Auslegung der Konischen Zahnradpaarung mit einem dem Schneidrad gleichen Stirnrad

Die Paarung eines Konischen Zahnrads mit einem Stirnrad, das dem Schneidrad gleich ist, unterscheidet sich nicht wesentlich von der Paarung bei der Erzeugung durch das Schneidrad.

4.7.1 Eingriffsfeld und Berührungslinien

Das Eingriffsfeld der Konischen Zahnradpaarung ist keine Ebene und wird neben den Zahnkopfhöhen der beiden gepaarten Räder auch durch die geometrischen Grenzen eingeschränkt. In **Bild 4.16** wird ein allgemeines Eingriffsfeld dargestellt. Die Grenzkurve C_{ha1} ist die Schnittkurve der Eingriffsfläche mit dem Kopfzylinder des Stirnrades 1, C_{ha2} die mit dem Kopfkegel des Konischen Zahnrades 2, $C_{\delta i}$ die mit dem Kopfkürzungskegel auf der Innenseite und $C_{\delta a}$ auf der Außenseite. Das Eingriffsfeld wird in der Richtung der Zahnbreite durch die Schnittkurve der

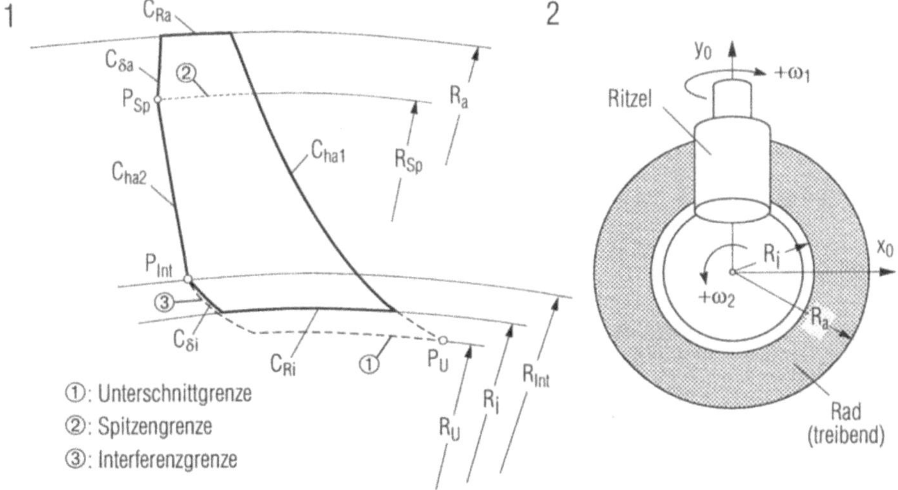

Bild 4.16. Das Eingriffsfeld bei Konischen Verzahnungen.

Teilbild 1: Die Begrenzung des Eingriffsfeldes erfolgt im allgemeinen durch zahlreiche Grenzkurven. Außer Unterschnitt-, Spitzen- und Interferenzgrenze sind es noch C_{Ra} Außen-Teilkegellänge, C_{Ri} Innen-Teilkegellänge, C_{ha2} Zahnkopfkegel des Rades, C_{ha1} Zahnkopfzylinder des Ritzels sowie Kopfkürzungskegel $C_{\delta i}$ bzw. $C_{\delta a}$ (siehe auch *Bild 4.7*).

Teilbild 2: Darstellung der Innenteilkegellänge R_i und der Außenteilkegellänge R_a einer Zahnradpaarung mit zylindrischem Ritzel und Konischem Rad.

Eingriffsfläche mit dem Kegel an der Innen-Teilkegellänge C_{Ri} und mit dem Kegel an der Außen-Teilkegellänge C_{Ra} begrenzt.

In jedem Stirnschnitt des Stirnrades liegt die gerade Eingriffsstrecke mit verschiedenen Eingriffswinkeln. Daher verlaufen die Berührungslinien nicht wie bei der Stirnradpaarung als parallele Geraden auf dem Eingriffsfeld. In **Bild 4.17** sind die Berührungslinien auf den Eingriffsfeldern, *Teilbild 2*, und an den Flanken, *Teilbild 3*, mit Beispielen dargestellt. Der Verlauf der Berührungslinien von Konischen Geradverzahnungen ähnelt dem von schrägverzahnten Stirnrädern, weil aufgrund des Konuswinkels ein Schrägungswinkel β_K am Konischen Zahnrad entsteht. Bei Schrägverzahnung findet man infolge des abnehmenden Betrags des Schrägungwinkels an den Linksflanken einen weniger steilen Verlauf der Berührungslinien. Die Achsversetzung wirkt sich auf den Verlauf der Berührungslinien nicht stark aus.

Wie auch die Unterschnittgrenze, verlaufen die Berührungslinien an den Links- und Rechtsflanken bei Schrägverzahnung nicht gleich. Aus **Bild 4.18**, *Teilbilder 1* und *2*, ist sehr deutlich zu erkennen, daß mit einem rechtssteigend verzahnten Ritzel die Berührungslinien an den Rechtsflanken steiler verlaufen als an den Linksflanken. In diesem Fall kann bei Rechtsflanken im Eingriff nicht nur ein leiser Lauf des Getriebes, sondern auch eine große Überdeckung erzielt werden. Im Ge-

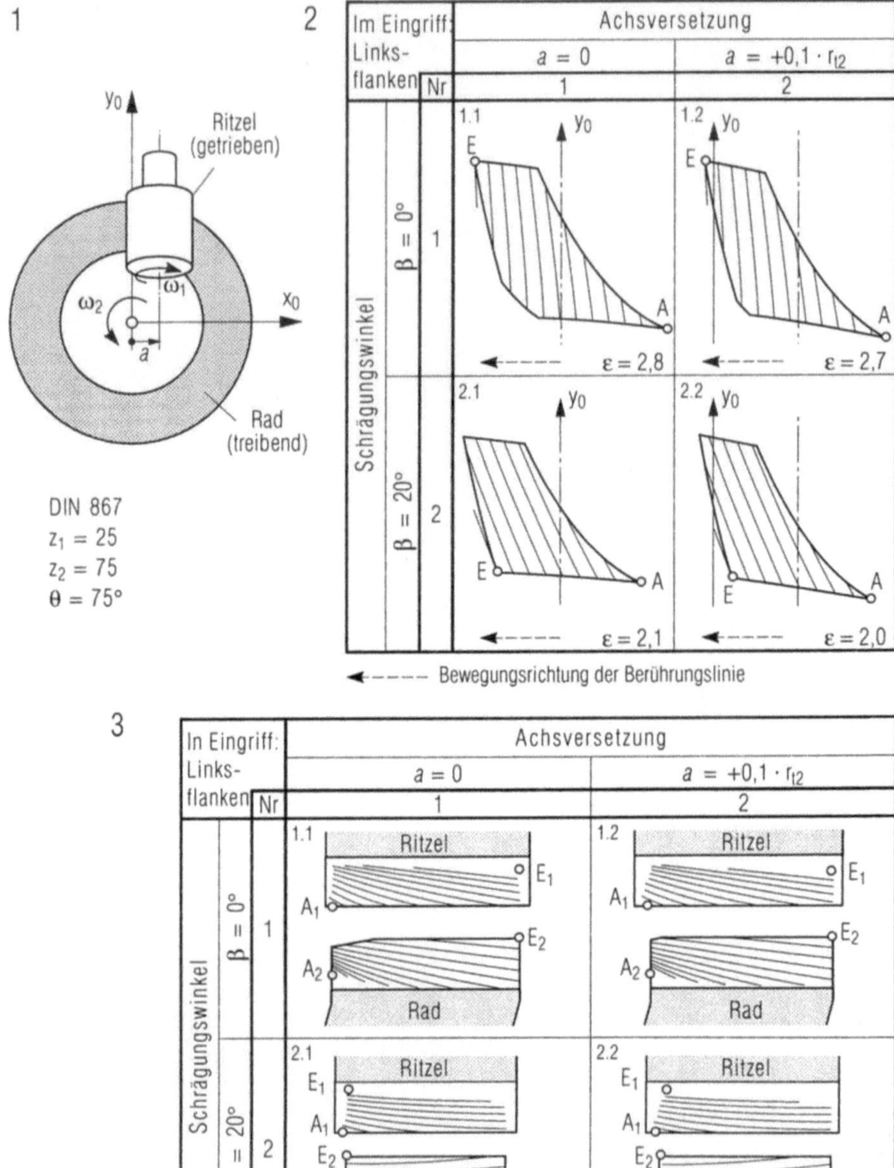

Bild 4.17. Berührungslinien beim Eingriff an einer Zahnradpaarung mit zylindrischem Ritzel und Konischem Rad.

Teilbild 1: Zahnradanordnung
Teilbild 2: Berührungslinien in den Eingriffsfeldern bei gerader, schräger und achsversetzter Paarung
Teilbild 3: Berührungslinien an den Flanken

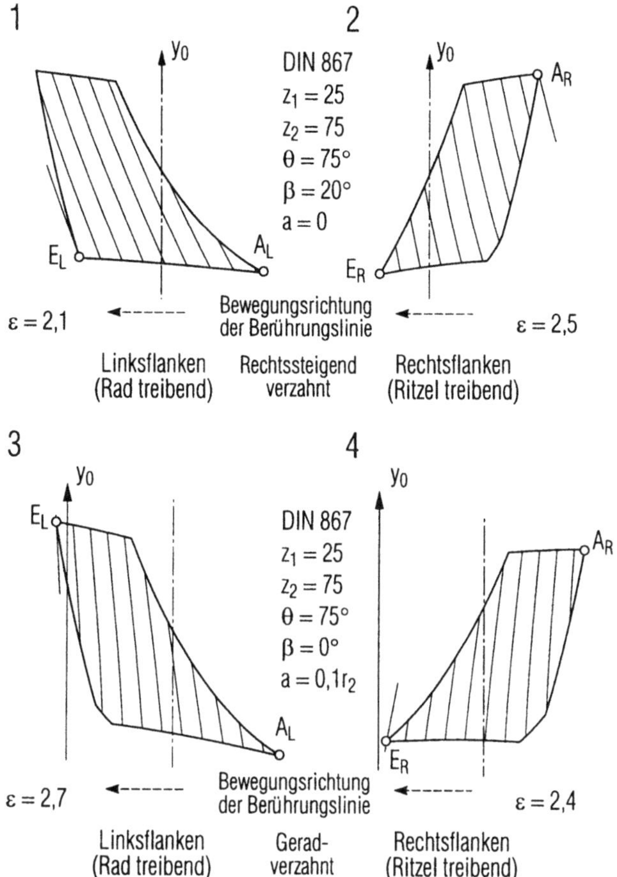

Bild 4.18. Gegenüberstellung des Berührungslinienverlaufs an Links- und Rechtsflanken bei einem rechtssteigend verzahnten Ritzel.

Teilbilder 1 und *2*: Schrägverzahnung ohne Achsversetzung.
Teilbilder 3 und *4*: Geradverzahnung mit Achsversetzung.

gensatz dazu unterscheiden sich der Verlauf der Berührungslinien an den Links- und Rechtsflanken bei Geradverzahnungen mit Achsversetzung nicht sehr, wie in den *Teilbildern 3* und *4* gezeigt wird. Wegen der versetzten Ritzelachse ergeben sich jedoch unterschiedliche Überdeckungen. Die Bestimmung der Überdeckung wird im folgenden Abschnitt ausführlich behandelt.

4.7.2 Überdeckung

4.7.2.1 Einteilung der Überdeckung

Da das Eingriffsfeld keine Ebene und daher die Berührungslinien keine Geraden mehr sind (siehe *Bild 4.17, Teilbild 3*), kann nicht wie bei der Stirnradpaarung die Gesamtüberdeckung einfach in Profil- und Sprungüberdeckung unterteilt wer-

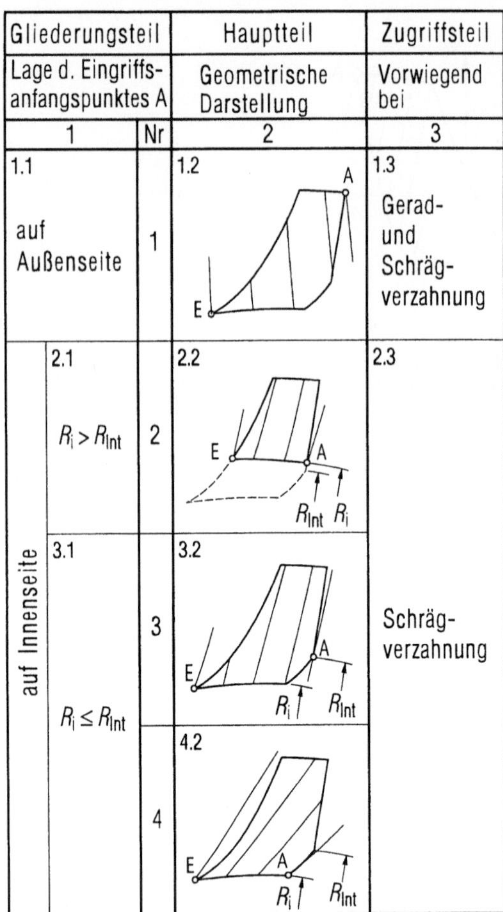

Bild 4.19. Übersichtskatalog zur Bestimmung von Anfangspunkt A und Endpunkt E des Eingriffs am Beispiel einer Paarung mit Übersetzung ins Langsame.

Endpunkt E ist immer im Schnittpunkt des Zahnkopfzylinders des Ritzels und des Innenteilkegels des Rades. Für die Lage des Anfangspunktes A gibt es 4 Möglichkeiten.

den. Bevor jedoch die Gesamtüberdeckung zu behandeln ist, muß festgestellt werden, welche Möglichkeit es für die Lage der Berührungslinien im Eingriffsfeld gibt.

Im Katalog des **Bildes 4.19** sind die Eingriffsfelder dargestellt und die Lage des Anfangspunktes des Eingriffs A entweder auf der Außenseite oder auf der Innenseite angezeigt, während der Endpunkt E an der Innenseite liegt. Wenn man die Lage des Anfangs- und Endpunktes A und E kennt, kann der jeweilige zur Berührungslinie gehörende Drehwinkel φ_A und φ_E aus der Gleichung bestimmt werden [4.24]

$$\varphi_A = \lambda_{AL,R} - \Delta\varphi_A \mp (\eta + \alpha_t + \xi_A), \qquad (4.31a)$$

$$\varphi_E = \lambda_{EL,R} - \Delta\varphi_E \mp (\eta + \alpha_t + \xi_E),$$
(4.31b)

wobei $\lambda_{A,EL,R}$ der Eingriffswinkel an dem Punkt A oder E, $\xi_{A,E}$ der Wälzwinkel für die Punkte A, E an der Flanke des Stirnrades und $\Delta\varphi_{A,E}$ der Drehwinkelunterschied am Punkt A oder E gegenüber der Bezugsebene mit b_S von null ist

$$\Delta\varphi_{A,E} = \frac{b_{1A,E}\tan\beta_b}{r_{bt1}}.$$
(4.32)

Die Gesamtüberdeckung ist dann

$$\varepsilon_\gamma = \frac{|\varphi_E - \varphi_A|}{\tau}.$$
(4.33)

Mit Einsetzen des Drehwinkels φ_A und φ_E aus Gln. (4.31; 4.32) in Gl. (4.33), folgt beispielsweise für Rechtsflanken mit $\xi_E = \xi_a$ für die Gesamtüberdeckung

$$\varepsilon_\gamma = \frac{\lambda_{ER} - \lambda_{AR}}{\tau} + \frac{(b_{1AR} - b_{1ER})\tan\beta_b}{\tau\, r_{bt1}} + \frac{\xi_a - \xi_A}{\tau}.$$
(4.34)

In dieser Gleichung (4.34) wird die Gesamtüberdeckung in drei Teilüberdeckungen unterteilt, deren Bedeutung durch **Bild 4.20** veranschaulicht wird. Mit dem Anfangspunkt A_1 des Eingriffs und dem Endpunkt E_2 kann die Gesamtüberdeckung festgelegt werden. Da die beiden Punkte in den verschiedenen Stirnschnitten liegen, betrachtet man zunächst den Stirnschnitt auf der Außenseite, in dem die Eingriffslinie g_1 liegt. Aus der Stirnprofil-Eingriffsstrecke $A_1E'_1$ ergibt sich dann die *Stirnprofilüberdeckung* $\varepsilon_{\alpha t}$ auf diesem Stirnschnitt, für sie gilt

$$\varepsilon_{\alpha t} = \frac{\xi_a - \xi_A}{\tau}.$$
(4.35)

Diese Profilüberdeckung ist nicht ausreichend für die Gesamtüberdeckung. Wird nun der Stirnschnitt 2 auf der Innenseite des Konischen Zahnrades betrachtet, dann ergibt sich aufgrund der Schrägverzahnung ein Drehwinkelunterschied $\Delta\varphi$ infolge der unterschiedlichen Lage der Kopfpunkte E'_2 und E'_1 am Zahn $\Gamma_{E'}$. Für die Gesamtüberdeckung muß dann neben der Profilüberdeckung von Gl. (4.35) noch der zusätzliche Drehwinkel φ_z berücksichtigt werden. Dieser zusätzliche Drehwinkel ergibt sich aus der Skizze.

$$\Delta\varphi_Z = \Delta\varphi + \angle E_1' O_1 E_2 = \Delta\varphi + \lambda_{ER} - \lambda_{AR} \tag{4.36}$$

Daraus folgt dann die zusätzliche Überdeckung ε_Z

$$\varepsilon_Z = \frac{\Delta\varphi}{\tau} + \frac{\lambda_{ER} - \lambda_{AR}}{\tau} = \varepsilon_\beta + \varepsilon_{\lambda t}. \tag{4.37}$$

Die Teilüberdeckung ε_β ist genau die *axiale Sprungüberdeckung* wie bei den Stirnradpaarungen. Eine zusätzliche Überdeckung $\varepsilon_{\lambda t}$ ergibt sich aus der Differenz der beiden Eingriffswinkel λ_{AR} auf der Außenseite und λ_{ER} auf der Innenseite. Sie wird *Steigungsüberdeckung* genannt. Die Unterteilung gilt nicht nur für Konische Zahnradpaarungen, sondern auch für die Stirnradpaarungen, bei welchen als Sonderfall die Differenz der Eingriffswinkel gleich Null ist und daher keine *Steigungsüberdeckung* vorhanden ist. Bei der Geradverzahnung von Konischen Zahnrädern liegt keine Sprungüberdeckung, jedoch eine Steigungsüberdeckung vor, d.h. durch den Konuswinkel ergibt sich noch eine zusätzliche Überdeckung.

Auf gleiche Weise werden ähnliche Ergebnisse auch bei Linksflanken erzielt. Man muß jedoch beachten, daß die Sprungüberdeckung nach dieser Definition gegebenenfalls negativ sein kann.

Zur Veranschaulichung dieser drei verschiedenen Teilüberdeckungen dient **Bild 4.21**. Die Verzahnungen werden nach Konus- und Schrägungswinkel unterteilt, d.h. es liegen vier verschiedene Verzahnungen vor: Gerad- und schrägverzahnte Stirnradverzahnungen sowie gerad- und schrägverzahnte Konische Verzahnungen. In *Bild 4.21* wird nur das Ritzel (Stirnrad) mit Eingriffsebene bzw. -fläche dargestellt. Wegen des Schrägungswinkels kommt ein zusätzlicher Überdeckungswinkel sowohl für das Stirnrad als auch für die Konische Verzahnung hinzu, *Felder 1.2* und *2.2*. Anders als bei der Stirnradverzahnung ist der Eingriffswinkel bei der Konischen Verzahnung, wie vorhin dargelegt, an der Innen- und an der Außenseite des Ritzels unterschiedlich. Demzufolge entsteht ein zusätzlicher Überdeckungswinkel, der genau gleich der Differenz der jeweiligen Eingriffswinkel ist. Dieser zusätzliche Überdeckungswinkel kann auch als axialer Sprung betrachtet werden und ergibt, wie schon erwähnt, die *Steigungsüberdeckung* der *Felder 2.1* und *2.2*.

4.7.2.2   Genaue Berechnung der Überdeckung

Bei der Berechnung der Überdeckung wird zunächst von der Lage des Anfangs- und Endpunktes ausgegangen. Da die Koordinaten dieser Punkte durch die Variablen λ_k und ξ_k beschrieben sind, müssen zunächst die für die Überdeckung notwendigen Variablen λ_A, ξ_A bzw. b_{1A} für den Eingriffsanfangspunkt A und die Variablen λ_E, ξ_E bzw. b_{1E} für den Eingriffsendpunkt E ermittelt werden. Im folgen-

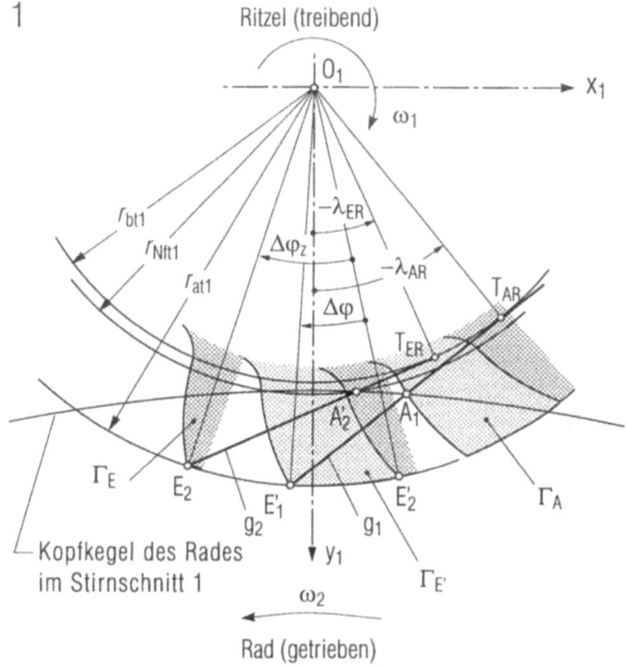

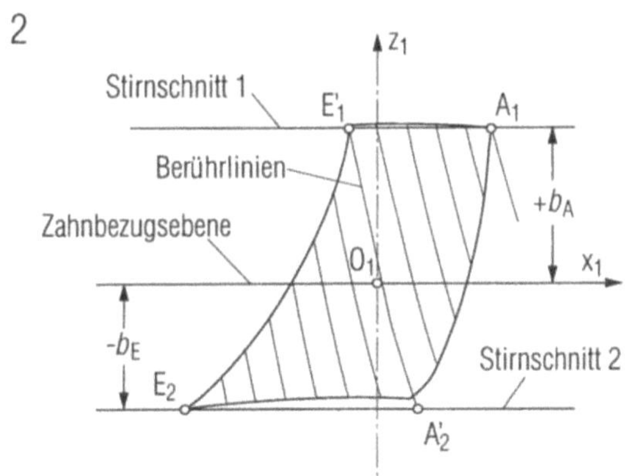

Bild 4.20. Bestimmung der Überdeckung bei Konischen Zahnradpaarungen.

Neben der Profilüberdeckung ($\varepsilon_{\alpha t}$) und der Sprungüberdeckung (ε_β) kommt bei Paarungen mit „konischen" Zahnrädern noch die Steigungsüberdeckung ($\varepsilon_{\lambda t}$) hinzu. Sie entsteht infolge der unterschiedlichen Eingriffswinkel zwischen Eingriffs-Anfangspunkt A und Eingriffs-Endpunkt E.

Teilbild 1: Zahnstellungen im Stirnschnitt.

Teilbild 2: Berührungslinien im Eingriffsfeld sowie Zahnbreiten aufgrund der Zahnbezugsebene.

den wird daher zusammenfassend erläutert, wie beispielsweise bei der Übersetzung ins Langsame diese Variablen bestimmt werden können.

Der Eingriffsendpunkt E liegt unabhängig von dem Verlauf der Berührungslinie stets in dem Schnittpunkt der C_{ha1}- und C_{Ri}-Kurve (*Bild 4.16*). Die Variable ξ_E ist dann gleich dem Wälzwinkel ξ_a am Zahnkopf (*Bild 4.10, Teilbild 2*)

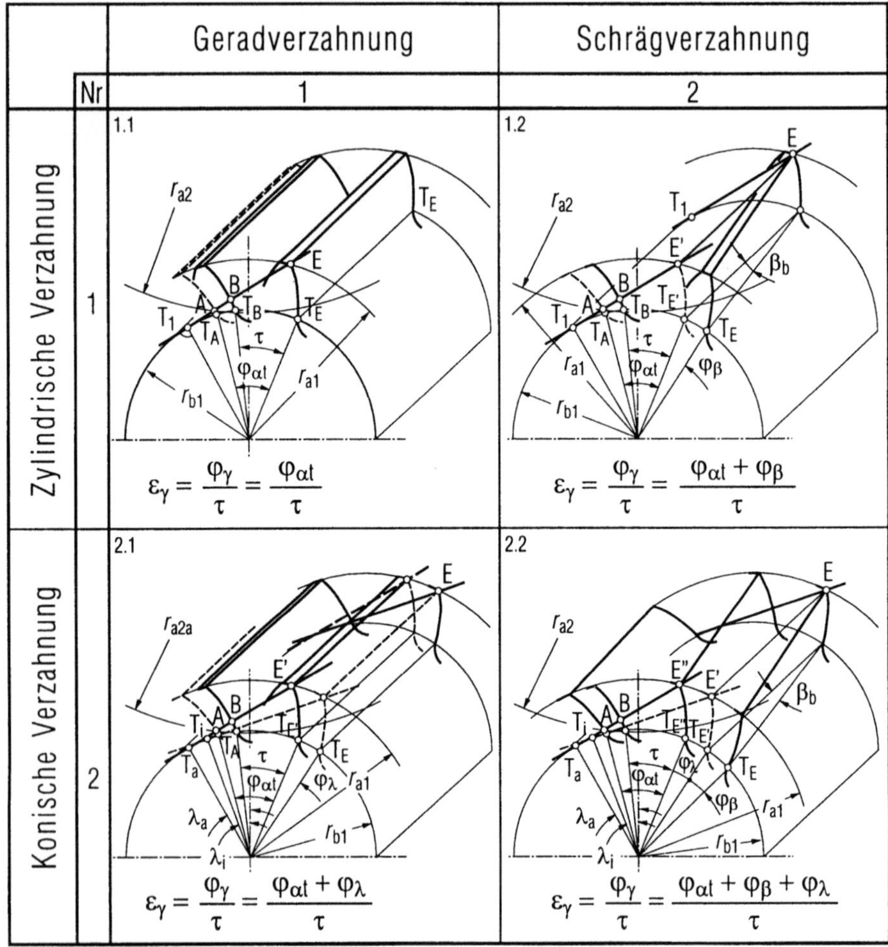

Bild 4.21. Vergleich der Teilüberdeckungen

Die drei wichtigen Teilüberdeckungen können in diesem Bild sehr anschaulich voneinander unterschieden werden. Neben dem üblichen Sprung bei Schrägverzahnungen liegt auch ein axialer Sprung bei „konischen" Verzahnungen aufgrund der Änderung des Eingriffswinkels an der Innen- und Außenseite vor.

Feld 1.1: Profilüberdeckung $\varepsilon_\gamma = \varepsilon_{\alpha t}$

Feld 1.2: Profil- und Sprungüberdeckung $\varepsilon_\gamma = \varepsilon_{\alpha t} + \varepsilon_\beta$

Feld 2.1: Profil- und Steigungsüberdeckung $\varepsilon_\gamma = \varepsilon_{\alpha t} + \varepsilon_{\lambda t}$

Feld 2.2: Profil-, Sprung- und Steigungsüberdeckung $\varepsilon_\gamma = \varepsilon_{\alpha t} + \varepsilon_\beta + \varepsilon_{\lambda t}$

$$\xi_E = \xi_a = \sqrt{\left(\frac{z_1 + 2(x_1 + h_{aP1}^*)\cdot\cos\beta}{z_1\cdot\cos\alpha_t}\right)^2 - 1} - \tan\alpha_t . \tag{4.38}$$

Die andere Variable λ_E wird aus der folgenden Gleichung mit den Koordinaten aus Gl.(4.23) (siehe auch *Bild 4.10, Teilbild 1*, und *Bild 4.25*) bestimmt:

$$\sqrt{x_E^2(\lambda_E,\xi_a) + y_E^2(\lambda_E,\xi_a)}\ \sin\theta - z_E(\lambda_E,\xi_a)\cos\theta = R_i - \frac{r_2\cos^2\theta}{\sin\theta} \tag{4.39}$$

Die Variable b_{1E} ergibt sich mit den beiden ermittelten Variablen ξ_E und λ_E aus der Eingriffsgleichung (4.11)

$$
\begin{aligned}
b_{1E} = r_{t1}\left(\frac{u + \cos\theta}{\sin\theta}\right)&\left(\frac{\cos\alpha_t}{\cos\lambda_E} - 1\right) - m_n(x_1 + x_2)\cot\theta - a\tan\lambda_E\cot\theta + \\
&+\left[a + r_{bt1}(-\sin\lambda_E \pm \rho_E^*\cos\lambda_E)\right]\frac{\tan\beta_b}{\cos\lambda_E},
\end{aligned}
\tag{4.40}
$$

wobei $\rho_E^* = \xi_E + \tan\alpha_t$.

Für die Lage des Eingriffsanfangspunktes A bestehen vier Möglichkeiten. Da der Punkt A ein Schnittpunkt zweier Kurven ist, werden die Variablen λ_A, ξ_A mathematisch durch die Lösungen eines Gleichungssystems mit zwei Unbekannten berechnet. Jede Gleichung ergibt sich aus der Grenzkurve im Eingriffsfeld, z.B. sind für den Fall I die Gleichungen zu lösen

$$\sqrt{x_E^2(\lambda_A,\xi_A) + y_E^2(\lambda_A,\xi_A)}\ \sin\theta - z_E(\lambda_A,\xi_A)\cos\theta = R_a - \frac{r_2\cos^2\theta}{\sin\theta} \tag{4.41}$$

$$z_E(\lambda_A,\xi_A)\sin\theta + \sqrt{x_E^2(\lambda_A,\xi_A) + y_E^2(\lambda_A,\xi_A)}\ \cos\theta = h_{2a} + r_{t2} . \tag{4.42}$$

Die Zahnbreite b_{1A} ergibt sich wie bei b_{1E} mit den Variablen λ_A und ξ_A aus der Eingriffsgleichung (4.11). Im allgemeinen tritt der Fall I häufig auf, besonders bei der Geradverzahnung. Bei der Schrägverzahnung muß man unterscheiden, welche Flanken sich im Eingriff befinden. Mit dem rechtssteigend schrägverzahnten Ritzel tritt der Fall I dann auf, wenn sich die Rechtsflanken der Zahnpaare im Eingriff befinden. In diesem Fall folgt eine größere Überdeckung als im Fall, wenn Linksflanken im Eingriff sind. Für eine sorgfältige Überprüfung können allerdings die Überdeckungen in allen möglichen Fällen berechnet und eine maximale Überdeckung daraus bestimmt werden. Das aber ist meistens aufwendig und nicht sehr sinnvoll.

4.7.3 Schwankung der Gesamtberührungslänge

4.7.3.1   Änderung bei Geradverzahnung

Neben der Überdeckung ist es auch wichtig zu erkennen, wie die Gesamtberührungslänge schwankt. In **Bild 4.22** wird die Änderung der Gesamtberührungslänge in Abhängigkeit der Zahnbreite und des Drehwinkels des Ritzels an einer Konischen Zahnradpaarung dargestellt. In den *Teilbildern 1, 3, 5* bleibt die Innen-Teilkegellänge konstant, während die Außen-Teilkegellänge variabel mit einer gegebenen Zahnbreite gewählt werden kann. In den *Teilbildern 2, 4, 6* wird das Verhältnis umgekehrt. Mit der Wahl der Zahnbreite zuzüglich der Innen-Teilkegellänge, *Teilbild 3*, Methode „A" folgt bei etwa gleicher Zahnbreite ein besseres Laufverhalten als beim Ausgang von der Außen-Teilkegellänge, *Teilbild 4* Methode „B". Mit Methode „A" entsteht nicht nur eine größere Überdeckung, sondern auch eine geringere Schwankung der Gesamtberührungslänge.

In den Tabellen der *Teilbilder 5* und *6* ist noch deutlich zu erkennen, daß mit abnehmender Zahnbreite b die Steigungsüberdeckung $\varepsilon_{\lambda t}$ bei den beiden Methoden abnimmt, jedoch der Abfall der Steigungsüberdeckung bei der Methode „B" größer ist als bei der Methode „A". Im Gegensatz dazu nimmt die Profilüberdeckung $\varepsilon_{\alpha t}$ bei Methode „A" mit abnehmender Zahnbreite zu, während sie bei Methode „B" konstant bleibt. Nach Tsai [4.24] ist zu erkennen, daß die Steigungsüberdeckung keine entscheidende Rolle für die Schwankung der Gesamtberührungslänge spielt.

Bei der Wahl der kleineren Zahnbreite muß daher beachtet werden, daß die Außen-Teilkegellänge immer kleiner zu wählen und die Innen-Teilkegellänge unverändert zu lassen ist. Das führt nicht nur zu einer größeren Überdeckung, sondern auch zu einer besseren Laufgüte und damit auch zu günstigerer Leistungsübertragung, da der Eingriffswinkel auf der Innenseite kleiner als auf der Außenseite ist.

4.7.3.2   Änderung der Überdeckung bei Schrägverzahnung

Bei Schrägverzahnungen wird das Laufverhalten noch durch den Einfluß der Sprungüberdeckung verbessert. In *Bild 4.23, Teilbilder 1* und *2*, werden die Verläufe der Gesamtberührungslänge bei Schrägverzahnung während der Überdeckungsdauer gezeigt. Hier werden die Zahnbreiten an beiden Flankenseiten gleich angenommen. Nach *Bild 4.18* ist die Lage des Eingriffsanfangspunktes A an den Linksflanken und an den Rechtsflanken unterschiedlich. Demzufolge ist die Profilüberdeckung an den Linksflanken größer als die an den Rechtsflanken, da der zu betrachtende Stirnschnitt an den Linksflanken auf der inneren Seite liegt und dort der Eingriffswinkel kleiner ist. Jedoch ist an den Linksflanken die Steigungsüberdeckung kleiner und die Sprungüberdeckung sogar fast gleich Null, denn der Anfangspunkt A_L und der Endpunkt E_L liegen etwa im gleichen Stirn-

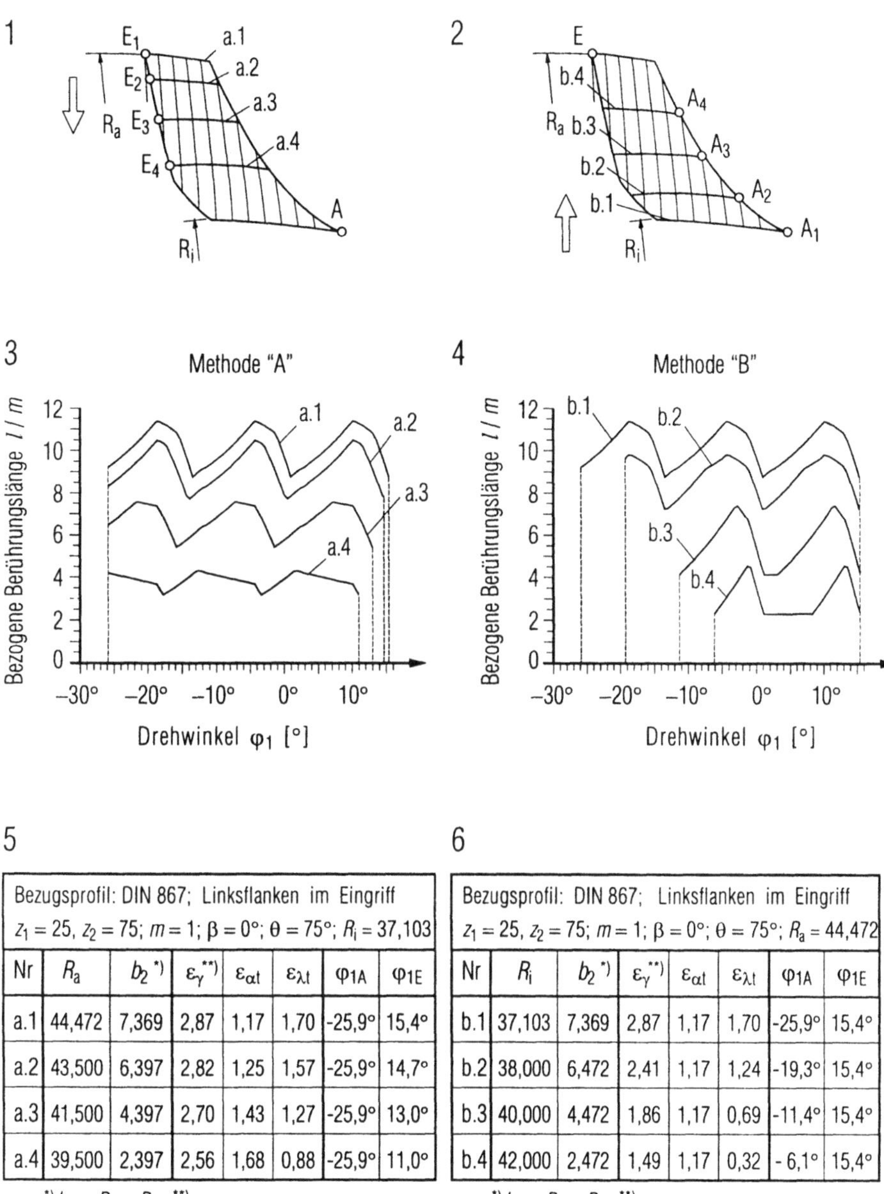

5

Bezugsprofil: DIN 867; Linksflanken im Eingriff $z_1 = 25$, $z_2 = 75$; $m = 1$; $\beta = 0°$; $\theta = 75°$; $R_i = 37{,}103$							
Nr	R_a	b_2 *)	ε_γ **)	$\varepsilon_{\alpha t}$	$\varepsilon_{\lambda t}$	φ_{1A}	φ_{1E}
a.1	44,472	7,369	2,87	1,17	1,70	-25,9°	15,4°
a.2	43,500	6,397	2,82	1,25	1,57	-25,9°	14,7°
a.3	41,500	4,397	2,70	1,43	1,27	-25,9°	13,0°
a.4	39,500	2,397	2,56	1,68	0,88	-25,9°	11,0°

$^*) b_2 = R_a - R_i$ $^{**}) \varepsilon_\gamma = \varepsilon_{\alpha t} + \varepsilon_{\lambda t}$

6

Bezugsprofil: DIN 867; Linksflanken im Eingriff $z_1 = 25$, $z_2 = 75$; $m = 1$; $\beta = 0°$; $\theta = 75°$; $R_a = 44{,}472$							
Nr	R_i	b_2 *)	ε_γ **)	$\varepsilon_{\alpha t}$	$\varepsilon_{\lambda t}$	φ_{1A}	φ_{1E}
b.1	37,103	7,369	2,87	1,17	1,70	-25,9°	15,4°
b.2	38,000	6,472	2,41	1,17	1,24	-19,3°	15,4°
b.3	40,000	4,472	1,86	1,17	0,69	-11,4°	15,4°
b.4	42,000	2,472	1,49	1,17	0,32	- 6,1°	15,4°

$^*) b_2 = R_a - R_i$ $^{**}) \varepsilon_\gamma = \varepsilon_{\alpha t} + \varepsilon_{\lambda t}$

Bild 4.22. Einfluß der Zahnbreitenänderung auf die Gesamtberührungslänge.

Die Verkleinerung der Zahnbreite kann entweder durch Verkleinerung der Außen-Teilkegellänge, *Teilbilder 1, 3, 5*, oder durch Vergrößerung der Innen-Teilkegellänge, *Teilbilder 2, 4, 6*, erreicht werden. Die Schwankung der Gesamtberührungslänge ist im ersten Fall für etwa gleich breite Zähne geringer, *Teilbilder 3, 4*. In diesem Fall ist auch die Überdeckung größer.
Teilbilder 1 und *2*: Eingriffsfelder.
Teilbilder 3 und *4*: . Bezogene Gesamtberührungslänge abhängig vom Drehwinkel.
Teilbilder 5 und *6*: Verzahnungsgrößen und ermittelte Daten.

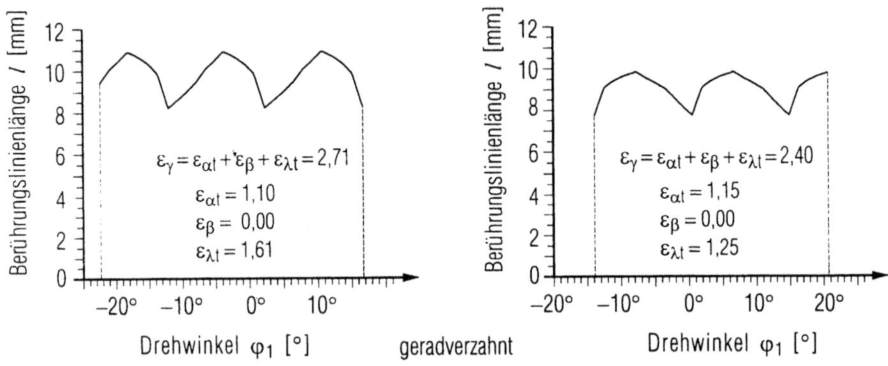

Bild 4.23. Änderung der Gesamtberührungslänge an Links- und Rechtsflanken

Teilbilder 1 und *2*: Konische Schrägverzahnung ohne Achsversetzung. Der Schrägungs-winkel β ist hier positiv, d.h. das Ritzel ist rechtssteigend schrägverzahnt. Die Gesamtbe-rührungslänge an den Rechtsflanken schwankt viel weniger als an den Linksflanken.
Teilbilder 3 und *4*: Konische Geradverzahnung mit Achsversetzung. Trotz der Achsverset-zung ist die Schwankung an den beiden Flanken fast gleich.

schnitt. Nach der Definition kann die Differenz der Zahnbreiten $b_{1AL} - b_{1EL}$ in-folge der Lagen des Anfangs- und Endpunktes auch negativ sein, d.h. die Sprung-güberdeckung ist dann auch negativ, z.B. $-0{,}01$ in *Teilbild 1* des *Bildes 4.23*. Trotz einer größeren Profilüberdeckung ist die Gesamtüberdeckung an den Linksflanken durch sehr geringe Wirkung der Sprungüberdeckung kleiner als die an den Rechts-flanken. Die Änderung der Berührungslänge an den Linksflanken weist daher eine größere Schwankung auf, weil die Sprungüberdeckung keinen Beitrag zur Überdeckung liefert. In diesem Fall ist die Auswirkung der Sprungüberdeckung auf die Änderung der Gesamtberührungslänge an den Rechtsflanken sehr stark.

Im Vergleich der *Teilbilder 1* und *2* des *Bildes 4.23* mit *Bild 4.22* erkennt man auch, daß die Änderung der Gesamtberührungslängen bei Schrägverzahnungen an den Linksflanken stärker schwankt als die bei Geradverzahnungen für etwa die gleiche Zahnbreite, während die an den Rechtsflanken geringer als die bei Geradverzahnung ist. Das Laufverhalten an den Linksflanken bei Schrägverzahnung ähnelt daher etwa dem der geradverzahnten Stirnradpaarungen. Bei Auslegung der schrägverzahnten Konischen Zahnradpaarungen muß daher auf die richtige Auswahl des Schrägungswinkels am Schneidrad bzw. Ritzel geachtet werden. In **Bild 4.24**, *Teilbild 1*, dient eine Tabelle zur Wahl des links- oder rechtssteigenden Schrägungswinkels β am Ritzel im Hinblick auf besseres Laufverhalten. Allerdings gilt diese Tabelle nur für die Drehübertragung in *einem* Richtungssinn. Wenn die Drehübertragung in beiden Richtungssinnen erfolgen muß, dann ist es vorteilhaft, die Geradverzahnung zu wählen.

<table>
<tr><td>1   Günstiger Schrägungswinkel</td><td>2   Günstige Achsversetzung</td></tr>
</table>

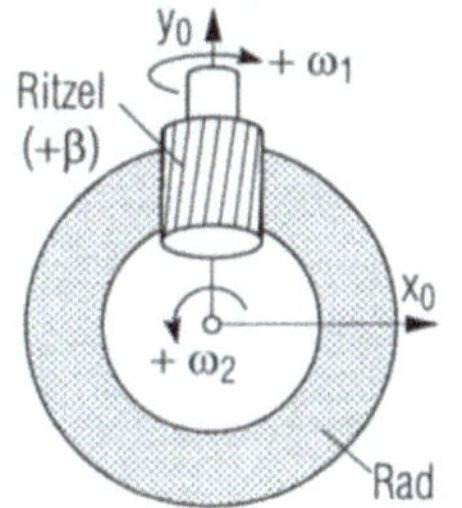

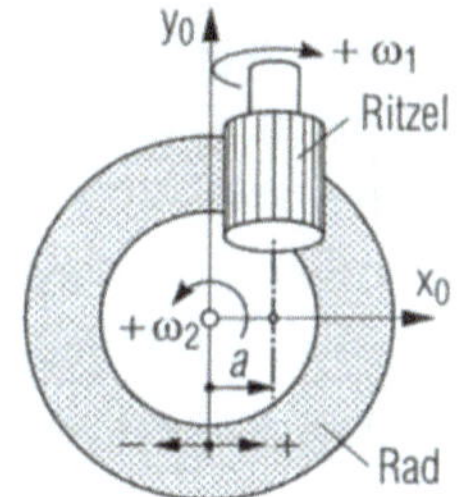

Ritzel schrägverzahnt	Übersetzung	
	ins Schnelle	ins Langsame
Drehgeschwindigkeit ω_1 +	Linkssteigend $(\beta < 0)$	Rechtssteigend $(\beta > 0)$
−	Rechtssteigend $(\beta > 0)$	Linkssteigend $(\beta < 0)$

Ritzel versetzt	Übersetzung	
	ins Schnelle	ins Langsame
Drehgeschwindigkeit ω_1 +	$a > 0$	$a < 0$
−	$a < 0$	$a > 0$

Bild 4.24. Übersichtstabellen für die Auswahl des günstigsten Schrägungswinkels und der günstigsten Achsversetzung.

Bezüglich der Überdeckung und der Schwankung der Berührungslängen sind die Eingriffsverhältnisse an den Rechtsflanken besser als an den Linksflanken, wenn das Ritzel rechtssteigend schrägverzahnt oder positiv achsversetzt ist. Zur Wahl der günstigsten Werte dienen die beiden Tabellen.

Teilbild 1: Tabelle für Schrägungswinkelwahl.
Teilbild 2: Tabelle für Achsversetzungswahl.

4.7.3.3 Änderung bei Achsversetzung

In den *Teilbildern 3* und *4* des *Bildes 4.23* wird die Änderung der Gesamtberührungslänge bei Achsversetzung gezeigt. Daraus ist es zu entnehmen, daß es keinen großen Unterschied zwischen der Änderung an Links- und Rechtsflanken gibt. Die Gesamtüberdeckung an den Linksflanken ist jedoch größer als an den Rechtsflanken. Bei Zahnradpaarungen mit Drehübertragung in einem Richtungssinn ist deshalb eine richtige Lage der versetzten Ritzelachse zu beachten, um eine größere Gesamtüberdeckung zu erhalten. In den *Teilbildern 2* des *Bildes 4.24* ist eine Tabelle für die Auswahl der versetzten Ritzelachsenlagen wiedergegeben.

4.8 Gleiten an den Zahnflanken

4.8.1 Gleitgeschwindigkeit

Die Bestimmung der Gleitgeschwindigkeit erfolgt an einem Konischen Zahnrad, das mit einem zylindrischen Ritzel im Eingriff ist. Die Verhältnisse sind in **Bild 4.25** an der Paarung des Konischen Ersatzrades mit dem zylindrischen Rad leicht zu erkennen. Dabei sind die Geschwindigkeiten im Stirnschnitt des Ritzels dargestellt. Der betrachtete Berührungspunkt Y besitzt die Koordinaten (x_{E1}, y_{E1}, b_1), wobei b_1 durch die Eingriffsgleichung (4.11) bestimmbar ist. Der Stirnschnitt geht durch den Punkt Y und schneidet die Ritzelachse in Punkt $0_1'$ und die Radachse im Punkt $0_2'$. Der Abstand beider Punkte $0_1'$ und $0_2'$ ist $(b_1 + L_1) \cdot \tan\theta$.

Aufgrund des Konuswinkels θ kann die Winkelgeschwindigkeit ω_2 in zwei Komponenten zerlegt werden, nämlich eine, die in Richtung $0_1'0_2'$ liegt, $\omega_2 \cdot \sin\theta$, und eine, die senkrecht zum Stirnschnitt steht, $\omega_2 \cdot \cos\theta$. Die Umfangsgeschwindigkeit des Punktes P an den Flanken des Ritzels ist

$$\mathbf{v}_1 = \begin{bmatrix} -\, y_{E1} \\ x_{E1} \\ 0 \end{bmatrix} \cdot \omega_1 \qquad\qquad (4.43)$$

sowie an den Radflanken

$$\mathbf{v}_2 = \begin{bmatrix} y_{E1} - (b_1 + L_1)\tan\theta \\ -(x_{E1} + a) \\ 0 \end{bmatrix} \omega_2\cos\theta + \begin{bmatrix} 0 \\ 0 \\ x_{E1} + a \end{bmatrix} \omega_2\sin\theta$$

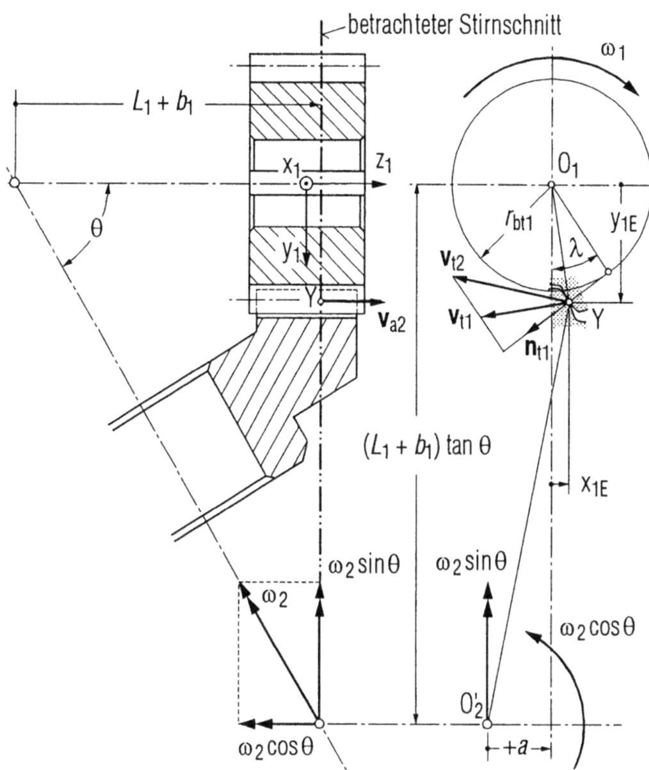

Bild 4.25. Bestimmung der Gleitverhältnisse an den Flanken der Paarung mit einem Konischen Zahnrad.

Die Geschwindigkeiten werden an einer Stirnradpaarung von einem Ersatzrad des Konisches Rades bestimmt, das um den Konuswinkel θ (gleich dem Achswinkel Σ) in die Ebene des Stirnrades projiziert wird. Die Winkelgeschwindigkeit ω_2 wird in die Richtung des "Stirnschnitt-Achsabstandes" ($\omega_2\sin\theta$) und in die Achsrichtung des Stirnrades ($\omega_2\cos\theta$) zerlegt. Daraus ist zu entnehmen, daß auch eine axiale Gleitgeschwindigkeit entsteht, ohne daß das Ritzel schrägverzahnt sein muß.

$$= \begin{bmatrix} y_{E1}\cos\theta - \left(b_1 + L_1\right)\sin\theta \\ -\left(x_{E1} + a\right)\cos\theta \\ \left(x_{E1} + a\right)\sin\theta \end{bmatrix} \cdot \omega_2 \tag{4.44}$$

Mit den Gl. (4.43 und 4.44) ergibt sich unter Berücksichtigung, daß $\omega_1 = u \cdot \omega_2$ ist, die Relativgeschwindigkeit

$$
\mathbf{v}_{12} = {_1}\mathbf{v}_1 - {_1}\mathbf{v}_2 = \begin{bmatrix} -y_{E1}(u+\cos\theta)+(b_1+L_1)\sin\theta \\ x_{E1}(u+\cos\theta)+a\cos\theta \\ -(x_{E1}+a)\sin\theta \end{bmatrix}\omega_2 \qquad (4.45)
$$

Durch Zerlegung der Umfangsgeschwindigkeiten entstehen die gemeinsamen Normalgeschwindigkeiten $\mathbf{v}_{n1}$ und $\mathbf{v}_{n2}$ sowie ihre Radialgeschwindigkeiten $\mathbf{v}_{r1}$ und $\mathbf{v}_{r2}$. Die Normalgeschwindigkeit zeigt in Richtung der Eingriffslinie, die Radialgeschwindigkeit senkrecht dazu. Die beiden Radialgeschwindigkeiten bestimmen die Tangentialebene der Berührungspunkte. Mit dem Richtungsvektor, der gleich der Normalen ist

$$
\mathbf{e}_n = -\,\mathbf{n}_{1k} = -\begin{bmatrix} \cos\beta_b\cdot\cos\lambda_k \\ \cos\beta_b\cdot\sin\lambda_k \\ \sin\beta_b \end{bmatrix} \qquad (4.46)
$$

läßt sich die Normalgeschwindigkeit des Ritzels berechnen mit der aus den geometrischen Daten des *Bildes 4.25* abgeleiteten Gleichung

$$
y_{E1}^{*}\cos\lambda_k - x_{E1}^{*}\sin\lambda_k = \cos^2\lambda_k \pm \rho_{tk}^{*}\sin\lambda_k\cos\lambda_k + \sin^2\lambda_k \mp \rho_{tk}^{*}\sin\lambda_k\cos\lambda_k = 1
$$

$$
\begin{aligned}
\mathbf{v}_{n1} &= \mathbf{v}_1\cdot\mathbf{e}_n \\
&= \left(y_{E1}\cos\lambda_k - x_{E1}\sin\lambda_k\right)\cos\beta_b\,\omega_1 \\
&= r_{bt1}\cos\beta_b\,\omega_1
\end{aligned} \qquad (4.47)^{[3]}
$$

wobei

$$
x_{E1} = r_{bt1}\cdot x_{E1}^{*} \quad ; \quad y_{E1} = r_{bt1}\cdot y_{E1}^{*}
$$

ist.

Das Rad

$$
\mathbf{v}_{n2} = \mathbf{v}_2\cdot\mathbf{e}_n
$$

$$
= \Big[-\left(y_{E1}\cos\lambda_K - x_{E1}\sin\lambda_K\right)\cos\theta+(b_1+L_1)\sin\theta\cos\lambda_K +
$$

---

[3] Da die Rechtsflanke betrachtet wird, deren Eingriffswinkel λ_R definitionsgemäß ein negatives Vorzeichen hat, $\lambda_R < 0$, wird $-x_{E1}\sin(\lambda_R) = +x_{E1}\sin\lambda$ und somit der Klammerausdruck r_b.

$$+ a\cos\theta\sin\lambda_K - \left(x_{E1} + a\right)\sin\theta\cdot\tan\beta_b\Big]\omega_2\cos\beta_b$$

$$= \Big[-r_{bt1}\cos\theta + \left(b_1 + L_1\right)\sin\theta\cos\lambda_K + a\cos\theta\sin\lambda_K +$$

$$- \left(x_{E1} + a\right)\sin\theta\tan\beta_b\Big]\omega_2\cos\beta_b \qquad (4.48)$$

Das Verzahnungsgesetz verlangt, daß die beiden Normalgeschwindigkeiten gleich sind.

$$\mathbf{v}_{n1} - \mathbf{v}_{n2} =$$

$$\Big[r_{bt1}\left(u + \cos\theta\right) - \left(b_1 + L_1\right)\cos\lambda_K\sin\theta - a_{12}\sin\lambda_K\cos\theta +$$

$$+ \tan\beta_b\sin\theta\left(x_{E1} + a_{12}\right)\Big]\omega_2\cos\beta_b = 0 \qquad (4.49)$$

Beim Einsetzen der Koordinate x_{E1} in Gl. (4.49) erhält man die Eingriffsgleichung (4.11). Wird sie in Gl. (4.43) eingesetzt, so folgt die x-Komponente der Gleitgeschwindigkeit

$$\mathbf{v}_{12} = -r_{bt}\left(u + \cos\theta\right)\left(\pm\rho_{tK}^{*} - \tan\lambda_K\right)\sin\lambda_K - a\tan\lambda_K\cos\theta +$$

$$+ \frac{\tan\beta_b\sin\theta}{\cos\lambda_K}\left[a + x_{E1}\right] \qquad (4.50)$$

Aus Gl. (4.45) ist zu erkennen, daß an den Flanken des zylindrischen Ritzels bei Konischen Verzahnungen noch eine zusätzliche Gleitgeschwindigkeit in axialer Richtung (Z-Richtung) im Vergleich mit der Stirnradverzahnung vorliegt. Für Verzahnungen mit sich schneidenden Achsen, also bei a = 0, ist die Gleitgeschwindigkeit abhängig von der Koordinate x_{E1}. Im Punkt für $x_{E1} = 0$, damit auch beim Flankenradiusfaktor

$$\rho_{tK}^{*} = \frac{\rho}{r_{bt}} = \tan\lambda_K,$$

ist die Gleitgeschwindigkeit gleich null. Dieser Punkt entspricht dem Wälzpunkt bei Stirnradverzahnungen (*Bild 4.25*).

Auch hier treten vor und nach dem Wälzpunkt die beiden nichtlinearen Reibsysteme (siehe *Kapitel 1*) auf, nämlich das *progressive* und das *degressive* Reibsy-

Bezugsprofil: DIN 867
Zähnezahl: $z_1 = 20$; $z_2 = 60$;
Konuswinkel: $\theta = 75°$

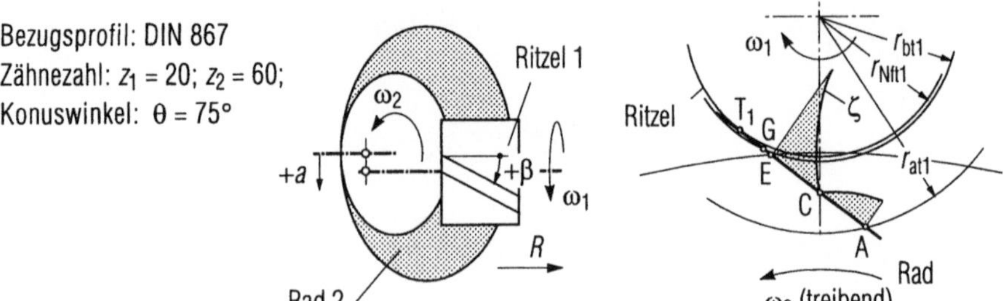

x_1	ζ		$\beta = 0°$		$\beta = -15°$	
			$a = 0$	$a = 0{,}1 \cdot r_{t2}$	$a = 0$	$a = 0{,}1 \cdot r_{t2}$
1	2	Nr.	1	2	3	4
0,0	ζ_1	1	1.1	1.2	1.3	1.4
	ζ_2	2	2.1	2.2	2.3	2.4
			$R_U = 29{,}78$; $R_{Sp} = 36{,}00$ $R_i = 30{,}00$; $R_a = 35{,}60$	$R_U = 30{,}41$; $R_{Sp} = 36{,}34$ $R_i = 30{,}60$; $R_a = 36{,}20$	$R_U = 32{,}04$; $R_{Sp} = 37{,}46$ $R_i = 32{,}20$; $R_a = 37{,}40$	$R_U = 31{,}00$; $R_{Sp} = 36{,}93$ $R_i = 31{,}40$; $R_a = 36{,}80$
0,5	ζ_1	3	3.1	3.2	3.3	3.4
	ζ_2	4	4.1	4.2	4.3	4.4
			$R_U = 29{,}90$; $R_{Sp} = 37{,}82$ $R_i = 30{,}00$; $R_a = 35{,}60$	$R_U = 30{,}59$; $R_{Sp} = 38{,}21$ $R_i = 30{,}60$; $R_a = 36{,}20$	$R_U = 32{,}37$; $R_{Sp} = 39{,}31$ $R_i = 32{,}40$; $R_a = 37{,}60$	$R_U = 31{,}26$; $R_{Sp} = 38{,}80$ $R_i = 31{,}40$; $R_a = 36{,}80$

stem, die sich auf das Übertragungsverhalten beim progressiven ungünstig, beim degressiven günstig auswirken. Darüber wird im einzelnen noch eingehend berichtet. Bei der Gleitgeschwindigkeit der Zahnradpaarung mit Achsversetzung kommt dagegen noch ein zusätzlicher Betrag aus der Achsversetzung hinzu. Bei kleiner Achsversetzung a tritt auch die Orientierungsumkehr jeder Komponente der Gleitgeschwindigkeit auf, jedoch nicht gleichzeitig.

4.8.2 Spezifisches Gleiten der Zahnflanken

Die relativen Anteile des Gleitens in den einzelnen Zonen der Zahnflanken und damit die relative Größe des Reibverschleißes werden durch das spezifische Gleiten [4.15] dargestellt. Bezogen auf das Ritzel 1 ist es

$$\xi_1 = \frac{v_{12}}{v_{r1}}, \tag{4.51}$$

auf das Rad 2

$$\xi_2 = \frac{v_{21}}{v_{r2}}. \tag{4.52}$$

Die Radialgeschwindigkeit ergibt sich aus

$$v_{r1,2} = \sqrt{v_{1,2}^2 - v_{n1,2}^2}. \tag{4.53}$$

Weil die Gleitgeschwindigkeit von der Lage der Berührpunkte abhängt, ist das spezifische Gleiten auch eine Funktion des Eingriffswinkels λ_K und des Wälzwinkels ξ.

Bild 4.26. Übersicht des spezifischen Gleitens an den Zahnflanken der Konischen Zahnradpaarung.
Oben: Anordnung der Zahnradpaarung mit Einbeziehung des Schrägungswinkels β und der Achsversetzung a.
Unten: Der in einer räumlichen Fläche liegende Eingriff wird zwecks besserer Darstellungsmöglichkeit in die gleiche Ebene geschwenkt.
Das spezifische Gleiten wird durch zahlreiche Kurvenscharen dargestellt, die tabellenartig angeordnet, sehr anschaulich den Einfluß der Verzahnungsparameter zeigen. Die Gleitverhältnisse werden durch positive Profilverschiebung x_1 (*Zeilen 3* und *4*) verbessert, ebenso bei Schrägverzahnung (*Spalten 1* und 2). Bei Stirnradverzahnungen treten die gleichen Effekte auf.

Das spezifische Gleiten wird in **Bild 4.26** auf den Berührungslinien während des Eingriffs dargestellt. Die Eingriffslinie wird um den Eingriffswinkel λ_K in die gleiche Ebene geschwenkt, wie es im Bild *oben* zu sehen ist. Da bei Schrägverzahnungen die Eingriffslinie nicht im Stirnschnitt liegt, ist die Radialgeschwindigkeit $v_{r1,2}$ bei ihnen größer als bei Geradverzahnungen. Dadurch wird bei Schrägverzahnungen das spezifische Gleiten kleiner, wie im Bild *unten, Spalten 3 und 4*, gut zu erkennen ist. Bei Geradverzahnung tritt das maximale spezifische Gleiten des Ritzels ξ_{1max} am Interferenz-Grenzpunkt auf, also an dem Punkt, der am Fußformkreis des großen Eingriffswinkels liegt, *Felder 1.1* und *1.2*. Das maximale spezifische Gleiten am Rad ξ_{2max} tritt dagegen auf der inneren Seite der Zahnbreite auf, *Bild 4.26, Felder 2.1* und *2.2*.

Bei Schrägverzahnungen, *Felder 1.3* und *1.4*, tritt maximales spezifisches Gleiten ξ_{1max} auf der Außenseite auf. Erhöhtes spezifisches Gleiten kann auch durch Profilverschiebung x_1 am Ritzel herabgesetzt werden, *Zeilen 3 und 4*. In diesem Bild ist sehr deutlich zu erkennen, wie beim Abstimmen von Schrägungswinkel β, Achsversatz a und Profilverschiebung x_1 das geringste spezifische Gleiten, damit minimaler Verschleiß und günstigste Übertragungseigenschaften erzielt werden können.

4.9 Äußere Zahnkräfte

Zu den Tragfähigkeitsberechnungen der Zähne und Zahnpaarungen sind folgende äußere Zahnkräfte erforderlich: Die *Nenn-Umfangskraft F_t* , die *Axialkraft F_a* und die *Radialkraft F_r* . Weil bei Konischen Verzahnungen sich der Eingriffswinkel entlang der Zahnbreite ändert, geht man bei der Berechnung von einem mittleren Punkt der Zahnflanke aus, ähnlich wie bei Kegelradverzahnungen. Wie aus **Bild 4.27**, *Teilbild 1* zu erkennen ist, wird die Normalkraft in der Zahnmitte angesetzt bei einem mittleren Eingriffswinkel λ_m. Der mittlere Eingriffswinkel λ_m ergibt sich wie folgt:

$$\cos\lambda_m \;=\; \frac{r_{bt}\cdot\left(u+\cos\theta\right)}{R_m\cdot\sin\theta} \tag{4.54}$$

Die mittlere Teilkegellänge R_m ist

$$R_m \;=\; \frac{R_a+R_i}{2} \tag{4.55}$$

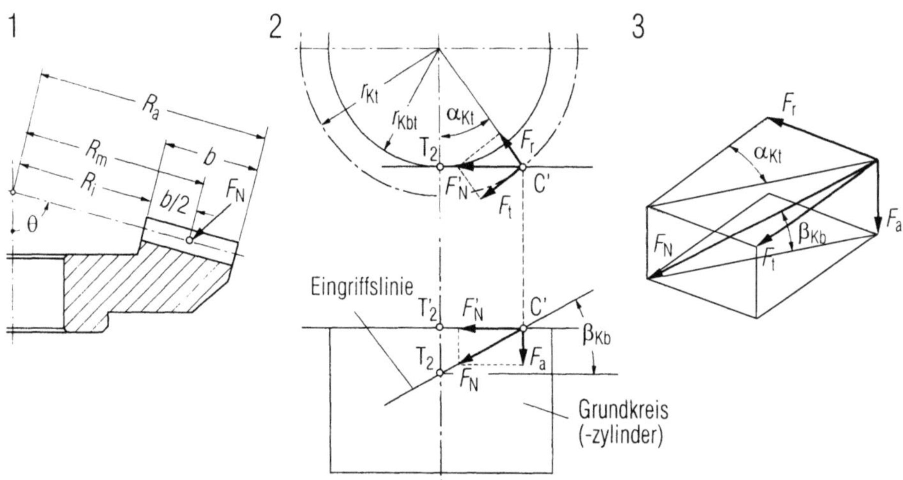

Bild 4.27. Ermittlung der äußeren Kräfte an den Flanken der Konischen Verzahnung.
Bei der Konischen Verzahnung ist trotz des einheitlichen Grundzylinders (*Teilbild* 2 unten)
für den Stirnschnitt der Verzahnung jeweils eine andere Projektion des Grundzylinders
maßgebend, so daß für jeden Teil der Verzahnung ein anderer Eingriffs- und Grundschrägungswinkel gilt. Diese dienen wie bei der Stirnrad-Schrägverzahnung zur Bestimmung der
äußeren Kräfte.

In *Teilbild 2* sind Normalkraft F_N, Umfangskraft F_t und Radialkraft F_r dargestellt. Schrägungswinkel β_K und Profilwinkel α_{Kt} ergeben sich mit $\lambda_K = \pm \lambda_m$
wie folgt:

$$\tan\alpha_{Kt} \;=\; \mp\,\tan\lambda_m\,\cos\theta + \frac{\tan\beta_b}{\cos\lambda_m}\,\sin\theta \tag{4.56}$$

$$\tan\beta_K \;=\; \mp\,\tan\lambda_m\,\sin\theta - \frac{\tan\beta_b}{\cos\lambda_K}\,\cos\theta \tag{4.57}$$

$$\tan\beta_{bK} \;=\; \mp\,\tan\beta_K\cdot\cos\alpha_{Kt} \tag{4.58}$$

Die Normalkraft F_N wird wie üblich aus dem Drehmoment des Konischen Rades bestimmt auf den Grundkreishalbmesser bezogen, mit $r_{kt}\cdot\cos\alpha_{kt}$. Dabei gilt
$r_{kt} = r_{t2}\cdot\cos\alpha_t/\cos\lambda_m$.

Es ist

$$F_N \;=\; \frac{M_2\cos\lambda_m}{r_{t2}\cos\alpha_t\cdot\cos\alpha_{kt}\cdot\cos\beta_{kb}} \;=\; \frac{M_1}{r_{t1}\cos\alpha_t\cos\beta_b}\,. \tag{4.59}$$

Für die Axialkraft ergibt sich (siehe *Bild 4.27*)

$$F_{a2} = F_N \sin\beta_{kb} = \frac{M_2 \cos\lambda_m \tan\beta_{kb}}{r_{t2}\cos\alpha_t \cdot \cos\alpha_{k1}} = \frac{M_2 \cos\lambda_m \tan\beta_k}{r_{t2}\cos\alpha_t}.$$

$$(4.60)$$

Die Radialkraft ist

$$F_{r2} = F_N \cos\beta_{kb} \sin\alpha_{kt} = \frac{M_2 \cos\lambda_m \tan\alpha_{kt}}{r_{t2}\cos\alpha_t} \qquad (4.61)$$

sowie die Nenn-Umfangskraft

$$F_{t2} = F_N \cos\beta_{kb} \cos\alpha_{kt} = \frac{M_2 \cos\lambda_m}{r_{t2}\cos\alpha_t}. \qquad (4.62)$$

In ähnlicher Weise erhält man für das Ritzel 1:

Axialkraft

$$F_{a1} = F_N \sin\beta_b = \frac{M_1 \tan\beta_b}{r_{t1}\cos\alpha_t} = \frac{M_1}{r_{t1}} = \tan\beta \qquad (4.63)$$

Radialkraft (Ritzel)

$$F_{r1} = F_N \cos\beta_b \cdot \sin\lambda_m = \frac{M_1 \sin\lambda_m}{r_{t1}\cos\alpha_1} \qquad (4.64)$$

Umfangskraft (Ritzel)

$$F_{t1} = F_N \cos\beta_b \cdot \cos\lambda_m = \frac{M_1 \cos\lambda_m}{r_{t1}\cos\alpha_t}. \qquad (4.65)$$

In welcher Art sich die Axial- und Radialkräfte am Konischen Zahnrad ändern, in Abhängigkeit des Konuswinkels θ und des Schrägungswinkels β des Ritzels, zeigt **Bild 4.28**. Weil das Ritzel z_1 zylindrisch ist, muß der Konuswinkel θ gleich dem Achswinkel Σ sein, $\theta = \Sigma$. Die Kräfte F_r und F_a sind unabhängig vom Moment M_2, dem Normalmodul m_n und der Zähnezahl z_2 als Faktoren V_r und V_a im Diagramm aufgetragen.

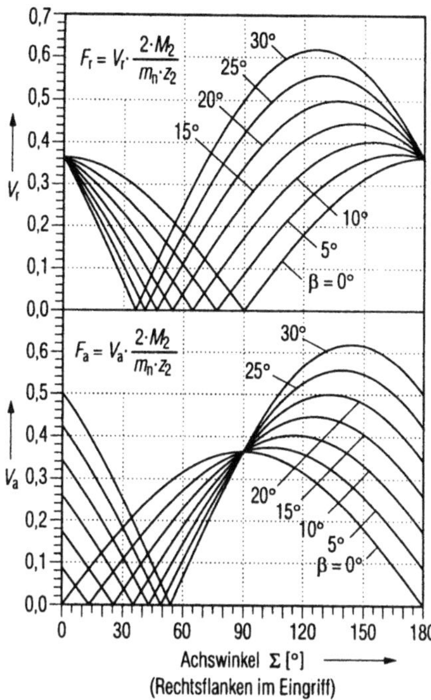

Bild 4.28. Verlauf der äußeren Kräfte bei Konischen Verzahnungen in Abhängigkeit des Achswinkels. V_r Proportionalitätsfaktor für die Radialkraft, V_a Proportionalitätsfaktor für die Axialkraft.

Zur Kräfteberechnung wurde der Eingriffswinkel $\lambda = 20°$ zugrunde gelegt. Bemerkenswert ist, daß für gewisse Kombinationen von Schrägungs- und Achswinkeln die Radial- bzw. Axialkräfte null werden können oder extreme Maxima erreichen.

Es ist zu entnehmen: Die Radialkräfte ("V_r", Diagramm oben) werden bei Konischer Geradverzahnung beim Achswinkel $\Sigma = 90°$ null, jedoch beim Schrägungswinkel von $\beta = 15°$ erst beim Achswinkel (Konuswinkel) $\Sigma = 55°$. Ist $\beta = 30°$, wird V_r schon bei einem Achswinkel von $\Sigma = 35°$ null. Die Maxima von F_r liegen für $\beta = 0°$ bei $\Sigma = 0°$ und $180°$, für $\beta = 30°$ bei $\Sigma = 125°$.

Die Axialkräfte ("V_a", Diagramm unten) sind auch für bestimmte Kombinationen von β und Σ (bzw. θ) gleich null. So z.B., wenn $\beta = \Sigma = 0°$ ist, wenn $\beta = 15°$ und $\Sigma = 35°$ ist oder wenn $\beta = 30°$ und $\Sigma = 55°$ ist. Dies sind optimale Winkelkombinationen! Im Bereich $\Sigma = 90°$ ... $180°$ steigen die Axialkräfte F_a mit dem Schrägungswinkel β, haben bei $\Sigma = 140°$ ein Maximum und sind bei $\Sigma = 90°$ alle gleich. Im Bereich $\Sigma = 55°$ ... $90°$ steigen die Kräfte für jedes β. Im Bereich von $\Sigma = 0°$ ... $55°$ gilt für den Schrägungswinkel $\beta = 0°$ nur ein steigender, für Schrägungswinkel $\beta = 30°$ nur ein fallender Bereich. Die anderen Winkel haben sowohl fallende als auch steigende Bereiche.

Ähnlich wie bei gepaarten Schrägstirnrädern können die Axialkräfte von Konischen und von Stirnrädern je nach Vorzeichen des Schrägungswinkels β in einem anderen Richtungssinn wirksam sein.

4.10 Allgemeine Maßnahmen zur Vergrößerung der Zahnbreite

Die Zahnbreite der Konischen Zahnräder spielt bei der Auslegung immer eine große Rolle. In einigen Fällen ist die zulässige Zahnbreite mit genormten Verzahnungsgrößen nicht groß genug. Aufgrund systematischer Untersuchungen [4.24] können mit folgenden Maßnahmen größere Zahnbreiten erhalten werden als bei genormten Verzahnungen:

- Der Konuswinkel θ muß bei Außenverzahnungen kleiner und bei Innenverzahnungen größer gemacht werden.

- Eine positive Profilverschiebung x_S am Schneidrad ist vorzusehen.

- Verzahnungen möglichst *geradverzahnt* und *ohne Achsversetzung* ausführen, bei bestimmten Konuswinkeln kann jedoch eine größere Zahnbreite mit Schrägverzahnung oder Achsversetzung erzielt werden

- Der Profilwinkel soll *größer* als 20°, meistens ca. 30°, jedoch nicht größer als 35° sein.

- Das Bezugsprofil des Schneidrades sollte als *Hochprofil* und des Konischen Zahnrades als *Stumpfprofil* ausgeführt werden.

4.11 Auswirkungen der Verzahnungsgrößen, Zusammenfassung

Im letzten Abschnitt wurde erwähnt, wie sich die Verzahnungsgrößen, im einzelnen der Konuswinkel θ, der Schrägungswinkel β, die Achsversetzung a, die Profilverschiebung x_S und die Bezugsprofile auf die Zahnbreite auswirken. Als weitere interessante Auswahlkriterien für die Verzahnungsgrößen kommen hier neben der Zahnbreite die Überdeckung ε_γ und die Schwankung der Gesamtberührungslänge hinzu. Aufgrund der Untersuchungen von [4.24] kann man folgende Schlußfolgerungen ziehen:

4.11.1 Große Überdeckung

Eine große Überdeckung der Konischen Zahnradpaarung kann erhalten werden, wenn

- der Konuswinkel groß ist,
- die Zahnradpaarung ohne Achsversetzung und geradverzahnt ausgeführt ist,
- das zu paarende Ritzel (Stirnrad) eine positive Profilverschiebung hat,
- das Bezugsprofil für das Schneidrad als *Hochprofil* und für das Konische Zahnrad als *Stumpfprofil* ausgeführt wird.

Im allgemeinen hat die Zahnbreite einen entscheidenden Einfluß auf die Überdeckung. Es trifft stets zu, daß je größer die Zahnbreite ist, um so größer auch die Überdeckung wird. Zahnradpaarungen mit Achsversetzung können aber auch schrägverzahnt sein. Ergebnis ist eine größere Zahnbreite und auch eine größere Überdeckung. Diese besondere Maßnahme wird in *Kapitel 6* "Kronenradverzahnung" ausführlich erläutert.

4.11.2 Geringe Schwankungen der Gesamtberührungslänge

Die Schwankung der Gesamtberührungslänge (*Bilder 4.22; 4.23*) hat einen entscheidenden Einfluß auf die Laufgüte der Zahnradpaarung. Je geringer sie ist, desto leiser läuft die Paarung. Eine geringe Schwankung der Gesamtberührungslänge ist einzuhalten, wenn

- die Paarung schrägverzahnt ist,
- die Zähnezahlen der paarenden Zahnräder bei gleichbleibender Übersetzung größer gewählt werden,
- das Bezugsprofil für das Schneidrad als *Hochprofil* und für das Konische Zahnrad als *Stumpfprofil* ausgeführt wird,
- der Profilwinkel größer als 20° ist.

Bei einigen Verzahnungsgrößen verändert sich die Schwankung der Gesamtberührungslänge nicht deutlich. Die Profilverschiebung z.B. oder der Konuswinkel spielt für sie keine große Rolle. Man erhält dann ein günstiges Laufverhalten der Zahnradpaarung mit Schrägverzahnung, allerdings jeweils nur in einem Drehrichtungssinn.

4.12 Reibungsverhältnisse an einem Zahnradpaar

Ein anderer wichtiger Faktor für die Auslegung von Konischen Zahnradpaarungen ist die Schwankung der Reibungsverhältnisse an den im Eingriff befindlichen Zahnflanken. Von Roth wurden für den Einsatz nichtlinearer Reibsysteme bei

Evoloid-Stirnrad-Verzahnungen zahlreiche wichtige Vorschläge für die Auslegung angegeben [4.15; 4.16; 4.17; 4.19; 4.21]. In diesem Abschnitt wird die Betrachtung der Reibsysteme auf Konische Verzahnungen *ohne* Achsversetzung erweitert.

In **Bild 4.29** werden die Reibungsverhältnisse an den Konischen Zahnpaaren einer Geradverzahnung, *Felder 1.1; 1.2*, und einer Schrägverzahnung, *Felder 1.3; 1.4*, während des Durchlaufs einer Zahnberührung im Eingriffsfeld gezeigt. Die Gleitgeschwindigkeit an den Zahnflanken der Konischen Verzahnung kann in zwei Komponenten zerlegt werden: Die eine verläuft im Stirnschnitt und die andere parallel zur Wälzachse oder zur Ritzelachse. Im Hinblick auf das Ritzel wirkt sich die axiale Reibkraft nicht aus. Daher braucht nur die Reibkraft F_R im Stirnschnitt des Ritzels betrachtet zu werden, wie sie von den Pfeilen im Bild gezeigt wird. Der Verlauf der Berührungslinie B bei der Konischen Verzahnung ähnelt andererseits dem bei der Stirnrad-Schrägverzahnung, daher auch die Reibungsverhältnisse. Der Unterschied zwischen den beiden Verzahnungen besteht nur darin, daß der Stirn-Eingriffswinkel bei der Konischen Verzahnung entlang der Zahnbreite des Ritzels stets veränderlich ist, während der Stirn-Eingriffswinkel bei der Stirnrad-Schrägverzahnung konstant bleibt. Daher kann die Behandlung der nichtlinearen

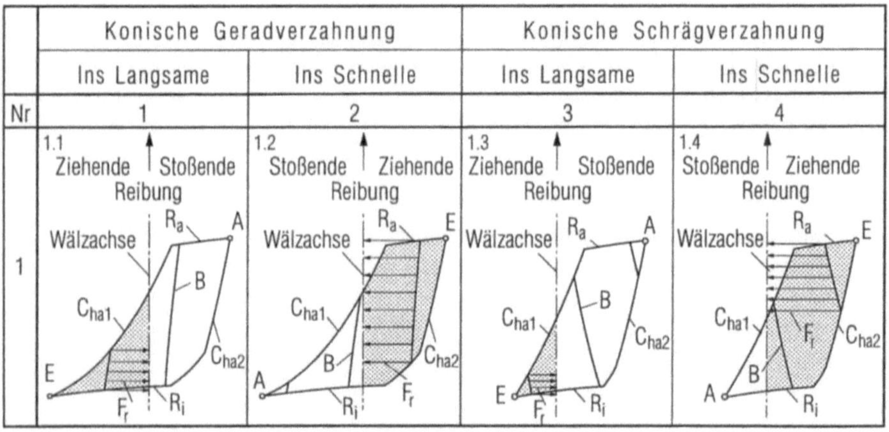

	Konische Geradverzahnung		Konische Schrägverzahnung	
	Ins Langsame	Ins Schnelle	Ins Langsame	Ins Schnelle
Nr	1	2	3	4
1				

Bild 4.29. Reibungsverhältnisse an den Konischen Zahnradpaaren.
Die Berührungslinien der Paarung zur Übersetzung ins Schnelle bewegen sich in der Darstellung von links nach rechts, ins Langsame von rechts nach links. Die im Stirnschnitt verlaufenden Reibkräfte F_R haben Wirkung, die axiale Reibkraft hat keine Wirkung auf die Reibsysteme und wird daher im Bild nicht dargestellt. Weil der Verlauf der Berührungslinien nicht nur bei der Konischen Schrägverzahnung, sondern auch bei der Konischen Geradverzahnung ähnlich wie bei der Stirnrad-Schrägverzahnung ist, genügt es, die Reibungsverhältnisse im Stirnschnitt des Ritzels zu betrachten.
Die Darstellung erfolgt in Stirnschnitten des Ritzels, die nebeneinanderliegend vom Eingriffsanfang A an der Außenteilkegellänge R_a des Konischen Zahnrades bis zum Eingriffsende E an der Innenteilkegellänge gedacht sind. Es ist zu erkennen, daß bei Umkehr der Bewegung günstige in ungünstige Reibungsverhältnisse umkippen können.

Reibsysteme für die Evoloid-Stirnradverzahnung auch auf die Konische Verzahnung erweitert werden.

Das erstrebte Ziel, möglichst "degressive ("ziehende") Reibung" an den Zahnflanken zu erhalten, wird wie bei der Evoloid-Stirnradverzahnung dadurch erreicht, daß das Eingriffsfeld größtenteils oder auch ganz in den Bereich "degressiver Reibung" verschoben wird. Aus den Eingriffsfeldern in *Bild 4.29* geht hervor, daß bei der Konischen Zahnradpaarung zur Übersetzung ins Langsame die Grenzkurve C_{ha1}, das ist die Schnittkurve des Eingriffsfeldes mit dem Ritzelkopfzylinder, dem Anfangspunkt A bei der Stirnradpaarung entspricht, die Grenzkurve C_{ha2} die Schnittkurve des Eingriffsfeldes mit dem Kopfkegel des Konischen Rades, dem Endpunkt E. Bei der Paarung zur Übersetzung ins Schnelle kehrt sich die Beziehung um. Die Maßnahmen zur Verschiebung des Eingriffsfeldes sind daher nicht anders als bei der Evoloid-Stirnradverzahnung. Infolge des großen Eingriffswinkels bei den großen Teilkegellängen liegt ein Teil des Eingriffsfeldes auf der rechten Seite der Wälzachse im Bild, nämlich im Bereich "degressiver Reibung" für die Übersetzung ins Schnelle oder "progressiver Reibung" für die Übersetzung ins Langsame. Zusätzlich liegt auch ein Teil des Eingriffsfeldes für die kleinen Teilkegellängen im Bereich "progressiver Reibung" für die Übersetzung ins Schnelle oder "degressiver Reibung" für die Übersetzung ins Langsame. Daher muß neben der Wahl der Zahnkopfhöhen des zylindrischen Ritzels und des Konischen Rades auch die Wahl der Zahnbreite für die Auslegung der Konischen Verzahnung berücksichtigt werden.

4.13 Auslegung von Konischen Zahnradpaarungen mit Evoloidritzeln

In Bezug auf die Reibungsverhältnisse können Zahnradpaarungen mit Evoloidritzeln - sowohl Außen- als auch Innenzahnradpaarungen - nach ähnlichen Regeln wie bei Evoloid-Stirnradpaarungen ausgelegt werden. Im folgenden werden die zweckmäßigen Maßnahmen für die Verschiebung des Eingriffsfeldes der Konischen Zahnradpaarungen zur Übersetzung ins Langsame und ins Schnelle jeweils zusammengefaßt, in *Bild 4.30* für Konische Außenverzahnungen und in *Bild 4.31* für Konische Innenverzahnungen.

4.13.1 Allgemeine Regeln für die Auslegung

1. Übersetzung ins Langsame

Ritzel (Antrieb)

- Der Ritzelzahnkopfkreis ist möglichst groß, also $h_{aP1}^{*} + x_1$ groß zu wählen, jedoch muß die Spitzengrenze berücksichtigt werden.

- Die Fußformhöhe $h^*_{FfP1} - x_1$ ist bei Berücksichtigung des schädlichen Unterschnitts klein zu wählen, *Bild 4.30, Feld 2.2.*

Rad (Abtrieb)

- Die Zahnkopfhöhe h^*_{aP2} ist relativ klein zu wählen. Wenn die Bezugsprofile des Rades und des Ritzels komplementär sind, dann ist $h^*_{aP2} = h^*_{FfP1}$.

- Die Fußformhöhe h^*_{FfP2} wird so gewählt, daß gilt

$$h^*_{FfP2} = h^*_{aPs} \geq h^*_{aP1}.$$

- Die Zahnbreite ist so festzulegen, daß die Innen-Teilkegellänge R_i an der Unterschnittgrenze liegt und die Außen-Teilkegellänge R_a bei Berücksichtigung einer genügenden Überdeckung bzw. Zahnbreite möglichst nahe an die innere Seite gelegt wird, *Bild 4.30, Feld 3.2.*

2. Übersetzung ins Schnelle[4]

Ritzel (Abtrieb)

- Der Ritzelzahnkopfkreis r_{at1} ist möglichst klein, also $h^*_{aP1} + x_1$ klein zu wählen.

- Die Fußformhöhe $h^*_{FfP1} - x_1$ ist dafür unter Beachtung des schädlichen Unterschnitts größer zu wählen, *Bild 4.30, Feld 2.3.*

Rad (Antrieb)

- Die Zahnkopfhöhe h^*_{aP2} ist möglichst groß zu wählen. Mit Komplementprofilen hat man keine Wahl für die Zahnkopfhöhe, denn $h^*_{aP2} = h^*_{FfP1}$.

- Die Fußformhöhe h^*_{FfP2} wird so gewählt, daß gilt

$$h^*_{FfP2} = h^*_{aPs} \geq h^*_{aP1}.$$

- Die Zahnbreite ist so festgelegt, daß die Außen-Teilkegellänge R_a an der Spitzengrenze liegt und die Innen-Teilkegellänge R_i unter Berücksichtigung einer genügenden Überdeckung und Zahnbreite möglichst nah zur äußeren Seite versetzt wird. Falls der Eingriffswinkel an der Spitzengrenze zu groß ist, kann die Zahnbreite etwa in der Mitte der zulässigen Zahnbreiten liegen, *Bild 4.30, Feld 3.3.*

---

[4] Der Index 1 zeigt in den *Kapiteln 4* bis *7* immer das kleinere Rad an, hier das zylindrische Ritzel, der Index 2 dagegen das größere Rad, hier das Konische Zahnrad.

4.13.2 Auslegung von Konischen Außenzahnradpaarungen mit Evoloidritzeln

Auslegungsbeispiel: Es sei die Zähnezahl des Ritzels mit 5, des Konischen Rades mit 20 und der Konuswinkel mit 60° gegeben.

1. Übersetzung ins Langsame
A. Bestimmung der Bezugsprofile und der Profilverschiebung
Das Bezugsprofil ist hier ein Komplementprofil, d.h. die Zahnkopfhöhe des Rades h_{aP2} ist gleich der Zahnfußformhöhe des Ritzels h_{FfP1}. Wegen der kleinen Zähnezahl wird der Zahnfuß-Formhöhenfaktor h_{FfP1}^* des Ritzels durch die Unterschnittgrenze festgelegt, also

$$h_{FfP1}^* - x_1 \leq \frac{z_1 \cdot \sin^2 \alpha_t}{2 \cdot \cos\beta} \tag{4.66}$$

Mit $\alpha_P = 20°$, $\beta = 20°$ bzw. $\alpha_t = 21{,}173°$ ergibt sich in unserem Beispiel dann für das 5-zähnige Evoloidritzel

$$h_{FfP1}^* - x_1 \leq \frac{5 \cdot \sin^2(20°)}{2} = 0{,}292. \tag{4.67}$$

Um eine möglichst große Gesamtzahnhöhe zu erhalten, wird die Differenz des Zahnhöhenfaktors h_{FfP1}^* und x_1 für den maximalen Wert gewählt, also 0,292. Wenn der Zahnfuß-Formhöhenfaktor des Ritzels h_{FfP1}^* gewählt ist, wird der Profilverschiebungsfaktor x_1 durch ihn mitbestimmt.

Ein möglichst großer Zahnkopfhöhenfaktor h_{aP1}^* läßt sich aufgrund der Spitzengrenze für eine Mindestzahndicke am Kopfzylinder von $0{,}2 \cdot m_n$ erzielen, d.h. folgende Gleichungen müssen gelöst werden [4.15]:

$$\frac{0{,}2 \cdot m_n}{\cos\beta_a} = 2r_{at1}\left[\frac{\pi + 4 \cdot x_1 \cdot \tan\alpha_n}{2 \cdot z_1} + \operatorname{inv}\alpha_t - \operatorname{inv}\alpha_{at}\right] \tag{4.68a}$$

$$\cos\alpha_{at} = \frac{z_1 \cdot \cos\alpha_t}{z_1 + 2 \cdot \left(x_1 + h_{aP1}^* + k^*\right) \cdot \cos\beta} \tag{4.68b}$$

$$\tan\beta_a = \frac{r_{at} \tan\beta}{r_t} = \tan\beta + \frac{2 \cdot \left(x_1 + h_{aP1}^* + k^*\right) \cdot \sin\beta}{z_1} \tag{4.68c}$$

Wegen des Komplementprofils ist einerseits der Zahnkopfhöhenfaktor h_{aP2}^* gleich dem Zahnfuß-Formfaktor h_{FfP1}^* und andererseits entspricht die Profilverschiebung x_1 dem Kopfkürzungsfaktor für das Konische Zahnrad. Da die Differenz $h_{FfP1}^* - x_1$ in diesem Fall gleich $h_{aP2}^* - x_1$ ist, bleibt die Lage der Grenzkurve C_{ha2} unverändert erhalten. Weil das Ritzel mit einem großen Profilverschiebungsfaktor x_1 trotz des entsprechend verkleinerten Zahnkopfhöhenfaktors h_{aP1}^* noch einen großen Zahnkopfkreishalbmesser hat, nimmt man einen möglichst großen Zahnfuß-Formhöhenfaktor h_{FfP1}^*, damit die Grenzkurve C_{ha1} weit von der Wälzachse zu liegen kommt.

B. Bestimmung der Zahnbreite

Bei der Konischen Zahnradpaarung mit der Übersetzung ins Langsame erhält man eine kleinere Zahnbreite als bei der mit der Übersetzung ins Schnelle. Daher wird die Außen-Teilkegellänge möglichst an die Spitzengrenze gelegt, während die Innen-Teilkegellänge an der Unterschnittgrenze liegt. In diesem Beispiel ist die Teilkegellänge an der Spitzengrenze gleich $18{,}320 \cdot m_n$. Mit einer ausreichenden Zahnbreite kann die Außen-Teilkegellänge z.B. $18{,}0 \cdot m_n$ gewählt werden. In **Bild 4.30**, *Spalte 2*, wird das Auslegungsergebnis der Konischen Außenzahnradpaarung zusammengefaßt. Die nach der obigen Erläuterung festgelegten Daten werden jeweils in den *Feldern 2.2* und *3.2* unten dargestellt. Das Eingriffsfeld wird in *Feld 1.2* gezeigt. Nach der numerischen Berechnung ist die Überdeckung dieser Paarung gleich

$$\varepsilon_\gamma = \varepsilon_{\alpha t} + \varepsilon_{\lambda t} + \varepsilon_\beta = 0{,}73 + 0{,}475 + 0 = 1{,}205. \tag{4.69}$$

Um eine größere Überdeckung zu erhalten, kann auch eine Schrägverzahnung vorgesehen werden.

2. Übersetzung ins Schnelle

A. Bestimmung des Bezugsprofils und der Profilverschiebung

Das Verfahren zur Bestimmung der Bezugsprofile ist hier ähnlich wie bei der Paarung zur Übersetzung ins Langsame. Das erstrebte Ziel ist, den Zahnkopfkreis des Ritzels mit $h_{aP1}^* + x_1$ zu verkleinern und den Zahnkopfkegel des Konischen Rades mit $h_{aP2}^* - x_1$ auch wegen $h_{aP2}^* = h_{FfP1}^*$ um den Zahlenwert $h_{FfP1}^* - x_1$ zu vergrößern. Aus dem gleichen Grund ist diese Differenz $h_{FfP1}^* - x_1$ in der Regel für das unterschnittfreie Ritzel mit einer kleinen Zähnezahl auch klein und hängt nach Gl.(4.66) von dem Schrägungswinkel β und dem Profilwinkel α_P ab. Um einen großen Wert zu erhalten, werden dann ein großer Profilwinkel α_P, z.B. 30° und ein großer Schrägungswinkel β gewählt.

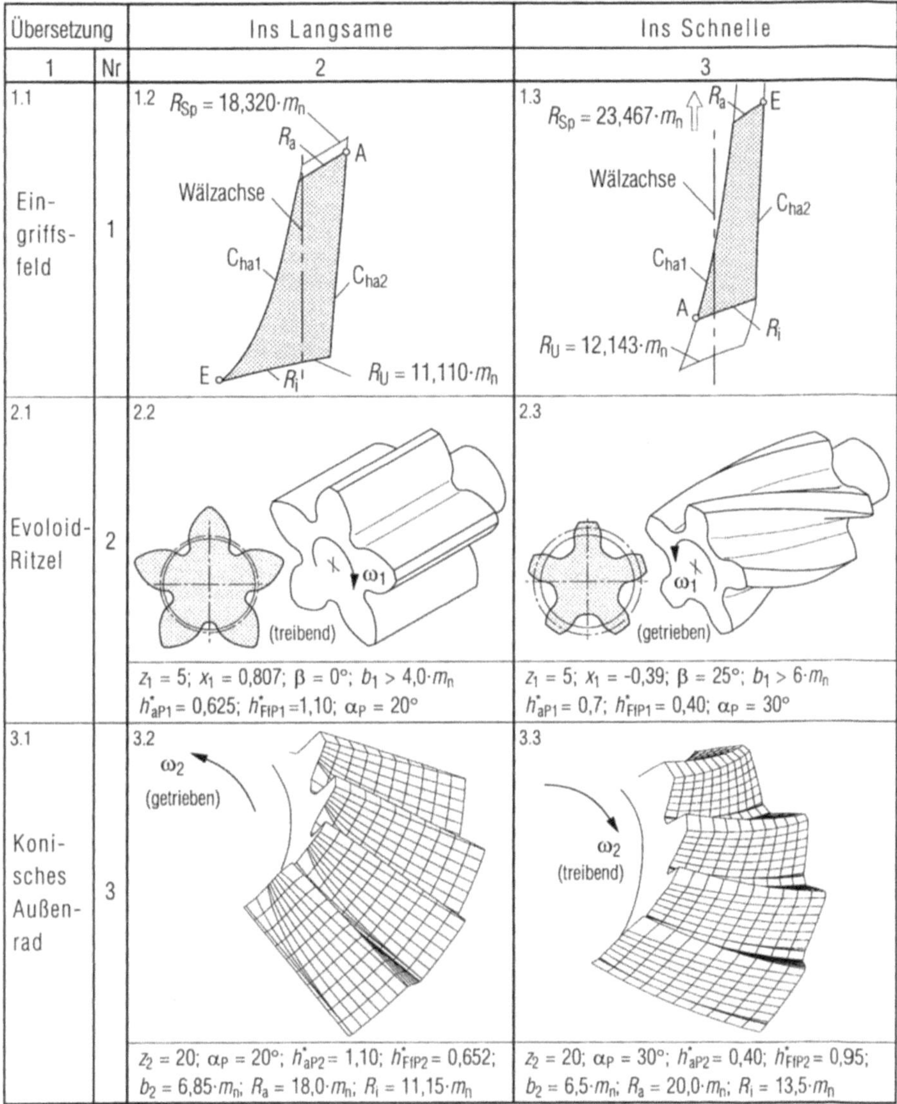

Übersetzung		Ins Langsame	Ins Schnelle
1	Nr	2	3
1.1 Ein-griffs-feld	1	1.2 $R_{Sp} = 18{,}320 \cdot m_n$ … $R_U = 11{,}110 \cdot m_n$	1.3 $R_{Sp} = 23{,}467 \cdot m_n$ … $R_U = 12{,}143 \cdot m_n$
2.1 Evoloid-Ritzel	2	2.2 (treibend) $z_1 = 5$; $x_1 = 0{,}807$; $\beta = 0°$; $b_1 > 4{,}0 \cdot m_n$; $h^*_{aP1} = 0{,}625$; $h^*_{FfP1} = 1{,}10$; $\alpha_P = 20°$	2.3 (getrieben) $z_1 = 5$; $x_1 = -0{,}39$; $\beta = 25°$; $b_1 > 6 \cdot m_n$; $h^*_{aP1} = 0{,}7$; $h^*_{FfP1} = 0{,}40$; $\alpha_P = 30°$
3.1 Koni-sches Außen-rad	3	3.2 (getrieben) $z_2 = 20$; $\alpha_P = 20°$; $h^*_{aP2} = 1{,}10$; $h^*_{FfP2} = 0{,}652$; $b_2 = 6{,}85 \cdot m_n$; $R_a = 18{,}0 \cdot m_n$; $R_i = 11{,}15 \cdot m_n$	3.3 (treibend) $z_2 = 20$; $\alpha_P = 30°$; $h^*_{aP2} = 0{,}40$; $h^*_{FfP2} = 0{,}95$; $b_2 = 6{,}5 \cdot m_n$; $R_a = 20{,}0 \cdot m_n$; $R_i = 13{,}5 \cdot m_n$

Bild 4.30. Auslegungsbeispiel für Konische Außenverzahnung mit Evoloidritzeln.

Spalte 2: Übersetzung ins Langsame. *Feld 1.2:* Eingriffsfeld der Paarung $z_1/z_2 = 5/20$ mit einem „kürzeren" Eingriffsbereich von A, vor der Wälzlinie (progressive Reibung) und einem „längeren" Eingriffsbereich bis E, nach der Wälzlinie (degressive Reibung [4.15]. *Feld 2.2:* Evoloidritzel, *Feld 3.2:* Konisches Außenzahnrad.
Spalte 3: Übersetzung ins Schnelle, *Feld 1.3:* Eingriffsfeld der Paarung $z_2/z_1 = 20/5$ mit einem sehr „kurzen" Eingriffsbereich von A, vor der Wälzlinie (progressive Reibung) und einem „längeren" Eingriffsbereich bis E, nach der Wälzlinie (degressive Reibung), *Feld 2.3:* Evoloidritzel, *Feld 3.3:* Konisches Außenzahnrad

Mit $\alpha_P = 30°$, $\beta = 25°$ bzw. $\alpha_t = 32,499°$ ergibt sich für das Evoloidritzel

$$h^*_{FfP1} - x_1 \leq \frac{5 \cdot \sin^2(32,499°)}{2 \cdot \cos(25°)} = 0,79. \qquad (4.70)$$

Die Differenz $h^*_{FfP1} - x_1$ ergibt danach einen größeren Wert, nämlich 0,79. Bleibt die Gesamtzahnhöhe des Ritzels $h^*_{aP1} + h^*_{FfP1}$ konstant, dann ändert sich die Lage der Grenzkurve C_{ha1} und C_{ha2} nicht, wie im letzten Abschnitt schon erklärt wurde. Die Änderung der Zahnkopfhöhe des Konischen Zahnrades führt nur zu verschiedenen Außen-Teilkegellängen an der Spitzengrenze. Die geeigneten Bezugsprofile werden jeweils für das Ritzel und das Konische Rad in den *Feldern 2.3* und *3.3* unten in *Bild 4.30* dargestellt.

B. Bestimmung der Zahnbreite

Wegen der kleinen gemeinsamen Zahnhöhe ist eine Sprungüberdeckung notwendig. Die Zahnbreite kann auch für die Sprungüberdeckung von eins gewählt werden

$$b_2 = \frac{\pi \cdot m_n}{\sin 25°} = 7,433 \cdot m_n. \qquad (4.71)$$

Es kann hier die Zahnbreite z.B. zu $6,5 \cdot m_n$ gewählt werden, damit die Summe der Profil- und der Steigungsüberdeckung nicht zu klein wird. Da der Eingriffswinkel λ an der durch die Spitzengrenze bestimmten Außen-Teilkegellänge in diesem Beispiel sehr groß ist, meistens ca. 60° bis 70°, ist es nicht günstig, die Zahnbreite ganz nach außen zu legen, obwohl das Eingriffsfeld dort ganz im Bereich "degressiver Reibung" liegt. Wir nehmen daher einen Kompromiß in Kauf: Das Eingriffsfeld mit der ausgewählten Zahnbreite nach der allgemeinen Regel etwa in die Mitte des zulässigen Eingriffsfeldes zu verlegen. Die Innen-Teilkegellänge R_i wird dann zu $13,5 \cdot m_n$ und die Außen-Teilkegellänge R_a zu $20,0 \cdot m_n$ gewählt. Das Eingriffsfeld ist danach in *Feld 1.3* für sehr günstige Reibverhältnisse ausgelegt. Die Überdeckung ist insgesamt

$$\varepsilon_\gamma = \varepsilon_{\alpha t} + \varepsilon_{\lambda t} + \varepsilon_\beta = 0,422 + 0,242 + 0,868 = 1,532. \qquad (4.72)$$

In *Spalte 3* des *Bildes 4.30* sind der Stirnschnitt des Evoloidritzels, *Feld 2.3*, und die Flanken des Konischen Außenzahnrades, *Feld 3.3*, dargestellt.

Die typische Form der Evoloidverzahnungen zur Übersetzung ins Schnelle und ins Langsame ist hier auch bei der Paarung mit Konischen Verzahnungen deutlich zu erkennen, vergleiche [4.19].

4.13.3 Auslegung der Konischen Innenzahnradpaarungen mit Evoloidritzeln

Die Auslegung der Konischen Innenzahnradpaarungen unterscheidet sich von der der Konischen Außenzahnradpaarungen nicht wesentlich. Bei der Innenverzahnung ist die maximale Zahnbreite des Konischen Rades viel größer als bei der Außenverzahnung. Die Zahnbreite muß daher gemäß den allgemeinen Regeln in *Abschnitt 4.13.1* bestimmt werden.

Auslegungsbeispiel: Es sei die Zähnezahl des Ritzels mit 3, des Konischen Rades mit 30 und der Konuswinkel mit 150° gegeben.

1. Übersetzung ins Langsame

Mit $\alpha_P = 20°$, $\beta = 20°$ bzw. $\alpha_t = 21{,}173°$ im Beispiel erhält man dann für das 3-zähnige Evoloidritzel

$$h_{FfP1}^* - x_1 \leq \frac{3 \cdot \sin^2(21{,}173°)}{2 \cdot \cos(20°)} = 0{,}208. \tag{4.73}$$

Der Zahnhöhenfaktor h_{FfP1}^* wird für das Stumpfbezugsprofil des Ritzels zu 1,50 gewählt, mit dem maximalen Wert $h_{FfP1}^* - x_1$ von 0,208 ist die Profilverschiebung damit gleich 1,292. Die Lage der Grenzkurve C_{ha2} ist daher unverändert. Der Zahnkopfhöhenfaktor h_{aP1}^* wird nach den Gleichungen für die Spitzengrenze, Gl. (4.68a) bis Gl. (4.68c) bestimmt. Hier wird er mit 0,321 festgelegt.

Die maximale Zahnbreite des Konischen Innenrades ist wegen der großen Zahnkopfkürzung, hier mit 1,292, sehr groß. Die günstigste Zahnbreite wird daher aufgrund der Unterschnittgrenze gewählt. Mit der Zahnbreite von $7{,}5 \cdot m_n$ stehen die gewählten Daten im jeweiligen Feld unten in **Bild 4.31**, *Spalte 2*, fest. In *Feld 1.2* wird das Eingriffsfeld dargestellt, in *Feld 2.2* die Stirnschnitte und räumliche Darstellung des Ritzels, in *Feld 3.2* die räumlichen Flanken des konischen Innenrades. Die Überdeckung ist

$$\varepsilon_\gamma = \varepsilon_{\alpha t} + \varepsilon_{\lambda t} + \varepsilon_\beta = 0{,}79 + 0{,}16 + 0{,}82 = 1{,}77. \tag{4.74}$$

2. Übersetzung ins Schnelle

Mit $\alpha_P = 30°$, $\beta = 25°$ bzw. $\alpha_t = 32{,}499°$ ergibt sich dann für das Evoloidritzel

$$h_{FfP1}^* - x_1 \leq \frac{3 \cdot \sin^2(32{,}499°)}{2 \cdot \cos(25°)} = 0{,}478 \tag{4.75}$$

Die Differenz $h^*_{\text{FfP1}} - x_1$ muß daher mit einem größeren Wert eingesetzt werden, also 0,478. Bleibt die Gesamtzahnhöhe des Ritzels $h^*_{\text{aP1}} + h^*_{\text{FfP1}}$ konstant, dann ändert sich die Lage der Grenzkurve C_{ha1} und C_{ha2} nicht, denn sowohl der Wert $h^*_{\text{FfP1}} - x_1$ als auch der Wert $h^*_{\text{aP1}} + x_1$ sind nicht verändert.

Wegen der kleinen gemeinsamen Zahnhöhe ist eine große Sprungüberdeckung notwendig. Die Zahnbreite kann auch für die Sprungüberdeckung von eins gewählt werden

$$b_2 = \frac{\pi \cdot m_{\text{n}}}{\sin 25^\circ} = 7{,}433 \cdot m_{\text{n}}. \tag{4.76}$$

Gewählt wird hier die Zahnbreite beispielsweise $7{,}5 \cdot m_{\text{n}}$. Das Eingriffsfeld wird mit der ausgewählten Zahnbreite etwa in die Mitte verlegt. Die Innen-Teilkegellänge R_{i} ist dann mit $33{,}5 \cdot m_{\text{n}}$ und die Außen-Teilkegellänge R_{a} mit $41{,}0 \cdot m_{\text{n}}$ festgelegt, wie in *Feld 1.3* des *Bildes 4.31* gezeigt wird. Die Überdeckung ist damit

$$\varepsilon_\gamma = \varepsilon_{\alpha t} + \varepsilon_{\lambda t} + \varepsilon_\beta = 0{,}46 + 0{,}09 + 1{,}00 = 1{,}55. \tag{4.77}$$

In *Spalte 3* des *Bildes 4.31* sind der Stirnschnitt des Evoloidritzels, *Feld 2.3*, und die Flanken des Konischen Innenzahnrades, *Feld 3.3*, dargestellt.

Bild 4.31. Auslegungsbeispiel für Konische Innenverzahnung mit Evoloidritzeln

Eingriffsfelder, progressive und degressive Bereiche, ähnlich wie in *Bild 4.30*. Zähnezahlen ins Langsame $z_1/z_2 = 3/30$ und ins Schnelle $z_2/z_1 = 30/3$.

Spalte 2: Übersetzung ins Langsame. *Feld 1.2:* Eingriffsfeld der Paarung 3/30 mit einer kurzen Eingriffsstrecke von A vor der Wälzlinie (progressive Reibung) und einer längeren Eingriffsstrecke bis E, nach der Wälzlinie (degressive Reibung). *Feld 2.2:* Evoloidritzel, *Feld 3.2:* Konische Innenverzahnung.

Spalte 3: Übersetzung ins Schnelle. *Feld 1.3:* Eingriffsfeld mit einer kürzeren Eingriffsstrecke am Eingriffsbeginn von A bis zur Wälzlinie (progressive Reibung) und einer längeren am Eingriffsende von der Wälzlinie bis E (degressive Reibung). *Feld 3.2:* Evoloidritzel, *Feld 3.3:* Konische Innenverzahnung.

Übersetzung	Nr	Ins Langsame	Ins Schnelle
1	Nr	2	3
1.1 Ein- griffs- fläche	1	1.2 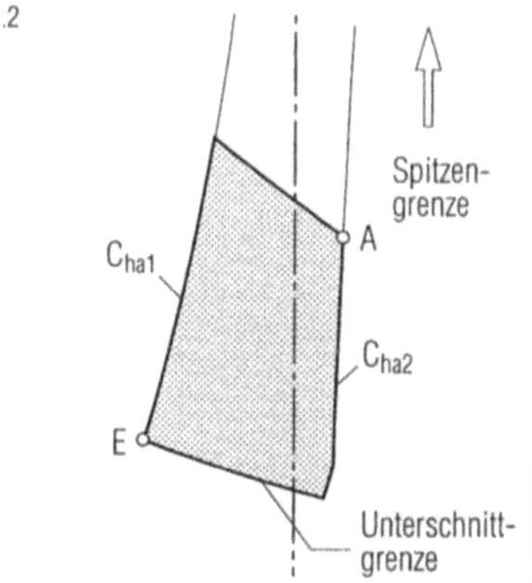 	1.3 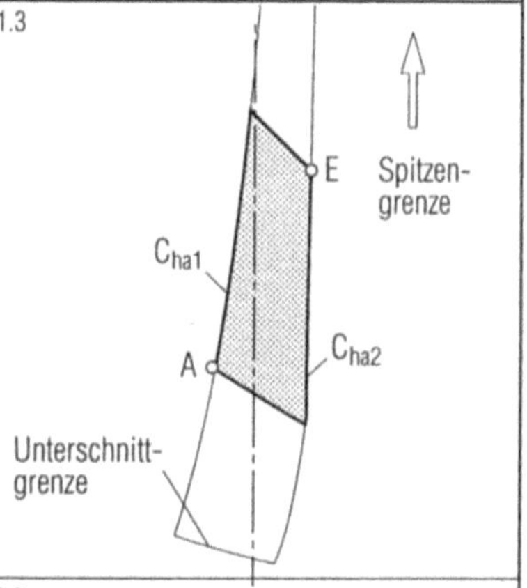
2.1 Evoloid- Ritzel	2	2.2 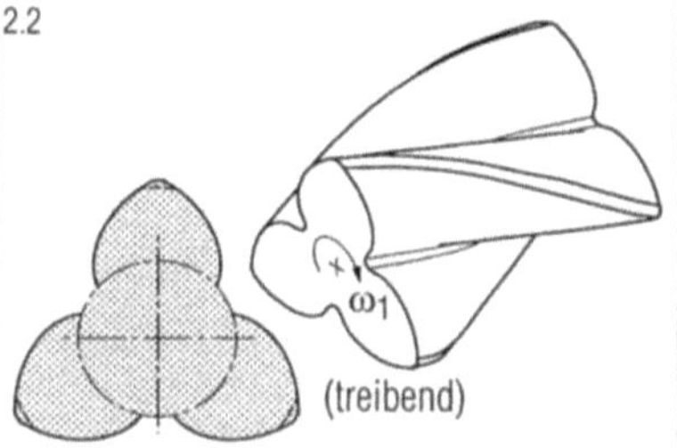 $z_1 = 3$; $x_1 = 1{,}292$; $\beta = 20°$; $b_1 > 7{,}5 \cdot m_n$ $h^*_{aP1} = 0{,}321$; $h^*_{FfP1} = 1{,}50$; $\alpha_P = 20°$	2.3 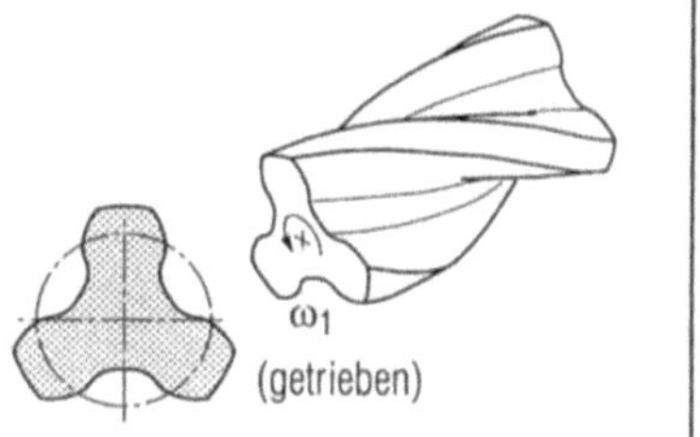 $z_1 = 3$; $x_1 = -0{,}077$; $\beta = 25°$; $b_1 > 7{,}5 \cdot m_n$ $h^*_{aP1} = 0{,}6$; $h^*_{FfP1} = 0{,}40$; $\alpha_P = 30°$
3.1 Koni- sches Innen- rad	3	3.2 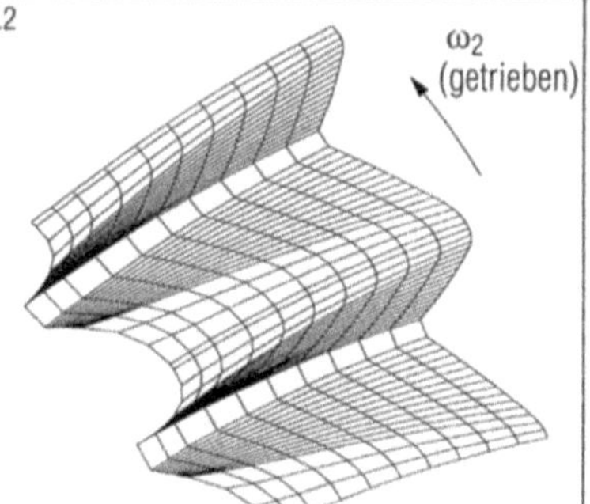 $z_2 = 30$; $b_2 = 7{,}5 \cdot m_n$; $R_a = 41 \cdot m_n$; $R_i = 33{,}5 \cdot m_n$ $h^*_{aP2} = 1{,}50$; $h^*_{FfP2} = 0{,}321$; $\theta = 150°$; $\alpha_P = 20°$	3.3 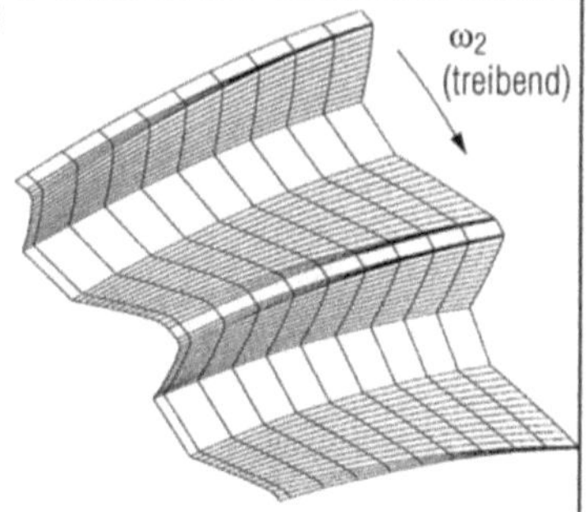 $z_2 = 30$; $b_2 = 7{,}5 \cdot m_n$; $R_a = 41 \cdot m_n$; $R_i = 33{,}5 \cdot m_n$ $h^*_{aP2} = 0{,}40$; $h^*_{FfP2} = 0{,}90$; $\theta = 150°$; $\alpha_P = 30°$

4.14 Auslegung der Konischen Zahnradpaarungen mit kleineren Stirnrädern als den Schneidrädern

Der Hauptgrund des Einsatzes eines Schneidrades, das größer als das zu paarende Ritzel ist, liegt darin, lokalisierte Tragbilder zu erzielen. Dabei liegt nur Punktberührung vor. Mit Punktberührung werden die Einflüsse der Fehler beim Einbau verringert. Die Kantenberührung der Zähne kann z.B. aufgrund der Einbaufehler wie des nicht gehaltenen Achswinkels vermieden werden. Die größere Überdeckung aus der Steigungs- bzw. der Sprungüberdeckung geht verloren. Es kann aber auch einfach am fehlenden Werkzeug mit gleicher Zähnezahl liegen.

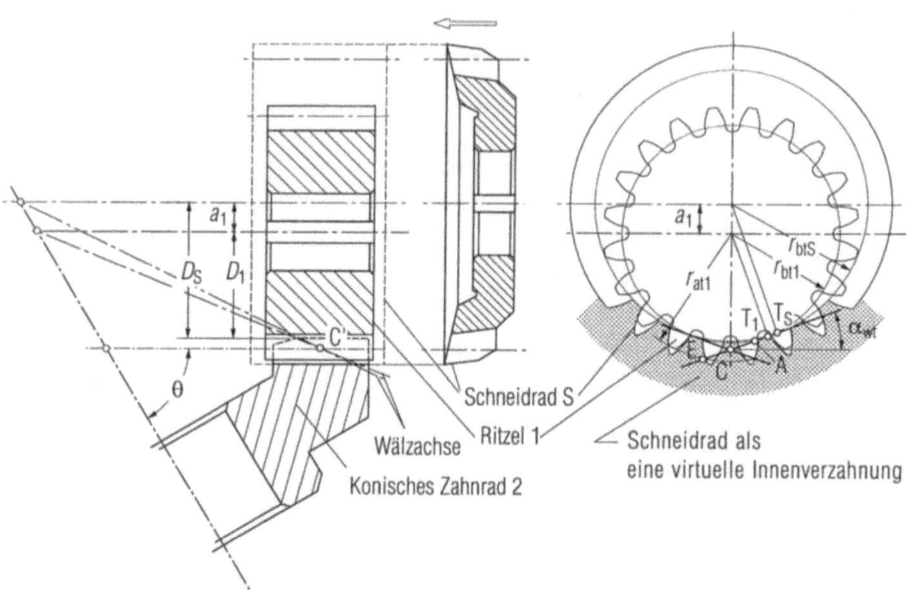

Bild 4.32. Eingriffsbedingung bei der Konischen Zahnradpaarung mit einem zylindrischen Ritzel, dessen Zähnezahl kleiner ist als die des Schneidrades.

Zur Festlegung der Eingriffsbedingungen wird das Schneidrad als eine virtuelle Innenverzahnung betrachtet. Der Eingriff zwischen den Zahnpaaren des Ritzels und des Konischen Rades findet nur korrekt statt, wenn der Eingriffswinkel λ bei der Konischen Zahnradpaarung gleich dem Eingriffswinkel α_{wt} bei der Ritzel-Schneidrad-Paarung ist. Dabei liegt nur Punktberührung vor, denn der Eingriffswinkel bei der Konischen Zahnradpaarung verändert sich entlang der Ritzelachse. Die Lage der Berührungspunkte für den spielfreien Eingriff kann sich daher durch die Änderung des Eingriffswinkels α_{wt}, mit anderen Worten, durch die Änderung der Profilverschiebung am Ritzel x_1 oder/und am Schneidrad x_S verändern.

4.14.1 Bedingungen für spielfreien Eingriff

Die Aufstellung der Bedingungen für spielfreien Eingriff wird in **Bild 4.32** verdeutlicht. Das Schneidrad S bildet, wie die Planverzahnung bei Stirnradschraubrädern, Zahnprofile aus und kämmt gleichzeitig sowohl mit dem gepaarten Ritzel 1 als auch mit einer virtuellen Innenradpaarung und mit dem Konischen Zahnrad 2 als Konische Zahnradpaarung mit Linienberührung. Da der Eingriffswinkel an dieser virtuellen Innenradpaarung konstant ist, muß die gemeinsame Eingriffslinie zwischen dem Schneidrad, dem Ritzel und dem Konischen Zahnrad auch die Neigung α_{wt} dieses Eingriffswinkels haben. Die Paarung ist dann spielfrei, hat aber nur Punktberührung. Dieser konstante Eingriffswinkel ergibt sich aus der Grundbeziehung der spielfreien Innenradpaarung [4.15]

$$\operatorname{inv}\alpha_{wt} = 2 \cdot \frac{x_S - x_1}{z_S - z_1} \cdot \tan \alpha_n + \operatorname{inv}\alpha_t. \tag{4.78}$$

Die Minuszeichen in der Gleichung treten aufgrund der (virtuellen) Innenverzahnung auf. Der Achsabstand der virtuellen Innenradpaarung ergibt sich aus

$$a_1 = \frac{r_{btS} - r_{bt1}}{\cos\alpha_{wt}}. \tag{4.79}$$

Der Einbauabstand D_1 ist

$$D_1 = r_{tS} + x_S \cdot m_n - h_{a2} - \frac{r_{btS} - r_{bt1}}{\cos\alpha_{wt}}. \tag{4.80}$$

4.14.2 Bestimmung der Überdeckung

Da bei dieser Paarung nur Punktberührung vorliegt, wirkt sich für die Gesamtüberdeckung nur die Profilüberdeckung aus. Die Profilüberdeckung wird im Normalschnitt berechnet. Sie ähnelt der bei den Konuszahnradpaarungen mit Stirnrädern, *Abschnitt 5.6.3* und wird daher hier nicht ausgeführt.

4.15 Fertigung der Konischen Zahnräder

4.15.1 Räumen

Für die Massenfertigung von geradverzahnten Konischen Zahnrädern kann auch wie bei der Herstellung der Kegelräder ein Sonderverfahren des Räumens, das sogenannte "Revacycle-Verfahren" [4.11] eingesetzt werden.

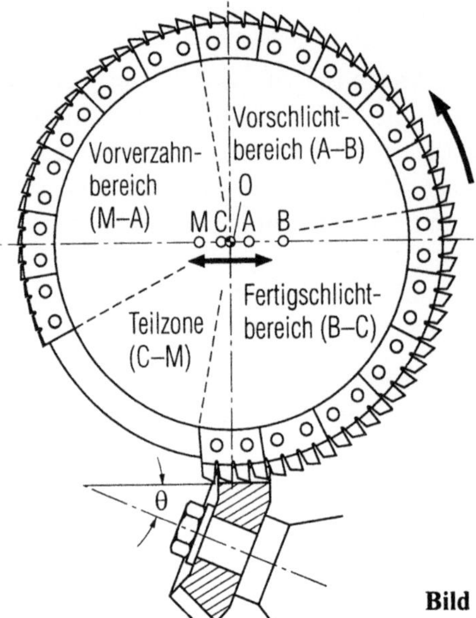

Bild 4.33. Revacycle-Verfahren zur Fertigung des konischen Zahnrades

Bild 4.33 zeigt den Verfahrensablauf des "Revacycle-Verfahrens". Das Werkzeug für dieses "Revacycle-Verfahren" ist eine Räumscheibe, an deren Umfang 50 Schruppmesser und 18 - 20 Schlichtmesser mit konkaven Schneidkanten eingesetzt sind [4.11]. Während einer Umdrehung der Räumscheibe um den Mittelpunkt O kommen nacheinander Schrupp- und Schlichtmesser zum Schnitt und erzeugen eine fertige Zahnlücke. Bei der Herstellung der Konischen Zahnräder, deren Flanken entlang der Zahnbreite unterschiedlich sind, muß sich der Mittelpunkt O der Räumscheibe gleichzeitig parallel zum Fußkegel des Konischen Zahnrades zwischen den im Bild angegebenen Punkten bewegen. Die Bewegung der Räumscheibe muß genau koordiniert werden, so daß die Schneidkante die entsprechende Zahnlücke des Werkrades bearbeiten kann. In der Lücke zwischen dem letzten Schlicht- und dem ersten Schruppmesser wird das Werkrad um eine Teilung weitergedreht. Dies Verfahren verlangt eine äußerst genaue Herstellung der Verzahnungswerkzeuge sowie eine stabile und präzise Verzahnmaschine. Die Profile jedes Messers können aufgrund der Verzahnungsgeometrien sehr genau berechnet und hergestellt werden, während die Sonder-Verzahnmaschinen mit hoher Genauigkeit und Zuverlässigkeit konstruiert und aufgebaut werden müssen.

4.15.2 Wälzstoßen

Beim Wälzstoßen der Konischen Zahnräder muß die Führung des Schneidrades gegenüber der Werkradachse um den Konuswinkel θ geneigt werden. Dabei kann an den Verzahnmaschinen entweder die Führung oder die Werkradachse um den Konuswinkel verstellt werden.

4.15.3 Wälzfräsen

Beim Wälzfräsen der Konischen Zahnräder müssen die Werkzeuge zahnrad-förmig sein. Das Prinzip ähnelt dem Wälzfräsen der Stirnrad-Innenverzahnung. Ein neuartiges Wälzwerkzeug wird daher entwickelt [4.1; 4.10; 4.13; 4.14; 4.23; 4.25]. Die bekannten und auch schon in der Praxis eingesetzten Werkzeuge sind die sogenannten Torusfräser bzw. Torusschleifräder, *Felder 2.1; 12.2; 13.2; 13.3* von *Bild 9.2, Blatt 3*. Bei diesen Torusfräsern und Torusschleifrädern werden die Schneidstollen wie bei zylindrischen Fräsern gewindeförmig angeordnet. Andererseits entspricht der Stollenquerschnitt mit Schneidprofil und Rundung dem später zu paarenden zylindrischen Ritzel. Im Hinblick auf die Lage des zu simulierenden Teilkreismittelpunktes gegenüber der Achse von Torusfräsern bzw. Torusschleifrädern können drei Bauformen unterschieden werden, **Bild 4.34**. Ist der Abstand c kleiner als der Teilkreishalbmesser r_S, dann ergibt sich ein tonnenförmiger Fräser [4.25], *Teilbild 1*, ist er gleich, dann entsteht ein kugelförmiger Fräser [4.1; 4.10; 4.13; 4.14], *Teilbild 2*, ist er größer, entsteht ein torusförmiger Fräser [4.14; 4.23], *Teilbild 3*. Alle drei Bauformen lassen sich auf die Grundform eines Torus zurückführen, daher der Name "Torusfräser". Der Unterschied dieser drei Bauformen für die praktische Anwendung wirkt sich im allgemeinen nicht nur auf den Modul aus, der gleich dem Modul des Gegenrades ist, sondern auch auf die Genauigkeit sowie die Herstellbarkeit und die Fertigung. Die Herstellung der "Toruswerkzeuge" wird hier nicht behandelt.

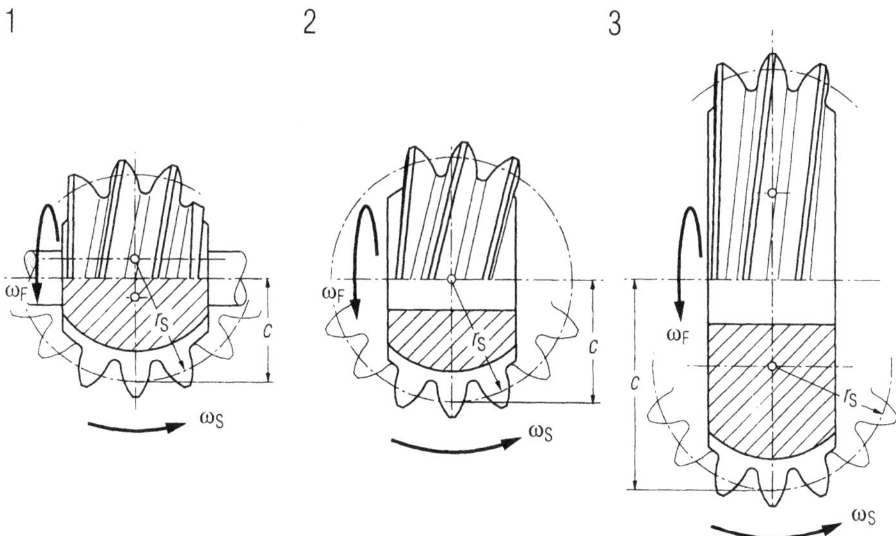

Bild 4.34. Drei Grundtypen des Toruswerkzeugs (des Torusfräsers bzw. der Torus-schleifräder).

Teilbild 1: Tonnenförmiges Toruswerkzeug
Teilbild 2: Kugelförmiges Toruswerkzeug
Teilbild 3: Torusförmiges Toruswerkzeug

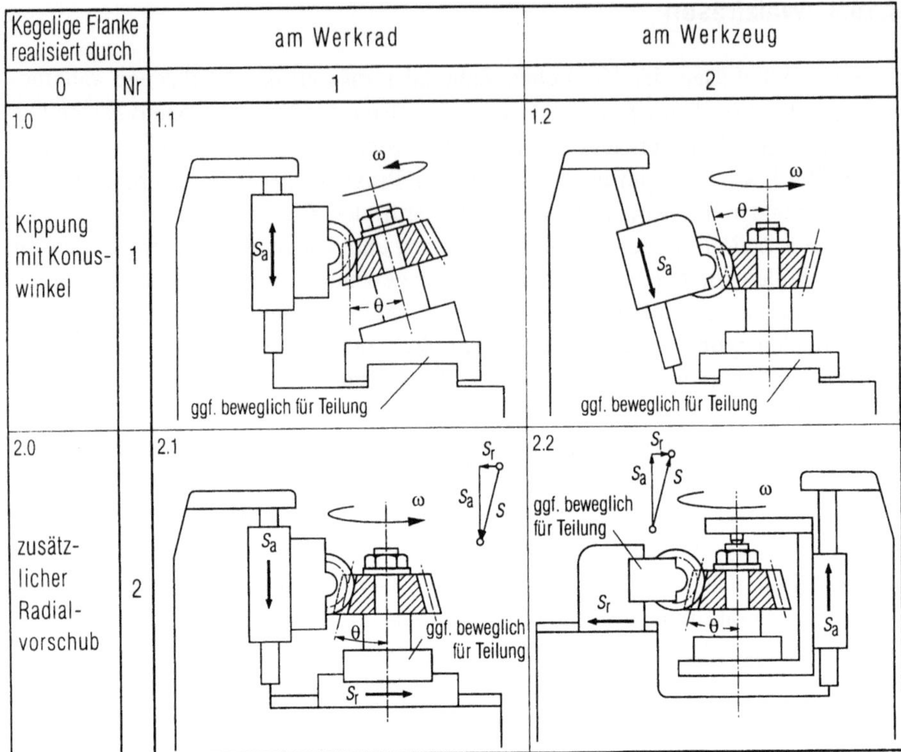

Bild 4.35. Maßnahmen zur Erzielung der geneigten Flanken des Konischen Zahnrades.
Um einen geneigten Vorschub gegenüber der Werkradachse zu erzielen, können entweder
eine Kippung der Werkradachse bzw. der Werkzeugführung, *Zeile 1*, oder zwei gekoppelte
Vorschübe, *Zeile 2*, vorgenommen werden.

Mit dem Toruswerkzeug können die Konischen Zahnräder mit üblichen sowie
mit CNC-Maschinen durch Wälzfräsen erzeugt werden. In **Bild 4.35** wird eine
Übersicht mehrerer Möglichkeiten gezeigt, wie z.B. die kegeligen Flanken erzielt
werden können. Dabei liegt entweder nur *eine* Vorschubbewegung vor, *Zeile 1*,
oder *zwei* gekoppelte Vorschübe, *Zeile 2*. Im ersten Fall schließt die Richtung des
Vorschubs mit der Werkradachse den Konuswinkel θ ein. Die schräge Anordnung
erfolgt daher durch das Kippen der Werkradachse, *Feld 1.1*, oder durch die schräge Führung des Werkzeugs, *Feld 1.2*, um den Konuswinkel θ. Im zweiten Fall, bei
der Schrägführung durch zwei Vorschübe, den Radialvorschub s_r und den Axialvorschub s_a. Es muß noch eine bestimmte Beziehung zwischen den Bewegungen
erfüllt werden

$$s_r = s_a \, \tan\theta. \tag{4.55}$$

Der zusätzliche Radialvorschub s_r kann entweder an dem Werkstücktisch, *Feld
2.1*, oder an dem Ständer, *Feld 2.2*, ausgeführt werden.

4.15.4 Schleifen

Die Konischen Zahnräder können mit Torusschleifrädern (*Bild 9.2, Feld 12.3*) geschliffen werden. Die Anordnung an den Maschinen unterscheidet sich von der beim Wälzfräsen nicht.

Außer mit Torusschleifrädern können z.B. auch die tonnen- oder kegelförmigen Schleifscheiben für das Schleifen der Konischen Zahnräder verwendet werden. Dabei muß die Position und die Orientierung der Schleifscheibe aufgrund der Geometrie der Flanken genau berechnet und danach an die Steuerungseinrichtung der CNC-Maschinen weitergeleitet werden [4.12], siehe auch *Kapitel 9*.

4.16 Schrifttum

[4.1]   Basstein u.a.:   Tool for producing crown wheel, and method for producing such a tool. World Patent (PCT, Patent Cooperation Treaty), WO 92/09395, 1992

[4.2]   Beam, A.S.:   Beveloid gearing. Machine Design 26 (1954), Dezember, S. 220-238

[4.3]   Bloomfield, B.:   Designing tapered gears. Machine Design 20 (1948) März, S. 125-130

[4.4]   Chakraborty, J., Bhadoria B.S.:   Design of tapered gears. Mechanism and Machine Theory 11 (1976), S. 91-101

[4.5]   DIN 3960:   Begriffe und Bestimmungsgrößen für Stirnräder (Zylinderräder) und Stirnradpaare (Zylinderradpaare) mit Evolventenverzahnung. Berlin: Beuth-Verlag GmbH, März 1987

[4.6]   DIN 3971:   Begriffe und Bestimmungsgrößen für Kegelräder und Kegelradpaare. Berlin: Beuth-Verlag GmbH, Juli 1980

[4.7]   DIN 58400:   Bezugsprofile für Evolventenverzahnungen an Stirnrädern für die Feinwerktechnik. Berlin: Beuth-Verlag GmbH, 1984

[4.8]   DIN 867:   Bezugsprofile für Evolventenverzahnungen an Stirnrädern (Zylinderrädern) für den allgemeinen Maschinenbau und den Schwermaschinenbau. Berlin: Beuth-Verlag GmbH, März 1987

[4.9]   DIN 868:   Allgemeine Begriffe und Bestimmungsgrößen für Zahnräder, Zahnradpaare und Zahnradgetriebe. Berlin: Beuth-Verlag, Dezember 1976

[4.10] Hiroo, Y., Ainoura, M.:   Spherical Hob for internal gears. Proceedings of JSME International Conference on Motion and Powertransmissions 1991, S. 305-310.

[4.11]   Keck, K.F.:   Die Zahnradpraxis. Teil II. München: R. Oldenbourg, 1958

[4.12]   Litvin, F.L.:   Gear geometry and applied theory. Engelwood Cliffs: PTR
                               Prentice Hall 1994

[4.13]   Miller, E.W.:   Hob for generating crown gears. USA Patent 2304586.08.
                               Dezember 1942

[4.14]   Roth, K.,   Verfahren und Werkzeuge zur Herstellung von Kronenrädern.
         Brugger, W.:   Österreichische Patentanmeldung, AZ. P40420, 10. September
                               1993

[4.15]   Roth, K.:   Zahnradtechnik. Band I. Stirnradverzahnungen - Geometri-
                               sche Grundlagen. Berlin, Heidelberg, New York, London, Pa-
                               ris, Tokyo, Hong Kong: Springer, 1989

[4.16]   Roth, K.:   Zahnradtechnik. Band II. Stirnradverzahnungen - Profilver-
                               schiebungen, Toleranzen, Festigkeit. Berlin, Heidelberg, New
                               York, London, Paris, Tokyo, Hong Kong: Springer, 1989

[4.17]   Roth, K.:   Die Kennlinie von einfachen und zusammengesetzten Reibsy-
                               stemen. Feinwerktechnik 64 (1960), H. 4, S. 135-142

[4.18]   Roth, K.:   Evolventenverzahnung und Räderpaarung unter Verwendung
                               einer solchen Verzahnung. Patentanmeldung (Österreich), 13.
                               September 1967, Akt.Z. 38721/C/JR

[4.19]   Roth, K.:   Evolventenverzahnungen mit extremen Eigenschaften. Teil
                               IIa: Evoloid-Verzahnungen mit Ritzelzähnen von $z_1 = 1 - 5$

                               für große Übersetzungen ins Langsame. Z. antriebstechnik 35
                               (1996) Nr. 7, Teil IIb: Evoloid-Verzahnungen mit Ritzelzäh-
                               nezahlen von $z_2 = 3 - 8$ für große Übersetzungen ins Schnelle.
                               Z. antriebstechnik 35 (1996) Nr. 9

[4.20]   Roth, K.:   Evolventenverzahnungen mit extremen Eigenschaften. Teil
                               III: Komplement-Verzahnungen für höchste Tragfähigkeit. Z.
                               antriebstechnik 35 (1996), Nr. 11, S. 72-79

[4.21]   Roth, K.:   Konstruieren mit Konstruktionskatalogen, 2. Aufl. Band II:
                               Konstruktionskatalog. Berlin, Heidelberg, New York: Sprin-
                               ger 1994.

[4.22]   Sanborn, G.,   Effect of axis angle on tapered gear design. In: Chironis, N.P.
         Bloomfield, B.:   (Hrsg.) Gear design and application. S. 83 - 86, New York,
                               McGraw-Hill, 1967

[4.23]   Shinjo, K.-I.,   Development of a new type cutter "Revolving Type Pinion
         Sakamoto, M.,   Cutter" for the hobbing of the face gear. Bulletin of the JSME
         Rahman, M.R.:   21 (1978), Nr. 155, S. 899 - 906

[4.24]   Tsai, S.-J.:   Vereinheitlichtes System evolventischer Zahnräder - Ausle-
                               gung von zylindrischen, Konischen, Kronen- und Torusrä-
                               dern. Dissertation TU Braunschweig, 1997

[4.25]   Ueono, T.,   Study on hobs for cutting internal gears. Transactions of the
         Terashima, K.,   ASME, Journal of Engineering for Industry 96 (1974), S. 1 -
         Sakamoto, M.:   10

5 Konusverzahnungen mit parallelen, sich schneidenden und gekreuzten Achsen sowie Linienberührung

5.1 Entstehung und Anwendung der Konusverzahnungen

Konuszahnräder entstehen durch Abwälzen mit einem um einen vorgegebenen Winkel gekippten, zahnstangenartigen Werkzeug. Die Konuszahnräder können auch als Grenzfälle der Konischen Zahnräder betrachtet werden.

Weil das Werkzeug eine Zahnstange ist, werden die Konuszahnräder viel öfter als die Konischen Zahnräder in der Praxis angewendet; insbesondere dort, wo der Achswinkel der Paarung sehr klein ist, z.B. bei Schiffsantrieben. In **Bild 5.1** wer-

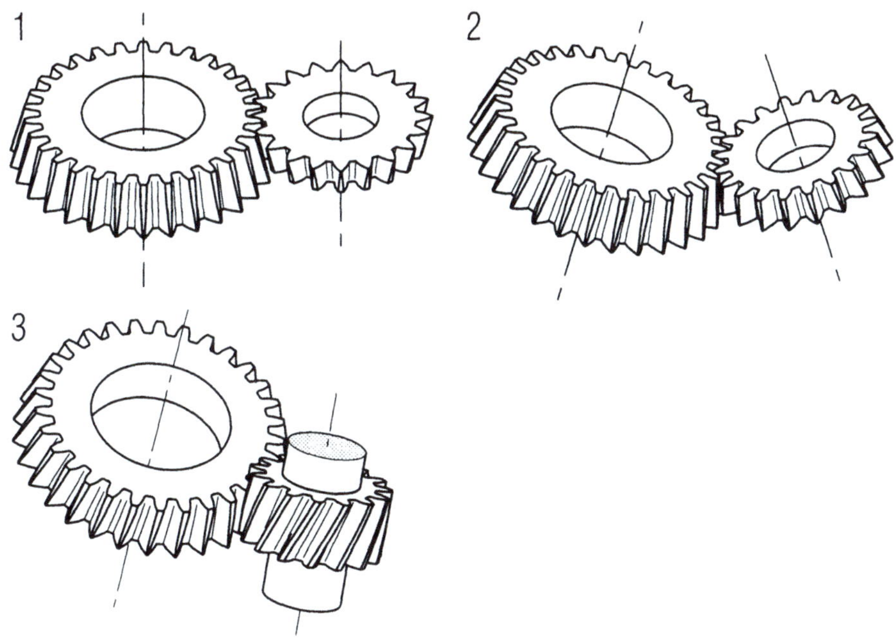

Bild 5.1. Paarung zweier Konuszahnräder mit verschiedenen Achswinkeln und Achsversetzungen.

Teilbild 1: Parallele Achsen, Achswinkel $\Sigma = 0°$, Achsversetzung $a = 0$ (Achsversetzung, Achsabstand, siehe Fußnote 1, Kap. 4).
Teilbild 2: Sich schneidende Achsen, Achswinkel $\Sigma \neq 0°$, Achsversetzung $a = 0$.
Teilbild 3: Gekreuzte Achsen, Achswinkel $\Sigma \neq 0°$, Achsversetzung $a \neq 0$

den drei Paarungen mit Konuszahnrädern dargestellt. In *Teilbild 1* verlaufen die Achsen zweier Konuszahnräder parallel. Die Flankenspiele dieser Paarung lassen sich in der axialen Richtung einstellen, ohne den Achsabstand zu ändern. In *Teilbild 2* bilden die beiden gleichen Konuszahnräder aus *Teilbild 1* ein Winkelgetriebe mit einem bestimmten Winkel und sich schneidenden Achsen. In *Teilbild 3* wird ein Konuszahnrad mit einem schrägverzahnten Stirnrad gepaart. Dabei sind die Achsen gekreuzt, und es liegt eine Achsversetzung vor. Bei dieser Paarung ergibt sich im allgemeinen Punktberührung, jedoch kann unter bestimmten Bedingungen Linienberührung in *einem* Richtungssinn erzeugt werden.

5.2 Wichtige Bestimmungsgrößen am Konuszahnrad

Die hier nicht weiter erläuterten Bestimmungsgrößen sind gleich denen bei Konischen Verzahnungen (siehe *Kapitel 4*).

5.2.1 Bezugsprofil, Bezugszahnstange

In **Bild 5.2** ist eine Bezugszahnstange in einer Schrägstellung mit dem Schrägungswinkel β dargestellt. Nach DIN 3960 [5.3] ist das Bezugsprofil für den Normalschnitt bestimmt. Das Bezugsprofil kann nach DIN 867 [5.5] für den Maschinenbau oder DIN 58400 [5.4] für die Feinwerktechnik gewählt werden oder auch ein Komplementbezugsprofil [5.19] sein.

Das Bezugsprofil im Stirnschnitt des Konuszahnrades wird dann durch zwei Größen bestimmt: den Schrägungswinkel β_P und den Konuswinkel θ.

5.2.2 Ebenen am Bezugsprofil

In **Bild 5.3** sind die wichtigen Ebenen der Konusverzahnung dargestellt. Der *Stirnschnitt* einer Konusverzahnung ist eine Ebene senkrecht zur Radachse. Die *Tangentialebene* des Teilzylinders stellt die Bewegungsebene der Bezugs-Zahnstange dar. Die *Profilbezugsebene* wird um den Konuswinkel θ geneigt. Die Tangentialebene und die Profilbezugsebene schneiden sich in einer Linie, durch die sich die *Zahnbezugsebene* ergibt. Die Zahnbezugsebene ist der ortsbezogene Stirnschnitt des Konuszahnrades, in dem die Zahndicke und die Zahnlückenweite der Zähne am Teilkreis gleich sind.

5.2.3 Modul

Aufgrund der Kippung des Stirnschnitts der Bezugszahnstange gegenüber dem Stirnschnitt des Konuszahnrades um den Konuswinkel θ ändert die Teilung oder

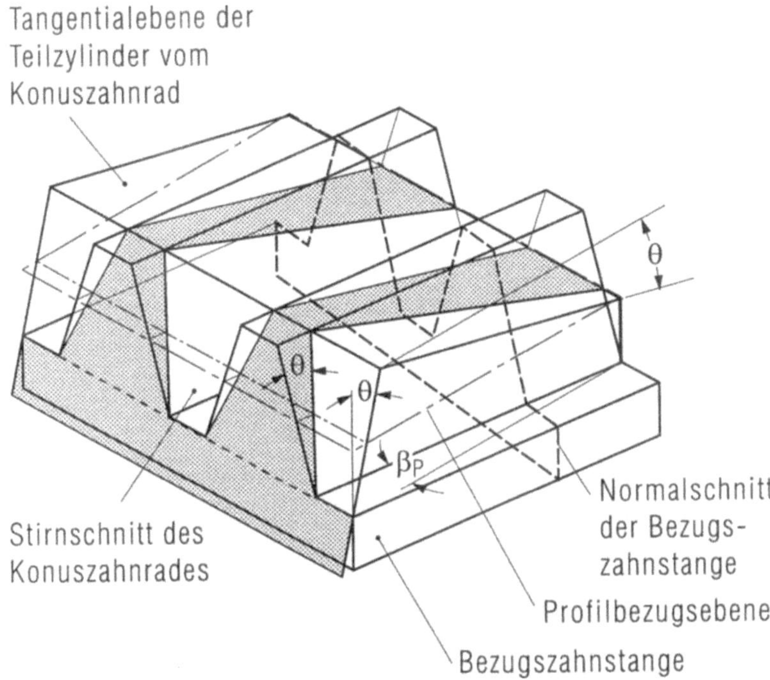

Bild 5.2. Räumliches Zahnstangenbezugsprofil zur Erzeugung von Konuszahnrädern.

Auch der zur Achse senkrechte Schnitt durch das geneigte Bezugsprofil ist wieder ein geradflankiges Bezugsprofil, allerdings mit größeren Zahnhöhen h und kleineren Profilwinkeln α_P (Auswirkung auf die Profilverschiebung!)

die Zahnkopfdicke sich nicht. In dem Stirnschnitt des Konuszahnrades ergibt sich der Stirnmodul m_t danach zu

$$m_t = \frac{m_n}{\cos\beta_P}.\tag{5.1}$$

Der Normalmodul m_n der Konusverzahnung ist daher der Modul des Bezugsprofils.

5.2.4 Teilzylinder, Teilkreishalbmesser

Der Teilkreishalbmesser ergibt sich aus

$$r_C = \frac{z \cdot m_t}{2}.\tag{5.2}$$

Der Index „C" ist stets für die Größen im Stirnschnitt der *Konusverzahnung* eingetragen.

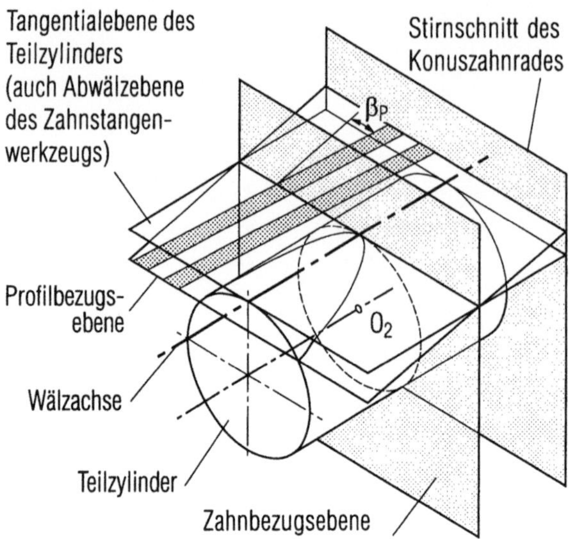

Bild 5.3. Darstellung der wichtigsten Ebenen der Konusverzahnung

Der *Teilkreis* (Teilzylinder), gleichzeitig auch der *Erzeugungswälzkreis*, ist dort, wo die Zahnstangenbewegung gleich der Rotationsbewegung einer im Konuszahnrad gedachten Zylindermantelfläche ist. Ihn berührt die *Tangentialebene* an der Wälzachse. Die Profilbezugsebene liegt dort, wo die Zahnlücken gleich den Zahndicken sind. Sie ist um den Konuswinkel θ zur Tangentialebene geneigt. In der Schnittlinie beider Ebenen liegt, senkrecht zur Drehachse die *Zahnbezugsebene*.

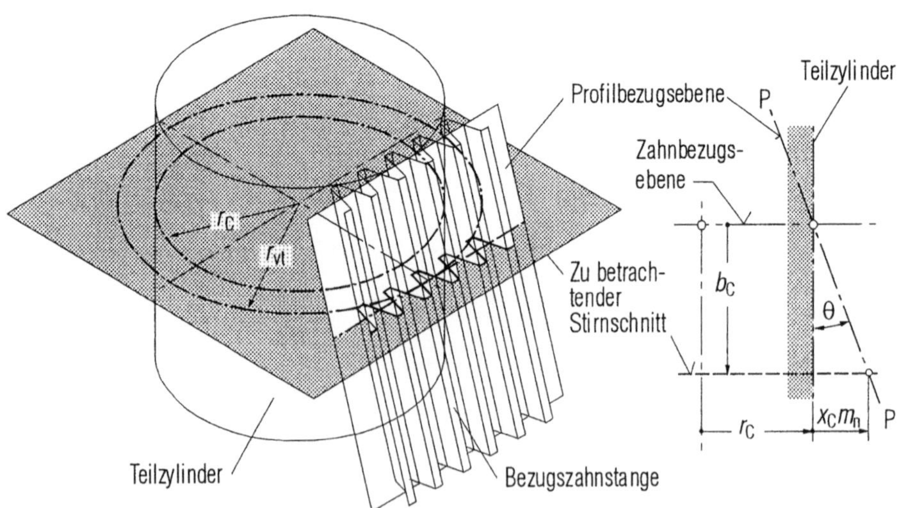

Bild 5.4. Größe der Profilverschiebung bei den verschiedenen Zahnbreiten b_C des Konuszahnrades. Sie wird immer im Stirnschnitt des Zahnrades betrachtet und verändert sich mit der Zahnbreite und dem Konuswinkel.

5.2.5 Profilverschiebung

In **Bild 5.4** wird die Lage der Profilbezugsebene der Bezugszahnstange und des Teilzylinders des Konuszahnrades dargestellt. Durch die Kippung erhält man stets verschiedene Abstände der Profilbezugslinie vom Teilzylinder. Nach Definition in DIN 3960 [5.3] ist die Profilverschiebung im Stirnschnitt

$$\text{Profilverschiebung} = x_C \cdot m_n. \tag{5.3}$$

Der Profilverschiebungsfaktor x_C wird immer im Stirnschnitt des Konuszahnrades (mit dem Index C) gemessen und unterscheidet sich von dem Faktor x_n im Normalschnitt. Die Lage des betrachteten Stirnschnitts kann man entweder durch die Profilverschiebung $x_C \cdot m_n$ oder durch den Abstand b_C des Stirnschnitts von der Zahnbezugsebene bestimmen. Die Beziehung der beiden Größen ergibt sich aus der Skizze in *Bild 5.4* rechts,

$$b_C \cdot \tan\theta = x_C \cdot m_n. \tag{5.4}$$

Die Profilverschiebung $x_C \cdot m_n$ in der Zahnbezugsebene ist aufgrund der Definition gleich null.

5.2.6 Zahnhöhen an der Verzahnung

Die Zahnhöhen im Stirnschnitt sind

$$h_C = \frac{h_P}{\cos\theta}, \qquad h_{aC} = \frac{h_{aP}}{\cos\theta} \tag{5.5a ; 5.5b}$$

$$h_{FfC} = \frac{h_{FfP}}{\cos\theta}, \qquad h_{fC} = \frac{h_{fP}}{\cos\theta} \tag{5.5c ; 5.5d}$$

Wie bei der Stirnradverzahnung werden die Zahnhöhen auch mit den Zahnhöhenfaktoren als Vielfaches des Normalmoduls angegeben. Daher erhält man die Zahnhöhenfaktoren:

$$h_C^* = \frac{h_P^*}{\cos\theta}, \qquad h_{aC}^* = \frac{h_{aP}^*}{\cos\theta} \tag{5.6a ; 5.6b}$$

$$h_{FfC}^* = \frac{h_{FfP}^*}{\cos\theta}, \qquad h_{fC}^* = \frac{h_{fP}^*}{\cos\theta} \tag{5.6c ; 5.6d}$$

5.2.7 Stirnprofilwinkel bzw. Grundkreishalbmesser

In **Bild 5.5,** *Teilbild 1* ist eine Bezugszahnstange und ihr Stirnschnitt dargestellt, ähnlich wie im *Bild 5.2.* Im Stirnschnitt des Konuszahnrades ist die Bezugszahnstange mit zwei Flankenlinien $A_L B'_L$ und $A_R B'_R$ infolge des Schrägungswinkels β unsymmetrisch. Die Beziehung zwischen dem Stirnprofilwinkel α_{CL} bzw. α_{CR} am

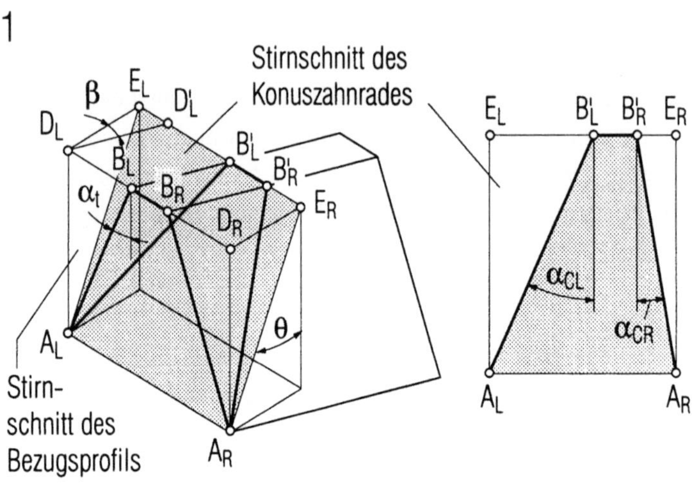

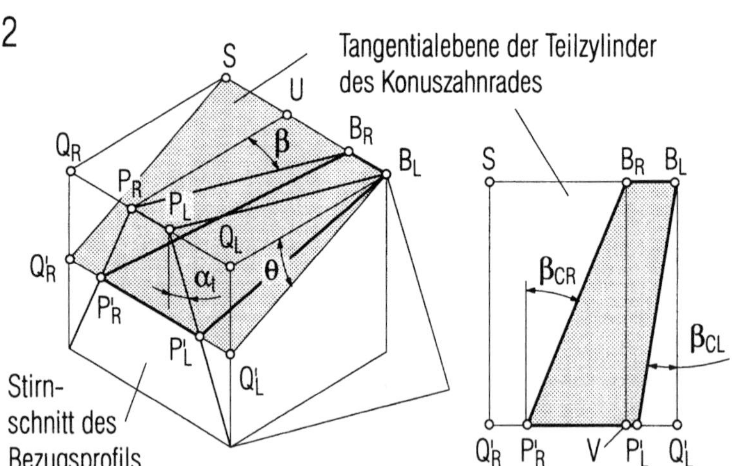

Bild 5.5. Bestimmung der Stirnprofilwinkel $\alpha_{CL,R}$ und der Schrägungswinkel $\beta_{CL,R}$ des Konuszahnrades mit Hilfe der Bezugszahnstange.

Teilbild 1: Unsymmetrische Profilwinkel α_{CL} und α_{CR} der Zahnstange beim Schnitt parallel zur Zahnradstirnebene von Konuszahnrädern.
Teilbild 2: Ungleiche Schrägungswinkel β_{CR} und β_{CL} beim Schnitt der Zahnstange in der Tangentialebene des Konuszahnrades.

Konuszahnrad und dem Stirnprofilwinkel α_t sowie dem Schrägungswinkel β der Bezugszahnstange kann man anhand dieser Skizze im Bild wie folgt herleiten.

Nach der Skizze in *Teilbild 1, rechts* ist der Profilwinkel α_{CL} für die Linksflanke des Konuszahnrades gleich

$$\tan\alpha_{CL} = \frac{\overline{E_L B'_L}}{\overline{A_L E_L}}, \tag{5.7a}$$

der Profilwinkel α_{CR} für die Rechtsflanke

$$\tan\alpha_{CR} = \frac{\overline{E_R B'_R}}{\overline{A_R E_R}}. \tag{5.7b}$$

Die Länge der Strecke $A_L E'_L$ ist

$$\overline{A_L E'_L} = \frac{\overline{A_L D_L}}{\cos\theta}. \tag{5.7c}$$

Die Länge der Strecke $E_L B'_L$ ist

$$\overline{E_L B'_L} = \overline{E_L D'_L} + \overline{D'_L B'_L}, \tag{5.7d}$$

wobei die Länge $\overline{E_L D'_L}$ gleich ist

$$\overline{E_L D'_L} = \overline{E_L D_L}\,\tan\beta = \left(\overline{A_L D_L}\,\tan\theta\right)\cdot\tan\beta, \tag{5.7e}$$

und die Länge $\overline{D_L B'_L}$ gleich

$$\overline{D'_L B'_L} = \overline{D_L B_L} = \overline{A_L D_L}\,\tan\alpha_t. \tag{5.7f}$$

Nach der Entwicklung aus der Längenbeziehung in der Skizze wird der Stirnprofilwinkel für Linksflanken α_{CL}, [5.8;5.20;5.21;5.1;5.11] berechnet.

Daher ist

$$\tan\alpha_{CL} = \frac{\overline{A_L D_L}\left(\tan\alpha_t + \tan\theta\tan\beta\right)}{\overline{A_L D_L}\,/\cos\theta}. \tag{5.8a}$$
$$= \tan\alpha_t\,\cos\theta + \tan\beta\,\sin\theta$$

Auf gleiche Weise erhält man den Stirnprofilwinkel für die Rechtsflanke

$$\tan \alpha_{CR} = \frac{\overline{A_R D_R}\left(\tan \alpha_t - \tan \theta \tan \beta\right)}{\overline{A_R D_R} / \cos \theta} \tag{5.8b}$$

$$= \tan \alpha_t \cos \theta - \tan \beta \sin \theta.$$

oder in zusammengesetzter Schreibweise

$$\tan \alpha_{CL,R} = \tan \alpha_t \cos \theta \pm \tan \beta_P \sin \theta, \tag{5.9}$$

wobei das obere Vorzeichen für Linksflanken und das untere für Rechtsflanken gilt.

Bei Geradverzahnung, also bei $\beta_P = 0$, sind die Stirnprofilwinkel für Linksflanken α_{CL} und α_{CR} für Rechtsflanken gleich.

5.2.7 Schrägungswinkel

Der Schrägungswinkel ergibt sich durch die Steigung der Flankenlinien der Bezugszahnstange mit der Tangentialebene des Konuszahnrades, *Teilbild 2* des *Bildes 5.5*.

Der Schrägungswinkel β_{CL} für Linksflanken ergibt sich aus

$$\tan \beta_{CL} = \frac{\overline{P'_L Q'_L}}{\overline{B_L Q'_L}} \tag{5.10a}$$

und der Schrägungswinkel β_{CR} aus

$$\tan \beta_{CR} = \frac{\overline{P'_R V}}{\overline{B_R V}}. \tag{5.10b}$$

Die Entwicklung für den Schrägungswinkel β_{CL} für die Linksflanke ist:

Länge $\overline{P'_L Q'_L}$:

$$\overline{P'_L Q'_L} = \overline{P_L Q_L} - \overline{Q_L Q'_L} \tan \alpha_t, \tag{5.11a}$$

wobei

$$\overline{P_LQ_L} = \overline{B_LQ_L}\tan\beta_P\,, \qquad \overline{Q_LQ'_L} = \overline{B_LQ_L}\tan\theta \qquad (5.11b);(5.11c)$$

ist.

Länge $\overline{B_LQ'_L}$:

$$\overline{B_LQ'_L} = \frac{\overline{B_LQ_L}}{\cos\theta}\,. \qquad (5.11d)$$

Die Entwicklung für den Schrägungswinkel β_{CL} für die Linksflanken ist

$$\tan\beta_{CL} = \frac{\overline{B_LQ_L}\left(\tan\beta_P - \tan\alpha_t\tan\theta\right)}{\overline{B_LQ_L}/\cos\theta} \qquad (5.11e)$$
$$= \tan\beta_P\cos\theta - \tan\alpha_t\sin\theta.$$

Für die Rechtsflanken ergibt sich:

Die Länge $\overline{B_RV}$

$$\overline{B_RV} = \overline{B_RU} + \overline{UV}\,, \qquad (5.11f)$$

wobei

$$\overline{B_RU} = \overline{Q_RS}\tan\beta_P\,, \qquad (5.11g)$$

$$\overline{UV} = \overline{U'P'_R} = \overline{U'P_R}\tan\alpha_t = \overline{Q_RQ'_R}\tan\alpha_t = \overline{Q_RS}\cdot\tan\theta\tan\alpha_t \qquad (5.11h)$$

ist.

Die Länge $\overline{VP'_R}$ ist

$$\overline{VP'_R} = \frac{\overline{Q_RS}}{\cos\theta}\,. \qquad (5.11j)$$

Die Entwicklung für den Schrägungswinkel β_{CR} für die Rechtsflanken ist daher

$$\tan\beta_{CR} = \frac{\overline{Q_RS}\left(\tan\beta_P + \tan\alpha_t\tan\theta\right)}{\overline{Q_RS}/\cos\theta} \qquad (5.11k)$$
$$= \tan\beta_P\cos\theta + \tan\alpha_t\sin\theta.$$

oder in zusammengesetzter Schreibweise

$$\tan\beta_{\mathrm{CL,R}} = \mp\tan\alpha_{\mathrm{t}}\sin\theta + \tan\beta_{\mathrm{P}}\cos\theta, \tag{5.12}$$

wobei das obere Vorzeichen für Linksflanken und das untere für Rechtsflanken gilt.

Bei Geradverzahnungen, also mit $\beta_{\mathrm{P}} = 0$, ist der Schrägungswinkel β_{CL} für Linksflanken negativ und der Schrägungswinkel β_{CR} für Rechtsflanken positiv. Das heißt, daß die Flankenlinie der Linksflanken des geradverzahnten Konuszahnrades *linkssteigend* und die der Rechtsflanken *rechtssteigend* verlaufen. In dem Fall sind die Schrägungswinkel für jede Flanke als Betrag gleich.

5.3 Erzeugung der Konuszahnräder

Die Erzeugung der Konuszahnräder erfolgt nicht anders als die der üblichen Stirnradverzahnungen mit *zahnstangenartigen* Werkzeugen, nur daß eine Kippung der Werkzeuge um den Konuswinkel θ vorgesehen wird. Bei einem Schrägungswinkel $\beta_{\mathrm{CL,R}}$ und einem Stirnprofilwinkel $\alpha_{\mathrm{CL,R}}$ für Links- oder Rechtsflanken

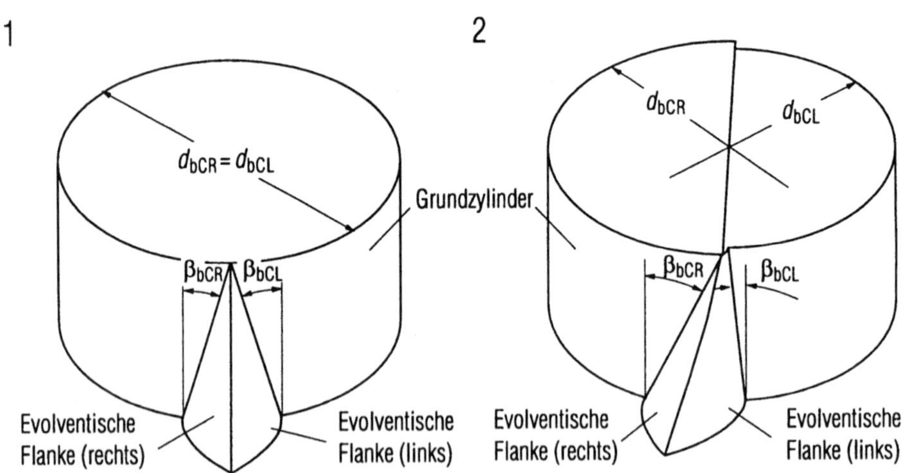

Bild 5.6. Gerad- und schrägverzahnte Konuszahnräder.

Teilbild 1: Geradverzahntes Konuszahnrad, gleichgroße Schrägungswinkel $\beta_{\mathrm{CR}} = |\beta_{\mathrm{CL}}|$ für Rechts- und Linksflanken, gemeinsamer Grundzylinder $d_{\mathrm{bCR}} = d_{\mathrm{bCL}}$.

Teilbild 2: Schrägverzahntes Konuszahnrad, verschiedengroße Schrägungswinkel $\beta_{\mathrm{CR}} \neq |\beta_{\mathrm{CL}}|$ für Rechts- und Linksflanken, verschieden große Grundzylinder $d_{\mathrm{bCR}} \neq d_{\mathrm{bCL}}$ für die beiden Flanken.

läßt sich leicht vorstellen, daß die Links- oder Rechtsflanken von denen der schrägverzahnten evolventischen Stirnradverzahnung nicht verschieden sind. Jedoch sind die Steigungen der Links- und der Rechtsflanken unterschiedlich. **Bild 5.6** zeigt die theoretischen Flanken des Konuszahnrades mit *Geradverzahnung, Teilbild 1*, und mit *Schrägverzahnung, Teilbild 2*. Bei der Geradverzahnung sind die Stirnprofilwinkel für Linksflanken α_{CL} und α_{CR} für Rechtsflanken gleich, Gl. (5.9), d.h. nur *ein* Grundkreis liegt dabei für die Erzeugung der Links- und Rechtsflanken vor. Die Schrägungswinkel β_{CL} und β_{CR} sind als Betrag gleich, haben jedoch entgegengesetzte Vorzeichen. Bei der Schrägverzahnung sind jedoch die Stirnprofilwinkel α_{CL} und α_{CR} damit auch die Grundkreise verschieden (*Bild 5.5*), ebenso die Schrägungswinkel β_{CL} und β_{CR}, Gl. (5.12). Diese theoretischen Flanken können aber nur dann mit einem der Bezugszahnstange entsprechenden Werkzeug erzeugt werden, wenn für eine korrekte Verzahnung auch die geometrischen Grenzen berücksichtigt werden.

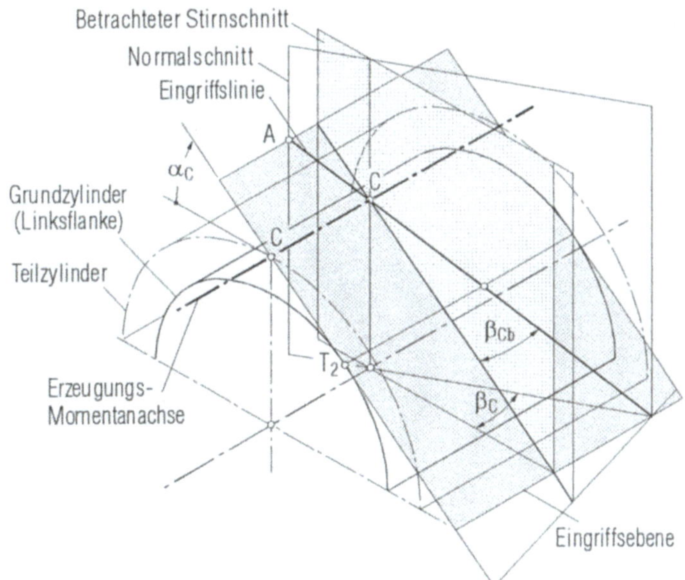

Bild 5.7. Eingriffsebene und Eingriffslinien sowie Erzeugungsmomentanachse bei Konusverzahnungen.

Die Eingriffslinien liegen parallel auf der vom Grundzylinder abgewickelten Eingriffsebene, ebenso wie bei Schrägverzahnungen. In der Schnittgeraden der Eingriffsebene mit dem Teilzylinder liegt die Erzeugungsmomentanachse.

5.3.1 Eingriffslinie und -ebene sowie Momentanachse bei der Erzeugung

Wie schon erwähnt, sind die Flanken des Konuszahnrades von denen des schrägverzahnten Stirnrades nicht verschieden. Aufgrund dieser Betrachtung kann die Eingriffslinie bzw. -ebene bei der Erzeugung ähnlich wie bei der Stirnrad-Schrägverzahnung, [5.17] in **Bild 5.7** dargestellt werden. Die Eingriffslinien bilden den Grundschrägungswinkel β_{Cb} mit dem Stirnschnitt und liegen parallel zueinander auf der Eingriffsebene. Sie schneiden auch die *Erzeugungsmomentanachse*. Das ist die Berührungslinie der Abwälzebene der Bezugszahnstange mit dem Teilzylinder des Konuszahnrades.

5.3.2 Zahnform im Stirnschnitt

Die Zahnflanken des Konuszahnrades in jedem Stirnschnitt sind evolventische Flanken mit einer entsprechenden Profilverschiebung. In **Bild 5.8** sind verschiedene Flanken in unterschiedlichen Stirnschnitten zusammengestellt. In *Zeile 1* werden die Flanken geradverzahnt, in *Zeile 2* mit einem rechtssteigenden Schrägungswinkel β_P an der Bezugszahnstange schrägverzahnt. Die Blickrichtung geht

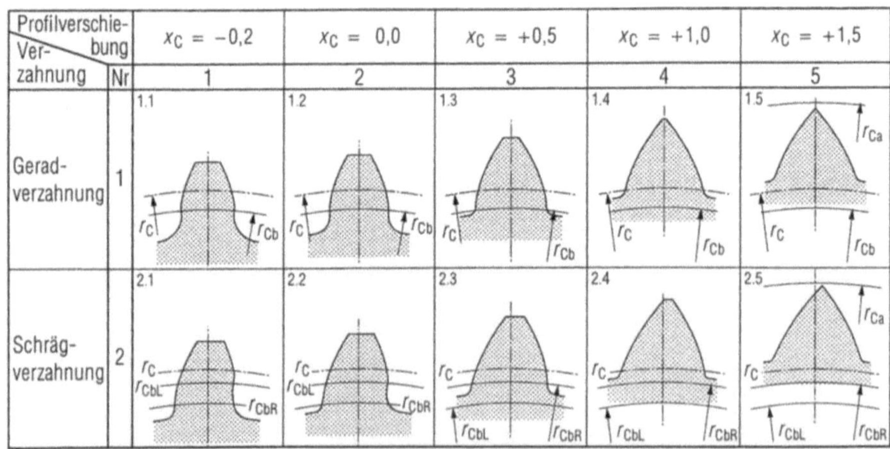

Bild 5.8. Formen der Zahnprofilschnitte bei Konuszahnrädern entlang der Zahnbreite von sehr kleinen bis zu sehr großen Profilbverschiebungen.

Zeile 1: Geradverzahnte Konuszahnräder haben symmetrische Links- und Rechtsflanken. Der Unterschnitt, *Feld 1.1*, und die Spitzengrenze, *Feld 1.5*, treten an beiden Seiten gleichzeitig auf.

Zeile 2: Bei schrägverzahnten Konuszahnrädern, hier mit rechtssteigendem Schrägungswinkel β_P, liegen verschiedene Grundkreise vor $r_{CbL} > r_{CbR}$. Daher tritt bei den Rechtsflanken der Unterschnitt früher auf als bei den Linksflanken, *Feld 2.1*, während die Spitzengrenze, *Feld 2.5* bei den Rechtsflanken später auftritt.

von der Kegelspitze des Zahnradkörpers aus. Die Linksflanken liegen im Katalog auf der linken Seite und die Rechtsflanken auf der rechten Seite. Bei negativer Profilverschiebung ist deutlich der Unterschnitt zu erkennen. Bei der Schrägverzahnung liegt ein ungleichmäßiger Unterschnitt vor, d.h. die Rechtsflanken im Katalog werden beispielsweise bei verkleinerter Profilverschiebung früher unterschnitten als die Linksflanken. Mit großen Profilverschiebungen wird der Zahn spitz und der daraus entstehende Zahnkopfkreis ist kleiner als der Schnittkreis des Zahnkopfkegels mit dem Stirnschnitt. Um eine korrekte Verzahnung zu erhalten, muß die Zahnbreite innerhalb der geometrischen Grenzen bleiben, welche im folgenden Abschnitt behandelt werden.

5.3.3 Geometrische Grenzen

Weil in jedem Stirnschnitt des Konuszahnrades die Profilverschiebung x_C unterschiedlich ist, tritt sowohl die Gefahr des Unterschnitts als auch die des Spitzwerdens der Zähne auf. Da im Gegensatz zu konventionellen Stirnrädern die mögliche Zahnbreite der Konuszahnräder eine Funktion der Profilverschiebung x_C ist, spielt die Wahl der Zahnbreite für korrekte Konusverzahnungen eine große Rolle.

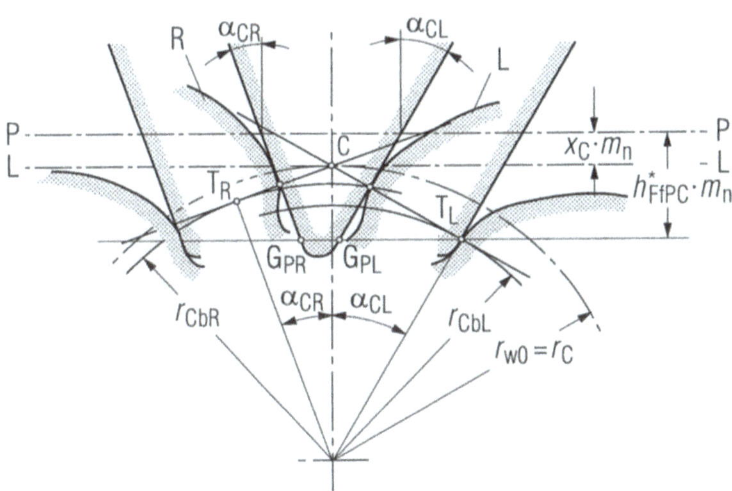

Bild 5.9. Unterschnittgrenzen bei schrägverzahnten Konuszahnrädern.

Die rechssteigende Konusverzahnung hat für die Konusradzahnflanke R einen kleineren Profilwinkel α_{CR} und für die Konusradzahnflanke L einen größeren Profilwinkel α_{CL} und einen kleineren Grundkreis r_{bL}. Daher tritt bei der Profilverschiebung $x_C m$ an der rechten Zahnflanke Unterschnitt auf, obwohl er an der linken Zahnflanke gerade noch vermieden wird.

5.3.3.1 Unterschnittgrenze

In **Bild 5.9** ist die Bedingung für die Unterschnittgrenze eines schrägverzahnten Konuszahnrades dargestellt. Sie unterscheidet sich von der bei der Stirnradverzahnung nicht wesentlich. Da bei der Schrägverzahnung zwei unterschiedliche Grundkreise vorliegen, sind unterschiedliche Profilverschiebungen zur Vermeidung des Unterschnitts für die Links- bzw. Rechtsflanke notwendig.

Wie bei der Stirnradverzahnung ist die Profilverschiebungsgrenze nach folgender Gleichung zu bestimmen,

$$x_{\mathrm{UL,R}} = -\frac{z \cdot \sin^2 \alpha_{\mathrm{CL,R}}}{2 \cdot \cos\beta_{\mathrm{P}}} + \frac{h_{\mathrm{FfP}}^*}{\cos\theta}. \tag{5.13}$$

Für unterschnittfreie Verzahnungen muß die größere Profilverschiebung für die Flanke gewählt werden, bei der Unterschnitt früher auftritt. Das heißt, daß die Gleichung für die Flanke mit einem kleineren Stirnprofilwinkel α_{C} zuerst berücksichtigt wird. Nach Gl. (5.9) tritt der Unterschnitt mit einem rechtssteigenden Schrägungswinkel β_{P} bei der Rechtsflanke früher auf. Dieser ungleichmäßige Unterschnitt kann auch in Bild 5.8 gut erkannt werden. Infolge dieses ungleichmäßigen Unterschnitts entstehen bei Schrägverzahnungen kleinere zulässige Zahnbreiten als bei Geradverzahnungen, Gl. (5.4).

5.3.3.2   Spitzengrenze

Bei einer großen Profilverschiebung werden die Zähne spitz. Da die Flanken der Konusverzahnung evolventisch sind, kann wie bei der Stirnradverzahnung die Bestimmungsgleichung für die Spitzengrenze aufgestellt werden. Im Unterschied tritt hier bei schrägverzahnten Konuszahnrädern ein unsymmetrischer Zahn auf.

1. Bestimmung der Zahndicke und Zahnlückenweite

In **Bild 5.10** ist ein unsymmetrischer Zahn, ähnlich *Bild 2.22* in *Band I* [5.17], dargestellt. Die Links- und Rechtsflanke wird jeweils von einem Grundkreis mit dem Profilwinkel α_{CL} bzw. α_{CR} erzeugt. Aus dem Bild folgt mit dem Zahndickenwinkel ψ_{y} und den Evolventenfunktionen inv α_{yL} und inv α_{yR} des Profilwinkels im Punkt Y_{L} bzw. Y_{R} Gl. (5.14).

$$\psi_{\mathrm{y}} + \mathrm{inv}\,\alpha_{\mathrm{yL}} + \mathrm{inv}\,\alpha_{\mathrm{yR}} = \psi + \mathrm{inv}\,\alpha_{\mathrm{CL}} + \mathrm{inv}\,\alpha_{\mathrm{CR}}. \tag{5.14}$$

Beim Einsetzen der Zahndickenwinkel durch die entsprechenden Bogen und Radien

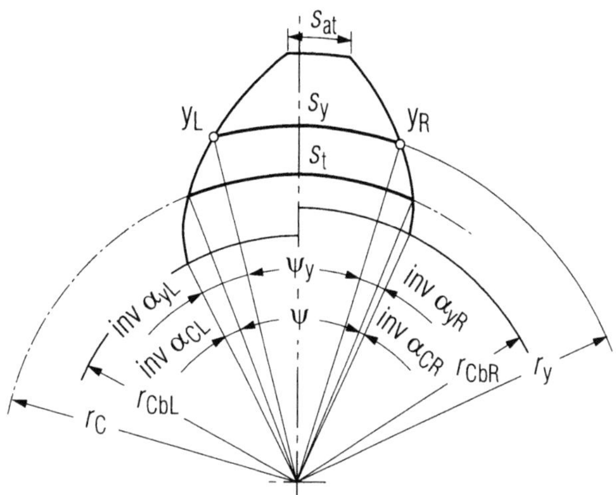

Bild 5.10. Bestimmung der Zahndicke bei unsymmetrischen (schrägverzahnten) Konuszahnradzähnen.

$$\psi_y = \frac{s_y}{r_y}, \qquad\qquad \psi = \frac{s}{r_C} \qquad\qquad (5.15)\,;\,(5.16)$$

ergibt sich

$$\frac{s_y}{r_y} + \mathrm{inv}\,\alpha_{yL} + \mathrm{inv}\,\alpha_{yR} = \frac{s}{r_C} + \mathrm{inv}\,\alpha_{CL} + \mathrm{inv}\,\alpha_{CR}\,. \qquad (5.17)$$

Die Zahndicke s_y am Radius r_y ist danach

$$s_y = r_y \cdot \left(\frac{s}{r_C} + \mathrm{inv}\,\alpha_{CL} + \mathrm{inv}\,\alpha_{CR} - \mathrm{inv}\,\alpha_{yL} - \mathrm{inv}\,\alpha_{yR} \right)\,. \qquad (5.18)$$

Die Zahndicke s am Teilkreis r_C muß noch bestimmt werden. Ähnlich wie in *Bild 2.23* in *Band I* [5.17] wird die Erzeugung der Zähne durch eine unsymmetrische Zahnstange in **Bild 5.11** wiedergegeben, mit der man die Zahndicke s leicht ermitteln kann. Weil der Bogen für die Zahndicke am Teilkreis (auch Wälzkreis) $s_{w0} = s$ gleich der Lückenweite e_{wP0} des Zahnstangenprofils an der Wälzlinie LL ist, ergibt sich die Zahndicke s

$$s = e_{wP0} = \frac{\pi}{2} m_t + \left(\tan\alpha_{CL} + \tan\alpha_{CR} \right) \cdot x_C \cdot m_n\,, \qquad (5.19)$$

und als Vielfaches des Stirnmoduls m_t

$$s = \left[\frac{\pi}{2} + \left(\tan\alpha_{CL} + \tan\alpha_{CR} \right) \cdot x_C \cdot \cos\beta_P \right] \cdot m_t\,. \qquad (5.20)$$

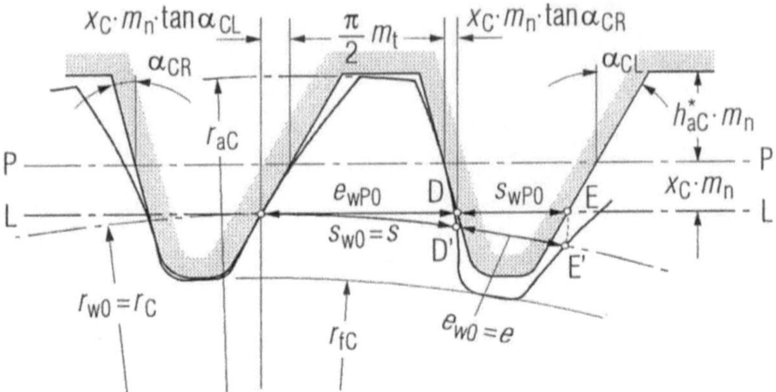

Bild 5.11. Zahndicke s und Lückenweite e bei einer unsymmetrischen (Erzeugungs)-Zahnstange, z.B. bei schrägverzahnten Konuszahnrädern.

Im jeweiligen Wälz- bzw. Teilkreis ist die Zahndicke des Radzahnes $s_{w0} = s$ gleich der Lückenweite $e_{wP0} = e_{P0}$ der erzeugenden oder kämmenden Zahnstange $s_{w0} = e_{wP0}$ und umgekehrt $e_{w0} = s_{wP0}$.

Die Summe der Tangens-Funktionen der Stirnprofilwinkel α_{CL} und α_{CR} ergibt sich aus Gl. (5.8a) und Gl. (5.8b)

$$\tan\alpha_{CL} + \tan\alpha_{CR} = \tan\alpha_t \cos\theta + \tan\beta\sin\theta + \tan\alpha_t \cos\theta - \tan\beta\sin\theta$$
$$= 2 \cdot \tan\alpha_t \cos\theta.$$

$$(5.21)$$

Daher wird die Zahndicke in der endgültigen Form ausgedrückt

$$s = \left(\frac{\pi}{2} + 2 \cdot \tan\alpha_t \cos\beta_P \cos\theta \cdot x_C \right) \cdot m_t = \left(\frac{\pi}{2} + 2 \cdot \tan\alpha_P \cos\theta \cdot x_C \right) \cdot m_t .$$

$$(5.22)$$

Durch Einsetzen von Gl. (5.22) in Gl. (5.18) ergibt sich

$$s_y = r_y \cdot \left[\frac{m_t}{r_C} \left(\frac{\pi}{2} + 2 \cdot \tan\alpha_P \cos\theta \cdot x_C \right) + \text{inv}\,\alpha_{CL} + \text{inv}\,\alpha_{CR} - \text{inv}\,\alpha_{yL} - \text{inv}\,\alpha_{yR} \right]$$

oder mit $r_C = z \cdot m_t / 2$

$$s_y = r_y \cdot \left[\frac{\pi + 4x_C \cdot \tan\alpha_P \cdot \cos\theta}{z} + inv\,\alpha_{CL} + inv\,\alpha_{CR} - inv\,\alpha_{yL} - inv\,\alpha_{yR} \right] . (5.23)$$

2. Bestimmung der Spitzengrenze

Die Zahndicke s_a am Zahnkopfkreis ergibt sich mit $r_y = r_{aC}$, wobei der Zahnkopfkreisradius nach *Bild 5.11* zu berechnen ist

$$r_{aC} = r_C + x_C \cdot m_n + h_{aC}^* \cdot m_n, \tag{5.24}$$

oder mit $r_C = \dfrac{z \cdot m_t}{2}$

$$r_{aC} = \left[\frac{z + 2 \cdot \left(x_C + h_{aC}^* \right) \cos \beta_P}{2} \right] \cdot m_t . \tag{5.25}$$

Damit ist die Zahndicke am Kopfkreis

$$\frac{s_{at}}{m_t} = \left[z + 2 \cdot \left(x_C + h_{aC}^* \right) \cos \beta_P \right] \cdot$$
$$\cdot \left[\frac{\pi + 4 x_C \cdot \tan \alpha_P \cos \theta}{2 \cdot z} + \frac{\operatorname{inv} \alpha_{CL} + \operatorname{inv} \alpha_{CR} - \operatorname{inv} \alpha_{yL} - \operatorname{inv} \alpha_{yR}}{2} \right] . \tag{5.26}$$

Die Spitzengrenze ergibt sich mit $s_{at} = 0$ aus Gl. (5.26)

$$\frac{\pi + 4 x_C \cdot \tan \alpha_P \cos \theta}{2z} + \frac{\operatorname{inv} \alpha_{CL} + \operatorname{inv} \alpha_{CR} - \operatorname{inv} \alpha_{yL} - \operatorname{inv} \alpha_{yR}}{2} = 0 , \tag{5.27}$$

weil der Zahnkopfkreisradius immer von Null verschieden ist. Der Profilverschiebungsfaktor x_{CSp} für die Spitzengrenze ist

$$x_{CSp} = \frac{\left(\operatorname{inv} \alpha_{aL} + \operatorname{inv} \alpha_{aR} - \operatorname{inv} \alpha_{CL} - \operatorname{inv} \alpha_{CR} \right) \cdot z - \pi}{4 \cdot \tan \alpha_P \cos \theta} . \tag{5.28}$$

Der unbekannte Profilwinkel $\alpha_{aL,R}$ am Kopfkreis in Gl. (5.28) läßt sich wie folgt ermitteln, siehe auch *Band I*, S.68, [5.17]

$$\cos \alpha_{aL,R} = \frac{z \cdot \cos \alpha_{CL,R}}{z + 2 \cdot \left(x_C + h_{aCSp}^* \right) \cdot \cos \beta_P} . \tag{5.29}$$

Damit liegen drei Gleichungen vor (5.28) und (5.29) (jeweils für Links- und Rechtsflanke) für drei Unbekannte x_{CSp}, α_{aL} und α_{aL}.

In der Praxis soll die Zahndicke im Normalschnitt s_{an} nach DIN 3960 den Wert $0{,}2 \cdot m_n$ nicht unterschreiten, [5.3]. Das heißt, die Zahnkopfdicke muß sich nach der Gleichung ergeben,

$$\frac{s_{at}}{m_t} = \frac{s_{an}}{m_n} \frac{\cos\beta_P}{\cos\beta_a} = \frac{0{,}2 \cdot \cos\beta_P}{\cos\beta_a} . \tag{5.30}$$

Der Schrägungswinkel β_a am Kopfkreis wird aufgrund der ungleichmäßigen Steigung bei der Schrägverzahnung mit einem mittleren Wert berechnet,

$$\beta_a = \frac{\beta_{CaL} + \beta_{CaR}}{2} , \tag{5.31}$$

mit

$$\tan\beta_{CaL,R} = \frac{r_a}{r_C} \cdot \tan\beta_{CL,R} . \tag{5.32}$$

Für die Profilverschiebung an der Spitzengrenze mit der Mindestzahnkopfdicke von $0{,}2 \cdot m_n$ wird dann die Gleichung (5.27) gelöst,

$$\frac{0{,}2 \cdot \cos\beta_P}{\cos\beta_a} = \left[z + 2 \cdot \left(x_{CSp} + h_{aC}^* \right) \cdot \cos\beta_P \right] \cdot$$

$$\cdot \left[\frac{\pi + 4 \cdot x_{CSp} \cdot \tan\alpha_P \cdot \cos\theta}{2 \cdot z} + \frac{\text{inv}\,\alpha_{CL} + \text{inv}\,\alpha_{CR} - \text{inv}\,\alpha_{aL} - \text{inv}\,\alpha_{aR}}{2} \right] , \tag{5.33}$$

mit Gl. (5.31;5.32) für den mittleren Schrägungswinkel β_a am Zahnkopfkreis.

5.3.3.3 *Grenze der aktiven Zahnhöhe und des Mindestkopfkreisdurchmessers*

Bei großen Zähnezahlen und zunehmender negativer Profilverschiebung x_C tritt kein Unterschnitt ein, bevor der Zahnkopfkegel in den Grundzylinder eintaucht. **Bild 5.12** veranschaulicht diese Bedingung. Aus der Skizze im Bild rechts erhält man

$$x_{CGL,R} = -\left[\frac{z \cdot \left(1 - \cos\alpha_{CL,R} \right)}{2 \cdot \cos\beta_P} + \frac{h_{aP}^*}{\cos\theta} \right] . \tag{5.34}$$

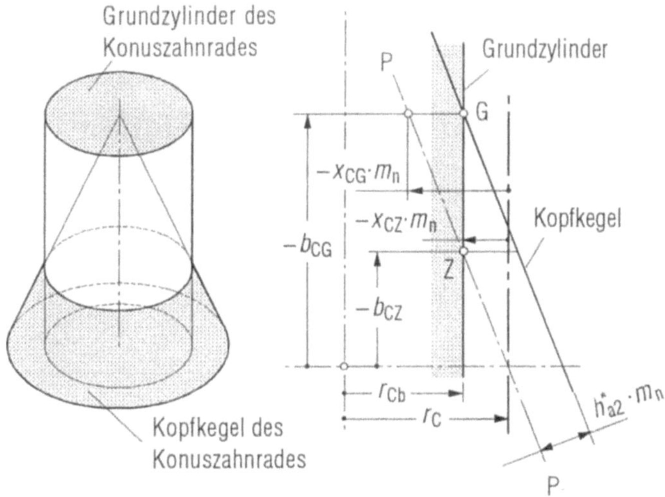

Bild 5.12. Bestimmung der geometrischen Grenzen der Flanken bei ihrer Entstehung.

Der Kopfkegel des Konuszahnrades darf nicht in den Grundzylinder tauchen, sonst wird keine aktive Zahnflanke erzeugt.

Wegen der ungleichen Grundkreise bei der Schrägverzahnung ergeben sich auch zwei verschiedene Grenz-Profilverschiebungen aus Gl.(5.34). Wie bei der Unterschnittgrenze wird die größere von den daraus ermittelten Profilverschiebungen gewählt.

Wird von DIN 3960 [5.3] ausgegangen, darf der Kopfkreisdurchmesser einen Mindestwert nicht unterschreiten,

$$d_a \geq d_b + 2\cdot m_n,\tag{5.35}$$

d.h. die Profilbezugslinie P-P berührt im Stirnschnitt den Grundkreis. Mit dieser Einschränkung für die Profilverschiebung x_C kann auch der Grenzwert x_{CZ} festgelegt werden,

$$x_{CZL,R} = -\frac{z\cdot\left(1-\cos\alpha_{CL,R}\right)}{2\cdot\cos\beta_P}.\tag{5.36}$$

5.3.3.4 Diagramm für korrekte Verzahnungen

In **Bild 5.13**, *Blatt 1* ist der Profilverschiebungsfaktor x_C für die Geradverzahnung ($\beta_P = 0°$) in Abhängigkeit des Konuswinkels θ und der Zähnezahl z dargestellt. Die oberen Kurven im Diagramm zeigen die Spitzengrenze an, mit der Min-

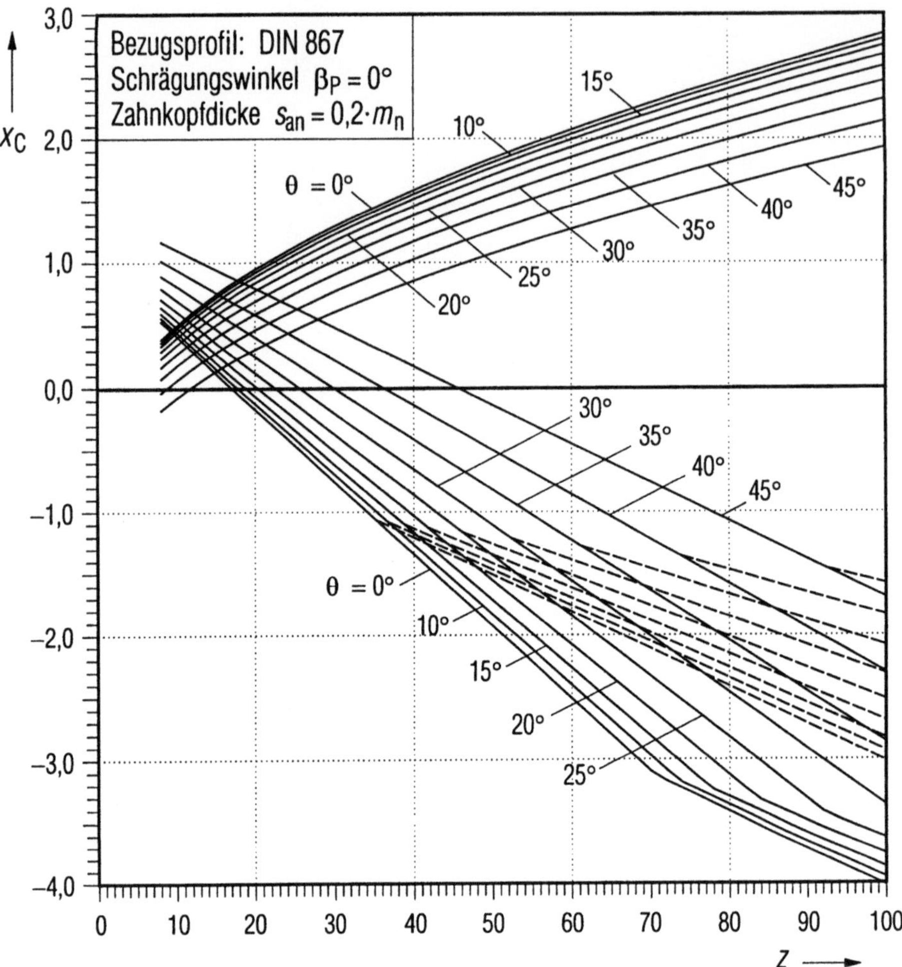

Bild 5.13 (Blatt 1). Spitzengrenze und Unterschnittgrenze für gerade Konusverzahnungen in Abhängigkeit von Zähnezahl z, Profilverschiebungsfaktor x_C und Konuswinkel θ. Gestrichelt die Flankengrenze aufgrund von Gl.(5.35), $d_a \geq d_b + 2m_n$.

Zahnflanken am Konuszahnrad erhalten nur dann eine korrekte Form, wenn ihre Werte im Diagramm unterhalb der Spitzengrenze (obere Kurvenschar) und oberhalb der Unterschnittgrenze liegen (untere Kurvenschar mit Begrenzung durch die gestrichelten Kurven).

destzahndicke $s_{an} = 0,2 \cdot m_n$, die unteren Linien die Unterschnittgrenze bzw. die Flankengrenze. Die gestrichelten Linien im Diagramm unten stehen für die Grenze des Mindest-Kopfkreisdurchmessers von $d_{Ca} = d_{Cb} + 2 \cdot m_n$. In **Bild 5.13**, *Blatt 2* ist ein ähnliches Diagramm für die Schrägverzahnung mit dem Schrägungswinkel $\beta_P = 10°$ wiedergegeben.

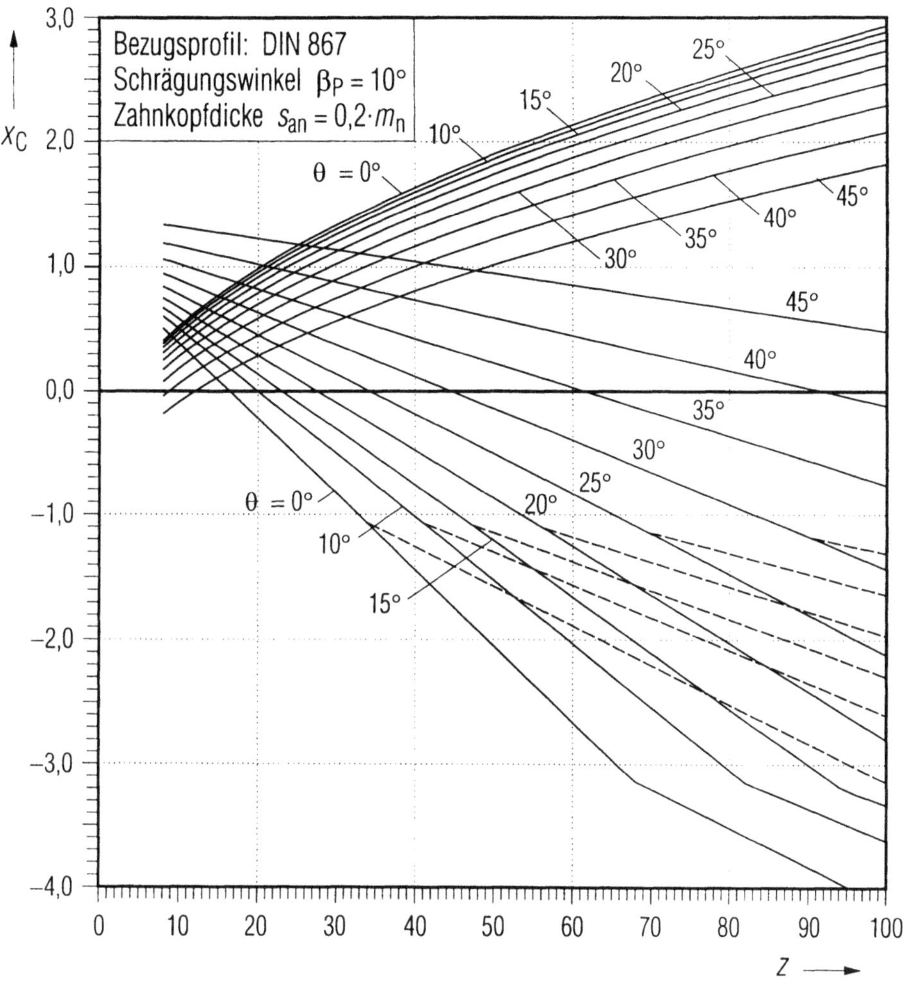

Bild 5.13 (Blatt 2). Spitzengrenze und Unterschnittgrenze für schräge Konusverzahnungen mit dem Schrägungswinkel 10°, abhängig von der Zähnezahl z, Profilverschiebungsfaktor x_C und Konuswinkel θ. (siehe auch *Blatt 1*).

Die Abhängigkeit der Zahnbreite von dem Konuswinkel und der Zähnezahl veranschaulicht **Bild 5.14**. Mit einem großen Konuswinkel θ entstehen verkleinerte Zahnbreiten. Daher ist ohne weiteres einzusehen, daß Konuszahnräder mit einem großen Konuswinkel θ stets als das größere Rad ausgeführt werden müssen, da das kleinere Rad nur einen kleinen Konuswinkel θ zuläßt. Beträgt der Konuswinkel $\theta = 90°$, ist die Zahnbreite der aktiven Zahnflanke bei kleinen Zähnezahlen etwa $1{,}5\ m_n$, bei großen $2{,}5\ m_n$.

In **Bild 5.15** sind zwei Konuszahnräder mit Hilfe eines rechnerischen Simulationsprogramms dargestellt. In *Teilbild 1* ist das Konuszahnrad geradverzahnt, in *Teilbild 2* schrägverzahnt.

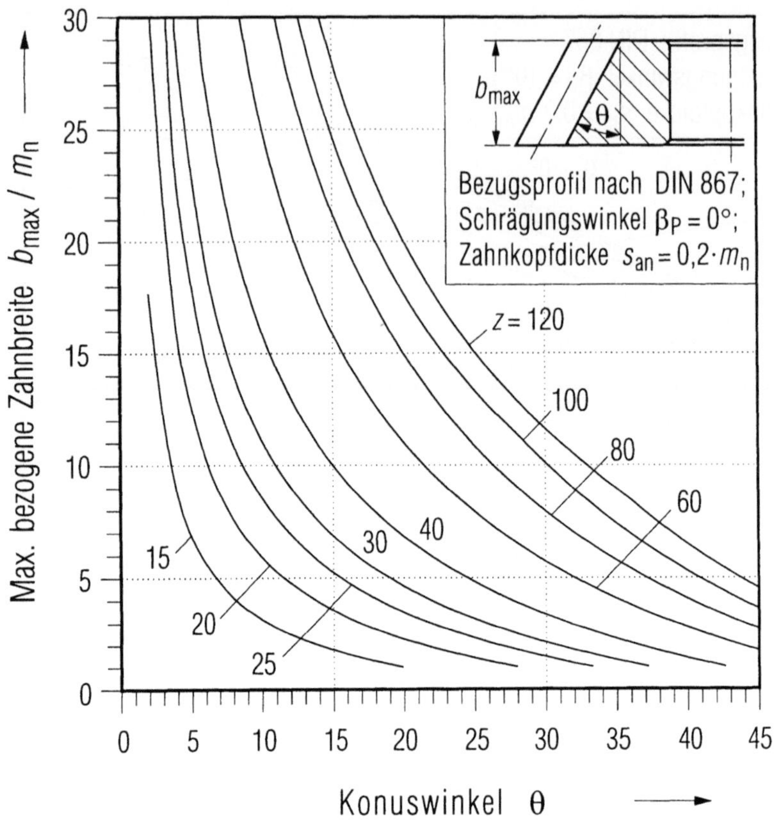

Bild 5.14. Zahnbreite b_{max} / m_n, abhängig vom Konuswinkel $θ$ und der Zähnezahl z. Die Zahnbreite wird mit großem Konuswinkel und kleiner Zähnezahl kleiner.

Es ist möglich, „Konuszahnräder" mit einem anderen Bezugsprofil auch für $θ = 90°$ (Kronenzahnräder) zu erzeugen. (siehe *Abschnitt 7*).

5.4 Paarungsmöglichkeiten mit Konuszahnrädern, Überblick

In **Bild 5.16** wurde ein Übersichtskatalog für die Paarungsmöglichkeiten mit Konuszahnrädern aus *Bild 1.6* des *Bandes I* [5.17] entnommen. Die Nummern in den einzelnen Feldern der *Spalte 3* rechts unten entsprechen den Feldnummern in diesem Bild. Die Paarung eines Konuszahnrades mit einem Kronenrad wird im Katalog nicht gezeigt. Sie wird im nächsten Kapitel über Kronenradverzahnungen behandelt.

Im allgemeinen ergibt sich nur bei den Paarungen mit parallelen Achsen Linienberührung. Unter bestimmten Voraussetzungen kann Linienberührung auch bei den Paarungen mit gekreuzten Achsen entstehen. Bei den Konuszahnrad-

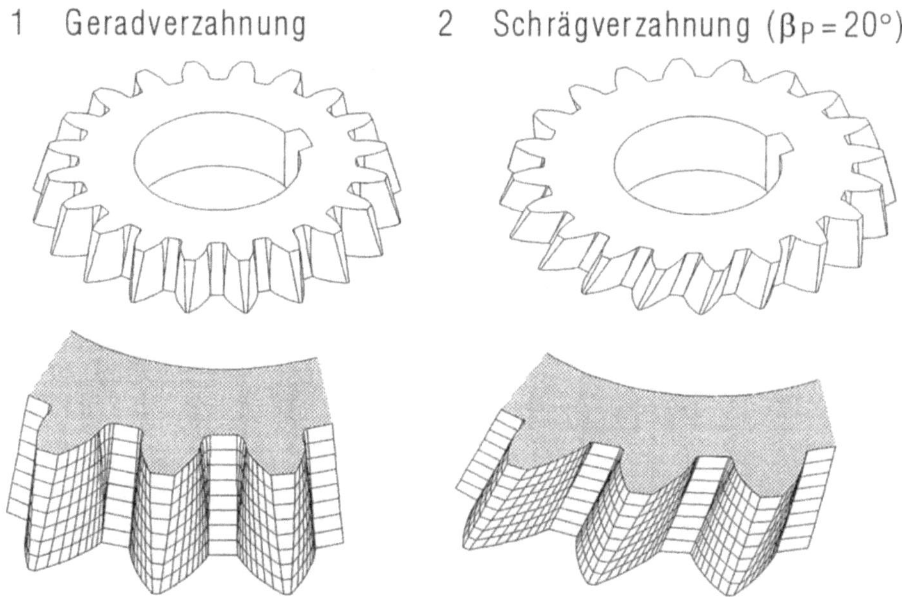

Bild 5.15. Rechnersimulationen gerad- und schrägverzahnter Konuszahnräder.

Paarungen mit sich schneidenden Achsen ergibt sich stets nur Punktberührung, weil bei zwei Grundzylindern mit sich schneidenden Achsen nur eine gemeinsame Eingriffslinie vorliegt, die gleichzeitig die beiden Grundzylinder berührt.

Bei den Paarungen mit parallelen oder sich schneidenden Achsen kann auch Schrägverzahnung verwendet werden. Es müssen dann die Schrägungswinkel β_P der jeweiligen Bezugsprofile den gleichen Betrag haben, aber mit dem entgegengesetzten Vorzeichen. Für die Paarungen mit gekreuzten Achsen ist die Summe der Schrägungswinkel $\beta_{P1} + \beta_{P2}$ stets von null verschieden.

5.5 Auslegung der Konuszahnradpaarungen mit zwei Konuszahnrädern für parallele Achsen

5.5.1 Bestimmung der Verzahnungsgrößen

Für Konuszahnradpaarungen mit parallelen Achsen müssen die folgenden Bedingungen erfüllt werden:

Gliederungsteil			Hauptteil	Zugriffsteil			
Gegenrad	Achslage	Nr	Darstellung der Paarung	Berührungsart	Schrägverzahnung	Freiheiten f. Lagerungen	Spieländerung durch
1	2		3	4	5	6	7
.1.1 Stirn-Außenrad $\theta = 0°$	1.2 schneidend	1	1.3	1.4 P	1.5 falls erforderlich $\beta_{P1} = -\beta_{P2}$	1.6 Stirnrad-Achsrichtung	1.7 Konusrad-Achsrichtung
	2.2 kreuzend	2	2.3	2.4 P; Bed. L	2.5 erforderlich $\beta_{P1} \neq -\beta_{P2}$		
3.1 Konus-Zahnrad $0° < \theta < 90°$	3.2 parallel	3	3.3	3.4 L	3.5 falls erforderlich $\beta_{P1} = -\beta_{P2}$	3.6 —	3.7
	4.2 schneidend	4	4.3	4.4 P	4.5 falls erforderlich $\beta_{P1} = -\beta_{P2}$	4.6 —	
	5.2 kreuzend	5	5.3	5.4 P; Bed. L	5.5 erforderlich $\beta_{P1} \neq -\beta_{P2}$	5.6 —	
6.1 Konisches Innenrad $90° < \theta < 180°$	6.2 parallel	6	6.3	6.4 P	6.5 falls erforderlich $\beta_{P1} = -\beta_{P2}$	6.6 —	Konusräder-Achsrichtung
	7.2 schneidend	7	7.3	7.4 P	7.5 falls erforderlich $\beta_{P1} = -\beta_{P2}$	7.6 —	
	8.2 kreuzend	8	8.3	8.4 P	8.5 erforderlich $\beta_{P1} \neq -\beta_{P2}$	8.6 —	
9.1 Stirn-Innenrad; $\theta = 180°$	9.2 schneidend	9	9.3	9.4 P	9.5 falls erforderlich $\beta_{P1} = -\beta_{P2}$	9.6 —	
	10.2 kreuzend	10	10.3	10.4 P	10.5 erforderlich $\beta_{P1} \neq -\beta_{P2}$	10.6 —	

Es bedeutet: P Punktberührung; L: Linienberührung; Bed. L: Bedingte Linienberührung

Für den Konuswinkel

$$\theta_1 = -\theta_2 = \theta > 0 \tag{5.37}$$

sowie für den Schrägungswinkel des Bezugsprofils

$$\beta_{P1} = -\beta_{P2} = \beta_P \,. \tag{5.38}$$

Bei einem negativen Konuswinkel wird die Kegelspitze entgegengesetzt zu der mit einem positiven Konuswinkel gesetzt. Deshalb werden die Kegelspitzen der beiden Konuszahnradkörper wie in *Feld 3.3* des *Bildes 5.16* entgegengesetzt angeordnet.

Damit ergibt sich für den Stirnprofilwinkel $\alpha_{CL,R}$

$$\tan \alpha_{CL1} = \tan \alpha_{CL2} = \tan \alpha_t \cos\theta + \tan \beta_P \sin\theta\,, \tag{5.39a}$$

$$\tan \alpha_{CR1} = \tan \alpha_{CR2} = \tan \alpha_t \cos\theta - \tan \beta_P \sin\theta \tag{5.39b}$$

und für den Schrägungswinkel $\beta_{CL,R}$

$$\tan \beta_{CL1} = - \tan \beta_{CL2} = - \tan \alpha_t \sin\theta + \tan \beta_P \cos\theta\,, \tag{5.40a}$$

$$\tan \beta_{CR1} = - \tan \beta_{CR2} = + \tan \alpha_t \sin\theta + \tan \beta_P \cos\theta\,. \tag{5.40b}$$

5.5.2 Bestimmung des spielfreien Eingriffs

Bei der spielfreien Konuszahnradpaarung mit parallelen Achsen liegt aufgrund des konstanten Achsabstandes in jedem Stirnschnitt eine andere V-Stirnradpaarung mit einer gleichen Profilverschiebungssumme vor. Diese Profilverschiebungssumme läßt sich durch die Änderung des Abstandes der Zahnbezugsebene

---

Bild 5.16. Übersichtskatalog der Paarungsmöglichkeiten mit Konuszahnrädern.

Beidseitige Linienberührung tritt nur bei parallelen Achsen auf. Einseitige Linienberührung kann auch bei gekreuzten Achsen bei der Paarung Konus-Konus- und Konus-Zylinderrad auftreten, wenn die Schrägungswinkel β_{P1}, β_{P2} entsprechend gewählt werden (siehe auch *Bild 5.30*). Freiheiten der Radlagerung und Spieleinstellung durch axiales Verschieben können auf verschiedene Weise erzielt werden.

der beiden Zahnräder einstellen. Wie bei der Stirnradpaarung ergibt sich auch ein Zusammenhang zwischen der Profilverschiebungssumme $x_{C1} + x_{C2}$ und dem spielfreien Achsabstand a.

5.5.2.1 Bestimmung der Profilverschiebungssumme und des Achsabstandes

Für den allgemeinsten Fall der Konusverzahnung soll von einer Schrägverzahnung ausgegangen werden. Daher liegen in jedem Stirnschnitt zwei verschiedene Grundkreise bzw. Stirnprofilwinkel $\alpha_{CL,R}$ vor jeweils für Links- und Rechtsflanken, wenn das Bezugsprofil der Konusverzahnung gleiche Profilwinkel α_P für Links- und Rechtsflanken hat. Die bekannte Korhammersche Gleichung [5.17] für die Stirnradpaarung muß deswegen umgeformt werden.

In **Bild 5.17** wird ein Konuszahnradpaar in einem Stirnschnitt gezeigt. Mit einem vorgegebenen Achsabstand a liegen die Wälzkreise beider Zahnräder fest,

$$r_{wt1} = \frac{a}{u+1}, \qquad\qquad r_{wt2} = \frac{u \cdot a}{u+1} \qquad\qquad (5.41a)\,;\,(5.41b)$$

wobei der Index 1 immer für das kleine Rad und der Index 2 für das große gewählt wird.

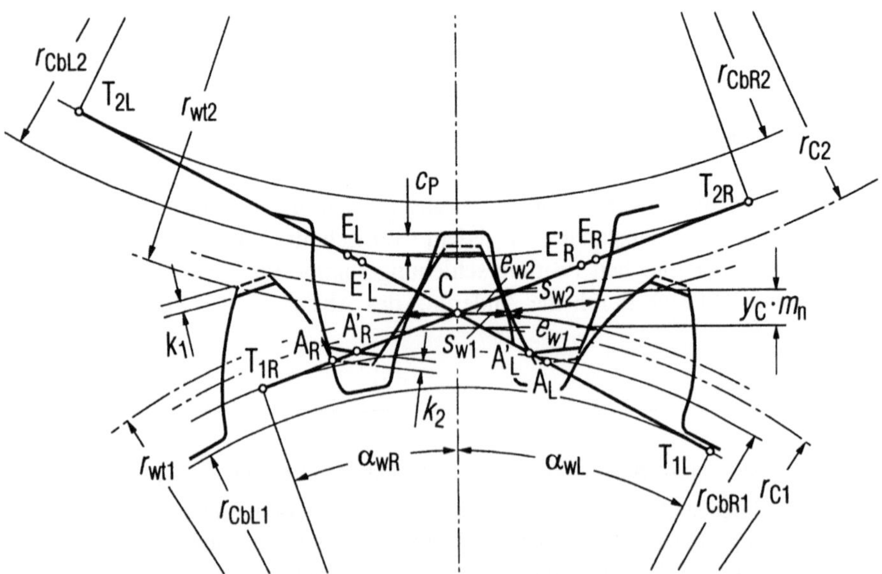

Bild 5.17. Konuszahnräder mit parallelen Achsen im Stirnschnitt. Bei vorgegebenem Achsabstand liegen die Wälzwinkel fest.

Die Teilung p_W am Wälzkreis erhält man aus

$$p_\text{W} = \frac{2\pi \cdot r_\text{wt1}}{z_1} = \frac{2\pi \cdot r_\text{wt2}}{z_2} = \frac{2\pi \cdot a}{z_1 \cdot (u+1)} \qquad (5.42)$$

Da am Wälzkreis die Zahndicke s_w1 des Ritzels gleich der Zahnlückenweite e_w2 des Rades und die Zahnlückenweite e_w1 des Ritzels gleich der Zahndicke s_w2 des Rades ist, ist die Teilung am Wälzkreis gleich

$$p_\text{W} = s_\text{w1} + s_\text{w2}\,. \qquad (5.43)$$

Aus Gl. (5.23) ergibt sich mit $\alpha_\text{yL,R} = \alpha_\text{wL,R}$ und $r_\text{y} = r_\text{w1,2}$ die Zahndicke s_w1 und s_w2

$$s_\text{w1} = r_\text{w1} \cdot \left[\frac{\pi + 4x_\text{C1} \cdot \tan \alpha_\text{P} \cos \theta}{z_1} + \text{inv}\,\alpha_\text{CL} + \text{inv}\,\alpha_\text{CR} - \text{inv}\,\alpha_\text{wL} - \text{inv}\,\alpha_\text{wR} \right], \qquad (5.44\text{a})$$

$$s_\text{w2} = r_\text{w2} \cdot \left[\frac{\pi + 4x_\text{C2} \cdot \tan \alpha_\text{P} \cos \theta}{z_2} + \text{inv}\,\alpha_\text{CL} + \text{inv}\,\alpha_\text{CR} - \text{inv}\,\alpha_\text{wL} - \text{inv}\,\alpha_\text{wR} \right]. \qquad (5.44\text{b})$$

Mit $r_\text{w2} = u \cdot r_\text{w1}$ und Gl. (5.42;5.43;5.44) erhält man

$$4\left(x_\text{C1} + x_\text{C2}\right) \cdot \tan \alpha_\text{P} \cos \theta + z_1(u+1)\left[+\text{inv}\,\alpha_\text{CL} + \text{inv}\,\alpha_\text{CR} - \text{inv}\,\alpha_\text{wL} - \text{inv}\,\alpha_\text{wR}\right] = 0$$

oder

$$\text{inv}\,\alpha_\text{wL} + \text{inv}\,\alpha_\text{wR} = \frac{4 \cdot \left(x_\text{C1} + x_\text{C2}\right) \cdot \tan \alpha_\text{P} \cdot \cos \theta}{z_1 + z_2} + \text{inv}\,\alpha_\text{CL} + \text{inv}\,\alpha_\text{CR}\,. \qquad (5.45)$$

Bei Geradverzahnungen, also $\alpha_\text{wL} = \alpha_\text{wR}$ sowie $\alpha_\text{CL} = \alpha_\text{CR}$ und $\theta = 0$, ergibt sich die bekannte Korhammersche Gleichung aus Gl. (5.45).

Die noch unbekannten Eingriffswinkel α_wL und α_wR berechnen sich nach

$$\cos \alpha_\text{wL} = \frac{r_\text{C1}}{r_\text{wt1}} \cdot \cos \alpha_\text{CL} = \frac{r_\text{C2}}{r_\text{wt2}} \cdot \cos \alpha_\text{CL} = \frac{\left(z_1 + z_2\right) \cdot m_\text{t}}{a} \cdot \cos \alpha_\text{CL}$$

$$(5.46)$$

und

$$\cos\alpha_{\text{wR}} = \frac{r_{\text{C1}}}{r_{\text{wt1}}}\cdot\cos\alpha_{\text{CR}} = \frac{r_{\text{C2}}}{r_{\text{wt2}}}\cdot\cos\alpha_{\text{CR}} = \frac{\left(z_1 + z_2\right)\cdot m_{\text{t}}}{a}\cdot\cos\alpha_{\text{CR}} \, .$$

$$(5.47)$$

Mit der Profilverschiebungssumme $(x_{\text{C1}} + x_{\text{C2}})$ kann für den Einbau der Paarung der Abstand l zwischen den Zahnbezugsebenen der beiden Konuszahnräder bestimmt werden. Dieser Abstand l ist

$$l = \frac{\left(x_{\text{C1}} + x_{\text{C2}}\right)\cdot m_{\text{n}}}{\tan\theta} \, .$$

$$(5.48)$$

Weil die Zahnbreite aller Konuszahnräder durch die Profilverschiebung x_{U} an der Unterschnitt- und x_{Sp} an der Spitzengrenze eingegrenzt wird, muß die Profilverschiebungssumme innerhalb eines Bereichs liegen,

$$x_{\text{U1}} + x_{\text{U2}} \le x_{\text{C1}} + x_{\text{C2}} \le x_{\text{Sp1}} + x_{\text{Sp2}} \, .$$

$$(5.49)$$

Dieser Bereich garantiert eine korrekte Paarung. In der Praxis wird diese Konuszahnradpaarung jedoch so ausgelegt, daß die Zahnbreite des kleinen Konuszahnrades 1 möglichst durch die geometrischen Grenzen bestimmt wird, weil die Zahnbreite mit der kleinen Zähnezahl immer kleiner ist als die mit der großen. Die Zahnbreite des großen Konuszahnrades kann mit der Profilverschiebung x_{Ci2} auf der Innenseite und x_{Ca2} auf der Außenseite wie folgt festgelegt werden,

$$x_{\text{U2}} \le x_{\text{Ci2}} \le \left(x_{\text{C1}} + x_{\text{C2}}\right) - x_{\text{Sp1}} \, ,$$

$$(5.50a)$$

$$\left(x_{\text{C1}} + x_{\text{C2}}\right) - x_{\text{U1}} \le x_{\text{Ca2}} \le x_{\text{Sp2}} \, .$$

$$(5.50b)$$

5.5.2.2 *Zahnkopfkürzung*

Die Zahnkopfkürzung der Konuszahnräder für die Paarung mit parallelen Achsen ist erforderlich, damit

- ein Mindestkopfspiel erhalten bleibt, wenn der flankenspielfreie Achsabstand kleiner ist als die Summe der Teilkreishalbmesser der beiden Räder und der Profilverschiebungen $r_{\text{C1}} + r_{\text{C2}} + (x_{\text{C1}} + x_{\text{C2}})\cdot m_{\text{n}} > a$,
- keine Eingriffsstörung zwischen dem Zahnkopf eines Rades und der Fußrundung des anderen Rades, nämlich Interferenz vorliegen kann.

1. Zahnkopfspiel

Wie bei der Stirnradpaarung kann die Zahnkopfhöhe jedes Konuszahnrades um den Betrag k verkleinert werden,

$$k = k^* \cdot m_\mathrm{n} = a - \left[r_{\mathrm{C}1} + r_{\mathrm{C}2} + \left(x_{\mathrm{C}1} + x_{\mathrm{C}2} \right) \cdot m_\mathrm{n} \right]. \tag{5.51}$$

Der Kopfkürzungsfaktor k^* ist danach

$$k^* = \frac{a - \left(r_{\mathrm{C}1} + r_{\mathrm{C}2} \right)}{m_\mathrm{n}} - \left(x_{\mathrm{C}1} + x_{\mathrm{C}2} \right). \tag{5.52}$$

Da die Profilverschiebungssumme $(x_{\mathrm{C}1} + x_{\mathrm{C}2})$ konstant ist, wird der Kopfkürzungsfaktor k^* auch konstant.

2. Eingriffsstörung

Wie bei V-Stirnradgetrieben muß auch noch die Eingriffsstörung zwischen dem Zahnkopf eines Konuszahnrades und der Fußrundung des anderen Konuszahnrades überprüft werden. In **Bild 5.18** ist das Konuszahnradpaar in einem Stirnschnitt für den Eingriff mit Rechtsflanken dargestellt. Der Zahnfuß-Formkreishalbmesser $r_{\mathrm{CNfR}1}$ ergibt sich aus der Erzeugung durch die Zahnstange mit dem Profilwinkel α_{CR}, entsprechend Gl. (4.59) auf *Seite 216* in *Band I* [5.17]

$$r_{\mathrm{CNfR}1} = m_\mathrm{n} \cdot \sqrt{ \left[\frac{z_1}{2 \cdot \cos \beta_{\mathrm{CR}}} - \left(h^*_{\mathrm{FfC}1} - x_{\mathrm{C}1} \right) \right]^2 + \left(\frac{h^*_{\mathrm{FfC}1} - x_{\mathrm{C}1}}{\tan \alpha_{\mathrm{CR}}} \right)^2 }. \tag{5.53}$$

Die Grenze für Zahnkopfkreishalbmesser [5.17] des Gegenrades $r_{\mathrm{Ca}2}$ ergibt sich durch die Gleichung

$$r_{\mathrm{CaG}2} = \sqrt{ r^2_{\mathrm{CbR}2} + \left[a \cdot \sin \alpha_{\mathrm{wtR}} - \sqrt{ r^2_{\mathrm{CNfR}1} - r^2_{\mathrm{CbR}1} } \right]^2 }. \tag{5.54}$$

Für eine eingriffsstörungsfreie Paarung darf der Zahnkopfkreis $r_{\mathrm{Ca}2}$ im entsprechenden Stirnschnitt nicht größer sein als dieser Grenz-Kopfkreishalbmesser $r_{\mathrm{CaG}2}$. Um die auftretende Interferenz zu vermeiden muß eine Kopfkürzung vorgesehen werden. Der Kopfkürzungsfaktor k^* ist

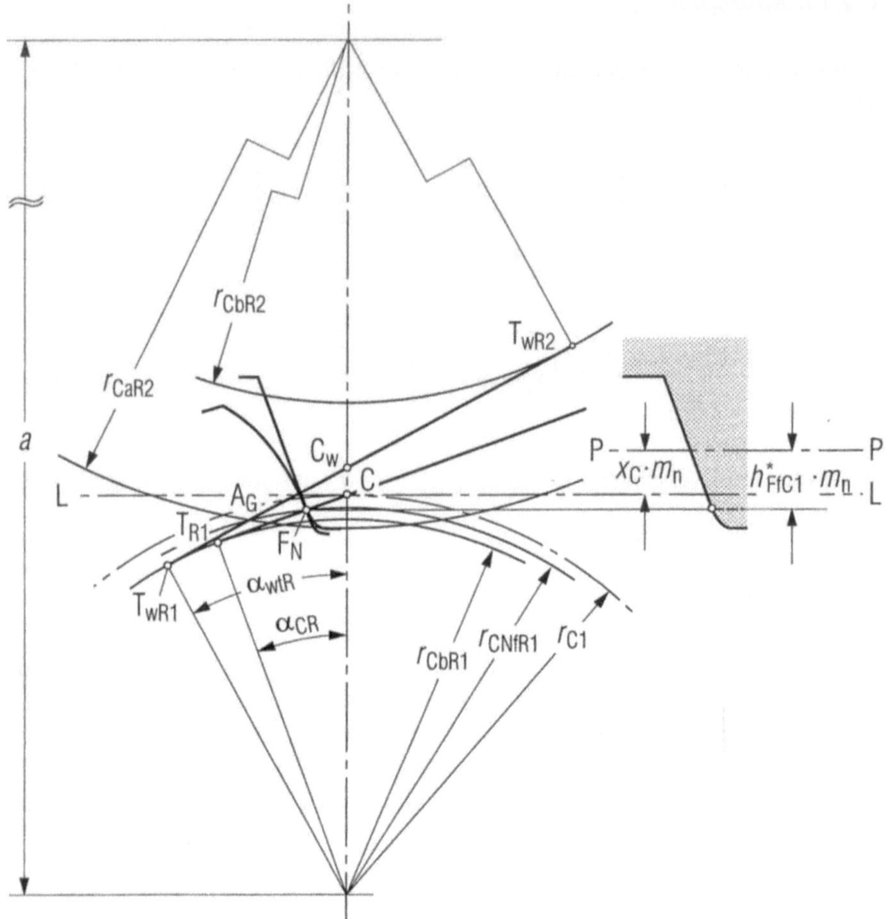

Bild 5.18. Konuszahnräder beim Eingriff der Rechtsflanken.

Aufgrund der Raderzeugung mit einem Zahnstangenwerkzeug entsteht ein Fußnutzkreishalbmesser r_{CNfR1}, der den Eingriff mit dem Gegenrad begrenzt.

$$k^* = \frac{r_{Ca2} - r_{CaG2}}{m_n}.$$

(5.55)

Für die Überprüfung des Zahnkopfkreishalbmessers am Konuszahnrad 1 werden die vorherigen Gleichungen (5.53) bis (5.55) nach Tauschen der Indizes 1 und 2 neu erzeugt sowie für den Eingriff mit Linksflanken die Gleichungen statt mit „R" mit dem Index „L" verwendet.

5.5.3 Eingriffsverhältnisse der Paarungen

5.5.3.1   Eingriffsstrecke und Eingriffsfeld

Die Eingriffsfläche bei der Konuszahnradpaarung mit parallelen Achsen wird durch die kegeligen Kopfmantelflächen der beiden Konuszahnräder und der Nutzzahnbreite begrenzt. Das Eingriffsfeld ist, ähnlich wie das der Keilschrägverzahnung, mit einem kegeligen Kopfmantel. Wie in **Bild 5.19** dargestellt wird, besteht die Grenzkurve des Eingriffsfeldes aus zwei Hyperbelbögen (Kegelschnitt des Kopfmantels mit der Eingriffsebene) und zwei wirksamen Stirnschnitten [5.6; 5.21]. Dabei wird vereinbart, daß sich die Rechtsflanken im Eingriff befinden. Da die Eingriffsfläche eine Ebene ist, kann man sehr leicht das Eingriffsfeld bestimmen. In **Bild 5.20** wird die räumliche Darstellung des *Bildes 5.18* in zwei Ansichten gezeigt. In der Ansicht des Stirnschnitts, oben im Bild, schneidet der Zahnkopfkreis im entsprechenden Stirnschnitt die Eingriffslinie jeweils im Punkt A_A, A_F, E_A und E_F. Mit der Nutzzahnbreite b_N kann die Lage dieser Schnittpunkte in der Eingriffsebene bestimmt werden, unten im Bild. Die Hyperbelbögen sind

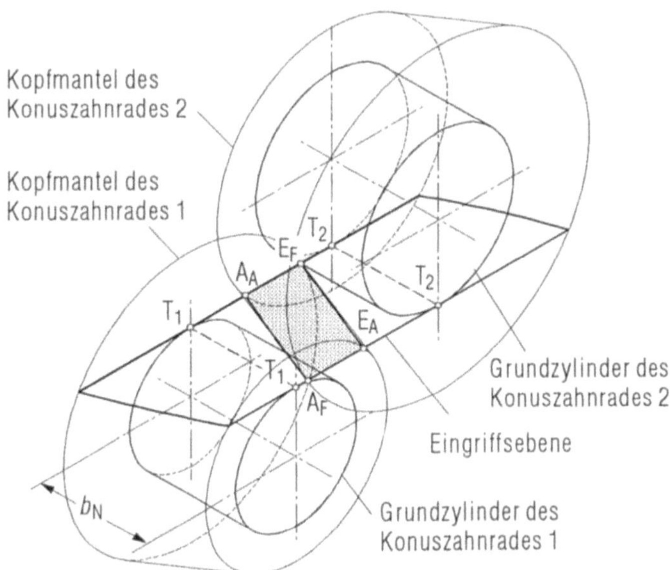

Bild 5.19. Eingriffsfeld zweier Konuszahnräder mit parallelen Achsen.

Die Grenzkurven des Eingriffsfeldes bestehen aus zwei Hyperbelbögen, da sie durch den Schnitt der Eingriffsebene und der kegeligen Kopfmäntel entstehen.

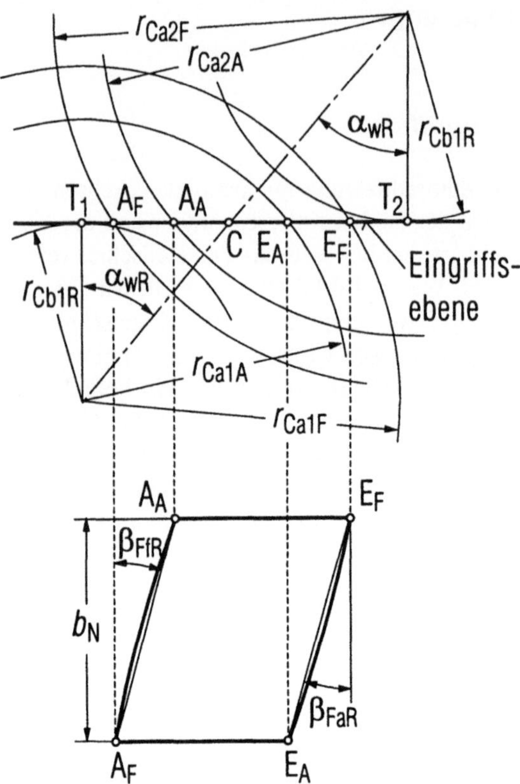

Bild 5.20. Der Eingriffsbereich zweier Konuszahnräder in der Ansicht auf die Stirnschnitt-ebene (oben) und in der Draufsicht (unten).

Der Eingriffsbeginn erfolgt an der vorderen Seite bei A_F, an der rückwärtigen bei A_A, das Eingriffsende an der vorderen bei E_A, an der rückwärtigen bei E_F. Mit den hyperbolischen Seitenkurven (Kegelschnitte) ergibt sich ein parallelogrammförmiges Eingriffsfeld mit den verschieden großen Neigungswinkeln β_{FfR} und β_{FaR} für die Begrenzung des Feldes.

durch die Verbindungslinien $A_A A_F$ und $E_A E_F$ annähernd zu ersetzen. Weil der Zahnkopfkreishalbmesser entlang der Zahnbreite veränderlich ist, wird das Eingriffsfeld nicht mehr ein Rechteck wie bei der Stirnradpaarung, sondern mit guter Näherung ein Parallelogramm.

Im allgemeinen sind der Neigungswinkel β_{Ff} der Verbindungslinien $A_A A_F$ und der Neigungswinkel β_{Fa} der Verbindungslinien $E_A E_F$ nicht gleich. Diese Neigungswinkel β_F lassen sich jeweils wie folgt bestimmen,

$$\tan\beta_{Ff} = \frac{\overline{A_F A_A}}{b_N} = \frac{\sqrt{r_{Ca2F}^2 - r_{Cb2}^2} - \sqrt{r_{Ca2A}^2 - r_{Cb2}^2}}{b_N}, \qquad (5.56a)$$

$$\tan \beta_{Fa} = \frac{\overline{E_F E_A}}{b_N} = \frac{\sqrt{r_{Ca1F}^2 - r_{Cb1}^2} - \sqrt{r_{Ca1A}^2 - r_{Cb1}^2}}{b_N}. \qquad (5.56b)$$

Zwischen den Zahnkopfkreishalbmessern ergibt sich die Beziehung

$$r_{Ca1,2F} - r_{Ca1,2A} = b_N \tan \theta. \qquad (5.57)$$

In der Regel unterscheiden sich die beiden Neigungswinkel β_{Ff} und β_{Fa} nicht wesentlich. Bei der groben Analyse der Eingriffsverhältnisse bzw. Berechnung der Überdeckung (siehe im nächsten Abschnitt) genügt es, *einen* gleichen Neigungswinkel β_F einzusetzen.

5.5.3.2 *Bestimmung der Überdeckung*

Die Konuszahnradpaarung mit parallelen Achsen kämmt in gewissem Sinn wie die schrägverzahnte Stirnradpaarung. Die Gesamtüberdeckung kann daher in Profil- und Sprungüberdeckung unterteilt werden. Bei Berücksichtigung des Eingriffsfeldes im Stirnschnitt ist gut zu erkennen, daß die Eingriffsstrecke entlang der Zahnbreite in radialer Richtung verschoben wird, *Bild 5.20*. Die übliche Definition der Sprungüberdeckung bei zylindrischen Zahnradpaarungen genügt daher für Konuszahnradpaarungen nicht. Es muß neben der Profil- sowie der üblichen Sprungüberdeckung noch eine andere Art der Überdeckung, eine zweite Sprungüberdeckung für die Gesamtüberdeckung hinzugefügt werden [5.20]. Um die Bedeutung dieser Teilüberdeckung zu erkennen, werden alle Eingriffsmöglichkeiten der Konuszahnradpaarung in einem Übersichtskatalog, **Bild 5.21**, zusammengefaßt.

Aus *Bild 5.21* ist zu erkennen, daß sich die gesamte Eingriffsstrecke $g_{\gamma t}$ in einem Stirnschnitt aus der Profileingriffsstrecke $g_{\alpha t}$ sowie aus *zwei* Sprüngen, g_β und g_ρ zusammensetzt. Den Sprung g_β erhält man wie bei der zylindrischen Zahnradpaarung aus

$$g_\beta = b_N \cdot \tan \beta_{Cb}. \qquad (5.58)$$

Der andere Sprung g_ρ ähnelt dem Sprung g_β und wird mit dem Neigungswinkel β_F des Eingriffsfeldes berechnet:

$$g_\rho = b_N \cdot \tan \beta_F \qquad (5.58a)$$

Der Neigungswinkel β_F in diesem Sinn ist von dem Konusschrägungswinkel β_{CB} nicht verschieden. Ähnlich wie der Sprung g_β infolge des Schrägungswinkels entlang der axialen Zahnbreite entsteht, entsteht der Sprung g_ρ aufgrund des konisch gestalteten Zahnkopfkörpers, als Änderung in der radialen Richtung. Daher wird der Sprung g_β , hier „axialer Sprung" und der Sprung g_ρ „radialer Sprung" genannt. Danach gibt es bei der Konuszahnradpaarung drei verschiedene Teilüberdeckungen: Die Profil-, die radiale und die axiale Sprungüberdeckung. Aus den Eingriffsmöglichkeiten in *Bild 5.21* ergibt sich die Gesamtüberdeckung wie folgt:

$$\textit{Zeile 1:}\ \varepsilon_\gamma = \varepsilon_{\alpha t} + \varepsilon_\beta + \varepsilon_\rho\ ; \tag{5.65a}$$

$$\textit{Zeile 2:}\ \varepsilon_\gamma = \varepsilon_{\alpha t} + \varepsilon_\rho\ ,\ \text{mit}\ \varepsilon_\beta = 0\ ; \tag{5.65b}$$

$$\textit{Zeile 3:}\ \varepsilon_\gamma = \varepsilon_{\alpha t} - \varepsilon_\beta + \varepsilon_\rho\ ; \tag{5.65c}$$

$$\textit{Zeile 4:}\ \varepsilon_\gamma = \varepsilon_{\alpha t}\ ,\ \text{mit}\ \varepsilon_\beta = -\varepsilon_\rho\ ; \tag{5.65d}$$

$$\textit{Zeile 5:}\ \varepsilon_\gamma = \varepsilon_{\alpha t} + \varepsilon_\beta - \varepsilon_\rho,\ \text{mit}\ |\,\varepsilon_\beta\,| > \varepsilon_\rho. \tag{5.65e}$$

Zusammenfassend können die fünf Möglichkeiten in einer Gleichung geschrieben werden:

$$\varepsilon_\gamma = \varepsilon_{\alpha t} + |\,\varepsilon_\beta + \varepsilon_\rho\,|\ . \tag{5.65}$$

Wie man aus der Änderung des Vorzeichens der axialen Sprungüberdeckung in *Bild 5.21* erkennt, wird die axiale Sprungüberdeckung ε_β in den Fällen von *Zeile 3* bis 5 negativ definiert. Diese Definition entspricht der Änderung der Flankenrichtung des Konuszahnrades bei Schrägverzahnung, wobei die „gleichsteigenden" Flanken (z.B. rechtssteigende Rechtsflanke) sich in die „ungleichsteigenden" Flanken (z.B. linkssteigende Rechtsflanke) mit einem zunehmenden Schrägungswinkel β_P (z.B. linkssteigend schrägverzahnt) der Bezugsstange ändern. Die absolute Summe der axialen und der radialen Sprungüberdeckung wird die „wirksame Sprungüberdeckung" genannt. Die wirksame Sprungüberdeckung ist trotz der negativen axialen Sprungüberdeckung immer positiv. Sie hängt von dem Schrägungswinkel β_P und dem Konuswinkel θ ab.

Die Berechnung der Teilüberdeckungen muß in einem Stirnschnitt erfolgen. Man kann z.B. im Stirnschnitt mit dem größten Zahnkopfkreis des Ritzels 1 und dem kleinsten Zahnkopfkreis des Rades 2 rechnen. Die Profilüberdeckung ist dann

$$\varepsilon_{\alpha t L,R} = \frac{\overline{A_F E_A}}{p_e}$$

$$= \frac{\left[\sqrt{r^2_{Ca1AL,R} - r^2_{Cb1L,R}} + \sqrt{r^2_{Ca2FL,R} - r^2_{Cb2L,R}} - \left(r_{Cb2L,R} + r_{Cb1L,R}\right)\cdot \tan\alpha_{wL,R}\right]}{\pi \cdot m_t \cdot \cos\alpha_{CL,R}} \tag{5.59}$$

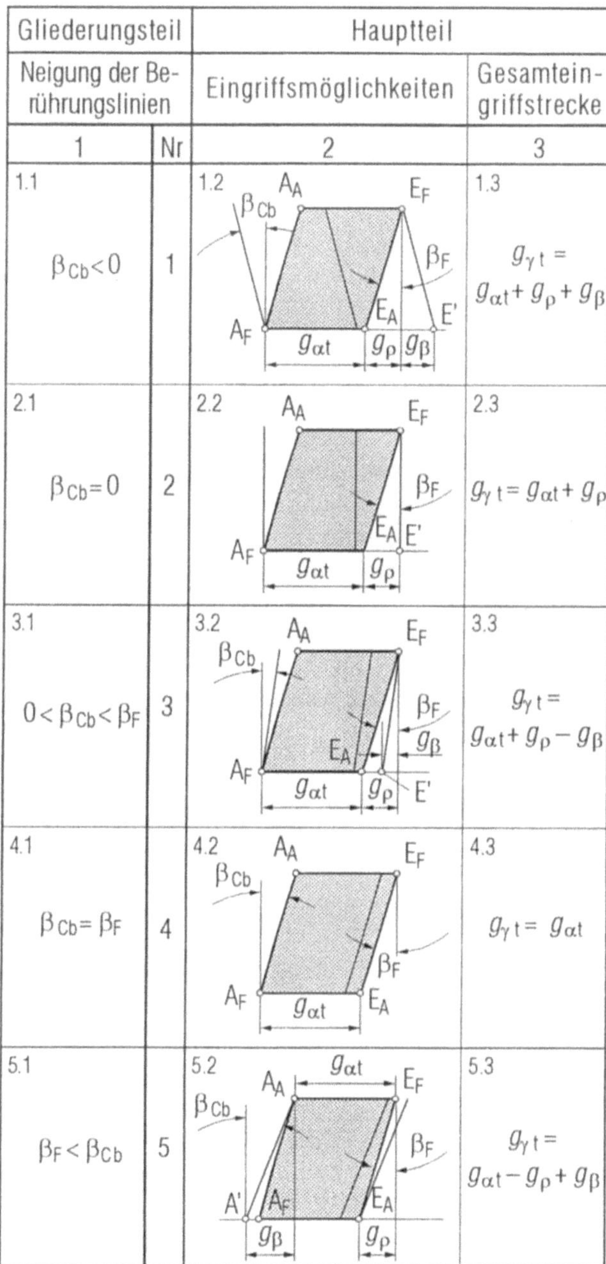

Bild 5.21. Katalog der möglichen Formen des Eingriffsfeldes und die sich daraus ergebende Eingriffsstrecke bei Konuszahnradpaarungen mit parallelen Achsen.

Die Eingriffsstrecke setzt sich in der Regel aus drei Anteilen zusammen, nämlich der Profileingriffsstrecke $g_{\alpha t}$ im Stirnschnitt auf der inneren und äußeren Radseite (*Zeilen 1–5*), dem axialen Sprung g_β (*Zeilen 1, 3, 5*) und dem radialen Sprung g_ρ (*Zeilen 1–3, 5*). Das Eingriffsfeld ist auch bei Geradverzahnungen (*Zeile 2*) parallelogrammförmig.

und die radiale Sprungüberdeckung

$$\varepsilon_{\rho L,R} = \frac{\overline{E_A E_F}}{p_{et}} = \frac{\sqrt{r_{Ca1FL,R}^2 - r_{Cb1L,R}^2} - \sqrt{r_{Ca1AL,R}^2 - r_{Cb1L,R}^2}}{\pi \cdot m_t \cdot \cos\alpha_{CL,R}} \qquad (5.60)$$

Die axiale Sprungüberdeckung ist vorzeichenabhängig, und zwar

$$\varepsilon_{\beta L,R} = \pm\left|\frac{b_N \tan\beta_{CbL,R}}{\pi \cdot m_t \cdot \cos\alpha_{CL,R}}\right| = \pm\left|\frac{b_N \tan\beta_{CL,R} \cos\beta_P}{\pi \cdot m_n}\right|, \qquad (5.61)$$

mit dem Plus-Vorzeichen für den Eingriff mit „gleichsteigenden" Flanken und mit dem Minus-Vorzeichen für den Eingriff mit „ungleichsteigenden" Flanken. Auf gleiche Weise kann auch die Profil- und die radiale Überdeckung im anderen Stirnschnitt berechnet werden (die axiale Überdeckung bleibt unverändert).

Da die Gesamtüberdeckung immer konstant ist, ist die Summe der Profil- und der radialen Überdeckung in den *Zeilen 1 bis 4* in *Bild 5.21* bzw. ihre Differenz in *Zeile 5* auch konstant. Man kann dies auch ohne weiteres in *Bild 5.20* bzw. *Bild 5.21* aus den geometrischen Zusammenhängen erkennen. Daher kann die Berechnung der Gesamtüberdeckung erleichtert werden, wenn die Profil- und die radiale Überdeckung zusammen berechnet werden.

Für die Fälle in *Zeile 1* bis *4* in *Bild 5.21* ist die Summe der Profil- und der radialen Sprungüberdeckung

$$\varepsilon_{\alpha t} + \varepsilon_\rho = \frac{\overline{A_F E_F}}{p_e}$$

$$= \frac{\left[\sqrt{r_{Ca2FL,R}^2 - r_{Cb2L,R}^2} + \sqrt{r_{Ca1FL,R}^2 - r_{Cb1L,R}^2} - \left(r_{Cb2L,R} + r_{Cb1L,R}\right)\cdot\tan\alpha_{wL,R}\right]}{\pi \cdot m_t \cdot \cos\alpha_{CL,R}}.$$

$$(5.62)$$

Für den Fall in *Zeile 5* ist die Differenz der Profil- und der radialen Sprungüberdeckung wichtig

$$\varepsilon_{\alpha t} - \varepsilon_\rho = \frac{\overline{A_A E_A}}{p_e}$$

$$= \frac{\left[\sqrt{r_{Ca2AL,R}^2 - r_{Cb2L,R}^2} + \sqrt{r_{Ca1AL,R}^2 - r_{Cb1L,R}^2} - \left(r_{Cb2L,R} + r_{Cb1L,R}\right)\cdot\tan\alpha_{wL,R}\right]}{\pi \cdot m_t \cdot \cos\alpha_{CL,R}}.$$

$$(5.63)$$

Die Gesamtüberdeckung ist danach

$$\varepsilon_\gamma = \left(\varepsilon_{\alpha t} + \varepsilon_\rho\right) \mp \varepsilon_\beta \qquad (5.64)$$

wobei das Minus-Vorzeichen in Gl. (5.64) für die Fälle in den *Zeilen 2 bis 4* und das Plus-Vorzeichen für die Fälle in den *Zeilen 1* und *5* gilt.

Wie bei der Konischen Verzahnung erhält man bei der Konus-Schrägverzahnung unterschiedliche Gesamtüberdeckungen für Links- und Rechtsflanken im Eingriff. Im allgemeinen treten bei der Schrägverzahnung der leise Lauf und die größere Überdeckung nur in *einem* Drehrichtungssinn auf, und zwar in dem, bei welchem die Flanken „ungleichsteigend" sind, d.h. entweder kommen die linkssteigenden Rechtsflanken oder die rechtssteigenden Linksflanken in Eingriff.

Beispiel:
Sowohl der Achsabstand als auch die Überdeckung einer Zahnradpaarung mit Konuszahnrädern für parallele Achsen sind zur Einstellung der Flankenspiele zu berechnen. Die Zähnezahl des kleineren Konuszahnrades ist gleich 24, des größeren 36. Das Bezugsprofil ist nach DIN 867 [5.5] festgelegt. Der Konuswinkel θ soll gleich $10°$ und der Normalmodul $m_n = 2$ mm sein. Der Schrägungswinkel β_P an der Bezugszahnstange soll gleich $10°$ sein, und zwar rechtssteigend für das Ritzel und linkssteigend für das Rad. Die Summe der Profilverschiebungsfaktoren ist mit 0,5 vorgegeben.

1. Bestimmung des Achsabstandes
Die notwendigen Winkel für die Konusverzahnung sind zunächst wie folgt zu bestimmen: Die Stirnprofilwinkel $\alpha_{CL1,2}$, $\alpha_{CR1,2}$ lassen sich nach Gln. (5.39a ; 5.39b) berechnen.

$$\alpha_{CR1} = \alpha_{CR2} = \arctan\left(\frac{\tan 20°}{\cos 10°}\cos 10° + \tan 10° \sin 10°\right) = 21,534°$$

$$\alpha_{CR1} = \alpha_{CR2} = \arctan\left(\frac{\tan 20°}{\cos 10°}\cos 10° - \tan 10° \sin 10°\right) = 18,436°$$

und der Schrägungswinkel $\beta_{CL1,2}$, $\beta_{CR1,2}$ nach Gl. (5.40a ; 5.40b)

$$\beta_{CL1} = -\beta_{CL2} = \arctan\left(-\frac{\tan 20°}{\cos 10°}\sin 10° + \tan 10° \cos 10°\right) = 6,247°$$

$$\beta_{CR1} = -\beta_{CR2} = \arctan\left(\frac{\tan 20°}{\cos 10°}\sin 10° + \tan 10° \cos 10°\right) = 13,378°$$

Aus Gl. (5.45) für spielarmen Eingriff ergibt sich

$$\operatorname{inv}\alpha_{wL} + \operatorname{inv}\alpha_{wR} = \frac{4 \cdot 0{,}5 \cdot \tan 20° \cdot \cos 10°}{24 + 36} + \operatorname{inv}21{,}534° + \operatorname{inv}18{,}436° = 0{,}04229 .$$

Für den unbekannten Betriebseingriffswinkel gelten folgende Beziehungen, Gln. (5.46 ; 5.47),

$$\cos\alpha_{wL} = \frac{(24 + 36) \cdot 2}{2 \cdot a \cdot \cos 10°} \cdot \cos 21{,}534° = \frac{56{,}673}{a}$$

$$\cos\alpha_{wR} = \frac{(24 + 36) \cdot 2}{2 \cdot a \cdot \cos 10°} \cdot \cos 18{,}436° = \frac{57{,}799}{a} .$$

Der Achsabstand kann iterativ gefunden werden. Die Lösung ist $a = 61{,}873$,

$$\alpha_{wL} = \arccos\left(\frac{56{,}673}{61{,}873}\right) = 23{,}658°$$

$$\alpha_{wR} = \arccos\left(\frac{57{,}799}{61{,}873}\right) = 20{,}908° .$$

2. Bestimmung der Zahnbreite

Die maximale Zahnbreite des Konusritzels ist aufgrund der geometrischen Grenzen zu berechnen. Hier können die Werte direkt aus dem Diagramm in *Bild 5.13, Blatt 2* entnommen werden. Der Profilverschiebungsfaktor an der Unterschnittgrenze ist gleich

$$x_{CU1} = -0{,}2 \quad \text{bzw.} \quad x_{CU2} = -0{,}8$$

und an der Spitzengrenze

$$x_{CSp1} = 1{,}1 \quad \text{bzw.} \quad x_{CSp2} = 1{,}5 .$$

Die maximale Zahnbreite b_{max} ist

$$b_{max} = \frac{(1{,}1 + 0{,}2) \cdot 2}{\tan 10°} = 14{,}745 .$$

Der Gültigkeitsbereich der Profilverschiebung für das größere Konusrad bei der maximal eingreifenden Zahnbreite ist dann

$$-0{,}8 \leq x_{Ci2} \leq 0{,}5 - 1{,}1 = -0{,}6$$

$$0{,}5 + 0{,}2 = 0{,}7 \leq x_{Ca2} \leq 1{,}5.$$

3. Bestimmung der Überdeckung

Die Überdeckung der Konusradpaarung ist im allgemeinen mit der Gleichung zu berechnen

$$\varepsilon_\gamma = \varepsilon_{\alpha t} + |\,\varepsilon_\beta + \varepsilon_\rho\,|. \tag{5.65}$$

Diese Konuszahnradpaarung hat sogenannte „gleichsteigende" Flanken, d.h. die Rechtsflanken werden rechtssteigend schrägverzahnt und die Linksflanken linkssteigend. Daher wird die axiale Sprungüberdeckung ε_β positiv definiert. Die wirksame Sprungüberdeckung ist dann gleich der Summe der axialen und radialen Sprungüberdeckung

$$\varepsilon_{\rho\beta} = |\varepsilon_\rho + \varepsilon_\beta| = \varepsilon_\rho + |\varepsilon_\beta|. \tag{5.66}$$

Die Berechnung der Überdeckung erfolgt hier im Stirnschnitt an der Innenseite des Konusritzels.

Die Summe der Profilüberdeckung und der radialen Überdeckung ist nach Gl. (5.62) zu berechnen

$$\varepsilon_{\alpha t L,R} + \varepsilon_{\rho L,R} =$$

$$= \frac{\left[\sqrt{r^2_{CaF1L,R} - r^2_{Cb1L,R}} + \sqrt{r^2_{CaF2L,R} - r^2_{Cb2L,R}} - \left(r_{Cb2L,R} + r_{Cb1L,R}\right) \cdot \tan\alpha_{wL,R} \right]}{\pi \cdot m_t \cdot \cos\alpha_{CL,R}} \tag{5.62}$$

mit

$$r_{CaF} = \frac{m_n}{2} \cdot \left(\frac{z}{\cos\beta_P} + 2 \cdot x_C + 2 \cdot h^*_C \right) \tag{5.67}$$

$$r_{CbL,R} = \frac{m_n \cdot z \cdot \cos\alpha_{CL,R}}{2 \cdot \cos\beta_P} \tag{5.68}$$

Für das Konusritzel

$$r_{CaF1} = \frac{2}{2} \cdot \left(\frac{24}{\cos 10°} + 2 \cdot 1,1 + 2 \cdot \frac{1}{\cos 10°} \right) = 28,601,$$

$$r_{CbL} = \frac{2 \cdot 24 \cdot \cos 21,534°}{2 \cdot \cos 10°} = 22,669$$

sowie

$$r_{CbR} = \frac{2 \cdot 24 \cdot \cos 18,436°}{2 \cdot \cos 10°} = 23,119.$$

Für das Konusrad

$$r_{CaF2} = \frac{2}{2} \cdot \left(\frac{36}{\cos 10°} + 2 \cdot 0,7 + 2 \cdot \frac{1}{\cos 10°} \right) = 39,986,$$

$$r_{CbL} = \frac{2 \cdot 36 \cdot \cos 21,534°}{2 \cdot \cos 10°} = 34,004$$

sowie

$$r_{CbR} = \frac{2 \cdot 36 \cdot \cos 18,436°}{2 \cdot \cos 10°} = 34,679.$$

$$\varepsilon_{\alpha tL} + \varepsilon_{\rho L} =$$

$$\frac{\sqrt{39,986^2 - 34,004^2} + \sqrt{28,601^2 - 22,669^2} - (34,004 + 22,669) \cdot \tan 23,658°}{\pi \cdot 2 \cdot \cos 21,534° / \cos 10°} = 2,30$$

$$\varepsilon_{\alpha tR} + \varepsilon_{\rho R} =$$

$$\frac{\sqrt{39,986^2 - 34,679^2} + \sqrt{28,601^2 - 23,119^2} - (34,679 + 23,119) \cdot \tan 20,908°}{\pi \cdot 2 \cdot \cos 18,436° / \cos 10°} = 2,423$$

Die axiale Sprungüberdeckung wird nach Gl. (5.61) berechnet.

$$\varepsilon_{\beta L,R} = \frac{b_N \tan \beta_{CbL,R}}{\pi \cdot m_t \cdot \cos \alpha_{CL,R}} = \mp \frac{b_N \tan \beta_{CL,R} \cos \beta_P}{\pi \cdot m_n}$$

$$\varepsilon_{\beta L} = \frac{b_N \tan \beta_{CbL,R}}{\pi \cdot m_t \cdot \cos \alpha_{CL,R}} = \frac{14,745 \cdot \tan 6,247° \cos 10°}{\pi \cdot 2} = 0,253$$

$$\varepsilon_{\beta R} = \frac{b_N \tan\beta_{CbL,R}}{\pi \cdot m_t \cdot \cos\alpha_{CL,R}} = \frac{14{,}745 \cdot \tan 13{,}378° \cos 10°}{\pi \cdot 2} = 0{,}550$$

Die Gesamtüberdeckung ist dann

$$\varepsilon_\gamma = 2{,}300 + 0{,}253 = 2{,}553 \quad \text{(links)}$$

$$\varepsilon_\gamma = 2{,}423 + 0{,}550 = 2{,}973 \quad \text{(rechts)}.$$

5.5.3.3   *Einflüsse der Schrägungswinkel an der Bezugszahnstange*

In **Bild 5.22** wird der Einfluß des Schrägungswinkels β_P an der Bezugszahnstange auf die Eingriffsfelder und den Verlauf der Berührungslinien dargestellt, [5.21]. Der Schrägungswinkel nimmt in den fünf Phasen zu: In *Spalte 1* ist er gleich null, also liegt Geradverzahnung vor; in *Spalte 2* wird der Schrägungswinkel β_C an den Linksflanken mit dem Schrägungswinkel β_P von β_{Gerad} gleich null. Dieser Grenzwert wird berechnet mit

$$\sin\beta_{Gerad} = \tan\alpha_P \cdot \tan\theta. \tag{5.69}$$

Mit einem noch größeren Schrägungswinkel β_P sind die Links- und Rechtsflankenlinien gleich gerichtet, *Spalte 3 bis 5*. Ist der Schrägungswinkel β_P etwa gleich doppelt so groß wie der Konuswinkel, dann wird der Grundschrägungswinkel β_{CbR} fast gleich dem Neigungswinkel des Eingriffsfeldes β_F, *Spalte 4*. Dabei ergibt sich keine Sprungüberdeckung. Dieser Schrägungswinkel $\beta_{\varepsilon\rho} = 0°$ muß noch genau anhand des Eingriffsfeldes nachgerechnet werden. Mit einem größeren Schrägungswinkel β_P als $\beta_{\varepsilon\rho} = 0°$ wechselt der Eingriffsanfang bzw. das Eingriffsende (A bzw. E) auf die andere Seite, *Spalte 5*.

5.6 Auslegung der Konuszahnradpaarungen mit zwei Konuszahnrädern für nicht parallele Achsen

5.6.1 Bestimmung der Einbaugrößen

Die Bestimmung der Einbaugrößen für Paarungen mit zwei Konuszahnrädern muß neben beiden gepaarten Konuszahnrädern auch die Planverzahnung berücksichtigen. Wie in **Bild 5.23** gezeigt, kämmen zwei Konuszahnräder gleichzeitig mit

Schrägungs-winkel β_P / Gliederung		$\beta_P = 0°$	$\beta_P = \beta_{Gerad}$ $(\sin\beta_{Gerad} = \tan\alpha_P \cdot \tan\theta)$	$\beta_{Gerad} < \beta_P < \beta_{\varepsilon_\rho=0}$	$\beta_P = \beta_{\varepsilon_\rho=0}$	$\beta_{\varepsilon_\rho=0} < \beta_P$
0	Nr	1	2	3	4	5
0.1 Eingriffsfelder und Berührungslinien	1	1.1	1.2	1.3	1.4	1.5
2.0 Bestimmung der Überdeckung	2	2.1 Rechtsfanken: Nr. 3 *) Linksflanken: Nr. 3 gleiche Überdeckung an Links- und Rechtsflanken;	2.2 Rechtsfanken: Nr. 3 Linksflanken: Nr. 2 größere Überdeckung an Linksflanken	2.3 Rechtsfanken: Nr. 3 Linksflanken: Nr. 1 größere Überdeckung an Linksflanken	2.4 Rechtsfanken: Nr. 4 Linksflanken: Nr. 1 größere Überdeckung an Linksflanken	2.5 Rechtsfanken: Nr. 5 Linksflanken: Nr. 1 größere Überdeckung an Linksflanken
3.0 Merkmale	3	3.1 symmetrischer Verlauf der Berührungslinien;	3.2 Schrägungswinkel β_{CL} an Linksflanken gleich null;	3.3 gleichgerichtete Steigung der Flankenlinien;	3.4 keine Sprungüberdeckung an Rechtsflanken	3.5 Radseitenwechsel des Eingriffsbeginns und -endes
4.0 Richtungssinn d. Axialkraft	4	4.1 bei Drehrichtungsumkehr ungeändert	4.2 beim Eingriff an Linksflanken keine Axialkraft	4.3 bei Drehrichtungsumkehr auch geändert	4.4 bei Drehrichtungsumkehr auch geändert	4.5 bei Drehrichtungsumkehr auch geändert

* Die Nummer für die Bestimmung der Überdeckung entspricht der Zeilenummer in Bild 5.21.

Bild 5.22. Einfluß des Schrägungswinkels β_P der Bezugszahnstange auf das Eingriffsfeld und die relative Lage der Berührungslinien.

Für das Eingriffsverhalten ist entscheidend, ob die Berührungslinien abweichend oder parallel zur Eingriffsfeldbegrenzung gerichtet sind. Bei paralleler Richtung (*Spalte 4 rechts*) erfolgt Eingriffsbeginn und -ende auf der ganzen Flanke gleichzeitig, wie bei gerader Stirnradverzahnung, in allen anderen Fällen jedoch allmählich, wie bei schräger Stirnradverzahnung.

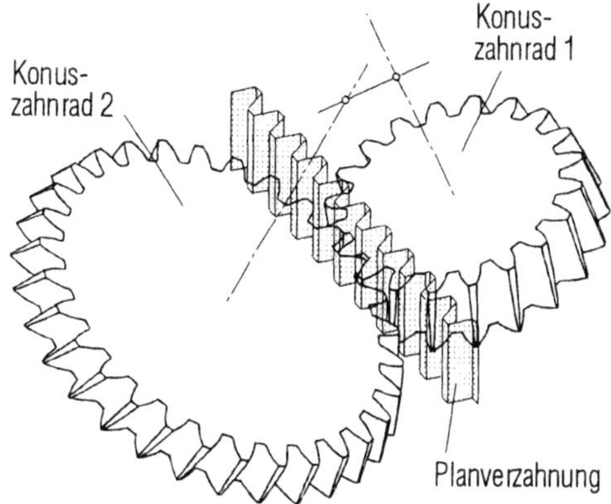

Bild 5.23. Konuszahnrad-Paarung mit Planverzahnung.

Die Konuszahnräder können gleichzeitig miteinander und mit einer Planverzahnung, die jede der beiden Konusverzahnungen auch erzeugen könnte, gepaart werden.

einer Planverzahnung. Diese Planverzahnung erzeugt nicht nur das Konuszahnrad 1, sondern auch das Konuszahnrad 2 wie bei den Stirnradschraubgetrieben, [5.14]. Wenn die gegenüberliegende Lage der Planverzahnung und der Achsen der beiden Räder schon festliegt, werden die Einbaugrößen auch festgelegt.

Die wichtigsten Einbaugrößen sind der Achswinkel Σ, die Achsversetzung a und die Einbauabstände D_1 und D_2. **Bild 5.24** zeigt die Definition dieser vier Größen. Die gleichen Konuszahnräder sind für Paarungen geeignet, bei denen die Kegelspitzen ihrer Radkörper entweder im gleichen Richtungssinn, *Teilbild 1*, oder im entgegengesetzten Richtungssinn, *Teilbild 2*, zeigen.

Die Herleitung der Einbaugrößen ist etwas aufwendig und wird hier nicht dargestellt. Die Ergebnisse werden aus [5.20; 5.9] entnommen:

Für den Achswinkel Σ gilt

$$\cos \Sigma = q \cos \theta_1 \cos \theta_2 \cos\left(\beta_{P1} + \beta_{P2}\right) - \sin \theta_1 \sin \theta_2, \qquad (5.70a)$$

oder

$$\Sigma = \arccos\left[q \cos \theta_1 \cos \theta_2 \cos\left(\beta_{P1} + \beta_{P2}\right) - \sin \theta_1 \sin \theta_2\right], \qquad (5.70b)$$

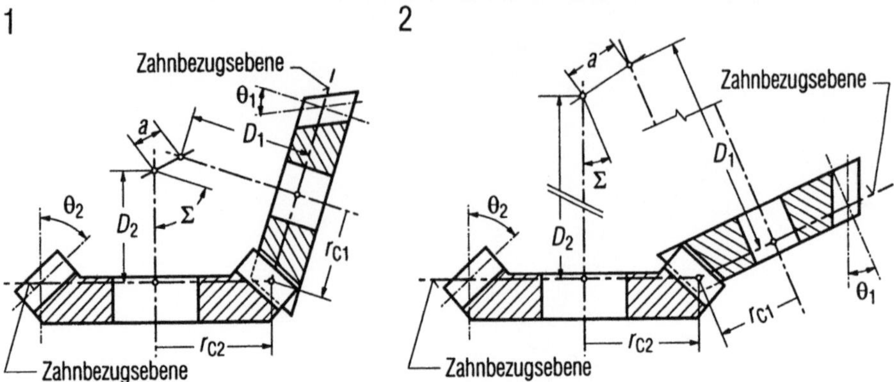

Bild 5.24. Definition einzelner Verzahnungsgrößen.

Die gleichen Konusverzahnungen (allerdings nur solche, die für diesen Zweck ausgelegt wurden) können so gepaart werden, daß die Kegelspitzen ihrer Radkörper in gleiche oder entgegengesetzte Richtungssinne zeigen.

Teilbild 1: Konusspitzen in gleichem Richtungssinn,
Teilbild 2: Konusspitzen in entgegengesetztem Richtungssinn zeigend.

für die Achsversetzung a

$$a = q \frac{\left(r_{C1}\cos\theta_2 + r_{C2}\cos\theta_1\right)\cdot\sin\left(\beta_{P1}+\beta_{P2}\right)}{\sin\Sigma}, \qquad (5.71)$$

für die Einbauabstände

$$D_1 = \frac{r_{C1}\cos\Sigma + qr_{C2}\cos\left(\beta_{P1}+\beta_{P2}\right) - q\dfrac{a\sin(\beta_{P1}+\beta_{P2})\cos\theta_2}{\tan\Sigma}}{q\sin\theta_1\cos\theta_2\cos(\beta_{P1}+\beta_{P2}) + \cos\theta_1\sin\theta_2}, \qquad (5.72a)$$

und

$$D_2 = \frac{qr_{C1}\cos(\beta_{P1}+\beta_{P2}) + r_{C2}\cos\Sigma - q\dfrac{a\sin(\beta_{P1}+\beta_{P2})\cos\theta_1}{\tan\Sigma}}{q\cos\theta_1\sin\theta_2\cos(\beta_{P1}+\beta_{P2}) + \sin\theta_1\cos\theta_2}, \qquad (5.72b)$$

wobei die Vorzeichenvariable q gleich $(+1)$ für die im gleichen Richtungssinn gerichteten Kegelspitzen der Zahnradkörper gilt und gleich (-1) für die entgegengesetzt gerichteten Kegelspitzen.

Es gibt vier Gleichungen (5.70) bis (5.72) für elf Unbekannte m_n, z_1, z_2, Σ, a, D_1, D_2, θ_1, θ_2, β_{P1} sowie β_{P2}, das bedeutet, es können sieben davon willkürlich festgelegt werden. In der Praxis ist es meistens das Zähnezahlverhältnis u, der Achswinkel Σ, die Achsversetzung a, und sogar der Modul m_n kann schon vorgesehen sein. Daher können nur *drei* Unbekannte, beispielsweise z_1, θ_1, β_{P1} gewählt werden. Für diesen Zusammenhang lassen sich z.B. der Schrägungswinkel β_{P2} und der Konuswinkel θ_2 aus den Gln. (5.70) und (5.71) ermitteln. Die Einbauabstände D_1 und D_2 ergeben sich danach aus den Gln. (5.72a) und Gl. (5.72b). Dieses Berechnungsverfahren erfordert die Anwendung einer numerischen Methode.

5.6.2 Lage der Berührungspunkte

Im allgemeinen liegt Punktberührung bei der Paarung mit zwei Konuszahnrädern vor. Linienberührung ergibt sich nur bei parallelen Achsen, siehe *Abschnitt 5.5*, und gegebenenfalls auch bei gekreuzten Achsen unter bestimmten Bedingungen, siehe *Abschnitte 5.6.4* und *5.7.3*. In diesem Abschnitt wird nur die Berührungslage für Punktberührung behandelt. Die anderen zwei Fälle werden bzw. wurden in den entsprechenden Abschnitten erklärt.

5.6.2.1   *Bestimmung der Lage der Berührungspunkte*

Kämmen zwei Konuszahnräder mit einer gleichmäßigen Übersetzung bei nicht parallelen Achsen korrekt, müssen die Berührnormalen (auch die Eingriffslinie aufgrund der Evolventenverzahnung) gleichzeitig die Erzeugungs-Momentanachse der beiden Konuszahnräder schneiden. Diese Bedingung kann in **Bild 5.25** deutlich erkannt werden. Wie bei dem Stirnrad-Schraubgetriebe [5.14] ist die Eingriffslinie bei der Konuszahnradpaarung die Schnittlinie der beiden Erzeugungs-Eingriffsebenen. Diese Eingriffslinie geht genau durch den Schnittpunkt C der beiden Erzeugungs-Momentanachsen. Beim richtigen Einbau nach den Gln. (5.70) bis (5.72) liegt dieser Punkt C in der jeweiligen Zahnbezugsebene und die Eingriffslinie in dem entsprechenden Normalschnitt.

5.6.2.2   *Änderung der Lage der Berührungspunkte infolge der Änderung der Einbauabstände*

Die Einbauabstände D_1 und D_2 sind so ausgelegt, daß der Schnittpunkt C der beiden Erzeugungs-Momentanachsen gleichzeitig in den Zahnbezugsebenen der beiden Konuszahnräder liegt. Diese „Standard-Lage" entspricht der nicht profilverschobenen Stirnradpaarung. Aufgrund der gemeinsamen Planverzahnung müssen jedoch die beiden Einbauabstände D_1 und D_2 nicht wie bei der Kegelradverzahnung sehr genau eingehalten werden. Jedes Konuszahnrad kann sich entlang der Flankenrichtung der Planverzahnung frei bewegen, ohne daß die momentane

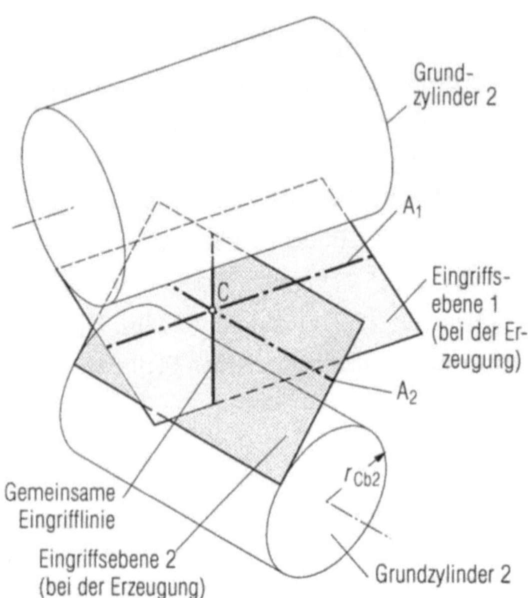

Bild 5.25. Eingriffsebene und Eingriffslinie von Konuszahnrädern mit gekreuzten Achsen.
Die Schnittlinie der beiden Erzeugungs-Eingriffsebenen ist die Eingriffslinie. Die Eingriffslinie geht durch den Schnittpunkt C der beiden Erzeugungs-Momentanachsen.

Übersetzung ungleichmäßig geändert würde oder Zahnspiele auftreten würden. Die Berührungslage an den Zahnflanken wird jedoch entsprechend geändert.

In **Bild 5.26** sind zwei Konuszahnräder für sich schneidende Achsen dargestellt. Im *Teilbild 1* werden die Konuszahnräder nach den vorgeschriebenen Abständen eingebaut. Verschiebt man das Konuszahnrad 2 in die Richtung der Profilbezugsebene, *Teilbild 2*, wird die Momentanachse des Konuszahnrades 2 bei der Erzeugung auch entsprechend verschoben. Die Folge ist, daß der Schnittpunkt der beiden Momentanachsen auch verlegt wird. Aus der Skizze ist sehr gut zu erkennen, daß dieser Schnittpunkt beim Konuszahnrad 1 in einem Stirnschnitt verschoben ist, der gegenüber der Zahnbezugsebene um einen bestimmten Betrag näher zur Innenseite liegt, dort eine negative Profilverschiebung x_{C1} hat, während der entsprechende Stirnschnitt beim Konuszahnrad 2 zur Außenseite verschoben wird mit positiver Profilverschiebung. Diese Änderung entspricht auch der bei dem V-Null-Getriebe.

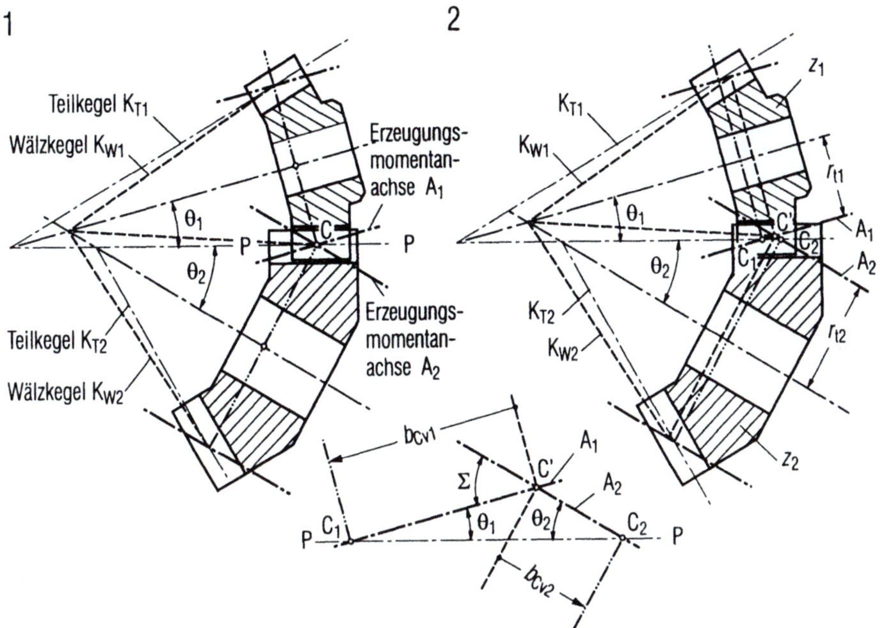

Bild 5.26. Verschiebung von gepaarten Konuszahnrädern in Richtung der Profilbezugsebene.

Die Wälzachsen verschieben sich mit. Es tritt ein ähnlicher Effekt ein, als ob man bei einer V-Null-Stirnradpaarung die Profilverschiebungen an jedem Rad entsprechend ändert. Im Beispiel (*Teilbild 2*) findet der Eingriff der Paarung im Bereich negativer Profilverschiebung des Konuszahnrades 2 und im Bereich positiver Profilverschiebung des Konuszahnrades 1 statt, während der Eingriff bei der Paarung in *Teilbild 1* im Bereich von Null-Profilverschiebung der beiden Konuszahnräder stattfindet.

5.6.3 Bestimmung der Überdeckung (Punktberührung)

Im Fall der Punktberührung ergibt sich nur *eine* Eingriffslinie bei der Konuszahnradpaarung. Daher kann die Überdeckung mit der Profilüberdeckung im Normalschnitt $\varepsilon_{\alpha n}$ berechnet werden. In **Bild 5.27** sind der Zahnkopfkegel eines gepaarten Konuszahnrades mit der Erzeugungs-Eingriffsebene sowie die gemeinsame Eingriffslinie dargestellt. Die den Grundzylinder tangierende Eingriffsebene schneidet den Kopfkegel, dessen Kegelwinkel gleich $2 \cdot \theta$ ist, in einem Hyperbelbogen. Die Gleichung der Schnittkurve folgt aus dem Ansatz der allgemeinen Hyperbelgleichung, [5.6]:

$$\frac{x^2}{a_x^2} - \frac{y^2}{a_y^2} = 1,\qquad\qquad(5.73)$$

mit $\qquad\qquad a_x = r_{Cb1},\qquad\qquad a_y = r_{Cb1} \cdot \cot\theta.$

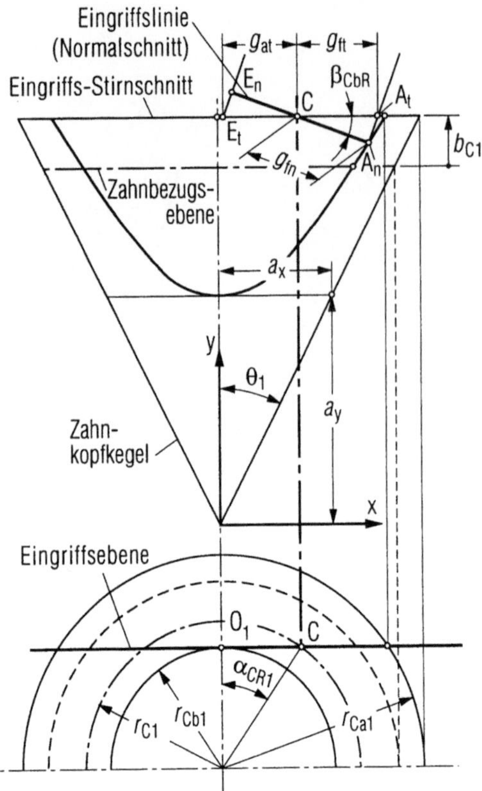

Bild 5.27. Schnitt des Zahnkopfkegels mit der Erzeugungs-Eingriffsebene.

Verlauf der Eingriffslinie, Berechnung der Gesamtüberdeckung ε_γ.

Die Eingriffslinie geht durch den Punkt C, der im Stirnschnitt mit dem Abstand b_{C1} von der Zahnbezugsebene entfernt liegt, vergleiche *Bild 5.20* und *Bild 5.27*. Daher ist:

$$x_A = \overline{T_1C} + g_{fn} \cdot \cos\beta_{CbR1} = r_{C1} \cdot \sin\alpha_{CR1} + g_{fn} \cdot \cos\beta_{CbR1}, \quad (5.74a)$$

$$y_A = \left(r_{C1} + h^*_{aC1} \cdot m_n\right) \cdot \cot\theta + b_{C1} - g_{fn} \cdot \sin\beta_{CbR1}. \quad (5.74b)$$

Mit Einsetzen von Gln. (5.74a; 5.74b) in Gl. (5.73) wird

$$\left[\tan\alpha_{CR1} + \frac{g_{fn} \cdot \cos\beta_{CbR1}}{r_{C1} \cdot \cos\alpha_{CR1}}\right]^2 - \left[\frac{\left(r_{C1} + h^*_{aC1} \cdot m_n\right) + \left(b_{C1} - g_{fn} \cdot \sin\beta_{CbR1}\right) \cdot \tan\theta}{r_{Cb1}}\right]^2 = 1$$

mit der Entwicklung nach g_{fn}

$$A_0 \cdot g_{\mathrm{fn}}^2 + 2 \cdot A_1 \cdot g_{\mathrm{fn}} + A_2 = 0\,, \tag{5.75}$$

mit

$$A_0 = \left(1 + \tan^2 \alpha_{\mathrm{C1,2L,R}}\right) \cdot \cos^2 \alpha_{\mathrm{P}} \cdot \cos^2 \beta_{\mathrm{P1}} - \tan^2 \beta_{\mathrm{C1,2L,R}} \cos^2 \alpha_{\mathrm{C1,2L,R}} \cdot \tan^2 \theta$$

$$A_1 = r_{\mathrm{C1}} \cdot \sin \alpha_{\mathrm{CR1}} \cdot \cos \beta_{\mathrm{CbR1}} + \left(r_{\mathrm{C1}} + h_{\mathrm{aC1}}^* \cdot m_{\mathrm{n}} + b_{\mathrm{C1}} \cdot \tan \theta\right) \cdot \sin \beta_{\mathrm{CbR1}} \cdot \tan \theta$$

$$A_2 = r_{\mathrm{C1}}^2 \cdot \sin^2 \alpha_{\mathrm{CR1}} - \left(r_{\mathrm{C1}} + h_{\mathrm{aC1}}^* \cdot m_{\mathrm{n}} + b_{\mathrm{C1}} \cdot \tan \theta\right)^2 - r_{\mathrm{Cb1}}^2$$

Die Lösung von g_{fn} ist

$$g_{\mathrm{fn}} = \frac{-A_1 + \sqrt{A_1^2 - A_0 A_2}}{A_0}\,. \tag{5.76}$$

Gl. (5.76) gilt für die Berechnung von Rechtsflanken. Für Linksflanken muß das Vorzeichen in dem Koeffizient A_1 aufgrund des Seitenwechsels geändert werden, also

$$A_1 = r_{\mathrm{C1}} \cdot \sin \alpha_{\mathrm{CL1}} \cdot \cos \beta_{\mathrm{CbL1}} - \left(r_{\mathrm{C1}} + h_{\mathrm{aC1}}^* \cdot m_{\mathrm{n}} + b_{\mathrm{C1}} \cdot \tan \theta\right) \cdot \sin \beta_{\mathrm{CbL1}} \cdot \tan \theta\,, \tag{5.77}$$

bei den anderen Koeffizienten wird nur der Index „R" durch „L" ersetzt.

Auf gleiche Weise kann auch die Austritt-Eingriffsstrecke g_{an} im Normalschnitt mit den Verzahnungsgrößen des Rades 2 berechnet werden, nämlich mit den Gln. (5.75;5.76) mit dem Index 2.

Die Gesamt-Eingriffsstrecke $g_{\gamma \mathrm{n}}$ ist dann die Summe der beiden Strecken g_{fn} und g_{an}:

$$g_{\gamma \mathrm{n}} = g_{\mathrm{fn}} + g_{\mathrm{an}}\,. \tag{5.78}$$

Die Überdeckung ε_γ ist nach der Definition

$$\varepsilon_\gamma = \varepsilon_{\alpha\,\mathrm{n}} = \frac{g_{\mathrm{fn}} + g_{\mathrm{an}}}{\pi \cdot m_{\mathrm{n}}}\,. \tag{5.79}$$

5.6.4 Auslegung der Paarungen mit Linienberührung

In der Regel ergibt sich bei der Zahnradpaarung mit nichtparallelen Achsen nur Punktberührung. Unter bestimmten Voraussetzungen tritt jedoch auch Linienberührung ein, z.B. bei Zahnradpaarungen mit windschiefen Achsen. Der Vorteil solcher Zahnpaarungen liegt unter anderem darin, daß leiser Lauf sowie Eignung zur Übertragung höherer Belastungen bei nichtparalleler Achslage erzielt werden kann, [5.7].

5.6.4.1 Bedingungen für Linienberührung

Linienberührung tritt nur ein, wenn eine Ebene gleichzeitig die beiden Grundzylinder der zu paarenden Zahnräder tangiert. In *Teilbild 1* des *Bildes 5.28* wird gezeigt, daß eine Ebene gleichzeitig zwei Grundzylinder tangieren kann, auch wenn ihre Achsen gekreuzt sind. Die Achse jedes Grundzylinders liegt daher parallel zu dieser Ebene, nämlich der Eingriffsebene. Die Berührungslinien der beiden Grundzylinder mit der Eingriffsebene schneiden sich, wie im Bild dargestellt. In *Teilbild 2* sind die beiden Grundzylinder mit der Eingriffsebene in Vorderansicht dargestellt. Da die beiden Drehachsen der Räder parallel zur Eingriffsebene und daher in komplanaren (parallelen) Ebenen liegen, so ist die Achsversetzung dieser Zahnradpaarung

$$a = r_{Cb1L,R} + r_{Cb2L,R} = r_{C1} \cos\alpha_{C1L,R} + r_{C2} \cos\alpha_{C2L,R} \, , \qquad (5.80a)$$

oder

$$a = m_n \left(\frac{z_1 \cdot \cos\alpha_{C1L,R}}{2 \cdot \cos\beta_{P1}} + \frac{z_2 \cdot \cos\alpha_{C2L,R}}{2 \cdot \cos\beta_{P2}} \right) \qquad (5.80b)$$

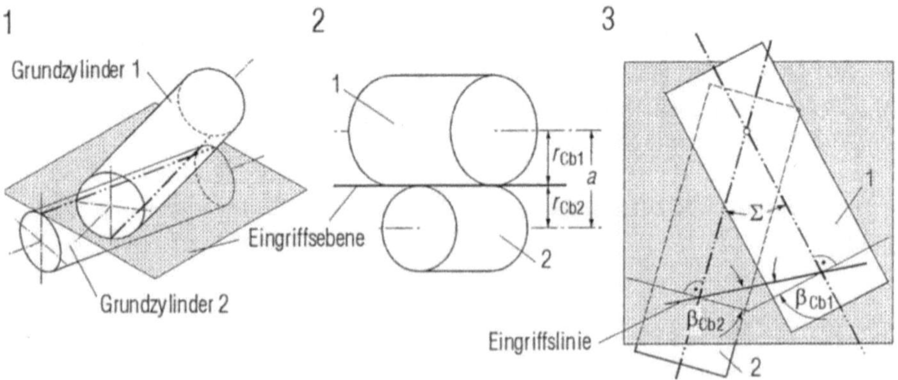

Bild 5.28. Geometrische Bedingung für Linienberührung: Die beiden Grundzylinder müssen die Eingriffs-Erzeugungsebene berühren.

Das ist nicht nur der Fall bei parallelen Achsen, sondern auch, wenn die Grundzylinder und die Erzeugungs-Eingriffsebene unmittelbar aufeinander liegen (*Teilbilder 1 bis 3*).

wobei $\alpha_{C1,2k}$ der Stirnprofilwinkel des Konuszahnrades 1 bzw. 2 ist. Bei Schrägverzahnung muß noch auf die Flankenseite geachtet werden, da die Grundkreishalbmesser bei Links- und Rechtsflanken unterschiedlich sind.

In *Teilbild 3* ist eine Draufsicht der Eingriffsebene gezeigt. Die Projektion der Drehachsen fällt in der Ebene mit der Berührlinie der jeweiligen Grundzylinder und der Eingriffsebene zusammen. Der Achswinkel kann damit durch die beiden Berührlinien bestimmt werden. Wenn die Eingriffslinie schon bestimmt ist, so kann der Grundschrägungswinkel β_{Cb1k} bzw. β_{Cb2k} auch durch diese Eingriffslinien auf der Eingriffsebene festgelegt werden. Der Achswinkel Σ ist daher sehr anschaulich aus dem geometrischen Zusammenhang in *Bild 5.28* zu bestimmen

$$\Sigma = \beta_{Cb1L,R} + \beta_{Cb2L,R} \qquad (5.81)$$

Der Grundschrägungswinkel $\beta_{Cb1,2L,R}$ ergibt sich zu

$$\tan\beta_{Cb1,2L,R} = \tan\beta_{C1,2L,R}\cos\alpha_{C1,2L,R}\,, \qquad (5.82a)$$

und nach der Entwicklung [5.20], zu

$$\sin\beta_{Cb1,2L,R} = \mp\sin\alpha_P\sin\theta_{1,2} + \cos\alpha_P\sin\beta_{P1,2}\cos\theta_{1,2}\,. \qquad (5.82b)$$

Der Achswinkel Σ und der Kreuzungsabstand a sind

$$\cos\Sigma = \cos\theta_1\cos\theta_2\cos(\beta_1 + \beta_2) - \sin\theta_1\sin\theta_2\,, \qquad (5.83)$$

$$a = m_n\left(\frac{z_1\cos\theta_2}{2\cos\beta_{P1}} + \frac{z_2\cos\theta_1}{2\cos\beta_{P2}}\right)\frac{\sin(\beta_{P1} + \beta_{P2})}{\sin\Sigma}\,. \qquad (5.84)$$

Da die Winkel α_{C1k}, β_{C1k}, bzw. α_{C2k}, β_{C2k} auch von θ_1, β_{P1} bzw. θ_1, β_{P2} abhängen, gibt es vier Gln. (5.80;5.81;5.83;5.84) für neun Unbekannte m_n, z_1, z_2 (bzw. u), Σ, a, θ_1, θ_2, β_{P1} sowie β_{P2}. Es können beim Einsetzen von Gl. (5.84) in Gl. (5.80) die Variablen z_1, a, m_n eliminiert werden, also

$$\left(\frac{\cos\theta_2}{\cos\beta_{P1}} + \frac{u\cos\theta_1}{\cos\beta_{P2}}\right)\cdot\frac{\sin(\beta_{P1} + \beta_{P2})}{\sin\Sigma} = \left(\frac{\cos\alpha_{C1L,R}}{\cos\beta_{P1}} + \frac{u\cdot\cos\alpha_{C2L,R}}{\cos\beta_{P2}}\right)$$

$$(5.85)$$

Das bedeutet, es können nur aus den drei Gleichungen, Gln. (5.81;5.83;5.85), für sechs Unbekannte, nämlich u, Σ, θ_1, θ_2, β_{P1} sowie β_{P2} drei davon willkürlich festgelegt werden. In der Praxis sind meistens das Zähnezahlverhältnis u, der Achswinkel Σ, die Achsversetzung a, und sogar der Modul m_n schon vorgegeben. Mit diesen vorgegebenen Größen können die Verzahnungsgrößen θ_1, θ_2, β_{P1}, β_{P2} sowie z_1 eindeutig bestimmt werden.

Da die Bedingung für Linienberührung die Berührung der beiden Grundzylinder voraussetzt, gibt es nur *eine* gemeinsame Eingriffsebene, die gleichzeitig die beiden Grundzylinder tangiert und nur für eine Flankenseite zuständig ist. Das heißt, daß bei so einer Zahnradpaarung Linienberührung nur in *einem* Drehrich-

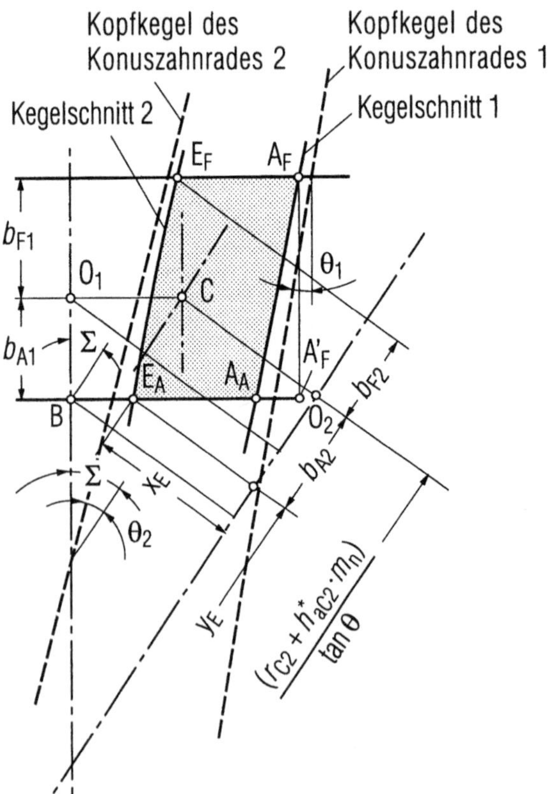

Bild 5.29. Bestimmung des Eingriffsfeldes für die Konuszahnradpaarung mit Linienberührung.

Um die Behandlung zu vereinfachen, wird die Gestaltung des Konuszahnrades mit kleinerer Zahnbreite nach Grundtyp I (siehe *Bild 4.3*) vorgesehen. Daher wird das Eingriffsfeld durch zwei Kegelschnitte (Hyperbelbögen) sowie die Zahnbreite begrenzt. Infolge der unterschiedlichen Konuswinkel sind die Neigungswinkel des Eingriffsfeldes auch unterschiedlich.

tungssinn auftritt, entweder wenn Linksflanken oder wenn Rechtsflanken im Eingriff sind, [5.2]. Diese Bedingung ist unabhängig davon, ob die Grundzylinder jedes Konuszahnrades für beide Flanken gleich sind. In diesem Richtungssinn, bei dem Punktberührung vorliegt, geht nur die gemeinsame Eingriffslinie durch den Schnittpunkt C der beiden Erzeugungs-Momentanachsen. Die Berechnung ist genauso wie die in den vorherigen Abschnitten. Linienberührung in den beiden Drehrichtungssinnen liegt nur bei den Konuszahnradpaarungen mit *parallelen* Achsen vor.

5.6.4.2 *Bestimmung der Überdeckung*

Für die Bestimmung der Überdeckung bei der Konuszahnradpaarung mit Linienberührung muß zuerst die Form des Eingriffsfeldes festgelegt werden. Das Eingriffsfeld wird im allgemeinen durch zwei Hyperbelbögen abgegrenzt, die sich jeweils aus dem Kegelschnitt des Kopfkegels mit der Eingriffsebene ergeben, sowie durch die Schnittkurven der Eingriffsebene mit den Stirnschnitten (wenn sie Gestaltungstyp I in *Bild 4.4* angehören) oder mit dem Rücken- und Innenkegel (wenn sie Gestaltungstyp II in *Bild 4.4* angehören) des Konuszahnrades mit der kleineren Zahnbreite. Um die Berechnung zu erleichtern, werden im folgenden die Konuszahnräder nach dem Gestaltungstyp I und die Nutzzahnbreite b_N aufgrund der Zahnbreite des kleineren Konuszahnrades 1 zugrunde gelegt.

In **Bild 5.29** sind zwei Hyperbelbögen mit ihren zugehörigen Asymptoten sowie die Nutzzahnbreite mit den Stirnschnitten des kleineren Konuszahnrades dargestellt. Weil der Achswinkel aufgrund der Schrägverzahnung immer größer ist als die Summe der Konuswinkel $\theta_1 + \theta_2$[1], ist der Neigungswinkel der Asymptote des Kegelschnitts von Rad 2 immer größer als der von Rad 1, also aus $\Sigma > \theta_1 + \theta_2$ folgt

$$\Sigma - \theta_2 > \theta_1 . \tag{5.86}$$

Dann ergibt sich ein ähnliches Eingriffsfeld wie bei der Paarung mit parallelen Achsen. Im Vergleich zu dem Eingriffsfeld mit parallelen Achsen erkennt man aus diesem Eingriffsfeld für die gekreuzten Achsen die sehr unterschiedlichen Neigungswinkel $\beta_{FL,R}$ (z.B. in *Bild 5.30*).

In **Bild 5.30** wird in einem Übersichtskatalog wie in *Bild 5.21* gezeigt, welche Eingriffsmöglichkeiten es für das Eingriffsfeld in Abhängigkeit vom Grundschrägungswinkel des kleineren Konuszahnrades 1 gibt. Weil die Bestimmung der Nei-

---

[1] Aus Gl. (5.70a) ergibt sich die Beziehung mit $0 \neq \beta_{P1} + \beta_{P2} < 90°$:
$$\cos\Sigma = \cos\theta_1 \cdot \cos\theta_2 \cdot \cos(\beta_{P1} + \beta_{P2}) - \sin\theta_1 \cdot \sin\theta_2 < \cos\theta_1 \cdot \cos\theta_2 - \sin\theta_1 \cdot \sin\theta_2 = \cos(\theta_1 + \theta_2).$$

Gliederungsteil		Hauptteil	
Neigung der Berührungslinien		Eingriffsmöglichkeiten	Gesamteingriffsstrecke
1	Nr	2	3
1.1 $\beta_{Cb1} < \beta_{F1}$ (einschl. $\beta_{Cb1} < 0$)	1	1.2 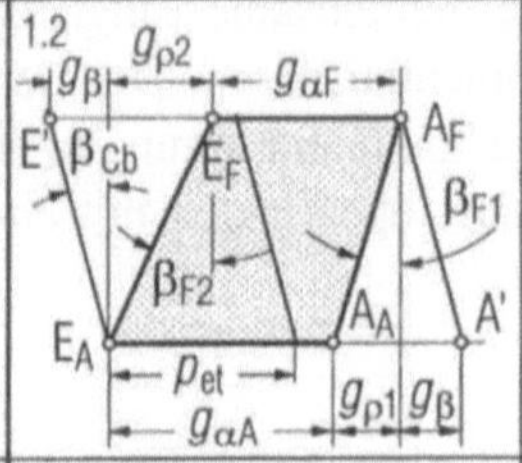 	1.3 $\varepsilon_{\gamma t} =$ $= g_{\alpha A} + g_{\rho 1} + g_{\beta 1}$ $(= g_{\alpha A} + g_{\rho 1} + g_{\beta 1})$
2.1 $\beta_{Cb} = \beta_{F1}$	2	2.2 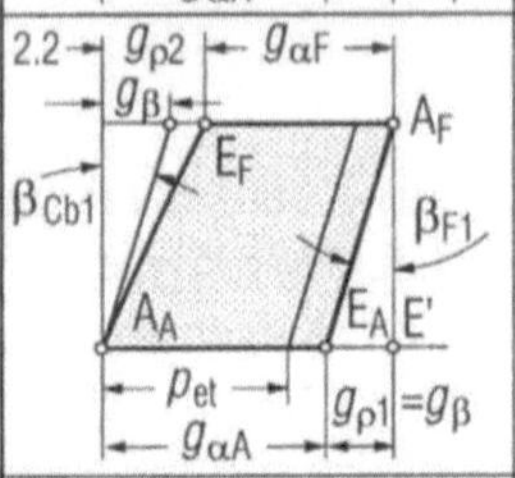 	2.3 $\varepsilon_{\gamma t} = g_{\alpha A}$ $(= g_{\alpha F} + g_{\rho 2} - g_{\beta 1})$
3.1 $\beta_{F1} < \beta_{Cb1} < \beta_{F2}$	3	3.2 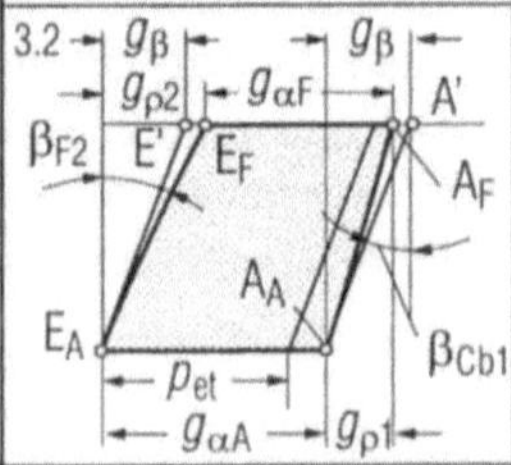 	3.3 $\varepsilon_{\gamma t} = g_{\alpha A}$ $(= g_{\alpha F} + g_{\rho 2} - g_{\beta 1}$ $- g_{\rho 1} + g_{\beta 1})$
4.1 $\beta_{Cb1} = \beta_{F2}$	4	4.2 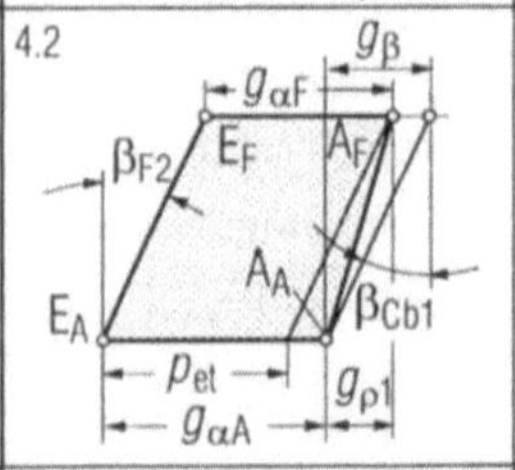 	4.3 $\varepsilon_{\gamma t} = g_{\alpha A}$ $(= g_{\alpha F} - g_{\rho 1} + g_{\beta 1})$
5.1 $\beta_{F2} < \beta_{Cb1}$	5	5.2 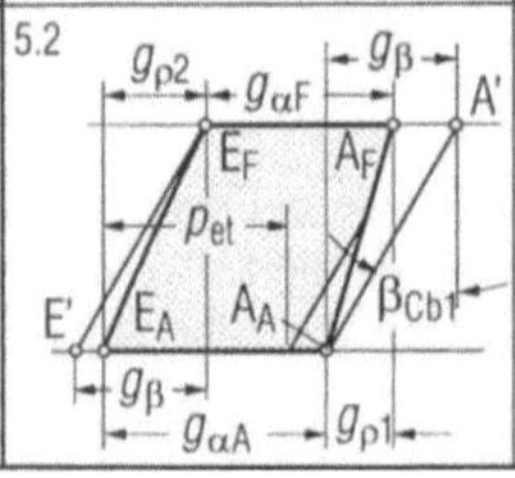 	5.3 $\varepsilon_{\gamma t}$ $= g_{\alpha F} - g_{\rho 1} + g_{\beta 1}$ $(= g_{\alpha A} - g_{\rho 2} + g_{\beta 1})$

Bild 5.30. Katalog der möglichen Formen des Eingriffsfeldes und die sich daraus ergebende Eingriffsstrecke bei Konuszahnradpaarungen mit gekreuzten Achsen.

Die Einteilung der Eingriffsstrecke unterscheidet sich hier von der in *Bild 5.21* nicht wesentlich. Es gibt aber infolge der unterschiedlichen Neigungswinkel des Eingriffsfeldes zwei verschiedene radiale Sprünge. Die richtige Wahl des Sprungs erfolgt durch die Berücksichtigung des richtigen Stirnschnitts.

gungswinkel des Eingriffsfeldes aufwendig ist, können annähernd die Neigungswinkel der Asymptoten dafür verwendet werden, also

$$\beta_{F1} \approx \theta_1, \tag{5.87a}$$

$$\beta_{F2} \approx \Sigma - \theta_2. \tag{5.87b}$$

Die Gesamtüberdeckung kann wiederum in die Stirn-Profilüberdeckung $\varepsilon_{\alpha t}$, die
axiale Sprungüberdeckung ε_β und die radiale Sprungüberdeckung ε_ρ eingeteilt
werden. Weil die radiale Sprungüberdeckung $\varepsilon_{\rho 2}$ am Kopfkegel des Konuszahnrades 2 in diesem Fall sehr kompliziert zu ermitteln ist, wird die Überdeckung nicht
nach der Gleichung in Klammer (*Bild 5.30, Spalte 3*) berechnet. Die Bestimmung
der einzelnen Teilüberdeckungen mit Gleichungen wird im folgenden erläutert.

1. Stirnprofilüberdeckung

Wie in *Bild 5.30* gut zu erkennen ist, werden für die Fälle in *Zeilen 1* bis *4* die
Eingriffsstrecke $g_{\alpha A}$ und für den Fall in *Zeile 5* die Eingriffsstrecke $g_{\alpha F}$ benötigt.
Die Eingriffsstrecke $g_{\alpha A}$ entspricht der Länge $E_A A_A$, die sich aus der Differenz
der Länge BA_A und BE_A ergibt. Die Länge BA_A (*Bild 5.29*) erhält man aus

$$\overline{BA_A} = \sqrt{r^2_{CaA1L,R} - r^2_{Cb1L,R}}, \tag{5.88}$$

mit dem entsprechenden Kopfkreishalbmesser $r_{CaA1L,R}$ in der Kopfebene

$$r_{CaA1L,R} = r_{C1} + h^*_{aC1} \cdot m_n - b_{A1} \cdot \tan\theta_1. \tag{5.89}$$

Die Länge BE_A muß aus der Skizze in *Bild 5.29* hergeleitet werden. Hier wird
wieder die Gleichung des Hyperbelbogens, Gl. (5.73) verwendet.

$$\frac{x^2}{a_x^2} - \frac{y^2}{a_y^2} = 1 \tag{5.73}$$

mit

$$a_x = r_{Cb2L,R}, \tag{5.90a}$$

$$a_y = r_{Cb2L,R} \cdot \cot\theta_2. \tag{5.90b}$$

Für die Koordinaten x_E und y_E des Punktes E ergibt sich

$$x_E = \overline{CO_2} + \overline{CO_1} \cdot \cos\Sigma - b_{A1} \cdot \sin\Sigma - \overline{BE_A} \cdot \cos\Sigma, \tag{5.91a}$$

$$y_E = \frac{r_{C2} + h_{aC2}^* \cdot m_n}{\tan\theta_2} - \overline{CO_1} \cdot \sin\Sigma - b_{A1} \cdot \cos\Sigma + \overline{BE_A} \cdot \sin\Sigma \,. \quad (5.91b)$$

Der Punkt O_1 bzw. O_2 ist der projizierte Bezugspunkt des jeweiligen Konuszahnrades auf die Eingriffsebene. Der Punkt C ist der Schnittpunkt der beiden Erzeugungs-Momentanachsen. Die unbekannten Längen CO_2 und CO_1 können daher nach *Bild 5.27* bestimmt werden.

$$\overline{CO_1} = r_{C1} \cdot \sin\alpha_{C1L,R} \,, \quad (5.92a)$$

$$\overline{CO_2} = r_{C2} \cdot \sin\alpha_{C2L,R} \,. \quad (5.92b)$$

Durch Einsetzen von Gln. (5.90;5.91;5.92) in Gl. (5.73) entsteht eine Gleichung in Abhängigkeit der Länge BE_A:

$$\left[\frac{r_{C2} \cdot \sin\alpha_{C2L,R} + r_{C1} \cdot \sin\alpha_{C1L,R} \cdot \cos\Sigma - b_{A1} \cdot \sin\Sigma - \overline{BE_A} \cdot \cos\Sigma}{r_{Cb2L,R}}\right]^2 -$$

$$\left[\frac{\left(r_{C2} + h_{aC2}^* \cdot m_n\right) \cdot \cot\theta_2 - r_{C1} \cdot \sin\alpha_{C1L,R} \cdot \sin\Sigma - b_{A1} \cdot \cos\Sigma + \overline{BE_A} \cdot \sin\Sigma}{r_{Cb2L,R} \cdot \cot\theta_2}\right]^2 = 1 \,,$$

und nach Entwicklung

$$A_0 \cdot \overline{BE_A}^2 - 2 \cdot A_1 \cdot \overline{BE_A} + A_2 = 0 \,, \quad (5.93)$$

mit

$$A_0 = 1 - \frac{\sin^2\Sigma}{\cos^2\theta_2} \,,$$

$$A_1 = \left(r_{C2} + h_{aC2}^* \cdot m_n\right) \cdot \sin\Sigma \cdot \tan\theta_2 + r_{C2} \cdot \sin\alpha_{C2L,R} \cdot \cos\Sigma$$

$$+ r_{C1} \cdot \sin\alpha_{C1L,R} \cdot \left(1 - \frac{\sin^2\Sigma}{\cos^2\theta_2}\right) - \frac{b_{A1} \cdot \sin\Sigma \cdot \cos\Sigma}{\cos^2\theta_2} \,,$$

$$A_2 = \left(r_{C2} \cdot \sin\alpha_{C2L,R} + r_{C1} \cdot \sin\alpha_{C1L,R} \cdot \cos\Sigma - b_{A1} \cdot \sin\Sigma\right)^2 - r_{Cb2L,R}^2 +$$

$$- \left(r_{C2} + h_{aC2}^* \cdot m_n - r_{C1} \cdot \sin\alpha_{C1L,R} \cdot \sin\Sigma \cdot \tan\theta_2 - b_{A1} \cdot \cos\Sigma \cdot \tan\theta_2\right)^2 \,.$$

Die Lösung dafür ist

$$\overline{BE_A} = \frac{-A_1 + \sqrt{A_1^2 - A_0 A_2}}{A_0}. \tag{5.94}$$

Die Stirnprofilüberdeckung $\varepsilon_{\alpha A}$ in der Kopfebene erhält man mit

$$\varepsilon_{\alpha A} = \frac{\overline{BA_A} - \overline{BE_A}}{p_{et}}. \tag{5.95}$$

Auf gleiche Weise kann die Stirnprofilüberdeckung $\varepsilon_{\alpha F}$ in der Fußebene durch Ersatz der Zahnbreite b_{A1} durch $- b_{F1}$ erhalten werden. Diese Gleichung wird hier nicht entwickelt.

2. Radiale Sprungüberdeckung

Die radiale Sprungüberdeckung wird hier immer auf das Rad 1 bezogen und nach Gl. (5.60) berechnet:

$$\varepsilon_{\rho 1L,R} = \frac{\overline{E_A E_F}}{p_{et}} = \frac{\sqrt{r_{Ca1FL,R}^2 - r_{Cb1L,R}^2} - \sqrt{r_{Ca1AL,R}^2 - r_{Cb1L,R}^2}}{\pi \cdot m_t \cdot \cos\alpha_{CL,R}}. \tag{5.96}$$

3. Axiale Sprungüberdeckung

Die axiale Sprungüberdeckung ist gleich wie die bei der Paarung mit parallelen Achsen. Mit Gl. (5.61) ist

$$\varepsilon_{\beta L,R} = \frac{b_N}{\pi \cdot m_n}\left(\tan\alpha_P \sin\theta_1 \mp \sin\beta_P \cos\theta_1\right), \tag{5.97}$$

wobei das obere Vorzeichen für Linksflanken und das untere für Rechtsflanken gilt. Diese axiale Sprungüberdeckung ist vorzeichenbehaftet.

Die Gesamtüberdeckung für die Fälle in den *Zeilen 2* bis *4* ergibt sich nur aus der Stirnprofilüberdeckung $\varepsilon_{\alpha A}$ in der Kopfebene des Rades 1. Für den Fall in *Zeile 1* erfolgt die Gesamtüberdeckung durch die Summe der Stirnprofilüberdeckung $\varepsilon_{\alpha A}$ und der wirksamen Sprungüberdeckung, also

$$\varepsilon_\gamma = \varepsilon_{\alpha A} + \left|\varepsilon_{\rho 1L,R} - \varepsilon_{\beta L,R}\right|. \tag{5.98}$$

Für den Fall in *Zeile 2* wird dagegen die Stirnprofilüberdeckung $\varepsilon_{\alpha F}$ in der Fußebene des Rades 1 zuerst berechnet und mit der wirksamen Sprungüberdeckung addiert,

$$\varepsilon_\gamma = \varepsilon_{\alpha F} + \left| \varepsilon_{\rho 1 L,R} - \varepsilon_{\beta L,R} \right|.$$
(5.99)

5.7 Auslegung der Konuszahnradpaarungen mit Stirnrädern

Wenn ein Rad der Konuszahnradpaarung ein Stirnrad ist, ist sein Konuswinkel gleich null. In der Regel werden für diese Paarung häufig profilverschobene Stirnräder verwendet. Mit unterschiedlichen Profilverschiebungen am gepaarten Stirnrad ergeben sich auch unterschiedliche Tragbilder an den Flanken des gleichen Konuszahnrades. Diese Paarung wird meistens mit sich schneidenden Achsen ausgeführt, gegebenenfalls kann sie auch mit gekreuzten Achsen versehen werden.

5.7.1 Bestimmung der Einbaugrößen

Weil das gepaarte Stirnrad meistens profilverschoben ist, wird in den Gleichungen für die Einbaugrößen, Gln. (5.70) bis (5.72), der Halbmesser r_{C1} durch den Verschiebungskreishalbmesser $r_{t1} + x_1 \cdot m_n$ ersetzt und für den Konuswinkel θ_1 der Wert null eingesetzt. Damit folgt:

$$\cos\Sigma = \cos\theta_2 \cos\left(\beta_{P1} + \beta_{P2}\right),$$
(5.100)

$$a = \frac{\left(r_{t1} \cdot \cos\theta_2 + x_1 \cdot m_n \cdot \cos\theta_2 + r_{C2}\right) \cdot \sin\left(\beta_{P1} + \beta_{P2}\right)}{\sin\Sigma},$$
(5.101)

$$D_1 = \frac{\left(r_{t1} + x_1 \cdot m_n\right) \cdot \cos\Sigma + r_{C2} \cdot \cos\left(\beta_{P1} + \beta_{P2}\right)}{\sin\theta_2} - a \cdot \frac{\sin(\beta_{P1} + \beta_{P2}) \cdot \cos\theta_2}{\sin\theta_2 \cdot \tan\Sigma},$$

$$D_2 = \frac{\left(r_{t1} + x_1 \cdot m_n\right) \cdot \cos(\beta_{P1} + \beta_{P2}) + r_{C2} \cdot \cos\Sigma}{\sin\theta_2 \cos(\beta_{P1} + \beta_{P2})} - \frac{a \cdot \tan(\beta_{P1} + \beta_{P2})}{\sin\theta_2 \cdot \tan\Sigma}.$$

Mit Einsetzen von $\cos\Sigma$ aus Gl. (5.100) in die Gleichungen von D_1 und D_2 folgt dann

$$D_1 = \frac{(r_{t1} + x_1 \cdot m_n) \cdot \cos\theta_2 + r_{C2}}{\sin\theta_2} \cdot \cos(\beta_{P1} + \beta_{P2}) - a \cdot \frac{\sin(\beta_{P1} + \beta_{P2})}{\tan\Sigma \cdot \tan\theta_2}, \quad (5.102a)$$

$$D_2 = \frac{r_{t1} + x_1 \cdot m_n + r_{C2} \cdot \cos\theta_2}{\sin\theta_2} - a \cdot \frac{\tan(\beta_{P1} + \beta_{P2})}{\sin\theta_2 \cdot \tan\Sigma}. \quad (5.102b)$$

Für die Paarung mit sich schneidenden Achsen, wobei die Bedingung $\beta_{P1} + \beta_{P2} = 0$ gilt, ergeben sich die Einbaugrößen,

$$\Sigma = \theta_2, \quad (5.103)$$

$$a = 0, \quad (5.104)$$

$$D_1 = \frac{(r_{t1} + x_1 \cdot m_n) \cdot \cos\theta_2 + r_{C2}}{\sin\theta_2}, \quad (5.105a)$$

$$D_2 = \frac{r_{t1} + x_1 \cdot m_n + r_{C2} \cdot \cos\theta_2}{\sin\theta_2}. \quad (5.105b)$$

Die Zahnbezugsebene des Stirnrades ist hier derjenige Stirnschnitt, dessen Schnittlinie mit der Zahnbezugsebene des Konuszahnrades 2 in der Profilbezugsebene P-P (der Planverzahnung) liegt.

5.7.2 Lage der Berührungspunkte

In **Bild 5.31** wird eine Paarung mit einem Stirnrad und einem Konuszahnrad gezeigt. In *Teilbild 1* ergibt sich am Stirnrad keine Profilverschiebung, während in *Teilbild 3* eine negative und in *Teilbild 4* eine positive Profilverschiebung vorliegt. Bei der Paarung mit dem Stirnrad ohne Profilverschiebung, *Teilbild 1*, fällt die Profilbezugslinie P-P mit der Wälzlinie des Stirnrades und der Planverzahnung zusammen. Die Erzeugungs-Momentanachse A_2-A_2 des Konuszahnrades schneidet damit die Linie P-P im Punkt C, durch den die Zahnbezugsebenen der beiden Zahnräder gehen. Mit einer Profilverschiebung $x_1 \cdot m_n$ weicht die Wälzlinie L-L von der Profilbezugslinie ab. Der neue Schnittpunkt C' der Wälzlinie L-L und der Erzeugungs-Momentanachse A_2-A_2 wird dann entlang der Momentanachse A_2-A_2 verschoben. Weil der Normalschnitt, in dem die Eingriffslinie liegt, durch den Punkt C' geht, wird das Tragbild an den Flanken des Konuszahnrades auch entsprechend verschoben. Mit einer negativen Profilverschiebung am Schneidrad, *Teilbild 3*, wird der Punkt C' zur äußeren Seite des Konuszahnrades verschoben, wo eine „größere" Profilverschiebung des Konuszahnrades vorliegt. Im Gegensatz dazu wird der Punkt C' mit einer positiven Profilverschiebung zur inneren Seite

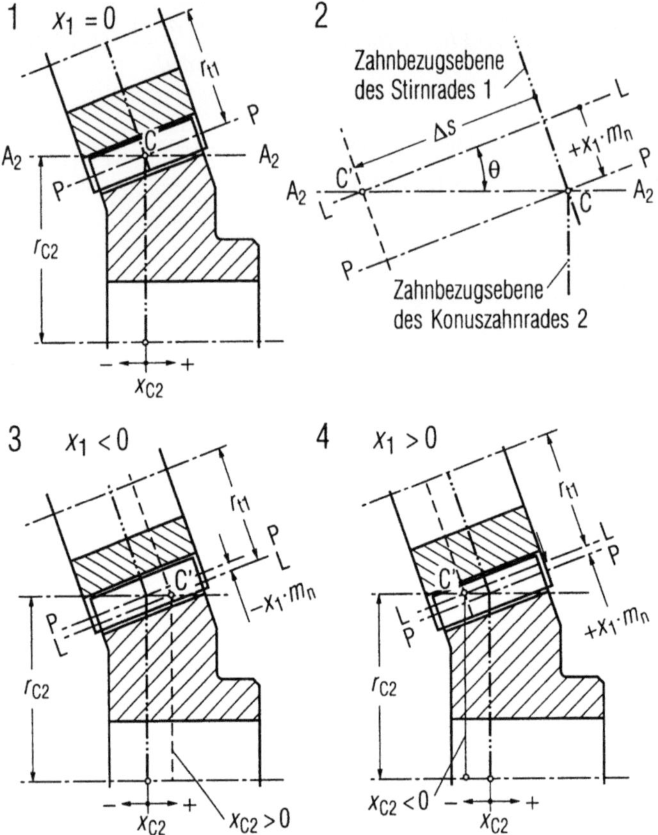

Bild 5.31. Paarung des Konuszahnrades mit einem profilverschobenen Stirnrad.

Teilbild 1: Stirnrad ohne Profilverschiebung. Profilbezugslinie P-P am Stirnrad und Stirnrad-Wälzlinie fallen zusammen. Die Erzeugungs-Momentanachse A_2-A_2 des Konuszahnrades schneidet die Linie L-L im Punkt C. Der Eingriff der Paarung findet im Stirnschnitt mit dem Punkt C des Stirnrades statt. Dort ist der Bereich von Null-Profilverschiebung des Konuszahnrades.

Teilbild 2: Analysisfigur zu *Teilbild 4*.

Teilbild 3: Mit negativer Profilverschiebung $x_1 < 0$ am Stirnrad wird Punkt C zur äußeren Seite des Konuszahnrades (dort positive Profilverschiebung) verschoben.

Teilbild 4: Mit positiver Profilverschiebung $x_1 > 0$ am Stirnrad wird Punkt C zur inneren Seite des Konuszahnrades (dort negative Profilverschiebung) verschoben.

verschoben. Trotz der Änderung der Profilverschiebung scheint es daher so, als ob die Paarung ein V-Null-Getriebe wäre.

Andererseits ist es auch interessant, die Lage des Berührungspunktes zu bestimmen. Aus der Skizze in *Teilbild 2* ergibt sich die Änderung des Punktes C'

$$\Delta s = x_1 \cdot m_n \cdot \cot \theta . \tag{5.106}$$

Mit dem Abstand kann die Zahnbreite des Konuszahnrades genau ausgelegt werden, so daß die Berührungspunkte etwa in der Mitte der Zahnbreite liegen. Im allgemeinen wird das Stirnrad (Ritzel) mit einer positiven Profilverschiebung für die Übersetzung ins Langsame und mit einer negativen für die Übersetzung ins Schnelle ausgeführt. Bei der Auslegung wird dann die Unterschnittgrenze des Konuszahnrades besonders berücksichtigt, wenn das Stirnrad positiv profilverschoben wird. Bei dem negativ profilverschobenen Stirnrad ist die Spitzengrenze besonders wichtig. Für die Auslegung des Konuszahnrades mit verschiedenen Profilverschiebungen hat Mitome Vorschläge in [5.10] angegeben.

5.7.3 Auslegung der Paarungen mit Linienberührung

In der Regel liegt bei der Konuszahnradpaarung mit einem Stirnrad Punktberührung vor. Es können aber die Bedingungen für Linienberührung, Gln. (5.81;5.83; 5.85), auch bei Konuszahnradpaarungen mit Stirnrädern angewendet werden.

5.7.3.1 Bestimmung der Verzahnungs- und Einbaugrößen

Von den Verzahnungsgrößen hat der Konuswinkel θ_1 des Stirnrades für die Bedingungen der Linienberührung den Wert

$$\theta_1 = 0°. \tag{5.107}$$

Aus den Gln. (5.81;5.83;5.85) werden die Bestimmungsgleichungen für die Unbekannten u, Σ, θ_2, β_{P1} β_{P2} sowie x_1 entwickelt:

$$\Sigma = \beta_{Cb1} + \beta_{Cb2} \tag{5.108}$$

$$\cos\Sigma = \cos\theta_2 \cos(\beta_1 + \beta_2), \tag{5.109}$$

$$\left(\frac{\cos\theta_2}{\cos\beta_{P1}} + \frac{u}{\cos\beta_{P2}} + 2 \cdot x_1 \cdot \cos\theta_2 \right) \cdot \frac{\sin(\beta_{P1} + \beta_{P2})}{\sin\Sigma} \tag{5.110}$$

$$= \left(\frac{\cos\alpha_{C1L,R}}{\cos\beta_{P1}} + \frac{u \cdot \cos\alpha_{C2L,R}}{\cos\beta_{P2}} \right)$$

mit

$$\sin\beta_{Cb1L,R} = \cos\alpha_P \sin\beta_{P1}, \tag{5.111}$$

$$\sin\beta_{Cb2L,R} = \mp \sin\alpha_P \sin\theta_2 + \cos\alpha_P \sin\beta_{P2} \cos\theta_2, \tag{5.112}$$

$$\tan \alpha_{C1} = \tan \alpha_P / \cos \beta_{P1}, \tag{5.113}$$

$$\tan \alpha_{C2L,R} = \tan \alpha_P \cos \theta_2 / \cos \beta_{P2} \pm \tan \beta_{P2} \sin \theta_2. \tag{5.114}$$

Es liegen nur drei Gleichungen für sechs Unbekannte θ_2, β_{P1}, β_{P2}, Σ, u und x_1 vor. Das heißt, es lassen sich drei Variable frei wählen, meistens der Achswinkel Σ und das Zähnezahlverhältnis u sowie die Profilverschiebung x_1. Mit Hilfe des Rechners kann aus den komplizierten Zusammenhängen eine optimierte Paarung mit gekreuzten Achsen für Linienberührung ausgelegt werden. Wie bei den Stirnradgetrieben mit Linienberührung müssen die Einbaugrößen wie der Achswinkel Σ, die Achsversetzung a und der Einbauabstand D_2 genau eingehalten werden. Diese Einbaugrößen werden mit den aus Gln. (5.107) bis (5.114) ermittelten Verzahnungsgrößen nach Gln. (5.101;5.102) berechnet. Gegenüber dem Kegelradgetriebe hat man hier eine zusätzliche axiale Freiheit für das Stirnrad 1, d.h. der Abstand D_1 spielt in diesem Fall keine große Rolle. Wie bei der Paarung mit zwei Konuszahnrädern erfolgt Linienberührung nur in *einem* Drehrichtungssinn.

5.7.3.2 *Bestimmung der Überdeckung*

Die Gesamtüberdeckung bei Linienberührung berechnet man hier nicht anders als die bei der Paarung mit zwei Konuszahnrädern. Aufgrund des zylindrischen Kopfmantels des Stirnrades ergibt sich keine radiale Sprungüberdeckung $\varepsilon_{\rho1}$. Die Stirnprofilüberdeckung $\varepsilon_{\alpha A}$ oder $\varepsilon_{\alpha F}$ muß man noch für die zwei unterschiedlichen Fälle berechnen.

5.8 Auslegung der Konuszahnradpaarungen mit Konischen Innenzahnrädern für parallele Achsen

In den vorherigen Abschnitten wurden nur die Paarungen mit den außenverzahnten Konuszahnrädern behandelt. Eine andere mögliche, auch häufig eingesetzte Paarung ist die Verwendung eines Konuszahnrades und eines innenverzahnten Konischen Zahnrades. Weil die innenverzahnten Konischen Zahnräder verschiedene Grundkreise pro Flanke (Links- oder Rechtsflanken) haben, siehe *Abschnitt 5.9*, ist die Auslegung der Konuszahnradpaarungen mit innenverzahnten Konischen Zahnrädern anders als die mit Konuszahnrädern. Bei nicht parallelen Achsen ist es aufgrund der Punktberührung nicht vorteilhaft, Konuszahnräder mit Konischen Innenzahnrädern zu paaren. Für die Konische Innenzahnradpaarung (mit einem Konischen Innenzahnrad und einem Stirnrad) ist die Auslegung stets einfacher. Im folgenden werden daher nur diese Paarungen mit parallelen Achsen behandelt. Die Paarung mit Innen-Stirnrad in den *Zeilen 9* und *10* des *Bildes 5.16* ähnelt der Paarung mit Außen-Stirnrad (siehe *Abschnitt 5.7*) und wird hier nicht berücksichtigt.

5.8.1 Bestimmungsgrößen für spielfreien Eingriff

In **Bild 5.32** wird ein Konuszahnrad und ein Konisches Innenzahnrad dargestellt. Die Lage der Erzeugungs-Momentanachse des Konischen Innenrades hängt von den Verzahnungsgrößen des Schneidrades bzw. des Konischen Innenrades ab. Für einen spielfreien Eingriff mit einer gleichmäßigen Übersetzung muß der Stirneingriffswinkel am Konischen Innenzahnrad bei der Erzeugung mit dem Schneidrad gleich dem Profilwinkel α_P der Bezugszahnstange sein, die sowohl für das Schneidrad als auch für das Konuszahnrad gilt. Dementsprechend müssen sich die Erzeugungs-Momentanachsen des Konischen Innenzahnrades und des Konuszahnrades sowie die Wälzlinie LL (der Zahnstange und des Schneidrades) in *einem* Punkt C schneiden, was im Bild gut zu erkennen ist. Daher liegt der Achsabstand a fest. Aufgrund der Punktberührung kann trotz dieser Bedingung eine Ungenauigkeit des Achsabstandes innerhalb gewisser Grenzen erlaubt sein, weil beim Konuszahnrad *ein* Grundzylinder für alle Flanken vorliegt. Diesen Achsabstand a be-

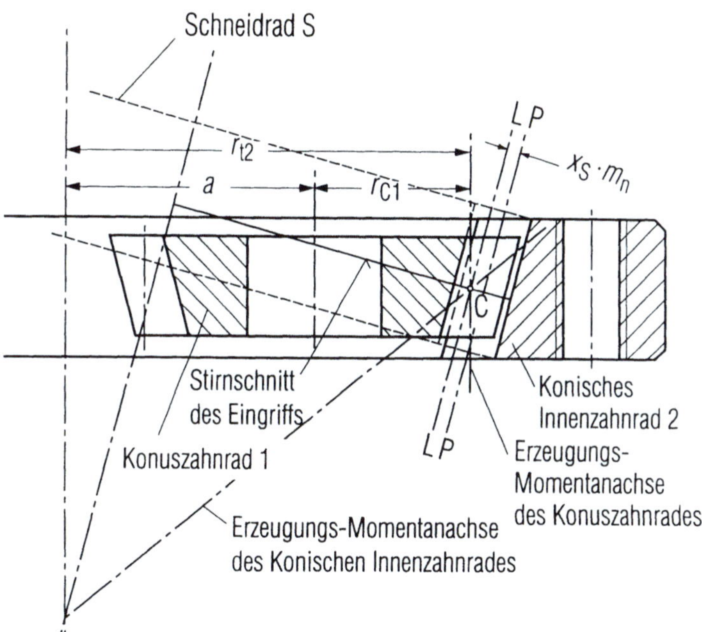

Bild 5.32. Spielfreie Paarung eines Konus-Außenzahnrades und eines Konischen Innenzahnrades.

Der Stirneingriffswinkel α_t am Konischen Innenzahnrad bei der Erzeugung mit dem Schneidrad muß gleich dem Profilwinkel α_P sein, der sowohl für das Schneidrad als auch für das Konuszahnrad gilt (a gilt hier für „Achsabstand", nicht für „Achsversetzung").
Die Erzeugungs-Momentanachse des Hohlrades sowie die Wälzlinie L-L schneiden sich dann in Punkt C.

rechnet man aufgrund der Differenz der Teilkreishalbmesser der beiden gepaarten Räder,

$$a = r_{t2} - r_{C1}.$$ (5.115)

Der Teilkreishalbmesser des Konischen Innenzahnrades ist aufgrund des vereinheitlichten Systems positiv festgelegt, siehe *Kapitel 4*.

5.8.2 Änderung der Berührungslage

Die Lage der Berührungspunkte kann durch die Profilverschiebung x_S am Schneidrad für das Konische Innenzahnrad geändert werden. Diese Änderung unterscheidet sich von der bei Konuszahnradpaarungen mit Stirnrädern nicht wesentlich. Mit einer positiven Profilverschiebung, daher mit einer entsprechend negativen Profilverschiebung am Konischen Innenzahnrad, liegen die Berührungspunkte im Bereich der positiven Profilverschiebung. Die Zahnbreite muß danach aufgrund der Lage des Punktes C festgelegt werden.

5.9 Vergleich der Keilschräg-, der Konischen und der Konusverzahnungen

In *Kapitel 3* bis *5* wurden die Keilschräg-, die Konischen und die Konusverzahnungen behandelt, die viele Ähnlichkeiten aufweisen. Im allgemeinen wendet man Keilschrägverzahnungen (siehe *Kapitel 3*), [5.6], und Konusverzahnungen, [5.21], vorwiegend für Getriebe mit einstellbarem Flankenspiel an. Konische Verzahnungen werden meistens als Ersatz für Kegelradverzahnungen vorgesehen, aber auch (als Innenverzahnung) für spielarme Getriebe. Trotz ihrer gestaltlichen Ähnlichkeiten unterscheiden sich diese Verzahnungen wesentlich. In **Bild 5.33** wird ein Katalog wiedergegeben, aus dem ihre wichtigsten Unterschiede gut zu erkennen sind.

Bild 5.33. Übersichtskatalog zum Vergleich der Keilschräg-, der Konus- und Konischen Verzahnung.

Zeile 1: Die Zahnflanken der Keilschräg- und der Konusverzahnung sind übliche Evolventenschraubflächen wie bei der Stirnrad-Schrägverzahnung, im Prinzip gleich, auch die Eingriffswinkel λ sind konstant. Bei der Konischen Verzahnung sind sie anders.
Zeile 2: Keilschräg- und gerade Konusverzahnung haben einen konstanten Grundkreis, Konische Verzahnungen einen veränderlichen Grundkreis.
Zeile 3: Kopfmäntel bei Keilschrägverzahnung sind konisch oder zylindrisch, bei Konus- und Konischer Verzahnung nur konisch.

Gliederungsteil		Hauptteil		
Unterscheidungs-kriterien		Keilschrägverzahnung	Konusverzahnung	Konische Verzahnung
0	Nr	1	2	3
1.0 Eingriffs-winkel bei der Erzeugung	1	1.1 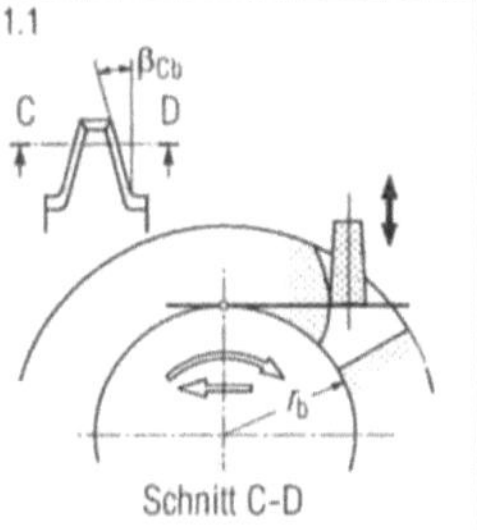 Schnitt C-D konstant $(= 0°)$	1.2 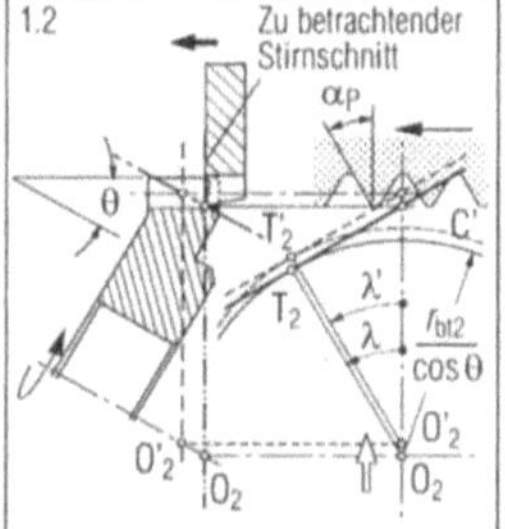 konstant $(\lambda = \lambda' = \alpha_P)$	1.3 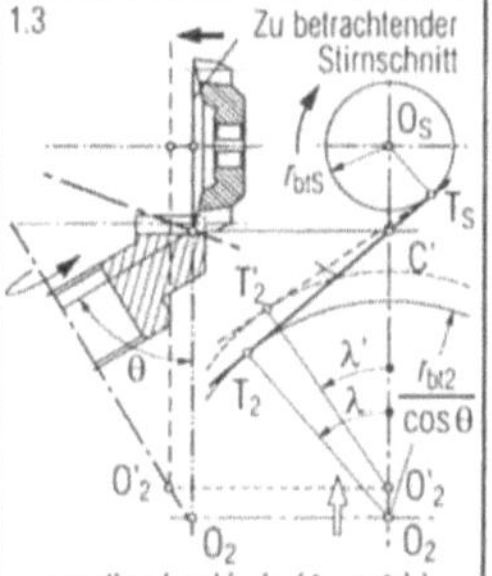 veränderlich $(\lambda \neq \lambda')$
2.0 Grundkreis für die Erzeugung der Evolvente	2	2.1 einer pro Zahnrad 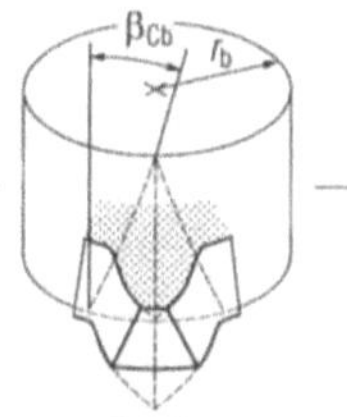	2.2 bei Geradverzahnung: einer bei Schrägverzahnung: zwei 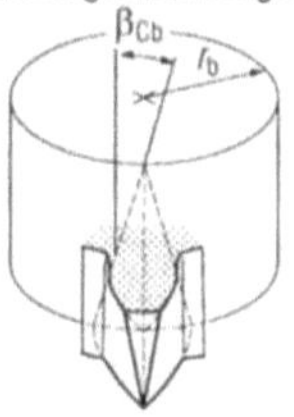	2.3 verschiedene pro Zahnrad
3.0 Schrägungs-winkel	3	3.1 konstant (meistens groß)	3.2 konstant (meistens klein)	3.3 veränderlich
4.0 Kopfmantel	4	4.1 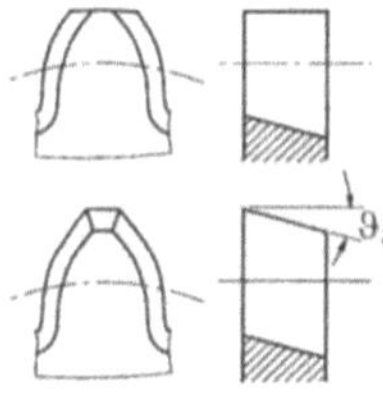 zylindrisch oder konisch	4.2 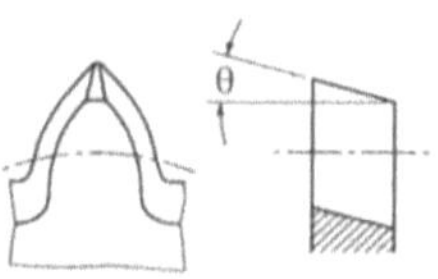 konisch	4.3 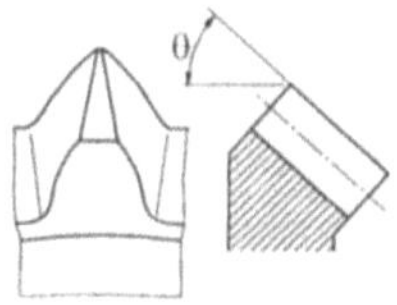 konisch
5.0 Verwendbare Werkzeuge	5	5.1 hauptsächlich nicht bezugsprofilgebunden	5.2 bezugsprofilgebunden	5.3 bezugsprofilgebunden
6.0 Profil-verschiebung notwendig	6	6.1 nein	6.2 ja	6.3 ja
7.0 Zahndicke be-grenzt durch	7	7.1 Keilwinkel am Kopfzylinder; kleine Zahnfußlücke	7.2 Spitzwerden und Unterschnitt	7.3 Spitzwerden und Unterschnitt

Im Hinblick auf die Flankenform besteht zwischen der Konusverzahnung und der Keilschrägverzahnung kein großer Unterschied. Ihre Flanken sind die *Evolventen-Schraubflächen*, und in der Regel werden die Linksflanken wie die evolventischen Linksflanken des linkssteigend schrägverzahnten Stirnrades erzeugt und die Rechtsflanken wie die evolventischen Rechtsflanken des rechtssteigend schrägverzahnten Stirnrades, *Zeile 2*. Darüber hinaus ist der Schrägungswinkel bei der Keilschrägverzahnung meistens größer als bei der Konusverzahnung, *Felder 2.1* und *2.2*. Wegen des großen Schrägungswinkels ist die Keilschrägverzahnung mit handelsüblichen Normwerkzeugen nicht realisierbar (dagegen mit Sonderfräsern) und wird daher hauptsächlich mit nicht bezugsprofilgebundenen Werkzeugen wie Hobelkämmen bzw. Schaftfräsern mit einem Flankenwinkel, der gleichzeitig Grundschrägungswinkel ist, hergestellt, *Feld 1.1*, [5.6]. Man kann den Grundkreis und den Schrägungswinkel der Keilschrägverzahnung beliebig wählen, während bei der Konusverzahnung das Bezugsprofil noch berücksichtigt werden muß.

Im Gegensatz zur Konusverzahnung oder zur Keilschrägverzahnung sind zwar bei der Konischen Verzahnung auch linkssteigende Linksflanken und rechtssteigende Rechtsflanken möglich, aber bei der Erzeugung ergeben sich verschiedene Grundkreise und Schrägungswinkel, [5.20]. Die beiden Verzahnungen können bei der Erzeugung als Verzahnung mit veränderlichen Profilverschiebungen entlang der Zahnbreite betrachtet werden, *Felder 1.2* und *1.3*. Der Unterschied zwischen ihnen besteht in dem Eingriffswinkel. Bei der Konischen Verzahnung ist der Eingriffswinkel entlang der Zahnbreite veränderlich, während er bei der Konusverzahnung stets konstant ist. Das hat zur Folge, daß die Konusverzahnung *einen* Grundkreis pro Flanke hat, während die Konische Verzahnung verschiedene Grundkreise hat, [5.20]. Ebenso verhält es sich auch mit dem Schrägungswinkel. Wegen der verschiedenen Grundkreise und Schrägungswinkel sind die Flanken der Konischen Verzahnung im Stirnschnitt keine Evolventen.

Das andere Kriterium zur Unterscheidung dieser drei Verzahnungen ist das Erzeugungsverfahren. Die dabei verwendbaren Werkzeuge bei der Konischen Verzahnung und der Konusverzahnung, egal ob Zahnstangen oder Schneidräder, sind immer an ein Bezugsprofil gebunden, *Zeile 5*. Die Realisierung der keilförmigen Zähne bei der Herstellung der Konischen Zahnräder bzw. Konuszahnräder erfolgt durch Kippung der Werkzeugführung um einem Konuswinkel θ. Daher ist der Kopfmantel dieser Zahnräder konisch, *Felder 4.2* und *4.3*. Bei der Keilschrägverzahnung liegt dagegen kein bezugsprofilgebundenes Werkzeug vor. Daher kann man nicht nur einen konischen Kopfmantel, sondern auch einen zylindrischen Kopfmantel vorsehen. Die ungleiche Steigung der Flanken wird bei der Konischen und Konusverzahnung durch die „Profilverschiebung" erzeugt, jedoch bei der Keilschrägverzahnung nur mit den vorgegebenen Schrägungswinkeln. Die Einschränkung der Zahnbreite ist aufgrund der Erzeugungsverfahren bzw. der Werkzeuge zwischen diesen Verzahnungen auch unterschiedlich. Bei den Konischen und Konusverzahnungen spielen der Unterschnitt und das Spitzwerden der Zähne eine große Rolle, während man bei Keilschrägverzahnung den Keilwinkel am Kopfzylinder und die kleine entstehende Zahnfußlücke beachten muß, *Zeile 7*.

5.10 Wälzradius, Achs- und Eingriffswinkel bei Zahnrädern im vereinheitlichten Verzahnungssystem

Ein Hauptanliegen dieses Buches ist es, die enge Verwandtschaft und die Unterscheidungsmerkmale der Evolventenverzahnungen mit konstanter Teilung zu zeigen. Häufig spielen Unterschiede, die man bei üblichen Stirnradverzahnungen kaum beachtete, wie die Erzeugung mit einem zahnstangenförmigen oder mit einem radförmigen Werkzeug, eine große Rolle. Auch kommt es bei üblichen Zahnradpaarungen nicht vor, daß der Eingriffswinkel λ entlang der Zahnbreite seine Größe ändert.

5.10.1 Zahnstangen- und Zahnradförmiges Werkzeugbezugsprofil

In der Regel wird nur das Fertigungsverfahren als solches betrachtet, z.B. Abwälzfräsen oder Abwälzstoßen. Ihr Unterschied liegt jedoch neben allem anderen schon in ihrer verschiedenen Geometrie. Durch Abwälzfräsen mit zahnstangenförmigen Werkzeugen lassen sich Satzräder herstellen, d.h. solche, die mit allen Zahnrädern des gleichen Bezugsprofils und des gleichen Moduls korrekt kämmen. Durch Abwälzstoßen mit zahnradförmigen Werkzeugen können auch Innenverzahnungen, zusätzlich auch Außenverzahnungen erzeugt werden, jedoch keine Satzräder, denn sie kämmen nur korrekt mit Gegenrädern des gleichen Bezugsprofils, aber gleicher oder kleinerer Zähnezahl z. Der Grund ist die nicht maximale Ausarbeitung des Zahnfußes.

5.10.1.1 Erzeugungswälzkreise r_{wt}

In **Bild 5.34** wird die Herstellung von Stirnrad- und Konus- bzw. Konischen Verzahnungen dargestellt. Ein wichtiger Gesichtspunkt für das Erkennen der Unterschiede ist der Erzeugungswälzkreis r_{wt}. In *Teilbild 1*, Erzeugung mit Zahnstangenwerkzeug, ist der Teilkreis, der stets durch den Wälzpunkt C verläuft

$$r_{wt2} = r_{t2},$$
(5.115)

unabhängig von der Profilverschiebung.

In *Teilbild 2*, mit zahnradförmigem Werkzeug, geht der Erzeugungswälzkreis r_{wt2} durch den Wälzpunkt C' und kann je nach Profilverschiebung größer oder kleiner als der Teilkreis sein

$$r_{wt2} = r_{t2} + x_2 \cdot m_n,$$
(5.116)

1   Zahnstangenwerkzeug

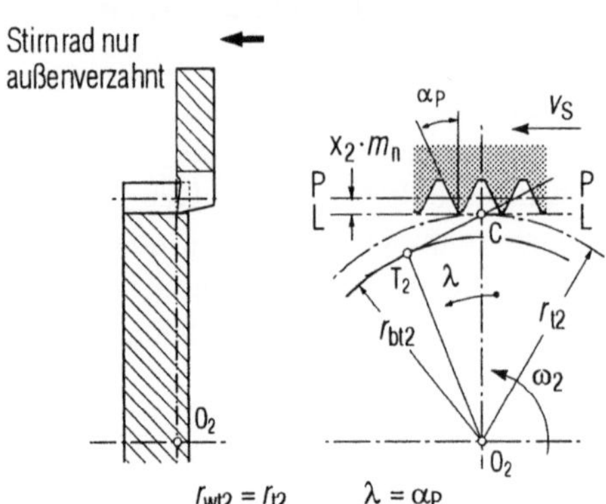

Der **Erzeugungswälzkreis** r_w ist der Kreis, mit welchem ein Stangen-Wälzgetriebe das gleiche momentane Verhältnis von v_1 / ω_2 hat wie ein Zahnstangengetriebe. Wälzkreis und Teilkreis sind gleichgroß. Der Eingriffswinkel ist konstant $\lambda = \alpha_P$.

2   Zahnradwerkzeug

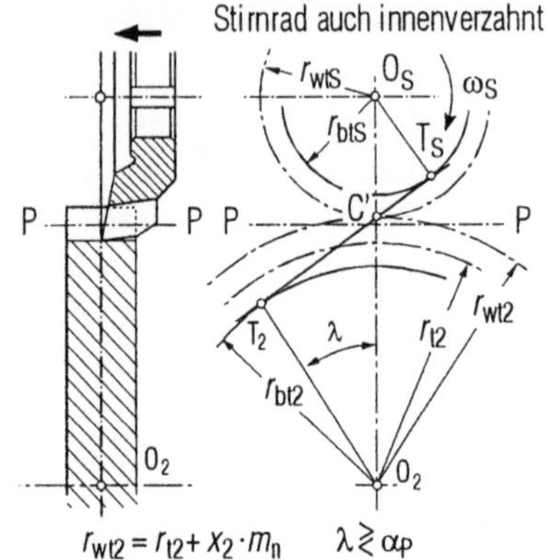

Der **Erzeugungswälzkreis** r_{w2} ist der Kreis, mit dem das Gegenrad als Wälzgetriebe die gleiche momentane Übersetzung $i = \omega_1 / \omega_2$ hat wie das Zahnradgetriebe $i = z_2 / z_1$.

Der Eingriffswinkel kann paarungsabhängig verschiedene Werte annehmen $\lambda \gtrless \alpha_P$.

3   Zahnstangenwerkzeug

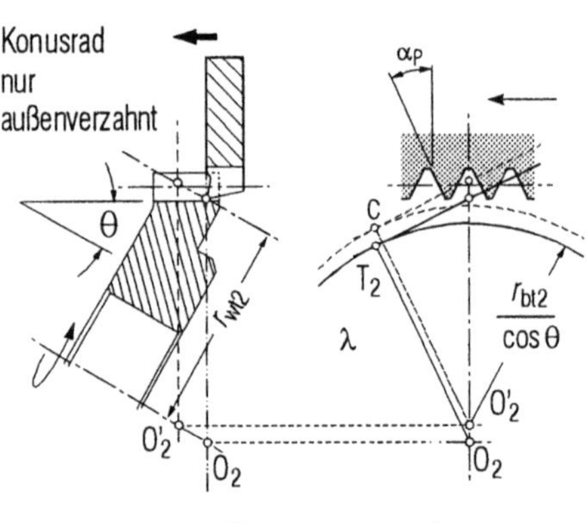

Der **Erzeugungswälzkreis** r_{wt2} ist konstant und ist der Kreis, mit welchem ein Stangen-Wälzgetriebe das gleiche momentane Verhältnis von v_1 / ω_2 hat wie ein Zahnstangengetriebe. Der Eingriffswinkel ist konstant $\lambda = \alpha_P$.

4   Zahnradwerkzeug

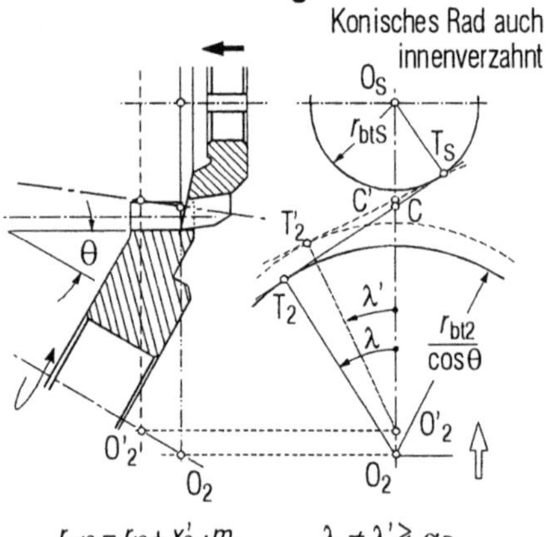

Der **Erzeugungswälzkreis** r_{w2} ist der Kreis, mit dem das Gegenrad als Wälzgetriebe die gleiche momentane Übersetzung $i = \omega_1 / \omega_2$ hat wie das Zahnradgetriebe $i = z_2 / z_1$.

Der Eingriffswinkel ist variabel, innerhalb der Zahnebene kleiner, außerhalb größer als der Flankenwinkel α_P.

Bild 5.34. Wälzradius r_{wt2} und Eingriffswinkel λ im vereinheitlichten Verzahnungssystem.

Teilbild 3 zeigt die Erzeugung von Konusverzahnungen. Der Wälzkreis (Wälzzylinder) entspricht zwar dem Teilkreis nach Gl.(5.115), liegt aber nicht parallel zum Konuszahn, sondern um den Konuswinkel θ geneigt, schräg über dem Zahn.

Teilbild 4 schließlich zeigt den Erzeugungswälzkreis am Konischen Zahnrad. Er ist ähnlich wie der in *Teilbild 3*, abhängig von der Profilverschiebung, tangiert die verschieden geneigten Eingriffslinien, je nach Lage des Stirnschnitts, und von den verschiedenen Profilverschiebungen x' abhängig, unterschiedlich entlang der Zahnbreite

$$r_{wt2} = r_{t2} + x'_2 \cdot m_n .$$

(5.117)

Wie schon erkannt werden konnte, ist die Neigung λ der Eingriffslinie vom Wälzkreis abhängig, bei der Erzeugung vom Erzeugungswälzkreis, bei der Paarung mit anderen Zahnrädern vom eintretenden Wälzkreis.

5.10.1.2 Eingriffswinkel λ

Der Eingriffswinkel λ, in *Bild 5.34* der Erzeugungseingriffswinkel, hängt vom Paarungsrad und vom Konuswinkel θ ab.

Ist das Gegenrad eine Zahnstange oder ein Zahnstangenwerkzeug, dann bleibt der Eingriffswinkel konstant, und zwar gleich dem Profilwinkel α_p. Bei Stirnradverzahnungen, *Teilbild 1*, ist seine Lage unabhängig von Profilverschiebungen.

$$\lambda = \alpha_p$$

(5.118)

Konuszahnräder haben als Erzeugungswerkzeug eine Zahnstange, *Teilbild 3*, sowie entlang der Zahnbreite eine profilverschobene Zahnform. In Richtung der Zahnspitze ist die Zahnform negativ profilverschoben und in Richtung der Außenstirnfläche positiv.

Der Eingriffswinkel λ (hier verschieden vom Profilwinkel) bleibt zwar konstant, wenn die Paarung mit einer Zahnstange erfolgt, jedoch verlagert sich der Wälzpunkt immer mehr zum Gegenrad, je näher der betrachtete Stirnschnitt an der Konusspitze liegt, im rechten Bild die Konstruktionen $0_2 \dots 0'_2$, *Teilbild 3*.

Teilbild 2 zeigt die übliche Paarung zweier Zahnräder. Der Eingriffswinkel λ kann größer, gleich oder kleiner als der Profilwinkel sein

$$\lambda \; \begin{matrix} > \\ < \end{matrix} \; \alpha_p$$

(5.119)

je nachdem, ob die Profilverschiebungssumme $x_1 + x_2$ größer, gleich oder kleiner null ist. Er ist jedoch über die ganze Zahnbreite konstant.

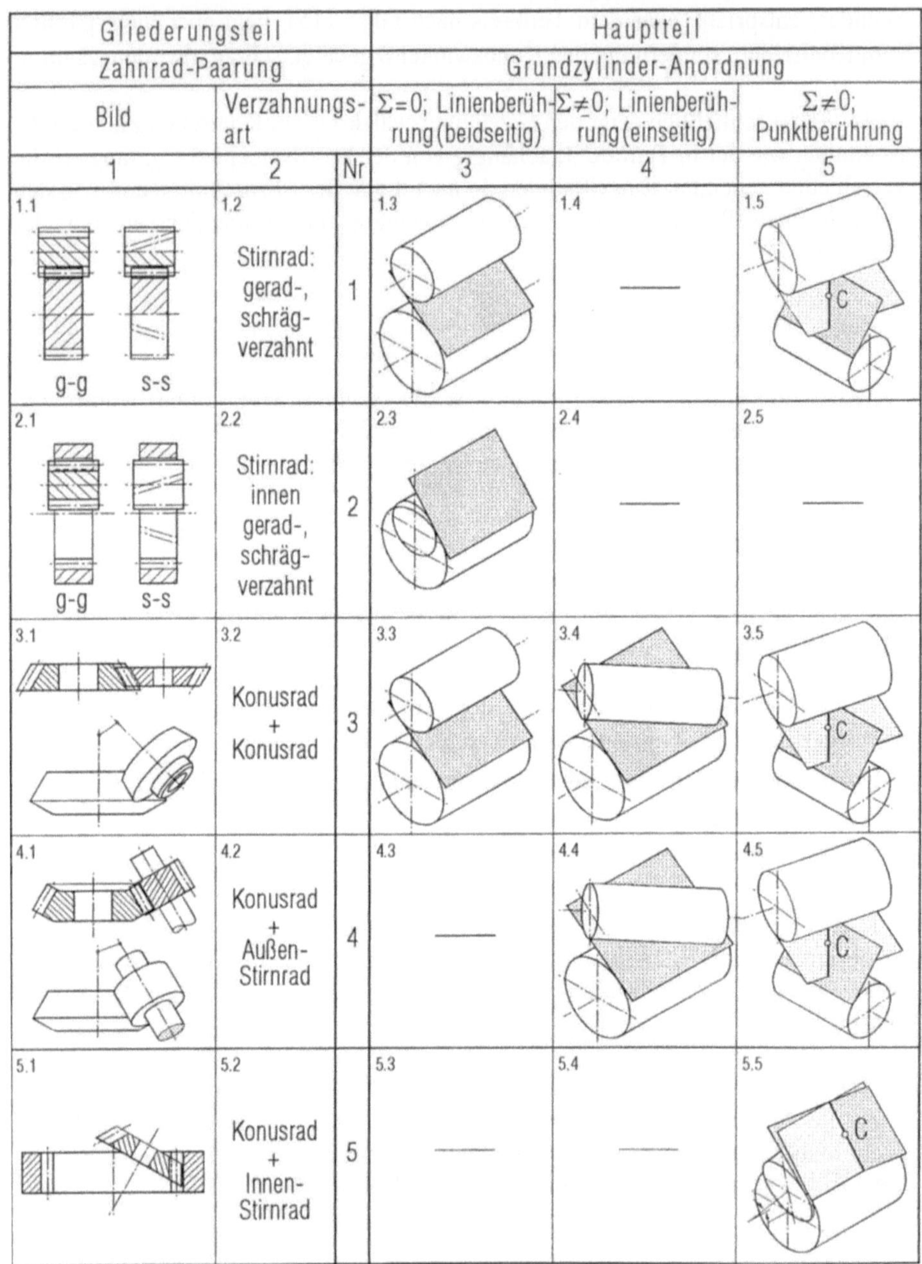

Bild 5.35. Übersichtskatalog der Konuszahnrad-Paarungen zur Erkennung der Linienberührung.

Blatt 1: Linienberührung erhält man, wenn beide Grundzylinder eine gemeinsame Eingriffs-Erzeugungsebene haben.

Teilbild 4 zeigt ein mit rundem Werkzeug erzeugtes Konisches Zahnrad. Dort ist das Zahnprofil auf der inneren Teilkegellänge auch negativ, auf der äußeren positiv profilverschoben, der Wälzkreis r_{wt2} entlang der Zahnbreite nicht konstant und der Eingriffswinkel λ über die Zahnbreite hin veränderlich, d.h. an der inneren Teilkegellänge kleiner, an der äußeren größer. Da bei der gleichen Verzahnung verschiedene Profilverschiebungen vorkommen, gilt Gl.(5.119).

5.11 Punkt- und Linienberührung

Es ist für die Untersuchung der verschiedenen Varianten evolventischer Sonderverzahnung bei den meisten Anwendungsmöglichkeiten von ausschlaggebender Bedeutung, ob die Zahnflanken Linien- oder Punktberührung haben. Linienberührung gewährleistet für die Übertragung großer Zahnkräfte eine gewisse Sicherheit dafür, daß die Flankenschäden (Hertzsche Pressung, Freß- und Reibverschleiß) geringer ausfallen als bei Punktberührung. Verschiedentlich wurde schon hervorgehoben, daß bei sich schneidenden, oft auch bei gekreuzten Achsen Punktberührung auftritt.

Um diese Voraussagen und ihre Ausnahmen leicht überprüfen zu können, gibt es eine geometrische Regel, die in jedem Einzelfall Gewißheit schafft:

> Ist es möglich, daß die Grundkörper von zwei Zahnrädern in ihrer vorgeschriebenen Lage die gleiche Ebene berühren, dann besteht bei Evolventenverzahnungen zwischen den Verzahnungen Linienberührung

Das gilt auch für andere als die in *Bild 5.35, Blatt 1*, dargestellten Grundkörper. Die Konuszahnräder haben aber alle zylindrische Grundkörper. In den *Zeilen 1* und *2* werden Stirnradverzahnungen betrachtet, bei denen nur die Schraubradverzahnungen mit gekreuzten Achsen Punktberührung haben.

In *Zeile 3* sind Paarungen von Konuszahnrädern dargestellt. Bei parallelen Achsen, *Felder 3.1* und *3.3*, herrscht selbstverständlich Linienberührung. Bei gekreuzten Achsen (*Feld 3.4*) sind Fälle möglich, bei denen einseitige Linienberührung vorliegen kann, z.B. bei Paarungen mit abgestimmten Schrägungswinkeln und Achsversetzungen, siehe *Abschnitt 5.6.4*. Bei Achslagen, wie sie in *Feld 3.5* herrschen, gibt es nur Punktberührung.

Zeile 4 zeigt die Paarungen von Konus- mit Stirnrädern. Es gibt einige Sonderfälle für einseitige Linienberührung (*Feld 4.4*), sonst herrscht immer Punktberührung. In *Zeile 5* sind Paarungen von Konus- und Innen-Stirnrädern dargestellt. Sie haben stets Punktberührung, da die Achsen nicht parallel sein können.

Zahnrad 1 z_1 / Zahnrad 2 z_2	Nr	Stirnrad $\theta=0°$ außen	Stirnrad $\theta=180°$ innen	Konusrad $0°<|\theta|<90°$	Konisches Zahnrad $0°<|\theta|<90°$ außen	Konisches Zahnrad $90°<|\theta|<180°$ innen	Kronenrad $|\theta|=90°$
		1	2	3	4	5	6
Stirnrad $\theta=0°$	1	1.1 $\Sigma=0°$ $\beta_{P1}=-\beta_{P2}$ a beliebig; beidseitig	1.2 $\Sigma=180°$ $\beta_{P1}=\beta_{P2}$ a beliebig; beidseitig	1.3 $\Sigma=\beta_{Cb1}+\beta_{b2}$ $a=r_{Cb1}+r_{b2}$ einseitig	1.4 $\Sigma=\theta_1$ $z_1=z_{S2}$; beidseitig	1.5 $\Sigma=\theta_1$ $z_1=z_{S2}$; beidseitig	1.6 $\Sigma=\theta_1$ $z_1=z_{S2}$; beidseitig
Konusrad $0°<\theta<90°$	2	2.1 wie Feld 1.3	2.2 Punkt-berührung	2.3 $\Sigma=0$ $\theta_1=-\theta_2$ $\beta_{P1}=-\beta_{P2}$ beidseitig / $\Sigma=\beta_{Cb1}+\beta_{Cb2}$ $a=r_{Cb1}+r_{Cb2}$ einseitig	2.4 Punkt-berührung	2.5 Punkt-berührung	2.6 Punkt-berührung
Konisches Zahnrad $0°<\theta<90°$	3	3.1 wie Feld 1.4	3.2 Punkt-berührung	3.3 wie Feld 2.4	3.4 Punkt-berührung	3.5 Punkt-berührung	3.6 Punkt-berührung
Kronenrad $\theta=90°$	4	4.1 wie Feld 1.6	4.2 —	4.3 wie Feld 2.6	4.4 wie Feld 3.6	4.5 —	4.6 — (Ausnahme: $z_1=z_2$; $z_{S1}=z_{S2}$)

Bild 5.35. Übersichtskatalog der Konuszahnrad-Paarungen zur Erkennung der Linienberührung.

Blatt 2: Tabelle zur Angabe, ob Linien- oder Punktberührung herrscht. Es bedeutet: „beidseitig", „einseitig" entsprechende Linienberührung

Eine zweite wichtige Regel für das Vorliegen von Linienberührung ist:

> Linienberührung herrscht immer dann, wenn das Paarungsgegenrad gleich dem Erzeugungsrad ist. Es muß neben Bezugsprofil, Modul, Schrägungswinkel vor allem die gleiche Zähnezahl haben. Es entstehen dabei nicht immer Evolventenflanken.

In *Bild 5.35, Blatt 2,* sind die verschiedenen Zahnradkombinationen tabellenförmig dargestellt und die Voraussetzungen für Linienberührung angegeben. „Beidseitig", „einseitig" heißt Linienberührungen in beiden oder nur in einer Umlaufrichtung.

5.12 Fertigung der Konuszahnräder

Die Fertigung der Konuszahnräder ist ähnlich wie die der Konischen Zahnräder. Statt der Torusfräser verwendet man hier die zylindrischen Wälzfräser. Die Maschineneinstellung ist so ähnlich wie die bei Stirnrädern, nur muß der Konuswinkel noch berücksichtigt werden [5.21]. Das Wälzstoßverfahren wird für die Konusverzahnung nicht angewendet, sondern nur das Hobeln.

Schrifttum

[5.1]	Beam, A.S.:	Beveloid gearing. Machine Design 26 (1954) December, pp. 220-238
[5.2]	Bürkle, B., Gandbhir, S., Joachim, F.-J.:	Kegelige Stirnräder zur Leistungsübertragung in Getrieben. VDI-Berichte 1056 (1993), S. 95-110
[5.3]	DIN 3960:	Begriffe und Bestimmungsgrößen für Stirnräder (Zylinderräder) und Stirnradpaare (Zylinderradpaare) mit Evolventenverzahnung. Berlin: Beuth-Verlag, März 1987
[5.4]	DIN 58400:	Bezugsprofile für Evolventenverzahnungen an Stirnrädern für die Feinwerktechnik. Berlin: Beuth-Verlag, Juni 1984
[5.5]	DIN 867:	Bezugsprofile für Evolventenverzahnungen an Stirnrädern (Zylinderrädern) für den allgemeinen Maschinenbau und den Schwermaschinenbau. Berlin: Beuth-Verlag, März 1987
[5.6]	Haupt, U.:	Keilschrägverzahnung für Getriebe mit einstellbarem Verdrehflankenspiel. Dissertation TU Braunschweig, 1981
[5.7]	Hiersig, H.M.:	Zylinderräder mit Rechts- und Linksflanken ungleicher Steigung. Konstruktion 31 (1979) H. 1, S. 7-11
[5.8]	Merritt, H.E.:	Gear Engineering. London: Pitman Publish, 1971
[5.9]	Mitome, K.-I.	Conical involute gear (Design of nonintersecting-nonparallel-axis conical involute gears): JSME International Journal 34 (1991), Series III, Nr. 2, pp.265-270
[5.10]	Mitome, K.-I., Yamazaki, T.:	Design of conical involute gear engaged with profile shifted spur gear on intersecting shafts (in Japanisch). Transactions of JSME 62 (1996), Serie C, Nr. 598, S. 2436-2441
[5.11]	Mitome, K.-I.:	Conical involute gear. Part I: Design and production system. Bulletin of JSME 26 (1983) Nr. 212, S. 299-305
[5.12]	Mitome, K.-I.:	Conical involute gear. Part II: Design and production system of involute pinion-Type cutter. Bulletin of JSME 26 (1983) Nr. 212, pp. 306-312

[5.13] Mitome, K.-I.:   Conical involute gear. Part III: Tooth action of a pair of gears. Bulletin of JSME 28 (1985) Nr. 245, pp.2757-2764

[5.14] Niemann, G.,   Maschinenelemente, Band III. Berlin, Heidelberg, New York,
        Winter H.:   Tokyo: Springer, 1983

[5.15] Purkiss, S.C.:   Conical involute gears. London: Machinery 89 (1956), pp. 1413-1420, 1465-1467

[5.16] Roth, K.,   Stirnräder mit keilförmigen Evolventenzähnen für spielfreie
        Haupt, U.:   Getriebe. VDI-Berichte 374 (1980), S. 55-61

[5.17] Roth, K.:   Verzahnungstechnik, Band I: Stirnradverzahnungen - Geometrische Grundlagen, Band II: Stirnradverzahnungen - Profilverschiebung, Toleranzen, Festigkeit. Berlin, Heidelberg, New York, London, Paris, Tokyo, Hong Kong: Springer, 1989

[5.18] Roth, K.:   Evolventenverzahnung und Räderpaarung unter Verwendung einer solchen Verzahnung. Patentanmeldung (Österreich), 13. September 1967, Akt.-Z. 38721/C/JR

[5.19] Roth, K.:   Evolventenverzahnungen mit extremen Eigenschaften, Teil III: Komplementverzahnungen für höchste Tragfähigkeit. Z. antriebstechnik 35 (1996), Nr. 11, S. 72-79

[5.20] Tsai, S.-J.:   Vereinheitlichtes System evolventischer Zahnräder - Auslegung von zylindrischen, Konischen, Kronen- und Torusrädern. Dissertation TU Braunschweig, 1997

[5.21] Zierau, S.:   Die geometrische Auslegung konischer Zahnräder und Paarungen mit parallelen Achsen. Dissertation TU Braunschweig, 1989

6 Kronenradverzahnung für gekreuzte, orthogonale Achsen

6.1 Entstehung und Anwendung der Kronenzahnräder

Die Kronenzahnräder entstehen aus den Konischen Zahnrädern, wenn der Konuswinkel θ bzw. der Achswinkel Σ bei der Erzeugung gleich 90° ist. Sie sind Sonderfälle der Konischen Verzahnungen. Die Realisierung der Kronenradverzahnung, damals Planverzahnung genannt, beschäftigte den Autor mit den verschiedensten Varianten schon lange Zeit [6.9 ; 6.10].

Die besonderen Merkmale der Kronenradverzahnung sind

- die Zähne stehen auf der senkrecht zur Radachse liegenden Stirnfläche des Radkörpers

- sie haben gleichen Modul, aber verschiedene Eingriffswinkel entlang der Zahnbreite

- die Verzahnung bildet den Übergang von der Konischen Außenverzahnung zu der Konischen Innenverzahnung im vereinheitlichten Verzahnungssystem.

Bild 6.1 zeigt zwei Anwendungsbeispiele von Kronenzahnradpaarungen. In *Teilbild 1* ist eine Paarung mit einem schrägverzahnten Kronenzahnrad und einem schrägverzahnten zylindrischen Ritzel für gekreuzte Achsen dargestellt. Die wesentlichen Vorteile der Kronenradverzahnung gegenüber der Kegelradverzahnung sind:

- Die axiale Lagerung des Stirnrades ist frei beweglich.

- Der Abstand der Ritzelachse gegenüber der Kopfebene des Kronenzahnrades muß nicht genau eingehalten werden. Die momentane Übersetzung bleibt trotzdem konstant (die Flankenspiele und das Tragbild ändern sich jedoch).

- Anstelle spezieller Verzahnungsmaschinen können die gleichen Maschinen wie für die Herstellung von Stirnradverzahnungen verwendet werden.

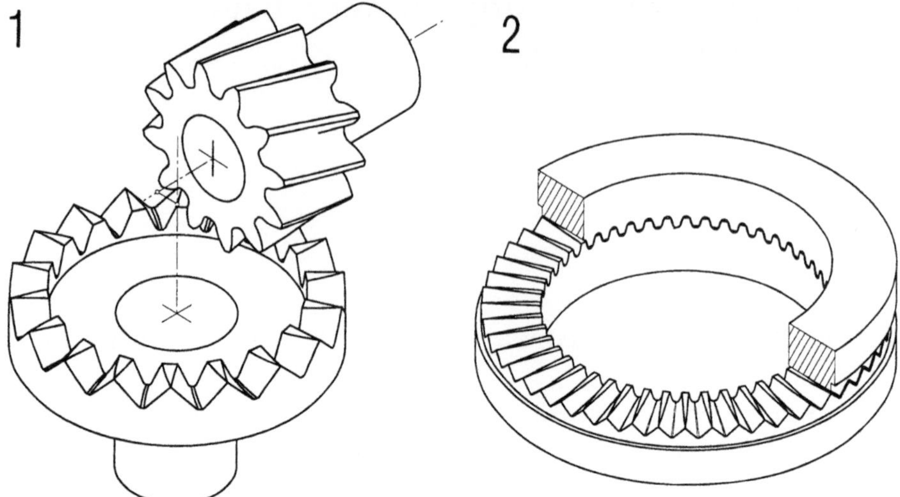

Bild 6.1. Arten von Kronenzahnradpaarungen und ihr möglicher Einsatz.

Teilbild 1: Einsatz für sich schneidende oder gekreuzte Achsen, z.B. mit einem schrägverzahnten zylindrischen Ritzel und einem schrägverzahnten Kronenzahnrad.
Teilbild 2: Einsatz für fluchtende Achsen mit zwei gleichen Kronenzahnrädern, z.B. für schaltbare Elektromagnetzahnkupplungen.

In *Teilbild 2* sind zwei gleiche Kronenzahnräder als Stirnzahnkupplung ausgebildet. Diese Kupplungen werden häufig als schaltbare Elektromagnet-Zahnkupplungen u.a. im Werkzeugmaschinen- und Druckereimaschinenbau eingesetzt. Weitere Anwendungen siehe [6.5 ; 6.2].

6.2 Erzeugung der Kronenzahnräder

Die Skizze in **Bild 6.2** zeigt, wie ein Kronenzahnrad erzeugt wird. Weil das Schneidrad bei der Stoßbewegung ein Stirnrad simuliert, ergibt sich die Verzahnungsgeometrie des Kronenzahnrades eindeutig aus der des evolventischen Stirnrades [6.11 ; 6.3 ; 6.4]. Der Einbauabstand D_S für die Erzeugung ist gleich dem Abstand von der Ritzel- bzw. Schneidradachse zu der Teilebene bzw. Profilbezugsebene des Kronenzahnrades, abzüglich seiner Zahnhöhe h_{a2}:

$$D_S = r_{tS} + \left(x_S - h_{a2}^*\right) \cdot m_n .$$

(6.1)

6.2.1 Eingriffsbedingungen

Die Eingriffsbedingungen nach dem Verzahnungsgesetz lassen sich mit folgender Gleichung beschreiben, welche sich mit dem Konuswinkel von 90° aus Gl. (4.11) ergibt, [6.6].

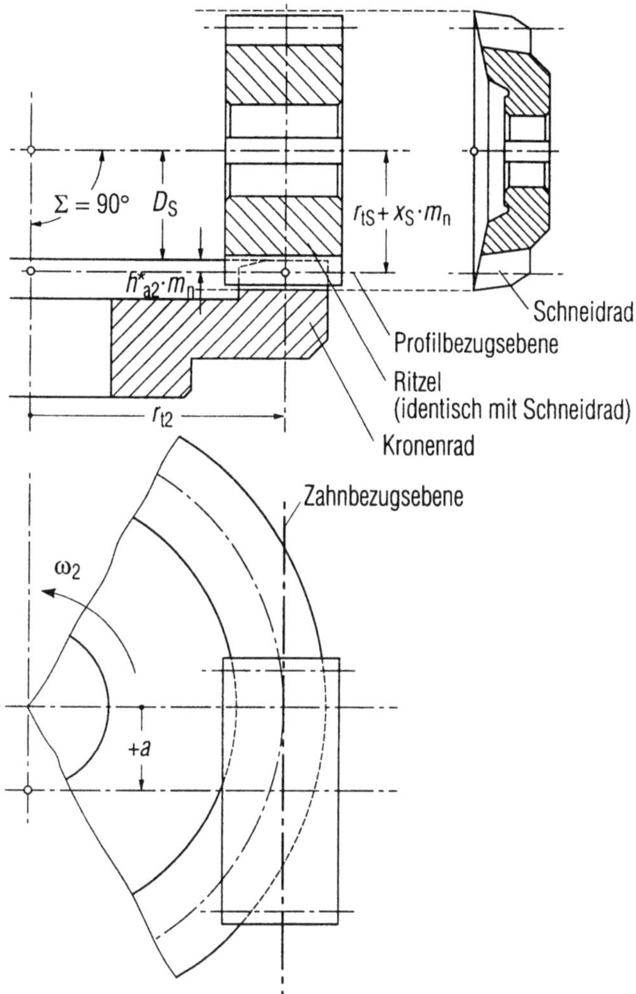

Bild 6.2. Erzeugung eines Kronenzahnrades mit Hilfe eines Schneidrades, dessen Verzahnungsgrößen identisch sind mit denen des zu paarenden Ritzels.

Der Achswinkel ist $\Sigma = 90°$, die Achsversetzung $a > 0$, der Einbauabstand für die Erzeugung $D_S = r_{tS} + (x_S - h^*_{a2})\cdot m_n$.

$$b_S = u \cdot r_{tS}\left(\frac{\cos\alpha_t}{\cos\lambda_k} - 1\right) + \frac{\tan\beta_b}{\cos\lambda_k}\left[a + r_{btS}(-\sin\lambda_k \pm \rho^*_{tk}\cos\lambda_k)\right] \quad (6.2)^{1)}$$

$$k = L, R$$

Der Index k in der Gleichung bezeichnet, wie bei der Konischen Verzahnung mit L die Linksflanken und mit R die Rechtsflanken. Das obere Vorzeichen steht für den Eingriff der Linksflanken und das untere für den der Rechtsflanken. Die

---

[1] Siehe auch Gl.(6.84) in *Bild 7.40, Zeile 3*

Variable b_S gibt die Lage des Stirnschnitts des Ritzels bzw. des Schneidrades an, $\lambda_{L,R}$ den Stirneingriffswinkel. Die verschiedenen ρ_t^* und λ kennzeichnen eine Eingriffsfläche.

Aus der Gleichung erkennt man, daß

– die Profilverschiebung x_2 nicht vorkommt, d.h. die axiale Verlagerung der Schneidrad- bzw. Ritzelachse hat in der Richtung der Radachse keinen Einfluß auf den Eingriff. Daher wirkt sich ein entsprechender Fehler kaum aus,

– die Achsversetzung a bei Geradverzahnung keinen Einfluß auf den Eingriff hat.

Mit einer konstanten Zahnbreite b_S ist der Eingriffswinkel λ bei der Kronenrad-Geradverzahnung entlang der Zahnbreite auch konstant. Bei der Schrägverzahnung liegt dann die Eingriffslinie im Normalschnitt mit dem „Schrägungswinkel" β_N. Dieser Winkel β_N ist auf das Ritzel bzw. Schneidrad bezogen und zwar gleich

$$\tan \beta_N = \frac{\tan \beta_b}{\cos \lambda}. \tag{6.3}$$

In **Bild 6.3** ist die graphische Bestimmung der Eingriffslinie einer Kronenrad-Schrägverzahnung mit Achsversetzung wiedergegeben. Die Zahnbreite b'_S stellt den Stirnschnitt mit dem Eingriffswinkel λ_R bei der Geradverzahnung ohne Achsversetzung dar. Bei der Schrägverzahnung mit Achsversetzung wird der Stirnschnitt mit dem gleichen Eingriffswinkel um den Abstand C'C" verschoben. Dieser Abstand C'C" ist

$$\overline{C'C''} = a \frac{\tan \beta_b}{\cos \lambda_k}. \tag{6.4}$$

Der Normalschnitt wird dann um den Winkel β_N gedreht. Alle Berührungspunkte auf der Eingriffsfläche können danach mit den Variablen λ, ρ_t^* bestimmt werden. Es ist häufig auch möglich, den Halbmesser eines Punktes aus der Eingriffsfläche zu ermitteln. Aufgrund des *Bildes 6.3* kann man die Beziehung für die Teilkegellänge R des Kronenzahnrades festlegen:

$$R = \sqrt{x^2 + y^2} \tag{6.5}$$

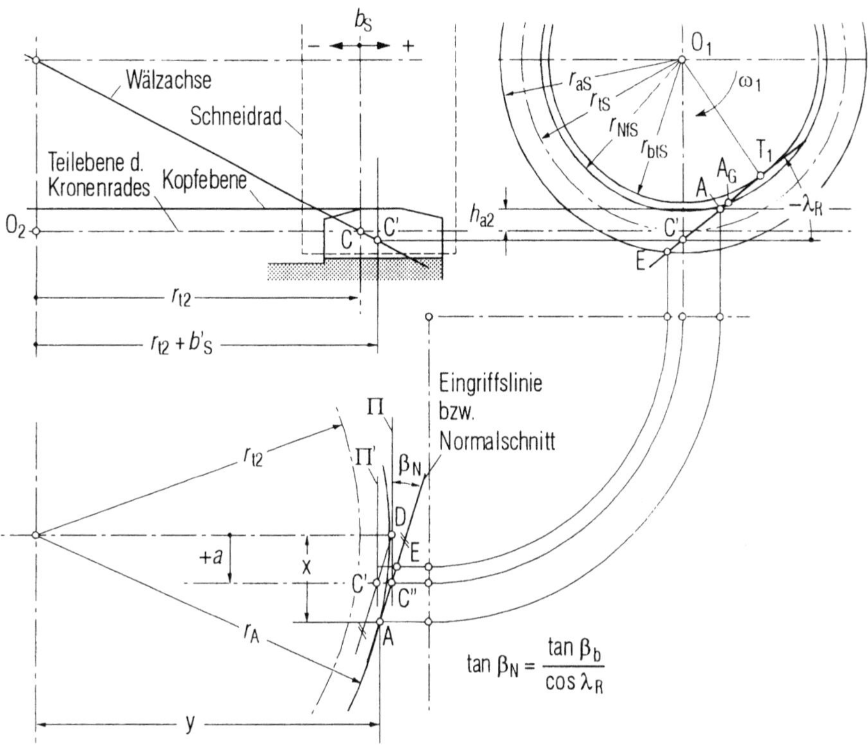

$$\tan \beta_N = \frac{\tan \beta_b}{\cos \lambda_R}$$

Bild 6.3. Graphische Bestimmung der Eingriffslinie einer Kronenrad-Schrägverzahnung mit Achsversetzung.

b'_S ist die Zahnbreite für den Stirnschnitt mit dem Eingriffswinkel λ_R bei Geradverzahnung ohne Achsversetzung. C'C'' ist die Verschiebung dieses Stirnschnitts bei Schrägverzahnung und Achsversetzung.

mit $\quad x = a + r_{btS}(-\sin\lambda_k \pm \rho^{*}_{tk}\cos\lambda_k)$

$$y = \frac{u \cdot r_{btS}}{\cos\lambda_k} + \frac{\tan\beta_b}{\cos\lambda_k}\left[a + r_{btS}(-\sin\lambda_k \pm \rho^{*}_{tk}\cos\lambda_k)\right].$$

6.2.2 Änderung der Zahnflankenformen

Entlang der verschiedenen Zahnbreiten verändern sich die Eingriffswinkel an den Flanken des Kronenzahnrades, daher auch die Zahnflankenformen. In **Bild 6.4** wird ein Katalog mit Beispielen gezeigt, welche die Flankenformen und ihre Änderung bei verschiedenen Zahnbreiten darstellen. Die im Katalog dargestellten Flankenkurven sind die abgewickelten Schnittkurven der Flanken an den koaxialen Zylinderflächen.

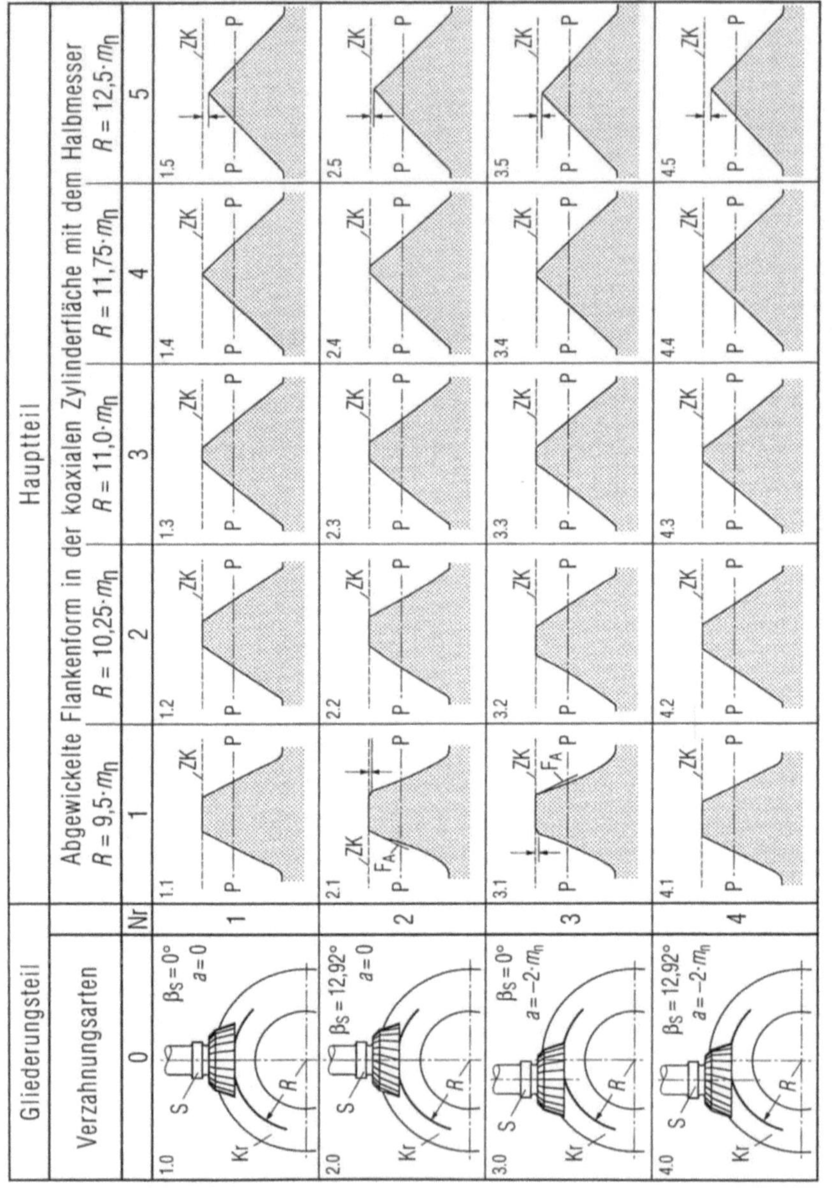

Bild 6.4. Übersichtskatalog der Kronenzahnradflanken bei zentrischer und achsversetzter Stoßradlage, bei Gerad- und Schrägverzahnungen.

Zeile 1: Symmetrischer, nicht unterschnittener Zahn, wird am großen Radius R spitz.
Zeile 2, 3: Bei Schrägungswinkel oder Achsversetzung ist der dargestellte Zahn am kleinen Halbmesser unterschnitten.
Zeile 4: Bei richtiger Wahl von Schrägungswinkel und Achsversetzung können Links- und Rechtsflanken des Kronenzahnrades beinahe symmetrisch werden.

Daraus ist es zu erkennen:

- Die Zähne am großen Halbmesser werden spitz, *Spalte 5*.

- Der Zahnkopf am kleinen Halbmesser wird durch die Zahnfußrundung des Schneidrades wegschnitten, *Felder 2.1* und *3.1*.

- Bei Schrägverzahnung oder Achsversetzung wird der Zahn am kleinen Halbmesser einseitig unterschnitten, *Felder 2.1* und *3.1*.

- Bei der Erzeugung mit einem geradverzahnten Schneidrad ohne Achsversetzung sind die Linksflanken und die Rechtsflanken des Kronenzahnrades symmetrisch, *Zeile 1*.

- Bei der Erzeugung mit einem rechtssteigend schrägverzahnten Schneidrad ohne Achsversetzung sind die Linksflanken des Kronenzahnrades leicht konvex und die Rechtsflanken leicht konkav, *Zeile 2*.

- Bei der Erzeugung mit einem geradverzahnten Schneidrad mit negativer Achsversetzung (Definition siehe *Bild 7.2* oder *Felder 3.0* oder *4.0*) sind die Linksflanken des Kronenzahnrades leicht konkav und die Rechtsflanken leicht konvex, *Zeile 3*.

- Bei der Erzeugung mit einem rechtssteigend schrägverzahnten Schneidrad mit Achsversetzung können die Linksflanken und die Rechtsflanken des Kronenzahnrades beinahe symmetrisch sein, wenn die Achsversetzung und der Schrägungswinkel des Schneidrades aufgrund einer bestimmten Beziehung gewählt werden, *Zeile 4*.

- Die Flanken am großen Halbmesser haben einen großen Eingriffswinkel und am kleinen Halbmesser einen kleinen Eingriffswinkel.

6.2.3 Geometrische Grenzen

Der Eingriffswinkel am Kronenzahnrad verändert sich entlang der Zahnbreite. Der kleinste Wert des Eingriffswinkels ist theoretisch gleich null, jedoch werden die Zähne dort schon meistens unterschnitten. Man muß den kleinsten Eingriffswinkel an der Unterschnittgrenze berechnen. Andererseits wird der größte Eingriffswinkel an der Spitzengrenze erreicht. Die andere geometrische Grenze ist die Interferenz. Die Bestimmungsgleichungen für die drei Grenzen ergeben sich dann mit Einsetzen des Konuswinkels von 90° aus den Gleichungen in *Kapitel 4* (Konische Verzahnung).

6.2.3.1   Unterschnittgrenze

1. Bestimmungsgleichungen der Unterschnittgrenze

Die Bestimmungsgleichung der Unterschnittgrenze erhält man mit Einsetzen des Konuswinkels von 90° in Gl. (4.16) der Konischen Verzahnung

$$f_U(\lambda_{Uk}) = U_0(\lambda_{Uk}) + U_1(\lambda_{Uk})a^* + U_2(\lambda_{Uk})\tan\beta_b = 0 \tag{6.6}$$

wobei die Koeffizienten sind:

$$U_0(\lambda_{Uk}) = u^2\tan^2\lambda_{Uk}(1+\tan^2\lambda_{Uk}) \pm \rho^*_{atS}\tan\lambda_{Uk} - \rho^{*2}_{atS}, \tag{6.6a}$$

$$U_1(\lambda_{Uk}) = \mp\frac{\rho^*_{atS}}{\cos\lambda_{Uk}}, \tag{6.6b}$$

$$U_2(\lambda_{Uk}) = g_0(\lambda_{Uk}) + g_1(\lambda_{Uk})a^* + g_2(\lambda_{Uk})\tan\beta_b \tag{6.6c}$$

$$\text{mit}\quad g_0 = -u\frac{2\tan^3\lambda_{Uk} \pm \rho^*_{atS}(1-\tan^2\lambda_{Uk})}{\cos\lambda_{Uk}} \tag{6.6d}$$

$$g_1 = 2u\tan^2\lambda_{Uk}(1+\tan^2\lambda_{Uk}) \tag{6.6e}$$

$$g_2 = \left(\frac{a^*}{\cos\lambda_{Uk}} - \tan\lambda_{Uk} \pm \rho^*_{atS}\right)\left[\frac{a^*\tan^2\lambda_{Uk}}{\cos\lambda_{Uk}} - \tan^3\lambda_{Uk} \mp \rho^*_{atS}\right] \tag{6.6f}$$

sowie der bezogene Krümmungsradius

$$\rho^*_{atS} = \sqrt{\left(\frac{z_S + 2(x_S + h^*_{aPS})\cdot\cos\beta}{z_S\cdot\cos\alpha_t}\right)^2 - 1}, \tag{6.6g}$$

und die bezogene Achsversetzung

$$a^* = \frac{a}{r_{btS}}. \tag{6.6h}$$

Das obere Vorzeichen in den Gleichungen gilt für die Linksflanke und das untere für die Rechtsflanke.

Für eine angenäherte Berechnung erhält man auch aus Gl. (4.15) mit θ von 90° eine lineare Gleichung zweiter Ordnung

$$A_0 \tan^2 \lambda_{Uk} + A_1 \tan \lambda_{Uk} + A_2 = 0 \,, \tag{6.7}$$

mit

$$A_0 = u^2 + \left(a^* \tan \beta_b\right)^2 + \tan \beta_b \left[u \cdot \rho^*_{atS} \pm 2u \cdot a^* + \rho^*_{atS} \cdot a^* \tan \beta_b \right] \tag{6.7a}$$

$$A_1 = \pm \rho^*_{atS} \left(1 + \tan^2 \beta_b \right) \tag{6.7b}$$

$$A_2 = -\rho^{*2}_{atS} \mp a^* \cdot \rho^*_{atS} \mp \rho^*_{atS} \tan \beta_b \left[u^* + \tan \beta_b \left(a^* \pm \rho^*_{atS} \right) \right]. \tag{6.7c}$$

Die Lösung dazu lautet:

$$\tan \lambda_{Uk} = \frac{-A_1 \pm \sqrt{A_1^2 - 4A_0 A_2}}{2A_0} \,. \tag{6.8}$$

Für eine angenäherte Berechnung erhält man auch aus Gl. (4.17) mit $\theta = 90°$ eine lineare Gleichung zweiter Ordnung

$$f_U(\lambda_{Uk}) = u^2 \tan^2 \lambda_{Uk} \pm \rho^*_{aS} \tan \lambda_{Uk} - \rho^{*2}_{aS} = 0 \,. \tag{6.9}$$

mit den zugehörigen Lösungen:

$$\tan \lambda_{Uk} = \pm \frac{-1 + \sqrt{1 + 4u^2}}{2u^2} \rho^*_{aS} \tag{6.10}$$

$$k = L, R$$

wobei

$$\rho^*_{aS} = \sqrt{\left(\frac{z_S + 2(x_S + h^*_{aPS})}{z_S \cdot \cos \alpha_P} \right)^2 - 1} \,.$$

Gl. (6.10) verdeutlicht, daß

- je größer das Zähnezahlverhältnis u ist, um so kleiner wird der Eingriffswinkel an der Unterschnittgrenze,

– je größer der Zahnkopfkreishalbmesser (bzw. Krümmungsradius am Zahnkopfkreis ρ_{aS}) ist, um so größer wird der Eingriffswinkel an der Unterschnittgrenze.

Die Kronenradverzahnung mit einem großen Eingriffswinkel an der Unterschnittgrenze kann eine kleine Zahnbreite zur Folge haben.

Der *Innenhalbmesser* R_i an der Unterschnittgrenze kann nach *Bild 6.2* bestimmt werden, wobei der Grenzpunkt P_U dem Punkt E entspricht:

$$R_i = \sqrt{x_{Uk}^2 + y_{Uk}^2} \tag{6.11}$$

mit

$$x_{Uk} = r_{btS}(-\sin \lambda_{Uk} \pm \rho_a^* \cos \lambda_{Uk}) + a$$

$$y_{Uk} = \frac{u\, r_{btS}}{\cos \lambda_{Uk}} + \frac{\tan \beta_b}{\cos \lambda_{Uk}}\left[r_{btS}(-\sin \lambda_{Uk} \pm \rho_a^* \cos \lambda_{Uk}) + a \right]$$

Es kann sehr häufig auch ein einheitenfreier Faktor C_i für den Innenhalbmesser und C_a für den Außenhalbmesser verwendet werden, welcher so definiert ist,

$$C_i = \frac{R_i}{r_{t2}} \cdot \qquad\qquad C_a = \frac{R_a}{r_{t2}} \tag{6.12a ; 6.12b}$$

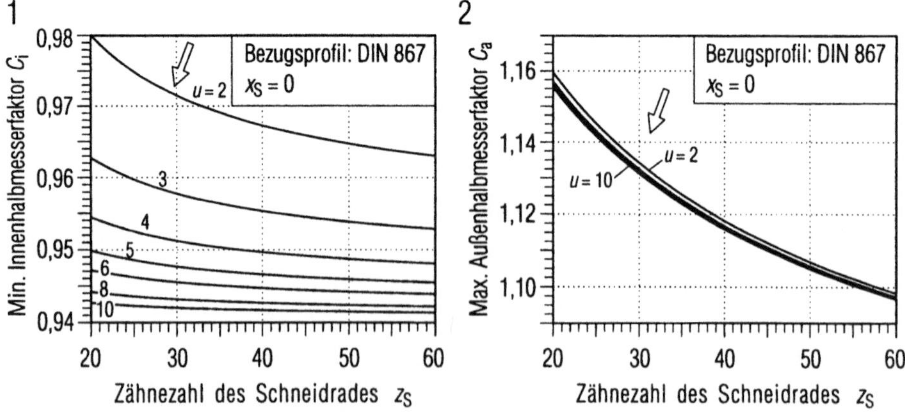

Bild 6.5. Minimaler Innenhalbmesserfaktor C_i (*Teilbild 1*) und maximaler Außenhalbmesserfaktor C_a (*Teilbild 2*) des Kronenzahnrades in Abhängigkeit von Zähnezahl z und Zähnezahlverhältnis u.

In **Bild 6.5**, *Teilbild 1* wird ein Diagramm für den Faktor C_i in Abhängigkeit von der Zähnezahl des Schneidrades und dem Zähnezahlverhältnis dargestellt. Aus diesem Diagramm ist zu erkennen, daß bei großem Zähnezahlverhältnis sich ein kleinerer Innenhalbmesser an der Unterschnittgrenze ergibt. *Teilbild 2* zeigt den vom Zähnezahlverhältnis unabhängigen Außenhalbmesserfaktor C_a.

In **Bild 6.6** steht eine Konstruktionstafel zur Verfügung für eine grobe Berechnung des Eingriffswinkels an der Unterschnittgrenze und des zugehörigen Innenhalbmesserfaktors C_i bei der Kronenrad-Geradverzahnung ohne Achsversetzung.

Beispiel: Es sei die *Kronenzahnradpaarung* mit $z_S = 5$, $z_2 = 20$, Bezugsprofil:

$\alpha_P = 20°$, $h^*_{aPS} = h^*_{f2} = 0{,}652$ und $h^*_{FfPS} = h^*_{a2} = 1{,}10$ sowie Profilverschiebung $x_S = 0{,}807$ vorgegeben (siehe Fußnote 2).

Ausgangsgröße: $z_S = 5$, $u = 4$, $h^*_{aPS} + x_S = 1{,}459$.

Ergebnisse: $\lambda_U = 16{,}10°$, $C_i = 1{,}010$, $R_2 = 10{,}10 \cdot m_n$.

Die mit Hilfe eines numerischen Verfahrens berechneten Ergebnisse sind:
$\lambda_U = 16{,}119°$, $R_2 = 10{,}074 \cdot m_n$.

2. Einseitiger Unterschnitt

Die Lösung der Bestimmungsgleichung für die Unterschnittgrenze, Gl. (6.6), kann mathematisch nicht reell sein. Geometrisch bedeutet das, daß die Zähne unter solchen Umständen nicht unterschnitten werden. In **Bild 6.7** sind Zähne des Kronenzahnrades durch Hüllschnitte in abgewickelten koaxialen Zylinderflächen dargestellt. Die Blickrichtung geht von der Raddrehachse aus. In *Teilbild 1* ist das Kronenzahnrad geradverzahnt und in *Teilbild 2* schrägverzahnt. Alle Beispiele sind ohne Achsversetzung ausgeführt. Infolge der symmetrischen Flanken bei der Geradverzahnung ohne Achsversetzung erkennt man deutlich den beidseitigen Unterschnitt (*Teilbild 1*). Im Gegensatz dazu werden nur die Linksflanken des schrägverzahnten Kronenzahnrades am kleinen Halbmesser unterschnitten und die Rechtsflanken dort jedoch nicht (*Teilbild 2*). Ebenso tritt einseitiger Unterschnitt auch bei der Verzahnung mit Achsversetzung auf, die hier nicht dargestellt ist.

Der ungleichmäßige Unterschnitt ist die hauptsächliche Ursache der verkleinerten Zahnbreite bei der Schrägverzahnung mit/ohne Achsversetzung. Bei einem bestimmten Zusammenhang zwischen dem Schrägungswinkel und der Achsversetzung können die Zähne auch etwa gleich beidseitig unterschnitten werden. Dann sind größere Zahnbreiten zu erzielen. Das wird in *Abschnitt 6.2.4.2* eingehend behandelt.

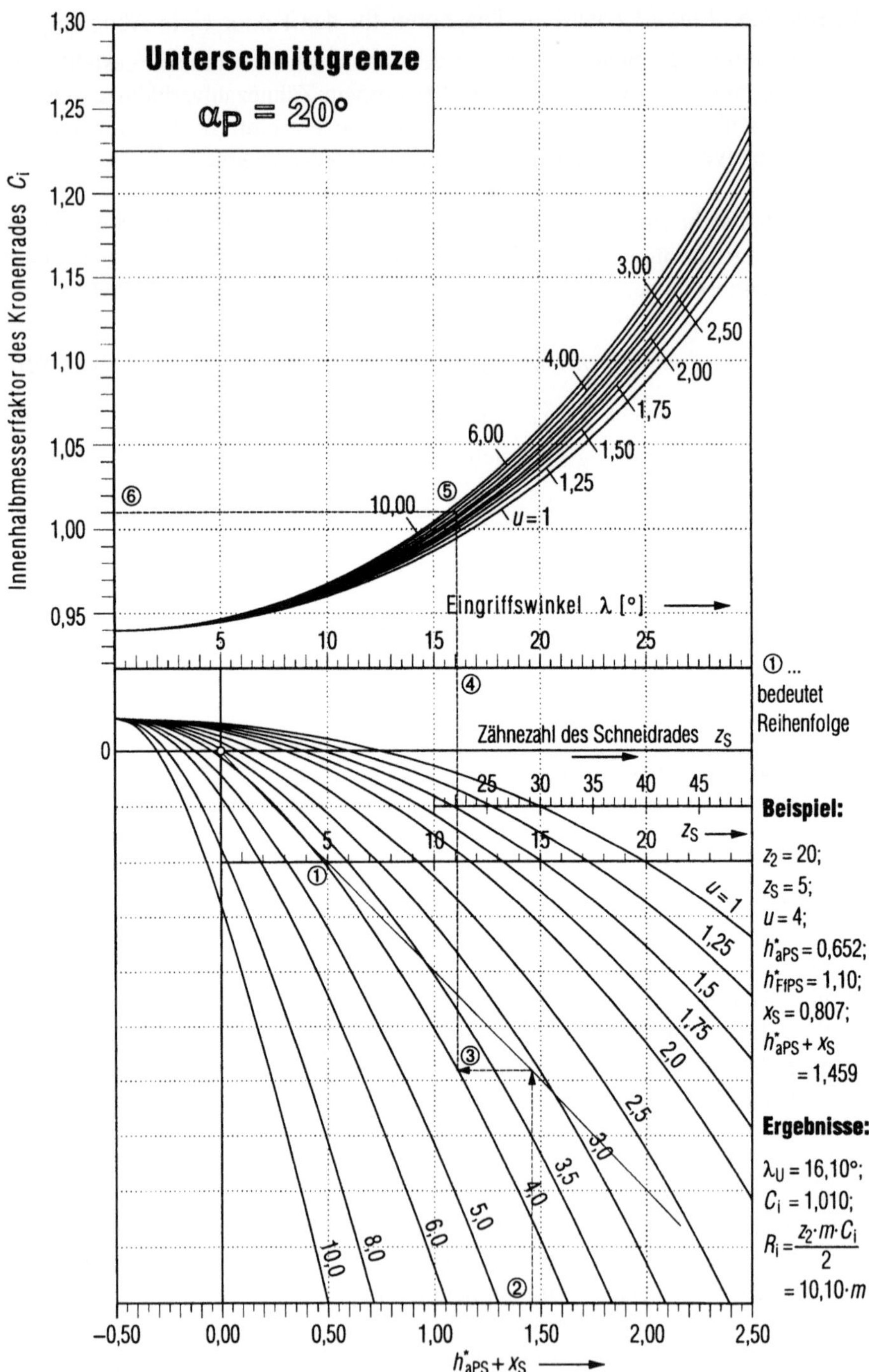

Bild 6.6. Nomogramm zur groben Berechnung des Eingriffswinkels λ und der Unterschnittgrenze mit dem zugehörigen Innen-Teilkegellängenfaktors $C_i = R_U / R_2$ mit $R_2 = z_2 \cdot m_n/2$, wobei dann $R_2 = r_2$ ist.

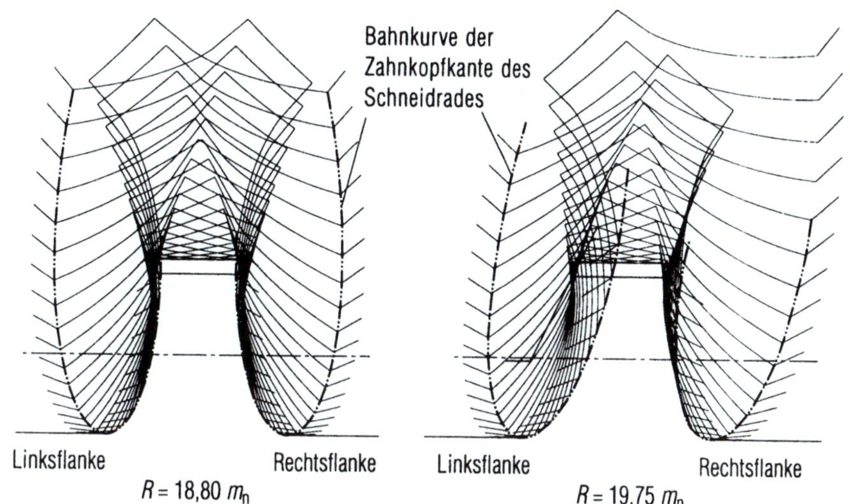

Bezugsprofil nach DIN 867; $z_1 = 20$; $z_2 = 40$;

Bild 6.7. Kronenzahnradzähne durch Hüllschnitte in abgewickelten koaxialen Zylinderflächen, dargestellt mit Blickrichtung von der Achse.

Teilbild 1: Kronenzahnrad geradverzahnt, symmetrische Flanken bei vollkommen unterschnittenen Flanken am kleinen Halbmesser.

Teilbild 2: Kronenzahnrad schrägverzahnt. Es wird nur die eine Flanke (hier die linke) am kleinen Halbmesser unterschnitten.

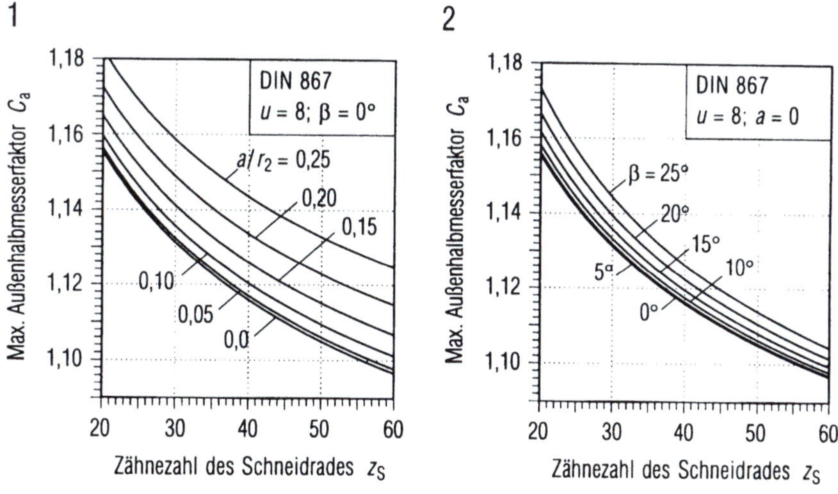

Bild 6.8. Diagramm zur Ermittlung des maximalen Außenhalbmesserfaktors $C_a = R_a / R_2$ bezüglich der Spitzengrenze, in Abhängigkeit der Zähnezahl- und der Achsversetzung a/r_2 (*Teilbild 1*), bzw. in Abhängigkeit des Schrägungswinkels β und der Zähnezahl z (*Teilbild 2*).

6.2.3.2   Spitzengrenze

1. Bestimmung der Spitzengrenze

Die Bestimmung der Spitzengrenze ist mit der Geometrie der Kronenzahnräder eng verbunden. Weil die Verzahnungsgeometrie des Kronenzahnrades, insbesondere der Schrägverzahnung mit oder ohne Achsversetzung, sehr kompliziert ist, werden die Bestimmungsgleichungen dafür hier nicht angegeben.

In **Bild 6.5**, *Teilbild 2* ist das Diagramm für den Außenhalbmesser an der Spitzengrenze wiedergegeben. Damit wird verdeutlicht, daß der maximale Außenhalbmesserfaktor C_a mit zunehmendem Zähnezahlverhältnis u gegen eine Konstante strebt. Aufgrund dieser Erkenntnisse werden zwei Diagramme in **Bild 6.8** für den Fall Achsversetzung, *Teilbild 1*, und Schrägverzahnung, *Teilbild 2*, wiedergegeben.

2. Graphische Bestimmung der Spitzengrenze für geradverzahnte Kronenzahnräder ohne Achsversetzung

Die Bestimmungsgleichungen für die Spitzengrenze sind kompliziert und müssen mit einem numerischen Rechenprogramm für Gleichungssysteme mit vier Unbekannten gelöst werden. Wie in *Bild 6.4* zu erkennen ist, kann die Flanke der Geradverzahnung ohne Achsversetzung wie eine Ersatzzahnstange betrachtet werden. In **Bild 6.9** wird gezeigt, wie eine angenäherte Bestimmungsgleichung für die Spitzengrenze aufgestellt werden kann. Dabei steht der gerade spitz werdende Zahn im Stirnschnitt des Schneidrades in der Drehlage $\varphi_2 = 0$. Durch die Eingriffslinie mit dem Eingriffswinkel $-\lambda_R$ wird der Berührpunkt Y bestimmt. Das Minus-Vorzeichen vor λ_R ergibt sich aus dem negativen Eingriffswinkel an den Rechtsflanken. Von dem Spitzpunkt P aus zieht man eine zu der Eingriffslinie parallel stehende Linie bis zum Punkt W auf der Linie $O_S T_S$. Der Krümmungsradius YT_S am Berührpunkt Y ist damit gleich der Länge PW, weil die Flanke der Ersatzzahnstange auch parallel zu der Linie $O_S T_S$ liegt. Aufgrund der Eigenschaft der Kreisevolvente ist dieser Krümmungsradius YT_S genauso groß wie die Bogenlänge GT_S, welche direkt mit dem Winkel $(-\lambda_{SR} - \eta + \mathrm{inv}\,\alpha_P)$ berechnet werden kann. Daher gilt die Gleichung

$$\overline{YT_S} = \mathrm{arc}\!\left(GT_S\right) = r_{bS}\!\left(-\lambda_{SR} - \eta + \mathrm{inv}\,\alpha_P\right). \tag{6.13}$$

Die Länge PW ist

$$\begin{aligned}
\overline{PW} &= -\overline{O_S P}\,\sin\lambda_{SR}\\
&= -\left(r_S + x_S m_n - h_{a2}\right)\sin\lambda_{SR}.
\end{aligned} \tag{6.14}$$

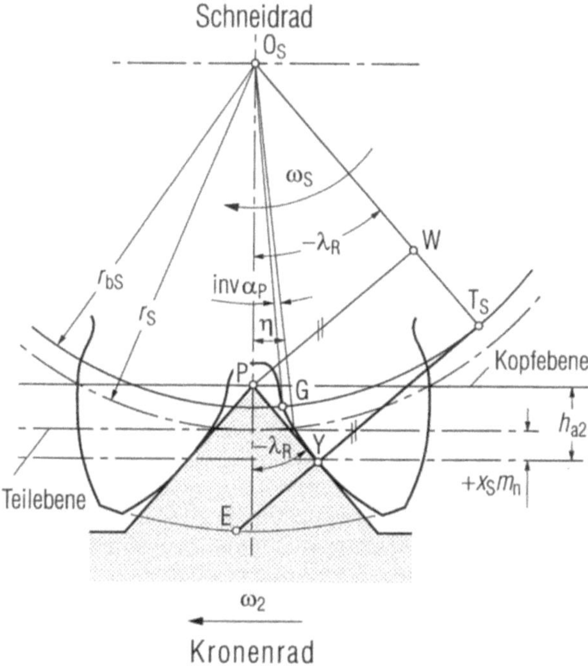

Bild 6.9. Analysisfigur zur angenäherten Bestimmung der Spitzengrenze an den Rechtsflanken der geradverzahnten Kronenradzähne ohne Achsversetzung.

Aus der Gleichheitsbedingung $\overline{PW} = \overline{YT_S}$ ergibt sich die Gleichung

$$\overline{YT_S} = r_{bS}\left(-\lambda_{SR} - \eta + \operatorname{inv}\alpha_P\right)$$
$$= -\left(r_S + x_S m_n - h_{a2}\right)\sin\lambda_{SR} = \overline{PW}, \tag{6.15}$$

oder

$$r_{bS}\left(-\lambda_{SR} - \eta + \operatorname{inv}\alpha_P\right) + \left(r_S + x_S m_n - h_{a2}\right)\sin\lambda_{SR} = 0. \tag{6.16a}$$

Nach Einsetzen mit $\lambda_{SL} = -\lambda_{SR}$ erhält man die Bestimmungsgleichung für
Linksflanken

$$r_{bS}\left(\lambda_{SL} - \eta + \operatorname{inv}\alpha_P\right) - \left(r_S + x_S m_n - h_{a2}\right)\sin\lambda_{SL} = 0, \tag{6.16b}$$

oder in der zusammengesetzten Schreibweise

$$r_{bS}\left(\pm\lambda_{SL,R} - \eta + \operatorname{inv}\alpha_P\right) \mp \left(r_S + x_S m_n - h_{a2}\right)\sin\lambda_{SL,R} = 0 \tag{6.16c}$$

Mit den Verzahnungsgrößen des Schneidrades und dem Zahnkopfhöhenfaktor des Kronenzahnrades kann man den Eingriffswinkel $\lambda_{SL,R}$ iterativ finden.

Der Außenhalbmesser an der Spitzengrenze kann auch annähernd mit dem daraus ermittelten Eingriffswinkel nach folgender Gleichung berechnet werden,

$$R_a = \frac{r_2 \cos\alpha_P}{\cos\lambda_S} \, . \tag{6.17}$$

In **Bild 6.10** sind die Spitzen-Grenzkurven der geradverzahnten Kronenzahnräder mit verschiedenen Zähnezahlen für sich schneidende Achsen dargestellt. Man kann erkennen, daß mit kleineren Zahnhöhen größere max. Außenhalbmesser entstehen. Die Profilverschiebung des Schneidrades wirkt sich wie ein Zahnkopfkürzungsfaktor aus, wie man der Gl. (6.16) gut entnehmen kann.

In **Bild 6.11** ist eine Konstruktionstafel wiedergegeben zur groben Berechnung des Eingriffswinkels an der Spitzengrenze und des zugehörigen Außenhalbmesserfaktors C_a bei der Kronenrad-Geradverzahnung ohne Achsversetzung.

Beispiel: Es liege die *Kronenzahnradpaarung* mit $z_S = 5$, $z_2 = 20$, dem Bezugsprofil: $\alpha_P = 20°$, $h^*_{aPS} = h^*_{f2} = 0{,}652$ und $h^*_{FfPS} = h^*_{a2} = 1{,}10$ sowie Profilverschiebungsfaktor $x_S = 0{,}807$ vor.

Ausgangsgröße: $z_S = 5$, $x_S = 0{,}807$, $h^*_{aP2} - x_S = 0{,}293$.

Ergebnisse: $\lambda_{Sp} = 53{,}9°$, $C_a = 1{,}595$, $R_2 = 15{,}950 \cdot m_n$.

Die mit Hilfe eines numerischen Verfahrens genau berechneten weiteren Ergebnisse sind:

$\lambda_U = 53{,}821°$, $R_2 = 15{,}971 \cdot m_n$.

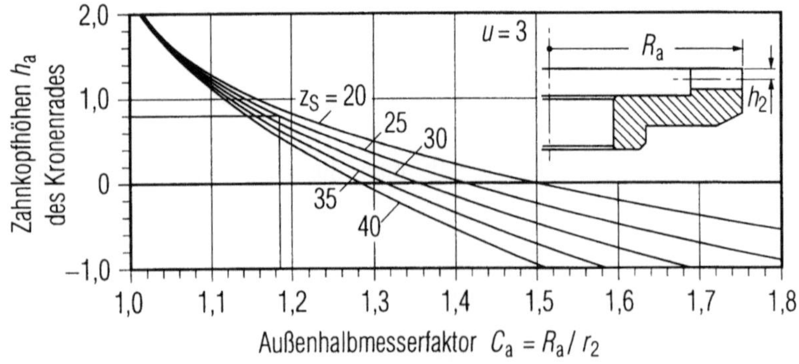

Bild 6.10. Zahnkopfhöhenfaktor h^*_a bei eintretender Spitzengrenze am Außenhalbmesser R_a in Abhängigkeit des Außenhalbmesserfaktors C_a und der Schneidradzähnezahl z_S beim Zähnezahlverhältnis $u = 3$ bei sich schneidenden Achsen und geradverzahnten Rädern.

Spitzengrenze

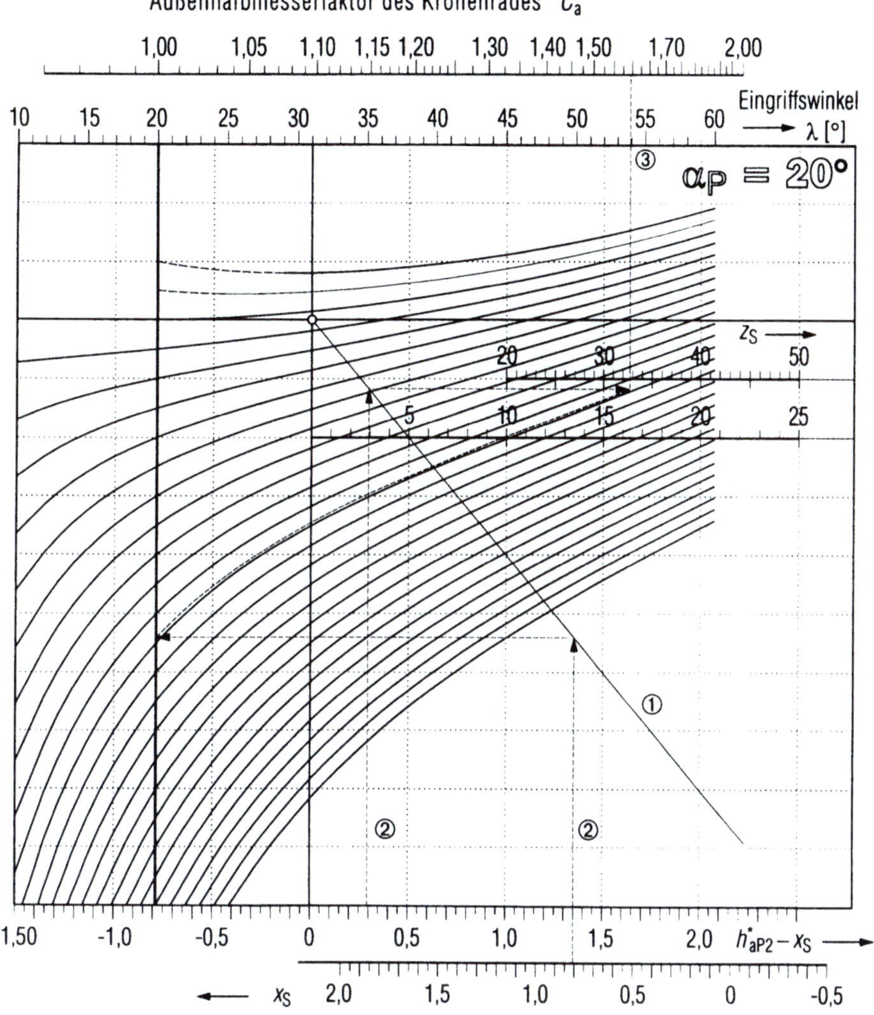

① ... bedeutet Reihenfolge

Beispiel:

$z_2 = 20$; $z_S = 5$; $h^*_{aPS} = 0{,}652$; $h^*_{aP2} = h^*_{FfPS} = 1{,}10$; $x_S = 0{,}807$; $h^*_{aP2} - x_S = 0{,}293$

Ergebnisse:

$\lambda_{Sp} = 53{,}9°$; $C_a = 1{,}595$; $R_a = \dfrac{z_2 \cdot m \cdot C_a}{2} = 15{,}950 \cdot m$

Bild 6.11. Nomogramm zur Ermittlung des Eingriffswinkels λ an der Spitzengrenze und des Außenhalbmesserfaktors C_a, abhängig von den Zähnezahlen z_2, z_S, den Zahnhöhenfaktoren h^*_{aP2}, h^*_{aPS} und dem Profilverschiebungsfaktor x_S bei Kronenrad-Geradverzahnung ohne Achsversetzung. Wegen gleichmäßiger Abnutzung und Vermeidung von akustischen Erregerfrequenzen sollte die Zähnezahl des Großrades eine Primzahl sein, hier z.B. $z_2 = 19$.

6.2.3.3 Interferenzgrenze

In den *Feldern 2.1* und *3.1* des *Bildes 6.4* kann am Zahnkopf eine andere Art
der Eingriffsstörung erkannt werden, nämlich die Gefahr des Aufsitzens des Zahn-
kopfs vom Kronenzahnrad in der Zahnfußrundung des Schneidrades. In **Bild 6.12**
sind die Eingriffsverhältnisse der Kronenzahnradpaarung im Stirnschnitt mit dem
Schneidrad bzw. dem Ritzel dargestellt. Der Fußnutzkreis des Schneidrades ist
durch die Kopflinie des Bezugsprofils bestimmt. Diese Kopflinie entspricht hier
der Zahnkopfebene des Kronenzahnrades. Um die Interferenzgrenze zu bestimmen, betrachten wir zunächst die Eingriffslinie A_0E_0 mit dem Eingriffswinkel
$\lambda_k = \alpha_t$. Der Fußnutzkreis geht dabei gerade durch den Schnittpunkt der Eingriffslinie mit der Kopfebene A_0. Wird der Eingriffswinkel λ_k größer, schneidet die
Eingriffslinie die Kopfebene des Kronenzahnrades im Punkt A_1 und den Fußnutzkreis im Punkt A'_1, wie im Bild gezeigt. In diesem Fall gibt es keine Eingriffsstörung, weil der Grenzpunkt A'_1 außerhalb der Eingriffsstrecke E_1A_1 liegt. Ist der
Eingriffswinkel λ_k kleiner als α_t, dann liegt der Punkt A'_2, der Schnittpunkt der
Eingriffslinie mit der Kopfebene des Kronenzahnrades, innerhalb der Eingriffsstrecke A_2E_2. Daraus ergibt sich eine Eingriffsstörung bzw. Interferenz. Der Ein-

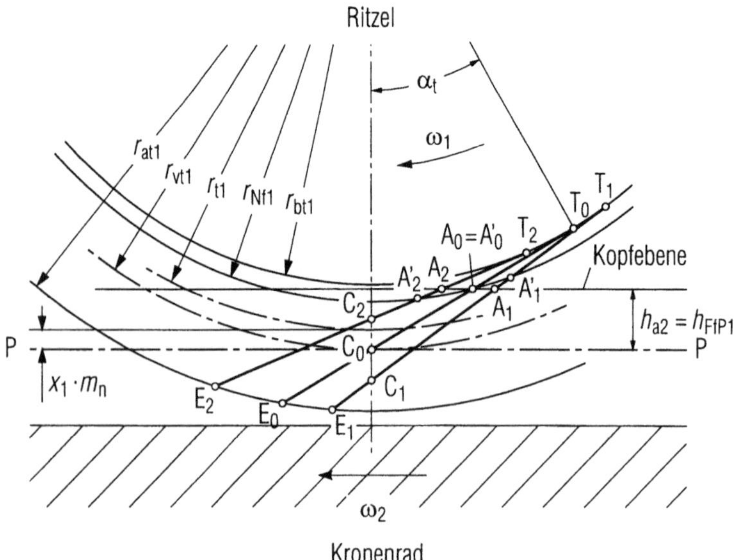

Bild 6.12. Eingriffsverhältnisse einer Kronenzahnrad-Schneidrad-Paarung im Stirnschnitt.
Auftreten von Interferenz.

Es tritt Eingriffsstörung (Interferenz) auf, wenn der Schnittpunkt des Fußnutzkreises r_{Nfl}
mit der Eingriffslinie innerhalb der Eingriffsstrecke liegt z.B. Punkt A'_2 „unter" Punkt A_2.
Keine Interferenz ist bei Punkt A'_1, denn er liegt vor Eingriffsbeginn A_1.

griffswinkel an der Interferenzgrenze ist deshalb gleich dem Stirnprofilwinkel α_t. Dieser Eingriffswinkel ist unabhängig von der Zähnezahl, dem Zähnezahlverhältnis u und der Profilverschiebungsfaktor x_S, [6.6 ; 6.11].

Der Halbmesser am Grenzpunkt P_{Int} läßt sich mit dem Krümmungsradius am Fußnutzkreis $\rho_t^* = \rho_f^*$ des Schneidrades, für den gilt

$$\rho_f^* = \tan\alpha_t - \frac{2 \cdot (h_{Ffp}^* - x_S) \cdot \cos\beta}{z_S \cdot \sin\alpha_t \cos\alpha_t} \tag{6.18}$$

und dem Eingriffswinkel $\lambda = \alpha_t$ nach Gl. (6.5) bestimmen, also:

$$R_{Ik} = \sqrt{x^2 + y^2} \ , \tag{6.19}$$

mit

$$x = a + r_{btS}(-\sin\alpha_t \pm \rho_f^* \cos\alpha_t),$$

$$y = u \cdot r_{tS} + \tan\beta \cdot \left[a + r_{btS}(-\sin\alpha_t \pm \rho_f^* \cos\alpha_t)\right].$$

Wie bei der Unterschnittgrenze sind der Halbmesser an der Interferenzgrenze für Links- und Rechtsflanke bei Schrägverzahnung und Achsversetzung nicht gleich, vergleiche die Flanke in den *Feldern 2.1* und *3.1* des *Bildes 6.4*.

Im allgemeinen wird der Innenhalbmesser nicht durch die Interferenzgrenze bestimmt. Daher muß eine Zahnkopfkürzung durchgeführt werden.

6.2.4 Bestimmung der Zahnbreite

6.2.4.1 *Maßnahmen zur Erzeugung großer Zahnbreiten*

In **Bild 6.13** werden die Auswirkungen der Verzahnungsgrößen auf die max. Zahnbreite gezeigt: das Zähnezahlverhältnis u in *Teilbild 1*, der Profilwinkel des Bezugsprofils α_p in *Teilbild 2*, der Schrägungswinkel in *Teilbild 3* und die Achsversetzung a in *Teilbild 4*. Diese Ergebnisse entsprechen denen des Kapitels *Konische Verzahnung*. Bei gleicher Zähnezahl z_S und z_2 sowie gleichem Modul m_n kann auch eine größere max. Zahnbreite als bei genormten Verzahnungen erhalten werden, wenn

- eine *positive* Profilverschiebung $x_S \cdot m_n$ am Schneidrad vorliegt,

- die Kronenzahnradpaarung *geradverzahnt* und *ohne Achsversetzung* ist,

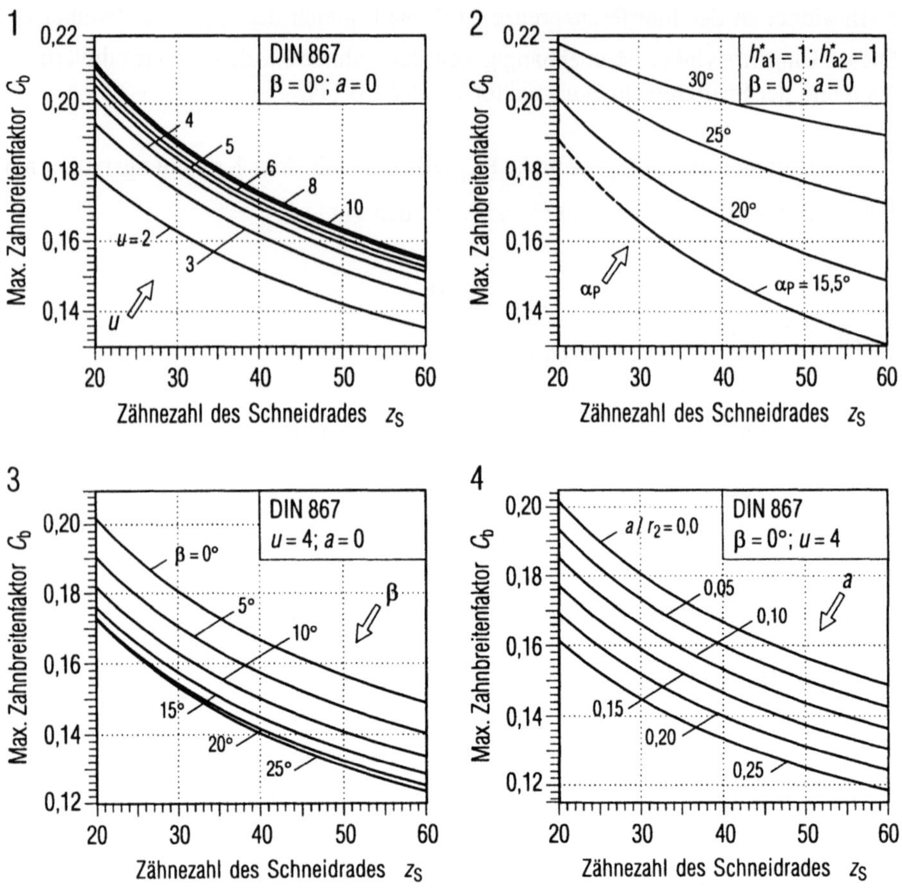

Bild 6.13. Abhängigkeit des maximalen Zahnbreitenfaktors $C_b = b_{max} / r_{t2}$; $C_b = C_a - C_i$ von einzelnen Zahnradgrößen.

Teilbild 1: Abhängigkeit von der Zähnezahl des Schneidrades z_S und dem Zähnezahlverhältnis, bei Geradverzahnung ohne Achsversetzung.

Teilbild 2: Zahnbreitenfaktor C_b abhängig vom Profilwinkel $α_P$ und der Zähnezahl z_S.

Teilbild 3: Zahnbreitenfaktor C_b abhängig von der Zähnezahl z_S, vom Schrägungswinkel $β$, beim Zähnezahlverhältnis $u = 4$; keine Achsversetzung

Teilbild 4: Zahnbreitenfaktor C_b abhängig von der Achsversetzung a/r_2, der Zähnezahl z_S bei Geradverzahnung und Zähnezahlverhältnis $u = 4$.

– der Profilwinkel *größer* als 20° ist (meistens 30°, jedoch nicht größer als 35°),

– das Bezugsprofil für das Schneidrad als *Hochprofil* und für das Kronenzahnrad als *Stumpfprofil* ausgeführt wird.

6.2.4.2 Zusammenhang des Schrägungswinkels und der Achsversetzung für große Zahnbreiten

In dem letzten Abschnitt wurde erkannt, daß die Zahnbreite mit steigender Achsversetzung verkleinert wird. In vielen Anwendungsfällen müssen jedoch die Zahnradgetriebe mit Achsversetzung ausgeführt werden.

In **Bild 6.14** wird ein Diagramm für die max. Zahnbreite (oben) und den Innenhalbmesser an der Unterschnittgrenze (unten) in Abhängigkeit des Schrägungswinkels und der Achsversetzung wiedergegeben. Daraus geht sehr deutlich hervor, daß bei Kronenzahnradpaarung mit Achsversetzung durch die Wahl eines geeigneten Schrägungswinkels eine größere max. Zahnbreite erzielt werden kann als ohne Schrägverzahnung. Dieser Zusammenhang zwischen dem Schrägungswinkel β und der Achsversetzung a entspricht dem Grenzpunkt, der mit „Gr" an jeder Kurve im Bild bezeichnet ist. Die größte Zahnbreite entsteht beim kleinsten Innenhalbmesser an der Unterschnittgrenze, wie im Diagramm unten gut zu erkennen ist. Der kleinste Innenhalbmesser ergibt sich, wenn die Innenhalbmesser an der Linksflanke und an der Rechtsflanke gleich sind. In diesem Fall werden die Zähne nicht mehr einseitig, sondern beidseitig unterschnitten. Mit dieser Bedingung kann ein Gleichungssystem mit drei Unbekannten aufgestellt werden:

$$f_1\left(\lambda_{\mathrm{UR}},\beta\right) = f_{\mathrm{U}}\left(\lambda_{\mathrm{UR}},\beta\right) = U_0(\lambda_{\mathrm{UR}}) + U_1(\lambda_{\mathrm{UR}})a^* + U_2(\lambda_{\mathrm{UR}},\beta)\tan\beta_{\mathrm{b}} = 0,$$

$$f_2\left(\lambda_{\mathrm{UL}},\beta\right) = f_{\mathrm{U}}\left(\lambda_{\mathrm{UL}},\beta\right) = U_0(\lambda_{\mathrm{UL}}) + \bar{U}_1(\lambda_{\mathrm{UL}})a^* + U_2(\lambda_{\mathrm{UL}},\beta)\tan\beta_{\mathrm{b}} = 0,$$

$$f_3\left(\lambda_{\mathrm{UR}},\lambda_{\mathrm{UL}},\beta\right) = R_{\mathrm{UR}}\left(\lambda_{\mathrm{UR}},\beta\right) - R_{\mathrm{UL}}\left(\lambda_{\mathrm{UL}},\beta\right) = 0.$$

$$(6.20)$$

Die analytischen Lösungen sind aufwendig und kompliziert. Mit Hilfe eines numerischen Verfahrens kann jedoch der Zusammenhang zwischen der Achsversetzung und dem Schrägungswinkel gefunden werden. In **Bild 6.15** wird der daraus ermittelte Zusammenhang in einem Diagramm dargestellt. Man erkennt eine sehr gute Annäherung an eine lineare Funktion zwischen der Achsversetzung und dem Schrägungswinkel für eine größte Zahnbreite. Mittels der Methode „Lineare Regression" kann eine lineare Funktion für dies Beispiel im Diagramm aufgestellt werden, also:

$$\beta^\circ = 0{,}043 - 1{,}688 \cdot \frac{a_{12}}{m_{\mathrm{n}}} \quad [^\circ].$$

$$(6.21)$$

Diese angenäherte Gleichung ist besonders gut geeignet für die praktische Anwendung, weil die Abweichung klein ist, z.B. bei $a = 0$ der Sollwert des Schrägungswinkels 0° ist, der Istwert $0{,}043^\circ$. Diese Differenz ist in der Praxis vernachlässigbar.

In **Bild 6.16** ist eine Tabelle für die zur Berechnung des Schrägungswinkels erforderlichen Koeffizienten wiedergegeben. Das Bezugsprofil ist nach DIN 867

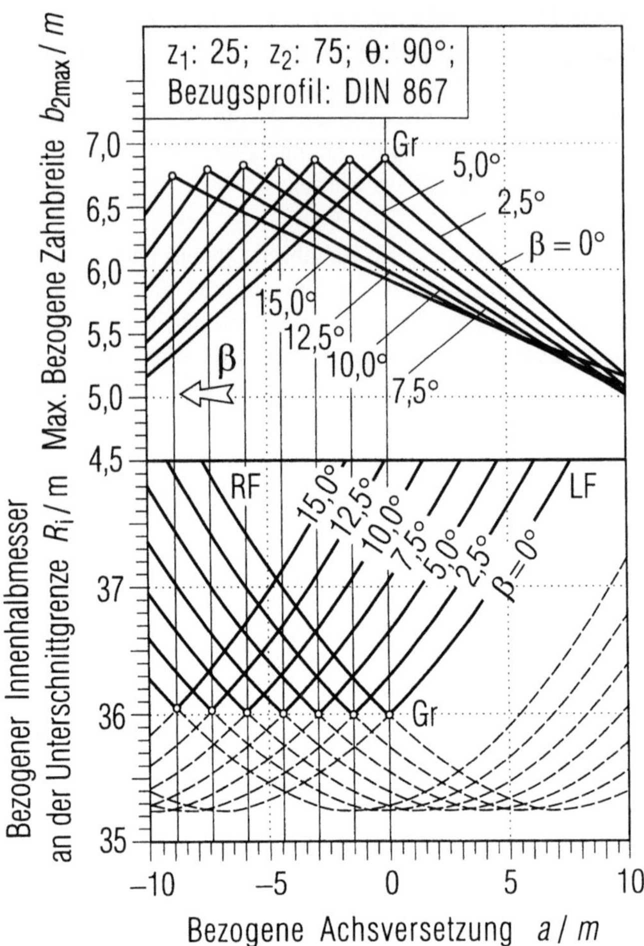

Bild 6.14. Maximale Zahnbreite b_{max}/m in Abhängigkeit der Achsversetzung a/m und des Schrägungswinkels β (oben). Bezogener Innenhalbmesser R_i ($R_i = r_i$ beim Kronenzahnrad) abhängig von der Achsversetzung a/m und dem Schrägungswinkel β. Es bedeutet RF Rechtsflanke, LF Linksflanke.

Ergebnis: Bei Kronenzahnradpaarung mit Achsversetzung kann bei optimalem Schrägungswinkel β eine größere Zahnbreite erzielt werden als ohne Schrägverzahnung; Maxima im oberen Diagramm!

gewählt, wobei *keine* Profilverschiebung vorliegt. Durch Einsetzen der Koeffizienten A und B in die annähernd lineare Gleichung,

$$\beta = A + B\,\frac{a}{m_n} \quad [°], \tag{6.22}$$

kann man den Schrägungswinkel ermitteln. Bei großen Zähnezahlverhältnissen ist die Abweichung der Linearen Gleichung vom Sollwert einerseits zu groß und die maximale Zahnbreite andererseits auch groß genug für praktische Anwendungen.

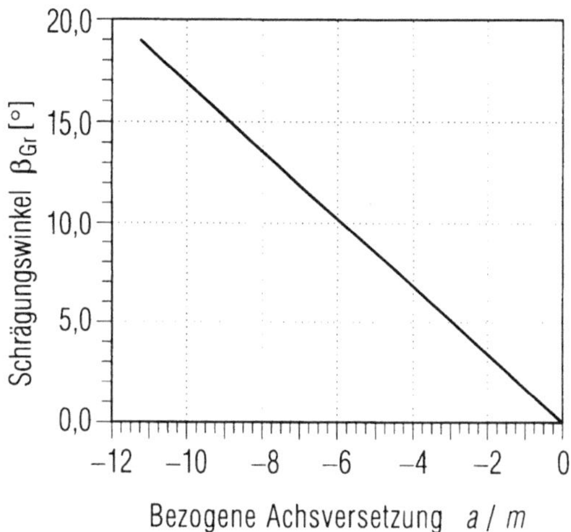

Bild 6.15. Diagramm zur Wahl der Achsversetzung a/m und des Schrägungswinkels zur Erzielung einer maximalen Zahnbreite am Kronenzahnrad.

Deshalb werden die Daten für große Zähnezahlverhältnisse in der Tabelle nicht berücksichtigt. Mit gewissen Abweichungen kann die Tabelle auch für die Kronenzahnradpaarung mit Profilverschiebung $x_1 \cdot m_n$ verwendet werden.

Beispiel: Es sei die *Kronenzahnradpaarung* mit $z_1 = 25$, $z_2 = 50$, Bezugsprofil nach DIN 867, Modul $m_n = 2$ mm und Achsversatz $a = -16$ mm vorgegeben. Der aus Gl. (6.22) ermittelte Schrägungswinkel lautet 19,974°. Nach der Berechnung des Innenhalbmessers an der Unterschnittgrenze und des Außenhalbmessers an der Spitzengrenze, [6.6] hat die geradverzahnte Kronenzahnradpaarung ohne Achsver-

Berechnungsformel: $\beta° = A + B \cdot \dfrac{a}{m_n}$

z_1	$u=1{,}5$		$u=2{,}0$		$u=3{,}0$		$u=4{,}0$		$u=6{,}0$	
	A	B	A	B	A	B	A	B	A	B
20	0,033	−4,045	0,039	−3,100	0,043	−2,105	0,046	−1,590	−0,066	−1,085
25	0,033	−3,251	0,038	−2,492	0,043	−1,688	0,046	−1,273	−0,066	−0,869
30	0,033	−2,731	0,038	−2,083	0,043	−1,409	0,046	−1,062	−0,066	−0,724
40	0,033	−2,061	0,038	−1,569	0,043	−1,059	0,046	−0,797	−0,012	−0,538
50	0,032	−1,655	0,037	−1,258	0,043	−0,848	0,046	−0,638	−0,006	−0,431

Bild 6.16. Tabelle zur Berechnung des optimalen Schrägungswinkels β bei vorgegebener Ritzelzähnezahl z_1 und vorgegebenem Zähnezahlverhältnis u, abhängig von der Achsversetzung a/m. Mit den Werten kann die größte Zahnbreite ermittelt werden.

setzung die maximale Zahnbreite $b_{max} = 8{,}519$ mm, mit Achsversetzung $b_{max} = 5{,}486$ mm; die schrägverzahnte Zahnradpaarung mit $\beta = 19{,}974°$ dagegen $b_{max} = 8{,}085$ mm. Der nach Gl. (6.20) mit einem numerischen Verfahren berechnete Schrägungswinkel β ist gleich 19.926°, mit dem die Zahnbreite b_{max} gleich 8,092 mm wird.

6.3 Paarungsmöglichkeiten der Kronenradverzahnung

Das Kronenzahnrad kann beim Einsatz nicht nur mit dem Stirnrad, das dem Schneidrad gleich ist, gepaart werden, sondern noch mit vielen anderen. In **Bild 6.17** steht ein Konstruktionskatalog für die Paarungsmöglichkeiten der Kronenzahnräder zur Verfügung, der aus dem Übersichtskatalog im *Band I, Bild 1.6* entstanden ist, [6.6]. Die Nummer in den Feldern rechts unten bedeutet die Feld-Nummer in diesem Übersichtskatalog. Für das Gegenrad als zylindrisches Stirnrad (mit dem Konuswinkel von 0°) kann die gepaarte Zähnezahl z_1 entweder gleich oder kleiner als die des Schneidrades sein. Beide Paarungsmöglichkeiten erlauben eine freie Lagerung jeweils in der axialen Richtung des Rades, ohne die momentane Übersetzung zu ändern. Durch Verschiebung des Ritzels entlang der axialen Richtung des Kronenzahnrades entstehen entsprechende Flankenspiele.

Die andere Möglichkeit ist die, das Kronenzahnrad mit einem Konischen oder Konuszahnrad zu paaren, *Zeile 3*. Weil der Eingriffswinkel beim Konischen Zahnrad und Kronenzahnrad über der Zahnbreite veränderlich ist, muß die Paarung wie die Kegelradpaarung genau gelagert werden. Trotzdem kann man diese Kronenzahnradpaarung in einer bestimmten Richtung verlagern, je nach den Verzahnungsbedingungen der beiden zu paarenden Räder. Bei der Kronenzahnradpaarung mit dem Konuszahnrad muß die *Konusradachse* gegenüber dem Kronenzahnrad auch genau gelagert werden. Die Lage des Konuszahnrades in dieser Achse ist jedoch frei beweglich ohne Änderung der gleichmäßigen Übersetzung. Daher ist diese Paarung sehr geeignet zum Einstellen der Flankenspiele.

Die letzte Paarungsmöglichkeit besteht darin, zwei gleiche Kronenzahnräder mit koaxialen Achsen zu paaren. Paarungen mit zwei verschiedenen Kronenzahnrädern sind nicht möglich. Wie am Anfang dieses Kapitels schon erwähnt wurde, können diese Paarungen für Stirnzahnkupplungen verwendet werden. Infolge des veränderlichen Eingriffswinkels herrscht in jedem Augenblick bei diesen Kronenzahnradpaarungen Linienberührung. Gleitgeschwindigkeiten zwischen den Flanken treten selbstverständlich nicht auf.

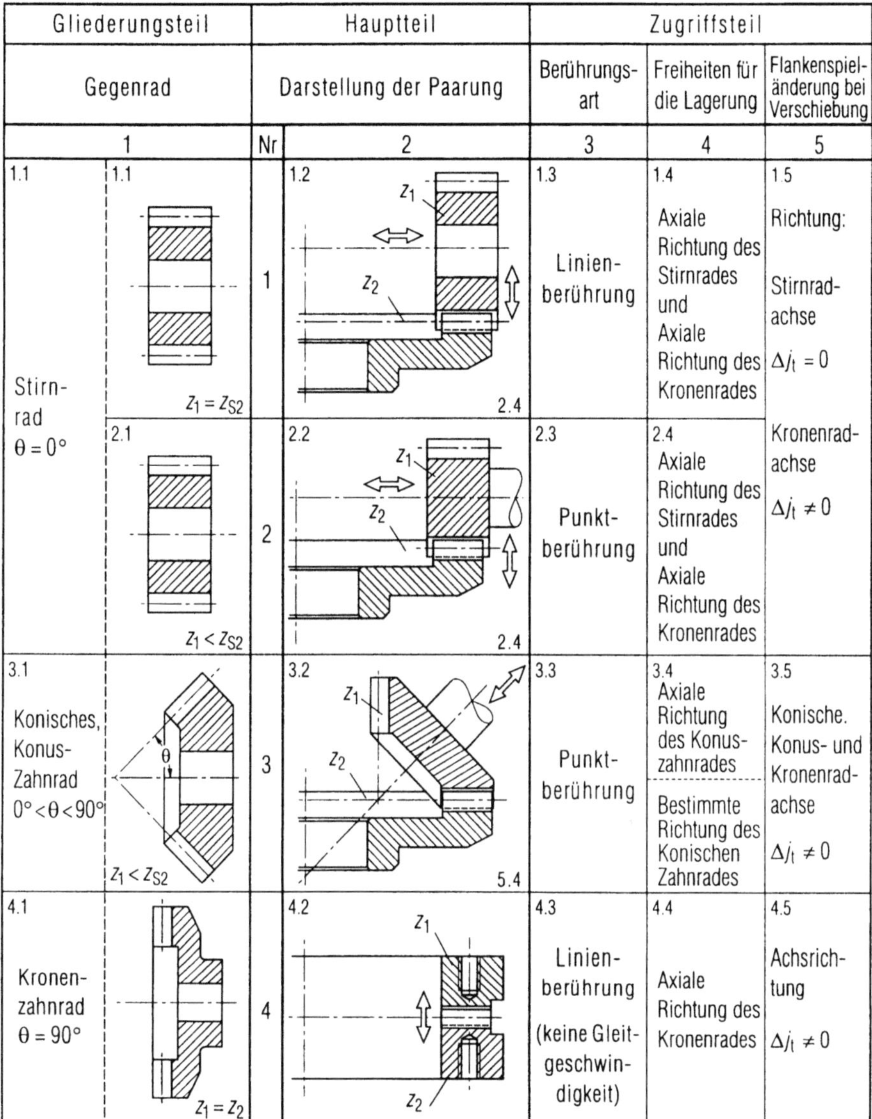

Bild 6.17. Übersichtskatalog der möglichen Paarungen von Kronenzahnrädern mit Stirn-, Konus-, Konischen und Kronenzahnrädern.

Linienberührung nur mit einem dem Schneidrad des Kronenzahnrades z_{S2} identischen Ritzel. Die Freiheiten der Lagerung ermöglichen Toleranzausgleich in bestimmten Fällen, Spieleinschränkung und Spielfreiheit durch Justieren.

6.4 Auslegung der Kronenzahnradpaarungen mit schneidradgleichen Stirnrädern

6.4.1 Eingriffsverhältnisse, Eingriffsfeld und Überdeckung

6.4.1.1 Verlauf der Berührungslinie

Das Eingriffsfeld bei der Kronenzahnradpaarung kann so betrachtet werden, als ob es aus den geradlinigen Eingriffsstrecken in jedem Normalschnitt des Ritzels zusammengesetzt wäre. Die Eingriffsstrecke in jedem Normalschnitt ist durch die Punkte A und E begrenzt. Für das Eingriffsfeld kommen der Innen- und Außenhalbmesser, gegebenenfalls noch die Innen- bzw. Außenkegel bei Kopfkürzung, hinzu. In **Bild 6.18,** *Teilbild 2* ist ein Übersichtskatalog für die Eingriffsfelder in verschiedenen Fällen mit Verlauf der Berührungslinie dargestellt. Die Berührungslinien an der Flanke des Ritzels und des Rades sind in *Teilbild 3* dargestellt. Praktisch sind die Verläufe der Berührungslinien auf den Eingriffsfeldern und an den Flanken nicht anders als bei der Konischen Verzahnung (vergleiche *Bild 4.17*).

6.4.1.2 Bestimmung der Überdeckungen

1. Genaue Berechnung

Die genaue Berechnung der Kronenzahnradpaarung für die Überdeckung erfolgt nach dem Verfahren in *Abschnitt 4.6.2* mit Einsetzen eines Konuswinkels von 90°. Weil die Bestimmungsgleichungen für die Überdeckung bei den geradverzahnten Kronenzahnradpaarungen ohne Achsversetzung nicht kompliziert sind, werden sie im folgenden aufgestellt.

Bei der Berechnung der Überdeckung ist der Ausgang hier die Zahnradpaarung mit der Übersetzung ins Langsame und mit dem Eingriff an den Rechtsflanken. Der Endpunkt E des Eingriffs ist daher durch den Schnittpunkt des Zahnkopfzylinders des Stirnrades, der Eingriffsfläche und des gewählten Innenhalbmessers R_i bestimmt, vergleiche *Bild 6.3*. Mathematisch ergibt sich die Gleichung für den zugehörigen Eingriffswinkel λ_E aus Gl. (6.5):

$$r_{b1}\sqrt{\left(-\sin\lambda_E + \rho_a^* \cos\lambda_E\right)^2 + \frac{u^2}{\cos^2\lambda_E}} = R_i \,, \tag{6.23}$$

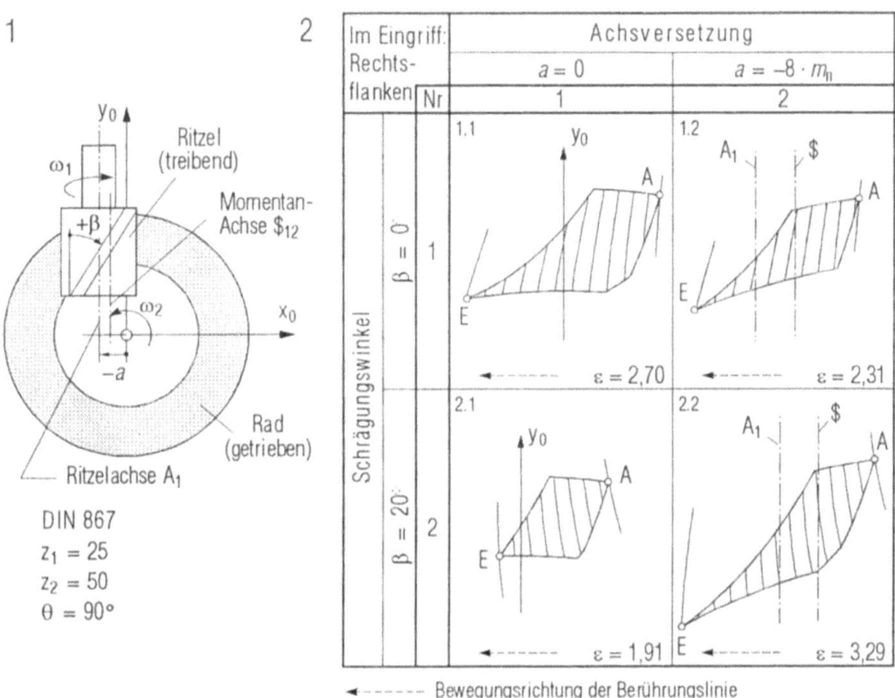

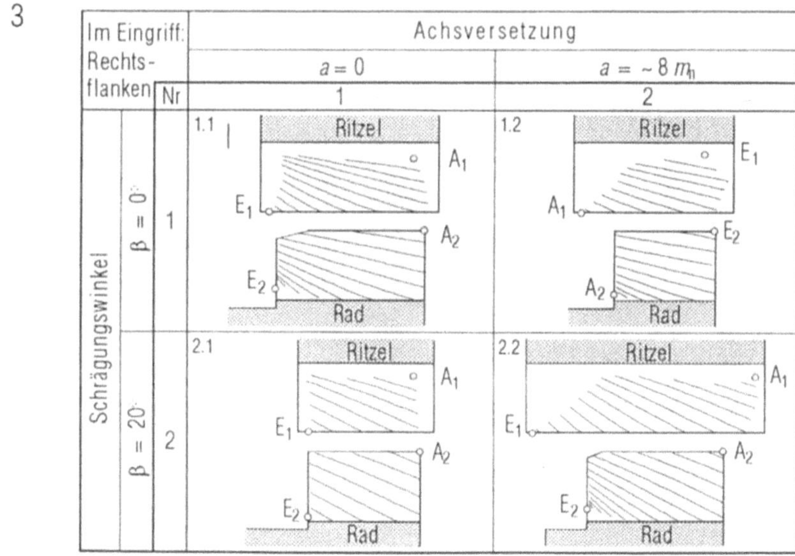

Bild 6.18. Verlauf der Berührungslinien bei Anordnung nach *Teilbild 1*, im Eingriffsfeld (*Teilbild 2*) und auf der Zahnradflanke (*Teilbild 3*) bei einer Paarung von Kronen- und zylindrischem Zahnrad mit Achsversetzung $-a$ und Schrägungswinkel $+\beta$ (*Teilbild 1*).

mit $r_{b1} = r_1 \cos\alpha_P$ und $u = r_2/r_1$ gilt

$$\sqrt{\frac{\cos^2\alpha_P \cos^2\lambda_E}{u^2}\left(-\tan\lambda_E + \rho_a^*\right)^2 + \frac{\cos^2\alpha_P}{\cos^2\lambda_E}} = \frac{R_i}{r_2}, \qquad (6.24)$$

mit

$$\rho_a^* = \sqrt{\left(\frac{z_1 + 2(x_1 + h_{aP1}^*)}{z_1 \cdot \cos\alpha_t}\right)^2 - 1}\;.$$

Der Anfangspunkt A läßt sich durch den Schnittpunkt der Zahnkopfebene des Kronenzahnrades, der Eingriffsebene und des gewählten Außenhalbmessers R_a bestimmen,

$$r_{b1}\sqrt{\left(-\sin\lambda_A + \rho_A^*\cos\lambda_A\right)^2 + \frac{u^2}{\cos^2\lambda_A}} = R_a, \qquad (6.25)$$

$$r_1 - r_{b1}(\cos\lambda_A + \rho_A^*\sin\lambda_A) - m_n\left(h_{a2}^* - x_1\right) = 0. \qquad (6.26a)$$

Zur Lösung des Gleichungssystems wird die zweite Gleichung zunächst umgeformt

$$\rho_A^* = \frac{1 - \cos\alpha_P \cos\lambda_A}{\cos\alpha_P \sin\lambda_A} - \frac{2\left(h_{a2}^* - x_1\right)}{z_1 \cos\alpha_P \sin\lambda_A}, \qquad (6.26b)$$

und anschließend in die erste Gleichung eingesetzt. So folgt die Gleichung für den Eingriffswinkel λ_A

$$\frac{1}{u^2}\left(\frac{\cos\lambda_A - \cos\alpha_P}{\sin\lambda_A} - \frac{2\left(h_{a2}^* - x_1\right)\cos\lambda_A}{z_1 \sin\lambda_A}\right)^2 + \frac{\cos^2\alpha_P}{\cos^2\lambda_E} = \left(\frac{R_a}{r_2}\right)^2 \quad (6.27)$$

Die Profilüberdeckung ist dann

$$\varepsilon_\alpha = \frac{z_1\left(\xi_a - \xi_A\right)}{2\pi} = \frac{z_1\left(\rho_a^* - \rho_A^*\right)}{2\pi}\;. \qquad (6.28)$$

Die Steigungsüberdeckung ist

$$\varepsilon_\lambda = \frac{z_1 \cdot |\lambda_A - \lambda_E|}{2\pi} \, . \tag{6.29}$$

Daraus folgt die Gesamtüberdeckung

$$\varepsilon_\gamma = \varepsilon_\alpha + \varepsilon_\lambda \, . \tag{6.30}$$

2. Grobe Berechnung

Die Überdeckung bei Kronenzahnradpaarungen ist außer mit der genauen Berechnung auch mit Hilfe einer grafischen Konstruktion in *Bild 6.3* grob bestimmbar. Die Eingriffswinkel λ_A und λ_E lassen sich mit der Gleichung ermitteln,

$$\cos\lambda_{A,E} = \frac{r_2 \cos\alpha_P}{R_{i,a}} \tag{6.31}$$

Wenn die Eingriffswinkel λ_A und λ_E bestimmt sind, können die einzelnen Überdeckungen berechnet werden. Die Profilüberdeckung wird aus der Eingriffsstrecke mit dem Eingriffswinkel λ_A am Außenhalbmesser R_a, die Steigungsüberdeckung dagegen nach Gl. (6.29) berechnet.

Eine große Abweichung entsteht bei dieser groben Berechnung besonders bei kleinem Zähnezahlverhältnis u.

3. Kontrolle einer ausreichenden Überdeckung

Die Gesamtüberdeckung der Kronenzahnradpaarung ist in Teilüberdeckungen zu teilen: *Profil-* und *Steigungsüberdeckung* sowie bei Schrägverzahnungen die *Sprungüberdeckung*. Im allgemeinen ist die *Steigungsüberdeckung* stets vorhanden (Ausnahme gilt bei der Schrägverzahnung für die ungünstige Flankenseite, siehe *Kapitel 4 „Konische Verzahnung"*). Die (Stirn-)*Profilüberdeckung* nimmt mit dem steigenden Abstand des Stirnschnitts von der Radachse ab. Wie schon erwähnt, berechnet man die Profilüberdeckung meistens am Außenhalbmesser.

Solange der Stirnschnitt, in dem die Profilüberdeckung gleich eins ist, innerhalb der Zahnbreite liegt, ist die Gesamtüberdeckung der Kronenzahnradpaarung immer größer als eins, egal ob die Kronenzahnradpaarung gerad- oder schrägverzahnt wird. Falls der daraus ermittelte Stirnschnitt außerhalb des ausgelegten Außenhalbmessers liegt, muß das Rad schrägverzahnt werden. Der Schrägungswinkel bzw. die Zahnbreite wird dann so gewählt, daß die Sprungüberdeckung gleich eins ist (siehe auch *Kapitel 3*).

Die Lage des Stirnschnitts mit der Profilüberdeckung gleich eins wird im folgenden berechnet.

Aus dem *Bild 6.3* bzw. aus Gl. (6.26) kann der bezogene Krümmungsradius ρ_A^* am Punkt A bestimmt werden,

$$\rho_A^* = \frac{\overline{AT_S}}{r_{bt1}} = \frac{1 - \cos\alpha_p \cos\lambda_A}{\cos\alpha_p \sin\lambda_A} - \frac{2\left(h_{a2}^* - x_1\right)}{z_1 \cos\alpha_p \sin\lambda_A}. \tag{6.26}$$

Die Profilüberdeckung soll gleich eins sein, d.h. es gilt

$$\varepsilon_{\alpha t} = \frac{z_1\left(\rho_{at}^* - \rho_A^*\right)}{2\pi} = 1, \tag{6.32}$$

oder nach Entwicklung

$$\rho_A^* = \rho_{at}^* - \frac{2\pi}{z_1}. \tag{6.33}$$

Gl. (6.26) mit Gl. (6.33) ergibt

$$\rho_{at}^* - \frac{2\pi}{z_1} = \frac{1 - \cos\alpha_p \cos\lambda_A}{\cos\alpha_p \sin\lambda_A} - \frac{2\left(h_{a2}^* - x_1\right)}{z_1 \cos\alpha_p \sin\lambda_A},$$

dann kann die Lage des Stirnschnitts nach der Gleichung bestimmt werden,

$$r_{\varepsilon_\alpha = 1} = \sqrt{\left[\frac{r_{t2} \cdot \cos\alpha_t}{\cos\lambda_A} + \frac{a \cdot \tan\beta_b}{\cos\lambda_A}\right]^2 + a^2}. \tag{6.34}$$

Für die Verzahnung ohne Achsversetzung ist

$$r_{\varepsilon_\alpha = 1} = \frac{r_{t2} \cdot \cos\alpha_t}{\cos\lambda_A}. \tag{6.35}$$

6.4.2 Die Gleitgeschwindigkeit und das spezifische Gleiten an Kronenzahnradpaarungen

Die Gleitgeschwindigkeit wird für die Kronenradverzahnung in gleicher Weise ermittelt wie bei der Konischen Verzahnung. Es tritt bei den Gleichungen nur der Sonderfall für $\theta = 90°$ ein.

6.4.2.1 Gleitgeschwindigkeit

Bei den Konischen Verzahnungen erhalten wir für die Relativgeschwindigkeit Gl. (4.45a) nach Tsai [6.11] im raumfesten Koordinatensystem

$$0^{\mathbf{v}}12 = \begin{bmatrix} -y_{E1}(u+\cos\theta)+(b_1+L_1)\sin\theta \\ -x_{E1}(u\cdot\cos\theta+1)-a \\ -u\cdot x_{E1}\sin\theta \end{bmatrix}\cdot\omega_2 \tag{4.45a}$$

Mit Einsetzen des Konuswinkels $\theta = 90°$ ergibt sich

$$0^{\mathbf{v}}12 = \begin{bmatrix} -uy_{E1}+(b_1+L_1) \\ -x_{E1}-a \\ -ux_{E1} \end{bmatrix}\omega_2 \tag{6.36}$$

Durch Einführung der Eingriffsgleichung Gl. (6.2) und der Koordinaten x_{E1} und y_{E1} in die entwickelte Gleichung kann die Relativgeschwindigkeit in folgende Form gebracht werden:

$$0^{\mathbf{v}}12 = \begin{bmatrix} \vee_x^* \\ \vee_y^* \\ \vee_z^* \end{bmatrix}\omega_2 \tag{6.37}$$

Dabei gelten die Gleichungen mit k für R oder L:

$$\vee_x^* = -ur_{bt1}\left(-\tan\lambda_k \pm \rho_{tk}^*\right)\sin\lambda_k + \left[\frac{a}{\cos\lambda_k}+r_{bt1}\left(-\tan\lambda_k \pm \rho_{tk}^*\right)\right]\tan\beta_b$$

$$\vee_y^* = -r_{bt1}\left(-\tan\lambda_k \pm \rho_{tk}^*\right)\sin\lambda_k - a$$

$$\vee_z^* = -ur_{bt1}\left(-\tan\lambda_k \pm \rho_{tk}^*\right)\sin\lambda_k \tag{6.38}$$

6.4.3 Spezifisches Gleiten

Während die mittlere Gleitgeschwindigkeit mit der Normalkraft ein reziprokes Maß für die Verlustleistung durch Reibung sein kann, ist das spezifische Gleiten ζ

[6.6] zur Beurteilung des anteiligen Betrages der Reibung an den beiden Flanken einer Paarung, also ein Hinweis auf die Verschleißgefahr. Es gilt mit dem Index r für die tangentiale Geschwindigkeit der Berührungspunkte

$$\varsigma_1 = \frac{v_{r1} - v_{r2}}{v_{r1}} \qquad (6.39)$$

$$\varsigma_2 = \frac{v_{r2} - v_{r1}}{v_{r2}} \qquad (6.40)$$

Bild 6.19 zeigt, ähnlich wie in *Bild 4.26*, die Größe des spezifischen Gleitens über der Eingriffslinie. In der Zeile 1 ist das spezifische Gleiten am Ritzel ς_1, in *Zeile 2* am Rad ς_2 bei Verzahnungen ohne Profilverschiebung, in den *Zeilen 3* und *4* mit Profilverschiebung x_1 am Ritzel aufgetragen. Die *Spalten 1* und *2* gelten für gerade Verzahnungen, $\beta = 0°$, die *Spalten 3* und *4* für schräge Verzahnungen ($\beta = -12,7°$), die *Spalten 1* und *3* ohne, die *Spalten 2* und *4* mit Achsversetzung ($a = 7,5$ m). Am größten ist das spezifische Gleiten bei Geradverzahnungen, insbesondere wenn keine Profilverschiebung $x_1 \cdot m_n$ vorliegt, am Zahnfuß des Ritzels (*Felder 1.1* und *1.2*). Am Rad tritt das Maximum am Zahnkopf auf (*Felder 2.1* und *2.2*). Bei Schrägverzahnungen (*Spalten 3* und *4*) sind die Werte für spezifisches Gleiten stets kleiner. Zur weiteren Herabsetzung der Gleitgeschwindigkeiten trägt die Profilverschiebung bei (*Zeilen 3* und *4*). Es zeigt sich auch, daß bei positiver Profilverschiebung $x_1 \cdot m_n$ die Maxima vom Ritzel und Rad, insbesondere auch bei Achsversetzung a immer zum Eingriffsbeginn A verschoben werden. Durch die Profilverschiebung ist der Eingriff auch von dem Fußpunkt des Interferenz-Grenzpunktes nach außen verschoben. Insbesondere bei Übersetzungen ins Schnelle muß sorgfältig darauf geachtet werden, daß durch die Profilverschiebung der Eingriffsbeginn A nicht zu weit vom Wälzpunkt zu liegen kommt, um „stoßende Reibung" (*Kapitel 1*) weitgehend zu vermeiden.

6.5 Äußere Kräfte bei Kronenzahnrädern

Zur Berechnung der Kräfte an Kronenzahnrädern wird die Annahme getroffen, daß die Kraft in einem mittleren Punkt der Flanke angreift. Die Normalkraft wirkt parallel zur Eingriffslinie mit dem Eingriffswinkel λ_m, an dem mittleren Halbmesser R_m. Es gilt nach Gl.(4.54) mit $\theta = 90°$

$$\cos \lambda_m = \frac{u \cdot r_{bt1}}{R_m} \qquad (6.41)$$

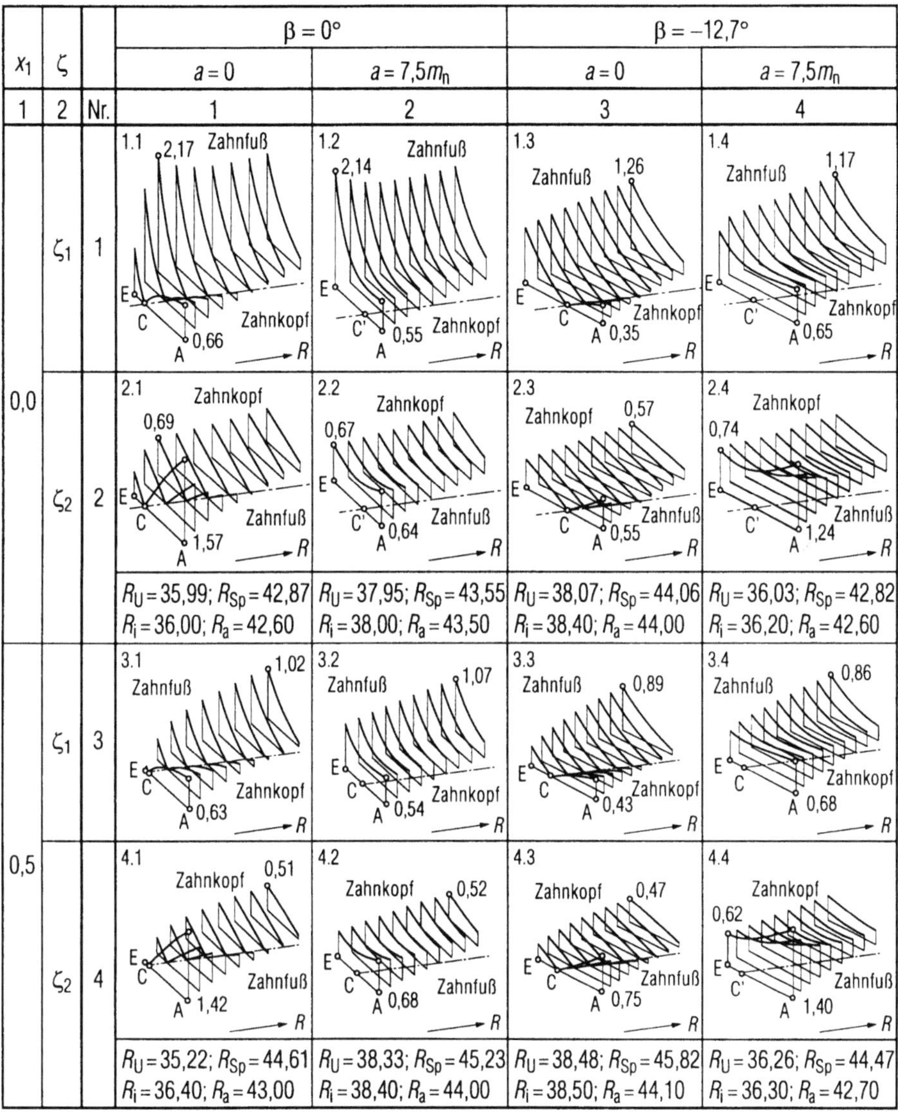

Bezugsprofil: DIN 867; Zähnezahl: $z_1 = 25$; $z_2 = 75$; Linksflanken im Eingriff; Rad treibend

Bild 6.19. Verlauf des spezifischen Gleitens ζ an den Zahnflanken der Kronenzahnradpaarungen.

Zeile 1: Die Werte von ζ_1 (Ritzel) sind ohne Profilverschiebung $x_1 \cdot m_n$ am Zahnfuß sehr groß (*Feld 1.1*), werden kleiner bei Achsversetzung a (*Feld 1.2*) und bei Schrägverzahnung β (*Feld 1.3*)

Zeile 2: Am Rad gilt für das spezifische Gleiten ζ_2 die gleiche Tendenz, nur sind da die Maximalwerte am Zahnkopf, verlagern sich jedoch in *Feld 2.4* zum Zahnfuß.

Zeile 3: Zeigt das spezifische Gleiten am Ritzel ζ_1 bei Profilverschiebung $x_1 \cdot m_n$. Das spezifische Gleiten wird kleiner, die Tendenz bleibt wie in *Zeile 1*.

Zeile 4: Auch das Rad hat bei Profilverschiebung $x_1 \cdot m_n$ die kleinsten Werte für ζ_2. In den *Feldern 4.3* und *4.4* verlagern sich die Maximalwerte mehr und mehr zum Zahnfuß.

wobei $R_m = (R_a + R_i)/2$ ist. Weiter notwendig sind der Schrägungswinkel β_k und der Stirnprofilwinkel α_{kt}. Ersteren erhält man aus Gl.(4.57) mit $\theta = 90°$ und $\lambda = \pm\lambda_m$ zu

$$\tan\beta = \mp\tan\lambda_m \tag{6.42}$$

bzw. $\quad \beta_k = \mp\lambda_m \tag{6.43}$

wobei das obere Vorzeichen (Minus) für Linksflanken, das untere (Plus) für Rechtsflanken ist.

Den Stirnprofilwinkel entnimmt man aus Gl.(4.56) zu

$$\tan\alpha_{kt} = \frac{\tan\beta_b}{\cos\lambda_m} \tag{6.44}$$

Da der Neigungswinkel des Normalschnitts β_N

$$\tan\beta_N = \frac{\tan\beta_b}{\cos\lambda_m} \tag{6.45}$$

ist, wird der Stirnprofilwinkel α_{kt}

$$\alpha_{kt} = \beta_N \tag{6.46}$$

und der Grundkreishalbmesser ist

$$r_{kb} = r_{t2}\frac{\cos\alpha_t \cos\beta_N}{\cos\lambda_m} \tag{6.47}$$

Der Grundschrägungswinkel β_{kb} ist

$$\tan\beta_{kb} = \tan\beta_k \cdot \cos\alpha_{kt} = \mp\tan\lambda_m \cos\beta_N \tag{6.48}$$

Die äußeren Kräfte, ohne Berücksichtigung der Leistungsverluste, sind aus Gl.(4.59) zu entnehmen, wenn Gln.(6.43) und (6.46) eingesetzt werden.

Für die Axialkraft ergibt sich als Nenn-Umfangskraft entsprechend Gl. (4.60)

$$F_{a2} = \frac{M_2 \cos\lambda_m \cdot \tan\lambda_m}{r_{t2}\cos\alpha_t} = \frac{M_2 \sin\lambda_m}{r_{t2}\cos\alpha_t}, \qquad (6.49)$$

die Radialkraft ist (Gl. (4.61) und Gl. (6.44))

$$F_{t2} = \frac{M_2 \cos\lambda_m \cdot \tan\beta_N}{r_{t2}\cos\alpha_t} = \frac{M_2 \tan\beta}{r_{t2}}. \qquad (6.50)$$

Für das Ritzel ergeben sich in gleicher Weise die Axialkraft

$$F_{a1} = F_N \sin\beta_b = \frac{M_1 \tan\beta_b}{r_{t1}\cos\alpha_t} = \frac{M_1}{r_{t1}}\tan\beta, \qquad (6.51)$$

die Radialkraft

$$F_{r1} = F_N \cos\beta_b \sin\lambda_m = \frac{M_1 \sin\lambda_m}{r_{t1}\cos\alpha_t}, \qquad (6.52)$$

die Umfangskraft

$$F_{t1} = F_N \cos\beta_b \cdot \cos\lambda_m = \frac{M_1 \cos\lambda_m}{r_{t1}\cos\alpha_t}. \qquad (6.53)$$

Bei Geradverzahnungen tritt keine Radialkraft auf wie bei Konischen Verzahnungen.

6.6 Auslegung von Kronenzahnradpaarungen für extreme Paarungen

6.6.1 Paarung mit Evoloidritzeln

Zahnradpaarungen mit kleinen Zähnezahlen ergeben einen kleinen Bauraum der Zahnradgetriebe. Bei kleinen Zähnezahlen sind für die Kronenzahnradpaarung die Grenzen zu beachten: Der Unterschnitt, die Spitzengrenze und die Mindestüberdeckung. Aufgrund der Unterschnitt- und der Spitzengrenze ergibt sich die Einschränkung der Zahnbreite. Aus den Ergebnissen im Kapitel über *Konische Ver-*

zahnungen wurde festgestellt, daß sich die Zahnbreite bei kleinen Zähnezahlen der Zahnradpaarung auch entsprechend verkleinert und mit ihr auch die Überdeckung. Die zu verwendende Kleinstzähnezahl wird einerseits durch die Herstellbarkeit des Schneidrades begrenzt und andererseits durch die Zahnbreite und die Überdeckung.

Für die Auslegung der Kronenzahnradpaarung für die Übersetzung ins Langsame oder ins Schnelle gelten auch die Regeln für die Evoloidverzahnungen, *Kapitel 1* sowie [6.7]. Sobald die Verzahnungsgrößen für das zu paarende Evoloidritzel bestimmt werden, liegt die Verzahnungsgeometrie des Kronenzahnrades auch fest. Die Auslegung des Evoloidritzels für die Kronenzahnradpaarung ist von der bei der Stirnradpaarung nicht verschieden, siehe *Kapitel 1*. Weil sich bei der Kronenzahnradpaarung der Eingriffswinkel entlang der Zahnbreite verändert, spielt die Wahl der Zahnbreite für die Auslegung eine große Rolle. Für die Übersetzung ins Langsame wird die Zahnbreite näher an der Radachse gewählt, damit das Eingriffsfeld größtenteils im Bereiche „verkleinernder" (degressiver) Reibung liegen kann. Für die Übersetzung ins Schnelle ist die Wahl umgekehrt, d.h. die Zahnbreite liegt hauptsächlich auf der äußeren Seite. Aber man muß darauf achten, daß

- der Eingriffswinkel nicht zu groß sein darf,
- die Überdeckung und die Eingriffsgüte nicht verschlechtert werden,

wenn die Verkleinerung der Zahnbreite aufgrund der Vergrößerung des Innenhalbmessers erfolgt.

In diesem Fall (für die Übersetzung ins Schnelle) kann man z.B. den Innenhalbmesser mit Berücksichtigung des Verhältnisses der Bereiche „verkleinernder" (degressiver) Reibung und „vergrößernder" (progressiver) Reibung mit einem kleinen Abstand zu der Unterschnittgrenze wählen und danach die Zahnbreite festlegen.

Bild 6.20 zeigt zwei Auslegungsbeispiele für die Kronenzahnradpaarungen mit Evoloidritzeln, jeweils für die Übersetzung ins Langsame, *Spalte 2*, und ins Schnelle, *Spalte 3*. Die Zähnezahl des Ritzels ist 5 und die des Kronenzahnrades 20[2]. Trotz der Geradverzahnung hat die Kronenzahnradpaarung mit Übersetzung ins Langsame eine Gesamtüberdeckung von 1,22. Die Kronenzahnradpaarung mit Übersetzung ins Schnelle wird dagegen infolge der kleineren Zahnhöhen schrägverzahnt. Die Gesamtüberdeckung ist dabei gleich 1,44. In *Feld 1.3* kann man sehr gut erkennen, daß das Eingriffsfeld *fast* ganz im Bereich „verkleinernder" (degressiver) Reibung, also auf der rechten Seite der Wälzachse, liegt. Die Gefahr der Klemmung ist in diesem Beispiel daher weitgehend vermieden.

---

[2] Für praktische Getriebe sollte die Kronenradzähnezahl besser $z_2 = 19$ sein, um keinen gemeinsamen Teiler mit der Ritzelzähnezahl z_1 zu haben.

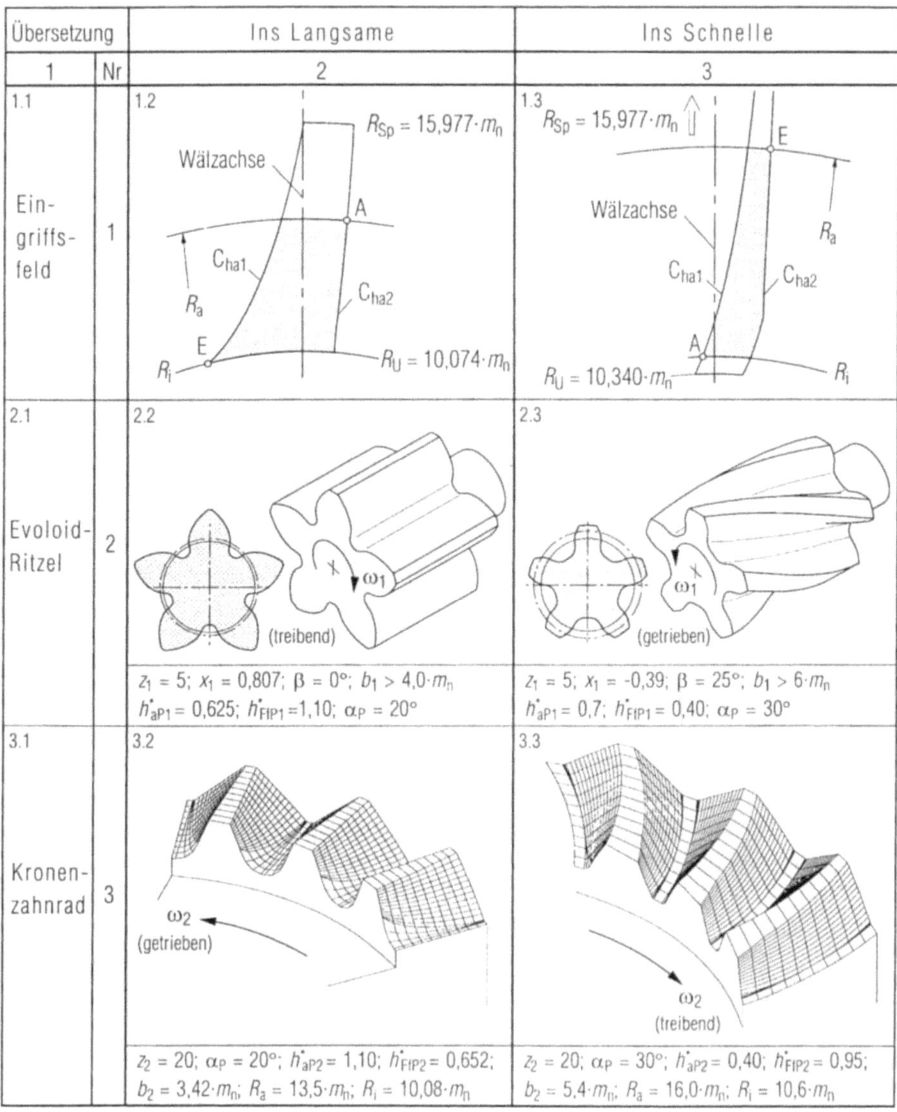

Übersetzung		Ins Langsame	Ins Schnelle
1	Nr	2	3
Eingriffsfeld	1		
Evoloid-Ritzel	2	$z_1 = 5$; $x_1 = 0,807$; $\beta = 0°$; $b_1 > 4,0 \cdot m_n$ $h^*_{aP1} = 0,625$; $h^*_{FfP1} = 1,10$; $\alpha_P = 20°$	$z_1 = 5$; $x_1 = -0,39$; $\beta = 25°$; $b_1 > 6 \cdot m_n$ $h^*_{aP1} = 0,7$; $h^*_{FfP1} = 0,40$; $\alpha_P = 30°$
Kronenzahnrad	3	$z_2 = 20$; $\alpha_P = 20°$; $h^*_{aP2} = 1,10$; $h^*_{FfP2} = 0,652$; $b_2 = 3,42 \cdot m_n$; $R_a = 13,5 \cdot m_n$; $R_i = 10,08 \cdot m_n$	$z_2 = 20$; $\alpha_P = 30°$; $h^*_{aP2} = 0,40$; $h^*_{FfP2} = 0,95$; $b_2 = 5,4 \cdot m_n$; $R_a = 16,0 \cdot m_n$; $R_i = 10,6 \cdot m_n$

Bild 6.20. Ausführungsbeispiele für Kronenzahnradpaarungen mit Evoloidritzeln für Übersetzungen ins Langsame und ins Schnelle.

Die Überdeckung ε_γ für Übersetzungen ins Langsame ist trotz der Geradverzahnung des 5-zähnigen Ritzels noch $\varepsilon_\gamma = 1,22$. Bei der Übersetzung ins Schnelle wird ein Schrägungswinkel von $\beta = 25°$ verwendet. Die Lage des Eingriffsfelds läßt sehr günstige Übertragungseigenschaften erwarten. Die Drehrichtung ist aus der Lage des Eingriffsanfangs „A" und des Eingriffsendes „E" zu entnehmen.

Schließlich ist noch darauf hinzuweisen, daß die Zahnbreite bei den Kronenzahnradpaarungen mit großen Übersetzungen, z.B. 10:1 oder 1:10, größer ist als bei den oben erwähnten Beispielen. Daher gibt es noch viele Möglichkeiten für die Auslegung der Kronenzahnradpaarung mit Evoloidritzeln. Wesentliche Einschränkungen kommen dann immer nur von den Evoloidritzeln.

6.6.2 Kronenzahnradpaarungen mit extrem großen Achsversetzungen

In der Regel ist es empfehlenswert, die Achsversetzung bei geradverzahnten Kronenzahnradpaarungen nicht größer als ein Viertel des Teilkreishalbmessers des Kronenzahnrades zu wählen. Wie in *Abschnitt 6.2.4* schon erwähnt wurde, nimmt die Zahnbreite des Kronenzahnrades mit zunehmender Achsversetzung stark ab. Wenn die Kronenzahnradgetriebe mit einer großen Achsversetzung, z.B. für Achsantriebe von Straßen- und Schienenfahrzeugen oder für Leistungsverzweigung in Werkzeug- bzw. Textilmaschinenantrieben, nicht zu vermeiden ist, kann die Kronenradverzahnung in diesen Fällen mit Schrägverzahnung ausgelegt werden, um eine größere Zahnbreite und bessere Laufgüte zu erhalten.

Bei einer großen Achsversetzung hat der mit den Koeffizienten aus der Tabelle in *Bild 6.16* berechnete Schrägungswinkel eine große Abweichung. Andererseits gelten die Werte dort nur für die Kronenradverzahnung mit dem Bezugsprofil nach DIN 867 und ohne Profilverschiebung. Die Berechnung erfolgt am besten durch numerische Verfahren mit der Bedingung, daß der Innenhalbmesser an der Unterschnittgrenze für Rechtsflanke und der für Linksflanke gleich ist, also der Bedingung des beidseitigen Unterschnitts.

Bei noch größeren Achsversetzungen an Kronenzahnradpaarungen, meistens wenn sie größer als zwei Drittel des Teilkreishalbmessers des geradverzahnten Kronenzahnrades sind, ist es möglich, daß die Bedingung des beidseitigen Unterschnitts nicht mehr zutrifft. In diesem Fall kann das Kronenzahnrad mit großem Schrägungswinkel eventuell nur einseitig oder sogar nicht unterschnitten sein. Diese von vielen Faktoren abhängige Erscheinung wird aber hier nicht weiter behandelt. Es muß in diesem Fall sorgfältig überprüft werden, welcher Schrägungswinkel optimal für die Auslegung ist.

Beispiel: Es sei eine Kronenradverzahnung mit der Achsversetzung $-12 \cdot m_n$ für Übersetzungen ins Langsame auszulegen, wobei die Zähnezahl des Schneidrades z_S bzw. Stirnrades z_1 mit 6, die Zähnezahl des Kronenzahnrades z_2 mit 36 vorgegeben sind (in der Praxis gleiche Teiler vermeiden!).

Für die Auslegung der Zahnradpaarung für Übersetzung ins Langsame liegt immer eine positive Profilverschiebung $x_1 \cdot m_n$ am treibenden Stirnrad vor. Weil die Profilverschiebung $x_1 \cdot m_n$ dem Zahnkopfkürzungsfaktor des Kronenzahnrades entspricht, kann man dann auch einen größeren Außenhalbmesser erhalten. Die Wahl der Bezugsprofile ist folgende:

Für das Schneidrad:

$$h_{aPS}^* = 1,0; \quad h_{FfPS}^* = 1,1; \quad x_S = +0,8 \ ,$$

für das Stirnrad (treibend):

$$h_{aP1}^* = 0,85; \quad h_{FfP1}^* = 1,1; \quad x_1 = +0,8 \ ,$$

für das Kronenzahnrad (getrieben):

$$h_{a2}^* = 1,1; \quad h_{f2}^* = 1,0 \ .$$

Der Profilwinkel α_P ist gleich 20°.

Der Schrägungswinkel β des Stirnrades bzw. des Schneidrades wird mit Hilfe eines numerischen Verfahrens nach dem Gleichungssystem, Gl. (6.20), berechnet und ist

$\beta = 35,58°$ (rechtssteigend).

Mit diesem Schrägungswinkel ist weder das Schneidrad noch das Stirnrad bei dem ausgewählten Bezugsprofil unterschnitten.

Der Innenhalbmesser des Kronenzahnrades R_i an der Unterschnittgrenze ist gleich $18,612 \cdot m_n$, der Außenhalbmesser R_a an der Spitzengrenze $24,830 \cdot m_n$ und die Zahnbreite $b_2 = 6,218 \cdot m_n$. Die maximale Gesamtüberdeckung ε_γ ist nach der numerischen Berechnung gleich 3,20, wobei die Profilüberdeckung $\varepsilon_{\alpha t}$ gleich 0,68, die Steigungsüberdeckung $\varepsilon_{\lambda t}$ gleich 0,50 und die Sprungüberdeckung ε_β gleich 2,02 ist. Eine Kürzung der Zahnbreite durch die Verkleinerung des Außenhalbmessers ist unter Berücksichtigung der Zahnfestigkeit auch möglich. Der Drehrichtungssinn des Kronenzahnrades zeigt nur entgegen dem Uhrzeigersinn, wenn man in die Stirnebene des Rades blickt. In dem anderen Richtungssinn ist die Gesamtüberdeckung verkleinert und der Lauf wegen der großen Schwankung der Berührungslänge auch verschlechtert, [6.11].

In **Bild 6.21** ist die ausgelegte Kronenradverzahnung mit Hilfe eines Rechenprogramms dargestellt. Mit dem Schrägungswinkel β von 35,58° kann dieses Kronenzahnradgetriebe auch als Schraubradgetriebe betrachtet werden, siehe *Bild 3.8* in *Kapitel 3* „Schrägverzahnte Stirnräder und Stirnradpaarungen" in *Zahnradtechnik I* [6.6].

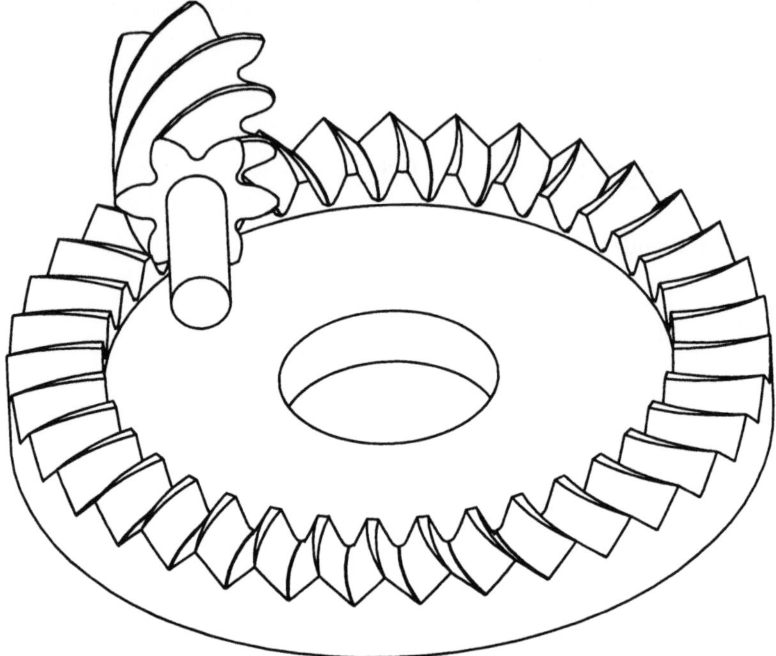

Bild 6.21. Rechnersimulation eines Kronenzahnrades, ausgelegt für große Achsversetzung.

Unter gewissen Voraussetzungen (Schrägungswinkel, Bezugsprofil usw.) ist es möglich, besonders große Achsversetzungen durchzuführen, z.B. größer als zwei Drittel des Teilkreishalbmessers. Die Paarung ist dann einer Schraubenradpaarung sehr ähnlich.

6.7 Auslegung der Kronenzahnradpaarung mit kleineren Stirnrädern als den Schneidrädern

Der Hauptgrund zum Einsatz eines größeren Schneidrades ist, lokalisierte Tragbilder zu erzielen. Die Vorteile der Punktberührung wurden schon im Kapitel *Konische Verzahnung* erwähnt.

6.7.1 Bestimmungsgröße für spielfreien Eingriff

Wie bei Behandlung der Konischen Verzahnung, soll hier wieder das Schneidrad als eine virtuelle Innenverzahnung betrachtet werden, **Bild 6.22**. Das Schneidrad funktioniert wie die Planverzahnung. Der Eingriffswinkel für den spielfreien Eingriff zwischen dem Schneidrad und dem zu paarenden Ritzel ist

$$\operatorname{inv}\alpha_{\mathrm{wt}} = 2\frac{x_{\mathrm{S}} - x_1}{z_{\mathrm{S}} - z_1}\tan\alpha_{\mathrm{n}} + \operatorname{inv}\alpha_{\mathrm{t}}. \tag{6.54}$$

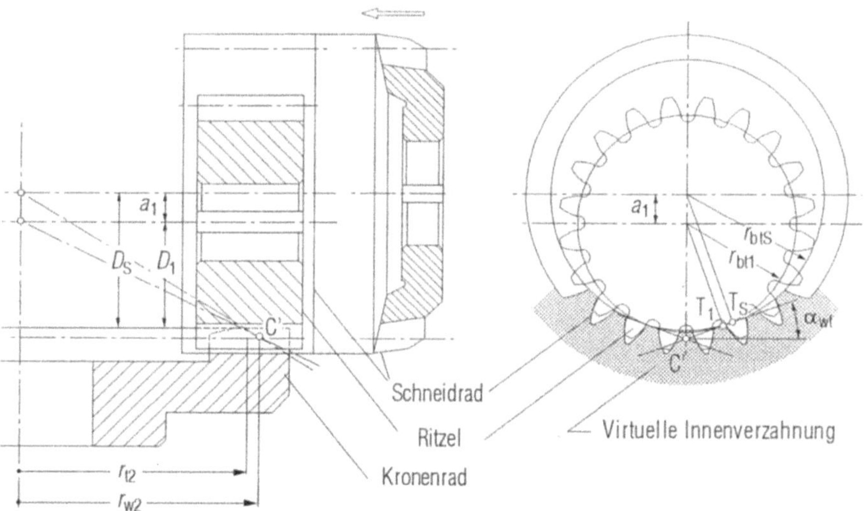

Bild 6.22. Paarung eines Kronenzahnrades mit einem Ritzel, das kleiner als das Schneidrad ist.

Korrekter Eingriff liegt nur an der Eingriffslinie vor mit dem Eingriffswinkel α_w; es herrscht Punktberührung. Für die korrekte Lagerung muß a_1 berechnet werden. Das Schneidrad wird als virtuelle Innenverzahnung aufgefaßt, um den spielfreien Eingriff mit dem Ritzel und damit mit dem Kronenzahnrad zu simulieren.

In der Gleichung sind die Minus-Vorzeichen wegen der Innenverzahnung eingetragen. Bei Verwendung der Gleichung braucht man das Vorzeichen für die Zähnezahl z_S und den Profilverschiebungsfaktor x_S des Schneidrades nicht zu ändern, also ist z_S immer positiv.

Der Achsabstand zwischen dem Ritzel und der virtuellen Innenverzahnung ist

$$a_1 = \frac{r_{bSt} - r_{bt1}}{\cos\alpha_{wt}}, \tag{6.55}$$

oder $\quad a_1 = \dfrac{m_t \cdot (z_S - z_1)\cdot \cos\alpha_t}{2\cdot \cos\alpha_{wt}} = \dfrac{m_n \cdot (z_S - z_1)\cdot \cos\alpha_t}{2\cdot \cos\alpha_{wt}\cos\beta}. \tag{6.56}$

Der korrekte Eingriff zwischen dem Kronenzahnrad und dem kleineren Ritzel findet nur statt in der Eingriffslinie mit dem Eingriffswinkel von α_w, der aus

Gl. (6.54) bestimmt wird. Die Einbaugröße zur Lagerung der Ritzeldrehachse D_1 läßt sich danach wie folgt berechnen

$$D_1 = D_S - a_1 = \frac{m_n}{2}\left[\frac{z_S}{\cos\beta} - \frac{(z_S - z_1)\cdot\cos\alpha_t}{\cos\alpha_{wt}\cos\beta} - 2\cdot\left(h_{a2}^* - x_S\right)\right]. \quad (6.57)$$

6.7.2 Änderung der Lage der Berührungspunkte

Für die Auslegung dieser Kronenzahnradpaarung spielt die Lage der Berührungspunkte eine große Rolle. Im allgemeinen sollen die Berührungspunkte etwa in der Mitte der Zahnbreite liegen. Ihre Lage ist durch den Eingriffswinkel α_{wt} bestimmt und hängt damit sowohl von der Zähnezahldifferenz $z_S - z_1$ als auch von der Differenz der Profilverschiebungsfaktoren $x_S - x_1$ ab. Ist x_1 größer als x_S, dann liegen die Berührungspunkte näher auf der Innenseite, denn der Eingriffswinkel α_{wt} nach Gl.(6.54) ist kleiner als α_t.

Weil bei dieser Paarungsart nur Punktberührung vorliegt, ist es nicht nötig, das Kronenzahnrad schräg zu verzahnen. Für geradverzahnte Kronenzahnräder kann die Lage der Berührungspunkte etwa im Stirnschnitt betrachtet werden, dessen Halbmesser ist

$$R_w = \frac{r_2 \cos\alpha_P}{\cos\alpha_w}. \quad (6.58)$$

Ist sowohl das Schneidrad als auch das Ritzel nicht profilverschoben, wird der Profilwinkel am besten größer gewählt, z.B. 25° oder 30°. Der Eingriffswinkel α_w ist in diesem Fall gleich dem Profilwinkel α_P und die Lage der Berührungspunkte liegt etwa am Halbmesser von r_2. Aber der Innenhalbmesser an der Unterschnittgrenze wird wegen des größeren Profilwinkels verkleinert. Damit kann auch die Berührungslage etwa in die Mitte verlegt werden.

Die andere, aber bessere Möglichkeit für die Änderung der Berührungslage erfolgt durch die Profilverschiebungsdifferenz. In **Bild 6.23** werden die Berührungspunkte in Abhängigkeit von Profilverschiebungen an der Rechtsflanke eines Kronenzahnrades dargestellt. Dabei ist die Zähnezahldifferenz $z_S - z_1$ gleich 5 und die Profilverschiebung am Schneidrad gleich null. Daraus ist sehr deutlich zu erkennen, daß die Profilverschiebung sehr empfindlich auf die Änderung der Berührungspunktelage wirkt. Ein Ritzel mit einer Profilverschiebung, die größer als +0,05 ist, befindet sich sogar nicht im korrekten Eingriff mit dem Kronenzahnrad.

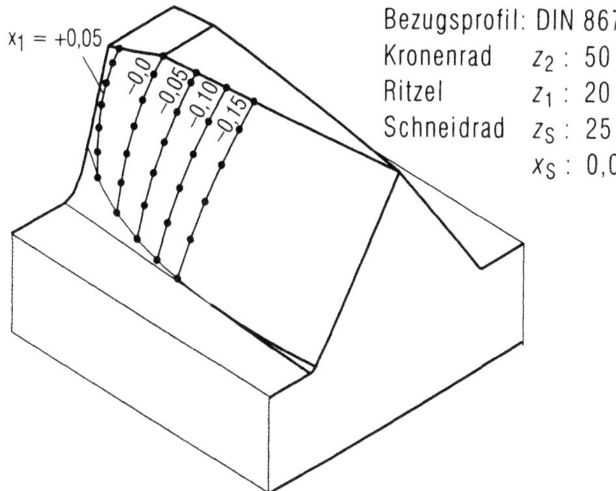

Bild 6.23. Lage der Berührungspunkte am Kronenzahnradzahn infolge der Profilverschiebung des Ritzels, das kleiner ist als das Schneidrad. Die Profilverschiebung am Ritzel wirkt sich sehr empfindlich auf die Berührungspunktlage am Kronenradzahn aus. Im dargestellten Fall muß der Profilverschiebungsfaktor $x_1 < +0,05$ sein, um noch korrekten Eingriff zu gewährleisten.

Mit Minus-Profilverschiebungswerten können die Berührungspunkte zur Mitte der Zahnbreite verschoben werden. Man muß stets noch darauf achten, daß

- die Gefahr des Unterschnitts am Ritzel bei Minus-Profilverschiebung vorhanden ist und
- die Überdeckung auf der äußeren Seite verkleinert wird.

6.8 Auslegung der Kronenzahnradpaarung mit Konischen bzw. Konuszahnrädern für sich schneidende Achsen

Kronenzahnradpaarungen mit einem Konischen Zahnrad oder einem Konuszahnrad werden in der Regel zum Ersatz einer Konischen Innenverzahnung verwendet, wobei die Herstellung erleichtert werden kann. Gegebenenfalls dient die Paarung auch dazu, Flankenspieleinstellungen zu ermöglichen.

6.8.1 Bestimmungsgröße für spielfreien Eingriff

Der korrekte Eingriff zwischen dem Kronenzahnrad und dem Konischen bzw. Konuszahnrad muß auch gleichzeitig bei der Schneidrad-Kronenzahnrad-Paarung und der Schneidrad-Schneidrad-(bzw. Zahnstangen-)Paarung vorliegen.

$$\Sigma = 90° + \theta_1 , \tag{6.59}$$

Ob das zu paarende Ritzel ein Konisches Zahnrad oder ein Konuszahnrad ist, hängt von dem ausgelegten Achswinkel Σ bzw. dem Konuswinkel θ_1 ab. Im allgemeinen wird ein Konisches Zahnrad zugrunde gelegt, wenn der Konuswinkel sehr groß ist, z.B. größer als 45°, sonst ist das Konuszahnrad aufgrund des Aufwands bei der Fertigung sowie beim Einbauen geeignet für diese Paarung.

6.8.1.1 *Paarungen mit Konischen Zahnrädern*

In **Bild 6.24**, *Teilbild 1*, stehen ein Kronenzahnrad und ein Konisches Zahnrad im flankenspielfreien Eingriff. Das Schneidrad S_1 für das Konische Zahnrad 1 und das Schneidrad S_2 für das Kronenzahnrad 2 werden im Bild gestrichelt dargestellt. Der gedachte Eingriff zwischen den beiden Schneidrädern im Stirnschnitt wird im Bild rechts gezeigt. Solange der spielfreie Eingriff bei den Schneidrädern vorliegt, entsteht spielfreier Eingriff bei der Kronenzahnradpaarung mit dem Konischen Zahnrad. Die Eingriffsbedingung für die Paarung mit dem Kronenzahnrad und dem Konischen Zahnrad besteht darin, daß sich die drei Wälzachsen, nämlich die Wälzachse der Kronenzahnrad-Schneidrad-Paarung A_{S1}, die der Konischen Zahnrad-Schneidrad-Paarung A_{S2} und die der Schneidrad-Schneidrad-Paarung A_{S12}, in einem Punkt schneiden.

Den Betriebseingriffswinkel bei der Schneidrad-Schneidrad-Paarung erhält man aus der Gleichung

$$\text{inv}\,\alpha_\text{w} = 2 \cdot \frac{x_{S1} + x_{S2}}{z_{S1} + z_{S2}} \cdot \tan \alpha_\text{P} + \text{inv}\,\alpha_\text{P}. \tag{6.60}$$

Die Lage der Wälzachse A_{S12} gegenüber der jeweiligen Schneidradachse wird durch den Wälzkreishalbmesser r_{wS1} bzw. r_{wS2} bestimmt, also

$$r_{\text{wS1}} = \frac{z_{S1} \cdot m_\text{n} \cdot \cos \alpha_\text{P}}{2 \cdot \cos \alpha_\text{w}}, \tag{6.61a}$$

$$r_{\text{wS2}} = \frac{z_{S2} \cdot m_\text{n} \cdot \cos \alpha_\text{P}}{2 \cdot \cos \alpha_\text{w}}. \tag{6.61b}$$

Nach der erwähnten Eingriffsbedingung wird die gegenüberliegende Lage des Kronenzahnrades und des Konischen Zahnrades wie folgt bestimmt.

Den Abstand L_{S1} erhält man aus

$$L_{S1} = \frac{r_{\text{wS1}}}{\tan \delta_{S1}}, \tag{6.62}$$

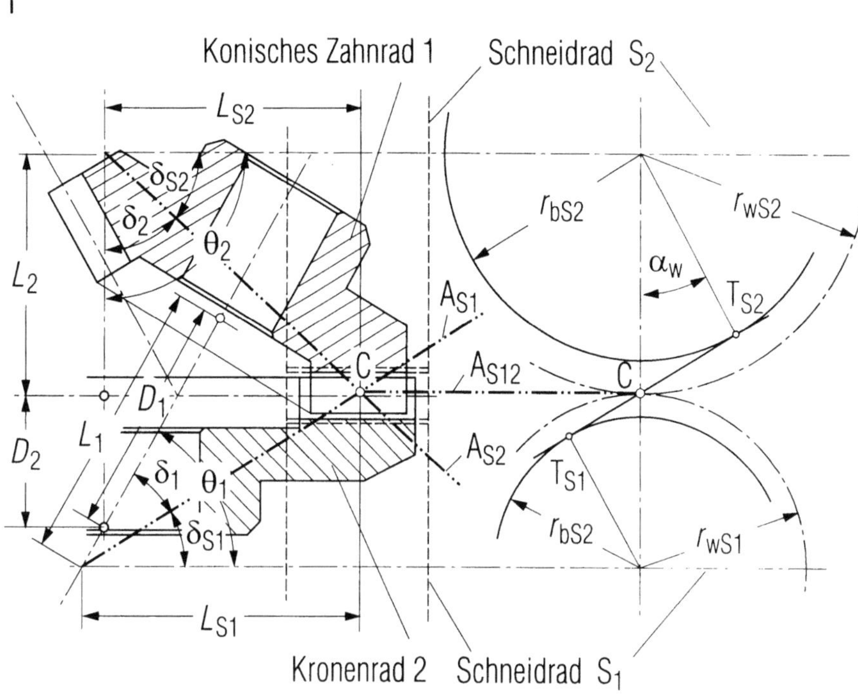

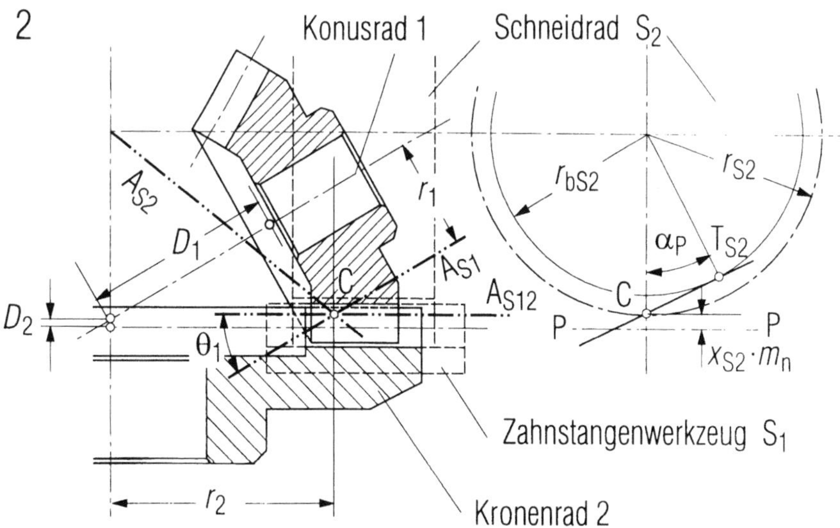

Bild 6.24. Eingriffsverhältnisse zwischen einem Kronen-, einem Konischen und einem Konus-Zahnrad (Analysisfigur).

Teilbild 1: Paarung eines Kronen- mit einem Konischen Zahnrad.
Teilbild 2: Paarung eines Kronen- mit einem Konuszahnrad.

den Abstand L_{S2} aus

$$L_{S2} = \frac{r_{wS2}}{\tan \delta_{S2}} \, . \tag{6.63}$$

Die unbekannten Winkel δ_{S1} sowie δ_{S2} lassen sich aus den Grundbeziehungen zweier Kegel ermitteln, nämlich

für die Konische Zahnrad-Schneidrad-Paarung

$$\theta_1 = \delta_1 + \delta_{S1} \, , \tag{6.64}$$

$$\frac{z_1}{\sin \delta_1} = \frac{z_{S1}}{\sin \delta_{S1}} \, , \tag{6.65}$$

sowie für die Kronenzahnrad-Schneidrad-Paarung

$$\theta_2 = \delta_2 + \delta_{S2} \, , \tag{6.66}$$

$$\frac{z_2}{\sin \delta_2} = \frac{z_{S2}}{\sin \delta_{S2}} \, . \tag{6.67}$$

Damit ist

$$\tan \delta_{S1} = \frac{z_{S1} \cdot \sin \theta_1}{z_1 + z_{S1} \cdot \cos \theta_1} \, , \tag{6.68a}$$

mit den Gln.(6.66 und 6.67)

$$\tan \delta_{S2} = \frac{z_{S2} \cdot \sin \theta_2}{z_2 + z_{S2} \cdot \cos \theta_2} \tag{6.68b}$$

und mit $\theta_2 = 90°$

$$\tan \delta_{S2} = \frac{z_{S2}}{z_2} \, . \tag{6.69}$$

Daher ist

$$
L_{S1} = \frac{r_{wS1}}{\tan \delta_{S1}} = \frac{z_1 + z_{S1} \cdot \cos \theta_1}{\sin \theta_1} \cdot \frac{\kappa \cdot m_n}{2} ,
\tag{6.70}
$$

$$
L_{S2} = \frac{r_{wS2}}{\tan \delta_{S2}} = \frac{z_2}{2} \cdot \kappa \cdot m_n ,
\tag{6.71}
$$

mit κ als dem Änderungsfaktor des Eingriffswinkels

$$
\kappa = \frac{\cos \alpha_P}{\cos \alpha_w} .
\tag{6.72}
$$

Für die Einbauabstände D_1, D_2 erhält man

$$
D_1 = L_1 - \frac{L_{S1} - L_{S2}}{\cos \theta_1} ,
\tag{6.73}
$$

$$
D_2 = r_{wS1} + r_{wS2} - \left(L_{S1} - L_{S2} \right) \cdot \tan \theta_1 .
\tag{6.74}
$$

Den Abstand L_1 in Gl. (6.75) erhält man aus Gl. (4.9b)

$$
L_1 = \frac{z_{S1} + z_1 \cdot \cos \theta_1 + 2 \cdot x_{S1}}{2 \cdot \sin \theta_1} \cdot m_n
\tag{6.75}
$$

Mit Einsetzen von Gl. (6.75) und (6.70; 6.71) in Gl. (6.73) ergibt sich

$$
\begin{aligned}
D_1 &= L_1 - \frac{L_{S1} - L_{S2}}{\cos \theta_1} \\[2ex]
&= \frac{z_{S1} + z_1 \cdot \cos \theta_1 + 2 \cdot x_{S1}}{2 \cdot \sin \theta_1} \cdot m_n - \frac{\kappa \cdot m_n}{2 \cdot \cos \theta_1} \left[\frac{z_1 + z_{S1} \cdot \cos \theta_1}{\sin \theta_1} - z_2 \right] \\[2ex]
&= \frac{m_n}{2 \cdot \sin \theta_1} \left[z_{S1} \cdot (1 - \kappa) + \frac{z_1 \cdot \left(\cos^2 \theta_1 - \kappa \right)}{\cos \theta_1} + 2 \cdot x_{S1} + \kappa \cdot z_2 \cdot \tan \theta_1 \right] ,
\end{aligned}
\tag{6.76}
$$

$$
\begin{aligned}
D_2 &= r_{\mathrm{wS1}} + r_{\mathrm{wS2}} - \left(L_{\mathrm{S1}} - L_{\mathrm{S2}}\right) \cdot \tan\theta_1 \\[2mm]
&= \frac{\left(z_{\mathrm{S1}} + z_{\mathrm{S2}}\right) \cdot \kappa \cdot m_{\mathrm{n}}}{2} - \left[\frac{z_1 + z_{\mathrm{S1}} \cdot \cos\theta_1}{\sin\theta_1} - z_2\right] \cdot \frac{\kappa \cdot m_{\mathrm{n}} \cdot \tan\theta_1}{2} \\[2mm]
&= \frac{\kappa \cdot m_{\mathrm{n}}}{2} \cdot \left[z_{\mathrm{S2}} - \frac{z_1}{\cos\theta_1} + z_2 \cdot \tan\theta_1\right].
\end{aligned}
$$

$$(6.77)$$

6.8.1.2 *Paarungen mit Konuszahnrädern*

Da bei der Erzeugung der Eingriffswinkel am Konuszahnrad stets konstant ist, geht die Erzeugungs-Momentanachse des Konuszahnrades immer durch einen festen Punkt auf der Erzeugungs-Momentanachse am Kronenzahnrad. In *Bild 6.24, Teilbild 2* wird dieser Zusammenhang dargestellt. Die Wälzlinie A_{S12} schneidet die Erzeugungs-Momentanachse A_{S2} am Kronenzahnrad im Punkt C. Die Profilbezugslinie P-P verläuft im Abstand der Profilverschiebung $x_{\mathrm{S2}} \cdot m_{\mathrm{n}}$ parallel zur Wälzlinie. Die Erzeugungs-Momentanachse A_{S1} am Konuszahnrad muß durch den Punkt C gehen. Die Einbauabstände können wie folgt bestimmt werden:

$$
D_1 = \left[\frac{z_2 - z_1 \cdot \sin\theta_1}{2 \cdot \cos\theta_1} - \frac{x_{\mathrm{S2}}}{\cos\theta_1}\right] \cdot m_{\mathrm{n}}
\tag{6.78}
$$

$$
D_2 = \left[\frac{z_2 \cdot \sin\theta_1 - z_1}{2 \cdot \cos\theta_1} - \frac{x_{\mathrm{S2}}}{\cos\theta_1}\right] \cdot m_{\mathrm{n}}
\tag{6.79}
$$

6.8.2 Änderung der Berührungslage sowie der Einbaulage

Um ein besseres Tragbild auf den Flanken zu erhalten, kann man die Lage der Berührungspunkte verändern. Andererseits dienen die Kronenzahnradpaarungen mit Konus- bzw. Konischen Zahnrädern meistens zum Einstellen der Flankenspiele. Es ist wichtig, die Einstellungsrichtung für das Konische oder Konuszahnrad ohne Änderung der gleichmäßigen momentanen Übersetzung dann festzulegen.

6.8.2.1 *Paarungen mit Konischen Zahnrädern*

Die Lage der Berührungspunkte kann durch die geeignete Wahl der Profilverschiebungssumme $(x_{\mathrm{S1}} + x_{\mathrm{S2}}) \cdot m_{\mathrm{n}}$ sowie der Summe der Zähnezahlen $z_{\mathrm{S1}} + z_{\mathrm{S2}}$ der Schneidräder verändert werden. Bei einer V-Plus-Paarung mit den beiden Schneidrädern, d.h. $x_{\mathrm{S1}} + x_{\mathrm{S2}} > 0$, ergibt sich für den spielfreien Eingriff ein größerer Betriebseingriffswinkel als der Profilwinkel α_P. Die Lage der Berührungspunkte wird mit dem vergrößerten Betriebseingriffswinkel von der Kronenzahnradachse weg zur äußeren Seite gelegt. Man muß darauf achten, daß als Folge die Überdeckung dabei verkleinert wird.

Aufgrund des veränderlichen Eingriffswinkels bei der Erzeugung muß die Lage des Konischen Zahnrades gegenüber dem Kronenzahnrad (*Bild 6.24, Teilbild 1*) beim Einbauen genau eingehalten werden. Aus den Gln. (6.76; 6.77) ist zu erkennen, daß der Vergrößerungsfaktor κ abhängig von den Einbauabständen D_1 bzw. D_2 ist, d.h. es sind zwei Gleichungen für drei Variable vorhanden. Eine davon kann willkürlich gewählt werden. Beim spielfreien Eingriff liegt z.B. der Betriebseingriffswinkel α_w und damit auch der Faktor κ fest. Die Einbauabstände werden damit auch festgelegt. Bei der Änderung des Abstandes D_2 muß sich der Abstand D_1 entsprechend ändern, sonst wird die momentane Übersetzung ungleichmäßig. Die zulässige Bewegungsrichtung für das Konische Zahnrad ohne Änderung der gleichmäßigen momentanen Übersetzung kann mit Einsetzen von κ aus Gl. (6.77) in Gl. (6.76) festlegt werden. Diese Richtung entspricht weder der axialen Richtung des Konischen Zahnrades noch der Richtung der Erzeugungs-Momentanachse am Konischen Zahnrad. Sie hängt von den Verzahnungsgrößen, wie den Zähnezahlen der Schneidräder $z_{\mathrm{S}1}$, $z_{\mathrm{S}2}$, sowie der gepaarten Räder z_1, z_2 und der Profilverschiebung $x_{\mathrm{S}1} \cdot m_\mathrm{n}$ ab. Für das Verstellen der Flankenspiele [6.8] ist daher diese Kronenzahnradpaarung mit einem Konischen Zahnrad nicht geeignet.

6.8.2.2 Paarungen mit Konuszahnrädern

Der Betriebseingriffswinkel ist bei einer solchen Paarung immer gleich dem Profilwinkel α_P. Die Lage der Berührungspunkte bleibt unabhängig von der Profilverschiebung $x_{\mathrm{S}2} \cdot m_\mathrm{n}$ am Schneidrad S_2 (für das Kronenzahnrad) immer unverändert (*Bild 6.24, Teilbild 2*). Die Berührungspunkte auf den Flanken des Konuszahnrades können aber durch die Änderung der Profilverschiebung $x_{\mathrm{S}2} \cdot m_\mathrm{n}$ in die gewünschte Lage verschoben werden.

Solange die Erzeugungs-Momentanachse durch den Punkt C geht, kann sich das Konuszahnrad in seiner axialen Richtung frei bewegen. Im Vergleich zu der Paarung mit Konischen Zahnrädern ist die Verstellung der Flankenspiele bei dieser Paarung einfacher. Trotz dieses Vorteils gegenüber der Paarung mit Konischen Zahnrädern bleibt der Nachteil, daß die Konuszahnradachse gegenüber dem Kronenzahnrad genau gelagert werden muß.

6.9 Auslegung der Kronenzahnräder als Stirnzahnkupplung

Eine weitere wichtige Anwendung von Kronenradverzahnungen tritt bei Stirn-zahnkupplung auf. Zu den Vorteilen von Stirnzahnkupplungen aus Kronenradver-zahnungen gehören:

- schlupffreie Übertragung großer Drehmomente in beiden Richtungen bei ge-ringem Raumbedarf (weil die Übertragung der Momente formschlüssig über die Zahnbreite erfolgt),
- genaue, selbsttätige Zentrierung,
- leichte Herstellbarkeit im Vergleich zu Hirth-Verzahnungen.

6.9.1 Berührungslage

Bei Dreh- bzw. Leistungsübertragung mit einer Stirnzahnkupplung aus Kronen-zahnrädern liegt Linienberührung vor. Die Berührungslage spielt bei der Ausle-gung daher eine große Rolle.

6.9.1.1 Bestimmung der Berührungslage

Die Voraussetzung für den korrekten Eingriff zweier Zahnräder besteht darin (wie schon an verschiedenen Stellen erwähnt), daß die beiden Zahnrad-Verzahn-werkzeug-Paarungen und die Verzahnwerkzeug-Verzahnwerkzeug-Paarung eine gemeinsame Eingriffslinie haben. In **Bild 6.25**, *Teilbild 1* sind zwei gleiche Kro-nenzahnräder mit ihren zugehörigen Schneidrädern (gestrichelt) dargestellt. Es hat keinen Zweck, zwei verschiedene Schneidräder jeweils für jedes Kronenzahnrad einzusetzen. Um die Eingriffsbedingungen zwischen den beiden Kronenzahnrä-dern zu erkennen, betrachten wir folgendes:

In *Teilbild 2* wird der Eingriff zwischen den Paarungen in dem Stirnschnitt des Schneidrades dargestellt. Für den spielfreien Eingriff zwischen den beiden Schneidrädern muß der Eingriffswinkel nach Gl. (6.80) bestimmt werden

$$\operatorname{inv}\alpha_{\mathrm{W}} = 2\frac{x_{\mathrm{S}}}{z_{\mathrm{S}}}\tan\alpha_{\mathrm{P}} + \operatorname{inv}\alpha_{\mathrm{P}}\,. \tag{6.80}$$

Bild 6.25. Kronenzahnradpaarung als Stirnzahnkupplung. Der axiale Eingriff zwischen zwei gleichen Kronenzahnrädern mit fluchtenden Achsen kann für eine Zahnkupplung aus-genutzt werden.

Teilbild 1: Die Kronenzahnräder K_1 und K_2 mit ihren Schneidrädern S_1, S_2.

Teilbild 2: Die Eingriffslinie der Schneidrad-Kronenzahnradpaarungen ist auch Eingriffsli-nie der Kronenzahnradpaarungen. Es herrscht Linienberührung.

Teilbild 3: Berührungslinien am Zahn in Abhängigkeit der Profilverschiebung.

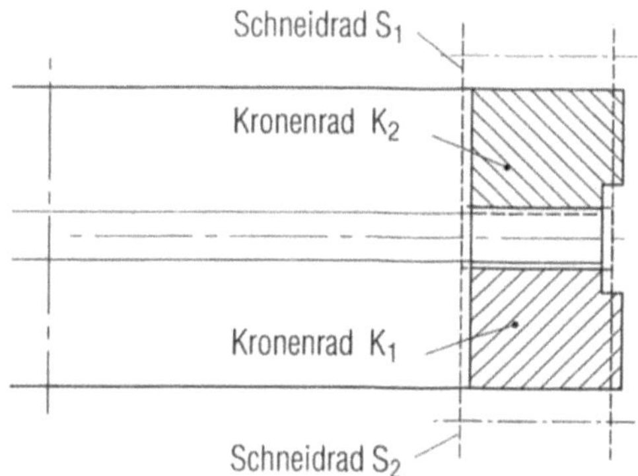

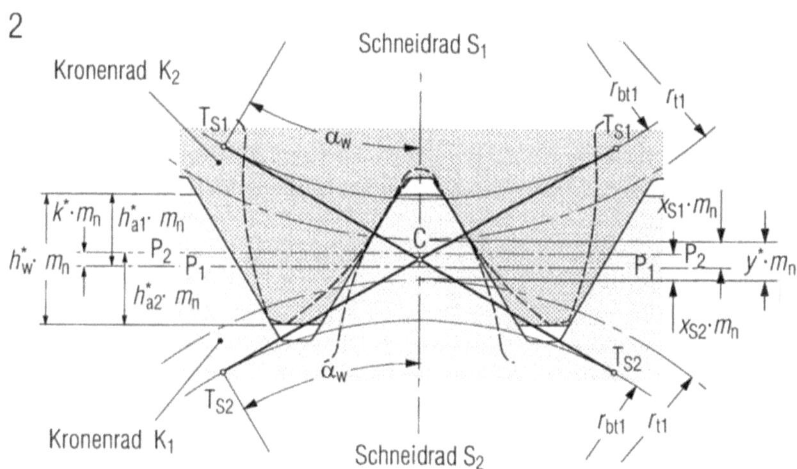

x_S	α_w	h_w^*	Lage der Berührungslinie
0,00	20°	1,600	
0,20	23,69°	1,567	
0,40	26,42°	1,489	
0,60	28,61°	1,385	

Verzahnungsdaten:

$z_S = 14$;

$z_{1,2} = 48$;

$\alpha_P = 20°$;

$h_{aPS}^* = 1{,}0$;

$h_{FfPS}^* = 0{,}8$;

$h_{a1,2}^* = 0{,}8$;

$h_{f1,2}^* = 1{,}0$;

$\beta = 0°$;

$a = 0$

Die Eingriffslinien zwischen den beiden Schneidrädern spannen mit dem Eingriffswinkel entlang der Zahnbreite eine Eingriffsebene auf.

Gehört die Eingriffslinie auch zur Schneidrad-Kronenzahnrad-Paarung, dann muß sie auch die Eingriffslinie der Kronenzahnradpaarung sein. Weil die Achsen der Kronenzahnräder gleich sind, berühren sich alle Punkte auf der Eingriffslinie in jedem Augenblick; d.h. es liegt Linienberührung bei der Stirnzahnkupplung zur Drehübertragung vor. Die Berührungspunkte an den Flanken sind die Punkte mit dem Eingriffswinkel α_w. Ihre Lage kann auch wie bei den Kronenzahnradpaarungen mit kleineren Ritzeln nach der Gleichung bestimmt werden

$$R_\mathrm{w} = \frac{r_2 \cos\alpha_\mathrm{P}}{\cos\alpha_\mathrm{w}} \, . \tag{6.81}$$

6.9.1.2 *Änderung der Berührungslage*

Die Maßnahme zur Festlegung der Berührungslage ist ähnlich wie bei den Kronenzahnradpaarungen mit kleineren Ritzeln. Die Änderung der Berührungslage auf der Zahnflanke kann entweder durch den Profilwinkel α_P oder durch die Profilverschiebung des Schneidrades erfolgen.

Bei verschiedenen Profilwinkeln α_P wird die Berührungslage nicht geändert, wenn keine Profilverschiebung $x_\mathrm{S} \cdot m_\mathrm{n}$ vorliegt. Dabei ist der Halbmesser R_w für die Berührstelle stets gleich dem Teilkreishalbmesser r_2, mit einem großen Profilwinkel α_P verkleinert sich jedoch der zulässige Innenhalbmesser R_i an der Unterschnittgrenze. Man kann danach mit dem verkleinerten Innenhalbmesser und auch mit dem verkleinerten Außenhalbmesser (bei der gleichen Zahnbreite) die Berührungslage etwa in die Mitte der Zahnbreite legen.

Die andere Möglichkeit ist die, dem Schneidrad eine Profilverschiebung zu geben. Mit einer positiven Profilverschiebung wird der Eingriffswinkel α_w auch vergrößert. Damit ergibt sich auch ein großer Halbmesser der Berührungslage. Andererseits vergrößert sich infolge der positiven Profilverschiebung $x_\mathrm{S} \cdot m_\mathrm{n}$ auch der Außenhalbmesser an der Spitzengrenze und die zulässige Zahnbreite. Infolgedessen ergeben sich große Freiheiten für die Auslegung. In *Teilbild 3* sind die Berührungslinien auf dem Zahn in Abhängigkeit der Profilverschiebung an einem Beispiel dargestellt.

Bei großer Profilverschiebung muß auch darauf geachtet werden, daß

- der Eingriffswinkel vergrößert und damit die Momentübertragung verschlechtert wird,

- die Arbeitszahnhöhe verkleinert wird.

Die gemeinsame Zahnhöhe h ist mit der Summe der Zahnkopfhöhen der beiden Kronenzahnräder und mit der Summe der Profilverschiebungen sowie mit dem Teilkreisabstandsfaktor y zu bestimmen

$$h = \left(2h_{\mathrm{a}}^{*} - 2x_{\mathrm{S}} + y\right)\cdot m_{\mathrm{n}} \tag{6.82}$$

Der Teilkreisabstandsfaktor y ist aus Gl. (2.52) in *Zahnradtechnik I*, [6.6] zu entnehmen.

$$y = z_{\mathrm{S}}\left[\frac{\cos\alpha_{\mathrm{P}}}{\cos\alpha_{\mathrm{w}}} - 1\right]. \tag{6.83}$$

6.10 Fertigung der Kronenzahnräder

Die Fertigung der Kronenzahnräder unterscheidet sich nicht von der der Konischen Zahnräder. Die in *Abschnitt 4.8* erwähnten Verfahren können für Kronenzahnräder verwendet werden, nur daß für den Konuswinkel 90° eingesetzt werden muß.

6.11 Schrifttum

[6.1]   AGMA 203.03:   Fine pitch on-center face gears for 20-degreee involute spur pinions. April 1973

[6.2]   Basstein, G.:   Cylkro-Getriebe - eine Herausforderung. Z. antriebstechnik 33 (1994), Nr. 11, S. 24-30

[6.3]   Bloomfield, B.:   Designing face gears. Machine Design 19 (1947), April, S. 129-134

[6.4]   Francis, V.,   Face gear Design factors. Product Engineering 21 (1950), Juli, Silvagi, J.:   S. 117-121

[6.5]   Litvin, F.L.:   Gear geometry and applied theory. Engelwood Cliffs: PTR Prentice Hall 1994

[6.6]   Roth, K.:   Zahnradtechnik. Band I: Stirnradverzahnungen - Geometrische Grundlagen. Berlin, Heidelberg, New York: Springer 1989

[6.7]   Roth, K.:   Evolventenverzahnungen mit extremen Eigenschaften. Teil IIa Evoloidverzahnungen für große Übersetzungen ins Langsame. Z. antriebstechnik 35 (1996), Nr. 7, S. 43-48, Teil IIb: Evoloidverzahnungen für große Übersetzung ins Schnelle. Z. antriebstechnik 35 (1996) Nr. 9, S. 69-74

[6.8]   Roth, K.:   Zahnradtechnik, Band II: Stirnradverzahnungen - Profilverschiebungen, Toleranzen, Festigkeit. Berlin, Heidelberg, New York: Springer 1989

[6.9]   Roth, K.:   Planrad mit Evolventenverzahnung. BRD-Patent Nr. 1775345, 1968

[6.10]   Roth, K.:   Evolventenverzahnung und Räderpaarung unter Verwendung einer solchen Verzahnung. Patentanmeldung (Österreich) 13. September 1967, Akt.Z. 38721/C/J/R.

[6.11]   Tsai, S.-J.:   Vereinheitlichtes System evolventischer Zahnräder - Auslegung von zylindrischen, Konischen, Kronen- und Torusrädern. Dissertation TU Braunschweig, 1997

7 Torusverzahnung für Achswinkeländerung während des Laufs

7.1 Entstehung und Anwendung der Torusverzahnung

Ausgehend von der Konischen Verzahnung ist es möglich, als Kopfkreis- und Fußkreismäntel Torusflächen vorzusehen. Das erfolgt dadurch, daß der Achswinkel Σ während der Erzeugung nicht konstant bleibt wie bei der Konischen Verzahnung sondern verändert wird. Bei der dabei entstehenden Verzahnung, hier *Torusverzahnung* genannt, ist der Achswinkel im Lauf einstellbar. In **Bild 7.1** sind zwei mögliche Torusradpaarungen zur Änderung der Achswinkel von 0° bis 180° dargestellt. *Teilbild 1* zeigt eine Paarung mit einem Torusrad und einem zylindrischen Ritzel, *Teilbild 2* eine Paarung mit zwei gleichen Torusrädern.

Die Torusverzahnung, häufig auch als Kupplung verwendet, ebenso zur Verstellung zweier Wellen im Bereich von 0 bis 180° im Lauf und unter Last. **Bild 7.2** zeigt ein Anwendungsbeispiel [7.3] der Torusverzahnung. Dies Getriebe tritt hauptsächlich in Bohrtürmen auf, wobei der lange Bohrer an der getriebenen Welle herausgezogen werden kann, wenn er sich nicht in Betrieb befindet.

1   2

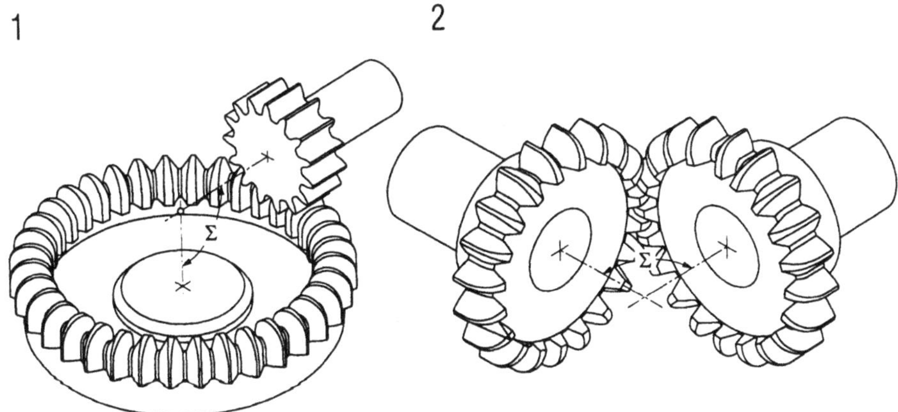

Bild 7.1. Mögliche Torusradpaarungen zur Änderung des Achswinkels während des Laufs und unter Belastung im Bereich von $\Sigma = 0°$ bis 180°.

Teilbild 1: Paarung eines Torusrades mit einem kleineren zylindrischen, geradverzahnten Stirnrad.
Teilbild 2: Paarung von zwei gleichen Torusrädern.

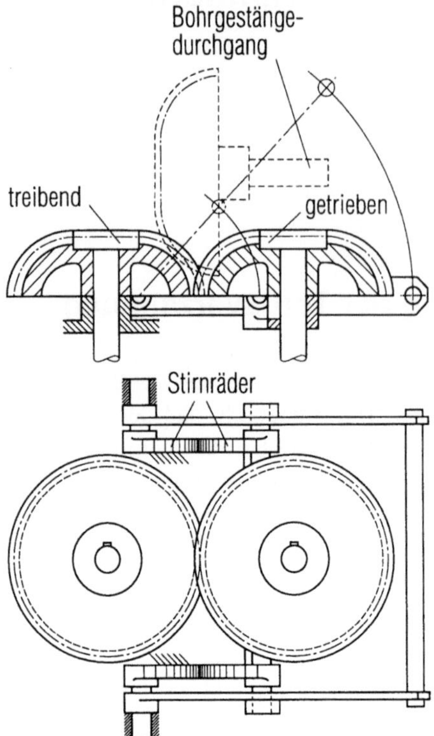

Bild 7.2. Beispiel für die Anwendung von Torusradpaarungen bei Bohrtürmen. Nach Hochklappen des getriebenen Torusrades kann der Bohrer bei Betriebsstillstand herausgezogen werden.

Bei Betrachtung der bekannten evolventischen Verzahnungen wie der Stirnradverzahnung, der Konischen und der Kronenradverzahnung zusammen, **Bild 7.3**, ist (nach Roth [7.9] sowie von Tsai [7.12]) bewiesen, daß die Torusverzahnung eine übergeordnete Verzahnung ist. Je nach dem, ob der Achswinkel $\Sigma = 0°$, $0° < \Sigma < 90°$, $\Sigma = 90°$, $90° < \Sigma < 180°$ oder $\Sigma = 180°$ wird, ergibt sich aus der Torusverzahnung die Stirnrad-Außen-, die Konische Außen-, die Kronenrad-, die Konische Innen- oder die Stirnrad-Innenverzahnung [7.12;7.7] Die Torusverzahnung kann daher auf die Konische Verzahnung zurückgeführt werden, *Kapitel 4*.

7.2 Die wichtigsten Bestimmungsgrößen an einem Rad mit Torusverzahnung

Da das Torusrad wie auch das *Konische Zahnrad* hauptsächlich mit einem zahnradförmigen Werkzeug hergestellt wird, sind die Bestimmungsgrößen im wesentlichen gleich denen der Konischen Verzahnung. Im folgenden werden nur die wichtigsten Bestimmungsgrößen erklärt, nämlich die Profilverschiebungen für die Lage der Umlenkachse, die Zahnhöhen und der Toruswinkel [7.12;7.7].

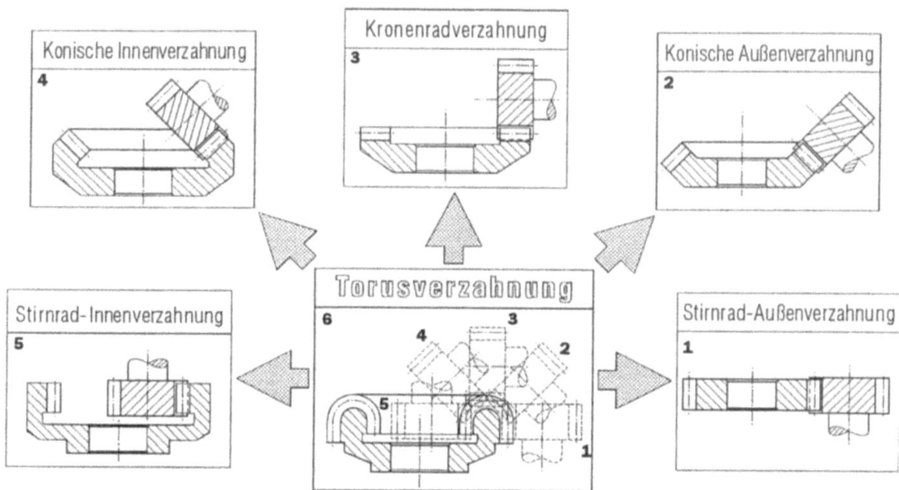

Bild 7.3. Einheitliches System der Verzahnungen mit konstanter Teilung entlang der Zahnbreite.

Die Stirnrad- (1) und die Konischen Außenverzahnungen (2), die Kronenradverzahnungen (3) sowie die Konischen- (4) und die Stirnrad-Innenverzahnungen (5) können alle als Sonderfälle der Torusverzahnung betrachtet werden (Vorschlag Roth, Beweis Tsai).

7.2.1 Profilverschiebungen für die Lage der Umlenkachse

Bei der Erzeugung der Torusverzahnung verändert sich der Achswinkel Σ derart, daß die Führung des Schneidrades stets um eine Achse erfolgen muß. Diese Achse, hier *Umlenkachse* genannt, ist in der Regel gegenüber der Schneidradachse (auch der Ritzelachse) und der Werkradachse raumfest. Damit ergibt sich ein *torusförmiger* Zahnradkörper, der den Namen *Torusverzahnung* begründet. Die Lage der Umlenkachse besitzt dann zwei Freiheitsgrade gegenüber den beiden Drehachsen. Wie bei der Konischen Verzahnung verwendet man auch hier die Profilverschiebungen für die Lageänderungen der Umlenkachse; der Profilverschiebungsfaktor mit der Bezeichnung x_2 bezieht sich auf die Schneidradachse, der andere mit der Bezeichnung x_a auf die Radachse. Wie in **Bild 7.4** gezeigt wird, wirkt die Profilverschiebung $x_2 \cdot m_n$ in radialer Richtung des Schneidrades und $x_a \cdot m_n$ in radialer Richtung des Torusrades.

7.2.2 Zahnhöhen

Die Zahnhöhen der Torusräder, die in der Richtung des Torus gemessen werden, sind in der Regel konstant. Zur Unterscheidung des Zahnkopfes und Zahnfußes wird der „Profil-Bezugstorus" verwendet, der sich aus der Hüllkurve der Profilbezugslinie des Schneidrades ergibt, *Bild 7.4*. Die Zahnkopfhöhe $h^*_{aP2} \cdot m_n$ ist

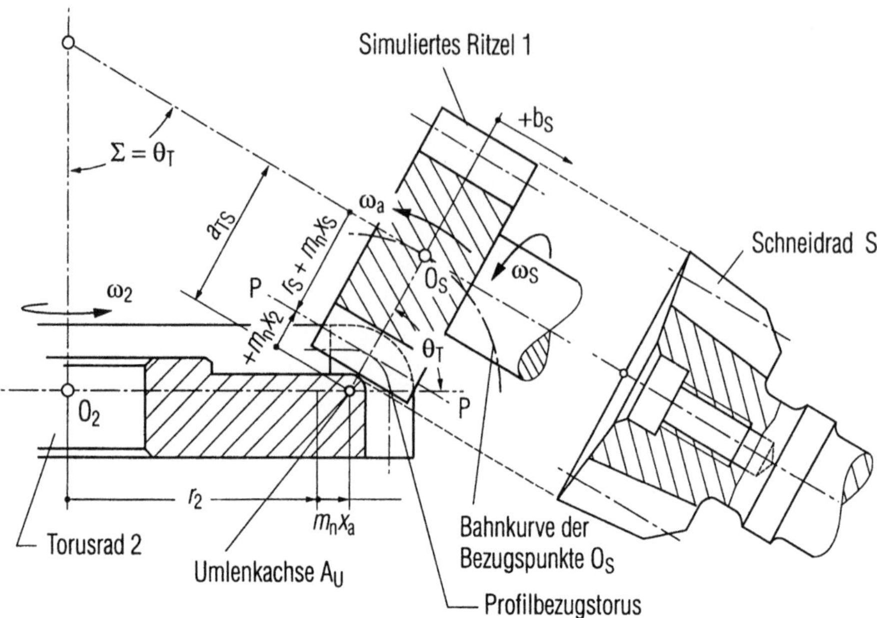

Bild 7.4. Verzahnungsgrößen für die Paarung eines Torus- und eines Stirnrades sowie eines gleichgroßen Schneidrades.

Es bedeutet: Σ Achswinkel, θ_T Toruswinkel (ähnlich dem Konuswinkel θ_K), a_{TS} Achsversetzung zwischen Schneidrad und Umlenkachse, r_S Teilkreisradius am Schneidrad (entspricht r_1 am Stirnrad), r_2 Teilkreisradius am Torusrad, h Zahnhöhen vom Profilbezugstorus gemessen, $x_S m_n$ Profilverschiebung des Schneidrades (entspricht der Profilverschiebung $x_1 m_n$ des Stirnrades), $x_a m_n$ Profilverschiebung für die radiale Richtung des Umlenkpunktes A_U am Torusrad, $x_2 m_n$ Profilverschiebung des Torusrades.

gleich der Differenz des Radius vom Zahnkopftorus und vom Profilbezugstorus, die Zahnfußhöhe $h_{fP2}^{*} \cdot m_n$ gleich der Differenz des Radius des Profilbezugstorus und des Zahnfußtorus.

Der kleinste Abstand a_{TS} zwischen der Umlenkachse und der Schneidrad- bzw. Ritzelachse ist nach *Bild 7.4*

$$a_{TS} = r_S + x_S m_n + x_2 m_n. \tag{7.1}$$

7.2.3 Der Toruswinkel

Die Linie $A_U O_S$ von der Schneidrad- bzw. Ritzelachse zur Umlenkachse schneidet dabei die radiale Linie $O_2 A_U$ mit einem Winkel θ_T, der in diesem Fall gleich dem Achswinkel Σ und in gewissem Sinn dem Konuswinkel θ bei der Konischen Verzahnung entspricht. Weil dieser Winkel θ_T keine Konstante, sondern eine Variable wie die *Zahnbreite* des Konischen Zahnrades ist, wird er hier als *Toruswinkel* θ_T mit dem Index T bezeichnet.

7.3 Erzeugen der Torusverzahnung

Bei der Erzeugung des Torusrades erfolgen die Bewegungen des Werkzeugs und des Rades in zwei unabhängigen Richtungen, *Bild 7.4*:

1. *Gekoppelte Drehbewegung* des Werkzeugs und des Torusrades. Dabei dreht sich das Schneidrad bzw. das simulierte Ritzel um die eigene Achse mit der Winkelgeschwindigkeit ω_S, und das Torusrad um seine Achse mit der Winkelgeschwindigkeit ω_2. Der Achswinkel Σ bleibt während des Laufs *konstant.*

2. Die *Rotationsbewegung* der Werkzeugführung um die Umlenkachse A_U. Das vom Schneidrad simulierte zylindrische Ritzel dreht sich dabei mit einer Winkelgeschwindigkeit ω_a um die Umlenkachse A_U. Der Achswinkel Σ verändert sich mit der Winkelgeschwindigkeit ω_a, während keine Drehbewegungen des Torusrades und des Schneidrades erfolgt.

Für jede Bewegung gilt jeweils eine eigene Eingriffsbedingung, durch welche die resultierenden Eingriffsverhältnisse festgelegt werden können. Sie werden im folgenden erklärt.

7.3.1 Gekoppelte Drehbewegung des Werkzeugs und des Torusrades

Die gekoppelte Drehbewegung des Werkzeugs und des Torusrades gleicht der bei der Herstellung der Konischen Zahnräder. Die Ergebnisse vom Kapitel über die Konischen Verzahnungen können daher für Torusradverzahnungen direkt übernommen werden.

Bei dieser Bewegung muß die Bedingung für korrekten Eingriff zwischen dem Werkzeug und dem Torusrad als Folge der allgemeinen Eingriffsgleichung eingehalten werden [7.12], siehe auch *Kapitel 4*:

$$b_S \sin\theta_T = \frac{r_{bS}(u + \cos\theta_T)}{\cos\lambda} - \left[(r_2 + x_a m_n) + (r_S + x_S m_n + x_2 m_n)\cos\theta_T\right]. \quad (7.2)$$

7.3.2 Rotationsbewegung des Werkzeugs um die Achse A_U

Die Momentanachse der Verzahnung ist gleich der Umlenkachse. Weil es keine Achsversetzung gibt, das heißt, die Rotationsachsen sich stets schneiden, muß die Berührnormale der korrekt kämmenden Flanken stets durch diese Umlenkachse gehen. Das bedeutet, daß der Eingriff bei jedem Achswinkel immer in dem Stirnschnitt des Schneidrades bzw. Ritzels mit der Zahnbreite $b_S = 0$ stattfindet, [7.12]. Die Eingriffsbedingung lautet damit

$$b_S = 0. \tag{7.3}$$

7.3.3 Eingriffswinkel der Torusverzahnung

Für die Torusverzahnung müssen die beiden oben angeführten Eingriffsbedingungen gleichzeitig gelten. Aus Gln. (7.2; 7.3) kann die nicht benötigte Variable b_S eliminiert werden und es ergibt sich eine übersichtliche Eingriffsgleichung

$$\cos \lambda_T = \frac{\left(u + \cos\theta_T\right) \cdot r_{bS}}{r_2 + x_a m_n + \left(r_S + x_S m_n + x_2 m_n\right)\cos\theta_T}. \tag{7.4}$$

Mit Gl. (7.4) kann für jeden Toruswinkel der Eingriffswinkel der Torusverzahnung eindeutig bestimmt werden. Um diese Gleichung geometrisch interpretieren zu können, kann Gl. (7.4) wie folgt umgeformt werden, wobei λ_T der Eingriffswinkel der in den Ritzelstirnschnitt projizierten Zahnradpaarung ist,

$$\cos \lambda_T = \frac{\dfrac{u\, r_{bS}}{\cos\theta_T} + r_{bS}}{\dfrac{r_2 + m_n x_a}{\cos\theta_T} + r_S + m_n x_S + m_n x_2} = \frac{r_{bZ} + r_{bS}}{A_Z}, \tag{7.5a}$$

mit

$$r_{bZ} = \frac{r_{b2}}{\cos\theta_T},$$

$$A_Z = r_Z + m_n x_{aZ} + r_S + m_n x_S + m_n x_2,$$

$$r_Z = \frac{r_2}{\cos\theta_T}, \tag{7.5b}$$

$$x_{aZ} = \frac{x_a}{\cos\theta_T}.$$

Wie in **Bild 7.5** gezeigt wird, kann das Torusrad durch ein Ersatzrad dargestellt werden, das aus der Projektion des Torusrades in *die* Ebene entsteht, welche gegenüber der zur Torusradachse senkrecht stehenden Ebene um einen Winkel θ_T geneigt ist. Mit den projizierten Verzahnungsgrößen r_Z, r_{bZ} und x_{aZ} können die Eingriffsverhältnisse der Torusverzahnung wie bei der Stirnradverzahnung behandelt werden. Infolge des Toruswinkels wird die Winkelgeschwindigkeit ω_2 in zwei Komponenten zerlegt. Die eine für das Ersatzrad ω_Z ist

$$\omega_Z = \omega_2 \cos\theta_T. \tag{7.6}$$

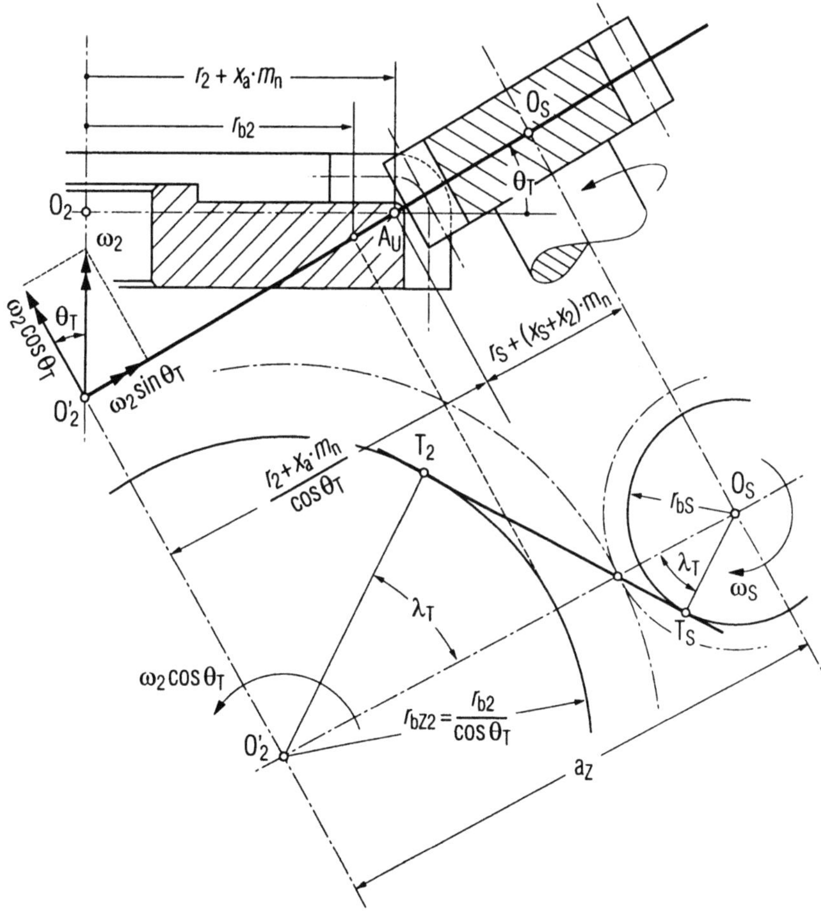

Bild 7.5. Paarung eines Torusrades mit einem zylindrischen Stirnradritzel, reduziert auf eine Stirnradpaarung. Das Torusrad wurde auf die im Eingriff befindliche Stirnschnittebene des Stirnrades projiziert, zu der es um den Toruswinkel θ_T geneigt ist. Mit der Ersatzpaarung ist der jeweilige Eingriffswinkel λ_T zu berechnen.

Zusammenfassend wird die Eingriffsbedingung der Torusverzahnung so formuliert, daß der Eingriff nur in dem Stirnschnitt des Schneidrades, der durch die Umlenkachse geht, stattfindet und der zugehörige Eingriffswinkel λ_T mit den projizierten Verzahnungsgrößen nach Gl. (7.5) bestimmt werden kann. Daher ergibt sich bei jedem Achswinkel bzw. Toruswinkel nur *eine* Eingriffslinie, also liegt bei allen Toruswinkeln θ_T nur Punktberührung vor.

Der Eingriffswinkel λ_T ist als Betrag betrachtet immer positiv. Der kleinste Wert ist gleich null. Das bedeutet, daß die Gl. (7.4) in dem Bereich liegen muß

$$0 \leq \cos\lambda_T = \frac{r_{bS}(u + \cos\theta_T)}{(r_2 + x_a m_n) + (r_S + x_S m_n + x_2 m_n)\cos\theta_T} \leq 1$$

oder

$$0 \leq r_{bS}(u + \cos\theta_T) \leq r_2 + x_a m_n + (r_S + x_S m_n + x_2 m_n)\cos\theta_T. \qquad (7.7)$$

In **Bild 7.6** werden drei Diagramme gezeigt, welche die Auswirkungen des Profilverschiebungsfaktors x_2, *Teilbild 1* und des Profilverschiebungsfaktors x_a, *Teilbild 2*, auf den Eingriffswinkel in Abhängigkeit des Toruswinkels darstellen. Mit größerem Profilverschiebungsfaktor x_2 nimmt der Eingriffswinkel bei Toruswinkeln θ_T, die größer als 90° sind, stärker ab, *Teilbild 1*. Der positive Profilverschiebungsfaktor x_a dagegen leistet einen Beitrag zu einem steigenden Eingriffswinkel mit zunehmendem Toruswinkel, *Teilbild 2*. In *Teilbild 3* liegt der Profilverschiebungsfaktor x_2 mit 1,5 fest, während der Profilverschiebungsfaktor x_a als Parameter im Bild aufgetragen ist. Daraus geht hervor, daß der Eingriffswinkel λ_T bei dem Toruswinkel von 0° bis 180° stets abnimmt. Diese Veränderung des Eingriffswinkels erkennt man auch gut an der Konischen bzw. Kronenradverzahnung.

Teilbild 3 zeigt noch, daß der Eingriffswinkel schon beim Toruswinkel kleiner als 180° außerhalb des Gültigkeitsbereichs liegt, d.h. mit den Profilverschiebungen $x_a \cdot m_n$ und $x_2 \cdot m_n$ die Gl. (7.4) für den Eingriffswinkel nicht mehr gültig sind. Für ein vollständiges Torusrad mit Toruswinkel von 0° bis 180° ist daher der Zusammenhang der Profilverschiebungen $x_2 \cdot m_n$ und $x_a \cdot m_n$ nach Gl. (7.7) mit dem Toruswinkel θ_T von 180° zu bestimmen

$$r_2 + x_a m_n - (r_S + x_S m_n + x_2 m_n) \geq r_{bS}(u - 1)$$

und nach Entwicklung

$$x_a \geq (x_S + x_2) - \frac{z_S(u - 1)(1 - \cos\alpha_P)}{2}. \qquad (7.8)$$

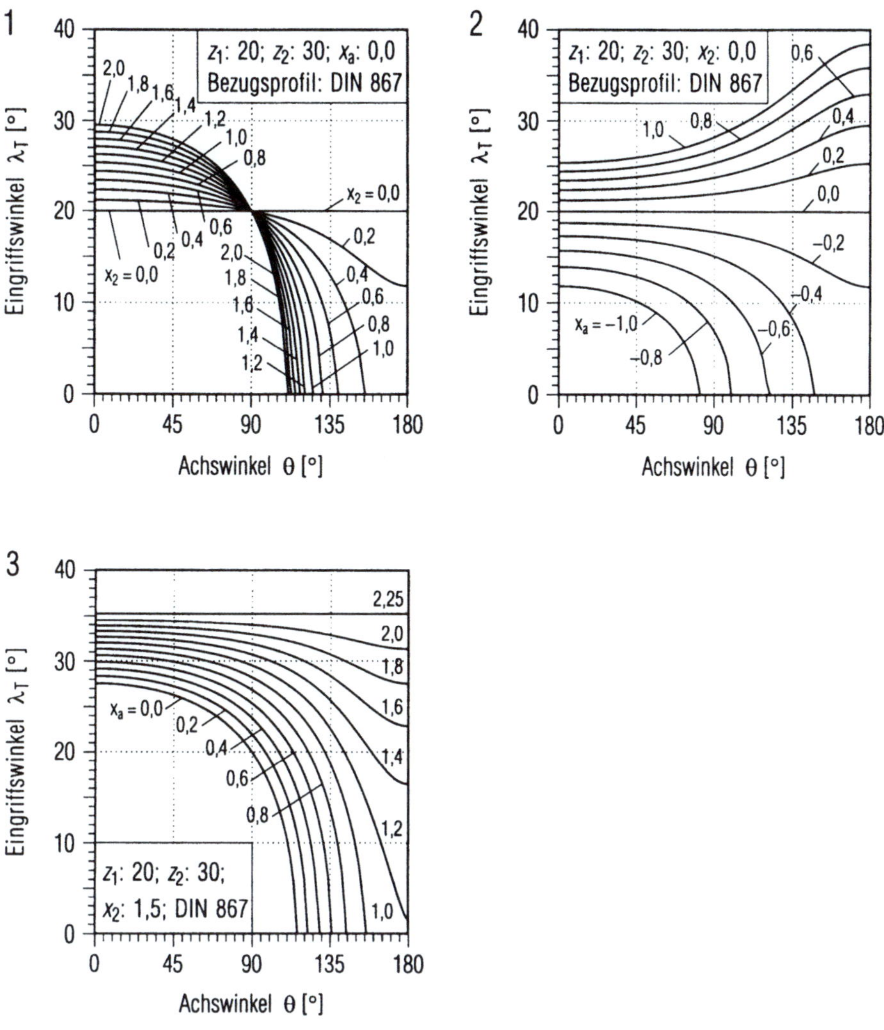

Bild 7.6. Abhängigkeit des Eingriffswinkels λ_T vom Achswinkel Σ hier gleich Toruswinkel θ_T bei der Paarung einer Torus- mit einer Stirnradverzahnung. Der Eingriffswinkel λ_T wird mit größerem Toruswinkel stets kleiner (Unterschnittgefahr!).

Teilbild 1: Verändern des Profilverschiebungsfaktors x_2; dabei ist $x_a = 0$.

Teilbild 2: Der Profilverschiebungsfaktor des Umlenkpunktes x_a wird verändert; $x_2 = 0$. Wenn $x_a > 0$, steigt der Eingriffswinkel λ_T.

Teilbild 3: Bei üblichen Profilverschiebungsfaktoren von x_a nimmt der Eingriffswinkel λ_T stets ab. Der Profilverschiebungsfaktor $x_2 = 1,5$ wird konstant gehalten.

7.3.4 Darstellung der vollständigen Zahnflanke

Für den Toruswinkel θ_T von 0° oder 180° ist die Form der Flanke des Torusrades schon bekannt. Sie ist nämlich gleich der des außen- oder innenverzahnten Stirnrades. Mit dem veränderlichen Toruswinkel von 0° bis 180° wird die Form der Flanke des Torusrades jedoch laufend geändert. In **Bild 7.7** ist ein Zahn des Torusrades mit Hilfe eines rechnerischen Simulationsprogramms dargestellt, [7.12;7.7]. Die Kurven mit der gleichen Variablen θ_T in der Zahnhöhenrichtung stellen die geometrischen Orte der Berührungspunkte beim entsprechenden Toruswinkel θ_T dar. Die konvexen Flanken bei der Außenverzahnung, *Teilbilder 1* und *4*, und die konkaven Flanken bei der Innenverzahnung, *Teilbilder 3* und *6*, sind im Bild gut zu erkennen. Andererseits bemerkt man auch, daß sich die Zahnkopfdicke des Torusrades mit dem zunehmenden Toruswinkel (von der Außen- zur Innenverzahnung) vergrößert. Beim Außen-Toruswinkel (in diesem Fall $\theta_T = 0°$) würde der Zahn spitz werden, wenn die Profilverschiebungsfaktoren x_a bzw. x_2 zu groß gewählt wird. Diese Einschränkung wird im nächsten Abschnitt eingehend behandelt.

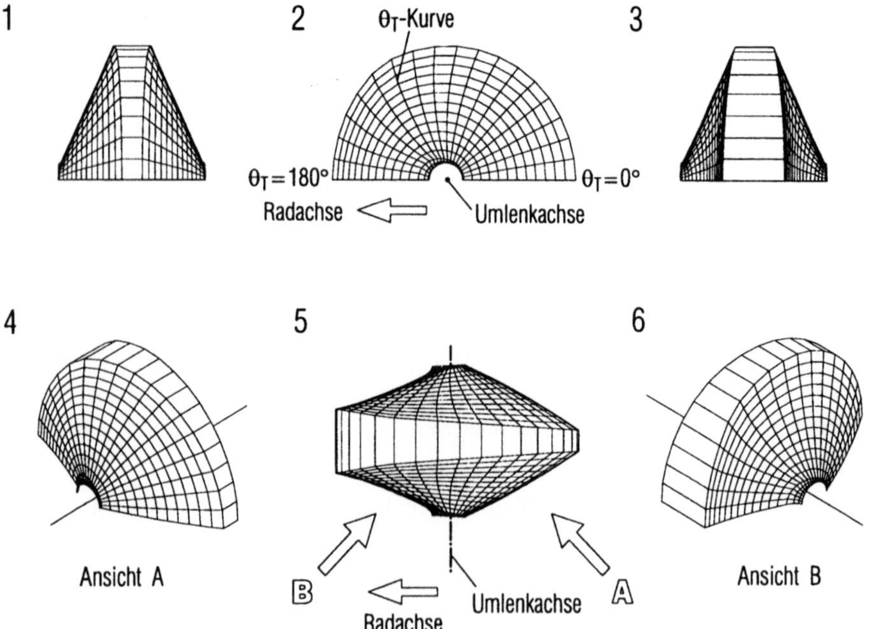

Bild 7.7. Rechnersimulation eines Toruszahnes für den Toruswinkel θ_T von 0° bis 180°.

Teilbilder 1 und *4*: Die konvexen Flanken des Außen-Toruszahnbereichs.
Teilbild 2: Flankenseitige Ansicht eines kompletten Toruszahnes von $\theta = 0°$ bis 180°.
Teilbilder 3 und *6*: Die konkaven Flanken des Innen-Toruszahnbereichs.
Teilbild 5: Der sich vergrößernde Zahnkopf von dem Außen- zum Innen-Toruszahnbereich.

In [7.12] wird die vollständige Eingriffsfläche der Torusverzahnung im raumfesten Koordinatensystem wie folgt angegeben mit

$$
{}_0\mathbf{r}_E = \begin{bmatrix} x_0 \\ y_0 \\ z_0 \end{bmatrix}
$$

$$
= \begin{bmatrix} \mp r_{bS}(\sin \lambda_{Tk} - \rho_{tk}^{*} \cos \lambda_{Tk}) \\ \left[(r_S + x_S m_n + x_2 m_n) - r_{bS}(\cos \lambda_{Tk} + \rho_{tk}^{*} \sin \lambda_{Tk})\right]\cos \theta_T + (r_2 + m_n x_a) \, , \\ \left[(r_S + x_S m_n + x_2 m_n) - r_{bS}(\cos \lambda_{Tk} + \rho_{tk}^{*} \sin \lambda_{Tk})\right]\sin \theta_T \end{bmatrix}
$$

$$(7.9)$$

Der Eingriffswinkel λ_T ergibt sich aus Gl. (7.4) und wird immer mit dem positiven Wert eingesetzt. Die Variable ρ_t^{*} ist der auf den Grundkreisradius bezogene Krümmungsradius an einem evolventischen Flankenpunkt Y des Schneidrades, welcher mit dem Radius r_y und dem Grundkreisradius r_b wie folgt bestimmt wird

$$
\rho_t^{*} = \sqrt{\left(\frac{r_y}{r_b}\right)^2 - 1} \, .
\tag{7.10}
$$

Das obere Vorzeichen in Gl. (7.9) gilt für die Linksflanken und das untere für Rechtsflanken.

7.4 Geometrische Grenzen

Wie bei der Konischen Verzahnung müssen bei der Torusverzahnung die folgenden Grenzen beachtet werden: Unterschnitt, Spitzwerden und Interferenz der Zähne.

7.4.1 Unterschnittgrenze

7.4.1.1 Erste Bedingung

Die Entstehung des Unterschnitts bei der Torusverzahnung kann wieder bei den beiden Erzeugungsbewegungen betrachtet werden. Weil die gekoppelte Drehbewegung des Werkzeugs und des Torusrades bei einem bestimmten Toruswinkel gleich wie die bei der Erzeugung der Konischen Verzahnung ist, kann die Unterschnittgrenze bei dieser Erzeugungsbewegung direkt von der Konischen Verzahnung übernommen werden. Der Eingriffswinkel an der Unterschnittgrenze bei einem Toruswinkel (Konuswinkel) θ_T errechnet sich nach Gl. (4.14a) zu

$$u^{*2}\tan^2\lambda_U(1+\tan^2\lambda_U)+\rho_a^*\tan\lambda_U\left[1-u^*\cot\theta_T(1+\tan^2\lambda_U)\right]-\rho_a^{*2}=0 \quad (7.11)$$

mit

$$u^* = \frac{u+\cos\theta_T}{\sin\theta_T}\,,$$

$$\rho_a^* = \sqrt{\left[\frac{z_S+2(x_S+h_{aPS}^*)}{z_S\cdot\cos\alpha_P}\right]^2-1}\,.$$

Für die unterschnittfreie Erzeugung gilt daher als erste Bedingung, daß sich der Eingriffswinkel λ_T mit dem Toruswinkel θ_T laufend verändern muß, jedoch so, daß er bezüglich seines Betrages stets größer bleibt als der Eingriffswinkel an der Unterschnittgrenze λ_u. Dies besagt auch folgende Ungleichung

$$\lambda_T \geq \lambda_U\,. \quad (7.12)$$

7.4.1.2 Zweite Bedingung

Normalerweise ist der Eingriffswinkel λ_U an der Unterschnittgrenze viel kleiner als der Eingriffswinkel λ_T bei der Erzeugung. Die zweite Bedingung für das Auftreten des Unterschnitts ist daher für die geometrische Auslegung der Torusverzahnung von Bedeutung. Um Kantenberührung zu vermeiden, schließt man beim Außen-Toruswinkel (z.B. $\theta_T = 0°$) und Innen-Toruswinkel (z.B. $\theta_T = 90°$) noch zusätzliche Flanken an, wie es in **Bild 7.8** dargestellt ist. Es gilt daher als zweite Bedingung: Um die beiden zusätzlichen Flanken nicht zu unterschneiden, muß die Umlenkachse von den Flanken einen gewissen Abstand haben, d.h. der Profilverschiebungsfaktor x_2 muß immer größer sein als der Zahnkopfhöhenfaktor des Schneidrades h_{aPS}^*

$$x_2 \geq h_{aPS}^*\,. \quad (7.13)$$

7.4.2 Spitzengrenze

Weil der Eingriffswinkel des Torusrades in der Regel von der Außen- zur Innenverzahnung hin abnimmt, kann aufgrund der Gesetzmäßigkeiten der Konischen Verzahnung unmittelbar erkannt werden, daß das Spitzwerden der Zähne beim

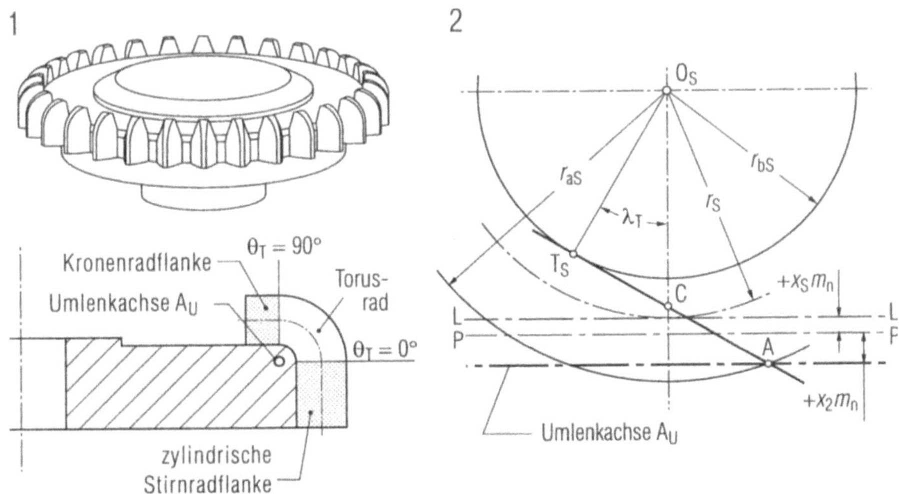

Bild 7.8. Ergänzung der Torusradverzahnung mit zusätzlichen Stirnrad- und Kronenzahnradflanken, um Kantenberührung im Betrieb zu vermeiden.

Im Stirnradbereich findet immer Linienberührung statt bei Paarung mit einem Stirnrad, im Kronenzahnradbereich dann, wenn die Ritzelverzahnung identisch mit der Schneidradverzahnung ist. Sonst liegt immer Punktberührung vor.

kleinsten Toruswinkel auftritt, dort wo auch der Eingriffswinkel am größten ist. Weil der Außen-Toruswinkel meistens im Bereich von $\theta = 0°$ (Stirnradflanke) und $\theta = 90°$ (Kronenzahnradflanke) im Betrieb auftritt, wird im folgenden die Spitzengrenze für diese beiden Werte untersucht.

7.4.2.1 Spitzengrenze an den Stirnradflanken

Die Spitzengrenze der Stirnradflanken hängt von dem zu verwendenden Schneidrad ab. Mit unterschiedlichen Schneidrädern erhält man auch unterschiedliche Spitzengrenzen der Stirnradflanken des ausgelegten Torusrades. Die Spitzengrenze kann von der Grundbeziehung der Zahndicke einer evolventischen Flanke her entwickelt werden, vergleiche *Abschnitt 2.5.3.2* in [7.8].

Am Wälzkreis r_{wS} bzw. r_{w2} gilt die Beziehung für die Zahndicken am Schneidrad und Stirnrad

$$s_{wS} + s_{w2} = p_w \,.\tag{7.14}$$

Die Wälzkreisteilung p_w ist

$$p_{wt} = \frac{2\pi}{z_S} \cdot r_{wS} = \frac{2\pi}{z_2} \cdot r_{w2}\,,\tag{7.15}$$

mit dem Wälzkreishalbmesser

$$r_{\text{wS}} = \frac{1}{1+u}\, a_{\text{w}},$$
(7.16a)

$$r_{\text{w2}} = \frac{u}{1+u}\, a_{\text{w}}.$$
(7.16b)

Die Wälzkreisteilung p_{w} kann auch nach folgender Gleichung berechnet werden

$$p_{\text{wt}} = \frac{2\pi \cdot a_{\text{w}}}{(1+u)\cdot z_{\text{S}}}.$$
(7.17)

Der Betriebsachsabstand (es gibt hier keine Achsversetzung a) ist

$$a_{\text{w}} = r_2 + x_{\text{a}} \cdot m_{\text{n}} + r_{\text{S}} + \left(x_2 + x_{\text{S}}\right)\cdot m_{\text{n}}.$$
(7.18)

Der Betriebseingriffswinkel ist aus Gl. (7.4) mit $\theta_{\text{T}} = 0°$ zu entnehmen

$$\cos\lambda_{\text{Ta}} = \frac{(u+1)\cdot r_{\text{bS}}}{r_2 + x_{\text{a}} m_{\text{n}} + r_{\text{S}} + x_{\text{S}} m_{\text{n}} + x_2 m_{\text{n}}}.$$
(7.19)

Für die Zahndicke s_{wS} am Wälzkreis r_{wS} des Schneidrades folgt aus Gl. (2.34) in *Band I* [7.8]

$$s_{\text{wS}} = 2\cdot r_{\text{wS}} \cdot \left[\frac{\pi + 4\cdot x_{\text{S}}\cdot\tan\alpha_{\text{P}}}{2\cdot z_{\text{S}}} + \text{inv}\,\alpha_{\text{P}} - \text{inv}\,\lambda_{\text{Ta}}\right].$$
(7.20)

Aus Gl. (7.14; 7.20) ergibt sich die Stirnradzahndicke s_{w2} am Wälzkreis r_{w2}

$$s_{\text{w2}} = \frac{2\pi \cdot a_{\text{w}}}{(1+u)\cdot z_{\text{S}}} - s_{\text{wS}}.$$
(7.21)

Mit Gl. (7.21) läßt sich die Kopfzahndicke der Stirnradflanke des Torusrades nach Gl. (2.38) in *Band I* [7.8] berechnen

$$\frac{s_{\text{a}}}{m} = \left(z_2 + 2x_{\text{a}} + 2x_2 + 2h_{\text{aP2}}^{*}\right)\left[\frac{s_{\text{w2}}}{r_{\text{w2}}} + \text{inv}\,\lambda_{\text{Ta}} - \text{inv}\,\alpha_{\text{a}}\right],$$
(7.22)

mit

$$\cos\alpha_a = \frac{z_2 \cdot \cos\alpha_P}{z_2 + 2x_a + 2x_2 + 2h^*_{aP2}} \,. \tag{7.23}$$

In **Bild 7.9** wird ein Diagramm für die Spitzengrenze beim Toruswinkel von 0° gezeigt, aus welchem entnommen werden kann, wie groß die Summe der Profilverschiebungsfaktoren $x_2 + x_a$ in Abhängigkeit der Zähnezahlen sein darf. Dabei ist die Zahnkopfdicke gleich 0,2 m_n und die Profilverschiebung $x_S \cdot m_n$ des Schneidrades für Zähnezahlen z_S größer als 17 gleich null. Damit ist die erforderliche Profilverschiebung zur Vermeidung des Unterschnitts eingehalten.

7.4.2.2 Spitzengrenze an den Kronenzahnradflanken

Die Bestimmungsgleichungen für die Spitzengrenze am Kronenzahnrad sind kompliziert. Die genaue Berechnung ist von Tsai angegeben worden [7.12]. In diesem Abschnitt wird nur eine grobe Berechnung durchgeführt. Die Genauigkeit der Ergebnisse hängt von dem Zähnezahlverhältnis u ab, d.h. je größer das Verhältnis ist, um so genauer wird das Ergebnis.

Der Eingriffswinkel λ_{Sp} an der Spitzengrenze der Kronenzahnradflanke folgt aus

$$\frac{r_S - m_n\left(h^*_{aP2} - x_S\right)}{r_S \cos\alpha_P} - \frac{\tan\alpha_P - \alpha_P + \lambda_{Sp} - \eta}{\sin\lambda_{Sp}} = 0, \tag{7.24}$$

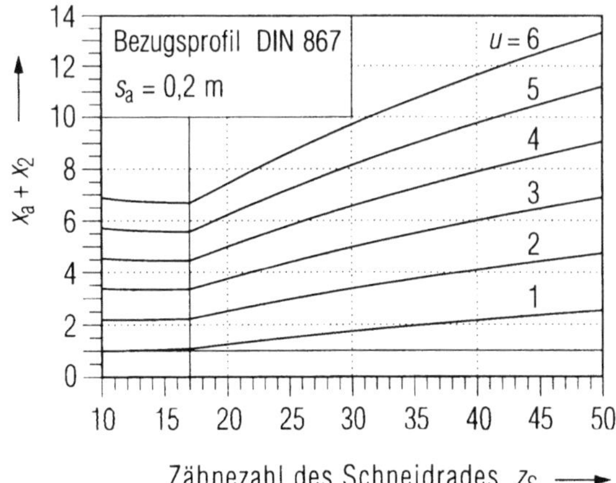

Bild 7.9. Diagramm zur Darstellung der Spitzengrenze beim Toruswinkel $\theta = 0°$ für die Profilverschiebungsfaktoren $x_2 + x_a$ des Torusrades.
Ab $z_S > 17$ ist die Profilverschiebung des Schneidrades $x_S = 0$ und damit die Gefahr des schädlichen Unterschnitts am Torusrad vermieden.

mit η als dem *Zahnlücken-Halbwinkel* am Teilkreisradius r_S des Schneidrades, also

$$\eta = \frac{\pi - 4 \cdot x_S \cdot \tan\alpha_P}{2 \cdot z_S}. \tag{7.25}$$

Hier ist der Eingriffswinkel λ_{Sp} stets positiv. Um Kantenberührung der Zähne beim Außen-Toruswinkel zu vermeiden, werden zusätzliche Kronenzahnradflanken mit einer Mindestzahnbreite b_{min} vorgesehen. Der Eingriffswinkel des Torusrades beim Außen-Toruswinkel λ_{Ta} kann annähernd berechnet werden

$$b_{min} = \frac{z_2 m_n \cos\alpha_P}{2} \left(\frac{1}{\cos\lambda_{Sp}} - \frac{1}{\cos\lambda_{Ta}} \right). \tag{7.26}$$

Andernteils ist der Eingriffswinkel λ_{Ta} auch abhängig von der Profilverschiebung $x_a \cdot m_n$

$$\cos\lambda_{Ta} = \frac{r_2 \cos\alpha_P}{r_2 + x_a m_n}. \tag{7.27}$$

Zusammen mit Gln. (7.24) und (7.25) ergibt sich

$$x_{a\,min} = \frac{z_2}{2} \left(\frac{\cos\alpha_P}{\cos\lambda_{Sp}} - 1 \right) - \frac{b_{min}}{m_n}. \tag{7.28}$$

7.4.3 Interferenzgrenze

Da der Eingriffswinkel bei der Torusverzahnung mit dem zunehmenden Toruswinkel θ_T abfällt, tritt Interferenz besonders bei Torus-Innenverzahnungen auf. Die allgemeinen Bestimmungsgleichungen der Interferenzgrenze sind kompliziert und werden in [7.12] entwickelt. Um die Interferenz vollständig zu beseitigen, kann man trotzdem auch mit Hilfe der Stirnrad-Innenverzahnung die Verzahnungsgrößen kontrollieren. Solange diese Eingriffsstörung beim Innen-Toruswinkel von 180° (Stirnrad-Innenverzahnung) nicht vorliegt, tritt die Interferenz *meistens* bei anderen Toruswinkeln auch nicht auf. Die Bestimmungsgleichung für die Interferenzgrenze r_{Int} beim Toruswinkel von 180° ist

$$r_{Int} = r_2 - \left(h^*_{aP2} + x_2 - x_a \right) m_n, \tag{7.29}$$

mit

$$r_{Int} = \sqrt{r_{bS}^2 \left(1 + \rho_{Int}^{*2}\right) + a_v + 2 \cdot r_{bS} \cdot a_v \cdot (\cos\lambda_{Ti} + \rho_{Int}^* \sin\lambda_{Ti})}, \tag{7.30a}$$

$$\rho_{\text{Int}}^{*} = \tan\alpha_{\text{p}} - \frac{2\cdot(h_{\text{FfPS}}^{*} - x_{\text{S}})}{z_{\text{S}}\cdot\sin\alpha_{\text{p}}\cos\alpha_{\text{p}}}, \tag{7.30b}$$

$$a_{\text{v}} = r_{2} - r_{\text{S}} + (x_{\text{a}} - x_{\text{S}} - x_{2})\cdot m_{\text{n}}, \tag{7.30c}$$

$$\cos\lambda_{\text{Ti}} = \frac{r_{\text{bS}}(u-1)}{a_{\text{v}}}. \tag{7.30d}$$

Die Ausnahme findet man nur bei großer Profilverschiebung $x_{\text{S}}\cdot m_{\text{n}}$, wobei Interferenz kurz nach dem Toruswinkel von 90° auftritt und schon lange vor dem Toruswinkel von 180° endet.

Um diese Eingriffsstörung zu vermeiden, kann der Eingriffswinkel λ_{T} beispielsweise bei der Torus-Innenverzahnung möglichst groß gehalten werden. Nach Gl. (7.4) bedeutet es, daß die Profilverschiebung $x_{\text{a}}\cdot m_{\text{n}}$ groß zu wählen ist. In **Bild 7.10** ist ein Zahn des Torusrades wiedergegeben, an dem drei Interferenz-Grenzkurven dargestellt sind. Das Bild verdeutlicht, daß mit großer Profilverschiebung $x_{\text{a}}\cdot m_{\text{n}}$ die Interferenz zwischen den Zähnen des Schneidrades und des Torusrades nicht auftritt. Die Verzahnung mit einer großen Profilverschiebung $x_{\text{a}}\cdot m_{\text{n}}$ birgt aber die Gefahr des Spitzwerdens der Zähne beim Toruswinkel θ_{T} von 0°, weil die Summe der Profilverschiebungen $(x_{2} + x_{\text{a}})\cdot m_{\text{n}}$ den maximalen Wert überschreiten kann. Mit dieser Einschränkung muß die Zahnkopfkürzung am Torusrad durchgeführt werden. Der Zahnradkörper mit der optimierten Kopfkürzung wird nach der Interferenz-Grenzkurve ausgeführt.

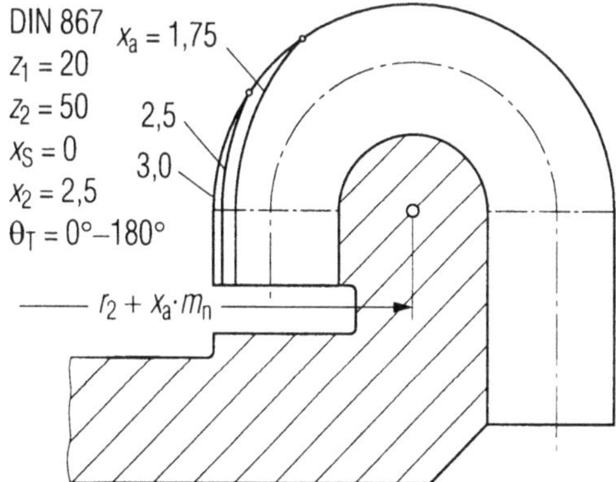

Bild 7.10. Toruszahn mit drei Interferenzkurven. Sie treten bei relativ niedrigen Profilverschiebungen von $x_{\text{a}}\cdot m_{\text{n}}$ auf. Ist z.B. beim dargestellten Zahn $x_{\text{a}} < 3{,}0$, wird der Zahnkopf durch Interferenz gekürzt.

7.5 Paarungsmöglichkeiten der Torusverzahnung

Das Torusrad kann entweder mit einem anderen Torusrad oder mit einem zylindrischen Ritzel gepaart werden. Die Paarungsmöglichkeiten können nach der Erzeugungsart und nach dem gepaarten Rad unterteilt werden. In **Bild 7.11** ist ein Übersichtskatalog wiedergegeben. In Abhängigkeit der Eingriffsbedingung kann die Profilverschiebung $x_S \cdot m_n$ des Schneidrades und $x_2 \cdot m_n$ des Torusrades, der Modul m sowie der Eingriffswinkel λ_T der jeweiligen Zahnradpaarung sowohl veränderlich als auch konstant sein, wie im Zugriffsteil des Katalogs übersichtlich zu erkennen ist. Die Eingriffsbedingungen der jeweiligen Zahnradpaarungen werden in den folgenden Abschnitten weiter behandelt.

7.6 Auslegung der Toruszahnradpaarungen mit schneidradgleichen Stirnrädern

Ist das zu paarende Ritzelprofil mit dem Schneidradprofil gleich, können die Ergebnisse aus *Abschnitt 7.3* weiter für diese Torusradpaarung verwendet werden. In diesem Abschnitt sollen die Torusradpaarungen mit drei verschiedenen Torusverzahnungen behandelt werden: Außen-, Innen- und Gesamt-Torusverzahnung. **Bild 7.12** zeigt die konstruktiven Gestaltungen der drei Paarungen. Die erste Paarung ist für Änderungen des Achswinkels Σ von 0° bis 90° zu verwenden, die zweite für Änderungen des Achswinkels Σ von 90° bis 180°, während die letzte für Änderungen des Achswinkels Σ von 0° bis 180°. Die Torusradpaarungen zur Übersetzung ins Langsame und zur Übersetzung ins Schnelle unterscheiden sich wesentlich. Der wichtigste Aspekt ist die Betrachtung der Reibsysteme der Verzahnungen. Die Regeln für die Auslegung der Evoloidzahnradpaarungen können auch für die der Torusradpaarungen verwendet werden. Neben der Wahl des Bezugsprofils spielen die Profilverschiebungen eine große Rolle. Durch die zusammengesetzte Auswirkung von x_1, x_2 und x_a werden die Eingriffswinkel in Abhängigkeit des Toruswinkels unterschiedlich verändert. In der Regel werden die Paarungen mit großen Eingriffswinkeln λ_T für die Übersetzungen ins Schnelle und die mit kleinen für die Übersetzungen ins Langsame ausgeführt.

7.6.1 Auswirkung und Grenze der Profilverschiebungen

Für die geometrische Auslegung der Torusradpaarung sind die Zähnezahl des Ritzels z_1 und des Torusrades z_2 bzw. das Zähnezahlverhältnis u in der Regel schon vorgegeben. Zur Verbesserung der Eingriffsverhältnisse verbleiben noch die Profilverschiebungen wie $x_1 \cdot m_n$ des Ritzels, $x_2 \cdot m_n$ des Torusrades und $x_a \cdot m_n$ der Umlenkachse. Die Profilverschiebungen $x_a \cdot m_n$ und $x_2 \cdot m_n$ bestimmen die Lage der Umlenkachse, durch welche die Eingriffsverhältnisse bzw. auch die

Gliederungsteil			Hauptteil	Zugriffsteil				
Gegenrad	Hergestellt durch	Nr	Darstellung der Paarung	Innen-Verzahnung	Eingriffswinkel λ_T	Modul m	Profilverschiebungen x_S	x_2
1	2	Nr	3	4	5	6	7	8
1.1 Zylindrisches Ritzel z_1	1.2 Schneidrad $z_S = z_1$	1	1.3 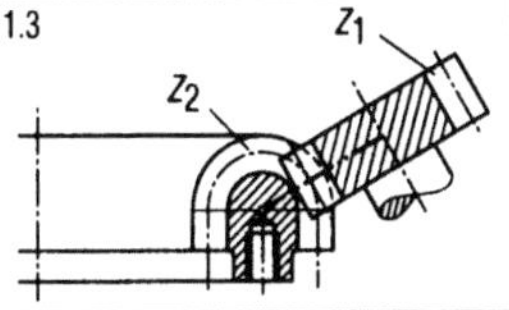 (z_1, z_2)	1.4 für Σ über 90° erforderlich	1.5 veränderlich	1.6 konstant	1.7 konstant ($= x_1$)	1.8 konstant
	2.2 Schneidrad $z_S > z_1$	2	2.3 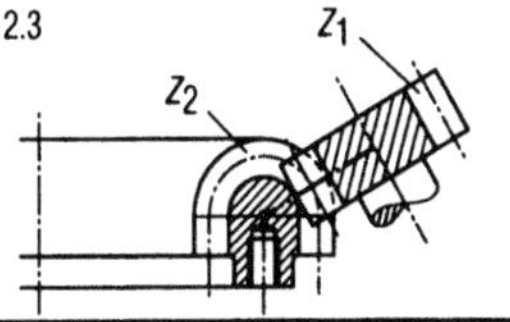 (z_1, z_2)	2.4 für Σ über 90° erforderlich	2.5 konstant	2.6 konstant	2.7 konstant ($> x_1$)	2.8 konstant
	3.2 Zahnstangen $z_S = \infty$	3	3.3 —	3.4 —	3.5 —	3.6 —	3.7 —	3.8 —
4.1 Torusrad $z_1 = z_2$	4.2 Schneidrad	4	4.3 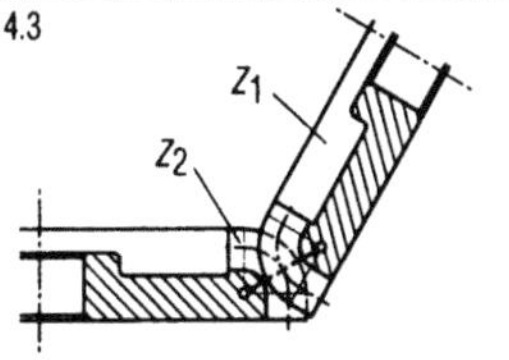 (z_1, z_2)	4.4 möglich, aber nicht erforderlich	4.5 veränderlich	4.6 konstant	4.7 veränderlich	4.8 veränderlich
	5.2 Zahnstangenwerkzeug $z_S = \infty$	5	5.3 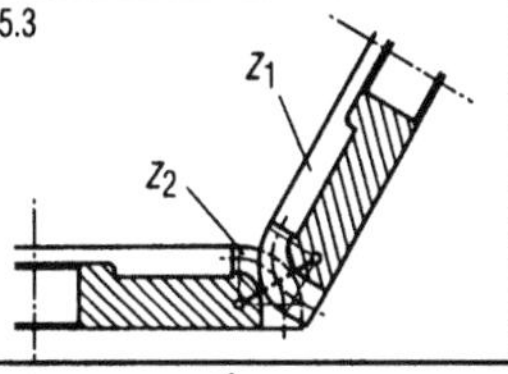 (z_1, z_2)	5.4 unmöglich	5.5 konstant ($= \alpha_P$)	5.6 veränderlich	5.7 keine	5.8 konstant
6.1 Torusrad $z_1 < z_2$	6.2 Schneidrad	6	6.3 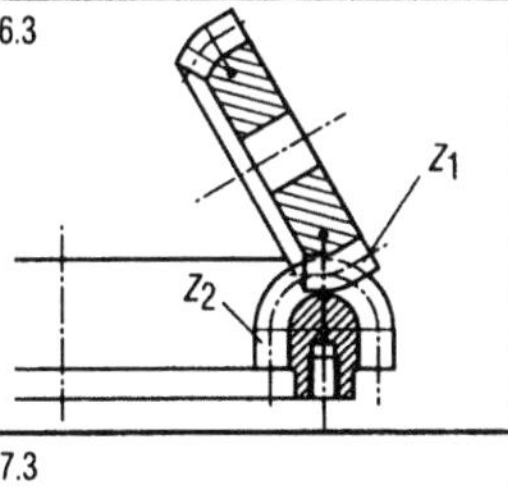 (z_1, z_2)	6.4 für Σ bis 180° erforderlich (Gegenrad: nicht erforderlich)	6.5 veränderlich	6.6 konstant	6.7 veränderlich	6.8 veränderlich
	7.2 Zahnstangen $z_S = \infty$	7	7.3 —	7.4 —	7.5 —	7.6 —	7.7 —	7.8 —

Bild 7.11. Konstruktionskatalog der Paarungsmöglichkeiten von Toruszahnrädern mit zylindrischen und mit Toruszahnrädern.

Unterteilung nach Art des Gegenrades und nach Herstellung mit Zahnstangen- oder mit Schneidradwerkzeug.

1

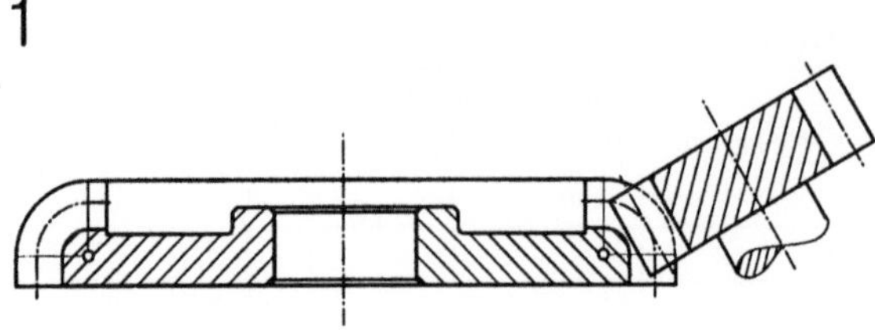

2

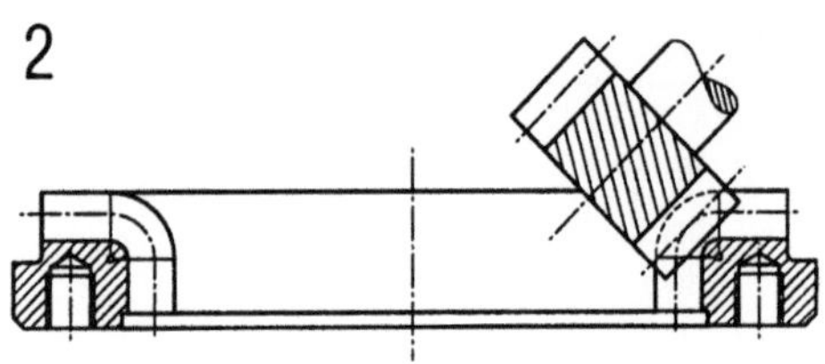

3

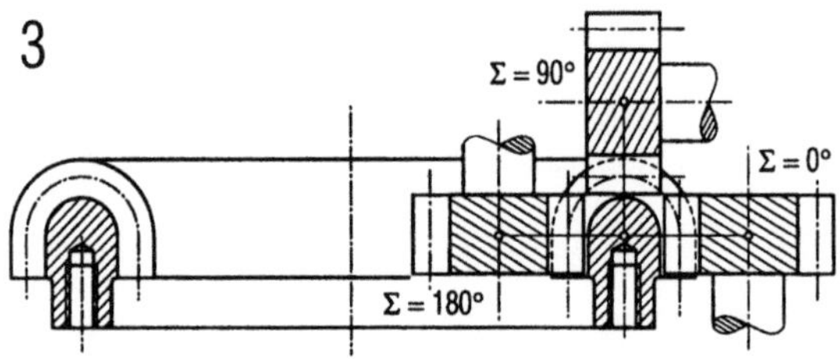

Bild 7.12. Toruszahnräder mit Stirnradritzeln für verschiedene Achswinkel Σ.

Teilbild 1: Außentorusradpaarung ($\Sigma = 0°$ bis $90°$)
Teilbild 2: Innentorusradpaarung ($\Sigma = 90°$ bis $180°$)
Teilbild 1: Allgemeine Torusradpaarung ($\Sigma = 0°$ bis $180°$)

Reibverhältnisse der Paarung verändert werden können. Insbesondere kann durch die Lageänderung der Umlenkachse der Großteil der Eingriffsstrecke vor oder nach den Wälzpunkt gelegt werden. Im Hinblick auf die nichtlinearen Reibsysteme, d.h. mit *progressiver* und *degressiver Reibung*, ist es besser, die Eingriffsstrecke größtenteils oder gar ganz hinter den Wälzpunkt in den Bereich „ziehender (degressiver) Reibung" zu legen. Zur Erkennung der Lage des Anfangspunkts A bzw. des Endpunkts E gegenüber dem Wälzpunkt C kann der Abstand l_2 des Punktes auf der Umlenkachse A_U und des Wälzpunktes C betrachtet werden. Aus **Bild 7.13** ergibt sich

$$l_2 = r_1 + \left(x_1 + x_2\right) \cdot m_n - \frac{r_{b1}}{\cos\lambda_T}. \tag{7.31}$$

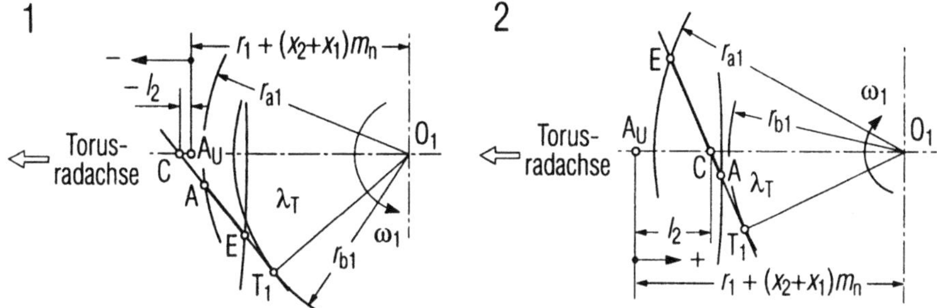

Bild 7.13. Funktionsskizze zur Berechnung der Lage des Umlenkpunktes A_U, durch den der Abstand l_2 bestimmt wird und mit ihm die Lage der Eingriffsstrecke.

Sie soll nach Möglichkeit hauptsächlich nach dem Wälzpunkt liegen. Für Übersetzungen ins Langsame wird $l_2 > 0$ (wie in *Teilbild 2*), für Übersetzungen ins Schnelle wird $l < 0$ (wie in *Teilbild 1*).

Mit Einsetzen von Gl. (7.4) für den Eingriffswinkel λ_T in Gl. (7.31) folgt Gl. (7.32) als

$$l_2 = \frac{u \cdot \left(x_1 + x_2\right) - x_a}{u + \cos\theta_T}\, m_n . \tag{7.32}$$

Weil die Profilverschiebung $x_2 \cdot m_n$ so gewählt wird, daß der Zahnkopfkreishalbmesser des Ritzels 1 nicht größer sein darf als der Abstand des Mittelpunkts O_1 und des Schnittpunktes A_U (siehe auch *Abschnitt 7.4.1.2*), ist in *Bild 7.13* mit dem Abstand l_2 die Lage des Schnittpunktes des Ritzelzahnkopfkreises und der Eingriffslinie A in *Teilbild 1* bzw. E in *Teilbild 2* im voraus zu erkennen. Zum Beispiel bedeutet ein negativer Abstand l_2 in *Teilbild 1*, daß der Schnittpunkt A innerhalb der Strecke CT_1 liegt, d.h. der Eingriff bei Übersetzung ins Langsame stets *vor* dem Wälzpunkt und bei Übersetzung ins Schnelle *nach* dem Wälzpunkt erfolgt. Deshalb versucht man für die Paarung mit Übersetzung ins Schnelle immer den Abstand l_2 negativ zu halten, und für die Paarung mit Übersetzungen ins Langsame den Parameter l_2 dagegen positiv und möglichst groß zu wählen, wie in *Teilbild 2* zu erkennen ist.

Für die Auswahl der Profilverschiebung ist andererseits noch auf die geometrischen Grenzen des Torusrades zu achten. Im folgenden werden sie zusammengefaßt:

- *Unterschnitt beim Innen-Toruswinkel*: Mit einer großen Profilverschiebung $x_a \cdot m_n$ kann diese Gefahr vermieden werden.

- *Spitzwerden der Zähne beim Außen-Toruswinkel*: Wenn der Eingriffswinkel beim Außen-Toruswinkel zu groß ist, tritt diese Gefahr häufig auf. Dazu muß die Summe der Profilverschiebungsfaktoren, z.B. beim Außen-Toruswinkel von 0° die Summe $x_a + x_2$ oder bei dem von 90° der Wert x_a, möglichst nicht zu groß gewählt werden.
- *Interferenz beim Innen-Toruswinkel*: Mit großem Zähnezahlverhältnis und/oder großer Profilverschiebung $x_a \cdot m_n$ kann diese Gefahr vermieden werden, ansonsten ist die Kopfkürzung am Torusrad erforderlich.
- *Mindestüberdeckung*: Weil der Eingriffswinkel beim Außen-Toruswinkel am größten und daher die Eingriffsstrecke am kürzesten ist, braucht die Mindestüberdeckung nur bei diesem Toruswinkel kontrolliert werden.

7.6.2 Auslegung zur Übersetzung ins Langsame

Wie bei den Evoloidverzahnungen sind auch bei Torusradverzahnungen zur Übersetzung ins Langsame die folgenden Verzahnungsgrößen einzusetzen, um die Eingriffsstrecke möglichst größtenteils hinter den Wälzpunkt legen zu können:

- eine positive Profilverschiebung $x_1 \cdot m_n$ des Ritzels,
- eine kleine Profilverschiebung $x_2 \cdot m_n$ des Torusrades,
- eine kleine Profilverschiebung $x_a \cdot m_n$ der Umlenkachse A_U,
- Stumpfbezugsprofil für das Ritzel und
- Hochbezugsprofil für das Torusrad.

Die Regeln zur Wahl des Bezugsprofils sowie der Profilverschiebung des Ritzels sind die gleichen wie die bei der Evoloidverzahnung (siehe *Kapitel 1*). Das Bezugsprofil des Torusrades ist das Komplementprofil des Ritzelbezugsprofils. Die Profilverschiebungen $x_2 \cdot m_n$ des Torusrades und $x_a \cdot m_n$ der Umlenkachse müssen mit Berücksichtigung der geometrischen Grenze und der Reibungsverhältnisse gewählt werden. Das soll im folgenden erklärt werden.

7.6.2.1 Außenverzahnung

Beim Außen-Toruswinkel von 0° tritt bei dieser Paarung das Spitzwerden der Zähne am Torusrad trotz des Hochbezugsprofils meistens nicht auf, während man den Unterschnitt beim Innen-Toruswinkel von 90° genau untersuchen muß. Weil der Zahnkopfkreishalbmesser des Ritzels bzw. Schneidrades durch die positive Profilverschiebung vergrößert wird, ergibt sich ein größerer Eingriffswinkel an der Unterschnittgrenze. Der Eingriffswinkel λ_U an der Unterschnittgrenze für die Kronenzahnradflanke kann durch Einsetzen des Toruswinkels θ_T von 90° aus Gl. (7.11) erzielt werden. Bei $\theta = 90°$ ist nach Gl. (4.14g) $u^* = u$:

$$u^2 \tan^2 \lambda_U (1 + \tan^2 \lambda_U) + \rho_a^* \tan \lambda_U - \rho_a^{*2} = 0 \,. \tag{7.33}$$

Bei Vernachlässigung der Terme mit $\tan^4 \lambda_U$ entsteht eine vereinfachte Gleichung

$$u^2 \tan^2 \lambda_U + \rho_a^* \tan \lambda_U - \rho_a^{*2} = 0 \tag{7.34}$$

mit der zugehörigen Lösung

$$\tan \lambda_U = \frac{-1 + \sqrt{1 + 4u^2}}{2u^2} \rho_a^* . \tag{7.35}$$

Mit Berücksichtigung der Mindestzahnbreite an den Kronenzahnradflanken b_{min}, für welche die angenäherte Gleichung gilt

$$b_{min} = \frac{z_2 m_n \cos \alpha_P}{2} \left(\frac{1}{\cos \lambda_{Ta}} - \frac{1}{\cos \lambda_U} \right), \tag{7.26}$$

muß eine geeignete Profilverschiebung $x_a \cdot m_n$ gewählt werden. Mit Gl. (7.27)

$$\cos \lambda_{Ti} = \frac{r_2 \cos \alpha_P}{r_2 + x_a m_n}$$

ergibt sich der Mindest-Profilverschiebungsfaktor x_{amin}

$$x_{a\,min} = \frac{b_{min}}{m_n} - \frac{z_2}{2} \left(1 - \frac{\cos \alpha_P}{\cos \lambda_U} \right), \tag{7.28}$$

wie auch schon in Abschnitt 7.4.2.2 gezeigt wurde.

Weil der Abstand l_2, Gl. (7.32), möglichst groß zu halten ist, darf die Profilverschiebung $x_a \cdot m_n$ nicht zu groß gewählt werden. Andererseits ist die Profilverschiebung $x_2 \cdot m_n$ auch nicht zu groß zu wählen, weil kleine Eingriffswinkel für die Übersetzung ins Langsame geeignet sind. Es muß daher im Hinblick auf die Mindest-Profilverschiebung $x_{a\,min} \cdot m_n$ und $x_{2\,min} \cdot m_n$, (es ist $x_{2\,min} \geq h_{aPS}^*$) ein Torusrad sowie sein zu paarendes Ritzel wie in *Spalte 2* des **Bildes 7.14** ausgelegt werden. *Feld 1.2* zeigt das Eingriffsfeld und die Änderung des Eingriffswinkels. In *Feld 2.2* und *Feld 3.2* sind jeweils die Zahnformen des Ritzels und Torusrades mit Hilfe eines rechnerischen Simulationsprogramms dargestellt.

Übersetzung	Nr	Ins Langsame	Ins Schnelle
1		2	3
1.1 Eingriffs- strecke und Eingriffs- winkel λ_T	1	1.2	1.3
2.1 Ritzel	2	2.2 $z_1 = 24;\ x_1 = +1{,}5;\ h_{aP1}^{*}=0{,}8;\ h_{FfP1}^{*}=1{,}2;\ \alpha_P = 20°$	2.3 $z_1 = 24;\ x_1 = -0{,}6;\ h_{aP1}^{*}=1{,}2;\ h_{FfP1}^{*}=0{,}8;\ \alpha_P = 20°$
3.1 Außen- ver- zahntes Torus- rad	3	3.2 $z_2 = 60;\ x_2 = 1{,}0;\ h_{aP2}^{*}=1{,}2;\ h_{FfP2}^{*}=0{,}8;\ \alpha_P = 20°$ $x_a = 0{,}0$	3.3 $z_2 = 60;\ x_2 = 1{,}5;\ h_{aP2}^{*}=0{,}8;\ h_{FfP2}^{*}=1{,}2;\ \alpha_P = 20°$ $x_a = 2{,}5\cdot(x_1+x_2) = 2{,}25$

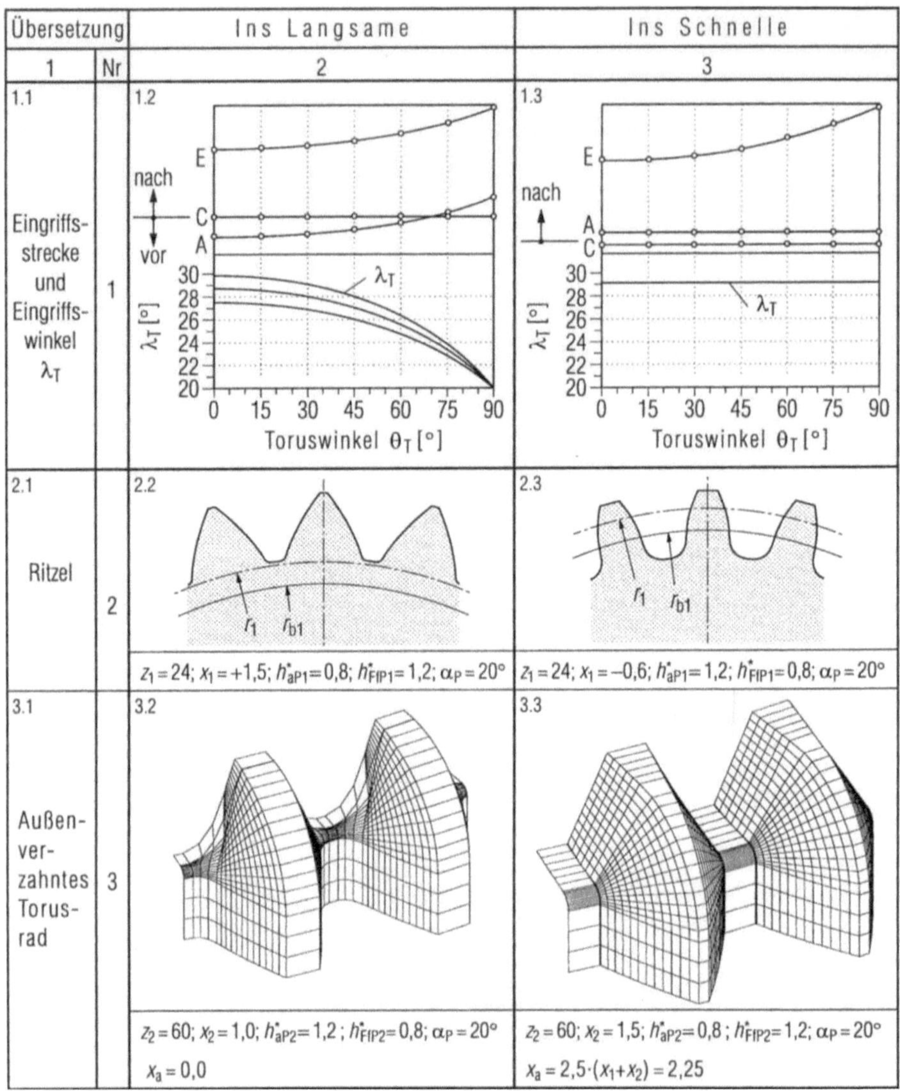

Bild 7.14. Lage der Eingriffsstrecke, der Eingriffswinkel und der Flankenformen von Paarungen mit Außentorusrädern und Zylinderrädern mit den Zähnezahlen $z_1 = 24$, $z_2 = 60$ zur Übersetzung ins Langsame und ins Schnelle.

Zeile 1: Lage der Eingriffsstrecke („oben") und Eingriffswinkel („unten") in Abhängigkeit verschiedener Toruswinkel $\theta_T = 0°{-}90°$ bei Übersetzungen ins Langsame und ins Schnelle.

Zeile 2: Die Zahnprofile der Stirnradritzel für Übersetzungen ins Langsame und ins Schnelle.

Zeile 3: Räumliche Profilsimulation von Außentorusräderzähnen für Übersetzungen ins Langsame und ins Schnelle.

7.6.2.2 Innenverzahnung

Die Wahl der Profilverschiebungen ist hier auch ähnlich wie im letzten Abschnitt. Die Bestimmung der Profilverschiebung $x_a \cdot m_n$ aufgrund der Spitzengrenze ist aus Gl. (7.28) zu entnehmen. Andererseits wird die Mindest-Profilverschiebung $x_a \cdot m_n$ auch mit Berücksichtigung der Interferenzgrenze beim Innen-Toruswinkel θ_{Ti} von 180° aus Gl. (7.29) bestimmt. Weil der Eingriffswinkel an der Interferenzgrenze in der Regel groß wird, ist es zweckmäßig, die Profilverschiebung $x_a \cdot m_n$ *groß* zu wählen. Solange der Eingriffswinkel bei jedem Toruswinkel θ_T relativ groß ist, tritt die Gefahr des Unterschnitts der Zähne am Torusrad nicht auf. Es ist aber besser, den Eingriffswinkel auch innerhalb des zulässigen Bereichs klein zu halten, damit die Eingriffsstrecke größtenteils hinter den Wälzpunkt gelegt werden kann. Daher muß für x_a bzw. x_2 ein Kompromiß im Kauf genommen werden. In **Bild 7.15**, *Spalte 2* wird ein Beispiel der Innen-Torusradpaarung für Übersetzung ins Langsame gezeigt. In *Feld 1.2* ist die Änderung der Eingriffsstrecke und des Eingriffswinkels in Abhängigkeit des Toruswinkels dargestellt, in *Feld 2.2* und *Feld 3.2* jeweils die Zahnformen des Ritzels und des Torusrades.

7.6.2.3 Gesamtverzahnung

Mit den Ergebnissen für die Auslegung der Außen- und Innen-Torusradpaarung kann schließlich die Torusradpaarung mit dem Toruswinkel von 0° bis 180° ausgelegt werden. Weil die Profilverschiebung $x_a \cdot m_n$ für die Paarung mit dem Toruswinkel über 90° positiv sein muß, darf die Zähnezahl im Hinblick auf die Spitzengrenze nicht zu klein gewählt werden. Mit Berücksichtigung der geometrischen Grenze ist die Wahl der Profilverschiebungen im wesentlichen von der Auslegung der Innen-Torusradpaarung abhängig. Der andere Gesichtspunkt zur Wahl der Profilverschiebung besteht in der konstruktiven Gestaltung des Torusrades. Wegen einer Mindeststärke des Zahnradgrundkörpers für die Anbindung der Zähne darf die Differenz des Profilverschiebungsfaktors x_2 und des Zahnkopfhöhenfaktors h^*_{aPS}, also $x_2 - h^*_{aPS}$, nicht zu klein gewählt werden. Die Folge ist ein großer Profilverschiebungsfaktor x_2. Bei einer „nicht zu kleinen" Profilverschiebung tritt allerdings das Spitzwerden der Zähne beim Toruswinkel von 0° sehr häufig auf, wenn das Zähnezahlverhältnis u klein ist, vergleiche *Bild 7.9*.

In **Bild 7.16**, *Spalte 2* sind die Zahnflanken des Ritzels und des Torusrades mit den zugehörigen Verzahnungsdaten mit Hilfe eines Rechnerprogramms dargestellt.

Die Änderung der Lage der Eingriffsstrecke paßt nicht zum erstrebten Ziel, *Feld 1.2, oben*. Bei der Achsenstellung der Außenverzahnung sind die Reibungsverhältnisse der Zahnradpaarung schlecht. Zur Verbesserung der Reibungsverhältnisse dieser Torusradpaarung kann mit einer kleinen Profilverschiebung $x_a \cdot m_n$ der

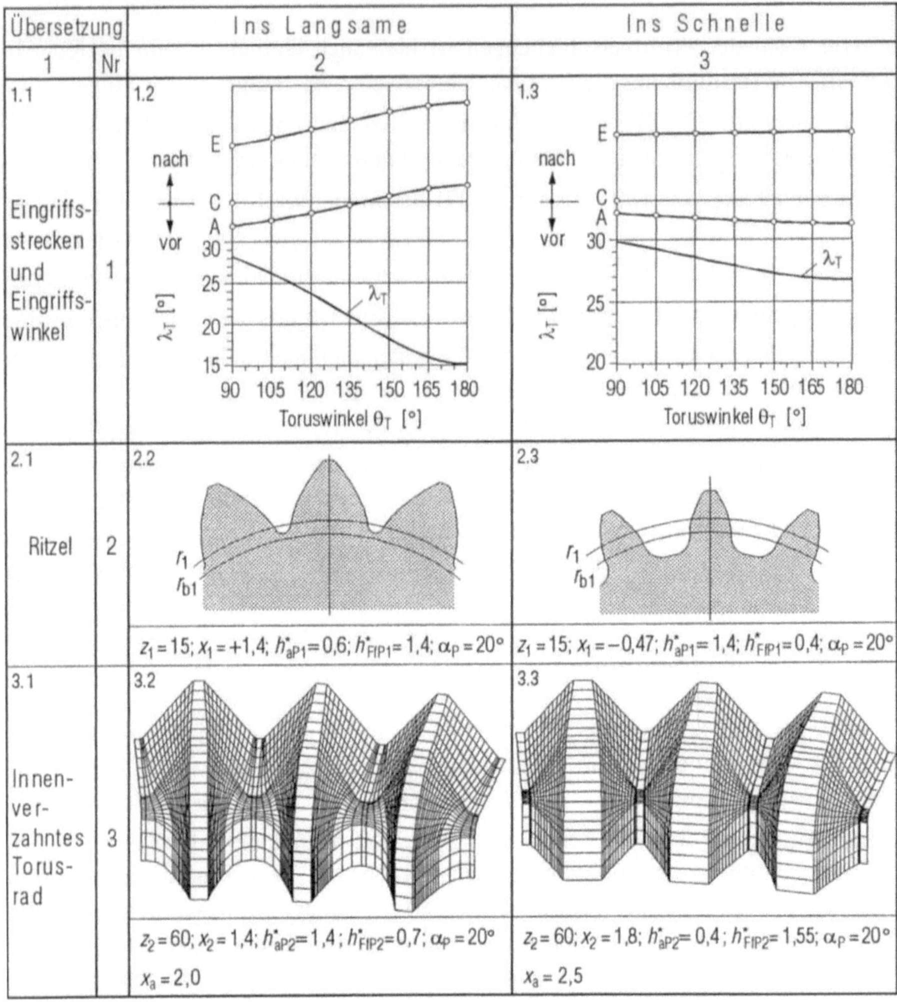

Bild 7.15. Eingriffsstrecke, Eingriffswinkel und Flankenformen von Paarungen mit Innentorusrädern und Stirnrädern, mit den Zähnezahlen $z_1 = 15$, $z_2 = 60$ zur Übersetzung ins Langsame und ins Schnelle.

Zeile 1: Lage der Eingriffsstrecke („oben") und Eingriffswinkel („unten") in Abhängigkeit der Toruswinkel $\theta_T = 90°–180°$ bei Übersetzungen ins Langsame und ins Schnelle.

Zeile 2: Die Zahnprofile der Stirnradritzel für Übersetzungen ins Langsame und ins Schnelle.

Zeile 3: Räumliche Profilsimulation von Innentorusrädern für Übersetzungen ins Langsame und ins Schnelle.

Eingriffswinkel verkleinert werden, *Feld 3.2*. Dadurch wird die Eingriffsstrecke nach „oben" verschoben. Bei den kleinen Eingriffswinkeln muß aber sowohl die Interferenz- bzw. die Unterschnittgrenze als auch die Mindestprofilverschiebung $x_{a\,min} \cdot m_n$ beachtet werden.

7.6.3 Auslegung zur Übersetzung ins Schnelle

Für die Torusradpaarung zur Übersetzung ins Schnelle werden im allgemeinen gewählt

- ein Hochbezugsprofil für das Ritzel,
- ein Stumpfbezugsprofil für das Torusrad,
- eine negative Porfilverschiebung $x_1 \cdot m_n$ des Ritzels,
- eine große positive Profilverschiebung $x_2 \cdot m_n$ und
- eine große positive Profilverschiebung $x_a \cdot m_n$.

Der Abstand l_2, *Bild 7.13*, zur Erkennung der Lage der Eingriffsstrecke ist möglichst klein, am besten gleich null oder negativ zu wählen, damit der Großteil oder die ganze Eingriffsstrecke hinter dem Wälzpunkt zu liegen kommt.

7.6.3.1 Außenverzahnung

Ist das Zähnezahlverhältnis u nicht groß, können wir den Profilverschiebungsfaktor x_a als u-faches der Summe der Profilverschiebungsfaktoren $x_1{+}x_2$ wählen. Damit ist der Abstand l_2 (Bild 7.13) gleich null, d.h. der Wälzpunkt C fällt in die Umlenkachse. Die Folge ist dann, daß die Eingriffsstrecke ganz hinter den Wälzpunkt gelegt wird. Bei dieser Maßnahme ist besonders zu beachten, daß das Spitzwerden der Zähne mit der großen Summe der Profilverschiebungen $(x_a{+}x_2) \cdot m_n$ sehr leicht beim Toruswinkel von $0°$ auftritt. Trotz der negativen Profilverschiebung $x_1 \cdot m_n$ soll das Zähnezahlverhältnis u in diesem Fall nicht zu groß angenommen werden. *Bild 7.14*, *Spalte 3* zeigt ein Beispiel mit dem Zähnezahlverhältnis u von 2,5. Die Lagenänderung der Eingriffsstrecke in *Feld 1.3* oben verdeutlicht, daß die ganze Eingriffsstrecke mit den Profilverschiebungen hinter den Wälzpunkt C gelegt wird. Es sind damit gute Reibverhältnisse zu erhalten. Die Zahnformen des Ritzels und des Torusrades werden ebenso jeweils in den *Feldern 2.3* und *3.3* dargestellt.

7.6.3.2 Innenverzahnung

Die Profilverschiebungen können ebenso wie im letzten Abschnitt gewählt werden. Hier wird dargelegt, wie die Profilverschiebungen für ein großes Zähnezahlverhältnis u zu wählen sind. In *Bild 7.15*, *Spalte 3* wird ein Beispiel mit dem Zähnezahlverhältnis $u = 4$ gezeigt. Wenn die Profilverschiebung $x_a \cdot m_n$ als u-faches

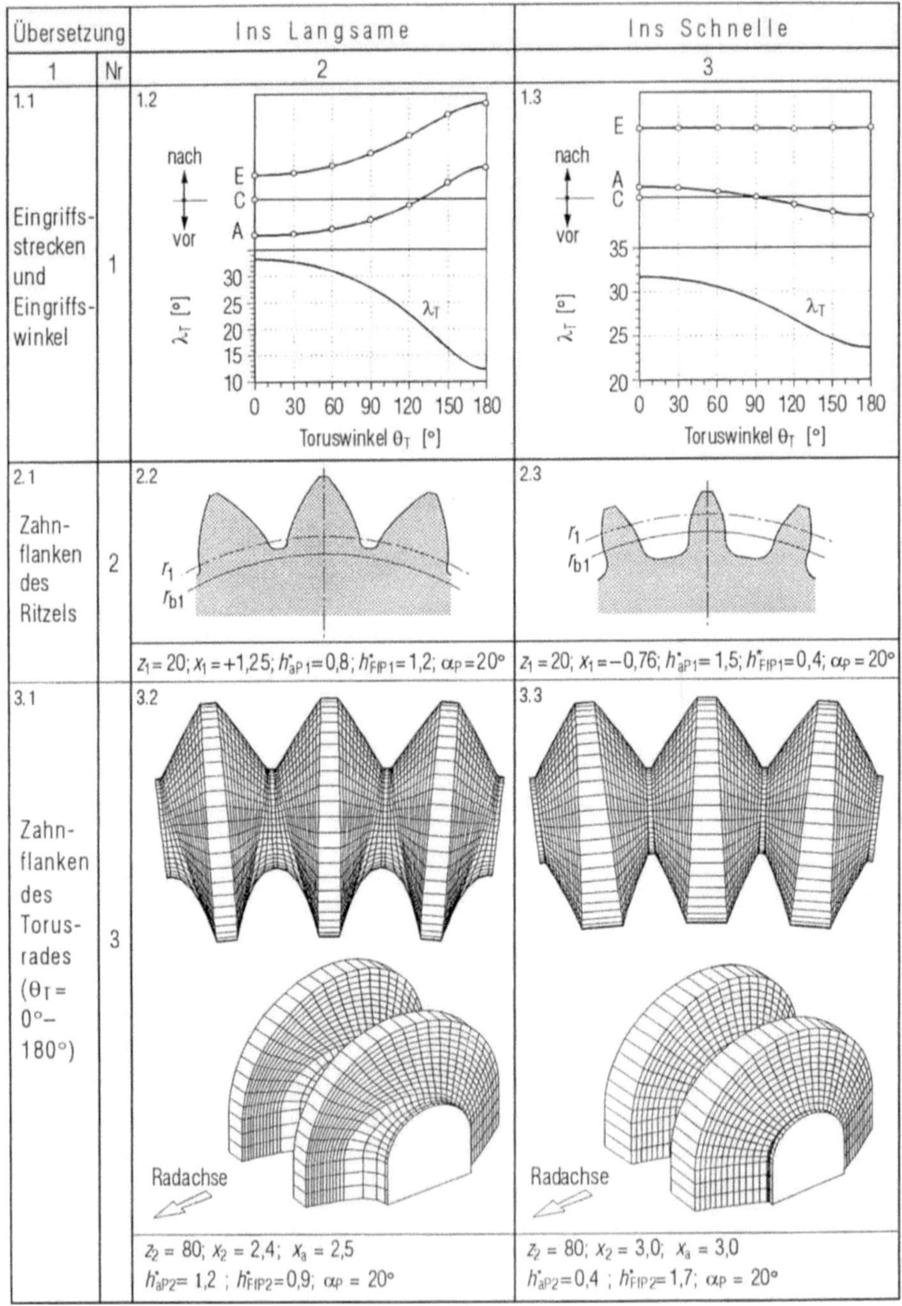

	Ins Langsame	Ins Schnelle
2.2	$z_1 = 20;\ x_1 = +1{,}25;\ h^*_{aP1}=0{,}8;\ h^*_{FfP1}=1{,}2;\ \alpha_P=20°$	$z_1 = 20;\ x_1 = -0{,}76;\ h^*_{aP1}= 1{,}5;\ h^*_{FfP1}=0{,}4;\ \alpha_P = 20°$
3.3	$z_2 = 80;\ x_2 = 2{,}4;\ x_a = 2{,}5$ $h^*_{aP2}= 1{,}2\ ;\ h^*_{FfP2}=0{,}9;\ \alpha_P = 20°$	$z_2 = 80;\ x_2 = 3{,}0;\ x_a = 3{,}0$ $h^*_{aP2}=0{,}4\ ;\ h^*_{FfP2}=1{,}7;\ \alpha_P = 20°$

der Summe der Profilverschiebungsfaktoren x_1+x_2 gewählt wird, ist x_a sehr groß. Daraus folgen nicht nur ein großer Bauraum des Getriebes, sondern auch große Eingriffswinkel. In diesem Sinn wird der Profilverschiebungsfaktor x_2 unter Berücksichtigung der Zahnfußhöhe und der Profilverschiebungsfaktor x_a unter Berücksichtigung der Interferenzgrenze gewählt. In *Feld 1.3* wird gezeigt, wie sich die Lage der Eingriffsstrecke und der Eingriffswinkel abhängig von dem Toruswinkel verändert. Es ist zu erkennen, daß die Eingriffsstrecke größtenteils hinter dem Wälzpunkt liegt. Soll die Lage der Eingriffsstrecke nach „oben" verschoben werden, kann x_a noch größer gewählt werden. Dabei muß die Spitzengrenze beim Toruswinkel von 90° beachtet werden.

7.6.3.3 Gesamtverzahnung

Wie bei der Paarung mit Übersetzung ins Langsame wird die Auslegung der Gesamtverzahnung mit Übersetzung ins Schnelle auch auf die Verhältnisse der Innenverzahnung bezogen. In *Bild 7.16, Spalte 3* wird ein Beispiel gezeigt. Die Lage der Eingriffsstrecke, *Feld 1.3 oben*, ist sehr günstig für die Anwendung, wobei der ganze Teil der Eingriffsstrecke beim Toruswinkel $\theta_T < 90°$ nach dem Wälzpunkt liegt, und beim Toruswinkel $\theta_T > 90°$ der größte Teil. In *Feld 2.3* und *Feld 3.3* sind jeweils die Zahnflanken des Ritzels und des Torusrades mit den zugehörigen Verzahnungsdaten mit Hilfe eines Rechnerprogramms dargestellt.

Aus den Ergebnissen geht hervor, daß bei Betrachtung der Reibungsverhältnisse sowohl die Auslegung der Torusradpaarungen als auch die Auslegung der Kronenzahnradpaarungen bzw. der Konischen Zahnradpaarungen für die Übersetzung ins Schnelle einfacher sind als für die Übersetzung ins Langsame.

7.6.4 Bestimmung der Überdeckung

Aufgrund der Punktberührung liegt bei der Torusradpaarung für jeden Toruswinkel nur eine Eingriffslinie vor. Die Eingriffslinie der Torusradpaarung ist eine Gerade auf dem durch die Umlenkachse gehenden Stirnschnitt des Ritzels. Die

---

Bild 7.16. Eingriffsstrecke, Eingriffswinkel und Flankenform von Torusrädern, die über den Außen- und Innenbereich verzahnt sind, für Übersetzungen ins Langsame und ins Schnelle. Zähnezahlen $z_1 = 20$, $z_2 = 80$.

Zeile 1: Lage der Eingriffsstrecke („oben") und Eingriffswinkel („unten") in Abhängigkeit verschiedener Toruswinkel $\theta_T = 0°\text{--}180°$.

Zeile 2: Die Zahnprofile der Stirnradritzel für Übersetzungen ins Langsame und ins Schnelle.

Zeile 3: Räumliche Profilsimulation von Gesamttoruszähnen für Übersetzungen ins Langsame und ins Schnelle.

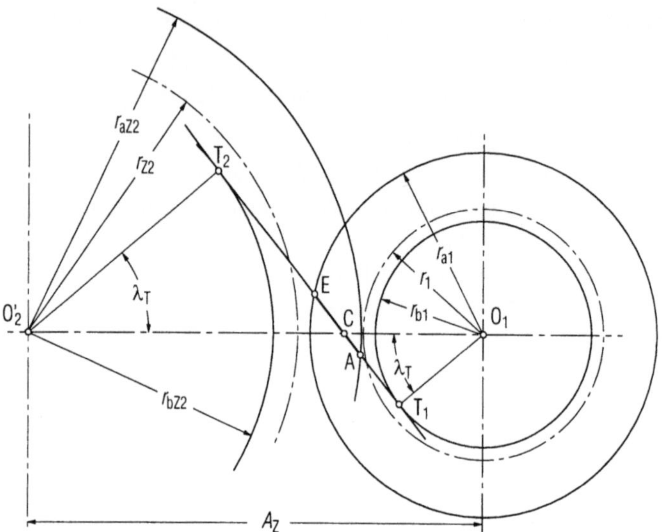

Bild 7.17. Torusradpaarung mit einem zylindrischen Ritzel im Eingriff.

Der Eingriff findet in einer Ebene statt und ist mit dem Ersatztorusrad und der Stirnebene des zylindrischen Ritzels gut zu erkennen. Nimmt man geringe Abweichungen in Kauf, kann die Eingriffsstrecke direkt aus der Skizze bestimmt werden, wenn das Zähnezahlverhältnis u sehr groß ist. Für die genaue Bestimmung und bei kleinerem u müssen die Koordinaten von A und E bekannt sein.

Eingriffsstrecken für jeden Toruswinkel ϑ_T ergeben das Eingriffsfeld der Toruspaarung. Da für Toruspaarungen, hier mit einem Zylinderrad, nur Punktberührung besteht, lassen sich die Eingriffsverhältnisse sehr gut bei einer Paarung mit dem Stirnradritzel und dem um den Winkel ϑ_T projizierten Ersatzrad in einer Ebene darstellen, **Bild 7.17.** Der Eingriff findet stets in der Eingriffsebene statt, die durch die Umlenkachse geht und um den Toruswinkel ϑ_T geneigt ist.

Allein die genaue Berechnung ist nicht mit dem Ersatzrad zu machen, sondern durch Bestimmung der Koordinaten des Eingriffsanfangspunktes A und des Endpunktes E. Aus dem geometrischen Zusammenhang mit dem Torusradkörper können die Koordinaten bzw. die Eingriffsstrecke leicht ermittelt werden. In **Bild 7.18,** *Teilbild 1*, ist ein Schnitt des Torusradkörpers dargestellt. Der Punkt Y besitzt die Koordinaten (x_{Y2}, y_{Y2}, z_{Y2}). Mit dem Torusradius H, der gleich ist

$$H = \left(h^*_{aP2} + k^*_2 + x_2 \right) \cdot m_n, \tag{7.36}$$

ergibt sich folgende Beziehung

$$H = \sqrt{z^2_{Y2} + \left(r_Y - r_2 - x_a m_n \right)^2}, \tag{7.37}$$

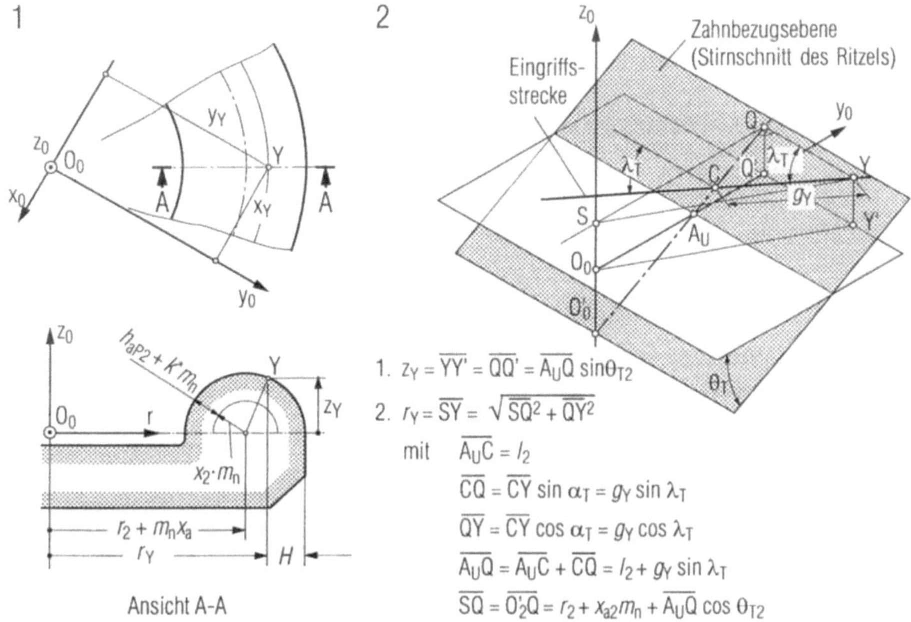

$$1.\ z_Y = \overline{YY'} = \overline{QQ'} = \overline{A_UQ}\,\sin\theta_{T2}$$

$$2.\ r_Y = \overline{SY} = \sqrt{\overline{SQ}^2 + \overline{QY}^2}$$

$$\text{mit}\quad \overline{A_UC} = l_2$$

$$\overline{CQ} = \overline{CY}\sin\alpha_T = g_Y\sin\lambda_T$$

$$\overline{QY} = \overline{CY}\cos\alpha_T = g_Y\cos\lambda_T$$

$$\overline{A_UQ} = \overline{A_UC} + \overline{CQ} = l_2 + g_Y\sin\lambda_T$$

$$\overline{SQ} = \overline{O_2'Q} = r_2 + x_{a2}m_n + \overline{A_UQ}\cos\theta_{T2}$$

Bild 7.18. Bestimmung der Eingriffslinie von Torus-Stirnradpaarungen

Teilbild 1: Schnitt des Toruskörpers zur Bestimmung des Torusradius *H*.
Teilbild 2: Räumliche Darstellung der Eingriffsstrecke.

und bei Entwicklung nach r_Y

$$r_Y = \sqrt{H^2 - z_{Y2}^2} + r_2 + x_a m_n \tag{7.38}$$

Für die Bestimmung der Eingriffsstrecke ist immer von Interesse, wo der Kopftorus die Eingriffslinie schneidet. *Teilbild 2* zeigt eine räumliche Darstellung der Eingriffsstrecke und des Stirnschnitts. Die Eingriffsstrecke (Eintritt- oder Austritt-Eingriffstrecke) g_Y wird vom betrachteten Punkt zum Wälzpunkt C gemessen. Mit der Länge l_2[1]) für den Abstand vom Wälzpunkt C zum Umlenkachspunkt A_U erhält man

$$z_Y = \left(g_Y \sin\lambda_T + l_2\right)\sin\theta_T, \tag{7.39}$$

$$r_Y^2 = \left(g_Y \cos\lambda_T\right)^2 + \left[r_2 + x_a m_n + \left(g_Y \sin\lambda_T + l_2\right)\cos\theta_T\right]^2. \tag{7.40}$$

---

[1]) siehe Gln. (7.31 ; 7.32)

Beim Einsetzen von Gl. (7.39; 7.40) in (7.38) läßt sich r_Y und z_{Y2} eliminieren, und es ergibt sich damit eine nichtlineare Gleichung mit der Unbekannten g_Y,

$$g_Y^2 + 2 \cdot g_Y \cdot \sin \lambda_T \left[\left(r_2 + x_a \cdot m_n \right) \cdot \cos \theta_T + l_2 \right] + l_2^2 - H^2 +$$

$$+ 2 \cdot \left(r_2 + x_a \cdot m_n \right) \left[l_2 \cdot \cos \theta_T - \sqrt{H^2 - \left(g_Y \cdot \sin \lambda_T + l_2 \right)^2 \sin^2 \theta_T} \right] = 0.$$

$$(7.41)$$

Diese nichtlineare Gleichung kann mit Hilfe eines Rechnerprogramms gelöst werden. Die Eingriffsstrecke g_Y ist hier gleich der Eingriffslänge AC, ähnlich wie in *Bild 7.8*, nämlich die Eintritt-Eingriffsstrecke.

Die Austritt-Eingriffsstrecke $\overline{CE}$ vom Schnittpunkt E des Zahnkopfkreises (Stirnrad) mit der Eingriffslinie zum Wälzpunkt C ist wie bei der Stirnradpaarung, [7.8]

$$g_A = \sqrt{r_{a1}^2 - r_{b1}^2} - r_{b1} \cdot \tan \lambda_T. \qquad (7.42)$$

Die Gesamtüberdeckung ε_γ der geradverzahnten Torusverzahnung besteht nur aus der Profilüberdeckung $\varepsilon_{\alpha t}$. Die Überdeckung ist damit

$$\varepsilon_{\alpha t} = \frac{g_A + g_Y}{p_e} = \frac{g_A + g_Y}{\pi \cdot m_n \cdot \cos \alpha_p}. \qquad (7.43)$$

Ist das Zähnezahlverhältnis u sehr groß, läßt sich mit dem Ersatzrad des Torusrades annähernd die Eingriffsstreckenlänge g mit der Stirnradpaarung erhalten, *Bild 7.17*, wie in [7.8].

$$g_a = \sqrt{r_{a1}^2 - r_{b1}^2} + \sqrt{r_{Za2}^2 - r_{Zb2}^2} - \left(r_{Z2} + r_1 \right) \cos \alpha_p \tan \lambda_T \qquad (7.44)$$

wobei die Größen am Ersatzrad sind

$$r_{Z2} = \frac{r_2}{\cos \theta_T} \quad ; \quad r_{Zb2} = \frac{r_2}{\cos \theta_T} \qquad (7.45)$$

$$r_{Za2} = \frac{r_2 + x_a \cdot m_n}{\cos \theta_T} + \left(x_2 + h_{a2}^* + k^* \right) \cdot m_n. \qquad (7.46)$$

Für große Toruswinkel sollte wegen der Interferenzgefahr eine Kopfkürzung eingeführt werden. Im extremen Fall wird die Kopfkürzung nach den geometrischen Orten des Form-Fußkreisradius durchgeführt. Daher kann die Eingriffsstrecke g durch die Differenz der Länge der Krümmungsradien im Punkt E am Zahnkopfkreis und Punkt A am Zahnform-Fußkreis des Stirnrades bestimmt werden.

Für den Form-Fußkreisradius $r_{b1} \cdot \rho_f^*$ gilt

$$r_{b1}\rho_A^* = r_{b1}\rho_f^* = \frac{m_n \cdot z_1}{2}\cos\alpha_P\left[\tan\alpha_P - \frac{2\left(h_{FfP1}^* - x_1\right)}{z_1\sin\alpha_P\cos\alpha_P}\right]$$

$$= \frac{m_n \cdot z_1}{2}\sin\alpha_P - \frac{m_n\left(h_{FfP1}^* - x_1\right)}{\sin\alpha_P} \tag{7.47}$$

Es ist sicherlich möglich, die Überdeckung auch mit dem Ersatzrad wie bei der Stirnradpaarung zu berechnen, aber für die Eingriffsstrecke g_y ergibt sich eine ge-

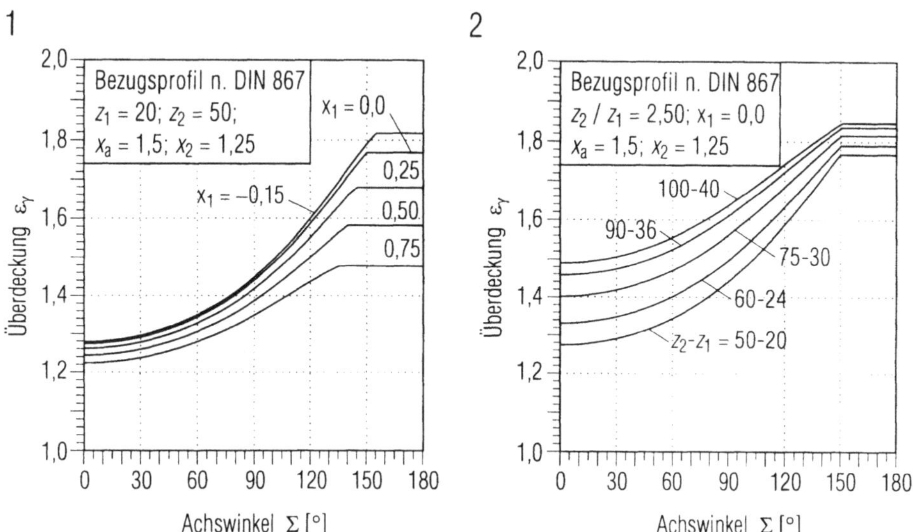

Bild 7.19. Vergrößerung der Überdeckung ε_γ bei größerem Achswinkel Σ sowie durch die Wahl der Profilverschiebung $x_1 \cdot m_n$ und der Zähnezahl z_2. Die kleinste Überdeckung liegt bei parallelen Achsen.

Teilbild 1: Kleinere Profilverschiebungswerte $x_1 \cdot m_n$ ergeben wegen des kleineren Eingriffswinkels größere Überdeckungen.
Teilbild 2: Größere Zähnezahlen z_2 führen bei gleichem Zähnezahlverhältnis $u = z_2/z_1$ auch zu größerer Überdeckung.

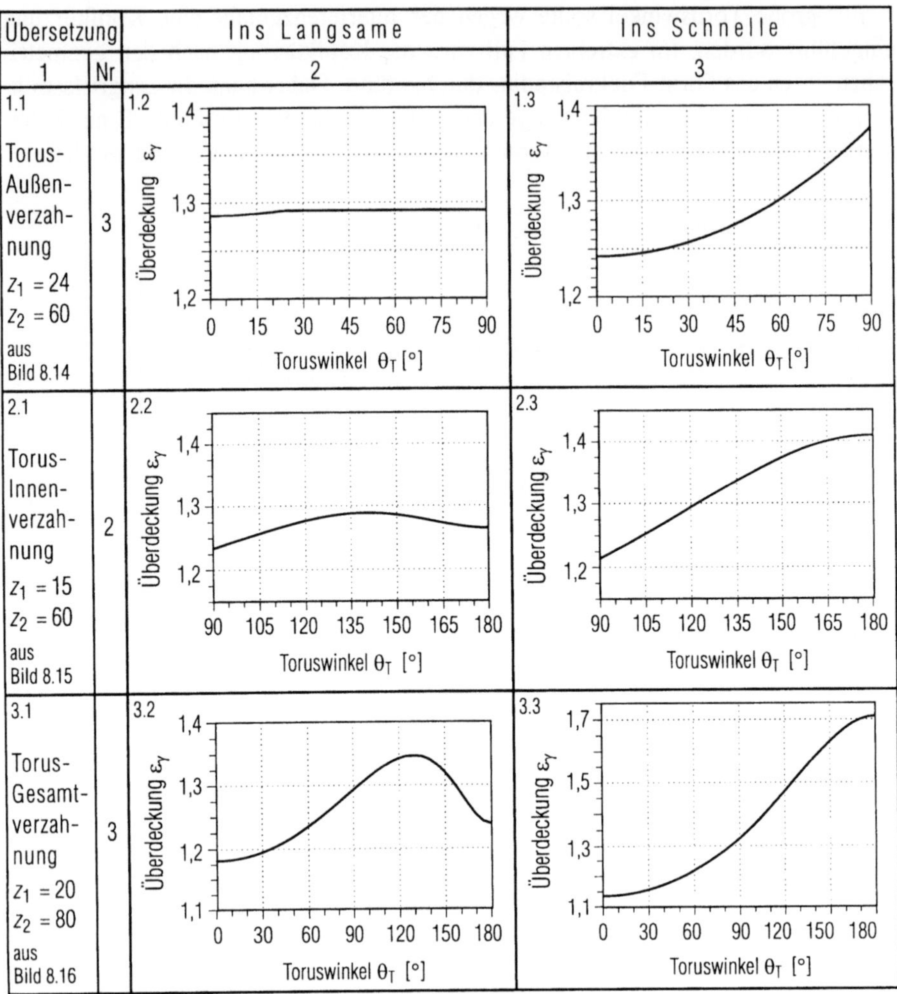

Bild 7.20. Diagramme zur Darstellung der Überdeckung ε_γ in Abhängigkeit der Toruswinkel θ_T für die Übersetzung ins Langsame und Schnelle.

Zeile 1: Beispiele aus *Bild 7.14*.
Zeile 2: Beispiele aus *Bild 7.15*.
Zeile 3: Beispiele aus *Bild 7.16*.

wisse Abweichung, weil die Schnittkurve des Stirnschnitts mit dem Kopftorus in der Tat kein Kreis ist.

In den Diagrammen des **Bildes 7.19** ist der Einfluß der Profilverschiebung (*Teilbild 1*) und der Zähnezahlen auf die Überdeckung ε_y (*Teilbild 2*) dargestellt.

Es wird der gesamte Achswinkelbereich von $\Sigma = 0°$ bis $180°$ berücksichtigt. In beiden Diagrammen steigt die Überdeckung mit dem Achswinkel und ist am kleinsten bei $\Sigma = 0°$. Der Grund für die Überdeckungssteigerung ist der kleiner werdende Eingriffswinkel bei großen Achswinkeln. In *Teilbild 1* verringert sich der Eingriffswinkel mit großer Profilverschiebung $x_1 \cdot m_n$ weniger als mit kleiner, in *Teilbild 2* verringert er sich mit kleiner Zähnezahldifferenz $z_2 - z_1$ trotz gleichem Zähnezahlverhältnis u weniger als bei großer. Bei großen Toruswinkeln θ, wobei $\theta = \Sigma$ ist, kann die wegen der hohen Überdeckungsgrade drohende Interferenz mit Kopfkürzung (am Rad) vermieden werden.

Bild 7.20 zeigt Diagramme für die Änderung der Überdeckungen in Abhängigkeit des Toruswinkels θ_T an den Beispielen des letzten Abschnitts. Daraus ist zu entnehmen, daß die Überdeckung bei der Paarung für die Übersetzung ins Schnelle stärker schwankt als bei der Paarung für die Übersetzung ins Langsame. Andererseits liegt die kleinste Überdeckung immer bei dem kleinsten Toruswinkel θ_{Ta} vor, nämlich bei $\theta_{Ta} = 0°$ für alle drei Bereiche $\Sigma = 0°$ bis $90°$ bzw. bis $180°$ und $\theta_{Ta} = 90°$ für $\Sigma = 90°$ bis $180°$. Um zu überprüfen, ob eine ausreichende Überdeckung bei der Paarung vorhanden ist, reicht es aus, nur die Überdeckung beim Außen-Toruswinkel zu berechnen. Damit wird die aufwendige Lösung nach der Eingriffsstrecke g_Y mit Gl. (7.41) vermieden, besonders wenn der Außen-Toruswinkel θ_{Ta} gleich $0°$ ist.

7.7 Auslegung der Toruszahnradpaarungen mit kleineren Stirnrädern als den Schneidrädern

7.7.1 Bedingungen für spielfreien Eingriff

Um das Torusrad mit einem kleineren Stirnrad als dem Schneidrad paaren zu können, müssen zunächst die allgemeinen Eingriffsbedingungen berücksichtigt werden. Beim Aufstellen der Eingriffsbedingungen für die folgende Toruszahnradpaarung wird das Schneidrad zunächst als eine virtuelle Innenverzahnung betrachtet, **Bild 7.21**. Der Eingriffswinkel bei der Paarung mit der gedachten Innenverzahnung (Schneidrad) S und dem Ritzel 1 ist gleich α_w. Er kann sich durch die Änderung des Achsabstands a_1 des Ritzels 1 und des Schneidrades S verändern. Dieser Abstand a_1 ist nach *Bild 7.21*

$$a_1 = \frac{r_{bS} - r_{b1}}{\cos\alpha_w}. \tag{7.48}$$

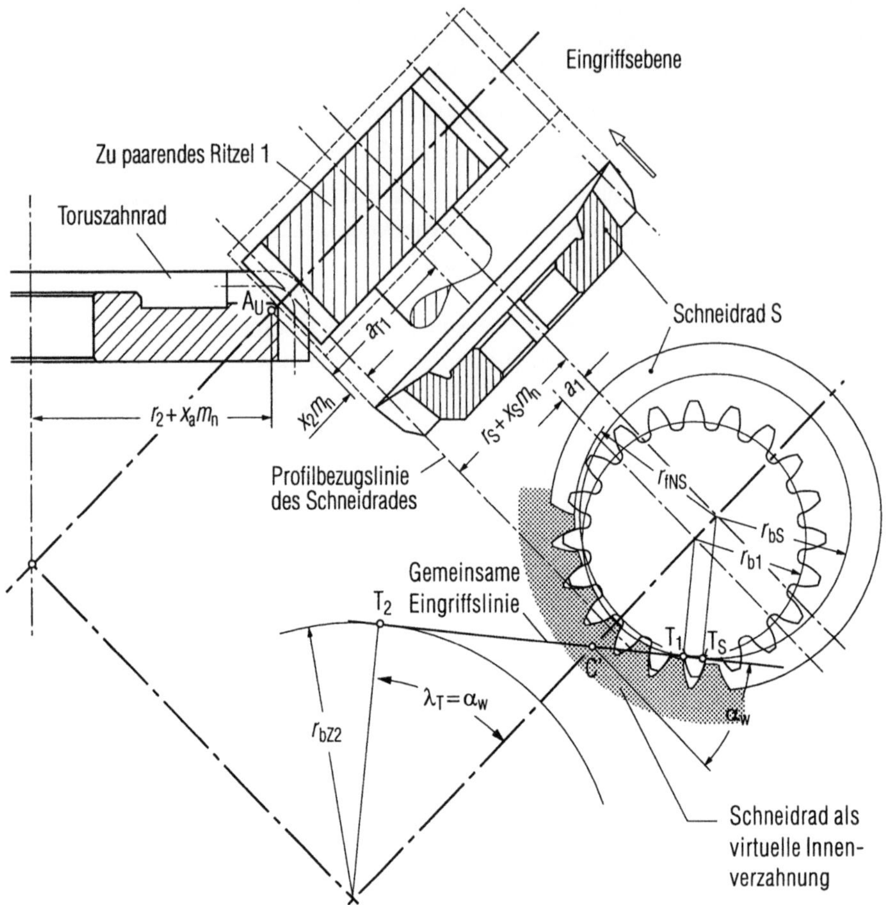

Bild 7.21. Bestimmung von Abstandsgrößen a, Eingriffswinkel λ_T und Profilverschiebung der spielfreien Paarungen von Torusrädern mit Stirnrädern, die kleiner sind als die Erzeugungs-Schneidräder.

Der Abstand der Ritzelachse zur Umlenkachse ist danach

$$a_{T1} = r_S + x_S m_n + x_2 m_n - a_1 . \tag{7.49}$$

Eine Voraussetzung für den korrekten Eingriff beim Torusrad 2 und Ritzel 1 ist, daß der Eingriffswinkel λ_T zwischen dem Schneidrad S und dem Torusrad 2 von dem Eingriffswinkel α_w nicht verschieden sein darf,

$$\lambda_T = \alpha_w . \tag{7.50}$$

Mit dieser Bedingung haben die Schneidrad-Torusrad-Paarung und die Ritzel-Torusrad-Paarung eine gemeinsame Eingriffslinie und auch eine gemeinsame Normale an jedem Berührungspunkt.

Weil der Eingriffswinkel λ_T normalerweise stets mit dem Toruswinkel veränderlich ist, so ist der Eingriffswinkel α_w in diesem Fall auch nicht konstant. Daher muß sich der Achsabstand a_1 bzw. a_{T1} für den korrekten Eingriff auch entsprechend ändern, vergleiche Gl.(7.48; 7.49). Bei veränderlichem Achsabstand liegt entweder Flankenspiel oder Zahndurchdringung bei der gedachten Stirnrad-Innenpaarung mit dem Ritzel und Schneidrad vor. Daher besteht für die ausgelegte Torusradpaarung mit dem Ritzel 1 immer diese unerwünschte Gefahr (Flankenspiel oder Zahndurchdringung). Um einen konstanten Abstand a_{T1} oder a_1 zu erhalten, muß der Eingriffswinkel λ_T bzw. α_w konstant sein. Für den spielfreien Eingriff der Schneidrad-Ritzelpaarung ist

$$\operatorname{inv}\alpha_w = \operatorname{inv}\lambda_T = \frac{x_S - x_1}{z_S - z_1}\cdot 2\cdot\tan\alpha_P + \operatorname{inv}\alpha_P. \tag{7.51}$$

Der Profilverschiebungsfaktor x_S und die Zähnezahl des Schneidrades z_S in der Gleichung sind aufgrund der virtuellen Innenverzahnung schon negativ umgeformt.

Um den konstanten Eingriffswinkel der Toruszahnradpaarung λ_T aus Gl. (7.51) zu erhalten, kann der Profilverschiebungsfaktor x_a gleich $u\cdot(x_2 + x_S)$ gewählt werden, damit der Eingriffswinkel unabhängig von dem Toruswinkel θ_T wird. Daher ergibt sich der Eingriffswinkel λ_T aus Gl. (7.4)

$$\cos\lambda_T = \frac{z_S\cos\alpha_P}{z_S + 2\left(x_S + x_2\right)}. \tag{7.52}$$

Der Profilverschiebungsfaktor x_2 läßt sich aus Gl.(7.52) bestimmen, also

$$x_2 = \frac{z_S}{2}\left(\frac{\cos\alpha_P}{\cos\lambda_T} - 1\right) - x_S. \tag{7.53}$$

Aus Gl.(7.53) wird deutlich, daß der Eingriffswinkel λ_T stets größer ist als der Profilwinkel α_P, weil die Summe $x_S + x_2$ meistens positiv ist. Daher muß x_1 kleiner sein als x_S, Gl.(7.51), weil die Zähnezahl z_1 kleiner ist als z_S. Ist x_S gleich null, so ist das zu paarende Ritzel ein V-Minus-Stirnrad. Wegen der Gefahr des Unterschnitts wird daher die Zähnezahl des Schneidrades z_S bzw. des Ritzels z_1 eingeschränkt. Für die praktische Anwendung ist die Zähnezahl des Schneidrades nicht zu klein zu wählen, da die Gefahr der spitzen Zähne des Torusrades wegen der großen Profilverschiebung $x_a\cdot m_n$ eintreten kann. Andererseits ist diese Torusradpaarung nur geeignet für die Übersetzung ins Schnelle, weil die ganze Eingriffsstrecke zwischen dem Wälzpunkt C und dem Berührungspunkt T_1 liegt, vergleiche Abschnitt 7.6.3.

Die Berechnung der Überdeckung bei dieser Zahnradpaarung ist nicht anders als bei der im letzten Abschnitt, wobei die Eingriffsstrecke

$$g_A = \sqrt{r_{a1}^2 - r_{b1}^2} - r_{b1} \cdot \tan \lambda_T, \qquad (7.42)$$

und zwar wegen des konstanten Eingriffswinkels λ_T auch unabhängig von dem Toruswinkel bzw. Achswinkel ist, während die Eingriffsstrecke g_γ auch nach Gl.(7.41) berechnet und mit dem Toruswinkel variabel ist.

7.7.2 Das Eingriffsfeld, die Eingriffsstrecke

Die Eingriffsstrecken für jeden Toruswinkel θ_T ergeben das Eingriffsfeld der Toruspaarung. Da für Toruspaarungen, hier mit einem Zylinderrad, nur Punktberührung besteht, lassen sich die Eingriffsverhältnisse sehr gut bei einer Paarung mit dem Stirnradritzel und den um den Winkel θ_T projizierten Ersatzrad in einer Ebene darstellen, *Bild 7.21*. Der Eingriff findet stets in der Eingriffsebene statt, die durch die Umlenkachse geht und um den Toruswinkel θ_T geneigt ist.

Allein die genaue Berechnung ist nicht mit dem Ersatzrad zu machen, sondern durch Bestimmung der Koordinaten des Eingriffsanfangspunktes A und des Endpunktes E. Bei jedem Achs- bzw. Toruswinkel [7.12] hängen die Koordinaten der Eingriffsstrecke von dem variablen Faktor ρ_{tk}^* des Stirnkrümmungsradius des Schneidrades ab, der aber die maximale Länge $r_{b1} \cdot \rho_{tk}^*$ hat. Die Länge der Eingriffsstrecke ist durch die Differenz der Länge der Krümmungsradien im Endpunkt E und Anfangspunkt A zu bestimmen, also die Variable ρ_{tk}^* mit dem Wert

$$r_{bt} \cdot \rho_a^* = \sqrt{r_{a1}^2 - r_{b1}^2} \qquad (7.54a)$$

bzw.

$$r_{bt} \cdot \rho_a^* = \frac{m_n}{2} \sqrt{\left(z_1 + 2x_1 + 2h_{aP1}^*\right)^2 - \left(z_1 \cos\alpha_P\right)^2}. \qquad (7.54b)$$

Die Unbekannte ρ_A^* am Punkt A dagegen muß durch einen Punkt am Zahnkopf des Torusrades bestimmt werden. Mit Gln. (7.36) und (7.37) ergibt sich

$$\sqrt{z_{2P}^2 + \left(r_P - r_2 - m_n \cdot x_a\right)^2} - \left(h_{aP2}^* + k_2^* + x_2\right) \cdot m_n = 0 \qquad (7.55a)$$

wobei

$$r_P\!\left(\rho_E^*\right) = \sqrt{x_{2P}^2\!\left(\rho_E^*\right) + y_{2P}^2\!\left(\rho_E^*\right)} = \sqrt{x_{0P}^2\!\left(\rho_E^*\right) + y_{0P}^2\!\left(\rho_E^*\right)} \qquad (7.55b)$$

$$x_{2P}\!\left(\rho_E^*\right) = x_{2L}\!\left(\theta,\rho_E^*\right)$$

$$y_{2P}\!\left(\rho_E^*\right) = y_{2L}\!\left(\theta,\rho_E^*\right)$$

$$z_{2P}\!\left(\rho_E^*\right) = z_{2L}\!\left(\theta,\rho_E^*\right)$$

Die Länge der Eingriffsstrecke g ist $r_{b1}\rho_a^* - r_{b1}\rho_E^*$. Beispiel: Ist das Zähnezahlverhältnis u sehr groß, läßt sich mit dem Ersatzrad des Torusrades annähernd die Eingriffsstreckenlänge mit der Stirnradpaarung erhalten, *Bild 7.21*, wie in [7.8].

$$g_a = \sqrt{r_{a1}^2 - r_{b1}^2} + \sqrt{r_{Za2}^2 - r_{Zb2}^2} - \left(r_{Z2} + r_1\right)\cos\alpha_P \tan\lambda_T \qquad (7.56a)$$

wobei am Ersatzrad die Größen sind

$$r_{Z2} = \frac{r_2}{\cos\theta_T} \quad ; \quad r_{Zb2} = \frac{r_2}{\cos\theta_T} \qquad (7.56b)$$

$$r_{Za2} = \frac{r_2 + x_a \cdot m_n}{\cos\theta_T} + \left(x_2 + h_{a2}^* + k^*\right)\cdot m_n \qquad (7.56c)$$

Für große Toruswinkel sollte wegen der Interferenzgefahr eine Kopfkürzung eingeführt werden. Ist der Krümmungsradius $r_{b1}\cdot\rho_A^*$ gleich dem vom Form-Fußkreisradius $r_{b1}\cdot\rho_f^*$ gilt

$$r_{b1}\rho_A^* = r_{b1}\rho_f^* = \frac{m_n \cdot z_1}{2}\cos\alpha_P \left[\tan\alpha_P - \frac{2\left(h_{FfP1}^* - x_1\right)}{z_1 \sin\alpha_P \cos\alpha_P}\right]$$

$$= \frac{m_n \cdot z_1}{2}\sin\alpha_P - \frac{m_n\left(h_{FfP1}^* - x_1\right)}{\sin\alpha_P}$$

$$(7.57)$$

7.7.3 Überdeckung

Die Gesamtüberdeckung ε_γ der geradverzahnten Torusverzahnung besteht nur aus der Profilüberdeckung $\varepsilon_{\alpha t}$, welche üblicherweise aus der Eingriffsstrecke bestimmt werden kann. Es ist

$$\varepsilon_\gamma = \varepsilon_{\alpha t} = \frac{r_{b1}\left(\rho_a^* - \rho_E^*\right)}{p_b} = \frac{r_{b1}\left(\rho_a^* - \rho_E^*\right)}{\pi \cdot m_n \cos\alpha_P}. \tag{7.58a}$$

Am kleinsten ist die Überdeckung wegen des großen Eingriffswinkels bei $\theta = 0°$. Ihr maximaler Wert dagegen ist

$$\varepsilon_{\gamma\,\text{max}} = \frac{r_{bt}\left(\rho_a^* - \rho_f^*\right)}{\pi \cdot m_n \cdot \cos\alpha_P}. \tag{7.58b}$$

7.8 Gleiten an den Zahnflanken

Die Verhältnisse der Flankengeschwindigkeiten bei der Paarung eines Torusrades r_{bz2} mit einem Stirnrad r_{b1} sind in **Bild 7.22** dargestellt. *Teilbild 1* zeigt das reduzierte Torusrad in der Stirnschnittebene des Stirnrades im Eingriff, *Teilbild 2* die Rechtsflanke eines Ritzelradzahnes und *Teilbild 3* die Eingriffslage der Räder im achsparallelen Schnitt. Die Winkelgeschwindigkeit ω_2 des Torusrades wird in die zur Stirnradachse parallele Geschwindigkeit $\omega_2 \cos\theta_T$ und die zu ihr senkrecht stehende Geschwindigkeit $\omega_2 \sin\theta_T$ zerlegt.

7.8.1 Radialgeschwindigkeiten

Die Winkelgeschwindigkeiten ω_1 und $\omega_2 \cos\theta_T$ können nun wie die zwei Winkelgeschwindigkeiten bei einer Stirnradpaarung eingesetzt werden. Die Gleitgeschwindigkeiten sind dann entsprechend [7.8] für den Punkt Y

$$v_{r1} = \left(g_{\alpha y} + r_{b1} \tan\lambda_t\right) \cdot \omega_1 \tag{7.59a}$$

$$v_{r2} = \left(r_{b2} \tan\lambda_t - g_{\alpha y} \cos\theta_T\right) \cdot \omega_2. \tag{7.59b}$$

Die radiale Gleitgeschwindigkeit bezüglich des Ritzels ist mit $\omega_1 = u\,\omega_2$

$$v_{gr1} = v_{r1} - v_{r2} = \omega_2 \cdot g_{\alpha y}\left(u + \cos\theta_T\right). \tag{7.60}$$

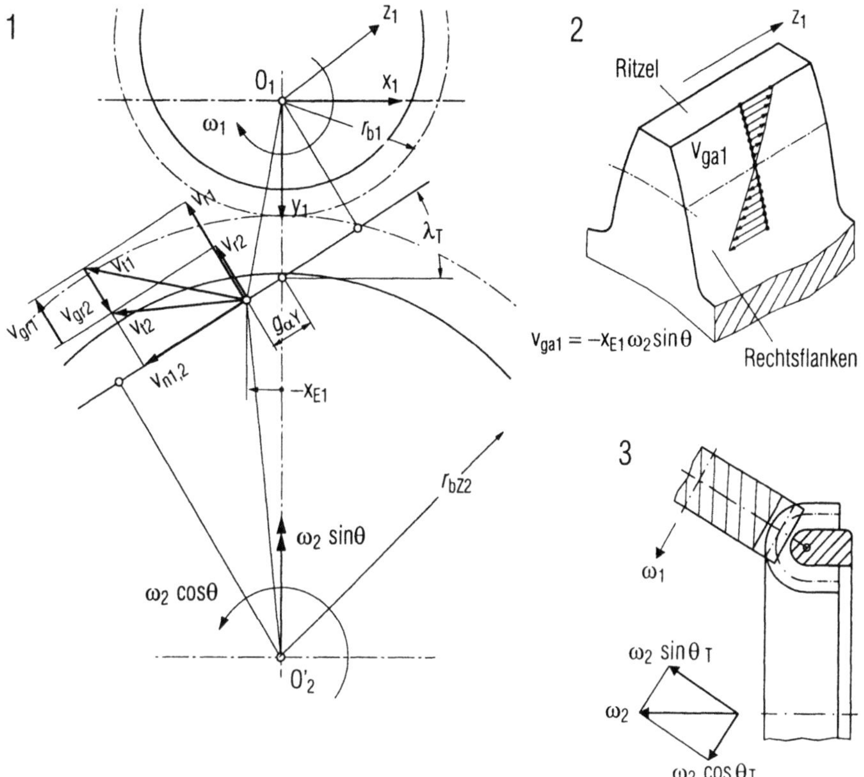

Bild 7.22. Toruszahnradpaarung mit Stirnradritzel. Gleiten an den Zahnflanken.

Teilbild 1: Projektion der Zahnradpaarung in die Ritzelstirnebene. Gleitverhältnisse am Eingriffspunkt Y.

Teilbild 2: Axiale Gleitgeschwindigkeit am Ritzelzahn.

Teilbild 3: Zerlegung der Torusrad-Winkelgeschwindigkeit ω_2 in die Richtung der Ritzelachse und senkrecht dazu.

Der Wert $g_{\alpha y}$, nämlich der Abstand der Punkte Y und C ist

$$g_{\alpha y} = r_{b1} \cdot \rho_Y^* - r_{b1} \tan \lambda_T. \tag{7.61}$$

Die Maximalwerte werden erreicht beim Beginn der Eintrittseingriffsstrecke g_f und am Ende der Austrittseingriffsstrecke g_a, daher

$$v_{grf} = \omega_2 \cdot g_1 \left(u + \cos \theta_T \right) \tag{7.62a}$$

$$v_{gra} = \omega_2 \cdot g_a \left(u + \cos \theta_T \right) \tag{7.62b}$$

mit

$$g_f = r_{b1} \cdot \rho_E^* - r_{b1} \tan \lambda_T \qquad (7.63a)$$

$$g_a = r_{b1} \cdot \rho_a^* - r_{b1} \tan \lambda_T. \qquad (7.63b)$$

7.8.2 Axialgeschwindigkeiten

Die Axialgeschwindigkeit tritt nur beim Torusrad auf, da beim Ritzel die Berührung nur in einer Schnittebene senkrecht zur Ritzelachse erfolgt. Diese Schnittebene am Rad geht zwar durch den Umlenkpunkt A_U, ist aber zur Radachse um den Toruswinkel θ_T geneigt ist (siehe *Teilbild 3*). Mit dem Abstand $\overline{x}_{1E}$ zu der Verbindungslinie $0_1 0_2'$ ist die Axialgeschwindigkeit v_{a2}

$$v_{a2} = \omega_2 \overline{x}_{1E} \cdot \sin \theta_T. \qquad (7.64)$$

Das negative Vorzeichen zeigt den negativen Richtungssinn des ritzelbezogenen Koordinatensystems an.

Die auf die Flanke des Ritzels 1 bezogene Axialgeschwindigkeit ist

$$v_{ga1} = v_{a1} - v_{a2} = -\omega_2 \overline{x}_{1E} \cdot \sin \theta_T. \qquad (7.65)$$

Die Koordinate $\overline{x}_{1E}$ ist dabei

$$\overline{x}_{1E} = \pm g_{\alpha y} \cos \lambda_T = \pm r_{b1}\left(\rho_Y^* \cos \lambda_T - \sin \lambda_T\right). \qquad (7.66)$$

Damit ist die axiale Gleitgeschwindigkeit

$$v_{ga1} = \mp \omega_2 \cdot r_{b1}\left(\rho_Y^* \cos \lambda_T - \sin \lambda_T\right) \sin \theta_T$$

$$\qquad (7.67)$$

$$= \mp \omega_2 \cdot g_{ay} \cos \lambda_T \cdot \sin \theta_T.$$

Das obere Vorzeichen gilt für Linksflanken, das untere für Rechtsflanken. In *Bild 7.22, Teilbild 2* ist die Änderung der axialen Gleitgeschwindigkeit (durch Rad 2) an den Berührpunkten der Rechtsflanke des Ritzels dargestellt. Bei $\theta_T = 0°$ oder $180°$ und am Wälzpunkt C verschwindet sie, weil $\sin \theta = 0$ wird und ist am größten am Kopf- und am Fußeingriffspunkt.

7.8.3 Spezifisches Gleiten

Wie schon in Kapitel 4 und 6 erwähnt, ergibt sich das spezifische Gleiten aus der Definition

$$\varsigma_1 \;=\; \frac{v_g}{v_{r1}} \tag{7.68}$$

auf Rad 2 bezogen ist

$$\varsigma_2 \;=\; \frac{v_g}{\sqrt{v_{r2}^2 + v_{a2}^2}} \tag{7.69}$$

mit

$$v_g \;=\; \sqrt{v_{ga1}^2 + v_{gr1}^2}$$

Das maximale spezifische Gleiten ist in den Diagrammen des **Bildes 7.23**, *Blatt 1* und *Blatt 2*, dargestellt. Es wird in *Blatt 1* das spezifische Gleiten am Zahnkopf des Ritzels (oben) und am Zahnfuß des Rades (unten) gezeigt (linke Spalte) sowie in der rechten Spalte am Zahnfuß des Ritzels (oben) und am Zahnkopf des Rades (unten). Die gleiche Anordnung ist auf Blatt 2 wiedergegeben. Auf *Blatt 1* wird der Profilverschiebungsfaktor x_a, also die Lage des Umlenkpunktes verändert. Das Spezifische Gleiten kann durch positive Profilverschiebung an den Zahnfüßen erheblich verkleinert werden, nicht so stark an den Zahnköpfen.

Auf *Blatt 2* wird der Profilverschiebungsfaktor x_1 des Ritzels verändert. Durch seine Vergrößerung lassen sich noch wesentlich größere Gleitgeschwindigkeitsverminderungen erzielen als bei der Verminderung von x_a. Bedeutende Auswirkungen treten an den Zahnfüßen und dem Zahnkopf des Rades ein.

7.8.4 Ermittlung der äußeren Kräfte

Der Eingriff bei der Torusverzahnung ist für alle Achswinkel grundsätzlich gleich der der Konischen Verzahnung. Daher lassen sich die äußeren Kräfte, nämlich F_t, die Umfangskraft, F_a die Axialkraft und F_r die Radialkraft aus den entsprechenden Gleichungen des *Kapitels 4* ablesen. Mit $\lambda_k = \pm\,\lambda_T$, $\theta = \theta_T$ und $\beta_1 = 0°$ folgen die Gleichungen

$$\tan\alpha_{Kt} \;=\; \tan\lambda_T \cos\theta_T \tag{7.70}$$

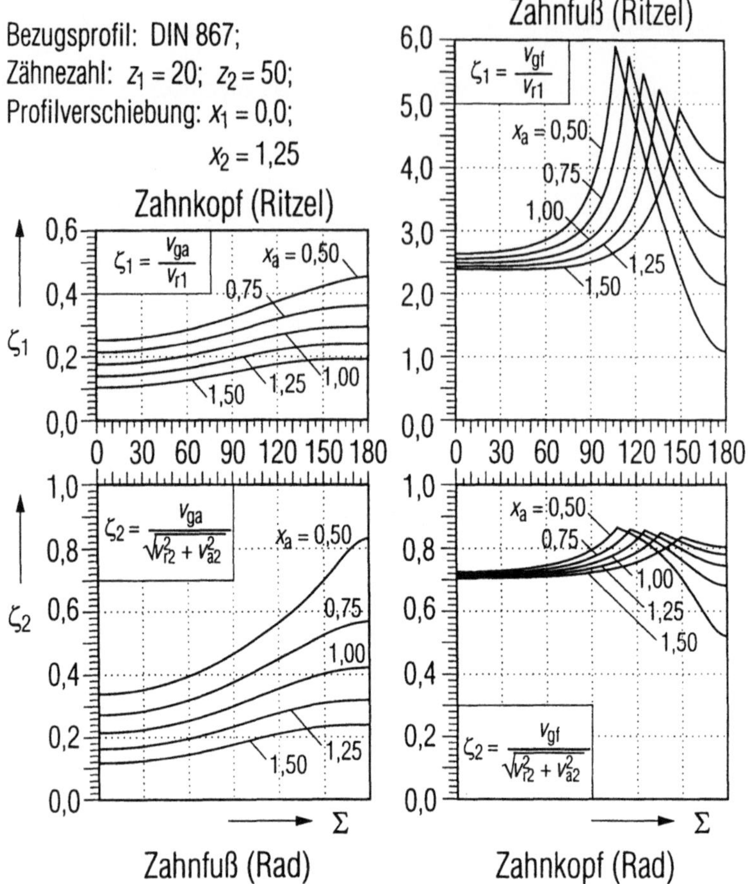

Bild 7.23, Blatt 1. Einfluß der Umlenkpunkt-Profilverschiebung x_a und des Achswinkels Σ auf das spezifische Gleiten an der Torus- und Stirnradverzahnung. Die Diagramme links zeigen das Gleiten am Zahnkopf des Ritzels (oben) und am Zahnfuß des Torusrades, die Diagramme rechts zeigen das Gleiten am Zahnfuß des Ritzels (oben) und am Zahnkopf des Rades (unten).

Die Vergrößerung der Umlenkpunkt-Profilverschiebung x_a verkleinert das spezifische Gleiten an den Zahnfüßen von Rad und Ritzel schon recht merkbar (links unten, rechts oben).

für den Schrägungswinkel β_K

$$\tan \beta_K = \mp \tan \lambda_T \sin \theta_T \tag{7.71}$$

für den Grundschrägungswinkel β_{Kb}

$$\tan \beta_{Kb} = \tan \beta_K \cos \alpha_{Kt} . \tag{7.72}$$

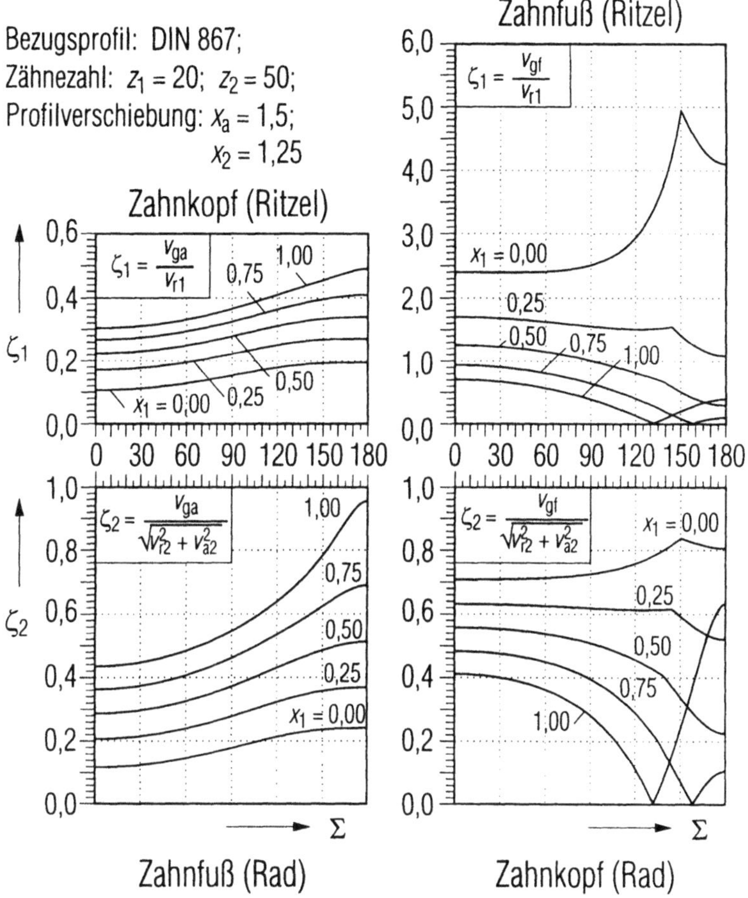

Bild 7.23, Blatt 2. Einfluß des Ritzelprofilverschiebungsfaktors x_1 und des Achswinkels Σ auf das spezifische Gleiten an der Stirnrad- und Torusverzahnung. Die Diagramme links zeigen Gleiten am Zahnkopf des Ritzels (oben) und am Zahnfuß des Rades (unten), die Diagramme rechts zeigen das Gleiten am Zahnfuß des Ritzels (oben) und am Zahnkopf des Rades (unten).

Durch positive Vergrößerung der Profilverschiebung wird das Gleiten an den Zahnfüßen stark herabgesetzt, ebenso wie das Gleiten am Zahnkopf des Rades.

Die Flanke ist rechtssteigend beim Plus- und linkssteigend beim Minus-Vorzeichen des Winkels β_K.

Für die Axialkraft F_{a2} gilt

$$F_{a2} = \frac{M_2 \cos \lambda_T \tan|\beta_K|}{r_2 \cos \alpha_P} = \frac{M_2 \sin \lambda_T \sin \theta_T}{r_2 \cos \alpha_P} \tag{7.73}$$

für die Radialkraft F_{r2}

$$F_{r2} \;=\; \frac{M_2 \cos\lambda_m \tan\alpha_{Kt}}{r_2 \cos\alpha_P} \;=\; \frac{M_2 \sin\lambda_T \cos\theta_T}{r_2 \cos\alpha_P} \tag{7.74}$$

sowie für die Nenn-Umfangskraft F_t

$$F_{t2} \;=\; \frac{M_2 \cos\lambda_T}{r_2 \cos\alpha_P}\,. \tag{7.75}$$

Die Kräfte am Ritzel sind schließlich mit der Axialkraft

$$F_{a1} \;=\; \frac{M_1}{r_1}\tan\beta_1 \;=\; 0\,, \tag{7.76}$$

der Radialkraft

$$F_{r1} \;=\; \frac{M_1 \sin\lambda_T}{r_1 \cos\alpha_P} \tag{7.77}$$

und der Nenn-Umfangskraft

$$F_{t1} \;=\; \frac{M_1 \cos\lambda_T}{r_1 \cos\alpha_P} \tag{7.78}$$

mit $M_1 = \dfrac{M_2}{u}$.

In **Bild 7.24** sind über dem Achswinkel Σ aufgetragen, der der Axialkraft proportionale Axialkraftfaktor V_a und der proportionale Radialkraftfaktor V_r, beide mit dem Parameter x_a, dem Profilverschiebungsfaktor für die Umlenkachse. Es ist deutlich zu erkennen, daß die Faktoren und damit die Kräfte mit der Profilverschiebung kleiner werden. Die Radialkräfte haben ein Maximum bei $\Sigma = 0°$ und bei $\Sigma = 120° - 180°$, je nach Profilverschiebung, sind aber bei 90° null. Bei Achswinkeln $\Sigma < 90°$ ist der Richtungssinn der Radialkraft zur Achse, bei Achswinkeln $\Sigma > 90°$ von der Achse weggerichtet. Die Richtung der Axialkraft ändert sich nicht. Die maximale Axialkraft liegt etwas vor dem Achswinkel von 90° wegen der Änderung des Eingriffswinkels. Der Richtungssinn der Axialkraft bleibt, ähnlich wie bei geraden konischen Rädern, stets gleich.

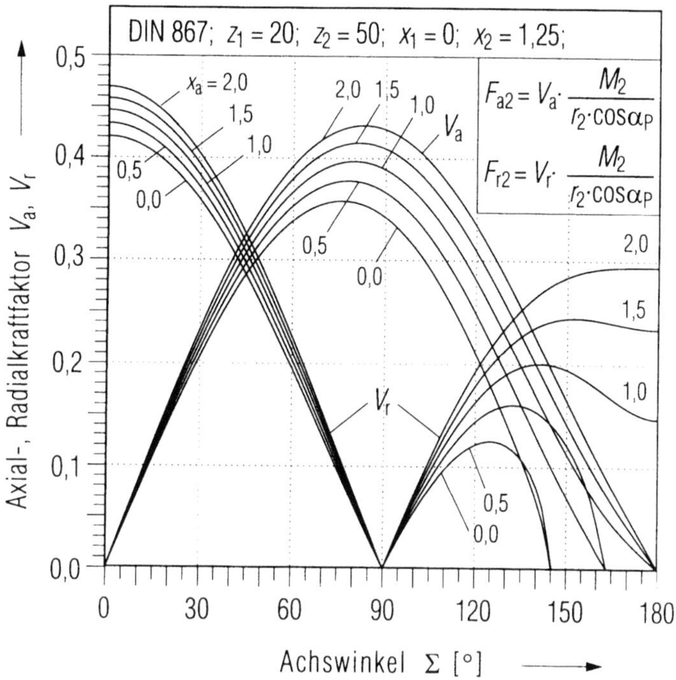

Bild 7.24. Verlauf der Radialkraft F_{r2} (Faktor V_r) und Axialkraft F_{a2} (Faktor V_a) in Abhängigkeit des Achswinkels Σ und dem Umlenkpunkt-Profilverschiebungsfaktor x_a.

Die Radialkraft F_{r2} hat zwei Maxima, bei $\Sigma = 0°$ und im Bereich von 120° bis 180°. Sie wird kleiner mit der Profilverschiebung $x_a \cdot m_n$ sogar wesentlich kleiner bei großen Achswinkeln.

Die Axialkraft F_{a2} wird mit kleinem x_a auch kleiner, ist bei $\Sigma = 0°$ und bei 150° - 180° null und hat ihr Maximum vor 90°.

7.9 Auslegung der Toruszahnradpaarungen mit gleichen Torusrädern (Schneidrad-Erzeugung)

Die andere Möglichkeit zur Änderung des Achswinkels von 0° bis 180° im Lauf ist die, zwei Torusräder zu paaren. **Bild 7.25** zeigt eine Paarung mit zwei *gleichen* Torusrädern in drei Achsenstellungen, z.B. Achswinkel Σ gleich 0°, 90° und 180° [7.9]. Es ist zu erkennen, daß sich die Zahnradpaarung in *Teilbild 1* bei $\Sigma = 0°$ genau so verhält wie die Stirnradpaarung, und dabei ergibt sich Linienberührung. Bei $\Sigma = 90°$, *Teilbild 2*, verhält sie sich wie eine Kronenzahnradpaarung, jedoch tritt hier nur Punktberührung auf. Bei $\Sigma = 180°$, *Teilbild 3*, funktioniert die Paarung wie eine Stirnkupplung. Wie diese Achslagen verwirklicht werden, ist anhand der Toruskörper neben den Torusradpaarungen im Bild gut zu erkennen. Die Toruskörper schwenken um den zugehörigen Torusmittelpunkt, der der *Umlenkachse*

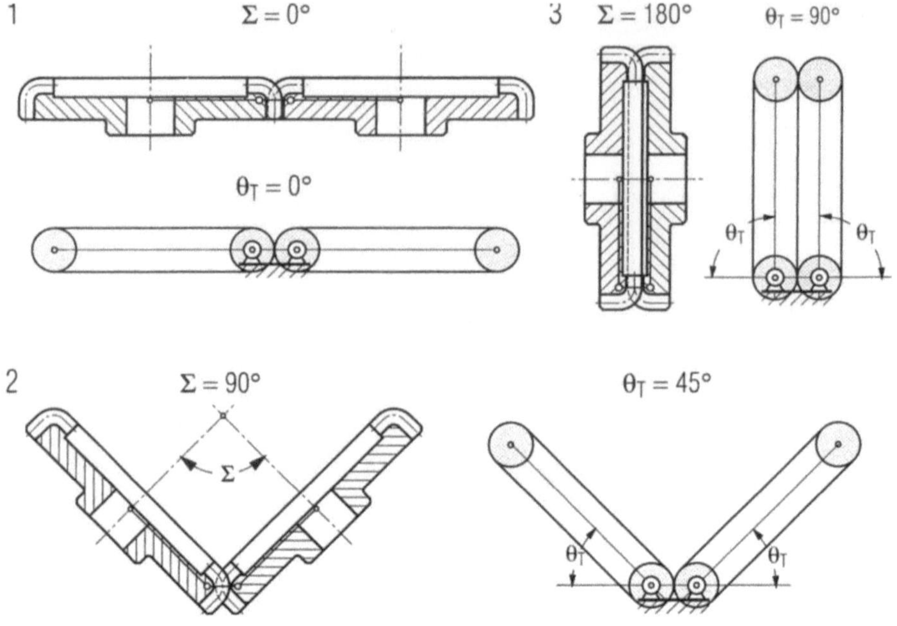

Bild 7.25. Mögliche Paarungen von zwei Toruszahnrädern.

Teilbild 1: Achswinkel $\Sigma = 0°$, Toruswinkel $\theta_T = 0°$;

Teilbild 2: Achswinkel $\Sigma = 90°$, Toruswinkel $\theta_T = 45°$;

Teilbild 3: Achswinkel $\Sigma = 180°$, Toruswinkel $\theta_T = 90°$.

entspricht. Die Toruswinkel θ_T sind für beide Torusräder gleich, ihre Summe ist gleich dem Achswinkel Σ. Beim Einstellen der Torusradachsen für den Achswinkel muß deshalb jedes Torusrad um seine eigene Umlenkachse geschwenkt werden, damit immer die entsprechenden, hier die gleichen Zahnquerschnitte miteinander in Eingriff kommen. Zur Führung dieser Zahnradpaarung ist noch ein zusätzlicher Mechanismus notwendig. Im Unterschied zu den Paarungen von Torus- und Stirnrad, *Bild 7.1, Teilbild 1*, genügt es bei der Achswinkeländerung von $\Sigma = 0°$ bis $180°$, wenn die Toruszähne nur im Winkelbereich von $\theta_T = 0°$ bis $90°$ ausgebildet sind.

In **Bild 7.26** wird ein Mechanismus gezeigt zur Verstellung des Achswinkels mit Hilfe zweier gleicher, kleiner Zahnräder. Die Drehachsen der Zahnräder 2 und 3 liegen in den Umlenkachsen. Die Zahnräder 2 bzw. 3 sind mit dem Lagergehäuse jedes Torusrades fest verbunden. Die axiale Lagerung des Torusrades muß auch so genau gehalten werden, daß der Bezugspunkt O_1 bzw. O_2 in dem Punkt liegt, dessen Verbindungslinie mit der Umlenkachse A_{U1} bzw. A_{U2} senkrecht zur Torusradachse steht.

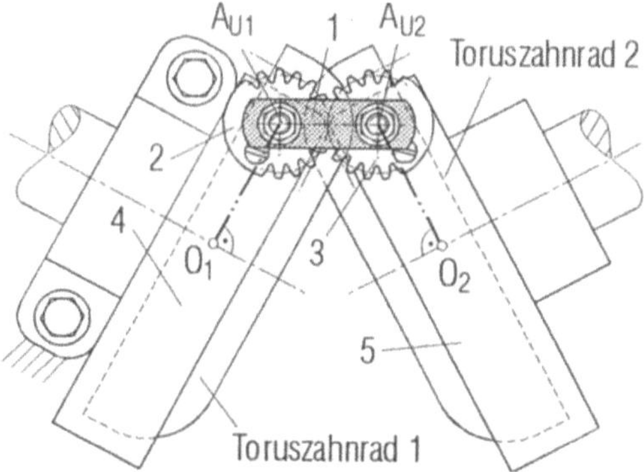

Bild 7.26. Zahnradgetriebe zur eindeutigen Zuordnung der zum Eingriff vorgesehenen Torusflankenabschnitte bei der Schwenkbewegung der Torusradachsen.

Nur beim Eingriff der vorbestimmten Flankenabschnitte findet korrektes Kämmen statt.

Zwei Torusräder können nur unter bestimmten Eingriffsbedingungen korrekt miteinander kämmen. Sie unterscheiden sich nicht von der Paarung mit zwei Konischen Zahnrädern, denn der Schnitt des Torusrades durch eine Ebene, welche durch die beiden Umlenkachsen A_{U1} und A_{U2} geht, ist beim entsprechenden Toruswinkel θ_T, bzw. Konuswinkel θ auch ein Teil des Konischen Zahnrades. Da bei der Paarung von zwei Konischen Zahnrädern nur Punktberührung vorliegt, muß die Eingriffslinie beim Konischen Zahnradpaar mit der Eingriffslinie beim Torusradpaar identisch sein. Vor der Aufstellung der Eingriffsbedingungen wird im folgenden zunächst die Kinematik dieser Torusradpaarung eingehend untersucht, mit der die Eingriffsbedingungen anschließend aufgestellt werden können. Die für die Herstellung der Torusräder notwendigen Parameter ergeben sich danach aus diesen Bedingungen. Die Problematik für solche Torusradpaarungen wird schließlich diskutiert und es werden Gegenmaßnahmen vorgeschlagen.

7.9.1 Kinematische Voraussetzungen des korrekten Eingriffs von Torusradpaarungen

In **Bild 7.27** oben werden zwei Torusräder im Eingriff dargestellt. Der Abstand der beiden Umlenkachsen ist hier als eine Konstante $d^* m_n$ festgelegt. Mit der Verbindungslinie der beiden Umlenkachsen kann der Achswinkel Σ ohne weiteres bestimmt werden, der sich aus der Summe der beiden Toruswinkel θ_{T1} und θ_{T2} ergibt, also

$$\Sigma = \theta_{T1} + \theta_{T2}. \tag{7.79}$$

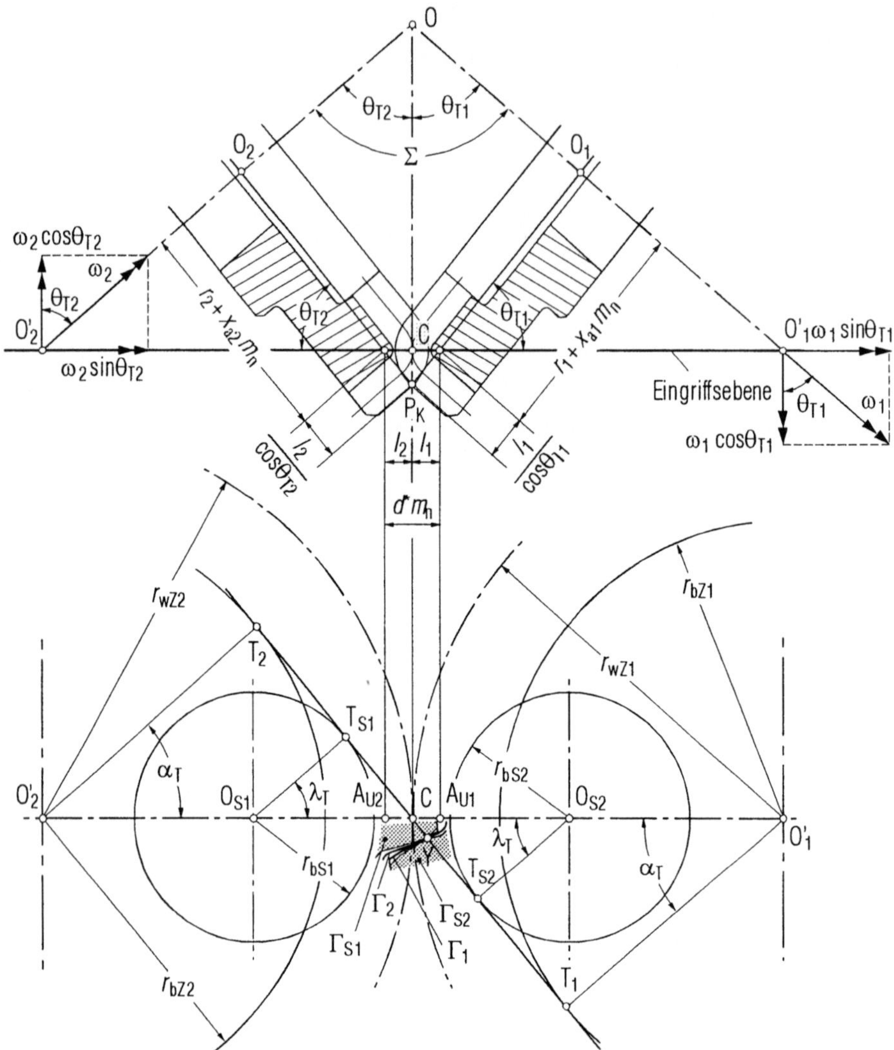

Bild 7.27. Analysisskizzen zur Bestimmung der beiden Toruswinkel θ_1 und θ_2, der Lage der Wälzachse, festgelegt durch l_1 und l_2 (oben) sowie des Eingriffswinkels λ_T von Torusradpaarungen (unten).

Bei der Wälzbewegung zweier Kegel muß der Toruswinkel θ_{T1} bzw. θ_{T2} die folgende Gleichung erfüllen

$$\tan\theta_{T1} = \frac{\sin\Sigma}{u + \cos\Sigma} \;, \tag{7.80a}$$

$$\tan\theta_{T2} = \frac{u\sin\Sigma}{1 + u\cos\Sigma} \;, \tag{7.80b}$$

mit

$$u = \frac{z_2}{z_1} = \frac{\sin\theta_{T2}}{\sin\theta_{T1}} . \tag{7.81}$$

Für die Paarung mit zwei gleichen Torusrädern wird

$$\theta_{T1} = \theta_{T2} = \Sigma / 2 . \tag{7.82}$$

Neben der Beziehung zwischen den Toruswinkeln ist die Lage des Wälzpunktes auf der Eingriffsebene auch von Interesse. Die Wälzachse teilt den Umlenkachsabstand $d^* m_n$ in zwei Abschnitte jeweils mit der Länge l_1 und l_2. Die Beziehung der beiden Längen ist aus der Skizze in *Bild 7.27* oben zu bestimmen,

$$u\left(\frac{l_1}{\cos\theta_{T1}} + r_1 + x_{a1}m_n\right) = \frac{l_2}{\cos\theta_{T2}} + r_2 + x_{a2}m_n , \tag{7.83a}$$

und nach Kürzung

$$u\,\frac{l_1}{\cos\theta_{T1}} = \frac{l_2}{\cos\theta_{T2}} + \left(x_{a2} - u\cdot x_{a1}\right)m_n . \tag{7.83b}$$

Es ist daraus leicht ersichtlich, daß die beiden Abschnitte l_1 und l_2 während der Änderung des Achswinkels nur konstant erhalten bleiben, wenn die beiden Torusräder miteinander identisch sind. Das bedeutet, daß der Wälzpunkt bei der Paarung mit zwei gleichen Torusrädern immer auf dem Bezugstorus liegt.

7.9.2 Eingriffsbedingung

In *Bild 7.27* unten werden die Ersatzzahnräder jedes Torusrades mit seinem Schneidrad in der Eingriffsebene dargestellt. Bei korrektem Eingriff müssen dabei die Eingriffslinien dieser beiden Torusrad-Schneidrad-Paarungen zusammenfallen. Der Grund ist folgender: Da sich die Flankenpaare Γ_1–Γ_{S1} und Γ_2–Γ_{S2} im Eingriff befinden, gehört der Berührpunkt Y infolge des Zusammenfallens der Eingriffslinien nicht allein zu der Flanke Γ_1 und Γ_2, sondern auch zu der Flanke Γ_{S1} und Γ_{S2} des Schneidrades. In diesem Fall befindet sich das Zahnpaar Γ_1–Γ_2 der beiden Torusräder stets im korrekten Eingriff, weil die Schneidräder S1 und S2 auch richtig kämmen. Der Eingriffswinkel λ_T ist daher unabhängig von dem Schneidrad, und zwar

$$\cos\lambda_T = \frac{\left(r_{Z1} + r_{Z2}\right)\cos\alpha_P}{r_{Z1} + r_{Z2} + \left(d^* + x_{aZ1} + x_{aZ2}\right)m_n} , \tag{7.84}$$

mit den Größen der Ersatzräder

$$r_{Z1,2} = \frac{r_{1,2}}{\cos\theta_{T1,2}},$$
(7.85a)

$$x_{aZ1,2} = \frac{x_{a1,2}}{\cos\theta_{T1,2}}.$$
(7.85b)

Bei der Paarung mit zwei gleichen Torusrädern gilt mit

$$r_1 = r_2$$

und

$$\theta_{T1} = \theta_{T2} = \theta_T$$

für den Eingriffswinkel

$$\cos\lambda_T = \frac{2r_2 \cos\alpha_P}{2r_2 + \left(d^* \cos\theta_T + 2x_{a2}\right)m_n},$$
(7.86a)

oder mit der Zähnezahl z_2

$$\cos\lambda_T = \frac{z_2 \cos\alpha_P}{z_2 + d^* \cos\theta_T + 2x_{a2}}.$$
(7.86b)

Weil sich dieser Eingriffswinkel λ_T mit dem Toruswinkel θ_T verändert, ist der Achsabstand der beiden Schneidräder auch nicht konstant.

7.9.3 Ermittlung der Profilverschiebungen

Die Profilverschiebungsfaktoren x_1 und x_2 können infolge der symmetrischen Beziehung nach **Bild 7.28** festgelegt werden:

$$r_S + \left(x_S + x_2\right)m_n = \frac{d^* m_n}{2} + \frac{r_{bS}}{\cos\lambda_T},$$
(7.87)

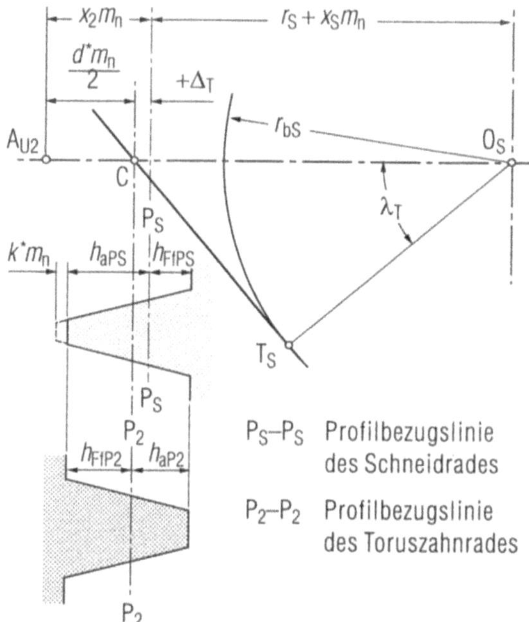

P_S–P_S Profilbezugslinie des Schneidrades

P_2–P_2 Profilbezugslinie des Toruszahnrades

Bild 7.28. Prinzipbild zur Berechnung der Profilverschiebungsfaktoren x_1 und x_2 beim Schwenken von zwei gleichen Torusrädern während des Eingriffs.

und nach Entwicklung

$$x_2 = \frac{d^*}{2} + \frac{z_S}{2}\left[\frac{\cos\alpha_P}{\cos\lambda_T} - 1\right] - x_S \,.$$

(7.88)

Mit Einsetzen von Gl. (7.52) für den Eingriffswinkel in Gl. (7.53) erhält man

$$x_{1,2} = \frac{d^*}{2}\left[1 + \frac{z_S\cos\theta_T}{z_{1,2}}\right] + \frac{z_S}{z_{1,2}}x_{a1,2} - x_S \,.$$

(7.89)

Aus den Gleichungen ist deutlich zu erkennen, daß sich der Profilverschiebungsfaktor x_1 bzw. x_2 mit dem Toruswinkel θ_{T1} bzw. θ_{T2} verändert. Das heißt, die Bewegungsbahn des Bezugspunktes vom Schneidrad um die Umlenkachse ist kein Kreis mehr, sondern eine spiralförmige Kurve. Bei der Fertigung mit Stoßrädern muß für jeden Toruswinkel ein entsprechender Achsabstand der Umlenkachse und der Stoßradachse eingestellt werden.

Da sich der Eingriffswinkel bei der Paarung mit zwei gleichen Torusrädern stets mit dem Toruswinkel ändert, ist diese Paarung nicht einfach zu realisieren. Man stößt dabei immer auf einige Schwierigkeiten, wie auf das Entstehen von *Flankenspiel* oder *Durchdringung* und *Interferenz* der Zähne.

Infolge des mit dem Toruswinkel veränderlichen Eingriffswinkels verändert sich auch der Achsabstand der beiden Schneidräder in *Bild 7.26*. Wenn die Schneidräder für alle Toruswinkel gleich sind, dann treten wegen des veränderlichen Achsabstandes entweder Flankenspiele oder Flankendurchdringungen auf.

Gl.(7.88) verdeutlicht, daß die Profilverschiebung $x_2 \cdot m_n$ immer größer ist als der halbe Umlenkachsabstand d, wenn keine Profilverschiebung $x_S \cdot m_n$ des Schneidrades und $x_a \cdot m_n$ der Umlenkachse vorliegt. Das hat zur Folge, daß Interferenz zwischen dem Zahnkopf eines Torusrades und der Fußrundung des anderen Rades auftreten kann.

7.9.4 Maßnahmen zur Auslegung flankenspiel- und interferenzfreier Toruszahnradpaarungen

Um eine funktionsfähige, nämlich flankenspiel- und interferenzfreie Torusradpaarung zu erzielen, gibt es zwei Möglichkeiten. Die eine ist die, den Abstand der beiden Umlenkachsen während der Änderung des Achswinkels entsprechend zu ändern. Dabei ergibt sich allerdings eine andere schwierige Aufgabe, nämlich die, dafür einen geeigneten Mechanismus zu konstruieren. Die andere Möglichkeit ist, unterschiedliche Schneidräder für jeden Toruswinkel θ_T zu verwenden, damit die Zahndicke und die Zahnlückenweite auf dem Bezugs- bzw. Teiltorus des Torusrades gleich geteilt werden können. Die Schneidräder können mit entsprechenden Profilverschiebungen, gegebenenfalls auch entsprechenden Zähnezahlen ausgeführt werden.

Für die Paarung mit gleichen Torusrädern werden gleiche Schneidräder verwendet. Damit wird der Profilverschiebungsfaktor des Schneidrades für diese Torusradpaarung zu

$$x_S = \frac{z_S \left(\operatorname{inv} \lambda_T - \operatorname{inv} \alpha_P \right)}{2 \cdot \tan \alpha_P}. \tag{7.90}$$

Mit dem veränderlichen Eingriffswinkel λ_T in Abhängigkeit des Toruswinkels θ_T und der konstanten Zähnezahl z_S ergibt sich daher eine veränderliche Profilverschiebung für das Schneidrad x_S, abhängig vom Toruswinkel θ_T. Da bei jedem Achswinkel die Toruswinkel θ_T der Torusräder gleich sind, hat die Zähnezahl z_S des Schneidrades keinen Einfluß auf die Eingriffsverhältnisse. Es kann auch für jeden Toruswinkel das Schneidrad mit unterschiedlichen Zähnezahlen versehen werden. Wichtig ist dabei, daß die zu paarenden Torusräder mit dem gleichen Verfahren hergestellt werden müssen.

Weil der Eingriffswinkel λ_T meistens größer ist als der Profilwinkel α_P, kann ohne weiteres festgelegt werden, daß bei spielfreier Paarung eine positive Profilverschiebung des Schneidrades $x_S \cdot m_n$ vorliegen muß. Dadurch kann die Abweichung der Profilverschiebung $x_{1,2} \cdot m_n$ vom Faktor $d^*/2$ verkleinert werden. Für die Abweichung betrachten wir die Gleichung

$$\Delta_T = x_{1,2} \; - \; \frac{d^*}{2} = \frac{z_S}{2}\left[\frac{\cos\alpha_P}{\cos\lambda_T} - 1\right] - x_S \tag{7.91}$$

und mit Einsetzen von Gl.(7.90), um x_S zu eliminieren, folgt

$$\Delta_T = \frac{z_S}{2}\left[\frac{\cos\alpha_P}{\cos\lambda_T} - 1\right] - \frac{z_S\left(\mathrm{inv}\,\lambda_T - \mathrm{inv}\,\alpha_P\right)}{2\cdot\tan\alpha_P}$$

$$\tag{7.92}$$

$$= \frac{z_S}{2}\left[\frac{\mathrm{arc}\,\lambda_T - \mathrm{arc}\,\alpha_P}{\tan\alpha_P} - \frac{\cos\alpha_P}{\cos\lambda_T}\left(\frac{\sin\lambda_T}{\sin\alpha_P} - 1\right)\right]$$

Je kleiner die Zähnezahl z_S des Schneidrades ist, desto geringer wird die Abweichung Δ_T. Bei kleinen Zähnezahlen muß jedoch die Spitzengrenze beachtet werden, denn die Profilverschiebung des Schneidrades ist in diesem Fall meistens groß. Da der Eingriffswinkel λ_T bei dem Toruswinkel von $\theta = 0°$ bis $90°$ abnimmt, d.h. die Profilverschiebung $x_S \cdot m_n$ bei gleicher Zähnezahl auch abnimmt, so ist es ausreichend, die Spitzengrenze für das Schneidrad nur beim Toruswinkel $\theta = 0°$ zu prüfen.

Trotz der veränderlichen und stets vorhandenen Abweichung Δ_T wird das Torusrad häufig so gestaltet, daß die Zahnkopfhöhe für die Toruswinkel von $0°$ bis $90°$ unverändert erhalten bleibt, ebenso die Zahnfußhöhe, **Bild 7.29**, *Teilbild 1*. Um diese Gestaltung gewährleisten zu können, muß das Bezugsprofil des Schneidrades auch entsprechend geändert werden. Aus *Bild 7.28* ergibt sich die Zahnkopfhöhe des Schneidrades beim Toruswinkel θ_T zu

$$h^*_{aPS} = h^*_{FfP1,2} + \Delta_T + k^* \tag{7.93a}$$

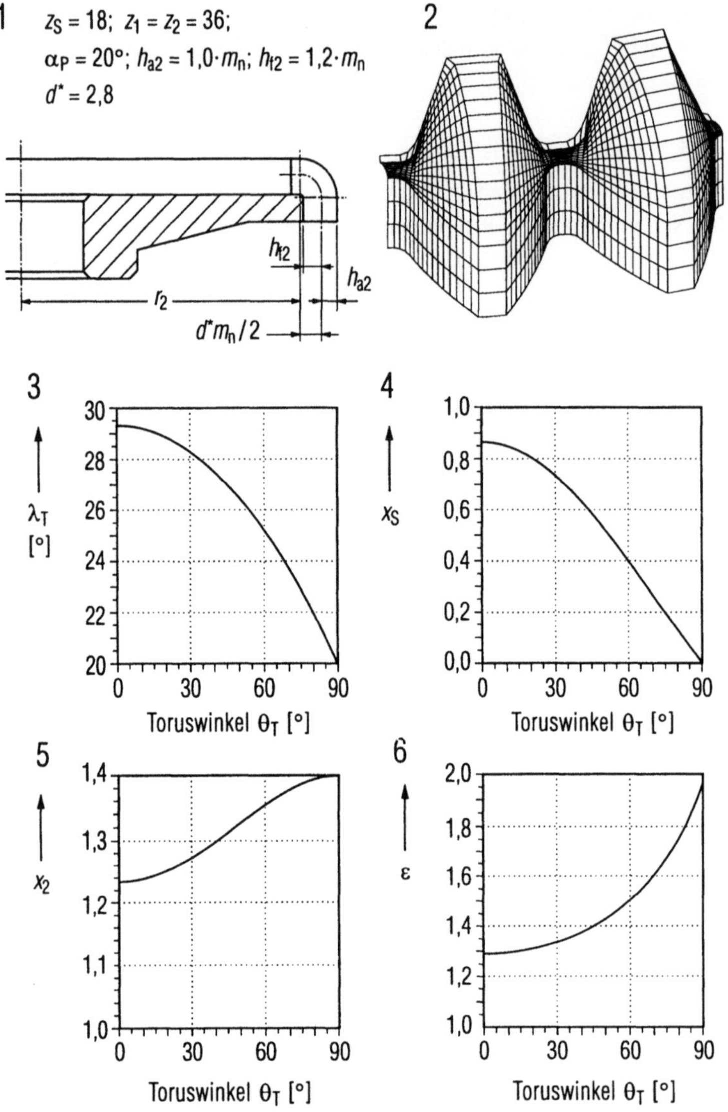

Bild 7.29. Form des Torusrades und Veränderung von Eingriffswinkel λ_T, Profilverschiebungsfaktoren x_S, x_2 und Überdeckung ε in Abhängigkeit des Toruswinkels θ_T, als Diagramm.

Teilbild 1: Zahnkopfhöhe für den Toruswinkel von 0° bis 90°

Teilbild 2: Rechnerische Simulation der Torusradflanken

Teilbild 3: Veränderung des Eingriffswinkels λ_T als Funktion von θ_T

Teilbild 4: Veränderung der Schneidrad-Profilverschiebungsfaktoren x_S als Funktion von θ_T

Teilbild 5: Veränderung der Torusrad-Profilverschiebungsfaktoren x_2 als Funktion des Toruswinkels θ_T

Teilbild 6: Veränderung der Profilüberdeckung Σ als Funktion von θ_T.

und die Zahnfuß-Formhöhe

$$h^*_{\text{FfPS}} = h^*_{\text{aP1,2}} - \Delta_{\text{T}}. \qquad (7.93\text{b})$$

Zur Vermeidung der Interferenz zwischen beiden gepaarten Torusrädern, wird der Kopfänderungsfaktor k^* am Schneidrad positiv und groß gewählt.

In *Bild 7.29*, *Teilbild 2* wird eine rechnerische Simulation der Flanken dargestellt. Das Diagramm in *Teilbild 3* zeigt, wie sich der Eingriffswinkel dieser Torusradpaarung mit zunehmendem Achswinkel Σ verändert. Dabei nimmt der Eingriffswinkel mit dem steigenden Achswinkel ab. Er erreicht seinen minimalen Wert bei $\Sigma = 180°$, der gleich dem Profilwinkel α_{P} ist. Mit einem großen Profilverschiebungsfaktor x_{a} wird der Eingriffswinkel λ_{T} auch entsprechend vergrößert, ebenso der Faktor x_{S}. Die Änderung des Profilverschiebungsfaktors x_{S} am Schneidrad in Abhängigkeit des Toruswinkels ist im Diagramm, *Teilbild 4*, wiedergegeben, die Änderung des Profilverschiebungsfaktors x_2 in *Teilbild 5*. Der Profilverschiebungsfaktor des Schneidrades x_{S} hat bei $\theta_{\text{T}} = 0°$ mit etwa $x = +0{,}87$, einen großen Wert gleichzeitig eine Gefahr für spitze Zähne des Schneidrades, Teilbild 4. Um die Profilverschiebung $x_{\text{S}} \cdot m_{\text{n}}$ zu verringern, können z.B. eine negative Profilverschiebung $x_{\text{a}} \cdot m_{\text{n}}$ oder große Zähnezahlen der Torusräder zugrunde gelegt werden. Mit dem negativen Profilverschiebungsfaktor x_{a} ist der Eingriffswinkel λ_{T} bei $\theta_{\text{T}} = 90°$ jedoch kleiner als der Profilwinkel α_{P}, wobei der Unterschnitt der Flanken bei $\theta_{\text{T}} = 90°$ beachtet werden muß, besonders wenn das Zähnezahlverhältnis u zwischen dem Torusrad und dem Schneidrad nicht groß ist.

Da die Profilverschiebung $x_{\text{S}} \cdot m_{\text{n}}$ veränderlich ist, muß bei jedem Toruswinkel ein entsprechendes Schneidrad verwendet werden. Das ist für die Herstellung untragbar.

7.9.5 Bestimmung der Überdeckung

Die Bestimmung der Überdeckung erfolgt wie bei der Paarung mit einem Stirnrad. Die Eingriffsstrecke vom Zahnkopfpunkt eines Torusrades zum Wälzpunkt läßt sich aus Gl. (7.41) ermitteln. Wegen der Gleichheit der beiden zu paarenden Torusräder ergibt sich die Überdeckung daher zu

$$\varepsilon = \frac{2 \cdot g_{\text{Y}}}{p_{\text{e}}}. \qquad (7.94)$$

7.10 Auslegung der Torusradpaarungen mit ungleichen Torusrädern (Schneidrad-Erzeugung)

Infolge der Beziehung zwischen dem Achswinkel Σ und den Toruswinkeln θ_{T1} sowie θ_{T2}, Gln. (7.79; 7.80; 7.81), muß bei der Auslegung der Torusradpaarungen mit ungleichen Torusrädern, **Bild 7.30**, der Bereich des Toruswinkels beachtet werden. In **Bild 7.31** ist ein Diagramm gezeigt, das die Toruswinkel θ_{T1} bzw. θ_{T2} bei einem bestimmten Zähnezahlverhältnis u in Abhängigkeit des Achswinkels Σ darstellt. Dabei werden drei Fälle unterschieden. Bei der Paarung mit einem zylindrischen Ritzel und einem Torusrad (*Fall 1*), die schon behandelt wurde, ist der Toruswinkel θ_{T2} des Rades 2 gleich dem Achswinkel Σ, während der Toruswinkel θ_{T1} des Ritzels stets gleich null ist. Sind die beiden Torusräder miteinander identisch, so sind die Toruswinkel θ_{T1} und θ_{T2} während der Änderung des Achswinkels auch gleich. Sie sind genauso groß wie die Hälfte des Achswinkels, *Fall 3*. Mit $u = 2$ (*Fall 2*) verändert sich der Toruswinkel θ_{T2} nichtlinear mit dem Achswinkel Σ von 0° bis 180°, während der Toruswinkel θ_{T1} zunächst von 0° bis 30° zunimmt und danach wieder bis 0° abnimmt. In diesem Fall ist der Toruswinkel θ_{T2} beim Achswinkel mit 120° gleich 90°, also $\sin \theta_{T2} = 1$, und der Toruswinkel θ_{T1} ist dagegen gleich 30°. Das bedeutet, daß der Toruswinkel θ_{T1} des kleineren Torusrades seinen maximalen Wert erreicht, wenn der Toruswinkel θ_{T2} des größeren Torusrades gleich 90° ist, nämlich

$$\sin \theta_{T1max} = \frac{1}{u} . \tag{7.95}$$

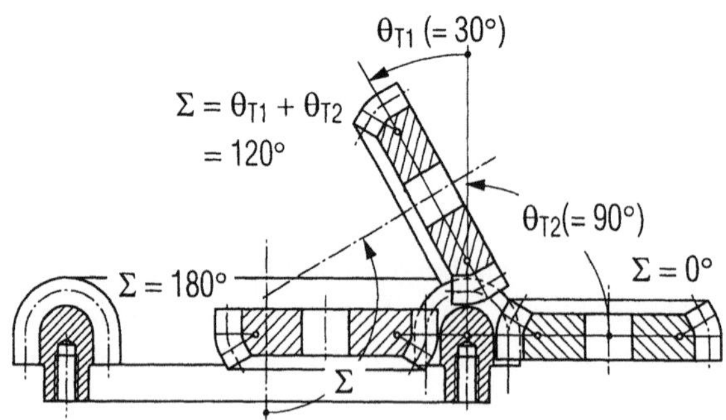

Bild 7.30. Paaren von zwei ungleichen Torusrädern, z.B. mit dem Zähnezahlverhältnis $u = z_2 / z_1 = 2$.

Das große Rad benötigt eine Torusverzahnung von $\theta_{T2} = 0°$ bis 180°, das kleine nur eine von $\theta_{T1} = 0°$ bis 30°, siehe Bild 7.31. Der große Herstellungsaufwand und die komplizierte Schwenkvorrichtung sind der Grund dafür, bei solchen Aufgabenstellungen für das kleine Rad lieber ein Stirnrad zu verwenden.

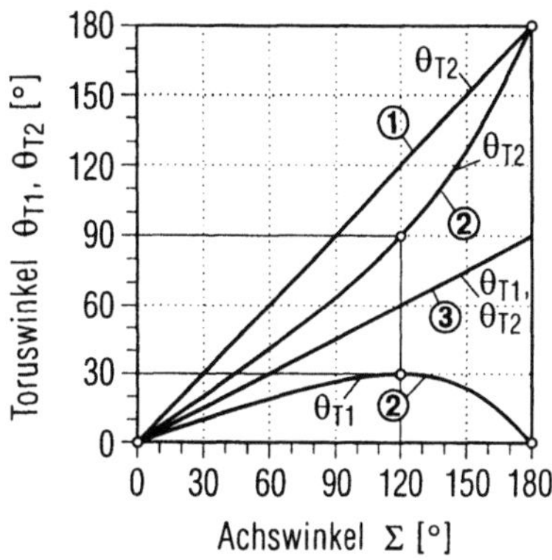

$$\sin\theta_{T2} = u \cdot \sin\theta_{T1}\,;\; \Sigma = \theta_{T1} + \theta_{T2}$$

Paarung mit:

① einem Torusrad und einem zylindrischen Ritzel

② zwei Torusrädern, $u = 2$;

③ zwei Torusrädern, $u = 1$;

Bild 7.31. Der Toruswinkel θ_T in Abhängigkeit des Achswinkels Σ. Verlauf bei verschiedenen Paarungskombinationen.

Obwohl der Toruswinkel θ_{T1} des kleineren Torusrades in einem kleinen Bereich liegt, muß das größere Torusrad mit dem Toruswinkel von 0° bis 180° ausgelegt werden, wie aus der Paarung in *Bild 7.30* zu erkennen ist. Angesichts des Herstellungsaufwands und der zusätzlichen Einstellgetriebe für den Achswinkel ist in der Praxis die Paarung mit zwei verschiedenen Torusrädern zur Änderung des Achswinkels von 0° bis 180° weniger vorteilhaft als die Paarung mit einem zylindrischen Ritzel und einem Torusrad bei der gleichen Übersetzung. Aus diesem Grund wird von der Behandlung der Torusradpaarungen mit zwei ungleichen Torusrädern abgesehen.

7.11 Auslegung der Torusradpaarungen mit gleichen Torusrädern (Zahnstangen-Erzeugung)

Für Zahnradpaarungen mit zwei Torusrädern, wie die, welche in den vorigen Abschnitten behandelt wurden, benötigt man ein sehr aufwendiges Fertigungsverfahren, bei dem ein besonderes Schneidrad für jeden bestimmtem Toruswinkel notwendig ist. Eine große Zahl der Schneidräder ist in diesem Fall nicht zu vermeiden. Das verursacht hohe Beschaffungskosten der Werkzeuge. Aus dem gleichen Grund ist es auch fraglich, ob es sich lohnt, solche Torusräder zu schleifen. Für genaue Torusräder dieser Art muß daher mit hohen Kosten gerechnet werden.

Weil die Auslegung der Torusräder auf die der Konischen Zahnräder zurückzuführen ist, gibt es daher die Möglichkeit, die Torusräder wie die *Konuszahnräder* zu erzeugen und später zu paaren. Wenn die durch Zahnstange hergestellten Torusräder korrekt kämmen können, dann ist es möglich, die Fertigungskosten mit Hilfe der modernen CNC-Werkzeugmaschinen zu senken. Insbesondere können aufgrund der einfachen Flankenform der Werkzeuge sehr wirtschaftlich Torusräder auch mit hoher Genauigkeit durch Schleifen erzeugt werden [7.2].

7.11.1 Eingriffsbedingung

In **Bild 7.32** sind jeweils zwei Torusräder und zwei Konuszahnräder im Eingriff gezeigt. In diesem Fall wurden die Torusräder wie die Konuszahnräder mit einem zahnstangenartigen Werkzeug hergestellt. Bei den beiden Konuszahnrädern liegt Punktberührung vor. Die Eingriffslinie geht dabei durch den Schnittpunkt C der beiden Momentanachsen. Gehören die Eingriffslinien auch zu der Torusradpaarung, dann kämmen diese Torusradpaare auch korrekt. Mit veränderlichen Konuswinkeln, die dem Konuswinkel des Konuszahnrades entsprechen, kann danach eine Sonderverzahnung hergestellt werden.

Die Momentanachse bei der Herstellung mit der Zahnstange liegt parallel zur Radachse mit dem Abstand

$$r_2 = \frac{m z_2}{2}.$$

(7.96)

Die Achsenlage der Torusräder ist so eingestellt, daß sich die beiden Torusteilkreise K_C gegeneinander abwälzen, siehe *Bild 7.27* Da der Wälzpunkt C immer auf dem Torusteilkreis K_C liegt, muß der Abstand der Momentanachse dem veränderlichen Toruswinkel entsprechend geändert werden. Aus **Bild 7.33** ergibt sich daher

$$r_{T2} = r_2 + \left(x_a + x_2 \cos\theta_T\right)m_n.$$

(7.97a)

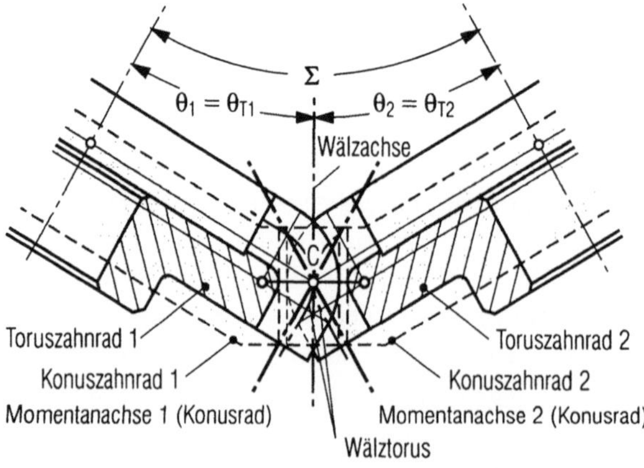

Bild 7.32. Torus- und Konus-Zahnradpaare mit gleichem Eingriff und Punktberührung. Das Abwälzen der Schwenkbewegung erfolgt auf den Torusteilkreisen.

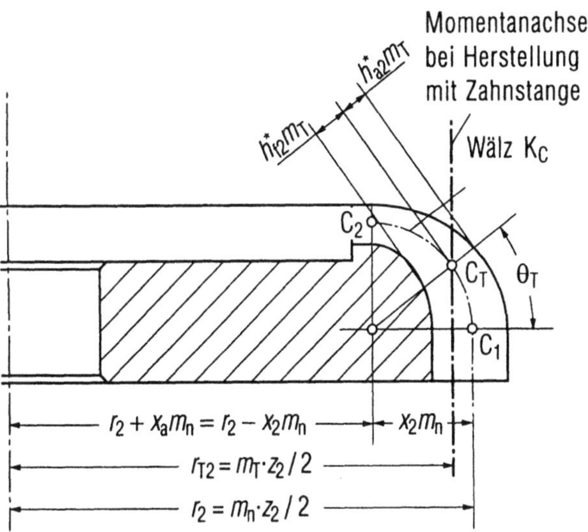

Bild 7.33. Wälzachse bei nicht konstantem Torusteilkreis K_C infolge des vom Toruswinkel θ_T abhängigen Moduls m_T. Herstellung durch ein Zahnstangenwerkzeug.

Dieser Abstand r_{T2} muß auch gleich dem Teilkreishalbmesser r_2 in Gl. (7.96) sein

$$r_{T2} = r_2 + \left(x_a + x_2 \cos\theta_T\right)m_n = r_2 = \frac{m z_2}{2}. \tag{7.97b}$$

Aus dieser Gleichung wird klar, daß der Teilkreishalbmesser r_{T2} von den Profilverschiebungen $x_2 \cdot m_n$, $x_a \cdot m_n$, dem Modul m_n, der Zähnezahl z_2 und dem Toruswinkel θ_T abhängt. In der Regel liegen die Profilverschiebungsfaktoren x_2 und x_a schon als Konstanten fest, damit man einen Torusteilkreis K_C mit einem konstanten Halbmesser erhalten kann. Es ist aber nicht möglich, die Zähnezahl zu verändern. Daher bleibt allein die Änderung des Moduls übrig.

Der Modul für jeden Toruswinkel θ_T ergibt sich aus Gl. (7.97b)

$$m_T = \frac{2 \cdot \left[r_2 + \left(x_a + x_2 \cdot \cos\theta_T\right) \cdot m_n\right]}{z_{1,2}}, \tag{7.98}$$

oder nach Entwicklung

$$m_T = \left[1 + \frac{2 \cdot \left(x_a + x_2 \cdot \cos\theta_T\right)}{z_2}\right] \cdot m_n. \tag{7.99}$$

Der Modul m_n, auch Nenn-Modul genannt, wird normalerweise bei $\theta_T = 0°$ definiert, d.h. der Profilverschiebungsfaktor x_a ist gleich $-x_{1,2}$. Danach folgt die Bestimmungsgleichung für den Modul m_T

$$m_T = \left[1 - \frac{2x_{1,2}\left(1 - \cos\theta_T\right)}{z_{1,2}}\right] m_n \,. \tag{7.100}$$

Der Modul m_T nimmt mit steigendem Toruswinkel ab und erreicht seinen minimalen Wert beim Innen-Toruswinkel $\theta_{Ti} = 90°$. Anders als die Kegelräder, die auch durch ungleichen Modul entlang der Zahnbreite gekennzeichnet werden, sind diese Torusräder auch durch ein Zahnstangenwerkzeug herstellbar, während die Kegelräder mit einem Planrad oder einem Kegelwälzfräser erzeugt werden. Infolge der Abhängigkeit des Moduls m_T von dem Toruswinkel θ_T müssen die zu paarenden Torusräder miteinander identisch sein, damit bei jedem Achswinkel die Torusräder mit gleichem Modul kämmen.

7.11.2 Geometrische Grenze

Weil der spielfreie Eingriffswinkel gleich dem Profilwinkel der Zahnstange ist, liegt bei der Erzeugung keine Profilverschiebung vor. Die Profilverschiebung $x_2 \cdot m_n$ und $x_a \cdot m_n$ sowie der Toruswinkel haben keinen Einfluß auf den Eingriffswinkel. Tsai hat bewiesen, daß die Auslegung dieser Sonderverzahnung nur durch die Unterschnittgrenze begrenzt wird [7.12]. Die kleinste Zähnezahl für unterschnittfreie Erzeugung wird beim Toruswinkel von 0° ermittelt, wie bei der Stirnradverzahnung. Für das Torusrad mit Zahnfuß-Formhöhe von $h_{Ff2}^* = 1$ und dem Eingriffswinkel von 20° ist die kleinste Zähnezahl gleich 18.

Bild 7.34 zeigt ein Torusrad mit ungleichem Modul. In *Teilbild 1* ist die geometrische Gestaltung dargestellt, in *Teilbild 2* werden die vollständigen Zahnflanken aufgrund eines Simulationsprogramms gezeigt. Trotz des veränderlichen Moduls m_T, *Teilbild 3*, bleiben der Zahnkopf- und Zahnfußhöhenfaktor noch konstant. In der Praxis wird bei Toruswinkel gleich 90° an den letzten Flankenstirnschnitt eine zusätzliche Flanke angeschlossen, an der jedoch keine Berührung stattfindet.

7.11.3 Bestimmung der Überdeckung

Die Bestimmung der Überdeckung erfolgt wie in *Abschnitt 7.9.5*. Dabei ist der Eingriffswinkel λ_T gleich dem Profilwinkel α_P des Zahnstangenwerkzeugs. In *Teilbild 4* des *Bildes 7.34* wird die Änderung der Überdeckung in Abhängigkeit

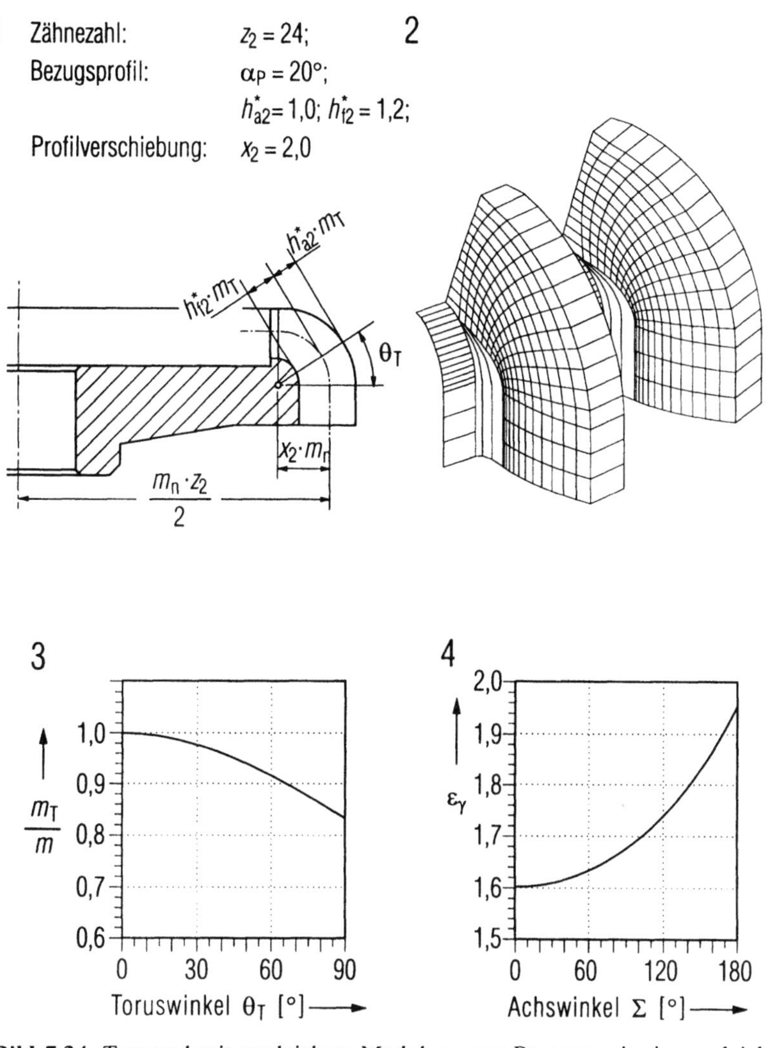

Bild 7.34. Torusrad mit ungleichem Modul m_T zur Paarung mit einem gleichen Torusrad als Gegenrad.

Teilbild 1: Torusverzahnung über einen Radquerschnitt
Teilbild 2: Zahnform, Simulation
Teilbild 3: Veränderlicher Modul m_T abhängig vom Toruswinkel.
Teilbild 4: Überdeckung ε_γ und relatives Gleiten bei variablem Achswinkel Σ.

des Toruswinkels dargestellt. Beim Toruswinkel θ_T von 90° bzw. Achswinkel Σ von 180° besteht die Überdeckung allerdings nicht nur aus dem gezeigten Wert, da alle Zähne gleichzeitig in Berührung kommen und zwischen den Flanken keine Gleitbewegung stattfindet.

7.12 Fertigung von Torusrädern

7.12.1 Räumen

Für die Massenfertigung von Torusrädern, deren Toruswinkel für Werte von 0°
bis 90° ausgelegt sind, kann wie bei der Herstellung der Kegelräder ein Sonderverfahren von *Räumen*, das sogenannte „Revacycle-Verfahren", eingesetzt werden,
Bild 7.35. Das Werkzeug für dieses „Revacycle-Verfahren" ist eine Räumscheibe,
an deren Umfang 50 Schrupp- und 18–20 Schlichtmesser mit konkaven Schneidkanten eingesetzt sind, [7.4; 7.13]. Während einer Umdrehung der Räumscheibe
um den Mittelpunkt O kommen nacheinander Schrupp- und Schlichtmesser zum
Schnitt und erzeugen eine fertige Zahnlücke. Dabei dreht sich das Werkrad entsprechend um seine Umlenkachse. Falls das Torusrad noch zusätzliche Stirnradflanken bzw. Kronenzahnradflanken haben soll, wie im Bild gezeigt wird, muß
noch eine entsprechende Translationsbewegung des Mittelpunktes während der
Stellung des Werkrades bei Toruswinkel θ_T gleich 0° bzw. 90° ausgeführt werden.

Die Bewegungen der Räumscheibe und des Torusrades müssen genau koordiniert
werden, so daß die Schneidkante die entsprechende Zahnlücke des Werkrades bearbeiten kann. In der Lücke zwischen dem letzten Schlicht- und dem ersten
Schruppmesser wird das Werkrad um eine Teilung weitergedreht. Dies Verfahren
verlangt äußerste Genauigkeit für die Herstellung der Verzahnungswerkzeuge so-

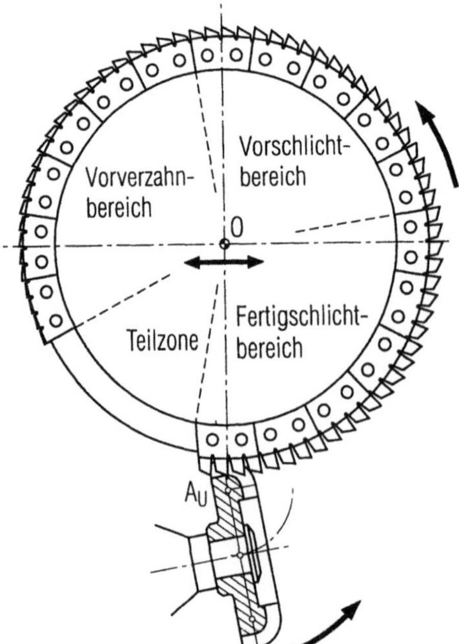

Bild 7.35. Räumen von Toruszahnrädern
nach dem „Revacycle-Verfahren" zur Erzeugung von Toruszahnrädern veränderlichen Moduls.

wie eine stabile und präzise Verzahnmaschine. Die Profile jedes Messers können aufgrund der Verzahnungsgeometrie sehr genau berechnet und hergestellt werden, [7.12]. Grincenko hat für Torusräder eine Sondermaschine vorgeschlagen, [7.1].

7.12.2 Stoßen

Zum Wälzstoßen eines Torusrades ist noch eine zusätzliche Vorrichtung zur Einstellung des Toruswinkels erforderlich. Die Drehachse dieser Vorrichtung muß der Umlenkachse entsprechen, sonst ist eine zusätzliche Zustellung des Werkrades notwendig. In der Veröffentlichung von Soldatkin [7.11] wird eine Vorrichtung zum Wälzstoßen des Torusrades vorgeschlagen.

7.12.3 Fräsen

7.12.3.1 Fertigung der Torusräder mit Schneidrädern und Torusfräsern

Zum Fräsen oder Schleifen der Torusräder können, wie bei der Herstellung der Konischen Zahnräder, die *Toruswerkzeuge* [7.6] dienen, siehe *Kapitel 4* über die Konische Verzahnung.

Gegenüber dem Wälzstoßen mit Schneidrad hat das Wälzfräsen mit dem Torusfräser nicht nur den Vorteil, die Torusräder zeitsparend herzustellen, sondern auch den, eine zusätzliche Vorrichtung zur Realisierung der torusförmigen Flanken zu vermeiden. In **Bild 7.36** wird die Anordnung des Toruswerkzeugs und des Werk-

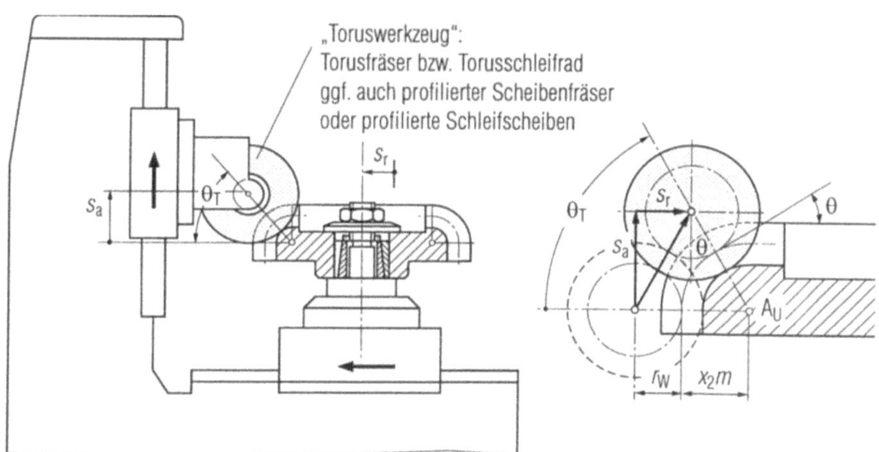

Bild 7.36. Vorrichtung zum Wälzfräsen von Toruszahnrädern mit Toruswerkzeugen.

rades an einer CNC-Verzahnmaschine dargestellt. Damit ein resultierender Vorschub des Werkzeugs gegenüber dem Werkrad annähernd kreisförmig erfolgen kann, werden der Radial- und Axialvorschub für das Werkrad in Abhängigkeit des Toruswinkels θ_T eingestellt. Für die beiden Vorschübe, also Axialvorschub s_a und Radialvorschub s_r, gelten die folgenden Umrechnungsformeln

$$s_a = \left(r_W + x_2 \cdot m\right)\sin\theta_T,$$
$$s_r = \left(r_W + x_2 \cdot m\right)\left(1 - \cos\theta_T\right), \tag{7.101}$$

wobei r_W der Abstand der Profilbezugslinie des Fräserzahnes zu der Fräserachse ist, siehe die Skizze im Bild rechts.

Aufgrund üblicher Ausführungen von Verzahnmaschinen ist dies Wälzfräsen bzw. -schleifen mit Toruswerkzeugen nicht geeignet für die Herstellung der Torus-Innenverzahnung mit kleinem Modul, jedoch grundsätzlich möglich.

7.12.3.2   *Fertigung der Torusräder mit Zahnstangen-Werkzeugen*

Die Problematik bei der Herstellung der Torusräder mit zahnstangenartigen Werkzeugen ist ähnlich wie die mit Schneidrädern. Das zu fertigende Torusrad verlangt viele Werkzeuge mit entsprechenden Moduln, meistens 0,8- bis 1-fache des „Nenn-Moduls" m_n. Da der Toruswinkel 0° bis 90° sein soll, ist vorwiegend ein Scheibenfräser oder ein schmaler Wälzfräser einzusetzen, um die Interferenz der Schneidkante mit anderen gefertigten Zahnflanken zu vermeiden, vergleiche [7.10].

Von Tsai [7.12] wird eine Methode vorgeschlagen, wie man die Werkzeugzahl für diese Torusräder auf *eines* reduzieren kann, **Bild 7.37**. Das Werkzeug ist hier scheibenförmig und hat geradlinige Schneidkanten, deren Profil dem Werkzeugprofil des Torusrades entspricht, wie in *Teilbild 4*. Die zu verwendende Maschine, die eine übliche CNC-Verzahnmaschine oder auch eine CNC-Fräsmaschine sein kann, muß mindestens mit vier Vorschubantrieben ausgerüstet werden: Für den Axialvorschub s_a, den Radialvorschub s_r, den Tangentialvorschub s_t und den Wälzvorschub s_w, *Teilbild 1*. Die Antriebe für jeden Vorschub sind voneinander entkoppelt und werden elektronisch gesteuert, damit die Vorschübe während des Bearbeitungsablaufs stets verändert werden können.

Weil der Modul am Torusrad bei jedem Toruswinkel unterschiedlich ist, kann der jeweils erforderliche Modul durch die *Profilverschiebung* $x_T \cdot m_n$ und die *Vorschubbewegungen* erzielt werden. Die Profilverschiebung $x_T \cdot m_n$ wird so eingestellt, daß die Zahndicke des Werkzeugs an der Wälzgeraden LL gleich der Hälfte

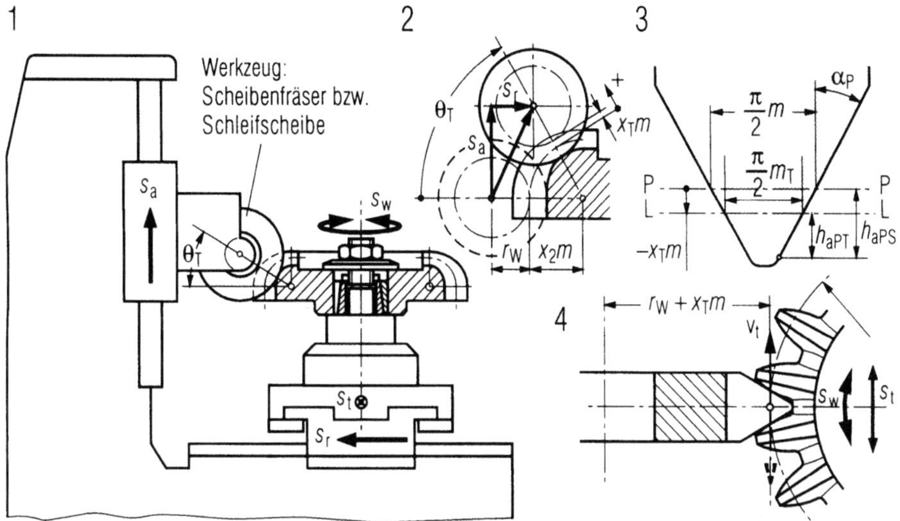

Bild 7.37. Erzeugen von Toruszahnrädern mit Scheibenfräsern bzw. -schleifscheiben nach Tsai. Der veränderliche Modul entlang der Verzahnung wird durch eine abgestimmte Axialbewegung der Werkzeugführung bewirkt.

der entsprechenden Teilung, $\pi \cdot m_T/2$, ist. Aus der Bedingung in *Teilbild 3* des *Bildes 7.37* ergibt sich die Beziehung

$$\frac{\pi}{2} m_T = \left(\frac{\pi}{2} - 2x_T \tan\alpha_P \right) m_n \,, \tag{7.102}$$

oder

$$x_T = \frac{\pi}{4 \tan\alpha_P} \left(1 - \frac{m_T}{m_n} \right) . \tag{7.103}$$

Mit Einsetzen von Gl. (7.100) für Modul m_T

$$m_T = \left[1 - \frac{2x_{1,2}\left(1 - \cos\theta_T\right)}{z_{1,2}} \right] m_n \,, \tag{7.100}$$

in Gl. (7.103) folgt

$$x_T = \frac{\pi \cdot x_2 \cdot \left(1 - \cos\theta_T\right)}{2 \cdot z_2 \cdot \tan\alpha_P} . \tag{7.104}$$

Wegen des veränderlichen Moduls müssen der Wälzvorschub s_w und der Tangentialvorschub s_t während der Bewegung entsprechend geändert werden.

$$s_\mathrm{t} = s_\mathrm{w} = \pi \cdot z_2 \cdot m_\mathrm{T}, \tag{7.105}$$

mit der Einheit [mm / Umdrehung des Werkrades]. Für die anderen zwei Vorschübe s_a und s_r, die zur Realisierung der torusförmigen Flanken dienen, werden nach der Skizze in *Teilbild 2* des *Bildes 7.37* die folgenden Gleichungen aufgestellt:

$$s_\mathrm{r} = \left(r_\mathrm{W} + x_2 m_\mathrm{n}\right) \cdot \left(1 - \cos\theta_\mathrm{T}\right) - x_\mathrm{T} m_\mathrm{T} \cos\theta_\mathrm{T},$$

$$s_\mathrm{a} = \left(r_\mathrm{W} + x_2 m_\mathrm{n} + x_\mathrm{T} m_\mathrm{T}\right) \cdot \sin\theta_\mathrm{T}, \tag{7.106}$$

wobei r_W der Abstand der Profilbezugslinie LL des Fräserzahnes zu der Fräserachse ist. Bei Toruswinkel gleich 0°, also bei Herstellung der Stirnradflanken, liegt nur die Axialvorschubbewegung s_a vor, während bei $\theta_\mathrm{T} = 90°$ (Kronenzahnradflanke) nur die Radialvorschubbewegung s_r vorliegt.

Weil sich die Änderung der Profilverschiebung $x_\mathrm{T}{\cdot}m_\mathrm{n}$ und die des Moduls m_T nicht linear verhalten, wird der Zahnkopfhöhenfaktor h_aPS^{*} des Schneidzahnes bzw. der Zahnfußformhöhenfaktor h_FfP2^{*} nicht gleichförmig über den Toruswinkel geändert. Dadurch erhält man eine kleinere Zahnfußformhöhe als die ausgelegte beim gleichen Toruswinkel. Um später bei der Paarung die Interferenz zwischen dem Zahnkopf eines Torusrades und dem Zahnfuß des anderen Torusrades zu vermeiden, muß die Änderung des Moduls $m_\mathrm{n} - m_\mathrm{T90°}$ möglichst klein gehalten werden. Das kann durch eine große Zähnezahl des Torusrades oder eine kleine Profilverschiebung $x_2{\cdot}m_\mathrm{n}$ erfolgen [7.12]. Das Erzeugungsverfahren ist ein *Teilverfahren* (siehe *Kapitel 9*) mit den Nachteilen bezüglich der fertigungsbedingten Teilungsgenauigkeit.

7.12.4 Freiform-Fräsen

Die andere Möglichkeit zur Herstellung der Torusräder ist Spanen mit profilunabhängigen Werkzeugen (siehe *Kapitel 9*). Die Werkzeuge sind dabei scheiben-, kegel-, tonnen- oder fingerförmige Fräser bzw. Schleifeinheiten. Sie werden in CNC-Maschinen verwendet. Die Position und die Orientierung der Fräser bzw. Schleifscheiben müssen aufgrund der Geometrie der Flanken genau berechnet werden und danach an die Steuerungseinrichtung der CNC-Maschinen weitergeleitet werden [7.5]. Dieses Verfahren wird hier nicht weiter behandelt.

7.13 Einheitliches Verzahnungssystem für die Evolventenzahnräder mit konstanter Zahnteilung

7.13.1 Verwandtschaft der Zahnradarten

Die Grundidee der *Kapitel 4 - 7* besteht u.a. darin, zu zeigen, daß es eine große Familie von Evolventenverzahnungen mit konstanter Zahnteilung gibt, die alle verwandt sind, ähnlichen Gesetzen unterliegen, auf gemeinsame Grundgleichungen zurückführbar und mit gleichen Erzeugungsverfahren herzustellen sind. Der unterscheidende Parameter ist der Konuswinkel θ, der die einzelnen Verzahnungsarten bestimmt und in Bild 7.3 gut zu erkennen ist. Die Außenverzahnungen, *Teilbilder 1* und *2*, können zum Teil mit zahnstangenförmigen Werkzeugen erzeugt werden, die Innenverzahnungen, *Teilbilder 3* bis *5*, nur mit radförmigen. Der Konuswinkel θ ist hier mit dem Achskreuzungswinkel Σ identisch, da die Paarung mit einem Stirnradritzel erfolgt.

7.13.2 Konuswinkel und Zahnradart

Der Konuswinkel θ, d.h. der Neigungswinkel der Verzahnung gegenüber der Zahnradachse, entscheidet, ob es sich um eine Außen-Stirnradverzahnung handelt ($\theta = 0°$, Bild 7.3, *Teilbild 1*), eine Außen-Konische Verzahnung ($0°<\theta<90°$, *Bild 7.3, Teilbild 2*), eine Kronenradverzahnung ($\theta = 90°$, *Bild 7.3, Teilbild 3*), eine Innen-Konische Verzahnung ($90°<\theta<180°$, *Bild 7.3, Teilbild 4*) oder um eine Innen-Stirnradverzahnung ($\theta = 180°$, *Bild 7.3, Teilbild 5*). Alle zusammen vereinigt die Torusverzahnung ($\theta = 0° - 180°$, *Bild 7.3, Teilbild 6*).

Auch die übrigen Verzahnungsgrößen treten bei allen genannten Verzahnungen auf, wie z.B. das Bezugsprofil, der Modul m_n, der Schrägungswinkel β, der Profilverschiebungsfaktor x, die Achsversetzung a, der Teilkreishalbmesser r, der Grundkreishalbmesser r_b, die Zahnteilung p, die Stirnschnittzähnezahl z, der variable Eingriffswinkel λ und die Zahnflankenkrümmung im Berührungspunkt ρ. Der Eingriffswinkel wird bei Konischen Verzahnungen λ genannt, da er im Unterschied zu dem der Stirnradpaarungen am äußeren Teil des Zahnrades größer, am inneren kleiner ist. Bei Stirnradverzahnungen ist er konstant und wird mit α, α_{vt}, α_{wt} bezeichnet.

7.13.3 Andere Zahnradarten

Dies sind im wesentlichen die Kegelradverzahnungen. Wie schon erwähnt, ist ihre Teilung in den einzelnen Stirnschnitten nicht gleich. Das macht ihre Geometrie komplizierter, läßt keine Satzradverzahnungen zu und ermöglicht nur schneidende oder gekreuzte Achsen. Die Ursache dieses Unterschieds liegt am Grundkörper. Der ist bei Kegelradverzahnungen ein Kegelmantel, bei Konischen Verzahnungen ein Zylindermantel, obwohl die beiden Zahnradarten gleich aussehen können.

Die Schneckenradverzahnungen haben auch eine konstante Zahnteilung, wurden jedoch im vereinheitlichten Zahnradsystem noch nicht erfaßt.

7.13.4 Allgemeingültige Gleichungen

Das Gleichungssystem, welches von Tsai [7.12] entwickelt wurde, ist allgemeingültig. In ihm sind alle für die Geometrie entscheidenden Verzahnungsgrößen enthalten. Ausgegangen wird von einer schrägen Konischen Verzahnung mit Achsversetzung und Profilverschiebung, dem allgemeinsten Fall. In ihm treten alle angeführten Verzahnungsgrößen auf. Durch Veränderung der einzelnen Parameter können die einzelnen Varianten erzeugt werden.

Ist z.B. die Achsversetzung $a = 0$, handelt es sich um Paarungen mit sich schneidenden Achsen, ist der Schrägungswinkel $\beta = 0°$, sind es Geradverzahnungen (auch Konische Geradverzahnungen), ist $x_2 = 0$, haben sie keine Profilverschiebung und ist schließlich $\theta = 0°$, handelt es sich nicht um eine Konische, sondern um Außen-Stirnradverzahnungen. Bei letzteren ist die hier definierte Achsversetzung auch $a = 0$.

Die *Bilder 7.38* bis *7.40* sollen u.a. eine Übersicht des vereinheitlichten Gleichungssystems bringen und zum Nachweis dienen, daß aus den allgemeingültigen Gleichungen sofort spezielle Gleichungen entwickelt werden können.

7.13.4.1 Beispiel "Eingriffsgleichung"

Am Beispiel der Eingriffsgleichung, Gl. (4.10), soll die Allgemeingültigkeit der Gleichungen gezeigt werden. Die Allgemeingültigkeit hat leider einen relativ komplizierten Gleichungsaufbau zur Folge. Gl. (4.10) wurde gewählt, weil sie alle wesentlichen Verzahnungsparameter enthält. In **Bild 7.38** wird die Eingriffsgleichung in *Zeile 1* in der allgemeinen Form wiedergegeben und in den folgenden Zeilen für die verschiedensten Fälle vereinfacht, da die nicht auftretenden Parameter zu null werden oder durch ihren Sonderwert einfache Konstanten ergeben.

In *Zeile 2* beschränkt sich ihr Gültigkeitsbereich nur auf *Konische Verzahnungen*, da die Konuswinkel $\theta = 0°$ bzw. $\theta = 180°$ ausgeschlossen wurden, in *Zeile 3* nur auf gerade ($\beta = 0°$), allerdings mit Achsversatz, in *Zeile 4* auf schräge ohne Achsversatz ($a = 0$), in *Zeile 5* auf gerade ohne Achsversatz ($\beta = 0°$; $a = 0$), in *Zeile 6* auf Kronenradverzahnungen ($\theta = 90°$) und in *Zeile 7* auf Stirnradverzahnungen mit $\theta = 0°$ bzw. $\theta = 180°$. Der Achsversatz als Abstand zwischen zwei gekreuzten Achsen ist $a = 0$ (Achsversatz ist hier nicht Achsabstand!). Andererseits läßt sich erkennen, daß mit dem Winkel α_{vt} als Betriebseingriffswinkel z.B. der Nenner von Gl. (7.107a) dem Achsabstand mit Profilverschiebung entspricht (nicht korrigiert)

$$\cos\lambda_k = \cos\alpha_{vt} = \frac{r_{ts}(q \cdot u + 1)\cos\alpha_t}{r_{ts}(q \cdot u + 1) + m_n(x_s + x_2)} = \frac{a_{bts}}{a_{vts}} \qquad (7.107a)$$

Gegenüber Gl. (7.107) ist die Vorzeichenvariable $q = \cos\theta$ immer vor die Größen des Rades 2 gesetzt, da sie nur dort auch negativ sein kann.

Bei der Torusverzahnung muß neben der der Konischen Verzahnung entsprechenden Gl. (7.2) noch eine zweite Eingriffsbedingung gelten, Gl. (7.4), da zusätzlich eine Rotationsbewegung des Werkzeugs um die Umlenkachse A_u erfolgt. Es ergibt sich eine zweite Eingriffsgleichung mit

$$- b_s \sin\lambda_k = 0. \qquad (7.3a)$$

Weil der Winkel λ_k immer von null verschieden ist, muß $b_s = 0$ sein. Mit Gl. (7.2) und Gl. (7.3) ergibt sich Gl. (7.4).

7.13.4.2 Beispiel "Eingriffsfläche"

In **Bild 7.39** ist das gleiche Vorgehen für die Ermittlung der Eingriffsfläche [7.12] gezeigt. Sie wird definiert durch den Ortsvektor r_{SE} (Index S für Schneidrad-Koordinatensystem, Index E für Eingriffsfläche).

$$r_{SE} = \begin{bmatrix} x_{SE} \\ y_{SE} \\ z_{SE} \end{bmatrix} \qquad (7.108)$$

Die Eingriffsfläche der einzelnen Konischen Verzahnungen wird wie in *Bild 7.38* durch Einsetzen der einzelnen Parameter in den Gleichungen der *Zeilen 2* bis *5* genau ermittelt. Allerdings findet zunächst *eine Umrechnung in das gestellfeste Koordinatensystem S_0* statt. Die Gleichungen der *Bilder 7.38* und *7.39* gelten für das feste Koordinatensystem S_S (x_S, y_S, z_S), dessen y_S-Achse in der Achse des Schneidradritzels liegt (siehe Bild 4.5), die Gleichungen des **Bildes 7.40** beziehen sich auf das gestellfeste Koordinatensystem S_0 (x_0, y_0, z_0), mit der y_0-Achse in der Achse des Konischen Rades. Mit Hilfe der Transformations-Matrix und der Matrix für die Relativlage der Koordinatenursprünge gilt folgende Umrechnung

Gliederungsteil			Hauptteil	Zu-griffs-teil
Verzah-nung	**Parameter**		**Eingriffsgleichungen im Schneidrad-Koordinatensystem für Evolventen-Verzahnungen gleicher Teilung**	**Gl.-Nr.**
1	2	Nr.	3	4
1.1 Allge-meine Glei-chung	1.2 $\theta \geq 0°$	1	1.3 $b_S \sin\theta = r_{tS}(u+\cos\theta)\left(\dfrac{\cos\alpha_t}{\cos\lambda_k}-1\right) - m_n\left(x_s+x_2\right)\cos\theta +$ $\quad - a\tan\lambda_k\cos\theta + \left[a + r_{bts}\left(-\sin\lambda_k \pm \rho_{tk}^{*}\cos\lambda_k\right)\right]\dfrac{\sin\theta\tan\beta_b}{\cos\lambda_k}$ $k = L\cdot R$	1.4 Bild 4.5 (4.10)
2.1 Koni-sche Verzah-nung schräg, achs-ver-setzt	2.2 $\theta\neq0°$ $\theta\neq 180°$ $\beta_b\neq0°$ $a\neq 0$	2	2.3 $b_S = r_{tS}\dfrac{u+\cos\theta}{\sin\theta}\left(\dfrac{\cos\alpha_t}{\cos\lambda_k}-1\right) - m_n\left(x_S+x_2\right)\cot\theta +$ $\quad - a\tan\lambda_k\cot\theta + \left[a + r_{btS}\left(-\sin\lambda_k \pm \rho_{tk}^{*}\cos\lambda_k\right)\right]\dfrac{\tan\beta_b}{\cos\lambda_k}$	2.4 (4.11)
3.1 gerad, achs-ver-setzt	3.2 $\theta\neq0°$ $\theta\neq 180°$ $\beta_b=0°$ $a\neq 0$	3	3.3 $b_S = r_{tS}\dfrac{u+\cos\theta}{\sin\theta}\left(\dfrac{\cos\alpha_t}{\cos\lambda_k}-1\right) - m_n\left(x_S+x_2\right)\cot\theta +$ $\quad - a\tan\lambda_k\cot\theta$	3.4 –
4.1 schräg, nicht achs-versetzt	4.2 $\theta\neq0°$ $\theta\neq 180°$ $\beta_b\neq0°$ $a=0$	4	4.3 $b_S = r_{tS}\dfrac{u+\cos\theta}{\sin\theta}\left(\dfrac{\cos\alpha_t}{\cos\lambda_k}-1\right) - m_n\left(x_S+x_2\right)\cos\theta +$ $\quad + \left[r_{btS}\left(-\sin\lambda_k \pm \rho_{tk}^{*}\cos\lambda_k\right)\right]\dfrac{\tan\beta_b}{\cos\lambda_k}$	4.4 –
5.1 gerad, nicht achs-versetzt	5.2 $\theta\neq0°$ $\theta\neq 180°$ $\beta_b=0°$ $a=0$	5	5.3 $b_S = r_{tS}\dfrac{u+\cos\theta}{\sin\theta}\left(\dfrac{\cos\alpha_t}{\cos\lambda_k}-1\right) - m_n\left(x_S+x_2\right)\cot\theta$	5.4 (4.12)

Bild 7.38, Blatt 1.

Gliederungsteil			Hauptteil	Zu-griffs-teil
Verzah-nung	Parameter		Eingriffsgleichungen im Schneidrad-Koordinatensystem für Evolventen-Verzahnungen gleicher Teilung	Gl.-Nr.
1	2	Nr.	3	4
6.1 Kro-nenrad-verzah-nung, schräg, achsver-setzt	6.2 $\theta =$ $90°$ $\beta \neq 0°$ $a \neq 0$	6	6.3 $$b_S = u r_{tS} \cdot \left(\frac{\cos\alpha_t}{\cos\lambda_k} - 1 \right) +$$ $$+ \frac{\tan\beta_k}{\cos\lambda_k}\left[a + r_{btS}\left(-\sin\lambda_k \pm \rho_{tk}^{*}\cos\lambda_k \right) \right]$$	6.4 (6.2)
7.1 Stirnrad verzah-nung, außen $q = 1$, innen $q = -1$, schräg	7.2 $\theta = 0°$ oder $\theta =$ $180°$ $\beta_b \neq 0°$ $a = 0$	7	7.3 $$r_{tS}(u+q)\left(\frac{\cos\alpha_t}{\cos\lambda_k} - 1 \right) - q m_n \left(x_S + x_2 \right) = 0$$ nach Umformung $$\cos\lambda_k = \cos\alpha_{vt} = \frac{r_{tS}(qu+1)\cos\alpha_t}{r_{tS}(qu+1) + m_n(x_S + x_2)} = \frac{a_{btS}}{a_{vtS}}$$ mit $q = \cos\theta = +1$ Außenverzahnung; -1 Innenverzahnung	7.4 (7.107a)
8.1 Torus-verzah-nung	8.2 $\theta \geq 0°$ $\beta_b = 0°$ $a = 0$	8	8.3 $$b_S \sin\theta_T = \frac{r_{bS}(u + \cos\theta_T)}{\cos\lambda_k} +$$ $$- \left[(r_2 + x_a m_n) + (r_S + x_S m_n + x_2 m_n)\cos\theta_T \right]$$ mit $b_s = 0$ $$\cos\lambda_{Tk} = \frac{(u + \cos\theta_T)\cdot r_{bS}}{r_2 + x_a m_n + (r_S + x_S m_n + x_2 m_n)\cos\theta_T}$$	8.4 (7.2) (7.4)

Bild 7.38, Blatt 2.

Bild 7.38. Übersichtskatalog der Eingriffsgleichungen im vereinheitlichten Verzahnungssystem der Evolventen-Verzahnung gleicher Teilung.

Durch Einsetzen der einzelnen Parameter aus *Spalte 2* werden die Gleichungen der *Zeilen 2-8* aus der allgemeinen Gleichung der *Zeile 1* entwickelt.

Gliederungsteil			Hauptteil	Zugriffsteil
Verzahnung	Parameter	Nr.	Darstellung der Eingriffsfläche durch die Koordinaten im Schneidradsystem	Gl.-Nr. Bild-Nr.
1	2	Nr.	3	4
1.1 Konische Verzahnung allgemein	1.2 $\theta \neq 0°$ $\theta \neq 180°$	1	1.3 $$r_{SE} = \begin{bmatrix} x_{SE} \\ y_{SE} \\ z_{SE} \end{bmatrix} \text{ mit}$$ $$x_{SE} = r_{btS}\left(-\sin\lambda_k \pm \rho_{tk}^* \cdot \cos\lambda_k\right)$$ $$y_{SE} = r_{btS}\left(\cos\lambda_k \pm \rho_{tk}^* \cdot \sin\lambda_k\right)$$ $$z_{SE} =$$ $$r_{tS}\left(\frac{u+\cos\theta}{\sin\theta}\right)\left(\frac{\cos\alpha_t}{\cos\lambda_k}-1\right) - m_n\left(x_S + x_2\right)\cot\theta +$$ $$-a \cdot \tan\lambda_k \cot\theta + \frac{\tan\beta_k}{\cos\lambda_k}\left[a + r_{btS}\left(-\sin\lambda_k \pm \rho_{tk}^* \cdot \cos\lambda_k\right)\right]$$	1.4 (7.108) (7.108a) (7.108b) (7.108c) (Bild 4.5)
2.1 Konische Verzahnung, gerad, nicht achsversetzt	2.2 $\theta \neq 0°$ $\theta \neq 180°$ $\beta_b = 0°$ $a = 0$ $x_S = 0$ $x_2 = 0$	2	2.3 $$x_{SE} = r_{btS}\left(-\sin\lambda_k \pm \rho_{tk}^* \cdot \cos\lambda_k\right)$$ $$y_{SE} = r_{btS}\left(\cos\lambda_k \pm \rho_{tk}^* \cdot \sin\lambda_k\right)$$ $$z_{SE} = r_{tS}\left(\frac{u+\cos\theta}{\sin\theta}\right)\left(\frac{\cos\alpha_t}{\cos\lambda_k}-1\right)$$	2.4 Bild 4.6 Teilbild 1
3.1 Konische Verzahnung, schräg, nicht achsversetzt	3.2 $\theta \neq 0°$ $\theta \neq 180°$ $\beta_b \neq 0°$ $a = 0$	3	3.3 $$x_{SE} = r_{btS}\left(-\sin\lambda_k \pm \rho_{tk}^* \cdot \cos\lambda_k\right)$$ $$y_{SE} = r_{btS}\left(\cos\lambda_k \pm \rho_{tk}^* \cdot \sin\lambda_k\right)$$ $$z_{SE} =$$ $$Z_k + r_{btS}\left(-\sin\lambda_k \pm \rho_{tk}^* \cdot \cos\lambda_k\right)\frac{\tan\beta_b}{\cos\lambda_k} = Z_k + x_{SE}\frac{\tan\beta_b}{\cos\lambda_k}$$ $$\text{mit } Z_k =$$ $$r_{tS}\left(\frac{u+\cos\theta}{\sin\theta}\right)\left(\frac{\cos\alpha_t}{\cos\lambda_k}-1\right) - \left(x_s + x_2\right)m_n\cot\theta = \text{konst}$$	3.4 Bild 4.6 Teilbild 2

Bild 7.39, Blatt 1.

Gliederungsteil			Hauptteil	Zu-griffs-teil
Verzah-nung	Parameter		Darstellung der Eingriffsfläche durch die Koordinaten im Schneidradsystem	Gl.-Nr. Bild-Nr.
1	2	Nr.	3	4
4.1 gerad, achs-versetzt	4.2 $\theta \neq 0°$ $\theta \neq 180°$ $\beta_b = 0°$ $a \neq 0$	4	4.3 $x_{SE} = r_{btS}\left(-\sin\lambda_k \pm \rho_{tk}^*\cdot\cos\lambda_k\right)$ $y_{SE} = r_{btS}\left(\cos\lambda_k \pm \rho_{tk}^*\cdot\sin\lambda_k\right)$ $z_{SE} = Z_k - a\cdot\cot\theta\cdot\tan\lambda_k$ mit $Z_k =$ $r_{tS}\left(\dfrac{u+\cos\theta}{\sin\theta}\right)\left(\dfrac{\cos\alpha_t}{\cos\lambda_k}-1\right)-\left(x_S+x_2\right)m_n\cot\theta = \text{konst}$	4.4 Bild 4.6 Teil-bild 3
5.1 schräg, achs-versetzt	5.2 $\theta \neq 0°$ $\theta \neq 180°$ $\beta_b \neq 0°$ $a \neq 0$	5	5.3 $x_{SE} = r_{btS}\left(-\sin\lambda_k \pm \rho_{tk}^*\cdot\cos\lambda_k\right)$ $y_{SE} = r_{btS}\left(\cos\lambda_k \pm \rho_{tk}^*\cdot\sin\lambda_k\right)$ $z_{SE} = Z_k + a\left(-\dfrac{\tan\lambda_k}{\tan\theta}+\dfrac{\tan\beta_b}{\cos\lambda_k}\right)+\dfrac{\tan\beta_b}{\cos\lambda_k}\cdot x_{SE}$ $Z_k = r_{tS}\left(\dfrac{u+\cos\theta}{\sin\theta}\right)\left(\dfrac{\cos\alpha_t}{\cos\lambda_k}-1\right)-\left(x_S+x_2\right)m_n\cdot\cot\theta$	5.4 Bild 4.6 Teil-bild 1

Bild 7.39, Blatt 2.

Bild 7.39. Übersichtskatalog der Eingriffsflächen Konischer Verzahnungen im feststehen-den Schneidrad-Koordinatensystem (Index „S").

Für das gestellfeste Koordinatensystem gilt mit dem Ortsvektor **r**, der dualen Rotationsmatrix zur Koordinatentransformation **R** und der dualen Verschiebungsmatrix **L** nach [7.12]:

$$_0\mathbf{r}_E = \mathbf{R}_{0S} \cdot {}_S\mathbf{r}_E + {}_0\mathbf{L}_{0S} \tag{7.109}$$

mit

$$_0\mathbf{r}_E = \begin{bmatrix} x_0 \\ y_0 \\ z_0 \end{bmatrix} = \begin{bmatrix} 1 & 0 & 0 \\ 0 & -\cos\theta & \sin\theta \\ 0 & -\sin\theta & -\cos\theta \end{bmatrix} \begin{bmatrix} x_{SE} \\ y_{SE} \\ z_{SE} \end{bmatrix} + \begin{bmatrix} a \\ L_S\sin\theta \\ L_2 - L_S\cos\theta \end{bmatrix} \tag{7.110}$$

Die Koordinaten (x_E, y_E, z_E) werden aus der erzeugenden Flanke mit der Eingriffsgleichung bestimmt zu

$$\begin{bmatrix} x_{SE} \\ y_{SE} \\ z_{SE} \end{bmatrix} = \begin{bmatrix} r_{bts}\left(-\sin\lambda_k \pm \rho_{tk}^* \cdot \cos\lambda_k\right) \\ r_{bts}\left(\cos\lambda_k \pm \rho_{tk}^* \cdot \sin\lambda_k\right) \\ b_S \end{bmatrix} \tag{7.111}$$

Die Eingriffsfläche ist danach

$$_0\mathbf{r}_E = \begin{bmatrix} x_S \\ y_S \\ z_S \end{bmatrix} = \begin{bmatrix} r_{bts}\left(-\sin\lambda_k \pm \rho_{tk}^* \cdot \cos\lambda_k\right) + a \\ -r_{bts}\left(\cos\lambda_k \pm \rho_{tk}^* \cdot \sin\lambda_k\right)\cos\theta + \left(b_S + L_S\right)\sin\theta \\ -r_{bts}\left(\cos\lambda_k \pm \rho_{tk}^* \cdot \sin\lambda_k\right)\sin\theta - \left(b_S + L_S\right)\cos\theta + L_2 \end{bmatrix} \tag{7.112}$$

Wird mit der Eingriffsgleichung, Gl. (4.11), b_S eliminiert, erhält man Gl. (7.109) in *Bild 7.40, Zeile 1*.

In *Bild 7.40, Zeile 1*, steht die Eingriffsflächengleichung, Gl.(7.109), ganz allgemein, dargestellt im raumfesten Koordinatensystem $S_0(x_0, y_0, z_0)$. Sie reduziert sich in *Zeile 2* auf die Eingriffsfläche der Torusverzahnung, Gl. (7.9), wenn θ wohl alle Werte annehmen kann, jedoch geradverzahnt ($\beta_b = 0°$) und ohne Achsversatz ($a = 0$) bleibt. Da der Eingriffswinkel λ_{TK} vom Toruswinkel θ_T abhängt, ist die Eingriffsfläche auch eine Funktion des Toruswinkels θ_T.

Ist der Konuswinkel θ auf 90° beschränkt, dann ergibt sich die Eingriffsfläche des Kronenzahnrades in *Zeile 3*. Sie ist wie bei der Konischen Verzahnung eine

Regelfläche mit geradlinigen Eingriffslinien und veränderlichen Eingriffswinkeln λ_k.

Schließlich ist in *Zeile 4* die Eingriffsfläche für eine gerade Stirnradverzahnung wiedergegeben ($\beta_0 = 0°$), bei der nie eine Achsversetzung ($a = 0$) auftritt. Der Faktor q entscheidet über eine Außen- oder Innenradpaarung.

Aus der Gl. (6.85) wird erkannt, daß die Eingriffsfläche eine Ebene mit dem Eingriffswinkel α_{vt} und die Zahnbreite b_S, unabhängig von den anderen Verzahnungsgrößen ist.

7.13.4.3 Allgemeiner Achsabstand

In **Bild 7.41** wird dargestellt, wie ein Allgemeiner Achsabstand $\bar{a}$ für alle Achslagen entwickelt werden kann. Er dient vor allem dafür, zu zeigen, welche Rolle der Achswinkel Σ und die Achsversetzung a für die Achslagen spielen. Sie können im Extremfall null sein, ohne daß der Allgemeine Achsabstand auch null würde. Im Gegenteil, wenn diese Werte null sind, ist der Allgemeine Achsabstand gleich dem bei Stirnradpaarungen üblichen Achsabstand.

In *Teilbild 1* ist ein Konisches Zahnrad dargestellt, dessen Zylindermantel ein zylindrisches Stirnrad ist. Die einzelnen Achslagen werden durch entsprechend angeordnete zylindrische Ritzel veranschaulicht.

Aus *Teilbild 2* ist die Gleichung für den Allgemeinen Achsabstand $\bar{a}$ leicht zu formulieren und sein Zusammenhang mit der Achsversetzung a zu erkennen:

$$\bar{a} = \sqrt{r_{d1}^2 + r_{d2}^2 + 2 \cdot r_{d1} \cdot r_{d2} \cdot \cos\Sigma + a^2} \tag{7.113}$$

mit

$$r_{d1,2} = \sqrt{r_{v1,2}^2 - a_{1,2}^2} \tag{7.114}$$

und der Achsversetzung

$$a = a_1 + a_2. \tag{7.115}$$

Aufgrund der *Bilder 4.4* und *4.5* ist

$$r_{v1,2} = r_{1,2} + x_{1,2} \cdot m. \tag{7.116}$$

Gliederungsteil			Hauptteil	Zu-griffs-teil
Verzah-nung	**Parameter**		**Darstellung der Eingriffsfläche durch die Koordinaten im raumfesten System**	**Gl.-Nr.**
1	2	Nr.	3	4
1.1 allgemein	1.2 $\theta \geq 0°$	1	1.3 $$_0r_E = \begin{bmatrix} x_{0E} \\ y_{0E} \\ z_{0E} \end{bmatrix} =$$ $$\begin{bmatrix} K_1 + a \\ -K_2\cos\theta + K_3\sin\theta + \dfrac{u\cdot r_{btS}}{\cos\lambda_k} \\ -K_2\sin\theta - K_3\cos\theta + L_{20}\left(1 - \dfrac{\cos\alpha_t}{\cos\lambda_k}\right) + \dfrac{m_n(x_S + x_2)}{\sin\theta} \end{bmatrix}$$ $$K_1 = r_{btS}\left(-\sin\lambda_k \pm \rho_{tk}^* \cos\lambda_k\right)$$ $$K_2 = r_{btS}\left(\cos\lambda_k \pm \rho_{tk}^* \sin\lambda_k - \dfrac{1}{\cos\lambda_k}\right)$$ $$K_3 = -a\tan\lambda_k \cot\theta + \dfrac{\tan\beta_b}{\cos\lambda_k}(K_1 + a)$$ $$L_{20} = \dfrac{r_{tS}(1 + u\cos\theta)}{\sin\theta}$$	1.4 (7.109) (7.109a) (7.109b) (7.109c) (7.109d)
2.1 Torusverzahnung gerad, nicht achsversetzt	2.2 $\theta \geq 0°$ $\beta_b = 0$ $a = 0$	2	2.3 $$_0r_E = \begin{bmatrix} x_0 \\ y_0 \\ z_0 \end{bmatrix} = \begin{bmatrix} 1 & 0 & 0 \\ 0 & -\cos\theta_T & \sin\theta_T \\ 0 & -\sin\theta_T & \cos\theta_T \end{bmatrix}\begin{bmatrix} x_{SE} \\ y_{SE} \\ z_{SE} \end{bmatrix} + \begin{bmatrix} 0 \\ L_S\sin\theta_T \\ L_S - L_S\cos\theta_T \end{bmatrix}$$ $$= \begin{bmatrix} r_{bS}\left(-\sin\lambda_{Tk} \pm \rho_{tk}^* \cos\lambda_{Tk}\right) \\ \left[(r_S + x_S m_n + x_2 m_n) - r_{bS}\left(\cos\lambda_{Tk} + \rho_{tk}^* \sin\lambda_{Tk}\right)\right]\cdot\cos\theta_T + \\ + (r_2 + m_n x_a) \\ \left[(r_S + x_S m_n + x_2 m_n) - r_{bS}\left(\cos\lambda_{Tk} + \rho_{tk}^* \sin\lambda_{Tk}\right)\right]\cdot\sin\theta_T \end{bmatrix}$$	2.4 (7.9)

Bild 7.40, Blatt 1.

Gliederungsteil			Hauptteil	Zu-griffs-teil
Verzah-nung	Parameter	Nr.	Darstellung der Eingriffsfläche durch die Koordinaten im raumfesten System	Gl.-Nr.
1	2	Nr.	3	4
3.1 Kronen-radver-zahnung schräg, achs-ver-setzt	3.2 $\theta = 90°$ $\beta_b \neq 0$ $a \neq 0$	3	3.3 $$\mathbf{r}_0 = \begin{bmatrix} x_0 \\ y_0 \\ z_0 \end{bmatrix}$$ $$x_0 = r_{btS}\left(-\sin\lambda_k \pm \rho_{tk}^* \cos\lambda_k\right) + a$$ $$y_0 = \frac{u \cdot r_{btS}}{\cos\lambda_k} + \frac{\tan\beta_b}{\cos\lambda_k}\left[r_{btS}\left(-\sin\lambda_k \pm \rho_{tk}^* \cos\lambda_k\right) + a\right]$$ $$z_0 = -r_{btS}\left(\cos\lambda_k \pm \rho_{tk}^*\right) + r_{tS} + x_S m_S$$	3.4 (6.84) (6.84a) (6.84b) (6.84c)
4.1 Stirn-radver-zahnung gerad, nicht achs-ver-setzt	4.2 $\theta = 0°$ $\theta = 180°$ $\beta_b = 0$ $a = 0$	4	4.3 $$\mathbf{r}_0 = \begin{bmatrix} x_0 \\ y_0 \\ z_0 \end{bmatrix} =$$ $$\begin{bmatrix} \pm r_{bS}\left(-\sin\alpha_{vt} + \rho_{tSk}^* \cos\alpha_{vt}\right) \\ q\cdot\left[-r_{btS}\left(\cos\alpha_{vt} + \rho_{tSk}^* \sin\alpha_{vt}\right) + q\cdot r_{t2} + r_{ts} + m_n\left(x_S + x_2\right)\right] \\ -q\cdot b_S \end{bmatrix}$$ Mit $q = \cos\theta = \begin{array}{l} +1 \text{ Außenverzahnung} \\ -1 \text{ Innenverzahnung} \end{array}$	4.4 (6.85) (6.85a) (6.85b) (6.85c)

Bild 7.40, Blatt 2.

Bild 7.40. Übersichtskatalog der Gleichungen für die Eingriffsflächen von Zahnradpaarungen mit konischen Winkeln. Allgemeine, Torus-, Konische, Kronen- und Stirnradverzahnungen im raumfesten Koordinatensystem

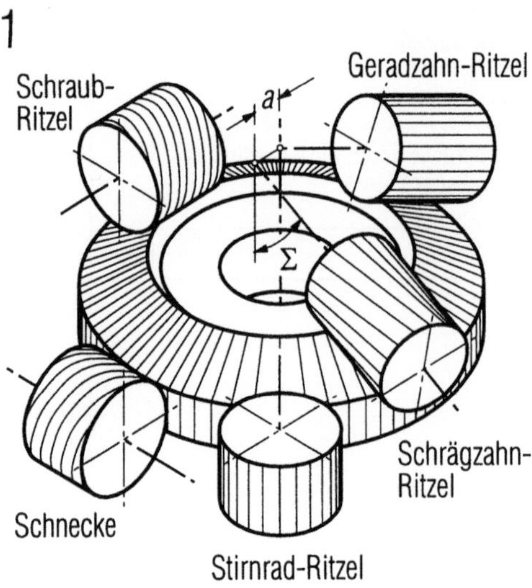

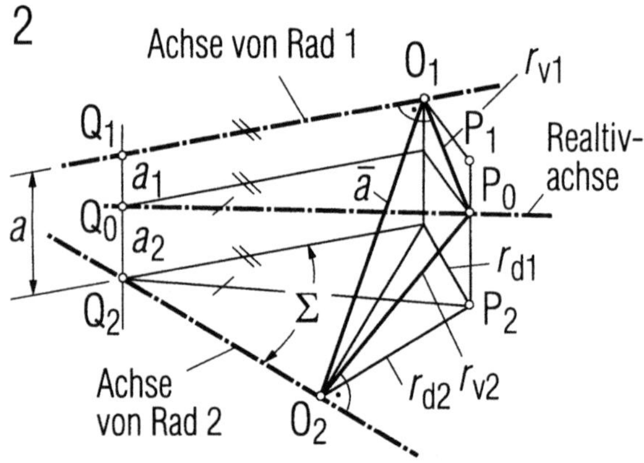

Bild 7.41. Ermitteln eines Allgemeinen Achsabstands $\bar{a}$ von Zahnradpaarungen beliebiger Achslagen.

Teilbild 1: Konisches und zylindrisches Zahnrad um Achse 2 gepaart mit zylindrischen Ritzeln um die jeweilige Achse 1 in verschiedenen Achslagen. Rechts oben ein Geradzahn-Ritzel, dessen Achse 1 sich mit Achse 2 unter Achswinkel Σ schneidet, rechts unten ein schrägverzahntes zylindrisches Ritzel mit Achsversetzung a, unten ein geradverzahntes Stirnradritzel mit parallelen Achsen, links unten eine Schnecke mit Achskreuzungswinkel $\Sigma_a = 90°$, links oben ein Schraubradritzel mit dem Konischen Rad paarend, Achskreuzungswinkel $\Sigma = 90°$.

Teilbild 2: Analysisskizze zur Entwicklung der Gleichung für den Allgemeinen Achsabstand $\bar{a}$

$$\bar{a} = \sqrt{r_{d1}^2 + r_{d2}^2 + 2r_{d1} \cdot r_{d2} \cdot \cos\Sigma + a^2} \tag{7.113}$$

Gliederungsteil			Hauptteil	Zu-griffs-teil
Verzahnung	Parameter		Allgemeiner Achsabstand	Gl.-Nr.
1	2	Nr.	3	4
1.1 Allgemeine, „konische", gekreuzte Achsen	1.2 $\Sigma \neq 0$ $a_1 \neq 0$ $a_2 \neq 0$	1	1.3 $$\bar{a} = \sqrt{r_{d1}^2 + r_{d2}^2 + 2r_{d1} \cdot r_{d2} \cos\Sigma + a^2}$$ mit $$r_{d1,2} = \sqrt{r_{v1,2}^2 - a_{1,2}^2}$$ $$a = a_1 + a_2$$	1.4 (7.113) (7.114) (7.115)
2.1 Konische, sich schneidende Achsen	2.2 $\Sigma \neq 0°$ $a = 0$	2	2.3 $$\bar{a} = \sqrt{r_{v1}^2 + r_{v2}^2 + 2r_{v1} \cdot r_{v2} \cdot \cos\Sigma}$$	2.4 (7.113a)
3.1 Schraub-stirnräder, gekreuzte Achsen	3.2 $a_1 = r_{v1}$ $a_2 = r_{v2}$ $r_{d1,2} = 0$	3	3.3 $$\bar{a} = \sqrt{\left(r_{v1} + r_{v2}\right)^2} = r_{v1} + r_{v1}$$ Σ_a, Achswinkel beliebig	3.4 (7.113b)
4.1 Stirnräder, parallele Achsen	4.2 $\Sigma = 0°$, $\Sigma = 180°$ $a = 0$	4	4.4 $$\bar{a} = \sqrt{\left(r_{v1} + r_{v2}\right)^2} = r_{v1} + r_{v1}$$ Sonderfall von Zeile 2	4.4 (7.113b)

Bild 7.42. Übersichtskatalog der Gleichungen für den Allgemeinen Achsabstand

Zeile 1: Gültig für alle Achslagen mit allen Achskreuzungswinkeln Σ und allen Achsversetzungen a für „konische" und zylindrische Paarungen.

Zeile 2: Gültig für Konische Verzahnungen mit sich schneidenden Achsen und für parallele Achspaarungen, wenn $\Sigma = 0°$ ist.

Zeile 3: Gültig für Schraub- und Schneckenradpaarungen. Es ist $\Sigma = 0°$ und $\Sigma_a \gtrless 0°$

Zeile 4: Gültig für Stirnräder mit parallelen Achsen ($\Sigma = 0°$, $\Sigma_a = 0°$)

Die Achsversetzungen a_1 und a_2 sind

$$a_1 = a\frac{1+\cos\Sigma}{u^2+1+2u\cdot\cos\Sigma} \tag{7.117}$$

$$a_2 = a\frac{u\cdot(u+\cos\Sigma)}{u^2+1+2u\cdot\cos\Sigma}\;. \tag{7.118}$$

Bild 7.42 zeigt einen Übersichtskatalog, in welchem der Allgemeine Achsabstand $\overline{a}$ für die einzelnen Achslagen des *Bildes 7.41* ausgerechnet wurde. Das erfolgte durch Einsetzen der in jedem Einzelfall gültigen Werte der Parameter Σ und a.

Der Achskreuzungswinkel Σ ist für Konische Verzahnungen in *Bild 7.41* angegeben. Er wird bei Stirnradverzahnungen $\Sigma = 0°$. Bei Schraub- und Schneckenverzahnungen ist dieser Achswinkel auch null, aber es tritt ein neuer Achskreuzungswinkel Σ_a auf, der in einer anderen Ebene liegt, nämlich der, die senkrecht auf dem kürzesten Achsabstand (Achslot) steht. Σ_a kann beliebig verändert werden, ohne daß sich der Achsabstand (bis auf Korrekturen durch Profilverschiebungen) ändert (siehe *Bild 4.1*, oben rechts).

Um die axiale Zahnradstellung in *Bild 7.41*, *Teilbild 2*, genau festzulegen, wird von einem „Zahnradmittelpunkt" O_1 bzw. O_2 ausgegangen. Dieser Punkt ist definiert als der Schnittpunkt der Zahnradachse mit der Zahnradbezugsebene nach den *Bildern 4.4* und *4.5*.

7.14　Schrifttum

[7.1]　　Grincenko, A.N.:　　Toroid-Zahnräder mit veränderlichem Achswinkel (in Russisch). Standki i instrument 42 (1962) Nr. 4, S. 18-20.

[7.2]　　Haller, A.:　　Zahnrad mit Radius. Technische Rundschau 58 (1966), H. 49, S. 5-7, 29

[7.3]　　Jensen, P.W.:　　Geared machinery mechanisms, No. 24: Spherical-gear coupling. In Chironis, N.P. (Hrsg.) Gear design and application. S. 353, New York, McGraw-Hill, 1967

[7.4]　　Keck, K.F.:　　Die Zahnradpraxis, Teil II. München: R. Oldenbourg, 1958

[7.5]　　Litvin, F.L.:　　Gear geometry and applied theory. Engelwood Cliffs: PTR Prentice Hall, 1994

[7.6]　　Roth, K., Brugger, W.:　　Verfahren und Werkzeuge zur Herstellung von Kronenrädern. Österreichische Patentanmeldung, AZ P40420, 10. September 1993

[7.7]	Roth, K., Tsai, S.-J.:	Evolventenverzahnungen mit extremen Eigenschaften. Teil V. Torusverzahnungen zur Achswinkeländerung im Lauf. Z. antriebstechnik 36 (1997) Nr. 3, S. 82-90.
[7.8]	Roth, K.:	Verzahnungstechnik. Band I: Stirnradverzahnungen - Geometrische Grundlagen. Berlin, Heidelberg, New York: Springer, 1989
[7.9]	Roth, K.:	Evolventenverzahnung und Räderpaarung unter Verwendung einer solchen Verzahnung. Patentanmeldung (Österreich), 13. September 1967; Akt. Z. 38721/C/JR.
[7.10]	Sakamoto, M., Takeuchi, Y., Nakamura, T, Asao, T., Sinjo, K.:	A new type hobbed face gear and its application to an automatic circula index table (in japanisch). Journal of the Japan Society für Precision Engineering 52 (1986), Nr. 11, pp. 1954-1959
[7.11]	Soldatkin, E.P.:	Die räumlich gleichteilende Verzahnung mit veränderlichen Achswinkeln (in russisch). Theory of Machines and Mechanisms Vyp. 92-93 (1962), Moskau, pp. 111-127
[7.12]	Tsai, S.-J.:	Vereinheitlichtes System evolventischer Zahnräder - Auslegung von zylindrischen, Konischen, Kronen- und Torusrädern. Dissertation TU Braunschweig, 1997
[7.13]	Weck, M.:	Werkzeugmaschinen. Band 1: Maschinenarten, Bauformen und Anwendungsbereiche. 3. Auflage. Düsseldorf, 1988

8 Synthese der Zahnkontur mit der Profilsteigungsfunktion; Wälzkolbenverzahnungen

8.1 Einsatzmöglichkeit der Profilsteigungsfunktion

In den *Kapiteln 4 - 7* wurde versucht, die Evolventenverzahnungen konstanter Teilung so zu erweitern, daß sie auch die für sich schneidende und gekreuzte Achsen in hochwertigen Getrieben voll einsatzfähig sind. Ihr Unterscheidungsmerkmal ist der Konuswinkel θ für die Neigung des Zahnrades zur Achse, der von $\theta = 0°$ ... 180° variiert und dadurch zu verschiedenen Verzahnungsarten führt (*Bild 7.3*). Diese Systematik wurde von Roth konzipiert [8.7 ; 8.8] und von Tsai [8.15] mathematisch umgesetzt, so daß sogar vereinheitlichte Gleichungen möglich sind.

Kapitel 8 bringt nun ein Verfahren mit noch allgemeineren Gleichungssystemen zur einfachen, analytischen Synthese *aller* möglichen Flankenprofilformen von Verzahnungen im Stirnschnitt. Mit diesem Verfahren ist es möglich, nicht nur den exakten Verlauf von Evolventen- oder Zykloidenflanken im üblichen Eingriffsbereich zu berechnen, sondern auch Flanken anderer stetiger Funktionen, und zwar ihre Form und ihren Eingriff in allen Sektoren des Zahnprofils, vom Fußgrund zur Seitenflanke sowie der gesamten Kopfspitze. Entwickelt wurde dies Verfahren von Steffens [8.14] hauptsächlich zur Auslegung von Wälzkolbenprofilen. Es ist jedoch genau so gut anwendbar für Evolventenflanken aller Art. Das Berechnungsverfahren wird unter der Bezeichnung „*Profilsteigungsfunktion*" geführt.

8.2 Vorgehensweise mit der Profilsteigungsfunktion

Die Profilsteigungsfunktion dient zur Verbesserung und Optimierung von Zahnrad-Profilkonturen sowie zur analytischen Auslegung und anschließenden Synthese beliebiger Zahnflankenformen. Der Algorithmus setzt als Grundlage die Vorgabe bestimmter geometrischer Größen voraus, wie den Wälzkreishalbmesser $r(\varphi)$, die Berührnormallänge $n(\varphi)$, den Profilsteigungswinkel $\alpha(\varphi)$, alle als Funktion eines Laufparameters φ oder x. Bekannt müssen noch sein der Radmittelpunkt 0, der Wälzpunkt $C(\varphi)$. Ermittelt werden die Koordinaten des Berührungspunktes $Y(\varphi)$. Sie werden jeweils als Funktion des Zentriwinkels φ angegeben.

Im zahnprofilfesten Koordinatensystem werden diese Größen über das Verzahnungsgesetz mathematisch miteinander verknüpft und die elementare Normalen-

Differentialgleichung für $n(\varphi)$ entwickelt. Die analytische Festlegung der Flanken sowie der anderen Größen erfolgt mit dieser Gleichung, die mit Hilfe der vorgegebenen Profilsteigung α und anschließender Integration der Normalengleichung $n(\varphi)$ gefunden wird. Die Profilsteigungsfunktion $\alpha(\varphi)$ gibt den Steigungswinkel des jeweiligen Berührpunktes in Abhängigkeit einer Laufvariablen, z.B. des Zentriwinkels φ an, *Bild 8.1*.

8.3 Analytische Formulierung der Größen am Flankenberührungspunkt

8.3.1 Die Profilsteigungsfunktion zur Ermittlung beliebiger Zahnprofilkonturen

Der Verlauf einer Zahnkontur hängt von der jeweiligen Steigung ab. Daher kann durch Vorgabe der Profilsteigungsfunktion

$$\alpha(\varphi) = f(\varphi) \tag{8.1}$$

der Flankenprofilverlauf erhalten werden. Die Profilsteigungsfunktion ist frei wählbar, so daß jeder gewünschte Flankenverlauf gewählt werden kann, der bei den anschließend gegebenen Bedingungen dem Verzahnungsgesetz entspricht. Es ist sowohl die Kombination verschiedener „klassischer" Standardverläufe als auch die Erzeugung eigener, anwendungsspezifisch geforderter Verläufe mit optimierten Profilflanken möglich. Die Behandlung und mathematische Beherrschung der Profilsteigungsfunktion ist Grundlage und Ausgangspunkt dieser neuen Synthesemethode für Zahnprofilformen.

Die geometrischen Zusammenhänge werden wie folgt berechnet: Vom ortsfesten Raddrehmittelpunkt 0_1, **Bild 8.1**, wird als Funktion des Laufparameters φ in dem radfesten kartesischen x_1-y_1-Koordinatensystem zunächst die Position des Wälzpunktes $C(\varphi)$ auf dem Wälzkreis mit Halbmesser $r_{w1}(\varphi)$ erfaßt. Entsprechend dem ersten Teil des Verzahnungsgesetzes [8.6] muß die Berührnomale $n(\varphi)$ als Verbindung zwischen Berührpunkt $Y(\varphi)$ und Wälzpunkt $C(\varphi)$ senkrecht zu dem Flankenprofil stehen. Im radfesten Koordinatensystem wird für die jeweilige Laufvariablenposition φ, die Steigung der Tangente $t(\varphi)$ an der Flankenkontur im Berührpunkt $Y(\varphi)$ als Profilsteigungswinkel $\alpha(\varphi)$ festgelegt.

Der Profilsteigungswinkel $\alpha(\varphi)$ in Abhängigkeit des Laufwinkels φ wird als *„Profilsteigungsfunktion $\alpha(\varphi)$"* bezeichnet.

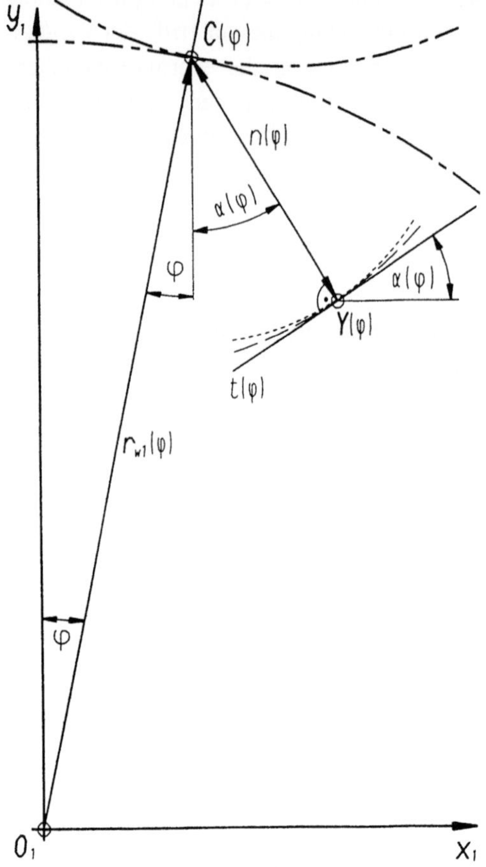

Bild 8.1. Bestimmung der Zahnprofilkontur mit Hilfe der Berührnormalenlänge $n(\varphi)$ zwischen Berührpunkt $Y(\varphi)$ und Wälzpunkt $C(\varphi)$ bei Vorgabe der Profilsteigungsfunktion $\alpha(\varphi)$.

Allgemein ist der jeweilige Winkel am Flankenberührpunkt $\alpha_j(\varphi)$ im radfesten Koordinatensystem

$$\alpha_j(\varphi) \; = \; \arctan\frac{dy_j(\varphi)}{dx_j(\varphi)} \tag{8.2}$$

8.3.2 Unterteilung des gesamten Zahnprofils in Sektoren

Um verschiedene Profilsteigungsfunktionen am gesamten Zahnprofil einsetzen zu können, wird dieses in sechs Sektoren unterteilt. Für jeden Sektor kann eine andere Profilsteigungsfunktion gewählt werden, deren Zahnprofile an den Berührungsstellen kontinuierlich in die Profile der Nachbarsektionen übergeben. Die einzelnen Profilsteigungsfunktionen der Zahnsektoren z.B. am Rad sind in *Bild 8.3* gut zu erkennen.

8.3.2.1 Linke Fußprofilsteigungsfunktion

Für das linke Fußprofil erhält man die *linke Fußprofilsteigungsfunktion* $\alpha_{fl}(\varphi)$, mit der Laufvariablen φ in den Grenzen

$$0 \leq \varphi \leq \left(\gamma_{fl} + \eta\right). \tag{8.3}$$

Es ist γ_{fl} der linke Fußüberlaufwinkel und η der Halblückenwinkel. Die Bedeutung der übrigen Größen, siehe in *Bildern 8.2* und *8.3* und im Abschnitt „Kurzzeichen und Indizes".

8.3.2.2 Linke Kopfprofilsteigungsfunktion

Die linke Kopfprofilsteigungsfunktion ist $\alpha_{al}(\varphi)$ in den Grenzen

$$\left(\gamma_{fl} + \eta\right) \leq \varphi \leq \varphi_{cl} \tag{8.4}$$

8.3.2.3 Rechte Kopfprofilsteigungsfunktion

Die rechte Kopfprofilsteigungsfunktion ist $\alpha_{ar}(\varphi)$ in den Grenzen

$$\left(\gamma_{fl} + \eta + \psi - \gamma_{ar}\right) \leq \varphi \leq \left(\gamma_{fl} + \eta + \psi + \sigma_a \cdot \psi\right). \tag{8.5}$$

8.3.2.4 Rechte Fußprofilsteigungsfunktion

Die rechte Fußprofilsteigungsfunktion ist $\alpha_{fr}(\varphi)$, in den Grenzen

$$\left(\gamma_{fl} - \sigma_f \cdot \eta\right) \leq \varphi \leq \left(\gamma_{fl} + \gamma_{fr}\right). \tag{8.6}$$

8.3.2.5 Kopfspitzensteigungsfunktion

Die Kopfspitzensteigungsfunktion ist $\alpha_S(\varphi)$ mit den Grenzen

$$\left(\gamma_{f1} + \eta + \psi - \gamma_{ar}\right) \le \varphi \le \varphi_{c1} \; . \tag{8.7}$$

8.3.2.6 Fußgrundprofilsteigungsfunktion

Im Fußgrund gilt die Fußgrundprofilsteigungsfunktion $\alpha_g(\varphi)$ in den Grenzen

$$0 \le \varphi \le \left(\gamma_{f1} + \gamma_{fr}\right) \; . \tag{8.8}$$

8.3.3 Der Flankenberührpunkt Y(x)

8.3.3.1 Koordinaten am Bezugsprofil

In dem bezugsprofilfesten x_P-y_P-Koordinatensystem gilt entsprechend **Bild 8.2** die Parameterdarstellung zur analytischen Beschreibung der Bezugsprofilflanke über den momentanen Berührpunkt $Y_P(x)$ mit der Laufvariablen x. Die Koordina-

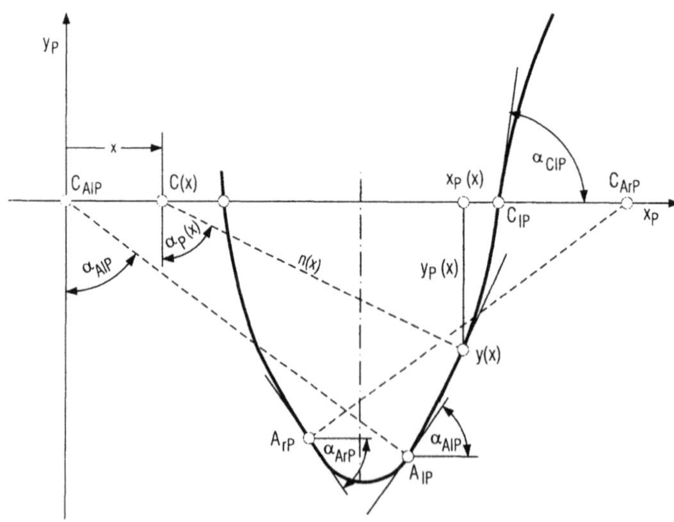

Bild 8.2. Verlauf einer Bezugsprofilflanke. Angabe der verschiedenen Wälzpunkte C, dem Profilsteigungswinkel α_P, der Profilsteigungsfunktion $\alpha_P(x)$, der Normalenabstandsfunktion $n(x)$, abhängig vom Koordinatenwert der Laufvariablen x_P.

ten sind abhängig von der Berührungsnormalen $n(x)$ und dem Profilsteigungswinkel $\alpha_P(x)$. Es ist nach Bild 8.2

$$x_P(x) = x + \left[n_P(x) + \delta_P(x)\right] \cdot \sin\left(\alpha_P(x)\right) \tag{8.9}$$

$$y_P(x) = -\left[n_P(x) + \delta_P(x)\right] \cdot \cos\left(\alpha_P(x)\right) . \tag{8.10}$$

Der Laufparameter x wird für jeden der für Wälzkolbenprofile üblichen Profilflankenbereiche (Sektoren) innerhalb der spezifischen Grenzen frei variiert.

8.3.3.2 Koordinaten am Rad

Im *radfesten* x_j-y_j-*Koordinatensystem* des Grund- und Gegenrades sind die folgenden allgemeinen Gleichungen in Parameterdarstellung für den momentanen Berührpunkt $Y(\varphi)$ in Abhängigkeit der Laufvariablen φ über alle Flankenbereiche des Grundzahnrades und des außen- bzw. innenverzahnten Gegenrades nach **Bild 8.3** gültig.

$$x_j(\varphi) = \frac{r}{i}\sin(i \cdot \varphi) + \left[n(\varphi) + \delta_j(\varphi)\right] \cdot \sin\left\{(1-i) \cdot \varphi + \alpha(\varphi)\right\} \tag{8.11}$$

$$y_j(\varphi) = \frac{r}{i}\cos(i \cdot \varphi) - \left[n(\varphi) + \delta_j(\varphi)\right] \cdot \cos\left\{(1-i) \cdot \varphi + \alpha(\varphi)\right\} \tag{8.12}$$

In den Gln.(8.9) bis (8.12) taucht die Größe $\delta_j(\varphi)$ auf. Sie gilt für die Profilrücknahme, ist abhängig vom Laufparameter φ und für den Lauf verantwortlich, da es nicht möglich ist, zwei Zahnräder ohne ein noch so kleines Flanken- bzw. Kopfspiel zu fertigen oder gar miteinander laufen zu lassen. Sie kann aber auch notwendig sein, wenn ein berührungsfreies Vorbeistreichen mit einem vorgegebenen Luft- oder Ölspalt erforderlich ist.

Für die einzelnen Radsysteme gilt allgemein:
Flankenverlauf am Grundrad mit dem Systemindex 1 für:

$$i(\varphi) = 1 \tag{8.13}$$

Außenverzahntes Gegenrad mit dem Systemindex 2 für
$$i(\varphi) < 0 \tag{8.14}$$

Innenverzahntes Gegenrad mit dem Systemindex 3 für
$$1 > i(\varphi) > 0 \tag{8.15}$$

8.3.3.3 Geänderte Definition der Übersetzung i_{Norm}

Im Normblatt DIN 3960 [8.1] wird die Größe i_{Norm} *„Übersetzung"* genannt und bedeutet das Verhältnis der Winkelgeschwindigkeit des treibenden Rades a zum getriebenen Rad b,

$$i_{Norm} = \frac{\omega_a}{\omega_b} = \frac{n_a}{n_b} = \frac{z_b}{z_a} \qquad (8.16)$$

ohne Berücksichtigung des Drehsinnes der Winkelgeschwindigkeiten. Da nun die Absicht besteht, ein ausnahmslos gültiges Gleichungssystem für alle möglichen Übersetzungen aufzustellen, in welchem die Größe „i" einen vorteilhaften Einteilungsparameter darstellt, muß sichergestellt sein, daß sie für mathematische Operationen geeignet ist. In der Form nach Gl.(8.16) ist sie das nicht, denn bei Zahnstangen z.B. wird $\omega_b = 0$ und damit $i_{Norm} \rightarrow \infty$.

In den folgenden Betrachtungen wird für die Übersetzung der Reziprokwert, nämlich das *„Übertragungsverhältnis* i" eingeführt:

$$i = \frac{1}{-i_{Norm}} = \frac{\omega_b}{\omega_a} = \frac{n_b}{n_a} = \frac{z_a}{z_b} = \frac{z_1}{z_i} \qquad (8.17)$$

Der Faktor *i* ist nicht nur *reziprok* gegenüber der DIN-Festlegung, sondern enthält auch eine *Vorzeichenumkehrung*, welche die Tatsache berücksichtigt, daß bei Außenzahnradpaarungen die Winkelgeschwindigkeiten gegenläufig, bei Innenzahnradpaarungen gleichläufig sind. Damit ist gegenüber dem „klassischen" Vorzeichenverständnis die Zähnezahl z_i des Gegenrades bei Außenverzahnung negativ und für die Innenradpaarung positiv. So kann konsequenterweise das Grundrad als Sonderfall der identisch übersetzenden Innenverzahnung hergeleitet werden, indem für $z_i = z_1$ die beiden Profilverläufe komplementär „aufeinanderfallen", so daß für das Grundrad zwingend der Parametersollwert $i = 1$ entsteht.

Die Systemkennzeichnung erfolgt daher auch konsequenterweise wie folgt:

Tabelle 1: Zur Wahl der Profilsteigungsfunktion, Gl.(8.2)

System	Index	Übertragungs-verhältnis	$\delta_j(\varphi)$-Funktion Vorzeichenorientierung
Bezugsprofil	$j = P$	$i = 0$	$\delta_P(x) \geq 0$
Grundrad	$j = 1$	$i = 1$	$\delta_1(\varphi) \geq 0$
Außenverzahntes Gegenrad	$j = 2$	$i < 0$	$\delta_2(\varphi) \leq 0$
Innenverzahntes Gegenrad	$j = 3$	$i > 0$	$\delta_3(\varphi) \leq 0$

8.3.3.4 Darstellung der üblichen Zahnradgrößen mit dem „Übertragungsverhältnis i"

Die einfache Beziehung zu den DIN-bezogenen Festlegungen ergibt auch ähnliche Gleichungen für die Zahnradgrößen, wobei „i_{Norm}" Übersetzung und „i" Übertragungsverhältnis genannt werden.

Übertragungsverhältnis

$$i = \frac{z_1}{z_i} \tag{8.18}$$

z_1 = Zähnezahl des Grundrades
z_i = Zähnezahl des Gegenrades

Achsabstand

$$a = \left(1 - 1/i\right) \cdot r = \frac{z_1 + z_i}{2} \cdot m \tag{8.19}$$

abhängig vom Laufparameter auch

$$a(\varphi) = \left[1 - \frac{1}{i(\varphi)}\right] \cdot r(\varphi) \ . \tag{8.19a}$$

Die Verknüpfung der Koordinatensysteme durch die Verknüpfung der *Laufparameter* x und φ ist

$$x = r \cdot \varphi \qquad \text{bzw.} \qquad d\varphi = \frac{dx}{r} \ . \tag{8.20}$$

Die Eingriffslinie (x_0 , y_0) im radfesten Koordinatensystem in Parameterdarstellung ist

$$x_0(\varphi) \;=\; n(\varphi)\cdot\sin\big[\alpha(\varphi)+\varphi\big] \tag{8.21}$$

$$y_0(\varphi) \;=\; r(\varphi) \;-\; n(\varphi)\cdot\cos\big[\alpha(\varphi)+\varphi\big] \;. \tag{8.22}$$

Der Stirnprofilwinkel $\alpha_{\gamma\,t}(\varphi)$ kann berechnet werden mit

$$a_{\gamma\,t}(\varphi) \;=\; \frac{\pi}{2} \;-\; \alpha(\varphi) \;-\; \varphi \;. \tag{8.23}$$

8.4 Die Normalen-Differentialgleichung

Der grundsätzliche Zusammenhang zwischen dem einzelnen Flankenberührpunkt und seinem durch Richtung und Betrag definierten Berührnormalenvektor für jeden Laufvariablenwert wird über den ersten Teil des Verzahnungsgesetzes [8.6], daß nämlich am Berührungspunkt die Normalgeschwindigkeit von Rad und Gegenrad gleich sein muß, hergeleitet. Zur Berechnung der Berührungsflankenpunkte muß daher die Normalen-Differentialgleichung aufgestellt und für die einzelnen Profilsteigungsfunktionen gelöst werden.

Mit den bekannten Gln.(8.9) und (8.10) wird der momentane Bezugsprofilberührpunkt in Parameterdarstellung (*Bild 8.2*) als Funktion der Laufvariablen bestimmt.

8.4.1 Normalen-Differentialgleichung für das Bezugsprofil

Aufgrund des Verzahnungsgesetzes steht in jedem Profilberührpunkt $Y_P(x)$ die Berührnormale senkrecht zur Profilsteigung, das bedeutet

$$\tan[\alpha(x)] \;\overset{!}{=}\; y'_{Py} \;=\; \frac{dy_{Py}(x)}{dx_{Py}(x)} \;. \tag{8.24}$$

Der Index "Py" besagt, daß es sich um den idealen Profilflanken-Berührpunkt $Y_{Py}(x)$ handelt ohne Profilrücknahme $\delta_P(x)$. Durch Erweiterung um dx erhält Gl.(8.24) die Form

$$\frac{dx_{Py}(x)}{dx}\cdot\tan[\alpha_P(x)] \;-\; \frac{dy_{Py}(x)}{dx} \;\overset{!}{=}\; 0 \;. \tag{8.25}$$

Für die Ableitung nach dem Laufparameter bei der Profilkoordinaten-Parametergleichung Gl. (8.9) in x-Richtung ohne Profilrücknahme $\delta_P(x)$ gilt

$$\frac{dx_{Py}(x)}{dx} = 1 + \frac{dn_P(x)}{dx} \cdot \sin[\alpha_P(x)] + n_P(x)\frac{d\alpha_P(x)}{dx} \cdot \cos[\alpha_P(x)] \qquad (8.26)$$

Die Ableitung von Gl.(8.10) in y-Richtung ist entsprechend

$$\frac{dy_{Py}(x)}{dx} = -\frac{dn_P(x)}{dx} \cdot \cos[\alpha_P(x)] + n_P(x)\frac{d\alpha_P(x)}{dx} \cdot \sin[\alpha_P(x)]. \qquad (8.27)$$

Durch Einsetzen der Gln.(8.26 ; 8.27) in die Gl.(8.25) für die Ortogonalitätsbedingung folgt nach einigen trigonometrischen Umformungen die allgemeine Normalen-Differentialgleichung für das Bezugsprofil

$$\boxed{\frac{dn_P(x)}{dx} = -\sin[\alpha_P(x)]} \qquad (8.29)$$

Die Lösung erfolgt im folgenden Abschnitt, so daß mit der Bezugsprofilsteigungsfunktion $\alpha_P(x)$ der Berührnormalenvektor zur Bestimmung der Bezugsprofilkontur berechnet werden kann.

8.4.2 Normalen-Differentialgleichung für die Stirnrad-Zahnflanke

Hier ist zu unterscheiden zwischen der allgemeinen Form, bei der der Wälzkreis, das Übertragungsverhältnis und der Achsabstand nicht konstant sein müssen (Exzenterräder) und der *Standard-Normalen-Differentialgleichung*, bei der diese Größen konstant sind. Letztere können aus den Gln.(8.11) und (8.12) entwickelt werden, in denen der momentane Profilberührpunkt in Abhängigkeit der Laufvariablen φ dargestellt wird .

Für den momentanen Profilberührpunkt $Y(\varphi)$, **Bild 8.3**, gilt auch nach dem Verzahnungsgesetz, daß die Berührnormale senkrecht zur Profilverlaufsteigung stehen muß, allerdings sowohl für den idealen als auch für den um $\delta_j(\varphi)$ zurückgenommenen Flankenverlauf. Daher ist

$$\tan\left\{[1 - i(\varphi)] \cdot \varphi + \alpha(\varphi)\right\} \overset{!}{=} y'_j = \frac{dy_j(\varphi)}{dx_i(\varphi)} . \qquad (8.30)$$

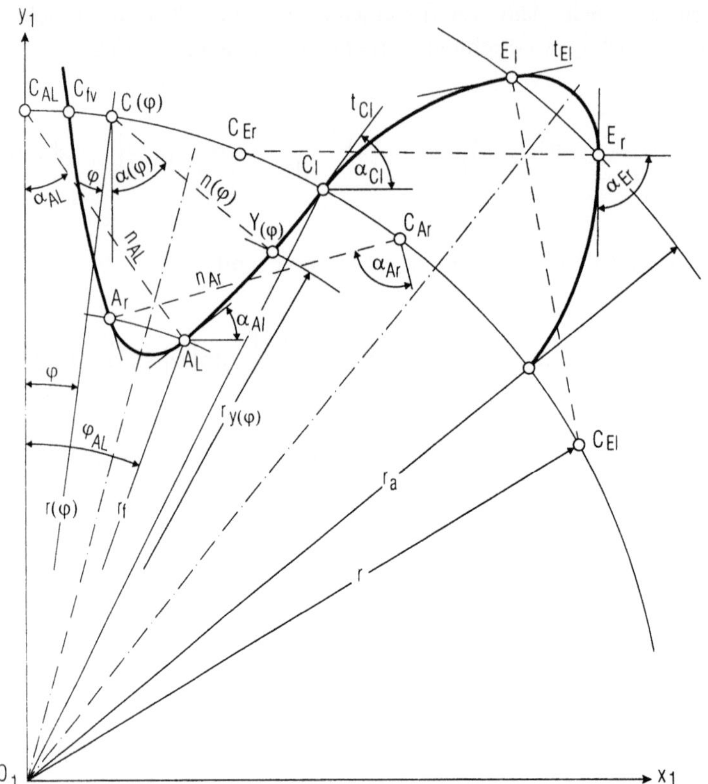

Bild 8.3. Verlauf einer Stirnradflanke. Angabe der verschiedenen Wälzpunkte C, dem Profilsteigungswinkel α, der Profilsteigungsfunktion $\alpha(\varphi)$, der Normalenabstandsfunktion $n(\varphi)$, abhängig von der Laufvariablen, dem Zentriwinkel φ.

Durch Erweiterung um das Laufparameterdifferential $d\varphi$ ergibt sich die „*allgemeine Zahnprofilkontur-Orthogonalitätsbedingung*"

$$\frac{dx_j(\varphi)}{d\varphi} \cdot \tan\left\{\left[1 - i(\varphi)\right]\cdot \varphi + \alpha(\varphi)\right\} - \frac{dy_i(\varphi)}{d\varphi} \overset{!}{=} 0 \qquad (8.31)$$

Mit der Differenzierung der Profilkoordinaten-Parametergleichung (8.11 ; 8.12) und deren Einsetzen in Gl.(8.31) erhält man die *allgemeine Form* der *Normalen-Differentialgleichung* für das Zahnflankenprofil, auf deren Wiedergabe wegen des zu großen Umfanges verzichtet wird (siehe [8.14]). Für einen konstanten Teil- bzw. Wälzradius r und ein konstantes Übertragungsverhältnis i nimmt sie die vereinfachte Form an

$$\boxed{\frac{dn(\varphi)}{d\varphi} = - r \sin\left\{\alpha(\varphi) + \varphi\right\} - \frac{d\delta_i(\varphi)}{d\varphi}} \qquad (8.32)$$

8.4.3 Integration der Normalengleichungen

8.4.3.1 Integration am Bezugsprofil

Die Gln.(8.29 ; 8.32) werden durch Integration gelöst und die Konstante des bestimmten Integrals gefunden, indem für die einzelnen Flankenstücke (Sektoren) die entsprechenden Grenzen der Laufparameter eingesetzt werden. Für die Normalen-Differentialgleichung des Bezugsprofils, Gl.(8.29), ergibt die Integration

$$n_P(x) = - \int_{x_{Anfg}}^{x} \sin\{\alpha_P(x)\} \, dx + C \; . \tag{8.33}$$

Der Laufvariablenbereich ist

$$x_{Anfang} \leq x \leq x_{Ende} \tag{8.33a}$$

und die Randbedingung zur Konstantenbestimmung

$$n_{\gamma P}(x = x_{Randbed}) \overset{!}{=} n_{jP \; Sollwert} \; . \tag{8.33b}$$

Die Gl.(8.33) zur Bestimmung der Berührnormalenlänge wird vorteilhafterweise durch Vorgabe einer $\alpha_P(x)$-Funktion gelöst. Sie wird als „Bezugsprofilsteigungsfunktion" bezeichnet. Für jeden j-ten Flankenbereich des Bezugsprofils werden die partikulären Lösungen durch Einsetzen der Randbedingungen gefunden.

8.4.4 Integration für die Stirnrad-Zahnflanke

8.4.4.1 Normalen-Differentialgleichung, allgemeine Form

Sie ergibt sich zu

$$\frac{dn(\varphi)}{d\varphi} = \left[\frac{dr(\varphi)}{d\varphi} \cdot \frac{1}{i(\varphi)} - \frac{di(\varphi)}{d\varphi} \cdot \frac{r(\varphi)}{i^2(\varphi)} \right] \cdot \cos\{\alpha(\varphi) + \varphi\}$$

$$- \left[r(\varphi) + \frac{di(\varphi)}{d\varphi} \cdot \frac{r(\varphi)}{i(\varphi)} \cdot \varphi \right] \cdot \sin\{\alpha(\varphi) + \varphi\} - \frac{d\delta_j(\varphi)}{d\varphi} \; . \tag{8.34}$$

Für das Grundzahnrad mit $i(\varphi) \overset{!}{=} \text{const.} = 1$ erhält man die „*Grund-Normalen-Differentialgleichung*".

$$\frac{\mathrm{d}n(\varphi)}{\mathrm{d}\varphi} = \frac{\mathrm{d}r(\varphi)}{\mathrm{d}\varphi} \cdot \cos\{\alpha(\varphi) + \varphi\} - r(\varphi)\cdot\sin\{\alpha(\varphi) + \varphi\} - \frac{\mathrm{d}\delta_j(\varphi)}{\mathrm{d}\varphi} \qquad (8.35)$$

8.4.4.2 Integration der Standard-Normalen-Differentialgleichung

Die allgemeine Form der *Normalen-Differentialgleichung* [8.14] wird nicht weiter verfolgt, bei der variable Teilkreisradien *r(φ)*, variable Übertragungsverhältnisse *i(φ)* und damit variable Achsabstände berücksichtigt werden. Wenn diese Variablen als Konstanten vorgegeben werden, erhält man die für die Praxis meist ausreichende

Standard-Normalen-Differentialgleichung

wie sie in Gl.(8.32) schon angeführt wurde. Die Integration dieser gewöhnlichen, homogenen Differentialgleichung ergibt mit dem Teilungswinkel γ

$$n(\varphi) = -r \cdot \int\limits_{\varphi_{\text{Anfg}}}^{\varphi} \sin[\alpha(\gamma) + \gamma]\mathrm{d}\gamma - \delta_j(\varphi) + C \qquad (8.36)$$

Dabei wird der Teilungswinkel γ als φ-Parameter eingesetzt. Die Konstante C ist mit dem n_j-Sollwert zu ermitteln. Die Grenzwerte des Integrals sind

$$\varphi_{\text{Anfang}} \leq \varphi_{\text{Ende}} = \varphi_{\text{Randbedingung}} \qquad (8.36a)$$

und zur C-Bestimmung

$$n_j\left(\varphi = \varphi_{\text{Randbedingung}}\right) \overset{!}{=} n_{j\,\text{Sollwert}} \qquad (8.36b)$$

für den Fall, daß $\delta_j(\varphi)$ konstant oder null wird.

Grundsätzlich löst man die Gl.(8.36) zur Bestimmung der Berührnormalenlänge über der Laufvariablen vorzugsweise durch Vorgabe einer α(φ)-Funktion und einer wählbaren Flankenrücknahme $\delta_j(\varphi)$.

Beim Einsetzen obiger Randbedingungen wird die Integrationskonstante C beispielsweise

$$C = r \cdot \int\limits_{\varphi_{\text{Anfg}}}^{\varphi_{\text{Rbdg}}} \sin[\alpha_j(\gamma) + \gamma]\mathrm{d}\gamma + \delta_j\left(\varphi = \varphi_{\text{Rbdg}}\right) + n_{j\,\text{Sollwert}} \cdot \qquad (8.37)$$

8.5 Bedeutung der Profilsteigungsfunktion

Die Wahl einer Profilsteigungsfunktion ist für Bezugsprofil und Stirnrad eine unabdingbare Voraussetzung zur Lösung der Normalen-Differentialgleichung und bestimmt die Flankenkontur.

8.5.1 Definition der Profilsteigungsfunktion

Die Profilsteigungsfunktion stellt sowohl für das Bezugsprofil als auch für die Zahnradflanke in dem jeweiligen Kartesischen Koordinatensystem in Abhängigkeit von der betreffenden Laufvariablen den Steigungswinkel des Profilkonturverlaufs im momentanen Flankenberührpunkt Y(x) dar.

Am *Bezugsprofil, Bild 8.2*, gilt folgende Definition

$$\alpha_{jP}(x) \;=\; \arctan\left[\frac{dy_P(x)}{dx_P(x)}\right] \tag{8.24}$$

mit $\alpha_{jP}(x)$ als „*Bezugsprofilsteigungsfunktion*" des j-ten Flankenbereichs am *Stirnrad (Bild 8.3)*

$$\alpha_{j}(\varphi) \;=\; \arctan\left[\frac{dy_j(\varphi)}{dx_j(\varphi)}\right] \tag{8.2}$$

mit $\alpha_j(\varphi)$ als „Profilsteigungsfunktion" des j-ten Zahnradflankenbereichs.

8.5.2 Beurteilung verschiedener Profilsteigungsfunktionen

Der Verlauf der Profilsteigungsfunktion $\alpha(\varphi)$ beeinflußt die Profilkontur ganz wesentlich. Das zeigt sehr anschaulich *Bild 8.4*. Wenn auch die dargestellten Verläufe nicht immer voll gelten, da die Randbedingungen noch einen großen Einfluß haben, erhält man im wesentlichen bei *waagerechten* Verläufen *Geradenflanken*, bei *senkrechten Kreisbogenflanken*, bei *linear steigenden Zykloidenflanken*, bei *linear fallenden Evolventenflanken* und bei zusammengesetzten Kurven für jeden Laufparameterbereich eine andere Profilform. Somit können Zahnprofile entwickelt werden, die in jedem Flankenabschnitt für die Funktion optimale Profilkonturen haben.

8.5.2.1 Profilsteigungsfunktion üblicher Zahnflanken

Mit folgenden Ansätzen bei der Festlegung der linken Fuß-Profilsteigungsfunktion ergeben sich die eingeführten Wälz-Profilkonturen. In **Bild 8.4** sind sie als Funktion von φ dargestellt. Nach Steffens [8.14] besteht folgende Systematik

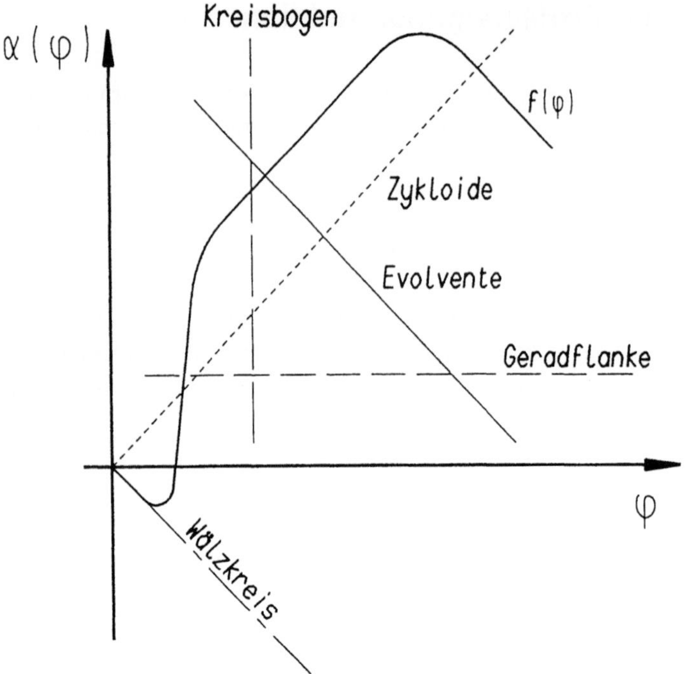

Bild 8.4. Häufiger Verlauf der Profilsteigungsfunktionen $\alpha\,(\varphi)$ in Abhängigkeit des Zentriwinkels φ. Die einzelnen Kurven und ihr Verlauf deuten auf bekannte Profilflankenkonturen hin (s. auch *Bild 8.6*).

bei der Festlegung der Profilsteigungsfunktion $\alpha(\varphi)$, die in *Bild 8.5* und Katalog, *Bild 8.6*, systematisch geordnet sind.

I.   Für KREIS-Profilkontur

$$\alpha(\varphi) \;=\; -\,\varphi \tag{8.38}$$

Diese Profilsteigungsfunktion beschreibt den TeilKREIS bzw. den WälzKREIS. Die Berührnomalenlänge wird ständig null. Die Verzahnung artet hier zur Reibradpaarung aus (*Bild 8.6, Zeile 1*).

II.   Für LORENZ-Profilkontur

$$\alpha(\varphi) \;=\; 0 \tag{8.39}$$

Es ergibt sich eine Flankenkontur mit einem linearen Taillenverlauf als Gerade mit der Steigung null und einer entsprechend runden Gegenkontur, so wie sie in der Patentschrift [8.4] von LORENZ (1965) angegeben wurde, **Bild 8.5** sowie *Bild 8.6, Zeile 2*. In *Bild 8.5* werden die üblichen angewendeten Wälzprofile, in *Bild 8.6* theoretisch mögliche mit verschiedenen Profilsteigungsfunktionen dargestellt.

Bauvolumen - %

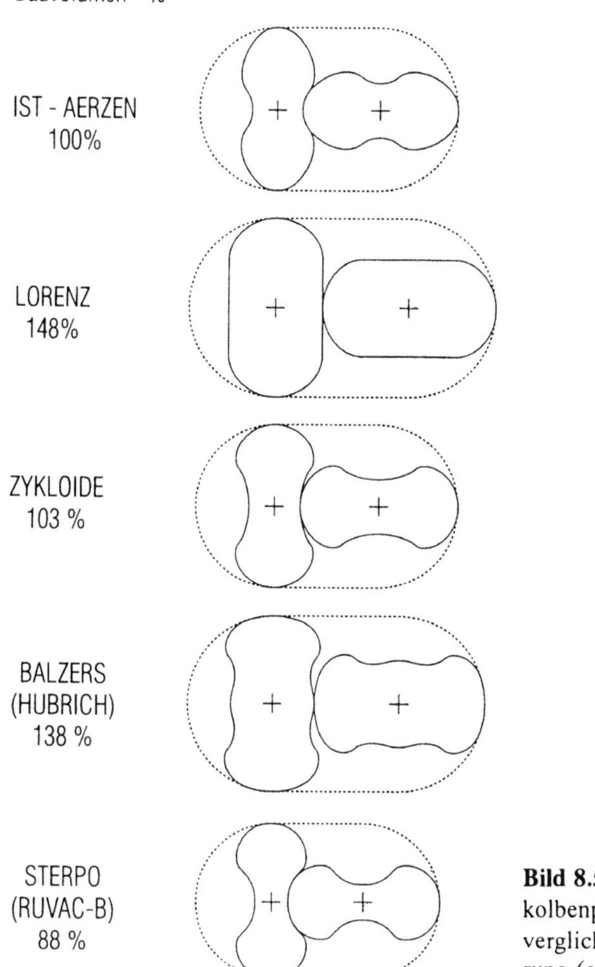

Bild 8.5. Die gebräuchlichsten Wälzkolbenpumpen und ihr Bauvolumen, verglichen mit einer Standardausführung (oben):

Zum Vergleich ist in *Bild 8.5* stets auch das Bauvolumen angegeben, bezogen auf ein Standardmodell (AERZEN).

III. Für allgemeine GERADFLANKEN-Profilkontur

$$\alpha(\varphi) = c_1 \qquad (8.40)$$

mit c_1 = constant

Mit dieser Profilsteigungsfunktion wird eine Profilkontur mit geradem Taillenbzw. Kopfverlauf der Flanke beschrieben.

IV. Für ZYKLOIDEN-Profilkontur

$$\alpha(\varphi) = c_2 \cdot \varphi \qquad (8.41)$$

mit c_2 = constant

Diese Profilsteigungsfunktion dient zur Erzeugung einer Profilflanke mit Zykloidenform (*Bild 8.5, Zeile 3*). Für den Fußverlauf des üblichen zweizähnigen Verdrängermodells ist der Wert $c_2 = 1$ zu setzen. Dieser Steigungswert legt die Form der Zykloide fest.

V. Für die EVOLVENTEN-Profilkontur (*Bild 8.6, Zeilen 8; 9; 10*)

$$\alpha(\varphi) = c_3 - \varphi \tag{8.42a}$$

mit $c_3 = \text{constant}$

Bei der Beschreibung der Evolvente durch die Profilsteigungsfunktion zur Festlegung des Wertes c_3 gilt für den dem Bezugsprofil DIN 867 entsprechenden Eingriffswinkel

$$\alpha(\varphi) = \frac{\pi}{2} - \alpha_{\text{PEvo}} - \varphi \; . \tag{8.42b}$$

Die Herleitung dieser Evolventen-Profilsteigungsfunktion beruht auf der notwendigen Bedingung, daß die Berührnormalenverlängerung stets den festen Grundkreis mit dem konstanten Grundkreisradius r_b berühren muß [8.6].

$$r_{bj}(\varphi) = r_j \cdot \sin\big[\alpha(\varphi) + \varphi\big] \tag{8.43a}$$

oder mit $\alpha_{\text{P Evo}}$ als Eingriffswinkel die übliche Gleichung

$$r_{b\,\text{Evo}} = r_j \cdot \cos(\alpha_{\text{P Evo}}) \overset{!}{=} \text{constant} \tag{8.43b}$$

Für die Evolvente müssen die Gln.(8.43a und 8.43b) übereinstimmen.

$$r_{b\,\text{Evo}} \overset{!}{=} r_{bj}(\varphi) \tag{8.43c}$$

In **Bild 8.6-4** ist die Paarung mit Profilflanken als Evolvente gut zu erkennen, insbesondere aufgrund der geraden Eingriffslinien, mit $\alpha_{\text{P Evo}} = 45°$. Kopf- und Fußflanken wurden als Kreiskonturen ausgeführt.

VI. Für beliebige Funktionen

$$a(\varphi) = f(\varphi) \tag{8.44}$$

Mit dieser Profilsteigungsfunktion kann anforderungsspezifisch ein gewünschter Flankenverlauf erzielt werden, sofern er das Verzahnungsgesetz erfüllt.

In *Bild 8.5* sind außer den erwähnten die wichtigsten Ausführungen von Wälz-kolbenpumpen gezeigt, die sowohl herkömmlicher [8.2 ; 8.4], als auch neuerer [8.13] Bauart sind. Es ist erstaunlich, wie man das Bauvolumen durch geschickte Formgebung im Vergleich zu Lorenz [8.4] mit 148% gegenüber dem üblichen IGT-Aerzen mit 100% [8.2] auf 88% beim STEPRO-Profil [8.13] verringern kann bei gleicher Förderleistung. Voraussetzung sind die neuen Berechnungsmethoden nach [8.14 ; 8.9].

8.5.2.2 Anwendungsangepaßte Profilsteigungsfunktionen

Ein großer Vorteil dieser Art der Flankenprofilbestimmung ist durch die freie Wahl der Eingangsparameter für die Profilsteigungsfunktion gegeben. Es lassen sich für die jeweilige Zielsetzung optimale Profilkonturen ermitteln und dabei kann an vorhandene angelehnt werden oder es werden völlig neue entworfen. Das Vorgehen ist meist iterativ, um über noch zu behandelnde Bewertungskriterien einen befriedigenden Flankenverlauf zu erhalten.

Für das einfache Außenzahnradpaar dem Prinzip der zweizähnigen Verdränger-pumpen entsprechend [8.11] wird in **Bild 8.6** eine katalogartige [8.10] Zusammen-fassung mit Beispielen verschiedener Ansätze der Profilsteigungsfunktion ge-bracht. Es gelten folgende Eingangsparameter:

Zähnezahl Grundrad	z	$=$	2
Übertragungsverhältnis	i	$=$	-1
Zahnverteilungsfaktor	λ_2	$=$	1
Kopfverstärkungsfaktor	λ_a	$=$	1
Profil-Symmetriefaktor	σ	$=$	1
Flanken-Überlauffaktor	ν	$=$	0

Es bedeuten:

λ_z Zahnteilungsfaktor, der das Verhältnis zwischen gleichmäßigem oder ungleichmäßigem Teilungswinkel angibt,

λ_a Kopfverstärkungsfaktor, der die Relation von Zahndicken- und Zahnlückenhalbwinkel für die linke Zahnflanke definiert und damit auch das Verhältnis der Zahnhöhen festlegt,

σ Profil-Symmetriefaktor, der die Beziehung der Zahnlücken- bzw-. Zahndicken-Halbwinkel zwischen rechter und linker Zahnflanke beschreibt,

ν Flanken-Überlaufwinkel, gibt das Verhältnis des Überlaufs der einzelnen Profilsektoren über den Zahnlücken- bzw. Zahndicken-Halbwinkel an.

Die *erste Spalte* von *Bild 8.6* entspricht dem Gliederungsteil eines Konstruktionskatalogs und zeigt, wie die Profilsteigungsfunktion verlaufen kann, um bestimmte Zahnflankenformen zu erreichen. Die *zweite Spalte* entspricht dem Hauptteil und zeigt die Form der Verzahnungen einschließlich der Eingriffslinie an

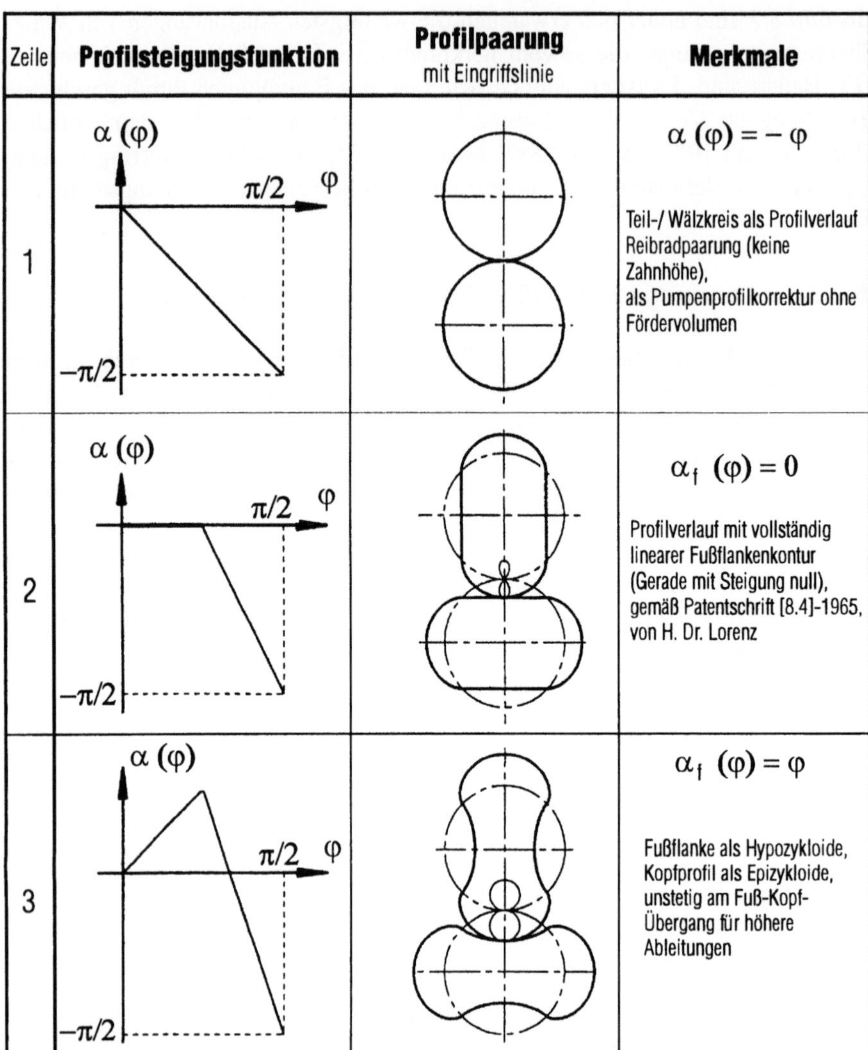

Bild 8.6. (*Teilbild 8.6-1 bis 8.6-3*) Katalogartige Zusammenstellung typischer Variationsmöglichkeiten der Wälzkolbenausführungen (mittlere Spalte), die zu ihnen gehörende Profilsteigungs-funktion *α (φ)*, (linke Spalte) und ihre kennzeichnenden Merkmale (rechte Spalte). Sie alle wurden durch Variation der Profilsteigungsfunktion entwickelt.

Teilbild 8.6-3: Evolventenprofile
Teilbild 8.6-4: Evolventenpaarung mit Eingriffslinien. Detail aus *Teilbild 8.6-3, Zeile 9.*

Zeile	Profilsteigungsfunktion	Profilpaarung mit Eingriffslinie	Merkmale
4			Fußflanke als Kreisbogen und Geradflankenkontur mit einer $\alpha = 45°$ - Tangentensteigung bei maximaler Fuß-/Kopfhöhe, Kopfprofil als Abwälzverlauf der Gegenrad-Fußflanke
5			Fußflanke als Kreisbogen und Geradflankenkontur mit einer $\alpha = 30°$ - Tangentensteigung bei mittlerer Fuß-/Kopfhöhe, Kopfprofil als Abwälzverlauf der Gegenrad-Fußflanke
6			Fußflanke als Gegenrad-Flanken-Profilverlauf mit freier Parameterfestlegung, Kopfprofil als Abwälzverlauf der Gegenrad-Fußflanke
7			$\alpha_f(\varphi) =$ arctan $[f(\varphi, r, r_f, \eta)]$ Fußflanke als vollständiger Kreisbogen mit Kreismittelpunkt auf der Zahnlücken-Mittellinie gemäß US-Patentschrift [8.13] - 1963 Kopfprofil als Abwälzverlauf der Gegenrad-Kreisbogen-Fußflanke.

Bild 8.6-2

<table>
<tr><th>Zeile</th><th>Profilsteigungsfunktion</th><th>Profilpaarung
mit Eingriffslinie</th><th>Merkmale</th></tr>
<tr><td>8</td><td>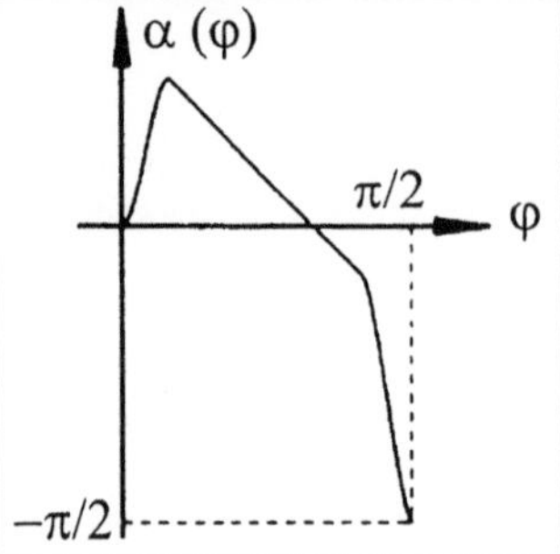
</td><td>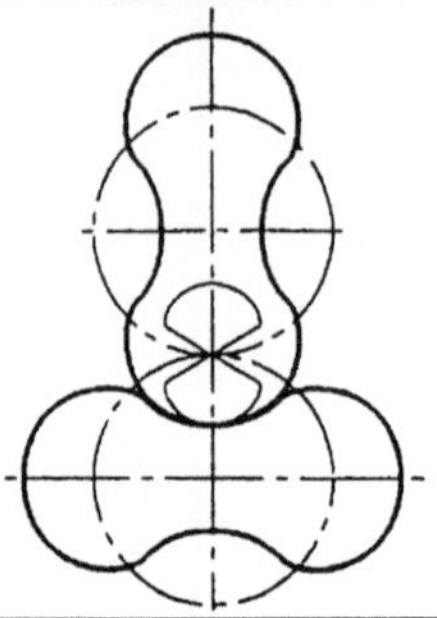</td><td>Profilflanke mit Evolventen-Konturverlauf für den Evolventen-Eingriffswinkel
$\alpha_{PEvo} = 30°$
und freiem Übergangskonturverlauf</td></tr>
<tr><td>9</td><td>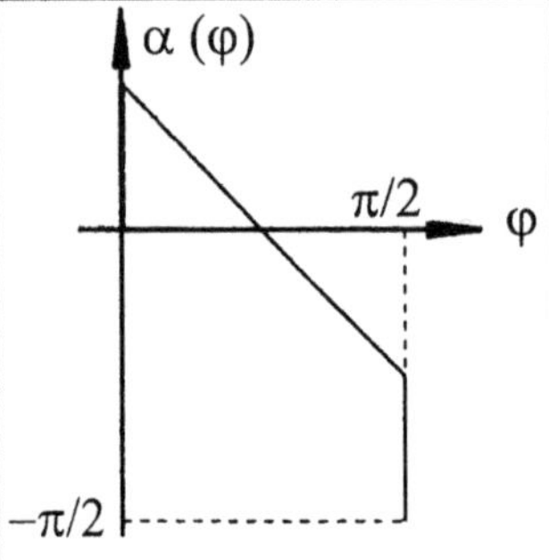
</td><td>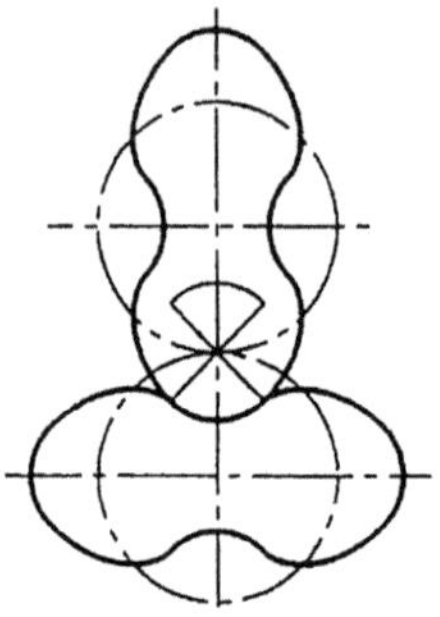</td><td>Profilflanke mit Evolventen-Konturverlauf für den Evolventen-Eingriffswinkel
$\alpha_{PEvo} = 45°$
und Übergangskonturverlauf als Kreisbogenstück</td></tr>
<tr><td>10</td><td>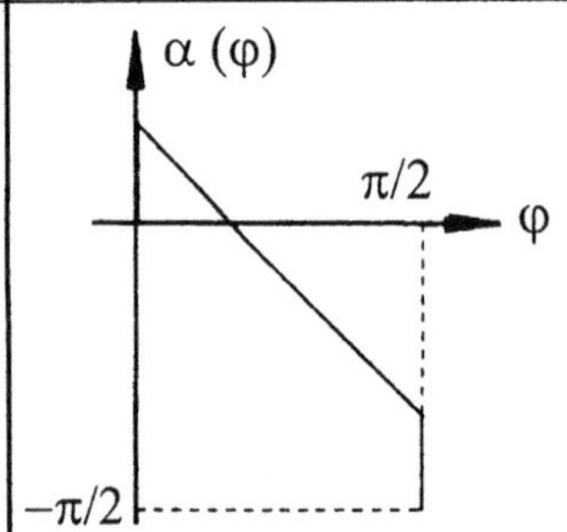
</td><td>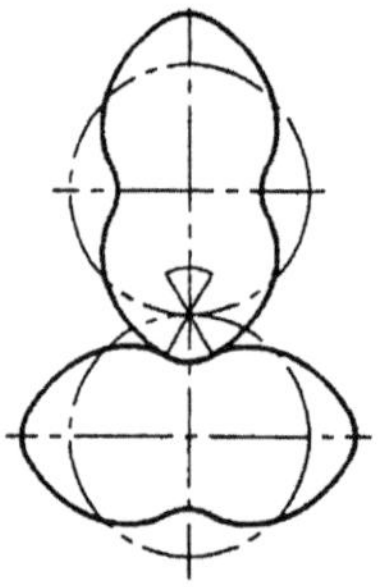</td><td>Profilflanke mit Evolventen-Konturverlauf für den Evolventen-Eingriffswinkel
$\alpha_{PEvo} = 60°$
und Übergangskonturverlauf als Kreisbogenstück</td></tr>
<tr><td>11</td><td>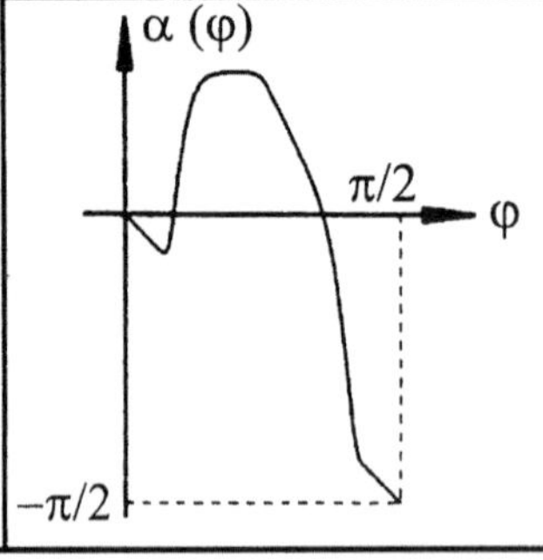
</td><td>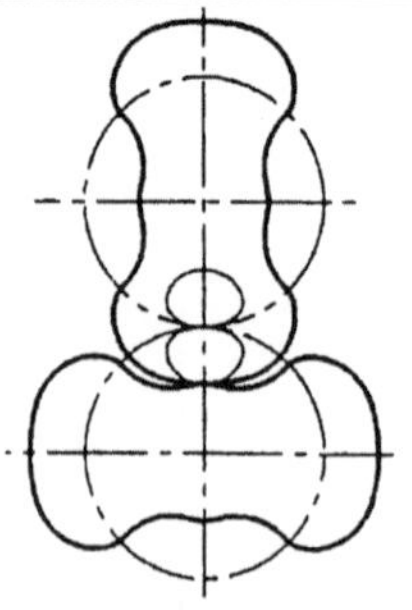</td><td>Fußflanke mit "Beule", d.h.: $\alpha_f(\varphi)$ -Vorzeichenumkehrung der Fußprofilsteigung zwecks hoher Schmiegung zwischen Kolbenkopf und Gehäuse-Zylinder, in der Vakuumtechnik als "Breitkopf-Profil" bekannt, u.a. für Verdrängermaschinen mit Voreinlaß-Kühlung.</td></tr>
</table>

Bild 8.6-3

Identische (Außen-) Zahnradpaarung
(mit Eingriffslinie)

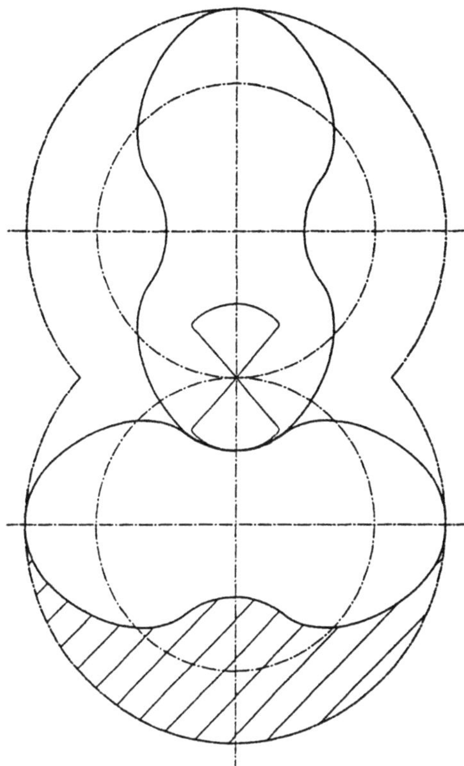

Bild 8.6-4

und die *dritte Spalte* stellt den Zugriffsteil dar, der die besonderen Merkmale des Profilverlaufs in den einzelnen Zahnsektoren enthält.

Aus dem Vergleich von *Spalte 1* und *2* ist gut zu erkennen, welchen Einfluß die Profilsteigungsfunktion im konkreten Fall auf die Flankenform hat und aus *Spalte 3* können die besonderen Eigenschaften der einzelnen Zahnradpaarungen entnommen werden.

8.6 Wichtige Gesichtspunkte für die Profilerstellung

8.6.1 Vorgehen

1. Von der jeweiligen Laufvariablen ausgehend, x am Bezugsprofil, der Zentriwinkel φ am Grundzahnrad, wird die Position des Wälzpunktes C festgelegt (*Bilder 8.2 ; 8.3*).

2. Vom Wälzpunkt aus wird der Profilsteigungswinkel als Funktion der Lauf-
    variablen angetragen.

3. Die Länge der Berührnormalen wird über die Lösung der Normalen-
    Differentialgleichung (abhängig auch von der Profilsteigungsfunktion) ge-
    funden, stellt die Verbindung zwischen Wälzpunkt und Flankenberührpunkt
    her und ergibt den Zahnflanken-Konturverlauf.

4. Mit den Gln. (8.9 ; 8.10 oder 8.11 ; 8.12) werden die jeweiligen Flanken-
    konturpunkte berechnet.

8.6.2 Möglichkeiten des Verfahrens

Da mit der Wahl der Profilsteigungsfunktion und der Wahl der jeweiligen
Randbedingungen der vollständige Flankenprofilverlauf festliegt, können alle sich
daraus ableitbaren Verzahnungsgrößen ermittelt werden. Man kann auch „rück-
wärts" einen vorhandenen Flankenverlauf durch Vermessung der tatsächlichen
Kontur und anschließender mathematischer Differentiation die zugehörigen Profilsteigungsfunktionen ermitteln, um gegebenenfalls Modifikationen zu ermöglichen.
Die Kenntnis des Berührungsnormalenvektors ermöglicht beliebige Flankenrück-
nahmen und den vollständigen Flankenkonturverlauf in sämtlichen Systemen zu
erfassen.

Im Gegensatz zu üblichen Verzahnungen wird bei Wälzkolbenprofilen auch eine kinematisch korrekte Paarung des Zahnkopfes eines Rades mit dem Zahnfußgrund des Gegenrades verlangt. Wie schon angedeutet, besteht sowohl die linke als
auch die rechte Flanke aus drei Abschnitten (Sektoren), für die verschiedene, jedoch abgestimmte Profilsteigungsfunktionen eingesetzt werden.

8.7 Beispiel für die Optimierung der Wälzkolbenkonturen

Mit dem Beispiel in **Bild 8.7** soll gezeigt werden, wie vorzugehen ist, um dem
Zahnprofil bestimmte, die Funktion verbessernde Konturen zu geben. Hauptziel
bei Wälzkolbenpumpen ist es, den Flächennutzungsgrad μ möglichst groß zu machen. Er ist definiert als die vierfache Rotorschöpffläche A_R (Fläche zwischen Gehäuse und waagerechtem Wälzkolben in *Bild 8.7, Teilbild 2*) zur Querschnittsflä-
che A_q.

$$\mu = \frac{4 \cdot A_R}{A_q} \tag{8.45}$$

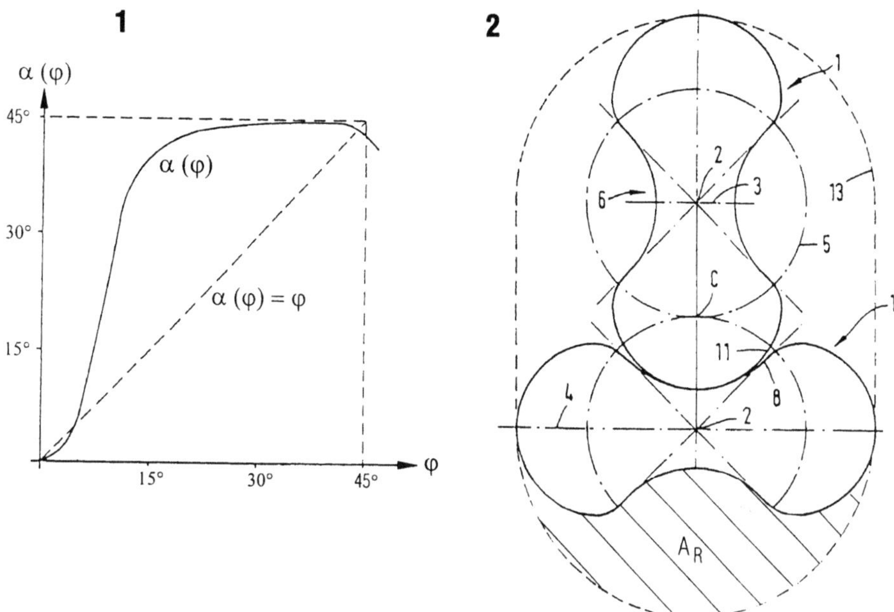

Bild 8.7.

Teilbild 1: Profilsteigungsfunktion $\alpha\,(\varphi)$, ausgezogene Kurve, optimiert mit kleinem Steigungswinkel (Schmiegung) am Anfang und Ende. Gestrichelte Kurve: $\alpha\,(\varphi)$ nicht optimiert.

Teilbild 2: Eine optimierte Wälzkolbenkontur. Große Schöpffläche A_R, gute Abdichtung, anschmiegende Berührpunkte, daher kleine Bauweise (s. *Bild 8.5*) und gleichförmiger Lauf [8.13].

Die Fördermenge V_{th} ist demnach mit der Tiefe l des Raumes und n Kolben zu multiplizieren

$$V_{th} \; = \; 4\,A_R\,l\,n \tag{8.46}$$

Weiter ist ein hoher volumetrischer Wirkungsgrad η gefordert (Verhältnis der effektiv geförderten zur theoretisch förderbaren Fluidmenge). Er wird erreicht, wenn der "Berührungspunkt" sich in einer möglichst großen Schmiegungsfläche zwischen dem Kolben und dem Gehäuse befindet, so daß der Rückfluß klein bleibt. Daher muß die Profilneigung in der Taille und am Kopf sehr klein sein, wie in *Bild 8.7, Teilbild 2* zu erkennen ist [8.13]. Um diesen Effekt zu erzielen, wurde die Profilsteigungsfunktion (*Bild 8.7, Teilbild 1*) im Anfangs- und im Endbereich sehr flach gehalten. Der Erfolg war ein extrem guter Flächennutzungsgrad (μ = 62% gegenüber 50% bei üblichen Rotoren) und ein hoher volumetrischer Wirkungsgrad, wegen der langen Spalte. Als Folgerung daraus konnte die Pumpe kleiner gebaut werden, wie in *Bild 8.5* gezeigt wurde.

8.8 Anwendung für Zahnräder der verschiedensten Art

Die Profilerzeugung mit der "Steigungsfunktions-Methode" ist allgemeingültig, so daß auch Verzahnungen mit Evolventenflanken erzeugt werden können, wie in den *Zeilen 8* und *9* des *Bildes 8.6* zu erkennen ist.

Eine Zahnradpaarung mit vier zu vier Zähnen ist in **Bild 8.8** dargestellt. Es handelt sich hier um zykloidische Flanken, die auch geeignet sind, sich selber anzutreiben, so daß auf eine zusätzliche außenliegende Verzahnung, welche bei allen bekannten Pumpen den Synchronlauf der Wälzkolben gewährleistet, ggf. verzichtet werden kann und das System daher nach außen vollständig abzuschließen ist. Die Abgrenzung der einzelnen Förderflächen ist durch die Angrenzung des Zahnkopfes und des Fußgrundes gegeben. Die zahlreichen Schöpfflächen pro Rad erzeugen einen gleichförmigeren Förderstrom.

Für reine Antriebsräder lassen sich auch Evolventenverzahnungen erzeugen für die Drehzahlübertragung mit beinahe beliebiger Zahngrundausbildung.

In den folgenden Bildern wird die Vielfalt dieser Profilerzeugungsmethode veranschaulicht.

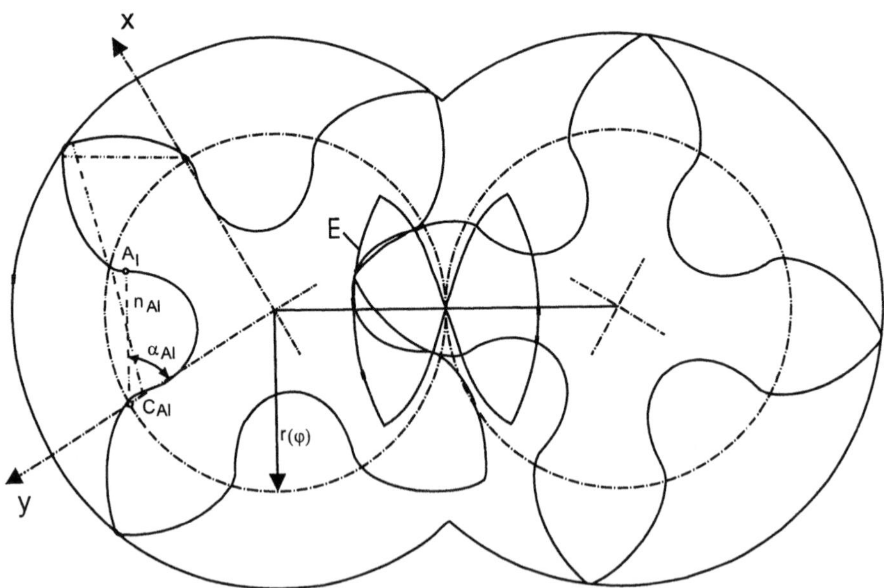

Bild 8.8. Ausbildung der Wälzkolben als 4-zähnige Zahnräder, die sich selber antreiben können und sowohl an der Gehäusewand als auch im Fußgrund stets Berührung haben. Infolge von zahlreichen Schöpfflächen ergibt sich ein gleichförmigerer Druckverlauf als bei den 2-zähnigen Wälzkolben.

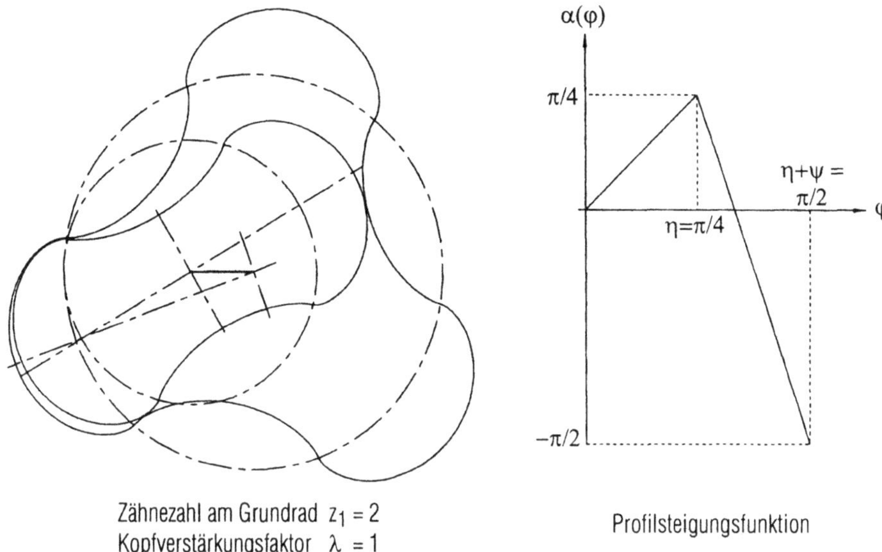

Bild 8.9-1

Bild 8.9. Veränderte Profilkonturen bei Änderung der Zähnezahl, jedoch gleichem Kopfverstärkungsfaktor $\lambda = 1$ (Verhältnis der Zahnhöhen). Qualitativ gleicher Verlauf der Profilsteigungsfunktion.

Teilbild 8.9-1: $z_1 = 2$; $z_2 = 3$; $\lambda = 1$

Teilbild 8.9-2: $z_1 = 3$; $z_2 = 4$; $\lambda = 1$

Teilbild 8.9-3: $z_1 = 4$; $z_2 = 5$; $\lambda = 1$

Die **Bilder 8.9-1 bis 8.9-3** zeigen eine Gruppe von Außen-Hohlradpaarungen, bei denen sich die Zähnezahlen von $z_1/z_2 = 2/3$ bis $4/5$ ändern, jedoch der Kopfverstärkungsfaktor λ (Verhältnis der beiden Zahnhöhen) mit $\lambda = 1$ konstant bleibt. Auch die Profilsteigungsfunktionen im Diagramm haben den gleichen Verlauf bis auf die kürzere Periode φ bei den größeren Zähnezahlen und das größere Maximum und kleinere Minimum. Mit Ausführungen, wie sie in *Bild 8.9-3* gezeigt werden, kann man z.B. 5-Kammersysteme erzeugen, die gegeneinander abgeschlossen sind und sich nach Maßgabe des Ritzels öffnen und schließen. Bei richtiger Steuerung könnten sie als Hydraulik-Motor [8.12] ausgebildet werden, wenn Überdruck am Eingang und Unterdruck am Ausgang herrscht oder bei Antrieb des Ritzels als Pumpe ausgebildet werden, siehe auch [8.3].

Andere Verhältnisse lassen sich erzielen, wenn, wie in den **Bildern 8.10-1 bis 8.10-3**, die Zähnezahl wohl konstant bleibt, $z_1/z_2 = 3/4$, der Kopfverstärkungsfaktor λ sich jedoch ändert, in den Beispielen von $\lambda = 0,2$ bis $\lambda = 5$. Die Profilsteigungsfunktion bleibt im grundsätzlichen Verlauf gleich, die Maxima werden mit

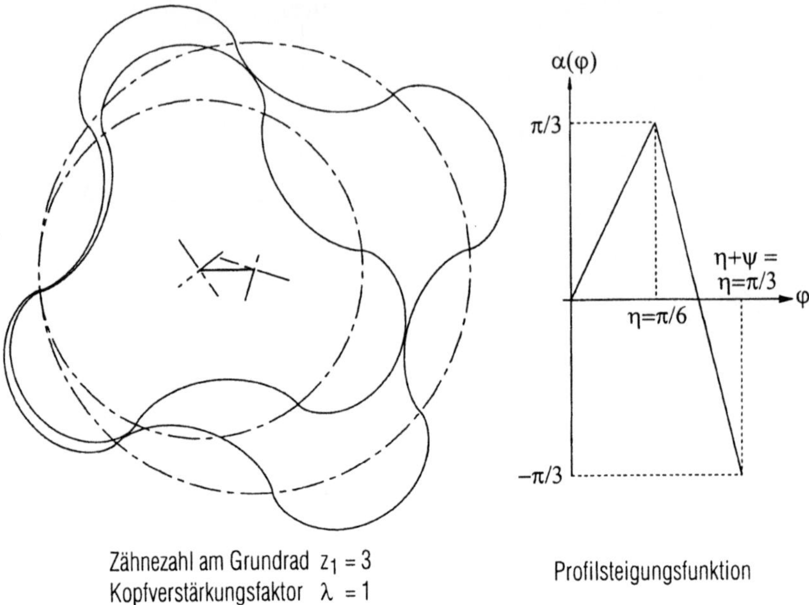

Zähnezahl am Grundrad $z_1 = 3$
Kopfverstärkungsfaktor $\lambda = 1$

Profilsteigungsfunktion

Bild 8.9-2

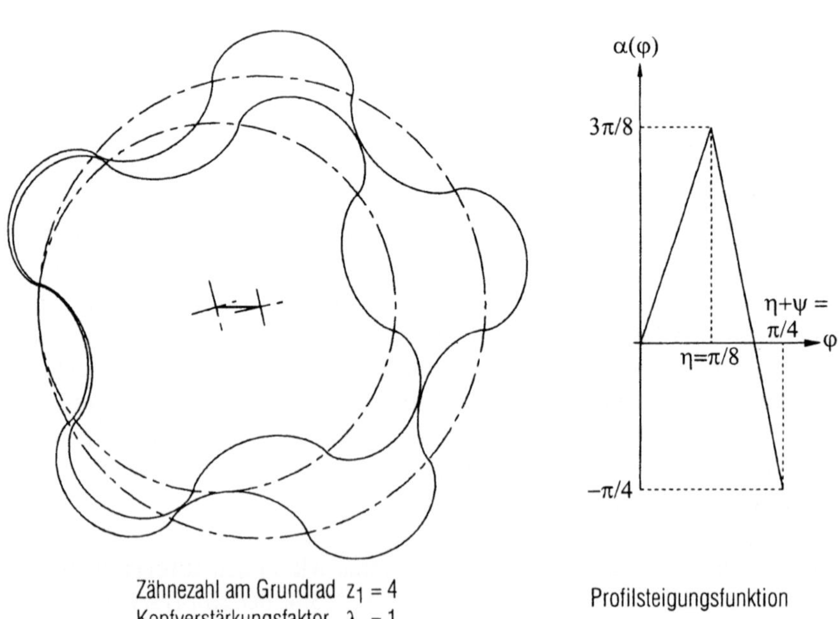

Zähnezahl am Grundrad $z_1 = 4$
Kopfverstärkungsfaktor $\lambda = 1$

Profilsteigungsfunktion

Bild 8.9-3

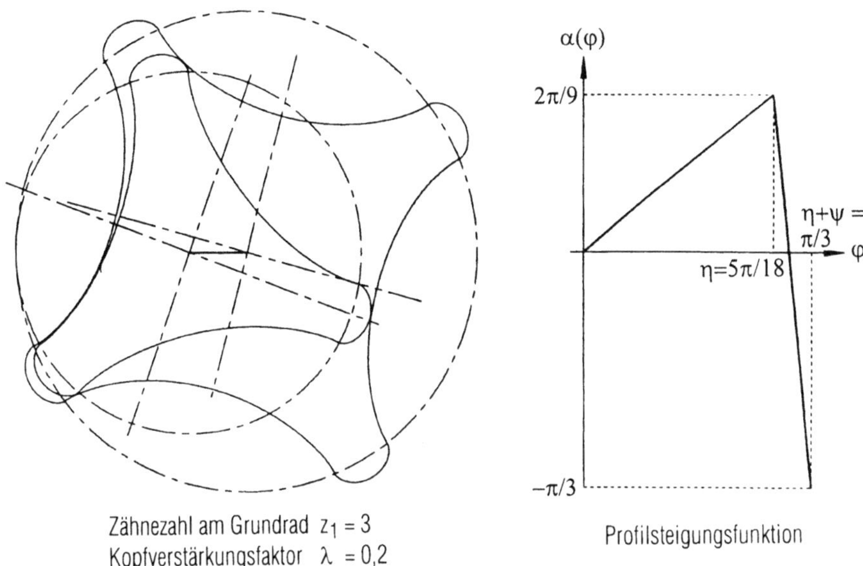

Bild 8.10-1

Bild 8.10. Veränderte Profilkonturen bei gleicher Grundzähnezahl z_1 = 3 und gleicher Hohlrad-Gegenradzähnezahl z_2 = 4, jedoch verschiedenen Kopfverstärkungsfaktoren λ. Qualitativ gleicher Verlauf der Profilsteigungsfunktionen $\alpha\,(\varphi)$.

Teilbild 8.10-1: z_1 = 3 ; z_2 = 4 ; λ = 0,2

Teilbild 8.10-2: z_1 = 3 ; z_2 = 4 ; λ = 1,0

Teilbild 8.10-3: z_1 = 3 ; z_2 = 4 ; λ = 5,0

dem Kopfverstärkungsfaktor größer, sind aber sehr stark phasenverschoben. Das ist verständlich, weil der Fußgrund in *Bild 8.10-1* viel größer als der Zahnkopf ist, verläuft der steigende Ast über einen größeren Drehwinkelbereich φ. Der Zahnlückenhalbwinkel am Teilkreis ist η = 5π/18, während er im Fall von *Bild 8.10-3* nur η = π/18 beträgt. Der Zahndicken-Halbwinkel ψ macht den Rest aus, nämlich ψ = π/3 - η.

Die beinahe unbegrenzte Mannigfaltigkeit der Flankenformen soll in der Serie der Teilbilder von **Bild 8.11** gezeigt werden. *Teilbild 8.11-1* bringt einen sehr kompakten 1-Zahn großer Kopfstärke (λ = 4) mit einem dünnen Außen-3-Zahn im Eingriff, *Teilbild 8.11-2* dagegen einen dünnen 2-Zahn (λ = 0,2) mit einem kräftigen Außen-2-Zahn. Extreme Verhältnisse sind auch in der Paarung von *Teilbild 8.11-3* dargestellt. Ein dünner 6-Zahn (λ = 0,2) arbeitet mit einem dicken Außen-4-Zahn. Es ergibt sich φ aus η und einer Konstanten:

$$\varphi = \eta + 4 \tag{8.47}$$

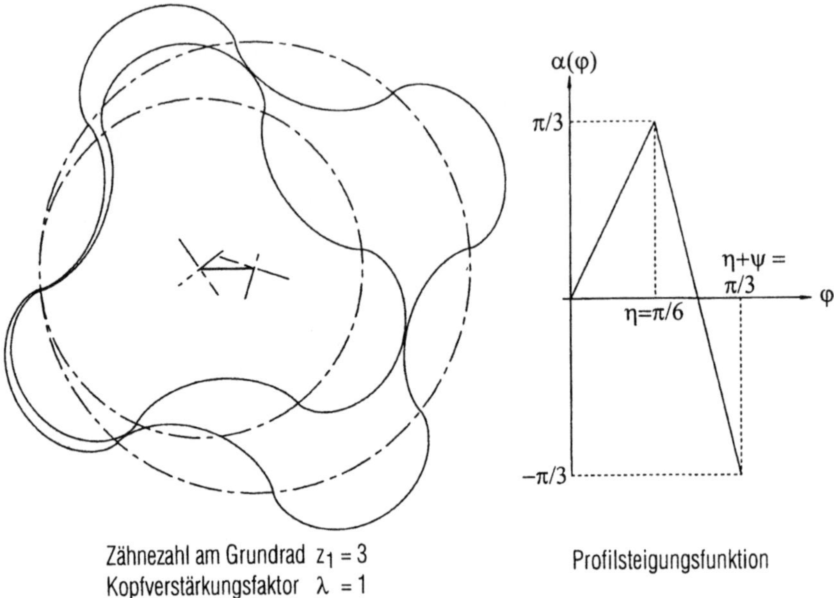

Zähnezahl am Grundrad $z_1 = 3$
Kopfverstärkungsfaktor $\lambda = 1$

Profilsteigungsfunktion

Bild 8.10-2

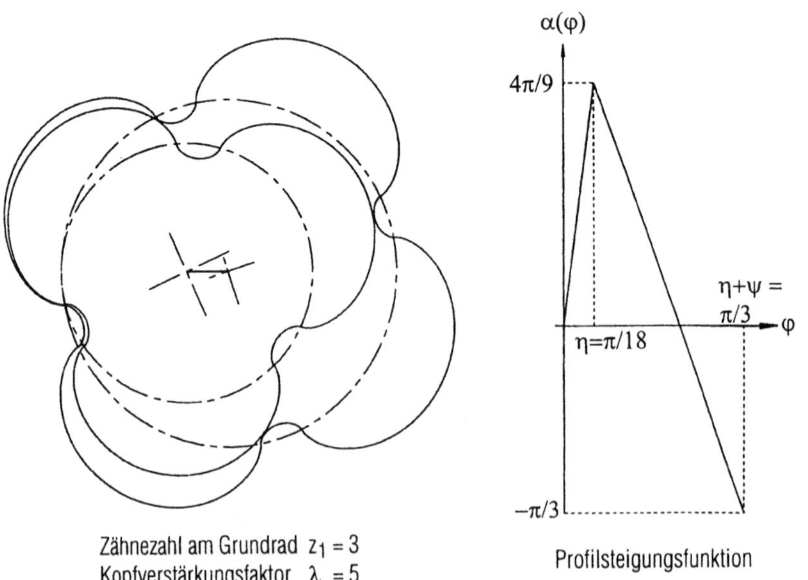

Zähnezahl am Grundrad $z_1 = 3$
Kopfverstärkungsfaktor $\lambda = 5$

Profilsteigungsfunktion

Bild 8.10-3

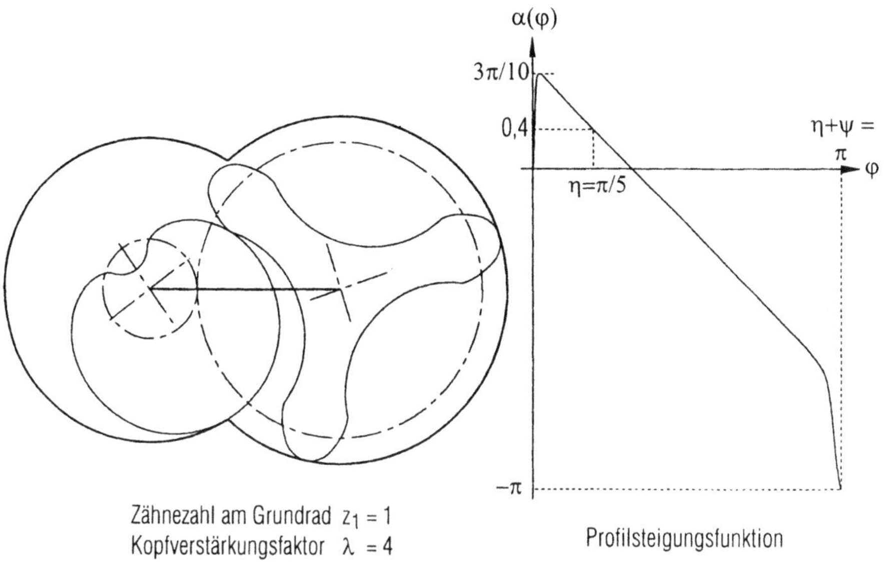

Bild 8.11-1

Bild 8.11. Bestimmte Sonderformen von Profilkonturen entstehen, wenn extreme Zähnezahlen z_1 oder extreme Kopfverstärkungsfaktoren λ vorliegen. Als Beispiele dienen folgende Außenrad-Getriebe:

Teilbild 8.11-1: z_1 = 1 ; z_2 = -3 ; λ = 4

Teilbild 8.11-2: z_1 = 2 ; z_2 = -2 ; λ = 0,2

Teilbild 8.11-3: z_1 = 6 ; z_2 = -4 ; λ = 0,2

Die Beispiele der *Bilder 8.9* bis *8.11* zeigen, daß es bei Veränderung der Profilsteigungsfunktion α (φ), des Übertragungsverhältnisses i und des Zahnverstärkungsfaktors λ möglich ist, beinahe jeden Wunsch zur Erzeugung bestimmter Zahnformen zu erfüllen. Wird der Flankenkontur-Rücknahmefaktor δ (φ) mit berücksichtigt, kann man zwischen den Profilen definierte Spalten lassen und einen berührungslosen Paarungsverlauf einbauen oder den Rücknahmeabstand als notwendiges Flankenspiel auslegen.

Auch eine große Schmiegung, durch welche der Fluidrücklauf erschwert wird, kann von vornherein vorgesehen werden, wie bei der Ausführung von *Bild 8.7* gezeigt wurde. Durch die analytische Erfassung der gesamten Zahnradkinematik [8.14] sind auch viele andere Verzahnungsgrößen bekannt wie die Überdeckung, die Relativgeschwindigkeiten und gegebenenfalls die Kräfteverhältnisse, worauf hier nicht eingegangen wurde.

Die Profilsteigungsfunktion ermöglicht, bestimmte Verzahnungseigenschaften von vornherein einzubauen und eine echte Synthese der Zahnprofile zu realisieren.

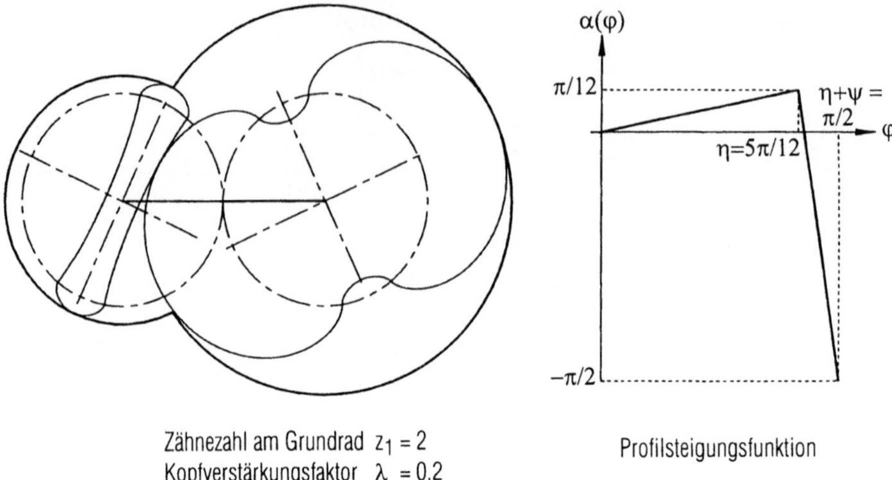

Zähnezahl am Grundrad $z_1 = 2$
Kopfverstärkungsfaktor $\lambda = 0,2$

Profilsteigungsfunktion

Bild 8.11-2

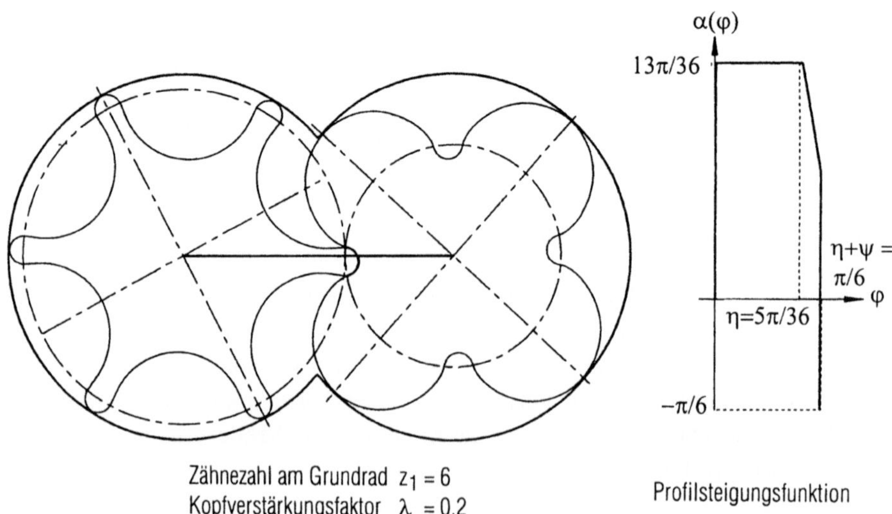

Zähnezahl am Grundrad $z_1 = 6$
Kopfverstärkungsfaktor $\lambda = 0,2$

Profilsteigungsfunktion

Bild 8.11-3

8.9 Berechnungsbeispiele mit verschiedenen Ausgangswerten

Anhand der folgenden Berechnungsbeispiele nach Steffens [8.14] soll gezeigt werden, daß es relativ einfach ist, die Anpassungsgleichungen an verschiedene Verzahnungsparameter zu ermitteln. Die einzelnen Verzahnungsgrößen werden nicht direkt angegeben, sondern mit Hilfe der Verhältnisfaktoren

Beispiel 1:   Ein zweizähniges Verdrängerprofil als ZYKLOIDE für ein identisches Rotorpaar.

Die Verzahnungsgrößen sind $z = 2$; $i = -1$; $\lambda_z = 1$; $\lambda_a = 1$; $\sigma = 1$; $\nu = 0$.

Ausgangswerte

Zahnlücken-Halbweite	$\eta = \pi/4$
Profilsteigungsfunktion der Zykloide	$\alpha(\varphi) = \varphi$

$$r_f = \mu_f \cdot r \tag{8.47}$$

Das Fußwertverhältnis

$$\gamma = 2\pi \cdot \lambda_z/z \tag{8.48}$$

Der Teilungswinkel

$$h_f = (1 - \mu_f) \cdot r \tag{8.49}$$

Die Zahnfußhöhe

Es wird bestimmt

$$r_f = r - n(\varphi = 0) \tag{8.50}$$

mit

$$n(\varphi = 0) = r \int_0^{\pi/4} \sin\left[\alpha(\gamma) + \gamma\right] d\gamma \ . \tag{8.51}$$

Aus Gl.(8.47 ; 8.50 ; 8.51) erhalten wir das Fußwertverhältnis

$$\mu_f = 1 - \int_0^{\pi/4} \sin\left[\alpha(\gamma) + \gamma\right] d\gamma \ . \tag{8.52}$$

Für das Fußwertverhältnis μ_f der Zykloide gilt

$$\mu_{fZyn} = 1 - \int_0^{\pi/4} \sin(2 \cdot \gamma) d\gamma = 1 - \left[-\frac{1}{2}\cos(2 \cdot \gamma) \right]_0^{\pi/4} = 0{,}5 \ . \tag{8.53}$$

Das Kopfwertverhältnis μ_a wird für dieses Beispiel folgendermaßen bestimmt:

$$r_a = \mu_a \cdot r \tag{8.54}$$

$$r_a = r + n(\varphi = 0) \tag{8.55}$$

mit

$$n(\varphi = 0) \; = \; r \cdot \int_0^{\pi/4} \sin\left[\alpha(\gamma) + \gamma\right] d\gamma \; . \tag{8.51}$$

Durch Zusammenfassen dieser Gleichungen ergibt sich

$$\mu_a \; = \; 1 + \int_0^{\pi/4} \sin\left[\alpha(\gamma) + \gamma\right] d\gamma \; . \tag{8.56}$$

Das Kopfwertverhältnis μ_a der Zykloide ist

$$\mu_{a\,Zyk} \; = \; 1 + \int_0^{\pi/4} \sin(2\cdot\gamma) d\gamma \; = \; 1 + \left[-\frac{1}{2}\cos(2\cdot\gamma)\right]_0^{\pi/4} = 1{,}5 \; . \tag{8.57}$$

Wegen der identischen Rotorpaarkontur muß in diesem Fall stets erfüllt sein.

$$\mu_{a\,Zyk} \; + \; \mu_{f\,Zyk} \; \overset{!}{=} \; 2 \; . \tag{8.58}$$

Die Berührnormalenlänge n(φ) ist für den Fußabschnitt

$$n_f(\varphi) \; = \; r \cdot \left[\int_0^{\pi/4} \sin(2\cdot\gamma) d\gamma \; - \; \int_0^{\varphi} \sin(2\cdot\gamma) d\gamma\right] = \frac{1}{2}\cdot r \cdot \cos(2\cdot\varphi) \; . \tag{8.59}$$

Die Profilkoordinaten der Grundradfußkontur ergeben sich damit für
$0 \le \varphi \le \pi/4$ zu

$$x_{1f}(\varphi) = r \cdot \sin\varphi + n_f(\varphi)\cdot\sin\{\alpha_f(\varphi)\} = r\cdot\sin\varphi + \frac{1}{2}\cdot r\cdot\cos(2\cdot\varphi)\cdot\sin\varphi \tag{8.60}$$

$$y_{1f}(\varphi) = r \cdot \cos\varphi - n_f(\varphi)\cdot\cos\{\alpha_f(\varphi)\} = r\cdot\cos\varphi - \frac{1}{2}\cdot r\cdot\cos(2\cdot\varphi)\cdot\cos\varphi \; . \tag{8.61}$$

Aufgrund der geforderten Rotorprofil-Gleichheit kann die Gegenradkopfkontur, die für den genannten Drehwinkelbereich gleichermaßen erstellt wird, auf das Grundradsystem als Kopfverlauf übertragen werden, wenn folgende zwei Übertragungsschritte ausgeführt würden:

a) Eine Koordinatentransformation als Drehung um 90°. Die unmittelbar erstellte Gegenradkontur, d.h. bei i = −1 lautet nach Gln.(8.11 ; 8.12) für

$$0 \le \varphi \le \pi/4$$

$$x_{2a}(\varphi) = r \cdot \sin\varphi + n_f(\varphi) \cdot \sin\{2 \cdot \varphi + \alpha_f(\varphi)\} =$$
$$= r \cdot \sin\varphi + \frac{1}{2} \cdot r \cdot \cos(2 \cdot \varphi) \cdot \sin(3 \cdot \varphi) \tag{8.62}$$

$$y_{2a}(\varphi) = -r \cdot \cos\varphi - n_f(\varphi) \cdot \cos\{2 \cdot \varphi + \alpha_f(\varphi)\} =$$
$$= -r \cdot \cos\varphi - \frac{1}{2} \cdot r \cdot \cos(2 \cdot \varphi) \cdot \cos(3 \cdot \varphi) \tag{8.63}$$

Diese Koordinatentransformation zur Übertragung der Gegenradkoordinaten auf das Grundradsystem mit der $\vartheta = 90°$-Drehung ergibt zunächst:

$$x_1 = x_2 \cdot \cos\vartheta - y_2 \cdot \sin\vartheta \Rightarrow x_1 = -y_2 \tag{8.64}$$
$$y_1 = x_2 \cdot \sin\vartheta + y_2 \cdot \cos\vartheta \Rightarrow y_1 = x_2 \tag{8.65}$$

Somit erhält man im ersten Übertragungsschritt folgende Koordinaten im Grundsystem:

$$x_{1a}(\varphi^*) = r \cdot \cos\varphi^* + \frac{1}{2} \cdot r \cdot \cos(2 \cdot \varphi^*) \cdot \cos(3 \cdot \varphi^*) \tag{8.66}$$

$$y_{1a}(\varphi^*) = r \cdot \sin\varphi^* + \frac{1}{2} \cdot r \cdot \cos(2 \cdot \varphi^*) \cdot \sin(3 \cdot \varphi^*) \tag{8.67}$$

b) Zur Herstellung der gleichen Laufrichtung bei dem φ-Parameterfortschritt (identische Lauforientierung auf der Profilkontur bei φ-Änderung) gilt:

$$\varphi = \frac{\pi}{2} - \varphi^* \quad \text{bzw.} \quad \varphi^* = \frac{\pi}{2} - \varphi \tag{8.68}$$

Durch Einsetzen in die Gln.(8.66 und 8.67) ergeben sich folgende Grundkopf-Profilkoordinaten:

$$x_{1a}(\varphi) = r \cdot \cos\left(\frac{\pi}{2} - \varphi\right) + \frac{1}{2} \cdot r \cdot \cos(\pi - 2\varphi) \cdot \cos\left(3 \cdot \frac{\pi}{2} - 3\varphi\right)$$
$$= r \cdot \sin\varphi + \frac{1}{2} \cdot r \cdot \left(-\cos(2 \cdot \varphi)\right) \cdot \left(-\sin(3 \cdot \varphi)\right) \tag{8.69}$$
$$= r \cdot \sin\varphi + \frac{1}{2} \cdot r \cdot \cos(2 \cdot \varphi) \cdot \sin(3 \cdot \varphi)$$

$$y_{1a}(\varphi) = r \cdot \sin\left(\frac{\pi}{2} - \varphi\right) + \frac{1}{2} \cdot r \cdot \cos(\pi - 2\varphi) \cdot \sin\left(3 \cdot \frac{\pi}{2} - 3\varphi\right)$$
$$= r \cdot \cos\varphi + \frac{1}{2} \cdot r \cdot \left(-\cos(2 \cdot \varphi)\right) \cdot \left(-\cos(3 \cdot \varphi)\right) \tag{8.70}$$
$$= r \cdot \cos\varphi + \frac{1}{2} \cdot r \cdot \cos(2 \cdot \varphi) \cdot \cos(3 \cdot \varphi)$$

Für $0 \leq \varphi \leq \frac{\pi}{4}$ ist damit die gesamte Rotorprofilkontur als ZYKLOIDE erstellt.

8.10 Gleichungen zur Berechnung zusätzlicher Verzahnungsgrößen

In den anschließenden drei Tabellen sind zusätzliche Gleichungen enthalten, die es gestatten, die Kräfte am Grundrad sowie Konturradien zu berechnen, **Teilbild 8.12-1**. Ebenso ist es möglich, mit Hilfe der Gleichungen in **Teilbild 8.12-2** die einzelnen Geschwindigkeiten zu erfassen und mit den Gleichungen in **Teilbild 8.12-3** die Algorithmen für beliebige Achslagen-Konfigurationen zu erweitern.

Kinetostatik	am Grundrad	am Gegenrad
	treibend mit: M_{t1} = const.	*getrieben*, Reibung: $\rho_R(\varphi) = \arctan\{\mu_R(\varphi)\}$
	Hilfsgröße: $r_{y1}(\varphi) = \sqrt{n(\varphi)^2 + r^2 - 2\cdot r\cdot n(\varphi)\cdot\cos\{\alpha(\varphi)+\varphi\}}$	*Hilfsgröße:* $r_{y2}(\varphi) = \sqrt{n(\varphi)^2 + (r/_i)^2 - 2\cdot r/_i\cdot n(\varphi)\cdot\cos\{\alpha(\varphi)+\varphi\}}$
Normalkraft	$F_n(\varphi) = r\cdot\sin\{\alpha(\varphi)+\varphi\}\cdot\dfrac{M_{t1}}{r_{y1}(\varphi)^2}$	
(Absolut-) Umfangskraft	$F_1(\varphi) = \dfrac{M_{t1}}{r_{y1}(\varphi)}$	$F_2(\varphi) = r\cdot\sin\{\alpha(\varphi)+\varphi\}\cdot\dfrac{F_n(\varphi)}{i\cdot r_{y2}(\varphi)}$
Tangentialkraft / Radialkraft	$F_{t1}(\varphi) = [r\cdot\sin\{\alpha(\varphi)+\varphi\} - n(\varphi)]\cdot\dfrac{M_{t1}}{r_{y1}(\varphi)^2}$	$F_{r2}(\varphi) = [r\cdot\cos\{\alpha(\varphi)+\varphi\} - i\cdot n(\varphi)]\cdot\dfrac{F_n(\varphi)}{i\cdot r_{y2}(\varphi)^2}$
(Ausgangs-) Drehmoment	$M_{t2}(\varphi) = r^2\cdot\sin^2\{\alpha(\varphi)+\varphi\}\cdot\dfrac{M_{t1}}{i\cdot r_{y1}(\varphi)^2}$	

Krümmungsradius:

$$\rho_j(\varphi) = n(\varphi) + \delta_j + \frac{r\cdot\cos\{\alpha(\varphi)+\varphi\}}{1 - i + d\alpha(\varphi)/d\varphi}$$

Schmiegungsradius:

$$sch_{rr}(\varphi) = \frac{\rho_1(\varphi)\cdot\rho_2(\varphi)}{\rho_2(\varphi) - \rho_1(\varphi)}$$

Bild 8.12. Zusätzliche Gleichungen zur Berechnung weiterer Verzahnungsgrößen

Teilbild 8.12-1: Kräfte, Momente und Krümmungsradien an der Verzahnung.
Teilbild 8.12-2: Kinematische Größen an der Verzahnung.
Teilbild 8.12-3: Algorithmuserweiterung für beliebige Achslagen-Konfigurationen

Bewegungsanalyse	**im j-Zahnsystem**
	Ansatz: *Grundrad mit* ω_1 *getrieben* *Hilfsgröße:* $r_{yj}(\varphi) = \sqrt{n(\varphi)^2 + (r/_i)^2 - 2 \cdot r/_i \cdot n(\varphi) \cdot \cos\{\alpha(\varphi) + \varphi\}}$
Absolutgeschwindigkeit	$v_{yj}(\varphi) = i \cdot \omega_1 \cdot r_{yj}(\varphi)$
Normalgeschwindigkeit	$v_n(\varphi) = \omega_1 \cdot r \cdot \sin\{\alpha(\varphi) + \varphi\} = -\omega_1 \cdot dn(\varphi)/d\varphi$
Tangentialgeschwindgkt.	$v_{tj}(\varphi) = \omega_1 \cdot [r \cdot \cos\{\alpha(\varphi) + \varphi\} - i \cdot n(\varphi)]$
Gleitgeschwindigkeit	$v_g(\varphi) = \omega_1 \cdot [1 - i] \cdot n(\varphi)$
Konturgeschwindigkeit $\dfrac{v_{kj}(\varphi)}{\omega_1} := \sqrt{\left[\dfrac{dx_j(\varphi)}{d\varphi}\right]^2 + \left[\dfrac{dy_j(\varphi)}{d\varphi}\right]^2}$ $v_{kj}(\varphi) := \omega_1 \cdot \left[\dot{x}_j(\varphi)^2 + \dot{y}_j(\varphi)^2\right]^{1/2}$	$v_{kj}(\varphi) = \omega_1 \cdot [r \cdot \cos\{\alpha(\varphi) + \varphi\} + [1 - i + d\alpha(\varphi)/d\varphi] \cdot n(\varphi)]$ $\Delta\{v_{kj}(\varphi) - v_{tj}(\varphi)\} = \omega_1 \cdot n(\varphi) \cdot [1 + d\alpha(\varphi)/d\varphi]$ $v_{kj}(\varphi) = v_{tj}(\varphi)$ *für:* $\omega_1 \cdot n(\varphi) = 0$ *(trivial)* $d\alpha(\varphi)/d\varphi = -1$ *(EVOLVENTE)*
Beschleunigung in Normalenrichtung	$b_n(\varphi) = \dfrac{v_n(\varphi)}{d\varphi} \cdot \dfrac{d\varphi}{dt} = \omega_1^2 \cdot r \cdot [1 + d\alpha(\varphi)/d\varphi] \cdot \cos\{\alpha(\varphi) + \varphi\}$
Beschleunigung in tangentialer Richtung	$b_{tj}(\varphi) = \omega_1^2 \cdot r \cdot [i - 1 - d\alpha(\varphi)/d\varphi] \cdot \sin\{\alpha(\varphi) + \varphi\}$
Gleitbeschleunigung	$b_g(\varphi) = \omega_1^2 \cdot r \cdot [i - 1] \cdot \sin\{\alpha(\varphi) + \varphi\}$
Beschleunigung in 'Kontur'-Richtung	$b_n(\varphi) = \omega_1^2 \cdot \left[r \cdot \sin\{\alpha(\varphi) + \varphi\} \cdot \left[i - 2 \cdot \left[1 + \dfrac{d\alpha(\varphi)}{d\varphi}\right]\right] + n(\varphi) \cdot \dfrac{d^2\alpha(\varphi)}{d\varphi^2}\right]$

Teilbild 8.12-2: Kinematische Größen an der Verzahnung.

Bild 8.12-2

Zahnflankenprofilfläche im grundradfesten Koordinatensystem:

$$x_1(\varphi_1,\varphi_2) = r(\varphi_1,\varphi_2)\cdot\sin\{\varphi_1\}\cdot\sin\{\varphi_2\} + n(\varphi_1,\varphi_2)\cdot\sin\{\alpha_1(\varphi_1,\varphi_2)\}\cdot\sin\{\alpha_2(\varphi_1,\varphi_2)\}$$

$$y_1(\varphi_1,\varphi_2) = r(\varphi_1,\varphi_2)\cdot\cos\{\varphi_1\}\cdot\sin\{\varphi_2\} - n(\varphi_1,\varphi_2)\cdot\cos\{\alpha_1(\varphi_1,\varphi_2)\}\cdot\sin\{\alpha_2(\varphi_1,\varphi_2)\}$$

$$z_1(\varphi_1,\varphi_2) = r(\varphi_1,\varphi_2)\cdot\cos\{\varphi_2\} + n(\varphi_1,\varphi_2)\cdot\cos\{\alpha_2(\varphi_1,\varphi_2)\}$$

gegeben:	$r(\varphi_1,\varphi_2)$	verzahnungsartspezifisch bekannt, also durch die Art der Zahnradpaarung eindeutig über die 'Wälzkörper' definiert
gewählt:	$\alpha_1(\varphi_1,\varphi_2)$ $\alpha_2(\varphi_1,\varphi_2)$	als Profilsteigungsfunktionen vorzugeben (ebenenweise für die beiden Laufparameter φ_1 und φ_2)
gesucht:	$n(\varphi_1,\varphi_2)$	Berührnormale zur Bestimmung der Flankenberührpunkte

erste Normalen-Differentialgleichung:

$$\frac{\partial n(\varphi_1,\varphi_2)}{\partial\varphi_1} = \frac{\partial r(\varphi_1,\varphi_2)}{\partial\varphi_1}\cdot\left[\cos\{\alpha_1(\varphi_1,\varphi_2)+\varphi_1\}\cdot\sin\{\alpha_2(\varphi_1,\varphi_2)\}\cdot\sin\{\varphi_2\}-\cos\{\alpha_2(\varphi_1,\varphi_2)\}\cdot\cos\{\varphi_2\}\right]$$

$$- r(\varphi_1,\varphi_2)\cdot\sin\{\alpha_1(\varphi_1,\varphi_2)+\varphi_1\}\cdot\sin\{\alpha_2(\varphi_1,\varphi_2)\}\cdot\sin\{\varphi_2\}$$

zweite Normalen-Differentialgleichung:

$$\frac{\partial n(\varphi_1,\varphi_2)}{\partial\varphi_2} = \frac{\partial r(\varphi_1,\varphi_2)}{\partial\varphi_2}\cdot\left[\cos\{\alpha_1(\varphi_1,\varphi_2)+\varphi_1\}\cdot\sin\{\alpha_2(\varphi_1,\varphi_2)\}\cdot\sin\{\varphi_2\}-\cos\{\alpha_2(\varphi_1,\varphi_2)\}\cdot\cos\{\varphi_2\}\right]$$

$$+ r(\varphi_1,\varphi_2)\cdot\left[\cos\{\alpha_1(\varphi_1,\varphi_2)+\varphi_1\}\cdot\sin\{\alpha_2(\varphi_1,\varphi_2)\}\cdot\cos\{\varphi_2\}+\cos\{\alpha_2(\varphi_1,\varphi_2)\}\cdot\sin\{\varphi_2\}\right]$$

Verträglichkeitsbedingung:

$$\frac{\partial}{\partial\varphi_2}\left[\frac{\partial n(\varphi_1,\varphi_2)}{\partial\varphi_1}\right] \overset{!}{=} \frac{\partial}{\partial\varphi_1}\left[\frac{\partial n(\varphi_1,\varphi_2)}{\partial\varphi_2}\right]$$

Mit dem Ansatz $\qquad\varphi_2 = \text{const.} = \pi/2$

und $\qquad\alpha_2(\varphi_1,\varphi_2) = \text{const.} = \pi/2$

ergibt sich die bekannte Beschreibung der ebenen Verzahnungsprofilkontur des Grundrades in der x_1-y_1-Ebene.

Bild 8.12-3

Teilbild 8.12-3: Algorithmuserweiterung für beliebige Achslagen-Konfigurationen

8.11 Schrifttum

[8.1]   DIN 3960:   Begriffe und Bestimmungsgrößen für Stirnräder und Stirnradpaare mit Evolventenverzahnungen. Berlin: Beuth-Verlag, 1987

[8.2]   Erikson, S.:   Rotationskolbengebläse. Deutsche Patentschrift DE 27 46 693 C2, 1978

[8.3]   Lehmann, M.:   Die Beschreibung der Zykloiden, ihrer Äquidistanten und Hüllkurven. Habilitationsschrift TU München 1981

[8.4]   Lorenz, A.:   Vakuumeinrichtung. Schweizerische Patentschrift Nr. 389 817, 9124/1965

[8.5]   Roth, K., Tsai, S.-J.:   Evolventenverzahnungen mit extremen Eigenschaften Teil V: Torusverzahnungen zur Achswinkeländerung im Lauf von $\Sigma = 0$ bis $180°$. Z. antriebstechnik 36 (1997) Nr. 3, S. 82-90.

[8.6]   Roth, K.:   Zahnradtechnik, Band I: Stirnradverzahnungen - Geometrische Grundlagen, Band II: Stirnradverzahnungen - Profilverschiebungen, Toleranzen, Festigkeit. Berlin, Heidelberg, New York: Springer, 1989

[8.7]   Roth, K.:   Evolventenverzahnung und Räderpaarung unter Verwendung einer solchen Verzahnung. Patentanmeldung (Österreich) 13. September 1967; Akt.Z. 38721/C/J/R

[8.8]   Roth, K.:   Planrad mit Evolventenverzahnung. BRD-Patent Nr. 1775345, 1968

[8.9]   Roth, K.:   Evolventenverzahnungen mit extremen Eigenschaften. Teil VI: Die Profilsteigungsfunktion zur Synthese beliebiger Zahnformen. Z. antriebstechnik 36 (1997) Nr. 7

[8.10]   Roth, K.:   Konstruieren mit Konstruktionskatalogen, 2. Aufl. Band II: Konstruktionskataloge. Berlin, Heidelberg, New York: Springer 1994.

[8.11]   Schäfer, D.:   Von den Roots zur Gegenwart. Industrie-Anzeiger 99 (1990), S. 44-46

[8.12]   Schmidt, E.:   Die Drehkolben- und Kreiskolbenmaschine, Entstehung einer neuen Art des Verbrennungsmotors mit überraschenden Eigenschaften. VDI-Berichte Nr. 45 (1960) S. 7-11

[8.13]   Steffens, R.:   Rotor für eine Wälzkolbenvakuumpumpe (Anmelder: Fa. Leybolds Aktiengesellschaft). Europäische Patentanmeldung 0472751A1, 28.8.1990

[8.14]   Steffens, R.:   Die Profilsteigungsfunktion, ein neuer Weg zur analytischen Bestimmung und Optimierung allgemeiner Profilflankenpaarungen. Dissertation TU Braunschweig, 1993

[8.15]   Tsai, S.-J.:   Vereinheitlichtes System evolventischer Zahnräder. Auslegung von Zylindrischen, Konischen, Kronen- und Torusrädern. Dissertation TU Braunschweig, 1997

9 Zahnrad-Erzeugungsverfahren

9.1 Zahnrad-Erzeugungsverfahren, konventionell und mit CNC-Maschinen

9.1.1 Notwendige Kenntnis der Erzeugungsverfahren

Bei der Entwicklung neuer Verzahnungen genügt es nicht, einen guten Einfall zu haben oder bekannte (Sonder-)Ausführungen in ihrer Geometrie mathematisch genau zu erfassen, sondern es muß auch sehr sorgfältig überprüft werden, ob Zahnrad-Erzeugungsverfahren bekannt sind, mit deren Hilfe es möglich ist, neu vorgeschlagene Verzahnungen herzustellen, am besten nach bewährten Fertigungsverfahren mit vorhandenen oder wenig veränderten Verzahnungsmaschinen. Diese Prüfung sollte systematisch durchgeführt werden [9.98].

Es wird daher ein Kapitel hinzugefügt, welches im wesentlichen alle Zahnrad-Erzeugungsverfahren enthält, mit denen die weit verbreiteten Stirnrad-, aber auch die behandelten Evolventen-Sonderverzahnungen erzeugt werden können. Eine allgemeine Übersicht aller Verfahren erfolgt systematisch [9.44] geordnet in sogenannten Konstruktionskatalogen [9.99]. Die jeweiligen Verfahrensschritte sind in zahlreichen Beispielen genauer erläutert. Bei den behandelten Sonderverzahnungen wird dann darauf hingewiesen, welches Verfahren für ihre Erzeugung geeignet oder gar besonders zu empfehlen ist.

Ein Hauptanliegen dieses Kapitels ist es, nicht lediglich neuste Fertigungsverfahren zu beschreiben, sondern ein möglichst vollständiges Gesamtspektrum aller bekannten Zahnrad-Erzeugungsverfahren darzustellen mit möglichst zahlreichen Vergleichen ihrer Vor- und Nachteile. Ein erwünschter Nebeneffekt besteht darin, daß an den einfachen, mechanischen Verfahren das Zahnrad-Erzeugungsprinzip besonders klar und überzeugend darstellbar ist. Ein weiterer Effekt, daß manches vergessene Verfahren eventuell wieder interessant werden könnte.

9.2 Grundsätzliche Möglichkeiten für Zahnrad-Erzeugungsverfahren

9.2.1 Überblick der Erzeugungsgruppen

Aufgrund der folgenden Systematik kann die große Vielfalt der Erzeugungsgruppen übersichtlich eingeordnet und überschaubar in einem Konstruktionskatalog dargestellt werden [9.103].

Konstruktionskataloge [9.99] erheben den Anspruch, einen *Gliederungsteil* zu haben, der annähernde Vollständigkeit garantiert, der im *Hauptteil* typische Vertreter der einzelnen Gruppen zeigt, und der im *Zugriffsteil* eine direkte Wahl der geeigneten Gruppe ermöglicht. Im Haupt-Übersichtskatalog, **Bild 9.1**, sind die Erzeugungsverfahren nach der Richtung der in der Zahnlücke eintretenden Materialbewegung gegliedert.

Zeile 1 erfaßt alle Verfahren, die durch Spanen in angenäherter *Zahnbreitenrichtung* die Flankenform erzeugen, wie Stoßen, Fräsen, Schleifen (ggf. Schaben, Honen). Es sind dies alle Verfahren, welche etwa in Flankenrichtung spanen und einen Auslauf benötigen, sei es wegen der Größe der Werkzeuge (Fräser, Schleifscheiben, Honräder) oder weil der Schneidhub nicht im Vollen enden darf (Räum- und Stoßwerkzeuge). Die Schneidenform steht in einer bestimmten Beziehung zur Flankenprofilform.

Auch *Zeile 2* erfaßt spanende Verfahren, allerdings solche, bei denen das Spanen sowohl in Richtung der Zahnbreite als auch der Zahnhöhe erfolgt. Die Schneidenform dieser Werkzeuge steht nur in loser Beziehung zur speziellen Zahnprofilform. Diese wird, wie beim Kopierfräsen oder Kopierschleifen, wie eine beliebige andere räumliche Oberfläche aus dem Vollen gefräst! Jeder Koordinatenpunkt der Flankenoberfläche muß mechanisch oder elektronisch angesteuert werden. Es sind dies die *Kopierverfahren*.

Zeile 3 kennzeichnet Verfahren, bei denen das Trennen senkrecht zur Flankenoberfläche erfolgt. Das ist hauptsächlich bei den *Abtragverfahren* der Fall.

Zeile 4 erfaßt die Verfahren, bei denen der Werkstoff vornehmlich in Richtung der Zahnhöhen verdrängt wird. Es sind dies die *Umformverfahren*.

Die *Zeile 5* steht für Verfahren, bei denen der Werkstoff aus allen Richtungen angetragen wird. Das trifft bei den Urform- bzw. *Gußverfahren* zu, einschließlich den pulvermetallurgischen Verfahren.

Gliederungsteil			Hauptteil	Zugriffsteil
Material-bewegung	Fertigungs-verfahren		Flankenform-Erzeugung	Fertigungs-Untergruppen
1	2	Nr	3	4
1.1 Parallel zur Flanken-richtung	1.2 Spanen, Werkzeug Profilge-bunden	1	1.3 v_S	1.4 Feinschneiden, Räumen, Profilstoßen, Hubschleifen, Längsprofilfräsen, -Schleifen, Wälz-Hobeln, -Stoßen, -Fräsen, -Schälen, -Schaben, -Schleifen, -Honen
2.1 Parallel zur Flan-kenober-fläche	2.2 Spanen, Werkzeug Profilun-gebunden	2	2.3 v_S	2.4 Gesteuertes Scheiben- und Fingerfräsen, Scheiben- und Fingerschleifen
3.1 Senkrecht zur Flanken-oberfläche	3.2 Ab-tragen	3	3.3 v_A	3.4 Elektroerodieren, Laserstrahlabtragen, Chemisches Abtragen, Elektrochemisches Abtragen
4.1 In Zahn-höhen-richtung	4.2 Um-formen	4	4.3 v_U	4.4 Gleitziehen(Zahnlängsrtg.) Gesenkformen, Längs-, Schrägwalzen, Quer-, Gewindewalzen, Scheibenwalzen
5.1 In allen Richtun-gen	5.2 Ur-formen	5	5.3 v_G	5.4 Kokillengießen, Druckgießen, Feingießen, Spritzen, Sintern

(In der Spalte "Fertigungsverfahren" steht senkrecht: Trennen)

Bild 9.1. Haupt-Übersichtskatalog

Erzeugungsmöglichkeiten zur Herstellung evolventischer Verzahnungen. Gliederung nach verschiedenen Materialbewegungen, die zwangsläufig entstehen und die Erzeugungsverfahren in verschiedene Gruppen unterteilen.

9.2.2 Erzeugungsverfahren Spanen mit profiltreuen Werkzeugschneidkanten

Die genannten Verfahren lassen sich in zwei Gruppen und sechs Untergruppen einteilen, nämlich

9.2.2.1 Spanen mit nicht abwälzenden Werkzeugschneidformen (fertigspanen, teilen)

Die Untergruppen sind

1.1 Fertigspanen, d.h. die Zähne gleichzeitig schneiden
1.2 Teilen, das bedeutet, jede Zahnlücke einzeln schneiden und um einen Teilungswinkel weiterdrehen

9.2.2.2 Spanen durch Abwälzen von Evolventenflanken mit dafür geeigneten Schneidformen (gerade oder Evolventenform)

Bei kontinuierlichem Abwälzen gibt es folgende Untergruppen:
2.1 Teilen diskontinuierlich, Schneiden diskontinuierlich
2.2 Teilen diskontinuierlich, Schneiden kontinuierlich
2.3 Teilen kontinuierlich, Schneiden diskontinuierlich
2.4 Teilen kontinuierlich, Schneiden kontinuierlich

9.2.3 Übersichtskatalog Spanen mit nicht abwälzenden, profilabhängigen Werkzeug-Schneidkanten

Die Untergruppen aus *Abschnitt 9.2.2.1*, Verfahren 1.1 und 1.2, sind im Konstruktionskatalog des **Bildes 9.2** (*Blatt 1*) dargestellt. *Spalte 1* als Gliederungsteil enthält die verschiedenen spanenden Erzeugungsprinzipien, *Spalte 2* als Hauptteil zeigt Beispiele für geometrisch bestimmte, *Spalte 3* für geometrisch unbestimmte Schneiden, *Spalte 4* als Zugriffsteil gibt an, welche Zahngrößen durch die Wahl des Werkzeugs und des Verfahrens festliegen und nicht geändert werden können.

In *Zeile 1* dieses Katalogs sind Beispiele der Untergruppe 1.1 für fertigspanende Erzeugungsverfahren wiedergegeben, wie z.B. Feinschneiden, Räumen, Honen.

Die folgenden Zeilen erfassen spanende Verfahren der Untergruppe 1.2, bei denen nur *eine* Zahnlücke gleichzeitig erzeugt und die anderen nach dem Drehen (Teilen) des Werkstücks gefertigt werden. Im einzelnen bringt *Zeile 2* das Profilstoßen mit geometrisch bestimmten und unbestimmten Schneiden, *Zeile 3* das Längs-Profilfräsen und -schleifen mit scheibenförmigen Werkzeugen, *Zeile 4* mit fingerförmigen Werkzeugen. Das genaue Teilen bei den Verfahren der *Zeilen 2 - 4* bedeutet zwar einen zusätzlichen Aufwand, dafür jedoch besteht die Möglichkeit, bei großen Zähnezahlen schrägverzahnte Zahnräder mit dem gleichen Normalpro-

Gliederungsteil		Hauptteil		Zugriffsteil	
Erzeugungs-prinzip		Spanen		Verzahnungsgrößen pro Werkzeug, Verzahnungs-Variation	Fertig-spanen, Teilen, Abwälzen
		Geometrisch be-stimmte Schneiden	Geometrisch unbe-stimmte Schneiden (Schleifen, Honen)		
1	Nr	2	3	4	5
1.1 Feinschneiden, Räumen	1	1.2 v_S	1.3 v_H Honstab	1.4 1 Modul 1 Zahnprofil 1 Zähnezahl keine Profilkorrektur 1 Schrägungswinkel 0° Außen-, Innen-Verzahnung	1.5 IT 7–10 Fertig-spanen IT 7–8
2.1 v_S Profil-Stoßen, Hubschleifen	2	2.2 v_S	2.3 v_S Schleifprofil	2.4 1 Modul 1 Zahnprofil 1 Zähnezahl Keine Profilkorrektur Variable Schrägungs-winkel; Außen-, Innen-Verzahnung	2.5
3.1 ω_S Längs-Profil-Fräsen, -Schleifen	3	3.2 ω_S	3.3 ω_S	3.4 1 Modul 1 Zahnprofil 1 Zähnezahl Keine Profilver-schiebung Variable Schrägungswinkel; Außenverzahnung	Teilen
4.1 ω_S Längs-Profil-Finger-fräsen, -Fingerschleifen	4	4.2 ω_S	4.3 ω_S		

Bild 9.2. (Blatt 1) Übersichtskatalog der Verzahnungs-Erzeugungsverfahren, die durch Spanen mit nicht abwälzenden, jedoch profilgetreuen Werkzeugen arbeiten.

In *Zeile 1* werden „fertig" spanende, in den *Zeilen 2-4* „teilend" spanende Verfahren aufgeführt.

fil zu erzeugen, deren Stirnschnitte dann allerdings keine Kreis-, sondern Ellipsen-Evolventen, also theoretisch nicht exakt sind.

9.2.4 Übersichtskatalog, Spanen mit zum Abwälzen geeigneten Werkzeugschneidkanten

Ganz andere, zahnraderzeugende Verfahren durch Spanen sind in *Bild 9.2 (Blatt 2)* zusammengefaßt, nämlich solche, bei denen die Evolventenflanke durch das Abwälzen einer geraden oder evolventischen Werkzeugschneide entsteht. Wird die gerade Flanke zum Abwälzlineal geneigt (z.B. um den Profilwinkel α_P), dann dient der Teilkreis r als Erzeugungswälzkreis, *Feld 5.1* [9.101], stehen die Schneidflanken senkrecht zur Abwälzbewegung, *Feld 6.3*, ist der Grundkreis r_b gleichzeitig Erzeugungswälzkreis. Wird ein Evolventenprofil als Werkzeug-schneidkante gewählt, *Felder 7.2* und *7.3*, bei Kronen- aber auch bei Innenzahnrä-dern, dann ist die Verzahnung nicht mehr Satzradverzahnung [9.86] und es darf nur mit Zahnrädern, die gleiche oder kleinere Zähnezahlen haben als das erzeu-gende Zahnrad [9.101] gepaart werden, siehe auch *Kapitel 4* und *6*. In den ange-führten Beispielen der *Zeile 7* ist der Mittelpunkt des simulierten Schneidrades bzw. des größten, möglichen Gegenrades die Schwenkachse.

In *Spalte 2* von *Bild 9.2 (Blatt 2)* stehen Erzeugungsverfahren der Untergruppe 2.1, zum kontinuierlichen Abwälzen, jedoch zum diskontinuierlichen Teilen und Schneiden. Als Beispiel dient das Wälzhobeln in *Feld 5.2,* das Fräsen mit einem zylindrischen Fräser, der allerdings planparallele Schneidstollenkränze hat, *Feld 6.2,* und das Fräsen z.B. von Kronenzahnrädern mit pendelnden Scheibenfräsern, deren Schneidprofil das Zahnprofil des zukünftigen Gegenrades hat, *Feld 7.2.* Trotz der kontinuierlichen Drehung des Fräsers ist das Schneiden infolge von zahl-reichen Stollen diskontinuierlich. Das zeigt sich auch in der Polygonform der er-zeugten Zahnprofile.

Demgegenüber ergeben die Verfahren der Untergruppe 2.2 mit diskontinuierli-chem Teilen, aber kontinuierlichem Schneiden in *Spalte 3* von *Bild 9.2 (Blatt 2)* „glatte" Oberflächen ohne Polygonecken. In *Feld 5.3* ist das MAAG-Zahnflanken-schleifen mit $\alpha = 20°$, in *Feld 6.3* das mit $0°$ Schleiffläche dargestellt. *Feld 7.3* zeigt das Schleifen mit taumelnder Schleifscheibe und Schleifprofilen, die dem Flankenprofil des Gegenrades entsprechen, ähnlich dem Erzeugungsverfahren in *Feld 7.2,* jedoch kontinuierlich schneidend.

Die Vorteile des Abwälzens sind sehr groß, denn bis auf die Modulgröße m und das Zahnbezugsprofil sind die Verzahnungsgrößen Zähnezahl z, Profilverschie-bung $x \cdot m_n$, Schrägungswinkel β [9.102], Konuswinkel θ (*Kapitel 4*) bei ein und demselben Schneidwerkzeug variabel. Das ist ein unschätzbarer Vorteil für die Werkzeughaltung.

Gliederungsteil	Hauptteil		Zugriffsteil	
Erzeugungs-Prinzip (Zahnflanken-Form)	Spanen		Verzahnungsgrößen pro Werkzeug, Verzahnungs-Variation	Fertig-spanen, Teilen, Abwälzen
	Geometrisch bestimmte Schneiden	Geometrisch unbestimmte Schneiden (Schleifen, Honen)		
1 · Nr	2	3	4	5
5.1 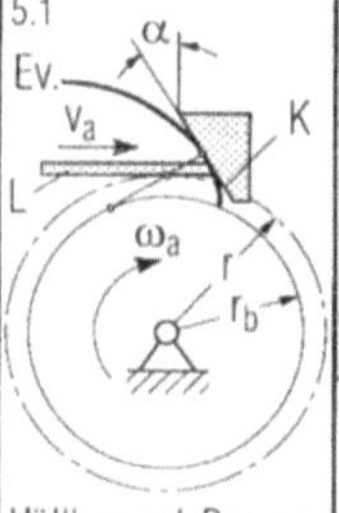 Ev. ... Hüllkurve d. Bezugsprofilkante K erzeugt eine Evolvente Ev. Abwälzen am Teilkreis r	**5** 5.2 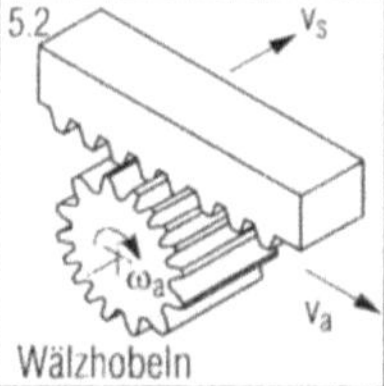 Wälzhobeln	5.3 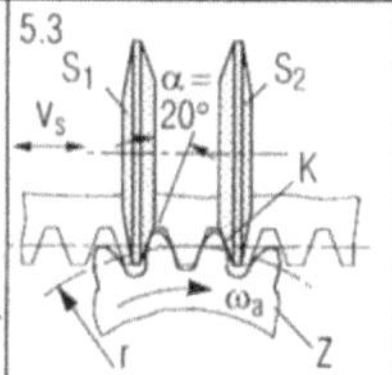 S_1 $\alpha = 20°$ S_2 K Z	5.4 Teilwälzhobeln, Wälzschaben, Wälzschleifen; Je Werkzeug: 1 Modul, 1 Zahnbezugsprofil; Variabel: Zahnprofil, Zähnezahl, Profilverschiebung, Schrägungswinkel; Außen-Verzahnung (In Feld 5.3 Abwälzen am Teilkreis r, in Feld 6.3 am Grundkreis r_b)	5.5 Abwälzen durch Teilen unterbrochen, Spanen diskontinuierlich
	6 6.2 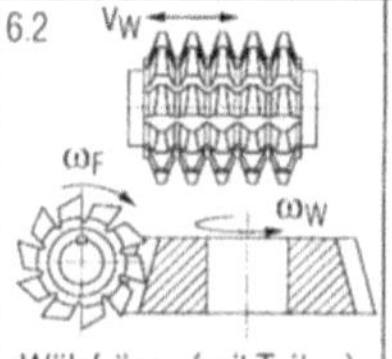 Wälzfräsen (mit Teilen)	6.3 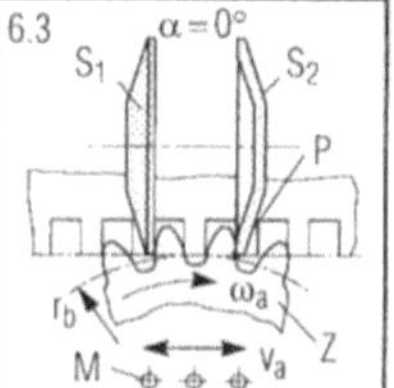 $\alpha = 0°$ S_1 S_2 P M		
7.1 Schneidwerkzeug erzeugt Zahnprofil mit Evolventen-Hüllkurven. Siehe Feld 9.1	**7** 7.2 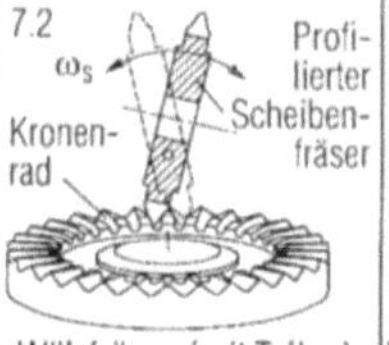 Kronen-rad Profilierter Scheiben-fräser Wälzfräsen (mit Teilen)	7.3 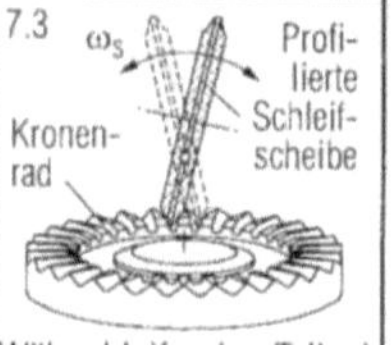 Kronen-rad Profilierte Schleif-scheibe Wälzschleifen (m. Teilen)		

Bild 9.2. (Blatt 2) Übersichtskatalog der Verzahnungs-Erzeugungsverfahren, die durch Spanen mit diskontinuierlichem Teilen und diskontinuierlichem Schneiden (*Spalte 2*) sowie kontinuierlichem Schneiden (*Spalte 3*) arbeiten.

Bild 9.2 (Blatt 3) enthält die wichtigsten und am häufigsten angewendeten, spanenden Zahnrad-Erzeugungsverfahren 2.3 und 2.4. Der bedeutendste Vorteil gegenüber den Verfahren 2.1 und 2.2 ist die Tatsache, daß sie alle kontinuierlich teilen, so daß keine aufwendigen Teilungsvorrichtungen notwendig werden (Ausnahme *Feld 9.3*). Das Schneiden erfolgt jedoch nicht immer kontinuierlich.

Zur Untergruppe 2.3, kontinuierlich teilen, diskontinuierlich schneiden, gehören alle Verfahren der *Spalte 2* sowie der *Felder 11.3* und *13.3*, zur Untergruppe 2.4, kontinuierlich teilen und kontinuierlich schneiden gehören die Verfahren mit Schleifschnecken, *Felder 8.3, 12.3*. Neuartige Verfahren sind in den *Feldern 12.2, 12.3, 13.2* dargestellt. Sie dienen zur Erzeugung der Sonderverzahnungen „Konische Zahnräder" (*Kapitel 4*) „Kronenzahnräder" (*Kapitel 6*) und „Toruszahnräder" (*Kapitel 7*). Das Prinzip ist in *Feld 12.1* dargestellt. Ein Torusfräser oder Schleifrad hat schneckenförmige Gänge und dem Gegenrad entsprechende Profil- und Kopfkonturen.

Für alle Zahnräder, die mit zahnradförmigen Schneidrädern erzeugt werden, gilt, daß sie nur mit Gegenrädern gepaart werden können, deren Zähnezahl gleich oder kleiner als die Schneidradzähnezahl ist und daher auch keine Satzräder sind. Konische und daher auch Kronenzahnräder können (bis auf Ausnahmen bei sehr großen Zähnezahlen und kleinen Zahnbreiten) nur mit radförmigen Werkzeugen erzeugt werden.

Einer der größten Fortschritte auf dem Gebiet der Zahnraderzeugung war die Einführung der zylindrischen *Wälzfräser* mit Schneckengang, *Feld 8.2*, bzw. *Wälzschleifschnecken*, *Feld 8.3*, von Pfauter. Die Schneidstollen bilden einen Schneckengang und simulieren eine translatorische Wälzbewegung, bei der das Werkzeug eine Rotationsgeschwindigkeit, die genau der Abwälzbewegung entspricht, ausführt. Es ist daher kein Teilen mehr nötig, denn das Abwälzen und „Teilen" erfolgt kontinuierlich durch den rotierenden Fräser, nicht das Schneiden beim Fräser, Untergruppe 2.3, jedoch das Schneiden bei Schleifschnecken, Untergruppe 2.4. Es arbeiten 70% bis 80% aller Verzahnungsmaschinen nach diesem Prinzip. Wenn die Schneidflanken als Geraden ausgebildet sind, werden durch Abwälzfräsen mit zylindrischen Werkzeugen Außen-Satzradverzahnungen erzeugt, denn es besteht keine Eingrenzung bezüglich der Gegenradzähnezahl.

Das *Wälzschälen* in *Zeile 11* gehört auch zur Untergruppe 2.3 und ist eine Variante des Wälzfräsens. Das Werkzeug ist einem Stoßrad ähnlich und führt an der Stirnfläche eine Axialbewegung aus, da seine Achse schräg zur Werkstückachse steht. Diese Bewegung wird zum Schneiden ausgenutzt. Auch bei diesem Verfahren können keine Satzräder erzeugt werden, da wegen der Gefahr der Interferenz (Durchdringung von Zahnradzonen) nur Gegenräder gleicher und kleinerer Zähnezahl als die der Schälwerkzeuge verwendet werden dürfen. Ähnlich wie das Wälzstoßen ist auch das Wälzschälen zur Erzeugung von Innenverzahnungen geeignet.

Bild 9.2. (Blatt 3) Übersichtskatalog der Verzahnungs-Erzeugungsverfahren, die mit kontinuierlichem Teilen sowie diskontinuierlichem oder kontinuierlichem Schneiden arbeiten.

Spalte 2 sowie *Felder 11.3* und *13.3* zeigen diskontinuierlich schneidende Verfahren, die *Felder 8.3* und *12.3* kontinuierlich schneidende Verfahren. *Feld 9.3* entspricht dem gleichen Prinzip wie *Feld 7.3*.

Gliederungsteil		Hauptteil		Zugriffsteil	
Erzeugungs-Prinzip (Zahnflanken-Form)		Spanen		Verzahnungsgrößen pro Werkzeug, Verzahnungs-Variation	Fertig-spanen, Teilen, Abwälzen
		Geometrisch bestimmte Schneiden	Geometrisch unbestimmte Schneiden (Schleifen, Honen)		
1	Nr	2	3	4	5
8.1 Wie Feld 5.1	8	8.2 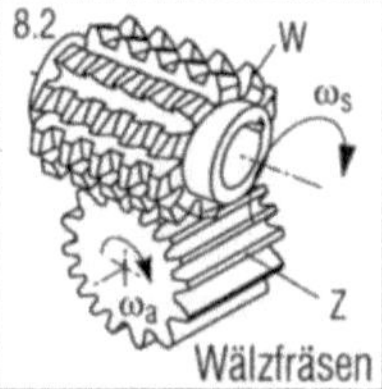 W ω_s ω_a Z Wälzfräsen	8.3 S ω_s ω_a Z 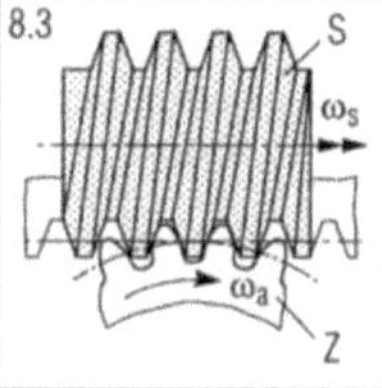	8.4 Wälzfräsen, sonst wie Feld 5.4	8.5 Abwälzen u. Spanen diskontinuierlich u. kontinuierlich
9.1 Für $z_2 \leq z_W$ 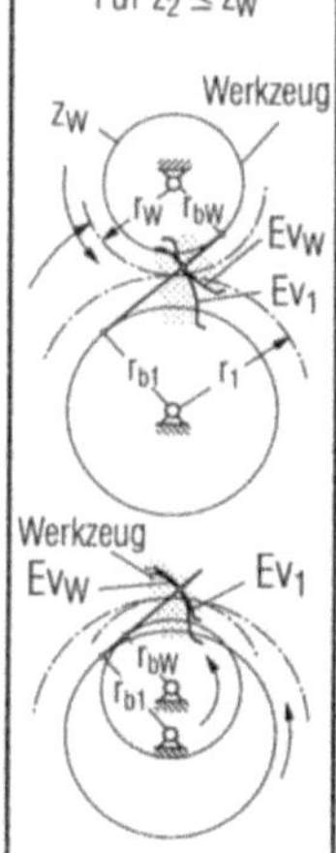 Werkzeug z_W r_W r_{bW} Ev_W Ev_1 r_{b1} r_1 Werkzeug Ev_W Ev_1 r_{bW} r_{b1}	9	9.2 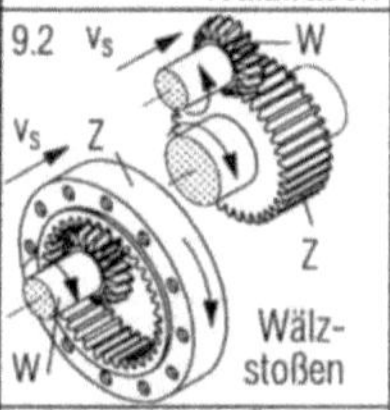 v_s W v_s Z Z W Wälz-stoßen	9.3 Evolvente ähnlich wie Feld 7.3 ω_0 ω_s ω_a Kronen-rad 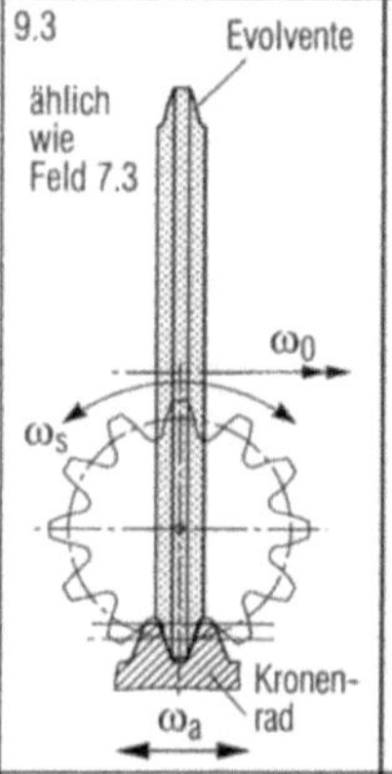	9.4 Wälzstoßen, Wälzschaben, Wälzhonen; Je Werkzeug: 1 Modul, 1 Zahnbezugsprofil; Variable: Zähnezahl, Zahnprofile, Profilverschiebung, Schrägungswinkel; Außen-, Innen-, Konus-, Kronenrad-Verzahnung (Torusverzahnung)	9.5 Abwälzen kontinuierlich, Spanen diskontinuierlich in Feld 9.3 kontinuierlich
Schneidrad erzeugt ein Hüll-profil aus Evolventen	10	10.2 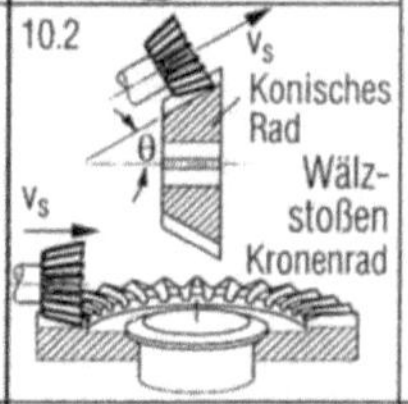 v_s Konisches Rad θ v_s Wälz-stoßen Kronenrad			
	11	11.2 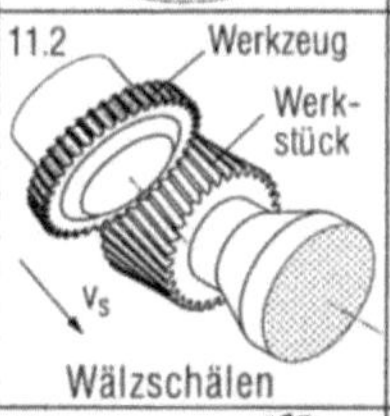 Werkzeug Werk-stück v_s Wälzschälen	11.3 Werk-stück Werkzeug 	11.4 Wälzschälen, Wälzschaben, Wälzhonen wie Feld 8.4	11.5
12.1 Für $z_2 \leq z_W$ 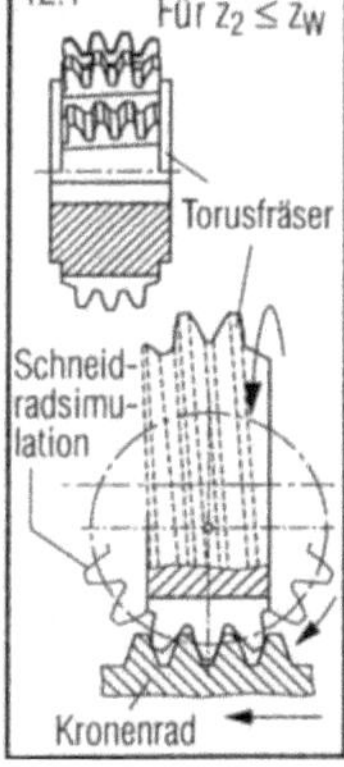 Torusfräser Schneid-radsimu-lation Kronenrad	12	12.2 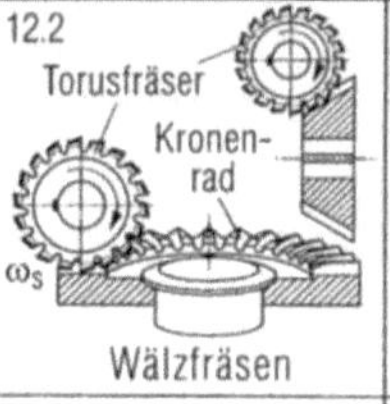 Torusfräser Kronen-rad ω_s Torusfräser Wälzfräsen	12.3 Torusschleifrad Kronen-rad ω_s Wälzschleifen 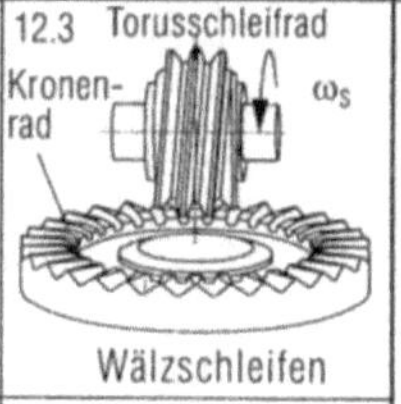	12.4 Wälzfräsen, Wälz-schleifen mit Torus-fräser, Torusschleifrad; Je Werkzeug: 1 Modul, 1 Zahnprofil, 1 Zähnezahl für Linienberührung, Variable Schrägungs-winkel	Schaben, Schleifen, Honen
	13	13.2 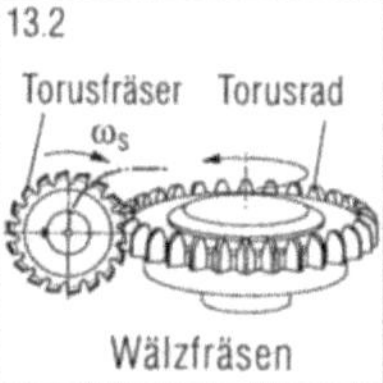 Torusfräser Torusrad ω_s Wälzfräsen	13.3 v_s Honrad Kronenrad Wälzhonen 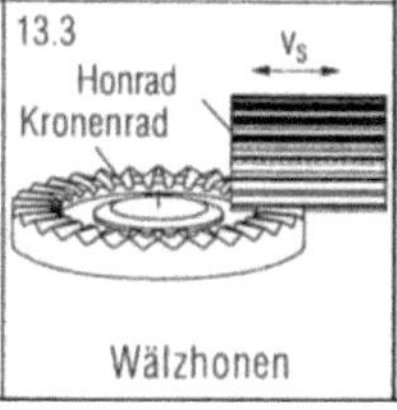		

Eine besondere Art des Abwälzfräsens erfolgt mit dem sogenannten Torusfräser [9.2 ; 9.83 ; 9.43 ; 9.96] *Bild 9.2 (Blatt 3), Bilder 9.21, 4.34, Feld 12.1.* Sie gehören auch zur Untergruppe 2.3 wie die zylindrischen Wälzfräser. Bei ihnen erfolgt das Abwälzen und Teilen kontinuierlich, das Schneiden diskontinuierlich. Im Gegensatz zu den zylindrischen Wälzfräsern ist es mit ihnen möglich, Konische, Kronen- und Toruszahnräder herzustellen (*Kapitel 4;6;7*). Diese drei Verzahnungsarten sind auch als Schrägverzahnungen mit Torusfräsern erzeugbar. Ihre entscheidende Eigenschaft ist, daß die Schneidstollen in einem Schneckengang angeordnet sind und mit ihm den Abwälzvorgang simulieren (wie bei zylindrischen Wälzfräsern) zusätzlich jedoch im Achsschnitt auch die Raddurchmesser, Zähnezahlen und Schneidflankenprofile des erstrebten Gegenrades haben. Die Torusfräser wirken bei der Erzeugung wie Wälzstoß-Schneidräder, spanen aber mit einer kontinuierlichen Drehbewegung. Für die genannten Sonderverzahnungen sind radförmige Werkzeuge erforderlich, damit die Zahnflanken bei der Erzeugung nicht wieder weggeschnitten werden. Weitere Einzelheiten in den *Bildern 9.21* und *4.34*.

9.2.5 Erzeugungsverfahren Spanen mit nicht profilgebundenen Werkzeugschneidkanten (Freiformfräsen, -schleifen)

Häufig ist es zweckmäßig oder sogar notwendig, die Flanken nicht durch vorgeformte Werkzeuge oder Abwälzverfahren zu erzeugen, sondern durch gesteuertes punkt- oder linienweises Spanen. Die evolventischen Zahnflanken sind räumlich, einfach gekrümmte Flächen und können (wie beim Kopierfräsen) aus dem Vollen gefräst werden. Die Steuerung kann durch Abtasten eines Modells erfolgen oder durch Eingabe der Punktkoordinaten in eine programmierbare CNC-Maschine. Vorteilhaft ist für diese Erzeugungsart, daß man nicht an ein Abwälzverfahren gebunden ist mit bestimmten Werkzeugen und daß auch Verzahnungen ohne Auslauf der Zahnlücke hergestellt werden können, z.B. für Spritzformen, für Prägestempel usw.

In **Bild 9.3** ist ein Übersichtskatalog für Erzeugungsverfahren mit nicht profilgebundenen spanenden Werkzeugen dargestellt, die zur Herstellung von Verzahnungen geeignet sind, in der Regel nur für Einzelfertigung.

Es werden zwei Spanprinzipe eingesetzt, nämlich das punktweise Abtragen mit Fingerfräsern, *Zeile 1*, und das linienweise Abtragen mit Scheibenfräsern, *Zeile 2*. In beiden Fällen werden die geometrisch bestimmten oder unbestimmten Schneidkanten ganz unabhängig vom Profil gestaltet, allein aufgrund der Schneidbedinungen. Die Fingerfräser, *Zeile 1*, müssen wegen der sehr nahe an der Rotationsachse liegenden Schneidkanten mit sehr hohen Drehzahlen betrieben werden. Sie können aufgrund ihrer spitzen Form die Zahnflanken bis in den Zahnfuß und auch die Seitenkante ausarbeiten trotz fehlenden Auslaufs, wie das am Beispiel der Keilschrägverzahnung in den *Feldern 1.1* und *1.2* sowie in *Kapitel 3* gezeigt wird.

Etwas weniger vielseitig sind die Verfahren mit scheibenförmigen Werkzeugen, *Zeile 2*, da ein Auslauf benötigt wird. Sie arbeiten aber viel schneller und daher

Gliederungsteil		Hauptteil		Zugriffsteil	
		Spanen		Verzahnungs-größen pro Werkzeug	Fertig-spanen, Teilen
Erzeugungs-Prinzip		Geometrisch bestimmte Schneide	Geometrisch unbestimmte Schneide (Schleifen)		
1	Nr.	2	3	4	5
1.1	1	1.2 Fingerfräser	1.3 Fingerschleifstift	1.4 Beinahe alle, wenn Stift in Zahnlücke paßt	1.5 Fräsen, Schleifen
2.1	2	2.2 Scheiben-fräser	2.3 Schleif-scheibe	2.4 Beinahe alle Außenver-zahnungen, wenn Scheibe in Zahnlücke paßt und diese beid-seitig offen ist	Fräsen, Schleifen

Bild 9.3. Übersichtskatalog von Verzahnungs-Erzeugungsverfahren, die mit Spanen von profilunabhängigen Werkzeugen und punktweise gesteuerter Bewegung arbeiten (Freiform-fräsen, -schleifen). Es kann punktweise und linienweise (*Zeile 2*) abgetragen werden.

rationeller. In *Feld 2.3* ist als Beispiel das Schleifen einer Torusverzahnung gezeigt.

Noch werden diese Verfahren nur in Einzelfällen eingesetzt, z.B. beim Hartmetallfräsen [9.104] von Stirnrädern. Es ist jedoch durchaus möglich und auch wirtschaftlich, daß viel häufiger Stirnrad-Außenverzahnungen mit nicht verzahnungstechnisch profilierten Scheibenfräsern hergestellt werden, so wie es jetzt schon beim Hartmetallfräsen praktiziert wird. Alle Verzahnungsdaten, Bezugsprofil, Modul, Flankenwinkel, Zähnezahl, Profilverschiebung, Zahnradien, Profilmodifikationen können in einem Programm enthalten sein und in einem Fräsvorgang realisiert werden.

9.2.6 Verfahren zur Zahnraderzeugung durch Abtragen

Abtragende Verfahren eigenen sich zur Zahnraderzeugung besonders gut für sehr dicke Zahnräder (z.B. aus hochwertigen Stählen, für Formen aller Art) oder auch für extrem kleine Zahnräder, z.B. für die Mikrotechnik. Im ersten Fall (Schneidtechnik) sind es Einzelstücke, im letzteren Fall (Maskentechnik) kann man auch mit größeren Stückzahlen rechnen.

Bild 9.4 zeigt einen Übersichtskatalog, in welchem die wichtigsten Abtragverfahren zusammengefaßt wurden.

9.2.6.1 Funkenerodieren

Die Erodiertechnik wird schon immer mit größtem Erfolg für das exakte Bearbeiten sehr dicker Teile verwendet. Die neue Entwicklung im Zusammenhang mit dem Automatisierungsgrad ist in [9.79] behandelt.

Bild 9.4, Zeile 1, steht für das Funkenerodieren, insbesondere das Drahterodieren zum Ausschneiden der Profilform aus dem Vollen (evtl. für Stempel und Schneidplatte in *einem* Arbeitsgang). Es bedeutet a Werkstück, b Werkzeug (Draht), c Dielektrikum, + - elektrisches Potential. Der Spalt ist 0,01 - 0,08 mm breit [9.17 ; 9.30].

Eine andere Variante dieser Art Profilgebung ist das Wasserstrahlschneiden, das für größere Zahnräder verwendet wird, sehr kurze Durchlaufzeiten hat und für größere Teile geeignet ist [9.69]. Allerdings ist eine exakte Führung des Wasserstrahles erforderlich.

9.2.6.2 Laserstrahl-Schneiden

Laserstrahlabtragen ist in den letzten Jahren wesentlich weiterentwickelt worden zumal es für die Herstellung extrem kleiner Teile in der Mikrotechnik mit d > 1 mm sehr gut geeignet ist. Weitere Einzelheiten finden sich in [9.105]. Neueste Entwicklungen sind in [9.68 ; 9.94 ; 9.85] zu finden. Eine verwandte Fertigungsmethode, die als *Wasserschneiden* bekannt ist, wird in [9.69] vorgestellt.

Bild 9.4, Zeile 2, veranschaulicht das Schneiden von Profilkonturen durch einen scharf fokussierten Laserstrahl. Brennen und zu starkes Erhitzen wird durch Schneidgas und Flüssigkeitskühlung verhindert. Es ist a Werkstückplatte, b Gasstrahlturbine, b' Laserstrahl, c Schneidgas, d Flüssigkeitskühlung, e Flüssigkeitsablauf, f Gasablauf [9.105].

9.2.6.3 Maskentechnik

Bild 9.4, Zeile 3, erläutert das chemische Abtragen sehr dünner Materialschichten mit Hilfe der Maskentechnik. Es ist mit ihr möglich, gleichzeitig sehr viele oder beliebig geformte Zahnräder (auch solche einer Zahnradpaarung) gleichzeitig zu erzeugen. In der Abbildung sind es Zahnsegmente mit exponentiell verlaufenden Zahnkränzen [9.113]. Es bedeutet a Ausgangsmaterial (z.B. St), a' weggeätzter Teil, b Ätzmittel, c Abdeckmaske, d Unterlage. Die Erzeugungsmethode gehört der Mikrosystemtechnik an [9.94].

Gliederungsteil		Hauptteil		Zugriffsteil
Erzeugungsprinzip		Abtragen	Verzahnungs-voraussetzungen	Anmerkung
		Zahnradherstellung	Zwischenmedium	Anwendung
1	Nr	2	3	4
1.1 Elektroerosion 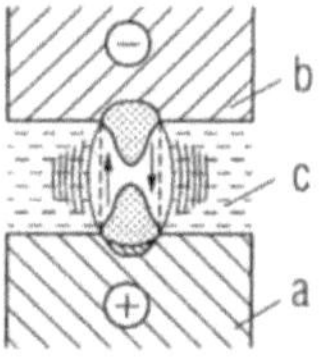	1	1.2 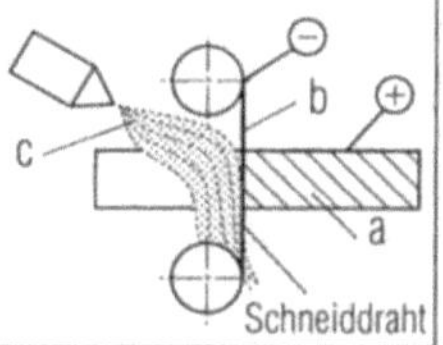	1.3 Dielektrikum (Petroleum, Transformatoröl u.a.)	1.4 Exaktes Profil-schneiden dicker Materialen (0,2-250 mm) Bahnsteuerung
2.1 Laserstrahlabtragen 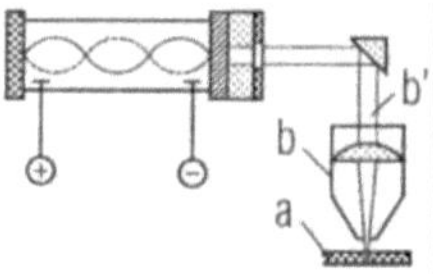	2	2.2 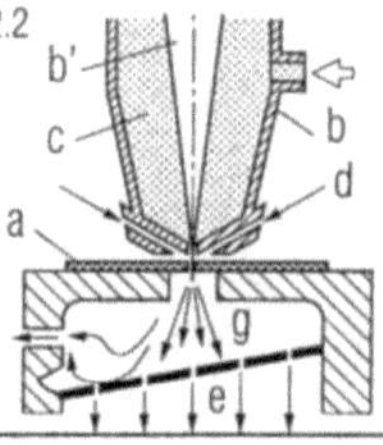	2.3 Schneidgas	2.4 Trennen auch nicht metallischer Materialien (bis 6 mm) Bahnsteuerung
3.1 Chemisches Abtragen 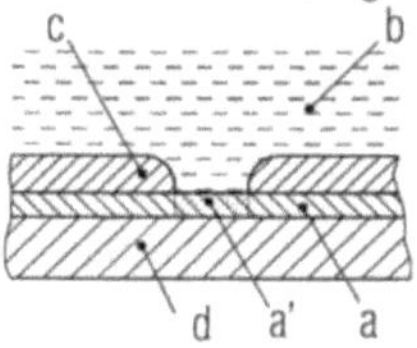	3	3.2 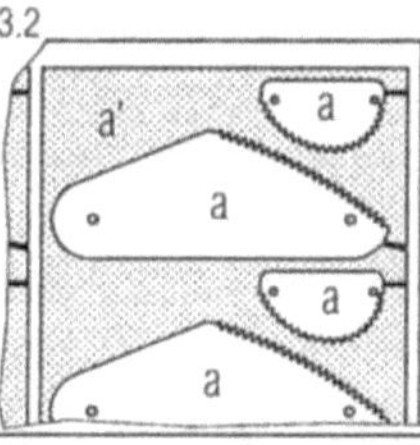	3.3 Isolierende Masken	3.4 Ätzen dünner Materialien (bis 0,2mm) Eine Verzahnungs-form je Masken-ausschnitt
4.1 Elektrochemisches Abtragen 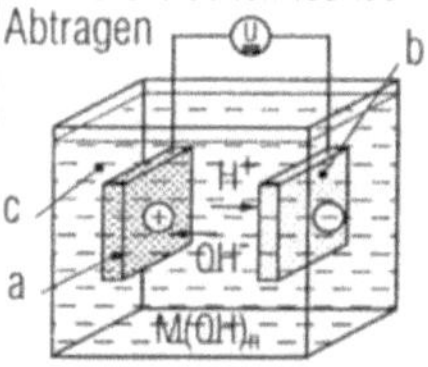	4	4.2 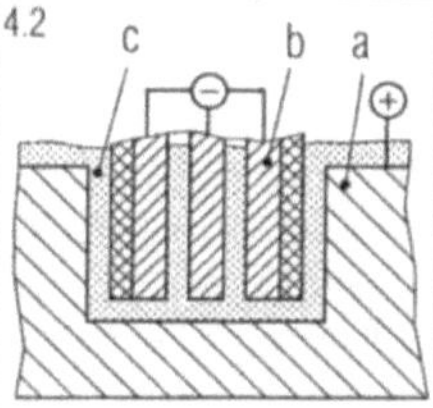	4.3 Elektrolytisches Medium (NaCl, NaNO$_2$, NaNO$_3$ in Wasser gelöst, 5-20%)	4.4 Erzeugen von Hohlformen und Gesenken Eine Verzahnungs-form je Werkzeug

Bild 9.4. Blatt 1. Übersichtsktalog der Abtragverfahren zur Erzeugung von Verzahnungen.

Zeile 1: Elektroerodieren (Drahterodieren)

Zeile 2: Laserstrahl-Schneiden

Zeile 3: Chemisches Abtragen (Maskentechnik)

Zeile 4: Elektrochemisches Abtragen durch Elektrolyse

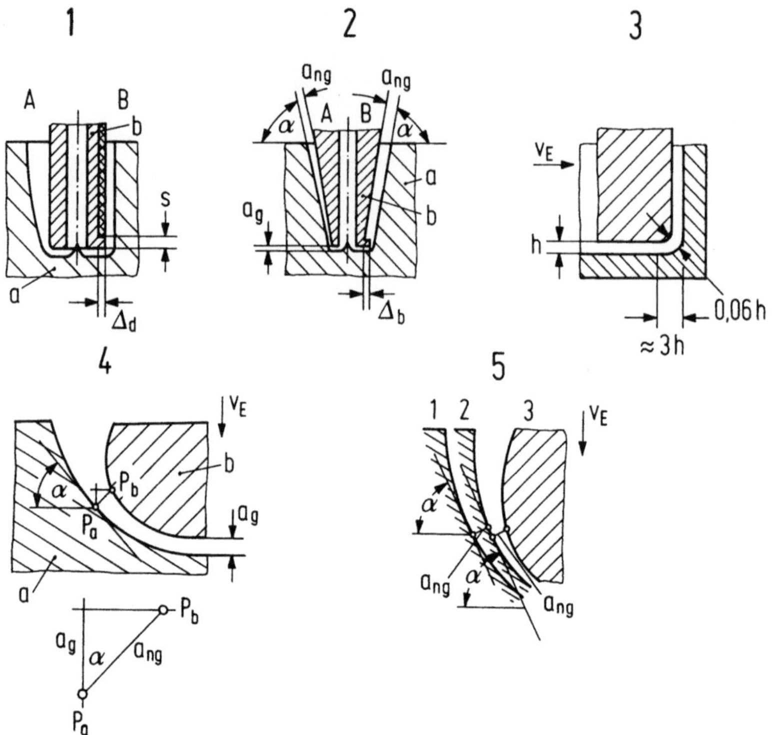

Bild 9.4. Blatt 2. Maßverhältnisse bei elektrochemischem Senken.

Teilbild 1: Erzeugen äquidistanter Flächen
Teilbild 2: Gestaltung der Elektrode zur Einsenkung
Teilbild 3: Kein Abtragen scharfer Kanten
Teilbild 4: Graphische Konstruktion des Normalarbeitspalts
Teilbild 5: Nicht korrigierte Werkstück- und Werkzeugform

9.2.6.4 Elektrochemisches Verfahren

Bild 9.4, Zeile 4, beschreibt das Abtragen des Werkstoffs von der Anode durch
Elektrolyse [9.79]. Das Material M. verbunden mit Hydroxilgruppen, fällt aus, die
Anode (Werkstück) wird abgetragen, die Kathode (Werkzeug) bleibt voll erhalten,
da nur H_2 entweicht. Die Gestaltung des abgetragenen Spalts wird in *Bild 9.4 Blatt
2* näher erläutert. Es bedeutet a Werkstück, b Werkzeug, c Elektrolyt [9.17].

Das Erzeugen äquidistanter Flächen durch richtige Elektrodengestaltung für
prismatische Einsenkungen zeigt *Teilbild 1*. Auf Seite A entsteht eine paraboli-
sche, auf Seite B durch Abisolierung der Elektrode b bis auf eine kleine Randzone,
eine primatische Einsenkung.

Die Gestaltung der Elektrode für einen konstanten Einsenkwinkel α zeigt *Teilbild 2*. Seite A: Arbeitsspalt a_{ng} vergrößert den Einsenkwinkel α. Seite B: Abstand

a_{ng} berücksichtigt den Normaleinsenkwinkel, daher wird α gehalten, dazu ist Δ_b notwendig.

Scharfe Kanten können nicht abgetragen werden, *Teilbild 3*, es müssen die angegebenen Maßverhältnisse beachtet werden. Die Möglichkeit der grafischen Konstruktion des Normalarbeitsspalts a_{ng} aus dem Gleichgewichtsspalt a_g und der Tangentenneigung im gewählten Punkt P_a zeigt *Teilbild 4*. Mit den gefundenen a_{ng}-Werten kann die Werkzeugkontur gestaltet werden [9.17]. In *Teilbild 5* wird gezeigt, wie mit der nicht korrigierten Werkstückkontur 1 und der unkorrigierten Werkzeugform 2 (ist gleichzeitig Sollkontur des Werkstücks), die tatsächlich entstehende Einsenkung festgestellt und nachher korrigiert werden kann.

9.2.7 Verfahren zur Zahnraderzeugung durch Umformen

Während beim Spanen und Abtragen zur Erzeugung der Zahnflankenform Material entfernt wird, kann bei den Umformverfahren die Plastizität des Werkstoffs bei hohem Druck dazu ausgenutzt werden, die Flankenformen allein durch Umformen zu erzeugen. Da das Material sowohl in Richtung des Zahnkopfes als auch des Zahnfußes fließen muß, treten örtlich unterschiedliche innere Spannungen auf. Es kostet viel Erfahrung und umfangreiche Untersuchungen, um normengetreue, relativ hohe Zähne voll auszubilden. Naturgemäß sind auch die Verzahnungstoleranzen größer als bei spanend hergestellten Zahnrädern. Ein großer Vorteil ist jedoch, daß die sonst sehr großen Zerspanungsverluste des meistens sehr hochwertigen Materials vermieden werden.

Im Übersichtskatalog, **Bild 9.5**, wird versucht, alle Varianten der bekannten Umformverfahren, die zur Zahnraderzeugung herangezogen werden können, systematisch geordnet darzustellen. Im wesentlichen sind es zwei Verfahrensgruppen, ähnlich wie beim Spanen, nämlich solche, bei denen die Verzahnung schon im Profil festliegt und mit *einem* Werkzeug immer nur das *gleiche* Zahnrad erzeugt werden kann, *Bild 9.5, Zeilen 1-3*, und solche, bei denen durch den Abwälzvorgang eine gewisse Variabilität möglich ist, *Zeilen 4 - 8*. Die exakte Zahnformerzeugung allein durch den Abwälzvorgang ist gegenüber spanenden Verfahren eingeschränkt, weil die Ausbildung des Zahnfußes und des Zahnkopfes durch das meistens nicht voraussehbare Fließen des Materials erfolgt (siehe auch *Bilder 9.40* und *9.41* sowie [9.63 ; 9.110 ; 9.53]). Daher dürfen die abwälzenden Werkzeuge nur in eingeschränkten Bereichen ihre Lage verändern, um andere Zahnräder zu erzeugen. Gelingt es jedoch, korrekte Zahnräder zu walzen, dann spart man nicht nur Material, sondern verfestigt die Zähne derart, daß sie für sehr hohe Beanspruchungen ungehärtet eingesetzt werden können, und erhält außerdem sehr glatte Oberflächen.

In *Spalte 1* sind die grundlegenden Umformverfahren für mögliche Zahnraderzeugungen festgelegt, in *Spalte 2* die entsprechenden Anordnungen zur Zahnraderzeugung dargestellt, in *Spalte 3* die mit dem Werkzeug festliegenden Verzahnungsgrößen und in *Spalte 4* erzielbare Toleranzen, die im Gegensatz zu denen bei spanender Herstellung doch immer erst bei IT 9-11 liegen. Im einzelnen werden folgende Verfahren vorgestellt:

Zeile 1, Gleitziehen, das nur Zahnformen mit relativ groben Toleranzen ermöglicht. Es kann auch über Hohlkörper erfolgen (siehe auch *Bild 9.34*).

Zeile 2, Gesenkschmieden gestattet viele Fertigungsmöglichkeiten, jeweils für ein bestimmtes Zahnrad, z.B. Formpressen mit und ohne Grat, Präzisionsschmieden, Pulverschmieden. Die Verzahnungstoleranzen sind grob und auch vom Grat abhängig (siehe auch *Bilder 9.35* bis *9.38*).

Zeile 3, Längswalzen mit Walzen, das sogenannte Grob-Verfahren, die das Zahnlückenprofil erzeugen sollen, muß aus Symmetriegründen die Zähnezahl ein Vielfaches der Walzenzahl sein. Bei der Zahnform (großer Flankenwinkel, kleine Zahnhöhe) am Werkzeug muß der Materialfluß am Kopf des Werkstücks berücksichtigt werden (siehe auch *Bild 9.40,* [9.64 ; 9.58 ; 9.129].

Zeile 4, ähnlich *Zeile 3,* jedoch mit zusätzlichem Abwälzen, so daß der Werkzeugzahnkopf im Prinzip ein Zahnstangenprofil haben könnte, wenn die Zahnverformung allein von der Profillage und nicht auch von der Materialverdrängung abhinge (siehe auch *Bild 9.41*).

In *Zeile 5* wird das *Roto-Flo-Verfahren* dargestellt [9.110 ; 9.66]. Es arbeitet mit Zahnstangenprofilen und ermöglicht allmähliches Eindrücken der Zahnlücken ohne gesonderte Zustellung und erzeugt Satzradverzahnungen (siehe *Bild 9.45*).

Zeile 6 zeigt das *Querwalzen* mit Zahnradwerkzeugen [9.52], die keine Satzräder erzeugen (*Bild 9.45*).

Zeile 7, Schrägwalzen [9.119] mit Schneckenwalzen. Schrägungswinkel, Zähnezahl einstellbar (siehe *Rollmatic-Verfahren* MAAG, *Bild 9.46*).

Zeile 8 stellt das *Warmwalzen* von Tellerkegelrädern dar. Es kann genau so gut für Konische und Kronenzahnräder verwendet werden. Vorgang: Aufheizen des Werkrades a durch Induktion, Eindringen des Werkzeugrades b, Synchronisieren durch Kegelräder e, d, Halten mit Begrenzungsring c (siehe auch *Bild 9.47* [9.119]).

9.2.8 Verfahren zur Zahnraderzeugung durch Urformen

Der Übersichtskatalog in **Bild 9.6** zeigt die einzelnen Möglichkeiten, Zahnräder durch Urformen herzustellen. Das ist nur mit den für Guß- oder Spritzverfahren geeigneten Werkstoffen möglich (Gußeisen, Temperguß, Druckguß, Kunststoffe). Diese haben meistens nicht die erforderlichen Festigkeitseigenschaften und Ober-

Gliederungsteil		Hauptteil	Zugriffsteil	
Erzeugungs-Prinzip		Umformen	Varzahnungsvarianten, Verzahnungsgrößen pro Werkzeug	Fertigformen, Teilen, Abwälzen
		Werkzeugbewegung		
1	Nr	2	3	4
1.1 Gleitziehen	1	1.2 v_U	1.3 Kalt 1 Modul 1 Zahnprofil 1 Zähnezahl keine Profilkorrektur	1.4 Fertigformen sowie Kaltfließpressen IT 10-11
2.1 Gesenkformen	2	2.2	2.3 Warm 1 Modul 1 Zahnprofil 1 Zähnezahl keine Profilkorrektur	2.4 Fertigformen sowie Präzisionsschmieden (IT 7-8, 9-11)
3.1 Längswalzen mit Drückwalzen	3	3.2 Walzrolle M	3.3 Kalt Wie Feld 1.3	3.4 Grob-Verfahren, Teilen (IT 7-8)
4.1 Schrägwalzen mit Drückwalzen	4	4.2 Walzrolle β Walzkopf	4.3 Kalt 1 Modul, 1 Bezugsprofil; Variabel: Zahnprofile, Zähnezahlen, Profilverschiebung, Schrägungswinkel	4.4 Abwälzen und Teilen IT 10-11
5.1 Querwalzen mit Walzstangen	5	5.2	5.3 Kalt 1 Modul, 1 Zahnbreite, 1 Bezugsprofil	5.4 Roto-Flo-Verfahren, Abwälzen IT 9-11
6.1 Querwalzen mit Außenwalzen	6	6.2	6.3 Kalt Wie Feld 1.3	6.4 Abwälzen IT 8-10
7.1 Gewindewalzen	7	7.2 Schrägwalzen	7.3 Kalt 1 Modul; Variable: Zahnprofile, Zähnezahlen, Zahnbreiten, Zahnflanken-Richtungen; Keine Profilverschiebung	7.4 Rollmatic-Verfahren (MAAG)
8.1 Schrägwalzen mit Scheibenwalzen	8	8.2 c b a d e	8.3 Warm 1 Modul 1 Zahnprofil 1 Zähnezahl Keine Profilverschiebung 1 Zahnkörper	Abwälzen

Bild 9.5. Übersichtskatalog der Verzahnungs-Erzeugungsverfahren durch Umformen mit Form- und Abwälzwerkzeugen.

flächenhärten. Die erreichbare ISO-Qualität ist etwa um drei Stufen gröber als bei spanenden Verfahren. Abwälzen von Zahnrädern ist nur eingeschränkt möglich (Walze, Gegenwalze). Es muß für jedes Zahnrad, das sich auch nur im geringsten vom anderen unterscheidet, eine neue Form hergestellt werden.

Der Übersichtskatalog in *Bild 9.6* ist nach den verschiedenen Gießverfahren geordnet (*Spalte 1*), er zeigt in *Spalte 2* einzelne Beispiele, bringt in *Spalte 3* die verwendeten Gieß- bzw. Pulverstoffe. In *Spalte 4* sind Tabellen zusammengestellt, welche die prozentuale Änderung des Teilkreisdurchmessers d in Toleranzklassen umsetzt. Man kann damit z.B. die Schwindung in % sofort als IT-Toleranzklassen ausdrücken. Wenn z.B. von einem im Druckgußverfahren erzeugten Rad (*Zeile 3*) festgestellt wird, daß die Schwindung ± 0,1% betragen kann (*Feld 3.4*), dann bedeutet das für einen Durchmesser von d* = 79 mm eine Toleranz der Klasse IT 12. Das heißt, die Schwindung in % des Nennmaßes ist nicht direkt, sondern nur indirekt über die Nennmaßgröße maßgebend, da sich die Toleranzen T nur mit $T \approx \sqrt[3]{N}$ des Nennmaßes ändern [9.102]. d* bedeutet, daß es sich um den geometrischen Mittelwert des jeweiligen Nennmaßbereichs handelt $d* = \sqrt{d_i \cdot d_e}$ .Es werden folgende Gußverfahren berücksichtigt:

Zeile 1 zeigt das *Kokillengußverfahren* für flüssiges Eisen oder Metall. Es wird für relativ große Zahnräder verwendet, die in der Regel auch spanend nachbearbeitet werden müssen. Die plötzliche Abkühlung an den Stahlformen sorgt für eine gewisse Erhöhung der Oberflächenhärte. Wie man erkennt, ist das Verfahren nur für relativ große Moduln geeignet (*m* > 2 mm) und nur für grobe bis sehr grobe Qualitäten (IT ≈ 12), wenn keine Nachbearbeitung erfolgt.

Zeile 2 zeigt das *Feingießen* von Verzahnungen. Ausgeschmolzene Wachsmodelle ergeben die Hohlräume für die meist traubenförmig an den Eingußkanälen angeordneten Zahnräder. Das Verfahren eignet sich auch für hochwertige Materialien und wird hauptsächlich für Zahnräder kleineren Moduls (*m* = 1 ... 2 mm) verwendet. Da keine Nachbearbeitung erfolgt und man mit relativ großen Schwindungen rechnen muß, sind die erzielten Qualitäten sehr grob (IT > 9).

Zeile 3 zeigt *Druckgußzahnräder.* Geeignet für dieses Verfahren sind nur bestimmte Metallegierungen wie Zink-, Aluminium-, Magnesium-, Kupferlegierungen. Wenn auch die Schwindungstoleranzen noch in erträglichen Grenzen bleiben, so sind die Oberflächen derart weich und haben schlechte Gleiteigenschaften, daß durch Druckguß erzeugte Zahnräder nur für untergeordnete Zwecke verwendbar sind, bei denen keine nennenswerten Kräfte übertragen werden (z.B. Zählwerke etc.). Von großem Vorteil ist die Möglichkeit, weitere Elemente mit anzugießen, z.B. ein zweites Zahnrad.

Zu beachten ist, daß bei allen Zahnrädern der *Zeilen 3 - 5* neben geradverzahnten Stirnrädern beliebig verzahnte Kronenzahn-, Konische und Kegelzahnräder eingeformt werden können.

Gliederungsteil			Hauptteil	Zugriffsteil	
Erzeugungsprinzip			Gießen und Sintern mit speziellen Hohlformen	Verwendete Gieß- oder Pulverwerkstoffe	Erreichbare Maßgenauigkeit
Gießdruck	Gießverfahren	Nr			
0	1	Nr	2	3	4
1.0 Eigengewicht des Gießwerkstoffs	1.1 Flüssiges Eisen oder Metall in Stahl- oder Graphit-formen eingegossen	1	1.2 Kokillengießen — Achsantriebsrad (GGG)	1.3 GGG mit Kugelgraphit (Bainitisches Gußeisen), GG und Schwermetalle	1.4 d* | ±0,1% | ±0,3% 22 | IT 8-9 | 12 79 | 12 | >>12 187 | >>12 | $m_n = 2...3,55$ mm
	2.1 Wachsmodell in keramischer Gießhülle ausgeschmolzen, Abguß in Hohlform	2	2.2 Feingießen — Einguss — Gießtraube	2.3 Baustähle, Einsatzstähle, Chromstähle, Al-Legierungen, Cu-Legierungen	2.4 d* | ±0,3% | ±0,7% 7,1 | 9-10 | – 22 | >12 | – 79 | >>12 | – $m_n = 1...2$ mm
3.0 700– 2500 bar	3.1 Flüssiges Metall mit hohem Druck in Dauerform gegossen	3	3.2 Druckgießen — Stirnfläche profilierbar	3.3 Zink-Legierungen, Al-Legierungen, Mg-Legierungen, Cu-Legierungen	3.4 d* | ±0,1% | ±0,4% 7,1 | IT 6 | 10 22 | 9 | >>12 79 | 12 | – $m_n = 1...2$ mm
4.0 500– 1700 bar	4.1 Kunststoffgranulat mit Druck verflüssigt in Dauerform-gespritzt	4	4.2 Spritzen — Polyamid Zahnräder	4.3 Polyamide (Thermoplaste) Spritzen m = 0,1 – 3 mm	4.4 d* | ±0,1% | ±0,3% 7,1 | IT 8 | 9-10 22 | 11 | >12 79 | >12 | >>12 $m_n = 1...2$ mm
5.0 1500– 6000 bar (auch 150– 600 bar)	5.1 Eisen- oder Metallpulver durch Pressen in Hohlräumen geformt, unterhalb Schmelztemperatur gesintert	5	5.2 Sintern — Teil einer Schalt-Kupplung	5.3 Sintereisen, Sinterstahl, Sinterbronze	5.4 d* | ±0,1% | ±0,3% 7,1 | IT 6 | 6-10 22 | 9 | >12 79 | 12 | >>12 $m_n = 1...2$ mm

Bild 9.6. Detailkatalog der Verzahnungen, die durch urformende Erzeugungsverfahren hergestellt werden.

In *Spalte 4* können die prozentualen Schwindmaße in IT Toleranzklassen umgerechnet werden. Beispiel siehe im Text.

Zeile 4 zeigt *Kunststoffzahnräder*, die im Spritzverfahren, hauptsächlich aus Polyamiden hergestellt werden. Sie sind mit im Kunststoffbereich üblichen Spritzformen erzeugbar und sehr vielseitig einsetzbar, hauptsächlich für kleine Moduln. Ein großer Vorteil besteht bei ihnen darin, daß sehr zähe, verschleißfeste Kunststoffe verwendet werden können, die bezüglich der Verschleißfestigkeit mit Metallegierungen und gewissen Stählen vergleichbar sind. Vorteilhaft ist die gute Gestaltungsmöglichkeit und preiswerte Fertigung. Ihr steht als entscheidender Nachteil die große Maßänderung infolge von Feuchtigkeitsaufnahme und Wärmedehnung gegenüber. Die kann bis zu 1 - 2% betragen und bringt erhebliche Probleme für die Einhaltung des Achsabstandes unter wechselnden Betriebsbedingungen. Für solche Fälle ist eine gute Ausweichmöglichkeit mit Keilschräg- oder Konusverzahnung möglich (*Kapitel 3 und 5*). Diese Verzahnungen haben auch besonders günstige Formen für alle Spritzverfahren. In gewissen Grenzen, insbesondere für etwas konisch verlaufende Verzahnungen, sind auch Schrägverzahnungen spritzbar.

Zeile 5 mit *gesinterten Verzahnungen* bezieht sich auf ein Erzeugungsverfahren, dessen Möglichkeiten für die Herstellung von Verzahnungen in der industriellen Praxis noch nicht ganz ausgeschöpft wurden. Das gilt ganz besonders für tellerförmige Zahnräder wie Keilschräg-, Kronenzahn-, Konus-, Konische und Kegelradzahnräder. Ähnlich wie beim Ausgießen von Hohlformen wird in einem Hohlzylinder zum Sintern geeignetes Eisenpulver eingefüllt und mit hohem Druck eingepreßt. Der sogenannte Grünling wird danach gesintert und kann anschließend noch einmal nachgepreßt oder durch ein Umformverfahren gefestigt werden.

Vorteile sind: Kein Abfall bei der Erzeugung, hohe Festigkeit, Notschmierung durch Öl aus dem Sintergefüge. Nachteile: Große Schwierigkeiten bei Stirnrad-Schrägverzahnungen, allgemein bei hohen Zähnen.

Die Ausformschwierigkeit ist allerdings bei den angeführten „tellerförmigen" Verzahnungen (*Kapitel 3 - 6*) nicht gegeben. Sie können stets auch als Schrägverzahnungen ausgeführt werden, ersetzen häufig Stirnradpaarungen (Keilschräg-, Konusverzahnungen) und bei gekreuzten Achsen auch Kegelradpaarungen. Die Sintertechnik setzt sich immer mehr durch, besonders bei Automobilgetrieben [9.123].

9.2.9 Zahnraderzeugung durch Maschinen mit programmierbaren Achsen (CNC)

Die klassischen Zahnradmaschinen haben zur festen Koordinierung zweier Bewegungen stets einen oder mehrere Getriebezüge, die selber aus Zahnrädern bestehen, mit veränderlichen Übersetzungsstufen durch auswechselbare Zahnräder. Die wichtigste Zuordnung ist die zwischen der Werkzeugwelle (Fräser-) und Werkstückwelle. Bei üblichen Zahnradfräsmaschinen kommt noch das „Differential" hinzu, durch welches der Teilungsbeginn von Schrägverzahnungen gegenüber der

Fräserschnecke bei der Zustellung über die Zahnbreite phasenverschoben wird. Die Zustellgeschwindigkeit, eine dritte wichtige Bewegung der Maschinenachsen für die Zahnradherstellung, muß nicht mit der Fräser-Werkstückbewegung gekoppelt sein, sondern ist frei (wählbar).

Die neuen CNC-Maschinen haben eine Anzahl programmierbarer Achsen, so daß ihre Bewegungen nach einer bestimmten Funktion miteinander gekoppelt werden können. Diese Kopplung ist nicht an *feste* Übersetzungsverhältnisse gebunden, wie bei den Zahnradgetrieben konventioneller Maschinen, sondern über bestimmte Programmierungen wählbar. Dadurch werden Verzahnungsmaschinen flexibler, und es können sogar allgemeine CNC-Maschinen u.a. auch zur Zahnradherstellung verwendet werden, wenn sie genügend „Achsen" haben und diese miteinander verknüpfbar sind. Im folgenden wird versucht festzuhalten, wie viele und welche Achsen vorhanden sein müssen, um bestimmte Verzahnungen grundsätzlich mit CNC-Maschinen herstellen zu können.

9.2.9.1 *Die Achsen von drei typischen Zahnradmaschinen*

Bild 9.7 zeigt drei programmierbare Verzahnungsmaschinen für verschiedene Erzeugungsverfahren [9.90]. In *Zeile 1* ist eine *Wälzstoßmaschine* dargstellt. Um das Abwälzen zu gewährleisten, müssen die Drehzahlen der Werkradaufnahme (D) und die der Schneidradaufnahme (C) im umgekehrten Verhältnis der Zähnezahlen sein. Dies erfolgt durch steuerungsmäßige Kopplung der entsprechenden Antriebsmotoren, $D = \mathrm{f}(C)$. Die Schnittbewegung (Z_2) ist zwar frei wählbar, bestimmt jedoch die Zustellbewegung (X), damit die Spandicke. Diese Bewegung ist auch von der Drehbewegung des Werkstücks (D) abhängig, damit z.B. erst nach einer ganzen Umdrehung weiter zugestellt wird, $X = \mathrm{f}(Z_2, D)$. Reine Positionierbewegungen sind Z_1 und der erste Teil von X. Es werden daher zwei Kopplungen ausgeführt, die, welche die Wälzbewegung veranlaßt und die, welche die dazugehörende Schnittbewegung koordiniert. Soll alles automatisch erfolgen, dann müssen bei Beginn und Ende neben der Werkstückauswechslung auch die Positionierbewegungen erfolgen. Es müssen daher mindestens 3 programmierbare Achsen und Achsbewegungen vorliegen (D, C, X), eine positionierbare Z_1 und der Schneidantrieb des Werkzeugs Z_2 vorhanden sein. Dazu kommt noch ein Abhebenocken, der beim Rückhub die Berührung von Schneid- und Zahnrad verhindert. Solche CNC-Stoßmaschinen werden zur Zeit von renomierten Firmen angeboten.

Zeile 2 zeigt eine *CNC-Zahnradfräsmaschine*. Die Achsen D, Z, X sind gleich denen der Stoßmaschine. Das Werkzeug, der Zahnradfräser, wird um Achse B angetrieben, ist in seiner Neigung um Achse A verstellbar sowie auch axial in Y-Richtung. Das Wälzen wird durch die Koordinierung der Rotationen B und D gewährleistet, $D = \mathrm{f}(B)$, das Zustellen durch die Koordinierung der Bewegungen Z und D, $Z = \mathrm{f}(D)$, und das Positionieren durch die Bewegungen X, Y. Bei Schrägverzahnungen muß die Wälzbedingung in Abhängigkeit der Zustellung Z leicht

Zahnrad-fertigungsverfahren	Nr	Freie und programmierbare Achse	CNC-Maschine	Bewegungs-kopplung
1	Nr	2	3	4
1.1 Wälzstoßen	1	1.2 X Zustellen, Positionieren; Z_1 Positionieren; C Wälzen; D Wälzen; Z_2 Schneiden	1.3	1.4 1. D = f(C); 2. X = f(Z_2,D) 3. X, Z_1: Positio-nieren; 4. Z_2 frei
2.1 Wälzfräsen, kontinuierlich	2	2.2 X Positionieren; Y Positionieren; Z Positionieren, Zustellen; A Positionieren; B Wälzen, Schneiden; D Wälzen;	2.3	2.4 1. D = f(B); 2. Z = f(D), Zustellen; 3. X, Y: Positio-nieren; 4. B: frei
3.1 Verzahnhonen (Hartfeinbe-arbeitung)	3	3.2 X Zustellen, Positionieren; Y Positionieren; Z Pendelbewegung; U Flankenlinienmodifi-kation (Balligkeit); A Schwenken d. Honkopfes S Honungs-Antrieb und Positionieren;	3.3	3.4 1. A = f(Z), U = f(Z); 2. X: Zustellen; 3. X: Positionie-ren; 4. Z, S: frei

Bild 9.7. CNC-Fertigungsmaschinen mit den notwendigen programmierbaren Achsen zur Erzeugung und Bearbeitung konventioneller Evolventenverzahnungen.

Es bedeutet in *Spalte 4*:
1. Funktionelle programmierbare Bewegungsabhängigkeit
2. Einmalige oder funktionell abhängige Zustellung
3. Einmalige Positionierzustellung
4. Unabhängige Bewegungen

korrigiert werden, $D = f(B, Z)$. Es sind daher zwei Rotations- und eine Translationsachse elektronisch miteinander zu koppeln und drei Positionierachsen (X, Y, A) notwendig, wobei letztere je nach Komfort auch elektronisch gekoppelt werden können. Sehr leistungsfähige CNC-Wälzfräsmaschinen wurden auf der Werkzeugmaschinenmesse EMO 1997 ausgestellt, die sogar eine Kombination von Wälz- und Stoßmaschine anbieten mit standardmäßig ∓ gesteuerten Achsen. Am selben Werkstück kann gleichzeitig gefräst und gestoßen werden mit einer maximalen Hubzahl von 3000 Hüben/Minute.

Zeile 3 stellt eine *CNC-Verzahnhonmaschine* dar. Das außenverzahnte Ritzel soll durch ein innenverzahntes Rad S gehont werden. Durch die Positionierbewegungen X, Y, Z werden beide Räder mit dem vorgeschriebenen Spiel in Eingriff gebracht. Zur Honbewegung für eine bestimmte Flankenballigkeit muß die Bewegung U mit Z koordiniert werden. Durch die zusätzliche Bewegung A wird die notwendige Rundung der Flanken erzielt. Die Bewegungen A und U müssen mit der Z-Verschiebung elektronisch koordiniert werden. Daher sind wieder drei Achsen zu koppeln, A, U, Z, während X und Y zur Positionierung dienen und S frei bleibt.

9.2.9.2 *Erzeugen verschiedener Zahnradarten mit CNC-Maschinen*

Ergebnis: Für jede Verzahnungsart und jedes Herstellverfahren müssen einige Achsen, jedoch mindestens zwei miteinander elektronisch koppelbar sein, um den Zustell- oder Wälzvorgang bei der Verzahnungserzeugung zu automatisieren. In der Regel liegt ein *Span*vorgang vor, der indirekt, abhängig vom Erzeugungsvorgang, bezüglich der richtigen Zustellung auch gesteuert werden muß (von Hand oder automatisch).

Das Positionieren in die richtige Ausgangsstellung muß vor und nach dem *Span*vorgang erfolgen (manchmal noch von Hand, meist automatisch).

Ziel dieser Analyse ist es, festzustellen, für welche Verzahnungen welche Achsen elektronisch gekoppelt werden müssen und welche man für erste Nullserien zur Not auch mit Handeinstellung ausführen kann. Es läßt sich dann sehr schnell prüfen, welche neuartigen oder nicht gängigen Verzahnungen mit vorhandenen CNC-Maschinen erzeugt werden könnten. Abwälzen bei Evolventenverzahnungen erfolgt dann, wenn das Drehzahlverhältnis zwischen Fräser (eingängig, zylindrisch) und Werkrad $u = n_S/n_W = z_W/z_S$ ist, bei zahnradförmigen Werkzeugen, wenn $u = n_S/n_W = z_W/z_S$ wird (siehe *Bild 9.2, Blatt 2, Feld 5.1*).

9.2.10 Notwendige „Maschinen"-Achsen zur spanenden Erzeugung von Evolventenverzahnungen mit *gleichen* Stirnteilungen

In **Bild 9.8** ist eine systematische Zusammenstellung aller Verzahnungsarten des Katalogs aus *Bild 9.2* erstellt. Zusätzlich eingezeichnet sind die notwendigen „Achsen", welche die Maschinen für ihre Erzeugung haben müssen. Angeführt sind auch die Achsen, welche zur Positionierung und Zustellung notwendig sind. Steht nun eine CNC-Maschine [9.90] zur Verfügung, dann kann leicht festgestellt werden, ob beim Vorliegen des entsprechenden Werkzeugs die vorgesehene Verzahnung herstellbar ist.

Die funktionelle Abhängigkeit zweier Bewegungen, welche programmtechnisch veranlaßt werden muß, garantiert im Beispiel der *Zeilen 2* und *3*, daß die Zustellung X nach jeder Drehung um eine Zahnteilung C oder D neu erfolgen muß, daher C = f(X) oder D = f(X), in *Zeile 4* z.B., daß die Wälzbewegung Y und die Drehbewegung A die erwünschte Zähnezahl ergeben, A = f(Y).

Zeile 1 in *Bild 9.8, Blatt 1*, zeigt die einfachste Zahnradherstellung. Nach dem Positionieren muß beim Räumen nur das Zustellen und Schneiden in Z-Richtung erfolgen. Die Schneidbewegung Z braucht nach dem Positionieren mit keiner anderen Bewegung koordiniert zu werden.

In den *Zeilen 2* und *3* ist eine Koordinierung der Zustellung Z infolge des Teilens notwendig. Daher die Angabe der zu programmierenden Funktionsabhängigkeiten in *Spalte 4*, wie oben angeführt.

Von *Zeile 4* an tritt erstmalig das Wälzen zur Zahnflankenerzeugung auf. Daher muß neben den Abhängigkeiten der Zustellung, A = f(Z) und A = f(X) auch eine Abhängigkeit vorhanden sein, die den Wälzvorgang gewährleistet, nämlich A = f(Y).

Zeile 5 zeigt die Erzeugung eines Konuszahnes (*Kapitel 5*), die durch Teilwälzen mit orthogonal angeordneten Fräserkränzen im Teilverfahren erfolgt, C = f(X). Damit es ein Konuszahnrad wird, müssen die Y- und Z-Bewegungen auch koordiniert werden, Y = f(Z).

Selbst die Erzeugung einer Kronenradverzahnung (*Zeile 6*) mit einem profilierten Scheibenfräser im Teilverfahren ist möglich. Allerdings muß er um eine Achse A taumeln, die im Abstand der späteren Achse des zylindrischen Gegenrades liegt. Gleichzeitig muß der Fräser das Zahnprofil des zu paarenden Zylinderrades als Schneidstollen haben. Dadurch wird das Abwälzen nachvollzogen, C = f(A). Die Wälzbewegung muß mit der Vorschubbewegung beim Schneiden programmäßig verknüpft werden, C = f(X).

In *Zeile 7* (*Bild 9.8, Blatt 2*) ist das am meisten verbreitete, im Grunde einfachste Erzeugungsverfahren dargestellt, nämlich das Abwälzfräsen mit kontinuierlichem Abwälzen und diskontinuierlichem Schneiden bei kontinuierlicher Fräserrotation. Zu diesem Zweck muß allein die Rotation des Werkstücks B programmäßig verknüpft werden, B = f(A). Die Zustellung Y = f(Z) ist unabhängig von der Rotation B möglich, wegen des einzuhaltenden Konuswinkels θ müssen die Koordinatenbewegungen Y und Z miteinander koordiniert sein. Bei Stirnradverzahnungen entfällt diese Bewegungskoordination.

Zeile 8 veranschaulicht die Erzeugung von Konischen Verzahnungen (*Kapitel 4*) und Kronenradverzahnungen (*Kapitel 6*) mit Stoßrädern als Werkzeuge. Es liegt ein kontinuierlicher Wälzvorgang vor, B = f(E) oben, C = f(B) unten, aber ein diskontinuierlicher Schneidvorgang, der in allen Wälzstellungen erfolgen muß. Selbstverständlich sind mit diesem Verfahren auch außen- und innenverzahnte Stirnräder erzeugbar.

Zahnradfertigungs-verfahren	Nr	Freie und programmierbare Achsen	Erzeugungsanordnung	Bewegungs-kopplung
1		2	3	4
1.1 Räumen	1	1.2 X Positionieren; Y Positionieren; Z Zustellen, Schneiden	1.3 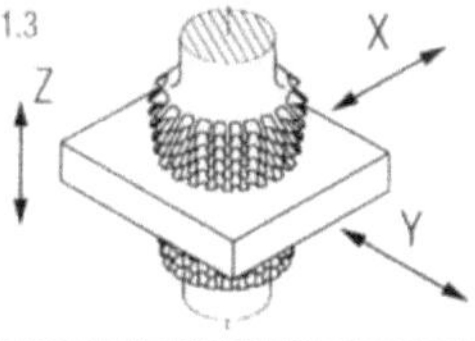	1.4 1. – 2. Z: Zustellen; 3. X, Y: Position.; 4. Z: frei
2.1 Profilstoßen	2	2.2 X Positionieren; Y Posit., Zustellen; Z Schneiden; C Teilen;	2.3 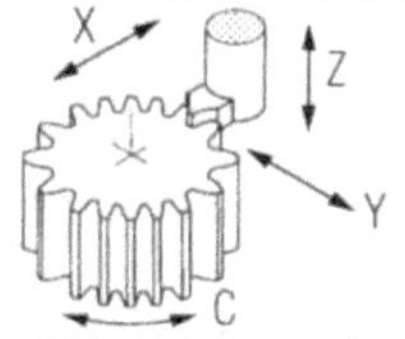	2.4 1. C = f (X) 2. Y: Zustellen; 3. X, Y: Position.; 4. Z: frei
3.1 Profilfräsen, Profilschleifen	3	3.2 X Zustellen; Z Positionieren; B Schneiden (links); C Schneiden (rechts); D Teilen	3.3 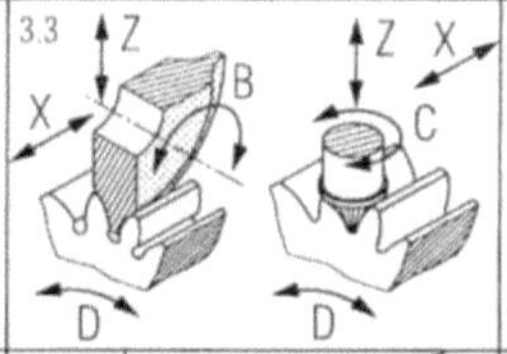	3.4 1. D = f (X) 2. X: Zustellen; 3. Z, Y: Position.; 4. B, C: frei
4.1 Wälzhobeln Wälzschleifen (mit Teilen)	4	4.2 X Zustellen, Schneiden; Y Positionieren, Wälzen; Z Psotionieren, Zust.; B Schneiden A Wälzen, Teilen	4.3 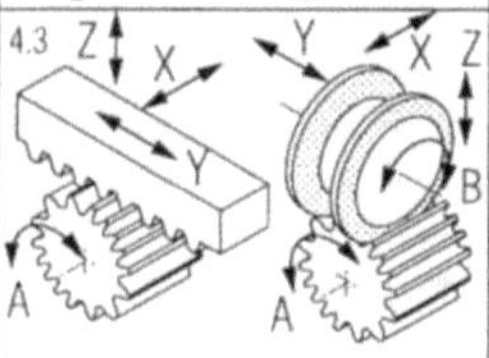	4.4 1. A = f (Y), A = f (Z); 2. Z = f (X); 3. X, Y: Position.; 4. X, B: frei
5.1 Wälzfräsen eines Kronenrades (mit Teilen)	5	5.2 X Positionieren; Wälzen; Y Positionieren, Zust.; Z Positionieren, Zust.; A Schneiden; C Wälzen, Teilen	5.3 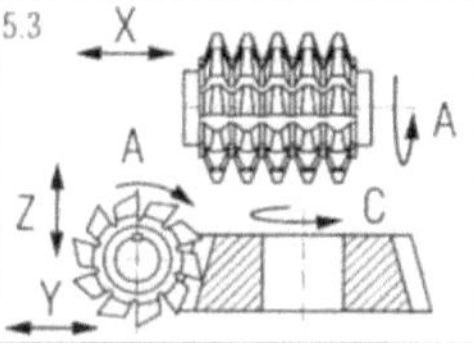	5.4 1. C = f (X); 2. Y = f (Z); 3. X, Z: Position.; 4. A: frei
6.1 Wälzfräsen und Wälzschleifen eines Kronenrades (mit Teilen)	6	6.2 X Positionieren, Zust.; Y Positionieren; Z Positionieren, Zust.; A Wälzen; B Schneiden; C Wälzen, Teilen	6.3 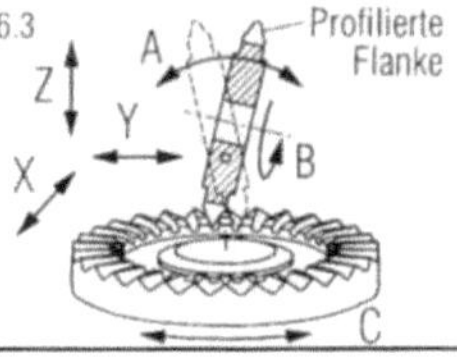	6.4 1. C = f (A), C = f (X); 2. X, Z: Zustellen; 3. X, Y: Position.; 4. B: frei

Bild 9.8. (Blatt 1) Notwendige, verfügbare bzw. programmierbare Achsen für die Erzeugung der Verzahnungen aus den Katalogen von *Bild 9.2* (*Blatt 1;2*) mit CNC-Maschinen.

Bedeutung der Numerierung 1. bis 4. in *Spalte 4* wie in *Bild 9.7*.

Zeile 9 enthält das Wälzschälen, welches bezüglich der Kontinuität des Wälzens und durch kontinuierliche Rotation der Schneidstollen eine Alternative zum Wälzfräsen ist. Beim Wälzfräsen dient die direkte Umdrehung zum Schneiden, die scheinbare Axialbewegung der Schneidstollen zum Abwälzen. Beim Schälen dient die direkte Rotationsbewegung zum Wälzen, die relative Axialbewegung der Stirnfläche zum Schneiden. Gekoppelt werden müssen für beide Bewegungen nur die Rotationen $B = f(E)$.

Zeile 10 veranschaulicht das Zahnraderzeugen mit Torusfräsern [9.96]. Für Kronen- und für Konische Zahnräder sind zahnstangenförmige Werkzeuge nicht zulässig, sondern nur zahnradförmige. Daher wird ein scheibenförmiger Fräser zugrunde gelegt, dessen Schneidstollen auf einem Spiralgang liegen und in ihrer Gesamtheit die Konturen und Flankenprofile des zukünftigen Gegenrades haben. Nun müssen nur die Rotationen von Werkzeug und Werkstück koordiniert werden, also $B = f(A)$ oben und $C = f(A)$ unten. Der eigentliche Schneidvorgang kann unabhängig vom Wälzvorgang erfolgen.

Zeilen 11 und *12* zeigen die Erzeugung von Toruszahnrädern, *Zeile 11* mit Stoß-Schneidrädern, *Zeile 12* mit Torusfräsern. Toruszahnräder (*Kapitel 7* [9.97 ; 9.118] sind Zahnräder, deren Zähne sich kontinuierlich von der Außenmantelfläche über die Stirnfläche (*Zeile 12*), in bestimmten Fällen bis zur Innenmantelfläche (*Zeile 11*) erstrecken. Die Paarungsräder können sowohl mit parallelen als auch mit sich schneidenden Achsen kämmen.

Das Erzeugungsverfahren in *Zeile 11* wird mit Stoß-Schneidrädern realisiert, die dem zukünftigen Ritzel entsprechen. Der Wälzvorgang ist kontinuierlich $C_2 = f(C_1 \dots B \dots C_1)$, muß aber nicht direkt gekoppelt werden. C_1 soll bedeuten, daß diese Drehung beim Schwenken der Achse A parallel zur Rotation C_2 erfolgen kann.

Die *Zeile 12* erläutert das Erzeugungsverfahren, bei Anwendung eines Torusfräsers. Werkzeug- und Werkstückachse stehen senkrecht aufeinander, müssen jedoch in ihrer Rotationsbewegung so koordiniert sein, daß bei einer Umdrehung von C sich der Fräser so oft dreht, wie das Werkstück Zähne hat, $B = Z_2 A_1$. Die Fräserachse muß um den Verzahnungsumlenkpunkt in Richtung A_2 schwenken (*siehe Kapitel 7*).

9.3 Zahnrad-Erzeugungsverfahren durch Spanen

Die bisherigen Betrachtungen ergeben zwar eine sehr anschauliche Übersicht und ein annähernd vollständiges Spektrum der Zahnrad-Erzeugungsverfahren [9.116], sagen jedoch wenig aus über die vielen Besonderheiten, welche oft für ihre Anwendung entscheidend sind. Es soll daher zur Entscheidungshilfe für die

Zahnradfertigungs-verfahren	Nr	Freie und programmierbare Achsen	Erzeugungsanordnung	Bewegungskopplung
1	Nr	2	3	4
7.1 Wälzfräsen von Konuszahnrädern (mit zylindrischem Fräser)	7	**7.2** X Positionieren; Y+Z Zustellen; A Wälzen; B Wälzen	**7.3** 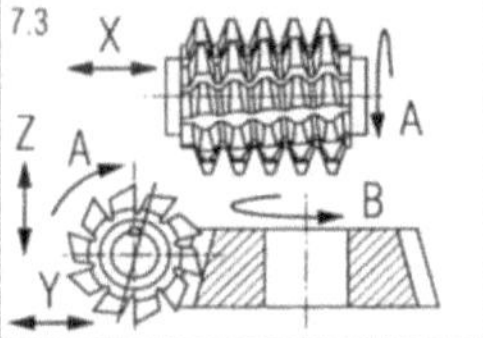	**7.4** 1. $B = f(A)$; 2. $Y = f(Z)$: Zustell. 3. X, Y, Z: Posit. 4. A: frei
8.1 Wälzstoßen von Kronen- und Konischen Zahnrädern (mit Schneidrädern)	8	**8.2** X Positionieren; Y(+Z) Zustellen(Schneiden) Z Positionieren; E Wälzen; B Wälzen; C Wälzen	**8.3** 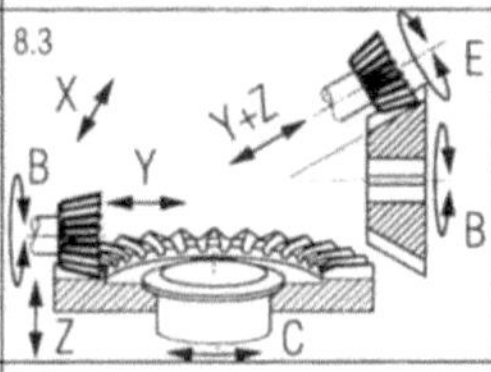	**8.4** 1. $B = f(E)$, oben; $C = f(B)$, unten; 2. Y,Y+Z: Zustellen 3. X, Z: Position. 4. E bzw. B: frei
9.1 Wälzschälen zylindrischer Außen- und Innenzahnrädern	9	**9.2** X Positionieren; Y Zustellen,Schneiden; Z Positionieren; B Wälzen; E Wälzen	**9.3** 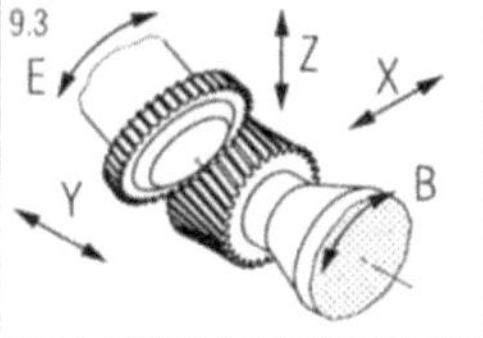	**9.4** 1. $B = f(E)$; 2. Y: Zustellen; 3. X, Z: Positionieren; 4. E: frei
10.1 Wälzfräsen von Kronen- und Konischen Zahnrädern (mit Torusfräsern)	10	**10.2** X Positionieren; Y(+Z) Zustellen; A, B Wälzen (oben); A, C Wälzen (oben); A Schneiden	**10.3** 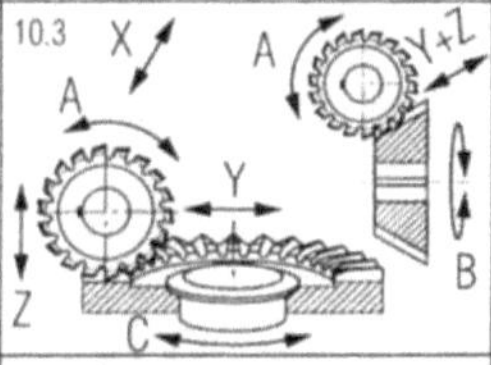	**10.4** 1. $B = f(A)$, oben; $C = f(A)$, unten; 2. X+Y: Zustellen(o) Y: Zustellen (u); 3. X, Z: Position.; 4. A: frei
11.1 Wälzstoßen von Toruszahnrädern (mit Schneidrädern)	11	**11.2** X Positionieren; Y Zustellen; Z, Y Schneiden; C_1, C_2 Wälzen; A Zustellen	**11.3** 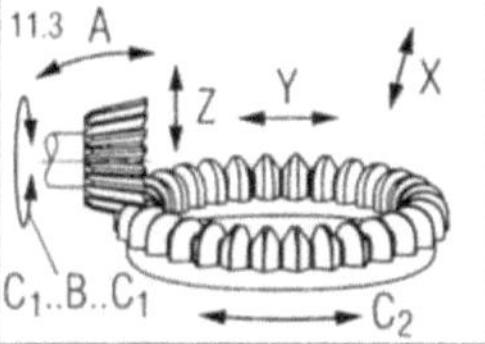	**11.4** 1. $C_2 = f(C_1..B..C_1)$; 2. Y: Zustellen; 3. X: Positioneren; 4. Z..Y..Z: frei
12.1 Wälzfräsen von Toruszahnrädern (mit Torusfräsern)	12	**12.2** X Positionieren; Y Posit., Zustellen; Z Positionieren; A_1, C Wälzen; A_1 Schneiden; A_2 Zustellen	**12.3** 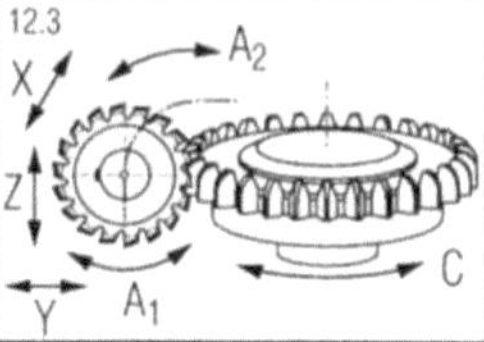	**12.4** 1. $B = f(A_1)$; 2. Y, A_2: Zustellen; 3. X, Y, Z: Posit.; 4. A: frei

Bild 9.8. (Blatt 2) Notwendige, verfügbare, ggf. programmierbare Achsen für die Erzeugung der Verzahnungen aus dem Katalog von *Bild 9.2* (*Blatt 3*) mit CNC-Maschinen.

Bedeutung der Numerierung 1. bis 4. in *Spalte 4* wie in *Bild 9.7*.

Auswahl des vorteilhaftesten Erzeugungsverfahrens eine kurze Beschreibung in Stichworten angefügt werden, welche auf die Möglichkeiten, auf die Werkzeuge [9.73], jedoch auch auf die zu erwartenden Schwierigkeiten hinweist.

9.3.1 Wichtige Einzelheiten spanender, nicht abwälzender Erzeugungsverfahren

Die vorgesehene Reihenfolge der einzelnen Erzeugungsverfahren ist die gleiche wie in den Übersichtskatalogen von *Bild 9.2, Blatt 1,* bis *Bild 9.3.* Daher wird mit den einfachsten spanenden Verfahren begonnen und mit den komplizierteren geendet. Umfangreiche Schrifttumsangaben sollen die Ausführungen erweitern.

9.3.1.1   Feinschneiden von Verzahnungen

Das Erzeugungsprinzip ist in **Bild 9.9** dargestellt. Es liegt verfeinertes Stanzen vor mit glatten ein- und abrißfreien Schnittflächen, ohne Einriß- und Abrißfläche wie beim Normalstanzen. Die Voraussetzung ist Feinschneidpresse, Feinschneidschmierstoff, Feinschneidwerkstoff [9.16 ; 9.17].

Die Schneidvorrichtung ist in *Teilbild 1* dargestellt. Eine Ringzackenkraft F_R spannt die Preßplatte d mit Ringzacke c und vermeidet Einzug von Werkstoff i. Der Ausstoßer F_G streift das Werkstück a über Druckbolzen f und Auswerfer e ab [9.42].

Teilbild 2 veranschaulicht die Gratbildung bei scharfem und bei abgestumpftem Werkzeug und erzeugt optimale Schneidbedingungen, *Teilbild 3* zeigt die Gefügeausbildung und die Schnittkanten bei weichen Stählen ohne Legierungszusätze und Festigkeiten von 450 bis 500 N/mm². Günstig unter *a*, wenn das Gefüge gleichmäßig verteilte Korngrößen hat, schlecht, wenn unregelmäßiges Gefüge *b* vorliegt,

Entscheidend ist die Anwendung richtiger Schmierstoffe im Hinblick auf die chemische Zusammensetzung, Viskosität, Druck- und Wärmebeständigkeit. Es darf kein Kontakt zwischen Schneidelementen und Werkstoff auftreten, sonst erhält man rauhe Oberflächen.

Erzielbar ist eine hohe Form- und Maßgenauigkeit für Materialstärken $s_M = 0,5$ bis 3 mm die ISO-Toleranzklasse IT 7, von 3 bis 6,3 mm IT 8, von 6,3 bis 8 mm IT 8-9, bei $s_M > 8$ mm IT 10 bis 11 [9.120], Mittenrauhwert der Schnittfläche $R_a = 0,2 ... 3,6$ μm. Mit dem Modul und der Blechstärke steigt der Schwierigkeitsgrad, *Teilbild 4*. Trotzdem ist Feinschneiden das schnellste und wirtschaftlichste Fertigungsverfahren für gerade Stirnräder. Für ein Zahnrad mit $z = 9$, $m = 3$ mm, mittlere Materialstärke $s_m = 6$ mm, Vergütungsstahl C45, Schwierigkeitsgrad S_2, Stückzahl 100.000 verhalten sich die Herstellkosten für Feinschneiden, Sintern, Spanen wie 3 ; 5 ; 15 [9.8].

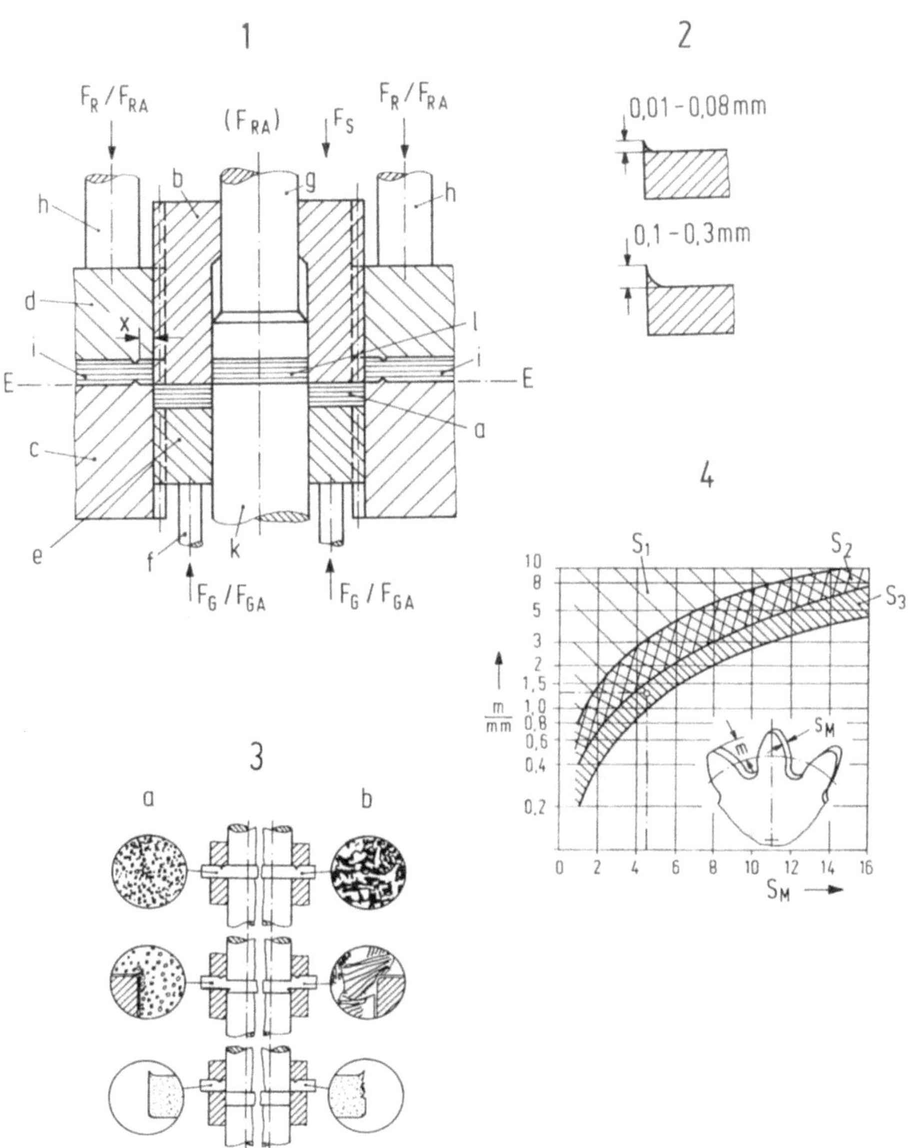

Bild 9.9. Vorrichtung und Materialeigenschaften beim Feinschneiden von Verzahnungen.

Teilbild 1: Material i wird mit einem Stempel b, Schneidplatte c und Stempel k zu gelochtem Außenteil a geschnitten. Vorsehen von Ringzacken an Teilen c, d.

Teilbild 2: Schnittgrad bei abgestumpftem Werkzeug

Teilbild 3: Optimale Feinschneidfähigkeit (a), wenn gleichmäßige Verteilung und Korngrößen, schlechte Schneidfähigkeit (b), wenn unregelmäßige Gefüge und Korngrößen.

Teilbild 4: Wachsender Schwierigkeitsgrad S bei wachsender Materialstärke s_m und steigendem Modul m.

Das nachbearbeitungsfreie Feinschneiden von Verzahnungen hat vielfache Anwendungen. Es kombiniert die Wirtschaftlichkeit der Stanz- und Umformtechnik [9.10 ; 9.34] mit der Präzision der spanenden Bearbeitung [9.84 ; 9.3 ; 9.9].

9.3.1.2 Räumen von Verzahnungen

Das Räumen, *Bild 9.10*, ist dem Stoßen als Fertigungsverfahren von Zahnrädern ähnlich, nach [9.22] Spanen mit einem mehrzähnigen Werkzeug, erlaubt jedoch viel kürzere Stückzeiten und ist bei Massenfertigung sehr wirtschaftlich. Wenn die Räumnadelverzahnung durch ein Zahnstangenwerkzeug erzeugt wurde, sind auch die geräumten Hohlräder Satzräder, d.h. die mit ihnen paarenden Außenverzahnungen können alle Zähnezahlen bis zu der Hohlradzähnezahl haben, wenn keine zusätzlichen Eingriffsstörungen auftreten [9.101]. Diese Möglichkeit ist bei Differenzgetrieben mit kleinem Zähnezahlunterschied sehr vorteilhaft.

Anwendung: Komplizierte Formen, hohe Stückzahl, kleine Toleranzen, gute Oberfläche, variable Spandicke [9.127] von $h = 1 \ldots 100$ µm. Werkzeug für Innenverzahnungen sind konisch verlaufende Räumnadeln mit aufeinandergeschichteten Schneidrädern, *Bild 9.10*.

Teilbild 1: Die Räumnadel taucht mit kleinem Anschnittdurchmesser, größerem Schrupp- und größtem Schlichtprofildurchmesser ein, in einem Schneidvorgang wird fertigverzahnt. Herstellbar sind gerad- und schrägverzahnte Innenverzahnungen von $d = 6$ bis 80 mm, Zahnstangen, Verzahnungssegmente. Bei Schrägverzahnung ist eine Schraubenführung nötig. Größere Räumnadeln sind schwierig [9.31]. Bei kleineren Durchmessern verwendet man massive Räumnadeln, bei größeren Durchmessern (150 - 300 mm) sind sie aus ringförmigen Schneidscheiben. Die Scheiben sind nachschleifbar, *Teilbild 2.1*. Entscheidend für die Wirksamkeit der Schneide ist der Spanwinkel γ und der Freiwinkel α, *Teilbild 2.2*. Um Verschleiß an der Schneidkante r_S zu beseitigen (*Teilbild 2.3*), muß an der Freifläche *und* der Spanfläche (*Teilbild 2.4*) nachgeschliffen werden [9.121].

Außenverzahnungen werden mit Tubusräumwerkzeugen hergestellt. Schruppteile aus Längssegmenten, in welchen die innenverzahnten Schneiden zusammengefaßt ausgerichtet sind, zeigt *Teilbild 4*, zum Schlichten sind Topfräumwerkzeuge vorteilhaft (*Teilbild 5*). In *Teilbild 3* ist die Schnittaufteilung beim Tubusräumen gezeigt, beim Schruppen wird in die Tiefe geschnitten, *Teilbild 3.1*, beim Schlichten in die Breite, *Teilbild 3.2* [9.127]. Die *Leiste c* in *Teilbild 3.2* hält mit zwei anderen den Tubus in Sollposition. Standwege betragen bis 600 m; bei 15 mm breiten Zahnrädern sind bis 40.000 Stück möglich.

Zahnradwerkstoffe sind: Stahl, Gußeisen, Bronze. Aluminium ist sehr schwierig wegen der Aufbauschneiden. Die Genauigkeit reicht bis Toleranzklasse IT 7 nach dem Härten, bei Schrägverzahnung bis IT 7 - 8 [9.55]. Üblich sind diese Genauig-

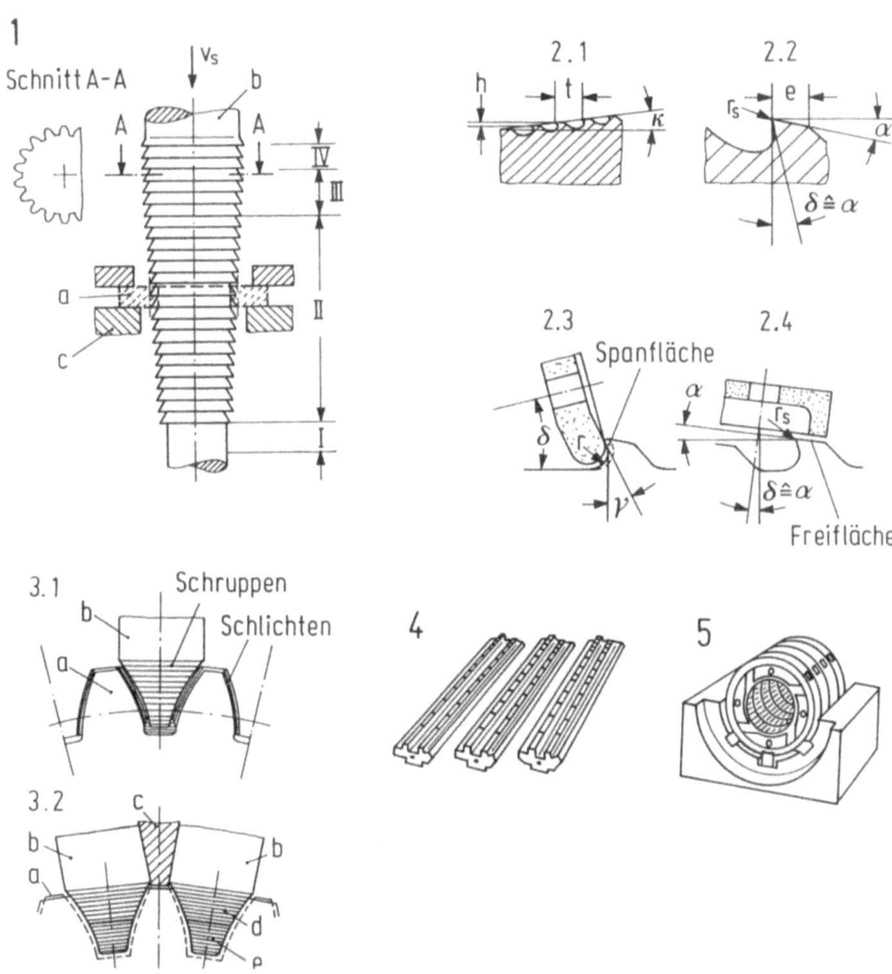

Bild 9.10. Räumen von Verzahnungen

Teilbild 1: Räumnadel für Innenverzahnungen, bestehend aus konisch sich vergrößernden Schneidringen (A-A), die vom ersten Anschneid- zum Schrupp- und Schlichtprofil übergehen.

Teilbild 2: Schneidringe, konisch angeordnet, bestimmen Schneiddicke h = 0,003 bis 0,1 mm (2.1), Abmessungen mit Schneiddicke (2.2), Nachschleifmöglichkeit (2.3 + 2.4) [9.47].

Teilbild 3: Tubusräumen von Außenverzahnungen mit zwei Zügen durch Teilen. Schruppsegment b, Zahnrad a (3.1), Leiste c führt Teil b (3.2).

Teilbild 4: Räumtuben

Teilbild 5: Zentrische Leistungssegmente für Schruppteil

keitsklassen bei oberen Gängen von Pkws, untere Gänge und Schienenfahrzeuge können IT 8 - 9 vertragen, Kupplungsverzahnungen IT 10.

Die Spanzeit ist sehr günstig [9.31]. Die Spanzeiten sind: Einspann-, Schnitt-, Rücklaufzeit bei Moduln m_n = 2,5 mm, Schneidlänge 900 - 1900 mm, 0,52 (0,34) bis 0,85 (0,48) Minuten, Modul m_n = 0,5 mm mit 0,14 (0,11) bis 0,18 (0,13) Minuten pro Stück. Niedere Werte für normale Stähle, Klammerwerte für zähe Stähle und Bronze. Räumen ist sehr günstig für Innenstirnradverzahnungen.

In vergleichbaren Fällen ist Räumen günstiger als Wälzstoßen. Beispiel: Hohlrad, Evolventenprofile z = 48, b = 100 mm, Werkstoff 42CrMoS4 wurde 1/15 der Bearbeitungszeit von Wälzstoßen erreicht [9.127 ; 9.75].

Räumen mit rotierendem Werkzeug, Revacycle-Verfahren, siehe *Kapitel 7*.

9.3.1.3   *Formfräsen und Formschleifen von Stirnradverzahnungen*

Formfräsen und Formschleifen (*Bild 9.2*, *Zeilen 3* und *4*) sind sehr vielseitig einsetzbare Erzeugungsverfahren von Klein- bis zu Großverzahnungen, mit Evolventen und Sonderformen, z.B. Zykloiden-, Wildhaber-Novikov-Verzahnungen, Sonderflankenformen, Keilwellen etc. Es gibt zwei Formen: Scheiben- und Fingerfräser.

1. Zahnraderzeugung mit Scheiben-Formfräser, **Bild 9.11**
Ein Scheibenfräser mit profilierten Stollen fräst die Lücke eines vorgegebenen, geraden Stirnrades heraus. Die Zahnflanke ist nur für *eine* Zähnezahl, *eine* Zahnhöhe und *eine* Profilverschiebung gültig. Als Vorteil gilt eine höhere Schneidenzahl, höhere Schnittgeschwindigkeiten, größere Standzeiten als bei Fingerfräsern, als Nachteil ein größerer Auslauf. Hartmetallscheibenfräser erzielen beim Schruppen bis zu 75% Arbeitszeitverkürzung gegenüber den übrigen Fräsern.

Werkzeuge sind einteilige Fräser für kleine Moduln m > 0,2 mm, *Teilbild 2*, und mehrteilige für m = 18 ... 50 mm, *Teilbild 3* [9.89]. Die Fräser für sehr kleine Moduln können viele Verzahnungen im Paket fräsen (früher die Uhrenverzahnungen). Die sehr großen Fräser, *Teilbild 3*, werden vorwiegend zum Schruppen benutzt und bestehen aus geschlitzten Tragkörpern mit hinterdrehten Profilmessern aus Werkzeugstahl. Es wird von Zahnlücke zu Zahnlücke geteilt. Für korrekt kämmende Schrägverzahnungen ist ein Flankenprofil notwendig, das dem Zahnnormalschnitt entspricht, kein Kreisevolventenprofil [9.101].

2. Zahnraderzeugung mit Form-Schleifscheiben für Verzahnungen, **Bild 9.12**
Eine oder zwei abgerichtete Schleifscheiben mit Zahnprofilen, parallel zur Zahnlücke rotierend, ergeben sehr genaue Zahnflanken, wenn man nicht abwälzen kann oder will. Die Zahnräder sind in der Regel vorgefräst. Wie auch bei den meisten Schleifverfahren muß geteilt werden, muß aber für die Schleifscheiben ein hinrei-

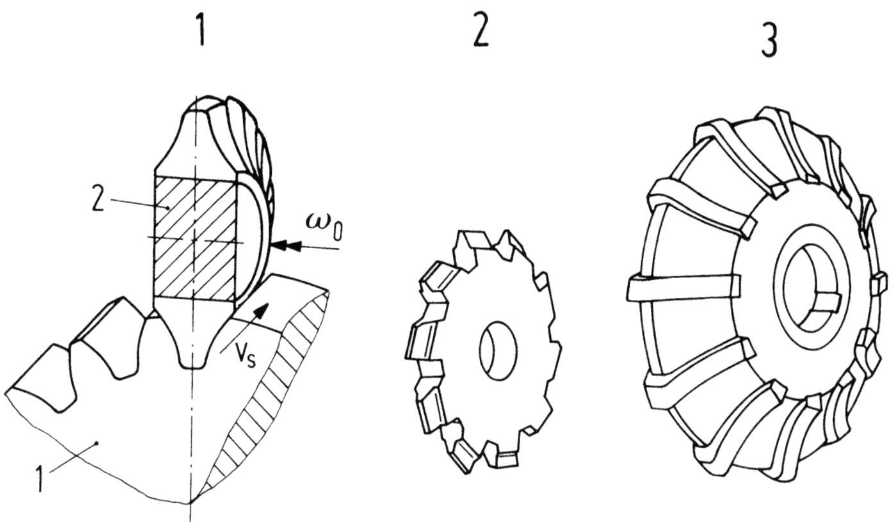

Bild 9.11. Formfräsen von Stirnradverzahnungen mit Scheibenfräsern

Teilbild 1: Teilformfräsen. Formfräser 2 schneidet in Rad 1 die passende Zahnlücke. Für die folgenden Lücken wird geteilt.

Teilbild 2: Einteiliger Scheibenfräser für Feinwerkverzahnungen

Teilbild 3: Zusammengesetzter Scheiben-Formfräser mit geschlitztem Zahnkörper, Profilmessern aus Werkzeugstahl für große Moduln ($m > 1{,}8$ mm).

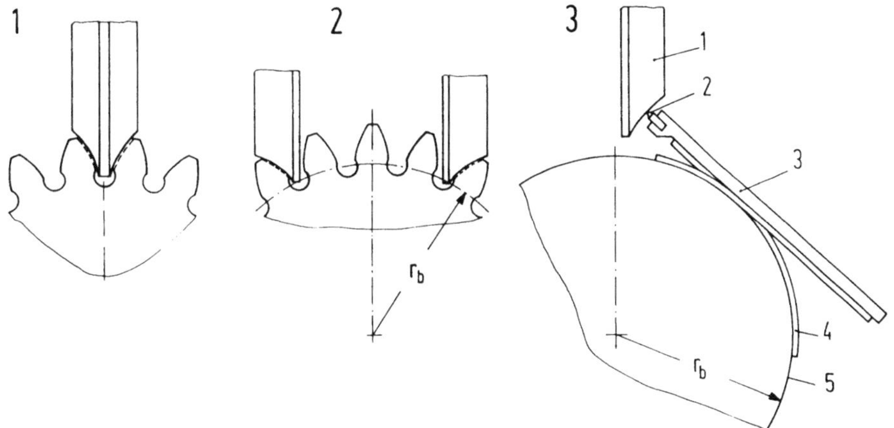

Bild 9.12. Scheiben-Formschleifen von Stirnradverzahnungen. Formschleifen ergibt gegenüber dem Wälzschleifen formgetreue Oberflächen.

Teilbild 1: Mit Zweiflankenscheibe. Symmetrische Werkradbelastung, Zahngrund ausgearbeitet zur Vermeidung von Kantenschleifen.

Teilbild 2: Zwei Einflankenscheiben bearbeiten gleichzeitig zwei Flanken verschiedener Zähne. Symmetrische Belastung

Teilbild 3: Abrichten einer Einflankenscheibe 1 mit Diamant 2 über ein Wälzlineal 3 am Wälzband 4 des Grundkreises 5.

chender Auslauf zur Verfügung stehen. Man schleift im Profilformverfahren [9.31] gerad- und schrägverzahnte Stirnräder von d = 12 bis 1800 mm, geradverzahnte Hohlräder, wenn Schleifscheibe und Werkzeuglagerung in den lichten Durchmesser der Verzahnung passen, von 90 bis 760 mm und schrägverzahnte Hohlräder von 250 bis 600 mm Durchmesser. Die Schleifzeit besteht aus der Schrupp-, Schlicht- und Abrichtzeit sowie Nebenzeiten. Die Schleifzugaben müssen so groß sein, daß Ungenauigkeiten sowie Härteverzug ausgeglichen werden. Sie sind für m = 1,5 mm 0,13 bis 0,25 mm und für m = 4,25 mm 0,3 bis 0,65 mm [9.4].

3. Formschleifen von Rotorprofilen

Bild 9.13 zeigt ein Beispiel für die bevorzugte Anwendung des Formschleifverfahrens. Durch numerisch gesteuertes Abrichten der Schleifscheibe für ein gewünschtes Verzahnungsprofil und aufgrund der Möglichkeit, die Schleifscheibe um ± 60° einzuschwenken, gelingt es, mit rechnergesteuerten NC-Schleifmaschinen automatisch sehr komplizierte Zahnräder wie das dargestellte durch Schleifen zu erzeugen.

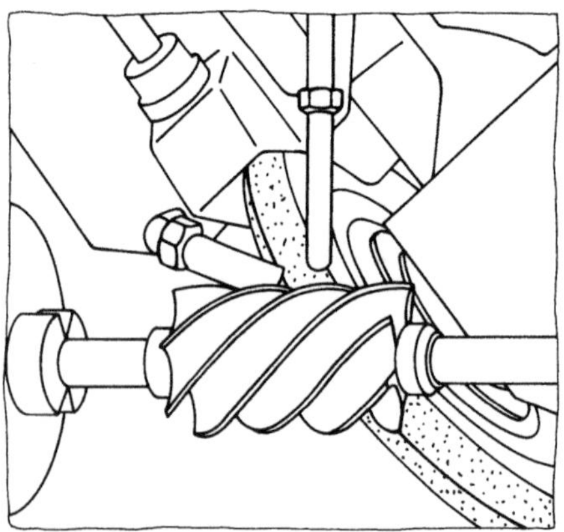

Bild 9.13. Formschleifen von Rotorprofilen

Zwei Rotorprofile gepaart, sind in Schraubenkompressoren mit geringstmöglichem Spiel eingebaut. Sie werden formgeschliffen bis zu einem Steigungswinkel von 60° mit Maschinen von Klingelnberg.

4. Profilschleif-„Scheiben", Übersichtskatalog

Das Prinzip des Profilschleifens besteht darin, daß das schnell rotierende Schleifwerkzeug, welches das Profil der Zahnlücke hat, langsam über die Zahnbreite geschoben, und wenn eine Zahnlücke fertig bearbeitet ist, um eine Teilung versetzt wird. Es besteht die Möglichkeit, nur eine, zwei oder mehrere Flanken gleichzeitig zu bearbeiten mit einem oder mehreren Schleifwerkzeugen.

Bild 9.14 enthält eine systematische Aufgliederung, die sowohl Schleifstifte, Schleifscheiben als auch eine Globoidschnecke erfaßt. Je nach Lage der Schleifscheibe z.B. in den *Feldern 1.2, 4.2* liegt das Schleifprofil anders auf der Schleif-

Teilvorgang			Diskontinuierlich		Kontinuierlich
	Achslage		Parallel zur Zahnhöhe	Parallel zur Zahndicke	
Werk-zeuge	Flan-ken	Form	Schleifstift	Schleifscheibe	Schleifschnecke (Globoid)
		Nr.	1	2	3
ein	eine	1	1.1 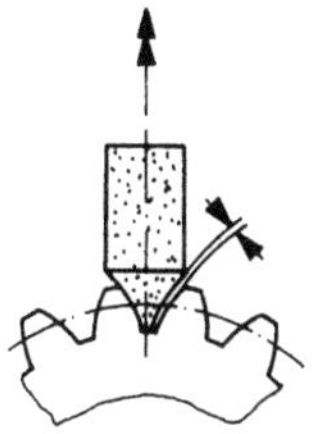	1.2 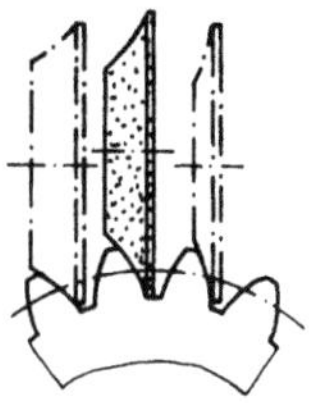 a b c	1.3 —
	zwei	2	2.1 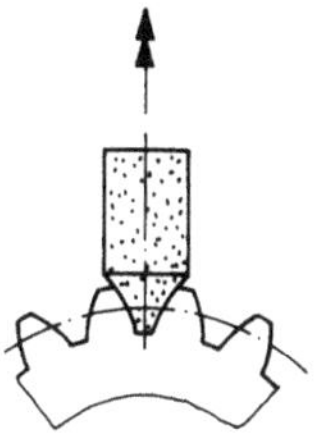	2.2 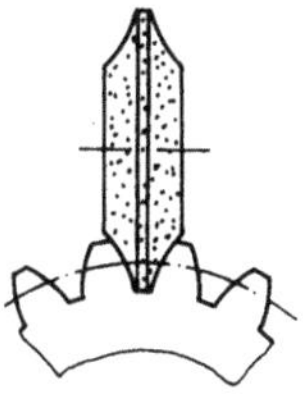	2.3 —
	mehr	3	3.1 —	3.2 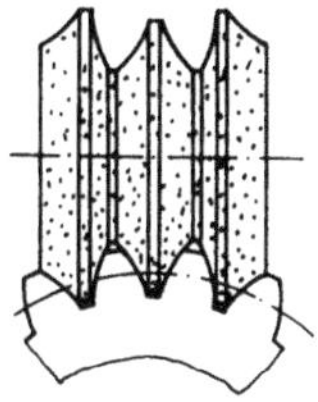	3.3 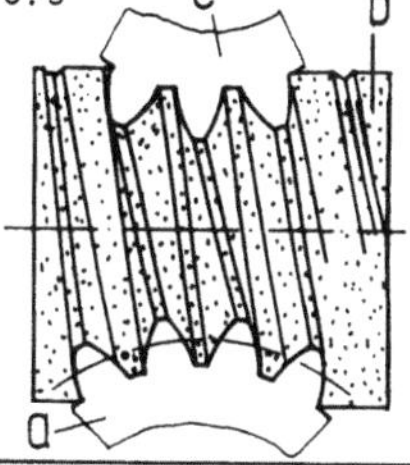 c b a
zwei	zwei	4	4.1 —	4.2 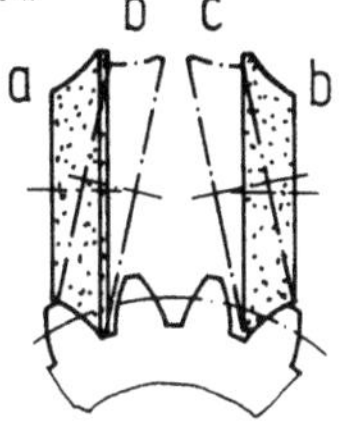 a b c b	4.3 —

Bild 9.14. Systematische Einteilung der Formschleifverfahren im zweidimensionalem Konstruktionskatalog [9.99].

Die Unterteilung der Kopfzeile in stift-, scheiben- und globoidförmige und die Unterteilung der Kopfspalte in verschiedene Werkzeuge und Flanken ermöglicht es, bekannte und unbekannte Schleifwerkzeuge zu finden. (Als der Katalog seinerzeit aufgestellt wurde, ist die z.Z. von Reisshauber eingeführte Globoidschleifscheibe noch kaum verwendet worden).

scheibe und diese wird einmal radial oder tangential belastet. Es zeigt sich, daß mit einer Globoidschnecke, *Feld 3.3*, sogar die Möglichkeit des kontinuierlichen Profilschleifens nach Bausch [9.4] besteht. Rad a wird geschliffen und das synchron laufende Rad c richtet die Profilschnecke b ab.

5. Finger-Formfräsen und -schleifen

Eine weitere Art des Formfräsens (siehe auch *Bild 9.2, Blatt 1, Zeile 4*) ist das Fingerformfräsen und Fingerformschleifen. Dabei wird ein fingerförmiger Schaftfräser von der Stirnfläche her in die Lücke der zukünftigen Verzahnung eingeschoben, **Bild 9.15**. Bei Geradverzahnungen erfolgt das Drehen senkrecht zur Werkstückachse, mit der sich die Fingerfräserachse schneiden muß, denn das Profil der Fingerspitze hat das Zahnlückenprofil. Bei Schrägverzahnungen dreht sich das Werkrad um den Betrag der Schrägung vor und beim Eintauchen des Fräsers in die Nachbarlücke an der rückwärtigen Stirnfläche, zurück.

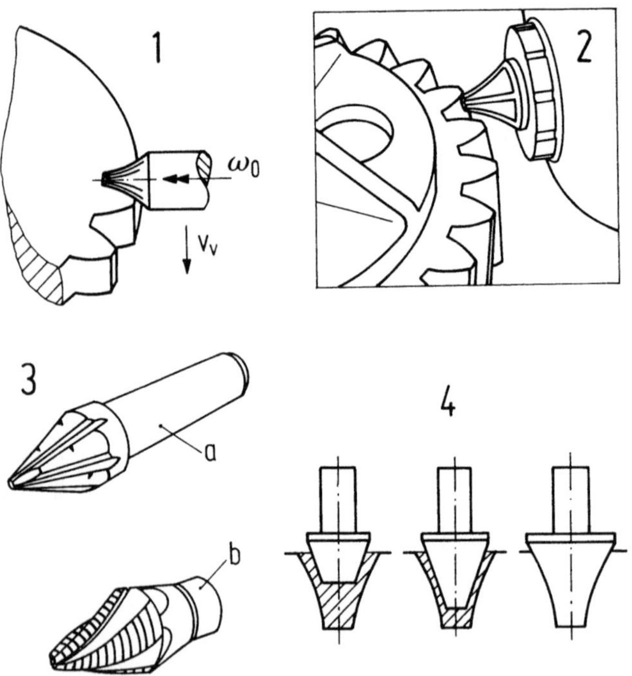

Bild 9.15. Finger-Formfräsen von Stirnradverzahnungen

Teilbild 1: Prinzip des Fingerfräsens. Der Fräser hat das Profil der Zahnlücke, dreht sich wie ein Bohrer um eine Schaftachse und durchläuft die Zahnlücke bei Geradverzahnung parallel zur Werkstückachse.

Teilbild 2: Schrägstirnrad mit Fingerfräser formgefräst. Großer Modul. Während des Fräservorschubs dreht sich das Werkrad um den Betrag des Zahnsprungs [9.21].

Teilbild 3: Ausführung von Zweifinger-Zahnformfräsern, a mit radial, b mit schraubenförmigen Spanbrechernuten (Schruppverzahnung) [9.89].

Teilbild 4: Mögliche Schnittaufteilung; links und Mitte Vorfräsen, rechts Fertigfräsen.

Da kein Abwälzen erfolgt, entspricht das Normalprofil dem Fräserprofil, das meistens auch das exakte Profil für Geradverzahnungen ist. Das Kämmen mit dem Gegenrad erfolgt jedoch in der Stirnebene, so daß derart hergestellte Schrägverzahnungen mit Fingerfräsern für Geradverzahnungsprofile, keine exakten Evolventenzähne im Stirnschnitt der Schrägverzahnung erzeugen [9.101].

Fingerformfräser sind nicht so teuer wie Wälzfräser und ergeben eine weniger rauhe Oberfläche. Man kann mit ihnen größere Volumina pro Zeiteinheit zerspanen als mit Wälzfräsern, daher eignen sie sich zum Schruppen (Form b in *Teilbild 3*). Mit Fingerformfräsern lassen sich leicht Sonderformen wie Zykloiden- oder Kreisform- oder sonstige Zahnflanken erzeugen, weshalb sie auch für Kleinverzahnungen verwendet werden. Insbesondere sind sie dann vorteilhaft, wenn kein Werkzeugauslauf möglich ist.

Die Verzahnungsqualität wird in erster Linie durch die Teilungsgenauigkeit bestimmt, da Flankenformabweichung und Konturtreue vom Werkzeug abhängen. Die Flankenformen können sehr genau werden, da keine Polygonprofile entstehen wie beim Wälzfräsen. Um nicht für jede Zähnezahl einen eigenen Fingerfräser zu benötigen, verwendet man Sätze von 8 oder 15 oder 26 Fräsern für $z = 12 \ldots 135$ (∞). Da dann oft erhebliche Formabweichungen auftreten können, werden Fingerfräser häufig nur zum Vorfräsen eingesetzt.

Fingerfräser eignen sich besonders zur Erzeugung gerader Außenverzahnungen.

9.3.2 Wichtige Eigenschaften spanender, teilend abwälzender Erzeugungsverfahren

Zwischen formgebundenen und abwälzenden Zahnraderzeugungsverfahren (*Bild 9.2, Blatt 1, 2, 3*) besteht ein großer Unterschied: Die *formgebundenen* Werkzeuge sind nur für ein einziges Zahnprofil mit einem einzigen Schrägungswinkel korrekt, d.h. nur für *eine* Zähnezahl eines bestimmten Moduls, *eines* Bezugsprofils, *einer* bestimmten Profilverschiebung, die *abwälzenden* Verfahren dagegen können mit Zahnstangenwerkzeugen für alle Zähnezahlen, Profilverschiebungen und Schrägungswinkel des gleichen Bezugsprofils und Moduls verwendet werden. Die notwendige Werkzeuganzahl für sie ist daher sehr viel kleiner. Gefräste Abwälzprofile bestehen aus mehr oder weniger zahlreichen Polygonschnitten, geschliffene sind kontinuierlich wie auch alle im nicht abwälzenden Formverfahren hergestellten (Vorteil!). Es gilt der Grundsatz, daß zur Zahnraderzeugung die Paarungen von Schneid- und Werkrad im Berührungspunkt möglichst große Relativbewegungen haben sollten, die Paarungen von Werkrädern untereinander jedoch möglichst kleine. Es können dadurch einerseits große Schnittgeschwindigkeiten erzielt werden, andererseits im Getriebe günstige Kraftübertragungen.

Üblicherweise können abwälzend arbeitende Zahnraderzeugungsverfahren mit Zahnstangenprofilen nur teilend arbeiten, da sie nur eine begrenzt lange Zahnstange haben oder nur eine einzige Zahnlücke in einem Arbeitsgang gleichzeitig bearbeiten. Das Teilen jedoch birgt stets die Gefahr zusätzlicher Teilungsfehler. Zahnstangenförmige, geradflankige Erzeugungsprofile (Schneidwerkzeugflanken) sind jedoch erforderlich, wenn man Satzzahnräder erzeugen will, die mit allen Zähnezahlen ohne Interferenz paaren (siehe auch *Kapitel 4* und *5*).

9.3.2.1 *Wälzhobeln*

Der Hobelkamm ist so ein zahnstangenförmiges Werkzeug. Die Anordnung von Hobelkamm und Werkrad an einer Hobelmaschine zeigt **Bild 9.16**. Das Abwälzprinzip von Zahnstangenflanken ist in *Bild 9.2, Blatt 2, Feld 5.1*, dargestellt. Das Abwälzen des Profillineals L erfolgt an einem Kreis, dessen Radius $r = r_b/\cos\alpha$ ist,

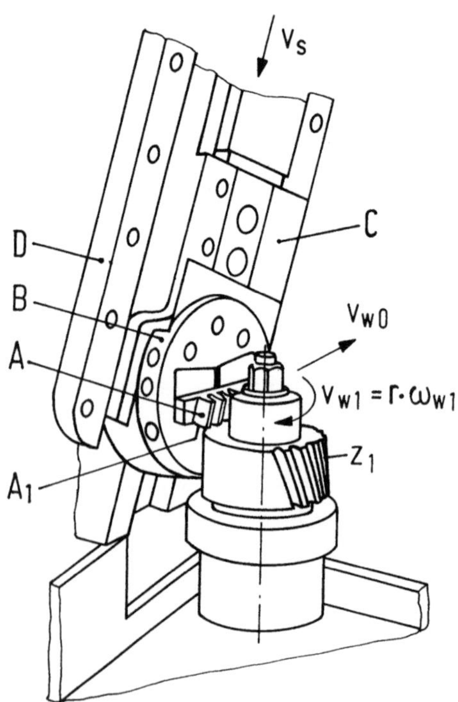

Bild 9.16. Wälzhobelmaschine mit Stoßrichtung v_s, die um den Schrägungswinkel β zur Senkrechten geneigt ist und die Zahnlücken senkrecht zum Normalschnitt erzeugt. Die Zahnflanken sind in der Stirnebene exakte Evolventen, da das Normalprofil auch in der Stirnebene ein Geradflankenprofil ist.

Der Schrägzahn-Hobelkamm A ist in der Drehklappe B, die im Schlitten C liegt, fest eingespannt und so ausgerichtet, daß die Brustfläche A_1 seiner Zähne parallel zur Stirnfläche des Werkstücks z_1 steht; daher nur eine schmale Freistechnut benötigt, obwohl die Schneidbewegung v_s schräg zur Achse verläuft. Das Abwälzen erfolgt durch Rotation ω_{w1} und Translation v_{w0}.

wenn der Profilwinkel $\alpha > 0°$ ist, in den *Feldern 5.2, 5.3, 6.2*, von *Bild 9.2* wird am Teilkreis r abgewälzt, bei nicht geneigtem Profil $\alpha = 0°$, in *Feld 6.3*, am Grundkreis r_b. Beim Schneidvorgang stößt der Hobelkamm A in Richtung v_s (*Bild 9.16*) und wird beim Rückgang etwas zurückgenommen, um die Flanken nicht zu beschädigen. Die Wälzbewegung v_{w0} erfolgt schrittweise nach jedem Arbeitshub des Hobelkamms.

Selbst Pfeilverzahnungen mit geschlossenen Spitzen kann man mit zwei entgegengesetzt schneidenden Kammstählen erzeugen. Es wird für jeden Modul, für jeden Schrägungswinkel (bei kleiner Auslaufnut), für jedes Bezugsprofil ein gesonderter Hobelkamm benötigt. Beim Schneiden von Schrägverzahnungen mit geradem Hobelkamm müssen der Schneidhub und der Auslauf vergrößert werden, und es ist nicht möglich, nahe aneinanderliegende Zahnräder zu erzeugen. Weil das Schneidprofil gerade Schneidkanten hat, erzeugt es auch bei Schrägverzahnungen exakte Stirnflanken!

Bild 9.17 zeigt die verschiedenen Hobelkammformen, die für *Gerad-* und *Schrägverzahnung* verwendet werden. Da sie alle ebene Zahnflanken haben, sind sie preiswert herstellbar, können genau bearbeitet und leicht nachgeschliffen werden. Die Bearbeitungszeit hängt von der Länge und Anzahl der Arbeitshübe und von der Anzahl der Zähne (Teilungsvorgänge) ab. Die Genauigkeit der Flanken ist von der Anzahl der Schnitthübe (Polygonschnitte) abhängig und kann im Gegensatz zum Wälzfräsverfahren für große Zähnezahlen verringert (flache Profilflanken) und für kleine Zähnezahlen vergrößert werden (stark gekrümmte Flanken). Bei kleineren Moduln ist es üblich, einen Schruppdurchgang und zwei Schlichtdurchgänge vorzusehen, bei größeren Moduln zwei Schrupp- und einen Schlichtdurchgang.

Herstellung: Zahnräder von 20 bis 6.000 mm Durchmesser, Zahnbreiten bis 600 mm, Moduln $m = 1$ bis 50 mm. Es können Außen-, Gerad- und Schrägstirnräder im Abwälzverfahren erzeugt werden, keine Innenzahnräder. Bei geeigneter Ausrüstung mit einer Innen-Stoßeinrichtung und einem Einzahn-Formwerkzeug läßt sich jeweils nicht abwälzend, eine dem Einzahn-Formwerkzeug entsprechende Innenverzahnung herstellen. Die *Teilbilder 1 - 4* zeigen die verschiedenen Hobelkammarten, welche geradverzahnt sind wie im *Teilbild 2*, schrägverzahnt wie in den *Teilbildern 3* und *4*. Im Fall 2 kann man Schrägverzahnungen nur bei Schrägstellung der Hobelkämme stoßen, mit notwendigerweise großem Auslauf, in den *Feldern 3* und *4* stehen die Hobelkämme parallel zur Stirnradfläche und benötigen einen sehr kleinen Auslauf (*Bild 9.16*).

9.3.2.2 *Teilwälzfräsen, Teilwälzschleifen*

Bei Anordnung der Schneidkanten am Umfang einer Scheibe, an der Stirnfläche (*Bild 9.2, Blatt 2, Felder 5.3, 6.2, 6.3*), kann kontinuierlich gespant werden. Abwälzen erfolgt durch abgestimmte Axialbewegung des Werkzeugs zur Rotations-

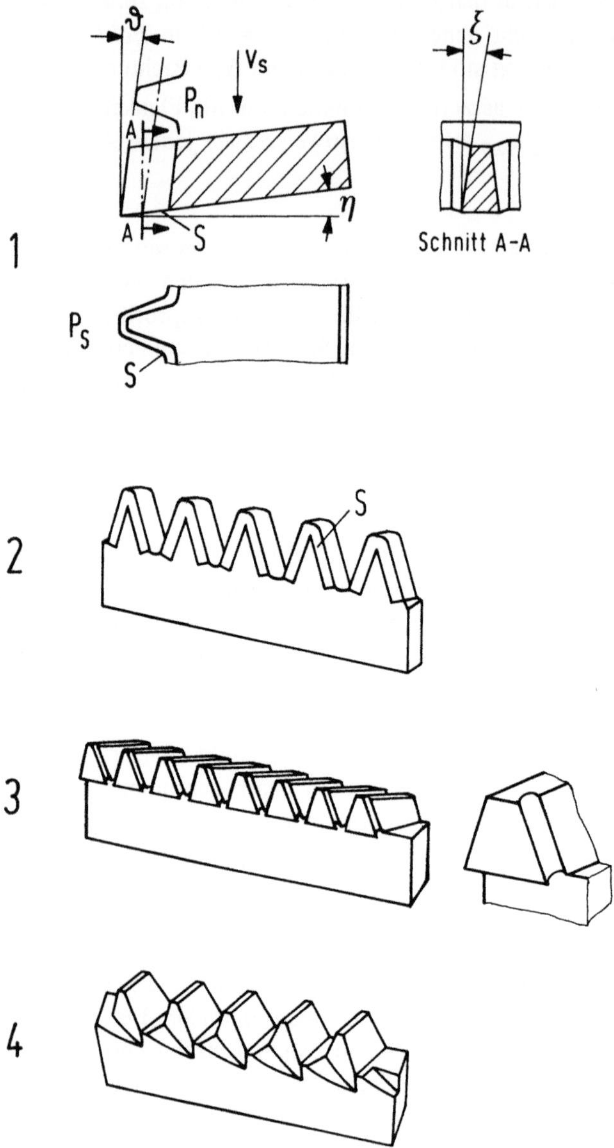

Bild 9.17. Formen der Hobelkämme

Teilbild 1: Querschnitt mit Kopfwinkel ϑ, Spanflächenwinkel η ($\sim 6,5°$) und Seitenfreiwinkel ξ. Schnittprofil P_S ist die in Stoßrichtung v_s liegende Orthogonalprojektion der Spanfläche S.

Teilbild 2: Geradverzahnter Hobelkamm mit angeschliffenen Schnittkanten S.

Teilbild 3: Schrägverzahnter Hobelkamm mit Stirnschliff, stumpfer Schneidkante rechts, die einen Hohlschliff hat.

Teilbild 4: Hobelkamm mit Schneidbrust senkrecht zur Zahnkante (Treppenschliff).

bewegung des Werkstücks. Da jeweils nur eine zur Stirnebene parallele Ebene bearbeitet wird, muß in Richtung der Zahnbreite zugestellt werden. Wegen der endlichen Länge des Zahnstangenwerkzeugs muß geteilt werden. Es findet jeweils nur Punktberührung statt, so daß sich entsprechende Polygon- oder Netzmuster an der Flanke abbilden.

9.3.2.2.1 Teilwälzfräsen

Infolge des Abwälzvorgangs beim Wälzfräsen durch die Scheibe mit Bezugsprofilkanten, **Bild 9.18**, *Teilbild 1*, schneidet jeder Stollen einen Polygonsektor der zukünftigen Flanke ab, so daß sich für die vorgesehene Zähnezahl und Profilverschiebung automatisch die richtige Flankenform ergibt; bei Schrägstellung, *Teilbild 2*, trifft das auch für die Schrägverzahnung zu. In *Bild 9.2, Blatt 2, Feld 6.2*, ist eine Walze als Werkzeug vorgesehen, die aus mehreren planparallelen Scheibenfräsern besteht. Mit ihr können auch Konus-Zahnräder erzeugt werden (*Kapitel 5*). Wesentlich ist, daß bei ringförmig, nicht schraubenförmig verlaufenden Stollenringen immer geteilt werden muß. Vorteil des Teilwälzfräsens ist, daß die Umdrehungszahl (nicht die Translationsbewegung!) des Werkzeugs ω_S nicht in Beziehung zur Abwälzbewegung gebracht werden muß und daher bei Verlangsamung des Abwälzens beliebig viele Polygonschnitte für eine Zahnflanke erzeugt werden können, das erhöht die exakte Flankenform insbesondere von Zahnrädern mit kleiner Zähnezahl sehr.

9.3.2.2.2 Teilwälzschleifen

Während das Teilwälzfräsen eine seltene Ausnahme ist, wird Teilwälzschleifen in der Praxis sehr häufig angewendet. Grund ist die Größe der Schleifscheiben und die Notwendigkeit, sie ständig abzurichten. Daher sind einfache Scheibenformen öfter zweckmäßiger als große Schleifschnecken, die kontinuierlich arbeiten und laufend abgerichtet werden müssen. Dabei stehen die ebenen Schleifsteinstirnflächen schräg wie in *Bild 9.18, Teilbild 3*, und können gleichzeitig als Flanken des Bezugsprofils aufgefaßt werden. Da in diesem Fall (MAAG-Schleifverfahren [9.76], sowohl Rotation als auch Translation der Abwälzbewegung in das Zahnrad gelegt sind, können die Schleifscheiben örtlich stehenbleiben und müssen nur zur Flanke hin und den Zahn entlang zugestellt werden. *Teilbild 4* zeigt eine entsprechende Anordnung für Schrägverzahnung.

Noch besser sind die Vorgänge in **Bild 9.19** zu erkennen: *Teilbild 1* zeigt das MAAG-Schleifverfahren, jedoch mit senkrecht stehenden Schleifscheiben. Sie sind nun Teil eines orthogonalen Bezugsprofils und schleifen immer nur am gleichen Radius der Schleifscheibe, müssen daher auch laufend abgerichtet werden, *Teilbild 2*. Die Anordnung bei Schrägverzahnung ist in *Teilbild 3* zu erkennen. Bemerkenswert ist, daß die Schleifscheiben nun verschieden weit vom Träger liegen müssen (b_1, b_2).

Das 0°-Schleifverfahren erfordert einen kürzeren Wälzweg, häufigeres Abrichten und ergibt am Übergang von der Evolventenflanke zur Fußausrundung eine

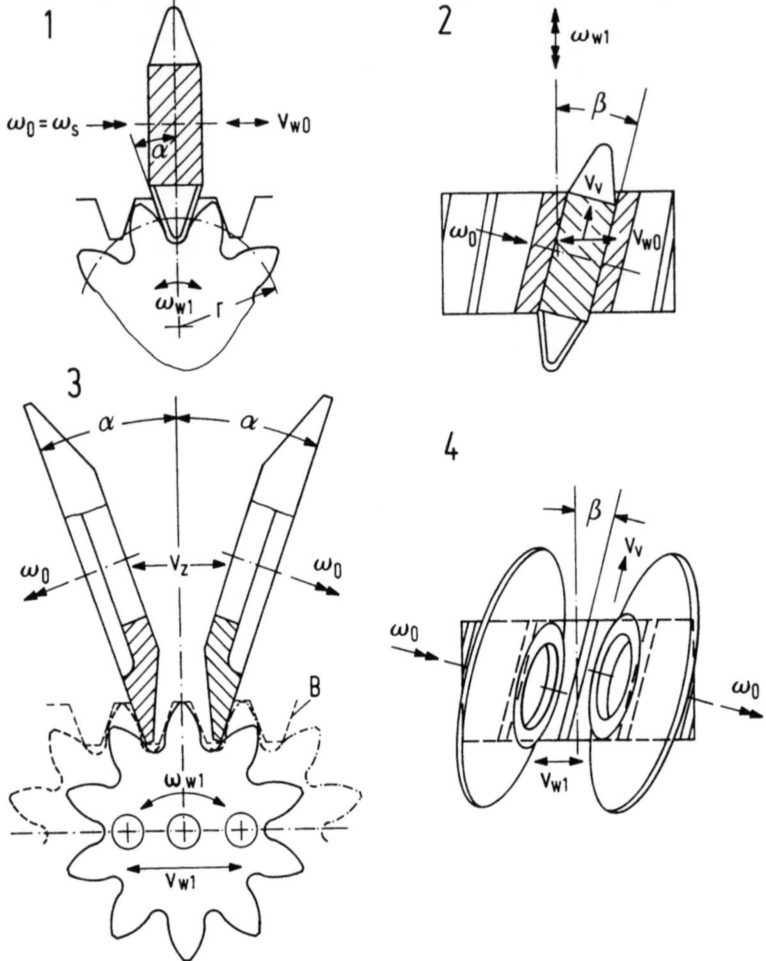

Bild 9.18. Teilwälzfräsen, Teilwälzschleifen

Teilbild 1: Ein Scheiben- oder Zylinderfräser mit bezugsprofilförmigen Schneidstollen als Zahnkranz angeordnet, schneidet die Zahnlücken aus. Unabhängig davon erfolgt das Abwälzen durch Translation v_{w0} und Rotation ω_{w1}. Nach Durchlauf der Fräserstollen wird geteilt. Es erfolgt eine laufende Zustellung in Zahnrichtung.

Teilbild 2: Wie *Teilbild 1*, jedoch Schrägverzahnung, wobei die Scheiben- bzw. die Zylinder-Fräserachse um den Schrägungswinkel β geneigt ist, die Wälzbewegung v_{w0} wie in *Teilbild 1* senkrecht zur Zahnradachse erfolgt. Anschließend Teilen und Zustellen.

Teilbild 3: MAAG-Schleifverfahren für Geradverzahnung mit geneigten Schleifscheiben. Das Abwälzen wird durch Translation v_{w1} und Rotation ω_{w1} des Werkstückrades realisiert, so daß die um den Profilwinkel α geneigten Schleifscheiben fest bleiben können. Schleifen erfolgt entlang der geneigten Schleifscheibenebene in Zahnbreitenrichtung fortschreitend, anschließend teilen, ggf. mit v_z zustellen.

Teilbild 4: MAAG-Schleifverfahren für Schrägverzahnungen mit Schleifscheibenneigung um den Schrägungswinkel β, sonst wie *Teilbild 3*.

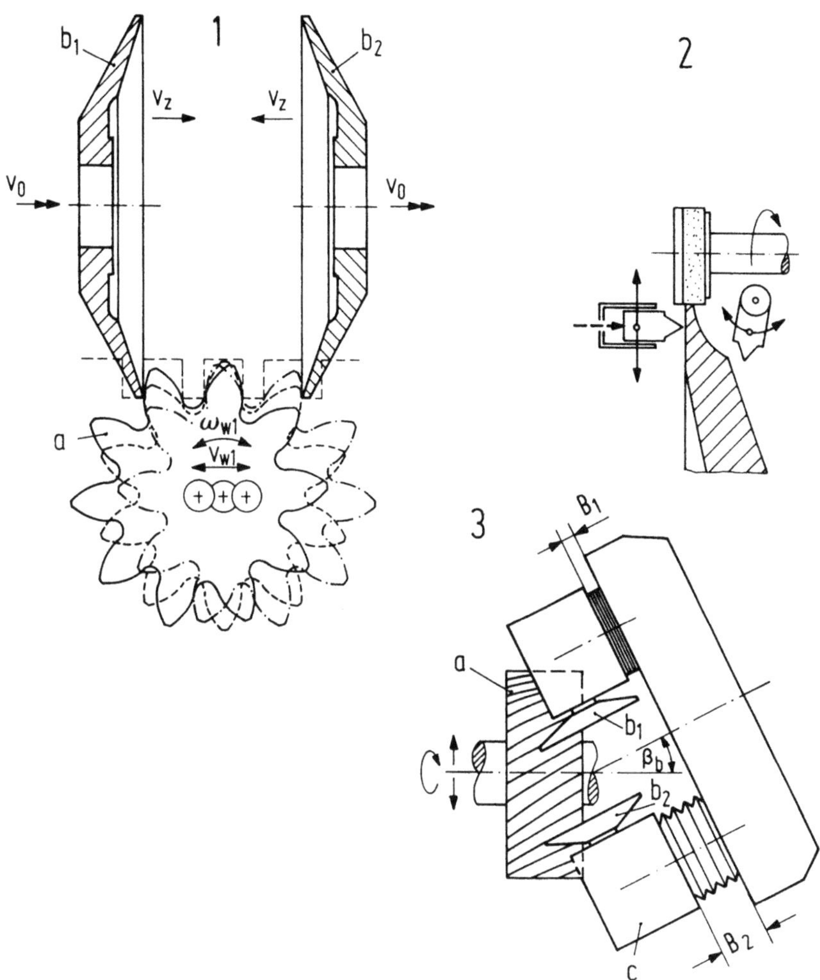

Bild 9.19. Teilwälzschleifen

Teilbild 1: MAAG-Teilwälzschleifen mit geradgestellten Schleifscheiben (Eingriffswinkel $\alpha = 0°$). Zahnrad a vollführt die gesamte Abwälzbewegung und nur die Schleifscheiben-kanten bearbeiten den Zahn.

Teilbild 2: Die gerade Erzeugungsflanke, der Außendurchmesser und die gekrümmte Rük-kenflanke werden mit Diamantwerkzeugen laufend abgerichtet.

Teilbild 3: Um den Winkel β_b schräggestellte Schleifeinheiten bei Schrägverzahnung.

scharfe Ecke. Daher ist die Protuberanzform des Werkrad-Zahnfußes angebracht. Der Schleifvorgang dauert relativ lang, da die Zahnflanke, wie auch beim Schleifen mit den Schleifstirnflächen, punktweise bearbeitet wird.

9.3.2.3 Teilwälzfräsen und Teilwälzschleifen von Kronenzahnrädern

Der Übersichtskatalog in *Bild 9.2, Blatt 2, Zeile 7*, zeigt ein neues Erzeugungsverfahren, um auch Kronen- [9.2] und Konische Zahnräder im Teilverfahren abwälzend erzeugen und schleifen zu können [9.96]. Wie in [9.118] und in den *Kapiteln 4* und *6* gezeigt wird, müssen Konische Außen- und Innenverzahnungen mit radförmigen Werkzeugen erzeugt werden, da sonst selbst bei Außenzahnrädern Interferenz auftreten kann oder die Zahnbreite extrem klein wird. Um auch noch Linienberührung zu gewährleisten, muß das erzeugende Schneidrad in den Durchmessern und den Zahnprofilen dem späteren Gegenrad entsprechen. Das wird in den Beispielen des *Bildes 9.2, Felder 7.2* und *7.3*, dadurch simuliert, daß die Fräs- bzw. Schleifscheiben um die Achse des späteren Gegenrades abwälzend taumeln.

9.3.3 Eigenschaften kontinuierlich abwälzender Erzeugungsverfahren

Die bei weitem wichtigste Erzeugungsmöglichkeit von außenverzahnten Stirnrädern ist das kontinuierliche Wälzfräsen mit diskontinuierlichen Schneidstollen und zylinderförmigen Werkzeugen sowie zahnstangenförmigen, geradflankigen Schneidprofilen. Sie sind in einem Schraubengang am Zylindermantel angebracht, *Bild 9.2, Blatt 3, Zeile 8*. Für zahlreiche Fälle, besonders von Konischen Außen- und Innenverzahnungen, von Kronenrad- aber auch von Torusverzahnungen wird das zahnstangenförmige durch ein radförmiges Werkzeug ersetzt, *Bild 9.2, Blatt 3, Zeilen 9 - 13*.

9.3.3.1 Abwälzfräsen ohne örtliche Fräserverstellung

Erst durch die geniale Erfindung von Hermann Pfauter [9.112] etwa um die Jahrhundertwende, statt des Abwälzens durch seitliches Bewegen der Zahnstange wie in *Bild 9.2, Blatt 2, Felder 5.1 ; 5.2*, die Schneidstollen gewissermaßen auf dem feststehenden Zylinder seitlich „wandern" und damit abwälzen zu lassen, brachte die Lösung zum „kontinuierlichen" Abwälzen. „Kontinuierlich" ist nur die Rotation, beim Fräsen, die Schnitte sind diskontinuierlich. Zu diesem Zweck sind die Schneidstollen am Zylinderkörper des Fräsers als Schraubengänge angebracht, **Bild 9.20**, *Teilbild 1*, und simulieren bei der Rotation des Zylinders auch eine seitliche Translation in v_{w0}-Richtung, die mit der Rotation des erzeugten Zahnrades übereinstimmt, denn nach einer Fräserdrehung ist gerade ein Zahn vorbeigestrichen. Die Schrägstellung des Fräsers um den Steigungswinkel γ seines Schraubenganges (*Teilbild 2*), ermöglicht es, Geradverzahnungen herzustellen, bei Abweichung von diesem Winkel jedoch auch Schrägverzahnungen. *Teilbild 3* zeigt eine

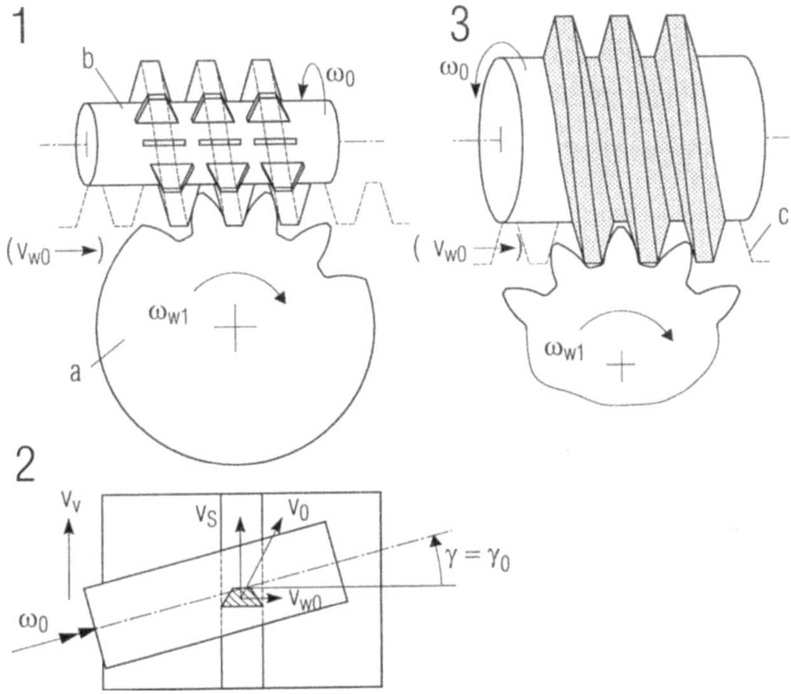

Bild 9.20. Wälzfräser und Wälzschleifschnecke mit Schraubengängen

Teilbild 1: Prinzip des „kontinuierlichen" Wälzfräsens durch Schneidstollen, die in Schraubengängen angeordnet sind und bei Rotation eine Abwälzverschiebung v_{w0} einer Zahnstange simulieren. (Kontinuierlich ist nur die Fräserdrehung, das Schneiden ist diskontinuierlich).

Teilbild 2: Schrägstellung des Wälzfräsers um den Steigungswinkel γ_0 der Schraubengänge. Dadurch wird Zahnschrägung $\beta = 0°$ erreicht. Bei anderen Einstellungen von γ kann man jeden Schrägungswinkel am Werkrad erhalten, $\beta = \gamma - \gamma_0$.

Teilbild 3: Abwälzschleifschnecke mit einem Gang zum kontinuierlichen Rotieren *und* Schneiden.

entsprechende Schleifschnecke, die allerdings von einem Gegenrad, hier nicht dargestellt, laufend abgerichtet werden muß. Die Wälzfräserausbildung als Zylinderschnecke übertrifft alle anderen Zahnradwerkzeuge an Vielseitigkeit und gewährleistet kleinstmögliche Werkzeuglagerhaltung, wie die folgende Aufzählung seiner Eigenschaften bestätigt.

9.3.3.2 *Eigenschaften von Verzahnungswerkzeugen als zylindrische Wälzschnecken*

Mit einem zylindrischen Wälzfräser und schraubenförmig angeordneten Schneidstollen ist es möglich:

1. Außenzahnräder für das gleiche Bezugsprofil und den gleichen Modul mit beliebigen Zähnezahlen $z \geq 1$ zu erzeugen

2. Beliebige Profilverschiebungen mit $x \gtrless 0$ zu ermöglichen

3. Alle Schrägungswinkel β auszuführen, die $45°(60°) > \beta > -45°(60°)$ Schrägung haben

4. Eine kontinuierliche Schneidbewegung ($\omega_s = \omega_0 \cos\gamma$) des Fräsers auszuführen

5. Eine kontinuierliche Wälzbewegung ($v_{w0} = v_{w1}$) zu realisieren

6. Eine kontinuierliche Zustellbewegung senkrecht zur Zahnradstirnebene zu erzielen (Pfauter-Verfahren)

Allein die Herstellung von Konischen Außen- und Innenverzahnungen einschließlich der Kronenradverzahnungen und daher auch der Torusverzahnungen ist nicht möglich. Dafür müßte das erzeugende Schneidwerkzeug ein Rad und keine Zahnstange sein. Die genannten Verzahnungsarten bilden jedoch nur einen kleinen Bruchteil der praktisch angewendeten.

Die Eigenschaften 1 - 6 treten bei zylinderschneckenförmigen Fräsern aus folgenden Gründen auf:

- Die Werkzeuge haben ein zahnstangenförmiges (meist symmetrisches) Schneidprofil, daher erzeugen sie Satzräder bei symmetrischem Bezugsprofil, von denen jedes mit jedem kämmen kann. Da die Zahnlückenausarbeitung für alle Zahnprofile die größtmögliche ist, wird auch Bedingung ① erfüllt,
- das Abrücken der Fräserschnecke von der Zahnradachse bedingt zwar andere Evolventenabschnitte, stört aber den korrekten Abwälzvorgang nicht, erfüllt Bedingung ②,
- der Einstellwinkel γ des Fräsers ist beinahe beliebig und daher der Schrägungswinkel auch $\beta = \gamma - \gamma_0$ [9.101]. Es wird auch Bedingung ③ erfüllt,
- weil die Schneidbewegung durch Rotation des Wälzfräsers erfolgt, wird Bedingung ④ erfüllt,
- weil die Abwälzbewegung ebenfalls durch Rotation erfolgt, erfüllt sich Bedingung ⑤,
- weil alle Zähne bis zur jeweilig bearbeiteten Zahnbreite fertig gespant werden und daher keine Rückbewegung notwendig ist, ist auch Bedingung ⑥ erfüllt.

Weiter ist zu beachten: Hat die Außenverzahnung Rechtsschrägung, ist β positiv, bei Linksschrägung negativ; für den Steigungswinkel des Fräsers γ_0 gilt gleiches. Hat nun γ ein positives Vorzeichen, wird der Fräser in positiver (im Gegenuhrzeigersinn), hat γ ein negatives Vorzeichen, in negativer Richtung (im Uhrzeigersinn) geschwenkt. Da der Steigungswinkel γ_0 nur einige Grade beträgt (1°...6°), kann man mit rechtsteigenden Fräsern auch linkssteigende Räder fräsen und umgekehrt. Bei gleichsinnigen Steigungen von Rad und Fräser ist der Schwenkwinkel γ stets kleiner als bei gegensinnigen. Daher werden sie bevorzugt. Ein vollständiger Satz wird stets Fräser mit beiden Steigungen aufweisen, da gepaarte schrägverzahnte Zahnräder bei parallelen Achsen stets verschiedene Schrägungsrichtungssinne haben müssen.

Erfolgt die Fräserzustellung bei Schrägverzahnungen wie üblich, parallel zur Zahnradachse (Pfauter-Verfahren), steht nach einer ganzzahligen Umdrehung der gleiche Zahn des Werkrades an der vorderen und rückwärtigen Stirnfläche nicht an derselben Stelle, jedoch die erzeugenden Fräserstollen. Der Unterschied muß bei mechanischen Fräsmaschinen durch ein Differential ausgeglichen werden, bei CNC-Maschinen durch eine entsprechende Phasenverschiebung von Fräser- und Radachse.

Die Anzahl der Hüllschnitte einer Zahnflanke entspricht der Anzahl der Schneidstollen (Spannuten) am Umfang des Schneckenganges bei einer Drehung. Große Zähnezahlen erfordern wenige, kleine Zähnezahlen, jedoch viele Spannuten, damit die Flankenpolygonabweichungen gering bleiben. Üblich sind 8 bis 14 Spannuten. Meistens sind sie eingängig mit Steigungswinkel $\gamma_0 = 0°14'$ (Feinwerktechnik) bzw. $1°34'$ bis $5°40'$ (Maschinenbau).

Wie Trapp [9.117] gezeigt hat, muß beim Einspannen des Fräsers in erster Linie das Taumeln vermieden werden. Es verursacht viel größere Fehler als exzentrischer Lauf. Um die Einspanngenauigkeit zu kontrollieren, sind an den Fräsern Zentrierbunde angebracht, **Bild 9.21**, *Teilbild 1, A, B*. Normal einseitig, bei Präzisionsfräsern beidseitig, *Bild 9.2, Blatt 3, Feld 8.2*. Faulstich beschreibt in [9.34] eine automatische Werkzeugaufspannung mit Dehndornen, die solche folgenschweren Einspannfehler vermeiden.

Für verschiedene Genauigkeitsklassen der Räder werden entsprechende Genauigkeitsklassen der Fräser benötigt. Zum Schruppen z.B. Klasse B, zum Schneiden und Schlichten mit steigenden Genauigkeitsklassen A', A'', A'''. Allerdings hängt die Genauigkeit der Zahnräder noch wesentlich von der Gleichförmigkeit der Übersetzung zwischen Fräs- und Werkstückspindel (Getriebezug) ab, und wie erwähnt von der zentrischen Frässereinspannung.

Wälzfräser können für den Modulbereich $m = 0,1$ bis $1,0$ mm (Feinwerktechnik) und $m = 1$ bis 40 mm (Maschinenbau) verwendet werden [9.18]. Bei kleineren Moduln, $m < 0,5$ mm, ist Schleifen der Zahnräder im allgemeinen nicht mehr möglich, so daß auch die feinsten Toleranzklassen (IT 4 bis 5) durch Fräsen erreicht werden müssen. Die Zahnraddurchmesser reichen von $d_a = 1$ mm bis $d_a = 6.000$ mm.

Es gibt zwei Möglichkeiten des Fräservorschubs beim Zahnradfräsen: Das Gegen- und das Gleichlauffräsen (*Bild 9.21, Teilbilder 5* und *6*). Beim *Gegenlauffrä-*

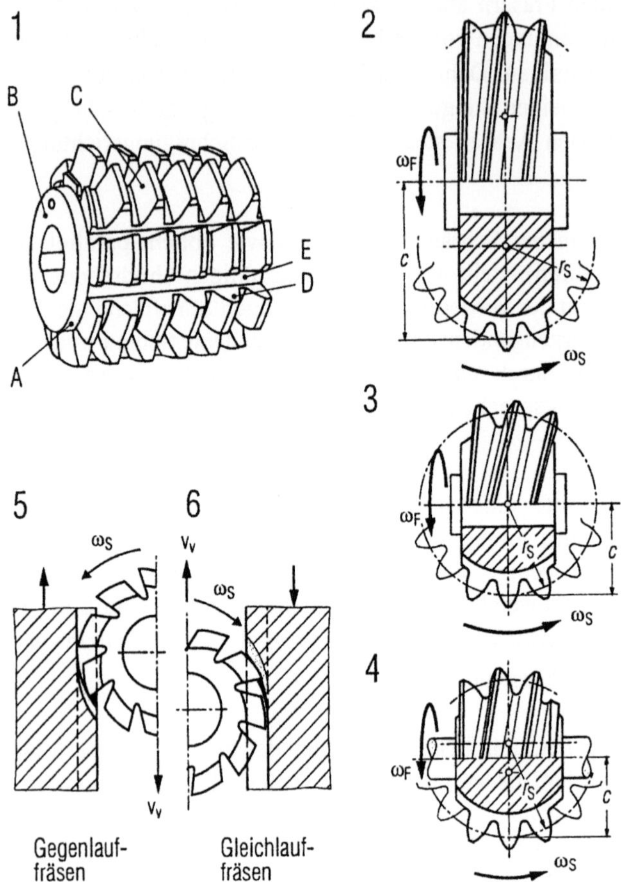

Bild 9.21. Zylindrische und torusförmige Wälzfräser

Teilbild 1: Zylindrischer Wälzfräser mit 8 Spannuten (8 Schneidstollen pro Umfang), eingängig. Die Schneidstollenprofile entsprechen dem Bezugsprofil (geradlinig). Geeignet nur für Stirnradaußenverzahnungen und Konusräder. Für Rund- und Planlaufkontrolle dient Meßbund A und B.

Teilbild 2: Scheibenförmiger Torusfräser. Schneidstollen (bei Torusschleifscheiben die Schleifprofile) liegen auf einer torusförmig abgerundeten Mantelfläche. Sie entsprechen im Schnitt dem vorgesehenen Paarungsrad, Radius $r_S = r_1$ und Zahnprofil des zu erstellenden Werkrades. Sie sind geeignet für alle Evolventenverzahnungen mit gleicher Teilung über die ganze Zahnbreite.

Teilbilder 3 und *4:* Kugel- und tonnenförmiger „Torusfräser". Die Schnittgeschwindigkeit ist kleiner als beim scheibenförmigen.

Teilbilder 5 und *6*: Gegenlauf- (5) und Gleichlauffräsen (6).

Gegenlauf (für Stähle niedrigerer Festigkeit) fräst schneller, ergibt glänzendere Oberflächen. Gleichlauffräsen (bei Stählen höherer Festigkeit) ergibt günstigere Spanbildung und gleichmäßige matte Oberflächen.

sen, Teilbild 5, wird das Werkstück gegensinnig, beim *Gleichlauffräsen, Teilbild 6*, gleichsinnig zur Schnittbewegung verschoben. Eigenschaften: *Gegenlauffräsen* ergibt bei geeignetem Werkstoff (niedrige Festigkeit) blankere Oberflächen, geringere Oberflächenrauhigkeit, schnelleren Werkzeugverschleiß. *Gleichlauffräsen* erzielt günstigere Spanbildung (dicker Span am Schnittbeginn), geringere Stirngratbildung, höhere zulässige Schnittbildung. Es besteht die Gefahr des "Ratterns", insbesondere beim Anschnitt, ist aber günstiger für zähe, stark kaltverfestigende Werkstoffe. Die radialen Schnittkräfte sind beim Gleichlauffräsen viel größer, erfordern daher sehr stabile Einspannungen. Die Verzahnungen zeigen ein gleichmäßiges, mattes Fräsbild. Sie glänzen nicht [9.91].

Die in *Bild 9.21, Teilbilder 2 - 4*, abgebildeten Wälzfräser, Torusfräser genannt, sind eine wichtige Variante des üblichen zylindrischen Wälzfräsers, *Teilbild 1*. Mit ihnen lassen sich im kontinuierlichen Wälzfräs- und Schneidverfahren (der Gruppe 5 entsprechend) alle Evolventenverzahnungen herstellen, insbesondere auch solche, deren Konuswinkel $\theta_K = 0°$ bis $180°$ ist, also Konische, Außen- und Innenverzahnungen, Kronenrad-, Torusverzahnungen, aber auch zylindrische Außen und Innenverzahnungen. Es gilt allerdings die schon öfter erwähnte Einschränkung, daß die auf diese Weise gefertigten Zahnräder nur mit Gegenrädern gepaart werden dürfen, die gleiche oder kleinere Zähnezahlen als die im Torusfräser "verankerte" Zähnezahl haben. Anordnungsbeispiele sind in *Bild 9.2, Felder 12.2 ; 13.2* gezeigt. Hat das gepaarte Zahnrad die gleiche Zähnezahl wie das im Torusfräser "verankerte", herrscht trotz der gekreuzten Achsen Linienberührung. Weitere Einzelheiten stehen in den *Kapiteln 4, 6, 7*.

Die Torusfräser [9.83] schneiden und wälzen kontinuierlich rotierend, wie die zylindrischen Wälzfräser, weil sie einerseits im Schnitt ein *rundes* Schneidradsegment darstellen (Torusform), dessen Schneidstollen auf einer Torusspirale angebracht sind und durch die Drehung ein Abwälzen simulieren. Da der Fräser einer drehenden Scheibe gleicht, kann er auch kontinuierlich drehen beim Schneiden.

Hat die Torusspirale ein nicht unterbrochenes Zahnflankenprofil, kann mit ihr auch kontinuierlich geschliffen werden, wie bei Schleifschnecken, *Bild 9.2, Blatt 3, Feld 12.3* [9.96]. Die Wälzwirkung läßt sich im Teilverfahren auch mit einer profilierten Fräs- oder Schleifscheibe erreichen, deren Pendelradius dem Radius des vorgesehenen zylindrischen Paarungsrades entspricht und deren Zahnprofil auch das des Paarungsrades ist, *Bild 9.2, Blatt 2, Zeile 7* [9.43].

Torusfräser können verschiedene Formen haben, nämlich scheibenförmige [9.96], *Bild 9.21, Teilbild 2*, kugelförmige in *Teilbild 3* [9.96] und tonnenförmige in *Teilbild 4* [9.118]. Ein Nachteil der Torusfräser gegenüber zylindrischen Wälzfräsern ist, daß sie nicht axialverschoben (geshiftet) werden können. Während durch das axiale Verschieben bei zylindrischen Wälzfräsern noch nicht verwendete Schneidstollengänge eingesetzt werden können, bleiben bei Torusfräsern wieder die gleichen Schneidstollen im Einsatz und werden schneller stumpf.

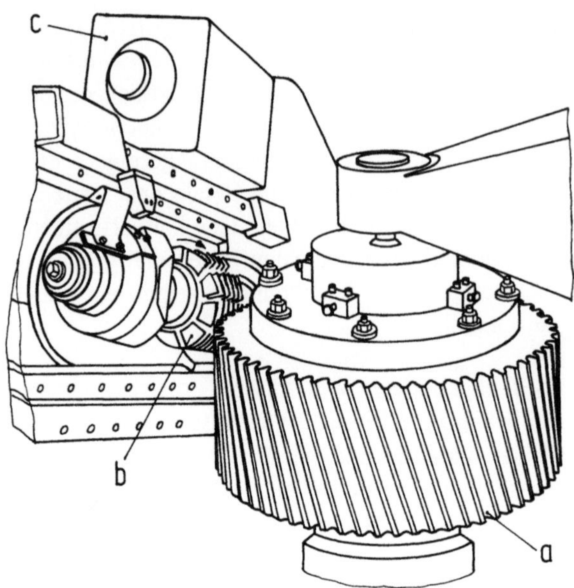

Bild 9.22. Wälzfräs-Maschine mit senkrecht stehender Werkstückachse zur Herstellung von Stirnrad-Außenverzahnungen a von 80 bis 1000 mm Durchmesser.

Die Neigung des Wälzfräsers b berücksichtigt den Schrägungswinkel β und seinen eigenen Steigungswinkel γ_0 (siehe *Bild 9.20*). Die vertikale Hubbewegung des Fräsers beim Schneiden erfolgt hier im Gegenlauffräsen. Fräser und Werkrad laufen wie ein Schneckengetriebe und wälzen aneinander ab.

In **Bild 9.22** ist ein Machinenausschnitt für die Anordnung eines Wälzfräsers b (Liebherr-Wälzfräsmaschine) zum schrägverzahnten Werkrad a dargestellt. Die Schrägstellung des Fräserkopfes c zur Werkradachse kann gut erkannt werden. Der Fräser bewegt sich beim Schneiden nach unten, es herrscht Gegenlauffräsen.

Während die beschriebene Vorrichtung stark mit Schmiermitteln arbeitet, geht in zahlreichen Fällen die Tendenz zum Trockenwälzfräsen hin [9.14, 9.88, 9.56, 9.49], um die teuren Schmiermittel zu sparen. Allerdings treten erhöhte Probleme des Werkzeugverschleißes und der Wärmeabfuhr auf. Dieser kann durch beschichtete Hartmetalle für die Fräser stark gemindert werden [9.122].

9.3.3.3 *Wälzschleifen*

Die Anordnung von Werkzeug und Werkrad sowie der Abwälzvorgang unterscheiden sich grundsätzlich nicht vom Wälzfräsen, nur wird statt der schneckenförmig angeordneten Schneidstollen beim Wälzschleifen eine schneckenförmige Schleifscheibe (Schrägstirnrad mit extrem großem Schrägungswinkel) verwendet, deren Durchmesser und Drehzahl viel größer sind als die der Fräser, **Bild 9.23**,

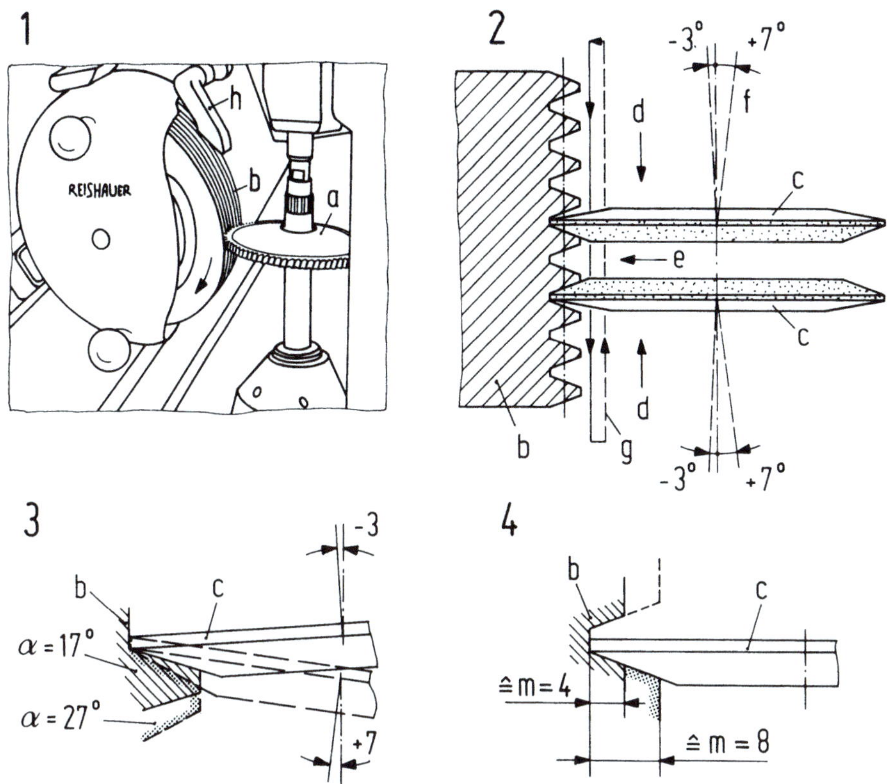

Bild 9.23. Wälzschleifen kontinuierlich

Teilbild 1: Die schneckenförmige Schleifscheibe b bearbeitet kontinuierlich ein außenverzahntes Stirnrad a. Die Wärme wird von h aus durch Kühlmittel abgeführt.
Teilbild 2: Schleifscheibe b wird mit diamantbesetzten Scheiben C abgerichtet und läuft dabei von oben nach unten durch
Teilbild 3: Durch Schwenken der 20°-Abrichtscheibe e um -3° bis +7° können an der Schleifscheibe Profilwinkel von $\alpha = 17°$ bis 27° erzeugt werden.
Teilbild 4: Möglichkeit, verschiedene Modulgrößen der Schleifschnecke b mit der gleichen Diamantscheibe c abzurichten.

Teilbild 1. Die Synchronisierung der Drehzahl von Werkzeug und Werkrad erfolgt elektronisch.

Dieses Verfahren erfüllt auch die anfangs aufgestellten Anforderungen der Punkte 1 - 6, so daß auch alle Außenverzahnungen geschliffen werden können, mit gewissen Einschränkungen bei Zähnezahlen $z < 5$ wegen des Auslaufs. Es sind auch alle Profilverschiebungen und Schrägungswinkel realisierbar. Die Schleifscheibe muß über die ganze Zahnbreite verschoben und bei Schrägverzahnungen das Drehzahlverhältnis entlang der Zahnbreite korrigiert werden.

Die in *Bild 9.23, Teilbild 1*, dargestellte Vorrichtung arbeitet mit einer Schleifschnecke von 200 - 400 mm Durchmesser, die ähnlich wie der Wälzfräser ist und ein trapezförmiges Bezugsprofil hat. Sie ist eingängig, läuft mit Drehzahlen von 1600 - 1900 U/min, ist relativ breit, obwohl nur zwei Zähne jeweils im Eingriff sind, so daß durch axiales Verschieben nicht abgearbeitete Flanken verwendet werden können. Mit 6 Ausführungen können die Modulbereiche von $m = 0{,}5$ mm bis 8 mm bearbeitet werden (siehe *Teilbild 4*) [9.32]. Mit Sonderabziehvorrichtungen sind auch Moduln bis 0,25 mm schleifbar. Bearbeitet werden können Zahnrä-

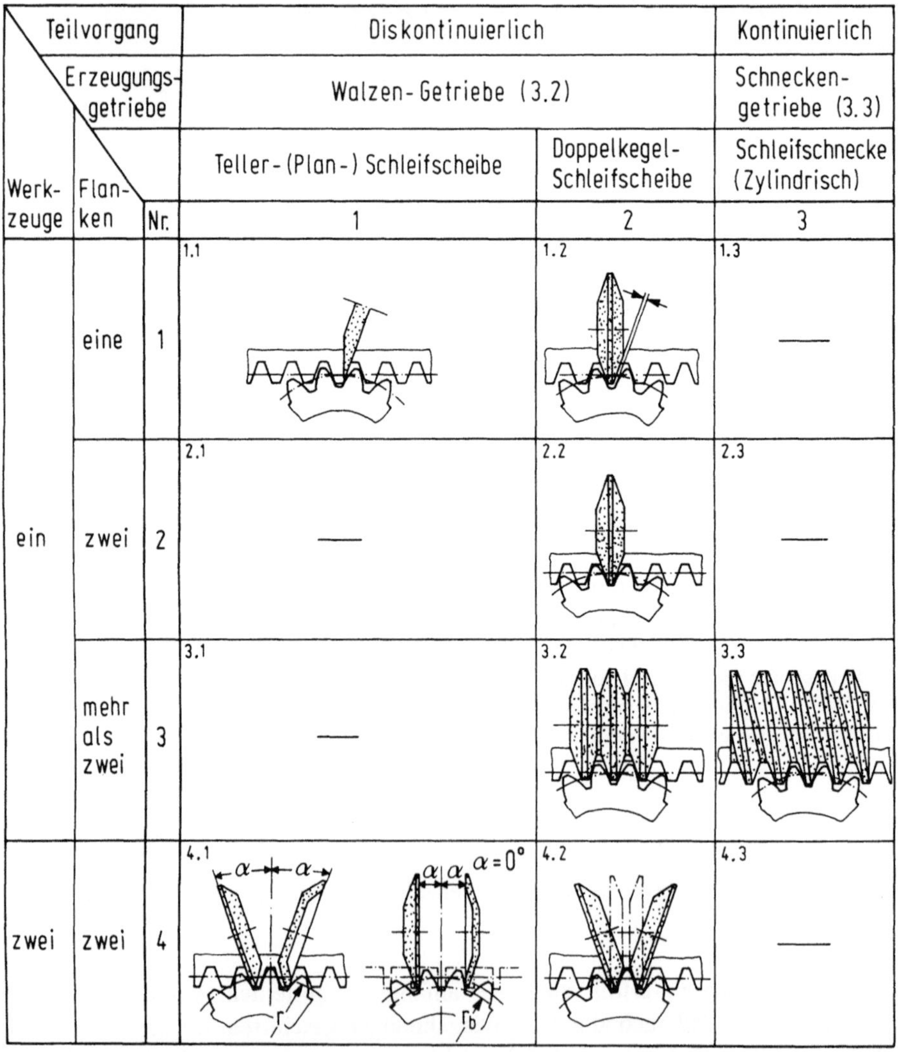

Teilvorgang		Diskontinuierlich		Kontinuierlich
Erzeugungsgetriebe		Walzen-Getriebe (3.2)		Schnecken-getriebe (3.3)
		Teller-(Plan-) Schleifscheibe	Doppelkegel-Schleifscheibe	Schleifschnecke (Zylindrisch)
Werkzeuge	Flanken / Nr.	1	2	3
ein — eine — 1		1.1	1.2	1.3
zwei — 2		2.1	2.2	2.3
mehr als zwei — 3		3.1	3.2	3.3
zwei — zwei — 4		4.1 $\alpha \; \alpha$ $\alpha \, \alpha \; \alpha = 0°$	4.2	4.3

Bild 9.24. Übersichtskatalog [9.99] zur Einteilung der kontinuierlichen Wälz-Schleifverfahren mit stangenförmigem Bezugsprofil. In den *Spalten 1* und *2* sind teilende Verfahren, in *Spalte 3* kontinuierlich schleifende Verfahren dargestellt.

der von 10 mm bis 700 mm sowie auch Konuszahnräder. Es können Toleranzklassen bis IT 2 erreicht werden.

Die Schleifscheibe b kann mit zwei diamantbesetzten Profilscheiben c (*Teilbild 2*), die jeweils eine Rechts- und eine Linksflanke bearbeiten, abgerichtet werden. Durch Zustellung in Richtung d oder e können Zahnbreite oder Zahnhöhe verändert werden. Der Weg g zeigt den Vorlauf zum Bearbeiten und den Rücklauf der Abrichtscheiben an. Da die Abrichtvorrichtung um -3° bis +7° schwenken kann, können die Flankenwinkel α_p von 17° bis 27° verändert werden, *Teilbild 3*. Es können auch Schleifschnecken b verschiedener Moduln mit den gleichen Diamantscheiben abgerichtet werden, *Teilbild 4*. Die neue Entwicklung zum Hochgeschwindigkeitsschleifen, um möglichst kurze Stückzeiten zu erreichen, wird in [9.125] beschrieben. Eine besondere Rolle nimmt hier das CBN-Wälzschleifen gehärteter Zahnflanken ein [9.115].

Eine Gesamtübersicht der besprochenen Zahnflanken-Abwälzschleifverfahren nach DIN 8589 [9.23] zeigt der Übersichtskatalog in **Bild 9.24**. Die Schleifscheiben in den *Spalten 1* und *2* wälzen kontinuierlich ab, müssen jedoch teilend arbeiten, die in *Spalte 3* wälzt und schleift kontinuierlich. Dazu gehörende Maschinen beschreibt Bausch [9.7]. Über die Möglichkeiten des Profilschliffs berichtet Merkel in [9.82].

9.3.4 Wälzstoßen

9.3.4.1 Besondere Eigenschaften

Eine der vielseitigsten Möglichkeiten, Verzahnungen durch kontinuierliches Abwälzen zu erzeugen, ist das Wälzstoßen. Mit diesem Verfahren ist es möglich, gerad- und schrägverzahnte Außen- und Innenstirnräder zu erzeugen, darüber hinaus auch Konische Zahnräder, gerad- und schrägverzahnte, außen- und innenverzahnte Konische Zahnräder (*Kapitel 4*). Geeignet ist daher das Wälzstoßen auch für die Erzeugung von Kronenrad- und Torusverzahnungen, *Kapitel 6* und *7*. Eine anschauliche Darstellung gibt *Bild 9.2, Blatt 3, Felder 9.2* und *10.2*. Diese Vielseitigkeit ist möglich, weil das Stoßwerkzeug keine Stoßstangenform, sondern eine Radform hat, siehe *Bild 9.25*.

Ein grundsätzlicher Nachteil aller mit radförmigen Werkzeugen erzeugten Verzahnungen ist, wie schon öfter erwähnt, daß das jeweilige Gegenrad keine größere Zähnezahl haben darf als die des Schneidrades des gefertigten Rades, weil sonst gegenseitige Durchdringungen (Interferenzen) auftreten würden [9.101], sowohl bei Innen- als auch bei Außenverzahnungen, hauptsächlich an den Zahnfüßen der erzeugten Verzahnungen. Gestoßene Räder sind daher auch keine Satzräder [9.86], d.h. solche, die mit allen anderen Rädern des gleichen Zahnprofils und Moduls gepaart werden können.

9.3.4.2 *Zahnraderzeugung durch Wälzstoßen*

Beim Wälzstoßen ist das Werkzeug ein Zahnrad, an der einen Stirnfläche als Schneidrad ausgebildet, das mit dem Werkrad wie bei einer Zahnradpaarung abwälzt und mit den als Schneidflanken ausgebildeten stirnseitigen Zahnkanten die Hüllschnitte am Werkradzahn erzeugt. Während des Rücklaufs wird das Schneidrad abgehoben, so daß das Werkzeug wieder in die Ausgangsstellung kann, ohne daß die Wälzbewegung unterbrochen werden muß, *Bild 9.25*. Die radiale Zustellung kann vor oder während der Abwälzbewegung erfolgen. Bei Schrägverzahnung muß das Schneidrad den gleichen aber spiegelsymmetrisch verlaufenden Schrägungswinkel des Werkrades haben und die Stoßspindel eine Schraubenbewegung machen, die gerade so ist, daß das Schneidrad mit seinen Zähnen stets in den Lücken des Werkrades bleibt. Bei CNC-Stoßmaschinen wird auch die „Schraubspindel-Bewegung" elektronisch gesteuert.

Bild 9.25 zeigt die Anordnung und Wirkungsweise einer konventionellen Stoßmaschine mit Stoßspindel 1, Stoßrad 2 (Schneidrad), dem gerade bearbeiteten Werkrad 3 und der Zahnradwelle 4. Es gibt zusätzlich die Möglichkeit, daß zwei oder drei Stoßräder in einem Block zusammengefaßt und ausgerichtet werden,

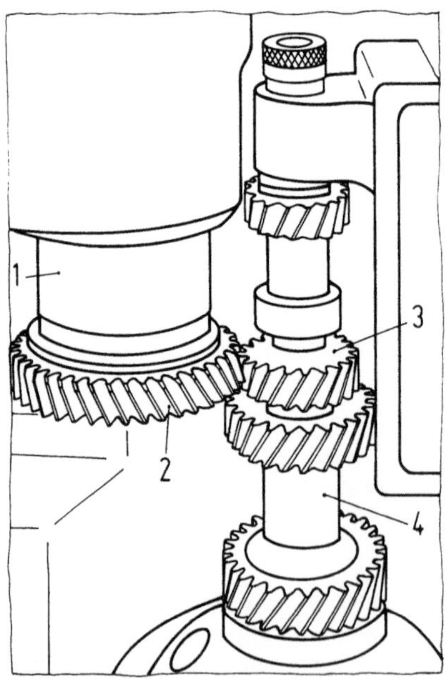

Bild 9.25. Übliches Stoßverfahren. Anordnung von Stoßspindel 1, Schneidrad (Stoßrad) 2, Werkrad 3 und Zahnradwelle 4. Besondere Eignung des Stoßverfahrens beim Verzahnen sehr nahe aneinander liegender Zahnräder, bei Innen-, Kronenrad- und Konischen Verzahnungen.

wenn gleiche Verzahnungen im selben Arbeitsgang verzahnt werden sollen [9.4 ; 9.128]. Bei Konischen und Kronenrad-Verzahnungen müssen Stoßspindel und Werkradwelle einen Achswinkel von $0° < \Sigma \leq 90°$ ($180°$) einnehmen können. Die Werkzeuge haben die Form von Scheiben- bzw. Schaft- oder Glockenschneidrädern, **Bild 9.26**, *Teilbilder 1.1, 1.2, 1.3*. Diese Formen hängen im wesentlichen von den notwendigen Zähnezahlen z_0, von der Zugänglichkeit (z.B. in Hohlrädern) aber auch von den erforderlichen Schnittkräften ab. Die Form der Schneidkanten [9.67 ; 9.21] ist in *Teilbild 2* dargestellt mit dem notwendigen Kopfhinterschliffwinkel $\vartheta = 1,5°$ und dem Flankenhinterschliffwinkel $\zeta \approx 2°$–$3°$ der Schneidprofile. Der erforderliche Spanwinkel ist $\eta \approx 5°$. Diese Rücknahmen können beim Verschleiß und Nachschleifen das ursprüngliche Bezugsprofil verändern, so daß die Zahnlücke bzw. die nutzbare Zahnfußtiefe am Werkrad zu klein werden und zu Eingriffsstörungen führen können. Wie bei den Stoßmessern und Schälrädern verwendet man Werkzeuge mit Stirnschliff (*Teilbilder 1.1, 1.2*) und solche mit Treppenschliff (*Teilbild 1.3*).

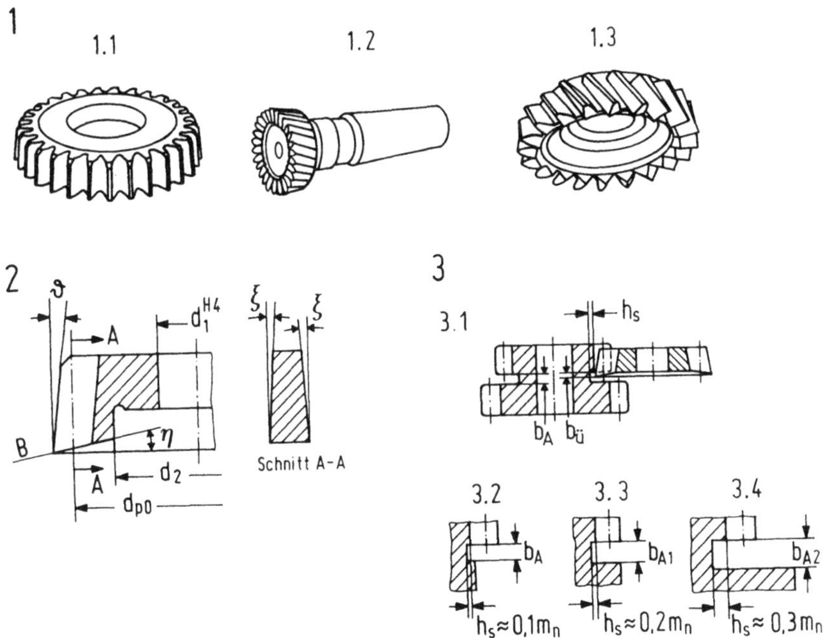

Bild 9.26. Schneidräder zum Wälzstoßen, Nutbreite, Überlaufweg.

Teilbild 1: Scheiben-, Schaft-, Glockenschneidrad.

Teilbild 2: Kopfhinterschliff $\vartheta \approx 1,5°$, Flankenhinterschliff $\xi \approx 2° - 3°$, Spanwinkel $\eta \approx 5°$ [9.116, 9.73, 9.31].

Teilbild 3: Nutbreite b_A und Überlaufweg $b_Ü$ Außenverzahnungen *Teilbild 3.1*, Innenverzahnungen *Teilbilder 3.2 – 3.4* mit $b_{A1} = 1,2 \cdot b_A$; $b_{A2} = 1,5 \cdot b_A$.

Letzterer bewirkt, daß bei schrägverzahnten Schneidrädern die Hinterschliff-winkel ξ an beiden Schneiden gleich sein können.

Die erforderliche Nutbreite b_A bei möglichst kleinem Überlaufweg $b_\ddot{U}$, *Bild 9.26, Teilbild 3.1*, des Werkzeugs hängt sehr wesentlich von der Werkzeugform ab. Sie beträgt [9.86]

$$b_A = 0,6\,m_n + 3\ \text{mm} \tag{9.2}$$

und erhöht sich bei Schneidrädern mit Treppenschliff um den Faktor 2,5 $m_n \cdot \sin\beta$, bei hohen Schultern wegen der ungünstigen Schultern um den Faktor 1,5. Bei In-nenverzahnungen muß abhängig vom Überstand des unteren Nutrandes die Nut-breite b_A und Nuttiefe h_S verändert werden, wie aus den *Teilbildern 3.2* bis *3.4* zu entnehmen ist.

Neuere Entwicklung: Um die Stückzeiten zu verkürzen, wurde versucht, die Stoßhübe zu verkürzen. Felten zeigt [9.36], daß es nun gelungen ist, Wälzstoßen mit 3000 Doppelhüben pro Minute zu realisieren und dabei die Wirtschaftlichkeit der Erzeugungsverfahren zu erhöhen. Das gelingt selbstverständlich nur bei klei-nen Massen der Stoßspindel und relativ kleinen Hüben.

Auch ist es bei den neuesten CNC-Stoß-Fräsmaschinen [9.70] möglich, parallel Zahnräder am gleichen Werkstück, in derselben Aufspannung gleichzeitig von ei-ner Seite mit einer Stoßvorrichtung, von der anderen mit einer Fräsvorrichtung zu bearbeiten. Das ist dann zweckmäßig, wenn bestimmte Zahnräder oder Kupp-lungsverzahnungen nur stoßend bearbeitet werden können. Diese Fertigungsart spart Zeit, die aus Wirtschaftlichkeitsgründen verkürzt werden muß, wo immer es möglich ist.

Eine weitere Tendenz besteht im Trocken-Fertigwälzen bzw. -Stoßen, um Kühlmittel zu sparen, damit die Fertigung zu verbilligen und umweltfreundlicher zu machen [9.49].

9.3.5 Wälzschälen, Wälzschaben und Honen

Zu den kontinuierlich abwälzenden Verfahren, welche eine Komponente der rotierenden Werkzeugbewegung zum Abwälzen, die andere zum Zerspanen ver-wenden, gehört neben dem Wälzfräsen bzw. Wälzschleifen noch das Wälzschälen, *Bild 9.2, Blatt 3, Feld 11.2*, das Wälzschaben und das Wälzhonen, *Feld 11.3*. Im Unterschied zum Wälzfräsen bzw. Wälzschleifen ist wegen des viel kleineren Achskreuzungswinkels Σ die Schnittkomponente v_s im Verhältnis zur Wälzkom-ponente v_w bei diesen Verfahren kleiner. Daher müssen die Werkzeuge bzw. Werkstücke grundsätzlich höhere Drehzahlen oder einen größeren Durchmesser haben, um die gleichen Schnittgeschwindigkeiten zu erreichen. Der kleinere Achskreuzungswinkel Σ zwischen Werkzeug und Werkstück erfordert schraubradförmige und nicht schneckenförmige Werkzeuge.

Die grundsätzliche Ähnlichkeit des Wälzfräs- und Wälzschälverfahrens kann auch dazu verwendet werden, Wälzfräsmaschinen auch als Wälzschälmaschinen zu verwenden [9.39], indem - wie in **Bild 9.27**, *Teilbild 1* gezeigt - ein Schälkopf a an der Fräsmaschine angebracht wird. Andererseits ähnelt das Schälrad, Teil b,

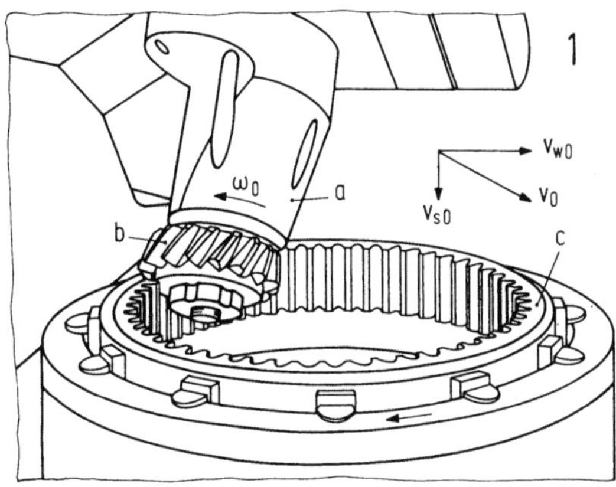

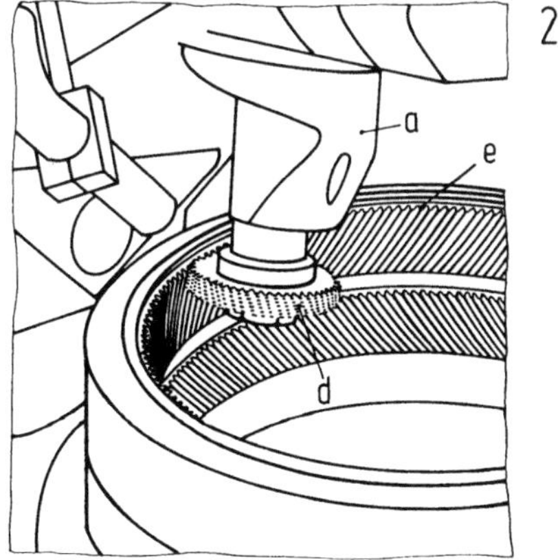

Bild 9.27. Vielfachverwendung des Wälzschälkopfes a.

Teilbild 1: Wälzschälen eines geradverzahnten Hohlrades c mit einem schrägverzahnten Schälrad b (mit Treppenschliff) auf einer Wälzschälmaschine.
Teilbild 2: Schaben eines schrägverzahnten Hohlrades e mit einem schrägverzahnten Schabrad d und dem Wälzkopf a auf einer Universalfräsmaschine (nach Pfauter), evtl. sogar auf der gleichen Maschine wie im Teilbild 1, nach Auswechseln des Werkzeugs.

auch einem Schneidrad zum Wälzstoßen, *Bild 9.26, Teilbild 1.3,* jedoch wälzen Schälrad und Werkrad bei gekreuzten Achsen miteinander. Auch beim Schaben und beim Honen bilden das Werkzeug und das Werkrad ein Schraubrad-Getriebe, dessen Gleitkomponente in Flankenrichtung zum spanenden Abtragen des Materials verwendet wird.

9.3.5.1 *Wälzschälen*

Das Prinzip des Wälzschälens ist aus *Bild 9.27, Teilbild 1*, gut zu erkennen. Schäl- und Werkrad bilden eine Schraubradpaarung, bei der durch Zerlegung der Umfangsgeschwindigkeit v_0 in die größere Wälzkomponente v_{w0} und die kleinere Zerspankomponente v_{s0} das Schälen ermöglicht wird.

Für hohe Schnittgeschwindigkeiten v_s kann bei außenverzahntem Werkrad das Schälrad relativ groß sein. Bei Innenverzahnungen muß der Schälrad-Durchmesser jedoch so klein sein, daß keine Eingriffsstörungen [9.101] entstehen können. Der Arbeitsvorschub v_v parallel zur Werkradachse erfordert, wie auch beim Wälzfräsen, für Schrägverzahnungen ein Differentialgetriebe bzw. entsprechende Berücksichtigung bei der Programmierung der Phasenverschiebung von Schälkopf- und Werkstück-Drehzahlverhältnis.

Es bestehen auch andere wesentliche Unterschiede: Dem Wälzfräser liegt in der Regel ein Werkzeug mit Zahnstangenprofil, dem Schälwerkzeug stets ein Werkzeug mit Zahnradprofil zugrunde. Daher wird Wälzfräsen beinahe ausschließlich für die Herstellung von Außen-, Wälzschälen meistens für die Herstellung von Innenverzahnungen verwendet. Unterschiedlich ist auch die relativ hohe Drehzahl des Werkstücks, da der Wälzfräser zum Wälzfräsen gewissermaßen als Gegenrad des Werkstückrades eine Schnecke ist und meistens nur einen Gang (Zahn) hat, das Werkzeug zum Wälzschälen besitzt jedoch mindestens zwölf Zähne. Die Übersetzung vom schnell drehenden Werkzeug zum Werkstück ist hier relativ klein und seine Drehzahl hoch. Die Darstellung des Schälens eines außenverzahnten Stirnrades ist in *Bild 9.2, Blatt 3, Feld 11.2*, zu sehen.

Die Schneidzähne beim Schälverfahren sind nur an einer Stirnseite mit Schneidkanten versehen. Es müssen für den Tisch besonders reibungsarme Lagerungen vorgesehen werden. Bei hohen Schälraddrehzahlen vergrößert sich auch die relativ kleine Schnittkomponente.

Ähnlich wie beim Wälzhobeln (*Bild 9.17, Teilbilder 2 - 4*) und Wälzstoßen (*Bild 9.26, Teilbilder 1.1 - 1.3*) unterscheidet man gerad- und schrägverzahnte Schneidräder, solche mit Stirn- und mit Treppenschliff, ähnlich wie in *Bild 9.26, Teilbilder 1.1 - 1.3*). Schrägverzahnungen können mit geradverzahnten und mit schrägverzahnten Schälrädern hergestellt werden, entsprechend *Bild 9.27, Teilbild 1*, und *Bild 9.2, Blatt 3, Teilbild 11.3*, Geradverzahnungen jedoch nur mit schräg-

verzahnten Schälrädern. Die Summe der Schrägungswinkel von Schäl- und Werkrad sollte (Vorzeichen beachten)

$$\beta_0 + \beta_1 = 15° - 30°$$

sein. Für die Schälräder zum Schlichten muß eine Korrektur vorgenommen werden, und zwar wegen der unterschiedlichen räumlichen Bewegungen der Normal-
schnittebenen von Schneidrad und Werkstück, damit als Ergebnis eine Evolventenverzahnung entsteht [9.89]. Außer dieser Korrektur ist bei der Verwendung von
schrägverzahnten Schneidrädern eine zusätzliche Korrektur notwendig, da durch
die Lage der Spanflächen (Treppenschliff) nur in einer einzigen Relativlage von
Schälradzahn und Gegenzahn jeweils nur *ein* Berührpunkt auf der zugehörigen
Eingriffsstrecke liegt. Für geradverzahnte Schälräder ist die letztgenannte Korrektur nicht notwendig.

Aufgrund der Korrektur können auch Innenverzahnungen mit hohen Qualitäts-
anforderungen geschält werden. Wegen der hohen Schnittkräfte sind besonders
starre Maschinen und Schälköpfe erforderlich. Höhere Qualitäten sind möglich,
wenn das Endbearbeiten durch Schaben ohne Umspannen auf der gleichen Maschine erfolgt, siehe *Bild 9.27, Teilbilder 1* und *2*.

Bei Außenverzahnungen ist Wälzfräsen überlegen, bei Innenverzahnungen
Wälzschälen gegenüber Wälzstoßen (größere Zerspanleistung). Wälzgeschält werden vor allem mittelgroße und große Hohlräder mit Innendurchmessern von 200
bis 2500 mm, Zahnbreiten bis 200 mm und Moduln bis 6 mm und mehr [9.39].

Neuerdings setzt man das Hartschälverfahren [9.51 ; 9.35] auch zum Bearbeiten
gehärteter Räder ein [9.48]. Die Entwicklung neuer Feinstkornhartmetalle, die
durch ihre Feinkörnigkeit eine hohe Schneidenfestigkeit aufweisen, und die Entwicklung neuer Hartstoffbeschichtungen haben beim Schälwälzfräsen erhebliche
Verbesserungen gebracht [9.35 ; 9.72]. Es konnten im Vergleich zu unbeschichte-
ten Feinstkornhartmetallen Standmengensteigerungen um den Faktor 15 erzielt
werden [9.14 ; 9.95].

9.3.5.2 Wälzschaben

Wälzschaben ähnelt in der Kinematik dem Wälzschälen sehr, nur wird die
Gleitkomponente der Schraubpaarungen nicht zum Zerspanen neuer Verzahnungen
ausgenutzt, sondern es werden gefräste, gestoßene oder gehobelte Verzahnungen
bezüglich ihrer Flankenformgenauigkeit korrigiert. Es lassen sich dabei Verbesserungen von 2 - 3 IT (Toleranzklassen) erzielen. Beim üblichen Schaben genügt es,
wenn Werkzeugrad oder Werkstückrad treibt und das jeweilig andere frei mitläuft,
beim Hartschaben müssen beide Räder angetrieben werden, um jeweils eine von
beiden Flanken bearbeiten zu können.

Der Spanvorgang entsteht durch das Flankengleiten, wobei die zahlreichen Nuten am Werkzeug mit ihren Schneidkanten aufgrund des Anpreßdrucks feine Späne abnehmen, *Bild 9.27, Teilbild 2.* Wie beim Schälen kann die Drehbewegung des schrägstehenden Schabrades d in eine Schneidkomponente v_S und eine Wälzkomponente v_w zerlegt werden. Schabräder haben nicht nur eine, sondern mehrere Schneiden.

Bei gekreuzten Achsen zylindrischer Räder findet nur Punktberührung statt, so daß beim Schaben mit schrägverzahnten Schabrädern jeweils in jeder Radstellung nur ein Punkt pro Schneidkante bearbeitet wird. Daher muß durch entsprechenden Vorschub, z.B. des Werkrades, die Bearbeitung der ganzen Flanke erzwungen werden. Wegen Punktberührung genügt bei Außenverzahnung ein geringer Anpreßdruck, bei Innenverzahnung kann es ratsam sein, die Schabradzähne längsballig auszuführen.

Aufgrund der möglichen und üblichen Vorschubbewegungen lassen sich nach [9.45], in **Bild 9.28** systematisch geordnet, folgende Verfahren unterscheiden:

Spalte 1: Parallelschaben: Diagonalwinkel $\varepsilon = 0°$ (Vorschubbewegung - Werkradachse), Vorschubweg s_v größer als Werkstückbreite b, Werkzeugbreite b_0 unabhängig, Schneidnuten normal, Schabzeit relativ lang.

Spalte 2: Diagonalschaben: $\varepsilon > 0° \dots 45°$, $s_v = f(\varepsilon) < b_0$, $\Sigma = 10° \dots 15°$, $b_0 = f(b)$, Schabzeit relativ kurz mit b als Werkstückbreite.

Spalte 3: Diagonalquerschaben: $45° < \varepsilon < 90°$, $s_v = f(\varepsilon) < b_0$, $\Sigma = 10° \dots 15°$, $b_0 = f(b)$, Schabzeit relativ kurz.

Spalte 4: Querschaben: $\varepsilon = 90°$, $s_v < b$, $\Sigma = 10° \dots 15°$, $b_0 > b$, Schabzeit sehr kurz

Spalte 5: Eintauchschaben, nur Tiefenvorschub, $\Sigma = 10° \dots 15°$, $b_0 > b$, Schabzeit sehr kurz.

Bei parallelem Vorschub zur Werkstückachse wird die Vorschubstrecke sehr lang, bei diagonalem Vorschub wird sie kürzer und beim Tauchvorschub am kürzesten, entsprechend auch die Schabzeit. Bei Tauchvorschub hat das Schabrad einen hyperbolischen Grundkörper und Hohlschliff an den Zahnflanken, so daß Linienberührung entsteht [9.74].

Das Schabwerkzeug ist in der Regel ein Stirnrad, **Bild 9.29**, *Teilbild 1*, in dem die Flanken durch einen Kammstahl zu Schneidkanten erzeugenden Schneidnuten ausgebildet sind, und zwar vom Zahnkopf bis zum Zahnfuß, *Teilbild 2*. Zur Erzeugung der verschiedenen Spanwinkel kann man den Nuten die in *Teilbild 3* darge-

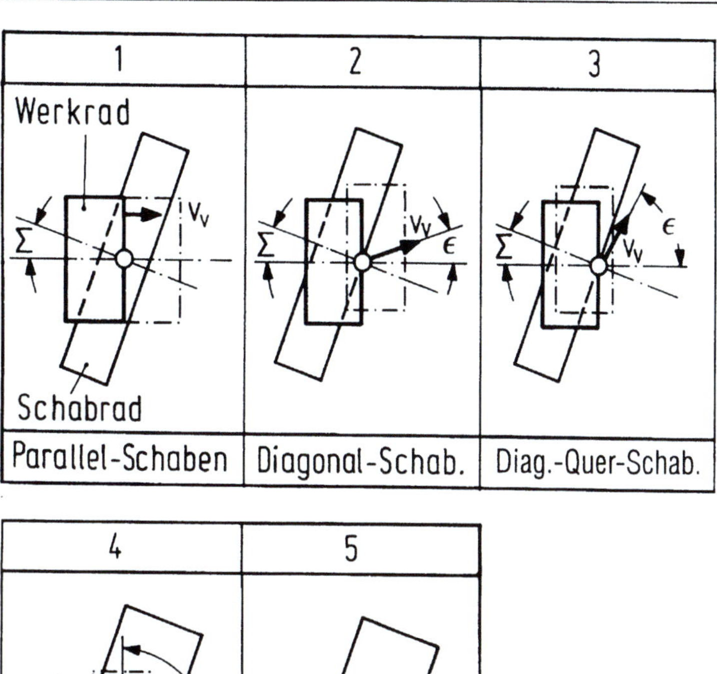

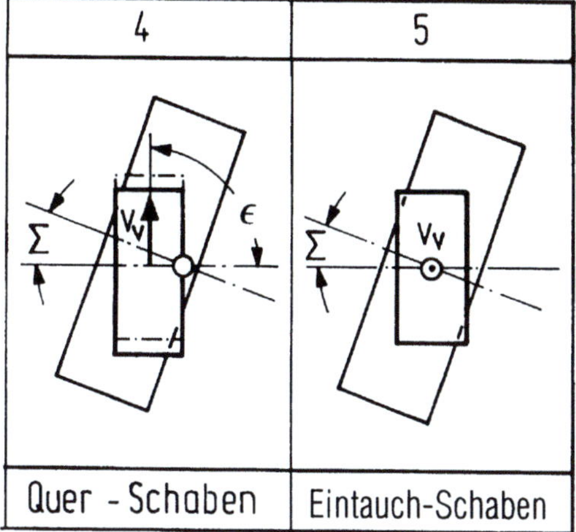

Bild 9.28. Verschiedene Schabverfahren, abhängig vom Vorschub.

Wegen der Punktberührung von Schab- und Werkrad ist es besonders wichtig, die eingriffsbedingten und Relativbewegungen durch einen zweckmäßigen Vorschub zu ergänzen, so daß die gesamte Zahnflanke bearbeitet wird. Üblich ist, wie in den entsprechenden Spalten dargestellt 1. Parallel-, 2. Diagonal-, 3. Diagonal-Quer-, 4. Quer-, 5. Eintauchschaben (Vor- und Nachteile siehe Text).

stellten Profile geben [9.45]. Die Schabnuten verlaufen in der Regel parallel zur Stirnfläche und sind für Parallel- und Diagonal-Schaben geeignet. Ist die zusammengesetzte Gleitbewegung aus Schraubengleiten und Längsvorschub kleiner als die Nutenteilung, entstehen an den Werkstückflanken Zebrastreifen, z.B. beim Diagonalquer-, beim Quer- und beim Tauchschaben. Es müssen dann die Schabradnuten von Zahn zu Zahn versetzt, also gestaffelt werden. Weiter sollen die Zähnezahlen von Schab- und Werkrad keinen gemeinsamen Faktor haben, da sonst auch unbearbeitete Flankenteile zurückbleiben können.

Durch einfache Einstellungen an der Schabmaschine können bestimmte Zahn-korrekturen ausgeführt werden, **Bild 9.30**; so z.B. Konizität am Zahn, *Teilbild 1*, *Balligkeit, Teilbild 2*. Gleichzeitige *Kopf- und Fußrücknahme* wie in *Teilbild 3* muß durch entsprechende Schabradprofile realisiert werden [9.37].

Durch Schaben wird die Flankenrauheit, die Einzelteil- und Flankenformge-nauigkeit [9.102] erheblich verbessert, einschließlich der Sammelabweichungen. Nicht verbessert wird die Summenteilungsabweichung, die aufgrund einer großen Rundlaufabweichung entsteht. Genaues Vorverzahnen ist wichtig. Der geringe Abtrag ergibt kürzere Bearbeitungszeiten als beim Schleifen.

Das Schabverfahren ist geeignet für gerade und schräge Außen- und Innen-Stirnradverzahnungen, vom Modul $m = 0,5$ mm bis 18 mm, vom Kopfdurchmesser $d_a = 40$ bis 250 mm und bei Innenverzahnungen ab $d_a = 40$ mm. Schrägverzah-nungen mit Winkel $\beta > 0°$ bis 50° können geschabt werden, Standardbreiten von $b = 20$ bis 50 mm. Für den Auslauf sollten Ringnuten von mindestens ¾ der Schabradbreite vorgesehen werden.

Hartschaben ist ein Verfahren, bei dem schon gehärtete Zahnräder nachbear-beitbar sind [9.46]. Es vereinigt die Vorteile von Schaben und Schleifen. Das Werkzeug ist ein Keramik- oder ein Chrom-Bornitrit-Schabezahnrad, mit genau geschliffener Geometrie, mit kubischem Bornitrit belegt. Es wird mit einem dia-mantbeschichteten Abziehrad mit den gewünschten Konturen profiliert. Ähnlich wie beim Schleifen hängt die Materialabtragsrichtung nicht von Schneidkanten, sondern von der Relativbewegung der Werkzeug- und Werkstückflächen ab. Diese Relativbewegung setzt sich durch Gleiten beim Wälzen, durch die Schraub- und die Vorschubbewegung zusammen. Beim Hartschaben müssen Werkzeugrad und Werkstückrad ein von der Maschine erzwungenes Drehzahlverhältnis haben (Getriebezug, Motorsteuerung), damit jeweils eine Flanke bearbeitet werden kann. Man spricht in diesem Zusammenhang auch häufig von "Schabschleifen".

Ergebnis: Verbesserung der Zahnradqualität nach dem Härten. Besonders wir-kungsvoll ist die Verbesserung der Profilform und Flankenrichtungsabweichung, eventuell mit verschiedenen Flankenformen. Sehr kurze Bearbeitungszeiten, etwa 1 Minute bei $d = 80$ bis 100 mm. Kosten der Keramikräder gering, der Abrichträ-der hoch. Anwendung für $d_a = 40$ bis 270 mm, $m = 1$ bis 5 mm und Schrägungs-winkel β bis 40° [9.45].

9.3.5.3 Wälzhonen

Das Verfahren wird zur Feinbearbeitung [9.106] von gehärteten Stirnradver-zahnungen eingesetzt [9.6 ; 9.50]. Man erzielt damit sehr gute Oberflächen mit mittleren Rauhtiefen von 0,1 bis 0,15 μm und hat gegenüber dem Schleifen den Vorteil, daß keine Temperaturerhöhungen erfolgen. Ein weiterer Vorteil ist, daß auch bei Verzahnungen, die keinen größeren Auslauf zulassen wie z.B. Evo-

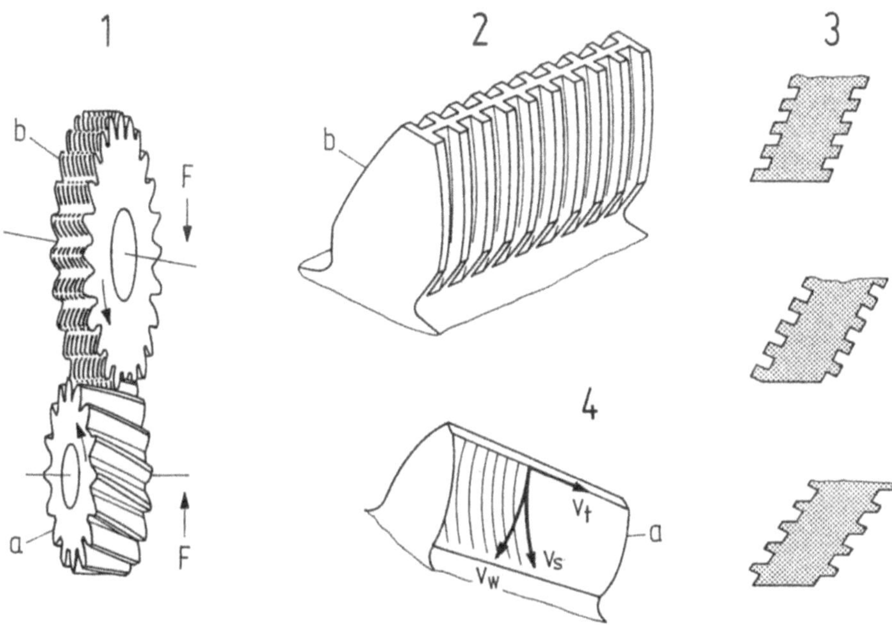

Bild 9.29. Wälzschabpaarung, Schabradzähne

Teilbild 1: Schabrad b und Werkrad a werden mit definierter Kraft F zusammengepreßt. Da sie wie Schraubradgetriebe kämmen, führen die Flanken große Relativbewegungen aus, die zusammen mit dem Vorschub die Oberfläche schabend bearbeiten.

Teilbild 2: Schabrad mit parallel zur Stirnebene gerichteten, nachschleifbaren Schneidkanten und Schneidnuten.

Teilbild 3: Schneidnuten von Schabrädern mit verschiedenen Spanwinkeln.

Teilbild 4: Entstehende Schabbahn v_s als Resultierende aus dem Gleiten in Evolventenrichtung v_w und dem Gleiten in Flankenrichtung v_t.

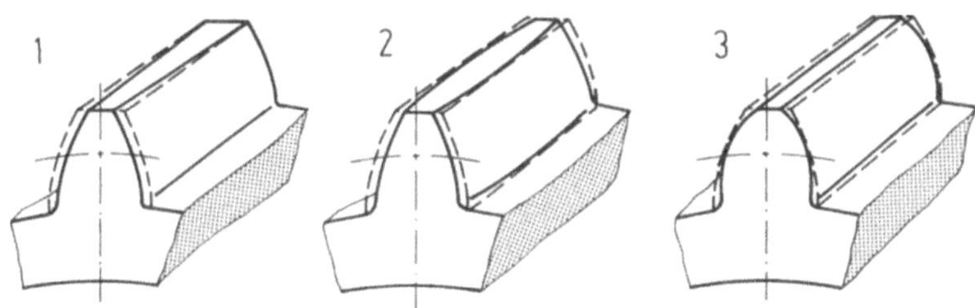

Bild 9.30. Profilkorrekturen durch Schaben.

Teilbild 1: Konisch geschabter Zahn
Teilbild 2: Ballig geschabter Zahn
Teilbild 3: Kopf- und Fußrücknahme durch Schaben

loidverzahnungen mit 1 bis 5 Zähnen (siehe *Kapitel 1*), nach dem Härten eine Nachbearbeitung durchgeführt werden kann.

Honen ist ähnlich wie Schleifen ein flächenabtragendes Verfahren, bei dem aber die Relativgeschwindigkeiten zwischen Werkstück und Werkzeug niedriger als 3 m/s sind, der Druck beträgt bis 1600 N/mm^2 und die Temperatur im Werkstück übersteigt auch bei erhöhter Spanabnahme den Wert von 100°C nicht. Bei der Wahl kleiner Achskreuzungswinkel (z.B. bis $\Sigma = 2°$) wird zwischen Werkzeug und Werkrad Linienberührung über die ganze Zahnflanke erzielt, ist aber dann, sofern keine zusätzliche Relativbewegung in Achsrichtung erfolgt, allein auf den Abtrag infolge des Wälzgleitens (Zahnkopf, Zahnfuß) angewiesen.

Ein wesentlicher Unterschied zwischen Wälzschleifen und Wälzhonen ist der, daß beim Schleifen die größere Komponente der Werkzeugbewegung v_0 in eine Abtragbewegung in Flankenrichtung umgesetzt wird, während beim Schälen, Honen und Schaben hauptsächlich die Wälzbewegung eine Relativbewegung zum Spanen bzw. Abtragen liefert. Daher dominiert bei ersteren das Gleiten entlang der Flankenrichtung, bei letzteren das Gleiten entlang der Zahnhöhe, woraus die wesentlichen Vor- und Nachteile der beiden Verfahrensgruppen abzuleiten sind.

Die Bearbeitung erfolgt durch eine zylindrische Schraubradpaarung, **Bild 9.31**, bei der ein Rad das Honrad ist - bei einem Innenradgetriebe das Hohlrad und aus einem Zahnkranz aus relativ hartem Kunstharz besteht, der mit einem Schleifmittel imprägniert wird. Die Wirkung des Honens beruht auf der großen Gleitreibung beim Eingriff von Schraubgetrieben, ähnlich der beim Schaben in *Bild 9.27, Teilbild 2*.

Das Werkstück in *Bild 9.31, Teilbild 1*, wird vom Werkzeug (Hohlrad a) mit hoher Geschwindigkeit angetrieben, wobei sich ersteres gegebenenfalls längs seiner Achse hin und her bewegt, um die ganze Flanke zu bearbeiten (Längshonen). Ein auf die Zähne gespritztes Kühlmittel sorgt beim Außenradhonen auch für den Abtransport der Abriebteilchen.

Bild 9.31, Teilbild 1, zeigt das mehr verbreitete Honen von Außenverzahnungen, *Teilbild 2* das von Innenverzahnungen. Für Außenverzahnungen nimmt man Honsteine, für Innenverzahnungen Diamant-Honzahnräder. Die Honsteine müssen gekühlt werden, die Diamant-Honzahnräder nicht.

Das Verfahren ist geeignet zur Verbesserung von Flankenform-, Flankenrichtung- und Rundlaufabweichungen sowie zum Glätten von Schlägen und Beschädigungen der Oberfläche. Es ist eine Maximalschicht bis 50 μm abtragbar. Auch kleinere Profilkorrekturen sind möglich. Die Nachbearbeitung durch Honen wirkt sich sehr günstig auf das Geräuschverhalten der Getriebe aus. Ähnlich wie beim Schaben können Summenfehler nicht ausgeglichen werden, daher empfiehlt sich eine gute Vorbearbeitung.

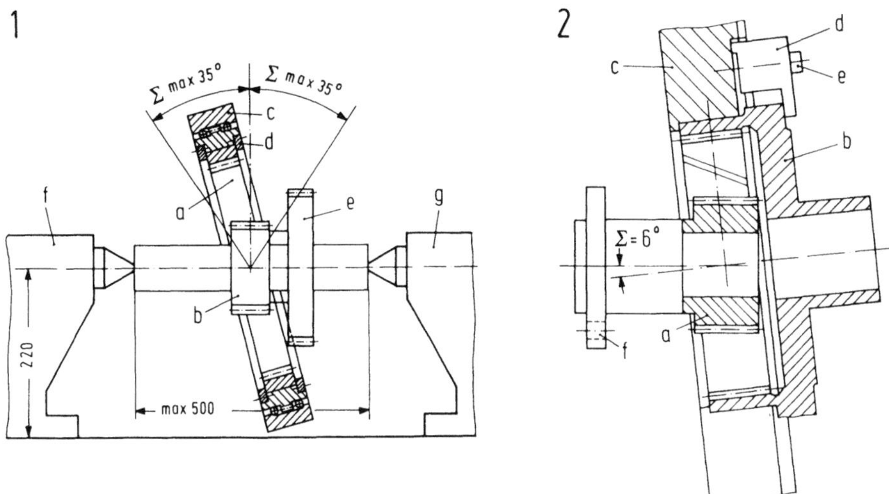

Bild 9.31. Honen von Außen- und Innenverzahnungen

Teilbild 1: Das außenverzahnte Werkrad b kämmt mit einem innenverzahnten Honrad a, welches auch antreibt, unter einem Achskreuzungswinkel $\Sigma < 35°$ mit gleichzeitigem Zusatz von Kühl- und Spülmittel. Das Werkrad b wird vom verzahnten Honstein a, der mit Halteringen d in einer Wälzlagerung c befestigt und geführt ist, abwechselnd in beiden Drehrichtungen bewegt. Durch die Gleitbewegungen an den Zahnflanken erfolgt der Materialabtrag. Bei breiten Werkrädern wird der Ring c axial verschoben.
Teilbild 2: Das außenverzahnte Diamant-Honzahnrad a, mit feinem Korn belegt, wird über die Mitnahmepratze d angetrieben. Das Diamant-Honzahnrad bearbeitet direkt, daher ist kein Honstein nötig.

Besonders geeignet ist das Wälzhonen von Außenverzahnungen nicht nur bei höchsten Ansprüchen an die Oberflächengüte und den korrekten Verlauf der Flanken, sondern auch dann, wenn wegen des mangelnden Auslaufs Schleifen nicht möglich ist.

Die technologischen Eigenschaften der Feinbearbeitungsverfahren für Großserien ordnet Schiefer [9.106] in einer Tabelle, **Bild 9.32**, *Blatt 1*, systematisch an. Aus ihr sind auch die Anbieter entsprechender Maschinen zu entnehmen, allerdings aus dem Jahre 1993. Heute müßte man sich an deren Nachfolger (z.B. Gleason) wenden. Honen wird bevorzugt, wenn ein Nachbarelement stört (*Bild 9.31, Teilbild 1,* Teil e), wenn lange Verzahnungen an Wellen bearbeitet werden müssen (Behinderung durch Aufnahmevorrichtung) und auch bei Evoloidverzahnungen (*Kapitel 1*), deren Auslauf oft schon in die Lageraufnahme reicht.

Als Voraussetzung einer guten Überdeckung verwendet man gern große Honsteine. Wenn der Anwender eine Vorrichtung mit dem Negativ des Honsteinzahnkranzes hat, kann er sich die Honräder selber gießen. Die Honsteine müssen re-

Erzeugungs-verfahren	Werkzeug	Firmen-bezeichnung	Initiator bzw. Anbieter
Schaben	HSS-Schabrad	Weichschaben	Hurth GmbH
Außen-Wälzschälen	HM-Schälrad	Hartschälen	Pfauter GmbH
Honen	Edelkorund-Kunstharzrad	Hartfeinen, Zahnflanken-honen	Hurth GmbH Fässler AG
Schabschleifen	Edelkorund-Keramikrad oder CBN-Stahlrad	Hartschaben	Hurth GmbH
kontinuierliches Wälzschleifen	CBN-Stahl-und Edelkorund-Kunstharz-Zylinderschnecke	CBN-Wälzschleifen oder LCS-Verfahren	Liebherr GmbH
kontinuierliches Profil-wälzschleifen	Edelkorund-Keramik-Globoidschnecke	RZP-Verfahren	Reishauer AG
diskonti-nuierliches Profilschleifen	CBN-Stahl-Profilscheibe	CBN-Profilschleifen	Kapp & Co.

Bild 9.32, *Blatt 1*. Großserienverfahren zur Zahnradfeinbearbeitung, geordnet nach den verschiedenen Technologien nach Schiefer [9.106].

gelmäßig abgerichtet werden [9.33]. Dazu dient ein Diamantabrichtrad, Toleranz-klasse IT 5, das an Zahnkopf, Zahnflanken und Zahnfuß mit Diamant belegt ist und das Honrad in einer Operation komplett abrichtet. Hat das Abrichtrad genau die gleichen Abmessungen wie das Werkrad, dann kann der Honstein von ihm zum Tauchhonen abgerichtet werden. Beim Tauchhonen werden alle Flankenpunkte ohne axiales Vorschieben bearbeitet, wobei der Honstein so breit sein muß, daß er die gesamte Werkradbreite überdeckt. Das Abrichtrad kann auch für andere Hon-räder gleichen Moduls und gleichen Bezugsprofils verwendet werden.

Wegen des geringen Abtrags sind die Bearbeitungszeiten beim Honen sehr kurz, etwa eine Minute, und eignen sich daher für Serienproduktion. Es lassen sich mit gängigen Maschinen Zahnräder vom Außendurchmesser 10 bis 250 mm bear-beiten, übliche Honräder haben eine Breite von 40 mm, einen Durchmesser von 280 mm, sind geeignet für Moduln von 1 bis 5 und arbeiten mit Drehzahlen von 20

Schnittbewegung / Schneidenart	Nr.	Durch unabhängige Zusatzbewegung in Zahnflankenrichtung 1	Durch Flankenabwälzbewegung, geneigt zur Zahnflankenrichtung 2
Unbestimmte Schneide	1	**1.1 Schleifen** kleine Andruckkraft, große Relativgeschwindigkeit, 2 - 40 m/s	**1.2 Honen** große Andruckkraft, bis 1600 N/mm², kleine Relativgeschwindigkeit, 0,2 - 2 m/s
Bestimmte Schneide	2	**2.1 (Fräsen, Stoßen)** kleine Andruckkraft, große Relativgeschwindigkeit	**2.2 Schaben (Schälen)** große Andruckkraft, kleine Relativgeschwindigkeit

Bild 9.32, *Blatt 2*. Zahnrad-Erzeugungsverfahren unterteilt nach Schneidenart, relativer Schnittgeschwindigkeit und Andruckkräften.

bis 500 U/min. Der Achskreuzungswinkel wird mit $\Sigma_{max} = 35°$ ausgelegt. Die Flankenlinienabweichungen und die Teilungsabweichungen können durch Honen wesentlich verbessert [9.38] und damit die Laufgeräusche in den Getrieben entscheidend verringert werden.

Auch bei den Honwerkzeugen, die beinahe ausschließlich Radform haben, ist zu beachten, daß sie nur *die* Zahnbereiche bearbeiten, welche von den Paarungsrädern, deren Zähnezahl den Honrädern entspricht, bestrichen werden. Ein Satzrad kann daher nie auf der ganzen Flanke gehont werden. Das gleiche gilt auch für geschabte Räder.

9.3.6 Besondere Eigenschaften spanender Zahnrad-Erzeugungsverfahren

Die Auswirkungen spanender Erzeugungsverfahren auf die Güte der Verzahnung resultieren u.a. aus der Schneidenart (bestimmte, unbestimmte), aus der möglichen Schnittgeschwindigkeit aufgrund der Werkzeuglage sowie aus der notwendigen Andruckkraft von Werkzeug und Werkstück. Selbstverständlich tragen noch eine Reihe anderer Umstände dazu bei, wie die Güte von Werkzeug und Maschine, die Oberfläche der Werkzeuge z.B. beim Schleifen und Honen, die Anzahl der Schneidstollen beim Fräsen, die Größe des Vorschubs und viele andere. Die ersten Eigenschaften jedoch sind verfahrensbedingt und können nicht beliebig geändert werden.

9.3.6.1 Einteilung der Erzeugungsverfahren nach Grundeigenschaften

Es ist nun auch möglich, die wichtigsten spanenden Erzeugungsverfahren nach diesen Eigenschaften zu unterteilen. So kann dann sehr schnell der Unterschied zwischen Schleifen und Honen, zwischen Fräsen und Schälen erfaßt werden.

In **Bild 9.32**, *Blatt 2*, wurde versucht, die grundsätzlichen Zahnraderzeugungsverfahren nach obigen Gesichtspunkten zu unterscheiden. In *Spalte 1* sind die Verfahren aufgeführt, bei denen die Schnittgeschwindigkeit relativ zur Werkradumdrehung sehr groß sein kann. Zu ihnen gehört das Schleifen und das Fräsen, Stoßen. In *Spalte 2* sind die Verfahren aufgeführt, welche relativ zur Werkraddrehung kleine Schnittgeschwindigkeiten haben, wie Honen und Schaben, aber auch Schälen. Bei letzteren wird hauptsächlich die Relativgeschwindigkeit infolge des (Wälz-)Eingriffs verwendet. Es läßt sich dann ohne weiteres auch ein "Schleifschaben" nach Bausch [9.5] gut einordnen, nämlich ein Schaben, bei dem unbestimmte Schneidkanten verwendet werden.

Auch die unterschiedlichen Schnittgeschwindigkeiten in den *Feldern 1.1* und *1.2* deuten auf wesentliche Unterschiede der Verfahren hin. Ein ähnlicher Unterschied tritt auch bei den Verfahren der *Zeile 2* auf.

9.3.6.2 Fertigungsgenauigkeit spanender Erzeugungsverfahren

Für die Wahl eines bestimmten Erzeugungs-, ggf. Fertigungsverfahrens ist die übliche, aber auch die erreichbare Fertigungsgenauigkeit von entscheidender Bedeutung. In **Bild 9.33** wird eine Darstellung nach Bruins-Dräger [9.15] gezeigt, die einen aussagekräftigen Vergleich der einzelnen Fertigungsverfahren ermöglicht. Danach ergeben die Profilform-(formabbildenden)Verfahren bis auf das Schleifen keine so hohe Teilungsgenauigkeit wie die Wälzverfahren. In der Regel dürfte die Notwendigkeit des Teilens der Grund hierfür sein.

Sehr aufschlußreich ist auch die Häufigkeitsverteilung der verlangten Genauigkeiten von eingebauten Zahnrädern, die zeigt, daß extrem feine Toleranzklassen nicht gezielt, sondern durch Ausleseverfahren erreicht werden. Die am häufigsten auftretenden Genauigkeitsklassen liegen im Bereich der Toleranzklassen 8 bis 6 und sind daher auch relativ preiswert erzielbar.

Aufgrund einer Eigentümlichkeit der Toleranzfestlegung [9.102] in Abhängigkeit von Zahnraddurchmesser und Modul ist es wesentlich leichter möglich, bei großen Zahnrädern niedrigere Toleranzklassen zu erzielen als bei kleinen. Während z.B. bei Zahnrädern der Feinwerktechnik ($d = 2 - 50$ mm) die Toleranzklasse

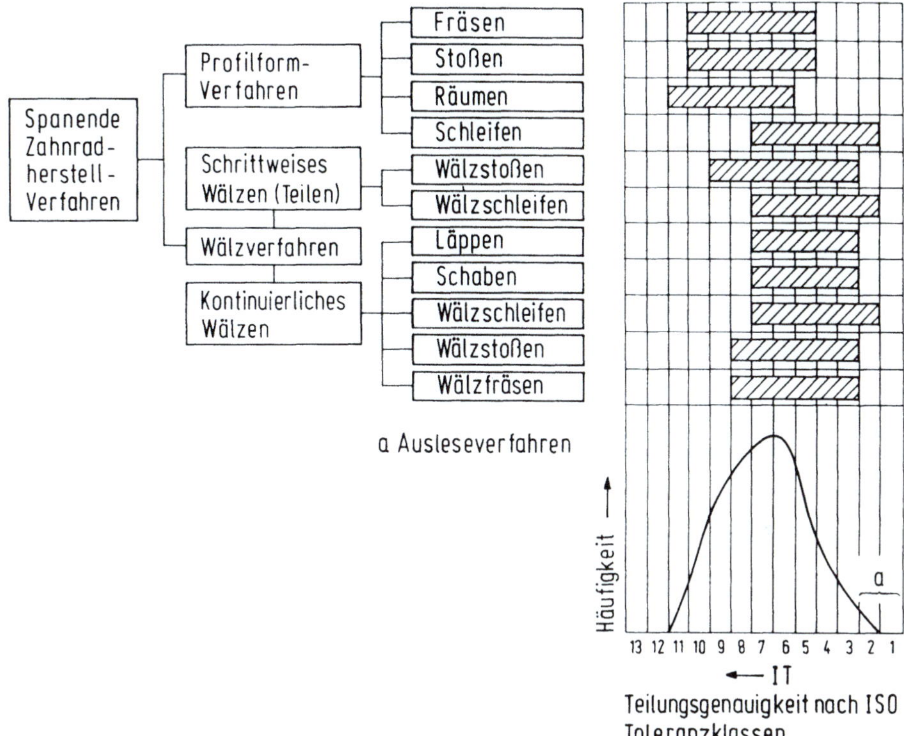

Bild 9.33. Gegenüberstellung der Teilungsgenauigkeit von spanend hergestellten Stirnrädern nach Bruins-Dräger [9.15] und Häufigkeit der verlangten Teilungsgenauigkeiten von eingebauten Rädern [9.28].

IT4 schwer erreichbar ist, läßt sich nach Aussagen einer Firma für Großverzahnungen für extrem große Zahnräder (d = 5000 - 10000 mm) durchaus auch die Toleranzklasse IT1 erreichen. Dies wohl auch deshalb, wie Roth in [9.98] anschaulich zeigt, bei kleinen Abmessungen die Toleranzen der einzelnen IT-Toleranzklassen nicht linear, sondern mit der dritten Wurzel kleiner werden, $T \approx \sqrt[3]{N}*$. Das heißt: Wird das Nennmaß N z.B. 8-mal kleiner, ist die Toleranz derselben Klasse nur $\left(\sqrt[3]{8} = 2\right)$ 2-mal kleiner geworden. Kleine Teile, z.B. Zahnprofile sind daher stets relativ ungenauer als große Teile.

9.4 Umformverfahren für die Verzahnungserzeugung

Die größte Bedeutung für die Zahnradherstellung haben neben den spanenden Fertigungsverfahren [9.23], die Umformverfahren [9.19] und unter ihnen die Druckumformverfahren, mit den Walzverfahren als wichtigsten. Zwar gibt es auch Möglichkeiten, durch Gesenkformen, Durchdrücken und Durchziehen Zahnräder zu erzeugen. Sie bleiben jedoch auf Sonderfälle beschränkt. Ähnlich wie die spa-

nenden kann man auch die Walzverfahren in die großen Gruppen der formabwik-
kelnden (abwälzenden) und in die der formbildenden (nicht abwälzenden) unterteilen, siehe auch *Bild 9.40*. Doch im Gegensatz zu den spanenden Fertigungsverfahren haben zur Zeit nicht die abwickelnden, sondern die formbildenden die größere Bedeutung.

Der wesentliche Unterschied zwischen den umformenden und den spanenden
Verfahren besteht darin, daß das überschüssige Material in den Zahnlücken nicht
als Abfall entfernt werden muß, sondern in andere Teile der Verzahnung gedrückt
wird. So entsteht z.B. bei nicht zu großer Verformung eine sehr erwünschte Oberflächenverfestigung.

Im folgenden werden einige grundsätzlich verschiedene Umformverfahren zur
Zahnradherstellung beschrieben, und zwar in der gleichen Reihenfolge wie im
Übersichtskatalog von *Bild 9.5*. Zu Beginn stehen dort die formbildenden Verfah-
ren, wie das Fließpressen und Präzisionsschmieden, dann die kalt verformenden
Verfahren ohne Abwälzvorgang, wie das Längswalzen nach Grob, anschließend
abwälzende Längs- und Querwalzverfahren (z.B. Roto-Flo- und Rollmatic), dann
wieder ein warm abwälzendes Umformverfahren mit Tellerkegelrädern (nach
MAAG).

9.4.1 Fließ- und Strangpressen von Zahnrädern

Fließpressen ist Durchdrücken eines zwischen Werkzeugteilen aufgenommenen
Werkstücks, z.B. Stababschnitt, Blechausschnitt, vornehmlich zum Erzeugen einzelner Werkstücke [9.20 ; 9.28]. Je nachdem, ob der Werkstofffluß in Wirkrich-
tung der Maschine, entgegengesetzt oder quer dazu verläuft, spricht man vom
Vorwärts-Fließpressen, Rückwärts-Fließpressen oder Quer-Fließpressen, wenn aus
einem Vollkörper ein Vollkörper mit vermindertem Querschnitt oder aus einer
Hülse bzw. einem Hohlkörper ein Hohlkörper mit vermindertem Querschnitt bzw.
aus einem Vollkörper ein dünnwandiger Hohlkörper (Napf) erzeugt wird, bezeichnet man das als Voll-Fließpressen, Hohl-Fließpressen oder Napf-Fließpressen. Für
Stirnradverzahnungen auf kleinen, runden Stiften und Wellen wird das Strang-
Fließpressen angewendet, *Bild 9.5, Zeile 1*.

Als Werkstoffe sind unter anderem unlegierte Stähle mit niedrigem Kohlen-
stoffgehalt geeignet, die durch Kaltverfestigung auf Streckgrenzen bis
$R_{p0,2} > 650$ N/mm² durch Bruchfestigkeiten bis $R_m = 700$ N/mm² gebracht werden können. Verwendet werden auch Kohlenstoffstähle bis CK 45 und die üblichen Einsatzstähle. Einige eingesetzte Qualitäten sind SAE 1038, 20MoCr4,
15CrNi, 16MnCr5, 15CrNiMo6 usw. [9.62].

Von entscheidender Bedeutung für die Ausführung des Werkstücks ist die
Kenntnis der Fließbewegung des Werkstoffs beim Verformungsvorgang. Insbesondere muß die Fließbewegung so sein, daß das Material gezwungen [9.26] wird,

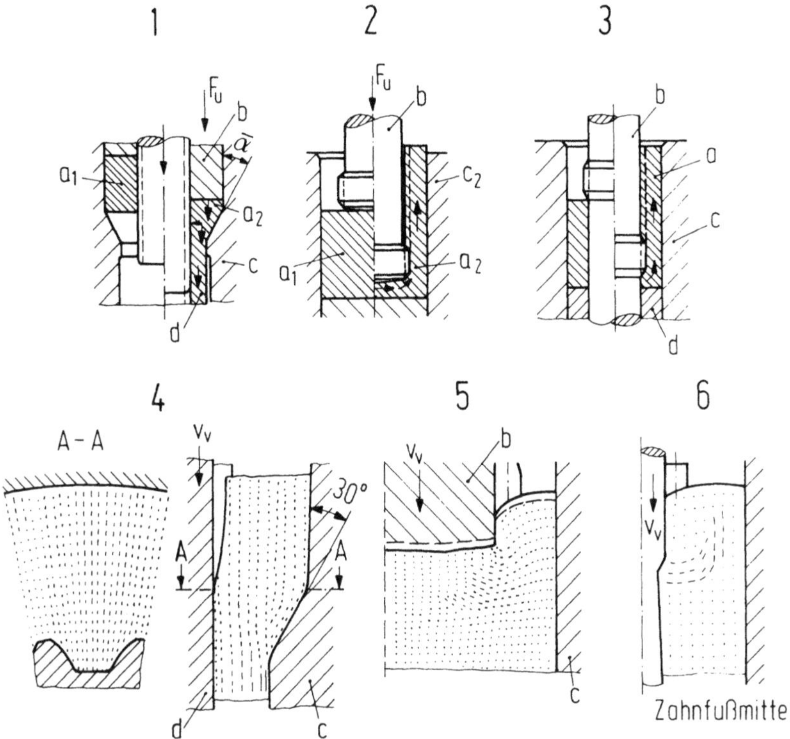

Bild 9.34. Werkstoffbewegung beim Fließpressen von geraden Innenverzahnungen.

Teilbild 1: Beim Hohl-Vorwärts-Fließpressen wird der Werkstoff a_1 durch den Stempeldruck b und die Vereinigung plastisch und fließt (a_2) nicht nur in Längsrichtung, sondern auch radial in die Zahnlücken des Dornes d.

Teilbilder 2 und *3*: Beim Napf-Rückwärts-Fließpressen muß der Werkstoff (a_2) dem Stempel (*b*) erst radial ausweichen, um die Verzahnung fließen und an der Matrize emporwandern.

Teilbild 4: Vorwärtsfließpressen, die Umformung unter dem Stempel beginnt vor der eigentlichen Umformzone.

Teilbilder 5 und *6*: Der Umkehrpunkt der Fließpressung verlagert sich in die Mitte der Tiefe.

die Zahnlücken des Werkzeugs ganz auszufüllen und daher die Zahnköpfe des Werkstücks ganz auszubilden. In **Bild 9.34**, *Teilbild 1*, beim Hohl-Vorwärts-Fließpressen ist gezeigt daß der Werkstoff von Teil b axial bewegt wird, dann von der schrägen Wirkfuge in der Umformzone plastifiziert, nun im Stande ist, auch axial in die Zahnlücken einzudringen. Beim Napf-Rückwärts-Fließpressen in *Teilbild 2* ist der Werkstofffluß ein ganz anderer. Die Umformzone liegt im wesentlichen knapp unterhalb des Stempels, und der Werkstofffluß erfolgt zunächst in radialer Richtung, um sich dann zu wenden und entgegen der Stempelbewegung zu fließen. In *Teilbild 3* beim Hohl-Rückwärts-Fließpressen sind die Werkstoffflüsse ähnlich. Wie diese Flüsse im einzelnen erfolgen, zeigen die *Teilbilder 4 bis 6* [9.29]. Interessant ist, daß beim Hohl-Vorwärts-Fließpressen (*Teilbild 4*) die Umformung schon unter dem Stempel vor der eigentlichen Umformzone beginnt, beim Napf-Rückwärts-Fließpressen (*Teilbild 5*) sich der Umkehrpunkt der Fließbewegung in der Mitte in die Tiefe verlagert.

Als Zahnform werden im wesentlichen zylindrische [9.11] Geradverzahnungen und ausformbare Kegel- oder Konische Verzahnungen hergestellt. Den Großteil machen - wie beim Präzisionsschmieden - geradverzahnte Kegelräder aus, welche für die Fahrzeugtechnik in großen Stückzahlen anfallen. Hochgenaue Geradverzahnungen (IT Qualitätsstufe 7 - 8) sind noch herstellbar, aber nicht zylindrische Schrägverzahnungen, die den Durchbruch zur Verwendung in großen Serien in der Kraftfahrzeugtechnik durchsetzen würden. Bogen- und spiralverzahnte Kegelräder, soweit sie durch Dreh- und Längsbewegung entformbar sind, sowie schrägverzahnte Konische Verzahnungen können auch hergestellt werden. Stets wird durch eine zusätzliche Komplikation des Preßwerkzeugs auch die Qualität vermindert. Hochgenaue Verzahnungen werden in der Regel hart nachbearbeitet, bei entsprechenden Zugaben für die Preßform (0,05 bis 0,15 mm).

Durch den Fließpreßvorgang wird der Werkstoff kalt verfestigt, wobei man eine Festigkeitssteigerung von 15% bis 20% gegenüber spanend hergestellten und dann gehärteten Zahnrädern feststellen kann [9.29 ; 9.40]. Grund ist der günstigere Faserverlauf, eine günstigere Gestaltung des Zahnfußes und die glatte Oberfläche. Das Umformverfahren verbessert daher auch die Werkstückeigenschaften bezüglich der Zeit- und Dauerfestigkeit.

9.4.2 Druckumformen von Zahnrädern durch Gesenkformen (Gesenkschmieden)

Die Möglichkeit, Zahnräder durch Druckumformen mit gegeneinander bewegten Formwerkzeugen (Gesenken, Gravuren), die das Werkstück ganz umschließen, in warmem Zustand zu fertigen, wird für gut ausformbare Kegel- und Tellerräder häufig genutzt, *Bild 9.5, Zeile 2*. Insbesondere das Formpressen mit und ohne Grat - auch Gesenkschmieden genannt - ist für solche Teile ein geeignetes Verfahren. Man kann diese Art der Herstellung nach der erzielbaren Qualität [9.81] auch als Schmieden (IT Toleranzstufe 11-10), als Genauschmieden (IT 9-8) und als Präzisionsschmieden (IT 7-6) bezeichnen. Das Diagramm in **Bild 9.35** zeigt die Toleranzbereiche der verschiedenen Schmiedeverfahren, abhängig von dem Abmessungsbereich. Nur das Präzisionsschmieden ist danach ein für anspruchsvollere Laufverzahnungen, z.B. im Kraftfahrzeugbau, in Betracht zu ziehendes Fertigungsverfahren. Erstrebtes Ziel auch dieses Umformverfahrens ist es, genaue Zahnräder herzustellen, die bezüglich der Oberflächenform, Oberflächenhärte oder Oberflächenrauheit keine Nachbearbeitung benötigen, also in einem Arbeitsgang einbaufertig hergestellt werden können [9. 107].

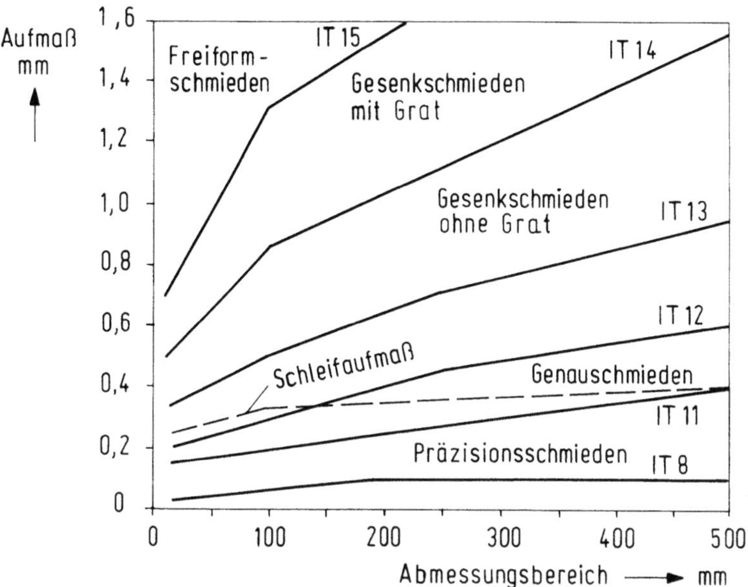

Bild 9.35. Toleranzbereiche für verschiedene Schmiedeverfahren nach Neubauer.
Abhängigkeit der erzielbaren Genauigkeiten von der Bauteilgröße und dem Schmiedeverfahren.

9.4.2.1 Präzisionsschmieden

Dieses Fertigungsverfahren eröffnet die Möglichkeit, Druckumformen für zahlreiche neue Aufgaben des mittleren Maschinenbaus einzusetzen [9.107 ; 9.1]. Es ist eine echte Alternative zu spanabhebenden und abtragenden Erzeugungsverfahren [9.78]. Die Fertigungsvorrichtung besteht aus einem Gesenkeinsatz - hier Gravur - (**Bild 9.36**, *Teilbild 1, Teil b*) mit dem Negativ der Zahnform, einem Untergesenk d mit dem Auswerfer und einem Obergesenk c und gegebenenfalls einem Dorn e zum Einsenken der Bohrung. Nach Einlegen des Rohlings wird der Werkstoff a (*Teilbild 2*) in die Hohlform gepreßt, nimmt die Form des Gesenkeinsatzes an und fließt an den vorgesehenen Stellen als Grat über. Ein Auswerfer d und ein Lochstempel e formen eine notwendige Bohrung vor. Nach möglichst kurzer Formzeit (zur Schonung der Gravuren) wird das Rohteil vom Ausstoßer entfernt und meistens in einem zweiten Preßvorgang warm in die Endform gebracht. Für Zahnräder wird als dritter Vorgang noch ein Kaltkalibrieren vorgesehen. Vorher muß jedoch der Grat beseitigt und die Nabe und Bohrung bearbeitet werden. Das Formen besorgen Kurbelpressen, geeignet für Mehrstufengesenke und schnelle Arbeitsfolgen oder Spindelpressen, welche eine bessere Gravurfüllung erzielen, aber langsamer sind.

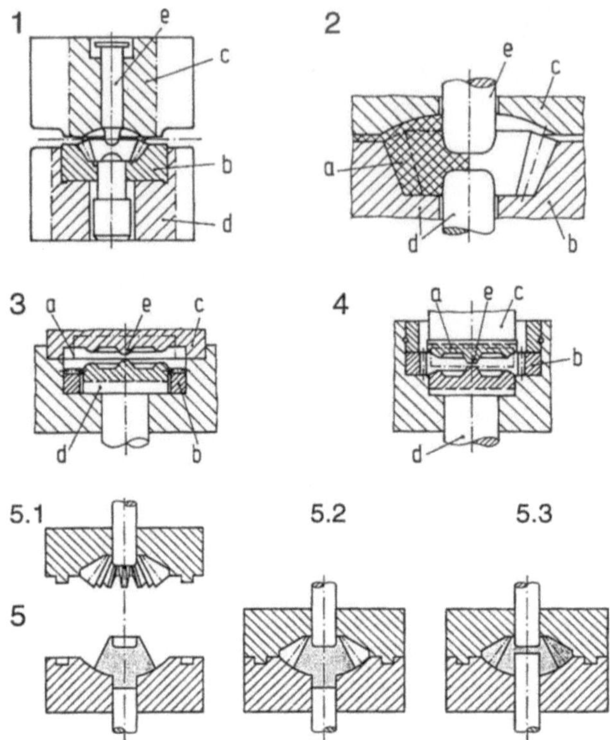

Bild 9.36. Anordnungen und Ablauf beim Gesenk- und Präzisionsschmieden.

Teilbilder 1 und *2*: Formpressen mit Grat, zum Fertigen eines Kegelrades oder eines konischen Rades. Es bedeutet: a Rohling, b Gesenkeinsatz für Vorverzahnung (Gravur), c Obergesenk, d Untergesenk und Auswerfer, e Dorn oder Vorsprung zum Einsenken der Bohrung.
Teilbild 3: Formpressen ohne Grat zur Fertigung eines „Tellerrades". Bezeichnungen wie in *Teilbild 1*.
Teilbild 4: Formpresssen ohne Grat zur Herstellung eines Stirnrades. Bezeichnungen wie oben.
Teilbild 5: Ablauf des gratlosen Präzisionsschmiedens [9.24]. *5.1*: Einlegen des Rohteils, *5.2*: Lastfreies Schließen des Werkzeugs, *5.3*: Warmpressen des Kegelrades durch Preßstempel.

Um vom üblichen Gesenkschmieden zum erstrebten Präzisionsschmieden [9.25] überzugehen, muß man folgenden Fehlerursachen begegnen [9.81 ; 9.80]: Gesenkschrägen, wo sie funktionsstörend sind, vermeiden, Werkzeugherstelltoleranzen sehr klein halten (Verzahnungsqualität IT 3), Werkzeugverschleiß berücksichtigen (Verminderung der Standmenge), elastische Verformung von Werkzeug und Maschine klein halten, Wärmeschwankungen vermeiden (Verzug) und Verzunderung sowie Abkohlung des Rohlings. Verzundern und Verzug sucht man durch mechanisch geschütztes Ablegen und gleichmäßiges langsames Abkühlen so gering wie möglich zu halten [9.111]. Die Temperatur soll so gering wie möglich sein, um die Gesenke zu schonen, aber doch so hoch, daß die Gravuren voll ausgefüllt werden. Auch soll die Randkohlenstoff-Verarmung durch Oxidation möglichst gering bleiben, da derart geschädigte Oberflächen eine "Weichhaut" bilden. Ein optimales Ergebnis erwartet man, wenn nach dem Präzisionsschmieden ein sehr wirtschaftliches (neuentwickeltes) Formschleifverfahren angewendet wird [9.71], mit Aufmaßen von nur 0,05 bis 0.15 mm, damit auch durch das Schleifen die Einhärtetiefen des Schmiedevorganges nicht unterschritten werden.

Ein Beispiel für die günstige Gestaltung der Gravur beim Präzisionsschmieden [9.79] zeigt *Teilbild 5*. Der Schmiederohling wird in 5.1 eingebracht, die Form in 5.2 lastfrei vollkommen geschlossen und erst in 5.3 der Preßstempel eingedrückt, so daß sich ein gratfreies Schmiedeteil ergibt. Der Formenverschleiß ist nicht durch erhöhte Zustellung kompensierbar, daher muß er durch besonders gute Kühlung und Schmierung klein gehalten werden, insbesondere auch wegen der geforderten erhöhten Genauigkeit beim Präzisionsschmieden. Um die übrigen Forderungen einzuhalten [9.81], müssen die Gesenkschrägen 0° - 1° haben, die Werkzeuge mit möglichst großer Präzision hergestellt werden, die Wärmeschwankungen gering sein (induktives Erwärmen), ebenso die Temperaturstreuungen, es muß der Druck klein sein, trotzdem eine gute Ausformung erfolgen, ein schnelles Entfernen aus der Form und Schmieden unter Schutzgas. In Gesenken eingeformt werden können nur hinterschnittfreie Teile, möglichst solche, die eine natürliche Entformungsschräge haben wie die Kegelräder, die Teller- und Planräder sowie die kegeligen bzw. Konischen Räder [9.77 ; 9.102], welche in *Kapitel 4 - 6* behandelt werden. Zu beachten ist auch, daß Funktionsflächen wie b und c in **Bild 9.37**, *Teilbild 1B*, zum Beispiel Verzahnungen nicht in beide Formhälften gelegt werden, da ein noch so geringer Versatz der Achsen oder eine geringfügige Relativverdrehung der Gesenke bzw. eine stärkere Gratausbildung ihre gegenseitige Lage stark verändert durch nicht formgebundene Maße. Beispiel A ist günstiger [9.71].

Auch die Schrumpfung beim Abkühlen des Rohlings auf Umgebungstemperatur muß schon in der Werkzeugform berücksichtigt werden. Das gilt für das Einhalten des Modulwertes, aber noch mehr für spiral- oder bogenverzahnte Kegelräder (*Teilbild 2B*). Während bei geradverzahnten Kegelrädern (*Teilbild 2A*) nur die Maße linear verkleinert werden, ändern sich bei nicht geradverzahnten Kegelrädern auch die Flankenrichtungen und damit die Verzahnungsqualität. Die Fußausrundung und die Balligkeit der Flanken können aufgrund von Tragfähigkeitsüberlegungen optimal ausgeformt und in die Gravur eingearbeitet werden.

Als Werkstoffe sind praktisch alle Stähle, vom unlegierten Qualitäts- bis zum hochlegierten Vergütungsstahl, für hohe Belastungen hauptsächlich Einsatzstähle (50% - 70%) zu verwenden. Das Verzugsverhalten präzisionsgeschmiedeter Teile ist beim Härten in vielen Fällen besser als von spanend hergestellten [9.111). Geschmiedete Verzahnungen erreichen höhere dynamische Festigkeitswerte wie Dau-

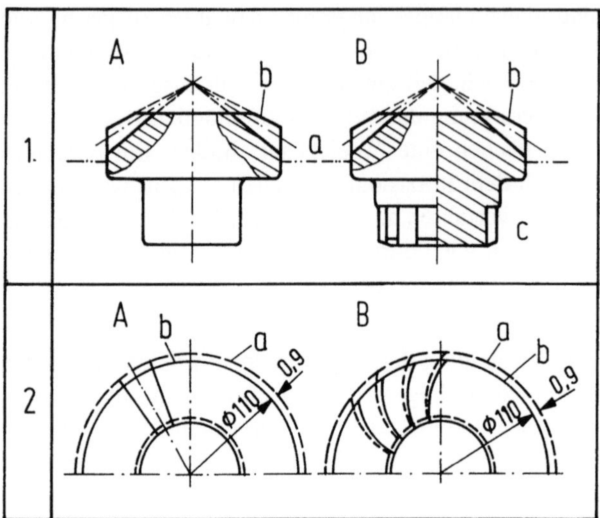

Bild 9.37. Zu beachtende Einflüsse beim Präzisionsschmieden

Teilbild 1: Die Werkzeugteilung a verursacht Mittenversatz (min 0,1 mm) und Drehversatz. Daher wie in Bild A nur in eine Gravurhälfte Funktionsflächen (b) legen, nicht wie in Bild B, in beiden Gravurhälften (b und c).
Teilbild 2: Das Schrumpfmaß zwischen Ausdehnung bei Schmiedetemperaturen (a) und Raumtemperatur (b) wirkt sich für ein geradverzahntes Rad A und ein spiralverzahntes B trotz gleicher Größe verschieden aus. Rad B ist für das gleiche Schrumpfmaß sehr empfindlich.

erschwingungs- und Gestaltfestigkeit mit Steigerungen bis zu 30% gegenüber spanend hergestellten [9.81].

Geschmiedete Zahnräder haben sich nur für Zahnradarten durchgesetzt, die gut entformbar sind wie die erwähnten Kegel-, Teller- und Planräder und spitze Kegelritzel bis zu 10° Kegelwinkel. Da für Konus-, Konische und Kronenzahnräder noch keine Erfahrungen vorliegen, kann man zunächst die Schmiedbarkeit von Kegelrädern zugrunde legen. Die Erhöhung der Qualität durch das Präzisionsschmieden ermöglicht ihren Einsatz auch in den Bereichen von hochwertigen Laufverzahnungen wie z.B. den Differentialgetrieben in Fahrzeugen. Selbst Schrägverzahnungen sind schmiedbar [9.107].

Grundsätzliche Schwierigkeiten bereiten nicht allein „nicht geradverzahnte" Kegelräder (wegen des Flankenrichtungverzugs), sondern auch wegen der häufig nicht hinterschnittfreien Entformbarkeit. Das Schmieden von Stirnradgeradverzahnungen (**Bild 9.36**, *Teilbild 4*) ist zur Zeit nur für Verzahnungen mit grober Qualität möglich (wegen der fehlenden Gesenkschrägung), von Schrägverzahnungen jedoch wirtschaftlich nicht möglich. Lindner [9.71] macht folgende Angaben für durch Schmieden herstellbare Verzahnungen:

Tafel 1: Verzahnungsqualität präzisionsgeschmiedeter Zahnräder

	Zähne mit Aufmaß mm	Verzahnungs-qualität ein-baufertig	Oberflä-chengüte R_z µm	Außen-durchm. mm
Kegelrad-Geradverzahnung	beliebig	IT 7 bis 9	16	240
Konische (kegelige) Verzahnung	> 0,05	zur Zeit noch nicht	20	240
Stirnrad-Geradverzahnung Schrägverzahnung	> 0,05	IT 9 bis 11	16	110
Tellerrad-Spiralverzahnung (Kronenradverzahnung)	> 0,05 bei ∅ 200 > 0,15 bei ∅ 390	IT 10 bis 12	35	350

Bei geschmiedeten Zahnrädern erhöht sich die Zahnfußtragfähigkeit im unge-härteten Zustand um etwa 30%, im einsatzgehärteten um 25% [9.77] gegenüber geschnittenen. Der Grund ist der, daß sich der Faserverlauf in idealer Form der Zahnfußausrundung anpaßt und den hier herrschenden Beanspruchungen gerecht wird. Die Möglichkeit zur Kompaktbauweise [9.24] durch Anschmieden von Zahnrädern an Buchsen oder zusätzliche Funktionselemente, die eine spanende Herstellung nicht zuließen, wird beim Schmieden häufig genutzt (**Bild 9.38**, *Teil-bild 1*). Zusätzlich ist es auch noch möglich, den Zahnfußgrund so zu gestalten, daß er einem durch entsprechende Balligkeit vorgegebenem Tragbild (*Teilbilder 2C, 3A*) vollkommen angepaßt (*Teilbild 3B*) und der Zahn an drei Seiten abge-stützt wird, wobei der Zahnfuß so ideal abgerundet ist, daß ein Bruch eher in der Nabe als am Zahn erfolgt. Die höhere Tragfähigkeit erlaubt kleinere Abmessungen bei gleichen Belastungen.

Die Vorschläge nach Bild 9.38 [9.77 ; 9.71] sollte man zugunsten einer leichte-ren und genaueren Herstellung beim Formpressen, Fließpressen, beim Gießen, Spritzen und Sintern ernsthaft verfolgen. Neben der Erprobung der Festigkeitsei-genschaften muß dabei berücksichtigt werden, daß das Mittel der Profilverschie-bung zur Erzeugung der Konizität über die Zahnbreite bei Konusverzahnungen zum größten Teil verbraucht wird, man in den einzelnen Stirnebenen verschiedene Laufeigenschaften hat und nicht überall die optimale. Bei kegeligen Geradverzah-nungen ist auch die radiale Überdeckung durch Größt- und Kleinstkopfkreis be-grenzt und kleiner als die Sprungüberdeckung (*Kapitel 5*) bei Schrägverzahnungen [9.102].

Entscheidend für den Einsatz von geschmiedeten Verzahnungen ist deren Qua-lität. Die sollte bezüglich der Verzahnung und der Oberfläche so gut sein, daß möglichst keine Nachbearbeitung erfolgen muß.

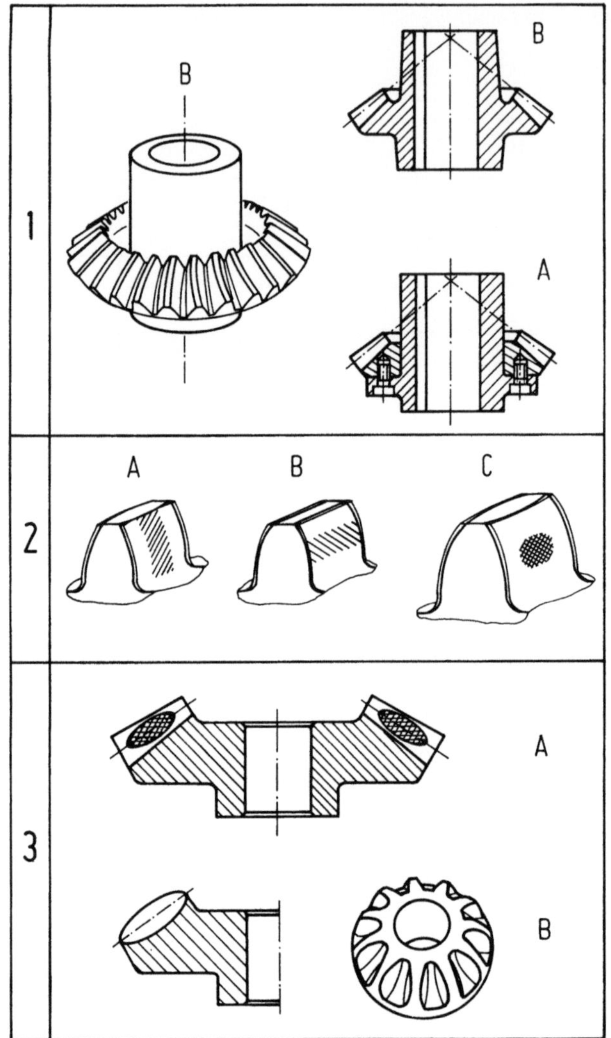

Bild 9.38. Konstruktive Möglichkeiten beim Präzisionsschmieden von tellerförmigen Zahnrädern.

Teilbild 1: An das tellerförmige Zahnrad (Konisches, Kegelrad) lassen sich noch benachbarte Elemente anschmieden, wie im Fall B der Wellenzapfen, der im Fall A, bei spanender Fertigung angeschraubt werden muß (9.24 ; 9.77].

Teilbild 2: Erzeugen eines definierten Tragbildes C nach konstruktiven Wünschen z.B. durch zusätzliches Schleifen des Meisterrades (für die Gravur) mit bestimmten Balligkeiten der Flankenform A oder B [9.71].

Teilbild 3: Bei vorgegebenem Tragbild A kann eine Zahnflankenform erzeugt werden, die diesem Tragbild entspricht, Fall B [9.71].

Präzisionsschmieden ist für geeignete Zahnradformen wirtschaftlich einsetzbar bei Stückzahlen über 5000 im Jahr. Es bietet die Vorteile einbaufertiger Funktionsflächen, Wegfall zusätzlicher Bearbeitungsvorgänge, beanspruchungsgerechten Faserverlauf und kompakte Bauweise, also Vorteile, die teils durch Walzen, teils durch Gießen erzielt werden

9.4.2.2 Pulverschmieden (Sintern)

Eine Variante des Präzisionsschmiedens ist das Pulverschmieden. Das Verfahren sieht eine pulvermetallurgische Herstellung der Vorform vor, die dann durch anschließendes Gesenkformen hoch verdichtet und fertig geschmiedet wird. Es gibt zwei Verfahren. Beim *Pulverschmieden* wird die gepreßte Vorform unmittelbar aus der Sinterwärme heraus geschmiedet, beim *Sinterschmieden* wird der gepreßte Grünling getrennt gesintert und dann in einem gesonderten Arbeitsgang zum Schmieden neu erwärmt. Günstig ist das Verfahren für ringförmige Teile mit einbaufertigen Funktionsflächen bei Stückzahlen von 15.000 bis 20.000 im Jahr. Es wird aus Kostengründen neuerdings immer häufiger für Zahnräder eingesetzt [9.13 ; 9.114]. Alle tellerförmigen Verzahnungen ohne Hinterschneidungen an den Flanken, wie z.B. Konus-, Konische und Kronenradverzahnungen, können auf diese Weise sehr günstig gefertigt werden.

Die so hergestellten Werkstücke sind denen aus gewalztem Ausgangsmaterial gleichwertig, da beim Sintern eine Verdichtung auf 95% erfolgt und beim anschließenden Schmieden auf 99,7%. Voraussetzung ist, daß beim Umformen von der Vor- zur Endform ein gewisses Maß an Scherung hervorgerufen wird, die ein Fließen ermöglicht. Die Textur am Zahnfuß ist aufgrund der Streckung der Pulverkörner ideal, im Kern liegt ein völlig richtungsunabhängiges Gefüge vor. Pulvergeschmiedete Varianten zeigten sogar höhere Belastbarkeit [9.77] als solche aus erschmolzenem oder gewalztem Material, wenn die Verdichtung $\rightarrow$ 100% betrug.

Zwei weitere Vorteile gegenüber anderen Verzahnungs-Erzeugungsverfahren sind bemerkenswert: Nach [9.92 ; 9.65 ; 9.93] ist sowohl die Werkstoffnutzung als auch der Energiebedarf je kg Fertigteil beim pulvermetallurgischen Sintern günstiger als bei allen anderen Fertigungsverfahren für Zahnräder. **Bild 9.39** zeigt das in überzeugender Weise [9.92]. Während beim Sintern 95% des Werkstoffs auch für das Fertigteil genutzt werden, sind es beim Spanen nur 40% - 50%. Auch die unterschiedliche Energieleistung ist beeindruckend: Sind es beim Sintern 28,5 MJ je kg Fertigteil, so werden es beim Spanen 66 - 82 MJ/kg. Berücksichtigt man die damit verbundene Verbilligung (mehr als 80%) der Zahnradherstellung, dann müßte gesinterten Zahnrädern große Priorität eingeräumt werden, und es müßten *die* Zahnradarten bevorzugt werden, welche für das Sintern geeignet sind, so z.B. die geraden Konusverzahnungen (*Kapitel 5*). Da die Werkzeugkosten allerdings sehr hoch sind, müßten die Stückzahlen über 100.000 pro Jahr betragen.

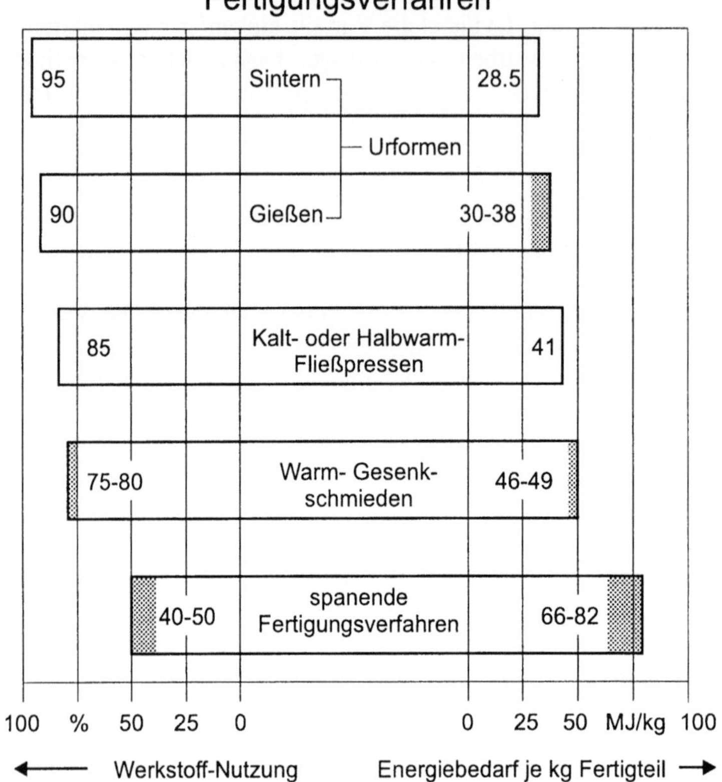

Bild 9.39. Werkstoffnutzung und Energiebedarf bei unterschiedlichen Fertigungsverfahren [9.92].

9.4.3 Druckumformen von Zahnrädern durch Kaltwalzen

9.4.3.1 Das Kaltwalzen von Zahnrädern

Zwischen den formabwickelnden (abwälzenden) und Form direkt bildenden (nicht abwälzenden) Walzverfahren gibt es einen wesentlichen Unterschied im Hinblick auf die Materialumlagerung beim Fertigen. Nach [9.57] erfolgt beim Umformen durch Wälzen, **Bild 9.40**, *Feld 2.1*, die Materialumlagerung unsymmetrisch und beim formbildenden (nicht abwälzenden) Verfahren, *Feld 2.2*, symmetrisch. Die symmetrische Umformung ermöglicht es, den Verformungsvorgang besser in den Griff zu bekommen und auch genauere Zahnflankenformen zu erzeugen. Das ist wohl eine Ursache für die zur Zeit noch größere Bedeutung der nicht abwälzenden Umformverfahren.

Durch Umformen läßt sich das Vorverzahnen gut realisieren, da der Materialverlust des Spanens vermieden wird und die Feinbearbeitung nachträglich durch spanende Verfahren oder durch Feinwalzen ausgeführt werden kann [9.109 ; 9.10].

Flankener- Werkzeugung zeug Umformung	Nr.	Form abwickelnd (Hüllform) 1	Form direkt bildend (Lückenform) 2
Rund- werkzeug	1	1.1	1.2
Umform- vorgang	2	2.1	2.2

Bild 9.40. Umlagerung des Werkstoffes von Stirnradverzahnungen bei kalt umformender Herstellung, bei abwickelnder und direkt bildender Lückenform.

Spalte 1: Die asymmetrische Verlagerung des Materials (*Feld 2.1*) auf der ganzen Zahnbreite bei abwälzenden Verfahren führt zu erhöhten Flankenformfehlern.

Spalte 2: Bei nicht abwickelnden Kaltwalzverfahren ist die Materialverdrängung symmetrisch (*Feld 2.2*). Es lassen sich genauere, z.B. auch Laufverzahnungen herstellen [9.62 ; 9.58 ; 9.64].

Von großem Einfluß für das Kaltwalzen von Verzahnungen und Kerbprofilen ist die Profilform der Zahnlücke, die möglichst große Flankenwinkel aufweisen sollte bzw. nicht zu schmale Zahnlücken und nicht zu hohe Zahnköpfe [9.110]. Wegen der plastischen Verformung des Materials entsteht eine Beeinflussung der beiden Flankenformen [9.109] eines Zahnes, wenn die Zahnlücken zu nahe aneinanderliegen (**Bild 9.41**, *Teilbild 1*), insbesondere bei der Zahnkopfausbildung. Der Zahnkopf hat die Neigung, zu dick zu werden, weil beim Erzeugungsvorgang neben der plastischen auch eine elastische Verformung stattfindet, die nach Entlastung der Flankenform die Kopfseite verfälscht (s. auch *Bild 9.41, Teilbild 3*), *unterste Zeile*). Ihre Wirkung wird durch entsprechende Korrektur des Werkzeugprofils ausgeglichen.

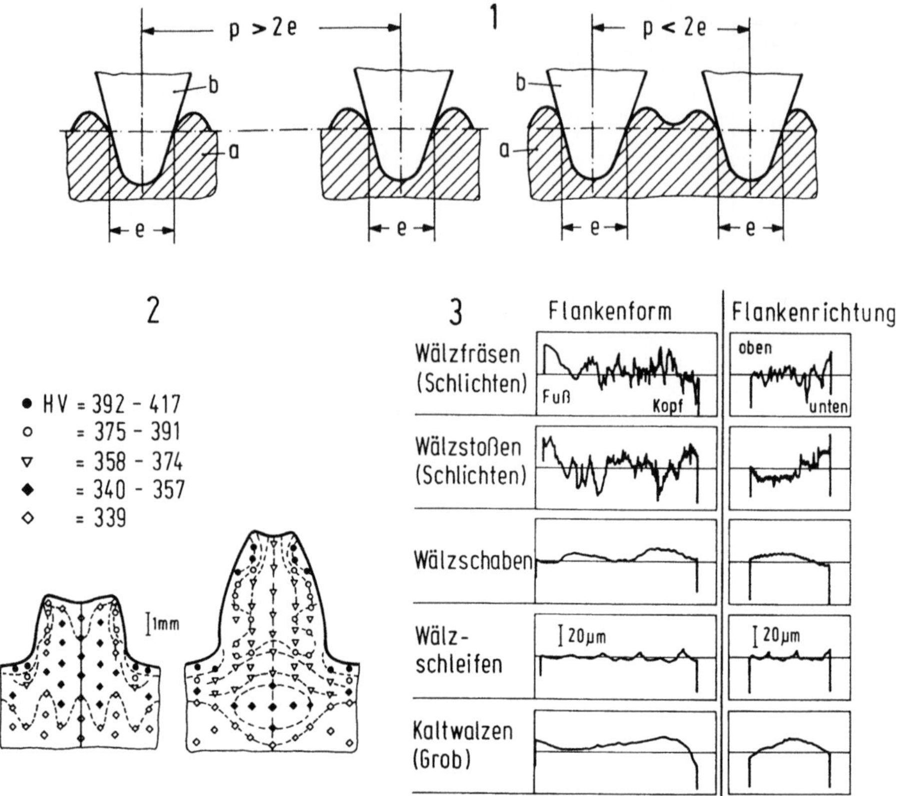

Bild 9.41. Eigenschaften kaltgewalzter Zahnprofile [9.108].

Teilbild 1: Eindringen des Werkzeugsprofils b in das Werkradmaterial a. Die geometrische Form der Zahnlücken (großer Flankenwinkel und Zahnfußhöhe) sowie ihr Abstand haben einen starken Einfluß auf die Ausbildung des Zahnkopfes, insbesondere bei kleinem Teilungsabstand [9.110].
Teilbild 2: Zeigt die Kaltverfestigung durch Umformen für zwei verschiedene Umformgrade eines Versuchszahnrades aus 42CrMo4. Die gestrichelten Linien verbinden Punkte gleicher Härte. Es bilden sich Zonen hoher Härte im Bereich des Zahnfußes und Zahnkopfes ($m = 2{,}5$ mm, $\alpha = 20°$, $z = 25$, $x = 0$, $\beta = 0°$ [9.57].
Teilbild 3: Flankenform- und Flankenrichtungsschriebe mit charakteristischem Verlauf für spanende und umformende Zahnrad-Fertigungsverfahren. Beim Kaltwalzen (Grob-Verfahren) können Qualitäten erzielt werden, die zwischen Wälzschaben und Schleifen liegen [9.59].

Die Kaltverfestigung der gewalzten Zähne ist in *Teilbild 2* deutlich zu erkennen. Versuche von König, Weck u. m. [9.59] zeigten, daß eine besonders hohe Verfestigung im Bereich des Zahnfußes und des Zahnkopfes stattfindet, nicht in gleichem Maße jedoch an der Zahnflanke. Auch der Vergleich der beiden Zahnprofile in *Teilbild 2* mit verschiedenen Umformgraden zeigt, daß die hohe Verfestigung am Kopf erst im Endstadium stattfindet und die etwas geringere Härte an der

Zahnflanke wohl durch eine reibungsbedingte Fließbehinderung entsteht. Der Stofffluß beim Umformen von Verzahnungen hängt auch stark von tribologischen Bedingungen in der Werkfuge zwischen Werkzeug und Werkstück ab. Durch deren Analyse kann man auf die Reibung und Kontaktflächenausformung schließen.

Ein Vergleich bezüglich der mittleren Qualität von zerspanten und kaltgewalzten Zahnrädern ist in *Bild 9.41, Teilbild 3*, angestellt. Das Ergebnis aus den Arbeiten von [9.59] zeigt, daß die Qualität der Flankenform und Flankenrichtung von gewalzten Rädern der beim Schaben erzeugbaren nahekommt, während sie für das Wälzfräsen und Wälzstoßen wegen der Hüllschnittabweichungen schlechter ist. Die gewalzten Räder haben ein typisches Maximum der Flankenformabweichung $f_{H\alpha}$ am kopfseitigen Ende, worauf schon eingegangen wurde. Von der gewalzten Profilstange geschnittene Räder – wie sie zum Vergleich herangezogen wurden – weisen auch eine große Breitenballigkeit auf, die nach dem Trennen von der Stange als Spannungsausgleich entsteht.

Im folgenden sollen die Walzverfahren, insbesondere die Kaltwalzverfahren etwas näher betrachtet werden.

9.4.3.2 *Druckumformen von Zahnrädern durch Walzen*

Bei den Kaltwalzverfahren wird die Verzahnung ohne zusätzliche Erwärmung durch Umlagerung aufgrund der Umformung des Werkstoffs an der Oberfläche eines meist vollen zylindrischen Rohteils erzeugt [9.11].

Das zum Erzeugen von Zahnrädern angewendete Profilwalzen wird wie folgt definiert:

Profilwalzen ist ein Walzen, bei dem die in Berührung mit dem Walzgut stehenden Walzflächen eine vom Kreiszylinder abweichende Form haben, die im allgemeinen in Umfangsrichtung gleich ist [9.19].

Das Profilwalzen wird nach dieser Norm in die drei großen Gruppen des Profillängs-, Profilquer- und Profilschrägwalzens unterteilt. Die Unterscheidung bezieht sich auf die Tatsache, daß das Walzgut senkrecht zu den Walzachsen ohne Drehung durch den Walzspalt läuft (Profillängswalzen, **Bild 9.42**, *Feld 1*) oder ohne Bewegung in Achsrichtung nur um die eigene Achse gedreht wird (Profilquerwalzen, *Feld 2*) oder sowohl um die eigene Achse gedreht wird als auch bei schräggestellten Walzachsen eine Axialbewegung macht (Schrägwalzen, *Feld 3*). Quer- und Schrägwalzen werden zum *umformenden* Erzeugen von Zahnrädern im Abwälzverfahren verwendet, Längswalzen zum formenden Erzeugen von Zahnrädern.

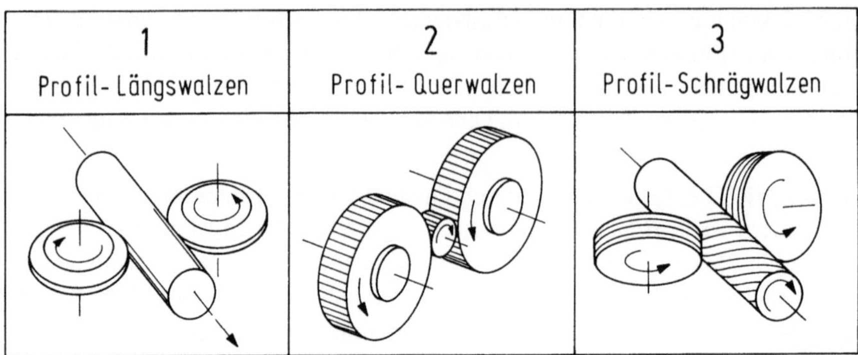

Bild 9.42. Einteilung der Profil-Walzverfahren

Feld 1: Das Walzgut geht senkrecht zu den Walzachsen ohne Drehung durch den Walzspalt.
Feld 2: Das Walzgut wird ohne Bewegung in Achsrichtung um die eigene Achse gedreht.
Feld 3: Das Walzgut wird um die eigene Achse gedreht, wobei eine Axialbewegung des Werkstücks bei Schrägstellung der Walzen nur durch Längsvorschub zustande kommt, DIN 8582 [9.19].

9.4.3.3 Profillängswalzen mit Planeten-Walzrollen, Grob-Verfahren: Geradverzahnung

Das von der Firma Grob [9.41] entwickelte Planetenwalzverfahren, *Bild 9.40, Feld 1.2*, gewinnt zunehmend an Bedeutung. Es hat sich als einziges formbildendes Zahnrad-Walzverfahren für die Massenfertigung bisher durchgesetzt [9.60]. Als Formverfahren bewirkt es eine symmetrische Verdrängung des Werkstoffs beim Umformen und erzeugt daher gleichmäßig ausgebildete Flankenformen, *Bild 9.40, Feld 2.2*. Weitere Gründe für seine Verbreitung sind die Möglichkeiten, auch Profile mit kleinen Flankenwinkeln sowie nicht evolventische Profile herzustellen. Der Umformvorgang wird in eine Vielzahl von schlagartigen Einzelvorgängen aufgeteilt und erzeugt eine günstige Verfestigung der Oberflächenzone. Die kurzen Bearbeitungszeiten und die preiswerten Werkzeuge sorgen für eine wirtschaftliche Fertigungsmöglichkeit.

Das Verfahrensprinzip - in **Bild 9.43**, *Teilbild 1*, dargestellt - setzt als Rohteil ein zylinderförmiges Werkstück a voraus, das von zwei rollenförmigen Werkzeugen b bei ihrem gleichförmigen Umlauf auf der (Planeten-)Bahn c kurzzeitig in die Zahnlücke eingedrückt wird und diese in einem Arbeitsvorgang aus dem Vollen erzeugen. Während des Freifluges der gegenläufig und mit symmetrischer Lage umlaufenden Rollen b_1, b_2 dreht sich das Werkstück a um eine Zahnteilung und bleibt beim schlagartigen Umformvorgang stehen. Der Längsvorschub v_v läuft gleichförmig mit 0,5 bis 1,5 mm pro Werkstückumdrehung weiter. Je nachdem, ob die Rollen vom unbearbeiteten Rohteil zur Zahnlücke eintauchen, d.h. in gleichem Sinn wie der Axialvorschub, oder in entgegengesetztem, spricht man von Gleichlauf- oder Gegenlaufwalzen (*Bild 9.43, Teilbild 3*), je nach dem Angriffsende der

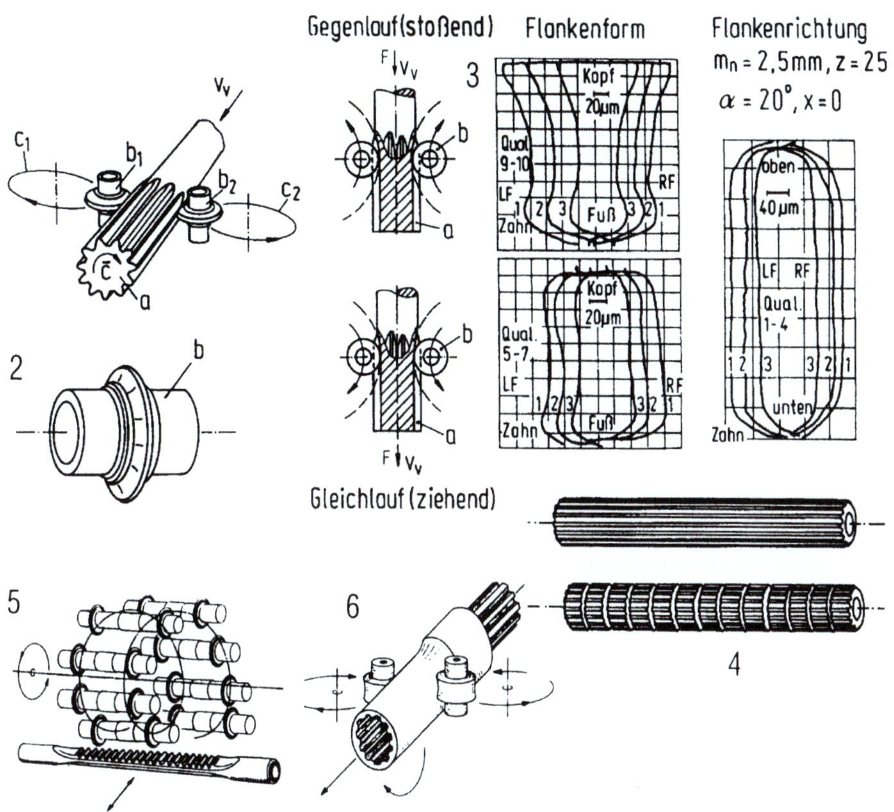

Bild 9.43. Längswalzen nach dem Grob-Verfahren.

Teilbild 1: Arbeitsprinzip des „Planetenwalzens". Die gegenüberliegenden Walzrollen b_1, b_2 laufen auf Kreisbahnen um und erzeugen beim schlagartigen Eindringen in das Werkstück a die Zahnlücke. Wenn sie nicht berühren, dreht sich das Werkstück um die Zahnteilung weiter, während ein kontinuierlicher Längsvorschub v_v erfolgt.

Teilbild 2: Form einer Walzrolle, deren Ring das Profil der jeweiligen Zahnlücke hat.

Teilbild 3: Umformen im Gegenlauf, wenn die „Planetenbewegung" der Rollen b beim Eintauchen in das Werkstück a entgegen der Axialbewegung erfolgt, im Gleichlauf, wenn diese Bewegungen gleichgerichtet sind, „ziehend", „stoßend", wenn das Werkstück durch die Umformstelle gezogen oder gestoßen wird. Den Einfluß der Walzrichtung auf die Verzahnungsqualität, wobei Gleichlauf günstiger ist, zeigen die Diagramme [9.108].

Teilbild 4: Außenradzahnstange. *Teilbild 5*: Gerade Zahnstange. *Teilbild 6*: Innenverzahnung durch Außenwalzrollen erzeugt.

axialen Vorschubkraft von stoßendem oder ziehendem Walzen. Die Form der Rollen, *Teilbild 2*, welche durch Profilschleifen hergestellt werden, ist so, daß im Schnitt das konkave Lückenprofil der Verzahnung entsteht. Die Form ist sehr genau und kann zur Kompensation umformbedingter Abweichungen korrigiert werden.

Die Drehzahl der hydraulisch zustellbaren Walzköpfe und damit der Walzrollen beträgt n = 800 bis 3500 U/min. Schon bei n = 900 U/min finden 1800 Einzelumformungen pro Minute statt und bei einem Axialvorschub von 1,5 mm pro Umdrehung und 25 Zähnen werden 54 mm pro Minute walzenförmige Zahnstangen erzeugt [9.58]. Die Maschinen können Werkstücke bis zu 6 m Länge und 430 mm Außendurchmesser aufnehmen. Es können z.B. Zahnräder mit z = 18, m = 4,1 mm, b = 34 mm in einer Taktzeit von 38 s pro Rad mit DIN-Qualität 7 hergestellt werden [9.64].

Zu bearbeiten sind Stähle, deren Festigkeit 750 - 1350 N/mm^2 und deren Dehnung über 9% beträgt [9.63]. Der Härteverzug ist bei Wärmebehandlung geringer als bei zerspanten Werkstücken. Grundsätzlich sollen Werkstoffe vor dem Walzen keine inneren Spannungen aufweisen und bei einer vorangegangenen Kaltverfestigung vor dem erneuten Umformen geglüht werden. Man kann mit bis zu einer 30%-igen Verfestigung des Werkstoffs im Fußbereich rechnen. Das Werkstück wird, wie auch beim Querwalzen, so bemessen, daß durch das Herausdrücken des Werkstoffs aus dem unteren Teil der Zahnlücke und Auffließen in den Zahnkopf der richtige Kopfdurchmesser d_a entsteht. Der Rohteildurchmesser d_R ergibt sich bei gleicher Größe der Fläche A_1 am Zahnkopf A_2 im Lückengrund und durch anschließende Versuche.

Das Auffließen des Werkstoffs beim symmetrischen Eindringen eines Walzwerkzeuges b in die Zahnlücke und die Beeinflussung der Zahnkopfausbildung durch kleine Teilung und kleine Flankenwinkel ist in *Bild 9.41, Teilbild 1*, gut zu erkennen [9.110]. Die Steigerung der Härte bei Kaltverfestigung (*Teilbild 2*) im Zahngrund, am Zahnkopf und weniger an der Zahnflanke für einen halb und einen ganz ausgeformten Zahn nach dem Grob-Verfahren ist von [9.58] in eindrucksvoller Weise nachgewiesen worden. Durch Kaltumformung steigt auch die Zugfestigkeit und die Streckgrenze, während die Verformungskennwerte zurückgehen. Die gute Qualität von Flankenform und Flankenrichtung bei kaltgewalzten Verzahnungen (im Grob-Verfahren) gegenüber spanend bearbeiteten zeigt *Teilbild 3*.

Mit diesem Verfahren sind außenverzahnte Geradstirnräder herstellbar mit Moduln von m = 1 ... 5 mm. Die Zähnezahl ist durch die Größe des Kerndurchmessers nach unten und den Außendurchmesser (d_a = 120 mm) nach oben begrenzt. Auch Walzen von Hohlzahnrädern in Blechhülsen auf entsprechend profilierten Dornen [9.64] ist möglich, ebenso nach der gleichen Methode Walzen von Außenverzahnungen (Riemenscheiben) auf topfartigen Blechteilen. Über Schrägverzahnungen, deren Herstellung man noch nicht beherrscht, siehe später.

Die beschriebene Erzeugungsmethode von Verzahnungen ist preiswert und aktuell, da es für sie am Markt sehr leistungsfähige Maschinen gibt vom Hersteller gleichen Namens. Diese können auch verwendet werden zum Kaltwalzen von Zahnstangen, *Bild 9.43, Teilbild 5*, und von Innenverzahnungen starkwandiger Hohlteile, *Teilbild 6*, [9.57].

9.4.3.4 Vergleich gefräster und gewalzter Zahnräder

Entscheidend für die Einführung von nicht konventionell gefertigten Verzahnungen ist die Wirtschaftlichkeit des Verfahrens, die Festigkeit und die Qualität der Verzahnung. Nach [9.64] bringt das Walzen gegenüber dem Fräsen große Zeitersparnis [9.53]. Im Durchschnitt kann eine gerade Stirnradverzahnung 4- bis 6-mal schneller grobgewalzt als gefräst werden. In einem Verfahrensvergleich [9.59], der Hauptzeiten für kaltgewalzte und wälzgefräste bzw. wälzgestoßene Geradverzahnungen berücksichtigt (mit Vor- und Fertigfräsen), kommen die Verfasser auch zum Zeitverhältnis 1:4 bis 1:6.

Ein Vergleich der Zahnflanken- und Zahnfußtragfähigkeit von gewalzten und gefräst/geschliffenen (Qualität 5), fertiggestoßenen (Qualität 7), gefräst/geschabten (Qualität 7) und fertiggefrästen (Qualität 8) Zahnrädern wird in [9.57] aufgrund von Wöhlerlinien aufgestellt. Danach übertrifft die Dauerfestigkeit für die Flankentragfähigkeit gewalzter Räder (Qualität 6 - 7) die höherwertigen geschliffenen um 25% und die qualitativ etwa gleichwertigen geschabten bzw. fertiggestoßenen um 30% bis 35%. Auch die Zahnfußtragfähigkeit gewalzter Räder ist danach höher als die der gefrästen bzw. der schlecht abschneidenden geschliffenen Räder. Grund: Die hohe Oberflächenqualität und die Oberflächenverfestigung gewalzter Zahnräder (Vergleichsräder: m = 3,5 mm, α = 20°, z_1/z_2 = 25/26, b = 30 mm, β = 0°, $x_1 \approx x_2$ = 0,35, 42 CrMo4, R_m = 900/Nmm^2.

9.4.3.5 Grob-Verfahren: Schrägverzahnung

Das Planetenwalzen ist auch geeignet zur Herstellung von Schrägverzahnungen. Dazu muß im Prinzip nur der Wälzkopf (**Bild 9.44**, *Feld 1.2*) um den Schrägungswinkel β geschwenkt und die Werkstückdrehung aufgrund des Vorschubs v_v korrigiert werden. Allerdings tritt nun beim Walzen eine Tangentialkraft in Drehrichtung der Welle auf, und zwar bei beiden Walzköpfen in der gleichen Richtung, welche gegebenenfalls einen ungünstigen Einfluß auf die Zahnform und Teilung haben könnte. Das Werkstück a muß - wie bei der Geradverzahnung (*Feld 1.1*) üblich - synchron mit der Walzkopfdrehzahl teilend bewegt werden, also verdreht, angehalten usw.

Im Prinzip ist auch ein abwälzendes Walzen (also Schrägwalzen ähnlich dem Rollmatic-Verfahren, *Bild 9.46*, möglich, nur wird das Umformen durch die auf Kreisbahnen umlaufenden Wälzrollen in vielen kleinen Einzelschritten ausgeführt.

Um das zu ermöglichen, müssen die Rollen b (oder gegebenenfalls eine Rolle) am Walzkopf c (*Bild 9.44, Feld 2.1*) auf einer Schraubenlinie angebracht und um den Steigungswinkel γ der Schraubenlinie gegenüber der Walzkopfachse verdreht sein. Die Achse des Walzkopfes c wird dann gegenüber der Senkrechten zur Werkstückachse geschwenkt, so daß die Walzrollen genau in Flankenrichtung stehen. Das Drehzahlverhältnis von Walzkopf c und Werkstück a muß (wie beim

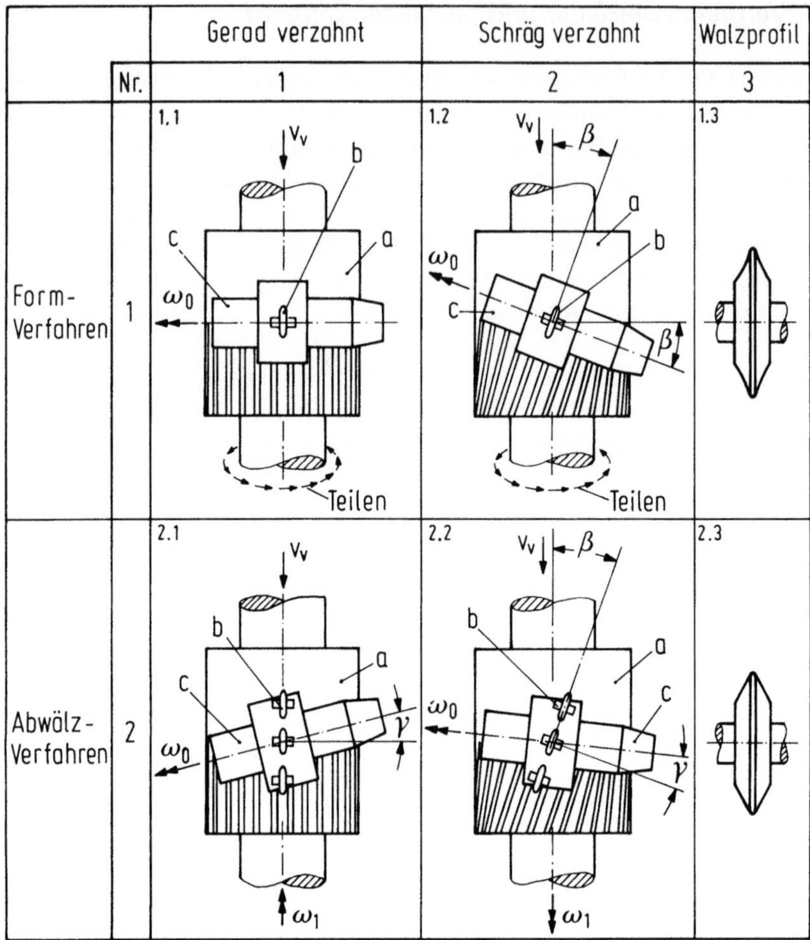

Bild 9.44. Mögliche Erzeugungsprinzipe für Gerad- und Schrägverzahnung nach dem Grob-Verfahren.

Feld 1.1: Geradverzahnung a mit üblichem Walzkopf c und Walzrolle b mit dem Zahnlükkenprofil des zu fertigenden Zahnrades. Es muß geteilt werden.

Feld 1.2: Schrägverzahnung. Walzkopf und Walzrolle wie bei Geradverzahnung. Walzkopf um Schrägungswinkel β geneigt. Das Teilen muß aufgrund des Vorschubs v_v korrigiert werden.

Feld 1.3. Profil der Walzrolle nur für eine bestimmte Zähnezahl.

Feld 2.1: Abwälzendes Erzeugen einer Geradverzahnung. Die Werkstückwelle a und die Walzrolle c laufen kontinuierlich, aber synchronisiert. Das Profil der Walzrolle, *Feld 2.3*, ist im Gegensatz zu dem in *Feld 1.3* geradlinig, so daß Satzradverzahnungen erzeugt werden.

Feld 2.2: Erzeugung von Schrägverzahnungen. Die Werkstückwelle a läuft kontinuierlich, synchronisiert mit der Walzrolle b, die auch kontinuierlich läuft. Die Schrägstellung des Walzkopfes c muß trotz Steigungswinkel der Walzrollen den Schrägungswinkel β ergeben. Drehzahlkorrektur von Walzrolle und Werkstück ist notwendig, ähnlich wie beim Wälzfräsen.

Feld 2.3: Profil der Walzrolle für alle Zähnezahlen des gleichen Moduls. Profilverschiebung möglich. Ggf. Korrektur wegen plastischer Verformung.

Wälzfräsen) dem Zähnezahlverhältnis entsprechen, für Achse von Werkzeug und Werkstück kontinuierlich sein und die Steigung der Walzrollenanordnung der Zahnteilung entsprechen (eingängiger Wälzfräser). Der Axialvorschub ist unabhängig von diesen Drehzahlen und kann nach technologischen oder wirtschaftlichen Gesichtspunkten erfolgen. Man könnte erwarten, daß die ungünstigere Umformung beim Abwälzen (siehe *Bild 9.40, Feld 2.1*) dadurch verbessert wird. Die Wälzrollen (*Bild 9.44, Feld 2.3*) haben ein gerades Bezugsprofil und sind für alle Zähnezahlen, Profilverschiebungen und Schrägungswinkel gleich. Zum Kräfteausgleich könnte an der Rückseite ein Gegenwalzkopf angebracht sein, der zur gleichen Zeit eingreift bei gerader Zähnezahl.

In *Feld 2.2* ist das Walzen von Schrägverzahnungen dargestellt. Hier muß das Drehzahlverhältnis von Walzkopf und Werkstück der Werkradzähnezahl entsprechen plus einem kleinen Korrekturbetrag, der dem Versatz der schrägen Zähne beim Axialvorschub des Walzkopfes c entspricht. Entsprechendes gilt für *Feld 1.2*.

9.4.3.6 *Profil-Querwalzen (Formabwickeln)*

Die abwälzenden Querwalzverfahren kann man aufgrund ihrer Werkzeugform in drei Untergruppen unterteilen [9.110], und zwar in solche, die mit stangenförmigen Werkzeugen arbeiten (**Bild 9.45**, *Teilbild 1*), zu denen das Roto-Flo-Verfahren gehört, in solche mit außenverzahnten Stirnradwerkzeugen (*Teilbild 2*) und in solche mit innenverzahnten Werkzeugbacken (*Teilbild 3*), die hauptsächlich durch das WPM-Walzverfahren vertreten sind. Beim Querwalzen mit außenver-

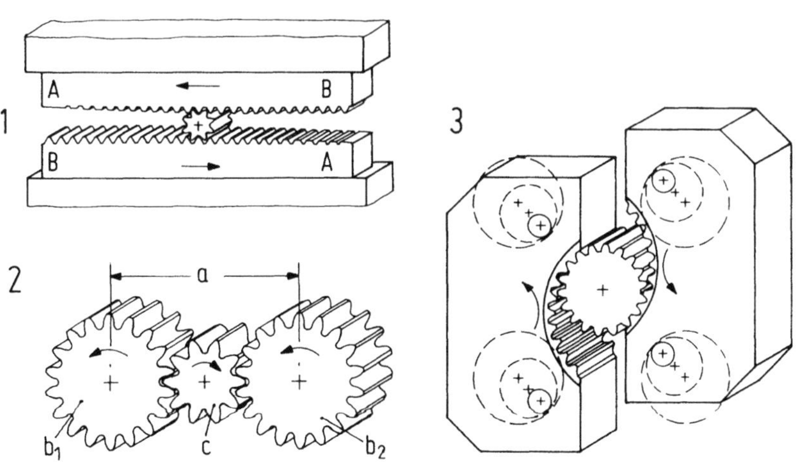

Bild 9.45. Drei verschiedene Querwalzprinzipe [9.108].

Teilbild 1: Querwalzen mit Zahnstange (Roto-Flo), [9.119]
Teilbild 2: Querwalzen mit außenverzahnten Stirnrädern [9.52].
Teilbild 3: Querwalzen mit innenverzahnten Stirnbacken [9.61].

zahnten Stirnrädern als Werkzeug gibt es mehrere Varianten, um ein schrittweises Tiefereindringen des Werkzeugs in den Rohling zu erzielen. Nähere Erläuterungen folgen im *Abschnitt 9.4.3.7.*

9.4.3.7   *Profil-Querwalzen mit Zahnstangen (Roto-Flo)*

Die Erzeugung von Zahnrädern mit Hilfe von zahnstangenförmigen abwälzenden Werkzeugen (*Bild 9.5, Zeile 5,* sowie *Bild 9.45, Teilbild 1*) ist auch im Kalt-Walzverfahren möglich [9.108]. Bekannt sind zwei Prinzipe, nach denen Maschinen gebaut wurden, solche, bei denen eine zahnstangenförmige Walzbacke ortsfestgelagert ist und die gegenüberliegende Walzbacke an einem beweglichen Schlitten befestigt ist und solche, bei denen beide Walzbacken beweglich sind und der Rohling ortsfest zwischen Spitzen gelagert ist. Nach dem zweiten Prinzip arbeitet das aus den USA eingeführte Roto-Flo-Verfahren.

Die beiden Walzbacken der dazugehörenden *Maschinen* werden hydraulisch angetrieben und mit einem verspannten Zahnrad sowie zwei Zahnstangen in ihrer Bewegung synchronisiert. Der seitlich eingebrachte Rohling a wird nun durch die Bewegung der in diesem Teil noch wenig profilierten Backen zum Rotieren gebracht, im keilförmigen langen Einlauf durch die immer größer werdenden Zahnprofile schrittweise zu einem Zahnrad umgeformt, im Kalibrierteil in der endgültigen Form leicht korrigiert sowie geglättet und in dem keilförmig öffnenden Auslaufteil entspannt und ausgerollt. Ist die Einlaufzone bis zum Kalibrieren zu kurz, dann wird das Werkstück unrund, was nicht mehr korrigiert werden kann. Das Zahnrad wird in einem Arbeitsgang hergestellt, wobei eine Verbesserung der Oberfläche durch Nachwalzen, d.h. Stillsetzen, Rückfahren, Vor- und Auswalzen zur Verbesserung der Flankenform durchaus möglich ist.

Die Werkzeuge sind stangenförmige Walzbacken (*Bild 9.45, Teilbild 1*), gerad- oder schrägverzahnt, mit dem Zahnstangen-Werkzeugbezugsprofil, im Kalibrierteil und den von Zahnlücke zu Zahnlücke vollständig ausgebildeten Werkzeugzähnen im Umformteil. Sie haben eine Standmenge von 100.000 bis 200.000 Rollungen je Schliff, die herabgesetzt wird beim Rollen von Werkstoff hoher Festigkeit und bei Profilen mit kleinen Profilwinkeln. Nach [9.119] verringerte sich die Standmenge beispielsweise für $\alpha = 45°$ bei Steigerung der Härte von HB = 200 auf HB = 340 von 150.000 auf 25.000, bei Verkleinerung des Profilwinkels auf $\alpha = 30°$, von 150.000 auf 100.000 und bei Verkleinerung des Profilwinkels von $\alpha = 25°$ auf $\alpha = 14{,}5°$ um den Faktor 10.

Die Leistungsfähigkeit der entsprechenden Maschine ist sehr hoch. Für das reine Rollen eines 30 mm dicken Rohlings benötigt man 2,5 bis 4,5 s [9.119 ; 9.66], für die gesamten Taktzeiten gibt [9.62] 14 bis 18 s für manuelles Beladen ,9 bis 13 s bei automatischem Beladen an. Für das Fräsen gleicher Zahnprofile würde man etwa 3 Minuten benötigen.

Sehr vorteilhaft beim beschriebenen Kaltwalzverfahren ist die weit höhere Leistungsfähigkeit als beim Fräsen, in vielen Fällen sogar um den Faktor 30 [9.66] sowie die preiswerte Fertigung.

Durch Kaltwalzen mit zahnstangenförmigen Werkzeugen (Roto-Flo) lassen sich evolventische gerade und schrägverzahnte Außenverzahnungen herstellen. Man kann Durchmesser von 13 bis 50 mm walzen mit Zahnbreiten von $b \leq 150$ mm und Moduln $m < 1{,}6$, Zähnezahlen von $z \geq 15$ (11) und Schrägungswinkeln $\beta = 0°$ bis nahezu 90°. Kritisch sind immer die Zahnhöhen und Profilwinkel. Gut beherrscht werden Winkel von $\alpha = 30°$ bis 45°, wobei $\alpha = 20°$ schon Schwierigkeiten macht. Es lassen sich auch Konusverzahnungen und solche mit balligem Profil herstellen.

Die erreichbare Genauigkeit der Verzahnung ist häufig maßgebend, ob das Fertigen durch Kaltwalzen erfolgen soll. Angegeben wird [9.66] für die Summenteilungs-Abweichung 25 bis 40 μm und die Rauhigkeit $R_a = 1{,}0$ μm. Nach [9.110] erreicht man für die Teilung Qualität 7-8 und für die Flankenrichtung Qualität 8-9.

9.4.3.8 *Profil-Querwalzen mit außenverzahnten runden Werkzeugen (Inkremental-, Durchlauf-, Einstech-, Tangentialwalzen)*

Das Kaltwalzen mit Stirnrädern als Walzen hat zur Zeit noch nicht den ausgereiften Fertigungsstand wie das Walzen mit Zahnstangen. Ein Grund mag die relativ kleine Zähnezahl der runden Walzwerkzeuge sein, die es nicht gestattet, auf dem Umfang so viele Zwischenphasen von langsam wachsenden Zahnprofilen unterzubringen wie auf der Zahnstange. Außerdem müssen diese Profile evolventische und nicht gerade Flanken haben. Die gewalzten Räder haben auch keine Satzradeigenschaften und dürfen nicht mit größeren als den Werkzeugwalzrädern gepaart werden.

Im einzelnen gibt es folgende Verfahren: Das Inkremental-Verfahren (ähnlich *Bild 9.45, Teilbild 2*) bildet praktisch das Roto-Flo-Verfahren auf runden Walzwerkzeugen ab. Die beiden äußeren Zahnräder - als Walzen ausgebildete Werkzeuge - können aufgrund der nur allmählich steigenden Zahnkopfhöhen mit ihren dem wälzenden Umformvorgang angepaßten Zahnprofilen qualitativ gute Zahnräder erzeugen, wenn die Einlauf- und Kalibrierzone lang genug ist (kleine Werkraddurchmesser sind günstig). Der Umformvorgang ist nach einer Umdrehung beendet. Die Anwendung dieses Verfahrens erstreckt sich auf die Herstellung von Keilwellen und auch auf das Walzen von Stirnrädern oder das Feinwalzen vorgefräster Zahnräder [9.52].

Beim Einstech-Walzen (auch ähnlich *Bild 9.45, Teilbild 2*) mit symmetrisch ausgebildeten und synchron laufenden Zahnwalzen leitet ihre Achsabstandsverringerung a den Umformvorgang ein, in den beiden vorigen Fällen nur durch die Mitnahme von den Walzen. Es gehört sehr viel Erfahrung dazu, Durchmesser, Werkstoff, Profilform des Werkzeugs und axiale Zustellung so aufeinander abzustim-

men, daß die Zähne des in Spitzen aufgenommenen Rohlings auch in ihren Kopf-
partien voll ausgebildet werden und Flankenform-, Flankenrichtungs- sowie Teilungsabweichung klein bleiben. Wenn es gelingt, die Zahnradqualität (Toleranzklasse) der Zweiflanken-Wälz- und Teilungsabweichung im Bereich n = 7 - 8 zu
halten, sind die erzeugten Zahnräder für Laufverzahnungen geeignet. Herstellbar
sind gerade und schräge Stirnräder, Pfeil-, Bogen- und Novikov-Verzahnungen.
Die Qualitäten von Einzelabweichungen (Teilung, Flankenform, Rundlauf) können
durch Nachwalzen verbessert werden. Das Verfahren ist geeignet für $m \leq 7$ mm
und $d \leq 210$ mm.

Von Tangential-Walzen (ähnlich *Bild 9.45, Teilbild 2*) spricht man, wenn die
beiden Zahnwalzen aufgrund ihrer etwas verschiedenen Winkelgeschwindigkeit
bei festem Achsabstand a den z.B. oben anliegenden Rohling einziehen und umformen. Je kleiner diese Geschwindigkeitsdifferenz ist, um so länger bleibt der
Rohling zwischen den Walzen und wird auch am ganzen Umfang bearbeitet. Zu-
friedenstellend ist das Verfahren [9.52] nur, wenn 3 bis 4 Walzgänge nacheinander
geschaltet werden (h $\leq$ 1,5 m bis h $\leq$ 2,35 m). Es wurden nach diesem Verfahren
Zahnräder mit d = 20 ... 100 mm, m = 0,4 ... 2,0 mm, b = 1,5 ... 10 mm in Ferti-
gungszeiten von 5 s hergestellt. Auftretende Exzentrizitäten vergrößern die Zahn-
radabweichungen, und die erzielbaren Qualitäten erlauben den Zahnradeinsatz nur
für untergeordnete Getriebe.

9.4.3.9   *Profil-Querwalzen mit innenverzahnten runden Walzbacken*

Eine originelle Möglichkeit, durch Kaltwalzen außenverzahnte Stirnräder zu erzeugen, wurde in Polen [9.61] entwickelt. Die Anordnung der beiden Werkzeugbacken mit halbkreisförmig angebrachter Innenverzahnung des Werkzeugrades ist
in *Bild 9.45, Teilbild 3*, dargestellt. Bei der Paarung mit einem innenverzahnten
Rad erhält man große Überdeckungen, so daß häufig 2 Zähne gleichzeitig im Eingriff sind, was für die Kaltverformung vorteilhaft zu sein scheint. Wenn das ge-
walzte Rad größer ist als das zur Erzeugung der Hohlradverzahnung verwendete
Schneidrad, gibt es Interferenz, d.h. Durchdringung mit dem Gegenrad.

9.4.3.10 *Schrägwalzen, kontinuierlich*

Beim Längswalzen wird das Umformwerkzeug – im Gegensatz zum Querwalzen – nicht in Zahnhöhen-Richtung vorgeschoben, sondern – ähnlich sie beim Spanen – in Längs-, also in Zahnflankenrichtung. Der wesentliche Teil der Umform-
bewegung erfolgt jedoch auch hier in Zahnhöhen-Richtung, sei es durch Drehung,
durch Schläge oder durch Oszillation.

9.4.3.11 *Profil-Schrägwalzen mit schneckenförmigen Werkzeugen*
          (Rollmatic)

Das Rollmatic-Verfahren nach MAAG ist eines der wenigen abwälzenden
Walzverfahren mit Verwendung von Walzschnecken. Es vertritt die Verfahren von

Bild 9.5, Zeile 7, zwei in verschiedener Richtung drehende Walzschnecken b (**Bild 9.46**, *Teilbild 1*) dringen von entgegengesetzten Seiten in den Werkrad-Rohling b ein [9.119]. Walzschnecken und Werkrad, zwangläufig und synchron angetrieben, drehen sich so, als würden sie aufeinander abwälzen, ähnlich wie beim Wälzfräsen. Die Neigung der Schneckenachsen zur Werkstückachse ist gleich, aber spiegelbildlich, und zwar so, daß die berührenden Schneckengänge parallel zur Zahnschrägung verlaufen. Bei Schrägverzahnung muß für den axialen

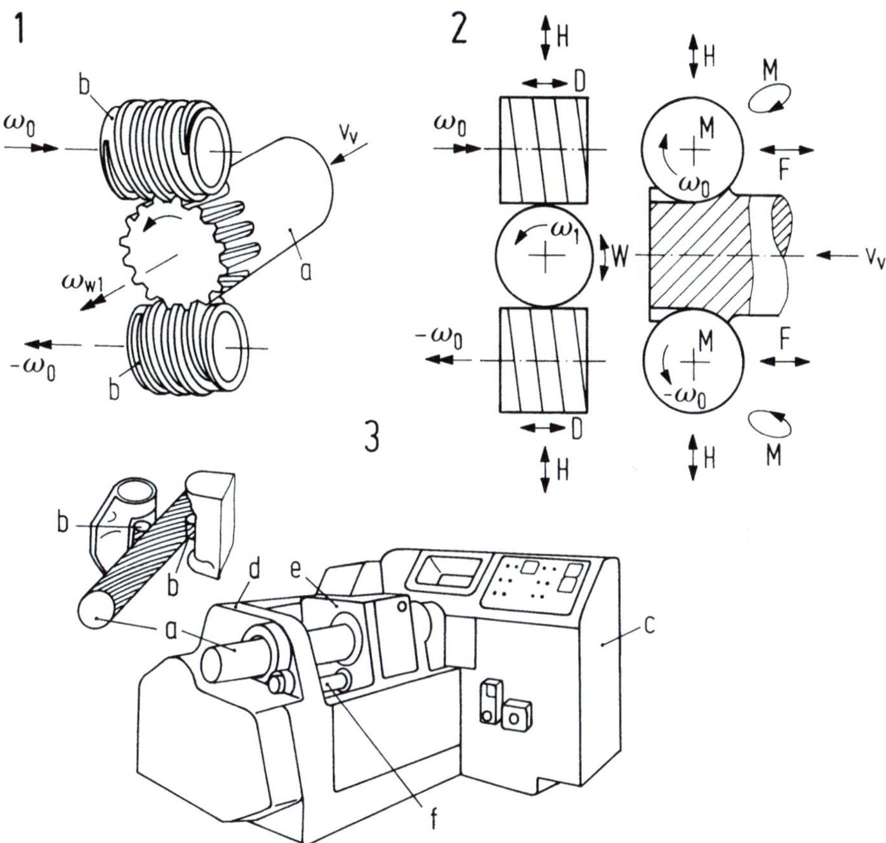

Bild 9.46. Schrägwalzen mit Schneckenwerkzeugen (Rollmatic-Verfahren nach MAAG).

Teilbild 1: Rohling a wird unter radialem Druck in Richtung der Zahnschrägung von den Walzschnecken b durch Umformen verzahnt. Der Schrägungswinkel β der Rohlingsverzahnung entspricht bei zur Achse senkrecht stehenden Walzschnecken dem Neigungswinkel γ des Schneckengewindes. Für andere Schrägungswinkel β müssen die Walzschnecken um den Differenzwinkel $\beta - \gamma$ verstellt werden. Rohling a und Walzschnecken b werden angetrieben, die Relativgeschwindigkeit beim Vorschub korrigiert und durch elektrische bzw. mechanische Kopplung synchronisiert (Abwälzen).
Teilbild 2: Oszillierende Zusatzbewegungen in F- und H-Richtung zur Reibungsverminderung und in D- bzw. W-Richtung zum Ausgleich von Fehlern.
Teilbild 3: Maschine mit Rohling a, Walzschnecken b, Reitstock e und Antriebsspindel f.

Vorschub, wie beim Wälzfräsen, eine Korrektur des Drehzahlverhältnisses erfolgen, siehe *Bild 9.20, Teilbild 2*. Das Walzen erfolgt in mehreren Durchläufen, wobei dann immer weiter zugestellt wird. Um den Umformvorgang zu erleichtern [9.89], wird in Zahnhöhen- (H) und Zahnflanken-Richtung F (*Bild 9.46, Teilbild 2*) eine oszillierende Bewegung überlagert, welche sich zu einer im Gleichlaufvorgang wirkenden flachen Ellipse M zusammensetzt. Zum Fehlerausgleich werden noch in Zahndickenrichtung D an den Schnecken und in Umfangsrichtung am Werkrad hydraulisch Hilfsbewegungen überlagert.

Die Maschine, *Teilbild 3*, ist L-förmig aufgebaut, wobei im Hauptteil c die Schneckenwalzräder b mit Hauptantrieb und Steuerung untergebracht sind, im senkrecht dazu stehenden Teil d ein hydraulisch bewegter Reitstock e zum Fassen, Drehen und Hin- und Herschieben des Rohlings a, eine durchgehende Antriebsspindel f und das Rädergetriebe.

Die Walzschnecken haben einen verhältnismäßig kleinen Durchmesser, um durch die kleinere im Eingriff stehende Fläche die notwendige Walzkraft zu verringern. Es können Zahnräder vom Modul $m = 0,5 \ldots 4$ mm und einem Durchmesser bis zu $d_a = 120$ mm schräggewalzt werden. Herstellbar sind gerade und schräge Außenverzahnungen, auch solche mit großer Zahnbreite auf zylindrischen Wellen. Aufgrund der präzisen Spindellagerung ist es möglich, relativ genaue Verzahnungen zu walzen.

9.4.3.12 Profil-Querwalzen mit Kegel- bzw. Konischen Rädern (Warmwalzen)

Eine weitere Möglichkeit, durch Querwalzen abwälzend Verzahnungen zu erzeugen, ist im Katalog des *Bildes 9.5, Zeile 8*, als Kegelradwalzen angeführt. Auch in diesem Fall - wie in allen anderen abwälzenden Verfahren - realisiert ein Erzeugungsgetriebe den Walzvorgang, wobei *ein* Kegel- oder Konisches Rad das Werkzeug ist und das Gegen-Kegel- oder Gegen-Konische Rad zunächst ein tellerförmiger Rohling, später selber ein Gegenzahnrad ist. Wie bei den Abwälzfräs-, Stoß- und Schälmaschinen muß der synchrone Lauf durch einen mechanischen oder „elektronischen" maschineninternen Getriebezug realisiert werden. Im Fall des Kegel- bzw. Konischem Radwalzens, **Bild 9.47**, *Teilbild 1*, gibt es zwischen Werkzeug b und Werkrad a nur die Übersetzung 1 : 1 und diese kann dann in einfacher Weise durch ein einziges synchronisierendes Zusatzgetriebe, hier durch die Kegelräder d und e realisiert werden. Der Walzvorgang [9.119] beginnt mit dem automatischen Einspannen des Werkstücks a und In-Drehrichtung-Setzen des unteren Synchronrades e. Ein tellerförmiger induktiver Erhitzer (im Bild nicht dargestellt) erwärmt die Oberfläche des Werkstücks bis etwa 1200°, wird dann ausgeschaltet und die obere Spindel, die vorher schon durch einen Anlasser auf Synchrondrehzahl gebracht wurde, abgesenkt und hydraulisch auf das Werkrad gedrückt. Während des Absenkens greifen die Synchronräder ein sowie das Werkzeug, welches den Rohling umformt. Bis die Oberflächentemperatur auf 600° abgesunken ist, läßt man das Werkzeug im Eingriff, um das Werkrad zu kalibrieren.

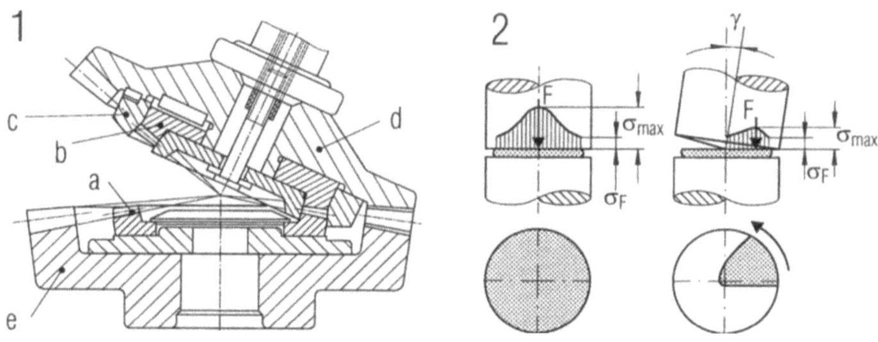

Bild 9.47. Warmwalzen von Tellerkegel- oder Konischen Rädern.

Teilbild 1: Das Werkstück a wird im Teller des unteren Kegelrades e eingesetzt und beim Einschalten der Maschine automatisch eingespannt [9.119]. Das Tellerrad setzt sich in Drehung, ein Induktor (nicht dargestellt) erwärmt den Zahnkranz, während das obere Tellerrad d mit dem Walzradwerkzeug b in das Werkrad a eindringt. Die Kegelräder e und d synchronisieren die Bewegung von Werkstück a und Werkzeug b. Das Teil c ist Begrenzungsring.
Teilbild 2: Prinzip des Taumelpressens (rechts) im Vergleich zum Fließpressen [9.11 ; 9.54]. Kleinerer Kraftaufwand für gleichgroße Fließspannung.

Das Verfahren ist nach [9.119] sehr leistungsfähig mit einem Arbeitszyklus von 1,5 bis 3 Minuten bzw. 15 bis 40 Rädern je Stunde. Als Werkstoff dienen Schmiedestücke, deren Auflageflächen spanend vorgearbeitet sind. Das Walzwerkzeug (hochlegierter Werkzeugstahl) wird gefräst und nach der Wärmebehandlung nicht geschliffen. Im Betrieb wird es zur Verringerung der Reibung mit Graphitschmierstoff übersprüht. Die Anwendung des Verfahrens erfolgt für große Kegel-Tellerräder mit m_{max} = 8 ... 12 mm, d = 100 ... 450 mm, wobei gegenüber gefrästen Rädern zwar erheblich Material eingespart wird (3 - 4 kg/Rad), aber die Verzahnungsabweichungen so groß sind, daß spanend nachgearbeitet werden muß und das wiederum erst nach dem Glühen. Befriedigend erscheint das Verfahren nur, wenn es gelingt, ohne spanende Nacharbeit die erforderliche Toleranzklasse von n = 7 - 8 zu erzielen. Ein weiterer Nachteil ist der durch den erforderlichen Teilkegelwinkel eingegrenzte Anwendungsbereich und die für jede Übersetzung erforderlichen Synchron- und Werkzeugräder.

Wie Teilbild 2 zeigt, ist durch ein taumelndes Obergesenk ein wesentlich geringerer Kraftaufwand notwendig, um die gleiche Fließspannung im Randbereich des Werkstücks zu erzeugen [9.11 ; 9.12].

Die Entwicklung des Taumelpressens wurde in Polen und England begonnen und in der Schweiz zur Fertigungsreife erweitert. Nach König, Leube, Heinze [9.54] läßt es sich auf zylindrische Zahnräder erweitern. Das wäre bei der kurzen Herstellzeit, den guten Oberflächen- und Festigkeitswerten von großer Bedeutung, da die Getriebe zum weitaus größten Teil aus solchen Zahnrädern bestehen.

9.5 Schrifttum

[9.1]   Adams, B.:   Wirtschaftliche Zahnradfertigung durch Präzisionsschmieden. VDI-Z 132 (1990) Nr. 11, S. 92-103

[9.2]   Basstein, G, u.a.:   Tool for producing crown wheel and method for producing such a tool. World Patent (PCT Patent Corporation Treaty), WO 92/09395,1992

[9.3]   Bauriedl, R.:   Hydraulisch Feinscheiden mit modularer Peripherie. Werkstatt und Betrieb 127 (1994) Nr. 7/8, S. S24-S26

[9.4]   Bausch, T.:   Zahnradfertigung, Band 175, Kontakt & Studium, Maschinenbau, Zahnradfertigung. Sindelfingen: expert verlag 1980, 1986,

[9.5]   Bausch, Th.:   Zahnflankenschleifen. Vergleich bekannter Verfahren und Maschinen. In: Moderne Zahnradfertigung Band 175 der Reihe Kontaktstudium, 2. Auflage. Remingen-Malmsheim: Expert-Verlag 1994, S. 351-421

[9.6]   Bausch, Th.:   Verfahren und Maschinen zum Wälzhonen (Schabschleifen). In: Moderne Zahnradfertigung, Band 175 der Reihe Kontaktstudium, 2. Auflage. Remingen-Malmsheim: Expert-Verlag 1994, S. 514-563

[9.7]   Bausch, Th.:   Neue Maschinen zum Profilschleifen von Zahnflanken. In: Moderne Zahnradfertigung, Band 175 der Reihe Kontaktstudium, 2. Auflage. Remingen-Malmsheim: Expert-Verlag 1994, S.466-513

[9.8]   Birzer, F.:   Das Verfahren Feinschneiden. Z. Feintool Information, 1979

[9.9]   Birzer, F.:   Flache oder umgeformte Teile - das know-how steckt im Werkzeug. VDI-Z Spezial Blechbearbeitung 133 (1991) Nr. 6, S. 48-51

[9.10]   Birzer, F.:   Umformen und Feinschneiden senkt die Fertigungskosten. Maschinenmarkt 102 (1996) Nr. 7, S. 24-27

[9.11]   Boetz, V.:   Beispiele wirtschaftlicher Kaltmassivumformung. Verfahrensvorteile nutzen. maschine + werkzeug 91 (1990) Nr. 5, S. 56-61

[9.12]   Boetz, V.:   Kaltumformen durch Taumelpressen. dima 44 (1990) Nr. 12, S. 38-42

[9.13]   Bonetti, G., Capitano, G., Navazio, A., Zingelo, P.:   Wirtschaftliche Vorteile durch Einsatz gesinterter Zahnräder. antriebstechnik 36 (1997) Nr. 6, S. 36-41

[9.14]   Broese, M.:   Trockenwälzfräser mit Hartmetall. Werkstatt und Betrieb 128 (1995) Nr. 9, S. 789-792

[9.15]   Bruias, D., Dräger, H.-J.:   Werkzeuge und Werkzeugmaschinen für die spanende Metallbearbeitung. München, Wien: Hanser-Verlag 1975

[9.16]	Degner, W., Böttger, H.C.:	Handbuch Feinbearbeitung. München, Wien: Hanser-Verlag 1979
[9.17]	Degner, W.:	Handbuch Feinbearbeitung. Wien: Hanser-Verlag 1979
[9.18]	DIN 780:	Modulreihe für Zahnräder, Moduln für Stirnräder, Teil 1. Berlin: Beuth-Verlag, 1977
[9.19]	DIN 8582:	Fertigungsverfahren Umformen. Berlin: Beuth-Verlag 1973
[9.20]	DIN 8583:	Fertigungsverfahren Druckumformen Walzen. Berlin: Beuth-Verlag 1967
[9.21]	DIN 8589/4:	Fertigungsverfahren Spanen, Teil 4: Stoßen. Berlin: Beuth-Verlag, 1982
[9.22]	DIN 8589/5:	Fertigungsverfahren Spanen, Teil 5: Räumen. Berlin: Beuth-Verlag, 1982
[9.23]	DIN 8589:	Fertigungsverfahren Spanen. Berlin: Beuth-Verlag 1982
[9.24]	Doege, E., Behrens, B.A., Rüsch, S.:	Endkonturnahe Fertigung von Schmiedeteilen. wt werkstattstechnik 87 (1997) Nr. 6, S. 315-319
[9.25]	Doege, E., Behrens, B.-A., Wiarda, M.:	Verkürzte Fertigungsketten durch das Präzisionsschmieden von Zahnrädern. Auswirkungen auf die konventionelle Schmiedetechnik. In: Tagungsband 15, Umformtechnisches Kolloquium, Hannover 1996
[9.26]	Dohmann, F., Lüffel, N.:	Kontaktspannungen beim Verzahnungspressen. Umformtechnik 29 (1995) Nr. 1, S. 46-51, und Nr. 3, S. 153-157
[9.27]	Dohmann, F., Traudt, O.:	Herstellen von Stirnrädern durch Präzisionsumformen. Maschinenmarkt 91 (1985) 80, S. 1565-1568
[9.28]	Dohmann, R., Traudt, O.:	Kaltfließpressen von geradverzahnten Werkstücken, Teil 1+2. Z. Draht 36 (1985) 11,37 (1986) 2
[9.29]	Dohmann, R.:	Kaltfließpressen zum Herstellen innenverzahnter Werkstücke. Maschinenmarkt 90 (1964) 45
[9.30]	Dubbel:	Taschenbuch für den Maschinenbau, 16. Auflage. Berlin, Heidelberg, New York: Springer 1987
[9.31]	Dudley D.W., Winter, H.:	Zahnräder. Berlin, Göttingen, Heidelberg: Springer-Verlag 1976
[9.32]	Fässler:	Zahnradhonmaschinen, Außen-, Innenstirnräder, Honen, Feinschneiden. Prospekt EMO 97 Werkzeugmaschinenmesse Hannover 1997
[9.33]	Fässler:	Abrichtvorrichtungen für Honsteine. Firmenprospekt EMO Werkzeugmaschinenmesse Hannover 1997
[9.34]	Faulstich, J.:	Zur Entstehung von Verzahnungsabweichungen spanend bearbeiteter Zylinderräder. In: Moderne Zahnradfertigung, Band 175 der Reihe Kontaktstudium, 2. Auflage, Remingen-Malmsheim: Expert-Verlag 1994, S. 1-18

[9.35] Faulstich, J.:   Schälwälzfräsen gehärteter Zylinderräder. In: Moderne Zahn-
                            radfertigung, Band 175 der Reihe Kontaktstudium, 2. Auflage,
                            Remingen-Malmsheim: Expert-Verlag 1994, S. 283-297

[9.36] Felten, K.:   Wälzstoßen mit 3000 Doppelhüben pro Minute. Ein wirt-
                            schaftliches Massenproduktionsverfahren für Verzahnteile.
                            dima 49 (1995) Nr. 3, S. 28-32

[9.37] Gleason-Hurth: Schabmaschinen sowie Zahnkorrektur durch Schaben. Pro-
                            spekte EMO Werkzeugmaschinenmesse Hannover 1997

[9.38] Gleason-Hurth: Zahnradhonmaschinen. Firmenprospekte EMO Werkzeugma-
                            schinenmesse Hannover 1997

[9.39] Gleason-Pfauter: CNC-Wälzschälmaschine. Prospekt EMO 97, Werkzeugma-
                            schinenmesse, Hannover 1997

[9.40] Gorzel, R.:   5. Schleiftechnische Fachtagung - Teilgebiet „Verzahnen"
                            dima 49 (1995) Nr. 5, S. 77-79

[9.41] Grob: Firmenprospekt über Kaltwalzmaschinen nach dem Grob-Ver-
                            fahren. Werkzeugmaschinen-Messe EMO, Hannover 1997.

[9.42] Haack, J.:   Feinschneiden. Handbuch für die Praxis. Lyss/ Schweiz:
                            Feintool AG 1970

[9.43] Hiroo, Y.,   Spherical Hob for internal gears. Proceedings of ISME Inter-
        Ainoura, M.:   national Conference on Motion and Powertransmissions 1991,
                            pp. 305-310

[9.44] Höhn, B.-R.:   Zukunft mit Antriebssystemtechnik. VDI-Z Spezial Antriebs-
                            technik, April 1995

[9.45] Hurth: Schaben, Vorschubprinzipe, Werkzeuge. Prospekt EMO 85,
                            Werkzeugmaschinenmesse, Hannover 1985

[9.46] Hurth: Prospekt über Zahnrad-Hartschaben, Maschinen ZHS 350

[9.47] Kerbusch, K.:   Instandsetzung von Räumwerkzeugen. Z. Industrielle Ferti-
                            gung 70 (1980) 5

[9.48] Klingelnberg: Verzahnwerkzeuge, Hart-, Schälwälzfräser, Prospekt EMO 97,
                            Werkzeugmaschinenmesse Hannover 1997

[9.49] Klocke, F.,   Trockenzerspanen. Eine Forderung der metallbearbeitenden
        König, W.,   Industrie und Möglichkeiten sie zu erfüllen. VDI-Z (1995) Nr.
        Lung, D.,   3/4, S. 38-42
        Gerschwiter, K.:

[9.50] Klocke, K.,   Hartfeinbearbeitung mit beschichteten Hartmetallen. VDI-Z
        König, W.,   137 (1995) Nr. 3/4, S. 50-57
        Vüllers, M.:

[9.51] Koepfer, T.,   Zahnräder hart schälwälzfräsen. Werkstatt und Betrieb 127
        Porschmann, H.:   (1993) Nr. 5, S. 374-377

[9.52] Komarow, S.M.   Herstellung von Verzahnungen durch Kaltwalzen. Maschi-
        und Mitarbeiter: nenmarkt 33 (1984) Nr. 41, S. 48

[9.53] König, M,   Der Aufwand bei der Verzahnungsherstellung ist entschei-
        Weck, H.:   dend, Kaltwalzen von Zylinderrädern aus dem Vollen. Indu-
                            strieanzeiger 104 (1982) Nr. 36, S. 29-34

[9.54] König, W.,   Taumelpressen von geradverzahnten Zylinderrädern. Industrie
        Leube, H.,   Anzeiger
        Heinze, R.:

[9.55] König, W.,   Das Räumen als Vor- und Fertigbearbeitungsverfahren für
        Mages, W.:   hochgenaue Laufverzahnungen. VDI-Z Band 118 (1976) Nr.
                            10, S. 451-500

[9.56] König, W.,   Kühlstofffreie Zahnradfertigung. Die Produktion umwelt-
        Pfeiffer, K.,   freundlicher gestalten. Industrie-Anzeiger 113 (1991) Nr. 94,
        Knöppel, D.:   S. 23-26

[9.57] König, W.,   Herstellung und Tragfähigkeit kaltgewalzter Geradzahnräder
        Weck, M.,   aus Vergütungsstahl. VDI-Z 127 (1985) Nr. 13, S. 481-485
        Bartsch, G.:

[9.58] König, W.,   Kaltwalzen von Zylinderrädern aus dem Vollen. Industrie An-
        Weck, M.,   zeiger 104 (1985) Nr. 36, S. 29-34
        Goebbelet, J.,
        Bartsch, G.:

[9.59] König, W.,   Kaltgewalzte und spanend gefertigte Zahnräder, ein Tragfä-
        Weck, M.,   higkeitsvergleich. Industrie-Anzeiger 91 (1986) S. 31-35
        Leube, H.,
        Bartsch, G.:

[9.60] König, W.:   Fertigungsverfahren, Bd. 4 Massivumformung. Reihe Studium
                            und Praxis. 3. Auflage, Düsseldorf: VDI-Verlag 1992

[9.61] Kopocz, Z.,   Profilwalzmaschine zum Kaltwalzen von Evolventen-
        Debinski, S.:   Verzahnungen. Z. DVI 119 (1977) Nr. 8

[9.62] Krapfenbauer, H.:   Neue Gesichtspunkte für die Fertigung von Stirnradzahnrä-
                            dern durch Kaltwalzen. Z. für wirtschaftliche Fertigung 79
                            (1984) H. 9

[9.63] Krapfenbauer, H.:   Neue Einsatzmöglichkeiten des Kaltwalzens dank CNC-
                            Technik. Sonderteil aus Hanser-Fachzeitschrift. München:
                            Hanser-Verlag 1989

[9.64] Krapfenbauer, H.:   Umformen statt Zerspanen. Aus Übersicht „Kaltwalzen". In-
                            dustrieanzeiger 105 (1983) Nr. 41, S. 48-53

[9.65] Krehl, M.,   Urformen. Sinterteile einbaufertig. ZwF 89 (1994) Nr. 4, S.
        Schwarze, R.:   ZM35-ZM37

[9.66] Kreissig, B.:   Kaltwalzen von Verzahnungen mit dem RotoFlo-Verfahren.
                            dima 9 (1983) S. 18-22

[9.67] Krumme, W.:   Praktische Verzahnungstechnik. München: Hanser-Verlag
                            1969

[9.68] Laser: fertigt Mikrozahnräder. Werkstatt und Betrieb 129 (1996) Nr.
                            4, S. LS38

[9.69]   Lehmann, L.,   Job-Shopper-Application. CAD für Wasserschneiden. Kurze
         Frank, J.:   Durchlaufzeiten durch Verfahrensintegration. KEM 31 (1994)
                             Nr. 8, S. 111-112

[9.70]   Liebherr-Lorenz: Stoß-Wälzfräsmaschinen. Prospekte EMO Werkzeugmaschi-
                             nenmesse Hannover 1997

[9.71]   Lindner, H.:   Präzisionsschmieden. Sonderdruck Zeitschrift "Werkstatt und
                             Betrieb". München, Hanser-Verlag 1983

[9.72]   Looman, J.:   Zahnradgetriebe. Grundlagen, Konstruktionen, Anwendungen
                             in Fahrzeugen. 3. Auflage 1996. Berlin, Heidelberg, New
                             York: Springer 1996

[9.73]   Lorenz: Verzahnwerkzeuge. Ettlingen 1977

[9.74]   Lorenz: Schabmaschinen für Tauchschaben. Prospekte EMO Werk-
                             zeugmaschinenmesse Hannover 1997

[9.75]   Lorincz, J. A.:   Broaching fives up competition. Tooling and Production 58
                             (1992) Nr. 7, S. 28-30

[9.76]   MAAG: K-Methode-Schleifen. Werbeprospekt, EMO 85, Werkzeug-
                             maschinenmesse Hannover 1985

[9.77]   Mages, W.:   Präzisionsschmieden. Z. Industrielle Fertigung 69 (1979)
                             Nr. 9, S. 541-548

[9.78]   Mages, W.:   Präzisionsschmieden - eine Alternative zu spanabhebenden
                             und abtragenden Fertigungsverfahren. Institut für Umform-
                             technik, Stuttgart 1981

[9.79]   Malle, K.:   Erodiertechnik: Automatisierungsgrad und Qualität bestim-
                             men Wettbewerbskraft. VDI-Z 137 (1995) Nr. 9, S. 16-17

[9.80]   Meier, R.:   Präzisions- und Pulverschmieden, Sonderdruck Zeitschrift
                             Werkstatt

[9.81]   Meier, R.:   Präzisions- und Pulverschmieden von Verzahnungen. Zeit-
                             schrift "Die Maschine" 4/81 (140) 31

[9.82]   Merkel, F.:   Profilschliff: Vielfältige Einsatzfelder. Fast nichts ist unmög-
                             lich. Industrie-Anzeiger 115 (1993) Nr. 24, S. 52-56

[9.83]   Miller, E.W.:   Hob for generating crown gears. USA Patent 2304586.08
                             Dez. 1942

[9.84]   Moderne: Feinschneidtechnik. mav 23 (1995) Nr. 9, S. 86-87

[9.85]   Niederberger, K., Schneidelixier. Laserschneiden ohne Oxidschicht. Werkstatt
         Hermann, J.:   und Betrieb 127 (1995) Nr. 6, S. LS 44

[9.86]   Niemann, G.,   Maschinenelemente, 2. Auflage, Band II: Getriebe allgemein,
         Winter, H.:   Zahnradgetriebe-Grundlagen, Stirnradgetriebe. Berlin, Hei-
                             delberg, New York: Springer, 1983

[9.87]   Niemann, G.,   Maschinenelemente, 2. Auflage, Band III: Schraubrad-, Ke-
         Winter, H.:   gelrad-, Schnecken-, Ketten-, Riemen-, Reibradgetriebe,
                             Kupplungen, Bremsen, Freiläufe. Berlin, Heidelberg, New
                             York: Springer, 1983

[9.88]   Ophey, L.:   Hochleistungswälzfräsen ohne Kühlschmierstoffe. Werkstatt und Betrieb 127 (1994) Nr. 5, S. 362-268

[9.89]   Opitz, F.:   Handbuch Verzahntechnik. Berlin: VEB-Verlag, 1971

[9.90]   Pfauter: 20 Jahre CNC-Verzahntechnik. dima 49 (1995) Nr. 5, S. 21

[9.91]   Pfauter: Wälzfräsen. Berlin, Heidelberg, New York: Springer 1976.

[9.92]   Pischel, H.:   Optimale Werkstoffnutzung durch Sinter- und Kaltfließpressen. Werkstatt und Betrieb 126 (1993) Nr. 5, S. 269-273

[9.93]   Pischel, H.:   Sinterpressen noch vorteilhafter. Werkstatt und Betrieb 127 (1994) Nr. 5, S. 406-411

[9.94]   Reichenbach, M.: Mikrosystemtechnik schafft den Weg aus dem Labor. Z. antriebstechnik 35 (1996) Nr. 5, S. 36-38

[9.95]   Rohmert, J.:   Verzahnen. VDI-Z 137 (1995) Nr. 11/12, S. 41-47

[9.96]   Roth, K.,   Verfahren und Werkzeug zur Herstellung von Kronenrädern.
         Brugger, W.:   Österreichische Patentanmeldung, AZ. P40420, 10.09.1993

[9.97]   Roth, K.,   Evolventenverzahnungen mit extremen Eigenschaften, Teil V:
         Tsai, S.-J.:   Torusverzahnungen für Achswinkeländerungen im Lauf. Z. antriebstechnik 36 (1997) Nr. 3, S. 82-90

[9.98]   Roth, K.:   Konstruieren mit Konstruktionskatalogen, 2. Auflage, Band I: Konstruktionslehre. Berlin, Heidelberg, New York: Springer, 1994

[9.99]   Roth, K.:   Konstruieren mit Konstruktionskatalogen, 2. Auflage, Band II: Konstruktionskataloge. Berlin, Heidelberg, New York: Springer, 1994

[9.100] Roth, K.:   Konstruieren mit Konstruktionskatalogen, 2. Auflage, Band III: Verbindungen und Verschlüsse. Berlin, Heidelberg, New York: Springer, 1996

[9.101] Roth, K.:   Zahnradtechnik, Band I: Stirnradverzahnungen. Geometrische Grundlagen. Berlin, Heidelberg, New York: Springer, 1989

[9.102] Roth, K.:   Zahnradtechnik, Band II: Stirnradverzahnungen - Profilverschiebungen, Toleranzen, Festigkeit. Berlin, Heidelberg, New York: Springer, 1989

[9.103] Roth, K.:   Evolventenverzahnungen mit extremen Eigenschaften, Teil I: Übersicht über bisherige Erzeugungsverfahren. Z. antriebstechnik 35 (1996) Nr. 6, S. 49-53

[9.104] Schäckle, R.:   Hartbearbeitung von Zahnrädern - kostenoptimale Varianten. In: International Conference on Gears. VDI-Berichte 1230. Düsseldorf: VDI-Verlag 1996, S. 545-564

[9.105] Schekulin, K.:   Technologie und Anwendung des CNC-gesteuerten Laserstrahl-Schneidens. tz für Metallbearbeitung 76 (1982) Heft 8

[9.106] Schiefer, H.:   Zahnflanken-Feinbearbeitung für Großserienfertigung. Werkstatt und Betrieb 126 (1993) Nr. 7, S. 411-415

[9.107] Schmieden: schrägverzahnter Zahnräder. Maschinenmarkt 101 (1995)
                                 Nr. 39, S. 37

[9.108] Schmoeckel, D.,   Verzahnen durch Umformen. Werkstatt und Betrieb 113
         Eichner, K.W.,   (1980) Nr. 9, S. 619-627
         Neff, F.J.:

[9.109] Schmoeckel, D.,   Urformen und Umformen von Zahnrädern. Werkstatt und Be-
         Kübert, M.:   trieb 115 (1982) Nr. 6, S. 405-411

[9.110] Schmoeckel, D.:   Kaltwalzen von Verzahnungen durch Querwalzen. Bericht aus
                                 dem Institut für Umformtechnik, Stuttgart 1983

[9.111] Schumann, R.:   Präzisionsschmieden von Zahnrädern. Z. antriebstechnik 22
                                 (1983) Nr. 7, S. 15-17

[9.112] Seherr-Thoss: Die Entwicklung der Zahnradtechnik. Berlin, Heidelberg,
                                 New York: Springer, 1965

[9.113] Sharpsteen, J.:   Photochemical Machining of Gears. Machine Design, March
                                 1981, pp. 107-111

[9.114] Sinterverfahren: als kostengünstige Alternative. KEM 34 (1997) Nr. 6, S. 144

[9.115] Sulzer, G.:   Gehärtete Zahnflanken mit CBN-Wälzschleifen. In: Moderne
                                 Zahnradfertigung Band 175 der Reihe Kontaktstudium, 2.
                                 Auflage. Remingen-Malmsheim: Expert-Verlag 1994, S. 437-
                                 465

[9.116] Thomas, A.K.:   Zahnradherstellung, Teil 1: Stirnräder, Schneckenantriebe.
                                 München: Hanser-Verlag 1965

[9.117] Trapp, H.-J.:   Analyse von Diagrammen der Zweiflanken-Wälzprüfung
                                 evolventischer Zahnräder mit Hilfe der rechnerischen Simula-
                                 tion des Wälzvorganges. Dissertation TU Braunschweig, 1975

[9.118] Tsai. S.-J.:   Vereinheitlichtes System evolventischer Zahnräder - Ausle-
                                 gung von zylindrischen, Konischen und Torusrädern. Disser-
                                 tation TU Braunschweig, 1997

[9.119] Turno, A.,   Spanlose Herstellung von Zahnrädern und verzahnten Werk-
         Romanowski, M.,   stücken. Reihe Stand der Technik. Düsseldorf: VDI-Verlag
         Olszewski, M.:   1971

[9.120] VDI 3345:   Richtlinie Feinschneiden. Düsseldorf: VDI-Verlag, 1980

[9.121] Victor, H.,   Spanende Fertigungsverfahren II, Teil 7: Verzahnverfahren.
         Müller, M.,   Profil- und Wälzverfahren. wt-z und Fertigung 72(82), Nr. 11,
         Opferkuch, R.:   S. 651-656

[9.122] Vüllers, M.:   Beschichtete Hartmetalle bei der Fertigung gehärteter Verzah-
                                 nungen. wt-Produktion und Management 85 (1995) Nr. 9, S.
                                 789-792

[9.123] Weber, M.:   Automobilgetriebe / Lebensdauer von den Materialeigen-
                                 schaften abhängig. Immer mehr Bauteile in Sintertechnik.
                                 Handelsblatt 44 (1991) Nr. 175, S. 25 (Technische Linie +
                                 Pulvermetallurgie)

[9.124] Weck, M.:   Werkzeugmaschinen, Band 1. Düsseldorf: VDI-Verlag 1988

[9.125] Werner, P.G.:   Entwicklungstand und Anwendung beim High-Efficiency-Deep-Ginding, HEDG - ein neues Verfahren im Bereich des Hochleistungsschleifens. wt-Produktion und Management 84 (1994) Nr. 7/8, S. 320-324

[9.126] Zahnflanken-   jetzt viel schneller. Z. antriebstechnik 32 (1993) Nr. 2, S. 46
         schleifen:

[9.127] Zeile, H.:   Kolloquium Räumen, Karlsruhe. tz für Metallbearbeitung 73 (79) H. 10, S. 34-37

[9.128] ZF-Information: Zahnradfertigungs-Beispiele. Wälzfräsen, Wälzstoßen, Wälzschleifen, Formschneidverfahren. Einführung in die Zahnradkunde F 11/6 675 004

[9.129] Krapfenbauer, H.: Kaltwalzen eng tolerierter Verzahnungen. Werkstatt und Betrieb 111 (1978) 10, S. 657-661

10 Kurzzeichen und Indizes

Deutsches Alphabet
Kleinbuchstaben

a	Achsabstand eines Stirnradpaares
a	Achsversetzung eines Konischen (Kronen)-Zahnrad-paares
a_d	Null-Achsabstand (Summe der Teilkreishalbmesser)
a_v	Verschiebungs-Achsabstand (allgemein)
a_w	Betriebsachsabstand, allgemein
a_{wt}	Betriebsachsabstand im Stirnschnitt
b	Zahnbreite
b	Gemeinsame Radbreite
b	Beschleunigung
b_0	Siehe b_G
$b_{0K\sigma}$	Siehe b_S
b_a	Kopfbreite
b_f	Fußbreite
b_G	Größenfaktor
b_S	Oberflächenfaktor
b_{tr}	Tragende Zahnbreite
c	Kopfspiel
c	Verkürzungsfaktor für die Eingriffsstrecke
c'	Einzelfedersteifigkeit
c^*	Kopfspielfaktor
c_H	Federsteifigkeit für Abplattung
c_i	Zahnfedersteifigkeit
c_P	Kopfspiel am Werkstück-bezugsprofil
c_P^*	Kopfspielfaktor am Bezugsprofil
c_{soll}	Sollkopfspiel
c_{soll}^*	Sollkopfspielfaktor
c_z	Federsteifigkeit für Zahnbiegung
c_{zR}	Federsteifigkeit für Radkörperdeformation
d	Teilkreisdurchmesser
d_a	Kopfkreisdurchmesser
d_b	Grundkreisdurchmesser
d_{b0}	Schneidrad-Grundkreisdurchmesser
d_f	Fußkreisdurchmesser
d_n	Ersatz-Teilkreisdurchmesser
d_p	Teilkreisdurchmesser auch d
d_w	Wälzkreisdurchmesser

d_y	Y-Kreis-Durchmesser
d^*	Geometrischer Mittelwert des Nennmaßbereichs
e	Lückenweite auf dem Teilzylinder
e_f	Zahnfußlückenweite
e_{fmin}	Mindestzahnfußlückenweite
e_P	Lückenweite des Stirnrad-Bezugsprofils
f	Einzelabweichung
f_{fa}	Profil-Formabweichung
f_i'	Einflankenwälzsprung
g	Eingriffsstrecke
g_α	Länge der Profileingriffsstrecke
g_β	Länge der Sprungeingriffsstrecke
g_γ	Länge der Steigungseingriffsstrecke
g_{cl}	Linke Flankenwälzlänge
g_{cr}	Rechte Flankenwälzlänge
g_f	Länge der Eintritt-Eingriffsstrecke
h	Zahnhöhe (zwischen Kopf- und Fußlinie)
h^*	Zahnhöhenfaktor h/m_n
h_a	Zahnkopfhöhe
h_{an}	Zahnkopfhöhe des Normalprofils
h_{aP}^*	Zahnhöhenfaktor h/m_n
h_{aP0}	Zahnkopfhöhe des Werkzeug-Bezugsprofils
h_{at}	Zahnkopfhöhe des Stirnprofils
h_f	Zahnfußhöhe
h_F	Biegehebelarm für Zahnfußspannung
h_{FfP}	Fuß-Formhöhe des Stirnrad-Bezugsprofils
h_{fP}	Zahnfußhöhe am Werkstückbezugsprofil
h_{fP}^*	Zahnfußhöhenfaktor
h_N	Nutzbare Zahnhöhe
h_{NfP}	Nutzbare Zahnfußhöhe am Bezugsprofil
h_{NfP}^*	Nutzbarer Zahnfußhöhenfaktor
h_P	Zahnhöhe des Bezugsprofils
h_{PG}^*	Größter Zahnkopf- zu Zahnfußnutzhöhenfaktor am Bezugsprofil einer Stirnradpaarung
h_{PK}^*	Kleinster Zahnkopf- zu Zahnfußnutzhöhenfaktor am Bezugsprofil einer Stirnradpaarung
h_{Pmax}^*	Größter Zahnkopf- zu Zahnfußnutzhöhenfaktor am Bezugsprofil eines Rades
h_{Pmin}^*	Kleinster Zahnkopf- zu Zahnfußnutzhöhenfaktor am Bezugsprofil eines Rades
h_{PS}^*	Zahnkopf- zu Zahnfußnutzhöhenfaktor am symmetrischen Bezugsprofil einer Stirnradpaarung
h_w	Gemeinsame Zahnhöhe eines Stirnradpaares

h_{wP}	Gemeinsame Zahnhöhe von Bezugsprofil und Gegenprofil		p_b	Teilung auf dem Grundzylinder (Grundkreisteilung)
i	Übersetzung		p_e	Eingriffsteilung
i	Übertragungsverhältnis		p_t	Stirnteilung, Teilkreisteilung
i	Variable zur Kennzeichnung der Eingriffsbereiche		p_w	Wälzkreisteilung
i_{max}	Größtwert der Eingriffsbereichsvariablen		q	Nachgiebigkeit
i_{min}	Kleinstwert der Eingriffsbereichsvariablen		q	Vorzeichen-Variable für Stirnradverzahnung
j	Flankenspiel		$\mathbf{r}$	Ortsvektor
j_t	Drehflankenspiel		r	Teilkreishalbmesser
k	Kopfhöhenänderung		r_a	Kopfkreishalbmesser
l	Wirksame Radbreite		r_a'	Kopfkreishalbmesser (um das Sollkopfspiel) vergrößert
l_p	Zahnlücken-Halbweite der linken Bezugsprofilflanke		r_a''	Kopfkreishalbmesser (durch Kopfkürzung) reduziert
m	Modul (Durchmesserteilung)		r_{aG}	Größtkopfkreishalbmesser
m_n	Normalmodul		r_{aK}	Kleinstkopfkreishalbmesser
m_t	Stirnmodul		r_{amin}	Mindestkopfkreishalbmesser
m_T	Modul beim Toruswinkel (Torusverzahnung)		r_{at}	Kopfkreishalbmesser im Stirnschnitt
n	Drehzahl (Drehfrequenz)		r_b	Grundkreishalbmesser, Grundzylinderhalbmesser
n	Getriebestufenzahl		r_{bt}	Grundkreishalbmesser im Stirnschnitt
n	Toleranzklasse (Qualität)		r_f	Fußkreishalbmesser
n_κ	Stützziffer		r_{Fa}	Kopf-Formkreishalbmesser
$n(\varphi)$	Zahnrad-Berührnormalenlänge		r_{fa}	Aktiver Fußkreishalbmesser
$n(x)$	Bezugsprofil-Berührnormalenlänge		r_{fB}	Berührkreisradius zur Fußanschlußkurve
p	Teilung auf dem Teilzylinder			

r_{Ff}	Fuß-Formkreishalbmesser
r_{kbf}	Kreishalbmesser eines vorgebbaren Fußprofilkreisbogens
r_M	Radius zu den Mittelpunkten der Fußanschlußkurve
r_{Nf}	Nutzbarer Fußkreishalbmesser (nach DIN 3960)
r_p	Teilkreishalbmesser (auch ohne Index)
r_t	Teilkreishalbmesser im Stirnschnitt
r_u	Unterschnittradius
r_v	V-Kopfkreisradius
r_w	Wälzkreishalbmesser, Betriebswälzkreishalbmesser
r_y	Y-Kreis-Halbmesser
$_0\mathbf{r}_1$	Ortsvektor 1, dargestellt im System 0
s	Zahndicke am Teilkreis, Verschiebung
s	Bogenlänge der Evolvente
s	Materialstärke
s_a	Zahndicke auf dem Kopfzylinder
s_a	Axialer Vorschub
s_a'	Zahndicke am vergrößerten Kopfkreis
$s_{a\,min}$	Mindestzahnkopfdicke
s_{an}	Zahnkopfdicke im Normalschnitt
s_{at}	Zahnkopfdicke im Stirnschnitt
$s_a^*{}_{vor}$	Mindestzahnkopfdickenfaktor
s_b	Grundzahndicke (auf dem Grundzylinder)
sch	Schmiegung zwischen den Profilflanken im Berührpunkt
s_m	Mittlere Materialstärke
s_r	Radialer Vorschub
s_t	Tangentialer Vorschub
s_w	Zahndicke auf dem Wälzzylinder (Betriebswälzkreis)
s_w	Wälzvorschub
$s_{w\,opt}$	Tragfähigste Zahndicke am Betriebswälzkreis
s_{wG}	Größtzahndicke am Betriebswälzkreis
s_{wK}	Kleinstzahndicke am Betriebswälzkreis
s_y	Zahndicke am Y-Kreis
s_P	Zahndicke des Stirnrad-Bezugsprofils
$\bar{s}_\delta$	Einspannstelle des Zahnes
$\bar{s}_{20}$	Zahndickensehne im Zahnfuß mit 20°-Tangenten
$\bar{s}_{30}$	Zahndickensehne im Zahnfuß mit 30°-Tangenten
t	Wirksame Tiefe
t_P	Zahndicken-Halbweite der linken Bezugsprofilflanke
u	Zähnezahlverhältnis
v	Lineare Geschwindigkeit
v_g	Gleitgeschwindigkeit

v_{ga}	Gleitgeschwindigkeit am Zahnkopf
v_{gf}	Gleitgeschwindigkeit am Zahnfuß
v_k	Konturgeschwindigkeit
v_n	Geschwindigkeit normal zur Berührungstangente
v_n	Normalgeschwindigkeit
v_r	Geschwindigkeit in Richtung der Berührungstangente
v_{SK}	statische Kerbstützziffer
v_t	Tangentialgeschwindigkeit, Umfangsgeschwindigkeit
v_y	Absolutgeschwindigkeit eines beliebigen Profilpunktes
w_{al}	Linke Kopfüberlaufweite
w_{ar}	Rechte Kopfüberlaufweite
w_{fl}	Linke Fußüberlaufweite
w_{fr}	Rechte Fußüberlaufweite
x	Koordinatengröße
x	Profilverschiebungsfaktor
x	Laufvariable im Stirnrad-Bezugsprofil zur Wälzpunktposition
x_a	Profilverschiebungsfaktor für die Umlenkachse der Torusradverzahnung
x_n	Profilverschiebungsfaktor für Normalschnitt
x_s	Profilverschiebungsfaktor für die Spitzengrenze
x_t	Profilverschiebungsfaktor für den Stirnschnitt

y	Koordinatengröße
y_δ	Abstand Einspannstelle des Zahnes (Lastverteilung) / Radmittelpunkt
y_{20}	Abstand Zahnfuß (20° Tangente) / Radmittelpunkt
z	Koordinatengröße
z	Zähnezahl
z	Zähnezahl (des Grundzahnrades)
$z_{(t)}$	Zähnezahl des treibenden Rades
z_a	Zähnezahl des treibenden Rades
z_b	Zähnezahl des getriebenen Rades
z_i	Zähnezahl (des Gegenzahnrades)
z_n	Zähnezahl im Normalschnitt

Deutsches Alphabet
Großbuchstaben

A	Anfangspunkt des Eingriffs
A	Achse, Schraubungsträger
A_U	Umlenkachse für Torusrad
B	Innerer Einzeleingriffspunkt am treibenden Rad
B'	Innerer Mindesteintrittseingriffspunkt
C	Wälzpunkt, Wälzachse
C_a	Außen-Teilkegellängenfaktor für die Spitzengrenze
C_b	Zahnbreitenfaktor für die maximal zulässige Zahnbreite

C_i	Innen-Teilkegellängenfaktor für die Unterschnittgrenze
D	Äußerer Einzeleingriffspunkt am treibenden Rad
D	Einbauabstand für die Paarung mit zwei Konuszahnrädern
D'	Innerer Mindestaustrittseingriffspunkt
E	Endpunkt des Eingriffs, Austritteingriffspunkt
E	Elastizitätsmodul
F	Zahnkraft am Teilkreis, Einzellast
F	Kraft
F_a	Axialkraft an der Zahnflanke
F_b	Umfangskraft am Grundzylinder
F_{bt}	Zahnkraft am Grundkreis im Stirnschnitt
F_i	Zahnnormalkraft im Eingriffsbereich i
F_L	Linksflanke eines Zahnrades
F_N	Normalkraft an der Zahnflanke
F_n	Normalkraft
F_R	Reibkraft
F_r	Radialkraft an der Zahnflanke
F_R	Rechtsflanke eines Zahnrades
F_r	Radialkraft
F_t	Nenn-Umfangskraft an der Zahnflanke
F_u	Umfangskraft

G	Grenzpunkt, Ursprungspunkt der Evolvente
G	Profilkonturpunkt des Fußgrundes
GEH	Gestaltänderungsenergiehypothese
IAE, IAF, IAR	Abkürzungen für Teilintegrale
IBE, IBF, IBR	Abkürzungen für Teilintegrale
J	Flächenträgheitsmoment
K	Krümmung der Profilflanke im Berührpunkt
K_A	Anwendungsfaktor
K_g	Gleitfaktor
K_V	Dynamikfaktor
L	Lenker
L	Abstand für Definition der Koordinatensysteme
LPA	Stirnradpaarung siehe Kap. 2
LPB	Stirnradpaarung siehe Kap. 2
M	Drehmoment
M	Biegemoment
M	Moment
$M_{\sigma FP}$	Drehmoment aufgrund zulässiger Zahnfußbeanspruchung
$M_{\sigma HP}$	Drehmoment aufgrund zulässiger Hertz'scher Pressung
M^*	Spezifisches Moment
M_{an}	Antriebsmoment

$M_{an,F}$	Übertragbares Antriebsmoment aufgrund der Fußtragfähigkeit
$M_{an,H}$	Übertragbares Antriebsmoment aufgrund der Flankentragfähigkeit
M_b	Biegemoment
M_t	(Torsions-)Drehmoment
N	Normalkraft
NH	Normalspannungshypothese
O	Drehachse (Radmittelpunkt), Kreismittelpunkt, Koordinatenursprung, Kreismittelpunkt
P	Leistung
PP	Profilbezugslinie
Q	Querkraft
R	Rotationsmatrix für Koordinatentransformation eines Punktes
R	Teilkegellänge des Konischen Zahnrades
R_a	Außen-Teilkegellänge des Konischen Zahnrades
R_e	Streckgrenze
R_i	Innen-Teilkegellänge des Konischen Zahnrades
R_m	Zugfestigkeit
R_m	Mittlere Teilkegellänge
$R_{P0,2}$	Dehngrenze
S	Schwindung
S	Koordinatensystem
S	Profilkonturpunkt der Kopfspitze
S_F	Mindestsicherheitsfaktor bezüglich Fußtragfähigkeit
S_H	Mindestsicherheitsfaktor bezüglich Flankentragfähigkeit
S_M	Statisches Moment
T	Berührpunkt der Tangente am Grundkreis
T_a	Achsabstandstoleranz
U	Evolventenursprungspunkt
Y	Zusammenfassung aller Faktoren
Y	Beliebiger Punkt auf einer Zahnrad-Profilflanke
Y_β	Schrägenfaktor (Fuß)
Y_ε	Überdeckungsfaktor (Fuß)
Y_{Fn}	Zahnfußkorrekturfaktor
Y_P	Beliebiger Punkt auf einer Flankenkontur des Stirnrad-Bezugsprofils
Y_{Sa}	Spannungskorrekturfaktor
Z_β	Schrägenfaktor
Z_ε	Überdeckungsfaktor
Z_E	Elastizitätsfaktor
Z_H	Zonenfaktor
Z_L	Schmierstofffaktor
Z_N	Lebensdauerfaktor
Z_{opt}	Tragfähigste Zähnezahl
Z_R	Rauheitsfaktor
Z_v	Geschwindigkeitsfaktor
Z_W	Werkstoffpaarungsfaktor

Z_X	Größenfaktor		α_{Kb}	Formzahl für Biegebeanspruchung

Griechisches Alphabet
Kleinbuchstaben

α	Eingriffswinkel am Teilkreis, Profilwinkel
α	Profilsteigungswinkel
α_a	Eingriffswinkel am Kopfkreis
α_{aK}	Eingriffswinkel am Kleinstkopfkreis
α_{at}	Eingriffswinkel im Stirnschnitt am Kopfkreis
α_n	Eingriffswinkel in Normalrichtung
α_f	Eingriffswinkel am Fußkreis
α_{Nf}	Eingriffswinkel am nutzbaren Fußkreis
α_o	Obere Integrationsgrenze, Anstrengungsverhältnis
α_t	Stirneingriffswinkel
α_u	Untere Integrationsgrenze
α_v	Profilverschiebungs-Eingriffswinkel
α_w	Betriebseingriffswinkel
α_{wt}	Betriebseingriffswinkel im Stirnschnitt
α_y	Eingriffswinkel am Punkt Y
α_{yt}	Stirnprofilwinkel
α_A	Eintritteingriffswinkel
α_B	Eingriffswinkel am innersten Mindesteintritteingriffspunkt
α_D	Eingriffswinkel am innersten Mindestaustritteingriffspunkt
α_K	Formzahl

α_{Kb}	Formzahl für Biegebeanspruchung
α_{Kt}	Formzahl für Schubbeanspruchung
α_{Kzd}	Formzahl für Zug-/Druckbeanspruchung
α_M	Eingriffswinkel des Mittelpunkts der Fußanschlußkurve
α_P	Profilwinkel des Zahnstangenbezugsprofils
$\alpha_P(x)$	Profilsteigungsfunktion des Stirnrad-Bezugsprofils
$\alpha(\varphi)$	Profilsteigungsfunktion
α_η	Integrationsvariable
α_0	Profilwinkel am Werkzeug
β	Schrägungswinkel am Teilzylinder
β_b	Schrägungswinkel am Grundzylinder
β_w	Schrägungswinkel am Wälzzylinder
β_y	Schrägungswinkel am y-Zylinder
β_C	Schrägungswinkel des Konuszahnrades
β_K	Kerbwirkungszahl
β_K	Schrägungswinkel des Konischen Zahnrades
γ	Kreuzungswinkel zweier Achsen
γ	Allgemeiner radspezifischer Winkel
γ_{al}	Linker Kopfüberlaufwinkel
γ_{ar}	Rechter Kopfüberlaufwinkel
γ_{fl}	Linker Fußüberlaufwinkel

γ_{fr}	Rechter Fußüberlaufwinkel	ε_λ	Steigungsüberdeckung
γ_i	Hilfswinkelgröße	ε_ρ	Radiale Überdeckung
γ_F	Transformationswinkel	$\varepsilon_I \ \ \varepsilon_{II}$ ε_{III}	Dehnungen im Hauptspannungssystem
δ	Verformung	ζ	Spezifisches Gleiten
δ	Flankenrücknahme	ζ	(Erweiterungs-)Hilfsfaktor
$\delta a(\varphi)$	Partielle Achsabstandsänderung	η	Zahnlücken-Halbwinkel am Teilkreis
δ_z	Deformation eines Zahnes	η	Verzahnungswirkungsgrad
δ_{zR}	Deformation des Radkörpers am Zahnfuß	η_f	Zahnfußlückenhalbwinkel
δ_H	Abplattung in der Kontaktzone	η_i	Übertragungswinkel nach H. Alt
δ_W	Wechselfestigkeitsverhältnis vom ungekerbten Bauteil	η_y	Hebelarm (Lastverteilung)
δ_{WK}	Wechselfestigkeitsverhältnis vom gekerbten Bauteil	ϑ	Wälzwinkel
ε	Überdeckung	ϑ	Hilfswinkel
ε_a	Teilüberdeckung	ϑ_a	Kopfwinkel
ε_α	Profilüberdeckung	ϑ_y	Polarwinkel der Evolventenfunktion für Punkt Y
$\varepsilon_{\alpha l}$	Linke Profilüberdeckung	$\bar{\vartheta}_y$	Polarwinkel für Punkt Y (Bogen)
$\varepsilon_{\alpha lP}$	Linke Profilüberdeckung des Stirnrad-Bezugsprofils	θ	Konuswinkel (allgemein)
$\varepsilon_{\alpha min}$	Mindestprofilüberdeckung	θ_C	Konuswinkel am Konuszahnrad
$\varepsilon_{\alpha\,opt}$	Profilüberdeckung der tragfähigsten Stirnradpaarung	θ_K	Konuswinkel am Konischen Zahnrad
$\varepsilon_{\alpha r}$	Rechte Profilüberdeckung	θ_T	Toruswinkel (Konuswinkel am Toruszahnrad)
$\varepsilon_{\alpha rP}$	Rechte Profilüberdeckung des Stirnrad-Bezugsprofils	κ	Flankenabstandsverhältnis
$\varepsilon_{\alpha t}$	Profilüberdeckung im Stirnschnitt	κ_0	Bezogenes Spannungsgefälle am ungekerbten Bauteil
ε_β	Sprungüberdeckung	κ_K	Bezogenes Spannungsgefälle am gekerbten Bauteil
ε_γ	Gesamtüberdeckung		

λ	Übertragungsfaktor	ξ	Wälzwinkel der Evolvente
λ	Eingriffswinkel der Torusverzahnung	ξ	Zahndickensehne
λ_a	Kopfverstärkungsfaktor	ξ_a	Wälzwinkel der Evolvente am Zahnkopfende
λ_{aP}	Kopfverstärkungsfaktor des Stirnrad-Bezugsprofils	ξ_f	Wälzwinkel der Evolvente am Zahnfußende
λ_z	Zahnverteilungsfaktor	ρ	Krümmungshalbmesser der Profilflanke im Berührpunkt
λ_N	Übertragungsfaktor für Normalkraft	ρ	Rundungshalbmesser
λ_R	Übertragungsfaktor für Reibkraft	ρ	Krümmungshalbmesser der Evolvente
μ	Reibwert	ρ'	Ersatzstrukturlänge (Gleitschichtbreite)
μ	d_a / d-Verhältnis	ρ_{an}	Kopfkanten-Rundungshalbmesser im Stirnrad-Normalschnitt
μ_a	Kopfwertverhältnis		
μ_{aP}	Kopfwertverhältnis des Stirnrad-Bezugsprofils	ρ_f	Zahnfußhalbmesser
μ_f	Fußwertverhältnis	ρ_f	Krümmungshalbmesser der Fußanschlußkurve
μ_{fP}	Fußwertverhältnis des Stirnrad-Bezugsprofils	ρ_y	Krümmungshalbmesser der Evolvente im Punkt Y
μ_R	Reibwert	ρ_R	Reibungswinkel
ν	Querkontraktionszahl	ρ_t^*	Krümmungshalbmesser bezogen auf den Grundkreishalbmesser
ν_{al}	Linker Kopfüberlauffaktor		
ν_{alP}	Linker Kopfüberlauffaktor des Stirnrad-Bezugsprofils	σ_a	Kopfprofil-Symmetriefaktor
ν_{ar}	Rechter Kopfüberlauffaktor	σ_{aP}	Kopfprofil-Symmetriefaktor des Stirnrad-Bezugsprofils
ν_{arP}	Rechter Kopfüberlauffaktor des Stirnrad-Bezugsprofils	σ_{bGW}	Gestaltbiegewechselfestigkeit
ν_{fl}	Linker Fußüberlauffaktor	σ_{bnenn}	Biegenennspannung
ν_{flP}	Linker Fußüberlauffaktor des Stirnrad-Bezugsprofils	σ_{bW}	Biegewechselfestigkeit
ν_{fr}	Rechter Fußüberlauffaktor	σ_{dnenn}	Drucknennspannung
ν_{frP}	Rechter Fußüberlauffaktor des Stirnrad-Bezugsprofil	σ_f	Fußprofil-Symmetriefaktor

σ_{fP}	Fußprofil-Symmetriefaktor des Stirnrad-Bezugsprofils
σ_{oG}	Obere Gestaltfestigkeit
σ_{uG}	Untere Gestaltfestigkeit
σ_{vF}	Vergleichsspannung am Fuß
σ_{BK}	Fiktive Bruchspannung
σ_{F}	Örtliche Zahnfußspannung
σ_{FK}	Fiktive Fließgrenze
σ_{FP}	Zulässige Zahnfußspannung
σ_{H}	Hertz'sche Pressung
σ_{H}	Örtliche Zahnflanken-pressung
σ_{Hlim}	Dauerfestigkeitswert für Flankenpressung
σ_{HP}	Zulässige Zahnflanken-pressung
σ_{Sch}	Gestaltbiegeschwellfestigkeit
σ_{Va}	Vergleichsausschlagspannung
σ_{Vm}	Vergleichsmittelspannung
σ_{Vo}	Vergleichsoberspannung
σ_{W}	Zug-/Druckwechselfestigkeit
σ_{I} σ_{II} σ_{III}	Hauptspannungen
σ_{η} σ_{ξ}	Nennspannungen
τ	Teilungswinkel
τ	Teilungswinkel (auch als mathematischer φ-Parameter)
τ_{nenn}	Schubnennspannung
φ	Wälzwinkel
φ	Grenzwinkel
φ	Drehwinkel
φ	Drehwinkel des Zahnrades
φ	Zentriwinkel (als Laufvariable zur Wälzpunktposition)
φ_{cl}	Linker Flankenwälzwinkel
φ_{cr}	Rechter Flankenwälzwinkel
φ_{γ}	Überdeckungswinkel
ψ	Zahndicken-Halbwinkel am Teilkreis
ψ_{f}	Zahnfußdickenhalbwinkel
ψ_{y}	Zahndickenhalbwinkel am y-Zylinder
ψ_{δ}	Halbwinkel der Einspannstelle (Lastverteilung)
ψ_{M}	Halbwinkel zwischen den Mittelpunkten der Fußanschlußkurve
ψ_{20}	Zahnfußdickenhalbwinkel (Berührung der 20°-Tangenten)
ω	Winkelgeschwindigkeit

Griechisches Alphabet
Großbuchstaben

Γ	Zahnflanke (geometrische Fläche)
Δa	Achsabstandsabweichung
Δc	Kopfspiel
Δj	Drehflankenspiel am Stirnrad-Bezugsprofil
$\Delta \varphi$	Drehwinkel-Unterschied
$\Delta \varphi$	Drehflankenspiel am Zahnrad

$\varSigma$	Achskreuzungswinkel
Σ	Summenzeichen
Σx	Summe der Profil-verschiebungsfaktoren
Σz	Summe der Zähnezahlen
$\varPhi$	Steigungsfunktion für den Eingriffswinkel am Konischen Zahnrad
Π	Geometrische Fläche, Ebene

Indizes
Deutsche Kleinbuchstaben

a	Für Größen am Zahnkopf oder für das treibende Rad oder auf den Achsabstand bezogen
b	Für Größen am Grundzylinder oder für das getriebene Rad
f	Für Größen am Zahnfuß
g	Für "Gleiten" oder für Größen des Fußprofilgrundes
i	Übersetzung z_b/z_a betreffend
i	Kennzeichnung des Eingriffsbereichs
i	Für Größen des allge-meinen i-Zahnsystems mit i = P,0,1,2,3
j	Allgemeine Indexvariable
k	Für eine Anzahl von Zähnen, Teilungen oder Spannen
k	Für Klemmreibwert und Klemm-Reibungswinkel
k	Kennzeichnung für Ritzel oder Rad (1,2) oder für Flankenseite (links, rechts)
k	Für Größen der allgemeinen Profilkontur

kb	Für Größen eines Profilkreis-bogens
l	Für „linkssteigend" bzw. „im Sinne einer Linksschraube"
l	Linksflanke
l	Für Größen der linken Profilflanke
m	Für einen Mittelwert
m	Für mittelpunktsbezogene Größen
max	Für einen Höchstwert
min	Für einen Mindestwert
n	Für Größen im Normalschnitt (auch für Ersatz-Geradverzahnung einer Schrägverzahnung)
n	Für Größen in Normalenrichtung
r	Für Größen der rechten Profilflanke oder in Radialrichtung
rr	für Größen sich berührender (Zahn-)Räderflanken
rz	Für Größen sich berührender Rad- und Zylinderprofile
s	Bezogen auf „Zahndicke"; bezogen auf Steg, auf Zeichenschablone
s	Für Größen der Kopfprofilspitze
st	Für Größen des "stehenden" Profilberührpunktes bei weiterhin fortschreitender Abwälzung
t	Für Größen im Stirnschnitt oder in Tangentialrichtung
u	Für einen Teilungssprung; für Unterschnitt
v	Für Größen am V-Zylinder

v	Wälzkreis bei spielfreier Verzahnung
w	Für gemeinsame Größen eines Radpaares oder für „Welligkeit"
w	Für Größen am Wälzzylinder
y	Für Größen an einem Punkt Y (am Y-Zylinder)
z	Bezogen auf einen Zahn oder die Zähnezahl
zul	Zulässiger Grenzwert

Indizes
Deutsche Großbuchstaben

A	Bezogen auf den Anfangseingriffspunkt
B	Bezogen auf den inneren Einzeleingriffspunkt
C	Für Größen am Konusrad
C	Bezogen auf den Wälzpunkt
D	Bezogen auf den äußeren Einzeleingriffspunkt
E	Bezogen auf den Endeingriffspunkt
Evo	Bezogen auf die Evolventen-Profilkontur
F	Fräserbezogen
Int	Für Größen an der Interferenzgrenze
K	Für Größen am Konischen Zahnrad (im Gegensatz zum zylindrischen Ritzel)
L	Für Größen an Linksflanken
L	Bezogen auf die Lagerung
N	Für Nutzkreise (den vom Gegenrad nutzbaren Flankenbereich bestimmende Größen)

P	Größen am Werkstückbezugsprofil (Zahnstangenprofil)
P	Für Größen des Stirnrad-Bezugsprofils
P0	Für Größen des Werkzeug-Bezugsprofils
R	Für Größen an Rechtsflanken
R	Für Größen mit Berücksichtigung der Reibung
S	Für Größen am Schneidrad
S	Für Größen mit Satzrad-Eigenschaft
Sp	Für Größen an der Spitzengrenze
T	Für Größen am Torusrad
U	Für Größen an der Unterschnittgrenze
Z	Für Größen am Ersatzrad (eines Torusrades)

Indizes
Griechische Kleinbuchstaben

α	Für Größen in einer Stirnschnittebene oder den Eingriff betreffend
β	Für Größen bei Schrägverzahnung
β	Für Größen an einer Flankenlinie
γ	Für Gesamtüberdeckung
δ	Für Größen einer profilzurückgenommenen Flankenkontur
ε	Für Größen der Profilüberdeckung

Indizes
Griechische Großbuchstaben,
Zeichen und Ziffern

Σ	Für Achsenwinkel betreffend
'	Für Größen bei Einflankeneingriff
"	Für Größen bei Zweiflankeneingriff
*	Zur Bezeichnung eines Faktors, mit dem eine Größe in Teilen oder Vielfachen des Normalmoduls oder der Zähnezahl ausgedrückt wird oder zur Bezeichnung eines Abmaßfaktors
0	Für Größen am erzeugenden Werkzeug oder im Erzeugungsgetriebe
0	Bezugszahnebene
0	Für Koordinaten im raumfesten Koordinatensystem dargestellt
0	Für gestellfeste Größen
1	Für Größen an dem kleineren Rad einer Radpaarung
1	Für Größen des Grundzahnrades oder die Polarkoordinaten betreffend
2	Für Größen an dem größeren Rad einer Radpaarung
2	Für Größen des außenverzahnten Gegenrades oder bei Polarkoordinaten
3	Für Größen des innenverzahnten Gegenrades

Sachverzeichnis

Es bedeutet: (B) Bild, (D) Definition, (K) Konstruktionskatalog